“十四五”国家重点出版物
出版规划项目

环境工程技术手册

Handbook on Waste Gas Treatment Engineering Technology

废气处理工程技术手册

2 THE SECOND EDITION
第二版

（下册）

王海涛　张殿印　主　编
朱晓华　张紫薇　副主编

化学工业出版社
·北京·

内容简介

本书是一本环境科学与工程领域的技术工具书。全书共分四篇二十章，第一篇污染源篇，介绍废气的分类、来源、危害以及各行业废气的产生量和排放量；第二篇废气治理篇，介绍废气治理的对象、方法，颗粒污染物的分类、性质与除尘技术，气态污染物的性质与控制技术以及主要行业废气治理技术；第三篇工程设计篇，介绍除尘装置设计，吸收、吸附、换热装置设计及净化系统设计；第四篇综合防治篇，介绍大气污染综合治理的原则与方法、大气污染物理与大气污染化学、清洁生产和循环经济。

本书具有较强的实用性和可操作性，利用本书可进行废气处理的技术开发、工程设计、设备选型、设备设计、维护管理，并能利用本书判断、解决工程和生产中遇到的各种技术与设备问题，可供从事大气污染治理及管控等的科研人员、设计人员和管理人员参考，也可供高等学校环境科学与工程及相关专业师生参阅。

图书在版编目（CIP）数据

废气处理工程技术手册/王海涛，张殿印主编；朱晓华，张紫薇副主编. —2 版. —北京：化学工业出版社，2024.2

（环境工程技术手册）

ISBN 978-7-122-43675-7

Ⅰ.①废… Ⅱ.①王… ②张… ③朱…④张… Ⅲ.①废气治理-环境工程-技术手册 Ⅳ.①X701-62

中国国家版本馆 CIP 数据核字（2023）第 111414 号

责任编辑：刘兴春　左晨燕　卢萌萌　刘　婧　　文字编辑：汲永臻　向　东

责任校对：边　涛　　装帧设计：王晓宇

出版发行：化学工业出版社（北京市东城区青年湖南街 13 号　邮政编码 100011）

印　　装：北京建宏印刷有限公司

787mm×1092mm　1/16　印张 95¼　字数 2498 千字　2025 年 2 月北京第 2 版第 1 次印刷

购书咨询：010-64518888　　售后服务：010-64518899

网　　址：http://www.cip.com.cn

凡购买本书，如有缺损质量问题，本社销售中心负责调换。

定　　价：598.00 元（全 2 册）

《环境工程技术手册》

编委会

《废气处理工程技术手册》（第二版）

编委会

主　编：王海涛　张殿印

副主编：朱晓华　张紫薇

编写人员（以姓氏笔画排序）：

王　延　王苏宇　王海涛　卢　扩　田　玮　白洪娟
朱晓华　汤先岗　安登飞　杨淑钦　杨雅娟　肖　春
张　璞　张紫薇　张殿印　苗丝雨　罗宏晶　周　冬
周　然　周广文　赵原林　徐　飞　高华东　蔡怡清

目录

第一篇 污染源篇

第二篇 废气治理篇

第五章
颗粒污染物的控制技术与装置

173

第三篇 工程设计篇

第十三章 除尘装置的设计 829

第十四章 吸收装置的设计 1005

第十五章 吸附装置的设计 1059

第四篇 综合防治篇

第三篇

工程设计篇

第十二章
设备设计概述

第一节 设备设计指导思想和设计依据

一、设备设计的指导思想

根据“中国环境保护21世纪议程”中对大气环境保护的论述，我国大气环境状况虽有好转，但仍属严重污染。从2000年以后，我国开始朝全面改善环境质量的方向发展，通过对污染物排放实施全面控制来维护良好的大气环境质量。工业污染在环境污染中占70%，对工业生产的污染进行全过程控制，推广清洁生产和清洁工艺，努力实现节能降耗，减少污染物的排放是发展的方向。此外，加强生产工艺污染的治理和推行有利于大气污染控制的能源政策，建立系统的污染管理运行机制，提高污染管理水平也是必不可少的。

进行工业污染的治理，需要有一系列行之有效的治理技术。我国在大气污染防治的实践中现已评价、筛选出一批污染控制最佳实用技术，其是一定时期内与国家经济技术水平相适应的现实、最佳、可行的环境保护技术，为此在选择治理技术时应首先考虑选用这些最佳实用技术。

在进行主体设备设计时应尽可能选择成熟的定型装置，便于节省人力、物力，而且安全可靠。如果没有现成的设备可选或设备陈旧，或需新设备开发必须自行设计时，则应按照国家最新标准和规范作为设计资料；没有新的国家标准时，可采用部标、专业标准和规范、规程进行设计开发。

二、设备设计准则

污染治理设备应具备“高效、优质、经济、安全”的设备特性；污染治理设备设计、制造、安装和运行时，必须符合以下设计原则。

1. 技术先进

根据《职业病防治法》和《大气污染防治法》的规定，按作业环境卫生标准和大气环境排放标准确定的工业除尘目标，瞄准国内外的先进水平，围绕“高效、密封、强度和刚度”大做文章，科学确定其净化方法、形式和指标，设计和发展具有自主知识产权的污染治理设备。具体要求如下：

① 技术先进、造型新颖、结构优化，具有显著的“高效、密封、强度、刚度”等技术特性；

② 排放浓度符合环保排放标准或特定标准的规定，其粉尘或其他有害物的落地浓度不能超过卫生防护限值；

③ 主要技术经济指标达到国内外先进水平；

④ 具有配套的技术保障措施。

2. 运行可靠

保证净化设备连续运行的可靠性是污染治理设备追求的终极目标之一。它不仅决定设备设计的先进性，也涉及制造与安装的优质性和运行管理的科学性。只有设备完好、运行可靠，才能充分发挥设备的功能和作用，用户才能放心使用，而不是虚设；与主体生产设备具有同步的运转率，才能满足环境保护的需要。具体要求如下：

① 尽量采用成熟的先进技术，或经示范工程验证的新技术、新产品和新材料，奠定连续运行、安全运行的可靠性基础；

② 具备关键备件和易耗件的供应与保障基地；

③ 编制工业除尘设备运行规程，建立工业除尘设备有序运作的软件保障体系；

④ 培训专业技术人员和岗位工人，实施岗位工人持证上岗制度，科学组织工业除尘净化设备的运行、维护和管理。

3. 经济适用

根据我国生产力水平和环境保护标准规定，在“简化流程、优化结构、高效除尘”的基点上，把设备投资和运行费用综合降低为最佳水准，将是除尘设备追求的“经济适用”目标。具体要求：

① 依靠高新技术，简化流程，优化结构，实现高效净化，减少主体重量，有效降低设备造价；

② 采用先进技术，科学降低能耗，降低运行费用；

③ 组织除尘净化的深加工，向综合利用要效益；

④ 提升除尘设备完好率和利用率，向管理要效益。

4. 安全环保

保证净化设备安全运行，杜绝二次污染和污染物转移，防止意外设备事故，是设备的安全环保准则。具体要求如下。

① 贯彻《生产设备安全卫生设计总则》和有关法规，设计和安装必要的安全防护设施：a. 走台、扶手和护栏；b. 安全供电设施；c. 防爆设施；d. 防毒、防窒息设施；e. 热膨胀消除设施；f. 安全报警设施。

② 贯彻《职业病防治法》和《大气污染防治法》，杜绝二次污染与污染物转移：a. 污染物排放浓度必须保证在环保排放标准以内，作业环境浓度在卫生标准以内；b. 粉尘污染治理过程，不能有二次扬尘，也不能转移为其他污染；c. 除尘设备噪声不能超过国家卫生标准和环保标准；d. 设备收下的物质应配套综合利用措施。

三、设备设计的依据

1. 设计依据

① 相关环境工程的规范、标准和规定。

② 上级批准的可行性报告或委托方设计任务书对通风除尘设计的要求。

③ 有关部门或委托方提供的有关原始资料或协议书。

2. 设计条件分析

设计净化设备的条件分析见图 12-1。

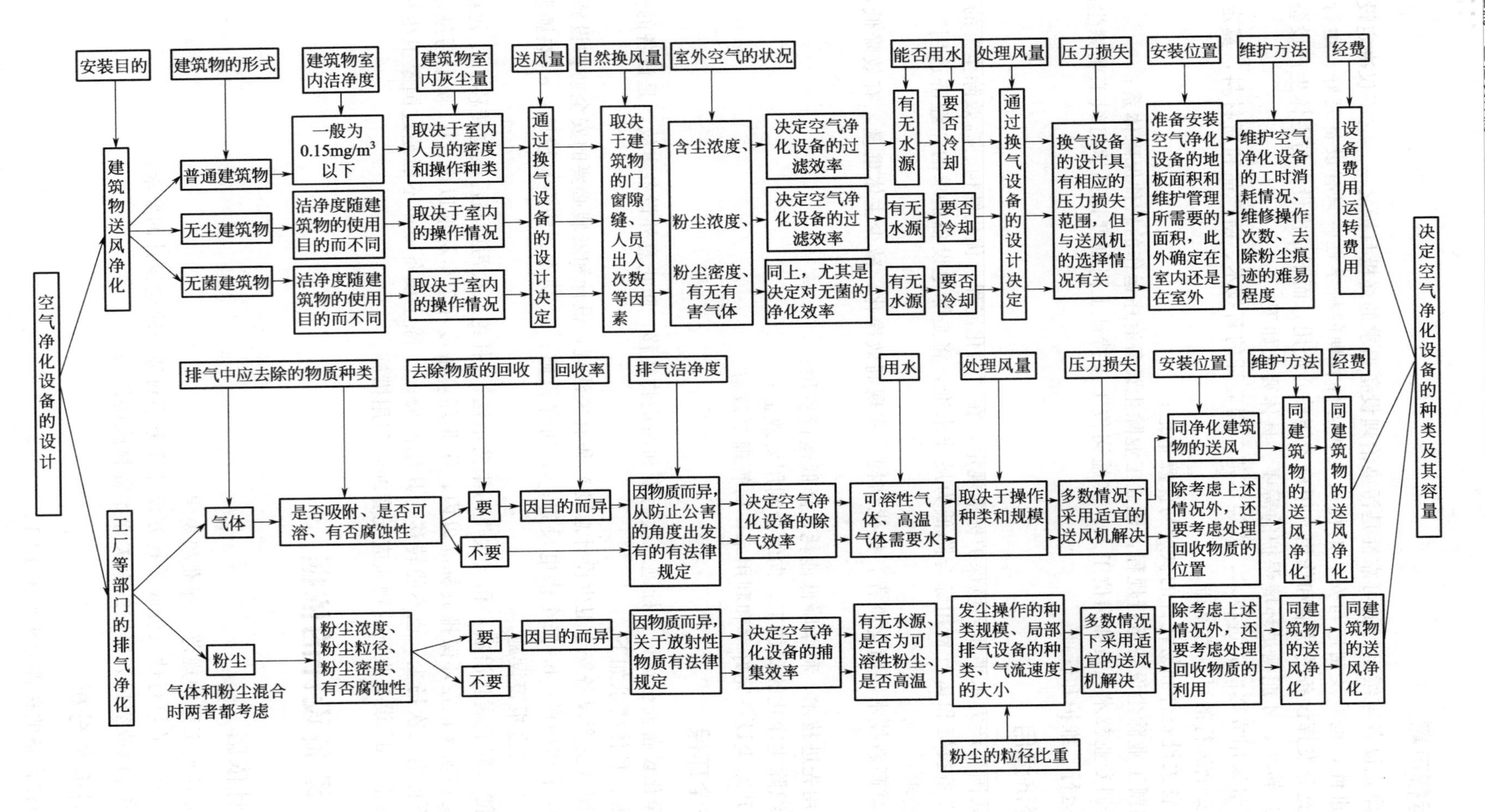

图 12-1 设计净化设备的条件分析

废气治理设备的设计和选择一般根据废气的性质、处理量及处理的要求来确定。努力减少或防止废气污染物的排放、确保达标排放、回收有用物质、建立无害型清洁生产工艺是治理的目的。为此在设计和选择治理设备时要努力做到优化组合，构成一个效率高、费用省、能耗低的处理工艺流程。设计和选型的原则应兼顾设备的技术指标和经济指标。一般设备的技术指标指废气处理设备的处理气体量、设备阻力、污染物去除率等；经济指标指一次投资（设备费用）、运转管理费用（操作费用）、占地面积及使用寿命等。要求既做到技术上先进又做到经济上合理。具体应考虑以下几个问题。

（1）需达到的去除效率　根据国家颁布的排放标准及污染源排放的废气浓度，选择效率高的设备类型，如果一台设备不能满足要求则需要多台设备进行多级处理。

（2）设备运行条件　根据废气的性质（温度、湿度、压力、黏度、气体种类、可燃性、毒性、稳定性等）设计安全可靠的治理装置。

（3）经济性　主要考虑设备的制造、安装、运行和维护费用以及治理后的后处理问题，不得造成二次污染。

（4）占地面积及空间的大小　根据生产现场状况合理布置治理工艺流程和设计选择设备类型。

（5）设备操作要求及使用寿命　要求设备结构简单，操作方便，便于更换吸收剂、吸附剂或催化剂等。

（6）其他因素　如处理有毒、易燃的气体应注意设置防泄漏、防爆等安全措施。

四、可行性研究

在方案比较的基础上开展工程项目的可行性研究。可行性研究的深度要求按设计规范的内容进行。大型的、复杂的和某些涉外的项目还可以先做预可行性研究。

可行性研究要求从技术上、经济上和工程上加以分析论证，必须准确回答3个主要问题：

① 技术上是否先进可靠；

② 经济上是否节省合理；

③ 工程上是否有实施的可能性。

此外，还要考虑如何与主生产线搭接和适配等。将这些问题论述清楚，形成完整的设计文件——可行性研究报告，上报主管部门审批。

可行性研究要按照可行性研究阶段的设计深度要求进行。超越深度或达不到深度的均为不当。可行性研究的最终目的是提出可行的技术方案和相对准确的投资估算。可行性研究包括3个方面的内容：a. 技术可行性；b. 经济可行性；c. 工程可行性。前两项需通过技术经济综合分析确定；后一项则是与施工安装和运行条件以及社会地理环境有关的，例如有的项目技术上和经济上是可行的，然而现场的工程施工无法进行，不具备必要的条件，便成了工程不可行。这样的事例在旧厂改造时经常会遇到。

1. 技术可行性

技术可行性是指技术不仅先进成熟，而且适用可靠。不能为了追求先进，就把实验室的装置任意放大或不经中试而直接用于大型工程。当然，也不应为了成熟可靠而一味墨守成规，在新技术面前不敢越雷池一步。世界上失败的工程也并不鲜见，总结起来大多失误在冒进和急功近利上，存在着深刻的教训。不过，在稳妥的前提下也可以借鉴比较成熟的基础性研究成果，在此基础上创新发展以提高效率和节约资源。

2. 经济可行性

经济可行性是指投资运行费用、成本和效益等符合国情厂情，是国力厂力所能及。一句话，必须同社会生产力水平和企业的技术装备水平相匹配。资金要用在“刀刃”上。万不可因强调社会效益而完全忽略经济因素，任意扩大投资费用和不计成本。在选择方案时，应当关注性价比高和节能的设备，尽可能使工程项目在可行性研究阶段成为可行。

3. 工程可行性

可行性研究完成之后，要通过论证和审批方可开展初步设计，同时在初步设计之前还要进行工程项目的环境影响预评价。预评价报告同样要通过论证和审批。这些都应纳入规范的设计程序。

在可行性研究阶段，必须认真调查研究，对各种工艺方案进行充分的比选、分析和论证。按照上述思路和原则，以本地区、本企业的具体条件和特点为依据，经市场调查，在法规和政策允许的前提下先选定两个以上的工艺流程。

第二节　设计的理论和方法

一、设计的基本理论

废气治理设备的共同特点是将气体中的污染物质（包括颗粒污染物和气态污染物）分离出来或转化为无害物质，以达到净化气体的目的。通常采用的除尘、吸收、吸附、催化、冷凝等治理技术均属单元操作，对各种单元操作的研究发现其共同规律及内在联系就在于“三传”——动量传递、热量传递、质量传递的理论。因此，动量传递、热量传递、质量传递及化学反应工程学是废气治理设备设计的基本理论。

1. 流体动力过程

流体动力学是研究气体的流动及气体和与之接触的固体或液体之间发生相对运动时的基本规律。设备的操作效率与气体流动状况有密切关系。研究气体流动对寻找设备的强化途径有重要意义。

例如对于管路及设备的阻力，需要利用流体力学的理论去解决，降低流速、提高流通面积、改善设备气体入口的分布状态、消除初始动能等措施均有利于降低设备的阻力。

2. 热过程

研究传热的基本规律并在单元操作中利用这些基本规律强化设备，提高处理效率是设计中常遇到的问题。设备结构要符合净化过程的要求。例如，催化反应装置需及时将反应热导出，否则会引起催化剂的过热而使活性下降。因此，在设计过程中常需根据能量守恒定律进行热量衡算，并采取措施以保证操作过程的正常运行。

3. 传质过程

研究物质通过相界面迁移过程的基本规律。所有气体净化技术都涉及异相传质问题，为保证传质速率稳定必须有足够的相接触面积，需根据质量守恒定律对设备进行物料衡算。采取措施增大相接触面积，更新相界面，提高传质速率。

4. 化学反应工程学

化学反应工程学主要是以流体力学、热传递及物质传递原理及化学动力学为基础，研究上述各方面的关系及影响，以阐明工业反应过程的实质，目的在于控制生产规模的化学反应过程，并为设计工作者提供理论依据，使之能结合具体工艺要求进行最佳反应器的设计。

设计净化装置的考虑方法示例列于图 12-2 以供参考。

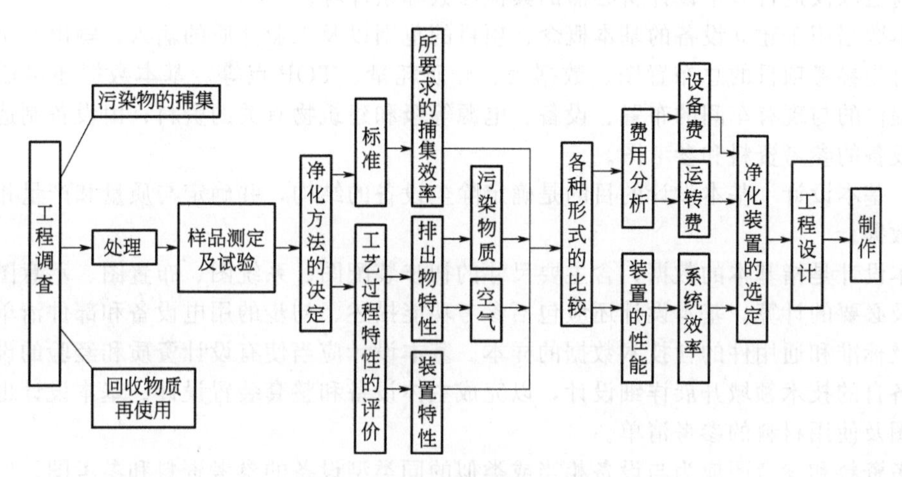

图 12-2 净化装置的设计方法

二、设计方法与步骤

每一种类型设备的设计方法在第十三章至第十六章的内容中具体介绍。现将设计步骤介绍如下。

1. 实地调查

接受设计任务后需对生产现场进行实地调查。重点是对污染源的调查，了解污染物的种类、排气量和排放方式。此外，对生产规模、生产布局、生产工艺过程、原料来源、废弃物的回收利用情况等也需有一定的了解。

2. 设备设计委托书

具有批准的《除尘器设备设计委托书》是科学组织除尘器设备设计的法律依据。《除尘器设备设计委托书》至少应当包括下列内容：

① 生产工艺设备名称、规格及产能；

②安装地点及其相关的平面图、立面图、断面图；

③ 处理风量、设备阻力的要求值；

④ 除尘器气体入口温度、湿度及粉尘质量浓度；

⑤ 除尘器按排放标准或设备保护标准约定的粉尘出口质量浓度限值；

⑥ 工业气体特性与工业粉尘特性（资料）；
⑦ 除尘器输灰设施的设计要求；
⑧ 安装地点的除尘器外形尺寸限值（长×宽×高）；
⑨ 使用地点的气象条件；
⑩ 设计工期；
⑪ 其他。

3. 设计内容

（1）基本数据　基本数据是指基本参数、主要尺寸、总的设计数据和原则、初步的设备表、载荷值以及进行基本设计所必需的其他参数和条件等。

基本数据用于建立设备的基本概念、项目的范围以及工业介质的输入、输出。例如，基本数据可为参考项目的总布置图、数据表、介质耗量、TOP点等。基本数据还包括由设备使用方提供的与现有车间的布置、设备、电源等级和建筑物有关的资料；由设备制造方提供的有关设备的参考资料和参考图。

（2）基本设计　基本设计的目的是确定除尘设备的结构，并确定与质量和产量相关的重要设计数据。

基本设计是指基本的数据，含主要尺寸的初步装配图、系统图、布置图、示意图、设备构成以及必要的计算。基本设计还应包括参考功能描述、初步的用电设备和部件清单、参考资料以及标准和通用件的含技术数据的样本。基本设计应当使有设计资质和经验的设计制造公司在各自的技术领域开展详细设计，以完成主体设备和整套装置设计。基本设计也包括部件参考图及使用材料的参考清单。

参考资料和参考图应为与设备相当或类似的同类型设备的参考资料和参考图。

（3）详细设计　详细设计包括与施工和制造相关的最终设计。

设备的详细设计包括所有必要的计算、布置图、制造详图、材料清单、相关的标准和样本、消耗件和备品备件清单，以及设备组装、检验、安装、操作和维护的说明。

详细设计应能使有设计资质、有经验的公司完成设备制造和设备组装，同时详细设计也能使有资质、有经验的技术人员开展整套设备的土建、电气和其他相关专业的设计、施工及安装工作。

① 绘制施工图文件。包括：a. 封面，内容有项目名称、设计人、审核人、单位技术负责人、设计单位名称、年月日等；b. 图纸目录，先列新绘制设计图纸，后列选用的本单位通用图、重复使用图；c. 首页，内容包括设计概况、设计说明及施工安装说明、设备表、主要材料表、工艺局部排风量表、图例；d. 立面图；e. 剖面图；f. 平面图；g. 系统图；h. 施工详图，包括设备安装，零部件、罩子加工安装图，以及所选用的各种通用图和重复使用图；i. 其他。

② 编制设计文件　设计文件应当包括：a. 设计说明书；b. 设计计算书（供内部使用）；c. 安装施工要领书；d. 运行操作说明书；e. 易损件明细表。

4. 确定方案

根据调查情况对治理技术方案进行论证，确定治理方法、设备类型、治理工艺流程等。

5. 设计计算

首先根据设计要求、前人积累数据和设计者的经验确定设计参数。通过物料衡算确定设备外形尺寸。通过热量衡算和流体力学、材料力学等原理确定设备内部的结构。

6. 画图

画出设备装配总图及零件加工图。

（1）绘图的基本要求

① 图纸必须按照国家标准绘制。

② 图纸上标注的名词、术语、代号、符号等均应符合有关标准与规定。

③ 设计设备零部件时应最大限度地采用标准件、通用件和外购件。

④ 图纸上的视图应与技术要求结合起来，视图应能表明零部件的结构、完整轮廓和制造、检验时所必需的技术依据。

⑤ 在已能清楚表达零部件的结构及相互关系的前提下，视图的数量应尽量少。

⑥ 每个零部件应尽量分别绘制在单张图纸上，如果必须分布在数张图纸上时，主要视图、明细栏、技术要求一般应置于第一张图上。

⑦ 填写零部件名称应符合有关标准或统一规定，如无规定时尽量简短、确切。

⑧ 图上一般不应列入对工艺人员选择工艺要求有限制的说明。为保证产品质量，必要时允许标注采用一定加工方法的工艺说明。

⑨ 每张图应完整填写标题栏。在签署栏内必须经“技术责任制”规定的有关人员签署。

（2）对总图的要求　总图包括以下内容：

① 设备轮廓或成套组成部分的安装位置图形；

② 成套设备的基本特性、主要参数及型号、规格；

③ 设备的外形尺寸、安装尺寸、技术要求；

④ 机械运动部分的极限位置；

⑤ 操作机构的手柄、旋钮、指示装置等；

⑥ 组成成套设备的明细栏（有明细表时可省略）；

⑦ 图中各种引出说明一般应与标题栏平行，引出线不得相互交叉，不应与剖面线重合，不能有一处以上的转折。

（3）对零件图的要求

① 每个专用零件一般均应绘制工作图样，特殊情况可不绘制。

② 零件图一般根据装配时所需要的位置、形状、尺寸和表面粗糙度绘制。装配尺寸链的补偿量一般标注在有关零件图上。

③ 两个相互对称的零件一般应分别绘制工作样图。

④ 必须整体加工或成组使用分切零件，允许作为一个单件绘制在一张图样上。

⑤ 图样上的尺寸应从结构基准面开始标注。

⑥ 图样上的尺寸和几何要素，一般应标注极限偏差和形位公差，未标注时应有统一文件规定或在技术要求中说明。

⑦ 图中对局部要素有特殊要求及标记时应在所指部位近旁标注说明。

（4）技术要求的书写

① 对那些不能用视图充分表达清楚的技术要求，应在“技术要求”标题下用文字说明，其位置尽量置于标题栏的上方或左方。

② 技术要求的条文应编顺序号。仅一条时可不写顺序号。

③ 技术要求的内容应简明扼要，通顺易懂，一般包括以下内容：a. 对材料、毛坯、热处理的要求；b. 视图中难以表达的尺寸、形状和位置公差；c. 对有关结构要素的统一要求（如圆角、侧角尺寸）；d. 对零件部件表面质量的要求；e. 对间隙、过盈、特殊结构要素的

特殊要求；f. 对校准、调整及密封的要求；g. 对产品及零部件的性能和质量的要求（如噪声、耐震性、自动制动等）；h. 试验条件和方法；i. 其他必要的说明。

④ 技术要求中引用各类标准、规范、专用的技术条件等文件时，应注明文件的编号和名称。

⑤ 技术要求中列举明细栏上的零部件时允许只写序号或代号。

三、设备设计注意事项

（一）调查研究

除尘设备设计前，必须做好科技查新和现场调研，保证净化设备技术特性与烟尘特性相适应。

1. 科技查新

科技查新应当重点明确：

① 污染对象的主要治理方法、形式及技术经济指标；

② 工业应用信息及代表性论文；

③ 专利发布及知识产权保护；

④ 存在问题及攻关方向。

2. 现场调研

净化设备设计前，必须深入应用现场实际，做好原始资料调研，主要内容包括：

① 粉（烟）尘种类、产生过程及数量；

② 粉（烟）尘特性，包括粉（烟）尘密度、化学成分、安息角、粒度分布、含水率、比电阻及爆炸性等；

③ 气体处理量、压力、温度、湿度、成分、爆炸性等；

④ 粉烟尘回收利用方向。

（二）技术经济指标

污染治理设备设计采用的主要技术经济指标，应当力求先进、可靠、经济、安全，杜绝技术上的高指标与浮夸风。

污染治理设备设计采用的主要技术经济指标，如袋式除尘器的过滤速度（m/min）、电除尘器的电场风速（m/s）和驱进速度（cm/s）、冲激除尘器的S板负荷［m^3/(h·m)］、文氏管的喉口速度（m/s）等，一定要有小试或中试基础，不能任意提高设计指标而影响设备设计质量。

（三）提高技术装备水平

广泛吸收风洞技术、计算机技术、控制技术、纺织技术和水处理技术等相关学科成果，嫁接与改造除尘设备的设计、制造、安装、运行与服务，提高废气治理设备技术装备水平。

1. 实验技术

应用风洞技术和计算机仿真技术，嫁接模拟实验技术，研究净化设备内部气体运动规律，优化设备结构设计及其在复杂边界条件下烟囱排放高度与环境影响评价。

2. 控制技术

应用计算机技术与自动控制技术，实施净化设备的远程控制与技术保障，实现无接触安全作业。

3. 过滤技术

应用纺织技术，研发新型过滤材料和相关保护设施，拓宽过滤材料多品种多功能，提升气体过滤除尘功能，实现设备在高温、高湿、高浓度、高腐蚀性和高风量工况下的广泛应用。

4. 预处理技术

应用预处理技术，嫁接工业生产环保技术，发展工业气体脱硫脱硝除尘等的前处理技术和湿法除尘新方法、新工艺。

（四）满足生产工艺需要

废气治理设备的设计与应用，一定要全方位服务于工艺生产；以工艺需要为中心，研发具有自主知识产权的工业除尘设备，建立工业除尘设备运行体系，满足生产过程工业除尘和工业炉窑烟气除尘的需要。

1. 满足生产工艺设计需要

根据生产工艺需要，科学确定其净化工艺与方法，是净化设备设计的第一要素。要根据生产工艺流程和作业制度，确定净化工艺流程和除尘设备运行制度；要根据生产工艺过程产生的废气成分、温度、湿度、烟尘浓度、烟尘成分和烟气流量，确定净化设备的主要参数和装备规模；要根据生产工艺过程的有害物种类和数量，确定烟尘的回收与利用方案。

2. 满足生产工艺排气净化需要

把握生产工艺特点，科学确定其进气方式和最佳排气（处理）量，是净化设备设计的重要原则之一。只有把握生产工艺特点，抓住烟气治理的主要矛盾，才能科学确定净化工艺方法，合理确定烟气最佳处理量，正确确定治理设备的装备规模，谋取最佳环保效能，实现烟气治理与生产工艺的统一；实现达标排放，满足国家和地方的排放标准。

3. 满足生产工艺操作需要

围绕生产工艺操作，把净化设备的设计、安装与运行，融于生产工艺运行过程之中，科学配置远程控制系统和检测系统，做到既保持净化设备的功能，又不妨碍生产工艺操作与维修，治理设备才能正常发挥作用；否则，净化设备将是短命的。

4. 满足安全生产和环境保护需要

废气治理设备，既要在生产过程中发挥净化功能，还应设计与配备安全防护设施。保证在复杂的生产工况条件下，治理设备具有防火、防爆和自身保护的功能，配有安全预警设施，全效能符合环保标准和卫生标准的规定。

参考文献

［1］ 张殿印，张学义．除尘技术手册．北京：冶金工业出版社，2002.

[2] 姜凤有．工业除尘设备．北京：冶金工业出版社，2007.
[3] 金毓筌，等．环境工程设计基础．北京：化学工业出版社，2002.
[4] 江晶．环保机械设备设计．北京：冶金工业出版社，2009.
[5] 周兴求．环保设备设计手册——大气污染控制设备．北京：化学工业出版社，2004.
[6] 张殿印，王冠，肖春，等．除尘工程师手册．北京：化学工业出版社，2020.
[7] 刘瑾，张殿印．袋式除尘器工艺优化设计．北京：化学工业出版社，2020.
[8] 彭犇，高华东，张殿印．工业烟尘协同减排技术．北京：化学工业出版社，2023.
[9] 朱晓华，王珲，张殿印．工业除尘设备设计手册．2 版．北京：化学工业出版社，2023.
[10] 刘伟东，张殿印，陆亚萍．除尘工程升级改造技术．北京：化学工业出版社，2014.

第十三章 除尘装置的设计

第一节 重力除尘器设计

由于重力除尘器构造简单、阻力小、能耗低、维护方便，除尘效率能满足一些环保工程的需要，所以不乏工程应用。例如，炼铁厂现代化高炉除尘都采用重力除尘器作为预除尘之用。因重力除尘器尚无定型设备，故重力除尘器设计必不可少。

一、重力除尘器设计条件

重力除尘器的除尘过程主要是受重力的作用。除尘器内气流运动比较简单，除尘器设计计算包括含尘气流在除尘器内停留时间及除尘器的具体尺寸。由于重力除尘器定型设计较少，所以多数重力除尘器都是根据污染源的具体情况单独设计的。

① 设计的重力除尘器在具体应用时往往有许多情况和理想的条件不符。例如，气流速度分布不均匀，气流是紊流，涡流未能完全避免，在粒子浓度大时沉降会受阻碍等。为了使气流均匀分布，可采取安装逐渐扩散的入口、导流叶片等措施。为了使除尘器的设计可靠，也有人提出把计算出来的末端速度减半使用。

② 除尘器内气流应呈层流（雷诺数＜2000）状态，因为紊流会使已降落的粉尘二次飞扬，破坏沉降作用，除尘器的进风管应通过平滑的渐扩管与之相连。如受位置限制，应装设导流板，以保证气流均匀分布；如条件允许，把进风管装在降尘室上部会收到意想不到的效果。

③ 保证尘粒有足够的沉降时间，即在含尘气流流经整个除尘器的这段时间内，保证尘粒由上部降落到底部。

④ 要使烟气在除尘器内分布均匀。除尘器进口管和出口管应采用扩张和收缩的喇叭管。扩张角一般取 30°～60°，如果空间位置受限制，应设置有效的导流板或多孔分布板。

⑤ 除尘器内烟气流速需根据烟尘的沉降速度和所需除尘效率慎重确定，一般为 0.2～1m/s。选择烟气流速太小会使沉尘室截面积过大，不经济；但必须低于尘粒重返气流的速度。有色冶金尚无尘粒重返气流的速度数据，仅将其他烟尘的实验数据列于表 13-1，以供参考。

表 13-1 某些尘粒重返气流的速度

物料名称	密度/(kg/m^3)	粒径/μm	尘粒重返气流的速度/(m/s)
淀粉	1277	64	1.77
木屑	1180	1370	3.96
铝屑	2720	335	4.33
铁屑	6850	96	4.64
有色金属铸造粉尘	3020	117	5.72

续表

物料名称	密度/(kg/m³)	粒径/μm	尘粒重返气流的速度/(m/s)
石棉	2200	261	5.81
石灰石	2780	71	6.41
锯末		1400	6.8
氧化铝	8260	14.7	7.12

⑥ 所有排灰口和门、孔都必须切实密闭，除尘器才能发挥应有的作用。

⑦ 除尘器的结构强度和刚度按有关规范设计计算。

二、重力除尘器主要尺寸设计

重力除尘器（水平式单层除尘器）主要几何尺寸见图 13-1。

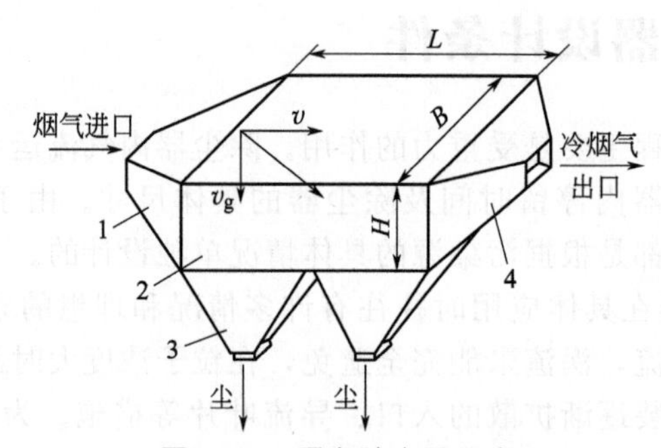

图 13-1　重力除尘器示意

1—进口管；2—沉降室；3—灰斗；4—出口管；L—除尘器长度；B—除尘器宽度；H—除尘器高度；v—除尘器内气流速度；v_g—除尘器内尘粒沉降速度

（一）重力除尘器主要尺寸设计

1. 粉尘颗粒在除尘器的停留时间

$$t=\frac{H}{v_g}\leqslant\frac{L}{v} \tag{13-1}$$

式中，t 为尘粒在除尘器内停留时间，s；H 为尘粒沉降高度，m；v_g 为尘粒沉降速度，m/s；L 为除尘器长度，m；v 为除尘器内气流速度，m/s。

根据上式，除尘器的长度与尘粒在除尘器内的沉降高度应满足下列关系。

$$\frac{L}{H}\geqslant\frac{v_g}{v_0} \tag{13-2}$$

2. 除尘器的截面积

$$S=\frac{Q}{v} \tag{13-3}$$

式中，S 为除尘器截面积，m^2；Q 为处理气体流量，m^3/s；v 为除尘器内气流速度，

m/s，一般要求小于0.5m/s。

3. 除尘器容积

$$V = Qt \tag{13-4}$$

式中，V 为除尘器容积，m^3；Q 为处理气体流量，m^3/s；t 为气体在除尘器内停留时间，s，一般取30～60s。

4. 除尘器的高度

$$H = v_g t \tag{13-5}$$

式中，H 为除尘器高度，m；v_g 为尘粒沉降速度，m/s，对于粒径为40μm的尘粒可取 $v_g = 0.2m/s$；t 为气体在除尘器内停留时间，s。

5. 除尘器宽度

$$B = \frac{S}{H} \tag{13-6}$$

式中，B 为除尘器宽度，m；S 为除尘器截面积，m^2；H 为除尘器高度，m。

6. 除尘器长度

$$L = \frac{V}{S} \tag{13-7}$$

式中，L 为除尘器长度，m；V 为除尘器容积，m^3；S 为除尘器截面积，m^2。

（二）除尘器的尺寸确定

由以上计算可知，要提高细颗粒的捕集效率，应尽量减小气速 v 和除尘器高度 H，尽量加大除尘器宽度 B 和长度 L。例如在常温常压空气中，在气速 $v = 3m/s$ 条件下，要完全沉降 $\rho_p = 2000kg/m^3$ 的颗粒，为层流条件，所需除尘器的 L/H 值及每处理 $1m^3/s$ 气量所需的占地面积 BL 见表13-2。

表13-2　设定条件下所需除尘器的几个参数值

$\delta/\mu m$	1	10	25	50	75	100	150
L/H 值	50640	506	81	20	9	5.06	2.21
BL/m^2	16880	168.7	27	6.67	3	1.7	0.75

若考虑到实际 Re 较大，已可能进入湍流条件，则按表13-2内所需的 L/H 值及占地面积 BL 至少还要乘以4.6倍才够。由此可见，重力除尘器一般只能用来分离粒径≥75μm的粗颗粒，对细颗粒的捕集效率很低，或所需设备过于庞大，占地面积太大，并不经济。

（三）垂直气流重力除尘器设计

垂直气流重力除尘器的工作原理如图13-2所示，烟气经中心导入管后，由于气流突然转向，流速突然降低，烟气中的灰尘颗粒在惯性力和重力作用下沉降到除尘器底部。欲达到除尘的目的，烟气在除尘器内的流速必须小于粉尘的沉降速度，而粉尘的沉降速度与粉尘的粒度和密度有关。

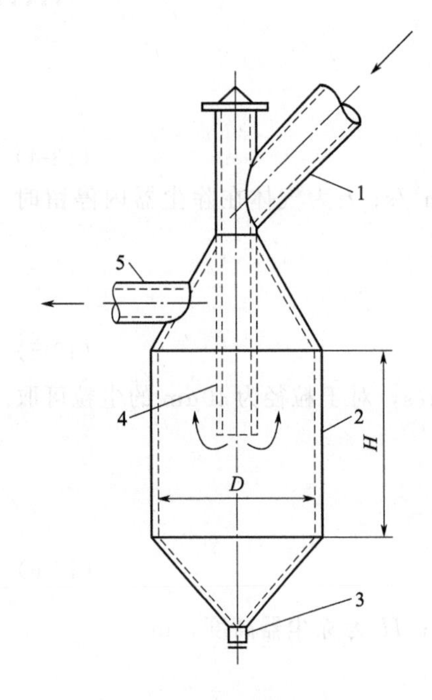

图 13-2 垂直气流重力除尘器
1—烟气下降管；2—除尘器；3—清灰口；
4—中心导入管；5—塔前管

设计垂直气流重力除尘器的关键是确定其主要尺寸——圆筒部分直径和高度，圆筒部分直径必须保证烟气在除尘器内流速不超过 0.6～1.0m/s，圆筒部分高度应保证烟气停留时间达到 12～15s。可按经验直接确定，也可按下式计算。

重力除尘器圆筒部分直径 D(m)：

$$D=1.13\sqrt{\frac{Q}{v}} \tag{13-8}$$

式中，Q 为烟气流量，m^3/s；v 为烟气在圆筒内的速度，m/s，取值 0.6～1.0m/s，高压操作取高值。

除尘器圆筒部分高度 H(m)：

$$H=\frac{Qt}{F} \tag{13-9}$$

式中，t 为烟气在圆筒部分停留时间，s，一般不少于 12～15s；F 为除尘器截面积，m^2。

计算出圆筒部分直径和高度后，再校核其高径比 H/D，其值一般在 1.00～1.50 之间，大高炉取低值。

除尘器中心导入管可以是直圆筒状，也可以做成喇叭状，中心导入管以下高度取决于贮灰体积，一般应满足 3d 的贮灰量。除尘器内的灰尘颗粒干燥而且细小，排灰时极易飞扬，严重影响劳动条件并污染周围环境，一般可采用螺旋输灰器排灰，改善输灰条件。

(四) 高炉煤气重力除尘器设计实例

高炉煤气除尘设备的第一级，不论高炉大小普遍采用重力除尘器。从高炉炉顶排出的高炉煤气含有较多的 CO、H_2 等可燃气体，可作为气体燃料使用。

高炉所使用的焦炭、重油的发热量中，约有 30% 转变成炉顶煤气的潜热，因此充分利用这些气体的潜热对于节省能源是非常重要的。但是，从高炉引出的炉顶煤气中含有大量灰尘，不能直接使用，必须经过除尘处理，因此应设置煤气除尘设备。

高炉煤气除尘设备一般采用下述流程：

① 高炉煤气→重力除尘器→文氏管洗涤器→电除尘器

② 高炉煤气→重力除尘器→一次文氏管洗涤器→二次文氏管洗涤器

③ 高炉煤气→重力除尘器→袋式除尘器

图 13-3 展示出了高炉煤气除尘典型流程。

1. 重力除尘器的布置及主要尺寸的确定

除尘器靠近高炉煤气设施布置在一列高炉旁时，一般布置在铁罐线的一侧。重力除尘器应采用高架式，清灰口以下的净空应能满足火车或汽车通过的要求。设计重力除尘器时可参考下列数据：

① 除尘器直径必须保证煤气在标准状况下的流速不超过 0.6～1.0m/s；

② 除尘器直筒部分的高度，要求能保证煤气停留时间不少于 12～15s；

③ 除尘器下部圆锥面与水平面的夹角应做成＞50°；

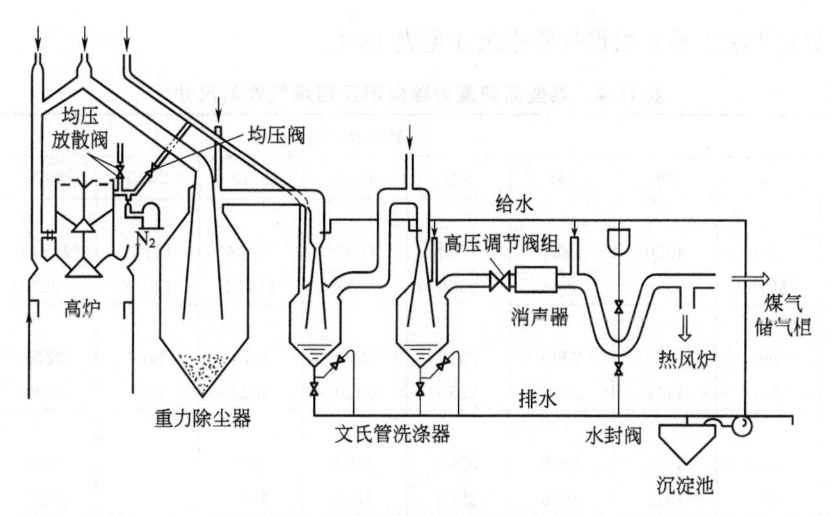

图 13-3　高炉煤气除尘典型流程

④ 除尘器内喇叭口以下的积灰体积应能具有足够的富余量（一般应满足 3d 的积灰量）；

⑤ 在确定粗煤气管道与除尘器直径时，应验算使煤气流速符合表 13-3 所列的流速范围；

⑥ 下降管直径按在 15℃时煤气流速 10m/s 以下设计。

⑦ 除尘器内喇叭管垂直倾角 5°～6.5°，下口直径按除尘器直径 0.55～0.7 倍设计，喇叭管上部直管长度为管径的 4 倍。

表 13-3　重力除尘器及粗煤气管道中煤气流速范围

部　　位	煤气流速/(m/s)	部　　位	煤气流速/(m/s)
炉顶煤气导出口处	3～4	下降总管	7～11
导出管和上升管	5～7	重力除尘器	0.6～1
下降管	6～9		

某些高炉重力除尘器及粗煤气系统见图 13-4。

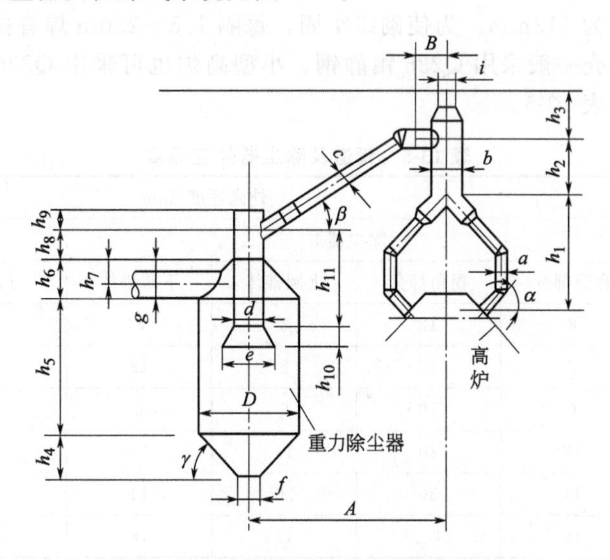

图 13-4　高炉重力除尘器及粗煤气示意

某些高炉重力除尘器及粗煤气管道尺寸见表 13-4。

表 13-4 某些高炉重力除尘器及粗煤气管道尺寸

尺寸代号	高炉有效容积/m^3								
	50	100	255	620	1000	1513	2000	2025	2516
除尘器 D									
内径/mm	3500	4000	5882	7750	8000	10734	11754	11744	13000
外径/mm	3516	4016	5894	8000	8028	11012	12012	12032	13268
喇叭管直径 d									
内径/mm	960	1100	2000	2510	3200	3274	3400	3270	3274
外径/mm	976	1112	2016	2550	3240	3524	3524	3520	3500
喇叭管下口 e									
内径/mm	1300	1600	2920	3760	3700	3274	—	3270	3274
外径/mm	1312	1612	2936	3800	3740	3524	—	3520	3500
排灰口 f									
外径/mm	600	600	502	850	1385	967	内 940×2	600	890
煤气出口 g									
内径/mm	614	704		2180		2274	2620	2450	3000
外径/mm	630	720		2200		2520	2644	2700	3226
h_5/mm	2155	2300	4000	4263	3958	5961	6576	6640	7300
h_6/mm	5600	6000	7000	10000	11484	12080	10451	13400	13860
h_7/mm	1500	1500	2380	5050	4000	5965	8610	8245	7596
h_8/mm	800	750	1250	2000		2986	2926	3960	2926
h_9/mm	700	600	1270	2500	3400	2339	2339	2330	1639
h_{10}/mm	2500	3000	4000	6000	10000	13594	13596	15500	—
h_{11}/mm	200	2000	2573	5000	9000	11500		15500	—
γ			65°4′	50°		50°		60°	

2. 重力除尘器结构与内衬

大中型高炉除尘器及粗煤气管内在易磨损处一般均衬铸钢衬板，其余部分砌黏土砖保护，砌砖时砌体厚度为 113mm。为使砌砖牢固，每隔 1.5～2.0m 焊有托板。

管道及除尘器外壳一般采用 Q235 镇静钢。小型高炉也可采用 Q235 沸腾钢。煤气管道及除尘器外壳厚度见表 13-5。

表 13-5 管道及除尘器外壳厚度

高炉有效容积/m^3	外壳厚度/mm					
	除尘器				粗煤气管道	
	直筒部分	拐角部分	上圆锥体	下圆锥体	导出管	上升和下降管
50	8	12	8	8	10	8
100	8	12	8	12	8	8
255	6	10	6	6	8	8
620	12	30	14	14	16	12
1000	14	30	20	14	10	10
1513	16	24、36	16	16	14	12

3. 重力除尘器荷载

(1) 作用在除尘器平台上的均布荷载 见表13-6。

表13-6 平台上的均布荷载

平台梯子部位及名称	标准均布荷载/(kN/m^2)	
	正常荷载Z	附加荷载F
清灰阀平台	4	10
其他平台及走梯	2	4

(2) 重力除尘器金属外壳的计算温度 重力除尘器金属壳体的计算温度，正常值为80℃，附加值为100℃。

(3) 除尘器内的灰荷载 除尘器前和粗煤气管道布置若在设计角度和流速范围内时，一般可不考虑灰荷载。

除尘器内灰荷载可按下列情况考虑。

① 正常荷载Z：按高炉一昼夜的煤气灰吹出量计算。

② 附加荷载F：清灰制度不正常或除尘器内积灰未全部放净，荷载可按正常荷载的两倍计算。

③ 特殊荷载T：按除尘器内最大可能积灰极限计算。煤气灰密度一般可按1.8～2.0t/m^{3}计算。

(4) 除尘器内的气体荷载

① 正常荷载Z：高压操作时，按设计采用的最高炉顶压力；常压操作时，采用1～3N/cm^2。

② 附加荷载F：按风机发挥最大能力时，可能达到的最高炉顶压力考虑。

③ 特殊荷载T：按爆炸压力40N/cm^{2}及1N/cm^{2}负压考虑。

(5) 其他荷载 包括机械设备的静荷载及动荷载、除尘器内衬的静荷载。

三、重力除尘器性能计算

(一) 重力除尘器效率计算

进入除尘器的尘粒，随着烟气以横断面流速v(m/s) 水平向前运动，另外在重力作用下，以其沉降速度v_s(m/s) 向下沉降。因此尘粒的实际运动速度和轨迹便是烟气流速v和尘粒沉降速度v_s的矢量和。

从理论上分析，沉降速度$v_s \geqslant \frac{Hv}{L}$的尘粒都能在除尘器内沉降下来。各种粒级尘粒的分级除尘效率按下式计算：

$$\eta_i = \frac{L v_{si}}{Hv} \times 100\% \qquad (13\text{-}10)$$

式中，η_i为某种粒级尘粒的分级除尘效率，%；H、L分别为除尘器高度、长度，m；v为烟气流速，m/s；v_{si}为某种粒级尘粒的沉降速度，m/s。

由于除尘器中的流体流动状态主要属层流状态，式(13-10) 可改写为：

$$\eta_i=\frac{\rho_1 d_i^2 gL}{18\mu v H}\times 100\% \tag{13-11}$$

式中，ρ_1 为尘粒密度，kg/m^3；d_i 为尘粒直径，m；g 为重力加速度，m/s^2；μ 为气体动力黏度，Pa·s；v 为尘粒沉降速度，m/s；其余符号意义同前。

对于粗颗粒尘，计算得到 $\eta_i>100\%$时，表明这种颗粒的烟尘在除尘器内恰好可以全部沉降下来，此时的烟尘直径即为除尘器能够完全沉降下来的最小尘粒直径 $d_{\min}$，按下式计算：

$$d_{\min}=\sqrt{\frac{18\mu v H}{g\rho_1 L}} \tag{13-12}$$

多层重力除尘器的分级除尘效率按下式计算：

$$\eta_{in}=\frac{Lv_{si}}{Hv}(n+1)\times 100\% \tag{13-13}$$

式中，η_{in} 为多层除尘器的某种粒级的分级除尘效率，%；v_{si} 为某种粒级尘粒的沉降速度，m/s；n 为隔板层数，无量纲。

多层重力除尘器能够沉积尘粒的最小粒径按下式计算：

$$d_{\min}=\sqrt{\frac{18\mu v H}{\rho_1 gL(n+1)}} \tag{13-14}$$

除尘器增加隔板，减小了尘粒沉降高度，增加了单位体积烟气的沉降底面积，因而有更高的除尘效率。但其结构复杂，造价增高，排出粉尘困难，使其应用受到限制。

（二）重力除尘器阻力计算

除尘器的流体阻力主要由进口（扩大）管的局部阻力、除尘器内的摩擦阻力及出口（缩小）管的局部阻力组成，按下式计算：

$$\Delta p=\frac{\rho^2 v^2}{2}\left(\frac{L}{R_n}f+K_i+K_e\right) \tag{13-15}$$

式中，Δp 为除尘器的流体阻力，Pa；R_n 为除尘器的水力半径，$R_n=\frac{BH}{2(B+H)}$，m；f 为除尘器的气流摩擦系数，无量纲；K_i 为进口管局部阻力系数，无量纲，$K_i=\left(\frac{BH}{F_j}-1\right)^2\leqslant\frac{BH}{F_j}$；$F_j$ 为除尘器进口截面积，m^2；K_e 为出口管局部阻力系数，无量纲，$K_e=0.45\times\left(1-\frac{F_e}{BH}\right)\leqslant 0.45$；$F_e$ 为除尘器出口截面积，m^2。

当除尘器内气流为紊流状态（$4\times10^5\leqslant Re\leqslant 2\times10^6$）时，$f=0.00135+0.0099Re^{-0.3}\leqslant 0.01$，除尘器的最大阻力可按下式计算：

$$\Delta p_{\max}=\frac{\rho_2 v^2}{2}\left[\frac{0.02L(B+H)}{BH}+\frac{BH}{F_j}+0.45\right] \tag{13-16}$$

（三）石灰厂重力除尘器性能计算实例

例如，设置一台重力除尘器，宽 7.5m，高 1.8m，长 27m，以除去空气流中所含的石灰石粉尘，石灰石粉尘密度 $2670kg/m^3$，入口含尘量 $600g/m^3$，气体流量 $1500m^3/h$，石灰石粉尘的粒径分布如下：

粒径 $d/\mu m$	0～5	5～20	20～50	50～100	100～500	>500
质量分布率/%	2	6	17	28	36	11

试计算每一级粒径范围的平均分级除尘效率、总除尘效率、出口含尘浓度、每天的除尘量、每天排放的粉尘量。

首先确定完全沉降的最小粉尘粒径 d_{min}，按式(13-12) 计算：

$$d_{min}=\sqrt{\frac{18\mu vH}{g\rho_1 L}}=\sqrt{\frac{18\mu Q}{g\rho_1 BL}}=\sqrt{\frac{18\times1.96\times10^{-5}\times\frac{1500}{3600}}{9.81\times2670\times7.5\times27}}=5.26\ (\mu m)$$

即大于 $5.26\mu m$ 的粉尘的除尘效率均为 100%。因此仅需计算平均粒径为 $2.5\mu m$ 的颗粒。其沉降速度按下式计算，代入有关数据，得：

$$v_{si}=\frac{d^2\rho_1 g}{18\mu}=\frac{(2.5\times10^{-6})^2\times2670\times9.81}{18\times1.96\times10^{-5}}=0.000464\ (m/s)$$

平均粒径为 $2.5\mu m$ 的颗粒的分级除尘效率按公式(13-10) 计算，代入有关数据，得：

$$\eta_i=\frac{Lv_{si}}{Hv}\times100\%=\frac{27\times0.000464}{\frac{1.8\times1500}{3600\times7.5\times1.8}}\times100\%=22.55\%$$

上述计算结果列表 13-7。

表 13-7　计算结果

粒径范围/μm	平均粒径/μm	分布率/%	分级效率/%
0～5	2.5	2	22.55
5～20	12.5	6	100.0
20～50	35.0	17	100.0
50～100	75.0	28	100.0
100～500	300.0	36	100.0
>500	—	11	100.0

总除尘效率为：

$$\eta=\Sigma W_i\eta=0.02\times22.55\%+0.98\times100\%=98.451\%$$

设备出口含尘浓度：$(1-0.98451)\times600=9.294\ (g/m^3)$

每天的收尘量：

$$\frac{0.98451\times1500\times600\times24}{1000}=21.265\ (kg/d)$$

除尘器日排放尘量：

$$\frac{(1-0.98451)\times1500\times600\times24}{1000}=334.584\ (kg/d)$$

第二节 旋风除尘器设计

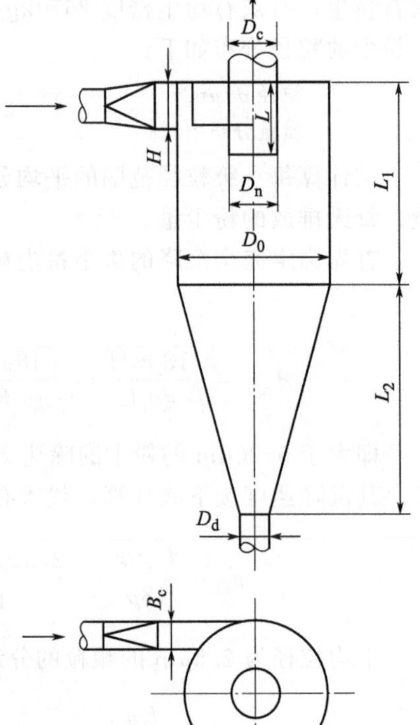

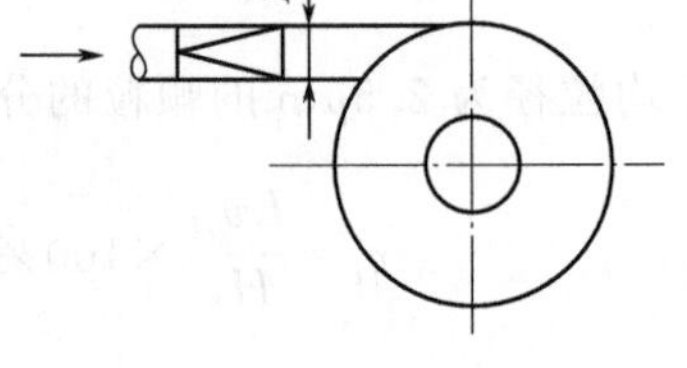

图 13-5 旋风除尘器基本型式

一、旋风除尘器设计条件

首先收集原始条件，包括：含尘气体流量及波动范围，气体化学成分、温度、压力、腐蚀性等；气体中粉尘浓度、粒度分布，粉尘的黏附性、纤维性和爆炸性；净化要求的除尘效率和压力损失等；粉尘排放和要求回收价值；空间场地、水源电源和管道布置等。根据上述已知条件做设备设计或选型计算。

二、旋风除尘器基本型式

旋风除尘器基本型式见图 13-5，各部分尺寸比例关系见表 13-8。在实际应用中因粉尘性质不同、生产工况不同、用途不同，设计者发挥想象力设计出不同形式的除尘器，其中短体旋风除尘器如图 13-6 所示，长体旋风除尘器如图 13-7 所示，卧式旋风除尘器如图 13-8 所示。旋风除尘器设计百花齐放。

表 13-8 常用旋风除尘器各部分间的比例

序号	项目	常用旋风除尘器比例	序号	项目	常用旋风除尘器比例
1	直筒长	$L_1=(1.5\sim2)D_0$	5	入口宽	$B_c=(0.2\sim0.25)D_0$
2	锥体长	$L_2=(2\sim2.5)D_0$	6	灰尘出口直径	$D_d=(0.15\sim0.4)D_0$
3	出口直径	$D_c=(0.3\sim0.5)D_0$	7	内筒长	$L=(0.3\sim0.75)D_0$
4	入口高	$H=(0.4\sim0.5)D_0$	8	内筒直径	$D_n=(0.3\sim0.4)D_0$

三、旋风除尘器基本尺寸设计

旋风除尘器几何结构尺寸是设计者在处理设备最终效率相关问题时需考虑的最重要的单变量。这是因为收集效率更多地取决于其总体几何结构。对许多基本旋风除尘器来说，每一种形式都有大量的几何比例结构可供选择。但绝大部分的工业应用以及研究一直将逆流型的旋风除尘器作为中心内容。

虽然人们无法用数学方法对旋风除尘器物理性能进行准确描述，但是对旋风除尘器的几何学参量进行改变却能在能耗相当或能耗较低的情况下大幅度地改善集尘的效率。事实上，由于在操作的各项参数以及压降既定的条件下旋风除尘器的几何设计数据可选的组合成千上万，因此完全可能设计一个满足给定除尘条件的、比以前更好的旋风除尘器。

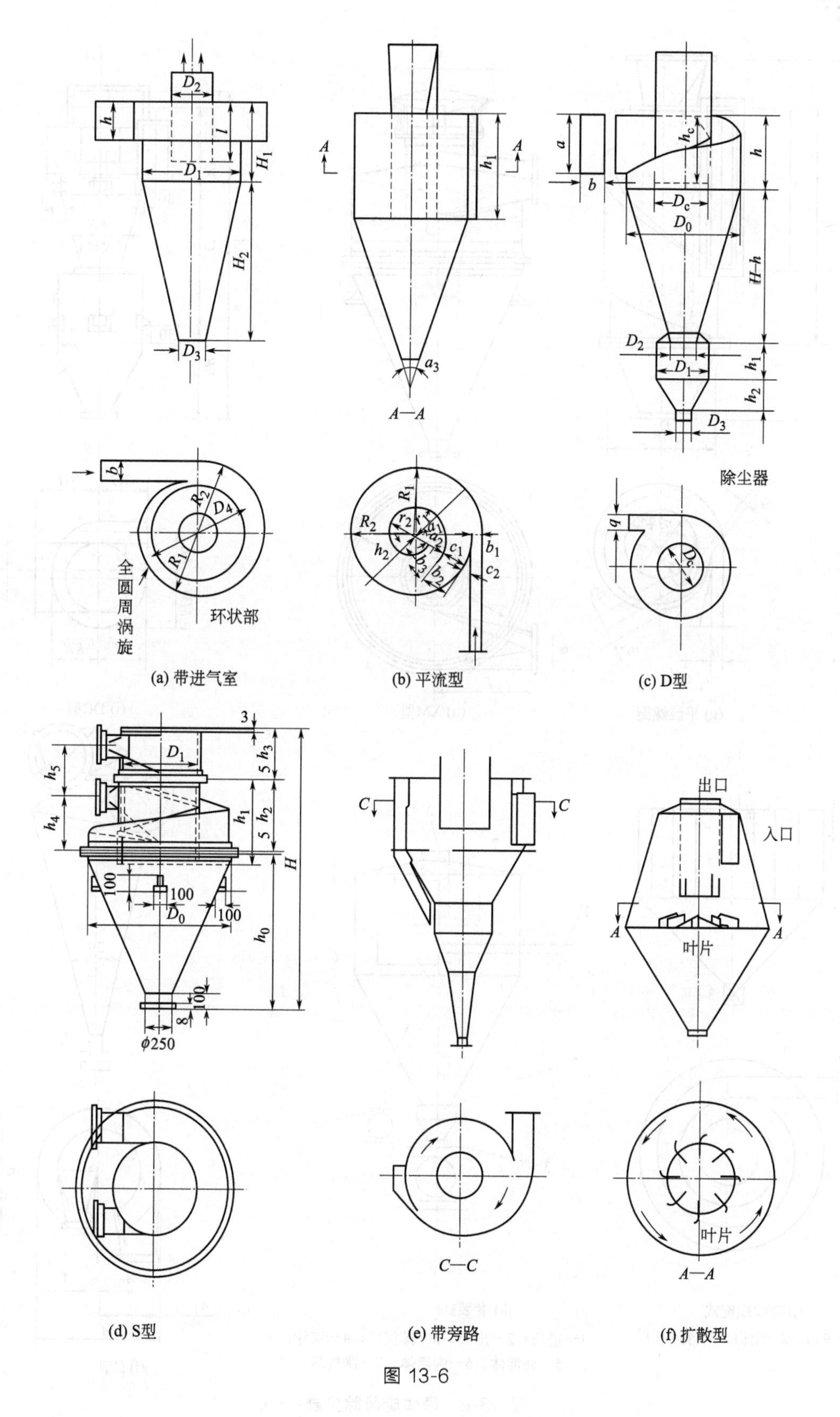

(a) 带进气室　(b) 平流型　(c) D型

(d) S型　(e) 带旁路　(f) 扩散型

图 13-6

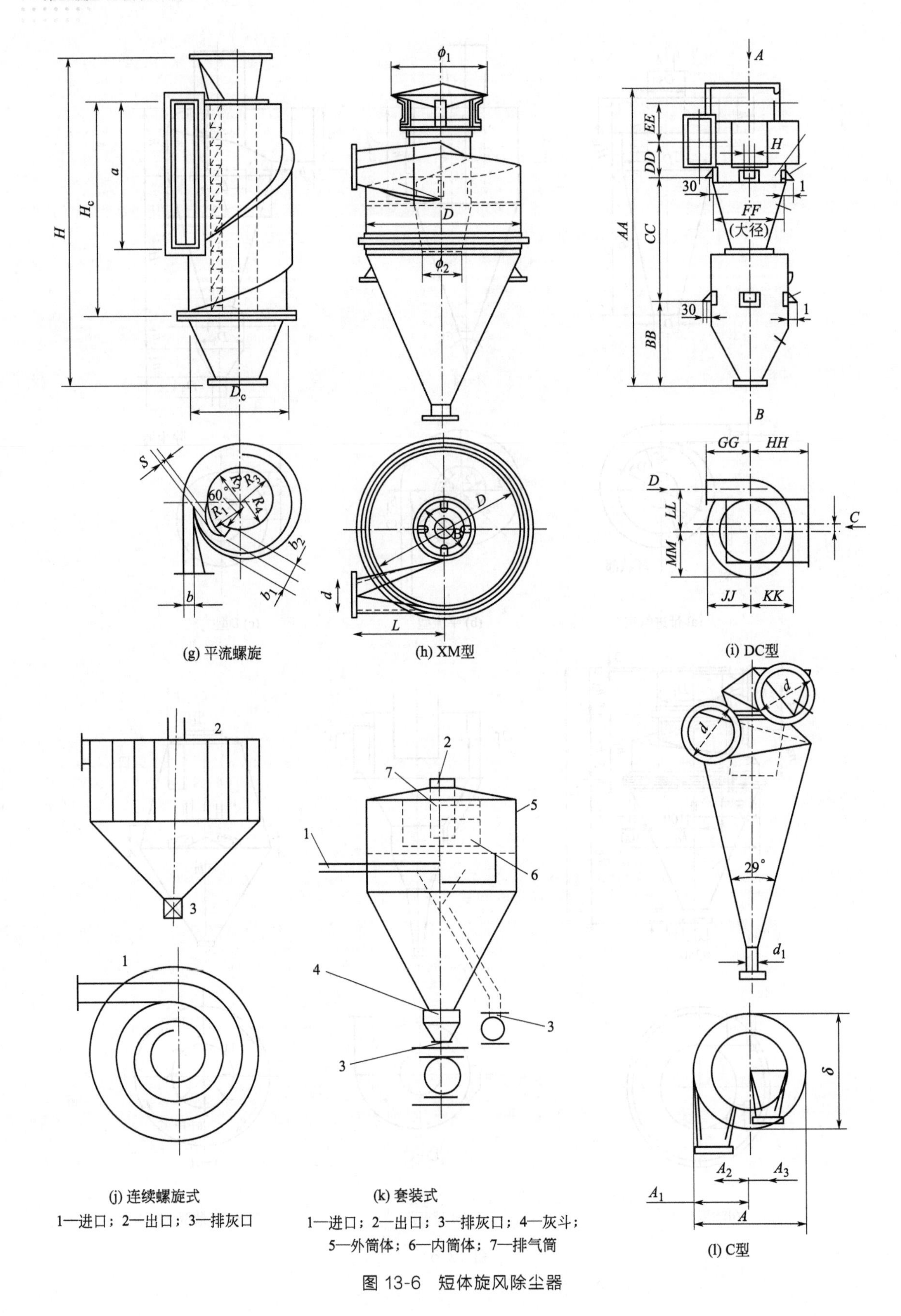

(g) 平流螺旋

(h) XM型

(i) DC型

(j) 连续螺旋式

1—进口；2—出口；3—排灰口

(k) 套装式

1—进口；2—出口；3—排灰口；4—灰斗；5—外筒体；6—内筒体；7—排气筒

(l) C型

图 13-6　短体旋风除尘器

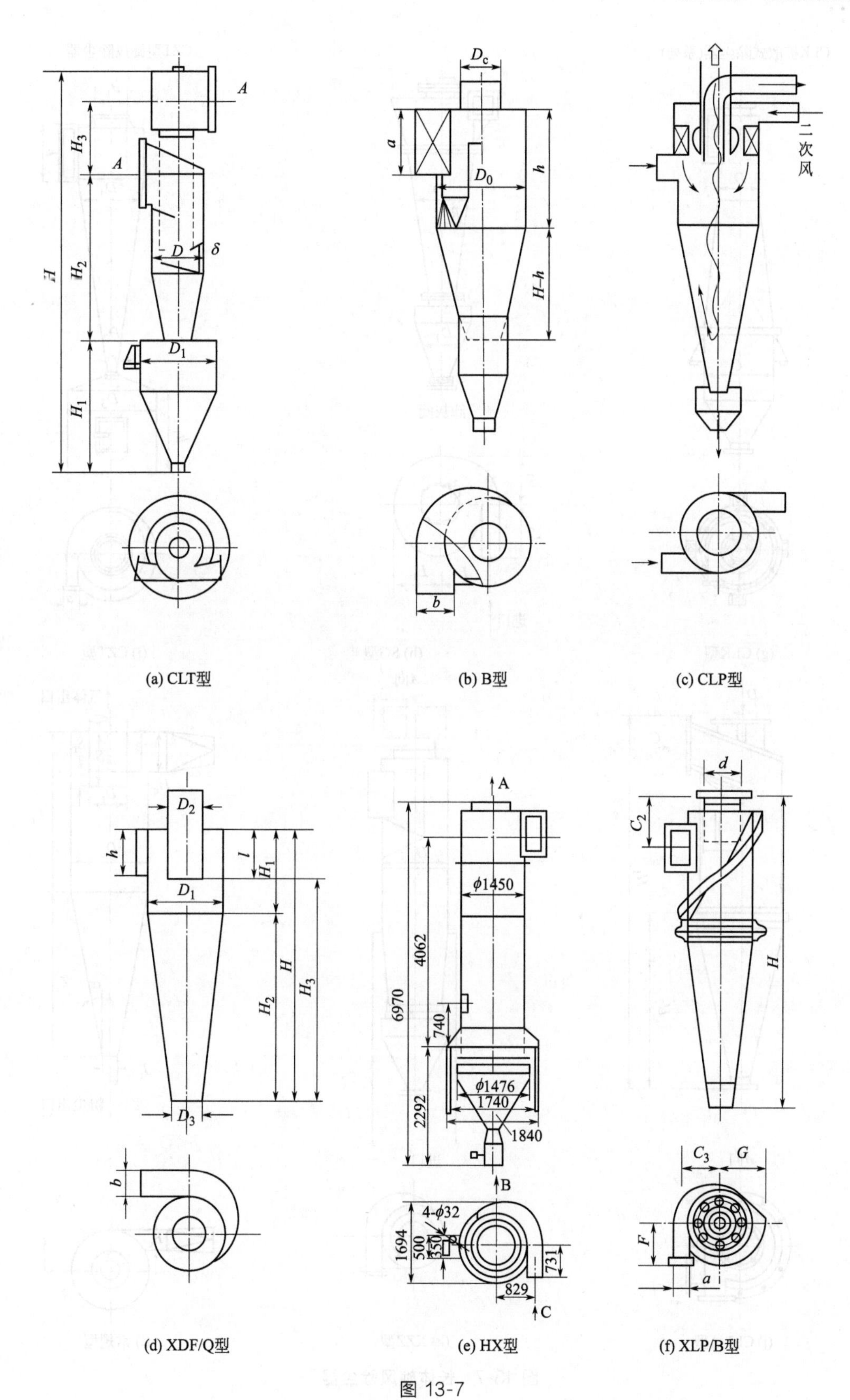

(a) CLT型

(b) B型

(c) CLP型

(d) XDF/Q型

(e) HX型

(f) XLP/B型

图 13-7

CLK扩散式除尘器(系列)

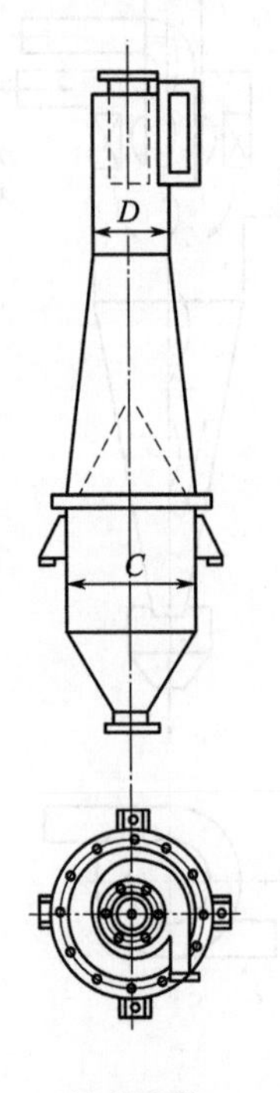

(g) CLK型

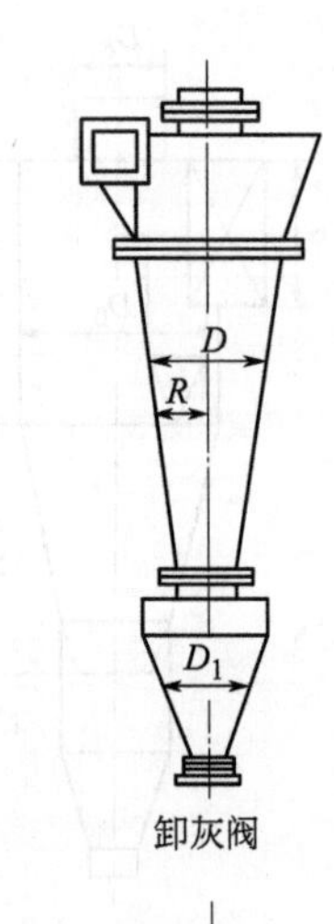

(h) SG型

CZT型旋风除尘器

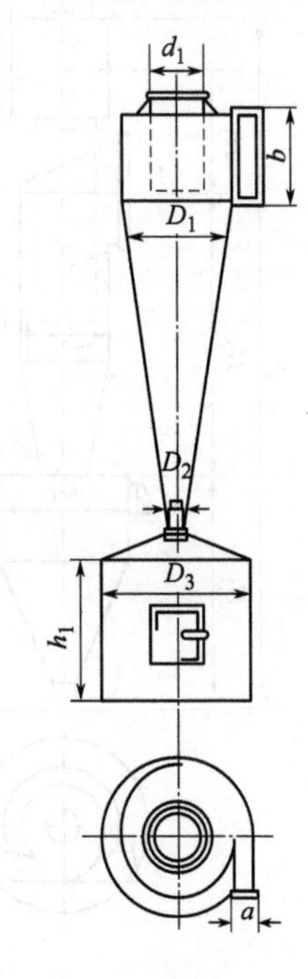

(i) CZT型

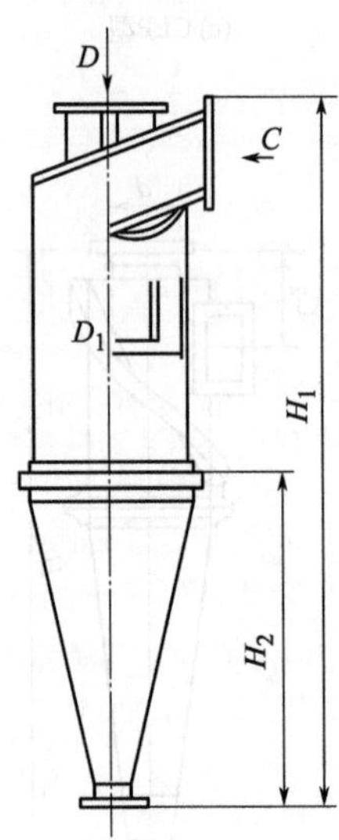

(j) CLT/A型

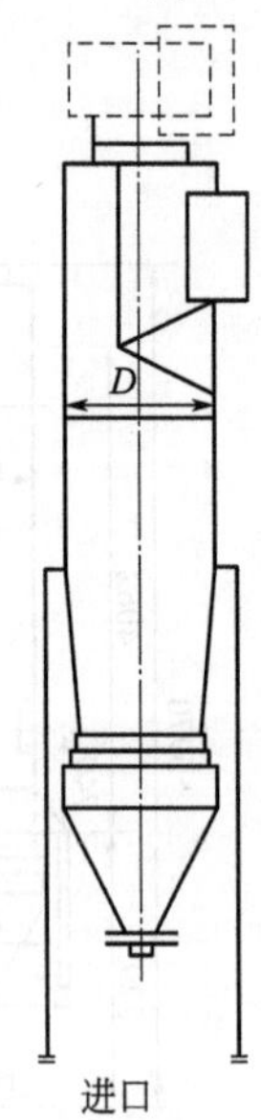

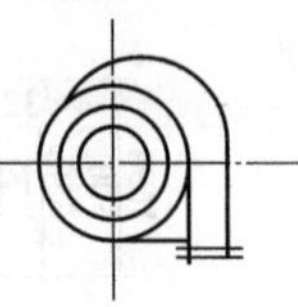

(k) XZZ型

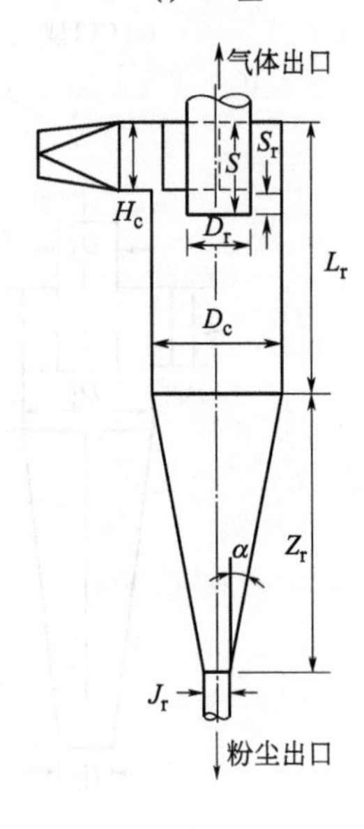

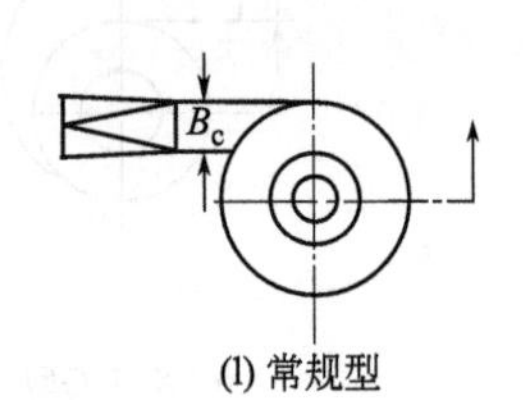

(l) 常规型

图 13-7　长体旋风除尘器

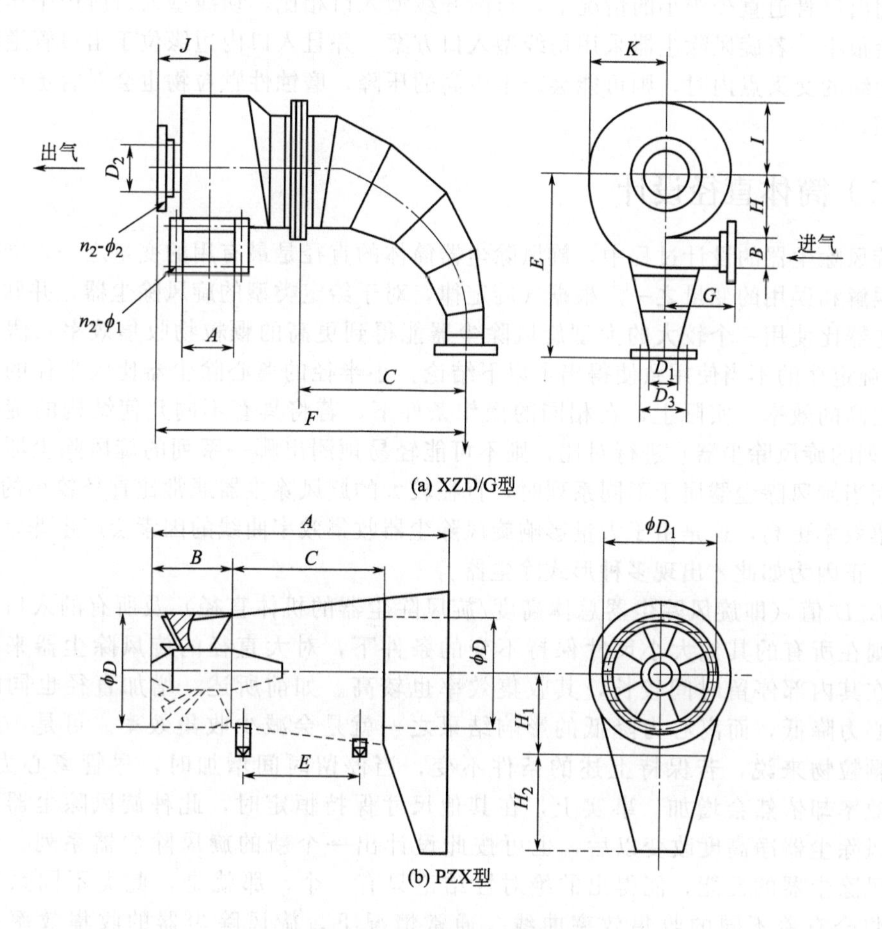

图 13-8　卧式旋风除尘器

（一）进气口设计

旋风除尘器进气口气流速度为 14～24m/s，进气口设计中必须注意以下问题。

① 能耗随入口速度的升高而呈指数关系升高。这是因为阻力损失与入口速度的平方成正比。

② 在收集有磨蚀作用的颗粒物时，则随入口速度的增加对旋风除尘器的磨损一般也会加剧。这是因为，磨蚀速度与入口速度的立方成正比，也就是说若颗粒物入口速度加倍，则其对管道内壁的磨蚀速度将是原来的 8 倍。

③ 在用于易碎（易破裂或易折断）的颗粒物，或会发生凝聚的颗粒物时，增加入口速度可能使颗粒物变得更小，对颗粒物的收集带来负面影响。

④ 尽管通过增加入口速度来提升收集效率的物理学原理在所有可能的情况下都适用，但是，入口速度增加以后，对装置的安装及配置方面的相关要求将会更加严格。由于此类体系中的旋涡情况将会严重加剧，因此所收集到的细粉可能会被重新带入。通常为确保在运行过程中可达到较好的性能水平，一般把入口速度控制在 14～24m/s。

⑤ 在绝大多数的情况下，切线型入口的旋风除尘器的制造价格较低廉，尤其是当所涉及的旋风除尘器主要用于高压或真空条件下更是如此。在旋风除尘器机体内径较大，同时要

求其使用出口管道直径较小的情况下，与渐开线型入口相比，切线型入口所产生压降的增加程度便会很小。若旋风除尘器采用切线型入口方案，并且入口内边缘位于出口管道壁与入口管道内边缘的交叉点内时，则可能会产生极高的压降，磨蚀性颗粒物也会对管道产生很大的磨损作用。

（二）筒体直径设计

在旋风除尘器的设计过程中，旋风除尘器筒体的直径是最有用的变量之一，同时也是最易于被误解和误用的变量之一。根据气旋定律，对于给定类型的旋风除尘器，并联使用多个旋风除尘器比使用一个较大的大型旋风除尘器能得到更高的颗粒物收集效率（假定安装恰当）。气旋定律的不当使用致使得出了以下结论：小半径的离心除尘器比大半径的离心除尘器具有更高的效率。实际上，在相同的操作条件下，若将具有不同几何结构的旋风除尘器（不同系列的旋风除尘器）进行对比，则不可能轻易预测出哪一系列的旋风除尘器收集效率高。然而当旋风除尘器属于不同系列时，直径较大的旋风除尘器通常比直径较小的旋风除尘器的收集效率更高，这是由于大量影响旋风除尘器收集效率曲线的因素会产生非常复杂的相互作用。正因为如此才出现多种形式除尘器。

若 L/D 值（即旋风除尘器总体高度/旋风除尘器的机体直径）及所有的入口条件保持恒定，则在所有的其他大小尺寸保持不变的条件下，对大直径的旋风除尘器来说，由于颗粒物在其内部停留时间较长，其收集效率也较高。如前所述，增加直径也同时会直接导致离心力降低，而离心力降低的影响结果之一就是会减少收集效率。可是，对绝大多数工业颗粒物来说，若保持上述的条件不变，当停留时间增加时，尽管离心力减少了，但收集效率却依然会增加。事实上，在其他尺寸保持恒定时，此种旋风除尘器机体直径以及旋风除尘器净高度改变以后，也可按此设计出一个新的旋风除尘器系列。对不同系列的旋风除尘器的性能，能得出的绝对性结论只有一个，那就是，此类不同系列的旋风除尘器将会有着不同的收集效率曲线。通常情况下，旋风除尘器的收集效率曲线会产生相互交叉，高停留时间的旋风除尘器对大直径的颗粒物（直径＞1μm）有着较高的收集效率；而低停留时间（高容量）的旋风除尘器，对直径＜1μm 的极细小的颗粒物有着较高的收集效率。

由于旋风除尘器最常处理的颗粒物，在绝大多数情况下，其大小均大于收集效率曲线发生交叉的尺寸（0.5～2μm），因此，具有高停留时间的旋风除尘器有着更好的集尘效果。

长度与直径比（或高度与直径比）L/D 为旋风除尘器的机体高度加上圆锥体高度之和除以旋风除尘器机体或桶体的内径。在所有的其他因子保持恒定时，随着 L/D 值的增加，旋风除尘器的性能也随之改善。对于高性能的旋风除尘器，此比值介于 3～6 之间，常用的比值为 4。若需考虑到旋风除尘器的总体性能，则 L/D 值一般不应小于 2。研究也显示 L/D 值的最大值可能会达到 6 以上。

圆筒体的直径对除尘效率有很大影响。在进口速度一定的情况下，筒体直径越小，离心力越大，除尘效率也越高。因此在通常的旋风除尘器中，筒体直径一般不大于 900mm。这样每一单筒旋风除尘器所处理的风量就有限，当处理大风量时可以并联若干个旋风除尘器。

多管除尘器就是利用减小筒体直径以提高除尘效率的特点，为了防止堵塞，筒体直径一般采用 250mm。由于直径小，旋转速度大，磨损比较严重，通常采用铸铁作小旋风子。在处理大风量时，在一个除尘器中可以设置数十个甚至数百个小旋风子。每个小旋风子均采用

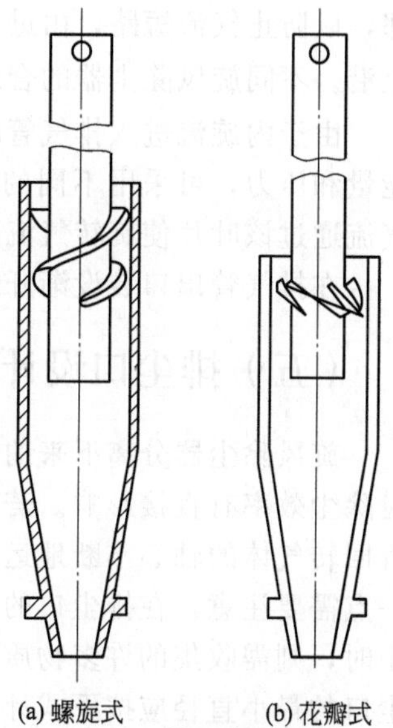

图 13-9　多管旋风除尘器的旋风子

轴向进气，用螺旋式或花瓣式导流（图 13-9）。圆筒体太长，旋转速度下降，因此一般取筒体直径的 2 倍。

消除上旋涡造成上灰环不利影响的另一种方式，是在圆筒体上加装旁路灰尘分离室（旁室），其入口设在顶板下面的上灰环处（有的还设有中部入口），出口设在下部圆锥体部分，形成旁路式旋风除尘器。在圆锥体部分负压的作用下，上旋涡的部分气流携同上灰环中的灰尘进入旁室，沿旁路流至除尘器下部锥体，粉尘沿锥体内壁流入灰斗中。旁路式旋风除尘器进气管上沿与顶盖相隔一定距离，使有足够的空间形成上旋涡和上灰环。旁室可以做在旋风除尘器圆筒的外部（外旁路）或内部。利用这一原理做成的旁路式旋风除尘器有多种形式。

（三）圆锥体设计

增加圆锥体的长度可以使气流的旋转圈数增加，明显地提高除尘效率。因此高效旋风除尘器一般采用长锥体。锥体长度为筒体直径 D 的 2.5～3.2 倍。

有的旋风除尘器的锥体部分接近于直筒形，消除了下灰环的形成，避免局部磨损和粗颗粒粉尘的反弹现象，因而提高了使用寿命和除尘效率。这种除尘器还设有平板型反射屏装置，以阻止下部粉尘二次飞扬。

旋风除尘器的锥体，除直锥形外，还可做成牛角弯形。这时除尘器水平设置降低了安装高度，从而少占用空间，简化管路系统。试验表明，进口风速较高（＞14m/s）时，直锥形的直立安装和牛角形的水平安装其除尘效率和阻力基本相同。这是因为在旋风除尘器中，粉尘的分离主要是依靠离心力的作用，而重力的作用可以忽略。

旋风除尘器的圆锥体也可以倒置，扩散式除尘器即为其中一例。在倒圆锥体的下部装有倒漏斗形反射屏（挡灰盘）。含尘气流进入除尘器后，旋转向下流动，在到达锥体下部时，由于反射屏的作用大部分气流折转向上由排气管排出。紧靠筒壁的少量气流随同浓聚的粉尘沿圆锥下沿与反射屏之间的环缝进入灰斗，将粉尘分离后，由反射屏中心的“透气孔”向上排出，与上升的内旋流混合后由排气管排出。由于粉尘不沉降在反射屏上部，主气流折转向上时，很少将粉尘带出（减少二次扬尘），有利于提高除尘效率。这种除尘器的阻力较高，其阻力系数 $\zeta=6.7\sim10.8$。

（四）排气管设计

排气管通常都插入除尘器内，与圆筒体内壁形成环形通道，因此通道的大小及深度对除尘效率和阻力都有影响。环形通道越大，排气管直径 D_c 与圆筒体直径 D 之比越小，除尘效率增加，阻力也增加。在一般高效旋风除尘器中取 $\frac{D_c}{D}=0.5$，而当效率要求不高时（通用型旋风除尘器）可取 $\frac{D_c}{D}=0.65$，阻力也相应降低。

排气管的插入深度越小，阻力越小。通常认为排气管的插入深度要稍低于进气口的底部，以防止气流短路，由进气口直接窜入排气管，而降低除尘效率。但不应接近圆锥部分的上沿。不同旋风除尘器的合理插入深度不完全相同。

由于内旋流进入排气管时仍然处于旋转状态，使阻力增加。为了回收排气管中多消耗的能量和压力，可采用不同的措施。最常见的是在排气管的入口处加装整流叶片（减阻器），气流通过该叶片使旋转气流变为直线流动，阻力明显降低，但除尘效率略有下降。

在排气管出口装设渐开蜗壳，阻力可降低5%～10%，而对除尘效率影响很小。

（五）排尘口设计

旋风除尘器分离下来的粉尘，通过设于锥体下面的排尘口排出，因此排尘口大小及结构对除尘效率有直接影响。若圆锥形排尘口的直径太小，则由于在旋风除尘器内部的颗粒物向着回转气体的轴心不断地运动，旋风除尘器的收集效率就会有所降低。此外，还有很重要的一点需要注意：在排尘口的直径大小不够时也会产生一些实际操作方面的问题。若排尘口太小时，则需收集的许多物质就不能通过，这样收集效率会有较大程度的降低。旋风除尘器排尘口的最小直径应按下式计算得出：

$$D_e = 3.5\times\left(2450\times\frac{v_m}{\rho_B}\right)^{0.4} \tag{13-17}$$

式中，D_e 为排尘口的直径，cm；v_m 为粉尘质量流速，kg/s；ρ_B 为粉尘体积松密度，kg/m^3。

通常排尘口直径 D_e 采用排气管直径 D_c 的0.5～0.7倍，但有加大的趋势，例如取 $D_e = D_c$，甚至 $D_e = 1.2D_c$。

由于排尘口处于负压较大的部位，排尘口的漏风会使已沉降下来的粉尘重新扬起，造成二次扬尘，严重降低除尘效率。因此保证排灰口的严密性是非常重要的。为此可以采用各种卸灰阀，卸灰阀除了要使排灰流畅外，还要使排灰口严密，不漏气，因而也称为锁气器。常用的有：重力作用闪动卸灰阀（单翻板式、双翻板式和圆锥式）、机械传动回转卸灰阀、螺旋卸灰机等。

现将旋风除尘器各部分结构尺寸增加对除尘器效率、阻力及造价的影响列入表13-9中。

表13-9　旋风除尘器结构尺寸增加对性能的影响

参数增加	阻力	效率	造价
除尘器直径 D	降低	降低	增加
进口面积(风量不变)，H_c，B_c	降低	降低	—
圆筒长度 L_c	略降	增加	增加
圆锥长度 Z_c	略降	增加	增加
圆锥开口 D_e	略降	增加或降低	—
排气管插入长度 S	增加	增加或降低	增加
排气管直径 D_c	降低	降低	增加
相似尺寸比例	几乎无影响	降低	—
圆锥角 $2\tan^{-1}\left(\frac{D-D_e}{H-L_c}\right)$	降低	20°～30°为宜	增加

（六）旋风除尘器最佳形状

旋风除尘器的最佳形状如图 13-10 所示。

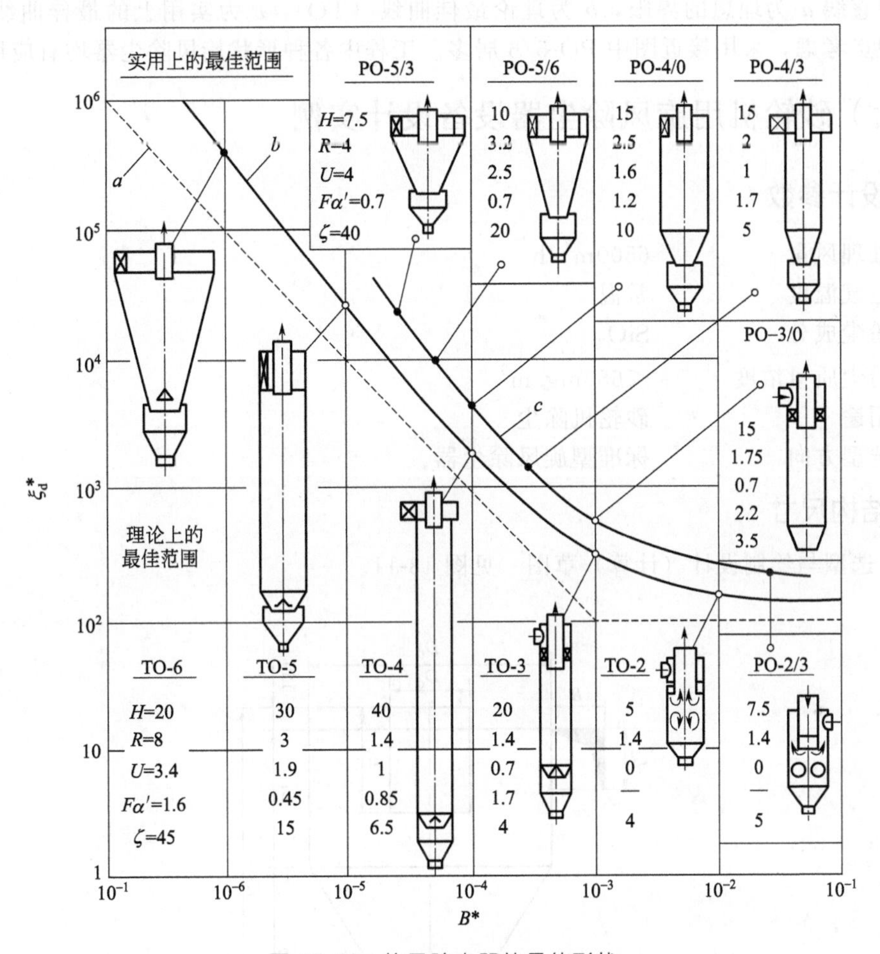

图 13-10 旋风除尘器的最佳形状

图中 $H=h/r_i$；$R=r_a/r_e$；$U=u_e/v_e$；$F=F_i/F_e$；$\alpha'=v'_e/u_a$；$\zeta=\Delta p/\left(\frac{\rho}{2}v_i^2\right)$ 均为无量纲数。

式中，h 为旋风除尘器高度；r_e 为出口管半径；r_a 为旋风除尘器圆筒部半径；u_e 为出口半径旋转速度；v_e 为出口管内平均轴向速度；F_i、F_e 分别为入口及出口断面积；v'_e为入口断面速度；u_a 为圆筒壁旋转速度；Δp 为压力损失；ρ 为气体密度。

图的坐标轴为下列各种无量纲特性数：

$$\xi_d^* = \frac{\Delta p}{\frac{\rho}{2}\left(\frac{Q}{\pi r_a^{\frac{4}{3}} h^{\frac{2}{3}}}\right)^2} \tag{13-18}$$

$$B^{*}=\frac{v_{r}r_{e}Q}{\pi u_{e}^{2}r_{a}^{2}h} \tag{13-19}$$

式中，Q 为气体流量；v_r 为半径方向分离临界粒子的终末沉降速度；其他符号意义同前。

图中直线 a 为理想的界限，b 为理论最佳曲线（TO），c 为实用上的最佳曲线（PO）。从经济观点考虑，采用接近图中 PO-5/6 居多。工程中各种形状旋风除尘器均有应用。

（七）砂轮机用旋风除尘器设备设计实例

1. 设计参数

① 处理风量　　6500m^3/h

② 空气温度　　常温

③ 粉尘成分　　SiO_2

④ 粉尘质量浓度　　＜650mg/m^3

⑤ 用途　　砂轮机除尘

⑥ 选型方向　　标准型旋风除尘器

2. 结构尺寸

（1）选型与绘制设计（计算）草图　见图 13-11。

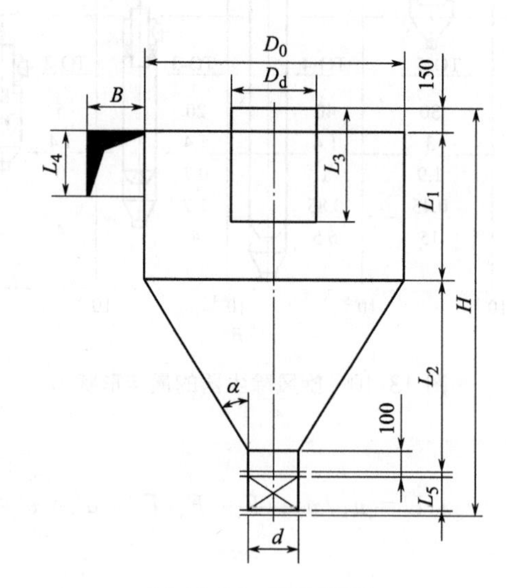

图 13-11　设计草图

（2）排气管（内筒）截面积（S_d）与直径（D_d）

$$S_d=\frac{Q_V}{3600v_d}=\frac{6500}{3600\times22}=0.082\ (\text{m}^2)$$（一般内筒速度设为 18～25m/s）

$$D_d=\sqrt[2]{\frac{S_d}{\pi}}=\sqrt[2]{\frac{0.082}{\pi}}=0.323(\text{m})，取\ D_d=325\text{mm}$$

（3）圆筒空（环）截面积

$$S_k = \frac{Q_V}{3600 v_k} = \frac{6500}{3600 \times 3.5} = 0.516\ (m^2)$$

(一般空截面上升速度 $v_k = 2.5 \sim 4.0 m/s$)

(4) 圆筒全截面积

$$S_0 = S_d + S_k = 0.082 + 0.516 = 0.598\ (m^2)$$

(5) 圆筒直径

$$D_0 = \sqrt[2]{\frac{S_0}{\pi}} = \sqrt[2]{\frac{0.598}{\pi}} = 0.873\ (m)，取 D_0 = 870mm$$

(6) 相关尺寸设计计算

① 圆筒长度

$$L_1 + 150 = 2D_0 + 150 = 2 \times 870 + 150 = 1890\ (mm)$$

② 锥体长度

$$L_2 + 100 = 2D_0 + 100 = 2 \times 870 + 100 = 1840\ (mm)$$

③ 进口尺寸

$$S_1 = Q_V / 3600 v_1 = 6500/(3600 \times 20) = 0.0903\ (m^2)$$

(一般进口速度 $v_1 = 15 \sim 25 m/s$)

$$S_1 = BL_4 = B \times 2B = 2B^2 (L_4 = 2B)$$

$$B = (S_1/2)^{0.5} = (0.0903/2)^{0.5} = 0.212(m)，取 B = 215mm$$

$$L_4 = 2B = 430mm$$

④ 排灰口直径

$$d = 0.25 D_0 = 0.25 \times 870 = 0.218(m)，取 d = 220mm$$

3. 技术性能

(1) 处理能力

$$Q_V = 3600 S_1 v_1 = 3600 \times (0.125 \times 0.430) \times 20 = 6656\ (m^3/h)$$

(2) 设备阻力

$$\Delta p = \zeta v^2 \rho_1 / 2 = 5 \times 20^2 \times 1.205/2 = 1205(Pa)$$

一般 $\zeta = 5.0 \sim 5.5$

(3) 除尘效率　按经验值取 $\eta = 85\%$。

(4) 排放浓度

$$c_2 = (1-\eta) c_1 = (1-0.85) \times 650 = 97.5\ (mg/m^3)$$

(5) 回收粉尘量

$$G = Q_V (c_1 - c_2) \times 10^{-6} = 3.68 kg/h$$

(6) 定型结论　型式为标准型旋风除尘器；风量 $6660m^3/h$；阻力 1200Pa；外形尺寸 $\phi 870m \times 3730mm$；重量 478kg。

四、直流式旋风除尘器设计计算

1. 工作原理

含尘气体从入口进入导流叶片。由于叶片导流作用气体做快速旋转运动。含尘旋转气流在离心力的作用下，气流中的粉尘被抛到除尘器外圈直至器壁中心，干净气体从排气管排出，粉尘集中到卸灰装置卸下。直流式旋风除尘器可以水平使用，阻力损失相对较小，配置灵活方便，使用范围较广。

2. 构造特点

直流式旋风除尘器是为解决旋风除尘器内被分离出来的灰尘可能被旋转上升的气流带走而设计的。在这种除尘器中，绕轴旋转的气流只是朝一个方向做轴向移动。它包括 4 部分（见图 13-12）：a. 筒体，一般为圆筒形；b. 入口，包含产生气体旋转运动的导流叶片；c. 出口，把净化后的气体和旋转的灰尘分开；d. 灰尘排放装置。

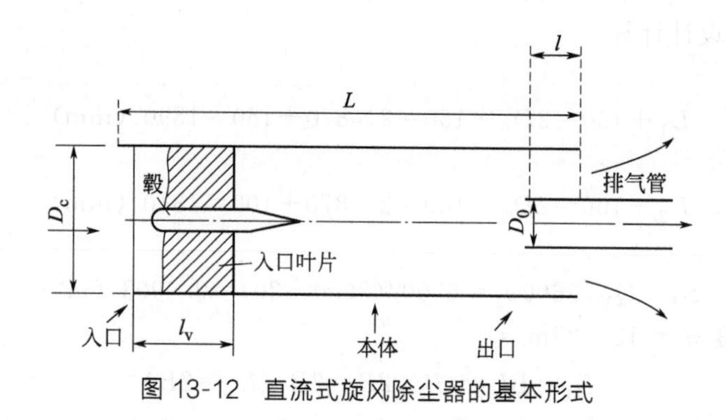

图 13-12 直流式旋风除尘器的基本形式

直流式旋风除尘器内由螺线形隔板造成的旋风流形状如图 13-13 所示。

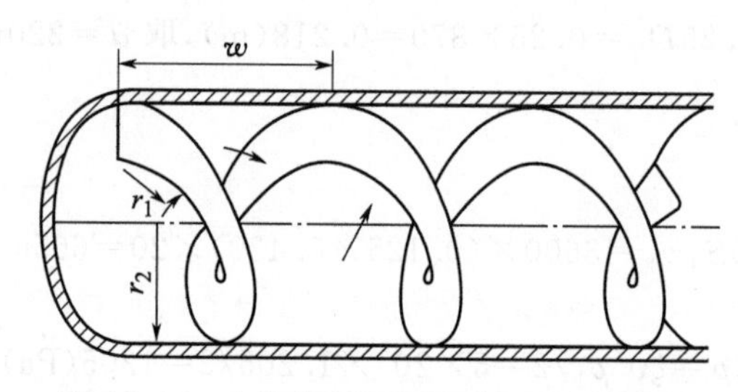

图 13-13 由螺线形隔板造成的旋风流形状

（1）除尘器筒体 筒体形状一般只是直径和长度有所变化。其直径比较小的，除尘效率要高一些，但直径太小，则有被灰尘堵塞的可能。筒体短的除尘器中，灰尘分离的时间可能不够，而长的除尘器会损失涡旋的能量增加气流的紊乱，以致降低除尘效率。表 13-10 为直流式旋风除尘器各部分尺寸与本体直径之比。

表 13-10 直流式旋风除尘器各部分尺寸与本体直径之比

形式	本体长度 L/D_c	叶片占有长度 l_v/D_c	排气管直径 D_0/D_c	排气管插入长度 l/D_c
图 13-14(f)	4.8	0.4	0.8	0.1
图 13-14(e),(g)	3.0	0.4	1.0	1.0
图 13-14(c)	2.8	0.4	0.6	0.1
图 13-14(d)	2.6	0.5	0.8	0.7

续表

形式	本体长度 L/D_c	叶片占有长度 l_v/D_c	排气管直径 D_0/D_c	排气管插入长度 l/D_c
图 13-14(h)	1.7	0.6	0.6	0.3
图 13-14(a)	1.5	0.3	0.6	0.1
图 13-14(b)	1.5	0.5	0.7	0.1

注：表中符号表示的内容见图 13-12。

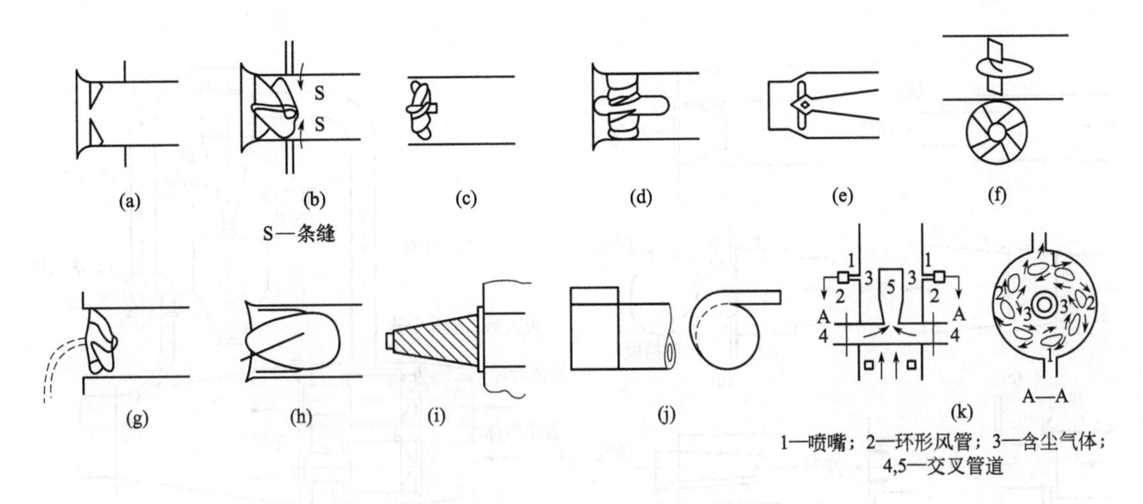

图 13-14　直流式除尘器的各种入口形式

(2) 入口形式　直流式旋风除尘器的入口形式多是绕毂安装固定的导向叶片使气体产生旋转运动。入口形式有各种不同的设计，图 13-14 中(a)、(b)、(d)、(f) 应用较多，叶片与轴线呈 45°，只是叶片形式不同而已，图 13-14 中(c)、(e)、(g)、(i) 入口形式较少应用。图 13-14(h) 比较特殊，它有一个短而粗的形状异常的毂，以限制叶片部分的面积，从而增加气体速度对灰尘的离心力；灰尘则由于旋转所产生的相对运动而分离。图 13-14(i) 的入口前有一个圆锥形凸出物，使涡旋运动在入口前就开始。图 13-14(j) 同普通旋风除尘器雷同，它不用导流叶片而用切向入口来造成强烈旋转，目的在于使大粒子以小的角度和壁碰撞，结果只是沿着壁面弹跳，而不是从壁面弹回，因而可以提高捕集大粒子的效率。图 13-14(k) 与旋流除尘器近似，它是环绕入口周围按一定间隔排列许多喷嘴 1，用一个风机向环形风管 2 供给气体，再经过这些喷嘴喷射出来，使进入旋风除尘器的含尘气体 3 处于旋转状态。来自二次系统的再循环气体经过交叉管道 4 在 5 处轴向喷射出来。

(3) 出口形式　图 13-15 所示是气体和灰尘出口的几种形式。图 13-15 中(a) ～ (c) 是最常用的排气和排灰形式，都是从中间排出干净气体，从整个圆周排出灰尘。图 13-15(d) 在末端设环形挡板，用以限制气体，让它从中央区域排出，阻止灰尘漏进洁净气体出口，灰尘只从圆周的两个敞口排出去。图 13-15(e) 的排气管带有几乎封闭了环形空间的法兰，它只容许灰尘经过周围条缝出去。图 13-15(f)、(g) 则用法兰完全封住环形空间，灰尘经一条缝或口外逸。

除尘器管体和干净气体排出管之间的环形空间的宽度和长度差别很大，除尘器的宽度从 $0.1D_c$ 到 $0.2D_c$ 或更大，长度从 $0.1D_c$ 到 $0.6D_c$ 再到 $1.3D_c$。

（4）粉尘排出方式　从气体中分离出来的灰尘的排出方式有 3 种：a. 没有气体循环；b. 部分循环；c. 全部循环。

第 1 种方法没有二次气流，从除尘器中出来的灰尘在重力作用下进入灰斗，简单实用，优点明显。从洁净气体排出管的开始端到灰尘离开除尘器的通道［见图 13-15(g)］必须短，而且不能太窄，以免被沉降的灰尘堵塞。

第 2 种方法是从每个除尘器中吸走一部分气体（见图 13-16），粗粒尘在重力作用下落入灰斗，而较细的灰尘则随同抽出的气体经管道至第二级除尘器。这种方法可以增加除尘效率。

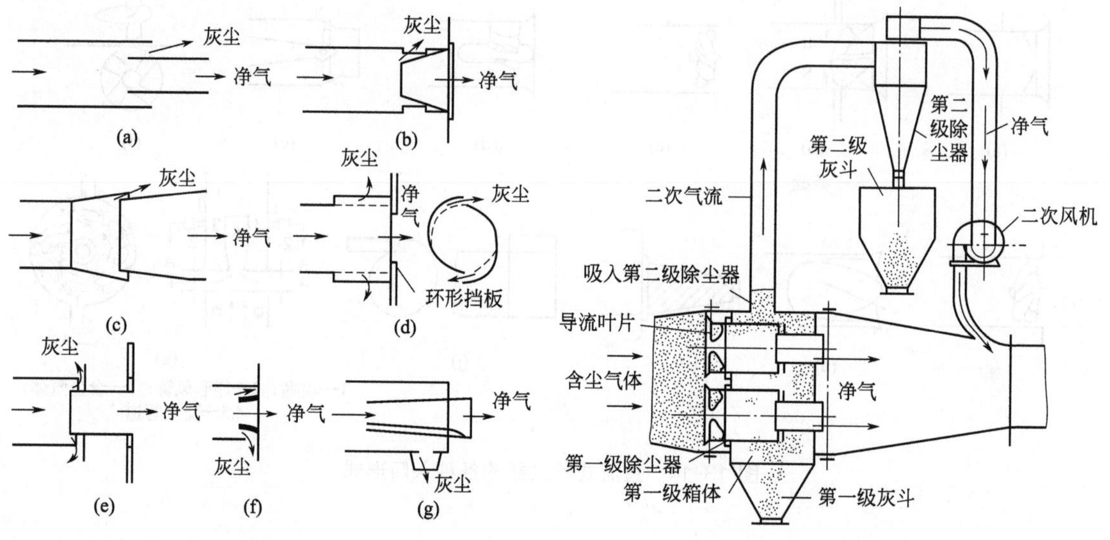

图 13-15　直流式旋风除尘器气体和灰尘出口的形式

图 13-16　直流式除尘器的排尘方法

第 3 种方法是把全部灰尘随同气体一起吸入第二级除尘器。这种方法不用灰斗，而是从设备底部吸二次气流再回到直流式除尘器组后面的主管道内。

循环气体系统的优点在于一次系统和二次系统的总效率比不用二次系统时高，而功率消耗增加不多，这是因为只有总气量的一小部分进入二次线路，虽然压力损失可能大，但风量小，用小功率风机就可以输送。也有用其他方法来产生二次气流的。例如图 13-14(b) 叶片后面，在除尘器筒体上有若干条缝 S，把气体从周围空间引入除尘器，从而在排尘口产生相应的气体外流。再如图 13-14(g) 在叶片毂中心有一根管子（图中用虚线表示），依靠这一点和除尘周围的压差提供二次系统所需的压头，使气体经过这根管子流入除尘器。

3. 性能计算

（1）影响性能的因素

① 负荷　直流式除尘器和回流式除尘器相比，它的除尘效率受气体流量变化的影响轻，对负荷的适应性比后者好。当气体流量下降到效果最佳流量的 50%时，除尘效率下降 5%；上升到最佳流量的 125%时除尘效率几乎不变。压力损失和流量大致成平方关系。

② 叶片角度和高度　除尘器导流叶片设计是直流式旋风除尘器的关键环节之一，其最佳角度似乎是和气流最初的方向成 45°，因为把角度从 35°增加到 45°，除尘效率有显著的提高，再多倾斜 5°对除尘效率就无影响，而阻力却有所增加。如果把叶片高度降低（从叶片根部起沿

径向方向到顶部的距离），由于环形空间变窄，以致速度增加而使离心力加大，除尘效率提高。

③ 排尘环形空间的宽度 除尘效率随着排气管直径的缩小，或者说随着环形空间的加宽而提高。除尘效率的提高，一方面是因为在除尘器截面上从轴心到周围存在着灰尘浓度梯度，也就是靠近轴心的气体比较干净；另一方面，靠近壁面运动的气体，在进入洁净气体排出管时在环形空间入口处形成灰尘的惯性分离，如果环形空间比较宽，气体的径向运动更显著，这种惯性分离就更有效。从排尘口抽气有提高除尘效率的作用，而且对细粒子的作用比对粗粒子大。

(2) 分离粒径 设气流经过入口部分的导流叶片时为绝热过程，在分离室中（出口侧）气体的压力 p、温度 T 和体积 Q（用角标 c 表示）可以根据叶片前面的原始状况（用角标 i 表示）来计算。

$$Q_c = Q_i \left(\frac{p_i}{p_c}\right)^{1/k} \tag{13-20}$$

$$T_c = T_i \left(\frac{p_i}{p_c}\right)^{1/k} \tag{13-21}$$

式中，k 为绝热指数，$k = c_p / c_V$；c_p、c_V 分别是定压比热容、定容比热容。

单原子气体的 k 为 1.67，双原子气体（包括空气）为 1.40，三原子气体（包括过热蒸汽）为 1.30，湿蒸汽为 1.135。

如果除尘器直径为 D_c，毂的直径为 D_b，则气体在离开叶片时的平均速度 v_c 按原始速度 v_i 计算为：

$$v_c = v_i \frac{D_c^2}{D_c^2 - D_b^2} \frac{Q_c}{Q_i} = v_i \frac{D_c^2}{D_c^2 - D_b^2} \left(\frac{p_i}{p_c}\right)^{1/k} \tag{13-22}$$

平均速度 v_c 可以分解为切向、轴向和径向三个分速度（见图 13-17）。假定气体离开叶片的角度和叶片出口角 α 相同，中央的毂延伸穿过分离室，则在叶片出口的切向平均速度 v_{cr} 为：

$$v_{cr} = v_c \cos\alpha = v_i \frac{D_c^2}{D_c^2 - D_b^2} \left(\frac{p_i}{p_c}\right)^{1/k} \cos\alpha \tag{13-23}$$

而轴向平均速度 v_{ca} 为：

$$v_{ca} = v_c \sin\alpha = v_i \frac{D_c^2}{D_c^2 - D_b^2} \left(\frac{p_i}{p_c}\right)^{1/k} \sin\alpha \tag{13-24}$$

设粒子和流体以同一速度通过分离室，且已知分离室的长度 l_s 和轴向平均速度 v_{ca} 就可以求出粒子在分离室内的逗留时间：

$$t_1 = \frac{l_s}{v_{ca}} = \frac{l_s}{v_i \sin\alpha} \left[1 - \left(\frac{D_b}{D_c}\right)^2\right] \left(\frac{p_c}{p_i}\right)^{1/k} \tag{13-25}$$

在斯托克斯区域内直径为 d 的粒子由于离心力从毂表面（$D_b/2$）到外筒壁（$D_c/2$）所需时间为：

$$t_r = \frac{9}{8} \frac{\mu_f}{\rho_p - \rho} \frac{D_c}{v_{cr} d_{100}} \left[1 - \left(\frac{D_b}{D_c}\right)^4\right] \tag{13-26}$$

式中，μ_f 为气体黏度；ρ 为气体密度；ρ_p 为粒子密度。

在直流式旋风除尘器的分离室中，假定颗粒在分离室的逗留时间 t_1 和颗粒从毂表面到

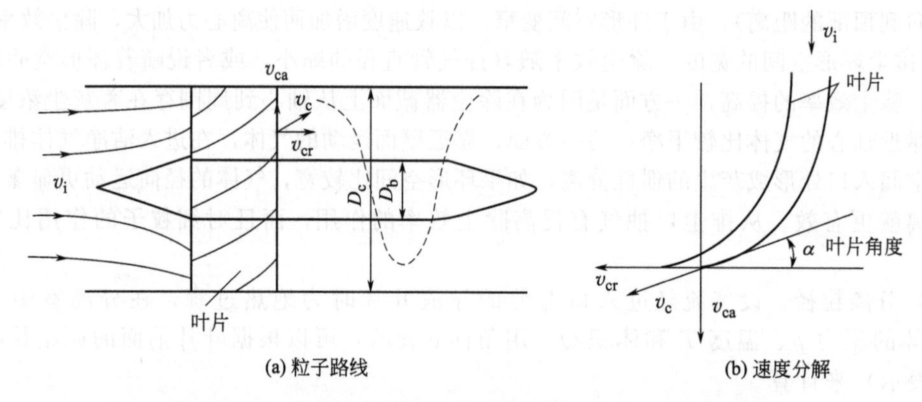

(a) 粒子路线 (b) 速度分解

图 13-17 脱离除尘器导流叶片的粒子路线和速度的分解

外筒壁的时间 t_r 相等，可求出分离的最小火花颗粒粒径 d_{100}，用下式表示：

$$d_{100}=\frac{9}{8}\left(\frac{\mu_f}{\rho_p-\rho}\right)\left(\frac{D_c}{v_{cr}t_r}\right)\left[1-\left(\frac{D_b}{D_c}\right)^4\right] \tag{13-27}$$

式中，符号意义同前。

第三节 袋式除尘器设计

一、袋式除尘器设计条件

基本设计条件包括设计原则、设计条件、设计依据和原始设计参数等内容。

（一）设计原则

袋式除尘器的设计是根据使用要求和提供的原始参数来确定除尘器的主要参数和各部分结构。设计时必须从工艺、设备、电气、制作、安装以及已有的生产实践等因素综合考虑。设计使用于任何工业的袋式除尘器在技术上应考虑下列几点：

① 遵照国家规定的相关排放标准、室内卫生标准和实际可能，来确定所要求的除尘效率和排放浓度。

② 根据粉尘的特点（粉尘含量、粒度、黏度等）确定烟气在除尘器内的流速和所需的过滤面积、滤料和除尘器清灰方式。

③ 根据烟气的特性（温度、湿度、露点、压力等）确定设备的除尘器结构形式、材料选择，以及输排灰等主要措施。

④ 根据电气控制和安全生产的要求，确定除尘器中所有内部构件之间的距离，并使其距离始终保持符合气体流动规律的要求。

⑤ 设备的结构、主要部件必须考虑到制造、运输和现场施工的可能性，大型袋式除尘器要有解体方案，对主要部件必须明确提出主要技术要求和施工安装程序，确保施工安装质量。

⑥ 在满足工艺生产使用的条件下，除尘器所需单位烟气量的设备投资应尽量少，辅助设备及相对有关工艺配置应保证除尘器主体设备运转可靠，配置合理，维护方便。

（二）设计条件分析

设计条件分析可参照图 13-18 和图 13-19 进行。

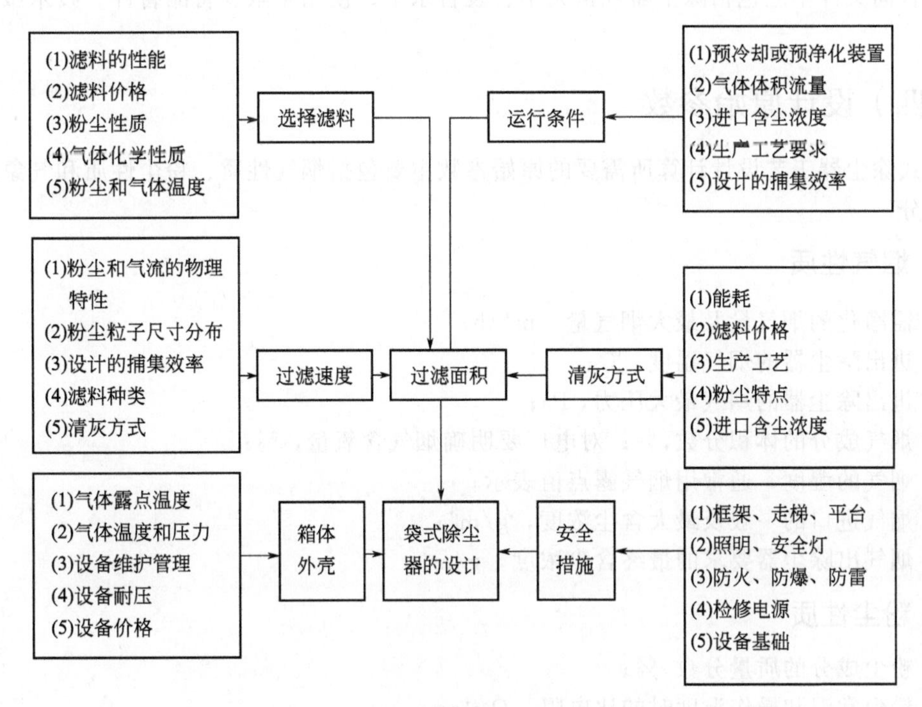

图 13-18　袋式除尘器基本设计条件分析

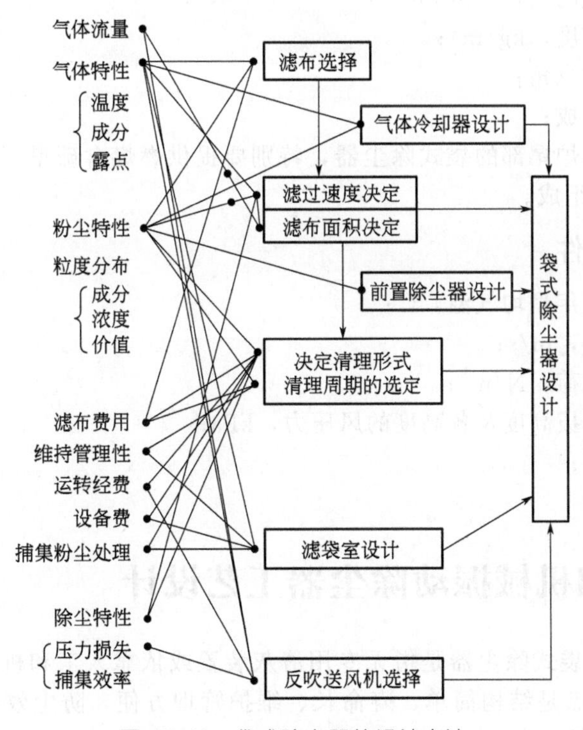

图 13-19　袋式除尘器的设计方法

（三）设计依据

袋式除尘器的设计依据主要是国家和地方的有关标准以及用户与设计者之间的合同文件。在合同文件中应包括除尘器规格大小、装备水平、使用年限、备品备件、技术服务等项内容。

（四）设计原始参数

袋式除尘器工艺设计计算所需要的原始参数主要包括烟气性质、粉尘性质和气象地质条件三部分。

1. 烟气性质

① 需净化的烟气量及最大烟气量，m^3/h；
② 进出除尘器的烟气温度，℃；
③ 进出除尘器的烟气最大压力，Pa；
④ 烟气成分的体积分数，%；对电厂要明确烟气含氧量，%；
⑤ 烟气的湿度，通常用烟气露点值表示；
⑥ 烟气进口的一般及最大含尘浓度，g/m^3；
⑦ 烟气出除尘器要求的最终含尘浓度，g/m^3。

2. 粉尘性质

① 粉尘成分的质量分数，%；
② 粉尘常温和操作温度时的比电阻，Ω·cm；
③ 粉尘粒度组成的质量分数，%；
④ 粉尘的堆积密度，kg/m^3；
⑤ 粉尘的自然安息角；
⑥ 粉尘的化学组成；
⑦ 用于发电厂锅炉尾部的袋式除尘器，特别要提供燃煤含硫量；用于煤粉制备系统的除尘器要提供煤粉的组成。

3. 气象地质条件

① 最高、最低及年平均气温，℃；
② 地区最大风速，m/s；
③ 风载荷、雪载荷，N/m^2；
④ 设备安装的海拔高度及各高度的风压力，kPa；
⑤ 地震烈度，度；
⑥ 相对湿度，%。

二、人工和机械振动除尘器工艺设计

人工和机械振动袋式除尘器是指无专用清灰装置或依靠人工和机械振动清灰的除尘设备。袋式除尘器的优点是结构简单、寿命长、维护管理方便，防尘效率能满足一般使用要求；缺点是过滤风速低，占地面积大。

（一）简易袋式除尘器的设计

简易袋式除尘器由气体入口、灰斗室、箱体、滤袋、净气出口和卸灰装置等组成。设计时主要确定滤袋规格和滤袋布置。简易袋式除尘器可因地制宜地设计成各种形式，如图 13-20 所示。这类袋式除尘器适用于中小型除尘系统。

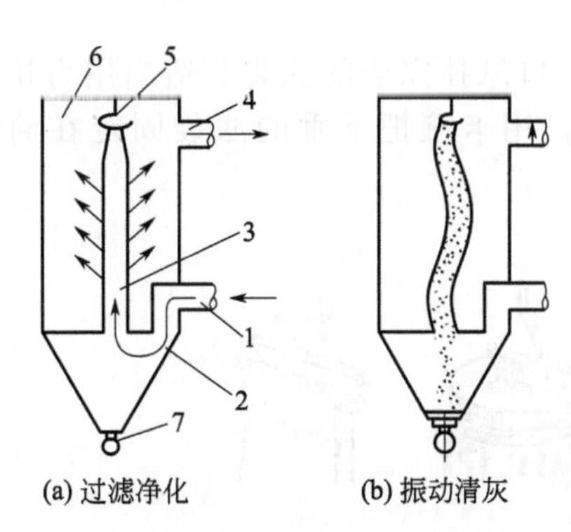

图 13-20　简易袋式除尘器

1—气体入口；2—灰斗室；3—滤袋；4—净气出口；5—吊架；6—箱体；7—卸灰装置

1. 滤袋的长径比

滤袋的长径比即滤袋长度与滤袋直径之比值 ε，在袋式除尘器的设计中，也是一个重要的参数。长径比 ε 的大小，表明每个滤袋处理风量的能力。当滤袋直径一定时，ε 大，每个滤袋的处理能力大，因而除尘设备的结构就紧凑。长径比的选择，应考虑过滤风速、气体含尘浓度、清灰方式、滤袋材质和工艺布置的空间条件等因素。

当过滤风速一定时，每个滤袋入口处的含尘空气流速可用下式表示：

$$\varepsilon = 4vv_F \tag{13-28}$$

式中，v 为滤袋入口处的含尘气体流速，m/min；ε 为长径比；v_F 为滤袋过滤风速，m/min。

入口速度大，袋口阻力就大，特别是含尘浓度高时更容易磨损滤袋。因此，当过滤风速高时，长径比不能太大。

长径比大时，滤袋负荷大，特别是含尘浓度高时滤袋负荷更大，所以必须考虑滤袋材质，即滤袋径向抗折强度。径向抗折强度小的长径比值不宜过大；反之，可取大的长径比。

长径比的大小还应考虑清灰方式，采用简易滤袋清灰的清灰方式，长径比不宜过大，否则滤袋下部清灰效果不好。

长径比的大小直接影响除尘器的外形结构。长径比大，占地面积可以小，而高度增加。长径比小，高度可以降低，而袋数和占地面积需要增加，管理维护也较复杂。因此，在选择长径比时必须综合考虑以上因素。根据现有实际除尘器使用情况，人工振动袋式除尘器推荐长径比为 10～20。

2. 滤袋材质

人工振动袋式除尘器材质多用薄型滤料，较少用针刺滤料。在薄型滤料中如果用于糖厂、奶粉厂和面粉厂等食品行业，尽可能用棉、麻、丝机织织物，以免化纤品进入食品影响人体健康，在其他行业则可用化纤织物。

3. 滤袋的悬挂

滤袋都是采用将端头固定的办法安装的。因此滤袋的端头要求有足够的抗拉和抗折强度。对玻璃纤维滤袋的端头要进行处理。一般常用的方法是在滤袋端头做成双层布或三层布，加层后使用效果较好。

(1) 上口的安装方法　除尘器一般较高，为悬挂和更换滤袋的方便，滤袋上口安装方法如图 13-21 所示。

(2) 下口的安装方法　上口悬挂完毕的滤袋要适当用力拉紧后才能安装下口。一般安装完毕的滤袋要呈垂直状态，用卡箍把下垂的滤袋固定在筒形花板上即可，如图 13-22 所示。

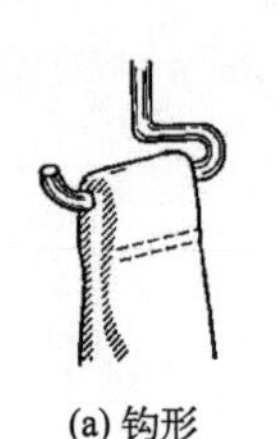

(a) 钩形

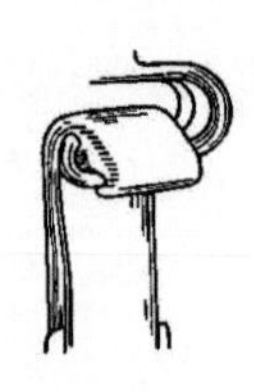

(b) 夹板形

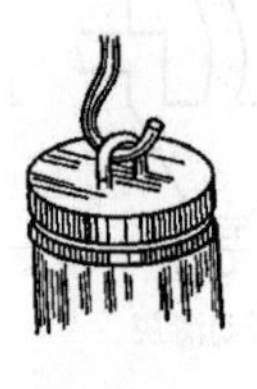

(c) 帽盖形

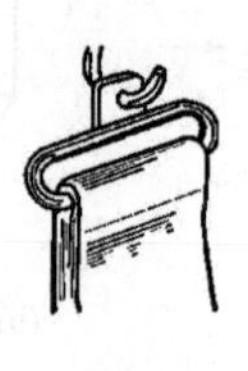

(d) 扁环形

图 13-21　滤袋上口安装方法

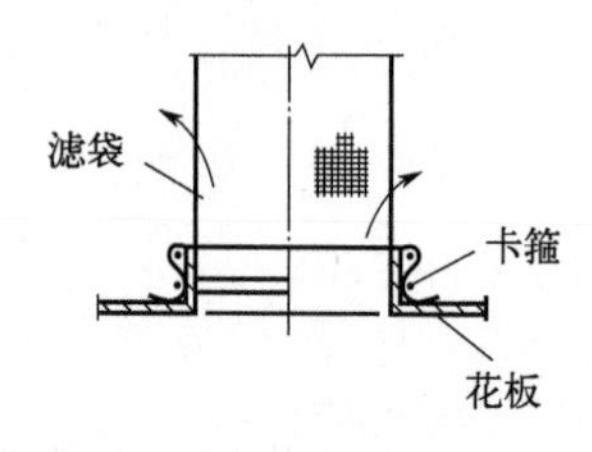

图 13-22　滤袋下口安装方法

4. 过滤面积

除尘器过滤面积取决于处理风量和过滤速度。人工振动袋式除尘器过滤面积按过滤风速确定，过滤速度一般为 0.25～0.5m/min，当含尘浓度高或不易脱落时粉尘过滤速度应取低值。

过滤面积按下式计算：

$$A=\frac{Q}{v_F} \tag{13-29}$$

式中，A 为过滤面积，m^2；Q 为处理风量，m^3/min；v_F 为过滤速度，m/min。

滤袋条数计算如下：

$$N=\frac{A}{\pi dL} \tag{13-30}$$

式中，N 为滤袋条数，条；A 为过滤总面积，m^2；d 为滤袋直径，m，一般取 0.12～0.3mm；L 为滤袋长度，m，一般取 2～4m。

5. 操作制度的选择

简易袋式除尘器正压操作比较多，这是因为正压操作对围护结构严密性要求低，但气体含尘浓度高时存在着风机磨损的问题。如果风机并联，当一台停止运行时会产生倒风冒灰现象，负压操作要求有严密的外围结构。

清灰方式都是间歇操作，停风机时滤袋自行清灰，必要时也可辅以人工拍打清灰或者设计手动清灰装置。

6. 除尘器的平面布置

袋式除尘器滤袋平面结构布置尺寸如图 13-23 所示。

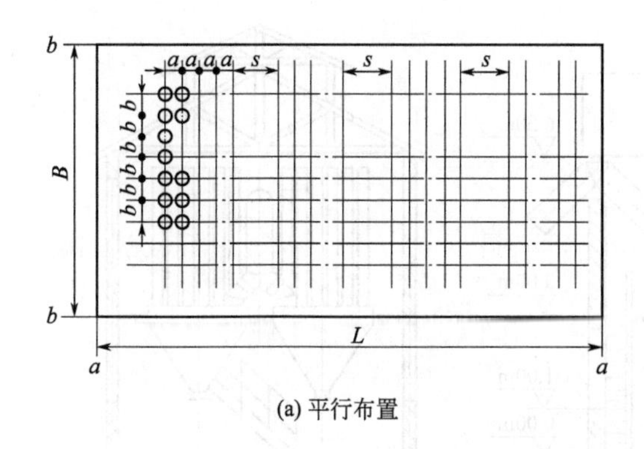

(a) 平行布置

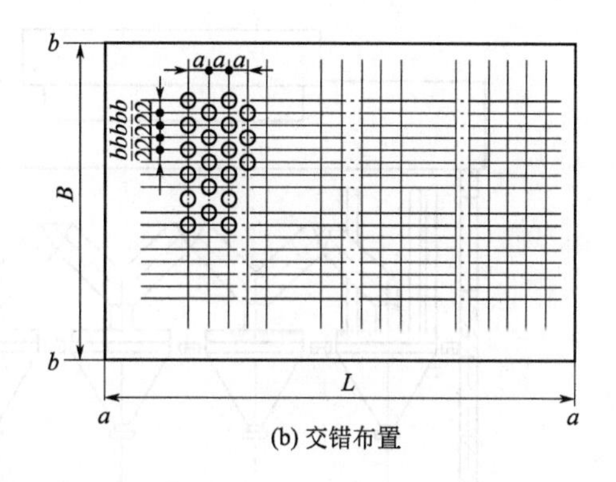

(b) 交错布置

图 13-23　除尘室滤袋平面结构布置尺寸

a、b—滤袋间的中心距，取 $d+(40\sim60)$，mm

s—相邻两组通道宽度，$s=d+(600\sim800)$，mm

除尘室总高度 H，可按下式计算：

$$H=L_1+h_1+h_2 \tag{13-31}$$

式中，H 为除尘室总高度，m；L_1 为滤袋层高度，m，一般为滤袋长度加吊挂件高度；h_1 为灰斗高度，m，一般需保证灰斗壁斜度不小于 50°；h_2 为灰斗粉尘出口距地坪高度，m，一般由粉尘输送设备的高度所确定。

技术性能：初含尘浓度可达 $5g/m^3$；净化效率＞99%；压力损失为 200～600Pa。

7. 设计注意事项

设计时应该注意以下几点：

① 滤袋室与气体分配室应设检修门，检修门尺寸为 600mm×1200mm。

② 除尘器内壁和地面应涂刷油漆，以利清扫。

③ 除尘器设置采光窗或电气照明。

④ 正压操作时，除尘室排出口的排风速度为 3～5m/s；负压操作时，排风管的设置应使气流分布均匀。

⑤ 除尘室的结构设计应考虑滤袋容尘后的质量，一般取 $2\sim3kg/m^2$。

8. 自然落灰袋式除尘器

这种袋式除尘器（图 13-24）结构简单，管理方便，易于施工，适用于小型企业，但过滤速度较小，占用空间较大。

滤袋室一般为正压式操作，外围可以敞开或用波纹板围挡。为了便于检查滤袋和通风，在若干滤袋间设人行通道。滤袋上部固定在框架上，下部固定在花板的系袋圈上，滤袋直径可做成上下一样大；为了便于落灰，也可做成上小下大（相差一般＜50%），长度为 3～6m，滤袋间距为 80～100mm。滤袋上部设天窗或排气烟囱，以排放经过滤后的干净气体，粉尘经灰斗直接排出。灰斗排出的粉尘可用手推车拉走。

（二）机械振打袋式除尘器设计

机械振打袋式除尘器是指采用机械振打装置周期性地振打滤袋，用于清除滤袋上的粉尘的除尘器，称为机械振打袋式除尘器。它有两种类型：一种为连续型；另一种为间歇型。其

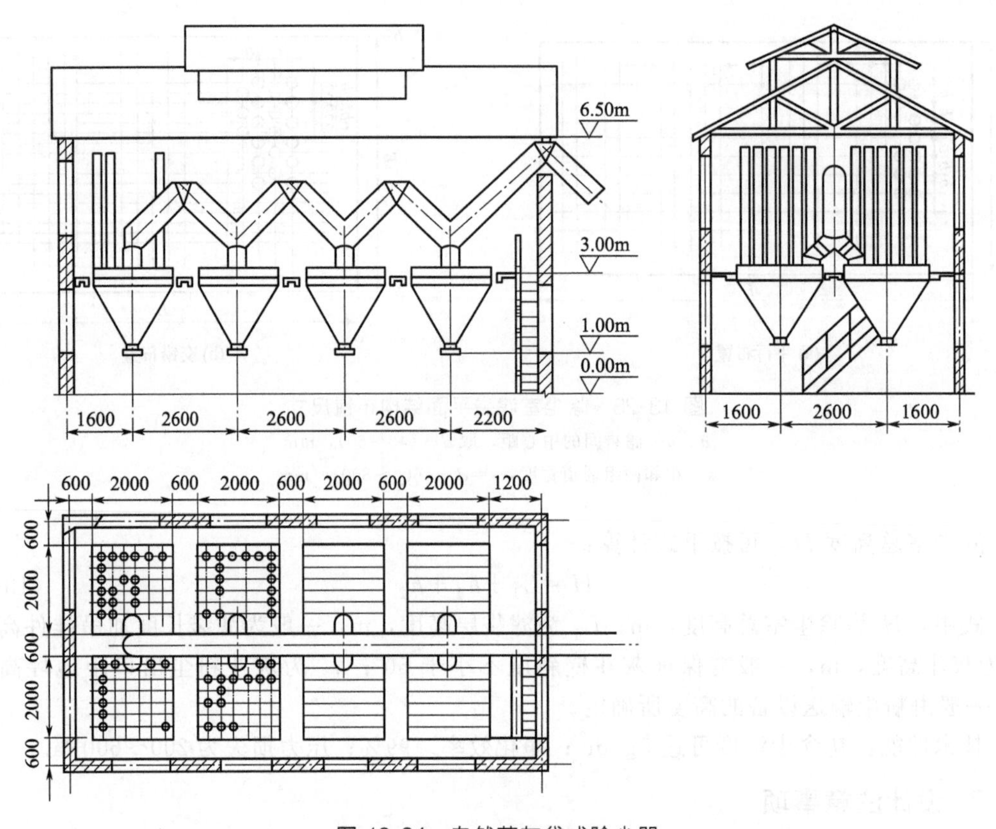

图 13-24　自然落灰袋式除尘器

区别是：连续使用的除尘器把除尘器分隔成几个分室，其中一个分室在清灰时其余分室则继续除尘；间歇使用的除尘器则只有一个室，清灰时就要暂停除尘，因此除尘过程中是间歇性的。机械振打袋式除尘器是常用的袋式除尘器之一，以微型除尘器和小型除尘器为主要形式。

1. 分类

（1）按清灰方式分类　机械振打袋式除尘器按清灰方式分为 7 类，见表 13-11。

表 13-11　机械振打袋式除尘器的分类

序号	名称	定　义	序号	名称	定　义
1	低频振动	振动频率低于 60 次/min,非分室结构	5	手动振动	用手动振动实现清灰
2	中频振动	振动频率为 60～700 次/min,非分室结构	6	电磁振动	用电磁振动实现清灰
3	高频振动	振动频率高于 700 次/min,非分室结构	7	气动振动	用气动振动实现清灰
4	分室振动	各种振动频率的分室结构			

表 13-11 中低频振打是指凸轮机构传动的振打式清灰方法，振打频率不超过 60 次/min；中频振打是指以偏心机械传动的摇动式清灰方法，摇动频率一般为 100 次/min；高频振打是指用电动振动器传动的微振幅清灰方法，一般配用 8 级、6 级、4 级和 2 级电机（或者使用电磁振动器），其频率均在 700 次/min 以上。

（2）按其他方法分类　按滤袋形状可以把机械振打袋式除尘器分为扁袋机械振打袋式除

尘器、圆袋机械振打袋式除尘器和滤筒机械振打袋式除尘器。其中以扁袋机械振打袋式除尘器应用较多。按分室与不分室分为单体袋式除尘器和多室袋式除尘器。按振打动力分为手工振打袋式除尘器和自动振打袋式除尘器。

2. 振打清灰结构设计

微型机械振打袋式除尘器的结构与其他清灰方式的袋式除尘器一样，由箱体、框架、滤袋、灰斗等组成，其区别在于清灰装置不同。机械振打袋式除尘器清灰装置有手工振动装置、电动装置和气动装置，其中电动类装置用得最多。设计要点是选用振打装置。

（1）凸轮机械振打装置　依靠机械力振打滤袋，将黏附在滤袋上的粉尘层抖落下来，使滤袋恢复过滤能力。对小型滤袋效果较好，对大型滤袋效果较差。其参数一般为：振打时间1～2min；振打冲程30～50mm；振打频率20～30次/min。

凸轮机械振打装置结构如图13-25所示。

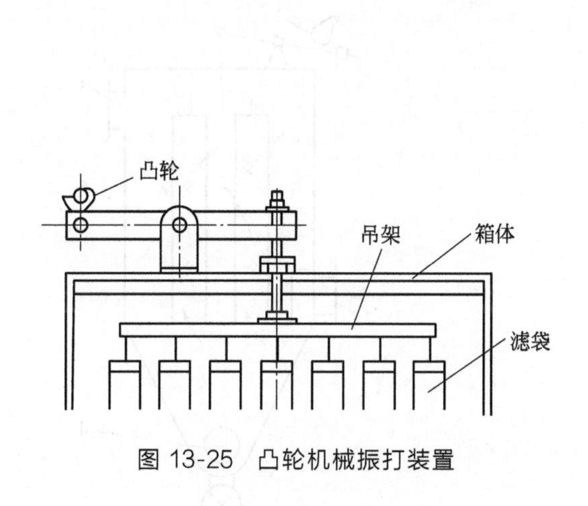

图13-25　凸轮机械振打装置

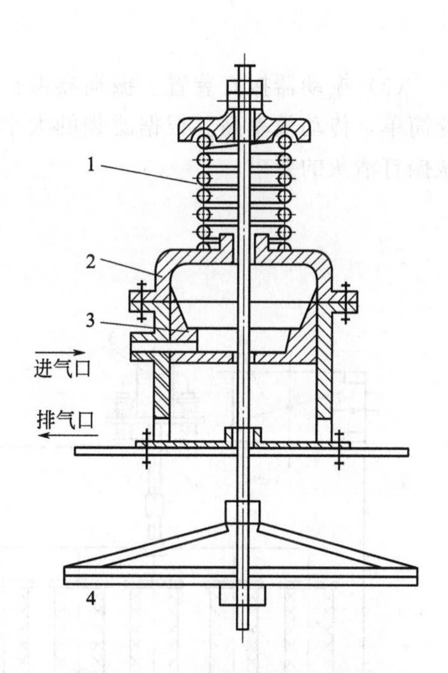

图13-26　压缩空气振打装置

1—弹簧；2—气缸；3—活塞；4—滤袋吊架

（2）压缩空气振打装置　以空气为动力，采用活塞上下运动来振打滤袋，以抖落粉尘。其冲程较小而频率很高，振打结构如图13-26所示。此装置耗气大，清灰力大，因消耗压缩空气，应用较少。

（3）电动机偏心轮振打装置　以电动机偏心轮作为振动器，振动滤袋框架，以抖落滤袋上的烟尘。由于无冲程，所以常与反吹风联合使用，适用于小型滤袋，其结构如图13-27所示。

（4）横向振打装置　依靠电动机、曲柄和连杆推动滤袋框架横向振动。该方式可以在安装滤袋时适当拉紧，不致因滤袋松弛而使滤袋下部受积尘冲刷磨损，其结构如图13-28所示。

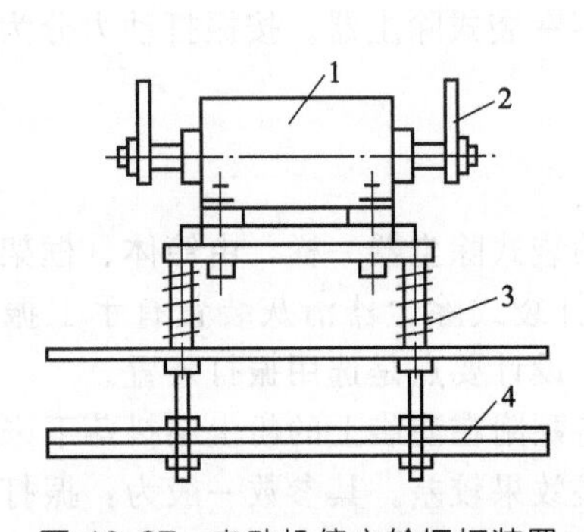

图 13-27　电动机偏心轮振打装置

1—电动机；2—偏心轮；3—弹簧；4—滤袋吊架

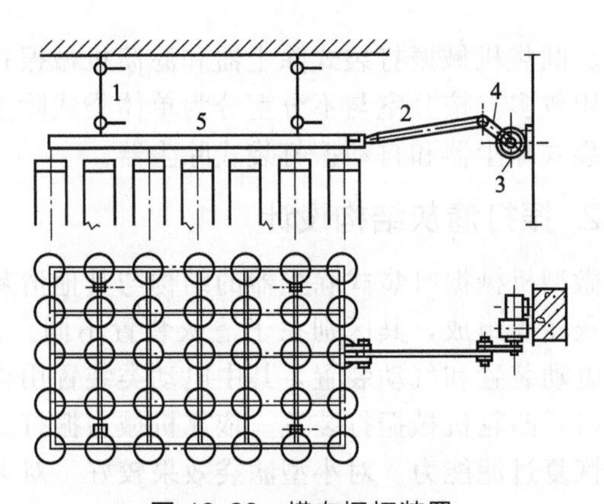

图 13-28　横向振打装置

1—吊杆；2—连杆；3—电机；4—曲柄；5—框架

（5）振动器振打装置　振动器振打清灰是最常用的振打方式（见图 13-29）。这种方式装置简单，传动效率高。根据滤袋的大小和数量，只要调整振动器的激振力大小就可以满足机械振打清灰的要求。

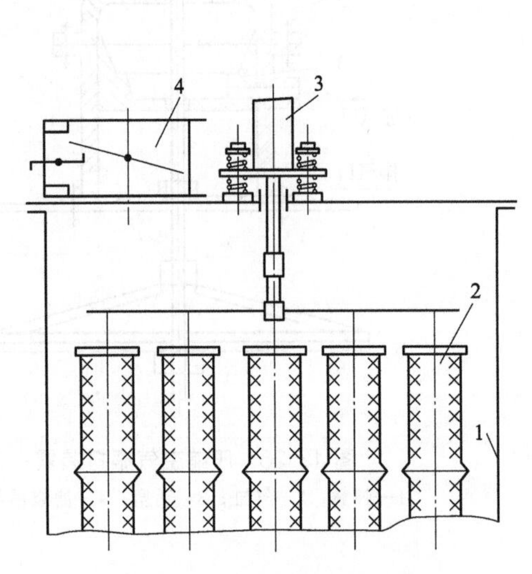

图 13-29　振动器振打装置

1—壳体；2—滤袋；3—振动器；4—配气阀

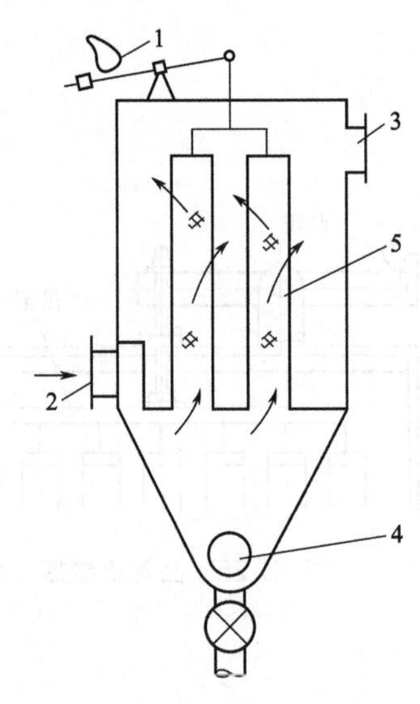

图 13-30　机械振打袋式除尘器结构简图

1—凸轮振打机构；2—含尘气体进口；3—净化气体出口；4—排灰装置；5—滤袋

3. 振打除尘器工作原理

图 13-30 是机械振打袋式除尘器的结构简图。含尘气体进入除尘器后，通过并列安装的滤袋，粉尘被阻留在滤袋的内表面，净化后的气体从除尘器上部出口排出。随着粉尘在滤袋上的积聚，含尘气体通过滤袋的阻力也会相应增加，当阻力达到一定数值时要及时清灰，以免阻力过高，造成除尘效率下降。图 13-30 所示的除尘器是通过凸轮振打机械进行清灰的。

含尘气体中的粉尘被阻留在滤袋表面上的这种过滤作用通常是通过筛滤、惯性碰撞、直接拦截和扩散等几种除尘机理的综合作用而实现的。

清灰工作原理如下：机械振打清灰是指利用机械振动或摇动悬吊滤袋的框架，使滤袋产生振动而清灰的方法。常见的三种基本方式如图 13-31 所示。图 13-31(a) 是水平振打清灰，有上部振动和中部振动两种方式，靠往复运动装置来完成；图 13-31(b) 是垂直振打清灰，它一般可利用偏心轮装置振动滤袋框架或定期提升滤袋框架进行清灰；图 13-31(c) 是机械扭转振动清灰，即利用专门的机构定期地将滤袋扭转一定角度，使滤袋变形而清灰。也有将以上几种方式复合在一起的振动清灰，使滤袋做上下左右摇动。

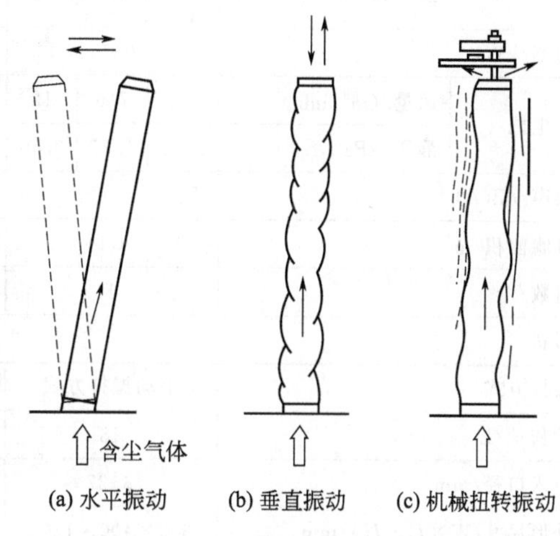

图 13-31　机械清灰的振打方式

机械清灰时为改善清灰效果，要求停止过滤情况下进行振动。但对小型除尘器往往不能停止过滤，除尘器也不分室。因而常常需要将整个除尘器分隔成若干袋组或袋室，顺次地逐室清灰，以保持除尘器的连续运行。

4. 微型机械振打袋式除尘器实例

(1) 主要设计特点　微型机械振打袋式除尘器的主要设计特点是过滤面积＜$20m^2$，因此采用机械振打或手动振打清灰十分合理。如果把它设计成脉冲喷吹或反吹风清灰显然是不合理的。图 13-32 是这种除尘器的应用实例。

(2) 工作原理　微型机械振打袋式除尘器都是把除尘器滤袋、振打机构和风机装在一个箱体内，组成除尘机组。工作时风机启动，吸入口依靠风机静压把尘源灰尘吸进除尘机组。含尘气体经滤袋过滤，干净气体从机组上口排出。滤袋靠手动振打机构定时清灰。

(3) 性能和外尺寸　VNA 型微型机械振打除尘器性能见图 13-33 和表 13-12。

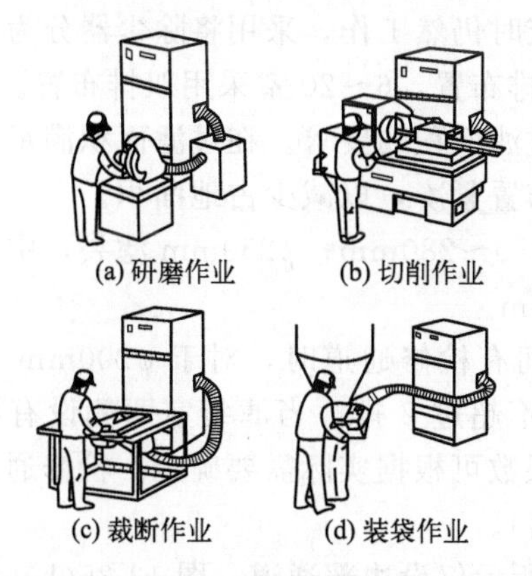

图 13-32　微型机械振打袋式除尘器实例

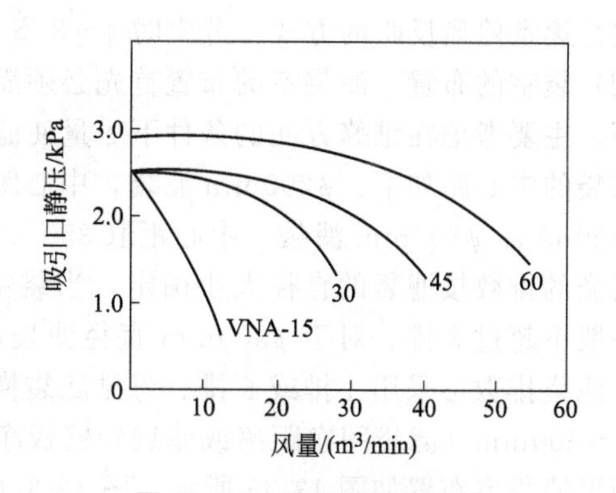

图 13-33　除尘器性能曲线

表 13-12 微型机械振打袋式除尘器性能表

型式		VNA-15			VNA-30			VNA-45			VNA-60		
功率/kW		0.75			1.5			2.2			3.7		
除尘机	风量/(m^3/min)	0	7.5	12	0	15	28	0	22	40	0	30	55
	静压/kPa	2.55	1.77	0.69	2.55	2.26	1.27	2.55	2.35	1.37	2.94	2.65	1.47
噪声/dB(A)		65±2									68±2		
过滤面积/m^2		4.5			9			13.5			18		
组数/个		1			2			3			4		
形状		缝制扁袋											
振打方式		手动振打方式			手动振打方式(自动振打方式)								
贮灰量/L		18			25			36			50		
吸入口径/mm		ϕ127			ϕ150			ϕ200			ϕ200		
外形尺寸($W\times D\times H$)/mm		650×400×1205			127×650×1492			850×650×1542			1100×700×1652		
质量/kg		90			140			175			260		

三、反吹风袋式除尘器设计

尽管脉冲喷吹袋式除尘器具有过滤风速高、清灰能力强等优点，但是在处理大烟气量且无压缩空气气源时仍有采用反吹风袋式除尘器的。

（一）分室反吹风袋式除尘器设计

1. 结构设计

反吹风袋式除尘器构造如图 13-34 所示，由箱体、框架、反吹机构、走梯平台、控制装置等部分组成，其结构特点如下。

2. 滤袋室的布置

(1) 袋室的分室　反吹风袋式除尘器为了在清灰时仍然工作，采用将除尘器分为若干小室，实行逐室停风反吹的方式。分室时 4～8 室为单排布置，6～20 室采用双排布置。

(2) 袋室的布置　滤袋室的布置首先必须满足过滤面积的要求。在过滤面积满足要求的前提下，主要考虑在维修方便的条件下尽量使滤袋布置紧凑，以减少占地面积。

滤袋的中心距如下：ϕ200mm 滤袋，中心距取 250～280mm；ϕ250mm 滤袋，中心距取 300～350mm；ϕ300mm 滤袋，中心距取 350～400mm。

滤袋的排数按滤袋的直径大小确定，当袋室中间有检修通道时，对于 ϕ200mm 直径滤袋，一般不超过 3 排。对于 ϕ300mm 直径滤袋，则不超过 2 排。当滤袋室两侧设有检修通道时，滤袋排数可采用 4 排或 6 排。每排滤袋横向根数可根据实际需要确定。检修通道通常取 300～600mm（滤袋间净距离或滤袋到壁板净距离）。

矩形滤袋室布置如图 13-35 所示。图 13-35(a) 所示仅设边部通道，图 13-35(b) 所示在中间和边部均有通道。

(3) 滤袋尺寸　滤袋尺寸主要确定直径和长度。

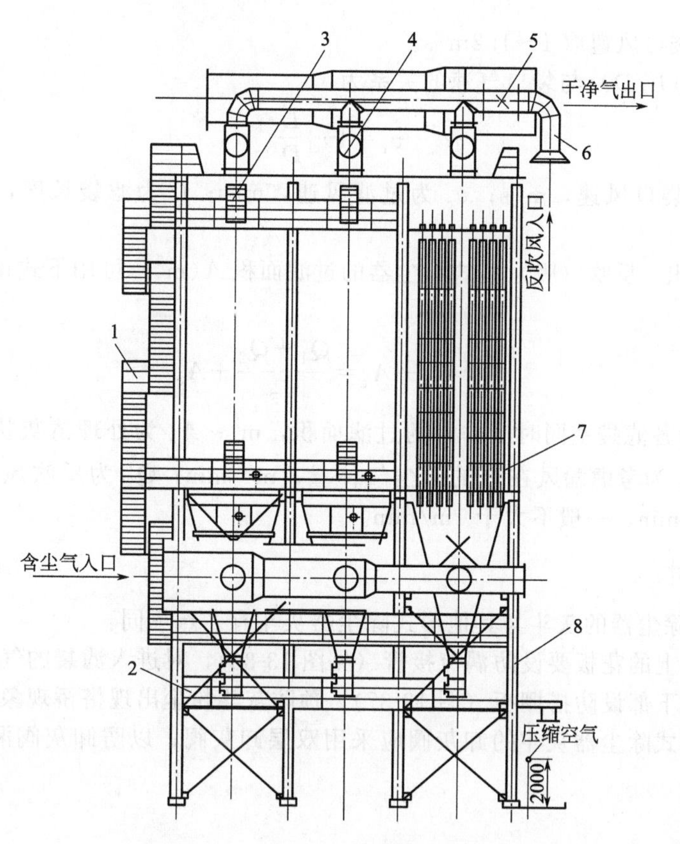

图 13-34　反吹风袋式除尘器结构

1—走梯；2—平台；3—检修门；4—三通换向阀；5—气动密封阀；6—反吹风管；7—箱体；8—框架

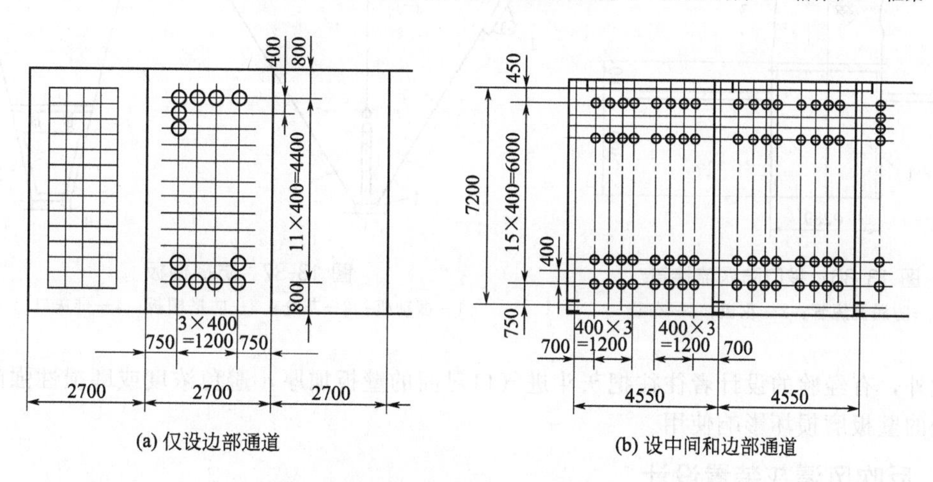

图 13-35　矩形袋式除尘器布置

滤袋直径一般都在 ϕ100～400mm 范围内。内滤式滤袋的长度按滤袋长度与直径的比即长径比确定。长径比一般可取（5～40）：1，常用的为（15～35）：1。长径比取高值时可使除尘器高度增加，减少占地面积。

滤袋长径比除考虑平面布置，还应考虑到袋口风速。因为对于一定直径的滤袋，滤袋越长，每根滤袋的风量越大，气流上升速度大，滤袋粉尘不容易降落下来，从而造成对滤袋的磨损。锅炉除尘袋口风速取1～1.2m/s。

滤袋长径比（L/D）与袋口气速的关系为：

$$v_r = 4v_c \frac{L}{D} \tag{13-32}$$

式中，v_r为袋口风速，m/s；v_c为过滤风速，m/s；L为滤袋长度，m；D为滤袋直径，m。

(4) 过滤面积　反吹（吸）袋式除尘器的过滤面积$A(m^2)$可用下式计算。按总风量的10%～15%选取。

$$A = A_p + A_c = \frac{Q_1 + Q_2}{v_F} + A_c \tag{13-33}$$

式中，A_p为各滤袋室同时工作时的过滤面积，m^2；A_c为处理清灰状态的滤袋室的过滤面积，m^2；Q_1为考虑漏风在内的含尘气体量，m^3/min；Q_2为反吹风量，m^3/min；v_F为过滤风速，m/min，一般不大于1m/min。

3. 灰斗设计

反吹风袋式除尘器的灰斗与其他形式除尘器灰斗有3点不同：

① 装在灰斗上的花板要设防涡流接管（见图13-36），对进入滤袋的气流进行导流；

② 在灰斗的下部设防搭棚板（图13-37），预防灰斗粉尘出现搭桥现象；

③ 反吹风袋式除尘器灰斗的卸灰阀应采用双层卸灰阀，以防卸灰阀漏风造成反吹清灰效果欠佳。

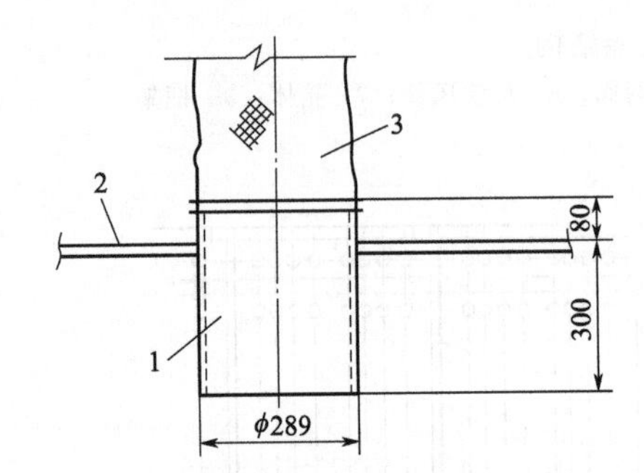

图13-36　袋口防涡流接管

1—防涡流短管；2—花板；3—布袋

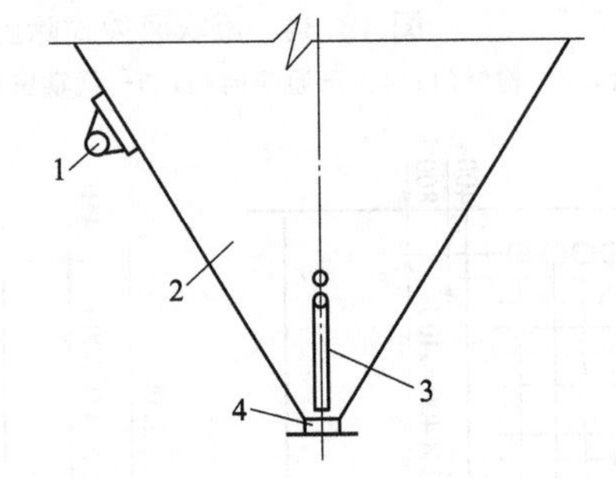

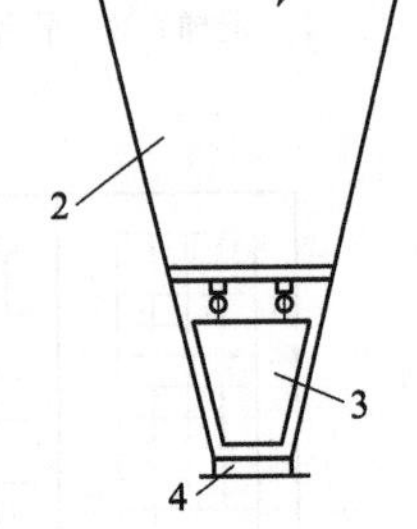

图13-37　防搭棚板

1—振动机；2—灰仓；3—防搭棚板；4—排灰口

此外，有经验的设计者往往把灰斗进气口对面的壁板加厚，避免浓度或磨损性强的粉尘把该处的壁板磨损坏影响使用。

4. 反吹风清灰装置设计

反吹风清灰机构是除尘器正常运行的重要环节。装置清灰机构由切换阀门及其控制系统组成。清灰机构设计的原则是：与除尘器匹配，机构简单可靠，动作速度快，清灰效果好。

对切换阀门的基本要求是：阀座密封性好，切换速度快。在正常工况条件下，大都采用平板阀，依靠硅橡胶密封圈，实现弹性密封；在高温工况条件（>150℃），宜采用鼓形阀，利用鼓形曲面与平面阀座刚性密封。切换时间与动力装置及阀体大小有关，一般以2～5s为宜。气动装置的推杆速度快，所以多采用气动方式，随着高速电动缸产品的成熟也有用电动方式。

反吹风袋式除尘器的清灰机构有以下4种形式。

（1）三通换向阀　三通换向阀有3个进出口，除尘器滤袋室正常除尘过滤时气体由下口至排气口，反吹风口关闭。反吹清灰时，反吹风口开启，排气口关闭，反吹气流对滤袋室滤袋进行反吹清灰。三通换向阀工作原理如图13-38所示。三通阀是最常用的反吹风清灰机构形式。这种阀的特点是结构合理，严密不漏风（漏风率＜1%），各室风量分配均匀。

（2）一、二次挡板阀　图13-39所示利用一次挡板阀和二次挡板阀进行反吹风袋式除尘器的清灰工作是清灰机构的另一种形式。除尘器某袋滤室除尘工作时，一次阀打开，二次阀关闭，吹清灰时，一次阀关闭，二次阀打开，相当于把三通换向阀一分为二。一、二次挡板阀的结构形式有两种：一种与普通蝶阀类似，但要求阀关闭后严密，漏风率＜5%；另一种与三通换向阀类似，只是把3个进出口改为2个进出口，这种阀的漏风率＜1%。

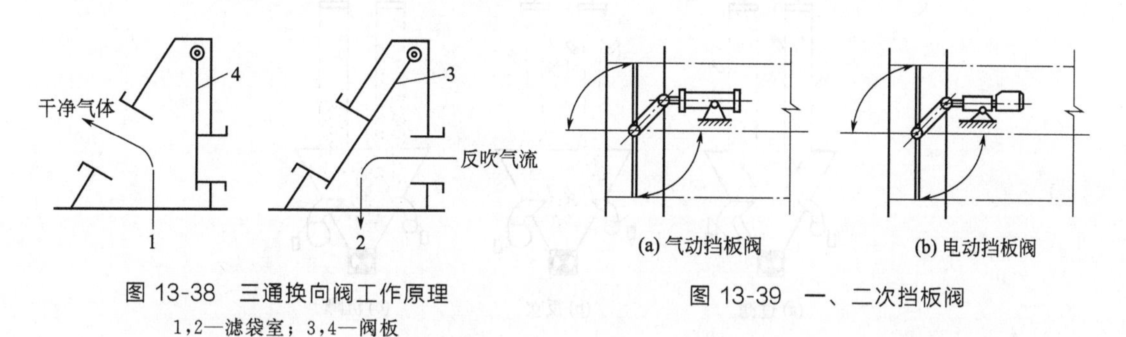

图13-38　三通换向阀工作原理

1,2—滤袋室；3,4—阀板

图13-39　一、二次挡板阀

（3）回转切换阀　回转切换阀由阀体、回转喷吹管、回转机构、摆线针轮减速器、制动器、密封圈及行程开关等组成。回转切换阀工作原理如图13-40所示。当除尘器进行分室反吹时，回转喷吹管装置在控制装置作用下，按程序旋转并停留在清灰布袋室风道位置。此时滤袋处于不过滤状态，同时反吹气流逆向通过布袋，将粉尘清落。

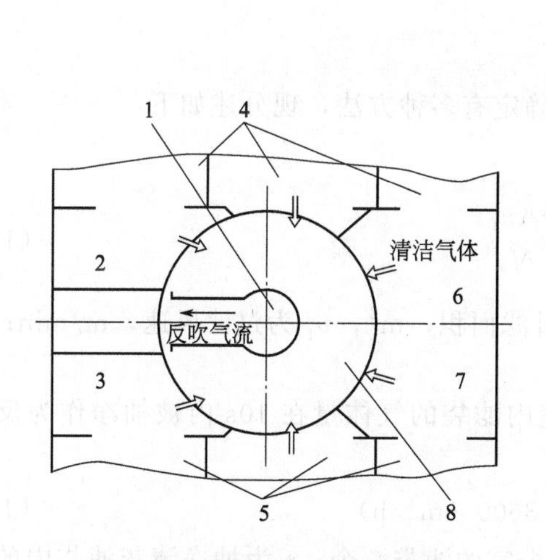

图13-40　回转切换阀工作原理

1—回转切换阀；2,3,6,7—风道；4,5—滤袋室；8—阀体

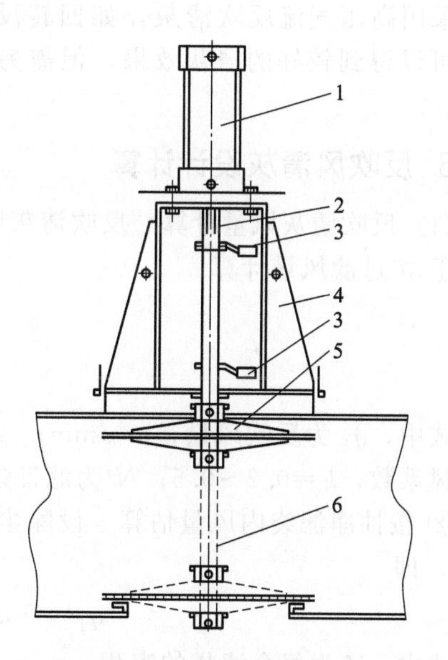

图13-41　盘式提升阀外形

1—气缸；2—连杆；3—行程开关；4—固定板；5—阀；6—导轨

(4) 盘式提升阀 用于反吹风袋式除尘器的盘式提升阀有两类：一类是用于负压反吹风袋式除尘器，结构同脉冲除尘器提升阀，其外形如图 13-41 所示；另一类是用于正压反吹风袋式除尘器，有 3 个出进口。这两类阀的共同特点是靠阀板上下移动开关进出口。构造简单，运行可靠，检修维护方便。

反吹风清灰的机理，一方面是由于反向的清灰气流直接冲击尘块；另一方面由于气流方向的改变，滤袋产生胀缩变形而使尘块脱落。反吹气流的大小直接影响清灰效果。

反吹风清灰过程如图 13-42 所示。

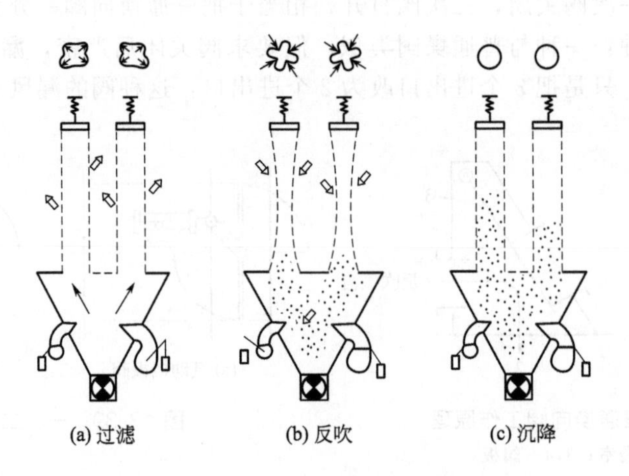

图 13-42 反吹风清灰方式

反吹风清灰在整个滤袋上的气流分布比较均匀，振动不剧烈，故过滤袋的损伤较小。反吹风清灰多采用长滤袋（4～12m）。由于清灰强度平稳过滤风速一般为 0.6～1.2m/min，且都是采用停风清灰，此时滤袋不规则进行过滤除尘。

采用高压气流反吹清灰，如回转反吹袋式除尘器清灰方式在过滤工作状态下进行清灰也可以得到较好的清灰效果，但需另设中压或高压风机。这种方式可采用较高的过滤风速。

5. 反吹风清灰设计计算

(1) 反吹清灰风量计算 反吹清灰风量的确定有多种方法，现分述如下：

① 按过滤风量计算

$$q_f=\frac{kAv_f}{N} \tag{13-34}$$

式中，q_f 为反吹风量，m^3/min；A 为总过滤面积，m^2；v_f 为过滤风速，m/min；k 为反吹风系数，$k=0.2\sim0.5$；N 为滤带条数。

② 按抽净滤袋内风量估算 设除尘器一室内滤袋的气体量在 10s 内被抽净作为反吹风量 q_f，即

$$q_f=(Vn/t)k\times3600\ (m^3/h) \tag{13-35}$$

式中，V 为每个滤袋的容积，m^3；n 为每个室的滤袋，个；t 为抽净清灰滤袋内的气体量所需时间，s，一般取 $t=10s$；k 为考虑反吹风阀门关闭时的漏风系数，一般取 1.3。

③ 按反吸风量计算。反吹风量一般取被清灰的滤袋室的过滤风量的 1/4～1/2。

反吹风量还可根据每个过滤室中所有滤袋内的气体在10s之内抽净风量进行选取。这时，反吹风量 $q_f(m^3/s)$ 可按下式计算。

$$q_f=\frac{Vn}{t}k \tag{13-36}$$

式中，V 为清灰滤袋的容积，m^3；n 为清灰滤袋数量，个；t 为所有清灰的滤袋内的气体抽净所需要的时间，s，一般为10s；k 为考虑其他各室反吸风阀门关闭时的漏风系数，一般取1.3。

① 其他的吹风量确定方法。包括：a. 反吹风量与除尘器各室的处理风量相等；b. 反吹风量取各室处理风量的1/2；c. 反吹风的过滤风速取0.45～0.6m/min时，计算反吹风量。

综合上述的方法，建议反吹风量可取与每室的处理风量大致相同，如粉尘的颗粒较细而富有黏性，则反吹风量可取每室处理风量的1.5倍。

(2) 反吹风压力确定　反吹风压力主要是克服滤袋在清灰过程中的压力损失和反吹风管路阀门压力损失。

选反吹风机压力取 p_f 3050Pa（表压）左右，风机克服滤布和阀门的压降，只需约3050Pa，多余的压头用于将净气管内的气体吹入滤袋的外侧（内滤式），并穿过滤袋进入未净化气体的总管道。如反吹风机的进口与除尘器的排气管相连，风机的出口与进气总管相连，反吹风压首先要克服其汇合点的全压和反吹风管网的流体阻力，则反吹的全压取袋式除尘器阻力的1.5倍。设滤袋和管网阻力之和为1470～1960Pa，则反吹的全压取2205～2940Pa。如果除尘器的主排风机的压头大于4500Pa，即除尘器阻力损失小于前除尘器管网压力损失500Pa以上则可不设置专用反吹风机，由主排风机吸净气总管内气体或大气进行反吹。

(3) 反吹风周期和反吹时间　反吹风周期的确定一般有两种方法，即压差法和容尘量法。

① 压差法。反吹风袋式除尘器在反吹清灰后的初期阻力一般为1500Pa。随着滤袋的连续工作，粉尘在滤袋内表面不断堆积，阻力逐渐增加，当设备运行阻力达到2000Pa时开始第二次反吹风清灰。在这一过程中所需要的时间即为反吹风周期。

② 容尘量法。根据每平方米滤袋表面上允许的容尘量（即粉尘堆积负荷）来计算反吹风周期。一般可按下式计算：

$$T=\frac{60W}{\dfrac{Q_iC_i}{1000A_i}}=\frac{1000A_i}{v_FC_i} \tag{13-37}$$

式中，T 为反吹风周期，min；W 为允许容尘，kg/m^2，通常为0.1～1.0kg/m^2，对细粉尘采用0.1～0.3kg/m^2，对粗粉尘采用0.3～1.0kg/m^2；Q_i 为单个滤袋小室的过滤风量，m^3/h；C_i 为除尘器入口含尘浓度，g/m^3；A_i 为单个滤袋小室的过滤面积，m^2；v_F 为过滤风速，m/min。

采用压差法确定反吹风周期是比较科学的，可以在各种条件波动的情况下（如入口含尘量的波动）保持滤袋的正常工作状态。但是，压差法必须通过试验或生产时间来确定。因此，当缺乏上述条件时，可用称量法进行推算，然后在实际生产过程中进行调整。

反吹风时间一般为滤袋的“三状态”或“二状态”清灰所需的时间以及间歇时间之和。以“三状态”吸瘪3次为例，如吸瘪时间取18s，静止自然沉降时间取43s，鼓胀时间取5s，则吸瘪清灰1次的时间为18＋43＋5＝66(s)，吸瘪清灰3次的总时间为198s。当为“二状态”时，则吸瘪清灰一次的时间为18＋5＝23(s)，吸瘪清灰三次的总时间为69s。

6. 计算实例

已知一台玻纤袋除尘器的处理烟气量 Q_1 为 375000m^3/h；进口含尘浓度 c_1 为 80g/m^3；出口含尘浓度 c_2<30mg/m^3；烟气温度 t 为 230℃；系统漏风率为 15%。试确定除尘器的规格。

(1) 主要参数计算

① 过滤风速的选择：根据普通玻纤材质的使用温度和烟气温度，并考虑滤袋的使用寿命，净过滤风速 v_j 取 0.6m/min。

② 所需总过滤面积 A 的计算：根据烟气量初步取室数 $N=12$，漏风量 $Q_2=375000\times15\%=56250(\mathrm{m^3/h})$，反吹风量 Q_3 近似为 $375000/12=31250(\mathrm{m^3/h})$，总处理风量 $Q_z=Q_1+Q_2+Q_3=375000+56250+31250=462500(\mathrm{m^3/h})$，则总过滤面积：

$$A=Q_z/(60v_j)=462500/(60\times0.6)=12847(\mathrm{m^2})$$

③ 求所需滤袋数 n：滤袋规格为 ϕ300mm×9296mm，每个滤袋过滤面积 $f=0.3\pi(9.296-0.038-0.076-4\times0.051)=8.46(\mathrm{m^2})$，则 $n=A/f=12847/8.46=1519$（条）

④ 确定实际室数 N：设每个室袋数为 140 条，则 $N=n/140=1519/140=10.85$（个），考虑 1 个室清灰，取 12 个室。

⑤ 计算实际总过滤面积 A_1：每条长度为 9.296m 滤袋的过滤面积 $f_1=8.46\mathrm{m^2}$，则 $A_1=f_1n_1N=8.46\times140\times12=14212.8\mathrm{m^2}$

⑥ 计算实际过滤风速 当 12 个室同时工作时的毛过滤风速 v_m 为：

$$v_m=(Q_1+Q_2)/A_s=(375000+56250)/(14212.8\times60)=0.51(\mathrm{m/min})$$

当 1 个室清灰 11 个室工作时的净过滤速度 v_j 为：

$$v_j=Q_z/[A_s\times(N-1)/(N\times60)]=462500/[60\times14212.8\times(12-1)/12]=0.59\ (\mathrm{m/min})$$

$v_j=0.59\mathrm{m/min}<0.6\mathrm{m/min}$，故可满足要求。

根据计算结果进行结构工艺设计，也可从选型图册中选用相应规格的产品。

(2) 反吹风机选型

① 确定反吹风机的风量和风压：

反吹风量 $q_f=Q_3\times1.15=31250\times1.15=35938(\mathrm{m^3/h})$；风机风压 p_f 为 3050Pa。

② 反吹风机选型：根据已知的 q_f 和 p_f 从风机样本中选择锅炉引风机：型号 Y5-47Ⅱ No12D；主轴转速 1480r/min；风机流量 37483m^3/h；全压 3619Pa；配用电机型号 Y280S-4、功率 75kW。

（二）回转反吹袋式除尘器设计

回转反吹袋式除尘器，是应用空气喷嘴，分环采用回转方式，逐个对滤袋进行逆向反吹清灰的袋式除尘器。20 世纪 60 年代中期，上海机修总厂研发并首次在铸造车间成功应用回转反吹袋式除尘器；基于结构简单、性能稳定、反吹气源取用方便和维护工作量小等特点，得到广泛应用。

1. 除尘器分类

回转反吹袋式除尘器采用外滤式原理设计。按其滤袋断面的不同，分为回转反吹扁袋除尘器、回转反吹圆袋除尘器和回转反吹椭圆袋除尘器。

(1) 回转反吹扁袋除尘器　回转反吹扁袋除尘器，其花板孔洞和滤袋外形为梯形，滤袋边长 320mm，短边分别为 80mm 和 40mm，滤袋长度 3～5m；花板孔洞按环呈辐射状分布，最大限度地利用除尘器内的空间，钢材利用率最高。该设备多用于中小容量的干式除尘。

(2) 回转反吹圆袋除尘器　回转反吹圆袋除尘器，其滤袋形状为圆形，圆袋直径 ϕ120mm、ϕ130mm、ϕ140mm、ϕ150mm、ϕ160mm；滤袋长度 3～5m；花板孔间距 50～60mm，花板厚度 6～10mm。花板孔分环呈辐射状分布，除尘器空间利用率虽然低于扁袋除尘器，但其有加工方便、质量高等特点，滤袋利用弹簧片与孔壁张紧，密封性强，综合功能好。该设备多用于中小容量的干式除尘。

(3) 回转反吹椭圆袋除尘器　回转反吹椭圆袋除尘器，是在回转反吹扁袋除尘器的应用基础上将纵向排列的梯形袋改为横向排列的椭圆袋除尘器，既发扬了滤袋空间布置的利用优势，又以分室排列的组合方式，扩大了整机过滤能力，为燃煤锅炉烟气脱硫除尘提供了大型除尘装置。该设备多用于大型、特大型烟气脱硫除尘工程，工业炉窑除尘工程和二次烟气除尘工程。

2. 工作原理

含尘气体由进气口沿切线方向进入除尘器后，气流在下部圆筒段旋转；在离心力和重力的作用下，粒度较大的粉尘分离，沿筒壁下移进入灰斗。而较细的粉尘随气流一起上升，经过辐射状布置的梯形（圆形或椭圆形）滤袋过滤，粉尘被阻留在滤袋外侧；净化气体穿过滤袋从滤袋口上方进入净气室，由出气管排出。阻留在滤袋外侧的粉尘层不断增厚，阻力达到设定值时，自动启动反吹风机，具有足够动量的反吹风，由悬臂风管经喷嘴吹入滤袋，引起滤袋振动抖落滤饼；当滤袋阻力降到下限时，反吹风机自动停止工作。以上过程依次循环。

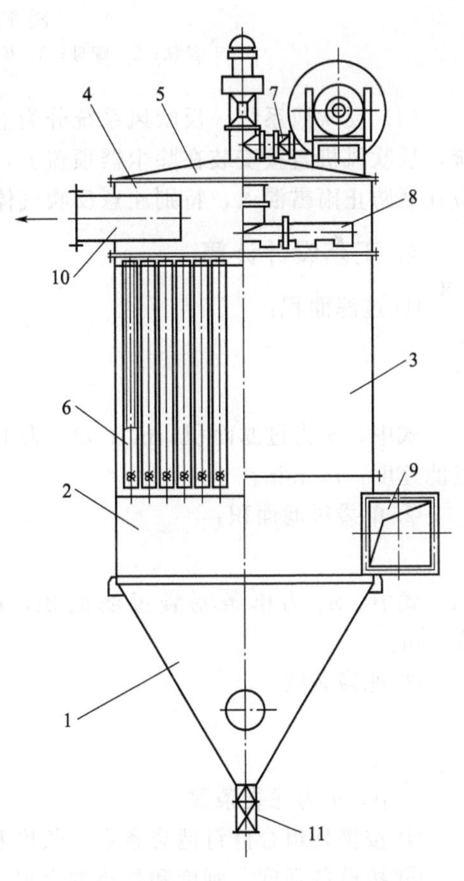

图 13-43　回转反吹袋式除尘器

1—灰斗；2—下箱体；3—中箱体；4—上箱体；5—顶盖；6—滤袋；7—反吹风机；8—回转反吹装置；9—进风口；10—出风口；11—卸灰装置

3. 构造设计

回转反吹袋式除尘器的构造，见图 13-43。回转反吹袋式除尘器大致由下列基本单元组成，分体制作，总体组合。

(1) 下箱体　下箱体部分包括：下部筒体、灰斗、人孔、底座和星形卸料器；进风管定位焊接在下部筒体上。底座直接焊接在灰斗上，其螺栓孔位置按设计定位；设备支架按用户需要配设。

(2) 中箱体　中箱体部分包括中部筒体、花板、滤袋和滤袋定位板。滤袋定位板待花板定位焊接后，按滤袋实际位置找正、焊接固定在中箱体下部筒壁上。

(3) 上箱体　上箱体部分包括上部筒体、顶盖、出风管和护栏与立梯。顶盖为回转式，上部设有滤袋更换与检修人孔；顶盖外侧设有升降式辊轮和围挡式密封槽，方便滤袋更换与筒体密封兼容（见图 13-44）。在顶盖上设护栏，沿筒身下沿设有立梯或环形爬梯。

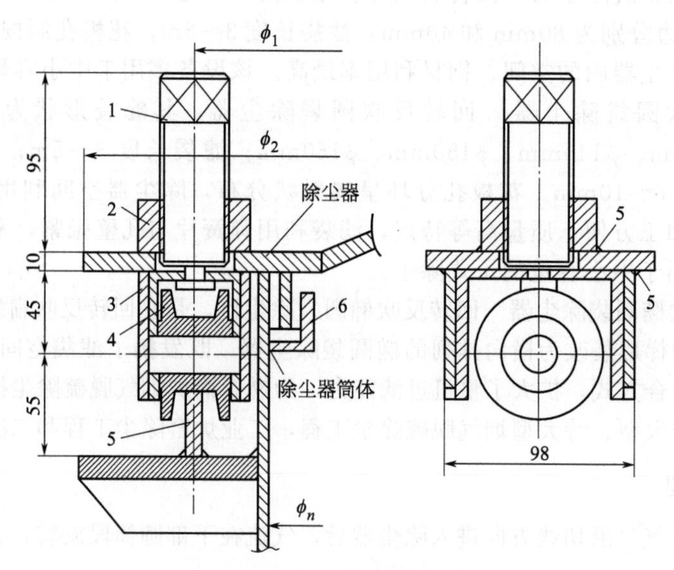

图 13-44 升降式辊轮

1—丝杠；2—螺母；3—护套；4—辊轮；5—轨道；6—环形密封槽

（4）反吹风系统 反吹风系统分为上进式和下进式两种形式。推荐应用上进式反吹风系统，反吹风机直接安装在除尘器顶盖上，抽取环境空气或净室气体，循环组织反吹清灰；但应注意防止雨雪混入，特别注意反吹气体可能引起爆炸威胁。

4. 工艺设计计算

① 过滤面积：

$$S=\frac{Q_{vt}}{60v_t} \tag{13-38}$$

式中，S 为过滤面积，m^2；Q_{vt} 为工况状态下处理风量，m^3/h；v_t 为工况状态下滤袋过滤速度，m/min。

② 单袋过滤面积：

$$S_1=\pi dL_1 \tag{13-39}$$

式中，S_1 为单条滤袋过滤面积，m^2；d 为滤袋直径，m；L_1 为滤袋有效工作长度，m。

③ 滤袋条数：

$$n=\frac{S}{S_1} \tag{13-40}$$

式中，n 为滤袋条数。

④ 按排列组合修订滤袋条数、长度和过滤面积。

⑤ 按设备强度、刚度和最小安全尺寸，确定设备外形尺寸。

⑥ 设备阻力：

$$\Delta p=\Delta p_1+\Delta p_2+\Delta p_3+\Delta p_4+\Delta p_5 \tag{13-41}$$

式中，Δp 为除尘器总阻力，Pa；Δp_1 为入口管阻力，Pa；Δp_2 为花板孔板阻力，Pa；

Δp_3 为出口管阻力，Pa；Δp_4 为滤料阻力，Pa；Δp_5 为粉尘阻尼层阻力，Pa。

一般按经验 $\Delta p = 1200 \sim 1500$Pa。

5. 清灰工艺设计

回转反吹袋式除尘器反吹风清灰系统（见图 13-45）包括反吹风机、调节阀、反吹风管、机械回转装置和反吹喷嘴以及风机减振设施。

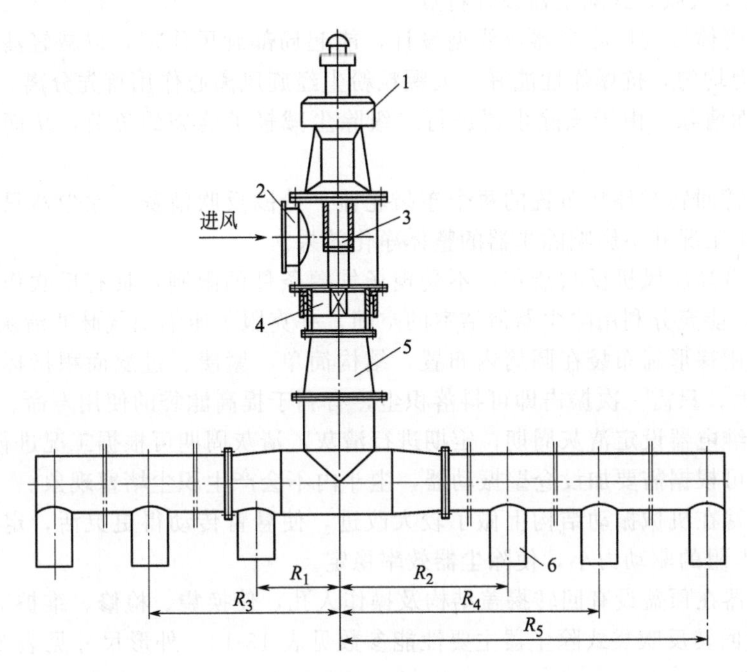

图 13-45　回转反吹袋式除尘器反吹装置

1—立式减速机；2—三通管；3—传动轴；4—转动盘；5—反吹风管；6—喷嘴

（1）反吹风机　反吹风机是回转反吹袋式除尘器的重要配套设备。9-19 系列高压离心通风机、9-26 系列高压离心通风机是常用的反吹风机；主要是利用其低风量、高风压和结构紧凑的技术特性，非常适合回转反吹袋式除尘器的反吹风清灰需要。在大型燃煤锅炉烟气脱硫除尘应用长袋低压回转反吹除尘器时多选用罗茨鼓风机。

反吹风量占处理风量的 15%～20%。反吹风压按高压风机全压取值。

（2）风量调节阀　风量调节阀安装在反吹风机出口管道上，用以调节反吹风量的大小。

（3）反吹风管　反吹风管分为吸入段和压出段。以环境空气反吹的，可不设吸入管；户外安装时应在风机入口加设防护网，防止雨雪和异物吸入风机。

（4）机械回转装置　机械回转装置有拨叉式和转动式，推荐应用转动式(图 13-45)，由无油轴承传递反吹风喷嘴的机械回转。

（5）风机减振设施　反吹风机进出口设帆布接口，风机底座设减振器。

6. 安全设施

（1）安全阀　当除尘器用于处理煤粉和可燃气体时，每台设备至少设计与安装两组重锤式安全阀或防爆片。

（2）除尘器梯子、栏杆及走台　设计与安装时，必须符合《固定式钢梯及平台要求　第 1 部分：钢直梯》（GB 4053.1）、《固定式钢梯及平台要求　第 2 部分：钢斜梯》（GB

4053.2)、《固定式钢梯及平台要求　第3部分：工业防护栏杆及钢平台》(GB 4053.3)规定。

(3) 运行控制　设计与安装除尘器时，应科学组织温度控制，保证除尘器内部烟气温度在酸露点以上运行，防止袋式除尘器结露和结垢。

7. ZC型系列回转反吹袋式除尘器设计实例

(1) ZC型反吹风袋式除尘器设计特点

① 除尘器壳体按旋风除尘器流线型设计，能起局部旋风作用，以减轻滤袋负荷，圆筒拱顶的体形受力均匀，抗爆炸性能好。大颗粒粉尘经旋风离心作用首先分离，小颗粒粉尘则通过滤袋过滤而清除。由于该除尘器进行二级除尘减轻了滤袋的负荷，从而增加了滤袋的寿命。

② 采用悬臂回转对环状布置的每个布袋轮流、分圈反吹清灰，除尘器只有一个滤袋在清灰，因此再生工况并不影响除尘器的整体净化效果。

③ 设备自带高压风机反吹清灰，不受现场气源条件的限制，具有反吹作用力大、滤袋结构长的优点，能充分利用除尘器清洁室的空间，并克服了压缩空气脉冲清灰的弊病。

④ 滤袋采用梯形扁布袋在圆筒内布置，结构简单、紧凑、过滤面积指标高。受反吹风作用大、振幅大，只需一次振击即可抖落积尘，有利于提高滤袋的使用寿命。

⑤ 由时间继电器设定清灰周期，定期进行清灰，清灰周期可根据工况进行调整。

⑥ 灰斗上可根据需要加设仓壁振动器，尘斗内不会产生积尘堵塞现象。

⑦ 反吹悬臂在机械振动结构上做了较大改进，使悬臂传动得更灵活，定位更准确，无下挠现象，抗卡阻的驱动力小，使除尘器效率稳定。

⑧ 该除尘器在顶盖设有回转揭盖结构及操作人孔，使换袋、检修、维护工作方便可靠。

ZC型系列回转反吹袋式除尘器主要性能参数见表13-13，外形尺寸见表13-14，除尘器外形见图13-46。

表13-13　ZC型系列回转反吹袋式除尘器性能参数

型号	过滤面积/m^2		处理风量		袋长/m	圈数/圈	袋数/袋
	公称	实际	过滤风速/(m/min)	风量/(m^3/h)			
24ZC200	40	38	1.0～1.5	2400～3600	2.0	1	24
24ZC300	60	57	1.0～1.5	3600～5400	3.0	1	24
24ZC400	80	76	1.0～1.5	4800～7200	4.0	1	24
72ZC200	110	114	1.0～1.5	6600～9900	2.0	2	72
72ZC300	170	170	1.0～1.5	10200～15300	3.0	2	72
72ZC400	230	228	1.0～1.5	13800～20700	4.0	2	72
144ZC300	340	340	1.0～1.5	20400～30600	3.0	3	144
144ZC400	450	455	1.0～1.5	27000～40500	4.0	3	144
144ZC500	570	569	1.0～1.5	34200～51300	5.0	3	144
240ZC400	760	758	1.0～1.5	45600～68400	3.0	3	240
240ZC500	950	950	1.0～1.5	57000～85500	4.0	4	240
240ZC600	1138	1138	1.0～1.5	68400～102600	5.0	4	240

续表

型号	反吹风机				卸灰阀		减速器	
	风量/(m^3/h)	风压/Pa	转速/(r/min)	功率/kW	规格	功率/kW	输出轴转速/(r/min)	功率/kW
9-19No. 4A	1209	3720	2900	2.2	ϕ200×300	0.75	2.0	0.55
9-19No. 4. 5A	1995	4630	2900	4.0	ϕ200×300	0.75	2.0	0.55
9-19No. 4. 5A	1995	4630	2900	4.0	ϕ200×300	0.75	2.0	0.55
9-19No. 4. 5A	1995	4630	2900	4.0	ϕ200×300	0.75	2.0	0.55
9-19No. 5A	3113	5580	2900	7.5	ϕ200×300	0.75	2.0	0.55
9-19No. 5A	3113	5580	2900	7.5	ϕ200×300	0.75	2.0	0.55
9-19No. 5A	3113	5580	2900	7.5	ϕ280×380	1.1	1.2	0.75
9-19No. 5A	3113	5580	2900	7.5	ϕ280×380	1.1	1.2	0.75
9-19No. 5. 6A	3317	7520	2900	11.0	ϕ280×380	1.1	1.2	0.75
9-19No. 5A	3113	5580	2900	7.5	ϕ280×380	1.1	1.0	0.75
9-19No. 5. 6A	3317	7520	2900	11.0	ϕ280×380	1.1	1.0	0.75
9-19No. 5. 6A	3317	7520	2900	11.0	ϕ280×380	1.1	1.0	0.75

表 13-14 ZC 型系列回转反吹袋式除尘器外形尺寸 单位：mm

型号	质量/kg	H_1	H_2	H_3	H_4	C	D	E	F	L	J
24ZC200	1820	3926	3313	3666	303	1177.5	1690	260	350	970	1100
24ZC300	1977	4926	4273	4666	303	1200	2690	300	350	970	1100
24ZC400	2144	5926	5273	5666	303	1200	1690	300	350	1005	1100
72ZC200	3942	4586	3818	4286	303	1640	2530	415	350	1425	1600
72ZC300	4622	5586	4733	5286	303	1672.5	2530	500	350	1465	1600
72ZC400	5310	6586	5633	6286	303	1672.5	2530	600	350	1465	1600
144ZC300	8238	6561	5523	6126	383	2172.5	3530	600	435	2015	2100
144ZC400	8974	7561	6398	7126	383	2172.5	3530	725	435	2080	2100
14ZC500	9956	8561	7398	8126	383	2192	3530	725	435	2080	2100
240ZC400	15291	8366	7138	7846	383	2597	4380	725	500	2590	2600
240ZC500	17125	9366	7763	8846	383	2671	4380	1100	500	2590	2600
240ZC600	18945	10366	8763	9846	383	2671	4380	1100	500	2690	2600

（2）ZC 型除尘器的性能特点

1）回转反吹风扁袋布袋除尘器所需过滤面积 用下式计算：

$$A_N=\frac{Q}{60v} \tag{13-42}$$

式中，A_N 为净过滤面积，指某一除尘器在其中一个分室停风反吹时，其余各个分室的过滤面积之和，m^2；Q 为通过除尘器的过滤气量，亦称处理气体量，m^3；v 为净过滤风速，m/min。

2）过滤风速的选定

① 对于过滤温度较高（80℃≤t≤250℃）、黏性大、浓度高、颗粒尘细的含尘气体，按

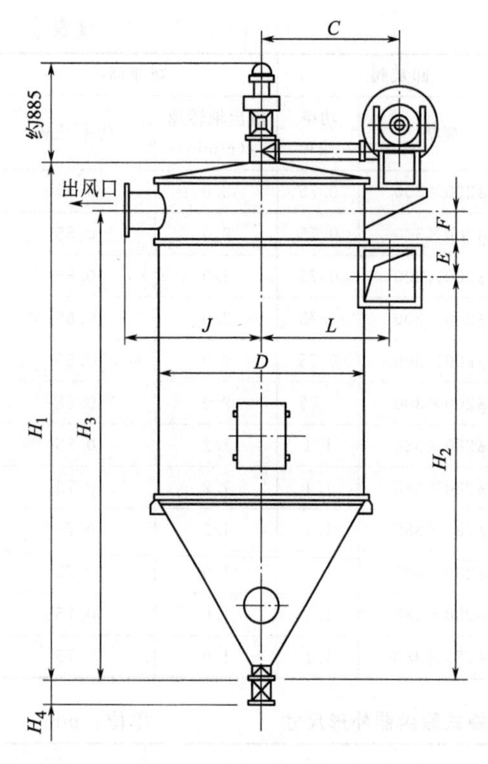

图 13-46　ZC 型系列回转反吹袋式除尘器

低过滤风速运行，$v=0.8\sim1.2$m/min。

② 对于过滤温度为常温（$t<80$℃）、黏性小、浓度低、颗粒尘粗的含尘气体，按高过滤风速运行，$v=1.0\sim1.5$m/min。

3）工作阻力

① 对于常温状况空负载运行时其工作阻力为300～400Pa。

② 负载运行时阻力控制范围应与选用的过滤风速相对应：a. 对于一般负荷（低过滤风速）运行工况，其工作阻力应控制在 800～1300Pa；b. 对于高负荷（高过滤风速）运行工况，其工作阻力应控制在1100～1600Pa。

4）入口温度控制

① 除尘器入口气体温度应控制在气体露点温度以上 20～30℃。

② 采用滤料为工业涤纶针刺毡时，入口温度一般不大于 120℃，采用滤料为耐高温玻璃纤维布时，入口温度不大于 250℃。

5）入口含尘气体浓度控制　入口含尘气体的浓度并不影响过滤效果，但浓度太高使滤袋负荷过大，反吹风工作频繁，影响滤袋的使用寿命，所以入口浓度不宜大于 15g/m^3。

6）滤袋使用寿命　正常使用寿命一般不大于 2 年。

四、脉冲袋式除尘器设计

脉冲喷吹袋式除尘器是 20 世纪 50 年代美国人莱因豪尔（Reinhauer）发明的，它是一种周期地向滤袋内喷吹压缩空气来达到清除滤袋积灰的袋式除尘器，属于高效除尘器，净化效率可达 99%以上，压力损失为 1200～1500Pa，过滤负荷较高，滤布磨损较轻，使用寿命较长，运行稳定可靠，已得到普遍采用。清灰需要有压气源作清灰动力，消耗一定能量。

脉冲喷吹袋式除尘器就喷吹方式而言有行喷（每次喷吹 1 行滤袋）、箱式喷吹（每次喷吹 1 室滤袋）和回转喷吹（每次喷吹袋数不固定）三种喷吹方式。本书主要介绍前两种喷吹方式。

（一）行喷脉冲袋式除尘器设计

1. 基本构造设计

如图 13-47 所示，在每排滤袋顶上设一根喷吹管，喷吹管上对每条滤袋中心处有一小孔。喷吹管一端连接脉冲阀，脉冲阀又与储有压缩空气的气包相连。滤袋内有笼式骨架，顶部连接一个文氏管，文氏管固定在除尘器上部的花板上。含尘烟气从进气口进入除尘器后，在中箱体内经滤袋外侧流进滤袋。这时粉尘被阻留在滤袋外侧，干净空气则从滤袋顶部流入上箱体，然后排出。当达到既定阻力或一定时间时，脉冲控制器即发出指令，通过控制阀使脉冲阀打开，让气包内的压缩气体由喷吹管上的各个小孔喷出，在穿过文氏管时又从周围吸入气体一起喷入滤袋，进行清灰。当控制器的信号消失时，脉冲阀关闭，清灰停止。各排滤袋的清灰顺序轮流进行。

这种除尘器不一定要离线清灰，因为喷吹气流可以在不到1s的瞬间隔断过滤气流，完成清灰，随即又恢复过滤。但有时为了增加清灰效果和减少清灰时的粉尘排放，仍采用离线清灰。这时要设置分室，清灰时将一个分室关闭，停止过滤。然后对这个分室的各排滤袋顺序喷吹清灰，完毕后再打开分室，恢复过滤。这样做因为清灰时没有过滤气流的压力，只有喷吹气流的压力，所以滤袋内外压差大，清灰作用强；还有重要一点，就是在线清灰当喷吹完毕后马上恢复过滤，这时刚脱离滤袋的粉尘有相当多的一部分还没落入灰斗，就被过滤气流带回滤袋，或被吸附到相邻的滤袋上。而离线清灰则在清灰脉冲后有一小段静止时间，让脱离滤袋的粉尘向灰斗沉降，从而大大减少了粉尘的二次吸附现象。

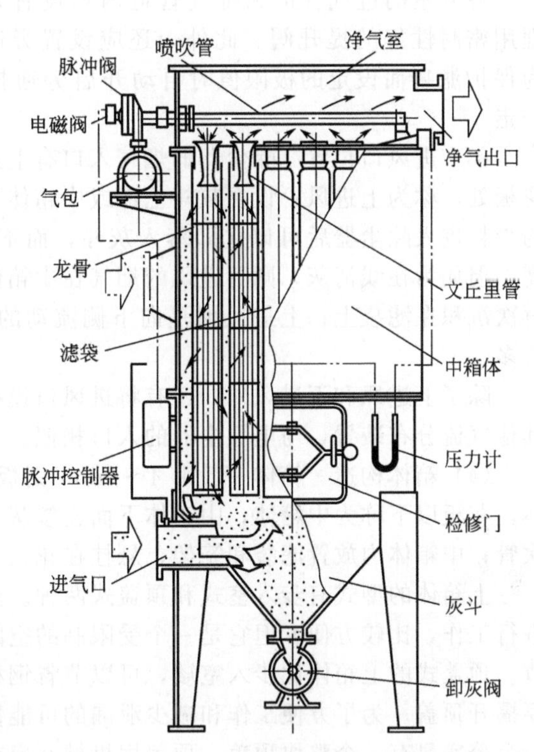

图 13-47　常用的行喷脉冲袋式除尘器

(1) 分室布置　大型脉冲袋式除尘器，即使是在线清灰，为了便于维修，一般也还是由若干相互隔离的相同的分室组合而成。

运用分室可以不中断整个除尘器的运行而只隔离个别分室进行维修，也可以离线清灰。但这样做也是有代价的，即需要增加滤袋、扩大设备、增加投资，否则就会在分室离线时降低除尘器的性能。此外，有的规范规定除尘器应离线检修，以保证人员安全。

多分室袋式除尘器的整体布置，一般是将全部分室分为两行，列于除尘器的进气总管两侧，成双排布置形式。其特点是布置紧凑，节约占地，气流均匀，运行稳定。

(2) 进排气总管　进气总管顶部通常做成斜坡形，管道截面逐渐缩小，以保持总管内的烟气流速大致恒定，使分布各室的烟气量比较均匀。排气管则放在进气总管上面，底部做成斜坡形，管道截面逐渐放大，与进气总管形成互补。但也有其他形式的进气总管。

根据实际经验与模型试验，斜坡形总管内的气流会产生严重的紊流和分离现象［见图 13-48(a)］，所以把进气总管设计成阶梯形［见图 13-48(b)］。其设计的主要目的是要平衡各分室的烟气分布，同时尽量减少除尘器的机械压力损失，并尽量减少烟尘在总管内的沉降。

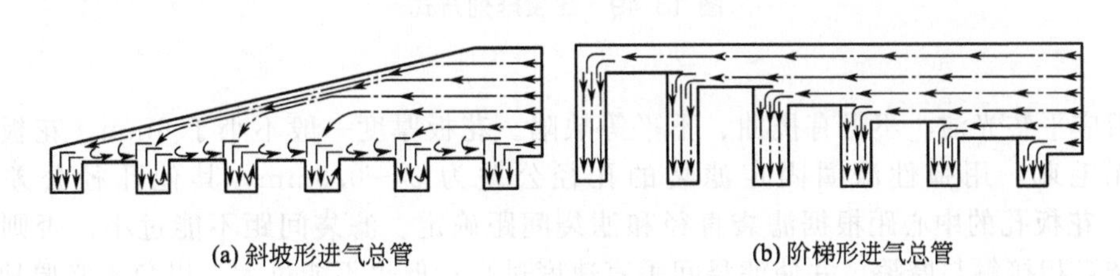

图 13-48　两种进气总管

各分室的进气管道和排气管道内均设有开关阀门，进气管道一般用蝶阀，排气管道则用密封性好的提升阀。此外，还应设置旁通管道和提升阀，以备烟气温度意外升高至为保护滤袋而设定的极限值时自动开启旁通提升阀，让烟气不经滤袋，直接从旁通管道排走。

(3) 进风口位置 除尘器的烟气入口有上进风和下进风两种形式。设在中箱体上部靠近花板处，称为上进风；设在灰斗上部或中箱体下部，称为下进风。采用下进风时，有些较大的尘粒进入除尘器后可以立即落入灰斗，而不沉积在滤袋上，能够降低滤袋阻力上升的速度。但如为在线清灰，则下进风的烟气在中箱体向上流动时，可能携带许多脱离滤袋的粉尘再次沉积在滤袋上；上进风则是向下侧流动的烟气促使粉尘向灰斗降落，再吸附现象会少得多。

除了上进风和下进风外，还有将进风口设在中箱体中部的，进风口内再设一层多孔板或其他气流分布装置，与电除尘器的入口相似。

(4) 箱体构造 箱体一般由4～6mm钢板焊接而成，以花板为界，花板以上称为上箱体，花板以下称为中箱体，中箱体下面连接灰斗。上箱体是除尘后的烟气外排通道，内装喷吹管；中箱体内放置滤袋和笼架，悬挂在花板上。

上箱体的型式有步入室式和顶盖式两种。步入室为一个人高，操作人员可以进入步入室进行工作，比较方便，但它是一个受限制的空间，为方便装卸滤袋，袋笼架常分为两节或三节。顶盖式的上箱体比步入室矮，可以节省钢材。但从上箱体内部检查、装卸滤袋等工作需要揭开顶盖。为了方便工作和减少泄漏的可能性，应尽量减少顶盖数量，采用大盖板，就是一个分室只有一个整块顶盖，顶盖用机械开启或移开。

箱体上的检修门应当用6mm以上厚的钢板制作，以便保持平整，密封更好。检修门用硅橡胶泡沫胶条密封。

为保持箱体内的温度不降至酸露点，箱体外面需包上厚50～150mm用岩棉等保温材料构成的保温层。当烟气湿度较大时，箱体壁板外还要进行伴热设计。

(5) 花板构造 分隔上箱体与中箱体的花板上有许多以激光切割等方法开出的孔，供悬挂滤袋用。这些孔的排列有直线式和交错式两种方式，如图13-49所示。在同样的分室内，采用交错式排列能容纳的滤袋数量可以比采用直线式的多。但是，在相同的滤袋长度和过滤速度下，交错排列的滤袋之间垂直气流速度较高，会增加滤袋的磨损，并影响在线清灰的效果，所以长度大于5m的滤袋不应当用交错式排列。

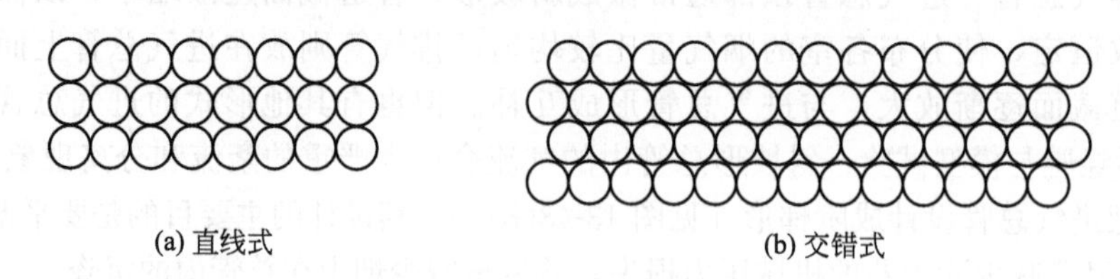

图13-49 滤袋排列方式

花板应平整光洁，不得有挠曲、不平等缺陷。花板厚度一般不小于6mm。花板孔周边应光滑无毛刺，用弹性涨圈固定滤袋的孔径公差为0～0.8mm，其他孔径公差为0～0.2mm。花板孔的中心距根据滤袋直径和滤袋间距确定。滤袋间距不能过小，否则会造成相邻滤袋互相接触与摩擦，并使滤袋间垂直速度过高；但也不能过大，以免不必要地扩大设备体积。一般使用长度3m左右的滤袋，间距取30～50mm，近年来使用长度为6～8m的滤袋，间距取 75mm 或 1/2 滤袋直径。有些特殊情况则须考虑是否需要超宽的间距，例如捕集绒毛状粉尘，就应当间距宽些，以防粉尘搭桥。除尘器壁板和壁板加强筋与滤袋表面的间距至少为 75mm。

滤袋与花板之间防止漏尘相当重要。含尘侧与无尘侧之间的封隔应该是 100%严密，如滤袋设计欠佳，则无法防止发生过量排放。

A. BITION 开发 Redecam 滤袋安装系统（SSP，简单压力系统的英文缩写）时，在使用场地进行了许多实验室试验，于几年前开发的最新型号仍被公认是最尖端、对用户最友善、最有效的系统。

为防止漏尘，主要采取了以下措施来加强密封性能。

① 增加滤袋与花板之间的接触表面。花板上的滤袋孔以拉制法制成，其接触表面延伸到拉制孔的整个表面（约 20mm）。

② 增加压力，使得套在滤布上的袋颈圈紧贴管板孔的拉制缘。颈圈的特殊形状还可利用温度效应在表面产生额外的压力，使密封效果更佳。

(6) 除尘器灰斗　除尘器的中箱体下面连接灰斗，用以收集清灰时从滤袋上落下的粉尘以及进入除尘器的气体中直接落入灰斗的粉尘。灰斗有两种型式：一种是锥式；另一种是槽式。灰斗设计可按下列数据确定：

① 灰斗的两片相对的侧壁之间夹角最小 60°；

② 两片相邻的灰斗侧壁的交线与水平面之间的夹角最小 55°；

③ 灰斗下端排尘口的尺寸，方形排尘口至少应为 300mm×300mm，圆形排尘口至少应为直径 340mm；

④ 进入灰斗的烟气入口应设在不低于能贮存 8h 粉尘的位置，入口顶部应距离滤袋底部至少 180mm；

⑤ 烟气入口速度应小于 15m/s。

虽然排灰系统应当按连续排灰设计，但为了防备排灰系统出现故障，灰斗还应当有适当的贮存容量。一般灰斗在进气口以下的容积应至少能贮存 8h 的灰。这要按灰的松密度和一个分室离线计算，而且因为各分室之间的气流分布可能不均匀，必须加 10%的安全系数。

灰斗还应当有一些附属装置，它们是：向灰补充热量的加热器；灰斗排灰的空气炮；料位计，如灰斗内积灰到料位计的位置就会报警。这个位置不要太低，以免警报太频繁，没有必要；也不要太高，以免发生积灰被气流带走等问题。

(7) 平台走梯的布置　平台走梯的设计从安全感觉考虑，走梯应靠近除尘器箱体布置；设计折返走梯时最上一段要靠近正箱体。

走梯倾角一般为 45°，特殊条件下不得大于 60°，步道和平台的宽度不小于 600mm，平台与步道之间的净高尺寸应大于 2m，平台与步道采用刚性良好的防滑格栅平台和防滑格栅板，必要的部位可采用花纹钢板。平台荷载不小于 $4kN/m^2$，步道荷载不小于 $2kN/m^2$。

平台走梯的布置应着重从平台的跨度、平台的抗弯刚度和平台的均布载荷三个方面来考虑（将平台简化为梁型式）。在可能的条件下，应增加平台的支撑约束，减小跨度。

2. 清灰系统设计

(1) 清灰的意义　袋式除尘器在过滤含尘气体期间，由于捕集的粉尘增多，以致气流的通道逐渐延长和缩小，滤袋对气流的阻力便渐渐上升，处理风量也按照所用风机和通风系统的压力-风量特性而下降。当阻力上升到一定程度以后，如果不能把积灰及时清除就会产生如下一些问题：

① 由于阻力上升，除尘系统电能消耗大，运行不经济；

② 阻力超过了除尘系统设计允许的最大值，则除尘系统不能满足需要；

③ 粉尘堆积在滤袋上后，孔隙变小，空气通过的速度就要增加，当增加到一定程度时会使粉尘层产生“针孔”和缝隙，以致大量空气从阻力小的针孔和缝隙中流过，形成所谓“漏气”现象，影响除尘效果；

④ 阻力太大，滤料易损坏。

袋式除尘器在使用过程中都要通过某种方法清除滤袋表面上累积的粉尘。一般在清灰以后还有相当多的粉尘残留在织物的孔隙内，清灰后剩余阻力要比原来干净织物的阻力大。但残留粉尘还可以起相当大的捕尘作用，所以清灰不需要彻底。完全清灰在经济上是不可行的，因为从它所需要的动力和时间以及损伤织物的角度来看这样做是不经济的。

一般在干净织物使用后的头几个过滤周期内，清灰所除去的沉积粉尘较多，以后越来越少。经过一段时间，清灰后残留的粉尘便达到大致恒定的数值。这时，织物上沉积的残留粉尘已基本饱和。此后，过滤和清灰的压力降周期也就比较稳定。如果粉尘的黏附性强，经过多次的过滤-清灰周期后，还不出现残留粉尘的平衡，则残留压力降可能会上升到不能容许的强度。有经验的设计者会给提高清灰强度留有余地，使得加强清灰成为可能。

清灰对除尘效果是有影响的，在滤袋的一个过滤周期内，以刚清灰之后漏出滤袋的粉尘为最多，过一段时间后，滤袋上沉积的粉尘厚度增加到一定程度，漏出的粉尘即迅速减少而保持在几乎恒定的低水平。

一般滤袋寿命为2～5年，由于机械屈曲和相对运动，加上粉尘的磨琢作用，纤维逐渐受损，以致断裂，织物在屈曲点越磨越薄，于是这些地方的粉尘通过量增加，最后薄的地方或裂缝发展到不能依靠捕集的粉尘来填补，这时滤袋就不能继续使用而需要更换或修理。通常滤袋破损量达到2%～5%，则需更换为新滤袋。

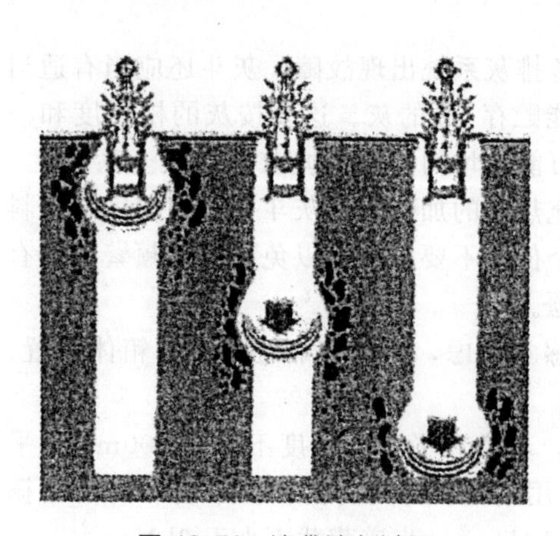

图 13-50 滤袋清灰过程

清灰是袋式除尘器作业过程中不可缺少的一环，它与除尘器运行状况的好坏有很重要的关系。要使清灰能发挥良好的作用，就必须存在以下过程：

① 气包内的压缩空气经过脉冲阀的瞬间开启，迅速到达喷吹管和各个喷吹口。

② 当压缩空气从喷吹管口喷出向滤袋内喷吹时，在滤袋内压力脉冲冲击织物处形成最高的压力。随着离开这一点的距离增加，压力峰值开始下降，但在通过最低值的位置后上升，见图13-50。

③ 由于在滤袋顶部压力迅速增加，滤袋膨胀到最大时，压力峰值过后滤袋便突然收缩。由于这种快速变形，就有大的惯性力作用在滤袋上部的尘块上。

④ 当压缩空气压力峰值接近滤袋底部，滤料运动减慢，以致在底部单靠惯性力是不能除去附着的粉尘层的。在底部附近应当还有其他清灰机制在起作用，主要是由逆向气流所产生的压力除去的。

⑤ 增加气包压力或离线清灰可以提高清灰效果。如果用低的气包压力清灰，则需要增加压缩空气体积（耗气量）来完成清灰过程，这就是所谓低气压高体积的清灰机制，即低压脉冲机制。

过滤清灰状态如图 13-51 所示。

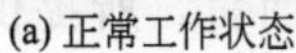

(a) 正常工作状态

(b) 清灰状态

图 13-51　过滤清灰状态

在相同的应用条件下，好的袋式除尘器性能标准主要有 3 个：a. 设备运行阻力小而过滤速度高；b. 排出的粉尘浓度低；c. 滤袋寿命长，它们和清灰能量、清灰系统各部件的特征是有重要关系的。

如图 13-52 所示，行喷脉冲袋式除尘器是通过一行行固定的喷吹管对各行滤袋轮流喷吹清灰的，称为行喷脉冲清灰。其清灰系统的基本部件包括喷吹气源、气包、电磁阀、脉冲阀、喷吹管、喷嘴等。

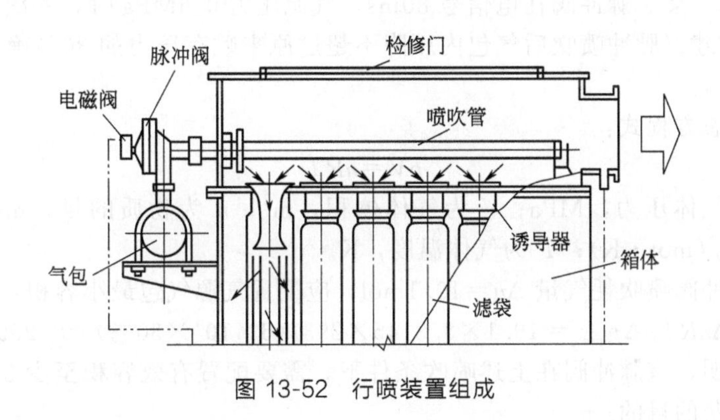

图 13-52　行喷装置组成

(2) 喷吹气源设计　脉冲喷吹一般是用压缩空气，供气方式有以下几种。

① 外网供气。清灰用气来自生产工艺设备用的压缩空气管网。

② 单独供气。在生产工艺设备用的压缩空气站内设置专为除尘器用的空气压缩机，或设置单独的压缩空气站。

③ 就地供气。在除尘器旁安装小型空压机，供 1～2 台除尘器专用。其缺点是压力和气量不稳定，必须设贮气罐；容易因空压机出故障而影响除尘器运行，噪声大，维修量大。因此，尽可能避免采用。

对清灰气源的要求如下。

① 接至除尘器的气源压力应在一定范围内，通常为0.2～0.8MPa（旋转喷吹除外）。如气源压力过高，要设减压装置，气源压力过低有时要设计升压装置。

② 供气不能波动或中断。如气源压力及气量波动大，可设贮气罐，以保证气压、气量相对稳定。如设贮气罐尚不能满足要求，则应设置单独供气系统。

③ 压缩空气中尘、油、水及污垢含量应在规定范围内，以免堵塞气路或堵塞滤袋。因此，距外网较远的车间要在压缩空气入口处设置集中过滤装置，以去除冷凝水及油污。为防止过滤效果不好，还要在除尘器气包前再装一压缩空气过滤器。对压缩空气质量要求不同厂家的脉冲阀是不一样的，应用时要注意。

(3) 气包（或称分气箱）设计　气包是使用温度范围为－20～120℃，设计压力不小于0.8MPa，充装压缩空气供脉冲喷吹用的压力容器，有带圆角正方形截面和圆形截面两种。

气源气包对袋式除尘器脉冲清灰系统而言起定压作用。原则上讲，如果气包本体就是压缩气稳压气罐，其容积越大越好。对于脉冲喷吹清灰系统而言，所提供的气源气压越稳定，清灰效果越好。然而，从工程实际角度出发，气源气包容积的大小往往受场地、资金等因素限制。因此，设计一个合理的气源气包成为脉冲清灰系统设计的重要部分。

① 确定气源气包容积　建议在脉冲喷吹后气包内压降不超过原来贮存压力的30%。即根据所选型号脉冲阀一次喷吹最大耗气量来确定气源气包容积。

a. 脉冲阀在大气包上一次喷吹压降仅为原来压力的18%（<30%），其喷吹压力峰值远大于在小气包上的喷吹压力峰值。

b. 脉冲阀在大气包上耗气量较大。

可见，脉冲阀配置大气包时，脉冲喷吹效果明显好于小气包。因此，根据脉冲阀最大喷吹耗气量来确定气源气包容积是合理可行的。

② 举例计算　某3″脉冲阀在电信号80ms，气源压力0.6MPa时，一次喷吹最大耗气量为428L，按上述建议脉冲喷吹后气包内压降不超过原来贮存压力的30%确定所需气包最小容积。

根据气体状态方程式：

$$pV=nRT$$

式中，p 为气体压力，MPa；V 为气体体积，m^3；n 为物质的量，mol；R 为气体常数，$R=8.3145J/(mol\cdot K)$；T 为气体温度，K。

本例中，脉冲阀喷吹耗气量 $\Delta n=19.1mol$，应配置气源气包最小容积：

$$V_{min}=\Delta nRT/\Delta p_{max}=19.1\times8.3145\times293/(6\times10^5\times30\%)=0.259\ (m^3)$$

计算结果表明，该脉冲阀在上述喷吹条件下，需要配置有效容积至少259L的气源气包才能实现高效清灰的目的。

(4) 电磁脉冲阀选用　脉冲阀是控制脉冲喷吹开始与终止的部件。它一端连着贮存压缩空气的气包，另一端连着向各条滤袋输送喷吹空气的行喷管。只有脉冲阀打开，压缩空气才能流过去，向滤袋喷吹清灰；脉冲阀关上，喷吹终止。而脉冲阀的开关则又由电磁阀来控制。

电磁脉冲阀是袋式除尘器清灰装置的核心部件，其质量的好坏、性能的优劣，直接关系到清灰系统的性能优劣，以及整个除尘设备的可靠运行。长期以来，进口脉冲阀一直占据国内市场主要份额，近年来国产品牌增多。

1) 脉冲阀性能评价指标　高品质的电磁脉冲阀不仅要有持久的寿命，更要有良好的喷吹性能。笔者认为脉冲阀的喷吹性能评价指标主要有以下几项。

① 开关灵敏度。指脉冲阀响应电信号的机械动作协调性，具体衡量参数为脉冲阀启闭滞后电信号的时间。

② 喷吹压力峰值。指脉冲阀出口在喷吹过程中达到的压力最大值。

③ 脉冲阀阻力。指喷吹气流通过脉冲阀体产生的阻力损失。

④ 喷吹气量。指脉冲阀一次喷吹的气量。

⑤ 流通系数（K_v、C_v）。指在规定条件下，流经脉冲阀的流体流量系数。

2）脉冲阀性能对比分析　通过对3个同类型脉冲阀在相同电信号（80ms）和相同气压源（0.6MPa）下进行的喷吹试验，性能参数见表13-15。

表13-15　脉冲阀性能参数对比

脉冲阀	开启滞后时间/ms	关闭滞后时间/ms	气脉冲时间/ms	喷吹压力峰值/Pa	阀阻力/Pa	每次耗气量/L	K_v	C_v
A	30	48	98	506	94	428	227	265
B	30	182	232	475	125	823	165	193
C	40	220	260	484	116	921	171	199

对表13-15数据分析如下。

① A阀启闭滞后电信号时间最短，气脉冲时间仅为B、C阀的1/2。可见该阀响应电信号的机械协调性最高。

② A阀喷吹压力峰值最高，阻力损失也最小。

③ C阀喷吹气量最大，是由于在同等喷吹条件下，该阀在电信号消失后没有及时关闭导致气脉冲时间最长。相比较而言，A阀更体现了瞬时脉冲清灰的意义，既达到了高效清灰的目的，又节省了气源的消耗。

④ A阀流通系数K_v、C_v值最高，说明在同等喷吹条件下该阀流通能力最强。

脉冲阀喷吹气量越大，至滤袋内用于清灰的气量就越大，清灰效果就越好。然而，在电信号、气压源一定的情况下，脉冲阀喷吹气量大并不能说明该阀的喷吹性能好。如表13-15中，A阀喷吹气量仅为B、C阀的1/2，是由于其响应电信号时间短，导致整个气脉冲时间短的缘故。B、C阀喷吹气量大是由于其在电信号结束后未能及时响应关闭造成的。

实际上，在整个喷吹过程中，A阀的气流量为4.37L/ms，B阀的气流量为3.55L/ms，C阀的气流量为3.54L/ms。可见，A阀在单位时间内流通的气量还是高于B、C阀的。

脉冲阀喷吹量大小还与气源气压有关，同一脉冲阀在高气源气压下气脉冲时间更短，喷气量却更大。

（5）行喷管设计　行喷管一端与脉冲阀相连，另一端有定位角钢，放在固定托架上。使行喷管下侧的喷吹孔对准滤袋中心后，固定定位角钢。

行喷管的几何尺寸和清灰系统采用的脉冲阀的大小密切相关。首先，行喷管的公称口径是与阀的出气口公称口径一致的。行喷管的长度视其喷吹的滤袋条数而定，而能够喷吹多少滤袋则又取决于所用脉冲阀的大小。行喷管上喷吹孔的尺寸也和脉冲阀的大小有关。此外，行喷管与滤袋的距离则和进入滤袋的清灰空气量有关，因为从喷吹孔喷出的空气在向滤袋流动过程中会混入周围的空气一起进入滤袋，这个距离应当确保逐渐扩大的喷吹气流全部进入滤袋的入口。

行喷管的几何尺寸一般是根据实验和实际经验确定的。现列出几种除尘器在线清灰的数据供参考。

① 滤袋直径 150mm，长度≤4m，用 1.5″脉冲阀，每只最多可喷吹 14 条滤袋，1.5″脉冲阀的喷吹孔直径为 9.5mm。

② 滤袋直径 150mm，长度≤5～6m，用 2″脉冲阀，每只最多可喷吹 16 条滤袋。喷吹管上开孔，孔的数量与滤袋数量相同。2″脉冲阀的喷吹孔直径为 12.7mm。喷吹管中线与花板的距离在 115～180mm。

③ 滤袋直径 150mm，长度≤7～8m，用 3″脉冲阀，每只最多可喷吹 18 条滤袋，3″脉冲阀的喷吹孔直径为 15mm。

如果发现一条行喷管上各个喷吹孔的喷吹气流量有较严重的不均匀现象，可以采取逐步缩小孔径的措施。一般是远离脉冲阀的喷吹孔比靠近脉冲阀的喷吹孔直径小 0.5～1.0mm。

除了在行喷管上打孔直接向滤袋喷吹外，还有在喷吹管上加装喷嘴向滤袋喷吹的。例如，图 13-53 就是澳大利亚 GOYEN 公司生产的一种喷嘴。这种喷嘴通过平衡行喷管内的气流，可以把压缩空气平均分布到每条滤袋。它能排除直接用喷吹孔喷吹产生的气流偏中心现象，保证气流向滤袋中心喷射。它还比喷吹孔对喷射气流形成的阻力低。

(6) 诱导器设计　最早设计的脉冲清灰方式是由喷嘴直接向滤袋内导入压缩空气，后来为了对喷射气体进行导流，提高应用压缩空气的效率，才发展为在滤袋顶部设置一个文丘里诱导器（见图 13-54），当压缩空气被喷入诱导器时，从除尘器的上箱体内吸入二次空气和压缩空气一起为滤袋清灰。但是是否用文丘里诱导器，主要根据应用场合而定，当采用玻璃纤维滤袋时，文丘里喷射导流是必不可少的，当采用化纤滤袋时则可以不用文丘里诱导器。

图 13-53　喷吹管和喷嘴

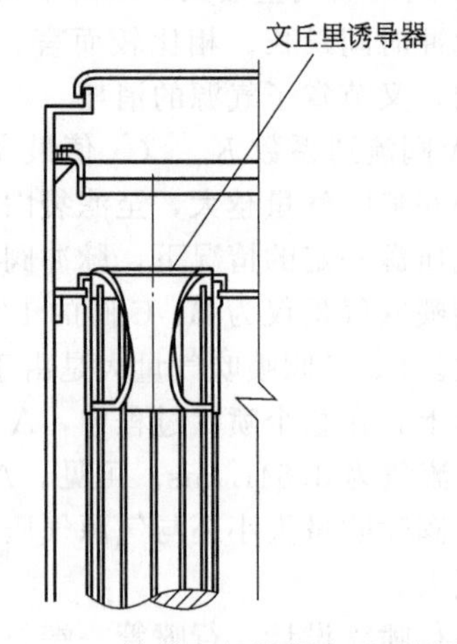

图 13-54　滤袋顶部设置文丘里诱导器

① 使用文丘里诱导器除尘器所需要的一次清灰空气量有所减少，从而可以减少清灰系统所需要的空压机，减少驱动空压机所需要的动力。

② 文丘里诱导器可以起保护滤袋的作用，喷吹孔如未对准滤袋中心，而有几毫米的偏差，不致损伤滤袋，这就是为什么要在易破的玻纤滤袋装诱导器的根本原因。

③ 设置文丘里诱导器需要增加设备费用。

④ 在文丘里诱导器长度范围内的滤袋得不到有效清灰，致使这部分滤袋不能起过滤作用，减少了除尘器的实际过滤面积。

⑤ 文丘里诱导器对喷吹气流和过滤气流的流动都产生阻力，造成不必要的压力损失。

去掉文丘里诱导器的渐缩段，并将喷射器从滤袋内挪出来，装在滤袋顶上，原因如下：

① 从衡量脉冲清灰能力的一个指标——脉冲开始时压力上升率（即每毫秒滤袋内外静压差的上升值）来看，去掉文丘里的收缩段，这个值就增加；把喷射器放在滤袋外面，这个值也增加。此外，增加喷嘴与诱导器的距离，这个值也是增加的。

② 没有减少过滤面积的问题。

③ 可以使脉冲清灰终止时滤袋回缩的速度较慢，减轻与笼架的碰撞，从而减少粉尘的排放。

用于诱导气流的文氏管文丘里诱导器外形主要有 4 种形式，如图 13-55 所示。

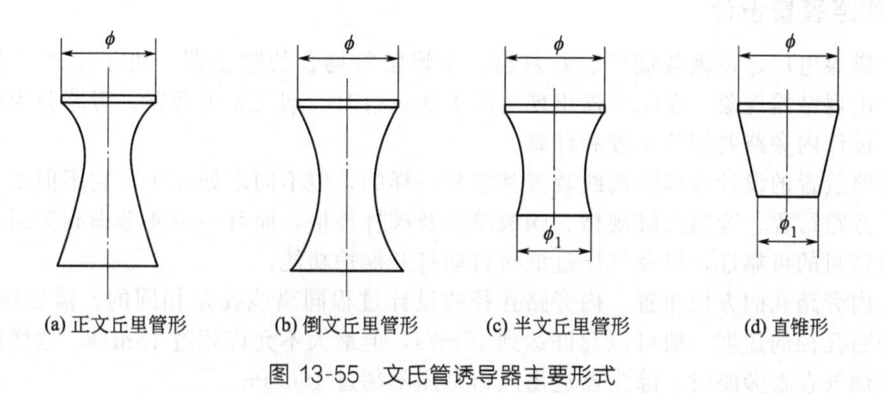

图 13-55 文氏管诱导器主要形式

(7) 清灰系统的设计注意事项 脉冲清灰系统各部件的性能、大小和相关尺寸都要根据除尘器的需要来确定，而其中关键是选择脉冲阀。

按照除尘器的要求确定清灰系统规格的主要依据是实验数据。必须根据可靠的实验数据来设计清灰系统，才能取得良好的清灰效果。有的公司已经开发出设计清灰系统的软件，可以通过电脑为采用其产品的用户选择最适用的部件，确定耗气量、喷吹管压力、气包容量等参数，使清灰系统取得良好效果。

一套经过精心设计的清灰系统，其中部件特别是脉冲阀，应选用高品质的产品，而且不能随意换用不同的产品，否则就可能出现脉冲阀不能正常动作、清灰效果恶化等问题。

清灰系统设计还要注意以下 3 点。

1）气源气压值的设定 脉冲喷吹除尘器主要是以压缩气作为清灰能源，通过脉冲阀形成一股有压高速脉冲气流，并诱导数倍的洁净空气逆向吹至滤袋内，进行脉冲抖动，从而将滤袋外侧表面的尘饼破坏并清除。如果气源气压值过低，这股脉冲清灰气流压力或流量不足，则清灰强度不够，易形成滤袋表面局部积灰，导致设备阻力增加，滤袋负荷不均等现象，缩短滤袋寿命。反之，若气源气压值过高，这股脉冲清灰气流力度过大，将渗进滤袋表层的微细颗粒打出表面，形成“二次扬尘”现象。同时，滤袋也可能因震荡力度过大而导致裂袋。例如对于玻纤滤袋的清灰，必须选用力度较温和的清灰方法和气源压力值。因此，袋式除尘器脉冲清灰气源气压值必须根据工艺、粉尘和滤料性质等工程实际情况而合理设定。

2）贮气罐 气包前带有贮气罐时，气包容积无需满足喷吹气量要求，实际工程中只需满足脉冲阀体安装尺寸要求即可。而贮气罐容积则应在满足脉冲阀喷吹气量要求的基础上起到恒定稳压的作用，即在场地、资金允许的条件下贮气罐容积应尽量选大。

贮气罐应靠近气包安装，防止压缩气输送过程中经过细长管道而损耗压力。

3）连接管 袋式除尘器脉冲清灰系统的气源部分，根据实际工程场地情况，将用到部分连接管，建议如下：

① 气包进气管口径应尽量选大，满足补气速度，大容积气包（或稳压罐）可设计多个进气输入管路；

② 多个气包连接成的贮气回路中，可用3″管连接；

③ 稳压罐与气包配用时，两者间连接可用3″管，且管路越短越好，弯头越少越好，减少管路压力损耗。

3. 旁路装置设计

用于燃煤电厂，垃圾焚烧厂、石灰窑、干燥窑等场合的除尘器，由于生产工艺不能停止，或会出现结露现象，在除尘器出现故障不能运行时，烟气要走旁路。旁路分为内旁路和外旁路，设计内旁路要细致布置和计算。

内旁路装置的设计过程同离线装置基本是一样的，但不同之处在于，它不但要考虑到旁路口径、旁路行程、旁路气缸规格、阀板厚度及阀杆规格，而且一定要考虑到旁通的结构密封型式及密封的可靠性，以及气压过低时自动打开保护功能。

（1）内旁路孔的方位布置 内旁路孔径的设计过程同离线孔是相同的。需要注意的是：通过内旁路孔径的速度一般可以允许达到16m/s，但最大不允许超过18m/s。这样设计的目的是保证烟气在走旁路时，除尘器进出风口差压不超过1500Pa。

在某些除尘器上箱体个别袋室内会出现既有离线又有旁路的结构。此时，离线与旁路的合理布置十分重要。一般来说，当旁路打开时大量烟气通过旁路口直接进入上箱体净气室汇风烟道内，此种情况下需要将离线设置在烟气流的背侧。同时，要求离线必须有可靠的密封措施，防止大量烟尘灰透过缝隙进入上箱体袋室内。

（2）旁路的密封 除尘器在运行的过程中，旁路装置烟气温度一般在140～170℃范围内波动。在这种情况下就要求选择的密封材料能耐高温200℃、耐强酸、耐碱。氟橡胶具有良好的耐高温性能（最高可达300℃）、耐酸耐碱性能，缺点是加工性差，硬度比一般硅橡胶大。选用氟橡胶作为旁通的密封材料时，为了增加可靠性，将氟橡胶做成“9”字形空心密封条，橡胶条外径20mm、内径8mm，“9”字形直线段部分厚度5mm、宽度30mm。

（3）旁路自动打开功能 当气源压力突然降低，甚至降低至“零”时，离线阀板将全部关闭。此时，要求旁路阀板在负压的状态下能快速打开，烟气快速走旁路，避免造成其他意外事故。

其关键是阀板位于旁路口径的下端，阀杆上加装配重。工作原理为：在正常的除尘运行过程中，旁路气缸通过压缩空气的作用，将阀板提升，与旁路口径紧密贴合，当气源压力突然降低至某一值时（离线阀板还处于似落未落的临界状态），阀板在自重和配重的作用下克服烟气负压作用，快速下移，打开旁路口，于是烟气开始快速走旁路。

（二）气箱脉冲除尘器设计

气箱脉冲除尘器在滤袋上方不设喷吹管，而是将一定数量的滤袋组合为一个箱体，每个箱体上有一个或两个较大口径的脉冲阀清灰时从脉冲阀喷出来的气体直接冲入箱体并进入滤袋，使滤袋产生振动，加上逆气流的作用使滤袋上的粉尘脱落下来，从而完成清灰过程。

常用的气箱脉冲袋式除尘器有32、64、96、128四个系列，其结构参数见表13-16。

表 13-16　气箱脉冲袋式除尘器

每个室的滤袋数/个	室数/个	每室过滤面积/m^2	说明
32	2～6	31	单列
64	3～12	62	双列
96	4～18	93	单列或双列
128	4～28	155	单列或双列

1. 构造和工作原理

该除尘器由壳体、灰斗、排灰装置、滤袋、脉冲清灰系统和清灰程序控制器等部分组成。当含尘气体从进气总管进入袋式除尘器后，首先与进气总管中斜隔板相碰撞，气流转向流入灰斗，此时气流扩散，速度变慢，在惯性作用下气流中的粗颗粒粉尘直接落入灰斗底部，起到预除尘作用；进入灰斗的气流折而向上，通过内部装有的袋笼滤袋，粉尘被捕集在滤袋的外表面；净化后的气体进入收尘室上部的净气室，汇集到排气总管排出。气箱脉冲袋式除尘器工作原理见图13-56。

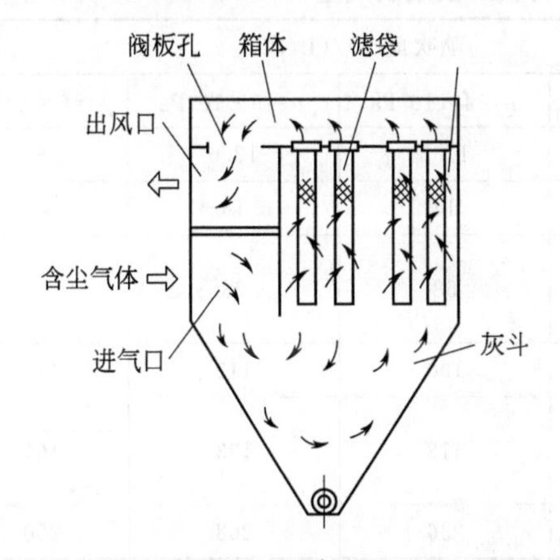

图 13-56　气箱脉冲袋式除尘器工作原理

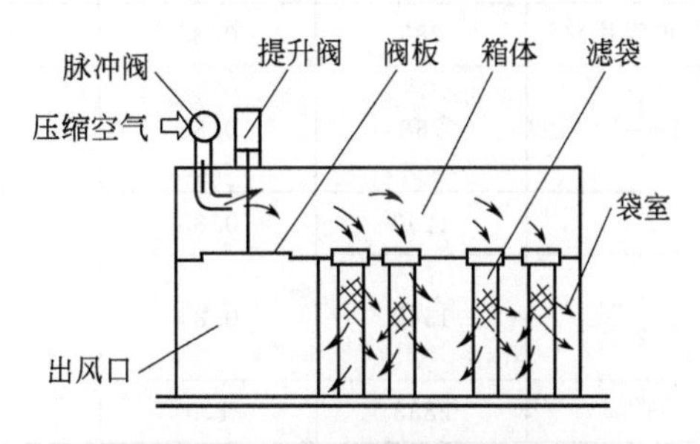

图 13-57　气箱脉冲喷吹系统

壳体用隔板分成若干个独立收尘室，根据清灰程序控制器的指令，对每个室轮流进行清灰。每个室有一个提升阀，清灰时提升阀关闭，切断该室的过滤气流，随即开启脉冲阀，向该室喷入高压空气，清除滤袋外表面聚积的粉尘，参见图13-57。脉冲清灰的脉冲宽度和清灰周期可根据工况条件进行调节。

气箱脉冲袋式除尘器使用的脉冲阀数量少，袋口上方没有喷吹管，所以结构简单，维护方便且价格便宜。同时，气箱脉冲式的适应性很强，在新型干法水泥生产线的所有扬尘点都可以选用，很受用户欢迎。

这种高效袋式除尘器技术先进，经济性好，如用于捕集高浓度的含尘气体更能发挥其优越性。

2. 气箱脉冲喷吹清灰系统设计

(1) 电磁脉冲阀 电磁脉冲阀是将脉冲阀和电磁阀组成一整体，是脉冲清灰系统的主要部件，脉冲阀的性能优劣和使用寿命，是用好脉冲袋式除尘器的关键。脉冲阀有直角式(喷吹压力>0.5MPa，所以也称高压脉冲阀)、淹没式(喷吹压力<0.3MPa，所以也称低压脉冲阀)和直通式(进出口之间的夹角为180°)三种类型。直角式电磁脉冲阀还有单膜片和双膜片之分。这些脉冲阀的结构和工作原理，在《袋式除尘技术》《脉冲袋式除尘器手册》等书籍和专业生产厂家的产品样本上都有详细的介绍。

以往脉冲袋式除尘器失败的事例很多，其原因除过滤风速选取不当和滤袋材质低劣及压缩空气质量不合乎要求外，脉冲阀和电磁阀的性能差、膜片寿命短是其重要原因之一。现在国内生产的脉冲阀质量有所提高，但与国外产品还有差距，所以为保证袋式除尘器的长期高效运行，多数用户仍愿意购买价格较高的优质产品。

(2) 高压直角脉冲阀喷吹气量 一次喷吹气量 q (L/次) 可按美国ASCO公司推荐的公式进行计算，即：

$$q=18.9k_v[\Delta p(2p-\Delta p)]^{0.5} \tag{13-43}$$

式中，k_v 为流量系数；p 为阀进口管的压力，10^5Pa；Δp 为阀进出口压差，10^5Pa。不同规格脉冲阀一次喷吹气量的计算结果见表13-17。

表 13-17 ASCO公司不同规格脉冲阀一次喷吹气量

脉冲阀的规格/in	k_v/(L/min)	$\Delta p/10^5$Pa	喷吹量(q)/(L/次)			
			$p=3\times10^5$Pa	$p=4\times10^5$Pa	$p=5\times10^5$Pa	$p=6\times10^5$Pa
3/4″	233	0.35	9.4	11.5	12.6	—
1″(单膜片)	283	0.35	12	14	16	40
$1\frac{1}{2}$″	768	0.85	50	58	66	80
2″	1290	0.85	84	100	112	113
$2\frac{1}{2}$″	1540	0.85	100	118	133	167
3″	2833	1.0	200	236	268	250

注：1. 脉冲宽度按0.1s计；
2. k_v 和 Δp 均为直角脉冲阀参数；
3. 双膜片时，k_v=383L/min，$\Delta p=0.3\times10^5$Pa。

(3) 双膜片脉冲阀喷吹量 不同规格双膜片脉冲阀一次喷吹量的数据见表13-18。

表 13-18 每个脉冲阀的一次喷吹量(在脉冲宽度150ms和压力0.5MPa的条件下)

脉冲阀的规格	$1\frac{1}{2}$″	2″	$2\frac{1}{2}$″
一次喷吹量/m³	0.24	0.27	0.79

(4) 压缩空气消耗量 Q(m^3/min)

$$Q=1.5nq/T \tag{13-44}$$

式中，n 为每分钟脉冲阀喷吹的次数，次；q 为每个脉冲阀的喷吹量，m^3/次，见表13-17、

表 13-18；T 为清灰周期，min。

清灰周期与许多因素有关，特别是除尘器进口含尘浓度的影响最大，水泥厂不同尘源点建议的清灰周期见表 13-19。

表 13-19　水泥厂不同尘源点袋式除尘器的清灰周期

清灰周期/min	不同尘源点
2～4	雷蒙(Raymond)磨、其他辊式磨、碗式磨，带或不带旋风除尘器进行预净化，特别是粉磨干物料
	喷雾干燥机系统
	无排气装置的输送系统、容重小(96～320kg/m^3)而极限速度又低的物料
	任何含尘浓度高、容重小或黏性物料
	水泥磨
4～6	水泥原料磨(周期接近 4min)
	原料喂料和水泥成品选粉机(周期接近 4min)
	水泥成品螺旋输送泵
	空气输送斜槽通风
	回转式干燥机
	煤磨
	振动筛通风
6～8	胶带输送机转运点、斗式提升机
	圆锥破碎机、颚式破碎机、锤式破碎机
	煤粉仓、煤粉输送通风
8～12	间歇运行时间很长而含尘浓度又低的系统
24～30	熟料冷却机

(5) 压缩空气干燥　压缩空气中的油和水分离不净，带有水分和油的空气喷入袋内，无疑会引起滤袋堵塞，致使除尘器的阻力增大、处理风量降低，最终导致除尘器无法运行。此外空气中的水分大，也会加速脉冲阀内的弹簧锈蚀，使脉冲阀在短时间内失灵。为了保证压缩空气能满足脉冲阀性能的要求，对压缩空气干燥器的选择要求：当厂内除尘器处的温度低于 10℃时，应采用冷冻剂干燥器；装在户外的除尘器达到冻结温度而没有保温设施时，可采用再生干燥器；在室内正常工作条件下一般不需要干燥器。

(6) 气箱脉冲喷吹系统的贮气罐

① 贮气罐耐压≥0.9MPa。

② 其规格和数量应根据除尘器的不同规格确定，见表 13-20。

表 13-20　气箱脉冲喷吹袋除尘器配备的贮气罐

袋除尘器系列	贮气罐规格/mm	室数/个	贮气罐数量/个
每室 32 个袋	ϕ305×915	2～5	1
每室 64 个袋	ϕ510×1220	≤6	1
		7～12	2

续表

袋除尘器系列	贮气罐规格/mm	室数/个	贮气罐数量/个
每室 96 个袋	ϕ610×1750	≤12	1
		14～30	2
		32～40	3
每室 128 个袋	ϕ610×1750	≤7	1
		8～18	2
		20～30	3

3. 气箱脉冲除尘器工艺设计的改进

（1）气包靠近脉冲阀　在传统的气箱清灰系统中，脉冲阀离气包太远（见图 13-58），造成喷吹后阀门进气管呈负压，引起“共鸣现象”。设计中应使分气箱尽量靠近脉冲阀。

（2）引流喷吹管　阀门在气箱式除尘器上喷吹后，气箱中形成高压，容易产生逆向气流，反弹撞击在膜片上，引起膜片严重振荡，降低膜片使用寿命。

在气箱内可制作一条喷吹管与脉冲阀相连，避免逆向气流打到膜片上，如图 13-59 所示。

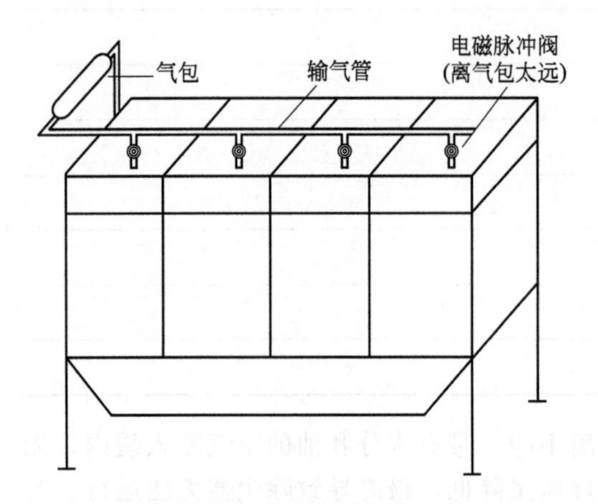

图 13-58　气包与脉冲阀太远

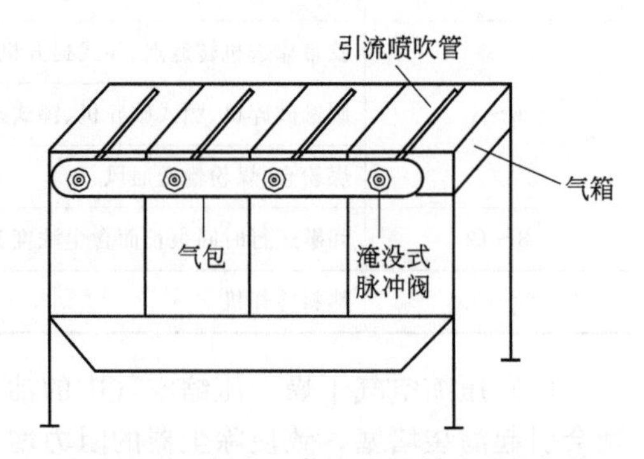

图 13-59　制作一条喷吹管与脉冲阀相连

引流喷吹管对气箱喷吹时，喷吹管的两侧均匀地开直径为 30mm 的喷吹孔，对压缩空气进行导流，见图 13-60。

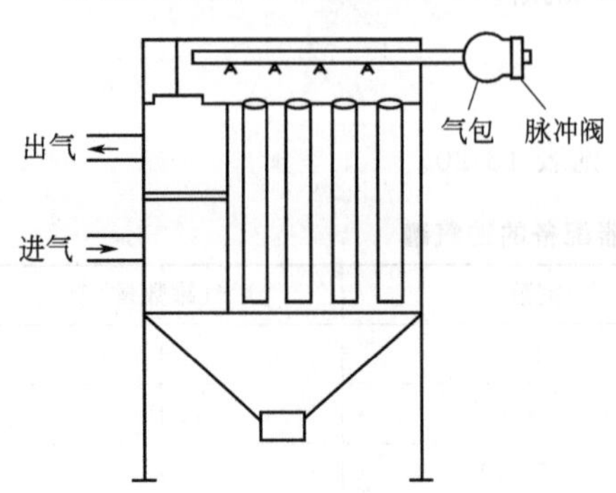

图 13-60　喷吹管两侧开孔

（3）气箱结构的改进　气箱式脉冲清灰是逐室采用一个脉冲阀进行整室离线脉冲清灰。老式气箱式脉冲袋式除尘器各滤袋清灰能力有比较明显的差距，某些滤袋清灰强度大些，某些局部清灰力度不足。新型结构上做了调整，对气箱结构、滤袋及脉冲阀喷吹口位置做了改进，使脉冲阀清灰效果更好，各个滤袋清灰强度趋于一致。

(4) 喷吹系统的改进 老式喷吹系统管道配管时难度较高，反复拆装后极易发生泄漏，且各个脉冲阀清灰能力明显不同（距气包远的，清灰能力强些）。新型气箱式脉冲袋式除尘器在喷吹系统上做了改进，各个脉冲阀与气包直接连接：

① 结构紧凑，增大了气包容积；

② 便于配管和检修；

③ 脉冲阀开启、关闭更快捷（脉冲阀压力室经常维持较高压力，膜片不易疲劳，寿命更长）；

④ 较易实现连续二次强力脉冲清灰（气包容积足够大，压力波动较小，脉冲宽度较小）。

运行实践证明，改进后空气压缩机的能耗明显降低，有较多的过压停机时间，脉冲阀喷吹有力、短促，设备运行阻力较低，处理风量波动很小，磨机无粉尘外逸现象，大大改善了车间环境。

(5) 进气箱体增设气流分布板 进气箱体增设气流分布板有利于粗颗粒粉尘的沉降，减少了对滤袋的磨损，使各室粉尘量均匀。

五、圆筒式袋式除尘器设计

把袋式除尘器的外壳做成圆筒形很普遍，既有小型的，如仓顶袋式除尘器；也有大型的，如高炉煤气袋式除尘器。筒形袋式除尘器的突出优点是节省钢材、耐压好。

圆筒式袋式除尘器是以圆筒形结构为壳体，以滤袋为过滤元件，可用不同的清灰方法，按滤料的过滤原理组织与完成工业气体除尘与净化。

1. 分类

圆筒式脉冲袋式除尘器，按过滤方式分为外滤式和内滤式；按清灰压力分为低压式(<0.4MPa) 和高压式($\geqslant 0.4$MPa)，喷吹介质为压缩氮气；按滤袋长度分为长袋式($6\text{m}\leqslant L\leqslant 9\text{m}$) 和短袋式($L<6\text{m}$)。

圆筒式脉冲袋式除尘器在结构上具有良好的力学特性，适用于易燃、易爆的工业气体除尘与净化。广泛用于高炉煤气、转炉煤气、铁合金煤气等干法除尘工程，烟气温度可达 300℃。

目前，以长袋、低压、外滤为代表的圆筒式脉冲袋式除尘器在中国获得巨大发展，成功用于 5000m^3 高炉煤气干法除尘工程，在世界范围首次全面实现了高炉煤气的全干法除尘，对推进和发展高炉炼铁工艺、配套短流程输灰设施、实现环境保护与节能，具有重大经济效益、社会效益和环境效益。

2. 结构

圆筒式脉冲袋式除尘器（见图 13-61）由筒身 1、锥形灰斗 2、封头 3、过滤装置 4、喷吹清灰装置 5、进气管 6、出气管 7 和输灰设施等组成。

除尘器壳体、过滤装置、喷吹清灰装置和输灰设施是圆筒式脉冲袋式除尘器的关键构件。

(1) 除尘器壳体 除尘器壳体为圆形结构，按钢制容器设计。其中，筒身为圆筒形，封头为球形，灰斗为圆锥形。为满足检修换袋需要，封头与筒身之间可为法兰式，也可为焊接式。弹簧式滤袋骨架的出现，使滤袋（长 6～9m）在净气室内整体换袋成为可能，使除尘器壳体按压力容器管理成为现实。在设计除尘器壳体时还应按需要设置必要的检修孔。

(2) 喷吹装置 喷吹装置由脉冲喷吹控制仪、电磁脉冲阀和强力喷吹装置组成，按清灰工艺需要设计与配置。其中，强力喷吹装置推荐应用中冶集团建筑研究总院环保分院的专利产品——脉冲喷吹袋式除尘器的侧管诱导清灰装置（ZL99253722.3），滤袋直径为 ϕ120mm、ϕ130mm、ϕ140mm、ϕ150mm、ϕ160mm，滤袋长度为 6～9m 时，袋底喷吹压力可保证 3000Pa，具有优良的清灰特性。

(3) 过滤装置 过滤装置主要包括滤袋骨架和滤袋。滤袋骨架随着滤袋的加长而加长（有效长度为 6～9m），按需要可采用二段式、三段式或弹簧式。弹簧式特别适用于封头内置换滤袋（见图 13-62 和表 13-21）。

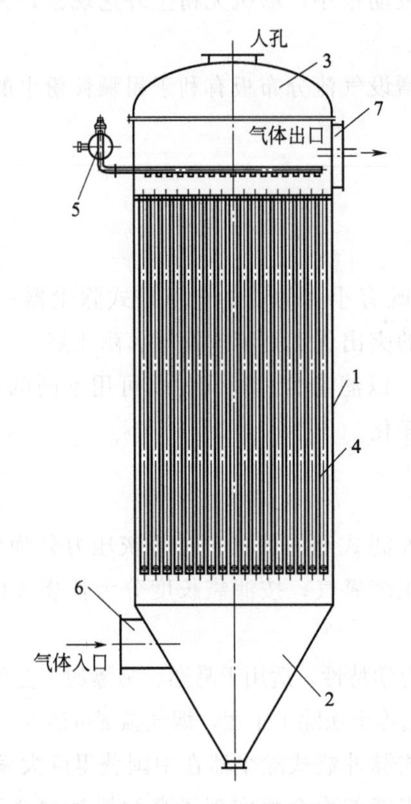

图 13-61 圆筒式脉冲袋式除尘器

1—筒身；2—锥形灰斗；3—封头；4—过滤装置；5—喷吹清灰装置；6—进气管；7—出气管

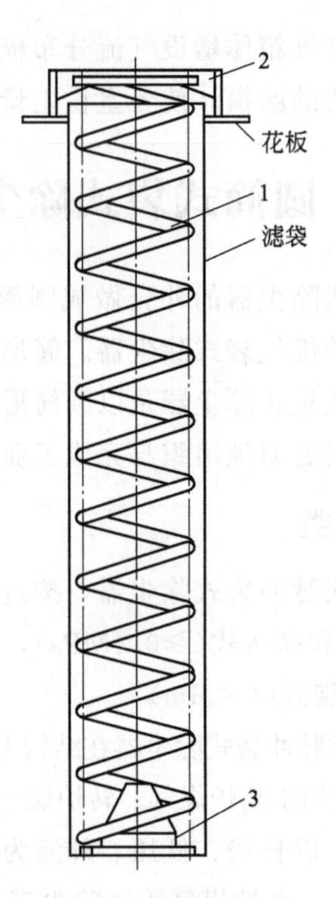

图 13-62 弹簧式滤袋骨架

1—弹簧；2—支架；3—配重

表 13-21 弹簧式滤袋骨架尺寸

型号	滤袋直径/mm	钢丝直径/mm	滤袋长度/m	压缩长度/mm				质量/kg			
				6m	7m	8m	9m	6m	7m	8m	9m
120	120	3.0	6.7,8.9	478	541	604	667	5.6	6.0	6.4	6.8
130	130	3.0	6.7,8.9	478	541	604	667	5.8	6.2	6.7	7.1
140	140	3.0	6.7,8.9	478	541	604	667	5.9	6.4	6.9	7.4
150	150	3.5	6.7.8.9	544	618	692	766	7.6	8.3	9.0	9.7
160	160	3.5	6.7,8.9	544	618	692	766	7.7	8.4	9.2	9.9

3. 工艺参数设计

（1）计算过滤面积

$$S_0=\frac{q_{Vt}}{60v}=\frac{q_{Vt}}{q_g} \tag{13-45}$$

式中，S_0 为滤袋计算过滤面积，m^2；q_{Vt} 为工况煤气流量，m^3/h；v 为滤袋过滤速度，m/min，一般取 0.60～0.90m/min；q_g 为过滤负荷，$m^3/(h\cdot m^2)$。

（2）计算滤袋数量　预估滤袋材质、规格与长度，计算滤袋数量：

$$S_1=\pi dL \tag{13-46}$$

$$n_0=\frac{S_0}{S_1} \tag{13-47}$$

式中，S_1 为 1 条滤袋过滤面积，m^2；d 为滤袋直径，m；L 为滤袋有效长度，m；n_0 为滤袋设计数量，条。

（3）排列组合　以圆形花板为依据，考虑滤袋直径、孔间隔及边距等必要尺寸，排列组合，确定滤袋实际分布数量。具体按下式计算核定：

$$D_0=\left(\frac{q_{Vt}}{2826v_g}\right)^{0.5} \tag{13-48}$$

$$D=m(d+a)+2a_0 \tag{13-49}$$

式中，D_0 为圆筒计算直径，m；q_{Vt} 为每台除尘器处理风量，m^3/h；v_g 为圆筒断面速度，m/s，取 0.7～1.0m/s；m 为直径上花板孔的最大数量，个；d 为滤袋直径，m；a 为花板孔净间隔，m，一般取 0.05～0.07m；a_0 为距筒壁的净边距，m，一般取 0.12～0.15m；D 为筒体实际定性直径，m，校核时要求 $D\geqslant D_0$。

（4）确定滤袋实际数量　以滤袋定性尺寸和圆中心为基准，呈直线排列，按最大数量确定滤袋实际装置数量。

（5）校核滤袋长度　按花板上滤袋实际装置数量与尺寸适度校核滤袋长度，保证滤袋过滤面积的优化。

4. 确定除尘器外形尺寸

（1）封头高度

$$H_1=0.25D+80 \tag{13-50}$$

（2）净气室直线段高度

$$H_2=2h \tag{13-51}$$

（3）净气室高度

$$H_3=L+\Delta H \tag{13-52}$$

（4）灰斗高度

$$H_4=\frac{0.5(D-d)}{\tan\alpha}+\Delta h \tag{13-53}$$

式中，H_1 为封头高度，m；D 为圆筒直径，m；H_2 为净气室直线段高度，m；h 为喷吹管中心至花板面的净高，m；H_3 为净气室高度，m；L 为滤袋有效长度，m；ΔH 为安全高度，m，一般取 0.3～0.5m；H_4 为灰斗高度，m；d 为排灰口直径，m；α 为灰斗倾斜角，一般取 30°～32°；Δh 为排灰管直线段高度，m，一般取 0.08～0.12m。

（5）支架高度　按实际需要确定支架形式与排灰口至支座底脚的高度 H_5。

(6) 设备总高度

$$H=H_1+H_2+H_3+H_4+H_5 \tag{13-54}$$

式中，H 为设备总高度，m。

5. 附属设施

按主体除尘工艺计算结果，相应确定附属设施的规格与数量。包括：

① 走台、栏杆、梯子及安全设施；
② 脉冲喷吹清灰设施；
③ 检测设施；
④ 运行操作与控制系统；
⑤ 储气罐及其配气设施；
⑥ 料位监测与控制；
⑦ 输灰设施。

6. 设计技术文件

设计技术文件至少应包括：

① 设计说明书；
② 设计概算书；
③ 系统图、平面图、侧视图和相关图纸；
④ 安装说明书；
⑤ 操作维护说明书；
⑥ 安全操作规程；
⑦ 重大事故抢救预案。

7. 高炉煤气袋式除尘器投标方案示例

(1) 建设单位　略。

(2) 项目名称　$500m^3$ 高炉煤气袋式除尘器。

(3) 工程地点　××省××市。

(4) 投标依据

① 工艺参数：筒体直径 DN3900mm，煤气量 $130000m^3/h$，布袋尺寸 $\phi 130mm \times 6000mm$，煤气压力 0.15MPa，煤气温度 100～300℃，FMS 针刺毡，排放浓度以 $5\sim10mg/m^3$ 为宜，排放浓度$<5mg/m^3$ 最佳；过滤负荷 8 台工作时不大于 $30m^3/(h\cdot m^2)$，7 台工作时不大于 $35m^3/(h\cdot m^2)$。在规定筒体直径内按滤袋允许间距尽量增加滤袋数量。

②《工业企业煤气安全规程》(GB 6222)。

③《钢制焊接常压容器》(JB/T 4735)。

(5) 投标范围　钢结构制作与安装，包括荒（净）煤气总管、支管连接管、除尘器本体、滤袋及骨架、中间灰斗、框架、支柱、平台、梯子、栏杆、放散管以及保温与电气控制的配套安装。

不在投标范围的设备有阀门、埋刮板机、斗提机、卸灰装置、振动器、分气包。

(6) 主要设计指标　本除尘器按高炉煤气烟气特性与烟尘特性和国内领先的除尘技术，8 台脉冲袋式除尘器组合和离线清灰方式，采用粉体无尘装车的短流程输灰工艺。具体方案如下：形式为 YLFDM8×585；处理风量 $8\times16250=130000(m^3/h)$；过滤面积 $4680m^2$；设备阻力≤1500Pa；排放质量浓度 $\leqslant10mg/m^3$。

(7) 技术计算

① 计算过滤面积（m^2）。

$$S_0=\frac{q_{vt}}{q_g}$$

8 台工作时：

$$S_{08\text{-}1}=130000\div 8\div 30=542(m^2)$$

7 台工作时：

$$S_{07\text{-}1}=130000\div 7\div 35=531(m^2)$$

② 单台滤袋数量（条）。初定 FMS 滤袋，滤袋规格为 ϕ140mm×6000mm。

$$n_{01}=\frac{S_{08\text{-}1}}{\pi dL}=\frac{542}{3.14\times 0.14\times 6}=205(\text{条})$$

③ 排列组合确定滤袋分布。根据脉冲喷吹清灰的要求，采用 76.2mm(3in) 淹没式电磁脉冲阀，以花板中心线为准，组织滤袋花板孔对称成排分布。脉冲喷吹结构如图 13-63 所示；花板孔分布如图 13-64 所示；分气包结构如图 13-65 所示。

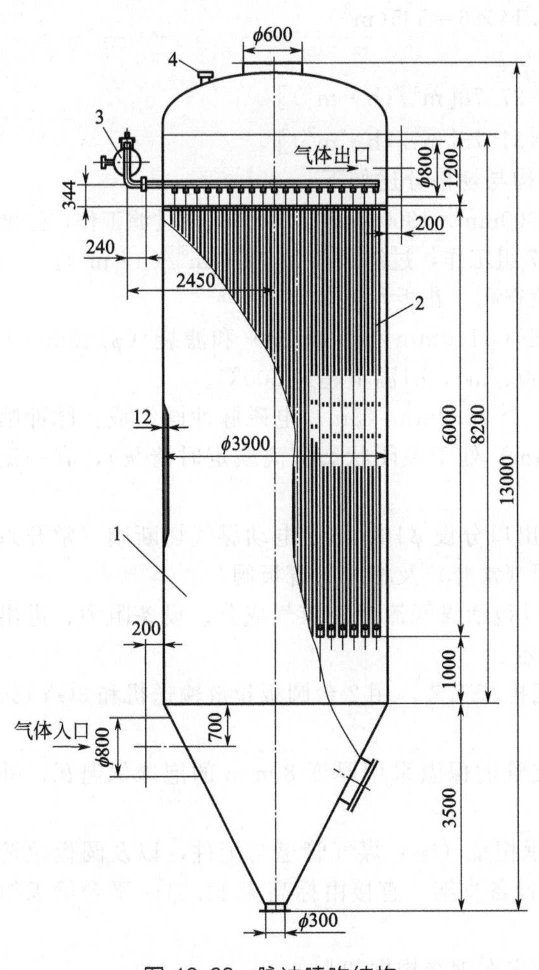

图 13-63 脉冲喷吹结构

1—筒体；2—过滤装置；3—脉冲喷吹装置；4—安全阀

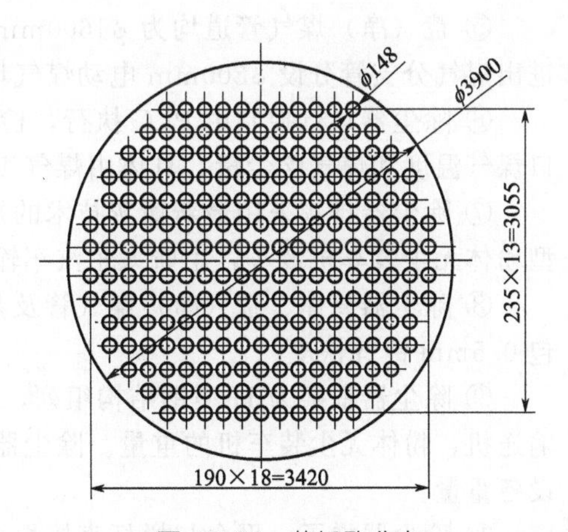

图 13-64 花板孔分布

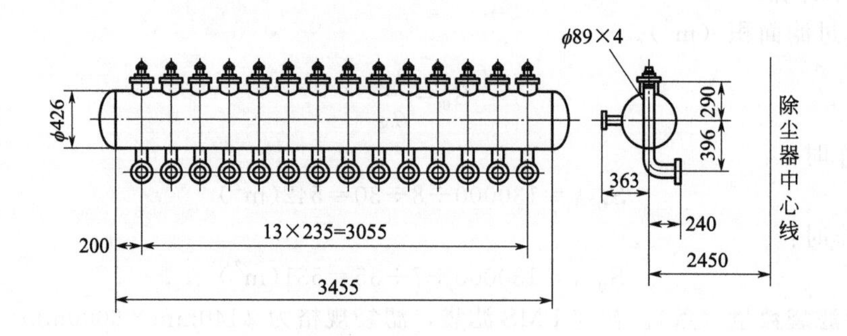

图 13-65 分气包结构

④ 校核。

数量：按花板滤袋孔分布最大化的原则，实际装设 ϕ140mm×6000mm 滤袋 222 条，超过了 205 条。

过滤面积：

$$S=222\times3.14\times0.14\times6=585(\mathrm{m}^2)$$

过滤负荷：

$$q_8=130000\div8\div585=27.78[\mathrm{m}^3/(\mathrm{h}\cdot\mathrm{m}^2)]$$

$$q_7=130000\div7\div585=31.75[\mathrm{m}^3/(\mathrm{h}\cdot\mathrm{m}^2)]$$

（8）设备结构　按技术计算确定的设备结构与规格分述如下：

① 除尘器主体结构为圆筒形、钢结构（ϕ3900mm×13000mm）。分 8 组全过滤工作，过滤负荷为 27.78$\mathrm{m}^3/(\mathrm{h}\cdot\mathrm{m}^2)$；分室离线清灰时为 7 组工作，过滤负荷为 31.75$\mathrm{m}^3/(\mathrm{h}\cdot\mathrm{m}^2)$。

② 筒体钢结构由筒身、封头、进出口、检查孔、花板及支架组成。

③ 过滤装置由 222 组（条）弹簧式钢骨架（ϕ140mm×6000mm）和滤袋（ϕ140mm×6000mm）组成。滤袋材料为 FMS，单重为 500g/m^2，耐温不超过 300℃。

④ 脉冲喷吹装置由 14 组强力喷吹管和 14 个 76.2mm（3in）电磁脉冲阀组成。脉冲喷吹清灰时，除尘器进出口煤气切断阀（ϕ800mm）处于关闭状态（离线定时清灰），有一定实践（运行）经验后可改为离线定压清灰。

⑤ 荒（净）煤气管道均为 ϕ1600mm，进出口分设 ϕ1600mm 电动煤气切断阀（常开）；进出煤气分支管分设 ϕ800mm 电动煤气切断阀（常开）及相应的盲板阀。

⑥ 除尘器运行控制由 PLC 执行，检测项目包括煤气流量、煤气成分、设备阻力、进出口煤气温度和煤气含尘量，具体由煤气工艺决定。

⑦ 除尘器排灰采用最新输灰技术的短流程排灰工艺，用 2 台圆板拉链输送机和 3GY150 型粉体无尘装车机装车，用斯太尔汽车输出。

⑧ 除尘器筒体、荒（净）煤气管及其分支管的保温采用厚度 80mm 的泡沫保温瓦，外包 0.5mm 镀锌铁皮。

⑨ 除尘器框架为 H 型钢结构组列，分别承担荒（净）煤气管道与配件，以及圆板拉链输送机、粉体无尘装车机的重量。除尘器设有设备支架，直接由标高为 11.51m 平台梁承担设备重量。

⑩ 除尘器梯子、平台与栏杆直接焊接与固定在钢结构框架上。

⑪ 除尘器、管道和钢框架的涂装与着色按建设单位规定执行。

⑫ 除尘器按《工业企业煤气安全规程》（GB 6222）规定设有检查孔、安全放散阀和防

爆阀，并由 PLC 完成检测显示。

⑬ 除尘器封头与筒身为焊接；选用弹簧式滤袋骨架，换袋时由封头检查孔进出，组织强力喷吹装置、龙骨及滤袋的拆除与安装。

⑭ 防雨棚直接焊接在框架钢柱上。

⑮ 储气罐直接坐装在二层平台上。

(9) 技术经济指标　500m^3 高炉煤气圆筒式袋式除尘器技术经济指标见表 13-22。

表 13-22　500m^3 高炉煤气圆筒式袋式除尘器技术经济指标

序号	名称	技术经济指标	备注
1	型号	YLFDM8×585	
2	过滤面积/m^2	8×585=4680	
3	煤气量/(m^3/h)	130000	
4	煤气温度/℃	100～300	
5	煤气压力/MPa	0.15	
6	煤气含尘量		
	入口/(g/m^3)	80	
	出口/(mg/m^3)	≤10	
7	过滤室数/个	8	
8	过滤负荷		
	全过滤/[m^3/(h·m^2)]	27.78	
	清灰过滤/[m^3/(h·m^2)]	31.75	
9	滤袋材料	FMS	500g/m^2
10	滤袋规格/(mm×mm)	ϕ140×6000	配用弹簧式滤袋骨架
11	滤袋数量/条	8×222=1776	
12	脉冲喷吹装置/组	8×14=112	DMF-Y76S
13	强力喷吹装置/组	8×14=112	ϕ89mm
14	氮气炮振动器/组	8	ϕ40mm
15	氮气压力/MPa	0.4～0.5	
16	氮气流量/(m^3/min)	6	
17	设备阻力/Pa	≤1500	
18	总排灰量/(t/h)	4	
19	外形尺寸/m	22.6×16.0×23.9	

圆筒式袋式除尘器总图如图 13-66 所示。

六、滤筒式除尘器设计

滤筒式除尘器是利用脉冲滤筒作为过滤元件，在脉冲袋式除尘器的应用基础上实现空气除尘和工业粉（烟）尘除尘而研制的新产品；以其高风量（≥10^{4}m^3/h）、高效率（≥99.5%）、低压（≥0.3MPa）、低阻损（≥800～1000Pa）的最佳运行参数，受到用户的青睐；具有技术先进、结构紧凑、排放达标、占地少、投资省和运行费低等显著特点。

脉冲滤筒式除尘器，广泛适用高炉鼓风机进气除尘、制氧机进气除尘、空气压缩机进气除尘、主控室进气除尘、洁净车间进气除尘、公共建筑的空调进气除尘和中低浓度的烟（空）气除尘。

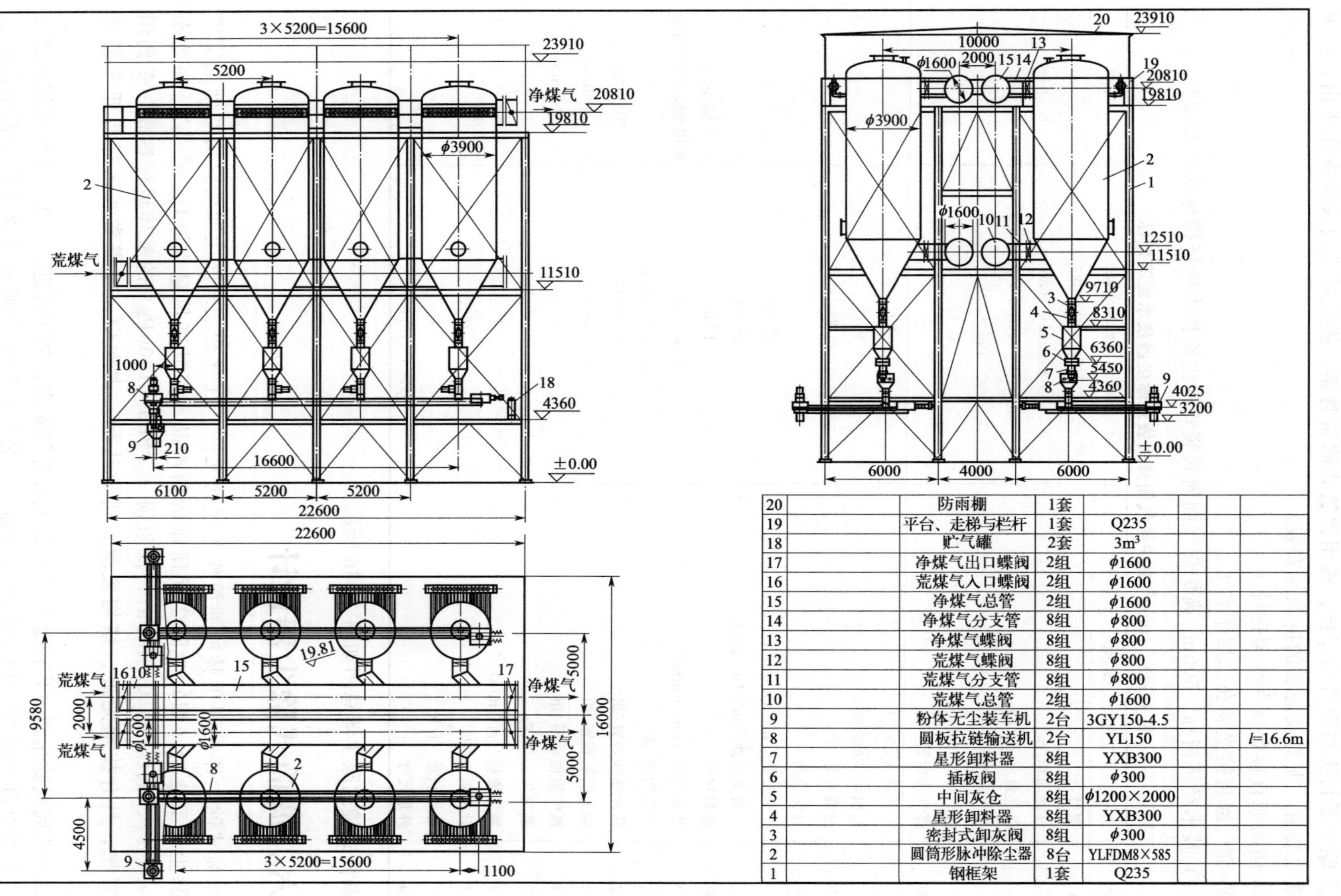

20		防雨棚	1套				
19		平台、走梯与栏杆	1套	Q235			
18		贮气罐	2套	3m^3			
17		净煤气出口蝶阀	2组	ϕ1600			
16		荒煤气入口蝶阀	2组	ϕ1600			
15		净煤气总管	2组	ϕ1600			
14		净煤气分支管	8组	ϕ800			
13		净煤气蝶阀	8组	ϕ800			
12		荒煤气蝶阀	8组	ϕ800			
11		荒煤气分支管	8组	ϕ800			
10		荒煤气总管	2组	ϕ1600			
9		粉体无尘装车机	2台	3GY150-4.5			
8		圆板拉链输送机	2台	YL150			l=16.6m
7		星形卸料器	8组	YXB300			
6		插板阀	8组	ϕ300			
5		中间灰仓	8组	ϕ1200×2000			
4		星形卸料器	8组	YXB300			
3		密封式卸灰阀	8组	ϕ300			
2		圆筒形脉冲除尘器	8台	YLFDM8×585			
1		钢框架	1套	Q235			

图 13-66 圆筒式袋式除尘器总图

脉冲滤筒式除尘器（图 13-67），多数为箱式结构。主要结构包括设备支架、箱体、滤筒、脉冲清灰装置和进出口装置；主体构件为钢结构、褶式滤筒和脉冲喷吹清灰装置。

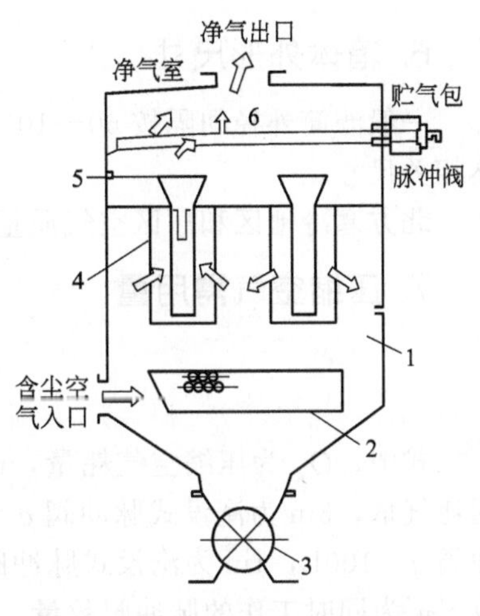

图 13-67　脉冲滤筒式除尘器构造示意

1—箱体；2—气流分布板；3—卸灰阀；4—滤筒；5—导流板；6—喷吹管

（一）箱体设计

脉冲滤筒式除尘器，发扬脉冲袋式除尘器的优点标，拥有“吸气、检修、清灰、出灰、保洁”一体化的特性指标。箱体为钢制，采用多元组合结构装配，具有“高效、密封、强度、刚度”兼容的功能。根据地域或厂区空气质量的不同，北方地区在结构上应增设防风雪，防树叶等杂物混入的防护设施；以设计灰斗集灰为佳。

主要参数计算如下。

1. 过滤面积

$$S_t = Q_{Vt}/(60v) \tag{13-55}$$

式中，S_t 为计算过滤面积，m^2；Q_{Vt} 为设计处理风量，m^3/h；v 为过滤风速，m/min，一般 $v=0.60\sim1.00$m/min。

通常以过滤面积计算值为依据，按产品说明书及现场实际情况，选用实际需要的相近产品型号，科学确定其实际过滤面积。

2. 滤筒计算数量

$$n_t = S_t/S_f \tag{13-56}$$

式中，n_t 为滤筒计算数量，组；S_t 为滤筒计算过滤面积，m^2；S_f 为每组滤筒过滤面积，m^2/组。

3. 滤筒数量

$$n \geqslant n_t = ab \tag{13-57}$$

式中，n 为按排列组合确定的滤筒数，组；a 为每排滤筒的设定数，组；b 为每列滤筒的计算数，组。

$$b \leqslant n/a \tag{13-58}$$

4. 实际过滤面积

$$S_s = nS_f \tag{13-59}$$

式中，S_s 为实际过滤面积，m^2；n 为实际滤筒数，组；S_f 为每组滤筒过滤面积，m^2/组。

5. 设备阻力

$$p = p_1 + p_2 + p_3 + p_4 \tag{13-60}$$

式中，p 为设备阻力损失，Pa；p_1 为设备入口阻力损失，Pa；p_2 为滤筒阻力损失，Pa；p_3 为花板阻力损失，Pa；p_4 为设备出口阻力损失，Pa。

一般设备阻力损失 $p=400\sim800$Pa。

6. 箱体外形尺寸

一般滤筒外径间隔按 60～100mm 计算，滤筒配置要详细排列组合，而后推算除尘器箱体相关尺寸。

北方寒冷地区和厂区空气质量在 2 级以上时推荐应用有灰斗的排灰系统。

7. 压缩空气需用量

$$Q_g = 1.5qnK/(1000T) \tag{13-61}$$

$$K = n'/n \tag{13-62}$$

式中，Q_g 为压缩空气耗量，m^3/min；T 为清灰周期，min；q 为单个脉冲阀喷吹一次的耗气量，3in 为淹没式脉冲阀 $q=250L$，2in 为淹没式脉冲阀 $q=130L$，1.5in 为淹没式脉冲阀 $q=100L$，1in 为淹没式脉冲阀 $q=60L$；n 为脉冲阀装置数量；K 为脉冲阀同时工作系数；n'为同时工作的脉冲阀数量。

一般，大气中粉尘浓度在 $10mg/m^3$ 以下；该过滤器的清灰周期，可按用户要求及运行工况来确定，建议采用定时、定压清灰。

该设备采用在线清灰工艺，按设计要求可采用连续定时清灰，间歇定时清灰或定压自动清灰制度。

8. 粉尘回收量

$$G = 24(\rho_1 - \rho_2)Q_V K \times 10^{-6} \tag{13-63}$$

式中，G 为粉尘日回收量，kg/d；ρ_1 为过滤器入口粉尘质量浓度，mg/m^3；ρ_2 为过滤器出口粉尘质量浓度，mg/m^3；Q_V 为过滤器处理风量，m^3/h；K 为工艺（除尘器）日作业率，%。

9. 气流上升速度的确定

气流上升速度，指的是除尘器内部滤筒底端含尘气体能够上升的实际速度，或滤筒间隙内的气体平均上升速度。气流上升速度的大小对滤筒被含尘气体磨损以及因脉冲清灰而脱离滤袋的粉尘的返混和沉降等都有重要影响。气体上升速度是除尘器内烟气不应超过的最大速度，达到或超过这个速度，烟气中的颗粒物就难以沉降或带走粉尘，也会加速滤筒的磨损，甚至导致设备运行阻力偏大。

另外，滤筒直径确定以后，除尘器内气流上升速度便是计算箱体横断面积的依据。因此，滤筒底部平面的筒间速度是设计脉冲滤筒除尘器要考虑的一个重要参数。显然，气流上升速度过大，会造成滤筒表面磨损及已清灰粉尘的返混和沉降困难；而气流上升速度过小，又会造成箱体过流断面增加，除尘器体积庞大。

10. 箱体结构设计

箱体是整个除尘器的外壳，多为钢制，基本采用多元组合结构装配，包括花板、进风口、出风口、灰斗（收集过滤下来的物料）等，具有高效、密封、强度、刚度兼容的功能。根据地域或厂区空气质量的不同，北方地区在结构上应增设防风雪、防树叶等杂物混入的设施。

箱体的形状有圆形和方形，箱体结构与承压有关系，圆形的承压能力比方形的好，也比方形的下料顺畅，但方形的箱体布置方便，且容易加支撑筋。卧式的滤筒除尘器一般都用方形结构。在箱体的设计中主要确定壁板和花板，壁板设计要进行详细的结构计算，花板设计除了参考同类产品，基本是凭设计者的经验。花板是指开有相同安装滤筒孔又能分隔上箱体和中箱体的钢隔板。在花板设计中主要是布置滤筒孔的距离，该间距与滤筒内径、长度、过滤速度等因素有关。

为了提高滤筒除尘器的效率，可考虑在箱体中加设气流分布装置，最常见的气流分布有百叶窗式、多孔板、分布格子、槽型钢分布板和栏杆型分布板等。为避免一方面入口处滤筒由于风速较高造成对滤料的高磨损，另一方面距离入口较远的滤筒又不能充分利用，采用导流板或者气流分布板就很有必要。目前滤筒除尘器多选用多孔气流分布板，以有利于气流分布稳定和均匀，有利于气流的上升及粉尘的下降。

11. 进、出风口设计

进风口和出风口设置要合理，前者是将外界空气引入除尘器内，后者是过滤后的空气排出除尘器，这都将影响除尘器的除尘效率。

进风装置由下风管、风量调节阀和矩形进风管组成。对进风装置进行设计，主要是考虑风管壁板的耐负压程度。风量调节阀可以作为厂通件，其内的阀板一般采用 5mm 厚度的 16Mn 钢板制作。此外，进风装置的合理布置也很重要，应保证烟尘在经过进风装置时烟气流向合理，对管壁的冲刷降低到最低。为防止高浓度含尘气体对中箱体内滤袋及壁板的冲刷，烟气离开进风装置，通过矩形进风管的风速一般控制在 4m/s 以下。

12. 灰斗设计

灰斗用来收集过滤后的粉尘以及进入除尘器的气体中直接落入灰斗的粉尘。因为灰斗中的粉尘需要排出，所以灰斗要逐渐收缩，四壁是便于粉尘向下流动的斜坡，下端形成出口，它的设置也不能太小，太小往往会引起堵塞，而太大容易导致粉尘撒在外面。因此，要根据实际情况进行设计灰斗。滤筒式除尘器卸灰斗的倾斜角应根据粉尘的安息角确定，一般应不小于60°。

灰斗上部与中箱体焊接，下部接输灰装置。设计灰斗时，除根据工艺要求确定灰斗的容积和下灰口尺寸，还要对其强度进行计算。灰斗组件同进风装置、中箱体和上箱体一样，属于负压装置。对其强度计算的目的是保证其在规定的最大负压（或规定正压）下能满足除尘器的正常运行，不会发生压瘪（凹陷）的现象。灰斗壁板的厚度一般为 4～5mm。

对下进风除尘器而言，为使入口气流均匀，一般要设置灰斗导流板。导流板由若干组耐磨角钢板（材料为 Q345A）组成，一般交错布置在灰斗进风口。它的主要作用是均衡烟气流，同时使烟气中大颗粒粉尘通过碰撞导流板减缓速度沉降于灰斗底部，减轻滤袋过滤的负荷。导流板一般按经验进行布置，其布置也可以通过专业软件对烟气流的理论模拟而确定。

13. 设计注意事项

① 处理含尘浓度较高，宜选用垂直安装且褶数较少的滤筒，并选用较低的过滤风速。

② 处理含尘浓度很低（诸如大气飘尘），可选用水平安装形式。

③ 倾斜式安装的滤筒适用于前两者之间的工况，在加强清灰强度仍不能降低阻力时应改变滤筒安装方式并降低过滤风速。

④ 在处理含尘气体中含有油、水液滴时，应在进风管道上游混入吸附性粉尘，降低粉尘的黏结性，提高对滤料的剥落性。

⑤ 在处理相对湿度较高的含尘气体时，含尘气体的温度应高于其露点温度 10～20℃，应采取防止其在除尘器内部结露的措施。

⑥ 当处理易燃易爆粉尘时滤筒式除尘器应采取相应的安全措施：a. 滤料表面应做抗静电处理；b. 除尘器必须设置泄爆门，其朝向不得正对检修人员所在位置，且泄爆门要定期检修；c. 滤筒应垂直安装，除尘器内不应积存粉尘，除尘器的花板等各部分用导线接地。

（二）脉冲喷吹清灰装置设计

脉冲喷吹清灰装置是脉冲滤筒空气过滤器的重要组成部分。20 世纪 70 年代以来，历经电控、气控和机控技术产品的研究开发，已经发展为可以完全满足空气过滤要求、具有程序喷吹技术功能的科技产品。

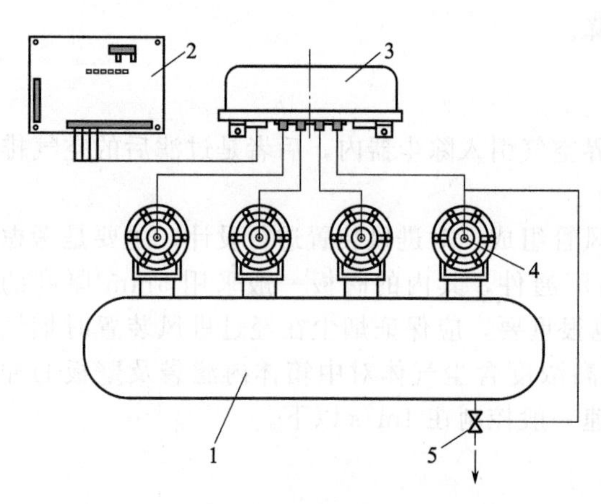

图 13-68　脉冲喷吹清灰控制系统

1—分气包；2—脉冲喷吹控制仪；3—接线盒；4—电磁脉冲阀；5—放水阀

脉冲喷吹清灰控制系统（图 13-68），由脉冲喷吹控制仪、分气包、接线盒和电磁脉冲阀组成。

（1）分气包　分气包是供应喷吹用压缩气体的气源，同时配设具有气体分配与控制的控制阀、安全阀、油过滤器的配件；分气包按压力容器设计与管理。

（2）脉冲喷吹控制仪　脉冲喷吹控制仪是脉冲滤筒除尘器喷吹清灰系统的核心控制装置。它的输出信号控制电磁脉冲阀，喷吹压缩空气对滤袋实施程序清灰，使除尘器的阻力保持在设定的范围内，以保证除尘器的处理能力和除尘效率。

控制仪输出一个电信号的持续时间称为脉冲宽度。控制仪输出两个电信号的间隔时间，称为脉冲间隔。控制仪输出电信号完成一个循环所需要的时间，称为脉冲周期。

根据除尘器的清灰要求设定控制仪输出脉冲间隔和脉冲宽度，保证除尘器阻力在最佳（设定）范围内。

（3）电磁脉冲阀　电磁脉冲阀是脉冲滤筒空气过滤器的关键部件，实施脉冲喷吹清灰的执行机构。按其结构型式，分为直角式脉冲阀和淹没式脉冲阀。

在工程设计中脉冲滤筒除尘器多用淹没式脉冲阀。

（三）滤筒设计

1. 滤筒的分类

常用滤筒分为 3 大类。这 3 类滤筒的区别分别见表 13-23 和表 13-24。

表 13-23　不同空气滤筒的不同保护对象和安装部位

类别	名称区别	保护对象	具体应用场合及安装位置	滤筒使用对象
Ⅰ	保护机器类的空气滤筒	制氧机、大型鼓风机、内燃机、空气压缩机、汽轮机及其他类发动机的进气系统机件保护	通信程控交换机室、制氧厂、鼓风机房、汽车、各种战车、各类船舰、铁路机车、飞机、运载火箭等发动机的进气口或进气道	

续表

类别	名称区别	保护对象	具体应用场合及安装位置	滤筒使用对象
Ⅱ	创建洁净房间的空气滤筒	洁净室无尘，保证生产产品质量，烟雾厂房净化后保证人体健康	药品、食品、电子产品的生产间净化；博物馆、图书馆等馆藏间净化；手术室、健身房、生产厂房烟尘排放；行走器、飞行器、驾驶舱净化，安装在进气口或进气道	
Ⅲ	保护大气用除尘器滤筒	控制烟尘粉尘排放，保护地球生物健康	水泥厂、电厂、钢厂等烟粉尘控制排放；垃圾焚烧、炼焦炼铁、锻铸厂房及汽车等烟尘排放口	

表 13-24　不同滤筒净化的尘源和精度

类别	空气滤筒名称	保护对象和阻止灰尘源	阻截颗粒的来源和性质	颗粒尺寸/μm	灰尘浓度(使用空气滤筒前)/(mg/m³)	要求过滤器效率/%
Ⅰ	保护机器用空气滤筒	保护内燃机缸体；阻止道路灰尘进入进气道	道路灰尘，如 SiO_2、Fe_2O_3、Al_2O_3；大气飘尘，如 SO_2、CO_2 等	1～100	已筑路面 0.005～0.013；多尘路面 0.3～0.5；建筑工地 0.5～1.0	92～99
Ⅱ	创建洁净空间空气滤筒	洁净室、洁净厂房、超净间、滤除室内飘浮颗粒物	大气飘尘，如 SO_2、NO_x、CO_2、NO_2、NH_3、H_2S 及人体排泄物	0.01～200	国家标准允许(日平均)：美国，工业区 0.2、居民区 0.15；中国，工业区 0.3、居民区 0.15	99.97～99.999
Ⅲ	保护大气除尘器滤筒	保护大气、滤除排放的烟尘、粉尘	二矿企业产生的排放颗粒，如 SO_2、NO_x、CO_2、NO_2、H_2S 等	0.01～200	火电厂排放 1200～2000；工业窑炉排放 100～400	达到排放标准(注：过滤器必须满足排放标准，而产生的浓度是未知数)

2. 滤筒构造

滤筒式除尘器的过滤元件是滤筒。滤筒的构造分为顶盖、金属框架、褶形滤料和底座四部分。

滤筒是用设计长度的滤料折叠成褶，首尾黏合成筒，筒的内外用金属框架支撑，上、下用顶盖和底座固定。顶盖有固定螺栓及垫圈。按外形分为圆形滤筒和扁形滤筒。

滤筒的上下端盖、护网的粘接应可靠，不应有脱胶、漏胶和流挂等缺陷；滤筒上的金属件应满足防锈要求；滤筒外表面应无明显伤痕、磕碰、拉毛和毛刺等缺陷；滤筒的喷吹清灰按需要可配用诱导喷嘴或文氏管等喷吹装置，滤筒内侧应加防护网，当选用 $D\geqslant 320$mm、

$H \geqslant 1200$mm 滤筒时宜配用诱导喷嘴。

3. 滤筒打褶设计

纸张式滤筒的设计和制造方法与滤布式滤筒大同小异。滤筒设计应该是按实际使用要求去设计，而强度、压降和纳污量等要求决不可单纯依靠计算公式得出的参数给出确定值，应靠试验得出的经验数值。计算、推导只能是个参考，这就是滤筒不同于其他机件的特殊点。

滤筒外形设计包括形状、尺寸、选材、结构及强度。

波纹牙型要求包括波纹各部尺寸、波纹数量和波纹展开面积等。

（1）滤筒波纹高度　如图 13-69 所示，此图形确立就是为了展开面积增大。面积大则通过含尘气体阻力小，负荷量大。

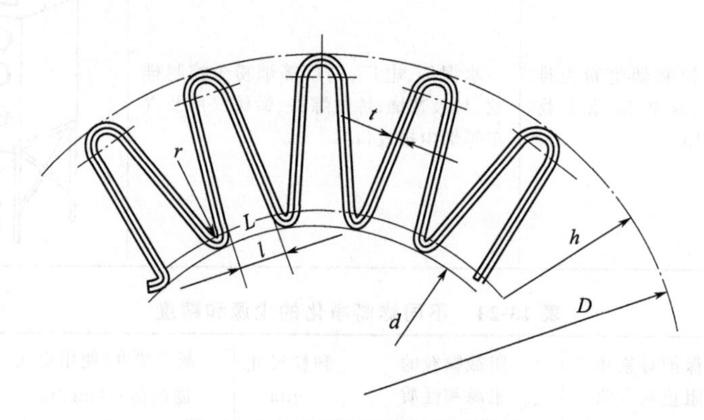

图 13-69　滤筒牙型各元素代号

设计者首先确立：总展开尺寸和波纹形成后的滤筒外圆及总长两个尺寸。两者综合考虑的结果，确立了波纹牙高。即式：

$$h=\frac{1}{2}(D-d) \tag{13-64}$$

式中，h 为波纹牙高，mm；D 为波纹总体外圆直径，mm；d 为波纹总体内圆直径，mm。

最佳波纹牙高（过滤面积最大时的牙高），可按下式计算：

$$h=\frac{1}{4}D \tag{13-65}$$

（2）波纹牙数　波纹牙高乘以滤筒长度是半个波纹牙的面积，一个波纹牙高乘以总牙数是滤筒总过滤筒面积。如果一味追求牙数增多而求其面积增大，则会呈现牙挤牙，牙间隙小，反而增大通油阻力。合适的滤筒波纹牙数按下式计算：

$$n=\frac{\pi D}{2(t+r)+l} \tag{13-66}$$

式中，n 为波纹牙数，个；t 为滤层厚度，mm；r 为波纹牙型折弯半径，mm；l 为波纹牙间距，mm。

（3）过滤筒面积　按下式计算：

$$A=2nhL$$

式中，A 为滤筒过滤面积，mm^2；L 为滤筒总长，mm。

（4）需求过滤面积　滤筒实际需求过滤面积按下式计算：

$$A=\frac{Q}{v} \tag{13-67}$$

式中，Q 为空气流量，L/min；v 为对选用滤材实际测得的过滤速度，dm/min。

实际设计选用“过滤面积”应大于理论计算的“需求过滤面积”，以求滤筒长寿命。

4. 滤筒强度设计

滤筒强度要求有压扁强度和轴向强度。滤筒结构及受力见图 13-70。

（1）滤筒内骨架负荷系数　滤筒内骨架是外部滤层的主要支撑体，它必须有一定强度。但滤过的气体要通过它流出。为近似地计算内骨架强度，引入了负荷系数 C_1、C_2 和 C_3，其值按经验公式进行计算。

$$C_1=\frac{a^2+b^2-2d\sqrt{a^2+b^2}}{a^2+b^2} \tag{13-68}$$

$$C_2=\frac{a-d}{a} \tag{13-69}$$

$$C_3=\frac{2ab-\pi d^2}{2ab} \tag{13-70}$$

式中，C_1 为径向负荷系数；C_2 为轴向负荷系数；C_3 为通孔负荷系数；a 为通孔周向间距，mm；b 为通孔轴向间距，mm；d 为通孔直径，mm。

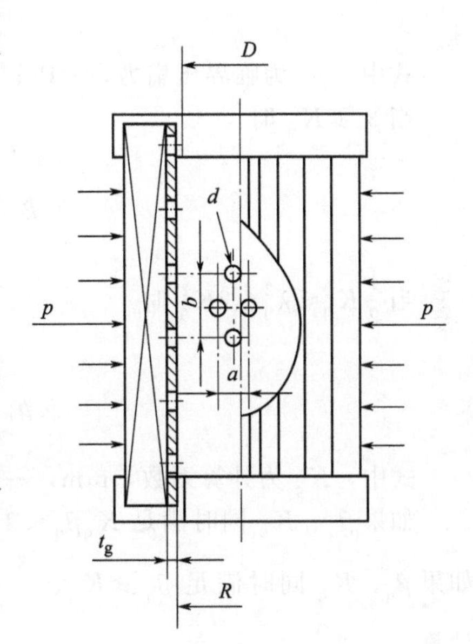

图 13-70　滤筒结构及受力方向示意

（2）滤筒外部径向压力产生的应力　按下式计算：

$$\sigma_1=0$$

$$\sigma_2=\frac{\Delta pR}{t_g C_1} \tag{13-71}$$

$$\tau=0$$

式中，σ_1 为轴向应力，MPa；σ_2 为径向应力，MPa；τ 为切应力，MPa；Δp 为滤筒承受的压差，MPa；t_g 为骨架壁厚，mm；R 为骨架外圆半径。

（3）端向负荷产生的应力　按下式计算：

$$F=\frac{\pi}{4}D_3^2\Delta p+F_K \tag{13-72}$$

式中，F 为端向负荷，N；F_K 为滤筒压紧弹簧力，N；D_3 为滤筒端盖内圆直径，mm。

端向负荷产生的应力按下式计算：

$$\sigma_1=\frac{F}{2\pi Rt_g C_2} \tag{13-73}$$

$$\sigma_2=0$$

$$\tau=0$$

（4）强度失效　滤筒强度失效形式通常有 3 种：a. 当承受外部径向压力时失效形式为压扁变形；b. 在端向负荷作用下细长滤筒容易产生弯曲变形；c. 短粗滤筒容易产生腰鼓变形。

（5）临界压扁力　按下式计算：

$$\beta_q=\frac{L_g}{R}$$

$$K_q=\sqrt[4]{3(1-\mu_1^2)}\sqrt{\frac{R}{t_g}} \tag{13-74}$$

$$\lambda_q=\frac{\pi}{\beta_q}$$

式中，L_g 为内骨架受力长度，mm；μ_1 为泊桑比。

当 $K_q\beta_q<3$ 时

$$p_c=C_1C_3\frac{Et_g}{R}\left[\frac{1}{4K_q^4}\left(8+\frac{17-\mu_1}{1+\frac{9}{\lambda_q^2}}\right)+\frac{1}{8\left(1+\frac{9}{\lambda_q^2}\right)^2}\right] \tag{13-75}$$

式中，p_c 为临界压扁力，MPa；E 为弹性模量，MPa。

当 $\beta_q\geqslant K_q$ 时

$$p_c=C_1C_3\frac{Et_g^3}{4(1-\mu_1^2)R^3} \tag{13-76}$$

当$\frac{1}{2}K_q^2\leqslant\lambda_q^2\leqslant 2K_q^2$ 时

$$p_c=K_cC_1C_3\frac{Et_g}{RL_g}\sqrt{\frac{t_g}{R}} \tag{13-77}$$

式中，K_c 为计算系数，mm，一般取 0.918mm。

如果β_q、K_q 同时满足 $K_q\beta_q<3$，$\beta_q\geqslant K_q$ 条件时，临界压扁力应按式(13-76) 计算；如果 β_q、K_q 同时满足 $\beta_q\geqslant K_q$、$\frac{1}{2}K_q^2\leqslant\lambda_q^2\leqslant 2K_q^2$ 条件时，临界压扁力应按式(13-77) 计算。

5. 滤筒压降设计

滤筒应设计成流量大而压降小的水平。

(1) 不锈钢纤维毡滤筒的压降 不锈钢纤维毡制成的滤筒压降按下式计算：

$$\Delta p_1=27.3\frac{Q\mu}{A}\times\frac{H}{K} \tag{13-78}$$

式中，μ 为流体动力黏度，Pa·s；H 为滤毡厚度，m；K 为渗透系数，m^2，见表 13-25。

表 13-25 比利时产滤毡渗透系数

滤材牌号	ST3AL3	T5AL3	T7AL3	ST10AL3	T15AL3
渗透系数 K/m^2	0.53×10^{-12}	1.61×10^{-12}	2.67×10^{-12}	5.78×10^{-12}	11.0×10^{-12}

(2) 烧结滤筒的压降 金属粉末烧结滤芯的压降按下式计算：

$$\Delta p_1=\frac{Q\mu}{K'A}\times10^6 \tag{13-79}$$

$$K'=\frac{1.04d_2^2\times10^3}{t_s} \tag{13-80}$$

式中，K'为过滤能力系数，m；d_2 为烧结粉末颗粒平均直径，m；t_s 为烧结板厚度，m。

（3）纤维类滤材的压降　纤维类滤芯的压降计算式如下：

$$\Delta p_1=\frac{Q\mu}{A}K_x\times 10^8 \tag{13-81}$$

纤维类滤材制成滤芯过滤能力总系数 $K_x=1.67\text{m}^{-1}$，包括植物纤维、玻璃纤维和无纺布。

（4）除尘器空壳压降　除尘器空壳压降按下式计算：

$$\Delta p_k=\frac{1}{2}\sum_{i=1}^{n}\left(\lambda_i\frac{L_i}{d_i}\times\frac{\rho Q^2}{A_i^2}\right)+\frac{1}{2}\sum_{j=1}^{m}\zeta_j\frac{\rho Q^2}{A_j^2} \tag{13-82}$$

式中，Δp_k 为除尘器空壳压降，Pa；λ_i 为空壳沿程阻力系数；L_i 为每段沿程长度，m；A_i 为每段沿程通油面积，m^2；A_j 为某局部变化后的面积，m^2；ζ_j 为某局部阻力系数；d_i 为每段沿程的水力直径，m。

6. 滤筒装配与安装

① 滤筒串联使用时应同轴、密封、不晃动。

② 配用诱导喷嘴时，喷嘴的下口与滤筒的上端口距离可在 150～200mm 范围内。

③ 防静电处理的滤筒安装，金属线应可靠接地，接地电阻应＜4Ω。

④ 滤筒的上下端盖、护网的粘接应可靠，不应有脱胶、漏胶和流挂等缺陷。

⑤ 滤筒上的金属件应满足防锈或防腐要求。

⑥ 滤筒外表面应无明显可见伤痕、磕碰、拉毛、毛刺等缺陷。

⑦ 滤筒的喷吹清灰按需要可配用诱导喷嘴或文氏管等喷吹装置，滤筒内侧应加防护网。

⑧ 当选用直径≥320mm 或长度≥1200mm 滤筒时宜配用诱导喷嘴。

第四节　电除尘器设计

一、电除尘器设计条件

1. 原始资料

电除尘器的工艺设计所需原始资料，主要包括以下数据：a. 净化气体的流量、组成、温度、湿度、露点和压力；b. 粉尘的组成、粒径分布、密度、比电阻、安息角、黏性及回收价值等；c. 粉尘的初始浓度和排放要求（浓度或排放速率）。

电除尘器的工艺设计主要是根据给定的运行条件和要求以及达到的除尘效率确定电除尘器本体的主要结构和尺寸，包括有效断面积、收尘极板总面积、极板和极线的形式、极间距、吊挂及振打清灰方式、气流分布装置、灰斗卸灰和输灰装置、壳体的结构和保温等，以及设计电除尘器的供电电源和控制方式。

2. 一般技术规定

① 电除尘器的主要设计参数应根据选型条件和技术要求，结合产品的特点确定。如有场地要求应予以明确。

② 电除尘器承受许用压力应为 -4.0×10^4～$+2.0\times10^4$Pa，其中 -1.0×10^4～0Pa 为

常规型。

③ 使用两台或以上电除尘器时，每台电除尘器在结构上均应有独立的壳体。

④ 电除尘器壳体的设计压力应由含尘气体生产系统工艺给定，包括设计负压和设计正压。

3. 性能要求

（1）电除尘器应在下列条件下达到保证效率：

① 需方提供的设计条件；

② 一个供电分区不工作，双室以上的一台电除尘器，按停一个供电分区考虑，小分区供电按停 2 个供电分区考虑，而一台窑炉配一台单室电除尘器时不予考虑；

③ 含尘气体温度为设计温度加 10℃；

④ 含尘气体量为设计含尘气体量加 10%的余量；

⑤ 对于燃煤电厂，电除尘器应在燃用设计煤种时达到保证效率，需要时也可按校核煤种或最差煤种考虑，但应予以说明。

（2）电除尘器的本体漏风率＜2%、本体压力降≤300Pa 及噪声≤85dB(A)。

4. 处理风量

处理风量是设计电除尘器的主要指标之一。处理风量应包括额定设计风量和漏风量，并以工况风量作为计算依据，按下式计算：

$$q_{V\mathrm{t}}=q_0\frac{273+t}{273}\times\frac{101.3}{B+p_{\mathrm{j}}} \tag{13-83}$$

式中，$q_{V\mathrm{t}}$ 为工况处理风量，m^3/h；q_0 为标况处理风量，m^3/h；t 为烟气温度，℃；B 为运行地点大气压力，kPa；p_{j} 为除尘器内部静压，kPa。

二、电除尘器本体设计

（一）本体设计要求

1. 壳体

① 壳体应密封、保温、防雨、防顶部积水，外壳体内应尽量避免死角或灰尘积聚。

② 电除尘器的承载部件应有足够的刚度、强度以保证安全运行。

③ 壳体的材料根据被处理含尘气体的性质确定，其厚度应不小于 4mm。

④ 壳体应设有检修门、扶梯、平台、栏杆、护沿、人孔门、通道等；电除尘器的每一个电场前后均应设置人孔门和通道，电除尘器顶部应设有检修门，圆形人孔门直径至少为 600mm，矩形人孔门尺寸应至少为 450mm×600mm；平台载荷应至少为 $4kN/m^2$，扶梯载荷应至少为 $2kN/m^2$。

⑤ 通向每一本体高压部分的入口门处应设置高压隔离开关柜（箱），并与该高压部分供电的整流变压器联锁。

⑥ 绝缘子应设有加热装置。

⑦ 应充分考虑壳体热膨胀。

⑧ 外壳形式应根据粉尘的易燃易爆性确定。

2. 阳极板和阴极线

① 收尘极板的厚度一般不应小于 1.2mm。

② 放电极应牢固、可靠，具有良好的电气性能和振打清灰性能。

③ 放电极的基本型式和要求应符合相关规定。

④ 收尘极和放电极框架应有防摆动的措施。

3. 振打系统

振打加速度符合要求，振打程序可调。振打装置的材质和形式应根据粉尘黏结性等特性确定。

4. 气流分布装置

① 每台电除尘器的入口均应配备多孔板或其他形式的均流装置，以便含尘气体均匀地流过电场。

② 各室的流量和理论分配流量之相对误差应不超过±3%。

③ 电除尘器气流分布模拟试验及气流分布均匀性应符合相关规定。

5. 支承

① 除一个用固定支承外，其余为单向和万向活动支承。

② 支承安装后上平面标高偏差为±3mm。

6. 灰斗

① 灰斗跨度沿长度方向宜限于单个电场，如超过一个电场时应具有防止含尘气体短路的措施；沿宽度方向数量应尽可能减少。

② 灰斗钢板厚度由灰斗容积和粉尘的物理特性确定，一般不应小于 5.5mm。

③ 灰斗内应装有阻流板，其下部应尽量远离排灰口，灰斗斜壁与水平面的夹角不应小于 60°，相邻壁交角的内侧应做成圆弧形。

④ 灰斗的容积应满足最大含尘量满负荷运行 8h 的贮灰量需要，灰斗贮灰重按满灰斗状态计算。

⑤ 灰斗应有加热措施。在采用蒸汽加热时，加热面应均匀地分布于灰斗下部不少于 1/3 的表面上；在采用电加热时，应采用恒温控制装置。

⑥ 灰斗应设有捅灰孔和防灰流黏结或结拱的设施。当采用气化装置时，每只灰斗应装设一组气化板，设计时应避开捅灰孔。

7. 保温

电除尘器内的含尘气体温度在露点以上，电除尘器应采取有效的保温措施。保温设计应满足下列要求：

① 应保证电除尘器的使用温度高于含尘气体露点温度 20℃以上。

② 保温范围包括进出口烟箱、壳体、灰斗、顶盖等。

③ 护板的敷设应牢固、平整、美观。

8. 整流变压器

① 应能将整流变压器由顶部吊至地面，并有相应的孔洞和钢丝绳长度。

② 应为电动，电动机应为防潮型，并有安全措施。

③ 油浸式硅整流变压器下应设贮油槽，各贮油槽应由导油管引至地面。

（二）本体设计

1. 电场断面

以收尘极围挡形成的电场过流断面积为准，按下式计算：

$$S_{F0}=\frac{q_{Vt}}{3600v_{d}} \tag{13-84}$$

式中，S_{F0} 为电场计算断面积，m^2；q_{Vt} 为工况处理风量，m^3/h；v_d 为电场风速，m/s，电除尘器电场风速推荐值见表 13-26。

表 13-26　电除尘器电场风速推荐值

序号	工业炉窑		电场风速/(m/s)
1	热电工业	电厂锅炉	0.7～1.4
		造纸工业锅炉	0.9～1.8
2	冶金工业	冶金烧结机	0.8～1.5
		高炉	0.6～1.3
		顶吹氧气平炉	0.6～1.5
		焦炉	0.6～1.2
		有色金属炉	0.4～0.6
3	水泥工业	湿法水泥窑	0.9～1.2
		立波尔水泥窑	0.8～1.0
		干法水泥窑(增温)	0.8～1.0
		干法水泥窑(不增湿)	0.4～0.7
		烘干机	0.8～1.2
		磨机	0.8～0.9
4	化学工业	硫酸雾	0.3～1.5
		热硫酸	0.4～1.2
5	环保工业	城市垃圾焚烧炉	0.6～1.0

电场风速的大小要按要求的除尘效率、烟尘排放浓度及用户提供场地的限制条件等综合因素确定。在相同的比集尘面积情况下，如果电场风速选得过高，也就是电除尘器的有效横断面积过小，必须增加电场的有效长度，这样不但占用较长的场地，还会引起因振打清灰造成二次扬尘增加，降低除尘效率。反之，如果电场风速选得过低，则电除尘器有效横断面积过大，给断面气流均匀分布带来困难，还会造成不必要的浪费。因此，选择合理的电场风速就显得非常重要。在我国燃煤电厂中，电场风速的选择经历了从高到低的过程。20 世纪 90 年代以前，电除尘器的设计效率要求只有 98.0%～99.0%，相应的烟尘排放浓度为 400～500mg/m^3，电场风速一般选为 1.2～1.4m/s；到 90 年代初，要求的电除尘器效率为 99.0%～99.3%，烟尘排放浓度小于 200mg/m^3，电场风速一般选为 1.0～1.2m/s；到 21 世纪初，对新建和扩建的燃煤电厂要求烟尘排放浓度小于 50mg/m^3，对应的除尘效率提高到 99.0%～99.8%，此时电场风速一般选为 0.8～1.1m/s。适应超低排放，电场风速进一步降低。

2. 集尘面积

收尘极板与气流的接触面积称为集尘面积。集尘面积对于实现除尘目标（排放浓度或除尘效率）具有决定意义，可按多依奇公式由下式计算：

$$S=\frac{-\ln(1-\eta)}{\omega} \tag{13-85}$$

$$S_{A}=Sq_{Vs} \tag{13-86}$$

式中，S 为比集尘面积，$m^2/(m^3 \cdot s)$；η 为设计要求除尘效率；ω 为驱进速度，m/s，有效驱进速度推荐值见表 13-27；S_A 为收尘极计算集尘面积，m^2；q_{Vs} 为工况处理风量，m^3/s。

表 13-27　有效驱进速度推荐值

序号	粉尘名称	驱进速度/(m/s)	序号	粉尘名称	驱进速度/(m/s)
1	电站锅炉飞灰	0.04～0.20	17	焦油	0.08～0.23
2	煤粉炉飞灰	0.10～0.14	18	硫酸雾	0.061～0.071
3	纸浆及造纸锅炉尘	0.065～0.10	19	石灰窑尘	0.05～0.08
4	铁矿烧结机头尘	0.05～0.09	20	白灰尘	0.03～0.055
5	铁矿烧结机尾尘	0.05～0.10	21	镁砂回转窑尘	0.045～0.06
6	铁矿烧结尘	0.06～0.20	22	氧化铝尘	0.064
7	碱性顶吹氧气转炉尘	0.07～0.09	23	氧化锌尘	0.04
8	焦炉尘	0.067～0.161	24	氧化铝熟料尘	0.13
9	高炉尘	0.06～0.14	25	氧化亚铁尘(FeO)	0.07～0.22
10	闪烁炉尘	0.076	26	铜焙烧炉尘	0.036～0.042
11	冲天炉尘	0.03～0.04	27	有色金属转炉尘	0.073
12	火焰清理机尘	0.0596	28	镁砂尘	0.047
13	湿法水泥窑尘	0.08～0.115	29	热硫酸	0.01～0.05
14	立波尔水泥窑尘	0.065～0.086	30	石膏尘	0.16～0.20
15	干法水泥窑尘	0.04～0.06	31	城市垃圾焚烧炉尘	0.04～0.12
16	煤磨尘	0.08～0.10			

图 13-71 给出了各种应用场合下除尘效率为 99%时所需的比集尘面积 A/Q 的典型值。该图表明，随着粉尘粒径的减小，所需比集尘面积 A/Q 增大；对一定的应用场合来说，A/Q 有一变化范围，因而也预示出有效驱进速度 ω_e 值的变化范围。由于存在着这种变化范围，则需提出其他一些关系，以便限定设计中的不定因素。

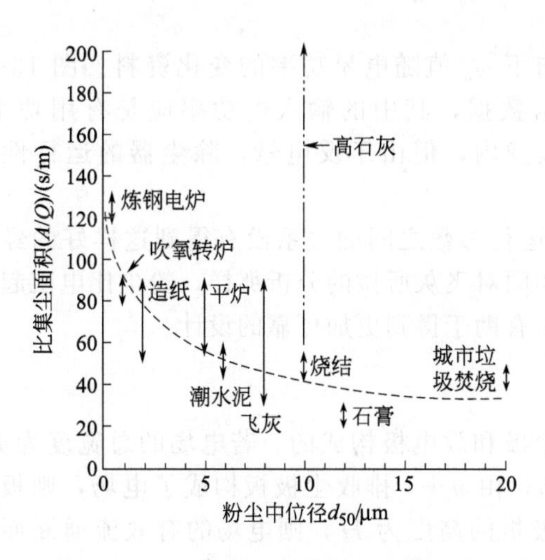

图 13-71　比集尘面积随粉尘粒径的变化

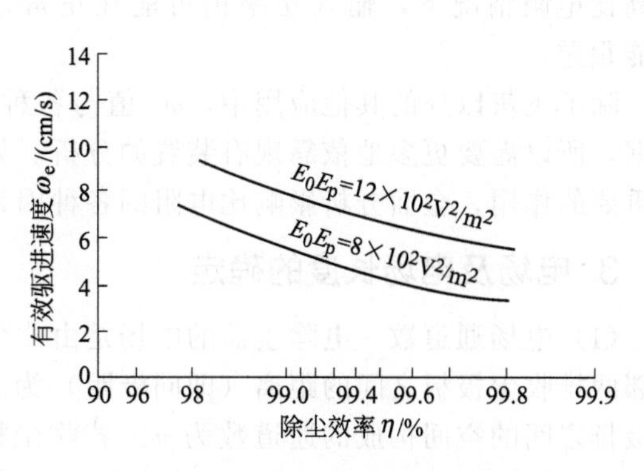

图 13-72　有效驱进速度随除尘效率的变化

确定 ω_e 值的基本因素有粉尘粒径、要求的捕集效率、粉尘比电阻及二次扬尘情况等。在确定 ω_e 值以及由此而定的除尘器尺寸时，捕集效率起着重要作用。由于电除尘器捕集较大粒子很有效，所以若达到较低的捕集效率就符合设计要求时，则可以采取较高的 ω_e 值。若所占比例很大的细粒子必须捕集下来，需要更高的捕集效率，当需要更大的集尘面积时应选取更低的 ω_e 值。

图 13-72 为电厂锅炉飞灰的有效驱进速度 ω_e 随除尘器效率的提高而减小的情况。图中给出了荷电场强和集尘场强之积 E_0E_p 的两组不同值，它又是电晕电流密度的函数。

选择 ω_e 值的第二个主要因素是粉尘比电阻。若粉尘比电阻高，则容许的电晕电流密度值减小，导致荷电场强减弱，粒子的荷电量减少，荷电时间增长，则应选取较小的 ω_e 值。图 13-73 中的实验曲线表示有效驱进速度与锅炉飞灰比电阻之间的关系，它是对质量中位粒径为 10μm 左右的飞灰在中等除尘效率（90%～95%）的电除尘器中得到的。这类曲线为在给定的除尘效率范围内选取值 ω_e 提供了合适的依据，该曲线的形状是值得注意的，在飞灰比电阻值＜$5\times10^{10}\Omega\cdot cm$ 左右时 ω_e 值几乎与比电阻无关。

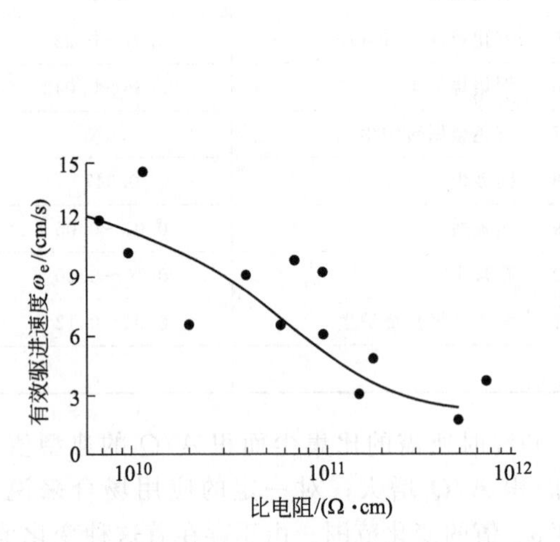

图 13-73　有效驱进速度随飞灰比电阻的变化（怀特）

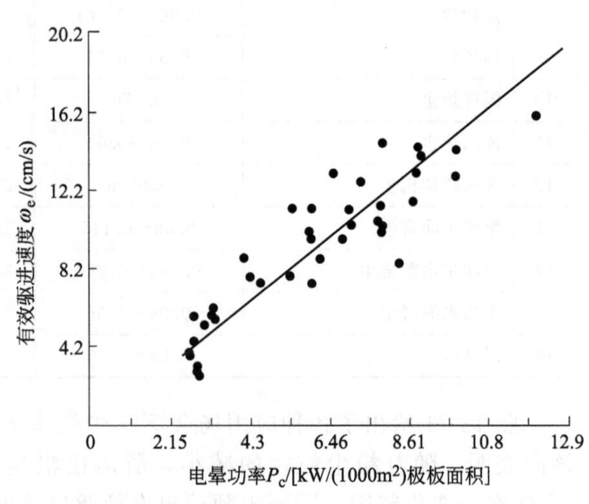

图 13-74　有效驱进速度与电晕功率的关系

选择 ω_e 值的另一个因素是在某一粒径分布下 ω_e 值随电晕功率的变化资料。图 13-74 为中等除尘效率的飞灰电除尘器中得到的一组数据，其中的输入电功率应是有用功率。在高比电阻情况下，输入功率仍可能在正常范围内，但由于反电晕，除尘器的运行性能可能很差。

除了飞灰以外的其他应用中，ω_e 值与各种运行参数之间的关系没有得到这样好的经验数据，所以需要更多地依靠现有装置的分析。如同对飞灰所做的分析那样，粉尘比电阻起着很重要的作用，全面分析影响比电阻的各种因素有助于得到更加可靠的设计。

3. 电场及电场长度的确定

（1）电场通道数　电除尘器的电场是由收尘极和放电极构成的。若电场的总宽度为 B，相邻两排收尘极板之间的距离（即同极距）为 b，由 $n+1$ 排收尘极板构成了电场，则板排与板排之间的空间构成的通道数为 n。若收尘极板的高度为 H，则电场的有效流通断面积 $F=BH$ 或 $F=nbH$。由下式可以确定电场通道数：

$$n=\frac{Q}{bHv} \tag{13-87}$$

(2) 单电场长度 沿烟气流动方向独立吊挂的收尘极板长度 L 称为单电场长度。一个通道的集尘面积为 $2LH$，n 个通道的集尘面积 $A=2nLH$。单电场长度是由多块独立的极板组成的，通常由一台高压电源供电（小分区供电的除外）。在相同电场数情况下，单电场长度越长，比集尘面积越大。试验研究和工程实践结果皆表明，随着单电场长度的增加，除尘效率随之增加；当单电场长度从 1.0m 增加到 4.0m 时，除尘效率增加得很快，但当单电场长度增加到 4m 以后除尘效率的增加就变得十分缓慢了。因此，单电场长度应在 3.5～4.5m 之间选择，以 4.0m 为最佳电场长度。

(3) 电场数量 科学组织沉淀极板与电晕线的组合与排列，调整与决定电场数量，确定沉淀极板、电晕线的形式及其极配关系，是关系电场结构的决策原则。电场数量可按表 13-28 确定且可作为设计选用依据。

表 13-28 电场数量的选用

驱进速度/(m/s)	电场数量/个		
	$-\ln(1-\eta)<4$	$-\ln(1-\eta)=4\sim7$	$-\ln(1-\eta)>7$
≤0.05	3	4	5
0.05～0.09	2	3	4
0.09～0.13		2	3

一般卧式电除尘器设计为 2～3 个电场，较少用 4 个电场的。多设置 1 个电场建设投资要增加很多，极不经济，运行管理也要增加不少麻烦，推荐科学配足集尘面积的办法来达标排放；不要把希望寄托在 4 个电场上。还要预估电除尘器中后期运行除尘效率衰减的问题。

三、收尘极和放电极配置

电除尘器通常包括除尘器机械本体和供电装置两大部分，其中除尘器机械本体主要包括电晕电极装置、收尘电极装置、清灰装置、气流分布装置及除尘器外壳等。

无论哪种类型，其结构一般都由图 13-75 所示的几部分组成。

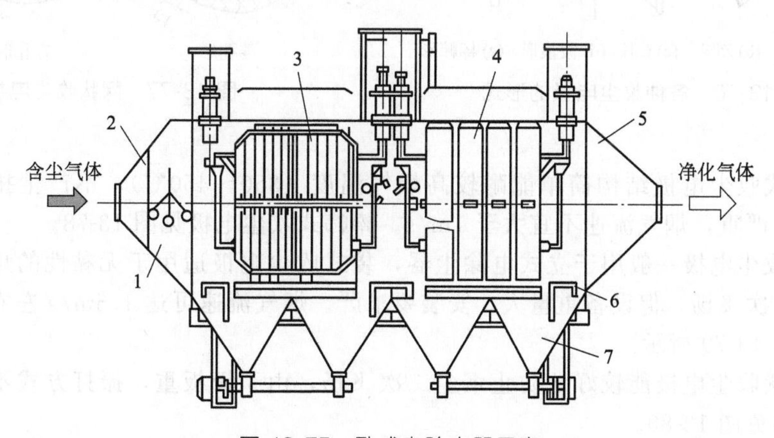

图 13-75 卧式电除尘器示意

1—振打器；2—气流分布板；3—电晕电极；4—收尘电极；5—外壳；6—检修平台；7—灰斗

1. 收尘电极装置

收尘电极是捕集回收粉尘的主要部件，其性能的好坏对除尘效率及金属耗量有较大影响。

通常在应用中对收尘电极的要求如下。

① 集尘效果好，能有效地防止二次扬尘。振打性能好，容易清灰。

② 具有较高的力学强度，刚性好，不易变形，防腐蚀。金属消耗量小。由于收尘极的金属消耗量占整个除尘器金属消耗量的 30%～50%，因而要求收尘极板做得薄些。收尘极板厚度一般为 1.2～2mm，用普通碳素钢冷轧成型。对于处理高温烟气的电除尘器，在极板材料和结构形式等方面都要做特殊考虑。

③ 气流通过极板时阻力要小，气流容易通过。

④ 加工制作容易，安装简便，造价成本低，方便检修。

1）管式收尘电极　管式收尘电极的电场强度较均匀，但清灰困难。一般干式电除尘器很少采用，湿式电除尘器或电除雾器多采用管式收尘电极。

管式收尘电极有圆形管和蜂窝形管。后者虽可节省材料，但安装和维修较困难，较少被采用。管内径一般为 250～300mm，长为 3000～6000mm，对无腐蚀性气体可用钢管，对有腐蚀性气体可采用铅管或塑料管或玻璃钢管。

同心圆式收尘电极中心管为管式收尘电极，外圈管则近似于板式收尘电极。各种收尘电极的形式见图 13-76。

2）板式收尘电极

（1）板式收尘电极分类　板式收尘电极的形状较多，过去常用的有网状、鱼鳞状、棒帏式、袋式收尘电极等。

① 网状收尘电极是国内使用最早的，能就地取材，适用于小型、小批量生产的电除尘器。网状收尘电极见图 13-77。

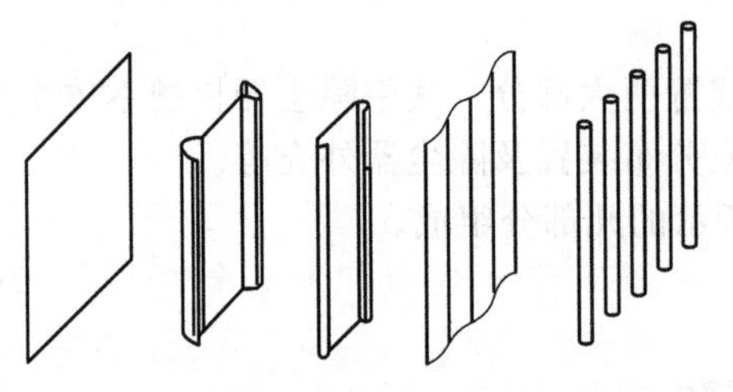

图 13-76　各种收尘电极的形式

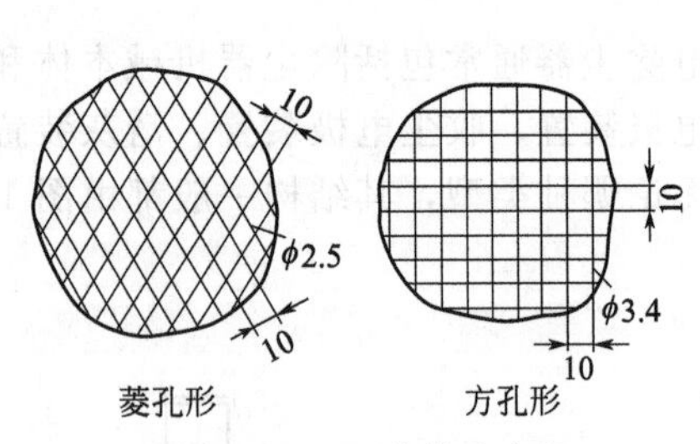

图 13-77　网状收尘电极

② 棒帏式收尘电极结构简单能耐较高烟气温度（350～450℃），不产生扭曲，设备较重，二次扬尘严重，烟气流速不宜大于 1m/s。棒帏式收尘电极见图 13-78。

③ 袋式收尘电极一般用于立式电除尘器，袋式收尘电极适用于无黏性的烟尘，能较好地防止烟尘二次飞扬，但设备重量大，安装要求严。烟气流速可达 1.5m/s 左右。袋式收尘电极结构如图 13-79 所示。

④ 鱼鳞状收尘电极能较好地防止烟尘二次飞扬，由于极板重，振打方式不好。鱼鳞状收尘电极结构见图 13-80。

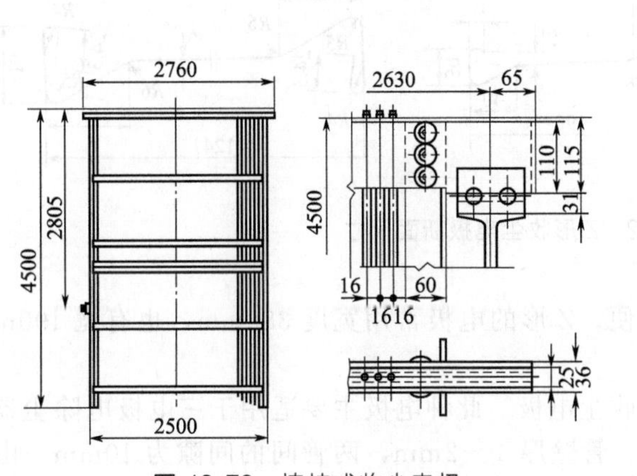

图 13-78　棒帏式收尘电极

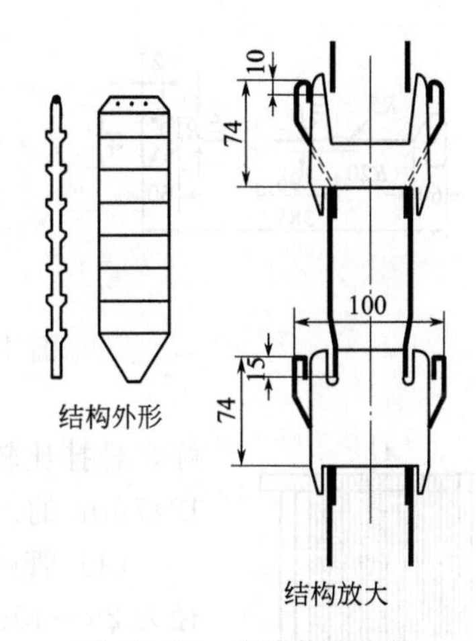

图 13-79　袋式收尘电极

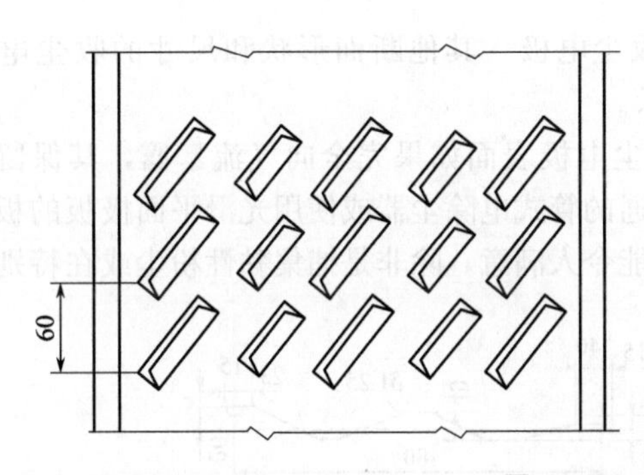

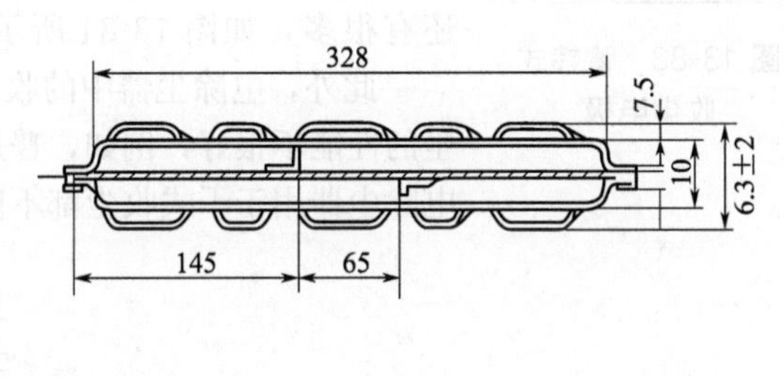

图 13-80　鱼鳞状收尘电极

(2) C 形收尘电极　极板用 1.5～2mm 的钢板轧成，断面尺寸依设计而定。整个收尘电极由若干块 C 形极板拼装而成。

常用宽型的 C 形收尘极板宽度为 480mm。它具有较大的沉尘面积，粉尘气流流速可超过 0.8m/s，使用温度可达 350～400℃。为充分发挥极板的集尘作用，可采用所谓双 C 形极板。

C 形收尘电极常用宽度为 480mm，也有宽度为 185～735mm。其结构尺寸见图 13-81。

(3) Z 形收尘电极　极板分窄、宽、特宽三种形式，用 1.2～3.0mm 钢板压制或轧成，其断面尺寸如图 13-82 所示。整个收尘电极也是由若干块 Z 形极板拼装而成。

因为 Z 形板两面有槽，所以可充分发挥其槽形防止二次扬尘和刚性好的作用。对称性

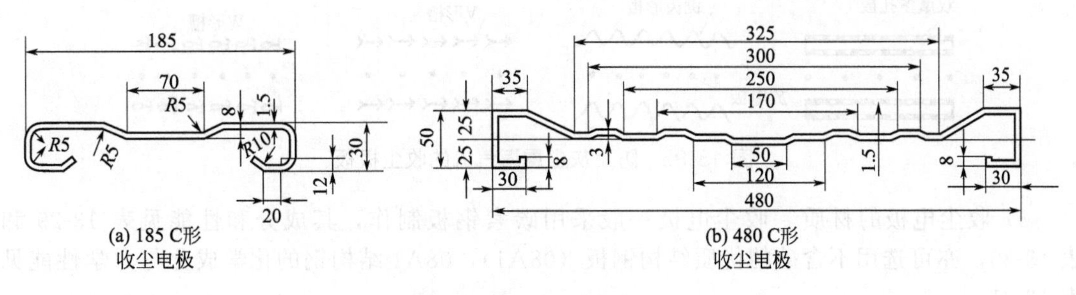

图 13-81　C 形收尘电极

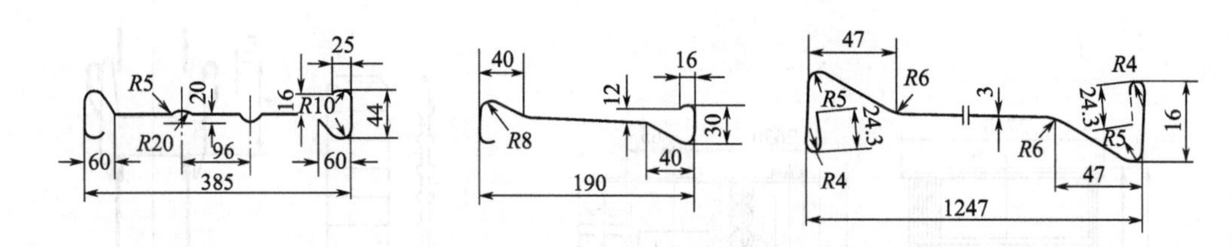

图 13-82 Z形收尘电极断面尺寸

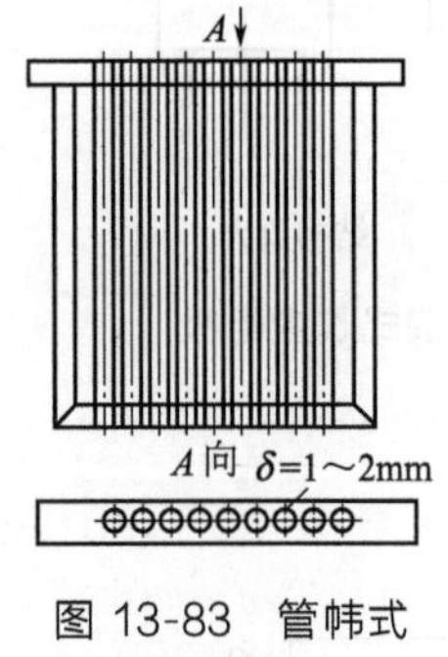

图 13-83 管帏式收尘电极

好，悬挂比较方便。Z形的电极常用宽度385mm，也有宽190mm或1247mm的。

（4）管帏式收尘电极 此种电极主要适用于三电极电除尘器，管径为25～40mm，管壁厚1～2mm，两管间的间隙为10mm。由于管径较粗，可形成防风区防止粉尘二次飞扬。管帏式收尘电极见图13-83。

（5）其他形式的板式收尘电极 其他断面形状和尺寸的收尘电极还有很多，如图13-84所示。

此外，电除尘器中的收尘电极表面如果完全向气流暴露，其保留灰尘的性能不很好，例如，普通的管式电除尘器或使用光滑平面极板的板式电除尘器用于干式收尘都不能令人满意，除非是捕集黏性粉尘或在特别低

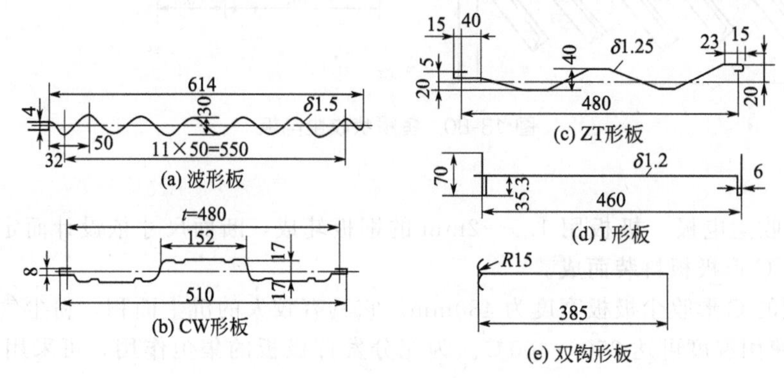

图 13-84 板式收尘电极一些形状

的气体速度下使用。如果把捕尘区域屏蔽起来，以防止气流直接吹到就可以大大改善收尘效果。根据这一原理曾经设计出许多屏蔽收尘极板。图13-85是这类极板的一些例子。

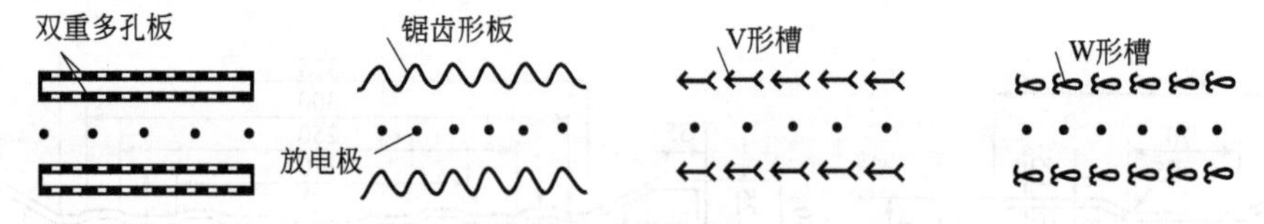

图 13-85 防止灰尘重返气流的收尘极板

3）收尘电极的材质 收尘电极一般采用碳素钢板制作，其成分和性能见表13-29和表13-30，亦可选用不含硅的优质结构钢板（08A1），08A1结构钢的化学成分与力学性能见表13-31。

表 13-29　碳素结构钢的化学成分（GB/T 700—2006）

牌号	统一数字代号	等级	厚度(或直径)/mm	脱氧方法	化学成分(质量分数)/%,≤				
					C	Si	Mn	P	S
Q195	U11952	—	—	F、Z	0.12	0.30	0.50	0.035	0.040
Q215	U12152	A	—	F、Z	0.15	0.35	1.20	0.045	0.050
	U12155	B							0.045
Q235	U12352	A	—	F、Z	0.22	0.35	1.40	0.045	0.050
	U12355	B			0.20				0.045
	U12358	C		Z	0.17			0.040	0.040
	U12359	D		TZ				0.035	0.035
Q275	U12752	A	—	F、Z	0.24	0.35	1.50	0.045	0.050
	U12755	B	≤40	Z	0.21			0.045	0.045
			＞40		0.22				
	U12758	C	—	Z	0.20			0.040	0.040
	U12759	D		TZ				0.035	0.035

表 13-30　碳素结构钢的力学性能

牌号	等级	屈服强度/(N/mm²),≥						抗拉强度/(N/mm²)	断后伸长率 A/%,≥					冲击试验(V 型缺口)	
		厚度(或直径)/mm							厚度(或直径)/mm					温度/℃	冲击吸收功(纵向)/J,≥
		≤16	16～40	40～60	60～100	100～150	150～200		≤40	40～60	60～100	100～150	150～200		
Q195	—	195	185	—	—	—	—	315～430	33	—	—	—	—	—	—
Q215	A	215	205	195	185	175	165	335～450	31	30	29	27	26	—	—
	B													+20	27
Q235	A	235	225	215	215	195	185	370～500	26	25	24	22	21	—	—
	B													+20	27
	C													0	
	D													−20	
Q275	A	275	265	255	245	225	215	410～540	22	21	20	18	17	—	—
	B													+20	27
	C													0	
	D													−20	

表 13-31　08A1 结构钢的化学成分和力学性能

化学成分/%						力学性能/MPa		
C	Mn	Al	Si	P	S	σ_S	σ_b	σ_{10}
≤0.08	0.3～0.45	0.02～0.07	痕	<0.02	<0.03	220	260～350	39

4）收尘电极的组装　网状、棒帏式、管帏式收尘电极都是先安在框架上，然后把带电极的框架装在除尘器内。常用的“C”形、“Z”形等收尘电极都是单板状，需进行组装。每片收尘电极由若干块极板拼装而成，并通过连接板与上横梁相连，有单点连接偏心悬挂的铰接式，也有两点紧固悬挂的固接式。极板间隙 15～20mm。单点偏心悬挂极板可向一侧摆动，振打时与下部固定杆碰撞，产生若干次碰击力，有利振灰，固接式振打力大于铰接式。烟气温度高时极板膨胀量大，固接式极板易弯曲。固接式极板高度＞8m 时，极板间用扁钢（亦称腰带）相连，以增加刚性。极板悬挂方式见图 13-86 及图 13-87。

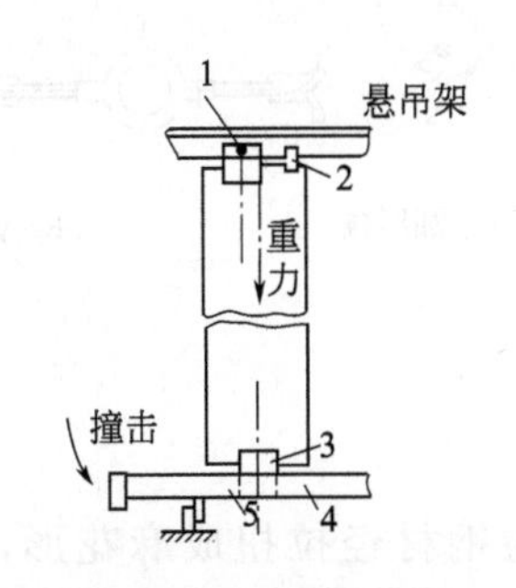

图 13-86　单点悬挂式

1—上连接板；2—销轴；3—下连接板；
4—撞击杆；5—挡块

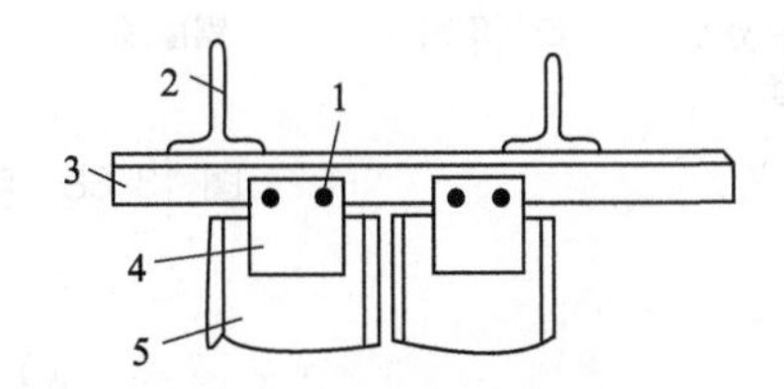

图 13-87　两点悬挂式

1—螺栓；2—顶部梁；3—角钢；
4—连接板；5—极板

2. 电晕电极装置

电晕电极的类型对电除尘器的运行指标影响较大，设计制造、安装过程都必须十分重视。在应用中对电晕电极的一般要求如下。

① 有较好的放电性能，即在设计高压下能产生足够的电晕电流，起晕电压低，和收尘电极相匹配，收尘电极上电流密度均匀。直径小或带有尖端的电晕电极可降低起晕电压，利于电晕放电。如烟气含尘量高，特别是电除尘器入口电场空间电荷限制了电晕电流时，应采用放电性能强的芒刺状电晕电极。

② 易于清灰，能产生较高的振打加速度，使黏附在电晕电极上的烟尘振打后易于脱落。

③ 机械强度好，在正常条件下不因振打、闪络、电弧放电而断裂。

④ 能耐高温，在低温下也具有抗腐蚀性。

1）电晕电极的形式　电晕线的形式见图 13-88。电晕电极按电晕辉点状态分为有固定电晕辉点状态和无固定电晕辉点状态两种。

(1) 无固定电晕辉点的电晕电极　这类电晕电极沿长度方向无突出的尖端，亦称非芒刺电极，如圆形线、星形线、绞线、螺旋线等。

① 圆形线。圆形线的放电强度随直径变化，即直径越小，起晕电压越低，放电强度越高。为保持在悬吊时导线垂直和准确的极距，要挂一个 2～6kg 的重锤。为防止振打过程火花放电时电晕线受到损伤，电晕线不能太细。一般采用直径为 1.5～3.8mm 镍铬不锈钢或合金钢线，其放电强度与直径成反比，即电晕线直径小，起始电晕电压低，放电强度高。通常采用 $\phi2.5$～3mm 耐热合金钢（镍铬线、镍锰线等），制作简单。常采用重锤悬吊式刚性框架式结构。但极线过细时易断造成短路。

② 星形线。星形电晕线四面带有尖角，起晕电压低，放电强度高。由于断面积比较大（边长为 4mm×4mm 左右），比较耐用，且容易制作。它也采用管框绷线方式固定。常用

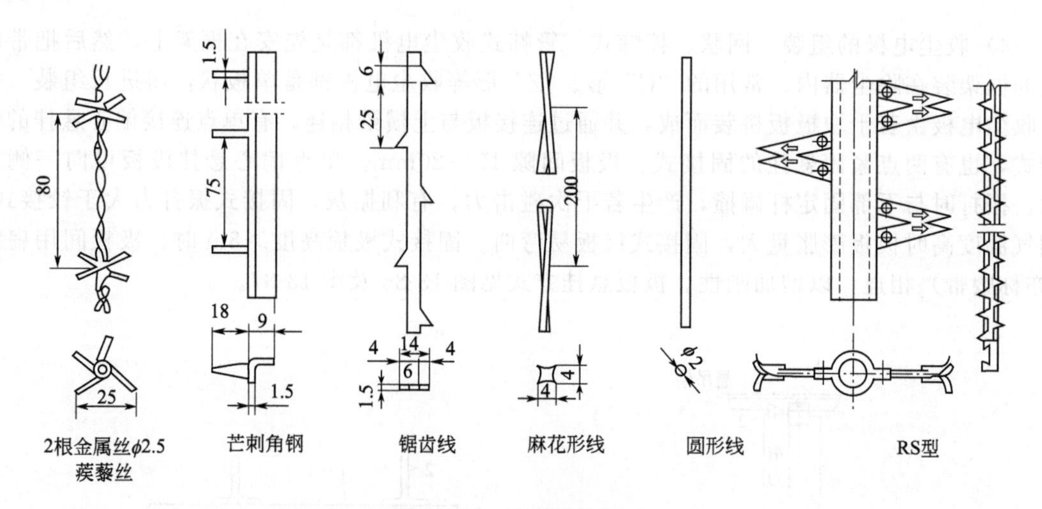

图 13-88　电晕线的形式

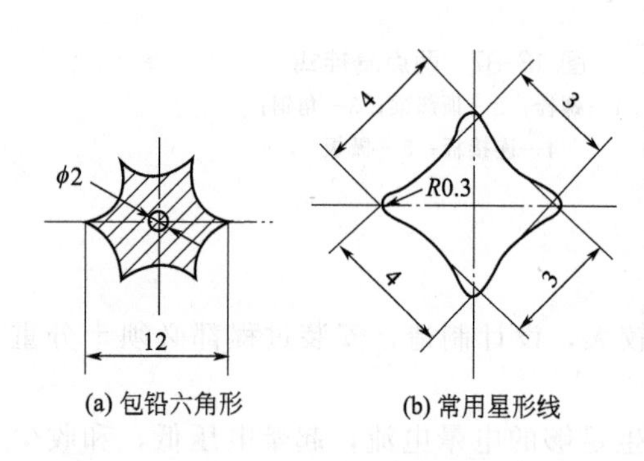

(a) 包铅六角形　(b) 常用星形线

图13-89　星形电晕电极

ϕ4～6mm 普通钢材经拉扭成麻花形，力学强度较高，不易断。由于四边有较长的尖锐边，起晕电压低，放电均匀，电晕电流较大。多采用框架式结构，适用于含尘浓度低的场合。星形电晕线如图 13-89 所示。

星形线的常用规格为边宽 4mm×4mm，四个棱边为较小半径的弧形，其放电性能和小直径圆形线相似，而断面积比 2mm 的圆形线大得多，强度好，可以轧制。湿式电除尘器和电除雾器使用星形线时应在线外包铅。

③ 螺旋线。螺旋线的特点是安装方便，振打时粉尘容易脱落，放电性能和圆形线相似，一般采用弹簧钢制作，螺旋线的直径为 2.5mm。一些企业采用的电除尘技术，其电晕电极即为螺旋线。图 13-90 为螺旋线电晕电极。

（2）有固定电晕辉点的电晕电极　芒刺电晕线属于点状放电，其起晕电压比其他形式极

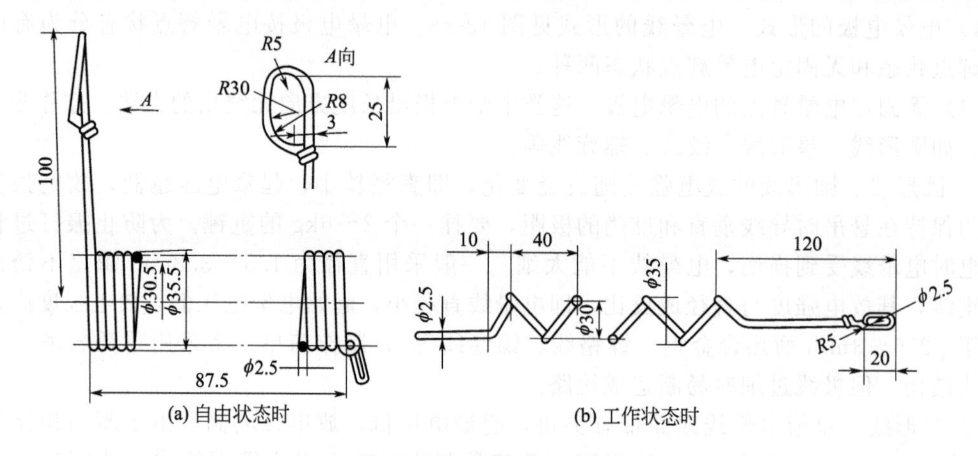

(a) 自由状态时　(b) 工作状态时

图 13-90　螺旋线电晕电极

线低，放电强度高，在正常情况下比星形线的电晕电流高 1 倍。力学强度高，不易断线和变形。由于尖端放电，增强了极线附近的电风，芒刺点不易积尘，除尘效率高，适用于含尘浓度高的场合。在大型电除尘器中常在第一、第二电场内使用。芒刺电极的刺尖有时会结小球，因而不易清灰。常用的有柱状芒刺线、扁钢芒刺线、管状芒刺线、锯齿线、角钢芒刺线、波形芒刺线和鱼骨线等。不同芒刺间距和电晕电流的关系见图 13-91。不同芒刺高度的伏安特性见图 13-92。

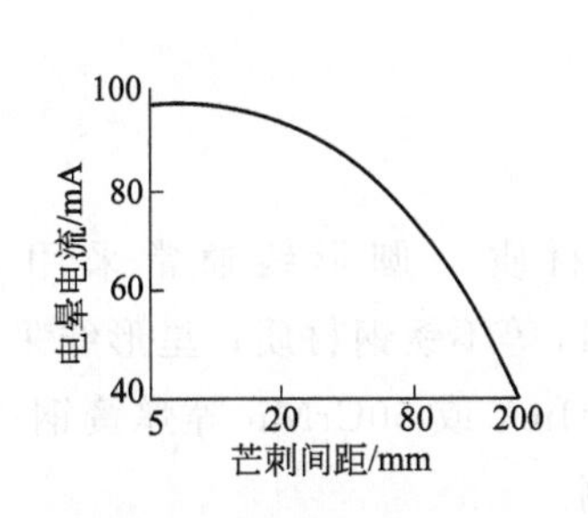

图 13-91　不同芒刺间距与电晕电流的关系（电压 50V）

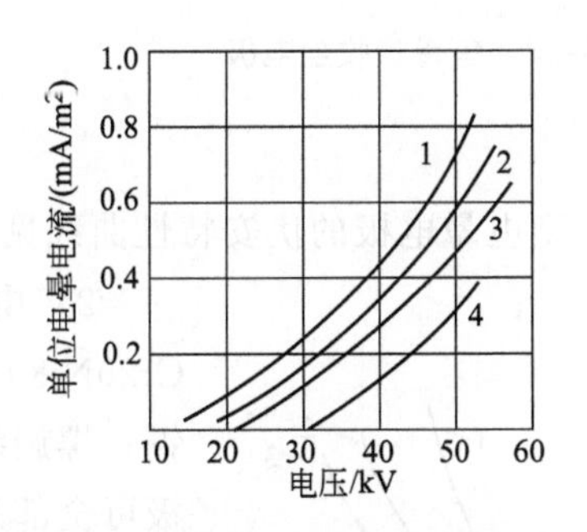

图 13-92　不同芒刺高度的伏安特性

1—芒刺高 20mm；2—芒刺高 15mm；3—芒刺高 12mm；4—芒刺高 5mm

① 管状芒刺线。管状芒刺线亦称 RS 线，一般和 480C 形板或 385Z 形板配用，是使用较为普遍的电晕电极。早期的管状芒刺线是由两个半圆管组成并焊上芒刺。因芒刺点焊不好，容易脱落，如果把芒刺和半圆管由一块钢板冲出，成为整体管状芒刺线，芒刺不会脱落，但测试表明，与圆相对的收尘极板处电流密度为零。现在在圆管上压出尖刺的管形芒刺线，解决了电晕电流不均匀问题。

② 扁钢芒刺线。扁钢芒刺线是使用较普遍的电晕电极，其效果与管状芒刺线相近，480C 形板和 385Z 形板一般配两根扁钢芒刺线。

③ 鱼骨状芒刺线。鱼骨状电晕电极是三电极电除尘器配套的专用电极，管径为 25～40mm，针径 3mm，针长 100mm，针距 50mm。几种芒刺形电极见图 13-93，鱼骨状收尘电极及其他形式电晕电极见图 13-94 及图 13-95。

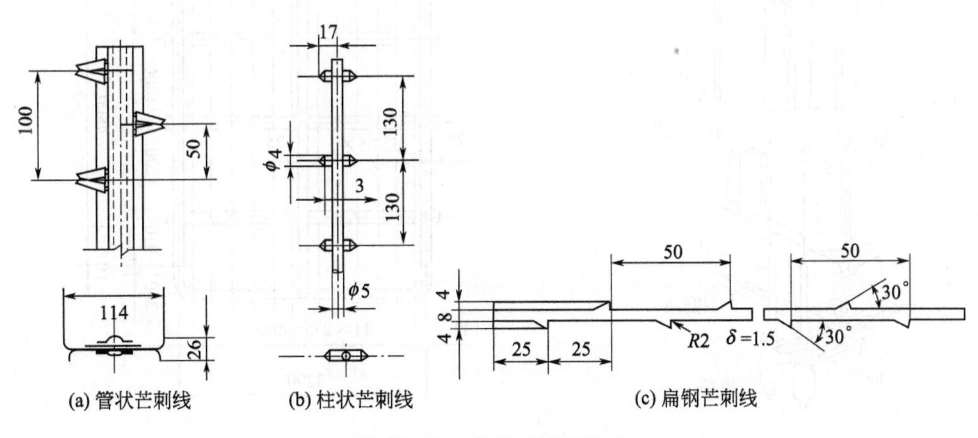

图 13-93　几种芒刺形电极

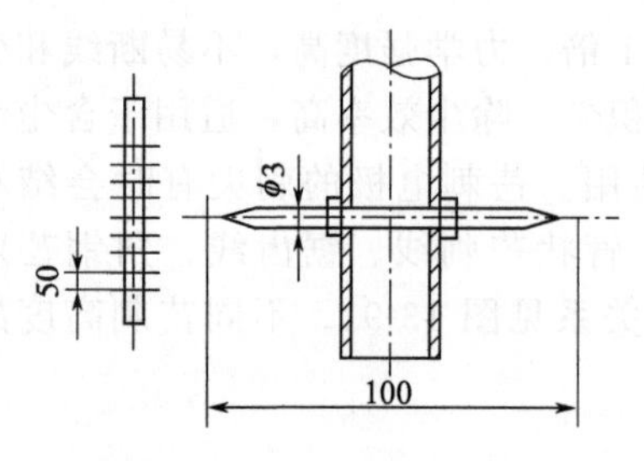

图 13-94　鱼骨状收尘电极

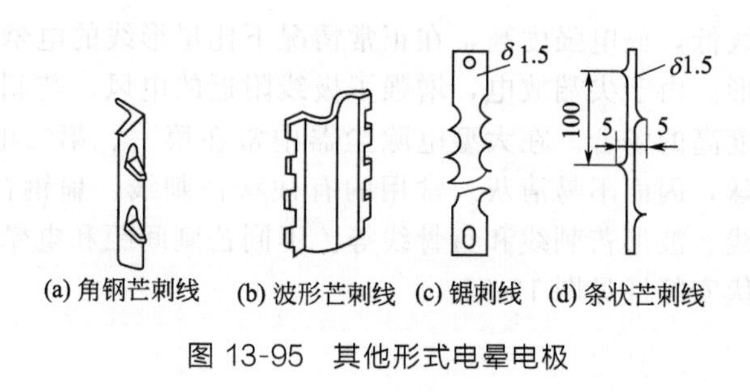

图 13-95　其他形式电晕电极

不同类型电晕电极的伏安特性曲线见图 13-96。

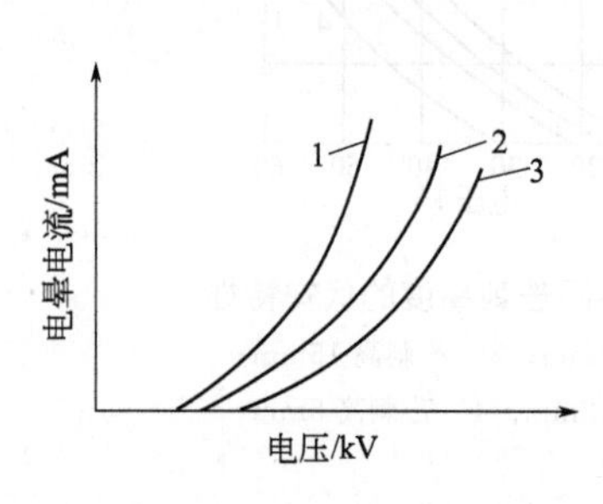

图 13-96　不同类型电晕电极的伏安特性

1—芒刺线；2—星形；3—圆形

2）电晕电极的材质　圆形线通常采用 Cr15Ni60、Cr20Ni80 或 1Cr18NiTi 等不锈钢材质；星形线采用 Q233-A 钢；螺旋线采用 60SiMnA 或 50CrMn 等弹簧钢；芒刺状电极可全部采用 Q235 钢。

3）电晕电极的组装　电晕电极的组装有两种方式。

（1）垂线式电晕电极　这种结构是由上框架、下框架和拉杆组成的垂线式立体框架，中间按不同极距和线距悬挂若干根电晕电极，下部悬挂重锤把极线拉直（重锤一般为 4～6kg），下框架有定向环，套住重锤吊杆，保证电晕电极间距符合规定要求，其结构见图 13-97。

垂线式电晕电极结构可耐 450℃以下烟气温度，更换电极较方便，但烟气流速不宜过大，以免引起框架晃动。垂线式电晕电极结构可采用圆形线、星形线或芒刺线。这种结构只能用顶部振打方式清灰。

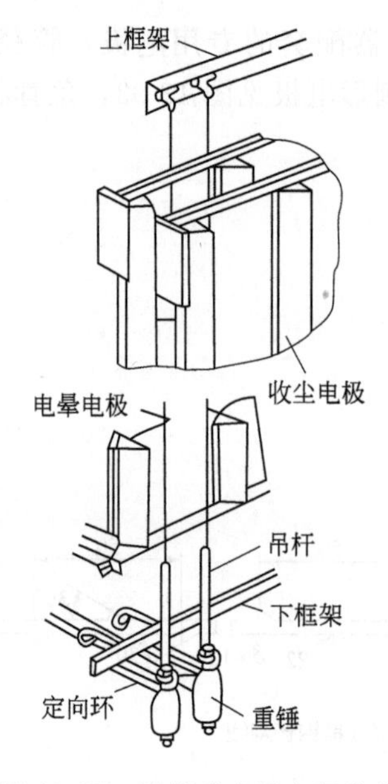

图 13-97　垂线式电晕电极结构

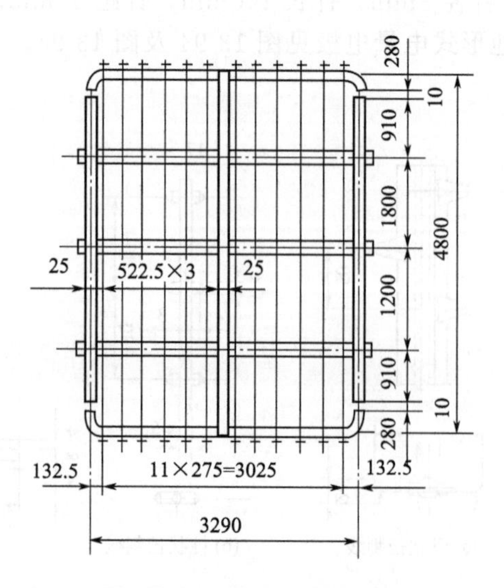

图 13-98　框架式电晕电极

(2) 框架式电晕电极　电除尘器大都采用框架式电晕电极。通常是将电晕线安装在一个由钢管焊接而成的、具有足够刚度的框架上，框架上部受力较大，可用钢管并焊在一起。框架可以适当增加斜撑以防变形，每一排电晕电极线单独构成一个框架，每个电场的电晕电极又由若干个框架按同极距连成一个整体，由 4 根吊杆、4 个或数个绝缘瓷瓶支撑在电除尘器的顶板（盖）上。框架式电晕电极的结构形式见图 13-98。电晕线可分段固定，框架面积超过 $25m^2$ 时，可用几个小框架拼装而成。极线布置应与气流方向垂直，卧式除尘器极线为垂直布置，立式除尘器极线为水平布置。

框架式电晕电极的电晕线需固定好，否则电晕线晃动，极距的变化影响供电电压。电晕线固定形式有螺栓连接、楔子连接、弯钩连接或挂钩连接等（见图 13-99）

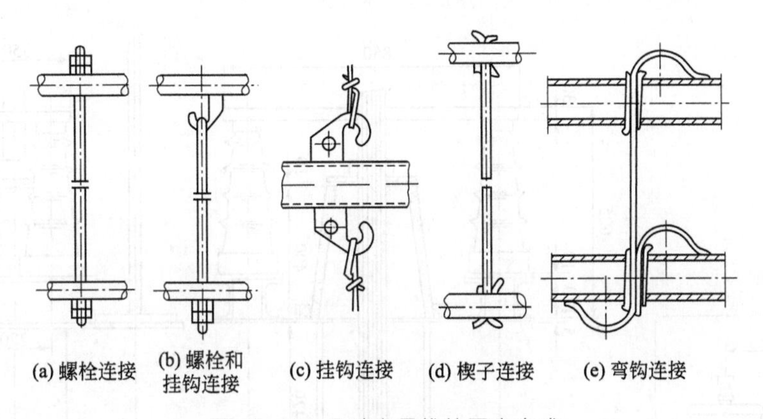

图 13-99　几种电晕线的固定方式

螺栓连接不方便松紧，已很少使用，挂钩连接适用于螺旋线电晕电极。

大型框架式电晕电极可以由若干小框架拼装而成，这种拼装分水平方向拼装式和垂直方向拼装式。分别见图 13-100 和图 13-101。

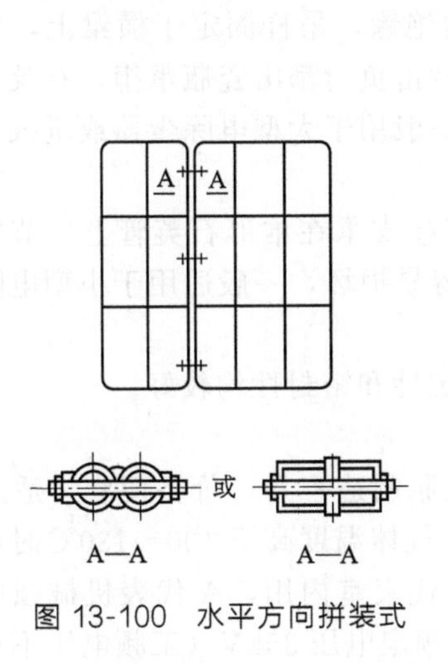

图 13-100　水平方向拼装式

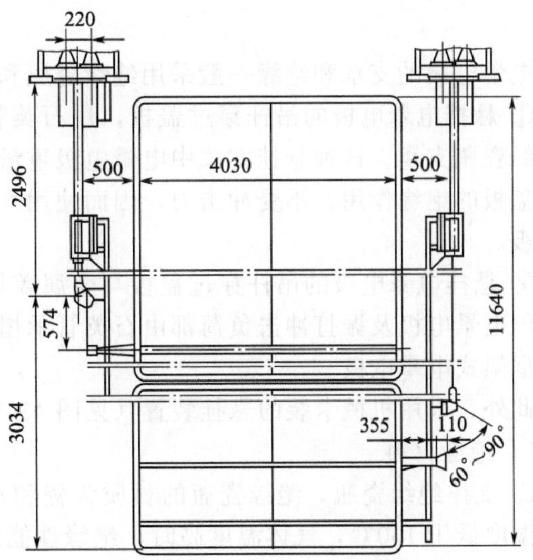

图 13-101　垂直方向拼装式

4）电晕电极悬挂方式　电晕电极带有高压电，其悬挂装置的支承和电极穿过盖板时，要求与盖板之间的绝缘良好。同时，悬挂装置既要承受电晕电极的重量，又要承受电晕电极振打时的冲击负荷，故悬挂装置要有一定强度和抗冲击负荷能力。

电晕电极可分单点、两点、三点、四点四种悬挂方式(见图13-102)。

① 单点悬挂通常用于小型或垂线式电晕电极的电除尘器，单点悬挂的吊杆要有较大的刚性，最好用圆管制作，同时要有紧固装置，以防框架旋转。

② 两点悬挂一般用于垂线式电晕电极和小型框架式电晕电极的电除尘器。

③ 三点和四点悬挂一般用于框架式电晕电极结构的电除尘器，三点悬挂可节省顶部配置面积。

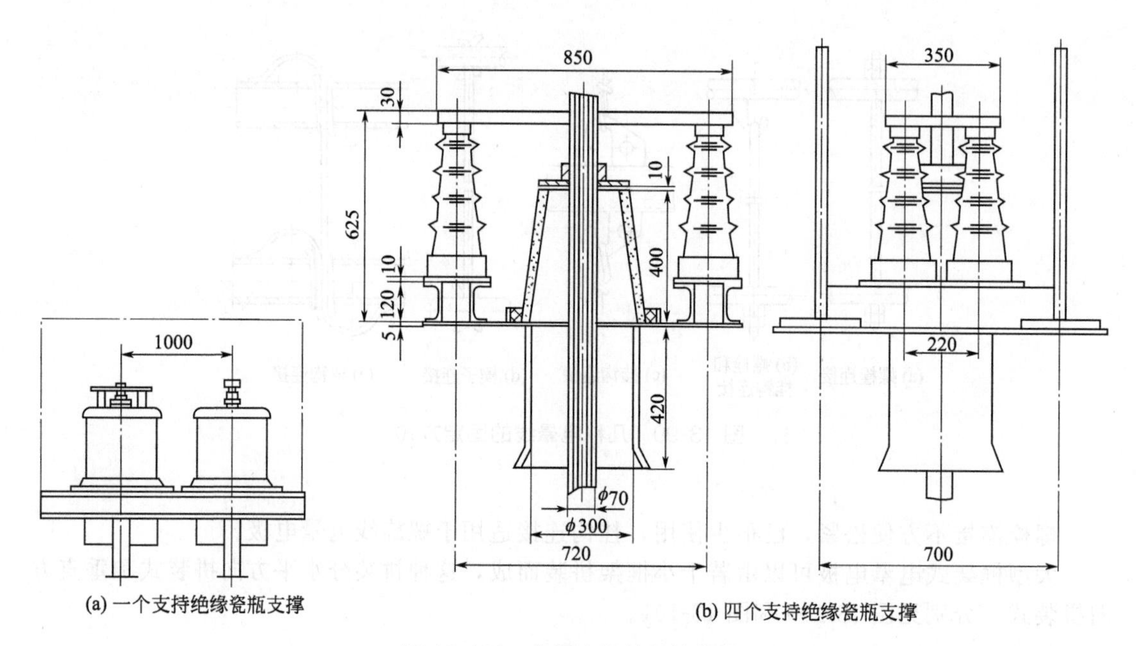

(a) 一个支持绝缘瓷瓶支撑　　(b) 四个支持绝缘瓷瓶支撑

图 13-102　电晕电极的悬挂装置

电晕电极的支承和绝缘一般采用绝缘瓷瓶和石英管，电晕电极的悬挂结构有以下两种。

① 悬挂电晕电极的吊杆穿过盖板，用石英管或石英盆绝缘，吊杆固定于横梁上，横梁由绝缘瓷瓶支承。这种悬挂方式中电晕电极重量和振打的冲击负荷都由瓷瓶承担，石英管仅起与盖板的绝缘作用，不受冲击力，因而使用寿命较长，一般用于大型电除尘器或垂线式电晕电极。

② 悬挂电晕电极的吊杆穿过盖板与金属盖板连接，直接支承在锥形石英管上，节省材料，但电晕电极及振打冲击负荷都由石英管承担，石英管容易损坏，一般适用于小型电除尘器或框架式电晕电极。

此外，采用机械卡装的悬挂装置（见图13-103）其稳定性和密封性均较好。

5）绝缘材料

① 支撑绝缘瓷瓶，绝缘瓷瓶的材质为瓷和石英。瓷质瓶制造容易，价格便宜，适用于工作温度低于100℃，气体温度高时，绝缘性能急剧下降。气体温度高于100～130℃时可用石英质绝缘瓶。绝缘瓷瓶如图13-104所示，在图中符号Z代表室内用，A代表机械强度为3678N，B代表7358N，T为椭圆形底座，F为方形底座。额定电压35kV（工频电压不小于

110kV，击穿电压不小于 176kV）。这两种瓷瓶如使用地点海拔标高超过 1000m 时，其电气特性按规定乘以 K，K 值按下式计算：

$$K=\frac{1}{1.1}-\frac{H}{10000} \tag{13-88}$$

式中，H 为使用地点的海拔标高，m。

上式适用于环境温度为 −40～40℃，相对湿度不超过 85%时；如温度高于 40℃，温度每超过 3℃电气特性按规定值提高 1%。

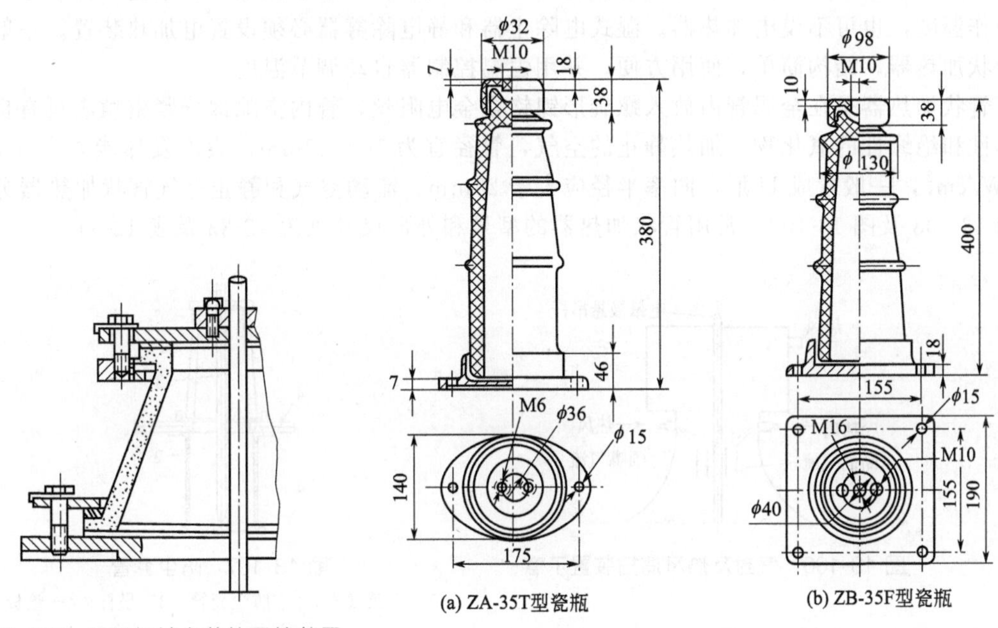

图 13-103　采用机械卡装的悬挂装置

图 13-104　常用绝缘瓷瓶

② 石英管及石英盆。电除尘器常用的石英管为不透明石英玻璃，《不透明石英玻璃材料》规定，抗弯强度大于 3433N/cm^2；抗压强度大于 3924N/cm^2；电击穿强度为能经受交流电 10～14kV/mm；热稳定性为试样在 800℃降至 20℃情况下，经受 10 次试验不发生裂纹和崩裂；二氧化硅含量大于 99.5%；断面承载能力 40N/cm^2。石英管的外形见图 13-105。电除尘器常用石英管直径和厚度关系见表 13-32。烟气温度在 130℃以下时，可用相同规格的瓷管代替石英盆，但壁尖不小于 25mm。

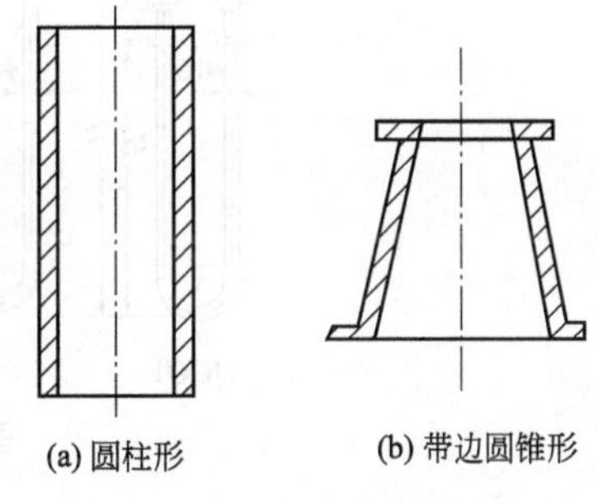

图 13-105　石英管外形

表 13-32　石英管管壁厚度与直径的关系　　单位：mm

石英管直径	80	100	150	200	300
壁厚	7	8	10	10	12

6）绝缘装置的保洁措施　由于环境条件或绝缘装置与含尘烟气直接接触造成积灰，将降低绝缘性能，为使绝缘装置保持清洁可采取如下措施。

① 定期擦绝缘瓷瓶。擦时先关闭电源，导走剩余静电。此法适用于裸露在大气中的绝缘瓷瓶。

② 用气封隔绝含尘烟气与绝缘瓷瓶的接触，并采用热风清扫。其装置见图 13-106。气封处气体断面速度为 0.3～0.4m/s，喷嘴气流速度为 4～6m/s，气封气体温度一般不低于 100℃，气体含尘量不大于 0.03g/m^3。

③ 增设防尘套管。为防止烟尘进入石英套管可在其下端增设防尘套管，其结构见图 13-107。

若不采取措施，烟气中的酸雾和水分在石英管表面会凝结，引起爬电，不仅使得电压升高，而且会造成石英管击穿，设备损坏。防止爬电的方法一般是在石英管周围设置电加热装置，但其耗电量大。电除尘器操作温度高时，电加热装置可间歇供电，在某些条件下适当控制操作温度，也可不设电加热器。湿式电除尘器和静电除雾器必须设置电加热装置。一般使用管状加热器，结构简单，使用方便，并用恒温控制器自动调节温度。

管状加热器是在金属管内放入螺旋形镍铬合金电阻丝，管内空隙部分紧密填满具有良好导热性和绝缘性的氧化物。加热静止的空气，管径宜为 10～12mm，表面发热能力为 0.8～1.2W/cm^2，一般弯成 U 形，曲率半径应大于 25mm。流动空气和静止空气管状加热器分别见图 13-108 及图 13-109。常用管状加热器的型号和外形尺寸见表 13-33 及表 13-34。

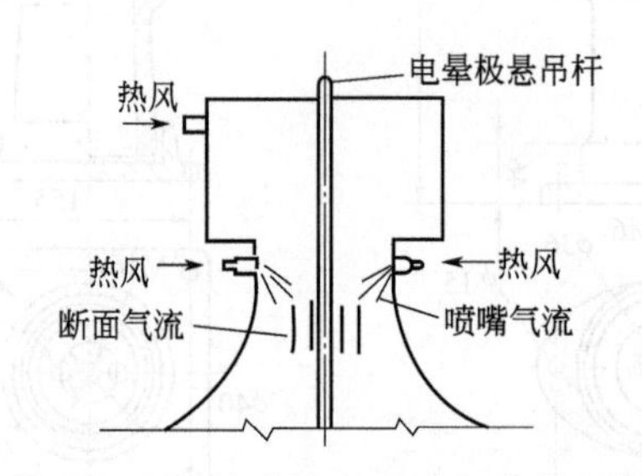

图 13-106 气封及热风清扫装置示意

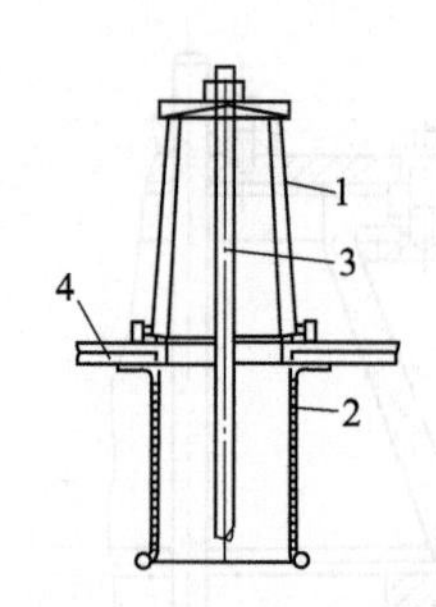

图 13-107 防尘套管

1—石英套管；2—防尘套管；3—吊杆；4—垫板

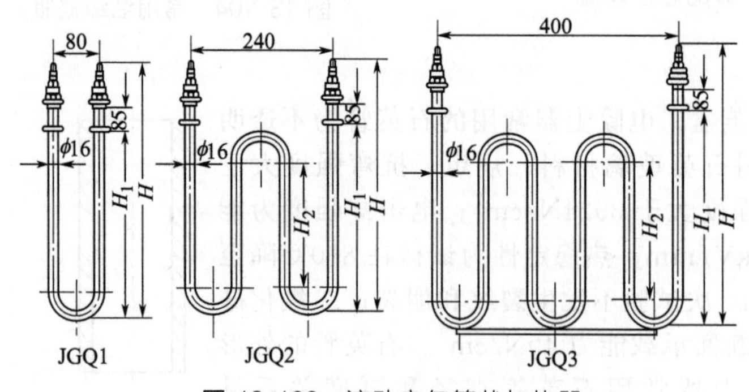

图 13-108 流动空气管状加热器

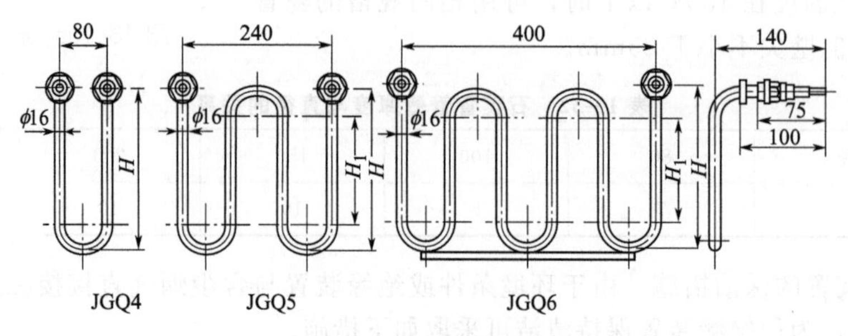

图 13-109 静止空气管状加热器

表 13-33　流动空气管状加热器型号和尺寸

型号	电压 /V	功率 /kW	外形尺寸/mm				质量 /kg
			H	H_1	H_2	总长	
JGQ1-22/0.5	220	0.5	490	330		1025	1.25
JGQ1-220/0.75	220	0.75	690	530		1425	1.60
JGQ2-220/1.0	220	1.0	490	330	200	1675	1.83
JGQ2-220/1.5	220	1.5	690	530	400	2475	2.62
JGQ3-380/2.0	380	2.0	590	430	300	2930	3.43
JOQ3-380/2.5	380	2.5	690	530	400	3530	4.00
JGQ3-380/3.0	380	3.0	790	630	500	4130	4.50

注：元件固螺纹管为 M22×1.5×45，接线部分长 30mm。

表 13-34　静止空气管状加热器型号和尺寸

型号	电压 /V	功率 /kW	外形尺寸/mm		
			H	H_1	总长
JGQ4-220/0.5	220	0.5	330		950
JGQ4-220/0.8	220	0.8	450		1190
JGQ4-220/1.0	220	1.0	600		1490
JGQ5-220/1.2	220	1.2	350	250	1745
JGQ5-220/1.5	220	1.5	450	350	2145
JGQ5-220/1.8	220	1.8	550	450	2545
JGQ6-380/2.0	380	2.0	400	300	2795
JGQ6-380/2.5	380	2.5	500	400	3395
JGQ6-380/3.0	380	3.0	600	500	3995

注：元件固螺纹管为 M22×1.5×45，接线部分长 30mm。

管状加热器功率按下式计算：

$$W=\frac{KqF}{0.74} \tag{13-89}$$

$$q=\frac{t_1-t_2}{\dfrac{1}{a_1}+\dfrac{\delta}{\lambda}+\dfrac{1}{a_2}} \tag{13-90}$$

式中，K 为系数，一般取 1.5；q 为单位散热量，W/m^2；t_1 为保温气体温度，℃；t_2 为保温箱外空气温度，℃；a_1 为 t_1 时的散热系数，$W/(m^2 \cdot ℃)$；a_2 为 t_2 时的散热系数，$W/(m^2 \cdot ℃)$；λ 为保温层的热导率，$W/(m \cdot ℃)$；δ 为保温层厚度，m；F 为保温箱的散热面积，m^2。

四、振打装置设计

良好的电除尘器应当是能够从电极上除掉积存的灰尘。清掉积尘不仅对于回收的粉尘是必要的，而且对于维持除尘工艺的最佳电气条件也是必要的。一般清除电极积尘的方法是使电极发生振动或受到冲击，这个过程叫作电极的振打。有些电除尘器的收尘电极和电晕电极上都积存着粉尘，且积尘的厚度可以使电晕电极都需要进行有效的振打清灰。

电除尘器清灰装置绝不是次要的装置。它决定着总的除尘效率。考虑来自电极积尘和来自灰斗中的气流干扰等所引起的返流损失，就会知道其困难程度。解决清灰问题有振打装置、湿式清灰、声波清灰等多种方法。对良好振打的要求是：

① 保证清除掉黏附在分布板、收尘电极和电晕电极上的烟尘；

② 机械振打清灰时传动力矩要小；

③ 尽量减少漏风；

④ 便于操作和维修；

⑤ 电晕电极振打系统和电动机、减速机、盖板等均必须绝缘良好，并设接地线。

1. 湿式电除尘器的清灰

湿式电除尘器是广泛采用的电除尘器之一。湿式电除尘器一般采用水喷淋湿式清灰。在除尘过程中，对于沉积到极板上的固体粉尘一般是用水清洗沉淀极板，使极板表面经常保持一层水膜，当粉尘沉到水膜上时便随水膜流下，从而达到清灰的目的。形成水膜的方法，既可以采用喷雾方式也可以采用溢流方式。

湿式清灰的主要优点是：a. 二次扬尘最少；b. 粉尘比电阻问题不存在了；c. 水滴凝聚在小尘粒上更利于捕集；d. 空间电荷增强，不会产生反电晕。此外，湿式除尘器还可同时净化有害气体，如二氧化硫、氟化氢等。湿式电除尘器的主要问题是腐蚀、生垢及污泥处理等。

湿式清灰的关键在于选择性能良好的喷嘴和合理地布置喷嘴。湿式清灰一般选用喷雾好的小型不锈钢喷嘴或铜喷嘴。清灰的喷嘴布置是按水膜喷水和冲洗喷水两种操作制度进行的。

(1) 水膜喷水　湿式电除尘器一般设有三种清灰水膜喷水，即分布板水膜、前段水膜和电极板水膜。气流分布板水膜喷水在电除尘器进风扩散管内气流分布板迎风面的斜上方，使喷嘴直接向分布板迎风面喷水，形成水膜。大中型湿式电除尘器往往设 2 排喷水管，装多个斜喷嘴，其中第 1 排少一些喷嘴，第 2 排多一些喷嘴。每个喷嘴喷水量为 2.5L/min 左右，前段水膜喷水在紧靠进风扩散管内的气流分布板上面设有一排喷嘴，直接向气流中喷水（顺喷）形成一段水膜段，使烟尘充分湿润后进入收尘室。

收尘电极水膜喷水是在收尘室电极板上设若干喷嘴，喷嘴由电极板上部向电极板喷水，使电极板表面形成不断向下流动的水膜，以达到清灰的目的。

(2) 冲洗喷水　在每个电场电极板水膜喷水管的上部，装设有冲洗喷嘴进行冲洗喷水，冲洗水量较水膜喷水少些。

根据操作程序规定，应在停电和停止送风后对电除尘器电场进行水膜喷水。停止后，立即进行前区冲洗约 3min，接着后区冲洗约 3min。

每个喷嘴喷水量依喷嘴而异，大约为 15L/min，总喷水量比水膜喷水略少。

(3) 供水要求　电除尘器清灰用水应有基本要求。耗水指标为 0.3～0.6L/m^3 空气；供水压力为 0.5MPa，温度低于 50℃；供水水质为悬浮物低于 50mg/L，全硬度低于 200mg/L。

清灰用水一般是循环使用，当悬浮物或其他有害物超过一定浓度时要进行净化处理，符合要求时再使用。

2. 收尘极振打清灰

收尘极板上粉尘沉积较厚时，将导致火花电压降低，电晕电流减小，有效驱进速度显著减小，除尘效率大大下降。因此，不断地将收尘极板上沉积的粉尘清除干净，是维持电除尘器高效运行的重要条件。

收尘极板的清灰方式有多种，如刷子清灰、机械振打、电磁振打及电容振打等。但应用最多的清灰方式是挠臂锤机械振打及电容振打。

振打清灰效果主要在于振打强度和振打频率。振打强度的大小决定于锤头的质量和挠臂的长度。振打强度一般用沉淀极板面法向产生的重力加速度 g（9.80m/s^2）表示。一般要求，极板上各点的振打强度不小于 100～200g，实际上振打强度也不宜过大，只要能使板面上残留薄的一层粉尘即可，否则二次扬尘增多，结构损坏加重。

（1）决定振打强度的因素

① 电除尘器容量。对于外形尺寸大、极板多的电除尘器，需要振打强度大。

② 极板安装方式。极板安装方式不同，如采用刚性连接，或自由悬吊方式，由于它们传递振打力情况不同，所需振打强度不同。

③ 粉尘性质。黏性大、比电阻高和细小的粉尘振打强度要大，例如振打强度大于 200g，这是因为高比电阻粉尘的附着力，主要靠静电力，所以需要振打强度更大。细小粉尘比粗粉尘的黏着力大，振打强度也要大些。

④ 湿度。一般情况下湿度高些对清灰有利，所需振打加速度也小些。但湿度过高可能使粉尘软化，产生相反的效果。

⑤ 使用年限。随着电除尘器运行年限延长，极板锈蚀，粉尘板结，振打的强度应该提高。

⑥ 振打制度。一般有连续振打和间断振打两种。采用哪种振打制度合适，要视具体条件而定。例如，若粉尘浓度较高，黏性也较大，采用强度不太大的连续振打较合适。总之，合适的振打强度和振打频率，在设计阶段只是大致的确定，在运行中可根据实际情况通过现场调节来完成。

机械振打机构简单，强度高，运转可靠，但占地较大，运动构件易损坏，检修工作量大，控制也不够方便。

（2）挂锤（挠臂锤）式振打装置　这种装置是使用最普遍的振打方式，其结构简单，运转可靠，无卡死现象。为避免振打时烟尘出现二次飞扬，每个振打锤头应顺序错开一定位置。根据经验每个锤头所需功率为 0.014kW。常用的挂锤振打装置见表 13-35 及图 13-110。

表 13-35　几种锤头型式

普通型锤头	整体锤头	加强整体锤头	加强型锤头
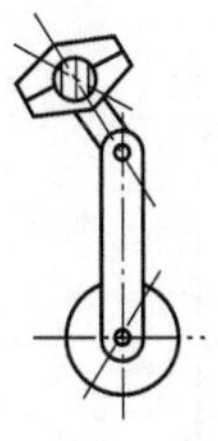	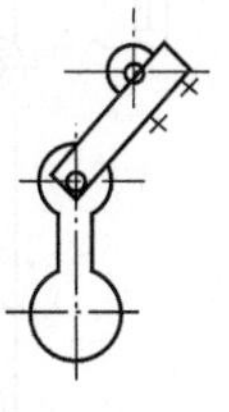	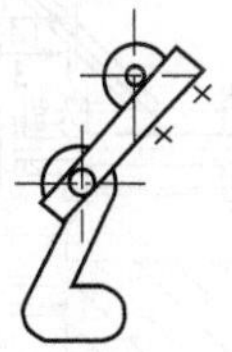	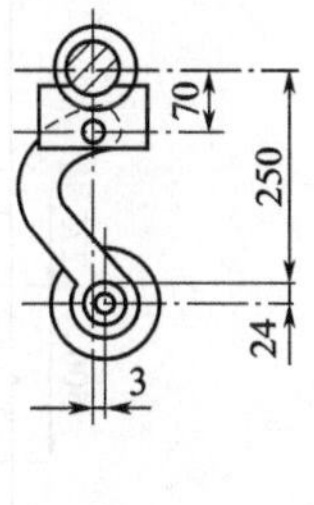 70 250 24 3
锤头易损坏及脱落	锤头不易损坏、脱落	锤头不易损坏，振打力比普通型明显增加	锤头不易脱落，振打力比普通型明显增加

（3）电磁振打装置　这种装置适用于顶部振打，多用于小型电除尘器，电磁振打装置及

脉冲发生器见图 13-111。

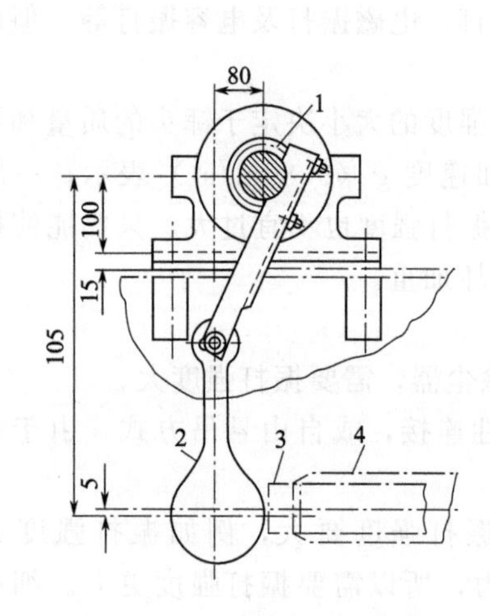

图 13-110　收尘极振打装置

1—传动轴；2—锤头；3—振打铁锤；4—沉淀机振打杆

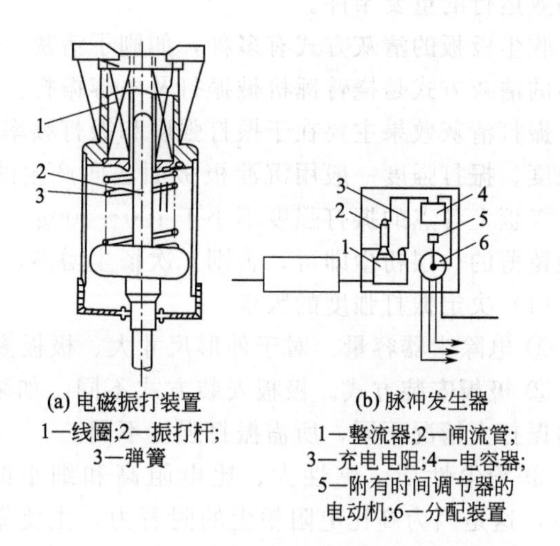

(a) 电磁振打装置

1—线圈;2—振打杆;
3—弹簧

(b) 脉冲发生器

1—整流器;2—闸流管;
3—充电电阻;4—电容器;
5—附有时间调节器的
电动机;6—分配装置

图 13-111　电磁振打装置和脉冲发生器

电磁振打装置由电磁铁、弹簧和振打杆组成。线圈 1 通电时，振打杆 2 被抬起，并压缩弹簧 3，线圈断电后，振打杆依靠自重和弹簧的弹力撞击极板，振打强度可通过改变供电变压器的电压调节。此外，尚需一套脉冲发生器与电磁振打器相配合。

(4) 压锤（拨叉）式振打装置（见图 13-112）　这种装置是把振打锤悬挂在收尘电极上，回转轴上按不同角度均匀安设若干压辊式拨叉，回转转动时顺序将振打锤压至一定高度，压辊式拨叉转过后，振打轴落下击打收尘电极。由于振打锤悬挂在收尘极板上，不会因温度、极板伸长而影响的准确性。

(5) 铁刷清灰装置　在一些特殊条件下，用常规振打装置不能将收尘极板上的烟灰清除

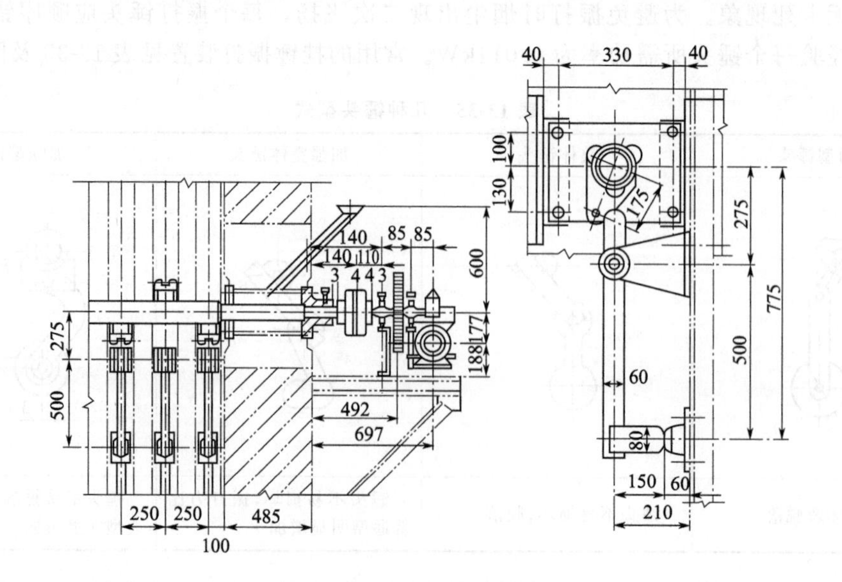

图 13-112　压锤式振打装置

干净，为此，有采用刷子清灰的方法。除尘器采用刷子清灰方式，效果都不错。但刷子清灰结构复杂，只在振打方式无效时才采用。

(6) 多点振打和双向振打（见图 13-113、图 13-114） 由于大型除尘器的极板高且宽，为保证振打力均匀，采用多点或双向振打。电除尘器的振打轴穿过除尘器壳体时，对小型除尘器只需两端支持在端轴承上，对大型除尘器在轴中部还需设置中轴承、端轴承贯通除尘器内外，必须有良好的轴密封装置，常用的端轴承密封装置见图 13-115。中轴承处于粉尘之中，不宜采用润滑剂。常用轴承有托辊式和剪刀叉式两种。剪刀叉式轴承见图 13-116。各电场的收尘电极依次间断振打，如多台电除尘器并联，振打最后一个电场时应关闭出口阀门，以免把振落的烟尘随气流带走而降低除尘效率。

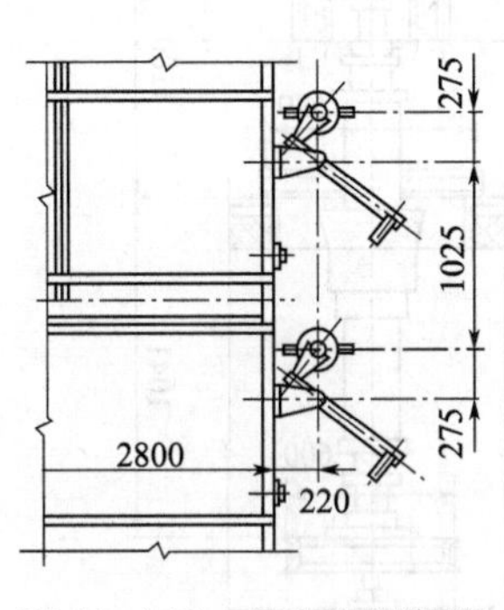

图 13-113 多点振打装置

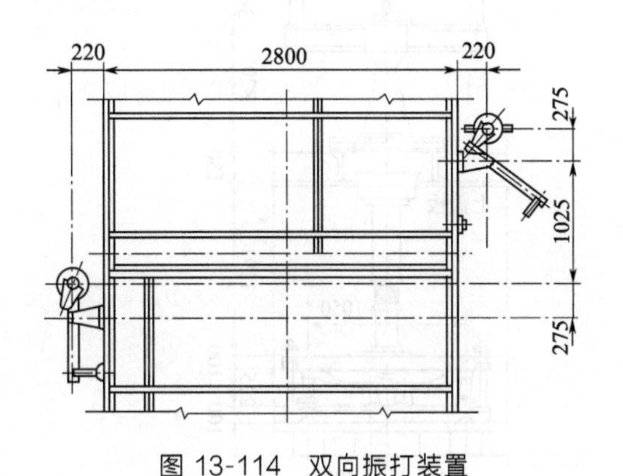

图 13-114 双向振打装置

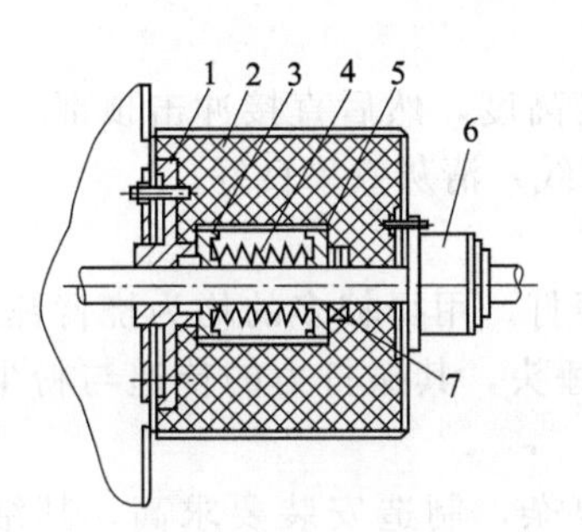

图 13-115 常用端轴承密封装置

1—密封盘；2—矿渣棉；3—密封摩擦块；4—弹簧；5—弹簧座；6—滚动轴承；7—挡圈

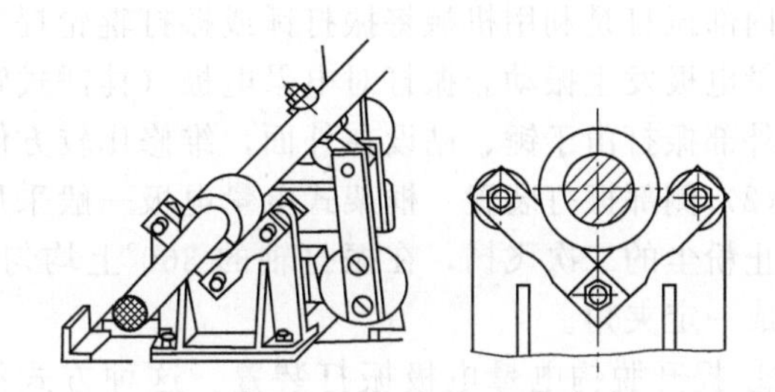

图 13-116 剪刀叉式轴承

3. 电晕极的清灰

电晕极上沉积粉尘一般都比较少，但对电晕放电的影响很大。如粉尘清不掉，有时在电晕极上结疤，不但使除尘效率降低，甚至能使除尘器完全停止运行。因此，一般是对电晕极采取连续振打清灰方式，使电晕极沉积的粉尘很快被振打干净。

电晕极的振打形式分顶部振打和侧部振打两种。振打方式有多种，常用的有提升脱钩振打、侧部挠臂锤振打等。

(1) 顶部振打装置　顶部振打装置设置在除尘器的阴极或阳极的顶部，称为顶部振打电除尘器。电除尘采用顶部锤式振打，由于其振打力不调整，普遍用于立式电除尘器。应用较多的顶部振打为刚性单元式，这种顶部振动的传递效果好，且运行安全可靠、检修维护方便。顶部振打分内部振打和外部振打，前者的传动系统需穿过盖板时，该处密封性较差；后者振打锤不直接打在框架上，而是通过振打杆传至上框架，振打力较差。顶部振打装置见图 13-117、图 13-118。

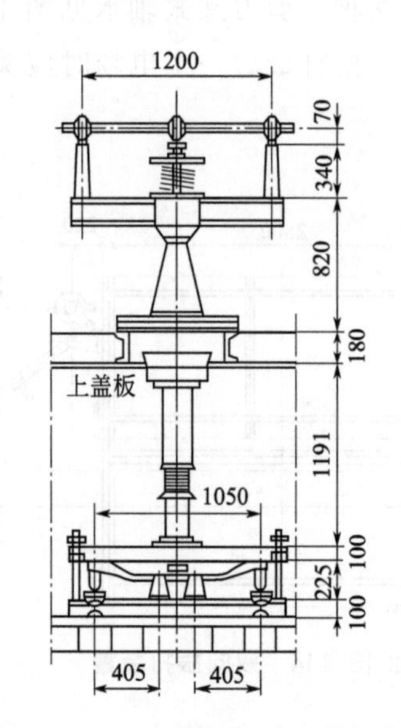

图 13-117　顶部振打（内部）装置

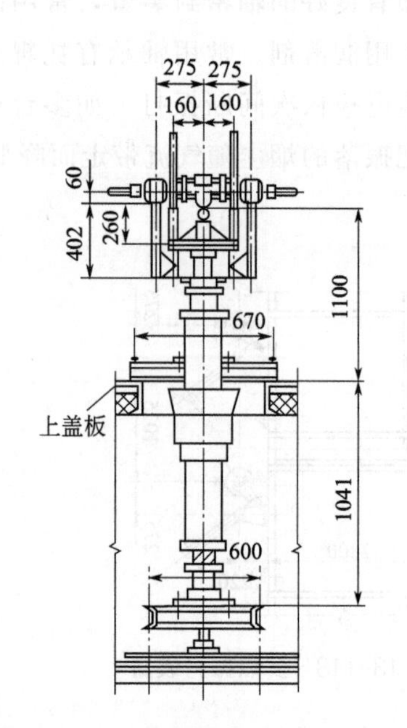

图 13-118　顶部振打（外部）装置

内部振打是利用机械将振打锤或振打辊轮提升至一定高度，然后直接冲击顶部上框架，使电晕电极发生振动。振打对电晕电极（挂锤式管状芒刺线）清灰效果良好。

外部振打由于锤、砧设在外面，维修比较方便。

(2) 侧部振打装置　框架式电晕电极一般采用侧部振打。用得较多的均为挠臂锤振打，为防止粉尘的二次飞扬，在振打轴的 360°上均匀布置各锤头，其振打力的传递与粉尘下降方向成一定夹角。

① 提升脱钩电晕电极振打装置。这种方式结构较复杂，制造安装要求高，其结构见图 13-119。传动部分在顶盖上，通过连杆抬起振打锤，顶部脱钩后振打锤下落，撞击电晕

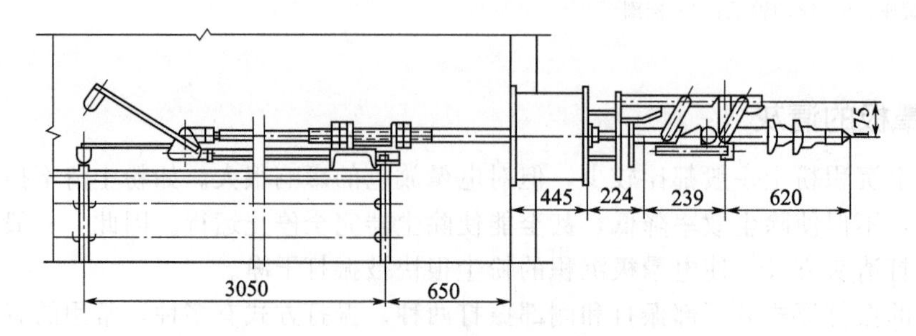

图 13-119　提升脱钩电晕电极振打装置

电极框架。

② 侧传动振打装置。这种装置结构简单、故障少，使用较普遍。侧传动又分直连式和链传式两种，分别见图 13-120、图 13-121。为防止烟尘进入传动箱污染绝缘轴，在穿过壳体处可用聚四氟乙烯板密封或用热空气气封。直连式侧传动振打装置占地面积大，操作台宽，但传动效率高。链传式配置紧凑，操作台窄一些，传动效率稍低。

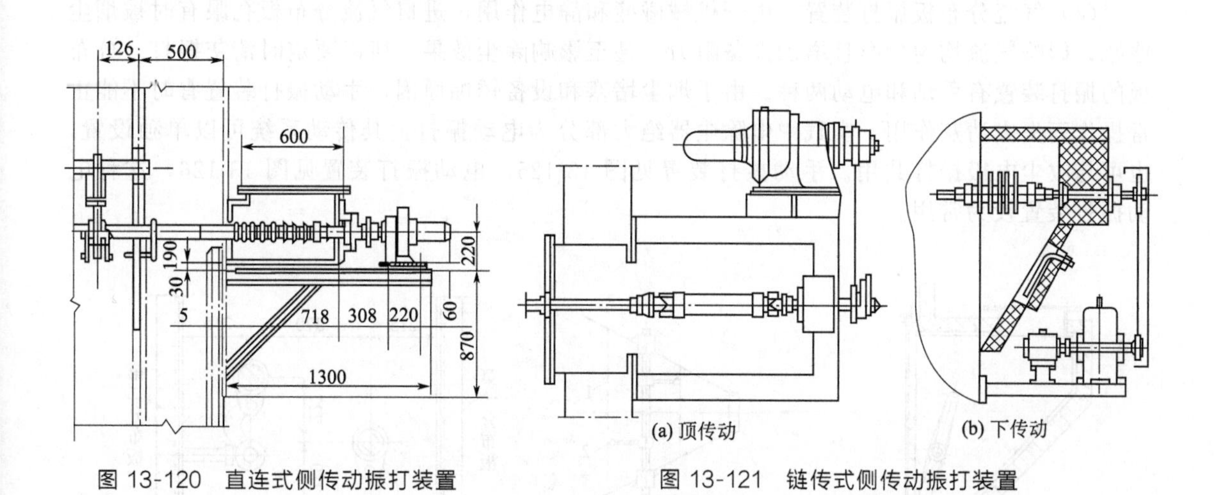

图 13-120　直连式侧传动振打装置

图 13-121　链传式侧传动振打装置

③ 顶部传动侧振打装置。这种装置靠伞齿轮使传动轴改变方向，以适应侧面振打（见图 13-122）。

（3）绝缘瓷轴　通常使用的绝缘瓷轴有螺孔连接和耳环连接。绝缘轴见图 13-123、图 13-124，其尺寸见表 13-36。该产品适用电压不大于 72kV，操作温度不大于 150℃。

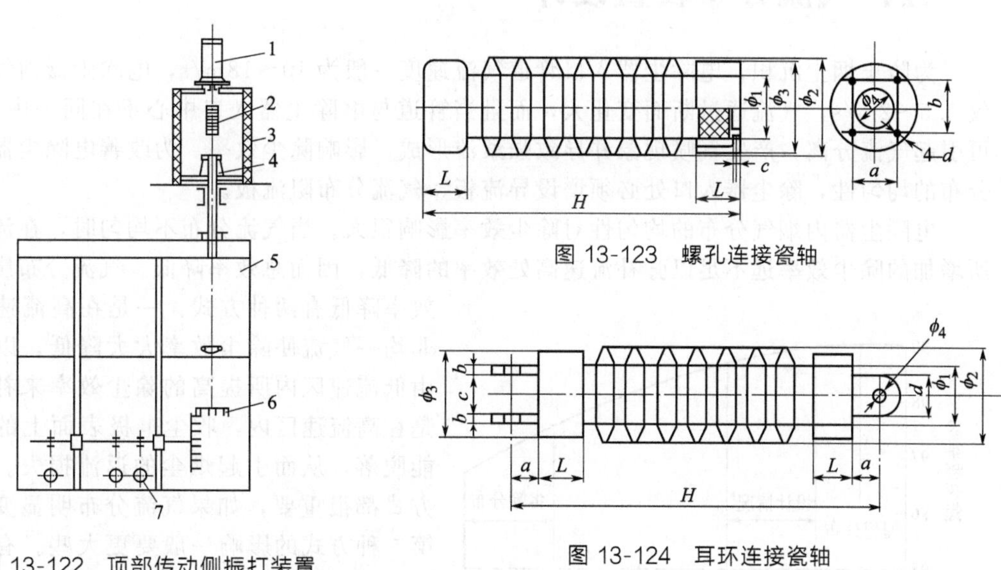

图 13-122　顶部传动侧振打装置

1—电动机；2—绝缘瓷轴；3—保温箱；4—绝缘支座；5—电晕电极框架；6—伞齿轮；7—振打锤

图 13-123　螺孔连接瓷轴

图 13-124　耳环连接瓷轴

表 13-36　绝缘瓷轴的型号及尺寸　　　　单位：mm

型号	H	L	a	b	c	d	ϕ_1	ϕ_2	ϕ_3	ϕ_4
AZ72/150-L_1	390^{+3}_{-4}	53	58	67	5	M10	80	130	120	56
AZ72/150-L_2	390^{+3}_{-4}	53	50	62	5	M10	80	130	120	60
AZ72/150	460^{+4}_{-4}	53	85	12		50	80	130	120	18.5

（4）气流分布板振打装置　由于机械碰撞和静电作用，进口气流分布板孔眼有时被烟尘堵塞，影响气流均匀分布且增加设备阻力，甚至影响除尘效果。所以要定时清灰振打。分布板的振打装置有手动和电动两种。由于烟尘堵塞和设备锈蚀原因，手动振打装置有时不能正常操作而失去清灰作用。实践中电除尘器绝大部分为电动振打，其传动系统可以单独设置，也可与收尘电极振打共用。手动振打装置见图 13-125。电动振打装置见图 13-126，这种电动振打装置较为常用。

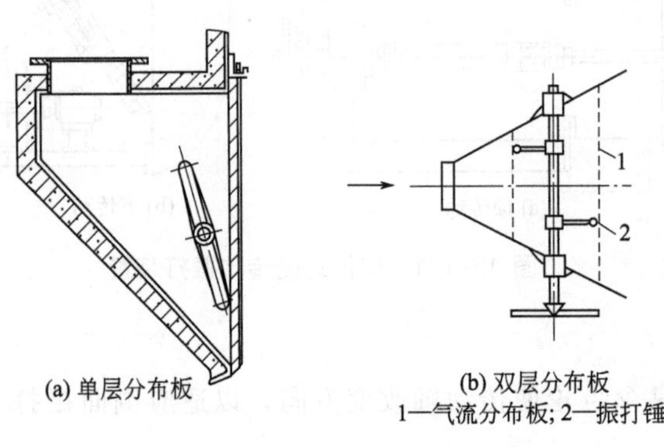

图 13-125　分布板手动振打装置

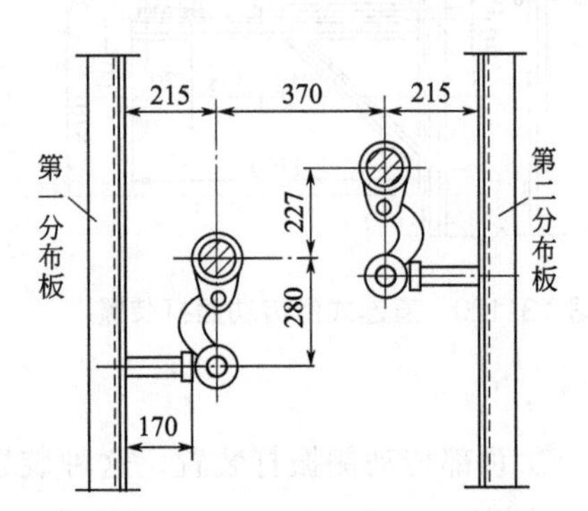

图 13-126　分布板电动振打装置

五、气流分布装置设计

为防止烟尘沉积，电除尘器入口管道气流速度一般为 10～18m/s，电除尘器内气体流速仅 0.5～2m/s，气流通过断面变化大，而且当管道与电除尘器入口中心不在同一中心线时，可引起气流分离，产生气喷现象并导致强紊流形成，影响除尘效率。为改善电除尘器内烟气分布的均匀性，除尘器入口处必须增设导流板、气流分布阻流板。

电除尘器内烟气分布的均匀性对除尘效率影响很大。当气流分布不均匀时，在流速低处所增加的除尘效率远不足以弥补流速高处效率的降低，因而总效率降低。气流分布影响除尘效率降低有两种方式：一是在高流速区内的非均一气流使除尘效率大大降低，以致不能由低流速区内所提高的除尘效率来补偿；二是在高流速区内，收尘电极表面上的积尘可能脱落，从而引起烟尘的返流损失。这两种方式都很重要，如果气流分布明显变坏，则第二种方式的影响一般要更大些。有时发现除尘效率大幅度下降到只有 60％或 70％，其原因也在于此。气流分布与除尘效率的关系见图 13-127。

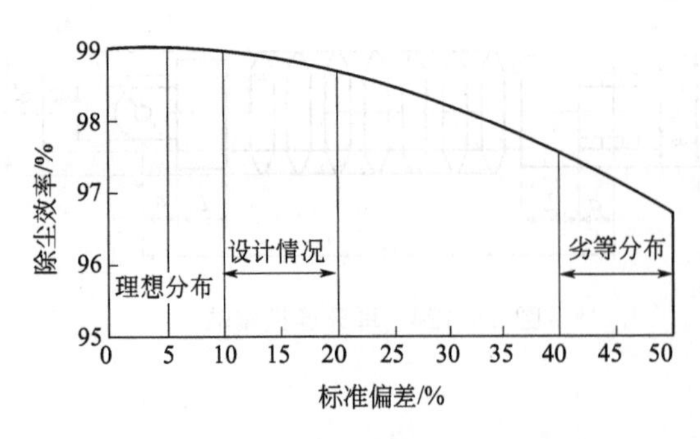

图 13-127　气流分布与除尘效率的关系

1. 气流分布装置的设计原则

① 理想的均匀流动按照层流条件考虑，要求流动断面缓变及流速很低来达到层流流动，主要控制手段是在电除尘器内依靠导向板和分布板的恰当配置，使气流能获得较均匀分布。但在大断面的电除尘器中完全依靠理论设计配置的导流板是十分困难的，因此常借助一些模型试验，在试验中调整导流板的位置和分布的开孔率，并从其中选择最好的条件来作为设计的依据。

② 在考虑气流分布合理的同时，对于不能产生除尘作用的电场外区间，如极板上下空间、极板与壳体的空间，应设阻流板，减少未经电场的气体带走粉尘。

③ 为保证分布板的清洁，应设计有定期的振打机构。

④ 分布板的层数，设置越多分布均匀效果越好，虽然层数增多会增加设备的流体阻力，但由于改善了气流的紊流程度会使总阻力降低，因此在设计中一般不考虑阻力的增减。

⑤ 电除尘器的进出管道设计应从整个工程系统来考虑，尽量保证进入电除尘器的气流分布均匀，尤其是多台电除尘器并联使用时应尽量使进出管道在除尘系统中心。

⑥ 为了使电除尘器的气流分布达到理想的程度，有时在除尘器投入运行前现场还要对气流分布板做进一步的测定和调整。

2. 气流分布板

电除尘器内的气流分布状况对除尘效率有明显影响，为了减少涡流，保证气流均匀，在除尘器的进口和出口处装设气流分布板。

气流分布装置最常见的有百叶窗式、多孔板、分布格子、槽形钢分布板和栏杆型分布板等，分别见图 13-128～图 13-130。

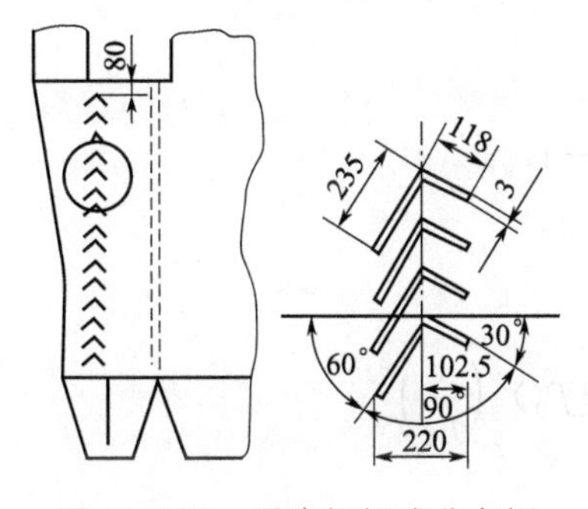

图 13-128　垂直折板式分布板

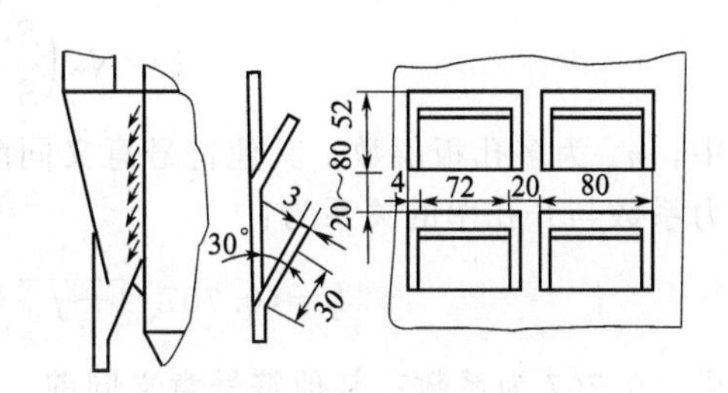

图 13-129　百叶窗式分布板

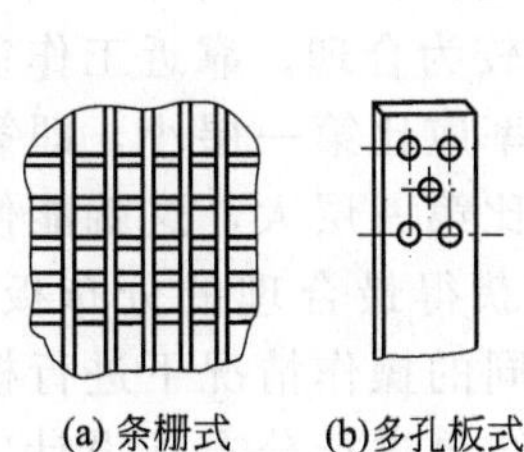

(a) 条栅式

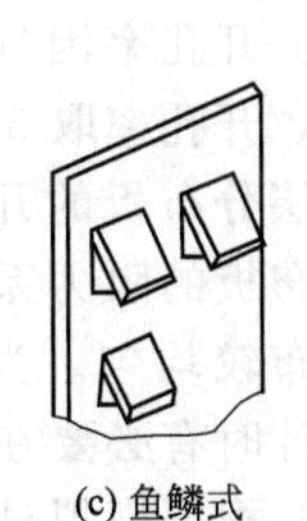

(b)多孔板式

(c) 鱼鳞式

气流方向

(d) 锯齿式

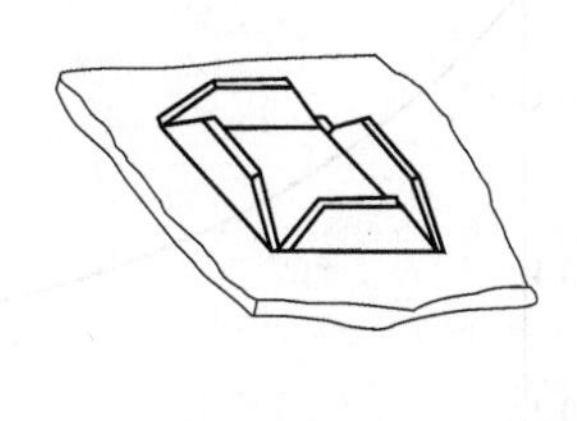

(e) X形孔板式

图 13-130　气流分布板型式

（1）分布板的层数　气流分布板的层数可由下式计算求得：

$$n_p \geqslant 0.16\frac{S_k}{S_0}\sqrt{N_0} \tag{13-91}$$

式中，n_p 为气流分布板的层数；S_k 为电除尘器气体进口管大端截面积，m^2；S_0 为电除尘器气体进口管小端截面积，m^2；N_0 为系数，带导流板的弯头 $N_0=1.2$，不带导流板的缓和弯管，而且弯管后无平直段时 $N_0=1.8\sim2.0$。

根据实验，采用多孔板气流分布板时其层数按 $\frac{S_k}{S_0}$ 值近似取：当 $\frac{S_k}{S_0}\leqslant6$ 时，取 1 层；当 $6\leqslant\frac{S_k}{S_0}\leqslant20$ 时，取 2 层；当 $20\leqslant\frac{S_k}{S_0}<50$ 时，取 3 层。

（2）相邻两层分布板距离

$$l=0.2D_r \tag{13-92a}$$

$$D_r=\frac{4F_k}{n_k} \tag{13-92b}$$

式中，l 为两层分布板间的距离，m；D_r 为分布板矩形断面的当量直径，m；F_k 为矩形断面积，m^2；n_k 为矩形断面的周边长，m。

（3）分布板的开孔率

$$f_0=\frac{S_2'}{S_1'}\times100 \tag{13-93}$$

式中，f_0 为开孔率，%；S_1' 为分布板总面积，m^2；S_2' 为分布板开孔总面积，m^2。

为保证气体速度分布均匀应使多孔板有合适的阻力系数，然后算得相应的孔隙率，再进行分布板的设计。

多孔板的阻力系数 ζ 为：

$$\zeta=N_0\left(\frac{S_k}{S_0}\right)^{\frac{2}{n_p}}-1 \tag{13-94}$$

式中，n_p 为多孔板层数；其他符号意义同前。

阻力系数与开孔率的关系为：

$$\zeta=(0.707\sqrt{1-f_0}+1-f_0)^2\left(\frac{1}{f_0}\right)^2 \tag{13-95}$$

式中，0.707 为系数；其他符号意义同前。

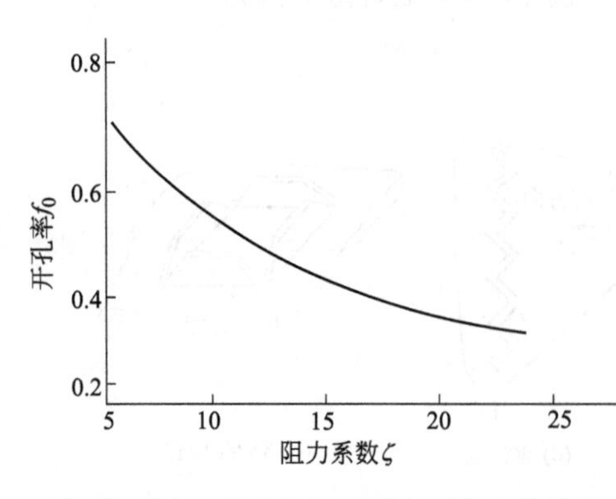

图 13-131　开孔率 f_0 和阻力系数 ζ 的关系

在已知阻力系数 ζ，求多孔板的开孔率时可直接利用开孔率与阻力系数关系，由图 13-131 求出。

开孔率因气体速度而异，对于 1m/s 的速度，开孔率取 50%较为合理。靠近工作室的第二层分布板的开孔率应比第一层小，即第二层分布板的阻力系数比第一层大，这就能使气体分布较均匀。为了获得最合理的分布板结构，设计时有必要在不同的操作情况下进行模拟试验，根据模拟试验结果进行分布板设计。除尘器安装完应再进行一次现场测试和调整。

多孔板上的圆孔 ϕ30～80mm。孔径与开孔率还要考虑气体进口形式，必要时可用不同开孔率的分布板。

分布板若设置在除尘器进出口喇叭管内时，为防止烟尘堵塞，在分布板下部和喇叭管底边应留有一定间隙，其大小按下式确定：

$$\delta=0.02h_1 \tag{13-96}$$

式中，δ 为分布板下部和喇叭管底边的间隙，m；h_1 为工作室的高度，m。

除尘器出口处的分布板除调整气流分布作用外，还有一定的除尘功能。用槽形板代替多孔板，其形式见图 13-132 和图 13-133。

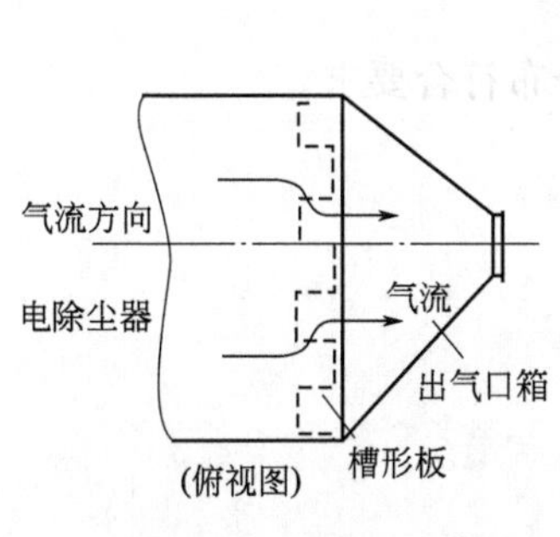

图 13-132 槽形板示意

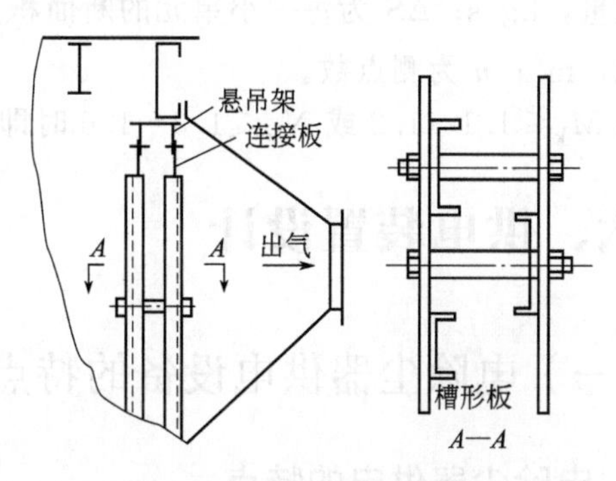

图 13-133 槽形板结构

槽形板可减少烟尘因流速较大而重返烟气流的现象，图 13-134 表示槽形板收尘效果和电场风速的关系。

槽形板一般由两层槽形板组成，槽宽 100mm，翼高 25～30mm，板厚 3mm。轧制或模压成型。两层槽形板的间隙为 50mm。

除尘器入口气流分布板设在入口喇叭管内，也可设在除尘器壳体内，应注意防止喇叭管被烟尘堵塞，多层气流分布板处应设有人孔，以便清理。

(4) 评价方法 评定气流分布均匀性有多种方法和表达式，常用的有均方根法和不均匀系数法。

① 均方根法。气流速度波动的均方根 σ 用下式表示：

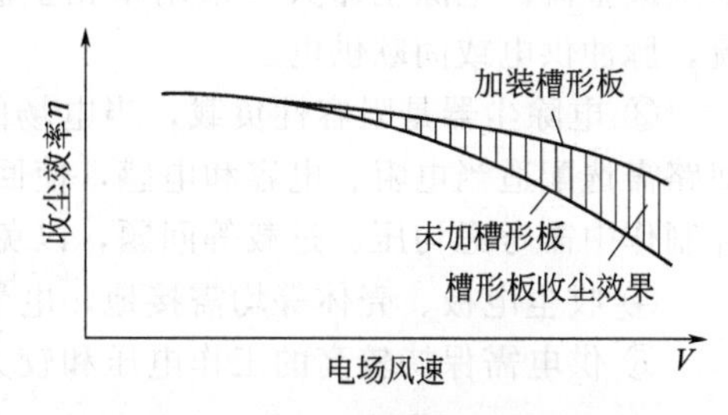

图 13-134 槽形板收尘效果与电场风速的关系

$$\sigma=\sqrt{\frac{1}{n}\sum_{i=1}^{n}\left(\frac{v_i-v_p}{v_p}\right)^2} \tag{13-97}$$

式中，v_i 为各测点的流速，m/s；v_p 为断面上的平均流速，m/s；n 为断面上的测点数。

气流分布完全均匀时 $\sigma=0$，对于工业电除尘器 $\sigma<0.1$ 时认为气流分布很好，$\sigma\leqslant0.15$ 时较好，$\sigma\leqslant0.25$ 尚可以，$\sigma>0.25$ 是不允许的。均方根法是一种常用的评价方法。

② 不均匀系数法。是指在除尘器断面上各点实测流速算出的气流动量（或动能）之和与全断面平均流速计算出的平均动量（或动能）之比，分别用 M_k、N_k 表示：

$$M_{\mathrm{k}}=\frac{\int_{0}^{S}v_{i}\,\mathrm{d}G}{v_{\mathrm{p}}G}=\frac{\sum_{i=1}^{n}v_{i}^{2}\Delta S}{v_{\mathrm{p}}^{2}S} \tag{13-98}$$

$$N_{\mathrm{k}}=\frac{\frac{1}{2}\int_{0}^{S}v_{\mathrm{p}}^{2}\mathrm{d}G}{\frac{1}{2}v_{\mathrm{p}}^{2}G}=\frac{\sum_{i=1}^{n}v_{i}^{3}\Delta S}{v_{\mathrm{p}}^{3}S} \tag{13-99}$$

式中，v_i 为各测点的流速，m/s；G 为处理气体的质量流量，kg/s；$\mathrm{d}G$ 为每一小单元体的流量，kg/s；ΔS 为每一小单元的断面积，m^2；v_p 为断面上平均流速，m/s；S 为断面总面积，m^2；n 为测点数。

当 $M_k \leqslant 1.1 \sim 1.2$ 或 $N_k \leqslant 1.3 \sim 1.6$ 时即认为气流分布符合要求。

六、供电装置设计

（一）电除尘器供电设备的特点和组成

1. 电除尘器供电的特点

电除尘器获得高效率，必须有合理而可靠的供电系统，其特点如下。

① 要求供给直流电，且电压高（40～100kV）、电流小（150～1500mA）。

② 电压波形应有明显峰值和最低值，以利用峰值提高除尘效率，低值熄弧，不宜用三项全波整流。电除尘器大多采用单相全波整流，效果较好。比电阻高的烟尘宜采用半波整流，脉冲供电或间歇供电。

③ 电除尘器是阻容性负载，当电场闪络时，产生振荡过电压，因此硅整流设备及供电回路需选配适当电阻、电容和电感，使回路限制在非周期振荡和抑制过压幅度，同时硅堆设计制作中需考虑均压、过载等问题，以免设备在负载恶化的情况下损坏。

④ 收尘电极、壳体等均需接地，电晕电极采用负电晕。

⑤ 供电需保持较高的工作电压和较大的电晕电流，供电参数与除尘效率的关系如下：

$$\eta=1-\mathrm{e}^{-\frac{A}{Q}\omega} \tag{13-100}$$

$$\omega=K_{1}\frac{P_{\mathrm{c}}}{A}=K_{1}\frac{u_{\mathrm{p}}+u_{\mathrm{m}}}{2A}i_{0} \tag{13-101}$$

式中，η 为除尘效率；A 为收尘极极板面积，m^2；Q 为处理气量，m^3/s；ω 为驱进速度，m/s；K_1 为随气体、粉尘性质和电除尘器结构不同而变化的常数；P_c 为电晕功率，W；u_p 为电压峰值，kV；u_m 为电压最低值，kV；i_0 为电流平均值，mA。

2. 电除尘器对供电设备性能的要求

① 根据火花频率，临界电压能进行自动跟踪，使供电电压和电流达到最佳值。

② 具有良好的连锁保护系统，对闪络、拉弧、过流能及时做出反应。

③ 自动化水平高。

④ 机械结构和电气元件牢固可靠。

3. 供电设备组成

供电设备的系统结构方框图见图 13-135，电除尘供电系统如图 13-136 所示。

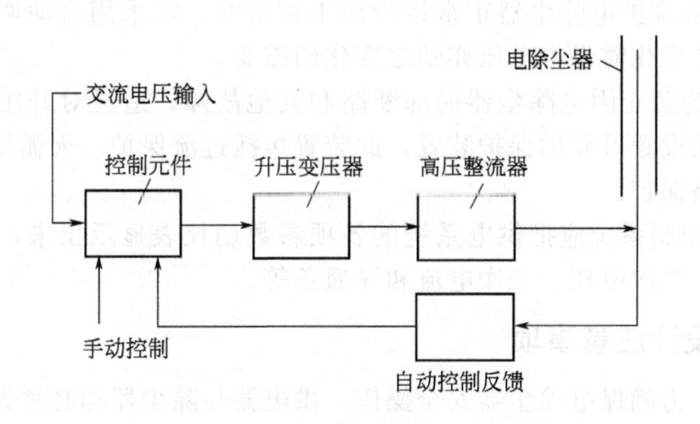

图 13-135　供电设备系统结构方框

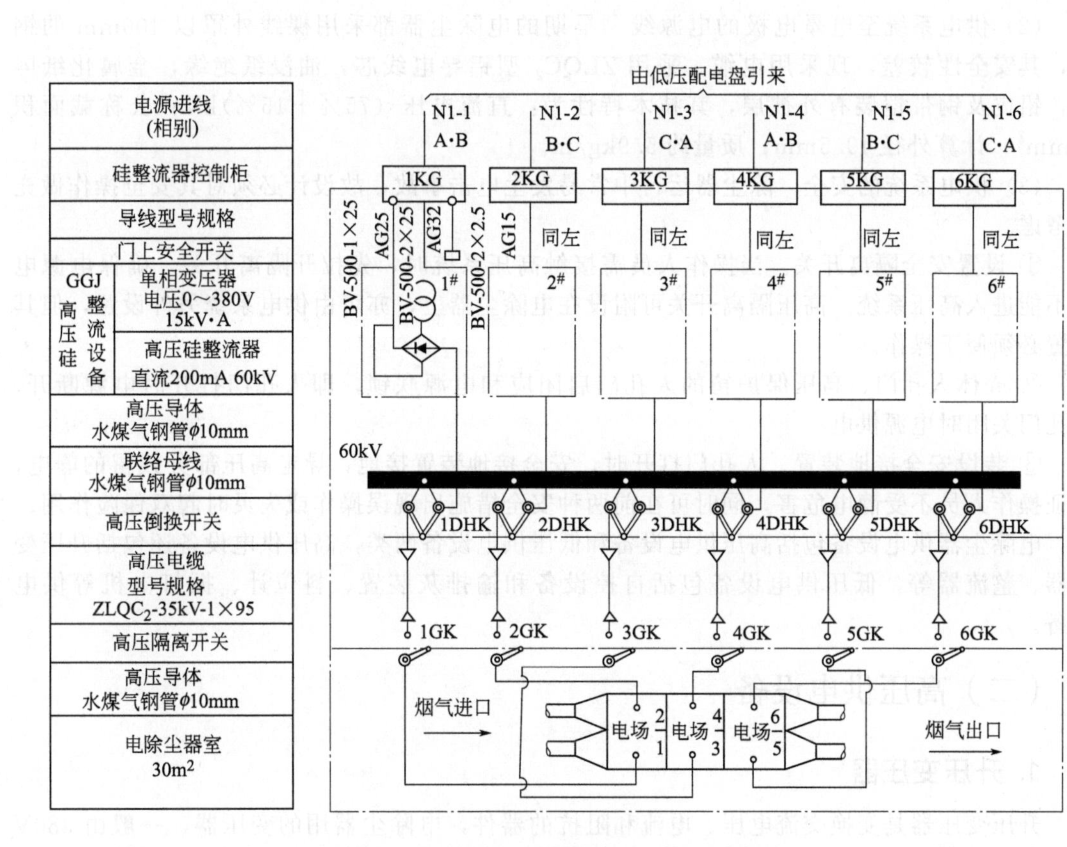

图 13-136　双室三电场电除尘器的供电系统

供电设备一般包括如下部分。

(1) 升压变压器　将外部供给的低压交流电（380V）变为高压交流电（60～150kV）。

(2) 高压整流器　将高压交流电整流成高压直流电的设备。常用的高压整流器有机械整流器、电子管整流器、硒整流器和高压硅整流器。高压硅整流器具有较低的正向阻抗，反向耐压高、耐冲击，整流效率高，轻便可靠，使用寿命长，无噪声等优点。现在几乎都用高压硅整流器。

(3) 控制装置 电除尘器供电设备的控制系统由下列几部分组成。

① 调压装置。为维护电除尘器正常运行而不被击穿，需采用自动调压的供电系统，以适应烟气、烟尘条件变化时供电电压亦随之变化的需要。

② 保护装置。为防止因电除尘器局部断路和其他故障，造成对升压变压器或整流器的损害，供电系统必须设置可靠的保护装置，此装置包括过流保护、灭弧保护、久压延时、跳闸、报警保护和开路保护。

③ 显示装置。控制系统应把供电系统的各项参数用仪表显示出来，应显示的内容为一次电压、一次电流、二次电压、二次电流和导通角等。

4. 供电装置设计注意事项

(1) 接地电阻 为确保电除尘器安全操作，供电器与除尘器均必须设接地装置，且必须有一定接地电阻。一般电除尘器接地电阻应小于4Ω，除尘器的接地线（包括收尘电极、壳体人孔门和整流机等）应自成回路，不得和别的电气设备，特别是烟囱地线相连。

(2) 供电系统至电晕电极的电源线 早期的电除尘器都采用裸线外罩以400mm的钢管，其安全性较差，现采用电缆。采用$ZLQC_2$型铝导电线芯，油浸纸绝缘，金属化纸屏蔽，铅皮及钢带铠装有外被层，其技术特性为：直流电压（75%+15%）kV；公称截面积$95mm^2$；计算外径49.5mm；质量约5.9kg/m。

(3) 供电系统的安全 除尘器运行中常易发生电击事故，故设计必须对其安全操作做充分考虑。

① 设置安全隔离开关。当操作人员需接触高压系统时，先拉开隔离开关，确保电源电流不能进入高压系统。高压隔离开关可附设在电除尘器上，亦可由供电系统另外设置，但其位置必须便于操作。

② 壳体人孔门、高压保护箱的人孔门启闭应和电源联锁，即人孔门打开时电源断开，人孔门关闭时电源供电。

③ 装设安全接地装置。人孔门打开时，安全接地装置接地，导走高压部分残留的静电，保证操作人员不受静电危害，同时可在前两种安全措施出现误操作或失灵时起双保险作用。

电除尘器供电设备包括高压供电设备和低压供电设备两类，高压供电设备还包括升压变压器、整流器等，低压供电设备包括自控设备和输排灰装置、料位计、振打电机等供电设备。

（二）高压供电设备

1. 升压变压器

升压变压器是变换交流电压、电流和阻抗的器件，电除尘器用的变压器，一般由380V交流电升压到60～150kV。当初级线圈中通有交流电流时，铁芯中便产生交流磁通，使次级线圈中感应出电压。

变压器由铁芯和线圈组成，线圈由两个或两个以上的绕组，其中接电源的绕组叫初级线圈，其余的绕组叫次级线圈。

(1) 变压器工作原理 变压器工作的基本原理是电磁感应原理，如图13-137所示，当初级侧绕组上加上电压U_1时，流过的电流I_1，在铁芯中就产生交变磁通ϕ_1，这些磁通称为主磁通，在它作用下，两侧绕组分别感应电势 E_1、E_2，感应电势公式为：

$$E=4.44fN\phi_m \quad (13\text{-}102)$$

式中，E 为感应电势有效值；f 为频率；N 为匝数；ϕ_m 为主磁通最大值。

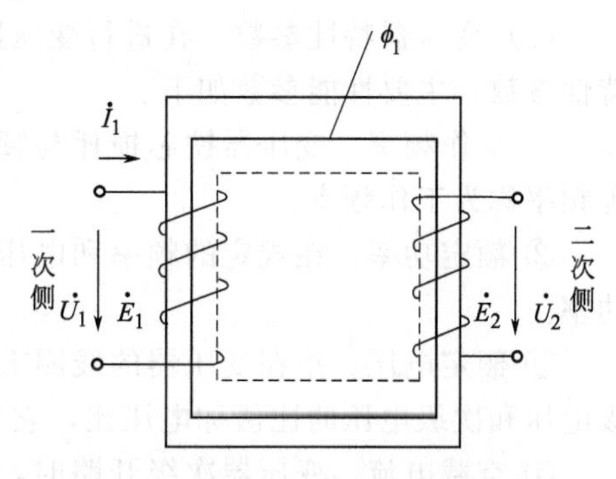

图 13-137　变压器工作原理

由于次级绕组与初级绕组匝数不同，感应电势 E_1 和 E_2 大小也不同，当略去内阻抗压降后电压 U_1 和 U_2 大小也就不同。

当变压器次级侧空载时，初级侧仅流过主磁通的电流（I_0），这个电流称为激磁电流。当二次侧加负载流过负载电流 I_2 时，也在铁芯中产生磁通，力图改变主磁通，但一次电压不变时，主磁通是不变的，初级侧就要流过两部分电流，一部分为激磁电流 I_0，另一部分为用来平衡 I_2，所以这部分电流随着 I_2 变化而变化。当电流乘以匝数时就是磁势。

上述的平衡作用实质上是磁势平衡作用，变压器就是通过磁势平衡作用实现了一、二次侧的能量传递。

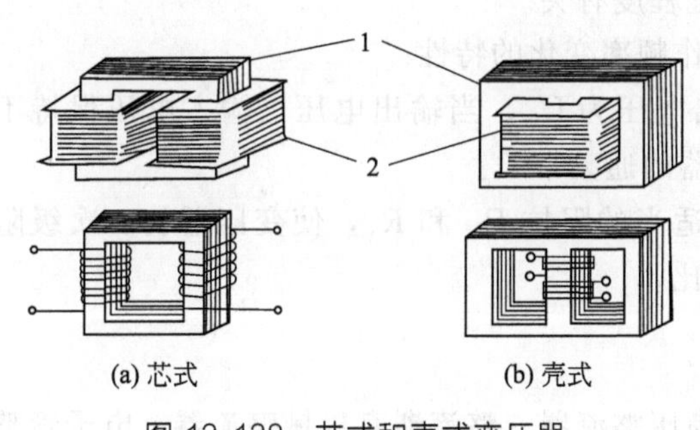

图 13-138　芯式和壳式变压器

1—铁芯；2—绕组

（2）变压器构造　变压器的核心部件由其内部的铁芯和绕组两部分组成。铁芯是变压器中主要的磁路部分。通常由冷轧硅钢片制成。硅钢片厚度为 0.35mm 或 0.5mm，表面涂有绝缘漆。铁芯分为铁芯柱和铁轭两部分，铁芯柱套有绕组，铁轭闭合磁路之用，铁芯结构的基本形式有芯式和壳式两种，其结构示意如图 13-138 所示。绕组是变压器的电路部分，它是用纸包的绝缘扁线或圆形线绕成。

如果不计变压器初级、次级绕组的电阻和铁耗，其耦合系数 $k=1$ 的变压器称之为理想变压器。其电动势平衡方程式为：

$$e_1(t)=-N_1\mathrm{d}\phi/\mathrm{d}t$$

$$e_2(t)=-N_2\mathrm{d}\phi/\mathrm{d}t$$

若初级、次级绕组的电压、电动势的瞬时值均按正弦规律变化，则有：

$$U_1/U_2=E_1/E_2=N_1/N_2$$

不计铁芯损失，根据能量守恒原理可得：

$$U_1I_1=U_2I_2$$

由此得出初级、次级绕组电压和电流有效值的关系：

$$U_1U_2=I_2I_1$$

令 $k=N_1/N_2$，称为匝比（也称电压比），则

$$U_1/U_2=k$$

$$I_1/I_2=k$$

（3）变压器特性参数　在进行变压器设计和选型、应用中都要知道其运行工作中的一些特性参数，主要性能参数如下。

① 工作频率。变压器铁芯损耗与频率关系很大，故应根据使用频率来设计和使用，这种频率称为工作频率。

② 额定功率。在规定的频率和电压下，变压器能长期工作，而不超过规定温升的输出功率。

③ 额定电压。指在变压器的线圈上允许施加电压，工作时不得大于规定值。变压器初级电压和次级电压的比值称电压比，它有空载电压比和负载电压比的区别。

④ 空载电流。变压器次级开路时，初级仍有一定的电流，这部分电流称为空载电流。空载电流由磁化电流（产生磁通）和铁损电流（由铁芯损耗引起）组成。对于50Hz电源变压器而言，空载电流基本上等于磁化电流。

⑤ 空载损耗。指变压器次级开路时，在初级测得功率损耗。主要损耗是铁芯损耗，其次是空载电流在初级线圈铜阻上产生的损耗，这部分损耗很小。

⑥ 效率。指次级功率 P_2 与初级功率 P_1 比值的百分比。通常变压器的额定功率愈大，效率就愈高。

⑦ 绝缘电阻。表示变压器各线圈之间、各线圈与铁芯之间的绝缘性能。绝缘电阻的高低与所使用的绝缘材料的性能、温度高低和潮湿程度有关。

⑧ 频率响应。指变压器次级输出电压随工作频率变化的特性。

⑨ 通频带。如果变压器在中间频率的输出电压为 U_o，当输出电压（输入电压保持不变）下降到 $0.707U_o$ 时的频率范围，称为变压器的通频带 B。

⑩ 初、次级阻抗比。变压器初、次级接入适当的阻抗 R_o 和 R_t，使变压器初、次级阻抗匹配，则 R_o 和 R_t 的比值称为初、次级阻抗比。

2. 高压整流器

将高压交流电整流成高压直流电的设备称高压整流器。整流器有机械整流器、电子管整流器、硒整流器和高压硅整流器等。前三种因固有缺点逐渐被淘汰，现在主要用高压硅整流器。在电除尘器供电系统中采用各种半导体整流器电路如图13-139所示。

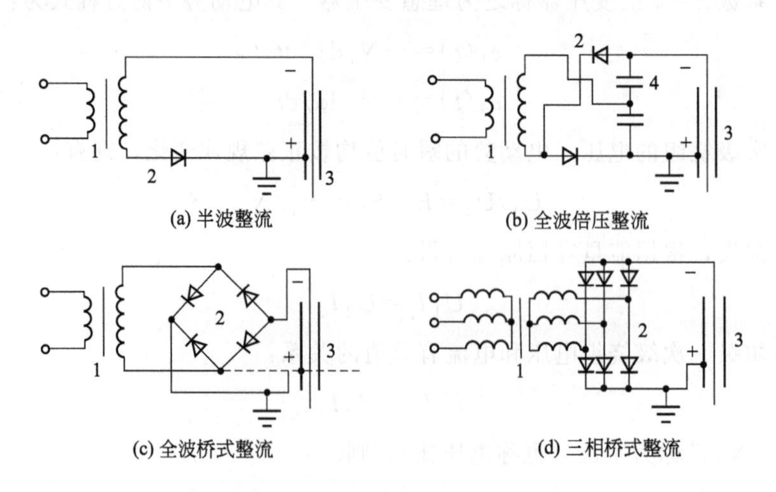

图 13-139　几种半导体整流器电路

1—变压器；2—整流器；3—电除尘器；4—电容

可控硅调压工作原理如图 13-140 所示，$GGAJO_2B$ 型可控硅自动控制高压硅整流设备系列及技术参数见表 13-37。

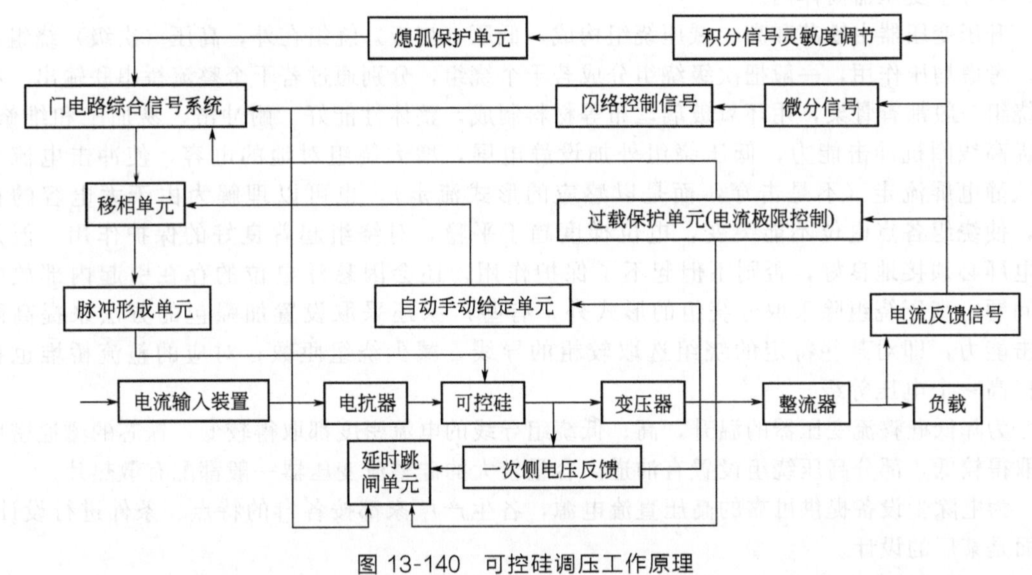

图 13-140　可控硅调压工作原理

表 13-37　$GGAJO_2B$ 型可控硅自动控制高压硅整流设备系列及技术参数

<table>
<tr><td colspan="2">名称</td><td>0.2/60</td><td>0.4/72</td><td>1.0/60</td><td>0.2/140</td><td>0.2/300</td></tr>
<tr><td colspan="2">交流输入电压</td><td colspan="5">单相　50Hz,380V</td></tr>
<tr><td colspan="2">交流输入电流/A</td><td>45</td><td>100</td><td>220</td><td>120</td><td>250</td></tr>
<tr><td colspan="2">直流输出电压平均值/kV</td><td>60</td><td>72</td><td>60</td><td>140</td><td>300</td></tr>
<tr><td colspan="2">直流输出电流平均值/mA</td><td>200</td><td>400</td><td>1000</td><td>200</td><td>200</td></tr>
<tr><td colspan="2">输出电压调节范围/%</td><td colspan="5">0～100</td></tr>
<tr><td colspan="2">输出电流调节范围/%</td><td colspan="5">0～100</td></tr>
<tr><td colspan="2">输出电流极限整定范围/%</td><td colspan="5">50～100</td></tr>
<tr><td colspan="2">稳流精度/%</td><td colspan="5"><5</td></tr>
<tr><td colspan="2">输出电压上升率调节范围</td><td colspan="5">0～10 分度可调</td></tr>
<tr><td colspan="2">输出电流上升率调节范围</td><td colspan="5">0～10 分度可调</td></tr>
<tr><td colspan="2">延时跳闸整定值/s</td><td colspan="5">3～15</td></tr>
<tr><td colspan="2">偏励磁保护最大极限整定值</td><td>55～60</td><td>120～130</td><td>240～250</td><td>140～150</td><td>260～280</td></tr>
<tr><td colspan="2">开路保护允许电网最低值/V</td><td colspan="5">340</td></tr>
<tr><td rowspan="2">电抗器</td><td>尺寸(长×宽×高)/mm</td><td colspan="2">430×390×435</td><td colspan="2">680×486×992</td><td>790×460×1100</td></tr>
<tr><td>质量/kg</td><td colspan="2">80</td><td colspan="2">400</td><td>500</td></tr>
<tr><td rowspan="2">整流变压器</td><td>尺寸(长×宽×高)/mm</td><td colspan="2">1090×698×1570</td><td colspan="2">1090×852×1700</td><td>1260×876×1815</td></tr>
<tr><td>质量/kg</td><td colspan="2">900</td><td colspan="2">1500</td><td>1800</td></tr>
<tr><td rowspan="2">控制柜</td><td>尺寸(长×宽×高)/mm</td><td colspan="2"></td><td colspan="2"></td><td>800×100×1800</td></tr>
<tr><td>质量/kg</td><td colspan="2">200</td><td colspan="2"></td><td>230</td></tr>
</table>

3. 高压硅整流变压器

高压硅整流变压器集升压变压器、硅整流器（带均压吸收电容）及测量取样电路于一体，装置于变压器筒体内。

升压变压器由铁芯和高、低压绕组构成，低压（初级）绕组在外，高压（次级）绕组在内。考虑均压作用，一般把次级绕组分成若干个绕组，分别通过若干个整流桥串联输出。高压绕组一般都有骨架，用环氧玻璃丝布等材料制成，整体性能好，耐冲击，易加工和维修。为提高线圈抗冲击能力，低压绕组外加设静电屏，增大绕组对地的电容，使冲击电流尽量从静电屏流走（不是击穿，而是以感应的形式流走）。也可以理解为由于大电容的存在，使绕组各点电位不能突变，电位梯度趋于平稳，对绕组起着良好的保护作用。但是静电屏必须接地良好，否则不但起不了保护作用，还会因悬浮电位的存在引起内部放电等问题。高压绕组除采取分绕组的形式外，有些厂家还采取设置加强包的方法来提高耐冲击能力，即对某些特定的绕组选取较粗的导线，减少绕组匝数；对应的整流桥堆也相应提高一个电压等级。

为降低硅整流变压器的温升，高、低绕组导线的电流密度都取得较低，铁芯的磁通密度也取得较低，部分高压绕组设置有油道。容量较大的硅整流变压器一般都配有散热片。

为电除尘设备提供可靠的高压直流电源，各生产厂家都按各自的特点、条件进行设计。下面是某厂的设计。

1）产品技术参数

① 一次输入为单相交流，$U_1=380V$、$f=50Hz$；

② 二次输出为直流高压，$U_2=60\sim80kV$，$I_2=0.1\sim2.0A$；

③ 整流回路为全波整流，桥串联。

2）产品使用条件

① 海拔高度不超过1000m，若超过1000m时，按GB/T 3859.1～3859.3做相应修正；

② 环境温度不高于40℃，不低于变压器油所规定的凝点温度；

③ 空气最大相对湿度为90%（在气温=20℃±5℃时）；

④ 无剧烈振动和冲击，垂直倾斜度不超过5%；

⑤ 运行地点无爆炸尘埃，没有腐蚀金属和破坏绝缘的气体或蒸气；

⑥ 交流正弦电压幅值的持续波动范围不超过交流正弦电压额定值的±10%；

⑦ 交流电压频率波动范围不超过±2%。

3）产品结构　GGAJO2系列高压硅整流变压器由升压变压器和整流器两大部分组成。高压绕组采用分组式结构，各自整流，直流串联输出，适用于较大容量的变压器。它按全绝缘的结构设计，散热条件好，运行可靠性高。该系列变压器根据阻抗值的大小，分为低阻抗变压器和高阻抗变压器两种。

（1）低阻抗变压器　低阻抗变压器外形见图13-141，工作原理见图13-142。

这种变压器的阻抗较小，必须配电保护器才能使用，电抗器上备有抽头，所以阻抗值调整方便。

① 名称

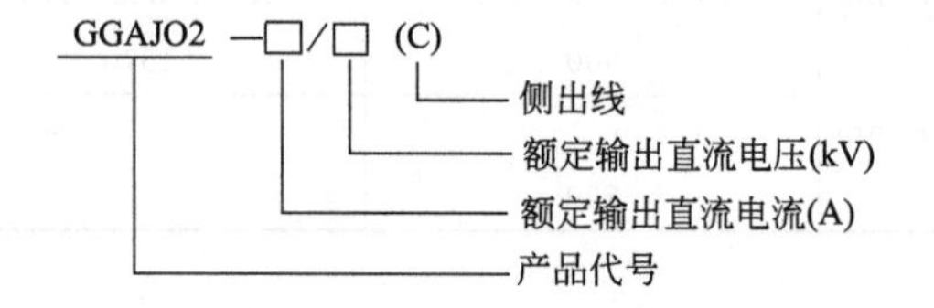

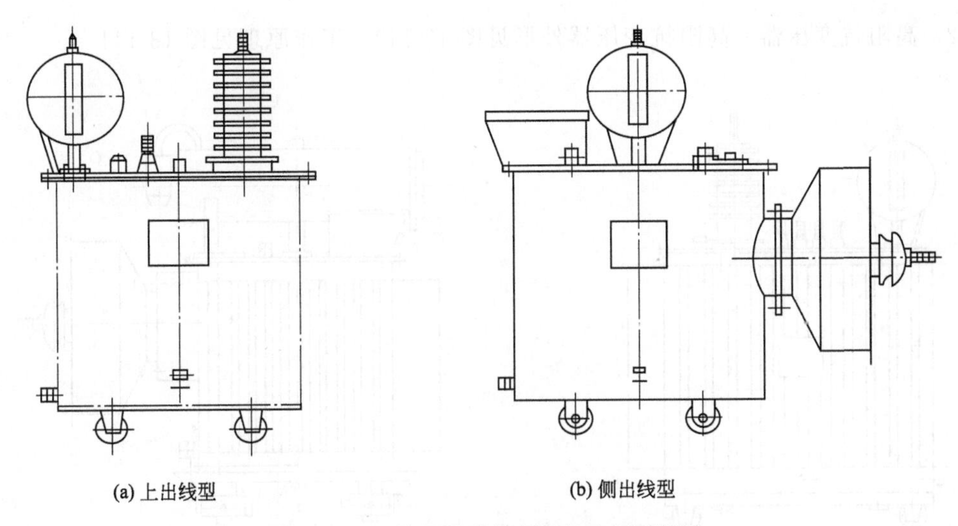

图 13-141 高压硅整流低阻抗变压器外形

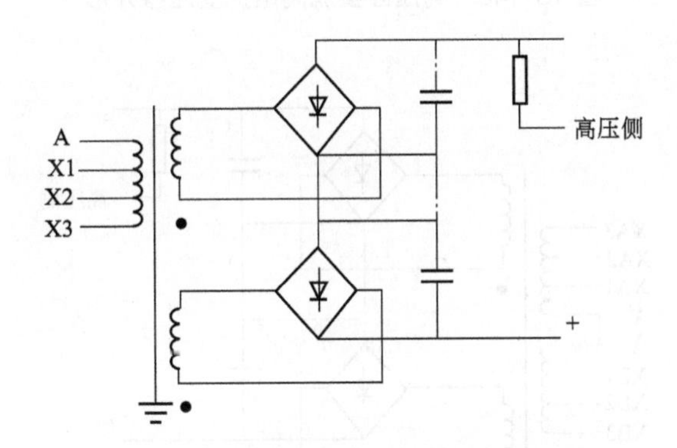

图 13-142 高压硅整流低阻抗变压器原理

② 结构

Ⅰ. 铁芯：该变压器的铁芯采用壳式结构，由高导磁材料的冷轧硅钢片（DQ151-35）组成，其截面采用多级圆柱形，只有一个芯柱。铁轭为矩形截面。

Ⅱ. 绕组：有一个低压绕组，低压绕组上共有 3 个抽头，其输出电压分别为额定电压的 100%、90%、80%。高压绕组的数量根据电压等级的不同分为 n 个，高压绕组分别与整流桥连接。

Ⅲ. 整流器：各整流桥为串联，其数量根据电压等级的不同而分为 n 个，变压器与整流器同于一个箱体内，每个整流桥都接有一个均压电容。

Ⅳ. 油箱：由于阻抗电压较小，变压器体积小、损耗小，所以它可利用平板油箱进行散热，不需加散热片。

③ 特性

Ⅰ. 调整方便：由于整个回路的电感量没有设计在变压器内部，对不同负载所需的电感量，由平波电抗器来调节。因此，适用于负载变化较大的场合。

Ⅱ. 效率高：采用壳式结构，铁多铜少，总损耗低，效率高。

Ⅲ. 变压器体积小，成本低，质量轻。

（2）高阻抗变压器　高阻抗变压器外形见图 13-143，工作原理见图 13-144。

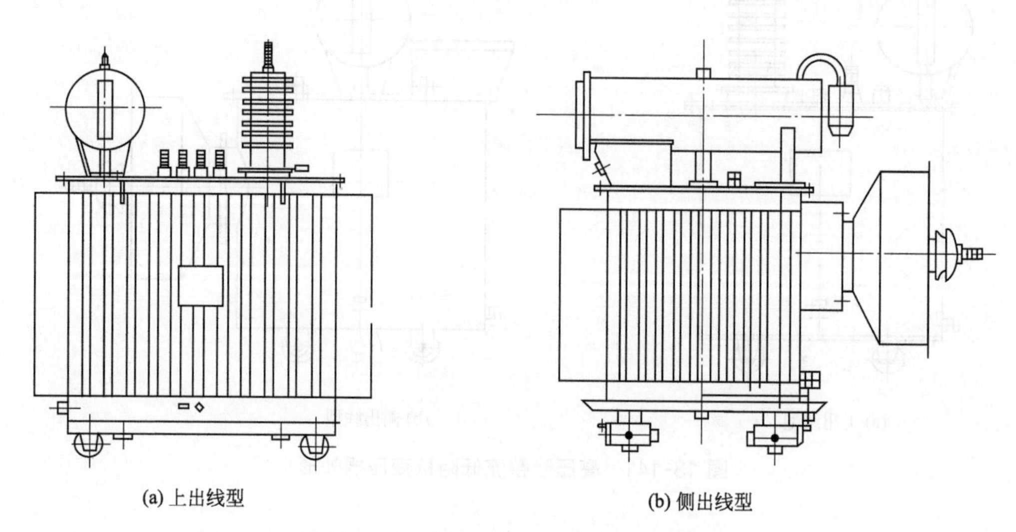

图 13-143　高压硅整流高阻抗变压器外形

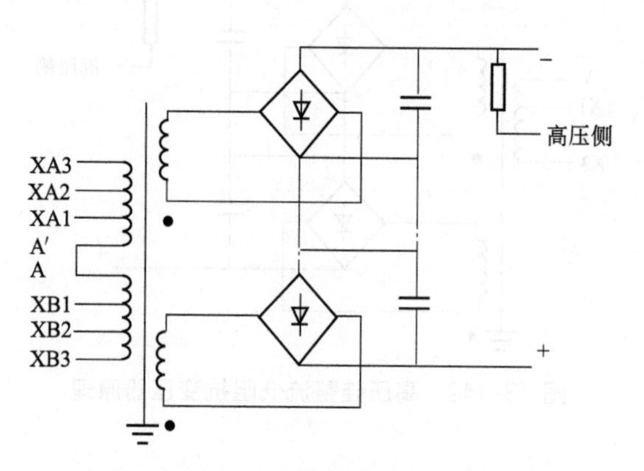

图 13-144　高压硅整流高阻抗变压器原理

① 名称

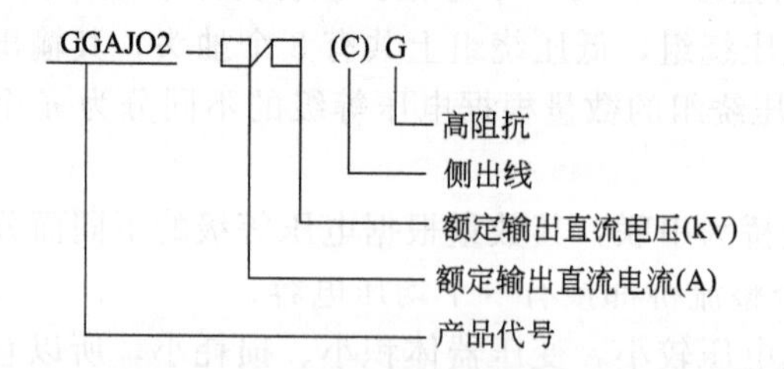

② 结构

Ⅰ. 铁芯：该变压器的铁芯采用芯式结构，由高导磁材料的冷轧硅钢片（DQ151-35）组成，其截面采用多级圆柱形，有两个铁芯柱。

Ⅱ. 绕组：有两个相互串联的低压绕组，每个低压绕组上有 3 个抽头，其输出电压分别为额定电压的 100%、90%、80%。有 n 个高压绕组。高压绕组分别与整流桥连接。

Ⅲ. 整流器：各整流桥为串联，有 n 个整流桥，变压器与整流器同装于一个箱体内，每个整流桥都接有一个均压电容。

Ⅳ. 油箱：由于阻抗电压较大，变压器体积大、损耗大，所以它必须通过波纹片进行散热。

③ 特性

Ⅰ. 由于整个回路的电感量设计在变压器内部，不需要平波电抗器，因此安装方便。

Ⅱ. 阻抗高，阻流能力强，抗冲击。

Ⅲ. 体积大，成本高，重量大。

4）电抗器　电抗器对于低阻抗的高压硅整流变压器是必不可少的，它分为干式和油浸式两种。其中电流在 0.1～0.4A 的为干式，其余为油浸式。每台电抗器备有 5 个抽头。电抗器的主要作用如下：

① 电抗器是电感元件，而电流在电感中不能突变，可以改善二次电流波形，使之平滑；

② 减少谐波分量，有利于电场获得较高的运行电流；

③ 限制电流上升率，对一两次瞬间电流变化起缓冲作用；

④ 抑制电网高效谐波，改善可控硅的工作条件。

闭合铁芯的磁导率随电流变化而做非线性变化，当电流超过一定值后，铁芯饱和，磁导率急剧下降，电感及电抗也急剧下降。增加气隙，铁芯不易饱和，使其工作在线性状态。

因电流大，当受到冲击电压时，它承受的电压较高。故工作时，因磁滞伸缩会有噪声是正常的，但若装配不紧，气隙或抽头选择不当也会增大噪声。

按火花放电频率调节电极电压的方式也有不足之处：系统是按给定火花放电的固定频率而工作的，而随着气流参数的改变，电极间击穿强度的改变，火花放电最佳频率也要发生变化，系统对这些却没有反应，若火花放电频率不高，而放电电流很大的话容易产生弧光放电，也就是说，这仍是“不稳定状态”。

随着变压器初级电压的上升，在电极上电压平均值先是呈线性关系上升，达到最大值之后开始下跌。原因是火花放电强度上涨。电极上最大平均电压相应于除尘器电极之间火花放电的最佳频率。所以，保持电极上平均电压最大水平就相应于将电除尘器的运行工况保持在火花放电最佳的频率之下。而最佳频率是随着气流参数在很宽限度内的变化而变化的，这就解决了单纯按火花电压给定次数进行调节的“不稳定状态”。在这种极值电压调节系统下，工作电压曲线距击穿电压曲线更接近。

总之，在任何情况下，工作电压与机组输出电流的调节都是通过控制信号对主体调节器（或称主体控制元件）的作用而实施的。而这主体调节器可能是自动变压器、感应调节器、磁性放大器等，现在最普遍的则是硅闸流管（可控硅管）。

（三）低压供电设备

低压供电设备包括高压供电设备以外的一切用电设施，低压自控装置是一种多功能自控系统，主要有程序控制、操作显示和低压配电三个部分。按其控制目标该装置有如下部分。

（1）电极振打控制　指控制同一电场的两种电极根据除尘情况进行振打，但不要同时进行，而应错开振打的持续时间，以免加剧二次扬尘、降低除尘效率。目前设计的振打参数：振打时间在 1～5min 内连续可调；停止时间 5～30min 内连续可调。

（2）卸灰、输灰控制　灰斗内所收粉尘达到一定程度（如到灰斗高度的 1/3）时，就要开动卸灰阀以及输灰机，进行输排灰。也有的不管灰斗内粉尘多少，卸灰阀定时卸灰或螺旋输送机、卸灰阀定时卸灰。

(3) 绝缘子室恒温控制　为了保证绝缘子室内对地绝缘的配管或瓷瓶的清洁干燥，以保持其良好的绝缘性能，通常采用加热保温措施，加热温度应较气体露点温度高 20～30℃。绝缘子室内要求实现恒温自动控制。在绝缘子室达不到设定温度前，高压直流电源不得投入运行。

(4) 安全连锁控制和其他自动控制　一台完全的低压自动控制装置还应包括高压安全接地开关的控制、高压整流室通风机的控制、高压运行与低压电源的连锁控制以及低压操作信号显示电源控制和电除尘器的运行与设备事故的无距离监视等。

七、管式电除尘装置设计

管式电除尘装置目前应用极为广泛。通常是在烟尘排放的管道或小直径的烟囱中设置一根或多根放电线，接通高压电源就形成了收尘电场。利用设备的余压或物料的热压，有的也由风机引风使含尘气体通过收尘电场，含尘烟气在向外排放的过程中被净化。

管式电除尘装置主要由放电极、筒体、振打器、气流分布装置、灰斗和风帽等部件组成（见图 13-145）。

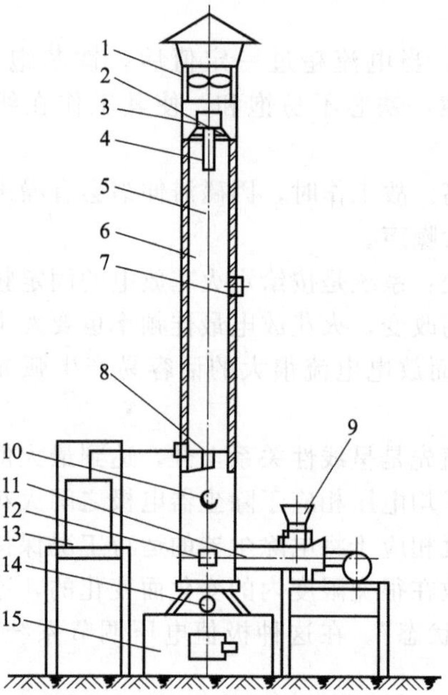

图 13-145　管式电除尘装置

1—风机；2,7,10—测定孔；3,12—检查门；4,8—绝缘子；5—放电线；6—风管；9—产尘设备；11—连接管；13—控制器；14—重锤；15—灰斗

1. 管式电除尘装置管径

管式电除尘装置的管径在 1m 以下，因为管径是根据高压供电装置的额定输出电压和按经验选取的电场强度来确定的，即

$$D=2V/E \tag{13-103}$$

式中，D 为管径，cm；V 为高压供电装置的额定输出电压，kV；E 为电场强度，kV/cm。

由式(13-103) 可看出，当高压供电装置的额定输出电压一定时，管径与电场强度成反比关系。目前与管式电除尘装置配套电源为 100～140kV，收尘管径一般在 800mm 以内。

2. 放电极

管式电除尘器每个筒体一般安装一根放电线。放电线的放电强度与线的截面积成反比，但实际应用中，线截面不宜过小，否则易被折断。放电线除了要求有较低的起晕电压和较大的电晕电流外，还要求有一定的机械强度和耐腐蚀能力。

放电线型式有星形线、圆形线、十字形芒刺线、组合式芒刺线，实际中多用十字形芒刺线或组合式芒刺线，主要根据粉尘浓度、性质而定。

放电线与筒体之间应用高压绝缘子可靠地绝缘。绝缘子可选用电瓷棒或聚四氟乙烯棒，长度应大于异极距。

3. 筒体设计

筒体既是含尘烟气的通道又是捕集粉尘的电极，一般用厚 3～6mm 的钢板卷制焊接而成。为了便于沉积粉脱落，焊接过程中的焊渣应彻底清除，保证筒体内壁平滑。同时也要严格控制筒体的加工精度，否则会因极间距的改变而降低除尘效率。

为了减少漏风，筒体之间的连接均应以焊接为主。采用法兰连接时，法兰与筒体的连接不允许用点焊或间隔焊，两法兰间应加垫片。对筒体上下端的检查门、高压进线以及放电极振打的所有开孔处均需采取相应的密封措施。

处理高温、高湿含尘烟气，应特别注意筒体外表面的保温，以增加筒体的热阻，减少散热损失，防止结露。

筒体内烟气流速与电场长度可参考表 13-38 确定，筒体高度则根据工艺及现场情况确定。

表 13-38 筒体高度与流速的关系

粉尘	初浓度/(mg/m^3)	管内风速/(m/s)	放电线长度/m
黏土	≤10000	≤3.0	≥5.0
水泥	≤10000	≤2.5	≥5.0
铁粉	≤10000	≤2.0	≥5.0
铁粉	≤15000	≤1.2	≥5.0
铁粉	≤1000	≤2.5	≥5.0

注：表中部分数据是现场应用实测值。在具体应用时应根据尘源点粉尘和烟气的性质来选取。

4. 振打器选用

放电极清灰方式有机械振打、电磁振打和人工振打等，目前常用的是电磁振打。电磁振打又可分为牵引电磁振打和电磁激振器振打。

牵引电磁振打一般是定时振打。实践证明，电磁铁的牵引力为 15～25kgf（1kgf＝9.8N），行程为 30～50mm 较为适宜。为了减少二次扬尘和保证电磁铁有足够的牵引力，最好每根放电线安装一副电磁铁，并使每根放电线的振打时间错开。

电磁激振器振打可以是定时的，也可以是连续的。激振频率一般为 3000 次/min，振打力根据实际情况确定。其结构形式见图 13-146。

对于比电阻在 $10^{10}\Omega\cdot cm$ 以下的粉尘，筒体可不设振打装置，但要避免筒体结露。

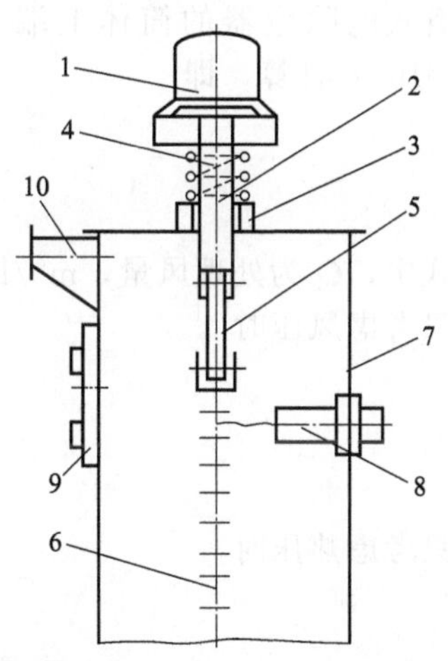

图 13-146 电磁激振器振打装置示意

1—电磁激振器；2—振打连杆；3—连杆定位套；4—压簧；5—高压绝缘子；6—放电极；7—筒体；8—穿壁绝缘子；9—检修门；10—出风口

5. 灰斗和进风口形式设计

根据粉尘性质和现场条件，灰斗和进风口有以下几种形式。

（1）利用重力沉降和电场力的灰斗　这种形式的主要特征是将放电线延伸到灰斗内，使灰斗也成为收尘极板。进风口处于放电极的下方，含尘气体进入灰斗后就开始荷电，由于灰斗截面大、风速低，并且电力线的方向正好和粉尘沉降的方向一致，电场力加速了粉尘的重力沉降，使大颗粒粉尘和气体分离。为使各通道电场的气流分布均匀，一般进风口采用长方形，参见图 13-147(a)。由于进风口处于灰斗底部，容易使从电场降下的粉尘再次扬起，所以进口风速不宜过高，选择 6～7m/s 为宜。

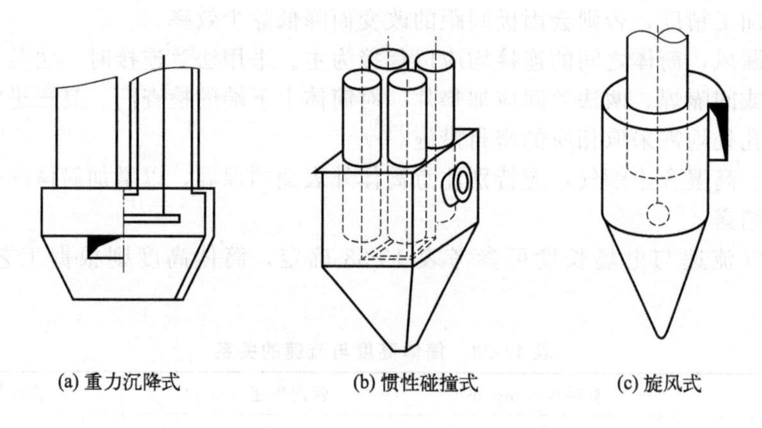

图 13-147　灰斗和进风口形式

(2) 利用惯性碰撞和电场力的灰斗　图 13-147(b) 也是将灰斗内设置放电线，形成电场，粉尘随高速气流进入灰斗后和电场壁碰撞，失去动能，靠重力脱落，而气流向四周扩散，速度减慢，较均匀地进入各个通道。这种形式布置放电极框架，还能抑制由电场脱落的粉尘的二次飞扬，但进风口阻力损失较大，主要应用于多通道的管式电除尘器。

(3) 旋风式进风口灰斗　图 13-147(c) 为含尘气流由灰斗的切线方向进入灰斗，离心力使大颗粒粉尘沿锥体沉降。得到初步净化的含尘气体再进入收尘电场净化。这种形式主要用于简单的单筒管式电除尘器，是一种旋风除尘器和电除尘器的结合。

6. 风帽设计计算

管式电除尘器的筒体上端一般要设置风帽，直径较小时也可不设。风帽直径可按式(13-104) 计算，即

$$D=0.0188\sqrt{\frac{Q}{v}} \tag{13-104}$$

式中，Q 为处理风量，m^3/h；v 为风管内风速，m/s。

只考虑风压时

$$v=\sqrt{\frac{0.4v_f^2}{1.2+\sum\xi+0.02L/D}} \tag{13-105}$$

只考虑热压时

$$v=\sqrt{\frac{16H}{\sum\xi+0.61+0.02L/D}} \tag{13-106}$$

同时考虑到风压和热压时

$$v=\sqrt{\frac{0.4v_f^2+16H}{1.2+\sum\xi+0.02L/D}} \tag{13-107}$$

式中，v_f 为外界风速，m/s；H 为热压，Pa；L 为风管长度，m；D 为风帽与风管连接处直径，m；$\sum\xi$ 为风帽前风管总局部阻力系数。

风帽形式可参考图 13-148。

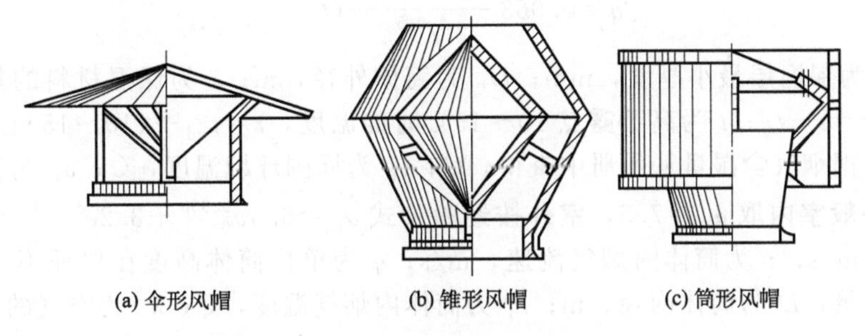

图 13-148 管式电除尘器各种风帽

7. 管式电除尘装置的设计计算

管式电除尘器的设计计算包括除尘装置本体的设计计算和供电装置的选型计算两部分。除尘器本体的设计是根据处理烟气量和粉尘浓度以及按经验或类比方法选取的电场风速及驱进速度等，确定出电场截面积和筒体高度，并根据结构及工艺要求，确定气流分布装置、振打装置以及排灰装置等。高压供电装置的选型计算则是根据放电线单位长度的电流值和放电线总长，计算出放电线的工作电流，然后进行设备选型。

下面通过实例来说明具体的设计步骤。

某水泥厂一台 ϕ2.4m×6m 的干法生料磨，废气量 Q=7200m^3/h，含尘浓度 C_1=60g/m^3，温度 t_1=70℃，含湿量 G_{sw}=86g/kg(干)，欲设计一台管式电除尘装置。

(1) 确定电场的截面积 由已知废气量 Q，取电场流速 1m/s，按下式求出电场截面积为：

$$F=\frac{Q}{3600V}=\frac{7200}{3600\times1}=2(\mathrm{m}^2)$$

(2) 计算筒体直径 取 GJX 系列高压供电装置的额定输出电压 U=100kV，取电场强度 E=2.5kV/cm，由下式求得筒体直径为：

$$D=\frac{2U}{E}=\frac{2\times100}{2.5}=80(\mathrm{cm})$$

(3) 确定筒体个数

$$N=\frac{F}{0.785D^2}=\frac{2}{0.785\times0.8^2}\approx4(个)$$

则实际电场风速为：

$$v_2=\frac{Q}{2826ND^2}=\frac{7200}{2826\times4\times0.8^2}=0.995(\mathrm{m/s})$$

(4) 计算筒体高度 根据废气的初始浓度 C_1 和实际电场风速 v_2 以及筒体直径 D，取粉尘驱进速度 W=15cm/s，由下式求得筒体的高度为：

$$h=\frac{Dv_2}{4W}\ln\frac{1}{1-\eta}=\frac{0.8\times0.995}{4\times0.15}\times\ln\frac{1}{0.15/60}\approx7.95(\mathrm{m})$$

(5) 确定保温层的最小厚度 由于废气含湿量大，为防止在筒体内结露，需对筒体进行保温。选用热导率较小的水泥膨胀珍珠岩制品作为保温材料。保温层的最小厚度计算按式

(13-108) 进行，即

$$\delta=12.3D_0\left(\frac{\lambda\Delta t}{q}\right)^{1.45}-\frac{\lambda}{\alpha_0} \tag{13-108}$$

$$q=0.063\frac{D^{0.8}v^{0.8}\lambda_\alpha}{\gamma^{0.8}}(t_1-t) \tag{13-109}$$

式中，δ 为保温层最小厚度，mm；D_0 为筒体外径，m；λ 为保温材料的热导率，从手册中查得；$\Delta t=t-t_0$；t 为高于露点 10～15℃时的温度，$t=t_{vd}+(10\sim15)$℃；t_{vd} 为烟气露点温度，根据烟气含湿量从手册中查得，℃；t_0 为周围环境温度，℃；α_0 为筒体外表面的放热系数，一般室内取 $\alpha_0=7.5$，室外按经验公式 $\alpha_0=6.3v_0^{0.656}+3.2e^{-1.9}$ 计算；v_0 为室外空气流速，m/s；v 为筒体内烟气流速，m/s；q 为单位筒体高度在保证不结露的情况下所允许的传热量；D 为筒体内径，m；t_1 为筒体内烟气温度，℃；λ_α 为空气的热导率；γ 为气体的运动黏度，m^2/s。

对有些含湿量大，但温度却不太高的烟气，有时仅靠单纯加保温层保温，还不足以保证筒体内不结露，因此还需采取一定的加热措施。

本例中根据废气的含湿量 G_{sw}、温度 t_1，分别从手册中查得废气的露点温度 $t_{rd}=50$℃；气体黏度 $\gamma=20.45\times10^{-6}m^2/s$；热导率 $\lambda_\alpha=0.024W/(m\cdot K)$ 并求得单位筒体高度允许散热量 $q=73W/(m\cdot K)$。

为使筒体有一定的耐腐蚀和抵抗受热变形的能力，采用 $\delta_0=6$mm 的钢板，则筒体外径 $D_0=812$mm。若除尘器安装在室内，取筒体外表面的放热系数 $\alpha_0=7.5$，周围环境温度 $t_0=20$℃，查得膨胀珍珠岩制品保温材料的平均热导率 $\lambda=0.061W/(m\cdot K)$。由公式求得最小保温层厚度 $\delta=64$mm。

(6) 计算放电极的工作电流　根据所确定的筒体数 N 和筒体高度 h，并取放电线单位长度的电流值 $i=0.3$mA/m (通常用芒刺线时为 0.25～0.35mA/m)，由下式求得放电线的工作电流为

$$I=Li=Nhi=4\times7.95\times0.3=9.54(\text{mA})$$

根据计算所得放电极所需的电流，选用高压供电装置为 GJX-10/100 型，其额定输出电压 $U\geqslant100$kV，额定输出电流 $I\geqslant10$mA。

八、燃煤锅炉电除尘器工艺设计实例

1. 设计依据

锅炉类型	煤粉锅炉
蒸发量	240t/h
锅炉数量	2 台
配置方式	一炉一机
烟气流量	$50\times10^4m^3/h$，最大不超过 $55\times10^4m^3/h$
入口烟气温度	135℃
入口烟尘质量浓度	$32g/m^3$
出口烟尘质量浓度	$100mg/m^3$
要求除尘效率	$\eta=\frac{32-0.1}{32}=0.997=99.7\%$

电场形式　　　　　　卧式 3 电场

供电机组、工控机、料位仪、输灰设施按要求配套。

2. 验收标准与规范

《通风与空调工程施工质量验收规范》（GB 50243）、《钢结构工程施工质量验收标准》（GB 50205）、《机械设备安装工程施工及验收通用规范》（GB 50231）、《电气装置安装工程 低压电器施工及验收规范》（GB 50254）、《火电厂大气污染物排放标准》（GB 13223）、《卧式电除尘器》（HCRJ 002）、《高压静电除尘用整流设备》（HCRJ 011）、《电除尘器低压控制电源》（HBC 35）。

3. 电场结构

① 电场数量：单室 3 电场。

② 沉淀极：C480。

③ 电晕极：1、2 电场，芒刺线；3 电场，星形线。

④ 同极间距：300mm、400mm、400mm。

⑤ 进出口设置气流分布板。

⑥ 灰斗内设置阻流板。

⑦ 灰斗内设置高、低位料位仪监控。

⑧ 除尘系统设置 PLC 监控运行。

⑨ 输灰系统按要求配套。

⑩ 硅整流机组分电场供电，自动跟踪、调节。

4. 技术计算

按煤粉锅炉烟气特性设计与安装卧式 3 电场电除尘器。

（1）烟气流量（取 $t=135℃$，$v_d=1.05\text{m/s}$）

$$V_t=V_0\frac{273+t}{273}$$

$$V_{135}=50\times10^4\text{m}^3/\text{h}=139\text{m}^3/\text{s}$$

$$V_{135}=55\times10^4\text{m}^3/\text{h}=153\text{m}^3/\text{s}$$

（2）电场断面积

$$S_F=\frac{V_{135}}{3600v_d}=\frac{50\times10^4}{3600\times1.05}=132\ (\text{m}^2)$$

S_F 取 140m^2，$v_d=0.992\text{m/s}$；$V_{max}=550000\text{m}^3/\text{h}$ 时，$v_d=1.091\text{m/s}$。

（3）计算集尘面积

$$S_A=\frac{V_{st}}{\omega}\ln\frac{1}{1-\eta}$$

取 $\omega=0.09\text{m/s}$；$\eta=99.70\%$，则：

$$S=-\ln(1-\eta)/\omega=-\ln(1-0.997)/0.09=64.56[\text{m}^2/(\text{m}^3/\text{s})]$$

$$S_A=V_{ts}S=(139\times64.56)\sim(153\times64.56)=8974\sim9878(\text{m}^2)$$

（4）沉淀极

形式　　　　C480

板间距　　　300mm；400mm；400mm

有效长度　　$(0.5\times8)\times3=12(\text{m})$

高度　　　　11.74m

通道数　　1电场，40个；2、3电场，30个

排数　　1电场，41个；2、3电场，31个

实际集尘面积

$$S_A=2\times5\times11.74\times(41-1)\times1+2\times5\times11.74\times(31-1)\times2=11740(m^2)$$

校核：

比集尘面积

$$S=\frac{11740}{139}=84.46\ [m^2/(m^3/s)]$$

驱进速度

$$\omega=-\ln\frac{1-0.997}{84.46}=0.069(m/s)$$

电场内停留时间

$$t=\frac{1}{v_d}=\frac{15}{1.091}=13.8(s)>10s$$

除尘效率

$500000m^3/h$时，$\eta=1-e^{11740/500000\times3600\times0.069}=99.71\%$

$550000m^3/h$时，$\eta=1-e^{11740/550000\times3600\times0.076}=99.70\%$

(5) 电晕极　1、2电场，芒刺线，140组；3电场，星形线，60组。

(6) 供电机组　按3电场分别供电，自动跟踪调节运行。

1电场：62kV，1.00A；

2电场：68kV，0.90A；

3电场：72kV，0.85A。

(7) 其他　按除尘工艺设计配套。

5. 技术经济指标

型号	TAWC140-1/3
形式	卧式单室3电场
电场有效断面积	$12\times11.74=140(m^2)$
电场风速	1.0～1.1m/s
电场风量	$(50\sim55)\times10^4m^3/h$
气体温度	≤200℃
允许工作压力	－3500Pa
入口烟尘质量浓度	$32g/m^3$
出口烟尘质量浓度	$\leqslant0.10g/m^3$
设计除尘效率	99.70％
电场阻力	＜300Pa
同极间距	300mm；400mm；400mm
电场通道数	40个；30个；30个
沉淀极形式	C480；C480；C480
电晕极形式	芒刺；芒刺；星形
电场有效总长度	$3\times4.0=12(m)$
沉淀极振打装置	双侧摇臂振打，XWED 1.1-63-1/1505，3台
电晕极振打装置	单侧双层摇臂振打，XWED 0.75-63-1/1225，6台

防爆要求　　　　防爆

保温箱加热器　　JGQ_2-220/2.0，8 组

供电机组形式　　GGAJO2 型，80kV/1.0A，3 台

设备外形尺寸　　20.0m×14.4m×22.16m

6. 主要工程量

分部工程量明细表见表 13-39。

表 13-39　分部工程量明细表

项目	型号	质量/t	数量
1. 电除尘器	TAWC140-1/3	588.32	1 台
(1)进风口		16.98	1 组
(2)进口气流分布装置		11.97	1 组
(3)电晕极装置	芒刺＋星形	100.98	3 组
(4)电晕极振打装置		8.00	6 组
(5)沉淀极装配	C480	142.82	3 组
(6)沉淀极振打装置		10.72	6 组
(7)电场挡风板		1.60	6 组
(8)灰斗挡风板		6.00	12 组
(9)出口槽形板		6.25	1 组
(10)人孔门(方形)		0.32	3 组
(11)人孔门(圆形)		0.20	8 组
(12)保温箱及馈电		6.00	8 组
(13)壳体		180.02	1 组
(14)电场内部走台		2.50	1 组
(15)出风口		15.78	1 组
(16)梯子平台		11.20	1 组
(17)支座装配		18.50	12 组
(18)保温		48.48	1 台
2. 供电装置			
(1)硅整流机组	GGA02-1.0/80		3 台
(2)高压隔离开关柜	GK		3 台
(3)低压程控控制柜	DDPLC-2		1 台
(4)安全连锁箱	XLS		1 台
(5)操作端子箱	XD		2 台
(6)检修箱	XJ		1 台
(7)其他			1 台
3. 其他		49.00	1 台
(1)输灰系统	18t/h	16.00	1 组
(2)料位控制仪		1.00	6 组
(3)PLC 控制系统		4.00	1 套
(4)除尘管道		28.00	1 套

7. 绘制方案图

见图 13-149。

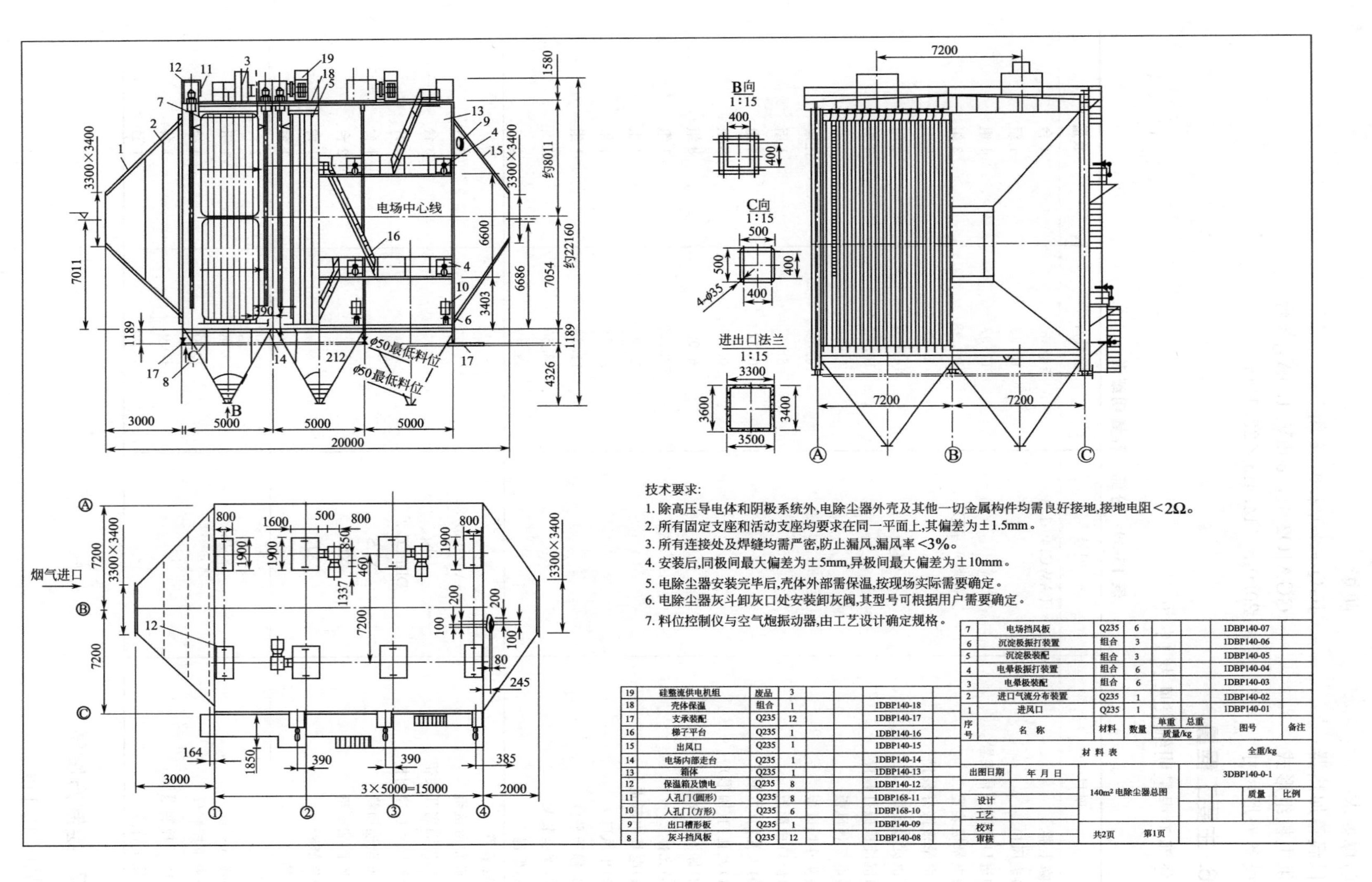

图 13-149 3DBP140-0-1 140m² 电除尘器总图

第五节　湿式除尘器设计

一、喷淋式除尘器设计

虽然空心喷淋除尘器比较古老，且有着设备体积大、效率不高，对灰尘捕集效率仅达60%等缺点，但是还有不少工厂仍沿用，这是因为空心喷淋除尘器结构简单、便于制作、便于采取防腐蚀措施、阻力较小、动力消耗较低、不易被灰尘堵塞等几个显著优点造成的。

1. 喷淋式除尘器的结构

图 13-150 所示为一种简单的代表性结构。塔体一般用钢板制成，也可以用钢筋混凝土制作。塔体底部有含尘气体进口、液体排出口和清扫孔。塔体中部有喷淋装置，由若干喷嘴组成，喷淋装置可以是一层或两层以上，视塔底高度而定。塔的上部为除雾装置，以脱去由含尘气体夹带的液滴。塔体上部为净化气体排出口，直接与烟筒连接或与排风机相接。

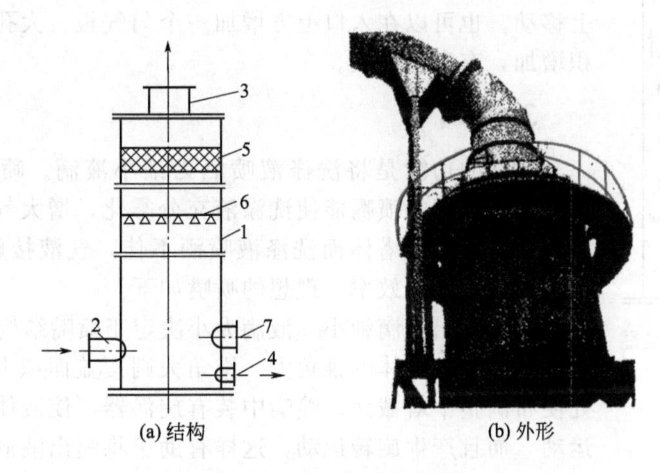

图 13-150　空心喷淋塔

1—塔体；2—进口；3—烟气排出口；4—液体排出口；5—除雾装置；6—喷淋装置；7—清扫孔

塔直径由每小时所需处理气量与气体在塔内通过速度决定。计算公式如下：

$$D=\sqrt{\frac{Q}{900\pi v}}=\frac{1}{30}\sqrt{\frac{Q}{\pi v}} \tag{13-110}$$

式中，D 为塔直径，m；Q 为每小时处理的气量，m^3；v 为烟气穿塔速度，m/s。

空心喷淋除尘器的气流速度越小对吸收效率越有利，一般为 1.0～1.5m/s。

除尘器本体是由以下 3 个部分组成的。

(1) 进气段　进气管以下至塔底的部分，使烟气在此间得以缓冲，均布于塔的整个截面。

(2) 喷淋段　自喷淋层（最上一层喷嘴）至进气管上口，气液在此段进行接触传质，是塔的主要区段。氟化氢为亲水性气体，传质在瞬间即能完成。但在实际操作中，由于喷淋液雾化状况、气体在本体截面分布情况等条件的影响，此段的长度仍是一个主要因素。因为在此段，塔的截面布满液滴，自由面大大缩小，从而气流实际速度增大很多倍，因此不能按空塔速度计算接触时间。

(3) 脱水段　喷嘴以上部分为脱水段，作用是使大液滴依靠自重降落，其中装有除雾器，以除掉小液滴，使气液较好地分离。塔的高度尚无统一的计算方法，一般参考直径选取，高与直径比（H/D）在4～7范围以内，而喷淋段占总高的1/2以上。

2. 匀气装置

库里柯夫等形容空心除尘器中的气体运动情况时指出：气体在本体内各处的运动速度和方向并不一致，如图13-151所示。

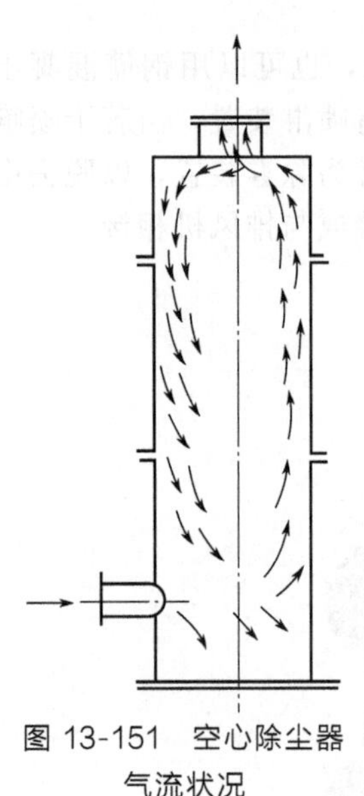

图13-151　空心除尘器气流状况

气流自较窄的进口进入较大的塔体后，气体喷流先沿塔底展开，然后沿进口对面的塔壁上升，至顶部沿着顶面前进，然后折而向下。这样，便沿塔壁发生环流，而在塔心产生空洞现象。于是，在塔的横断面上气体分布很不均匀，而且使得喷流气体在本体内的停留时间亦不相同，致使塔的容积不能充分利用。为了改进这一缺点，常将进气管伸到塔中心，向下弯，使气体向四方扩散，然后向上移动。也可以在入口上方增加一个匀气板、大孔径筛板使接触面积增加，有利于吸收。

3. 喷嘴

喷嘴的功能是将洗涤液喷洒为细小液滴。喷嘴的特性十分重要，构造合理的喷嘴能使洗涤液充分雾化，增大气液接触面积。反之，虽有庞大的塔体而洗涤液喷洒不佳，气液接触面积仍然很小，影响设备的净化效率。理想的喷嘴如下。

(1) 喷出液滴细小　液滴大小决定于喷嘴结构和洗涤液压力。

(2) 喷出液体的锥角大　锥角大则覆盖面积大，在出喷嘴不远处便布满整个塔截面。喷嘴中装有旋涡器，使液体不仅向前进方向运动，而且产生旋转运动，这样有助于将喷出液洒开，也有利于将喷出液分散为细雾。

(3) 所需的给液压力小　给液压力小，则动力消耗低。一般给液压力为2～3atm（1atm＝101325Pa）时，喷雾消耗能量为0.3～0.5kW·h/t液体。

(4) 喷洒能力大　喷雾喷洒能力理论计算公式为：

$$q=\mu F\sqrt{\frac{2gp}{\gamma_{液}}} \tag{13-111}$$

式中，q为喷嘴的喷洒能力，m^2/s；μ为流量系数，0.2～0.3；F为喷出口截面积，m^2；p为喷出口液体压力，Pa；$\gamma_{液}$为液体密度，kg/m^3；g为重力加速度，m/s^2。

在实际工程中，多采用经验公式，其形式如下：

$$q=kp^n \tag{13-112}$$

式中，k为与进出口直径有关的系数；n为压力系数，与进口压力有关，一般在0.4～0.5之间。

需用喷嘴的数量，根据单位时间内所需喷淋液量决定，计算公式如下：

$$n=\frac{G}{q\phi} \tag{13-113}$$

式中，n 为所需喷嘴个数；G 为所需喷淋液量，m^2/h；q 为单个喷嘴的喷淋能力，m^2/h；ϕ 为调整系数，根据喷嘴是否容易堵塞而定，可取 0.8～0.9。

喷嘴应在断面上均匀配置，以保证断面上各点的喷淋密度相同，而无空洞或疏密不均现象。

4. 除雾

在喷淋段气液接触后，气体的动能传给液滴一部分，致使一些细小液滴获得向上的速度而随气流飞出塔外。液滴在气相中按其尺寸大小分类为：直径在 100μm 以上的称为液滴，直径在 100～50μm 之间的称为雾滴，直径在 50～1μm 的称为雾沫状，而 1μm 以下的为雾气状。

如果除雾效果达不到要求，不仅损失洗涤液，增加水的消耗，而且还降低净化效率，飞溢出的液滴加重了厂房周围的污染程度，更重要的是损失掉已被吸收的成分。在回收冰晶石的操作中，对吸收液的最终深度都有一定要求，若低于此深度，则回收合成无法进行。当夹带损失很高时，由于不断地添加补充液，结果使吸收液浓度稀释，有可能始终达不到要求的浓度。因此，除雾措施是不可缺少的步骤。常用的除雾装置有以下几种。

(1) 填充层除雾器　在喷嘴至塔顶间增加一段较疏散填料层，如瓷环、木格、尼龙网等，借液滴的碰撞，使其失去动能而沿填料表面下落，也可以是一层无喷淋的湍球（详见后）。

(2) 降速除雾器　有的吸收器上部直径扩大，借助断面积增加而使气流速度降低，使液滴靠自重下降。降速段可以与除尘器一体，也可以另外配置。这是阻力最小的一种除雾器。

(3) 折板除雾器　使气流通过曲折板组成的曲折通路，其中液滴不断与折板碰撞，由于惯性力的作用，使液滴沿折板下落。折板除雾器一般采用 3～6 折，其阻力按下式计算：

$$H=\zeta\frac{v^2\rho}{20} \tag{13-114}$$

式中，ζ 为阻力系数，视折板角度、波折数和长度而异，图 13-152 列出几种折板形式，阻力系数见表 13-40；v 为穿过折板除雾器的烟气流速，m/s；ρ 为气体密度，kg/m^3。

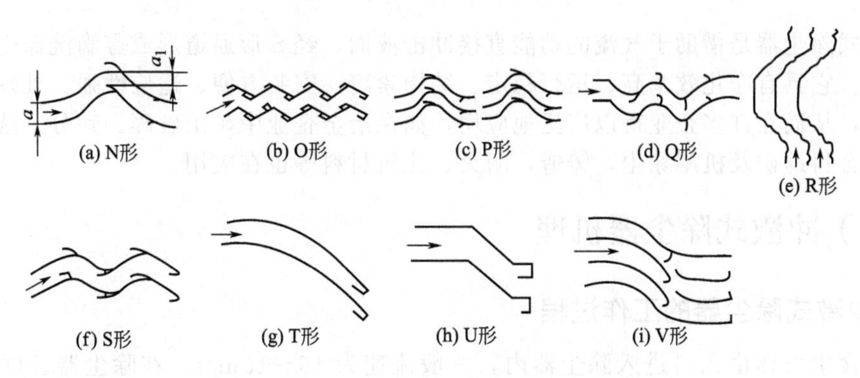

图 13-152　工业用各种形式折板式分离器

表 13-40 各种折板式分离器的参数

折板式分离器形式	宽度		长度 L /mm	角 α_1/(°)	ζ
	a/mm	a_1/mm			
N	20	6	150	2×45+1×90	4
O	20	10	250	1×45+7×60	17
P	20	10	2×150	4×45+2×90	9
Q	23	9	140	2×45+3×90	9
R	22	12	255	2×45+1×90	4.5
S	20	12	160	1×45+3×60	13
T	16	7	100	1×45	4
U	33	21	90	1×45	1.5
V	30	7	160	2×45	16

(4) 旋风除雾器 烟气经过喷淋段后，依切线方向进入旋风除雾器。其原理与旋风除尘器一样，借旋转而产生的离心力将液滴甩到器壁，而后沿壁下落。

(5) 旋流板除雾器 是一种喷淋除尘器常用的除雾装置。

5. 除尘器效率与操作条件的关系

水气比是与净化效率关系最密切的控制条件，其单位为 kg 液/m^3 烟气。在其他条件不变时，水气比越大，净化效率越高。特别是水气比在 0.5 以下时，净化效率随水气比提高而剧增，这是因为水量还不能满足吸收要求。但增大到一定程度之后，再增加喷淋量已无必要，反而会使气流夹带量增加。试验确定，空心塔的水气比以 0.7～0.9 为宜。当然这不是一个固定的数值，而与很多条件有关，若洗涤液雾化不好，即使水气比较大，传质效果仍然不好。图 13-153 为水气比与净化效率的关系曲线。

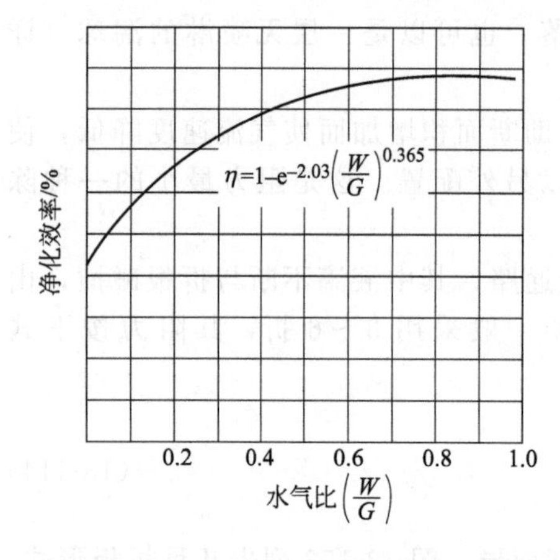

图 13-153 水气比与净化效率的关系

影响净化效率的另一个重要因素是含尘气体浓度，浓度稍有增加，效率明显下降。这是由于排气中夹带雾滴造成的。

二、冲激式除尘器设计

冲激式除尘器是借助于气流的动能直接冲击液面、经 S 形通道形成雾滴洗涤尘粒的湿式净化设备。它具有净化效率高、运行稳定、结构紧凑、安装方便、适应性强、处理风量弹性大的特点，从而在许多企业得以广泛地应用，如在冶金企业中矿山破碎、筛分、选矿烧结系统中的混合料返矿及机尾除尘，铸造，耐火、建筑材料等也在应用。

（一）冲激式除尘器机理

1. 冲激式除尘器的工作过程

(1) 含尘气体由入口进入除尘器内，一般流速为 15～18m/s，在除尘器长度方向较均匀地转弯向下冲击水面，使尘粒在惯性力的作用下而沉降于水中，由此含尘气体得到粗净化。

(2) 继而在风机的抽力作用下，使内腔（对S叶片来讲，气体的进入侧）水位下降，外腔水位相应的升高，气流冲击水面后，转弯进入上叶片和下叶片之间的S形弯曲净化室中，气流以18～30m/s速度通过净化室时，气流和水充分接触混合，并激起大量水花，使微细的灰尘也得以湿润并混入水中，使气体得到进一步净化。

(3) 净化的气体进入分雾室，速度突然降低，大部分水滴沉降下来，落入漏斗的水中，再经过挡水板进一步除掉雾滴，清洁的空气经集风室由出口排出，如图13-154所示。

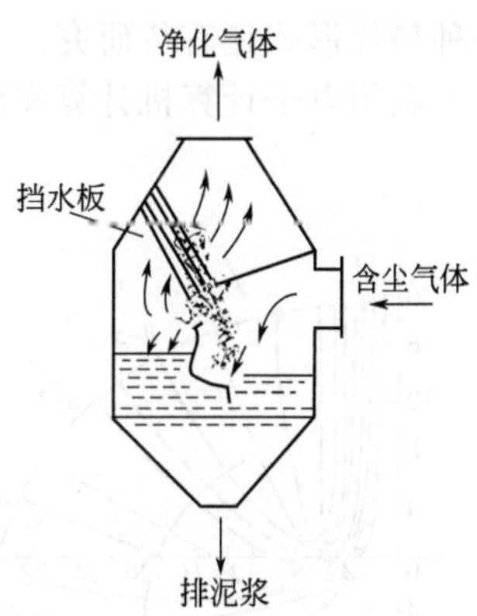

图13-154　除尘器工作原理

2. 除尘机理

上述过程中起主要作用的仍是S形净化室，这是与其他湿式净化设备不同的关键部件，对除尘效率及阻力均起主要作用。至于粗尘粒的初净化，对冲激式除尘器最终效率是不起什么作用的。因此，探索这种除尘机理，必须对S形净化室中水、气、尘三者的运动规律进行研究。

在风机未启动时，S形叶片两侧静水位是相同的，当风机启动后，在抽力下形成高低水位，一般控制S形上叶片下沿到水面50mm的距离。当含尘气流高速通过净化室时，由于动能的传递使水液溅起水花、雾滴，充塞于S形净化室，并流向S形叶片之外侧高水位，因此水花、雾滴是不断更新的。凡湿式除尘器其主要机理是尘粒与水滴的碰撞，被湿润或凝聚而捕集，因此含尘气流通过S形缝隙时显然会发生此种现象。然而可以想象，这种靠气流动能而形成的水雾，其液滴不会太细，数目也不会过多，和喷嘴喷成的雾滴不同而近于泡沫状。所以当含尘气流通过时，细微的尘粒被泡沫状的雾滴所包围而捕获。因此，除掉雾滴对净化效率的提高有着一定的作用。

据观察，S形断面上并不是被气流所充满的，而是有一层液体存在，如图13-155所示。其液层形成曲形水面，可称为使粉尘分离的表面。因为尘粒分离的关键场所在这个曲形的水面，当含尘气流通过曲面时，受到惯性的作用，气体分子的质量远远不及具有一定粒度的尘粒，因而尘粒所获得的惯性大得多，沿叶片的曲率造成离心力，从气流中分离出来。由图13-156可以清楚地看出尘粒被捕获的位置大都在S叶片入口处曲形液面处且在S叶片的入口侧。出口侧则是大量的含尘水滴降落在水中。

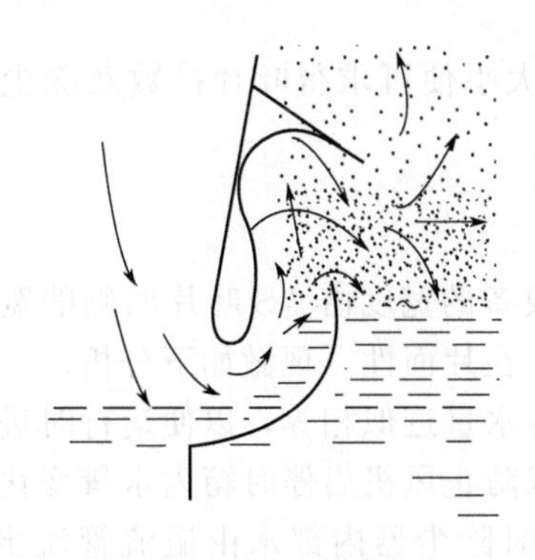
图13-155　S形净化室

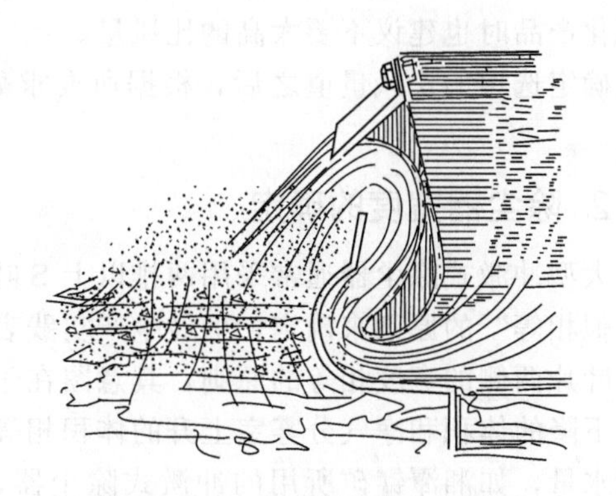
图13-156　S形净化室工作过程

简言之，这种冲激式除尘器的主要除尘机理是在上下S叶片间形成粉尘分离表面——曲形水面，为惯性分离建立了最佳条件，其入口侧的粗净化作用是从属的、附带的，而出口侧高效率地除掉含尘雾滴，有进一步提高除尘效率的作用。所以效率的提高关键在曲形水面，而水面曲率又与叶片形状有关。目前所采用的叶片形式是五种实验比较出来的，但它是否是一种最佳形式还有待研究。

利用电子计算机计算和研究了S形通道间尘粒运动与气流运动情况，如图13-157所示。取速度曲线的平断面坐标x为S叶片高度，y为宽度。

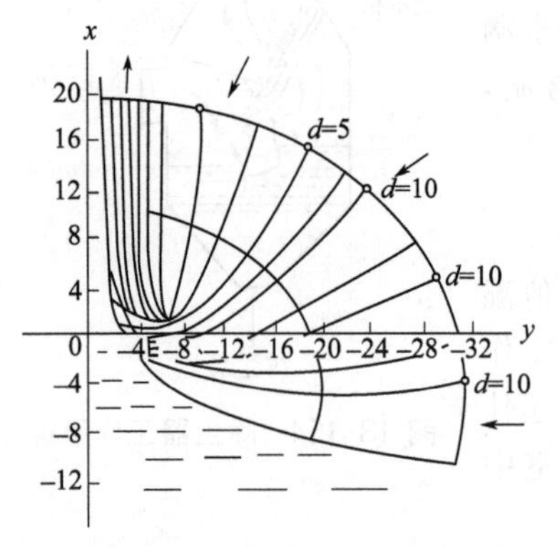

图 13-157 S形通道粉尘气流运动

图13-157表示了前述机理：5μm以上的尘粒均在曲形液面沉降；只有4μm以下的尘粒被水滴带到出口。

（二）冲激式除尘器总体设计

冲激式除尘器各部件结构尺寸设计对其效率及阻力损失有很大影响。参数选用不当、结构不够合理，就难以取得理想的效果，甚至造成难以克服的副作用。

1. 比风量的确定

所谓比风量即单位长度的S形叶片所处理的风量，目前所推荐的比风量各家不一，见表13-41。

表 13-41 比风量推荐值

比风量/[m³/(h·m)]	推荐来源	比风量/[m³/(h·m)]	推荐来源
4000～8400	冲激式除尘机组试制总结报告	5500～6000	国家标准图
5800	冶金工厂防尘	6000	综卫82
5000～7000	鞍钢二烧实验报告	6500	湘潭锰矿

比风量选取过低则除尘器设备庞大，造价增高，占地面积也大；比风量过高则带水严重影响运行，同时阻损也增加。例如，鞍钢一烧返矿系统，每台设计风量为80000m³/h，经实际测定运行风量为40000～50000m³/h，若提高风量运行则风机带水严重，振动也很厉害。因此，技术上、经济上两者均兼顾。鉴于目前所用脱水方式仍不够理想，根据近几年的运行实验证明，大型冲激式除尘器选用比风量为5000m³/(h·m)为宜。另外，设计中选用系列化产品时也建议不要太高的比风量。

确定选用的比风量值之后，根据所要求处理的风量大小便可求得叶片排数及除尘器的长度。

2. 除尘器宽度的确定

大型冲激式除尘器通常采用两排以上S叶片。以往设备的宽度由“S叶片两侧的宽度大小近似相等”的原则来确定，但经生产实践表明此原则存在片面性。现做如下分析。

叶片两侧的宽度相等的原则，其意图在于使两侧的容水量近似相等，以便运行时进气室水位下降的体积和净气分雾室上升的体积相等，这样可以防止风机启停时箱内水量变化，增大用水量，如湘潭锰矿所用的冲激式除尘器，每次停机时除尘器内部水由溢流管流出3～35t，再次启动充至原来水位费时较长。但应指出，此弊病的产生是由于控制箱内压力不等和手动控制水位所致，如采用自动控制并设置连气管使控制箱与除尘器内压力相同而不和大气相通，这个缺点就会消除。至于启动时多溢水，可调整启动水位来控制。正是由于这个“两侧宽度相等的原则”，致使带水问题一直没有得到合理的解决。

从除尘机理上不难得出：S形叶片两侧所要求的气流速度（或称断面风速）是不同的。进气室对气流速度并无严格要求。前述所谓进气室的粗净化作用，仅仅是理论上的探讨，由于气流速度由高变低，尘粒受惯性作用冲入水面，起到降尘效果。但无论从气速大小或除尘器长度上都表明这种粗净化作用是无足轻重。即便是有一定的除尘效果，也不影响最终的除尘效率，因为主要净化作用的关键还是S形净化室，进口的含尘浓度不影响出口含尘量，而关键在于尘粒的大小。所以提高进气室的断面速度，可使宽度减小，设备体积减小。而在分雾室中为使挟带的水雾滴分离，速度不宜过高，应小于2.5m/s，因此其宽度要大些。所以S形叶片的气体入口侧宽度应小于湿气体出口侧。这里，要选取合理的宽度比值，综合设计和生产实践，该比值在1.3～1.5之间为好。

3. 水位控制及其稳定性

这种除尘器的除尘效率和阻力与水位高低很有关系。通常水位为50mm（指溢流堰高出S形上叶片底部50mm）。对大型冲激式除尘器有两种方式控制水位，一种是人工手动如湘潭锰矿及鞍钢二烧所用，另一种是电极检测自动控制。大型的仍推荐用自动控制方式。

水位的稳定性也是极重要的一个环节，只有稳定的水面才能保证稳定的高效率，所以使用自动控制要保证水位波动不超过±5mm。目前系列化图纸中将给水管设在水面之上，这样在供水时造成水面的波动，带来不好的影响，因此给水管应埋设水面以下才能减少水面的波动。同时也可以看出，利用手动阀门控制水位，除尘器的工作是不易稳定的。例如，水位过高，叶片断面上充填有大量的水，被气流裹带的水层厚度大为增加，S形通道内被水堵塞徒增阻力，风机的运行按其特性曲线相应地增加压头，迫使阻塞之多余水量甩到S形下叶片之外，造成水面剧烈地搅动，这种工作状态除尘效率也就不会稳定。大型冲激式除尘器为了保持水位稳定，设计了水位稳定室，如图13-158所示。

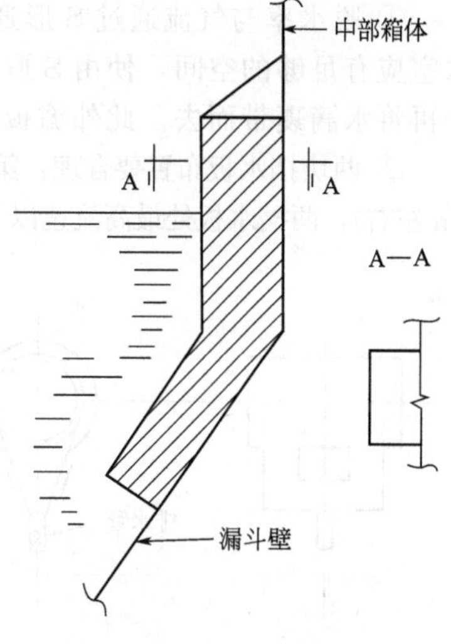

图13-158 水位稳定室

由图13-158可见：稳定室之上部两侧留有三角形小窗，能与除尘器中部箱体的工作气体相通，保持均压，而且有隔板，使水花不能溅入溢流水箱内。稳定室下部至漏斗深部，使不宜搅动而稳定的水层和溢流水箱相通。

4. 污水排出方式及处理

影响湿式除尘器使用的可靠性重要因素之一是污水的排出及处理。据目前大型冲激式除尘器使用实践有两种方式排出污水。

① 常流水，污水由除尘器下部漏斗排出至污水池内。

② 不排污水，用刮板机将尘泥（含水率不超过20%）耙出。

第一种耗水量太大，第二种使用有局限性且占地面积大，因此推荐用湿式排浆阀，既省水量也不易堵塞。

污水的处理有3种方式：a. 排至生产工艺的水处理系统；b. 设置斜板浓缩池；c. 自设污水池，用埋刮板耙出，返回工艺的返矿皮带，回收资源，综合利用。

（三）冲激式除尘器细部设计

1. 防止带水设计

湿式除尘器的通病是产生带水现象。对于湿式除尘器的总除尘效率既取决于洗涤过程的程度，也取决于含尘液滴的分离程度。气水分离率低，带来了一系列恶果，如风管堵塞、风机结壳等影响正常运转，更甚者只好降低负荷使用，致使系统的抽风点风量不足，达不到控制尘源的目的。所以要充分利用冲激式除尘器的运行效果，使其具有较高的经济合理性。

液滴分离是依洗涤除尘的方式而异。对于冲激式除尘器因使用于烧结矿粉尘，由于存在造成阻塞和硬化结壳的危险，在应用高效脱水器如过滤式丝网除雾器就受到限制。因此大都采用转向式脱水器。实践使用表明，用折叠式挡板能获得较高的脱水效率，但极易堵塞（如湘潭锰矿烧结厂等）。其次，用箱形挡水板，更换方便，但每月约维修两次。经生产实践表明，对于大型冲激式除尘器仍用檐板式挡水板为宜，因其结构简单，不易粘泥堵塞，维护方便。其结构为将多块类似房檐的挡板，装在脱水段内，使挟水气流在脱水段内先后与下部和上部的檐式挡水板相撞、遮挡而被迫拐弯，利用惯性力使气水分离。然而设计中应注意以下2点。

① 脱水率与气流通过S形通道的速度很有关系，速度过高，挟带水滴量大，因此，脱水室应有足够的空间，使由S形通道出来的高速度气流有回旋的余地，而减缓其动能，不至于再将水滴裹带而去。此外檐板的端头呈弧状弯钩式，对水滴有所钩附。

② 两块挡水板布置要合理：第一块板离S形叶片应有一定的高度（对大型冲激式除尘器应为1m左右），两挡水板处最高流速以不超过3m/s为宜。脱水室最狭窄处速度不大于2.2～2.5m/s。

使用脱水器其效率总是有限度的，而且生产使用中难免遇到操作不慎等原因造成除尘器出口带水。为防止这种现象发生时把水带入风机，建议在除尘器后的水平管道上设置泄水管以保护风机，如图13-159所示。

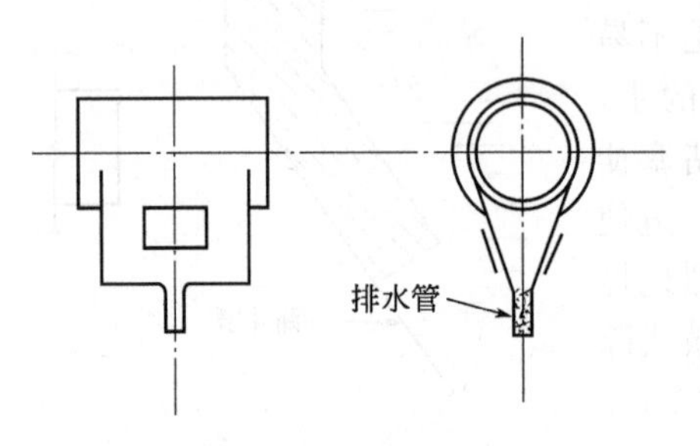

图13-159　排水管

2. 除尘器内部结垢设计

经过现场多次检查，除尘器是有结垢现象的，主要部位在下部漏斗，S形净化室（材质为钢材时），水位线60mm上下一段内壁上，以及叶片支承和叶片接头处。

结垢原因：烧结矿粉尘中有近7%的CaO和6%MgO遇水产生黏性，水硬性。

化学反应：　$CaO+H_2O \longrightarrow Ca(OH)_2+热\uparrow$

同样　$MgO+H_2O \longrightarrow Mg(OH)_2+热\uparrow$

而：　$Ca(OH)_2+CO_2 \xrightarrow{H_2O} CaCO_3\downarrow+H_2O$

同样：　$Mg(OH)_2+CO_2 \xrightarrow{H_2O} MgCO_3\downarrow+H_2O$

因为含尘气体中CO和CO_2都是少量的，水的温度也不太高（一般不超过40℃）。所以上面的反应进行得缓慢，但是由于粉尘有黏性，特别是CaO和金属表面容易亲和，这就使得在金属表面处上述的反应有了充分时间，结果生成坚硬的$CaCO_3$和$MgCO_3$。这就是在金属表面粉尘附着沉积、产生结垢和堵塞的原因及过程。

根据实际运行的经验来看，钢材是很容易结垢的，而不锈钢较好，既能避免腐蚀又改善了积灰和结垢情况，从而延长了使用寿命。当处理高温的含 SO_2 较高的含灰尘气体时，除采用不锈钢S形叶片外，最好在外壳内侧加橡胶衬，因为橡胶既耐酸又不易结垢。或者做耐酸混凝土外壳，效果也很好。

3. 防止堵塞设计

防止除尘器内部局部堵塞是保证运行稳定的重要环节，根据生产实践所发现的堵塞情况，设计措施归纳如下。

(1) 挡水板堵塞　不宜采用空调的折板式，应用檐板式挡水板。

(2) 叶片积灰　叶片材质改用不锈钢后，实践表明对防止叶片积垢起到良好的作用。

(3) 溢流水箱积灰　水箱中间隔板常积泥而堵，不能保证溢流水箱正常工作，也使得低水位的电极失灵，而不能自动控制。今改为倾斜式隔板，倾角最好不小于50°，以便使淤泥流入漏斗。

(4) 水连通管堵塞　水连通管系插入设备下部漏斗里，把溢流水箱与除尘器本体的水连通起来，通过溢流水箱反映出除尘器的水面高度，并使水面稳定。由于此管内的水并不流动，加之烧结矿粉尘在水中的沉降速度约70%达1.4～2.5mm/s，沉降快从而淤积于管内，无法清除，今改为下部储水漏斗与溢流水箱直接开孔连通，孔为200mm×100mm左右，如此既简便又防堵，提高了水位自动控制的可靠性。

(5) 连气管堵塞　连气管沟通除尘器本体上部与溢流水箱，使二者保持均压，使溢流箱精确地示出液面高度。

由于除尘系统运行的间歇性，时而通过湿气体，时而通过未净化的含尘气体，造成粘灰堵塞，在与除尘器相接处尤甚。解决办法与水连通管相同，不再赘述。

图13-160为(3)、(4)、(5)三点之综合改进图。

(6) 排污漏斗堵塞　除漏斗侧壁积灰之外，排污口有时也堵塞，因此设计中要保证漏斗的角度不小于50°。以往用大水量冲刷，既费水又增加污水处理量。现根据现场排污的经验，设计了杠杆式排污阀，见图13-161。

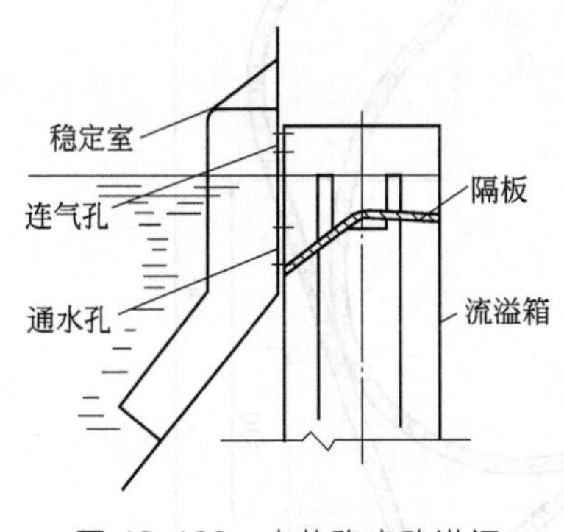

图13-160　水位稳定改进阀

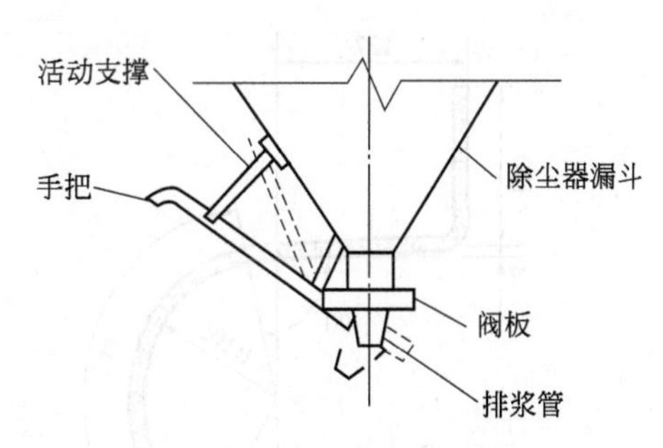

图13-161　杠杆式排污阀

4. 防震设计

冲激式除尘机组系列化在60000m³/h以下，风机及电动机皆置于箱体顶部，使两者整机化。生产实践表明，箱体刚度不够，产生剧烈的震动，不能安全运行。如某厂 3# 烧结机的成品筛分室除尘系统中采用 CCJ/A-40，由于震动很厉害，对顶部风机基础进行了加固也不行，最后只好移下来，放在平台上。又一烧结机采用一台 CCJ/A-30，为了减轻震动，降低了电机转数，致使除尘系统风量不足，尘源灰尘无法控制。看来，规模在 30000m^3/h 以上的除尘器均不宜整体化。

大型冲激式除尘器，风机与电动机并不因基础刚度不够或不牢固而产生震动，因其往往置于地面或平台上，但是也存在防震问题，原因之一是含水汽的废气中由于脱水效率不高，使得叶轮积垢、挂泥，从而破坏了叶轮的静平衡，造成风机震动，为此应采取以下防震措施。

① 为使脱水或气水分离率提高，合理地选择除雾方式。

② 选用低转速的风机。为了保证风机叶轮的正常运转，对叶轮残余不平衡允许的偏心距见表 13-42。

表 13-42　叶轮允许的偏心距

叶轮转数/(r/min)	≤375	500	600	750	1000	1450	3000	>3000
允许偏心距/μm	18	16	14	12	10	8	6	4

可见，在同样叶轮不平衡的条件下，转速高的更容易发生振动，故力求选用低速运转的风机。

③ 选择合理的风机叶型。为减少积灰和振动，选择双凸弧面型，较其他机翼风机为好。

④ 定期用水冲洗叶轮，消除积灰。

⑤ 防止风机进气管道的安装不良而产生共振。

⑥ 加防震橡胶隔垫。

（四）冲激式除尘器叶片设计与制作

设计的关键是叶片形状与尺寸。经多次实验反复比较，从效率及阻力上取最佳值，如图 13-162 所示，叶片组合如图 13-163 所示。

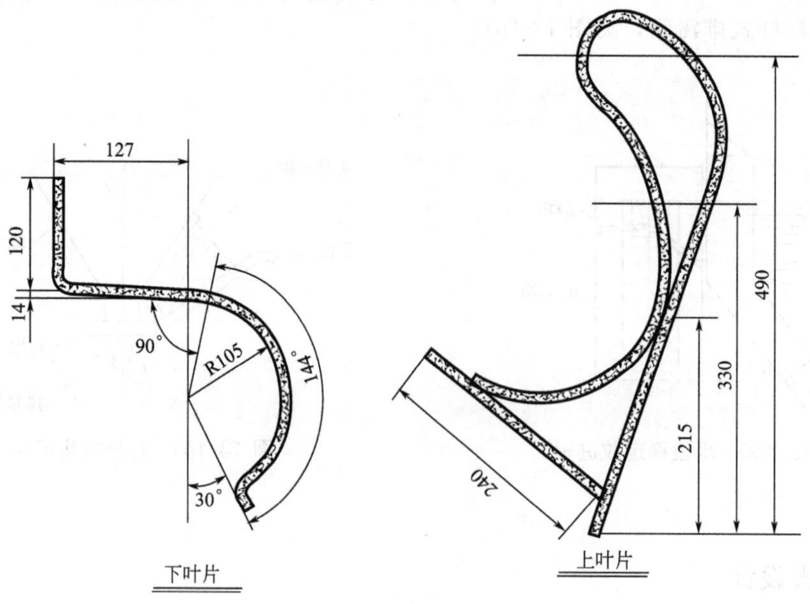

图 13-162　叶片形状和尺寸

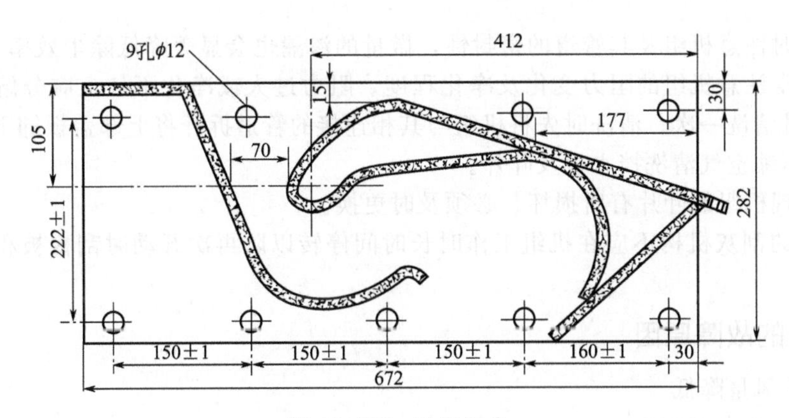

图 13-163　叶片组合

1. 自行制作叶片的要求

① 为使进入除尘器内的气体均匀分布于整个叶片上，进气口应高出叶片 0.5m。进气速度不宜过大，一般不超过 18m/s。

② 为使气流均匀，防止带水和便于控制水位，叶片两侧的大小以近似相等为宜，断面宽度一般不宜小于 0.5m。

③ 分雾室应有足够的空间，防止水滴带入挡水板内，气流上升速度一般不应大于 2.7m/s。

④ 扒灰机构的高低要满足除尘器的水封要求。排灰口距水面越高排除灰尘含水越少。

⑤ 水箱与除尘器的连通管应插入除尘器中心，保证水面平稳。水封的溢流管高度应低于操作水面，其值不小于除尘器内负压值（mmH_2O 表示，$1mmH_2O=9.80665Pa$）加 50mm。

⑥ 叶片端部应设有玻璃窗，以便随时观察运行情况。

⑦ 当受安装地点的限制，可将机组的风机电动机取下，由除尘器的汇风出口或另设天圆地方，引出管道与通风机相接。

⑧ 除尘器的关键部件是叶片，在制作时一定要符合设计要求并且叶片安装必须水平，否则将直接影响除尘器的效率。

2. 叶片安装

① 安装前应检查机组的完好性，是否有运输中被破损的现象，然后重新把紧各连接螺栓。

② 安装位置应注意检查门开启方便。

③ CCJ 型机组应注意排灰运泥便利留有足够的运灰面积。

④ 供水管路安装完后，将水压调整在 $1\sim2kgf/cm^2$（$1kgf/cm^2=98.0665kPa$）间检查管路的密封性。

⑤ 机组的安装一定要达到水平。

⑥ 机组的入口及排出管一定要支在楼板墙或屋顶上，而不能支在除尘器或排风机上。

⑦ 排水管不应直接连在下水管上，应接到水沟或漏斗中，以随时观察除尘器工作情况。

（五）使用维护

1. 使用维护

① 系统工作时应保持机组的进气速度为 12～18m/s。

② 使用时注意机组及其管道的密封性，微量的渗漏也会显著降低除尘效率。

③ 应经常注意机组的阻力变化及净化程度。阻力过大或净化不佳，应分解清洗。一般不超过一个月清洗一次。清洗时先将机组与其相连接的管道拆开将上部盖板卸下，打开检查门用清水或压缩空气清洗挡水板及叶片。

④ 如发现机组的叶片有所损坏，必须及时更换。

⑤ 机组的刮灰机构不应在机组工作时长时间停转以防再次开动时刮板被积尘压住而损坏机构。

2. 机组的故障原因

（1）系统风量降低

① 风机传动皮带松动。

② 管道大量积灰。

③ 机组中水位过高，多因为水位控制箱的排水管或漏斗排水阀堵塞，检查孔关不严或水向排水管倒灌而水封遭到破坏使控制箱漏气，由于电磁阀被粘住或漏水而过量的水流入机组，挡水板被堵塞或叶片上大量积灰等。

（2）机组的效率降低

① 叶片被腐蚀或磨损。

② 机组中水位降低。有下列几种原因：a. 给水管堵塞或机组内水迅速蒸发；b. 电磁阀在关闭状态下被粘住；c. 排气量过多使通过叶片的水流量下降；d. 通过机组不严密处漏风。

（3）机组漏斗上积尘　给水量不足；机组停运后过早关闭排水阀。

（4）排风机带水

① 在安装时或停运时排风机内灌入雨水或雪。

② 挡水板堵塞或位置安装不当。

③ 风量过多地流过机组。

三、文氏管除尘器设计

文氏管除尘器的设计包括确定净化气体量和文氏管的主要尺寸两项内容。

（一）净化气体量确定

净化气体量可根据生产工艺物料平衡和燃烧装置的燃烧计算求得。也可以采用直接测量的烟气量数据。对于烟气量的设计计算均以文氏管前的烟气性质和状态参数为准。一般不考虑其漏风、烟气温度的降低及其中水蒸气对烟气体积的影响。

（二）文氏管尺寸确定

文氏管几何尺寸确定主要有收缩管、喉管和扩张管的截面积，圆形管的直径或矩形管的高度和宽度以及收缩管和扩张管的张开角等，见图13-164。

1. 收缩管朝气端截面积

一般按与之相连的进气管道形状计算。计算式为：

$$A_1=\frac{Q_{t_1}}{3600v_1} \tag{13-115}$$

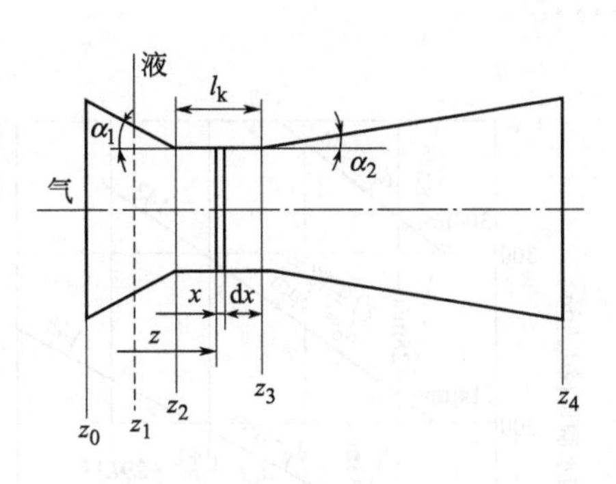

图 13-164　文氏管示意

式中，A_1 为收缩管进气端的截面积，m^2；Q_{t_1} 为温度为 t_1 时进气流量，m^3/h；v_1 为收缩管进气端气体的速度，m/s，此速度与进气管内的气流速度相同，一般取 15～22m/s。

收缩管内任意断面处的气体流速为：

$$v_g=\frac{v_a}{1+\frac{z_2-z}{r_a}\tan\alpha} \tag{13-116}$$

圆形收缩管进气端的管径可用下式计算：

$$d_1=1.128\sqrt{A_1} \tag{13-117}$$

对矩形截面收缩管进气端的高度和宽度可用下式求得：

$$a_1=\sqrt{(1.5\sim2.0)A_1}=(0.0204\sim0.0235)\sqrt{\frac{Q_{t_1}}{v_1}} \tag{13-118}$$

$$b_1=\sqrt{\frac{A_1}{1.5\sim2.0}}=(0.0136\sim0.0118)\sqrt{\frac{Q_{t_1}}{v_1}} \tag{13-119}$$

式中，1.5～2.0 是高宽比经验数值。

2. 扩张管出气端的截面积计算式

$$A_2=\frac{Q_2}{3600v_2}$$

式中，A_2 为扩张管出气端的截面积，m^2；v_2 为扩张管出气端的气体流速，m/s，通常可取 18～22m/s。

圆形扩张管出气端的管径计算：

$$d_2=1.128\sqrt{A_2} \tag{13-120}$$

矩形截面扩张管出口端高度与宽度的比值常取 $\frac{a_2}{b_2}=1.5\sim2.0$，所以 a_2、b_2 的计算可用：

$$a_2=\sqrt{(1.5\sim2.0)A_2}=(0.0204\sim0.0235)\sqrt{\frac{Q_2}{v_2}} \tag{13-121}$$

$$b_2=\sqrt{\frac{A_2}{1.5\sim2.0}}=(0.0136\sim0.0118)\sqrt{\frac{Q_2}{v_2}} \tag{13-122}$$

3. 喉管的截面积计算

$$A_0=\frac{Q_1}{3600v_0} \tag{13-123}$$

式中，A_0 为喉管的截面积，m^2；v_0 为通过喉管的气流速度，m/s，气流速度按表 13-43 条件选取。

表 13-43　各种操作条件下的喉管烟气速度

工艺操作条件	喉管烟气速度/(m/s)
捕集粒径<1μm 的尘粒或液滴	90～120
捕集粒径为 3～5μm 的尘粒或液滴	70～90
气体的冷却或吸收	40～70

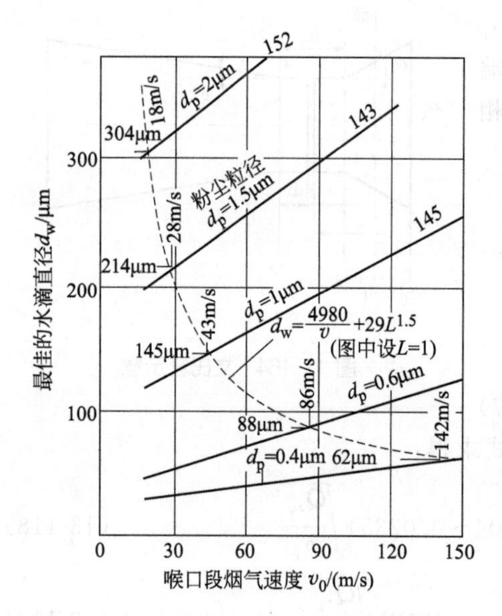

图 13-165 粒径 d_p 粉尘的最佳水滴直径 d_w 和烟气速度 v_0 的关系

不同粒径粉尘最佳水滴直径和气体速度的关系见图 13-165。

圆形喉管直径的计算方法同前。对小型矩形文氏管除尘器的喉管高宽比仍可取$a_0/b_0=1.2\sim2.0$，但对于卧式通过大气量的喉管宽度 b_0 不应大于 600mm，而喉管的高度 a_0 不受限制。

4. 收缩角和扩张角的确定

收缩管的收缩角 α_1 越小，文氏管除尘器的气流阻力越小，通常 α_1 取用 23°～30°。文氏管除尘器用于气体降温时，α_1 取 23°～25°；而用于除尘器时，α_1 取 25°～28°，最大可达 30°。

扩张管扩张角 α_2 的取值通常与 v_2 有关，v_2 越大，α_2 越小，否则不仅增大阻力且捕尘效率也将降低，一般 α_2 取 6°～7°。α_1 和 α_2 取定后即可算出收缩管和扩张管的长度。

5. 收缩管和扩张管长度的计算

圆形收缩管和扩张管的长度分别按下式计算：

$$L_1=\frac{d_1-d_0}{2}\cot\frac{\alpha_1}{2} \tag{13-124}$$

$$L_2=\frac{d_2-d_0}{2}\cot\frac{\alpha_2}{2} \tag{13-125}$$

矩形文氏管的收缩长度 L_1 可按下式计算（取最大值作为收缩管的长度）：

$$L_{1a}=\frac{a_1-a_0}{2}\cot\frac{\alpha_1}{2} \tag{13-126}$$

$$L_{1b}=\frac{b_1-b_0}{2}\cot\frac{\alpha_2}{2} \tag{13-127}$$

式中，L_{1a} 为用收缩管进气端高度 a_1 和喉管高度 a_0 计算的长度，m；L_{1b} 为用收缩管进气端宽度 b_1 和喉管宽度 b_0 计算的长度，m。

在一般情况下，喉管长度取 $L_0=0.15\sim0.30d_0$，d_0 为喉管的当量直径，喉管截面为圆形时，d_0 即喉管的直径；管截面为矩形时，喉管的当量直径按下式计算：

$$d_0=\frac{4A_0}{q} \tag{13-128}$$

式中，A_0 为喉管的截面积，m^2；q 为喉管的周边，m。

一般喉管的长度为 200～350mm，最大不超过 500mm。

确定文氏管几何尺寸的基本原则是保证净化效率和减小流体阻力。如不做以上计算，简化确定其尺寸时，文氏管进口管径 D_1，一般按与之相联的管道直径确定，流速一般取 15～

22m/s。文氏管出口管径 D_2，一般按其后连接的脱水器要求的气速确定，一般选 18～22m/s。由于扩散管后面的直管道还具有凝聚和压力恢复作用，故最好设 1～2m 的直管段，再接脱水器。喉管直径 D 按喉管内气流速度 v_0 确定，其截面积与进口管截面积之比的典型值为 1∶4。v_0 的选择要考虑粉尘、气体和液体（水）的物理化学性质，对除尘效率和阻力的要求等因素。在除尘中，一般取 v_0=40～120m/s；净化亚微米级的尘粒可取 90～120m/s，甚至 150m/s；净化较粗尘粒时可取 60～90m/s，有些情况取 35m/s 也能满足。在气体吸收时，喉管内气速 v_0 一般取 20～30m/s。喉管长 L 一般采用 $L/D=0.8\sim1.5$，或取 $L=200\sim300$mm。收缩管的收缩角 α_1 越小，阻力越小，一般采用 23°～25°。扩散管的扩散角 α_2 一般取 6°～8°。当直径 D_1、D_2 和 D 及角度 α_1 和 α_2 确定之后，便可算出收缩管和扩散管的长度。

（三）文氏管除尘器性能计算

1. 压力损失

估算文氏管的压力损失是一个比较复杂的问题，有很多经验公式，下面介绍目前应用较多的计算公式。

$$\Delta p=\frac{v_t^2\rho_t S_t^{0.133}L_g^{0.78}}{1.16} \tag{13-129}$$

式中，Δp 为文氏管的压力损失，Pa；v_t 为喉管处的气体流速，m/s；S_t 为喉管的截面积，m^2；ρ_t 为气体的密度，kg/m^3；L_g 为水气比，L/m^3。

2. 除尘效率

对 5μm 以下的粒尘，其除尘效率可按下列经验公式估算：

$$\eta=(1-9266\Delta p^{-1.43})\times100\% \tag{13-130}$$

式中，η 为除尘效率；Δp 为文氏管压力损失，Pa。

文氏管的除尘效率也可按下列步骤确定。

① 据文氏管的压力损失 Δp 由图 13-166 求得其相应的分割粒径（即除尘效率为 50%的粒径）d_{c50}。

② 计算处理气体中所含粉尘的中位径 d_{c50}/d_{50}。

③ 根据 d_{c50}/d_{50} 值和已知的处理粉尘的几何标准偏差 σ_g，从图 13-167 查得尘粒的穿透率 τ。

④ 除尘效率的计算如下：

$$\eta=(1-\tau)\times100\% \tag{13-131}$$

3. 文氏管除尘器的除尘效率图解

除了计算外，典型文氏管除尘器的除尘效率还可以由图 13-168 来图解。此外在图 13-169 中，条件为粉尘粒径 $d_p=1\mu m$、粉尘密度 $\rho_p=2500kg/m^3$、喉口速度 $\omega_{gc}=40\sim120m/s$ 的试验结果，表明了水气比、压力损失、除尘效率及喉口直径间的相互关系。

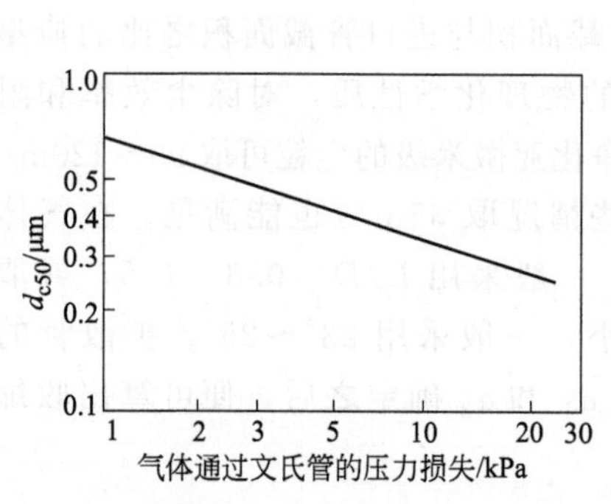

图 13-166　文氏管压力损失与分割粒径（d_{c50}）的关系

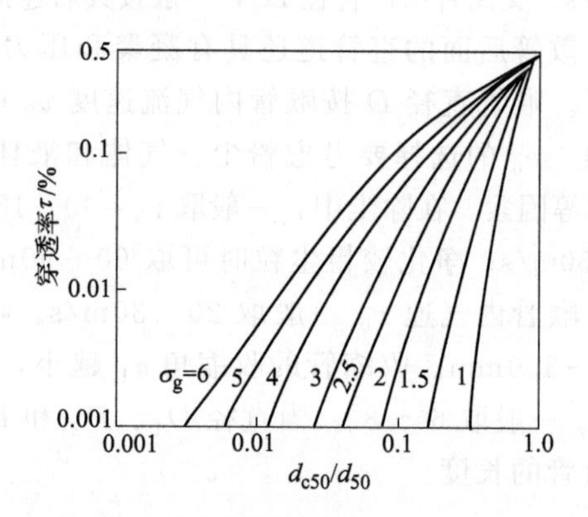

图 13-167　尘粒穿透率与 d_{c50}/d_{50} 的关系

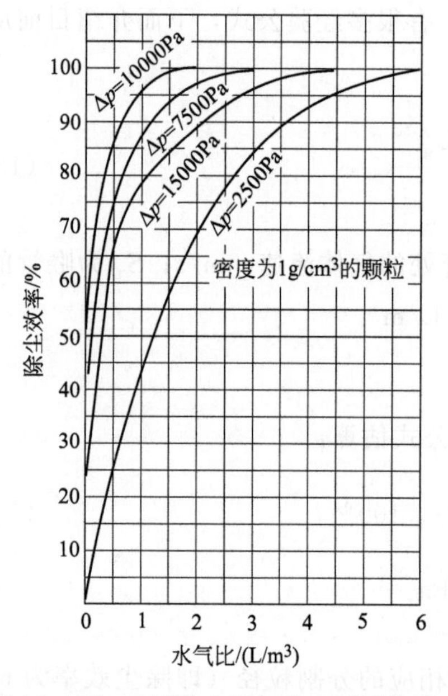

图 13-168　典型的文氏管除尘器捕集效率

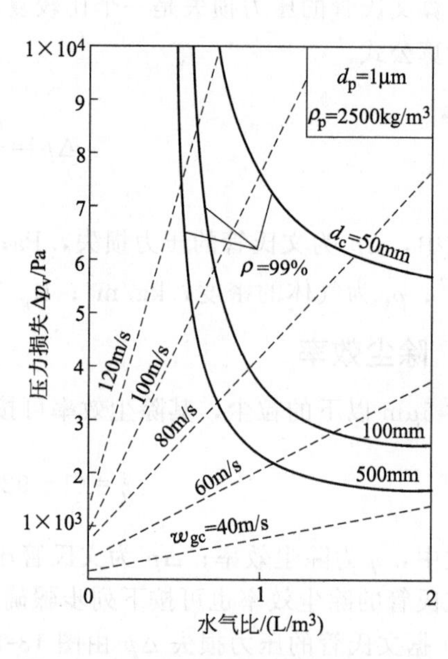

图 13-169　文氏管除尘器的压力损失

（四）文氏管设计和使用注意事项

① 文氏管的喉管表面粗糙度要求一般为 $Ra16$。其他部分可用铸件或焊件，但表面应无飞边毛刺。

② 文氏管法兰连接处的填料不允许内表面有突出部分。

③ 不宜在文氏管本体内设测压、测温孔和检查孔。

④ 对含有不同程度的腐蚀性气体，使用时应注意防腐措施，避免设备腐蚀。

⑤ 采用循环水时应使水充分澄清，水质要求含尘量在 0.01% 以下，以防止喷嘴堵塞。

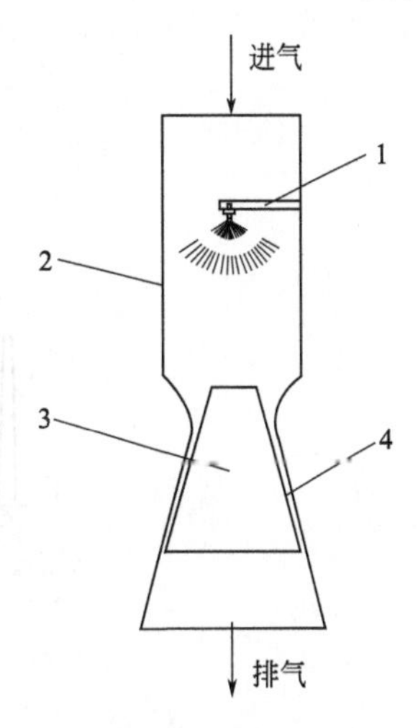

图 13-170　环隙洗涤器结构示意

1—喷嘴；2—外壳；3—内锥；4—环隙

⑥ 文氏管在安装时各法兰连接管的同心度误差不超过±2.5mm。圆形文氏管的椭圆度误差不超过±1mm。

⑦ 溢流文氏管的溢流口水平度应严格调节在水平位置，使溢流水均匀分布。

⑧ 文氏管用于高温烟气除尘时，应装设压力、温度升高警报信号，并设事故高位水池，以确保供水安全。

（五）文氏管除尘技术新进展——环隙洗涤器

环隙洗涤器是中冶集团建筑研究总院环保分院最新开发的新技术，是第四代转炉煤气回收技术的核心部件，具有占地少、寿命长、噪声低等优点，最初在 20 世纪 60 年代用于转炉煤气除尘。环隙洗涤器结构如图 13-170 所示。其关键部件是由文丘里外壳和与之同心的圆锥两部分组成，后者可在文丘里管内由液压驱动沿轴上下运动，在外壳和圆锥体之间构成环缝形气流通道，通过圆锥体的移动来调节环缝的宽度，即调节环缝的通道面积和气体的流速，以适应转炉的不同操作工况，达到除尘和调节炉顶压力的目的。为了获得较强的截流效应，环缝最窄处的宽度设计得非常小，在此形成高速气流以保证好的雾化效果，足够的通道长度有利于液滴的聚合，提高除尘效率。

从目前来看，不管是塔文一体还是塔文分离的配置，分别在承德钢铁厂和新余钢铁厂的转炉一次除尘系统中得到应用，第四代转炉煤气回收技术应该作为我国转炉煤气回收系统的主要发展方向。

四、高温烟气湿法除尘设备设计实例

石灰回转窑湿法净化是作为窑点火、停窑和预热机以后的除尘设备发生故障时窑的排烟净化而设置的除尘系统。

窑内 950℃的高温烟气由预热器的辅助烟囱引出，进入湿式除尘器的冷却器，在冷却器里经水冷却后降为 300℃的烟气再进入文氏管除尘器，而后再经分离器将气水分离，从分离器出口的气体温度是 78℃，经湿式除尘器净化后的气体排入大气。泥浆则利用泥浆泵打入浓缩池，沉淀后的水循环使用。

1. 系统组成

(1) 系统特点

除尘净化系统采用的湿式除尘器由蒸发冷却器、文氏管除尘器和脱水器组成（图 13-171）。其特点是：

① 这套湿式除尘器系统间歇操作，但保持随时可以开动；

② 在文氏管除尘器的喉部设有可调节的翻板阀，可以通过调整挡板的角度而使除尘器的压力损失接近所规定的值；

③ 该除尘器使用特殊结构的喷嘴，不积滞灰尘，并且可以使用循环水净化烟气；

④ 污水进入石灰窑公用水处理系统，不单设污水处理装置。

(2) 湿式除尘的主要技术参数　处理风量 88515m^3/h；入口烟气温度 300℃；烟气中粉

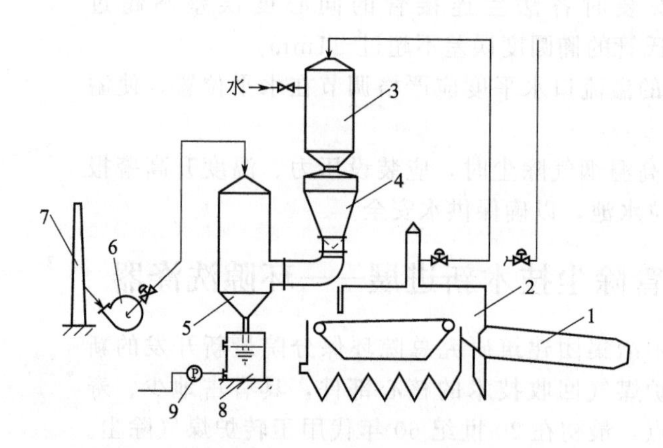

图 13-171 湿法除尘系统

1—回转窑；2—预热室；3—蒸发冷却器；4—文氏管除尘器；
5—脱水器；6—风机；7—烟囱；8—水槽；9—水泵

尘成分 CaO、$CaCO_3$；烟气中粉尘密度 $0.7t/m^3$；入口烟气含尘浓度 $5\sim20g/m^3$；除尘器工作压力 $-12500Pa$；除尘器压力损失 5100Pa；除尘器出口烟气温度 80℃；出口烟气含尘浓度<$100mg/m^3$；设备静态漏风量<1%。

2. 工作原理

石灰窑排出的 300℃高温含尘烟气首先进入蒸发冷却器，把烟气温度降低。较低温度的烟气高速进入可调喉口文氏管，完成水滴对粉尘的有效捕集。含有水滴、粉尘的烟气在分离器进行水气分离，干净气体经风机由烟囱排放，分离出的含尘污水进入水处理系统处理。在净化过程中调径文氏管除尘效率>99%，直流复挡分离器分离水滴效率>97%，因此完全可以满足环保排放标准的要求。

3. 蒸发冷却器设计计算

蒸发冷却器的主要作用是将冷水直接雾化喷向高温烟气以降低烟气温度，在冷却降温的过程中同时有凝聚较粗尘粒的作用。因此设计要点是冷却计算。设计中入口烟气量按 $88515m^3/h$、温度 300℃来计算。

(1) 以冷却水为介质的蒸发冷却塔　烟气自冷却器的顶部或下部进入，由底部或顶部排出，喷雾装置设计为顺喷，即冷却水雾流向与气流相同。冷却器内断面气流速度宜取 4.0m/s 以下。以便烟气在塔内有足够停留的时间，使其水雾容易达到充分蒸发的目的。蒸发冷却器的有效高度决定于喷嘴喷入的水滴蒸发的时间，而蒸发时间取决于水滴粒径的大小和烟气热容量。因此，为降低蒸发冷却器的高度，必须尽可能减少水滴粒径，使其雾粒在与高温烟气接触的很短时间内，吸收烟气显热后全部汽化，并被烟气再加热而形成一种不饱和气体。

(2) 烟气放出热量 Q_g 的计算　高温气体从 t_{g1} 下降到 t_{g2} 所放出的热量 Q_g 按下式计算：

$$Q_g=\frac{V_0}{22.4}\int_{t_{g2}}^{t_{g1}} c_p\,dt=\frac{V_0}{22.4}(c_p t_{g1}-c_p t_{g2}) \tag{13-132}$$

式中，Q_g 为烟气放出热量，kJ/h；V_0 为标准状态下气体的体积流量，m^3/h；c_p 为

$0\sim t$℃气体的平均定压摩尔热容，kJ/(kmol·℃)；t_{g1} 为高温烟气入口温度，℃；t_{g2} 为高温烟气出口温度，℃。

(3) 有效容积 V 计算　在喷嘴喷出的水滴全部蒸发的情况下。蒸发冷却器的有效容积 V 可以按下式计算：

$$Q_g = sV\Delta t_m \tag{13-133}$$

式中，Q_g 为高温烟气放出热量，kJ/h；s 为蒸发冷却器热容系数，kJ/(m^3·h·℃)，当雾化性能良好时可取 627～838kJ/(m^3·h·℃)；V 为蒸发冷却器的有效容积，m^3；Δt_m 为水滴和高温烟气的对数平均温度差，℃。

$$\Delta t_m = \frac{\Delta t_1 - \Delta t_2}{\ln \dfrac{\Delta t_1}{\Delta t_2}} \tag{13-134}$$

式中，Δt_1 为入口处烟气与水滴的温差，℃；Δt_2 为出口处烟气与水滴的温差，℃。

(4) 喷水量 W 计算　蒸发冷却器的喷水量 W (kg/h)，可按下式计算：

$$W = \frac{Q_g}{r + c_w(100 - t_w) + c_V(t_{g2} - 100)} \tag{13-135}$$

式中，r 为在 100℃时水的汽化潜热，为 2257kJ/kg；c_w 为水的质量比热容，为 4.18kJ/(kg·℃)；c_V 为在 100℃时水蒸气的比热容，为 2.14kJ/(kg·℃)；t_w 为喷雾水温度，℃；t_{g2} 为高温烟气出口温度，℃。

根据计算，得冷却器外形尺寸为 4020mm×9100mm。冷却水用石灰厂已有浊循环水，耗水量为 20t/h。

4. 文氏管除尘器设计计算

文丘里除尘器的形式很多，由于烟气量较大，此次设计中采用手动可调矩形文氏管。依据工程具体情况对调径文氏管做了改进即把手动齿轮调节改为双向丝杠调节，从而使文氏管喉口在长时间使用后依旧可调，而且可将喉口截面积进行细微准确的调节，以平衡系统阻力。根据计算喉口尺寸确定为 1400mm × 500mm。文丘里除尘器用水量 150t/h，水压 0.4MPa。

(1) 文氏管压力损失　估算文氏管的压力损失是一个比较复杂的问题，下面是应用较多的计算公式。

$$\Delta p = \frac{v_t^2 \rho_t S_t^{0.133} L_g^{0.78}}{1.16} \tag{13-136}$$

式中，Δp 为文氏管的压力损失，Pa；v_t 为喉管处的气体流速，m/s；S_t 为喉管的截面积，m^2；ρ_t 为气体的密度，kg/m^3；L_g 为水气比，L/m^3。

(2) 文氏管除尘效率　对 5μm 以下的粒尘，其除尘效率可按下面经验公式估算：

$$\eta = (1 - 9266\Delta p^{-1.43}) \times 100\% \tag{13-137}$$

式中，η 为除尘效率；Δp 为文氏管压力损失，Pa。

5. 脱水器设计计算

设计中脱水器采用复挡分离器的结构形式，如图 13-172 所示。

复挡脱水器的除液滴机理与旋风除尘器相同，其构造是有多层同心圆挡板，工作原理是

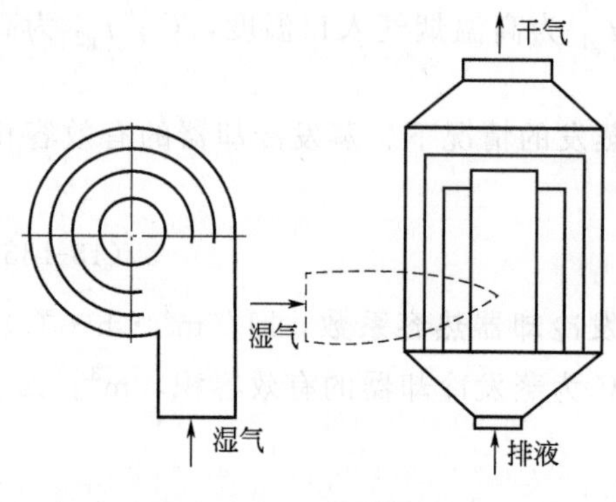

图 13-172 复挡分离器

含有液滴的气体切向进入分离器后，分为几部分在挡板间的通道内旋转。在离心力的作用下，液滴甩向挡板并形成液膜顺着侧壁流下，液膜同时将液滴捕集下来。增加了挡板即增大了接触面积，同时控制气流在分离器内只旋转 3/4 圈就排出系统，而液滴及液雾被捕集效率大大提高，故比单一旋风分离器压降小、效果好。

具体其外形尺寸 4020mm×8855mm，内设三层挡板，进出口尺寸的进口为 1620mm×920mm、出口为 ϕ1820mm，进排气流速分别为 25m/s 和 20m/s。

根据液滴在旋转流场内的运动方程，且假设只考虑气体阻力，阻力系数 $C_D=24/Re_D$，就可得到液滴向外移动的径向速度为：

$$v_1=\frac{\rho_1 d_1^2 v_{gt}^2}{18\mu_g R}=\frac{dR}{dt} \tag{13-138}$$

设气流切向速度 v_{gt} 服从强制涡流规律，即有 $v_{gt}=2\pi\omega R$，代入上式整理后而得：

$$\frac{dR}{R}=\frac{2.193\omega^2 d_1^2\rho_1}{\mu_g}dt \tag{13-139}$$

设考虑某一挡隔板通道，该通道的外壁半径为 R_o，内壁半径为 R_i，R_x 为液滴的初始位置。对上式从 R_x 积分到 R_o，且取 $\Delta t=\frac{2\pi R_o N}{\mu_g}\omega=\frac{v_{gt}}{2\pi R_o}$则可得：

$$R_x=R_o\exp\left[-2.193\left(\frac{Nv_{gt}}{2\pi R_o}\right)\left(\frac{d_1^2\rho_1}{\mu_g}\right)\right] \tag{13-140}$$

所以粒级效率可以写成：

$$\eta_i=\frac{R_o-R_x}{R_o-R_i}=\frac{R_o}{R_o-R_i}\left[1-\exp\left(-0.349\frac{Nv_{gt}d_1^2\rho_1}{R_o\mu_g}\right)\right] \tag{13-141}$$

式中，v_{gt} 为气体在通道内的切向速度，m/s；d_1 为液滴直径，m；ρ_1 为液滴密度，kg/m^3；μ_g 为气体的动力黏度，Pa·s；N 为气体在该通道内的旋转圈数，其取决于挡板长度。

根据试验，复挡捕沫器压降不超过一个气体进口速度头，表示为：

$$\Delta p=\frac{\rho_g v_{gt}^2}{2} \tag{13-142}$$

6. 污水处理设计

窑尾高温烟气净化的污水不单独处理，而是进入石灰焙烧污水处理系统。

石灰焙烧污水主要来源是原料洗涤，原石通过洗石机、振动筛和螺旋分级机等设备的洗涤分级过程，把其中夹杂的泥沙洗到废水中。用水量按 1∶1，即 1t 原石用 1t 水。设计规模为 180t/h，水洗后污水含泥沙浓度 3.5%。污水处理系统采用投药、混凝、浓缩、沉淀、脱水的处理方法。污水进入污水中间槽，由泥浆泵送入浓缩池，浓缩池的上清水流入贮水池，用泵加压后供洗石机循环使用，浓缩的泥浆经泥浆泵送入高位泥浆分配槽后自流进入转鼓真空过滤机进行脱水，产生的泥饼通过皮带输送机运至泥饼堆场以备外运。为了提高浓缩池的沉降性能，在浓缩池内投加高分子絮聚剂（PAM），其投药浓度约为0.1%，投药量1～5mg/L。

污水处理主要设备如下。

① 浓缩池：大小为20m×3.0m（直径×周边水深）。

② 转鼓真空过滤机：大小为3.0m×4.88m（直径×表面长度），过滤面积$48m^2$。

③ 真空泵：真空度73.33kPa，抽气量为$0.8m^3/(m^2 \cdot min)$。

7. 使用效果

设置石灰窑高温烟气的湿法净化系统的目的，在于防止回转窑点火、停窑和事故处理时高温烟气进入袋式除尘器烧毁、糊堵滤袋。湿法除尘系统设备实物如图13-173所示。回转窑投产运行结果表明，湿法除尘的烟气净化系统和水循环系统一次试车成功运行正常，达到了预期目的。除尘系统排放气体含尘浓度$<30mg/m^3$，满足国家的环保要求。

图13-173　除尘系统主要设备实物

第六节　电袋复合除尘器设计

一、设计参数及资料收集

电袋复合除尘器项目依据工程性质可分为基建项目和改造项目，为充分掌握项目信息，在总体设计前需分别收集以下基本资料。

1. 基建项目

① 行业类型（电力、水泥、钢铁）、机组容量、锅炉类型（循环流化床锅炉需知是否炉内喷钙脱硫及脱硫效率）、设计烟气量（工况、标况时需进行转化）、烟气温度、入口浓度、出口排放要求、除尘器工作压力、设备阻力要求、滤袋寿命要求。

② 煤质资料、小时耗煤量、除尘器入口过量空气系数（含氧量）。

③ 粉尘性质。飞灰比电阻、堆积密度、灰成分分析等。

④ 当地环境条件。风载、雪载、地震烈度、土质类型、当地大气压力、海拔、环境温度等。

⑤ 场地限制及要求、进风方式要求、除尘器支架型式。

⑥ 电气要求、电源系统供电方式、工作频率。

2. 改造项目

改造项目除以上资料需提供外还需收集以下内容：

① 原除尘器总图、基础荷载图、各部件图纸、原除尘器设计参数。

② 近期原除尘器满负荷工况效率测试报告及设备使用情况。

③ 除尘器入口历史运行最高温度及持续时间。

④ 原引风机系统裕量、空气压缩机裕量（附属设备校核，以判断是否需同步改造）。

⑤ 输灰系统原始设计参数（附属设备校核，以判断是否需同步改造）。

二、进气烟箱及气流均布设计

一般而言，电袋复合除尘器设计时，其电场区与袋区之间分级效率的划分以控制进入袋区的粉尘浓度为基本原则，当出口排放要求低、设备阻力要求更严格时则要求以更低的粉尘浓度进入滤袋区。电场区的除尘效率也不是越大越好，对于入口浓度高、粉尘驱进速度低的烟气工况条件，通过无限制地增加比集尘面积来满足较低的袋区入口含尘浓度，必然会大大增加设备的整体投资和占地面积，显然不经济。此时，可提高进入袋区的粉尘浓度，并适当降低袋区过滤风速来获得电区与袋区最佳匹配，以最高的性价比来实现设备的整体性能要求。同样，对于灰分较低、入口含尘浓度小的项目，也不可过于忽视电场区设计。电场区另一个重要作用是对未收集粉尘进行荷电，荷电量越大越有利于粉尘在滤袋表面堆积。电场区设计过小，将导致粉尘荷电量降低，在滤袋表面堆积状况不理想，亦将影响设备整体性能。

1. 进气烟箱设计

进气烟箱用于除尘器前烟道和除尘器电场区之间的过渡，起到扩散和缓冲气流的作用。进气烟箱设计的基本要求是：满足扩散烟气的要求，防止内部积灰，满足结构强度、刚度及气密性要求。

进气烟箱
进气口
进气烟箱
进气口
进气口
进气烟箱
(a) 水平进气
(b) 下进气
(c) 上进气
图 13-174　进气烟箱的结构

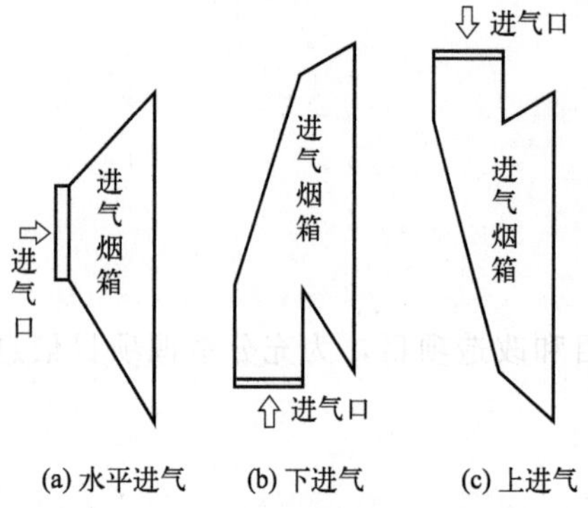

进气烟箱的结构根据除尘系统工艺条件的要求，可采用水平进气、上进气和下进气（见图 13-174）。

进气烟箱一般为 4～6mm 钢板制作，适当配置型钢作为加强筋，对于较大的进气烟箱还需在内部设置支撑管。进气烟箱支撑管设计还需注意增加适当的防磨措施。

2. 气流均布装置的选择

气流均布装置包括导流板及气流分布板。

导流板对急剧扩散、转向的气流分隔、导向，使气流均匀流动并减少动压损失。

气流分布板通过增加气流阻力，分配在全流通面积上的气流，使全断面气流均匀。气流分布板的类型很多（见图 13-175），有格板式、多

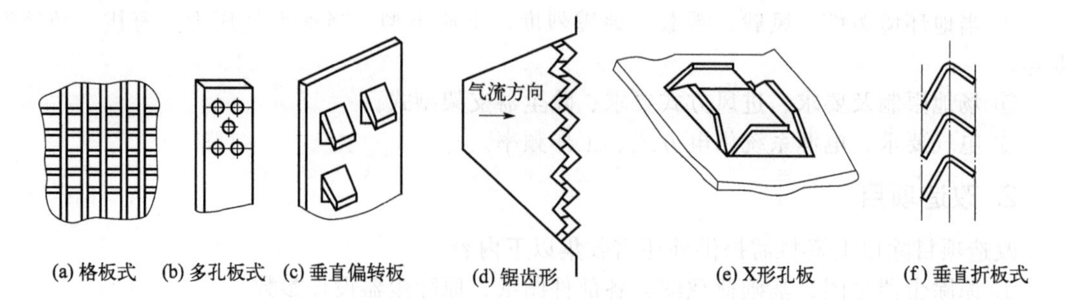

气流方向
(a) 格板式
(b) 多孔板式
(c) 垂直偏转板
(d) 锯齿形
(e) X形孔板
(f) 垂直折板式
图 13-175　气流分布板的类型

孔板式、垂直偏转板、锯齿形、X形孔板和垂直折板式等，其中垂直偏转板及垂直折板式适用于上进气口的进气口箱。对于中心进气的进气箱，目前应用最广的是多孔板型均布装置。它结构简单，容易制造。为了获得较好的气流分布，可在进气口箱上设置三层多孔板。

为了减少电除尘器调整时期的工作量，并获得气流均布的良好效果，对烟气量较大或进风口形式特殊的电除尘器宜进行气流均布的模型试验，确定导流板、气流分布板的形式、块数与开孔率。

三、粉尘荷电区设计

1. 处理风量

处理风量是设计荷电区的主要指标之一。处理风量应包括额定设计风量和漏风量，并以工况风量作为计算依据，按下式计算：

$$q_{Vt}=q_0\frac{273+t}{273}\times\frac{101.3}{B+P_j} \tag{13-143}$$

式中，q_{Vt} 为工况处理风量，m^3/h；q_0 为标况处理风量，m^3/h；t 为烟气温度，℃；B 为运行地点大气压力，kPa；P_j 为除尘器内部静压，kPa。

2. 电场断面

以沉淀极围挡形成的电场过流断面积为准，按下式计算：

$$S_{F_0}=\frac{q_{Vt}}{3600v_d} \tag{13-144}$$

式中，S_{F_0} 为电场计算断面积，m^2；q_{Vt} 为工况处理风量，m^3/h；v_d 为电场风速，m/s，电除尘器电场风速为 0.5～1.2m/s。

3. 集尘面积

沉淀极板与气流的接触面积称为集尘面积。集尘面积对于实现除尘目标（排放浓度或除尘效率）具有决定意义，可按多依奇公式计算：

$$S=\frac{-\ln(1-\eta)}{w} \tag{13-145}$$

$$S_A=Sq_{Vs} \tag{13-146}$$

式中，S 为比集尘面积，$m^2 \cdot s/m^3$；η 为设计要求除尘效率；w 为驱进速度，m/s；S_A 为沉淀极计算集尘面积，m^2；q_{Vs} 为工况处理风量，m^3/s。

4. 电场数量

科学组织沉淀极板与电晕线的组合与排列，调整与决定电场数量，确定沉淀极板、电晕线的形式及其极配关系，是关系电场结构的决策原则。

芒刺线、电晕线、沉淀极板形式多种多样（见图 13-176～图 13-178）。其选用要以电性能稳定、捕尘效率高、制作与安装易保证质量、运行故障低和经济适用为优选原则；以实际建设和运行经验为依据。

沉淀极板高度一般为 7～12m，最高可达 15m；为保证电晕极的配套安装，有框架的电晕极可改为双层框架结构。保证沉淀极板与电晕线的制作质量，关键在于制造厂要有消除变

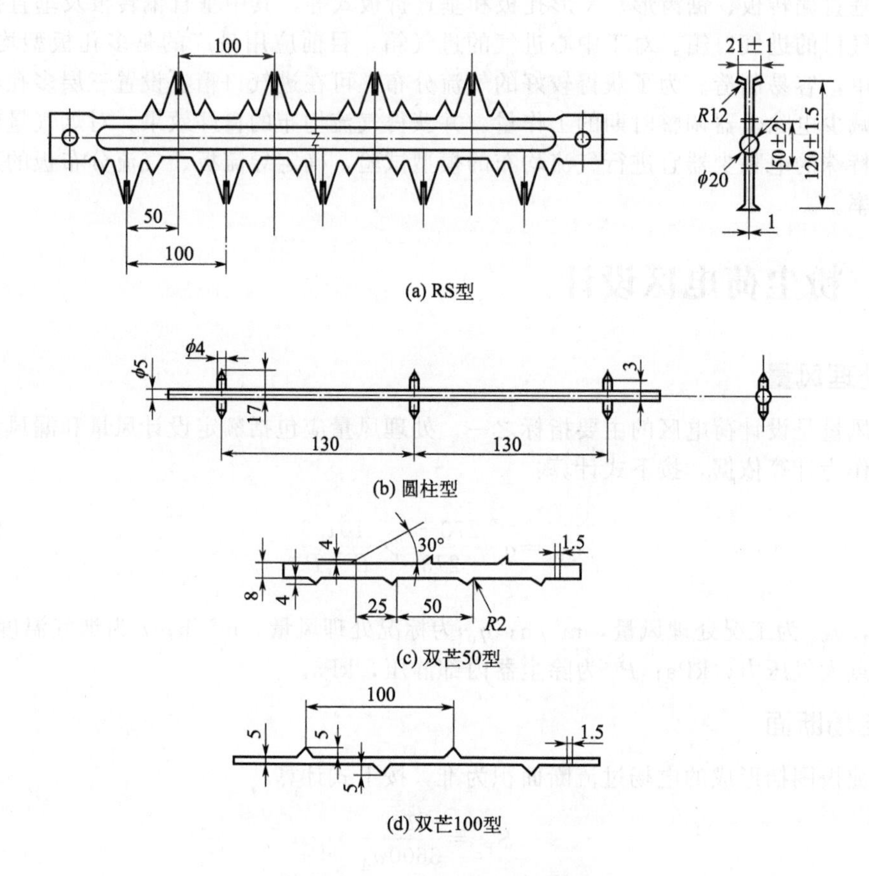

图 13-176　有固定点的芒刺线

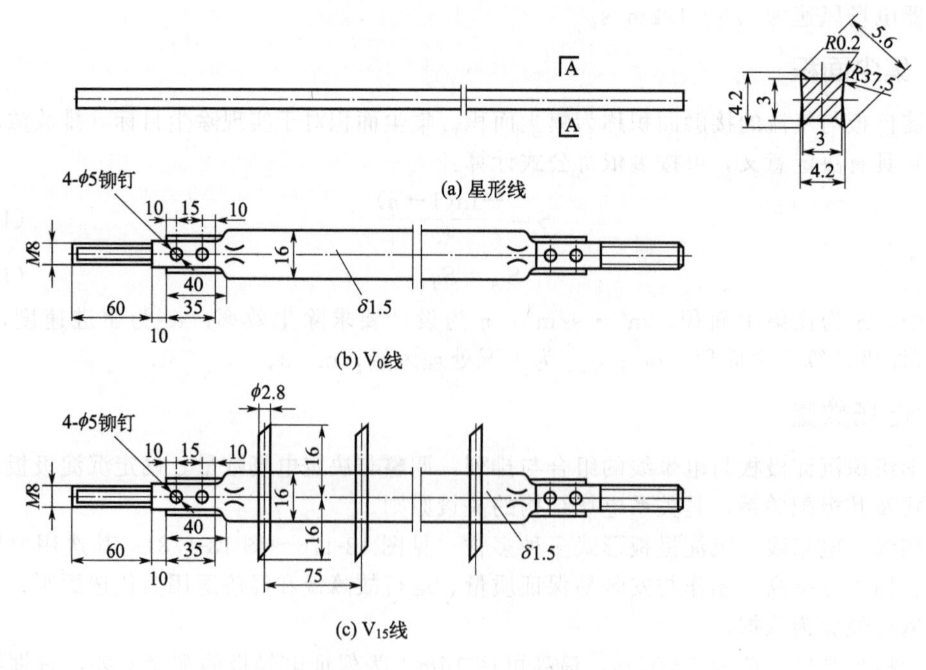

图 13-177　无固定点的电晕线

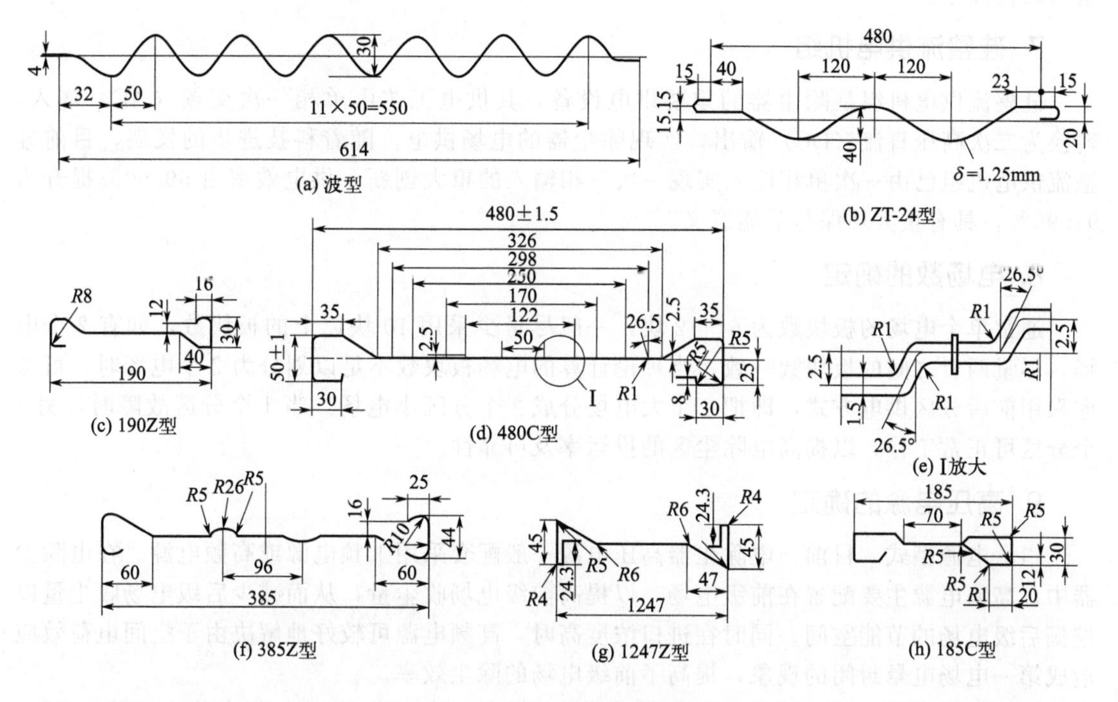

图 13-178　沉淀极板形式

形和防止变形的技术措施和组织措施，当然还要有安装单位的精心安装与科学调试来保证。

5. 调整与决定电场结构尺寸

电场结构尺寸主要包括电场的有效宽度、高度和长度，可按下式计算确定。

电场有效宽度：

$$B=\frac{S_F}{H} \tag{13-147}$$

电场有效高度：

$$H=\frac{S_F}{B} \tag{13-148}$$

电场总有效长度：

$$L=S_A/[2(n-1)H] \tag{13-149}$$

式中，B 为电场有效宽度，m；S_F 为电场计算断面积，m^2；H 为沉淀极有效高度，m；L 为电场总有效长度，m；S_A 为电场总计算集尘面积，m^2；n 为沉淀极的排数，个。

通道数可按下式计算，最后取整数值。

$$m=\frac{S_F/H}{a} \tag{13-150}$$

式中，m 为电场数量，个；S_F 为电除尘器电场断面积，m^2；H 为电除尘器沉淀极高度，m；a 为同极（板）间距，mm，一般取 300mm、400mm。

6. 排列组合

按沉淀极定性尺寸决定一个电场沉淀极板数量和实际有效长度，最后校准极配关系、数量与结构尺寸。

7. 硅整流供电机组

硅整流供电机组是除尘器的重要供电设备，其供电工艺由单相一次交频（AC）输入，转换为二次高压直流（DC）输出，实现除尘器的电场供电。随着科技进步的发展，目前硅整流供电机组已由一次单相输入实现一次三相输入的重大创新，供电效率由69.90%提升为94.99%，具有重大环保与节能意义。

8. 电场数的确定

通常单个电场的板块数为6～12块，一般尽量少采用10块以上的板块数，如有2个电场，尽量两者之间的板块数一致。当理论计算的电场板块数不足以划分为2个电场时，可考虑采用前后分区供电方式，即把1个大电场分成2个分区小电场。当1个分区故障时，另1个分区可正常工作，以提高电除尘区的投运率及可靠性。

9. 高压电源的确定

（1）电源型式　目前，电除尘器高压电源一般配套采用工频电源或高频电源。在电除尘器中，高频电源主要配置在前级电场，以提高前级电场收尘量，从而减少后级电场收尘量以挖掘后级电场的节能空间。同时在进口浓度高时，高频电源可较好地解决由于空间电荷效应造成第一电场电晕封闭的现象，提高了前级电场的除尘效率。

（2）电源容量　通常前级电场区电压等级可选择66kV或72kV，板电流密度取0.35～0.4mA/m^2，在集尘面积确定后即可算出所需电源容量。

四、滤袋除尘区设计

1. 清灰方式选择

目前，电袋复合除尘器的清灰方式可分为低压行脉冲清灰和低压回转脉冲清灰两种方式，其中低压行脉冲清灰方式综合性能较优，是当前电袋复合除尘器的主流清灰方式。两种清灰方式特点如表13-44所列。

表13-44　低压行脉冲清灰与低压回转脉冲清灰特点

序号	比较内容	低压行脉冲清灰	低压回转脉冲清灰
1	技术流派	行业通用技术	引进德国鲁奇公司技术
2	清灰压力	0.2～0.4MPa,清灰压力较高,流量小	0.085MPa,清灰压力小,流量大
3	清灰模式	逐行逐个喷吹,每个滤袋均有对应喷吹孔,不会出现无喷吹或过喷吹现象	模糊清灰,容易出现个别滤袋无喷吹或过喷吹现象
4	滤袋布置方式	按行列矩阵布置,前后左右滤袋之间间隔均匀	按同心圆周布置,内、外圈的滤袋间隔无法对应,烟气在袋束区域气流分布紊乱,烟气从外圈到内圈绕转曲线多
5	可靠性	无转动部件,可靠性较高	设置转动部位,需定期检修,可靠性较差
6	脉冲阀	数量多,单个阀更换、检修操作简单	数量少,单个阀更换、检修操作复杂
7	日常检修	检查喷吹管是否移位、脉冲阀是否漏气,无需专用工具	定期对齿轮结构、转动电动机进行加油,需采用多种专用工具

续表

序号	比较内容	低压行脉冲清灰	低压回转脉冲清灰
8	清灰气源	可用厂内空气压缩机系统，布置于空气压缩机机房内，不再增加减噪设备	罗茨风机一般布置于除尘器底部，虽然设有隔声罩，但现场噪声仍然较大
9	清灰效果	清灰均匀、有效	清灰内外不均，有效性较差，压缩空气利用率较低

2. 过滤风速的选择

过滤风速的大小与进入袋区的粉尘浓度、出口排放要求、系统阻力、清灰方式均有关系。当系统阻力要求≤1200Pa、清灰方式选用低压行脉冲时，一般可按表 13-45 选取。

表 13-45 过滤风速的选取 单位：m/min

出口排放/(mg/m³)	袋区入口浓度/(g/m³)	
	<10	≥10
≤10	≤1.2	<1.1
10～20	≤1.25	<1.2
20～30	≤1.3	<1.25

3. 滤袋规格选择

早期，国外引进的布袋除尘器多采用小口径滤袋，例如 ϕ130mm，长度为 2.5～3.0m。随着电袋技术及滤袋技术的发展，滤袋的长度及口径出现了多种规格。目前电力行业内普遍采用的滤袋长度为 8～8.5m（除小型机组由于极板高度低而有小部分采用 6～7m 滤袋外）。其他行业滤袋的选择要综合考虑场地布置、过滤风速等，选取适合的长度和直径规格。滤袋口破损是滤袋失效的主要原因之一，其破损主要与袋口流速有关，袋口流速可按下式计算，即

$$v_0=\frac{4v_{\mathrm{F}}h}{60D} \tag{13-151}$$

式中，v_0 为袋口流速，m/s；v_{F} 为袋区过滤风速，m/min；h 为滤袋长度，m；D 为滤袋直径，m。

在电袋复合除尘器设计中应根据实际情况选择最佳的滤袋规格。

4. 脉冲阀型式选择及数量计算

（1）脉冲阀型式　电磁脉冲阀是脉冲清灰动力元件，目前国内外应用的主要有膜片式脉冲阀和活塞式脉冲阀。膜片式的脉冲阀不易受清灰气源清洁程度和低温环境时冷凝水结冰的影响，长期运行可靠稳定，清灰效果较好；活塞式脉冲阀喷吹口径比较大、阻力小、外形体积小，可以节省布置空间、节约耗材。因此，电袋复合除尘器在选型时，可以根据不同的需求及使用场合选用适应性更强的脉冲阀类型。

（2）脉冲阀数量　在过滤风速及滤袋规格确定后可计算得出单台炉需布置的滤袋数量。通过大量的工程应用及实物模型清灰试验，3 寸膜片式脉冲阀，其单阀最大可喷吹大口径滤袋数量为 19 条；4 寸膜片式脉冲阀，其单阀最大可喷吹滤袋数量为 30 条。具体单行喷吹数量的确定与进入袋区入口含尘浓度、脉冲阀品牌、开阀时间、前级电场区有效宽度、滤袋长

度、过滤风速等均有关系，具体问题具体分析。滤袋总数量除以单行喷吹数量即可得到脉冲阀的大概设计数量，再根据结构情况进行修正即可获得脉冲阀设计数量。

5. 滤料选择

① 滤料的选择应遵循如下基本原则：

a. 所选滤料的连续使用温度应高于除尘器入口烟气温度及粉尘温度；b. 根据烟气和粉尘的化学成分、腐蚀性和毒性选择适宜的滤料材质和结构；c. 选择滤料时应考虑除尘器的清灰方式；d. 对于烟气含湿量大，粉尘易潮结和板结、粉尘黏性大的场合，宜选用表面粗糙度低的滤料结构；e. 对微细粒子高效捕集、车间内空气净化回用、高浓度含尘气体净化等场合，可采用覆膜滤料或其他表面过滤滤料，对爆炸性粉尘净化应采用抗静电滤料，对含有火星的气体净化应选用阻燃滤料；f. 高温滤料应进行充分热定型，净化腐蚀性烟气的滤料应进行防腐后处理，对含湿量大、含油雾的气体净化所选滤料应进行疏油疏水后处理；g. 当滤料有耐酸、耐氧化、耐水解和长寿命等的组合要求时可采用复合滤料。

② 当烟气温度低于 130℃时，可选用常温滤料；当烟气温度高于 130℃时，可选用高温滤料；当烟气温度高于 260℃时，应对烟气冷却后方可使用高温滤料或常温滤料。

③ 在正常工况和操作条件下滤袋设计使用寿命不小于 2 年。

五、净气室设计

当含尘烟气经过滤袋的过滤，从滤袋口流出进入上箱体时该箱体内的气体均已过滤。该箱体称为净气室。

1. 净气室的类型

净气室根据结构组成的不同可以分为揭盖式和进入式。

(1) 揭盖式净气室　净气室整个顶板为活动盖板式，检修人员从盖板处进入净气室。该类型净气室主要为沿用早期袋式除尘器的净气室结构，净气室及清灰系统可以在车间内完成组装，具有整体发货方便、安装精度较高的优点，且维修条件好，操作工人打开顶盖就可以在正常的大气环境条件下进行维修工作，不受高温及烟气中有毒有害气体的影响。但该结构在电袋复合除尘器中较少采用，主要原因为密封性能相对较差，检修工作受天气影响较大。

(2) 进入式净气室　目前国内电袋复合除尘器净气室主要采用这种结构。净气室顶部整体采用密封焊接，密封性好，无泄漏点。同时，净气室顶板或顶板保温外护板设置不小于 3°的排水坡度，保证顶部不会出现积水、倒灌等现象。由于内部空间较大，所以滤袋和袋笼的安装、拆卸、更换等工作均可在净气室内部完成，不受雨、雪、大风等天气的影响。该净气室具有密封垫少，容易维护，除尘器的漏风率小的特点（见图 13-179）。

图 13-179　进入式净气室示意

该类型净气室仅在侧部或顶部设置少量检修人孔门，与顶开盖整个顶板均设置为人孔门相比，极大减少了开孔数量，从而降低了除尘器的漏风率，提高了除尘器性能。

2. 净气室的设计

净气室的设计应满足以下要求：

① 当净气室采用分室结构时，其分室数量应根据处理烟气量的不同进行确定。

② 设计压力。净气室的组成主要为板筋及梁、柱结构。与壳体相同，需要能够承受足够的系统压力，因此净气室的强度设计应与壳体保持一致。

③ 设置有良好密封性能的检修人孔门，人孔门数量及位置应方便人员及设备进出。

④ 净气室的设计应该能够尽量方便滤袋、袋笼的安装，并应考虑检修、更换方便等。

⑤ 当除尘器需要实现在线检修功能时，应设置进口、出口隔离门。进口、出口隔离门在关闭时其漏风率应小于 2%。

⑥ 在必要的情况下，净气室壁板上可以设置观察窗及照明装置，便于运行过程中对滤袋及内部设备的运行情况进行监控。

提升阀是一种安装在净气室出口烟箱上的装置，通常采用气动执行机构控制，通过控制提升阀的开关实现净气室在线和离线的切换。除尘器正常运行时提升阀处于常开状态。

清灰装置是电袋复合除尘器的核心部件之一，对除尘器的性能有至关重要的影响。因此，对其用材、制造和安装规定具体的尺寸及控制偏差等都应该严格按照设计要求进行。

第七节　除尘器改造设计

在各种除尘设备中，只有袋式除尘器、电除尘器能够满足日益严格的大气污染物排放标准的排放要求。但现有生产企业中有不少的袋式除尘器、电除尘器和其他除尘器在运行中存在种种问题需要进行技术改造设计才能满足节能减排的要求。

一、改造设计原则

1. 必要性

① 除尘器选型失当或先天性缺陷，选型偏小，过滤风速大，阻力大，排放不能达到国家标准；

② 主机设备改造，增风、提产、增容；

③ 主机系统采用先进工艺，原除尘设备不适应新的入口浓度及处理风量的要求；

④ 国家执行环保新标准的实施，原有除尘器难以满足新的排放要求；

⑤ 国家新的节能减排政策，原有除尘设备不符合要求；

⑥ 原有除尘设备老化经改造尚可使用。

2. 可能性

① 有可行的方案和可靠的技术；

② 现场条件许可，现在空间允许；

③原除尘器尚有可利用价值，并对结构受力情况进行分析校验证明其可承受新的荷载。

3. 改造的原则

① 满足节能减排要求；

② 切合工厂改造设计实际，原有除尘器状况、技术参数、操作习惯、允许的施工周期、空压机条件具备气源等；

③ 适应工艺系统风量、阻力、浓度、温度、湿度、黏度等方面的参数；

④ 投资相对合理，初次投资有综合效益；

⑤ 便于现场施工，外形尺寸适应场地空间，设备接口满足工艺布置要求，施工队伍有作业条件。

4. 改造方向

① 一种形式袋式除尘器改造为另一种形式袋式除尘器；

② 电除尘器改造或扩容；

③ 电除尘器改造为袋式除尘器；

④ 电除尘器改造为“电-袋”复合式除尘器；

⑤ 一种类型除尘器改造为另一种类型除尘器。

二、袋式除尘器节能和扩容改造

袋式除尘器除尘效率高、运行稳定、适应性强，所以备受青睐，但它的设备能耗是文氏管除尘器之外所有的除尘器中最高的，或者说是能耗最大的。因此，通过升级改造做到节能又减排是降低袋式除尘器能耗的大势所趋。

1. 降低能耗的意义

袋式除尘器降低能耗意义重大，这是因为它的设备能耗是文氏管除尘器之外所有的除尘器中能耗最大的，而节能的手段是成熟的，节能的潜力是很大的，大幅度降低能耗是可能的。设计合理的袋式除尘器，节能 25%～30%是完全可以做到的。节能除尘器还有如下好处：除尘器出口气体含尘浓度降低，设备运行稳定，故障少，作业率高，滤袋寿命延长，除尘器可随生产工艺设备同期检修。

2. 节能改造的途径

(1) 改变袋式除尘器的形式　改变袋式除尘器的形式，把振动式袋式除尘器、反吹风袋式除尘器、反吹-微振袋式除尘器改造成脉冲袋式除尘器，除尘器的能耗可以大幅度降低。

(2) 适当调低过滤速度　袋式除尘器的过滤速度是决定除尘器能耗的关键因素。随着袋式除尘器技术的发展，认识越来越深刻。1970～1980 年，脉冲袋式除尘器的过滤速度取 2～4m/min；1990～2000 年，过滤速度取 1～2m/min；2010 年，过滤速度取 1m/min 左右已成为多数业者共识。在袋式除尘器节能升级改造工程中，过滤速度降为＜1m/min 是合理的。

(3) 使用低阻滤袋　为了节能，许多袋式除尘器滤料厂家生产出低阻滤料，如覆膜滤料等，选用时应当注意。

（4）改进结构设计　袋式除尘器优化结构设计对降低阻力，节约能源有很大潜力。

（5）完善操作制度　袋式除尘器运行操作制度有较大的弹性，除尘器工艺设计和电控设计应当统一考虑，不断完善，做到简约操作，节能运行。

3. 袋式除尘器扩容改造

袋式除尘器扩容改造的主要任务是增加过滤面积。增加过滤面积的途径有并联新的除尘器，把原有的除尘器加高、加宽、加长，改变滤袋形状，把滤袋改为滤筒等。扩容改造可以满足生产需要，降低除尘设备阻力，使除尘系统稳定运行。

（1）并联新的袋式除尘器　在扩容改造中，如果场地等条件允许，并联新的同类型除尘器是常用的方法。并联新的除尘器要注意管路阻力平衡。

（2）把袋式除尘器加高　把除尘器加高也是袋式除尘器扩容改造最常用的方法。袋式除尘器加高，首先是把除尘器壳体加高，同时将滤袋延长。

加高袋式除尘器后，除尘器的荷载加大，因此需对除尘器壳体结构和基础进行验算，以便预防事故发生。

（3）改变滤袋形状　用改变滤袋形状的方法增加除尘器过滤面积是袋式除尘器改造中比较简单的方法。改形状可以改变滤袋的直径，把大直径的滤袋改为小直径滤袋，把圆形滤袋改为菱形滤袋或扁袋等。把反吹风袋式除尘器改造为脉冲袋式除尘器，可以增加过滤面积，实质是把反吹风除尘器直径较大的滤袋（150～300mm）改变为脉冲除尘器直径较小的滤袋（80～170mm）。

利用褶皱式滤袋和袋笼扩容为现有袋式除尘器适应超细工业粉尘特别是 PM_{10} 和 $PM_{2.5}$ 超细粉尘的控制和收集提供了可行解决方案，是现有除尘器改造成本最低、最简单易行的选择：无需对除尘器箱体改造，按需要提高过滤面积50%以上，从而降低系统压差、能耗和粉尘排放。

褶皱式滤袋特点如下。

（1）大幅度提高现有除尘器的风量　使用易滤褶皱滤袋对现有除尘器改造，不需要对除尘器本体进行改造，直接更换现有滤袋和袋笼，可增加系统过滤面积50%～150%，是提高除尘系统生产效率和容量的最佳改造方案。

（2）提高除尘器对粉尘特别是 $PM_{2.5}$ 的捕集效率　使用易滤褶皱滤袋替代普通圆或椭圆滤袋可提高过滤面积，直接降低气布比，降低系统压差和脉冲喷吹频率，从而大幅度降低系统的粉尘排放特别是超细粉尘的排放。

（3）降低系统运行能耗和维护成本　使用易滤褶皱滤袋代替普通圆或椭圆滤袋，系统压差大幅度降低，风机能耗大幅度下降；喷出频率显著降低，因而压缩空气使用量显著降低，喷吹系统部件损耗也大大下降。

（4）延长布袋使用寿命　使用易滤褶皱滤袋代替普通圆或椭圆滤袋，独特的滤袋和袋笼组合完全避免了普通袋笼横向支撑环对滤袋的疲劳损伤，加之较低的运行压差和喷吹频率，滤袋疲劳损伤大幅度降低，寿命大幅度延长。

三、反吹风改造为脉冲袋式除尘器

1. 基本要求

① 排放达标或节约能源；

② 能长期稳定运行，减少维修工作量；

③ 延长滤材寿命周期，节省费用；

④ 除尘器故障尽可能少。

2. 回转反吹风除尘器改造设计特点

(1) 更换过滤材料

① 针刺毡取代“729”滤布。针刺毡滤料在阻力系数、透气度、孔隙率、动静态过滤效率方面都明显优于“729”滤布。

② 覆膜滤料取代普通滤料。覆膜滤料属表面过滤，过滤风速高、阻力低，使用寿命长，除尘效率很高。采用热压合（定压、定温条件下）工艺的进口覆膜滤料品质上乘。

③ 褶式滤筒取代滤布。褶式滤筒除兼有覆膜滤料特点外，还具备如下优点：a. 滤件与笼架一体化结构，安装、维修简便；b. 同尺寸的除尘器，过滤面积提高1～3倍；c. 使用寿命是滤料的1.5～2.5倍。

(2) 更换清灰方式

① 用高能型脉冲清灰取代机械摇动及反吹清灰方式，增加过滤面积，降低过滤速率和运行阻力，提高处理能力。

② 采用新式除尘器，用一台风机同时承担抽风和反吹清灰功能，结构简单，功能强、动力大。采用圆形电磁铁控制阀门，不用气源，在供气不便的地方尤为适用。

(3) 用新型结构取代老式结构　ZC和FD等机械回转反吹袋式除尘器是利用高压风机作气源反吹清灰，它存在清灰强度弱，且内外圈清灰不均，清灰相邻滤袋粉尘的再吸附及花板加工要求严等诸多缺点。新型HZMC型袋式除尘器圆筒形结构、扁圆形滤袋，只用一只高压脉冲阀即可实现回转定位分室脉冲清灰。它克服了ZC和FD的上述缺点，吸收了回转除尘器结构紧凑、占地面积小以及分箱脉冲袋式除尘器清灰强度大、时间短、清灰彻底的优点。改造除尘器大大提高了直接处理较高含尘浓度和高黏度的粉尘的可能性。特别适用于采用回转反吹除尘器的改造。

(4) 增加过滤面积，降低过滤风速

① 除尘器扩容，增加袋式数量，以增加过滤面积。

② 更换花板，增加开孔率。减少滤袋直径，但也要注意滤袋合理的长径比和袋间气流上升速度。

③ 改变滤袋形状，如采用扁袋、菱形袋、“W”形内外双滤袋等。

(5) 优化通风管道及阀门结构　此举在于降低系统阻力，均化气流分布，并延长滤袋平均使用寿命。

(6) 更换新型配件　新型配件包括电磁脉冲阀，自控仪，油水分离器，各种气动器件、阀门等。

3. 分室反吹袋式除尘器改造设计特点

① 保留反吹袋式除尘器的外壳、输灰系统及走梯平台；

② 拆除反吹袋式除尘器的花板、吊挂装置、顶盖及滤袋；

③ 在反吹袋式除尘器的吊挂梁上铺设脉冲除尘器花板；

④ 增设脉冲清灰装置和顶部检修门；

⑤ 进风管不动，排风管直接接入清洁室，如果采用离线清灰方式则要设提升阀；

⑥ 更换为新的滤袋和笼骨；

⑦ 改造压缩空气系统，加大供气量；

⑧ 此改造因过滤面积加大可降低阻力节省能源。

上述改造，在降低阻力、节省运行费用，增风、提产，大大减少排放，延长滤件使用寿命等方面都会有显著效果。

四、电除尘器改造为袋式除尘器

1. 电除尘系统存在的问题

电除尘器设计排放浓度较高，在电厂、水泥等排放标准修改后电除尘器有待改造。

2. 改造内容

原有的电除尘器壳体、灰斗、管道、承重基础、物料输送系统都可以保留、沿用，仅用性能先进的脉冲袋式除尘器的过滤和清灰方式进行改造。

3. 技术特点

① 袋式除尘器效率高、排放低，滤袋使用寿命 2～5 年；

② 与传统袋式除尘器相比，改造后的袋式除尘器由于过滤面积大，运行阻力低且稳定；

③ 对入口粉尘的性质变化没有太多的限制；

④ 可处理增加的烟气量；

⑤ 设备所包括的机械活动部件数量较少，不需要进行频繁维护或更换；

⑥ 过滤元件既可在净气室进行安装（从上面将其装入除尘器），也可在含尘室进行安装（在除尘器下部进行安装）。现场优势主要体现在其改造工程简便易行，图 13-180 是这种改造的实例。

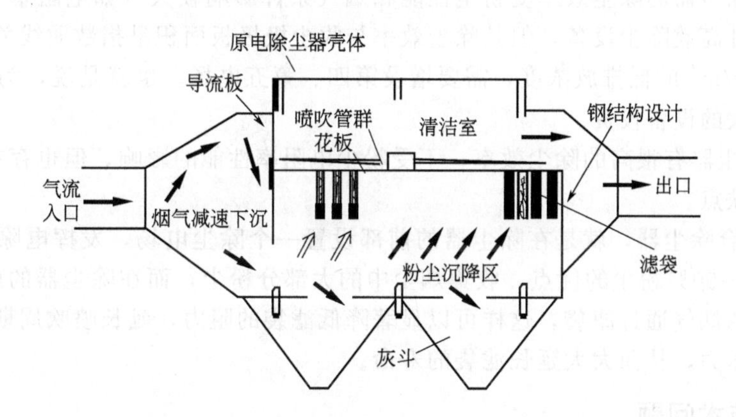

图 13-180　典型的电除尘器改造为袋式除尘器

4. 改造设计内容

① 去除电除尘器内部的各种部件，包括极线、极板、振打系统、变压器、上下框架、多孔板等。通常所有的工作部件都应去除。现有的除尘器地基不动，外壳、出风管路、输灰装置不做改动，即可改造为脉冲袋式除尘器，可利用原外壳，节约资金，节省改造工期。

② 安装花板、挡板、气体导流系统。对管道及进出风口改动以达到最佳效果。在结构

体上部设计安装净气室。

③ 顶盖安装维修、走道及扶梯。根据净气室及通道的位置来安装检修门、走道及扶梯。

④ 安装滤袋。袋式除尘器的滤材选择至关重要，主要取决于风量、气流温度、湿度、除尘器尺寸、安装使用要求及价格成本。选择合适的滤材对整个工程的成败起着举足轻重的作用，特别对脉冲除尘器高温玻璃纤维滤件，如选用不当改造后的袋除尘器未必会优于原有的电除尘器。更有甚者，错误地选择滤袋会导致其快速损坏，增加更多的维护工作量。只有合理的设计、选型和安装滤袋才会保证高效率除尘及最少的维护量。

⑤ 安装清灰系统。清灰系统主要包括压缩空气管线、脉冲阀、气包、喷吹管及相关的电器元件。同时尽可能实行按压差清灰。当控制器感应到压差增到高位时会启动脉冲阀喷吹至合适的压差而中止。根据不同的工艺条件，清灰的“开”“关”点可以分别设置。

将电除尘器改造为袋式除尘器，到目前为止电厂、水泥厂、烧结厂已有改造的案例。随着电除尘器使用的老化，对除尘效率要求的日益提高，电除尘器改造为袋式除尘器的需求又被赋予了新的要求和生命力。从长远眼光看，一次性投资稍高些但改造成功有效，比重复投资反复改造要经济得多，而且也有利于连续稳定生产。少花费资金，减少停工时间，电除尘器改造成袋式除尘器是提高生产效率和除尘效率的一个有效且成功的途径。

五、电除尘器改造为电袋复合除尘器

1. 理论基础

① 电除尘器是利用粉尘颗粒在电场中荷电并在电场力作用下向收尘极运动的原理实现烟气净化的。在一般情况下，当粉尘的物理、化学性能都适合时电除尘器可达到很高的除尘效率且运行阻力低，所以是目前广泛应用的一种除尘设备，但它也存在一些不足。

首先，电除尘器的除尘效率受粉尘性能和烟气条件影响较大（如电阻率等）。其次，电除尘器虽是一种高效除尘设备，但其除尘效率与收尘极极板面积呈指数曲线关系。有时为了达到 20～30mg/m^3 的低排放浓度，需要增设第四、第五电场。也就是说，为了降低粉尘排放而需增加很大的设备投资。

② 袋式除尘器有很高的除尘效率，不受粉尘电阻率性能的影响，但也存在设备阻力大、滤袋寿命短的缺点。

③ 电袋复合除尘器，就是在除尘器的前部设置一个除尘电场，发挥电除尘器在第一电场能收集 80％～90％粉尘的优点，收集烟尘中的大部分粉尘，而在除尘器的后部装设滤袋，使含尘浓度低的烟气通过滤袋，这样可以显著降低滤袋的阻力，延长喷吹周期，缩短脉冲宽度，降低喷吹压力，从而大大延长滤袋的寿命。

2. 主要技术问题

① 多数卧式电除尘器，烟气进入电除尘部分，采用烟气水平流动，保留一个或两个电场不改变气流方向，但袋式除尘部分烟气应由下而上流经滤袋，从滤袋的内腔排入上部净气室。这样，应采用适当措施使气流在改向时不影响烟气在电场中的分布（图 13-181）。

② 应使烟尘性能兼顾电除尘和袋式除尘的操作要求。烟尘的化学组成、温度、湿度等对粉尘的电阻率影响很大，很大程度上影响了电除尘部分的除尘效率。所以，在可能条件下应对烟气进行调质处理，使电除尘器部分的除尘效率尽可能提高。袋除尘部分的烟气温度，一般应大于 130℃且小于 200℃（防结露糊袋）。

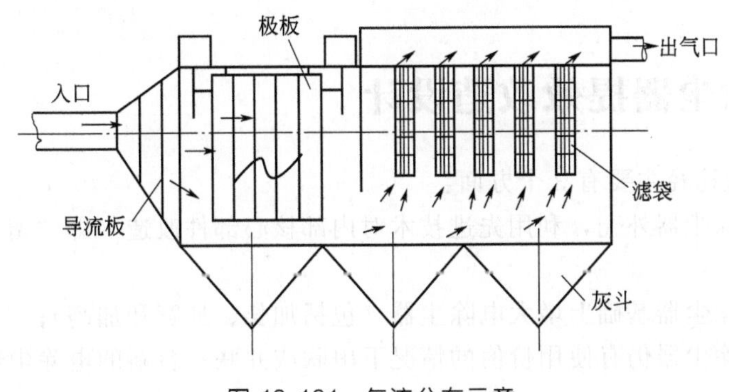

图 13-181 气流分布示意

③ 在同一个箱体内，要正确确定电场的技术参数，同时也应正确地选取除尘各个技术参数。在原有电除尘器改造时往往受原有壳体尺寸的限制，这个问题更为突出。在“电-袋”除尘器中，由于大部分粉尘已在电场中被捕集，而进入袋除尘部分的粉尘浓度、粉尘细度、粉尘分散度等与进入除尘器时的粉尘发生了很大的变化。在这样的条件下过滤风速等参数也必须随着变化，需要慎重对待。

④ 如何使除尘器进出口的压差（即阻力）降至1000Pa以下。除尘器阻力的大小直接影响电耗的大小，所以正确的气路设计是减少压差的主要途径。

3. 改造内容

（1）除尘器的改造　除尘器是在保持原壳体不变的情况下进行改造，一般要保留第一电场和进出气喇叭口、气体分布板、下灰斗、排灰拉链机等。

烟气从除尘器进气喇叭口引入，经两层气流均布板，使气流沿电场断面分布均匀进入电场，烟气中的粉尘有80%～90%被电场收集下来，烟气由水平流动折向电场下部，然后从下向上运动，通入除尘室。含尘烟气通过滤袋外表面，粉尘被阻留在滤袋的外部，纯净气体从滤袋的内腔流出，进入上部净化室，并分别进入上部的气阀，然后汇入排风管，流经出口喇叭、管道、风机，从烟囱排出。

该设备可以采用在线清灰，也可以采用离线清灰。当采用离线清灰时，先关闭清灰室的主气阀，然后PLC电控装置有顺序地启动清灰室上每个脉冲阀的电磁阀，使压缩空气沿喷吹管喷入滤袋，进行清灰。脉冲宽度可在0.05～0.2s范围内调节，脉冲间隔时间为5～30s，喷吹周期为4～50min，喷吹压力为0.2～0.3MPa。在每个除尘室的花板上下侧都安装了压差计，可以随时了解该室滤袋的积灰情况以及每个室的气流均布情况。除尘器的进出口处均设置压力计和温度计，可以了解设备工作时的压力升降变化。

除尘器的气路设计至关重要，它的正确与否关系到除尘器的结构阻力大小，即关系到设备运行时的电耗大小。改造设计应做气流模拟计算或借鉴成功的案例。

（2）风机改造　将电除尘器改造为“电-袋”除尘器后，由于滤袋阻力较电除尘器高，所以原有尾部风机的风压需提高。此外，为满足增产的需要风机风量也需提高。

风机改造有两种方式：一是更换风机或加长风叶；二是适当提高转速，以满足新的风压、风量要求。

综上所述，这种电袋复合除尘器充分利用了电除尘器与袋式除尘器的各自优势，既降低了投资成本，也减少了占地面积，更降低了排放浓度，是值得推广的用于改造除尘器的除尘设备。

六、电除尘器提效改造设计

电除尘器改造途径主要有 3 个方面：

① 保留原电除尘器外壳，利用先进技术对内部核心部件改造（即“留壳改仁”），提高除尘效果；

② 在原有电除尘器基础上增大电除尘器（包括加长、加宽和加高）；

③ 在原有电除尘器仍有使用价值的情况下串联或并联一台新的电除尘器。

1. 保留壳体的改造技术

保留壳体是指利用先进技术对影响除尘效果的关键部件进行改造。框架和壳体予以保留。

改造方案主要是保留壳体，利用电除尘器技术对内部关键部件进行改造，使之与原有壳体结构相匹配。

① 气流分布板改造，使之符合斜气流要求，从而提高除尘效率。

② 振打传动用行星摆线针轮减速电机直联在轴上，振打锤采用夹板式挠臂锤，轴承用托辊式轴承，振打方向为分布板的法向振打，振打力大，清灰彻底。

③ 用电晕性能好、起晕电压低、放电强度高、易清灰的新型电晕线进行改造，用于浓度较大的电场。

④ 用新的收尘极使极板上各点近似与电晕极等距，形成均匀的电流密度分布，火花电压高，电晕性能好；与电晕线形成最佳配合，粒子重返气流机会少；采用活动铰接形式，有利于振打传递。振打采用挠臂锤。振打周期可根据运行工况调整，以获最佳除尘效果。

⑤ 阻流板、挡风板采用新技术重新设计，避免气流短路。

⑥ 采用新的供电技术，提高除尘效果。

2. 改变壳体的改造技术

（1）在原电除尘器之前增加电场　新增前加电场的基础和钢支架；增加电场壳体和灰斗；增加电场收尘极和放电极系统；增加电场的收尘极和放电极振打系统；进气烟箱；前置烟道的改造；增加高、低压供电装置；附属配套设施的增加和改造。其布置如图 13-182 所示。

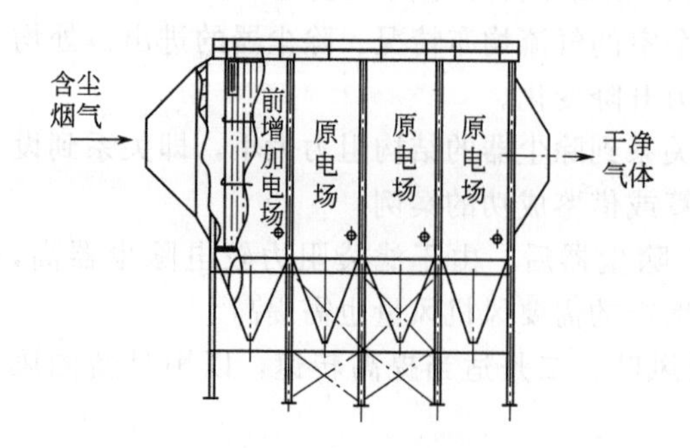

图 13-182　原电除尘器前增加电场典型布置

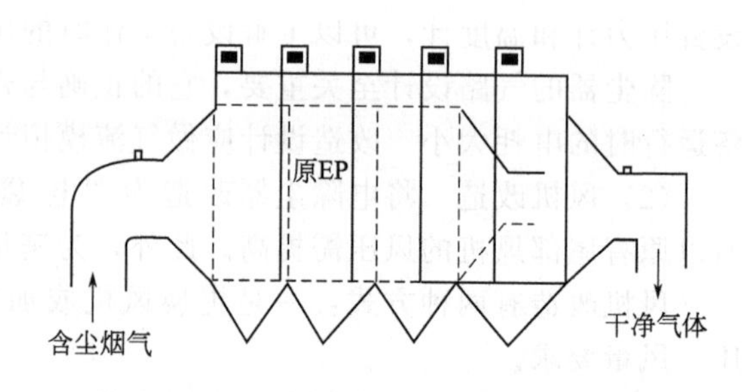

图 13-183　原电除尘器后增加电场的布置

（2）在原电除尘器之后增加电场　新增后加电场的基础和钢支架；增加电场的壳体和灰斗；增加电场的收尘极和放电极系统；增加电场的收尘极和放电极振打系统；出气烟箱；增加高、低压供电装置；附属配套设施的增加和改造。后增加电场的布置如图 13-183 所示。

（3）原电除尘器加宽　新增室的基础和钢支架；新增室的壳体和灰斗；新增室的收尘极和放电极系统；新增室的收尘极和放电极振打系统；重新设计进气烟箱；前置烟道的改善；增加高、低压供电装置；附属配套设施的增加和改造。典型布置如图 13-184 所示。

（4）原除尘器增加高度　基础、钢支架、壳体和灰斗不变。在原壳体基础上增加高度，更换所有收尘极和放电极系统；更换收尘极和放电极振打系统；重新设计进气烟箱；必要时增加高、低压供电装置及附属配套设施的改造。典型布置如图 13-185 所示。

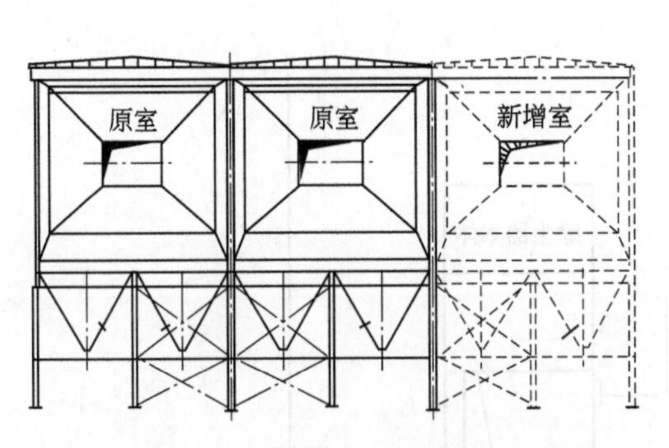

图 13-184　在一侧增加电场宽度布置形式

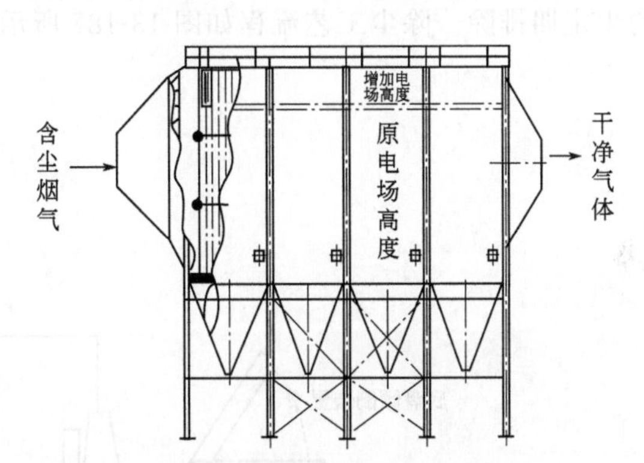

图 13-185　增加电场高度布置方案

（5）重新分配电场　基础、钢支架、壳体和灰斗不变。利用原电除尘器收尘极和放电极侧部振打沿电场长度方向的空间，重新分配电场，并采用顶部振打，通常情况下原四个电场的可以增加到五个电场，可有效增加收尘极板面积。更换所有收尘极和放电极系统；更换收尘极和放电极振打系统；增加高、低压供电装置及附属配套设施的改造。典型布置方案如图 13-186 所示。

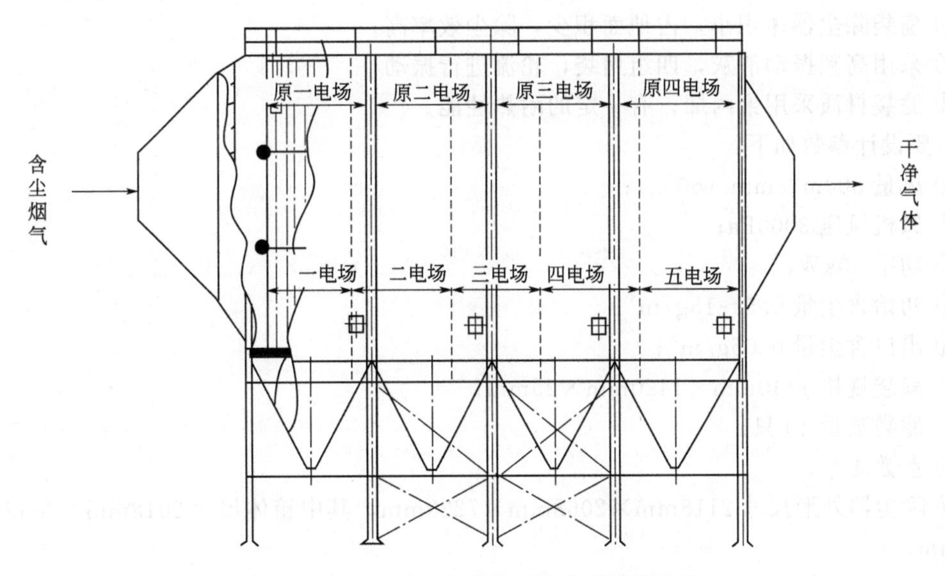

图 13-186　利用内部空间重新分配电场方案

七、除尘器改造设计实例

（一）不同类型除尘器改造为脉冲袋式除尘器

1. 高频振动扁袋除尘器改造

（1）钢厂下铸底盘间的底盘在倾翻时将碎耐火砖倒入台车，散发大量灰尘，设袋式除尘器一台。台车上部设密闭罩，含尘气体由罩内吸出，经高频振动扁袋净化后排放。收集到的粉尘定期排除。除尘工艺流程如图 13-187 所示。

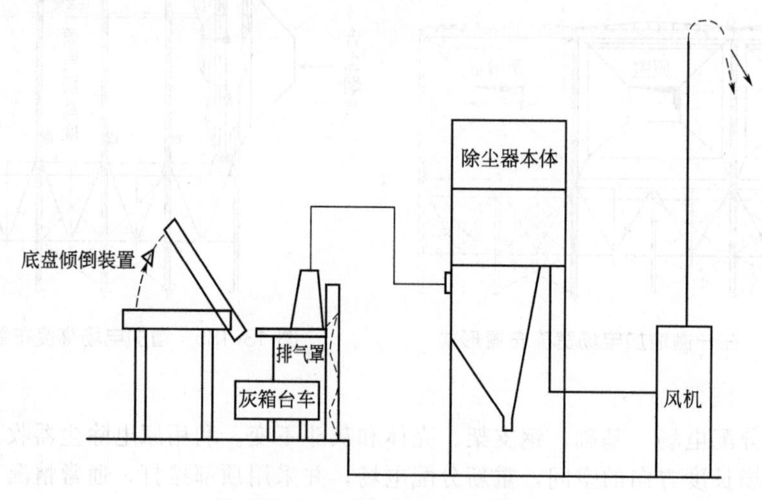

图 13-187 底盘间除尘工艺流程

该除尘器特点是：

① 扁袋除尘器体积小，占地面积少，除尘效率高；

② 采用高频振动清灰，四组扁袋，轮流进行振动；

③ 滤袋材质采用聚丙烯，有一定的耐热性能。

主要设计参数如下：

① 风量 $300m^3/mm$（60℃）；

② 风机风压 3000Pa；

③ 功率 30kW；

④ 初始含尘量 $0.5\sim15g/m^3$；

⑤ 出口含尘量 $0.05g/m^3$；

⑥ 扁袋规格 1440mm×1420mm×25mm；

⑦ 滤袋数量 40 只；

⑧ 室数 4 个；

⑨ 除尘器外形尺寸 2118mm×2068mm×7220mm，其中箱体尺寸 2018mm×2068mm×3585mm。

除尘系统投产后集尘密闭罩吸尘效果差，除尘器阻力＞3000Pa，分析原因有：

① 高频振动扁袋除尘器属于在线清灰，振动下的灰会迅速返回滤袋；

② 滤袋过滤速度太高、阻力大，根据分析和实际运行情况，决定对除尘器进行改造。

(2) 改造内容　首先决定不做大的改造，而是决定把振动清灰除尘器改为脉冲除尘器。但扁袋振动除尘器箱体体积小，不能容纳更多的过滤袋，为此将除尘器箱体向上增高 2130mm（其中清洁室 880mm）。同时把扁袋和振动器拆除，安装花板、滤袋、袋笼和清灰装置。其他部分如风机、管道、卸灰阀等不动。改造后的除尘器外形尺寸为 2118mm×2068mm×9350mm，处理风量为 $18000m^3/h$，过滤面积 $180m^2$，过滤风速 1.67m/min，滤袋尺寸 ϕ130mm×4400mm、数量 110 条，脉冲阀 3in 淹没式，数量 10 只，压缩空气压力 0.2MPa，设计设备阻力 1700Pa。

(3) 改造效果　改为脉冲除尘器后除尘系统运行非常好，集气罩抽风良好，消除了污染。车间空气含尘浓度＜$8mg/m^3$，能满足车间卫生标准要求，除尘器排放气体含尘浓度＜$20mg/m^3$，运行阻力＜1000Pa，滤袋寿命达 4 年，达到技术改造目的。

2. 反吹风除尘器改为脉冲除尘器

(1) 工艺流程　煤粉碎机注煤的入口、出口及皮带机受料点的扬尘，通过吸气罩经风管进入袋滤器，捕集下来的煤尘运出加入炼焦配煤中炼焦，如图 13-188 所示。

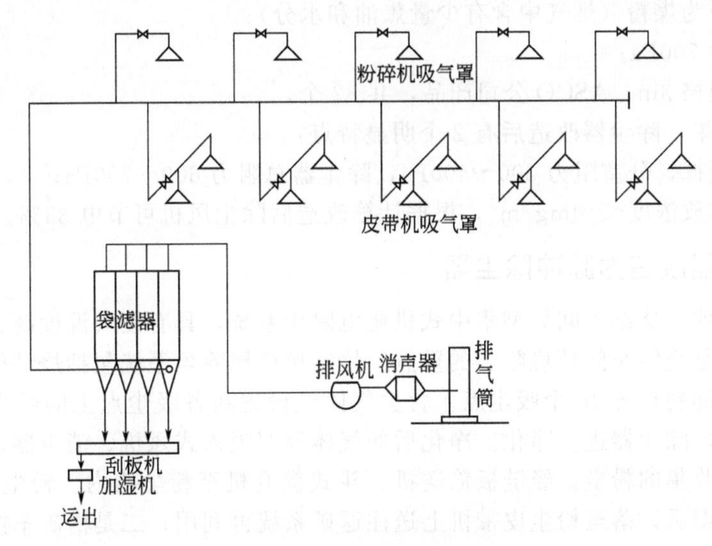

图 13-188　煤粉粉碎机除尘系统

流程特点如下：

① 考虑到煤尘的爆炸性质，采用能消除静电效应的过滤布，滤布中织入 $\phi8\sim12\mu m$ 的金属导线；

② 为防止潮湿的煤粉在管道、集尘器灰斗内集聚，在管道及除尘器灰斗侧壁设置蒸汽保温层。

主要设计参数：抽风量 $800m^3/min$；入口含尘浓度 $15g/m^3$；出口含尘浓度＜$50mg/m^3$；烟气温度≤60℃；除尘器型式为负压式反吹袋式除尘器，过滤面积 $950m^2$，滤袋规格 ϕ292mm×8000mm；过滤风速 0.84m/min；设备阻力 1960Pa，室数 4 个（144 条滤袋）；风机的风量 $800m^3/min$，风压 4900Pa，温度 60℃，电机功率 132kW。

经多年运行后除尘器阻力升高，经常维持在2000～3000Pa，由于阻力高，使系统风量也有所减少，因此决定把反吹风袋式除尘器改造为脉冲袋式除尘器，以便降阻节能改善车间岗位环境。

(2) 改造内容 除尘器箱体、输灰装置、箱体侧部检修门、走梯、平台、风机等保留；拆除除尘器箱体内下花板、滤袋及吊挂滤袋的平台、一次和二次挡板阀及部分顶盖板；新设计安装花板，顶部检修门，脉冲清灰装置及相应的压缩空气管道、电控系统。

改造后新除尘器的主要技术参数如下：

① 新除尘器为低压（0.3MPa）在线式脉冲喷吹袋式除尘器，共4个室；

② 过滤面积1600m^2；

③ 处理风量56940m^3/h，耐压≤5000Pa；

④ 过滤风速0.6m/min；

⑤ 滤袋规格为ϕ150mm×7600mm，材质为普通针刺毡（没有覆膜），单位重500g/m^2；

⑥ 滤袋数量448条，每个脉冲阀带14条滤袋；

⑦ 烟气温度<60℃；

⑧ 入口含尘浓度15g/m^3；

⑨ 出口含尘浓度<10mg/m^3；

⑩ 粉尘性质为煤粉（烟气中含有少量焦油和水分）；

⑪ 设备阻力700Pa；

⑫ 脉冲阀规格3in，ASCO公司产品，共32个。

(3) 改造效果 除尘器改造后有2个明显特点：

① 阻力特别低，分室阻力300～400Pa，除尘器总阻力600～700Pa；

② 除尘器排放浓度<10mg/m^3，根据计算改造后除尘风机可节电33%。

3. 电除尘器改造为脉冲除尘器

(1) 系统说明 烧结车间大型集中式机尾电除尘系统，具有废气温度高、粉尘干燥、含尘量大的特点，是烧结车间环境除尘的重点。烧结机机尾除尘系统包括烧结机的头部、尾部与环冷机的给、卸料点等40个吸尘点。含尘气体经设置在各吸尘点上的吸尘罩，通过除尘风管，进入机尾电除尘器进行净化。净化后的气体经双吸入式风机、消声器，最后由烟囱排至大气。该设备收集的粉尘，经链板输送机、斗式提升机至粉尘槽内。粉尘的去向有两个：一是经加湿机加湿后，落至粉尘皮带机上送往返矿系统再利用；二是槽矿车接送至小球团系统进行造球后再利用。机尾除尘系统如图13-189所示。

主要设计参数如下：

① 总抽风量15000m^3/min；

② 收尘器入口含尘浓度10～15g/m^3，出口含尘浓度0.1g/m^3；

③ 收尘器入口废气温度120～140℃，极板间距300mm；

④ 有效收尘板面积约16000m^2；

⑤ 额定电压60kV。

(2) 改造内容

① 设计时尽量保留和利用原有电除尘器的一些箱体、支架、灰斗和大部分平台爬梯等，对利用原电除尘器箱体设备部分进行强度计算，并提出必要的加固方案，使电改袋除尘器箱体的钢结构强度耐压达到8000Pa。

② 利用电除尘器的大进大出进出风结构形式促使烟气气流方向顺畅，加速粉尘的沉降

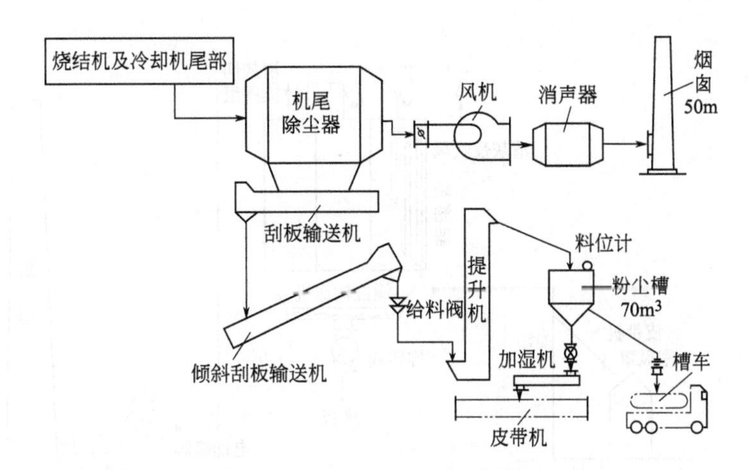

图 13-189 机尾除尘系统

速度，可将粒径在 44μm 上的粉尘先沉降至灰斗中，减轻布袋的浓度，降低系统阻力，以实现低阻目的。

③ 充分利用了原除尘器进风结构，并配套了专有的进风导流技术，尽可能将电除尘的空间作为袋式除尘器空间利用，将大颗粒的粉尘进行沉降，使进入除尘布袋的进口风速降至最低。

④ 除尘器上箱体设计为整体结构，既可依技术和质量的可靠性，又能大大减少安装工程量，并能缩短改造周期。

改造后脉冲除尘器主要技术参数如下：a. 处理风量 $1.0\times10^6 m^3/h$；b. 过滤面积 $16620m^2$；c. 过滤风速 1.00m/min，离线检修时 1.50m/min；d. 分室数 3 个；e. 滤袋数量 5040 条；f. 滤袋规格为 ϕ150mm×7000mm；g. 滤袋材质为聚酯涤纶针刺毡（单位重≥$550g/m^2$）；h. 脉冲阀规格 3″淹没式，数量 360 只；i. 气源压力 0.4～0.6MPa；j. 耗气量 $8m^3/min$；k. 进口含尘浓度 25～$30g/m^3$；l. 出口排放浓度≤$35mg/m^3$；m. 设备阻力≤1500Pa；n. 设备耐压－8000Pa；o. 静态漏风率≤2%。

(3) 运行效果 电改袋除尘器运行后经检测其排放浓度低，平均 $22.7mg/m^3$（目测无任何排放）、设备阻力低、压差小于 800Pa，运行效果理想，达到了改造工程预期目的。

4. 反吹风袋式除尘器改造为脉冲除尘器

(1) 除尘流程 炼钢副原料受料系统的物料（石灰、矿石等）由皮带转运时散发出大量烟尘，设置负压式反吹风袋式除尘器。

皮带转运站落料点设置一个吸风口，接受卸料的皮带机设置两个吸风口，通过三个支管汇入总管，然后进入袋滤器，由风机排空。收集到的粉尘通过螺旋输送机和旋转卸料阀排至集灰箱，用汽车运至烧结厂，流程见图 13-190。

该流程特点是滤袋清灰采取 3 个袋轮流反吹方式，反吹风切换阀采用双蝶阀组，用 1 只电动缸带动连杆转动。

(2) 主要设计参数

① 风量 $200m^3/min$（20℃）；风压 4250Pa；风机功率 30kW（标况）。

② 初始含尘量 5～$10g/m^3$；出口含尘量 $0.05g/m^3$。

③ 布袋规格 ϕ210mm×4450mm（涤纶）；袋数 84 只；室数 3 个。

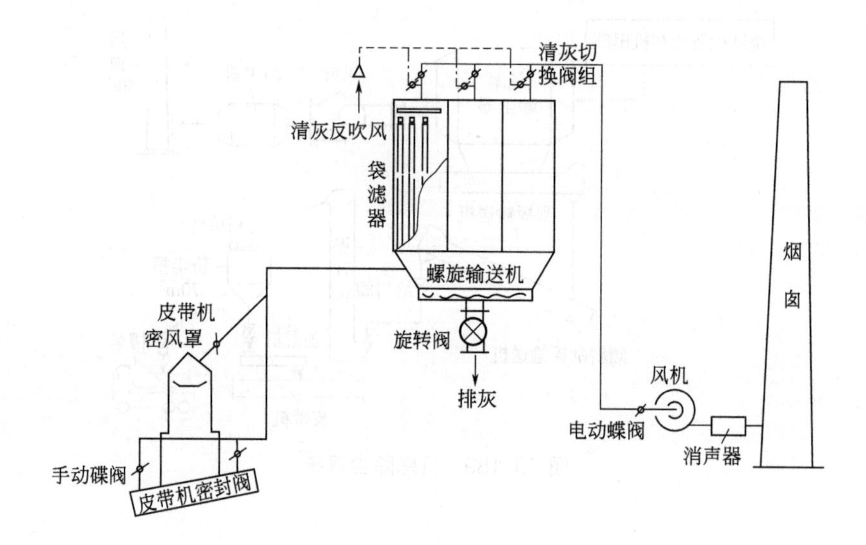

图 13-190 副原料除尘系统

(3) 改造内容

① 原系统抽风点风量不够，导致石灰转运时粉尘增加，改造时加长了吸尘罩和密封性。

② 保留除尘器壳体，拆除反吹风阀门和花板，改为脉冲清灰装置和新花板、检修门。

③ 把除尘器卸灰装置改为吸引装置，负压吸引粉尘。

(4) 改造后除尘器的主要参数 处理风量 $30000m^3/h$；入口浓度 $10g/m^3$；排放浓度＜$15mg/m^3$；过滤面积 $408m^2$；过滤风速 1.23m/min；阻力损失 300Pa；滤袋尺寸 $\phi155mm\times500mm$；风机 9-26N10；风量 $3000m^3/h$；全压 5000Pa；电机 Y280S-4；功率 75kW。

除尘器由反吹风除尘器改造为脉冲除尘器后效果特别好，吸尘罩没有扬尘，除尘器排放浓度＜$10mg/m^3$，运行阻力 600～800Pa，卸灰处再无污染。

(二) 电除尘器提效技术改造设计

在锥炉、屏炉两台炉窑上安装两台 GD44-ⅡC 型电除尘器，它们已经安全运行了 13 年。随着国家提高了大气污染排放标准，它们已经不能满足要求，需要进行技术改造。改造在保证两炉窑正常运行的情况下逐台进行。通过改善除尘器入口气流分布、加大极距、改变电源和控制、改善振打、增加电场等，满足了《工业炉窑大气污染物排放标准》（GB 9078—1996）中对有害污染物 PbO 的排放要求，取得了满意的结果。

1. 改造内容

改造前后的电除尘器技术参数见表 13-46。

表 13-46 GD44-ⅡC 型电除尘器改造前后的技术参数

序号	名称	单位	改造前	改造后
1	电场有效截面积	m^2	47.49	47.49

续表

序号	名称	单位	改造前	改造后
2	处理烟气量	m^3/h	83000	107400
3	烟气温度	℃	260	280
4	工作负压	Pa	−3300	−3300
5	电场风速	m/s	0.512	0.628
6	有效电场长度	m	6	9
7	气体停留时间	s	11.7	15.7
8	进口含尘浓度(PbO)	mg/m^3	179.49	180
9	出口含尘浓度(PbO)	mg/m^3	1.8	0.6
10	通道数	个	17	16
11	同极距	mm	360	400
12	异极距	mm	180	200
13	烟气阻力	Pa	<300	<300
14	高压电源		2×500mA/72kV	HL-Ⅲ0.4/72kV
15	电晕极型式		鱼骨形	鱼骨形
16	收尘极型式		管极式	管极式

(1) 壳体　原先体为宽立柱式钢结构。由于该结构稳定度较高，且几年来磨损较少，所以仍可利用。为了提效，增加了一个电场，新增壳体还采用宽立柱式钢结构。

(2) 气流分布装置　原进口喇叭中的分布板由于磨损较严重，所以全部报废，重新设计气流分布板，其开孔率和层数根据气流分布模拟试验确定，中间开孔率低、四周开孔率高的气流分布板共有三层。新气流分布板与原有的相比，气流分布更加均匀，进入电场烟尘浓度基本一致。

气流分布板还起到预收尘的作用，当烟气流速从15～18m/s逐渐低到0.6m/s左右时，粗颗粒粉尘在重力作用下自然沉降。主气流通过分布板时，将气流分割扩散，分气流突然改变方向，由于惯性作用一部分粉尘在重力和惯性力的作用下沉降下来。

(3) 极间距　原同极距为360mm，异极距为180mm，实际同极净距只有320mm，异极净距140mm，再加上安装及运行的热变形，异极距实际小于140mm，这就限制了运行电压的升高。把同极距改为400mm，异极间距改为200mm后，提高了运行电压，除尘效率显著提高。

(4) 收尘极　仍采用原来的管极式收尘极。这种收尘极具有抗热变形能力强，总集尘面积大，电场内气流分布均匀，制造、安装、调整容易，以及耐腐蚀、成本较低、维护量小等特点。

(5) 电晕极　仍采用原来的鱼骨形电晕极。鱼骨形电晕极由5根辅助电极和鱼骨形电晕线交替布置，辅助电极和电晕极施加相同的极间电压，产生高电场强度和低电流密度，可防止反电晕又可捕集荷正电的粉尘，提升高比电阻粉尘的捕集效率。

(6) 振打系统　仍采用原来的侧部振打装置。设计良好的振打系统可有效地清除电极上的粉尘，同时减少二次扬尘。振打效果不仅仅与振打加速度大小有关，还与电极的振幅及固有频率有关。

振打加速度与振打频率平方成正比，振打频率与振幅又互为函数。频率低，振幅大，粉尘不易从电极上清除下来。相反，频率高，振幅小，粉尘往往不能呈片状下落而引起二次扬尘，还容易导致振打系统疲劳破坏。通过试验测定，把锤臂由原来的 300mm 长［见图 13-191(a)］增加到 400mm 长［见图 13-191(b)］，振打效果有很大提高。

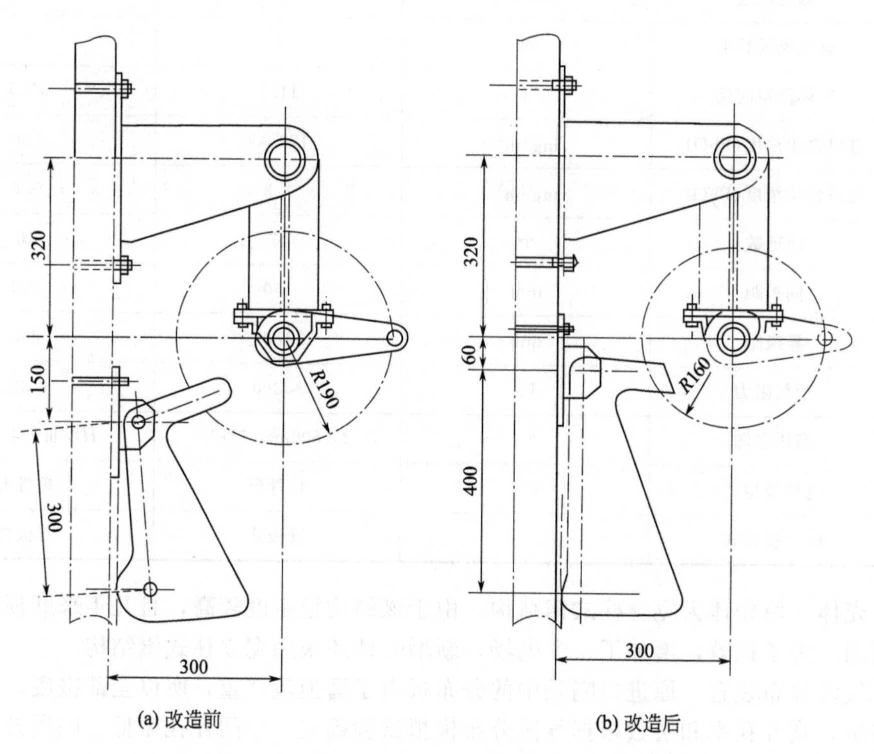

图 13-191 除尘器锤臂

2. 电瓷件

原来的支柱绝缘子、瓷套筒、瓷转轴等电瓷件均是 50 瓷，在高温状态下易龟裂，导致积灰、爬电，电压升高。这次改造把 50 瓷改为 95 瓷，在 250℃以上高温情况下绝缘性能好、抗热抗震性能好、机械强度高，确保除尘器长期稳定运行。

3. 电源及电控

改造采用上海激光电源设备厂生产的恒流高压直流电源（HL-Ⅲ0.4/72kV），能使电场充分电晕而不容易转化为贯穿性的火花击穿。与其他电源相比，在同一电场上运行电压和电晕电流均显著提高，节电效果也比较明显，功率因数 $\cos\phi \approx 0.9$。

低压电控也是电除尘器稳定高效运行不可缺少的重要部分。随着工业控制自动化要求的提高，监控和数据采集系统应用日益广泛。改造采用北京某公司开发的工控软件——组态王 5.0，将除尘器的整个系统画面动态化，在上位机上显示。上位机的应用使电除尘的自动化控制起了质的变化。它不仅形象直观地描述现场各个部件的运行情况，还可以利用设定的软件操作，处理数据用以记录、打印、通信、自诊断、显示过程变量、控制参数及重要报警信息等。低压的核心部件 PLC 由原三菱 F_1 系统改成了德国西门子 S7-300，增加了 S7 的模拟量模块，使控制更加简单可靠。总之这次改造的电气控制模式体现了当今工业控制领域的技术发展趋势。

4. 实际效果

电除尘器改造工程工期短，时间紧，为此投入了必要的人力、物力。有经验的工人和技术人员也到场参与安装调试。经过以上改造，除尘器投运 3 个月后测定数据表明，这次改造是非常成功的（见表 13-47）。

表 13-47　改造前后监测对比

项目	入口粉尘浓度 /(mg/m³)	出品粉尘浓度 /(mg/m³)	除尘效率 /%	烟气量 /(m³/h)	PbO 排放浓度 /(mg/m³)
改造前	735.6	5.45	99.26	82410	1.2
改造后	730.7	2.27	99.68	107400	0.5

（三）改造为滤筒滤尘器

普通袋式除尘器改造为滤筒除尘器，把过滤袋改为滤筒可以增加过滤面积，降低设备阻力，提高除尘效果。具体应用详见表 13-48。

表 13-48　脉冲滤筒除尘技术在工业除尘技术改造的应用

序号	应用领域	图号	存在问题	技术改造后
1	料仓顶通风用除尘器(用滤袋/笼架)	图 13-192	(1)风量 $4077m^3/h$； (2)48 个滤袋，过滤面积 $56m^2$，风速 1.2m/min，气布比 4∶1； (3)压差 1520Pa； (4)滤袋寿命短； (5)压缩空气耗量大	采用褶式滤筒后： (1)风量 $4757m^3/h$，提高 20%； (2)48 个滤筒，过滤面积 $165m^2$，风速 0.49m/min； (3)压差 760～1060Pa； (4)杜绝减压阀超压； (5)显著减少压气耗量
2	风动输送系统(用普通滤袋)	图 13-193	(1)25 个滤袋，过滤面积 $23m^2$； (2)高压差 2520Pa； (3)滤袋寿命 2～3 个月； (4)粉尘泄漏； (5)输送系统堵塞，输送效率低	采用褶式滤筒后： (1)25 个滤筒，过滤面积 $86m^2$； (2)过滤面积增加 $63m^2$； (3)压差降低 1/2，1270Pa； (4)滤袋寿命大大延长； (5)风量增加
3	除尘器入风口磨损(用滤袋/笼架)	图 13-194	(1)过滤风速过大； (2)入口气体粉尘磨蚀滤袋； (3)粉尘泄漏； (4)糊袋； (5)滤袋寿命短	采用褶式滤筒后： (1)增加过滤面积，降低过滤风速； (2)降低表面速率； (3)滤筒缩短，避开入口高磨损区； (4)滤袋寿命延长

续表

序号	应用领域	图号	存在问题	技术改造后
4	将振打除尘器改为脉冲滤筒除尘器（用普通滤袋）	图 13-195	(1)240 个滤袋； (2)清灰效果差； (3)压差偏高； (4)除尘效率低； (5)不易发现泄漏	采用褶式滤筒： (1)过滤风速 0.91m/min； (2)除尘效率 99.99%； (3)只用 120 个滤袋，减少 50%； (4)安装顶部清灰装置； (5)更换快捷方便； (6)减少总体维护费用
5	机械回转反吹除尘器技术改造	图 13-196	(1)传动装置时有故障，清灰效果差，风量不足； (2)除尘效率低； (3)滤袋寿命短	(1)采用褶式滤筒； (2)利用已有壳体、安装花板，取消传动机构； (3)改为脉冲清灰； (4)清灰好，除尘效率提高； (5)免除停机维修，滤袋寿命长
6	气箱式脉冲除尘器技术改造	图 13-197	(1)单点清灰效果差、压差高、易结露； (2)提升阀密封不严、易损坏，影响除尘效率； (3)要求喷吹压力高； (4)不能满足增产 20%水泥的生产要求	(1)将原箱体改造为顶装式 BHA 型脉冲滤筒； (2)过滤面积提升为 $3600m^2$，处理能力 $125000m^3/h$，过滤风速 0.59m/min； (3)满足水泥增产 20%需要，初始浓度 $900\sim1300g/m^3$

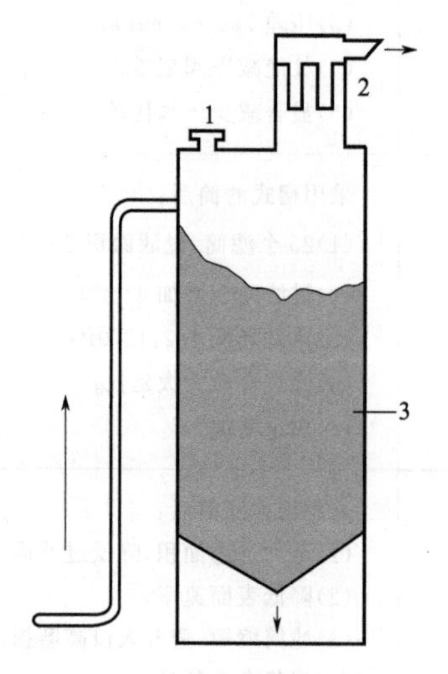

图 13-192　料仓顶通风用除尘器

1—减压阀；2—除尘器；3—料仓

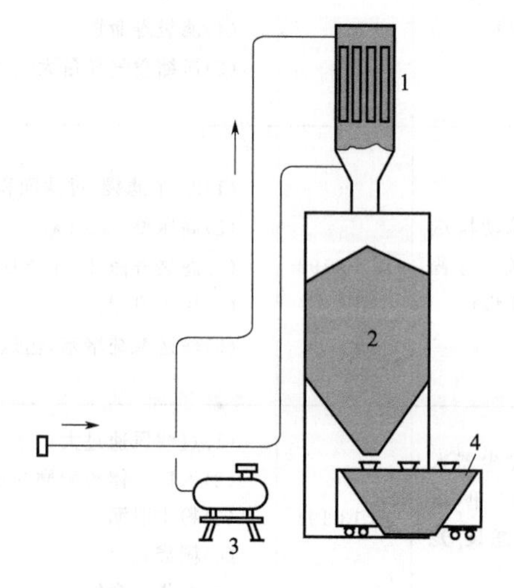

图 13-193　风动输送系统

1—过滤接收器；2—料仓；3—压缩机；4—料车

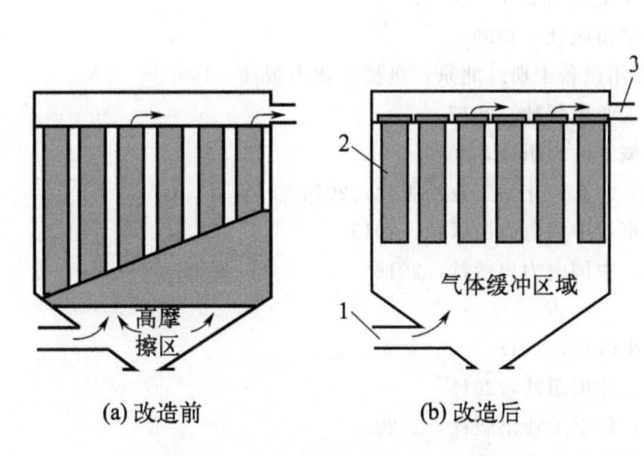

图 13-194　除尘器入风口磨损

1—含尘气体入口；2—滤筒；3—清洁气体出口

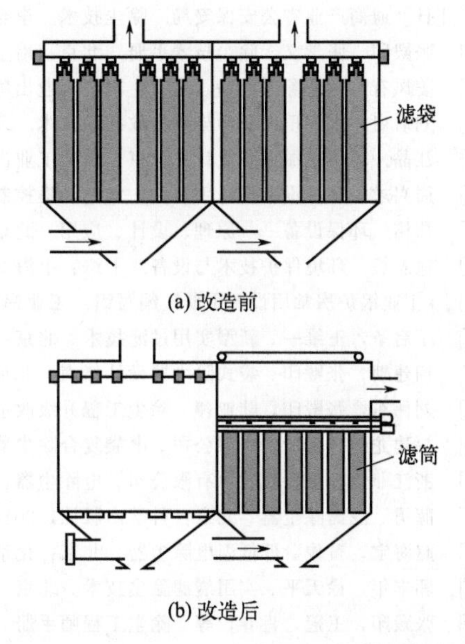

图 13-195　将振打除尘器改造成脉冲滤筒除尘器

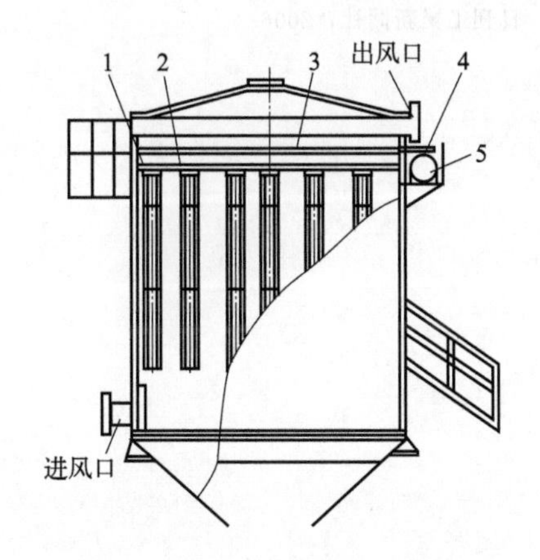

图 13-196　机械回转反吹除尘器改造

1—花板；2—TA625 滤筒；3—喷吹管；
4—脉冲阀；5—气包

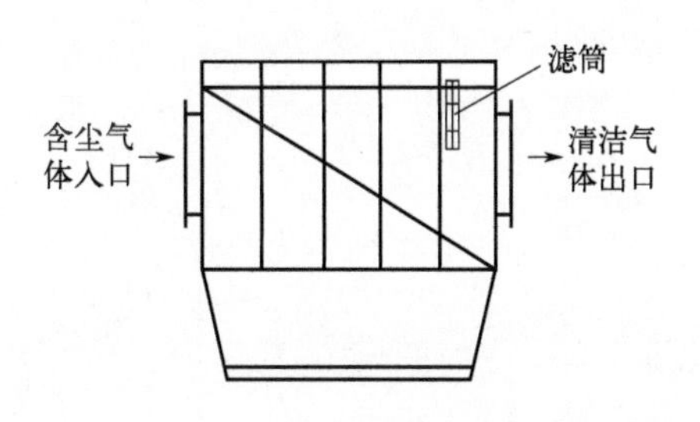

图 13-197　气箱式脉冲除尘器的更新改造

参 考 文 献

[1]　张殿印，刘瑾．除尘设备手册，2 版．北京：化学工业出版社，2015．

[2]　周迟骏．环境工程设备设计手册．北京：化学工业出版社，2009．

[3]　郝素菊，蒋武锋，方觉．高炉炼铁设计原理．北京：冶金工业出版社，2010．

[4]　胡满根，赵毅，刘忠．除尘技术．北京：化学工业出版社，2006．

[5]　唐国山，唐复磊．水泥厂电除尘器应用技术．北京：化学工业出版社，2005．

[6]　原永涛，等．火力发电厂电除尘技术．北京：化学工业出版社，2004．

[7]　张殿印，王纯，俞非漉．袋式除尘技术．北京：冶金工业出版社，2008．

[8]　朱晓华，王珲，张殿印．工业除尘设备设计手册．2 版．北京：化学工业出版社，2023.
[9]　[日] 通商产业省公安保安局．除尘技术．李金昌，译．北京：中国建筑工业出版社，1997.
[10]　张殿印，张学义．除尘技术手册．北京：冶金工业出版社，2002.
[11]　姜凤有．工业除尘设备．北京：冶金工业出版社，2007.
[12]　刘后启．水泥厂大气污染物排放控制技术．北京：中国建材工业出版社，2006.
[13]　江晶．环保机械设备设计．北京：冶金工业出版社，2009.
[14]　周兴求．环保设备设计手册——大气污染控制设备．北京：化学工业出版社，2004.
[15]　郑铭．环保设备——原理、设计、应用．北京：化学工业出版社，2001.
[16]　徐志毅．环境保护技术与设备．上海：上海交通大学出版社，1999.
[17]　《工业锅炉房常用设备手册》编写组．工业锅炉房常用设备手册．北京：机械工业出版社，1995.
[18]　丁启圣，王维一．新型实用过滤技术．北京：冶金工业出版社，2017.
[19]　杨建勋，张殿印．袋式除尘器设计指南．北京：机械工业出版社，2012.
[20]　刘伟东，张殿印，陆亚萍．除尘工程升级改造技术．北京：化学工业出版社，2014.
[21]　福建龙净环保股份有限公司．电袋复合除尘器．北京：中国电力出版社，2015.
[22]　浙江菲达环保科技股份有限公司．电除尘器，北京：中国电力出版社，2018.
[23]　薛勇．滤筒除尘器．北京：科学出版社，2014.
[24]　赵海宝，黄俊．低低温电除尘器．北京：化学工业出版社，2018.
[25]　郭丰年，徐天平．实用袋滤除尘技术．北京：冶金工业出版社，2015.
[26]　张殿印，王冠，肖春，等．除尘工程师手册．北京：化学工业出版社，2020.
[27]　刘瑾，张殿印．袋式除尘器工艺优化设计．北京：化学工业出版社，2020.
[28]　彭犇，高华东，张殿印．工业烟尘协同减排技术．北京：化学工业出版社，2023.
[29]　中央労働災害防止協会．局所排気装置，プッシュプル型換気装置及び除じん装置の定期自主検查指針の解説．7 版．東京：中央労働災害防止協会，2022.
[30]　粉体工学会．気相中の粒子分散・分級・分離操作．東京：日刊工業新聞社，2006.

第十四章
吸收装置的设计

第一节　吸收塔概述

根据吸收塔内气液接触部件的结构型式，一般可将塔设备分为填料塔与板式塔两大类。

填料塔属于微分接触逆流操作，塔内以填料作为气液接触的基本构件。

板式塔属于逐级接触逆流操作，塔内以塔板作为气液接触的基本构件。塔板又可分为有降液管和无降液管两种，在有降液管的塔板上气相与液相流向相互垂直，属于错流型。无降液管的塔板（穿流型）则属于逆流型。塔板上气液接触部件又包括许多不同型式，如筛孔、浮阀、泡罩等。

一、吸收塔的构造

1. 填料塔

一般填料塔的结构如图 14-1 所示。塔体由若干节圆筒联结而成，塔体根据被处理的物料性质可由碳钢（或衬耐腐蚀材料）、陶瓷、塑料、玻璃制成。在塔体内充填一定高度的填料，在填料下方装有填料支承板，在填料上方为填料压网，当填料层高度过高时可分成几段填充，两段之间装有液体再分布装置。填料塔一般按气液逆流操作，混合气体由塔底气体入口进入塔体，自下而上穿过填料层，最后从塔顶气体出口排出。吸收剂由塔顶通过液体分布器，均匀地喷淋到填料层中沿着填料层表面向下流动，直至塔底由管口排出塔外。由于上升气流和下降吸收剂在填料层中不断接触，所以上升气流中溶质的浓度越来越低，到塔顶时达到吸收要求排出塔外。相反，下降液体中的溶质浓度越来越高，到塔底时达到工艺条件要求后排出塔外。塔内气液相浓度沿塔高连续变化，所以称微分接触式设备。

2. 板式塔

板式塔通常是一个呈圆柱形的壳体，其中按一定间距水平设置若干塔板，如图 14-2 所示。液体在重力作用下自上而下横向通过各层塔板后由塔底排出，气体在压差推动下，经塔板上的开孔由下而上穿过各层塔板后由塔顶排出。每块塔板上皆贮有一定的液体，气体穿过板上液层时两相进行接触传质。即在总体上两相是逆流流动，而在每一块塔板上两相呈均匀错流接触，塔内气液相浓度沿塔高呈阶梯式变化，所以称逐级接触式设备。

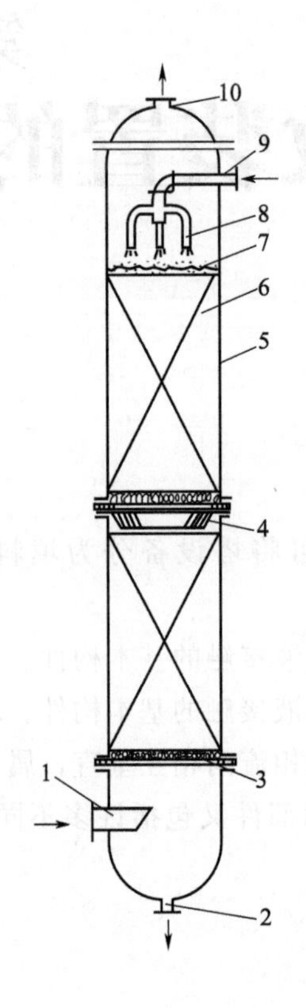

图 14-1　填料塔结构简图

1—气体入口；2—液体出口；
3—支承栅板；4—液体再分布器；
5—塔壳；6—填料；7—填料压网；
8—液体分布装置；9—液体入口；
10—气体出口

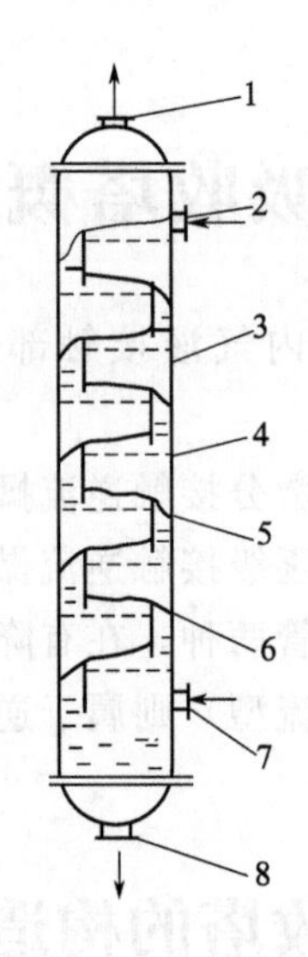

图 14-2　板式塔结构简图

1—气体出口；2—液体入口；3—塔壳；
4—塔板；5—降液管；6—出口溢流堰；7—气体入口；
8—液体出口

二、对塔设备的要求

塔设备是实现气相和液相间传质的设备，工业上对塔设备的要求，概括起来有以下几个方面：

① 生产能力大，即单位塔截面的处理量要大；

② 分离效率高，即达到规定分离要求的塔高要低；

③ 操作稳定、弹性大，即允许气体或液体负荷在相当的范围内变化，而不致在操作上发生困难并引起分离效率降低过多；

④ 对气体阻力小，即气体通过每层塔板或单位高度填料层的压力降要小；

⑤ 结构简单、易于加工制造、塔的造价低，此外还有安装、维修方便等要求。

任何塔型都难以同时满足上述所有要求，而是各有某些独特的优点。因此，必须了解各种塔型的特点并结合具体的工艺条件，选择合适塔型。

三、塔型选择原则

要选择合适的塔型必须通过调查研究，充分了解生产任务的要求，选择有较好特性的合理塔型。一般说来，同时满足生产任务要求的塔型有多种，但应从经济观点、生产经验和具体条件等方面综合考虑。现将选型时一些考虑因素列举如下。

1. 与物性有关方面的因素

① 物料系统易起泡沫，宜用填料塔。因为在板式塔中易造成严重的雾沫夹带，甚至泛塔，影响分离效率。

② 有悬浮固体和残渣的物料，或易结垢的物料，宜用板式塔中大孔径筛板塔、十字架形浮阀和泡罩塔等。填料塔将会产生阻塞，又很难清理。

③ 高黏性物料宜用填料塔。在板式塔中鼓泡传质效果太差。

④ 具有腐蚀性的介质宜选用填料塔，因它易用耐腐蚀材料制作，也可选用板式塔中结构简单的无溢流筛板塔。

⑤ 对于处理过程中有热量放出或必须加入热量的系统，宜采用板式塔。当然也可将填料分塔或分段设置，塔（段）间设置冷却器，但结构较复杂。

2. 与操作条件有关的因素

① 传质速率由气相控制，宜用填料塔，因在填料塔中气相在湍动，液相分散为膜状流动。例如，传质速率由液相控制，宜用板式塔，因为在板式塔中液相在湍动，气相分散为气泡。

② 当处理系统的液气比 L/V 小时宜用板式塔。

③ 操作弹性要求较大时宜采用浮阀塔、泡罩塔等。填料塔和无溢流筛板塔的弹性较小。

④ 对伴有化学反应（特别是当此反应并不太迅速时）的吸收过程，采用板式塔较有利，因液体在板式塔中的停留时间长，反应比较容易控制，有利于吸收过程。

⑤ 气相处理量大的系统宜采用板式塔，小填料塔适宜。因大塔板式塔价廉，小塔则填料塔便宜，一般塔径小于 $\phi 800\mathrm{mm}$ 宜采用填料塔。

第二节　填料塔及其吸收过程设计

一、常用填料

（一）对填料的基本要求

塔内填充填料的主要目的是提供足够大的表面积，促使气液两相充分接触，气液流动又不致造成过大的阻力。它是填料塔的核心。填料塔操作性能的好坏，与所选用的填料有直接关系。对填料的基本要求有如下几方面。

（1）要有较大的比表面积　单位体积填料层所具有的表面积称为填料的比表面积，以 a_t 表示，单位为 m^2/m^3。

填料的表面只有被流动的液相所润湿才能构成有效的传质面积。因此，若希望有较高的传质速率，除必须有大的比表面积之外，还要求填料有良好的润湿性能及有利于气液均匀分布的形状。

(2) 要有较高的空隙率　单位体积填料层所具有的空隙体积称为填料的空隙率，以 ε 表示，单位为 m^3/m^3。当填料的空隙率较高时，气、液通过能力大且气流阻力小，操作弹性范围较宽。

(3) 制造填料的材料应保证有足够的机械强度，不易破碎，质量轻，耐腐蚀，价廉易得。

目前实际所提供的填料很难全面满足以上要求，选择填料时应根据实际情况权衡利弊。

（二）几种典型填料

填料种类很多，可分个体填料与组合型填料两大类。如图 14-3 所示，属于个体填料的有拉西环、θ 环、鲍尔环、阶梯环、矩鞍、弧鞍、金属鞍环等。波纹填料属于组合型填料。

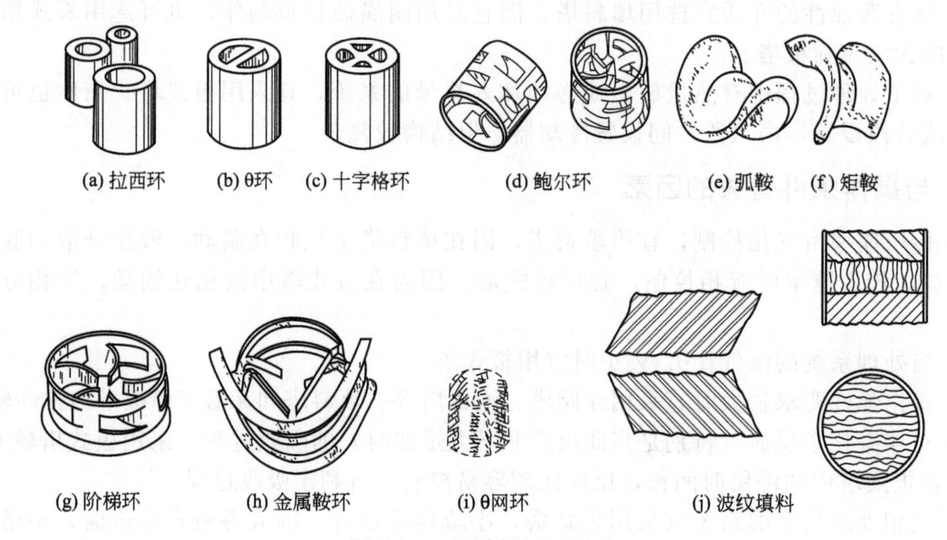

图 14-3　几种填料的形状

1. 拉西环填料

常用的拉西环为外径与高度相等的圆环［见图 14-3(a)］。在强度允许的条件下，壁厚应尽量薄一些，以提高空隙率及降低堆积密度。拉西环在塔内的充填方式有乱堆和整砌两种。乱堆填料装卸方便，但气体阻力较大。一般直径在 50mm 以下的填料都采用乱堆方式；直径在 50mm 以上的填料可采用整砌的方式。拉西环除用陶瓷材料制造外，还可用金属、塑料等材料制成。拉西环与近年来出现的填料相比，气体阻力大、通量小，且由于液体的沟流及壁流现象较严重，因而传质系数随塔径及填料层高度增大而显著下降；对气速的变化也较敏感，操作弹性范围较窄；但因其形状简单，制造容易，且对其流动及传质规律研究得比较充分，计算方法也成熟，所以至今仍广泛采用。

2. 鲍尔环与阶梯环

鲍尔环是对拉西环的一些主要缺点加以改进而研制出来的填料。在普通拉西环的侧壁上开有两排长方形窗孔，开孔时只断开四边形中的三条边，另一边保留，使被切开的环壁呈舌状弯入环内，这些舌片在环中心几乎对接起来，形状如图 14-3(d) 所示。填料的孔隙率与比表面积并未因而增加，但堆成层后气、液流通顺畅，有利于气、液进入环内，使气体阻力大为降低，液体分布也有所改善。因此，鲍尔环与拉西环相比，其气体通过能力与体积吸收系数都有显著提高。鲍尔环常用金属、塑料制造。

阶梯环是对鲍尔环的进一步改进。其结构特点是环高仅为直径的 5/8，且一端有向外翻的喇叭口，如图 14-3(g) 所示。这种填料的孔隙率大，而且填料个体之间呈点接触，可使液膜不断更新，具有压降小和传质效率高的特点。阶梯环多用金属和塑料制造。

3. 鞍形填料

鞍形填料是一种敞开型填料，包括弧鞍和矩鞍，其形状如图 14-3(e) 和 (f) 所示。弧鞍是两面对称结构，形状像马鞍，有时在填料层中易形成局部的叠合或架空现象，降低了填料表面利用率及填装密度。矩鞍形填料在塔内不会相互叠合，而是处于相互勾连的状态，因此有较好的稳定性，液体分布也较均匀，效率较高，且空隙率也有所提高，阻力较小，不易堵塞。鞍形填料比鲍尔环制造方便，是一种性能优良的填料。鞍形填料多用陶瓷制成。金属鞍环是以矩鞍为基体冲压制成类似鲍尔环的环形填料，力图兼备液体分布均匀及气体通量大的优点。

鞍形填料也可用金属丝网制成，称鞍形网，它具有其他网体填料的特点。

4. 波纹填料

波纹填料是将许多波纹片垂直反向叠在一起组成的盘状填料。一般盘高 40～60mm，波纹片上的波纹与水平呈 45°角倾斜。波纹填料装入塔内时，盘与盘间波纹板成 90°方向旋转排列。除了注意盘与盘间放置方向外，还要注意盘与盘间要紧密接触，这样才能保证液体均匀再分布。盘与塔壁间缝隙要用其他物质嵌塞，要保证操作时盘不移动或浮动。必要时在顶层加固定装置。安装正确的波纹填料，结构紧凑，通道规整，气体阻力小，比表面积大，且液体每经过一盘重新分布一次，使之趋于均匀，所以它的流体流动性能及传质性能都很好。但它不适用于有沉淀物、容易结块和聚合及黏度较大的物料，且填料装卸清理困难，造价高。

波纹填料可用金属、陶瓷、塑料、玻璃钢等板材制作，也可用金属丝网制成波纹网填料，它是现代高效填料之一。

几种常用填料特性数据列于表 14-1。现将几个与流体流动及传质性能关系密切的特性说明如下。

(1) 比表面积　比表面积 a_t 可由下式估算：

$$a_t = na_0 \tag{14-1}$$

式中，n 为单位体积填料层中填料个数，个/m^3；a_0 为每个填料的表面积，m^2/个。实际填料层的 a_t 将小于上述计算值，因为填料间接触部分的表面积被覆盖。同一种填料，尺寸越小 a_t 值越大。

表 14-1　几种填料的特性数据

填料种类	尺寸/mm	比表面积 a_t /(m^2/m^3)	空隙率 ε/(m^3/m^3)	堆积密度 ρ_p/(kg/m^3)	单位体积填料层中填料个数 n/(个/m^3)	填料因子 ϕ/m^{-1}
陶瓷拉西环（乱堆）	（直径×高×厚）					
	8×8×1.5	570	0.64	600	1465000	2500
	10×10×1.5	440	0.70	700	720000	1500

续表

填料种类	尺寸/mm	比表面积 a_t /(m^2/m^3)	空隙率 $\varepsilon/(m^3/m^3)$	堆积密度 $\rho_p/(kg/m^3)$	单位体积填料层中填料个数 $n/(个/m^3)$	填料因子 ϕ/m^{-1}
陶瓷拉西环（乱堆）	15×15×2	330	0.70	690	250000	1020
	25×25×2.5	190	0.78	505	49000	450
	40×40×4.5	126	0.75	577	12700	350
	50×50×4.5	93	0.81	457	6000	205
陶瓷拉西环（整砌）	（直径×高×厚）					
	50×50×4.5	124	0.72	673	8830	
	80×80×9.5	102	0.57	962	2580	
	100×100×13	65	0.72	930	1060	
	125×125×14	51	0.68	825	530	
	150×150×16	44	0.68	802	318	
金属拉西环（乱堆）	（直径×高×厚）					
	8×8×0.3	630	0.91	750	1550000	1580
	10×10×0.5	500	0.88	960	800000	1000
	15×15×0.5	350	0.92	660	248000	600
	25×25×0.8	220	0.92	640	55000	390
	35×35×1	150	0.93	570	19000	260
	50×50×1	110	0.95	430	7000	175
	76×76×1.6	68	0.95	400	1870	105
金属鲍尔环（乱堆）	（直径×高×厚）					
	16×16×0.4	364	0.94	467	235000	230
	25×25×0.6	209	0.94	480	51000	160
	38×38×0.8	130	0.95	379	13400	92
	50×50×0.9	103	0.95	355	6200	66
塑料鲍尔环（乱堆）	（直径）					
	16	364	0.88	72.6	235000	320
	25	209	0.90	72.6	51100	170
	38	130	0.91	67.7	13400	105
	50	103	0.91	67.7	6380	82
塑料阶梯环（乱堆）	（直径×高×厚）					
	25×12.5×1.4	223	0.90	97.8	81500	172
	38.5×19×1.0	132.5	0.91	57.5	27200	115
陶瓷矩鞍（乱堆）	（直径×厚）					
	13×1.8	630	0.78	548	735000	870
	19×2	338	0.77	563	231000	480
	25×3.3	258	0.775	548	84000	320
	38×5	197	0.81	483	25200	170
	50×7	120	0.79	532	9400	130

（2）空隙率　空隙率 ε 可由下式计算：

$$\varepsilon = 1 - nV_0 \tag{14-2}$$

式中，V_0 为单个填料的实体体积，m^3/个。

操作中由于填料壁上附有液层，所以这时填料层的空隙率将小于上述 ε 值。

（3）干填料因子及填料因子　干填料因子是干填料层的 a_t/ε^3 计算值，其单位为 m^{-1}，是气体通过干填料层的流动特性。但在有液体喷淋的填料上，部分空隙为液体所占有，空隙率有所减小，比表面积也会发生变化，按干填料算出的 a_t/ε^3 值不能确切地表示填料淋湿后的流动特性，故把在有液体喷淋时的实验值称为填料因子，以 ϕ 表示。ϕ 越小，填料层阻力越小，则气体通量越大。

选择填料规格时，为了克服下降液体的壁流短路现象，应控制填料直径 d 与塔径 D 的比例。根据经验推荐如下：拉西环 $d/D \leqslant 1/10$；鲍尔环 $d/D \leqslant 1/8$；鞍形填料 $d/D \leqslant 1/15$。

二、吸收过程的物料衡算与操作线方程

吸收塔一般为气液逆流操作，随着传质过程进行，上升气流中溶质浓度不断降低，而下降液流中溶质浓度不断增大。在稳定操作状态，可通过物料衡算确定塔中任一截面上相互接触的气液两相间的浓度关系，这一关系称为操作线方程。吸收操作线方程、相平衡关系和吸收速率方程是计算吸收剂用量、确定设备尺寸的主要依据。

因为在吸收操作中，吸收剂和惰性气体的摩尔流量在通过吸收塔前后基本上无变化，所以进行物料衡算时气液相流量用惰性气体及吸收剂的摩尔流量较为简便，相应地气、液相组成用摩尔比表示。

1. 物料衡算

图 14-4 所示是一个处于稳定操作状态下的逆流接触的吸收塔，图中各个符号意义：V 为通过吸收塔的惰性气体摩尔流量，kmol/s；L 为通过吸收塔的吸收剂摩尔流量，kmol/s；Y、Y_1[1]、Y_2[1] 分别为塔的任意截面及进塔（即塔底）、出塔（即塔顶）的气相组成，kmol 溶质/kmol 惰性气体；X、X_1、X_2 分别为塔的任意截面及出塔（塔底）、进塔（即塔顶）的液相组成，kmol 溶质/kmol 吸收剂。

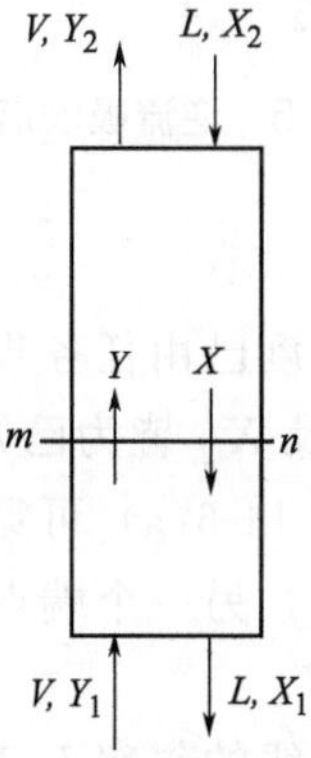

对单位时间内进、出吸收塔的溶质作物料衡算，得：

$$VY_1 + LX_2 = VY_2 + LX_1$$

或

$$V(Y_1 - Y_2) = L(X_1 - X_2) \tag{14-3}$$

一般情况下，进塔混合气的组成与流量是吸收任务规定的，如果吸收剂的组成与流量已经确定，则 V、Y_1、L 及 X_2 皆为已知数。又根据吸收任务的回收率，可以求得气体出塔时应有的浓度 Y_2：

$$Y_2 = Y_1(1 - \varphi) \tag{14-4}$$

图 14-4　逆流吸收塔的物料衡算

式中，φ 为混合气中溶质被吸收的百分率，称为吸收率或回收率。

如此，通过全塔物料衡算［式(14-3)］可以求得塔底排出的吸收液浓度 X_1。于是，在填料层底部与顶部两个端面上的气、液组成 Y_1、X_1 与 Y_2、X_2 都为已知数。

2. 操作线方程与操作线

如图 14-4 所示，若对填料层中的任一横截面（m-n 截面）与塔底端面之间进行物料衡

[1] 本章中塔底截面一律以下标“1”表示，塔顶截面一律以下标“2”表示。

算，可得：

$$VY+LX_1=VY_1+LX$$

或

$$Y=\frac{L}{V}X+\left(Y_1-\frac{L}{V}X_1\right) \tag{14-5}$$

若在 m-n 截面与塔顶端面之间进行物料衡算，可得：

$$Y=\frac{L}{V}X+\left(Y_2-\frac{L}{V}X_2\right) \tag{14-6}$$

式(14-5) 与式(14-6) 是等效的，因为由式(14-3) 可知：

$$Y_1-\frac{L}{V}X_1=Y_2-\frac{L}{V}X_2 \tag{14-7}$$

式(14-5) 或式(14-6) 即为在一定操作条件下（已知 V、L 及 Y_1、X_1 或 Y_2、X_2）逆流操作吸收塔的操作线方程。它表明塔内任一截面上气相浓度 Y 和液相浓度 X 之间成一直线关系，直线斜率为 L/V，且此直线通过 B（X_1、Y_1）及 T（X_2、Y_2）两点。标绘在图 14-5 中的直线 BT，即为逆流吸收塔的操作线。操作线 BT 上任何一点 A，代表塔内相应截面上液、气相浓度 X、Y；端点 B 代表填料层底部端面，即塔底的情况，一般称 B 点为吸收塔的“浓端”；端点 T 代表填料层顶部端面，即塔顶的情况，一般称 T 点为“稀端”。所以操作线就是“浓端”和“稀端”操作点间的连线。

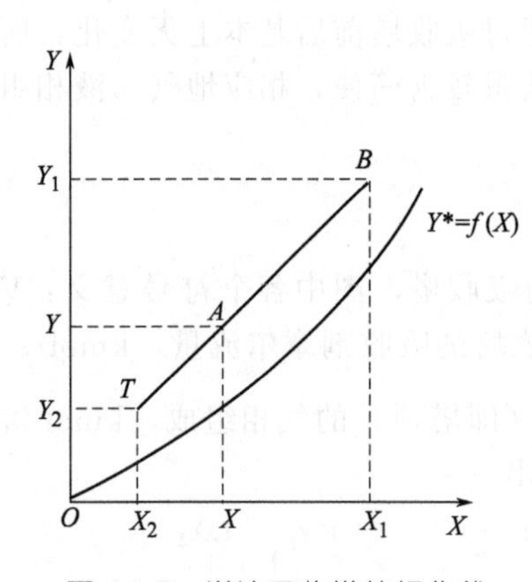

图 14-5 逆流吸收塔的操作线

在进行吸收操作时，在塔内任一截面上，溶质在气相中的实际分压总是高于其接触的液相平衡分压，所以吸收操作线总是位于平衡线[$Y^*=f(x)$]的上方。

3. 吸收剂用量的确定

在吸收塔的设计中，需要处理的气体流量及气体的初、终浓度已由任务规定，吸收剂的入塔浓度常由工艺条件决定或由设计者选定，因此 V、Y_1、Y_2 及 X_2 皆为已知数。但是，吸收剂用量尚待设计者决定。

由图 14-6(a) 可见，在 V、Y_1、Y_2 及 X_2 已知的情况下，吸收塔操作线的一个端点 T 已经固定，另一个端点 B 则可在 $Y=Y_1$ 的水平线上移动。点 B 的横坐标将取决于操作线的斜率 L/V。

操作线的斜率 L/V 称为“液气比”，是吸收剂与惰性气体摩尔流量的比值，它反映单位气体处理量的吸收剂耗用量大小。在此，V 值已经确定，若减小吸收剂用量 L，操作线的斜率就要变小，点 B 便沿水平线 $Y=Y_1$ 向右移动，其结果是使出塔吸收液的浓度加大，而吸收推动力相应减小。若吸收剂用量减少到恰使点 B 移至水平线 $Y=Y_1$ 与平衡线的交点 B^* 时，$X_1=X_1^*$，意即塔底流出的吸收液与刚进塔的混合气达平衡。这是理论上吸收液所能达到的最高浓度。但此时过程的推动力已变为零，因而需要无限大的相际传质面积。这在实际上是办不到的，只能用来表示一种极限状况。此种状况下的吸收操作线（TB^*）的斜率称为最小液气比，以 $(L/V)_{\min}$ 表示；相应的吸收剂用量即为最小吸收剂用量，以 $L_{\min}$ 表示。

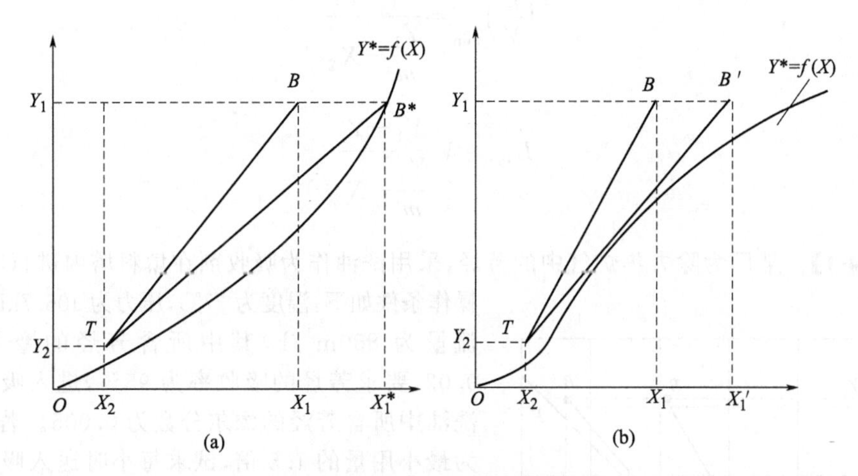

图 14-6　吸收塔的最小液气比

反之，若增大吸收剂用量，则点 B 将沿水平线向左移动，使操作线远离平衡线，过程推动力增大；但超过一定限度后，这方面效果便不明显，而吸收剂的消耗、输送及回收等项操作费用急剧增大。

由以上分析可见，吸收剂用量的大小，从设备费与操作费两方面影响到生产过程的经济效果，应选择适宜的液气比，使两种费用之和最小。根据生产实践经验，一般情况下取吸收剂用量为最小用量的 1.1～2.0 倍是比较适宜的，即

$$\frac{L}{V}=(1.1\sim2.0)\left(\frac{L}{V}\right)_{\min} \tag{14-8}$$

或

$$L=(1.1\sim2.0)L_{\min} \tag{14-9}$$

最小液气比可用图解求出。如果平衡线如图 14-6(a)所示的一般情况，则需找到水平线 $Y=Y_1$ 与平衡线的交点 B^*，从而读出 X_1^* 的数值，然后用下式计算最小液气比，即

$$\left(\frac{L}{V}\right)_{\min}=\frac{Y_1-Y_2}{X_1^*-X_2} \tag{14-10}$$

或

$$L_{\min}=V\frac{Y_1-Y_2}{X_1^*-X_2} \tag{14-11}$$

如果平衡线呈现如图 14-6(b)中所示的形状，则应过点 T 作平衡曲线的切线，找到水平线 $Y=Y_1$ 与此切线的交点 B'，读出点 B' 的横坐标 X'_1 的数值，然后按下式计算最小液气比：

$$\left(\frac{L}{V}\right)_{\min}=\frac{Y_1-Y_2}{X'_1-X_2} \tag{14-12}$$

或

$$L_{\min}=V\frac{Y_1-Y_2}{X'_1-X_2} \tag{14-13}$$

若平衡关系符合亨利定律，可用 $Y^*=mX$ 表示。则可用下式算出最小液气比：

$$\left(\frac{L}{V}\right)_{\min}=\frac{Y_1-Y_2}{\frac{Y_1}{m}-X_2} \tag{14-14}$$

或

$$L_{\min}=V\frac{Y_1-Y_2}{\frac{Y_1}{m}-X_2} \tag{14-15}$$

【例 14-1】 某厂为除去焦炉气中的芳烃，采用洗油作为吸收剂在填料塔内进行吸收操作。操作条件如下：温度为 27℃，压力为 106.7kPa，焦炉气流量为 850m³/h，其中所含芳烃的摩尔分数为 0.02，要求芳烃的吸收率为 95%，进入吸收塔顶的洗油中所含芳烃的摩尔分数为 0.005。若取溶剂量为最小用量的 1.5 倍，试求每小时送入吸收塔顶的洗油量及塔底流出的吸收液浓度。操作条件下的平衡关系可用下式表达，即

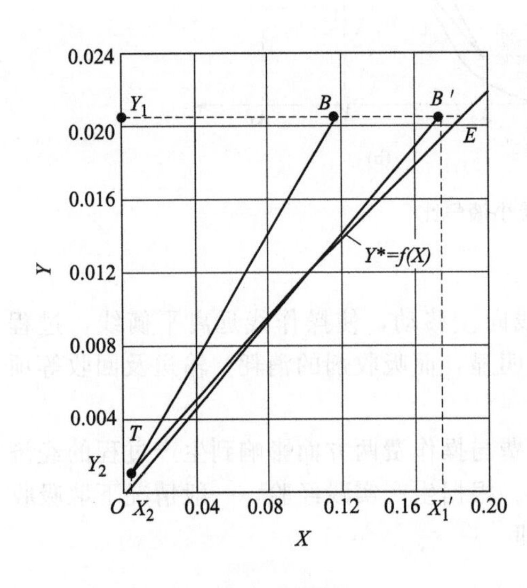

例 14-1 附图

$$Y^*=\frac{0.125X}{1+0.875X}$$

解 进入吸收塔的惰性气体流量为：

$$V=\frac{850}{22.4}\times\frac{273}{273+27}\times\frac{106.7}{101.3}\times(1-0.02)$$
$$=35.6(\text{kmol/h})$$

进塔气体中芳烃的浓度为：

$$Y_1=\frac{0.02}{1-0.02}=0.0204$$

出塔气体中芳烃的浓度为：

$$Y_2=0.0204\times(1-0.95)=0.00102$$

进塔洗油中芳烃浓度为：

$$X_2=\frac{0.005}{1-0.005}=0.00503$$

按照已知的平衡关系式 $Y^*=\frac{0.125X}{1+0.875X}$，在 Y-X 直角坐标系中标绘出平衡曲线 OE，如本题附图所示。再按 X_2、Y_2 之值在图上确定操作线端点 T。过 T 作平衡曲线 OE 的切线交水平线 $Y_1=0.0204$ 于 B'。读出点 B' 的横坐标值为 $X_1'=0.176$

则

$$L_{\min}=\frac{V(Y_1-Y_2)}{X_1'-X_2}=\frac{35.64\times(0.0204-0.00102)}{0.176-0.00503}$$
$$=4.04(\text{kmol/h})$$
$$L=1.5L_{\min}=1.5\times4.04=6.06(\text{kmol/h})$$

L 是每小时送入吸收塔顶的纯溶剂量。考虑到入塔洗油中含有芳烃，所以每小时送入吸收塔的洗油量应为：

$$6.06\times\frac{1}{1-0.005}=6.09(\text{kmol/h})$$

吸收液出口浓度 X_1 可根据全塔物料衡算式求出，即

$$X_1 = X_2 + \frac{V(Y_1 - Y_2)}{L}$$

$$= 0.00503 + \frac{35.64 \times (0.0204 - 0.00102)}{6.06}$$

$$= 0.1190$$

三、塔径的计算

塔径计算公式，类似于流体输送过程中计算管径的公式，即

$$D = \sqrt{\frac{4V_s}{\pi u}} \tag{14-16}$$

式中，D 为塔径，m；V_s 为操作条件下流过吸收塔的混合气体体积流量，m^3/s；u 为混合气体的空塔气速，m/s。

严格地说，V_s 是沿塔身向上不断减小的变量，但计算中一般进塔混合气体流量值，即为塔的最大气体负荷。空塔气速是以空塔截面计的气体流速，显然它比流过填料层实际空隙的气流速度小。

一般 V_s 由吸收任务给定，所以按式(14-16) 计算塔径时，关键在于如何确定适宜的空塔气速 u，它是影响塔内流体流动状态及传质效果的重要因素。下面讨论一般填料塔的流体力学特性。

填料塔的流体力学状况主要指气体通过填料层的压降、液泛速度、持液量（单位体积填料层中所附着的液体体积量称为持液量）及气液两种流体分布等。为确定动力消耗需要知道压降，为选定空塔气速需要知道液泛速度，下面着重讨论压降和液泛这两个问题。

1. 气体通过填料层的压降与气速关系

气体通过填料层的压降 Δp 是涉及气、液两相在多孔床层中逆向流动过程的复杂问题。把在不同的喷淋量下取得的单位高度填料层的压降 $\Delta p/Z$ 与空塔气速 u 的实测数据标绘在对数坐标图上，可得如图 14-7 所示的线簇。各类填料的图线都很类似。干填料层（即液体喷淋量 $L_0=0$）的 $\Delta p/Z$ 约与 u 的 1.8～2.0 次方成比例，在对数坐标中为一直线，表明气流属于湍流流动，如图 14-7 中直线 0 所示，其斜率为 1.8～2.0。当填料上有液体喷淋时（图中曲线 1、2、3 所对应的液体喷淋量依次增大），$\frac{\Delta p}{Z}$-u 关系变成折线，并存在两个转折点。下转折点称为“载点”（或拦液点），上转折点称为“泛点”。这两个转折点将 $\frac{\Delta p}{Z}$-u 关系线分为三个区段，即恒持液量区、载液区与液泛区。

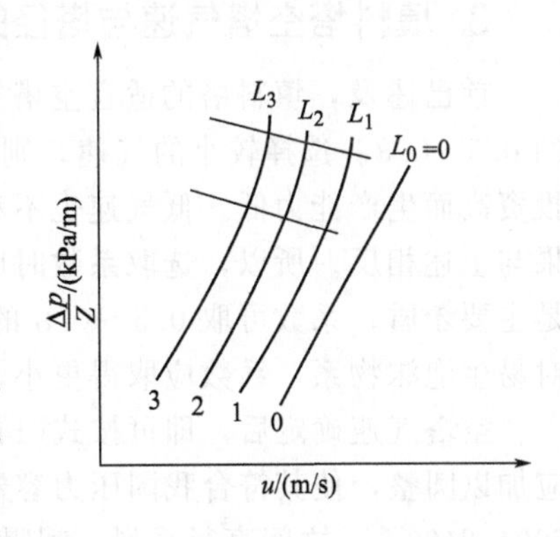

图 14-7 填料层的 $\frac{\Delta p}{Z}$ -u 关系

气速较低时，填料层内液体向下流动几乎与气速无关。在恒定的喷淋量下，填料表面上覆盖的液体膜层厚度不变，因而填料层的持液量不变，故为恒持液量区。在同一空塔气速下，由于湿填料层内所持液体占据一定空间，故使气体的真实速度比通过干填料层时的真实速

度为高，因而压降也较大。此区域的$\frac{\Delta p}{Z}$-u线在干填料线的左侧，且两者相互平行。

随着气速增大，上升气流与下降液体间的摩擦力开始阻碍液体下流，使填料层内的持液量随气速的增加而增加，这种现象称拦液现象。开始拦液现象时的空塔气速称为载点气速。超过载点气速后，$\frac{\Delta p}{Z}$-u关系线的斜率＞2。在实测时载点并不明显。

如果气速继续增加，由于液体不能顺利下降，使填料层内持液量不断增多，以致充满填料层空隙，使液体由分散相变为连续相，而气体由连续相变为分散相。此时压降急剧升高，$\frac{\Delta p}{Z}$-u关系线的斜率可达10以上，压降曲线近于垂直上升的转折点称为泛点。达到泛点时的空塔气速称为液泛气速或泛点气速。

因为靠近泛点操作时，空塔气速的小幅度波动将引起压降的剧烈变化，操作控制较难，所以一般填料塔应设计在泛点以下操作。

2. 压降与泛点气速的计算

填料塔的泛点气速与液气比、物系的物性及填料的特性等有关。目前工程设计中广泛采用埃克特（Eckert）通用关联图来计算填料层的压降及泛点气速。

通用关联图如图14-8所示，此图以$\frac{w_L}{w_V}\left(\frac{\rho_V}{\rho_L}\right)^{0.5}$为横坐标，以$\frac{u^2\phi\psi\rho_V}{g\rho_L}\mu_L^{0.2}$为纵坐标，适用于乱堆拉西环、鲍尔环、鞍形填料。

图14-8中以每米填料层的压降为参数，绘出了若干条曲线。各曲线表示不同压降条件下纵、横坐标数群间变化关系，一条曲线对应一个$\frac{\Delta p}{Z}$值，称为等压降线，液泛时的等压降线称为泛点线。图14-8最上方的3条线分别为弦栅填料、整砌拉西环及乱堆填料的泛点线。与泛点线相对应的纵坐标中的空塔速度u应为空塔泛点气速u_F。使用图14-8求u_F的方法是，先根据工艺条件算出横坐标值，由此点作垂线与泛点线相交，再由交点的纵坐标值求得泛点气速u_F。此图也可用在由选定的压降值求算相应的空塔气速。欲求气体通过每米填料层的压降时，可将选定的空塔气速代入$\frac{u^2\phi\psi\rho_V}{g\rho_L}\mu_L^{0.2}$，求出纵坐标和横坐标的交点，由图上读交点所对应的等压降线，即可得$\Delta p/Z$值。

3. 填料塔空塔气速与塔径的确定

前已述及，填料塔的适宜空塔气速显然必须小于泛点气速，一般取空塔气速为泛点气速的0.5～0.8。选择较小的气速，则压降小，动力消耗少，操作弹性大；但塔径要大，设备投资高而生产能力低。低气速也不利于气液充分接触，使分离效率低。若选用较大气速，结果与上述相反。所以，选取系数时应权衡利弊，具体分析。例如，高压操作时降低设备费用是主要矛盾，系数可取0.5～0.8的上限；常压操作时，操作费用是主要矛盾，应取下限。对易生泡沫物系，系数应取得更小，可低至0.4。

空塔气速确定后，即可按式(14-16)计算塔径。为了便于设备设计、加工，算出塔径后应加以圆整，使其符合我国压力容器公称直径标准。700mm以下的直径系列间隔为50mm；700～2400mm之间直径系列，间隔为100mm。但常用的标准塔径（m）为0.6、0.7、0.8、1.0、1.2、1.4、1.6、1.8、2.0、2.2、2.4、…。

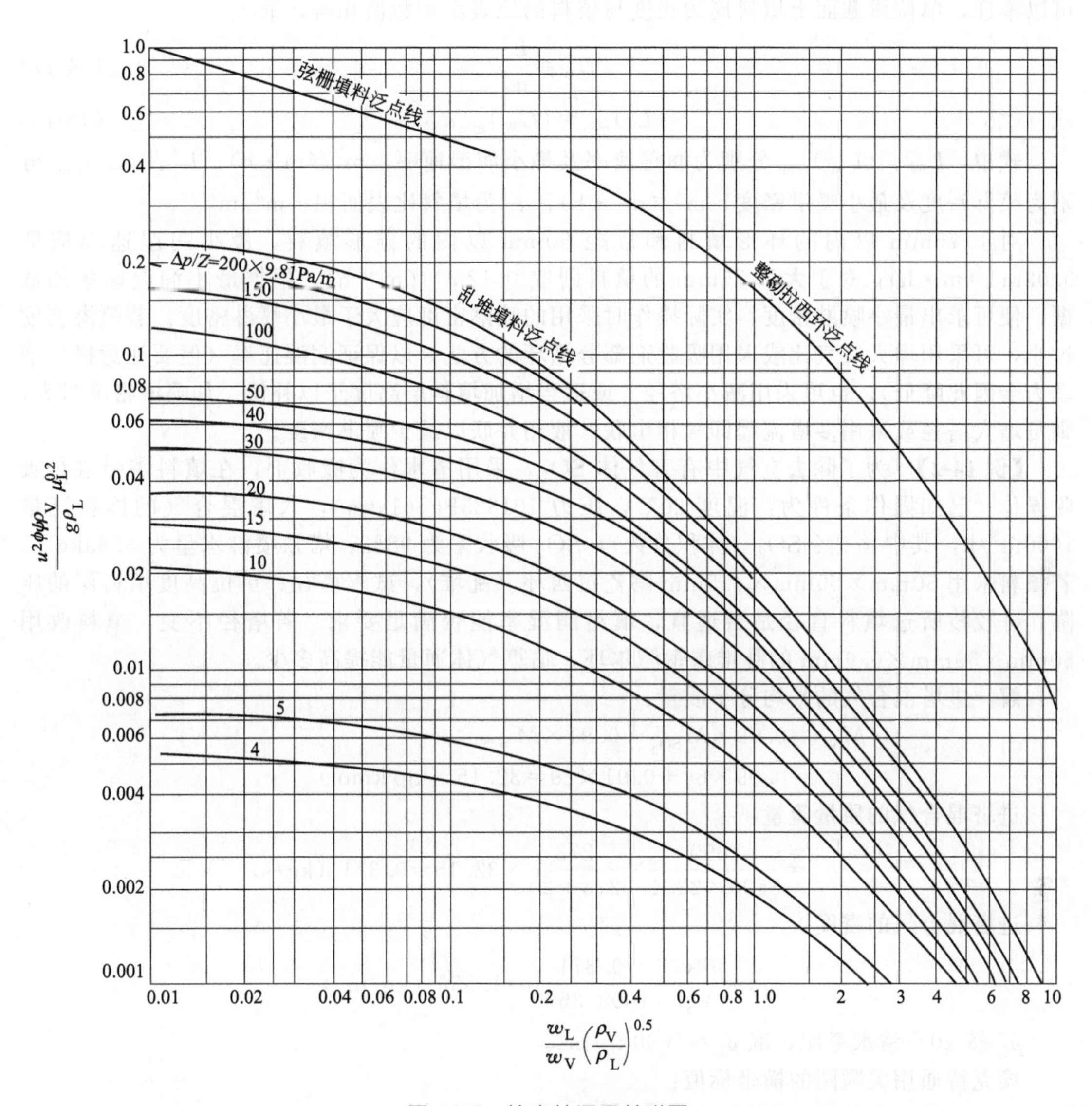

图 14-8 埃克特通用关联图

u—空塔气速，m/s；g—重力加速度，m/s^2；ϕ—填料因子，m^{-1}；ψ—液体密度校正系数，等于水的密度与液体密度之比，即 $\psi=\frac{\rho_水}{\rho_L}$；$\rho_L$、$\rho_V$—液体与气体的密度，kg/m^3；$\mu_L$—液体的黏度，mPa·s；$w_L$、$w_V$—液相及气相的质量流量，kg/s

四、喷淋密度

填料塔的传质效率高低与液体分布及填料的润湿情况密切相关。为使填料能获得良好的润湿，还应使塔内液体的喷淋密度不低于某一极限值，此极限值称最小喷淋密度。所谓液体的喷淋密度是指单位时间内单位塔截面上喷淋的液体体积。最小喷淋密度可由最小润湿速率求得。润湿速率是指塔的横截面上，单位长度的填料周边上液体的体积流量。对普通填料，

可以推证，单位塔截面上填料周边长度与填料的比表面积数值相等，故

$$L_W=\frac{L'}{a_t} \tag{14-17}$$

或

$$(L')_{min}=(L_W)_{min}a_t \tag{14-18}$$

式中，L_W、$(L_W)_{min}$ 分别为润湿速率及最小润湿速率，$m^3/(m\cdot h)$；L'、$(L')_{min}$ 分别为喷淋密度及最小喷淋密度，$m^3/(m^2\cdot h)$；a_t 为填料比表面积，m^2/m^3。

对于 75mm 以内的环形填料和板距 50mm 以内的栅形填料，最小润湿速率应取 $0.08m^3/(m\cdot h)$；对于大于 75mm 的填料则取 $0.12m^3/(m\cdot h)$。根据最小润湿速率的数据，便可求出最小喷淋密度，实际操作时采用的喷淋密度应大于最小喷淋密度。若喷淋密度过小，可采用增大液气比或采用吸收剂部分循环的方法，以保证润湿速率（但要注意操作推动力会因此降低）。也可采用减小塔径，或适当增加填料层高度予以补偿。如喷淋密度过大，则可增大塔径或采用多塔流程即气相串联、液相并联以减少喷淋密度。

【例 14-2】 为了除去空气中有害气体 SO_2，采用清水作为吸收剂，在填料塔中进行吸收操作。已知操作条件为：温度 20℃，压力 101325Pa（1atm），入塔混合气的体积流量 $1000m^3/h$，其中含 9% SO_2（体积分数），SO_2 吸收率为 98%，塔顶喷淋水量为 6.83kg/s。若填料采用 50mm×50mm×4.5mm 陶瓷拉西环（乱堆），试求塔径、单位高度填料层的压降，并校核所选填料直径是否适宜，填料润湿率能否满足要求。若塔径不变，填料改用 50mm×50mm×0.9mm 的乱堆碳钢鲍尔环，估算气体通量能提高多少。

解　进塔混合气的平均分子质量：

$$\begin{aligned}M_W&=0.09\times M_{SO_2}+0.91\times M_{空气}\\&=0.09\times 64+0.91\times 29=32.15\ (kg/kmol)\end{aligned}$$

进塔混合气的质量流量：

$$w_V=\frac{1000}{3600\times 22.4}\times\frac{273}{273+20}\times 32.15=0.371\ (kg/s)$$

进塔混合气的密度：

$$\rho_V=\frac{w_V}{V_s}=\frac{0.371}{1000/3600}=1.336\ (kg/m^3)$$

ρ_L 按 20℃清水考虑，取 $\rho_L=1000kg/m^3$。

埃克特通用关联图的横坐标值：

$$\frac{w_L}{w_V}\sqrt{\frac{\rho_V}{\rho_L}}=\frac{6.83}{0.371}\times\sqrt{\frac{1.336}{1000}}=0.673$$

从该图乱堆填料泛点线查得对应的纵坐标值为 0.032。

查表 14-1 知 50mm×50mm×4.5mm 陶瓷拉西环（乱堆）的 $a_t=93m^2/m^3$，$\phi=205m^{-1}$。

液体黏度可近似按水的黏度（20℃）考虑，即 $\mu_L=1mPa\cdot s$，液体密度校正系数$\psi=\frac{\rho_水}{\rho_L}=1$。

以泛点气速 u_F 代入通用关联图中纵坐标关系式为：

$$\frac{u_F^2\phi\psi\rho_V}{g\rho_L}\mu_L^{0.2}=\frac{u_F^2\times 205\times 1}{9.81}\times\frac{1.336}{1000}\times 1^{0.2}=0.0279u_F^2$$

则得

$$0.0279u_F^2=0.032$$

所以液泛速度

$$u_F=\sqrt{\frac{0.032}{0.0279}}=1.07\ (m/s)$$

取空塔气速为泛点气速的60%，则空塔气速：

$$u=0.6u_F=0.6\times1.07=0.642\ (\mathrm{m/s})$$

故塔径 D 为

$$D=\sqrt{\frac{4V_s}{\pi u}}=\sqrt{\frac{4\times1000}{3.14\times3600\times0.642}}=0.742\ (\mathrm{m})$$

按标准圆整得 $D=0.8\mathrm{m}$

实际空塔速度

$$u=\frac{V_s}{\frac{\pi}{4}D^2}=\frac{1000}{3600\times\frac{\pi}{4}\times0.8^2}=0.553\ (\mathrm{m/s})$$

实际 $$\frac{u}{u_F}=\frac{0.553}{1.07}=0.517$$

塔径与填料尺寸之比

$$\frac{D}{d}=\frac{800}{50}=16>10，符合要求$$

操作条件下的喷淋密度

$$L'=\frac{6.83\times3600}{1000\times\frac{\pi}{4}D^2}=48.9[\mathrm{m^3/(m^2\cdot h)}]$$

润湿速率

$$L_W=\frac{L'}{a_t}=\frac{48.9}{93}=0.526>(L_W)_{min}$$

因采用填料尺寸小于75mm，故最小润湿速率 $(L_W)_{min}=0.08\mathrm{m^3/(m\cdot h)}$，所以填料直径及润湿速率均适宜。

利用通用关联图，横坐标值改变为0.673，纵坐标值：

$$\frac{u^2\phi\psi\rho_V}{g\rho_L}\mu_L^{0.2}=\frac{0.553^2\times205\times1}{9.81}\times\frac{1.336}{1000}\times1^{0.2}=8.54\times10^{-3}$$

在图14-8中找出坐标点 $(0.673，8.54\times10^{-3})$，可得单位填料层高度压降为：

$$\Delta p=15\times9.81=147.2\ (\mathrm{Pa/m}\ 填料层)$$

以下计算若塔径不变，采用碳钢鲍尔环50mm×50mm×0.9mm后的气体通量。

查表14-1得50mm×50mm×0.9mm乱堆金属鲍尔环的 $a_t=103\mathrm{m^2/m^3}$，$\phi=66\ \mathrm{m^{-1}}$。当保持液气比 $\frac{w_L}{w_V}$ 及其他条件不变时，分析通用关联图中的纵坐标关系式可知 u_F 与 ϕ 的平方根成反比，故采用鲍尔环后，液泛速度为：

$$u_F'=u_F\sqrt{\frac{\phi}{\phi'}}=1.07\sqrt{\frac{205}{66}}=1.89\ (\mathrm{m/s})$$

空塔速度 $$u'=0.6u_F'=0.6\times1.89=1.134\ (\mathrm{m/s})$$

因塔径不变，气体通量与空塔气速成正比，所以改用鲍尔环后，气体通量可增大

$$\frac{u'}{u}=\frac{1.134}{0.642}=1.77\ (倍)$$

填料润湿速率：

$$L_W'=\frac{L'}{a_t}=\frac{48.9}{103}=0.475[\mathrm{m^3/(m\cdot h)}]$$

$$L_W' > (L_W)_{min}$$

五、填料层高度的计算

填料吸收塔要达到给定的分离效果，必须有一定高度的填料层以满足所需的气液相接触面积，因此填料层高度的计算是填料塔设计计算中一项重要内容。如果设计不当，填料层不够高，则气、液出塔浓度达不到要求；反之，如果盲目增高填料层，不但增加设备费用，而且还将增大气体通过填料层的压降，导致操作费用增加。

（一）填料层高度的基本计算式

前已述及，在逆流操作的填料吸收塔中，气液两相溶质浓度沿填料层高度连续变化，因而各截面上的传质推动力和吸收速率亦随之变化，因此对填料塔的研究应运用微积分的方法。

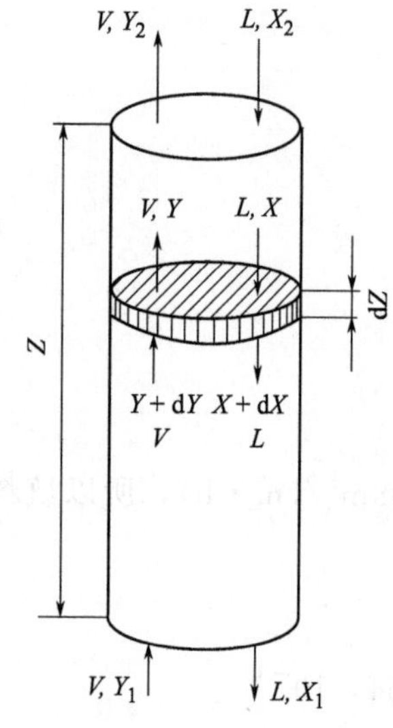

图 14-9　微元填料层的物料衡算

在填料塔中任意取一微元段 dZ，如图 14-9 所示，对 dZ 段填料层做溶质物料衡算可知，单位时间内由气相传入液相量为：

$$\mathrm{d}G_A = V\mathrm{d}Y = L\mathrm{d}X \tag{14-19}$$

假设 dZ 段填料层中气液相接触面积为 dA，则根据物料衡算要求达到的吸收速率为：

$$N_A = \frac{\mathrm{d}G_A}{\mathrm{d}A} = \frac{V\mathrm{d}Y}{\mathrm{d}A} = \frac{L\mathrm{d}X}{\mathrm{d}A} \tag{14-20}$$

根据传质推动力及传质阻力所能达到的气液相吸收速率为：

$$N_A = K_Y(Y - Y^*) = K_X(X^* - X) \tag{14-21}$$

要达到设计要求，上两速率必须相等，即

$$N_A = \frac{V\mathrm{d}Y}{\mathrm{d}A} = K_Y(Y - Y^*) \tag{14-22}$$

或

$$\mathrm{d}A = \frac{V\mathrm{d}Y}{K_Y(Y - Y^*)} \tag{14-23}$$

微元 dZ 段填料层所具有的气液接触面积 dA 为：

$$\mathrm{d}A = a\Omega\mathrm{d}Z \tag{14-24}$$

式中，a 为单位体积填料层的有效传质面积，m^2/m^3；Ω 为空塔的横截面积，m^2。

将式(14-24) 代入式(14-22)，整理得：

$$\mathrm{d}Z = \frac{V}{K_Y a\Omega} \times \frac{\mathrm{d}Y}{Y - Y^*} \tag{14-25}$$

对稳定操作的吸收塔，V、L、a、Ω 为定值，对低浓度气体吸收，总吸收系数 K_Y 为定值，对难溶或具有中等溶解度的气体吸收，K_X 也可取为定值，这时从塔底至塔顶对式(14-25) 进行积分

$$\int_0^Z \mathrm{d}Z = \frac{V}{K_Y a\Omega}\int_{Y_2}^{Y_1} \frac{\mathrm{d}Y}{Y - Y^*}$$

$$Z = \frac{V}{K_Y a\Omega}\int_{Y_2}^{Y_1} \frac{\mathrm{d}Y}{Y - Y^*} \tag{14-26}$$

同样从

$$N_A=\frac{L\,dX}{dA}=K_X(X^*-X)$$

可推导出

$$Z=\frac{L}{K_Xa\Omega}\int_{X_2}^{X_1}\frac{dX}{X^*-X} \tag{14-27}$$

式(14-26) 及式(14-27) 即为填料层高度的基本计算式。

应当指出，上两式中单位体积填料层内的有效传质面积 a 常小于填料层的比表面积 a_t，这是因为只有那些被流动的液体膜层所覆盖的填料表面才能提供气液有效传质面积。所以 a 值不仅与填料的形状、尺寸及充填方式有关，而且受流体物性及流动状况的影响。a 的数值很难直接测定。实验测定填料层的传质性能时常将 K_Ya 及 K_Xa 视为整体，分别称为气相体积总吸收系数及液相体积总吸收系数，其单位均为 $kmol/(m^3 \cdot s)$。体积总吸收系数的物理意义是在推动力为一个单位的情况下，单位时间、单位体积填料层内吸收的溶质量。

(二) 传质单元高度与传质单元数

由式(14-26) 看出，此式等号右端因式$\frac{V}{K_Ya\Omega}$的单位为“m”，而“m”是高度的单位，因此可将$\frac{V}{K_Ya\Omega}$理解为由过程条件所决定的某种单元高度，此单元高度称为气相总传质单元高度，以 H_{OG} 表示，即：

$$H_{OG}=\frac{V}{K_Ya\Omega} \tag{14-28}$$

式(14-26) 等号右端积分项是一个无量纲数值，可认为它代表所需填料层高度 Z 相当于气相总传质单元高度 H_{OG} 的倍数，此倍数称为气相总传质单元数，以 N_{OG} 表示，即：

$$N_{OG}=\int_{Y_2}^{Y_1}\frac{dY}{Y-Y^*} \tag{14-29}$$

于是式(14-26) 可写成：

$$Z=H_{OG}N_{OG} \tag{14-30}$$

同理式(14-27) 亦可写成：

$$Z=H_{OL}N_{OL} \tag{14-31}$$

式中，H_{OL} 为液相总传质单元高度，m；N_{OL} 为液相总传质单元数，无量纲。

H_{OL} 及 N_{OL} 的计算式分别为：

$$H_{OL}=\frac{L}{K_Xa\Omega} \tag{14-32}$$

$$N_{OL}=\int_{X_2}^{X_1}\frac{dX}{X^*-X} \tag{14-33}$$

依此类推，可以写出如下通式，即：

填料层高度＝传质单元高度×传质单元数

当式(14-26) 及式(14-27) 中总吸收系数与总推动力分别换成膜系数及相应的推动力时，可分别写成：

$$Z=H_GN_G \text{ 及 } Z=H_LN_L$$

式中，H_G、H_L 分别为气相传质单元高度及液相传质单元高度，m；N_G、N_L 分别为气相传质单元数及液相传质单元数，无量纲。

填料层高度等的计算式列于表 14-2 中。

表 14-2 填料层高度及传质单元高度与传质单元数

填料层高度计算式	传质单元高度	传质单元数	总传质单元高度
$Z=H_{OG}N_{OG}$	$H_{OG}=\frac{V}{K_Y a\Omega}$	$N_{OG}=\int_{Y_2}^{Y_1}\frac{dY}{Y-Y^*}$	$H_{OG}=H_G+\frac{mV}{L}H_L$
$Z=H_{OL}N_{OL}$	$H_{OL}=\frac{L}{K_X a\Omega}$	$N_{OL}=\int_{X_2}^{X_1}\frac{dX}{X^*-X}$	
$Z=H_G N_G$	$H_G=\frac{V}{k_Y a\Omega}$	$N_G=\int_{y_2}^{y_i}\frac{dy}{y-y_i}$	$H_{OL}=H_L+\frac{L}{mV}H_G$
$Z=H_L N_L$	$H_L=\frac{L}{k_X a\Omega}$	$N_L=\int_{x_2}^{x_i}\frac{dx}{x-x_i}$	

对于传质单元高度的物理意义，可通过以下分析加以理解。以气相总传质单元高度 H_{OG} 为例，假定某吸收过程所需的填料层高度恰等于一个气相总传质单元高度，如图 14-10(a) 所示，即：$Z=H_{OG}$，由式(14-26) 可知，此情况下

$$N_{OG}=\int_{Y_2}^{Y_1}\frac{dY}{Y-Y^*}=1 \tag{14-34}$$

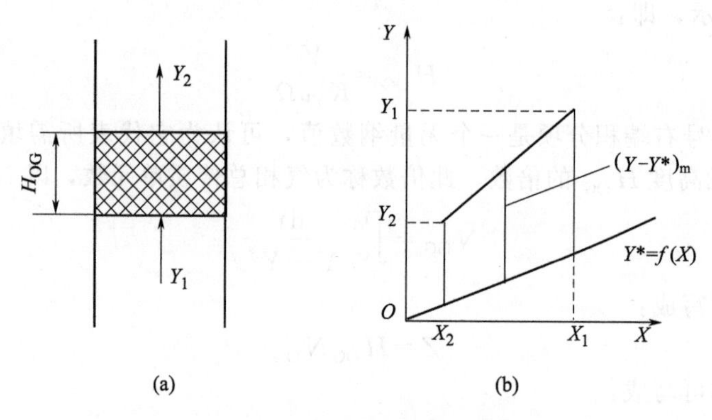

图 14-10 气相总传质单元高度

在整个填料层中，吸收推动力（$Y-Y^*$）虽是变量，但总可找到某一平均值（$Y-Y^*$）$_m$，用来代替积分式中的（$Y-Y^*$）而不改变积分值，即：

$$\int_{Y_2}^{Y_1}\frac{dY}{Y-Y^*}=\int_{Y_2}^{Y_1}\frac{dY}{(Y-Y^*)_m}=1 \tag{14-35}$$

于是可将（$Y-Y^*$）$_m$ 作为常数提到积分号之外，得出：

$$N_{OG}=\frac{1}{(Y-Y^*)_m}\int_{Y_2}^{Y_1}dY=\frac{Y_1-Y_2}{(Y-Y^*)_m}=1$$

即

$$Y-Y^*=Y_1-Y_2 \tag{14-36}$$

由此可见，如果气体流经一段填料层前后的浓度变化（Y_1-Y_2）恰好等于此段填料层

内气相总推动力的平均值 $(Y-Y^{*})_{m}$ 时，如图 14-10(b) 所示，那么这段填料层的高度就是一个气相总传质单元高度。

传质单元高度的大小是由过程条件所决定的。因为

$$H_{OG}=\frac{V/\Omega}{K_{Y}a} \tag{14-37}$$

上式中，除去单位塔截面上惰性气体的摩尔流量 $\left(\frac{V}{\Omega}\right)$ 之外，就是气相体积总吸收系数 $K_{Y}a$，它反映传质阻力的大小、填料性能的优劣及润湿情况的好坏。故 H_{OG} 为反映填料层传质性能的一项指标。H_{OG} 越小则 $K_{Y}a$ 越大，反之 H_{OG} 越大则 $K_{Y}a$ 越小。

传质单元数 $\left(\text{如 } N_{OG}=\int_{Y_2}^{Y_1}\frac{dY}{Y-Y^{*}}\right)$ 的含义就是具有上述浓度变化特点的填料层的段数，它反映了吸收过程的难易程度。若任务要求的气体浓度变化越大，过程的平均推动力越小，则意味着过程的难度越大，此时所需的 N_{OG} 也就越大。

1. 传质单元数的计算方法

总传质单元数 N_{OG} 及 N_{OL} 与相平衡有关，需根据不同情况采用不同的方法计算。下面介绍 4 种计算方法。

(1) 图解积分法　它适用于平衡线为一般曲线的情况。由定积分的几何意义可知，$N_{OG}=\int_{Y_2}^{Y_1}\frac{dY}{Y-Y^{*}}$ 即 N_{OG} 在数值上等于 $f(Y)=\frac{1}{Y-Y^{*}}$ 曲线与 $Y=Y_1$、$Y=Y_2$ 及 $\frac{1}{Y-Y^{*}}=0$ 三条直线之间所围成的图形面积。具体图解方法如下。

① 在 Y-X 坐标系中绘出该吸收过程的平衡曲线及操作线，如图 14-11(a) 所示。

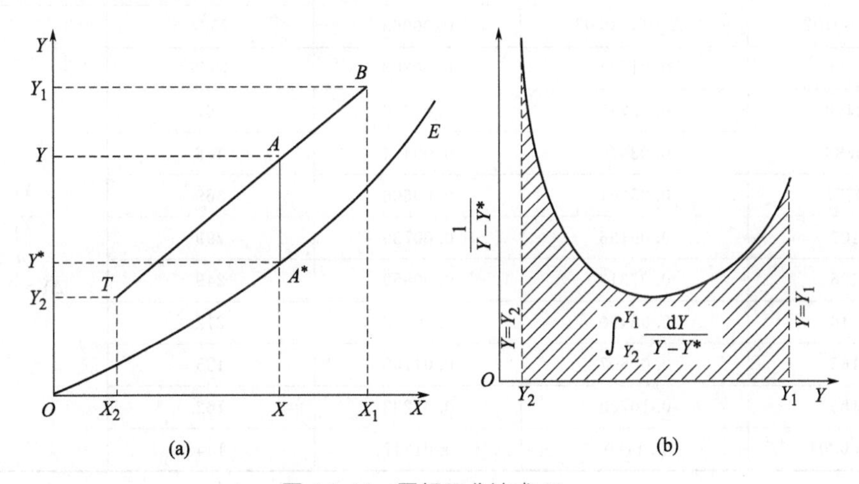

图 14-11　图解积分法求 N_{OG}

② 沿操作线在 Y_1 及 Y_2 范围内任选若干操作点，联系平衡线求出相应的 $Y-Y^{*}$。例如，在操作线上任取一操作点 A，其气、液相组成为 Y 及 X，通过平衡曲线可得 X 的平衡气相组成为 Y^{*}，即得 A 点的气相总推动力 $Y-Y^{*}$，如图 14-11(a) 中 $\overline{AA^{*}}$。继而算出相应的 $\frac{1}{Y-Y^{*}}$ 值。将所得 Y、Y^{*}、$Y-Y^{*}$ 及 $\frac{1}{Y-Y^{*}}$ 数据列表格。

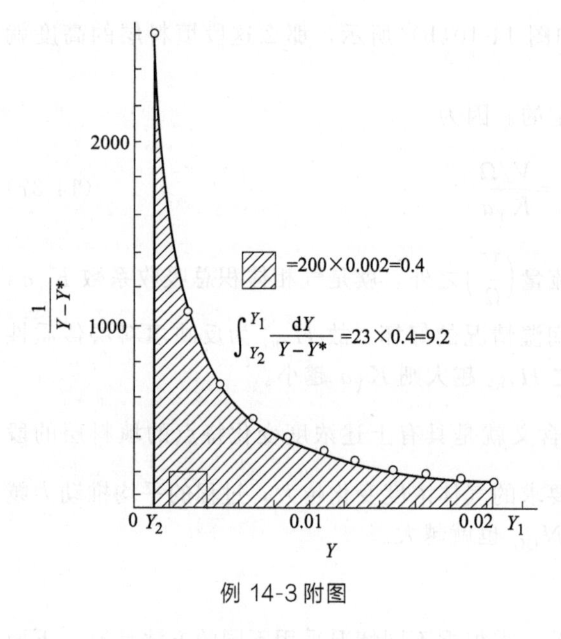

例 14-3 附图

③ 以 Y 为横坐标，$\frac{1}{Y-Y^*}$ 为纵坐标将各组 Y、$\frac{1}{Y-Y^*}$ 数据描点作曲线，如图 14-11(b) 所示。Y_1 至 Y_2 区间曲线以下的面积值即为气相总传质单元数 N_{OG}。用类似方法可求取液相总传质单元数 N_{OL}。

【例 14-3】 试问在例 14-1 中进行吸收操作的填料塔所需的填料层高度。已知气相总传质单元高度 H_{OG} 为 0.875m，其他条件已在例 14-1 中列出。

解 求得填料层高度的关键在于算出气相总传质单元数 N_{OG}，由例 14-1 给出的平衡关系式可知平衡线为曲线，故应采用图解积分法。

由例 14-1 附图中的操作线 BT 与平衡线 OE 可读出对应于一系列 Y 值的 X 和 Y^* 值，随之可计算出一系列 $\frac{1}{Y-Y^*}$ 值。今在 Y_2 和 Y_1 区间内分 10 等份，计算结果列于本例的附表中。

例 14-3 附表

Y	X	Y^*	$\frac{1}{Y-Y^*}$	备注
(Y_2)0.00102	(X_2)0.00503	0.00063	2564	$Y_2=Y_0$ $Y_1=Y_n$ $n=10$ $\Delta Y=0.001938$
0.00296	0.01644	0.00203	1075	
0.00490	0.02785	0.00340	667	
0.00683	0.03920	0.00474	478	
0.00877	0.05061	0.00606	369	
0.0107	0.06196	0.00735	299	
0.0126	0.07313	0.00859	249	
0.0146	0.08490	0.00988	212	
0.0165	0.09607	0.01108	185	
0.0185	0.10783	0.01232	162	
(Y_1)0.0204	0.1190	0.01347	144	

在普通坐标纸上标绘表中各组 $\frac{1}{Y-Y^*}$ 与 Y 的对应数据，并将所得各点连成一条曲线，见本例附图。图中曲线与 $Y=Y_1$，$Y=Y_2$ 及 $\frac{1}{Y-Y^*}=0$ 三条直线所包围的面积总计为 23 个小方格，而每一小方格所相当的数值为 200×0.002=0.4，所以

$$N_{OG}=23\times0.4=9.2$$

则填料层高度为：

$$
\begin{aligned}
Z &= H_{OG} N_{OG} \\
&= 0.875 \times 9.2 \\
&= 8.05\ (\mathrm{m})
\end{aligned}
$$

定积分 $N_{OG}=\int_{Y_2}^{Y_1}\frac{dY}{Y-Y^*}$ 亦可采用辛普森公式计算，即：

$$\int_{Y_0}^{Y_n} f(Y)dY \approx \frac{\Delta Y}{3}[f_0+f_n+4(f_1+f_3+\cdots+f_{n-1})+2(f_2+f_4+\cdots+f_{n-2})]$$

式中，n 可取任意偶数，n 值越大计算越准确。

$$\Delta Y=\frac{Y_n-Y_0}{n}$$

式中，Y_0 为出塔气组成，$Y_0=Y_2$；Y_n 为入塔气组成，$Y_n=Y_1$。

在本例附表中已注明，从 Y_2 到 Y_1，$n=10$，$\Delta Y=\frac{Y_1-Y_2}{10}=0.001938$，代入辛普森公式：

$$N_{OG}=\int_{0.00102}^{0.0204}\frac{dY}{Y-Y^*}\approx\frac{0.001938}{3}[2564+144+4\times(1075+478+299+212+162)+2\times(667+369+249+185)]=9.4$$

$$Z=0.875\times 9.4=8.23(\mathrm{m})$$

(2) 解析法（脱吸因数法）　若在吸收过程所涉及的浓度范围的平衡线为一直线（即 $Y^*=mX$），则可用解析法求 N_{OG} 或 N_{OL}。仍以气相总传质单元数 N_{OG} 为例。将 $Y^*=mX$ 代入式(14-29)，得：

$$N_{OG}=\int_{Y_2}^{Y_1}\frac{dY}{Y-mX} \tag{14-38}$$

由塔内任一截面至塔顶间的物料衡算得：

$$VY+LX_2=VY_2+LX$$

$$X=\frac{V}{L}(Y-Y_2)+X_2 \tag{14-39}$$

将上式代入式(14-38) 得：

$$
\begin{aligned}
N_{OG} &= \int_{Y_2}^{Y_1}\frac{dY}{Y-m\left[\frac{V}{L}(Y-Y_2)+X_2\right]} \\
&= \int_{Y_2}^{Y_1}\frac{dY}{\left(1-\frac{mV}{L}\right)Y+\left(\frac{mV}{L}Y_2-mX_2\right)}
\end{aligned}
$$

令 $S=\frac{mV}{L}$，则上式为：

$$
\begin{aligned}
N_{OG} &= \int_{Y_2}^{Y_1}\frac{dY}{(1-S)Y+(SY_2-mX_2)} \\
&= \frac{1}{1-S}\ln\frac{(1-S)Y_1+SY_2-mX_2}{(1-S)Y_2+SY_2-mX_2}
\end{aligned} \tag{14-40}
$$

当 Y_1、Y_2、X_2、V、L、m 已知或可算出时，通过上式可直接算出 N_{OG}。也可对上式进一步变换后，制成图线以备使用。此时将上式对数项的分子中加、减一项 SmX_2，整理后得：

$$N_{OG}=\frac{1}{1-S}\ln\frac{(1-S)Y_1+SY_2-SmX_2-mX_2+SmX_2}{Y_2-mX_2}$$
$$=\frac{1}{1-S}\ln\frac{(1-S)Y_1-mX_2(1-S)+S(Y_2-mX_2)}{Y_2-mX_2}$$
$$=\frac{1}{1-S}\ln\frac{(1-S)(Y_1-mX_2)+S(Y_2-mX_2)}{Y_2-mX_2}$$
$$=\frac{1}{1-S}\ln\left[(1-S)\frac{Y_1-mX_2}{Y_2-mX_2}+S\right] \tag{14-41}$$

由上式可知 N_{OG} 为 S 及$\frac{Y_1-mX_2}{Y_2-mX_2}$的函数。以 S 为参数，绘制 N_{OG} 与$\frac{Y_1-mX_2}{Y_2-mX_2}$的关系曲线得图 14-12。设计中只需根据工艺条件算出$\frac{Y_1-mX_2}{Y_2-mX_2}$及确定 S 后，即可通过图 14-12 查出 N_{OG}。

$S=\frac{mV}{L}$为平衡线的斜率与操作线的斜率之比，它反映吸收推动力的大小，S 增大推动力变小。由图 14-12 可看出，当吸收程度一定时，即$\frac{Y_1-mX_2}{Y_2-mX_2}$一定时，$N_{OG}$ 随 S 的增大而

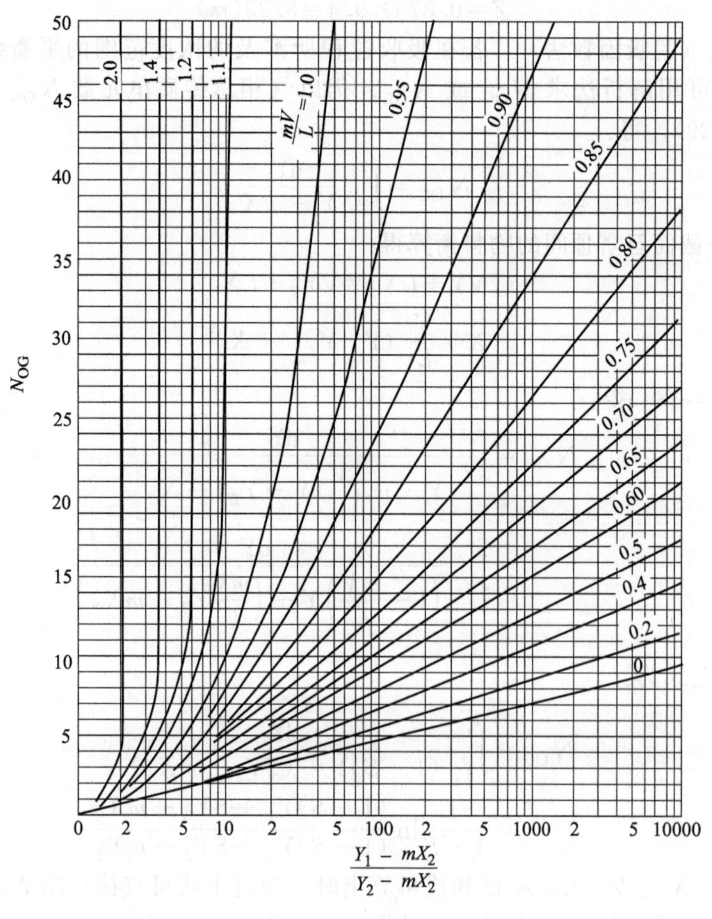

图 14-12 N_{OG} 与$\frac{Y_1-mX_2}{Y_2-mX_2}$的关系图线

增大，这意味着 S 越大，吸收越难，即脱吸越易，故称 S 为脱吸因数，其倒数 $\frac{1}{S}=\frac{L}{mV}$ 称吸收因数。实际操作中考虑到综合经济效果，取 $S=0.7\sim0.8$ 为宜。图 14-12 用于 N_{OG} 的求算及其他有关吸收过程的分析估算十分方便。但必须指出，只有在 $\frac{Y_1-mX_2}{Y_2-mX_2}>20$ 及 $S\leqslant0.75$ 的范围内使用该图时读数方较准确，否则误差较大。必要时仍可直接按式(14-41)计算。

若求 N_{OL}，对式(14-39) 微分，得：

$$dX=\frac{V}{L}dY \tag{14-42}$$

由亨利定律得

$$X^*=\frac{Y}{m} \tag{14-43}$$

将上两式代入 N_{OL} 表达式得：

$$N_{OL}=\int_{X_2}^{X_1}\frac{dX}{X^*-X}=\int_{Y_2}^{Y_1}\frac{\left(\frac{V}{L}\right)dY}{\frac{Y}{m}-\left[\frac{V}{L}(Y-Y_2)+X_2\right]}$$

$$=\frac{mV}{L}\int_{Y_2}^{Y_1}\frac{dY}{Y-m\left[\frac{V}{L}(Y-Y_2)+X_2\right]}=SN_{OG} \tag{14-44}$$

上式说明 N_{OL} 与 N_{OG} 有一定关系，求出 N_{OG} 后乘以脱吸因数 S 即得 N_{OL}。

(3) 对数平均推动力法　只要吸收过程所涉及的浓度范围的平衡线、操作线均为直线，可用对数平均推动力法求 N_{OG} 或 N_{OL}。因为操作线与平衡线均为直线，任意截面上的推动力 $\Delta Y=Y-Y^*$ 与 Y 亦成直线关系。浓端推动力 $\Delta Y_1=Y_1-Y_1^*$，稀端推动力 $\Delta Y_2=Y_2-Y_2^*$。因 ΔY 与 Y 成直线关系，故

$$\frac{d(\Delta Y)}{dY}=\frac{\Delta Y_1-\Delta Y_2}{Y_1-Y_2}$$

于是

$$dY=\frac{d(\Delta Y)}{\frac{\Delta Y_1-\Delta Y_2}{Y_1-Y_2}} \tag{14-45}$$

把上式代入 N_{OG} 的表达式中：

$$N_{OG}=\int_{Y_2}^{Y_1}\frac{dY}{Y-Y^*}=\int_{\Delta Y_2}^{\Delta Y_1}\frac{(Y_1-Y_2)d(\Delta Y)}{(\Delta Y_1-\Delta Y_2)(\Delta Y)}$$

$$=\frac{Y_1-Y_2}{\Delta Y_1-\Delta Y_2}\ln\frac{\Delta Y_1}{\Delta Y_2}$$

$$=\frac{Y_1-Y_2}{\Delta Y_m} \tag{14-46}$$

式中

$$\Delta Y_m=\frac{\Delta Y_1-\Delta Y_2}{\ln\frac{\Delta Y_1}{\Delta Y_2}}=\frac{(Y_1-Y_1^*)-(Y_2-Y_2^*)}{\ln\frac{Y_1-Y_1^*}{Y_2-Y_2^*}}$$

称 ΔY_m 为对数平均推动力，它是吸收过程中塔底推动力 $(Y_1-Y_1^*)$ 和塔顶推动力 $(Y_2-Y_2^*)$

的对数平均值。

同理,可写出液相对数平均推动力为：

$$\Delta X_{m}=\frac{\Delta X_{1}-\Delta X_{2}}{\ln\frac{\Delta X_{1}}{\Delta X_{2}}}=\frac{(X_{1}^{*}-X_{1})-(X_{2}^{*}-X_{2})}{\ln\frac{X_{1}^{*}-X_{1}}{X_{2}^{*}-X_{2}}}$$

液相总传质单元数为：

$$N_{OL}=\int_{X_2}^{X_1}\frac{dX}{X^{*}-X}=\frac{X_{1}-X_{2}}{\Delta X_{m}} \tag{14-47}$$

当吸收过程所涉及的浓度范围的平衡线与操作线为直线时，N_{OG} 还可用以下式子来计算：

$$N_{OG}=\frac{1}{1-S}\ln\frac{\Delta Y_{1}}{\Delta Y_{2}} \tag{14-48}$$

式中，符号意义同前。

【例 14-4】 某厂采用填料吸收塔来除去空气中的丙酮气。用清水作为吸收剂，在 20℃及 101325Pa（1atm）下操作。已知空气-丙酮混合气中丙酮含量 6%（体积分数），混合气量若按纯空气量计为 $1400m^3/h$。塔顶喷淋水量为 3000kg/h，丙酮吸收率 φ 为 98%，在操作条件下该系统的平衡关系式为 $Y^{*}=1.68X$。已知该填料塔的塔径为 700mm，填料规格为 25mm×25mm×2mm 的拉西环，气相体积总吸收系数 $K_{Y}a=81.6$kmol 丙酮/(m^3·h)。试求该塔的填料层高度。

解　进塔的空气摩尔流量：

$$V=\frac{1400}{22.4}=62.5\ (kmol/h)$$

进塔的水摩尔流量为：

$$L=\frac{3000}{18}=166.7\ (kmol/h)$$

进塔混合气中丙酮的摩尔分数为：

$$Y_{1}=\frac{0.06}{1-0.06}=0.0638$$

出塔气体中丙酮的摩尔分数为：

$$Y_{2}=Y_{1}(1-\varphi)=0.0638\times(1-0.98)=0.00128$$

因用清水作为吸收剂,因而 $X_{2}=0$。

在操作条件下平衡关系为一直线，故可用解析法和对数平均推动力法求填料层高度。

① 解析法

$$脱吸因数\ S=\frac{mV}{L}=\frac{1.68\times62.5}{166.7}=0.63$$

$$N_{OG}=\frac{1}{1-S}\ln\left[(1-S)\frac{Y_{1}-mX_{2}}{Y_{2}-mX_{2}}+S\right]$$

$$=\frac{1}{1-0.63}\ln\left[(1-0.63)\frac{0.0638}{0.00128}+0.63\right]=7.97$$

$$H_{OG}=\frac{V}{K_{Y}a\Omega}=\frac{62.5}{81.6\times\frac{\pi}{4}\times0.7^{2}}$$

$$=1.99(m)$$

填料层高度 Z 为：

$$Z=H_{OG}N_{OG}=1.99\times7.97=15.86\ (\mathrm{m})$$

② 对数平均推动力法　吸收液出口浓度 X_1 为：

$$X_1=X_2+\frac{V(Y_1-Y_2)}{L}$$

$$=\frac{62.5\times(0.0638-0.00128)}{166.7}=0.0234$$

所以
$$Y_1^*=mX_1=1.68\times0.0234=0.0393$$

$$\Delta Y_m=\frac{(Y_1-Y_1^*)-(Y_2-Y_2^*)}{\ln\dfrac{Y_1-Y_1^*}{Y_2-Y_2^*}}=\frac{(0.0638-0.0393)-0.00128}{\ln\dfrac{0.0638-0.0393}{0.00128}}=0.00787$$

$$N_{OG}=\frac{Y_1-Y_2}{\Delta Y_m}=\frac{0.0638-0.00128}{0.00787}=7.94$$

$$Z=H_{OG}N_{OG}=1.99\times7.94=15.80\ (\mathrm{m})$$

两种方法的计算结果基本相同。

③ 梯级图解法　当所涉及的浓度范围的平衡线为直线或接近直线（即弯曲不甚显著）时，可用梯级图解法估算传质单元数。此法较图解积分法简便，下面先介绍方法，然后再证明。图解步骤如图 14-13 所示。

a. 在 Y-X 坐标系中作平衡线 OE 及操作线 BT。

b. 在 BT 与 OE 之间取若干垂直距离的中点，连成曲线 MN。

c. 从塔顶端点 T 出发，作水平线交 MN 于点 F，延长 TF 至点 F' 使 $FF'=TF$，过点 F' 作垂线交 BT 于点 A。再从点 A 出发作水平线交 MN 于点 S，延长 AS 至点 S' 使 $SS'=AS$，过 S' 作垂线交 BT 于点 D。再从点 D 出发同上方法继续画梯级，直至达到或超过塔底端点 B 为止，所画出梯级数即为气相总传质单元数 N_{OG}。

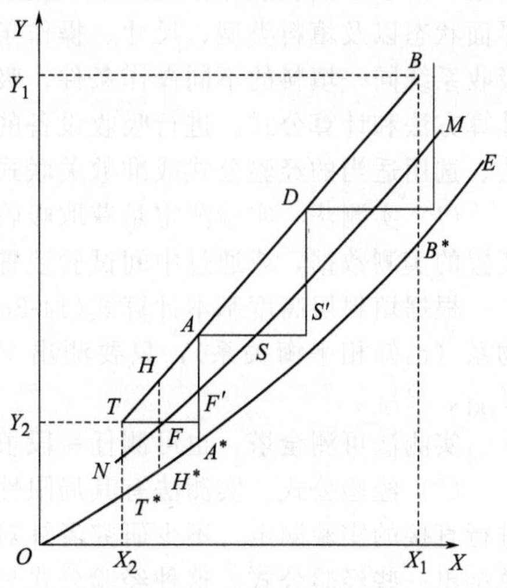

图 14-13　梯级图解法求 N_{OG}

以上介绍的总传质单元数的计算方法是针对平衡线的不同情况提出的，应用时要注意。

【例 14-5】　用梯级图解法求例 14-1 所述条件的气相总传质单元数。

解　由例 14-1 附图可以看出，平衡线的弯曲程度不大，可采用梯级图解法求传质单元数。

在 Y-X 直角坐标系中标绘出操作线 BT 及平衡线 OE，见例 14-5 附图，并作 MN 线使之平分 BT 与 OE 之间的垂直距离。由 T 开始作梯级，使每个梯级的水平线都被 MN 线等分。由图可见，达到 B 点时的梯级数约为 8.7，即：

$$N_{OG}=8.7$$

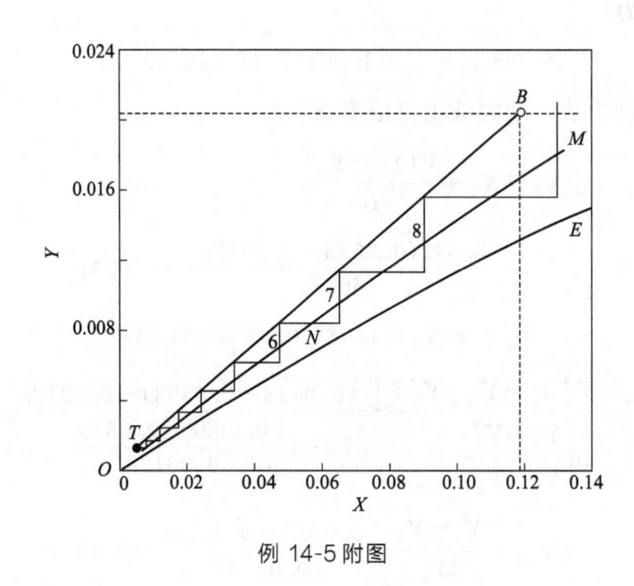

例 14-5 附图

2. 吸收系数及传质单元高度的计算

上面讨论了传质单元数的计算方法，但是要有吸收系数或传质单元高度才能算出填料层高度。由于影响吸收操作的因素较复杂，如气液相的物理化学性质、气液相的流动状态、相界面状态以及填料类型、尺寸、操作条件等，所以对不同的物性、不同的填料，乃至对同一吸收系统同一填料的不同操作条件，吸收系数及传质单元高度都不相同。目前还没有通用的计算方法和计算公式。进行吸收设备的设计时，获取吸收系数和传质单元高度的途径有实验法、选用适当的经验公式或准数关联式进行计算。

（1）实测法　实验测定是获取吸收系数的根本途径。设计中选用类似条件下的现有生产装置的实测数据，或通过中间试验装置测取数据最为可靠。

根据填料层高度基本计算式(14-26) 或式(14-27)，对一定装置（已知 Z、Ω）、一定的物系（已知相平衡关系），只要测出 V、Y_1、Y_2 或 L、X_1、X_2 就可算出 K_Ya 或 K_Xa 及 H_{OG}、H_{OL}。

实测法可测全塔，也可测任一段填料层，所得数据为测定范围内的平均值。

（2）经验公式　实测法有其局限性，实际上不可能对每一具体设计条件下的吸收系数都进行直接的实验测定。不少研究者针对某些典型的系统和条件，取得比较充分的实测数据，总结出一些经验公式。这种经验公式只有在其应用范围内才较可靠。下面介绍几个计算体积吸收系数的经验公式。

① 水吸收空气中的氨。此属气膜控制过程，其气膜体积吸收系数可按下式计算：

$$k_Ga=0.00653G^{0.39}W^{0.39} \tag{14-49}$$

式中，k_Ga 为气膜体积吸收系数，kmol/(m^3·s·kPa)；G 为气相空塔质量速度，kg/(m^2·s)；W 为液相空塔质量速度，kg/(m^2·s)。此式适用于直径为 12.5mm 的陶瓷拉西环。

② 水吸收空气中 CO_2。此属液膜控制过程，其液膜体积吸收系数可按下式计算：

$$k_La=1.85L'^{0.96} \tag{14-50}$$

式中，k_La 为液膜体积吸收系数，s^{-1}；L'为液体喷淋密度，m^3/(m^2·s)。

此式适用范围：陶瓷拉西环，直径10～32mm，常压操作，温度21～27℃，气体空塔质量速度0.0361～0.161kg/(m^2·s)，液体喷淋密度(0.833～5.56)×10^{-3} m^3/(m^2·s)。

③ 水吸收空气中的SO_2。此属气、液膜同时控制的过程，其气膜体积吸收系数可按下式计算：

$$k_G a = 6.51 \times 10^{-4} G^{0.7} W^{0.25} \quad (14\text{-}51)$$

$$k_L a = 0.229 \alpha W^{0.82} \quad (14\text{-}52)$$

式中α随温度而变，其值如下：

温度/℃	10	15	20	25	30
α	0.0093	0.0102	0.0116	0.0128	0.0143

式(14-51)及式(14-52)适用范围：直径为25mm的拉西环，气体空塔质量速度G为0.0889～1.15kg/(m^2·s)，液体空塔质量速度W为1.22～16.3kg/(m^2·s)。

(3) 准数关联式　如缺实测数据，又无经验公式可寻，也可通过吸收系数准数关联式来计算吸收系数。这种方法适用范围广，但准确性差，很难令人满意。选用时，还应注意到每一准数关联式的具体应用条件及范围。这里仅介绍近年来一般认为较适用的一组。它包括计算填料有效传质面积(简称有效面积)a及气、液膜吸收系数k_G、k_L三个关联式。

① 有效传质面积

$$\frac{a}{a_t} = 1 - \exp\left[-1.45\left(\frac{\sigma_c}{\sigma}\right)^{0.75} Re_L^{0.1} Fr_L^{-0.05} We_L^{0.2}\right] \quad (14\text{-}53)$$

$$Re_L = \frac{W}{a_t \mu_L}$$

$$Fr_L = \frac{W^2 a_t}{\rho_L^2 g}$$

$$We_L = \frac{W^2}{\rho_L \sigma a_t}$$

式中，Re_L为液体的雷诺数，表征液体沿填料表面流动状况；Fr_L为液体的弗鲁德数，表征重力影响因素；We_L为液体的韦伯数，表征表面张力影响因素；a、a_t分别为单位体积填料层的有效面积及填料层比表面积，m^2/m^3；σ、σ_c分别为液体的表面张力及填料材质的临界表面张力，N/m，数据见表14-3。

表14-3　填料材质的σ_c

填料材质	σ_c/(N/m)	填料材质	σ_c/(N/m)
石　墨	0.056	聚氯乙烯	0.040
陶　瓷	0.061	钢	0.075
玻　璃	0.073	表面涂石蜡	0.020
聚乙烯	0.033		

② 液膜吸收系数

$$k_L \left(\frac{\rho_L}{\mu_L g}\right)^{1/3} = 0.0095 Re_L'^{\,2/3} Sc_L^{-1/2} \psi^{0.4} \quad (14\text{-}54)$$

$$Re_L' = \frac{W}{a \mu_L}$$

$$Sc_L = \frac{\mu_L}{\rho_L D_L}$$

式中，Re'_L为按填料有效面积 a 计算的液体雷诺数；Sc_L 为液体的施密特数，表征物性影响因素；ψ 为填料形状修正系数，见表 14-4；D_L 为溶质在液相中的扩散系数，m^2/s；μ_L 为液体的黏度，$N \cdot s/m^2$；ρ_L 为液体的密度，kg/m^3；g 为重力加速度，m/s^2。

表 14-4　各类型填料的 ψ

填料类型	球	棒	拉西环	弧　鞍	鲍尔环(米字筋)	阶梯环	鲍尔环(井字筋)
ψ	0.72	0.75	1	1.19	1.36	1.47	1.53

③ 气膜吸收系数

$$Sh_G=\theta Re_G{}^{0.7}Sc_G{}^{1/3}\ (a_t d_p)^{-2} \tag{14-55}$$

$$Sh_G=k_G\frac{RT}{a_t D_G}$$

$$Re_G=\frac{G}{a_t\mu_G}$$

$$Sc_G=\frac{\mu_G}{\rho_G D_G}$$

式中　Sh_G 为低浓气体的舍伍德数，它包含待求的 k_G；Re_G 为气体流过填料层的雷诺数；Sc_G 为气体的施密特数，表征物性影响因素；D_G 为溶质在气相中扩散系数，m^2/s；μ_G 为气体的黏度，$N \cdot s/m^2$；ρ_G 为气体的密度，kg/m^3；d_p 为填料的名义尺寸，m；θ 为系数，一般环形及鞍形填料为 5.23，名义尺寸小于 15mm 的填料为 2。

【例 14-6】　在填料塔中用水吸收空气中的低浓度 NH_3。操作温度变化不大，取 $T=293K$，总压$p=100kPa$，亨利系数 $E=76.6kPa$。填料为 50mm 的陶瓷拉西环（乱堆），气体、液体的空塔质量速度分别为 $G=0.5kg/(m^2 \cdot s)$、$W=2kg/(m^2 \cdot s)$，计算吸收系数 a、$k_L a$、$K_G a$。

解　① 按式(14-53) 求填料层有效面积 a。

首先确定式中各物理量数据。因液体为稀氨水，其物性数据按 $T=293K$ 的水的物性考虑，可知 $\rho_L=998kg/m^3$，$\mu_L=1.005\times10^{-3}Pa \cdot s$，$\sigma=72.8\times10^{-3}N/m$；查表 14-1 得$a_t=93m^2/m^3$，查表 14-3 得 $\sigma_c=0.061N/m$。故

$$\left(\frac{\sigma_c}{\sigma}\right)^{0.75}=\left(\frac{0.061}{0.0728}\right)^{0.75}=0.876$$

$$Re_L^{0.1}=\left(\frac{W}{a_t\mu_L}\right)^{0.1}=\left(\frac{2}{93\times1.005\times10^{-3}}\right)^{0.1}=1.36$$

$$Fr_L^{-0.05}=\left(\frac{W^2 a_t}{\rho_L^2 g}\right)^{-0.05}=\left(\frac{2^2\times93}{998^2\times9.81}\right)^{-0.05}=1.66$$

$$We_L^{0.2}=\left(\frac{W^2}{\rho_L\sigma a_t}\right)^{0.2}=\left(\frac{2^2}{998\times72.8\times10^{-3}\times93}\right)^{0.2}=0.226$$

将以上数据代入式(14-53)

$$\begin{aligned}\frac{a}{93}&=1-\exp(-1.45\times0.876\times1.36\times1.66\times0.226)\\&=1-e^{-0.648}=0.477\end{aligned}$$

所以
$$a=0.477\times93=44.4(\mathrm{m^2/m^3})$$

② 按式(14-54) 求 k_L，再求 k_La　查得 $T=293\mathrm{K}$ 时 NH_3 在水中的扩散系数 $D_L=1.76\times10^{-9}\mathrm{m^2/s}$；查表 14-4，拉西环的 $\psi=1$。其他数据同前，则得：

$$\left(\frac{\rho_L}{\mu_L g}\right)^{1/3}=\left(\frac{998}{1.005\times10^{-3}\times9.81}\right)^{1/3}=46.6$$

$$Re_L'^{\,2/3}=\left(\frac{W}{a\mu_L}\right)^{2/3}=\left(\frac{2}{44.4\times1.005\times10^{-3}}\right)^{2/3}=12.6$$

$$Sc_L^{\,-1/2}=\left(\frac{\mu_L}{\rho_L D_L}\right)^{-1/2}=\left(\frac{1.005\times10^{-3}}{998\times1.76\times10^{-9}}\right)^{-1/2}=0.0418$$

将以上数据代入式(14-54)，得：

$$k_L\times46.6=0.0095\times12.6\times0.0418\times1=0.005$$

$$k_L=1.07\times10^{-4}(\mathrm{m/s})$$

$$k_La=1.07\times10^{-4}\times44.4=4.75\times10^{-3}(\mathrm{s^{-1}})$$

③ 按式(14-55) 求 k_G，再求 k_Ga　首先确定式中各物理量数据。因气体中 NH_3 浓度很低，故其物性数据可按 $T=293\mathrm{K}$、$p=101.3\mathrm{kPa}$ 的空气考虑，查得 $\rho_G=1.21\mathrm{kg/m^3}$，$\mu_G=1.81\times10^{-5}\mathrm{Pa\cdot s}$。$T=273\mathrm{K}$、$p=101.3\mathrm{kPa}$ 时 NH_3 在空气中的扩散系数 $D_G=19.85\times10^{-6}\mathrm{m^2/s}$ 换算到 $T'=293\mathrm{K}$、$p'=100\mathrm{kPa}$ 时的 D_G'为：

$$D'_G=D_G\frac{p}{p'}\left(\frac{T'}{T}\right)^{3/2}=19.85\times10^{-6}\times\frac{101.3}{100}\left(\frac{293}{273}\right)^{3/2}$$
$$=2.24\times10^{-5}\ (\mathrm{m^2/s})$$

其他数据同前，且 $d_p=0.05\mathrm{m}$，取 $\theta=5.23$，$R=8.314\mathrm{kN\cdot m/(kmol\cdot K)}$，故

$$\frac{RT}{a_tD_G}=\frac{8.314\times293}{93\times2.24\times10^{-5}}=1.17\times10^6$$

$$Re_G^{0.7}=\left(\frac{G}{a_t\mu_G}\right)^{0.7}=\left(\frac{0.5}{93\times1.81\times10^{-5}}\right)^{0.7}=53.8$$

$$Sc_G^{\,1/3}=\left(\frac{\mu_G}{\rho_G D_G}\right)^{1/3}=\left(\frac{1.81\times10^{-5}}{1.21\times2.24\times10^{-5}}\right)^{1/3}=0.874$$

$$(a_td_p)^{-2}=(93\times0.05)^{-2}=0.0462$$

将以上数据代入式(14-55) 得：

$$1.17\times10^6k_G=5.23\times53.8\times0.874\times0.0462$$

$$k_G=9.71\times10^{-6}\mathrm{kmol/(m^2\cdot s\cdot kPa)}$$

$$k_Ga=9.71\times10^{-6}\times44.4$$
$$=4.31\times10^{-4}[\mathrm{kmol/(m^3\cdot s\cdot kPa)}]$$

④ 求 K_Ga　由溶解度系数 H 和亨利系数 E 的关系式求得溶解度系数：

$$H=\frac{\rho_s}{M_sE}=\frac{998}{18\times76.6}=0.724[\mathrm{kmol/(m^3\cdot kPa)}]$$

式中，ρ_s、M_s 分别为溶剂的密度和分子量。

又根据

$$\frac{1}{K_G}=\frac{1}{k_G}+\frac{1}{Hk_L}$$

则

$$\frac{1}{K_{G}a}=\frac{1}{k_{G}a}+\frac{1}{Hk_{L}}=\frac{1}{4.31\times10^{-4}}+\frac{1}{0.724\times4.75\times10^{-3}}=2610$$

故

$$K_{G}a=\frac{1}{2610}=3.83\times10^{-4}[\text{kmol/(m}^{3}\cdot\text{s}\cdot\text{kPa)}]$$

⑤ 传质单元高度 H_G、H_L 的关联式　有些资料提供了气液两相传质单元高度的计算关联式。例如，在溶质浓度低的情况下，气相传质单元高度可按下式计算：

$$H_{G}=\alpha G^{\beta}W^{\gamma}Sc_{G}^{0.6} \tag{14-56}$$

式中，H_G 为气相传质单元高度，$H_{G}=\frac{V}{k_{Y}a\Omega}$，m；$G$ 为气体空塔质量速度，kg/(m^2·s)；W 为液体空塔质量速度，kg/(m^2·s)；Sc_G 为气体的施密特数，无量纲；α、β、γ 分别为取决于填料类型尺寸的常数，其值见表 14-5。

表 14-5　式(14-56) 中的常数值

填料类型	常数			质量速度范围	
	α	β	γ	气相 G/[kg/(m^2·s)]	液相 W/[kg/(m^2·s)]
拉西环					
9.5mm	0.620	0.45	−0.47	0.271～0.678	0.678～2.034
25mm	0.557	0.32	−0.51	0.271～0.814	0.678～6.10
38mm	0.830	0.38	−0.66	0.271～0.950	0.678～2.034
38mm	0.689	0.38	−0.40	0.271～0.950	2.034～6.10
50mm	0.894	0.41	−0.45	0.271～1.085	0.678～6.10
弧鞍					
13mm	0.541	0.30	−0.74	0.271～0.950	0.678～2.034
13mm	0.367	0.30	−0.24	0.271～0.950	2.034～6.10
25mm	0.461	0.36	−0.40	0.271～0.085	0.542～6.10
38mm	0.652	0.32	−0.45	0.271～1.356	0.542～6.10

在溶质浓度及气速均较低的情况下，液相传质单元高度可按下式计算：

$$H_{L}=\alpha\left(\frac{W}{\mu_{L}}\right)^{\beta}Sc_{L}^{0.5} \tag{14-57}$$

式中，H_L 为液相传质单元高度，$H_{L}=\frac{L}{k_{X}a\Omega}$，m；$W$ 为液体空塔质量速度，kg/(m^2·s)；μ_L 为液体的黏度，Pa·s；Sc_L 为液体的施密特数，无量纲；α、β 分别为取决于填料类型尺寸的常数，见表 14-6。

表 14-6　式(14-57) 中的常数值

填料类型	常数		液相质量速度范围
	α	β	W/[kg/(m^2·s)]
拉西环			
9.5mm	3.21×10^{-4}	0.46	0.542～20.34
13mm	7.18×10^{-4}	0.35	0.542～20.34
25mm	2.35×10^{-3}	0.22	0.542～20.34
38mm	2.61×10^{-3}	0.22	0.542～20.34
50mm	2.93×10^{-3}	0.22	0.542～20.34
弧鞍			
13mm	1.456×10^{-3}	0.28	0.542～20.34
25mm	1.285×10^{-3}	0.28	0.542～20.34
38mm	1.366×10^{-3}	0.28	0.542～20.34

根据表 14-2 中 H_{OG}、H_{OL} 与 H_G、H_L 的关系，可计算气液相总传质单元高度：

$$H_{OG}=H_G+\frac{H_L mV}{L} \tag{14-58}$$

$$H_{OL}=\frac{LH_G}{mV}+H_L \tag{14-59}$$

【例 14-7】 按例 14-6 的条件计算 H_G、H_L、H_{OG} 及 K_Ga。

解 ① 计算 H_G 对 50mm 拉西环查表 14-5，得 $\alpha=0.894$，$\beta=0.41$，$\gamma=-0.45$。将以上系数及例 14-6 中的 G、W、Sc_G 数据代入式(14-56)，得：

$$H_G=0.894\times0.5^{0.41}\times2^{-0.45}\times0.668^{0.5}=0.403\ (\mathrm{m})$$

② 计算 H_L 对 50mm 拉西环查表 14-6，得 $\alpha=2.93\times10^{-3}$，$\beta=0.22$。将以上系数及例 14-6 中的 W、μ_L、Sc_L 数据代入式(14-57)，得：

$$H_L=2.93\times10^{-3}\left(\frac{2}{1.005\times10^{-3}}\right)^{0.22}\times572^{0.5}=0.373\ (\mathrm{m})$$

③ 计算 H_{OG} 由亨利系数 E 及操作压力求相平衡常数 m：

$$m=\frac{E}{p}=\frac{76.6}{100}=0.766$$

而

$$\frac{V}{L}=\frac{G/M_{空气}}{W/M_{水}}=\frac{0.5/29}{2/18}=0.155$$

所以

$$H_{OG}=H_G+\frac{H_L mV}{L}=0.403+0.373\times0.155\times0.766=0.447\ (\mathrm{m})$$

④ 计算 K_Ga 因空气中 NH_3 浓度较低，所以：

$$H_{OG}=\frac{V}{K_Ya\Omega}=\frac{G}{K_YaM_{空气}}$$

故

$$K_Ya=\frac{G}{H_{OG}M_{空气}}=\frac{0.5}{0.447\times29}=0.0386\ [\mathrm{kmol/(m^3\cdot s)}]$$

所以

$$K_Ga=\frac{K_Ya}{p}=\frac{0.0386}{100}=3.86\times10^{-4}[\mathrm{kmol/(m^3\cdot s\cdot kPa)}]$$

此结果与例 14-6 相比，误差很小，这是巧合。准数关联式的误差一般为 20%～40%。

六、填料层阻力

（一）填料层压降通用关联图

在前述气体通过填料层的压降时，已介绍可用埃克特通用关联图（图 14-8）求压降的方法。此法简便实用，计算结果的精确程度能满足工程实用的要求。通用关联图目前在国际上也是公认的填料塔流体力学性能较好的表达方式。它较清楚地显示出压降与泛点、填料因子、液气比、流体物性等参数的关系，可用于乱堆的拉西环、鲍尔环、鞍形填料等。但对整砌的填料层压降可采用阻力系数法来计算。

（二）阻力系数法

填料层的压降可用流体力学中常用的阻力系数形式来表达：

$$\Delta p = \zeta Z \frac{\rho u^2}{2} \tag{14-60}$$

式中，Δp 为填料层的压降，Pa；ζ 为阻力系数；Z 为填料层高度，m；u 为空塔气速，m/s；ρ 为气体密度，kg/m^3。

ζ 为填料尺寸与液体润湿率 L_w 的函数，可由图 14-14 和图 14-15 及表 14-7 求得。

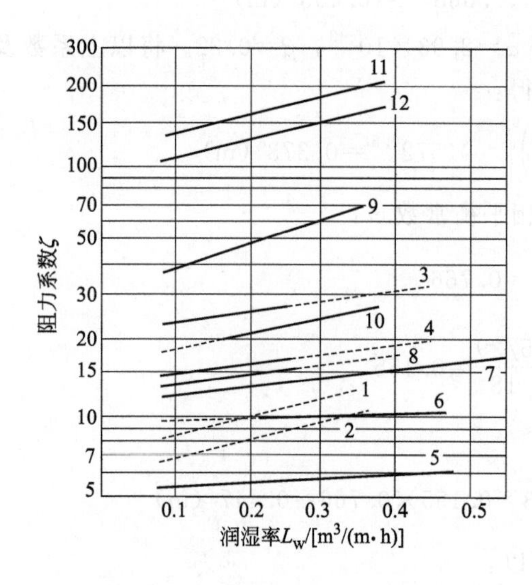

图 14-14　整砌填料的阻力系数

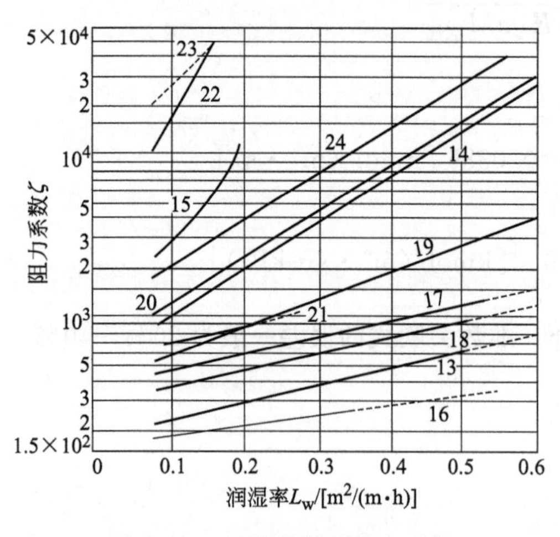

图 14-15　乱堆填料的阻力系数

表 14-7　曲线与填料的关系

曲线编号	填料规格/mm
	平　栅　条
1	25×25×1.6
2	25×50×1.6
3	25×25×6
4	25×50×6
	齿形栅条
5	100×100×13
6	50×50×9.5
7	38×38×5
	正砌瓷环
8	100×100×9.5
9	76×76×9.5
10	76×76×6
11	50×50×6
12	50×50×5
	乱堆金属环
13	50×50×1.6
14	25×25×1.6
15	13×13×0.8
	乱堆瓷环
16	76×76×9.5
17	50×50×6
18	50×50×5
19	38×38×5
20	25×25×2.5
22	13×13×1.6
	乱堆石墨环
17	50×50×6
24	25×25×5
22	13×13×1.6
	石　英　石
21	50
23	13～30

七、填料塔的附属结构

填料塔的附属结构包括填料支承板、液体分布器及再分布器、气体进口分布及除雾器等。

设计填料塔时，如果附属结构设计不当将会造成填料层气液分布不均，严重影响传质效果；或者附属结构的阻力过大会降低塔的生产能力。

（一）填料支承板

支承填料的构件称填料支承板。它应满足以下 3 个基本条件。

① 支承板上流体通过的自由截面积应为塔截面的 50％以上，且应大于填料的空隙率。自由截面积太小，在操作中会产生拦液现象，增加压降，降低效率，甚至形成液泛。

② 要有足够强度承受填料的重量，并考虑填料孔隙中的持液重量，以及可能加于系统的压力波动、机械振动、温度波动等因素。

③ 要有一定的耐腐蚀性能。

填料支承板一般多用竖扁钢制成栅板型式，如图 14-16(a) 所示。扁钢条之间的间距宜为填料外径的 0.6～0.8 倍。在直径较大的塔中也可用较大的间距，上面先整砌一层大尺寸的十字格陶瓷环，然后再在上面乱堆小尺寸的填料，如图 14-16(c) 所示。当栅板结构不能满足要求时，可采用升气管式支承板，如图 14-16(b) 所示。这类支承板上开有小孔并装有升气管，上升气流从升气管的齿缝穿过，而填料层下降液体，包括沿壁下降的液体被拦在板上，通过板上小孔及齿缝底部均匀流出。当有足够的齿缝面积时，气相通道的截面积有可能比塔的横截面积还要大。

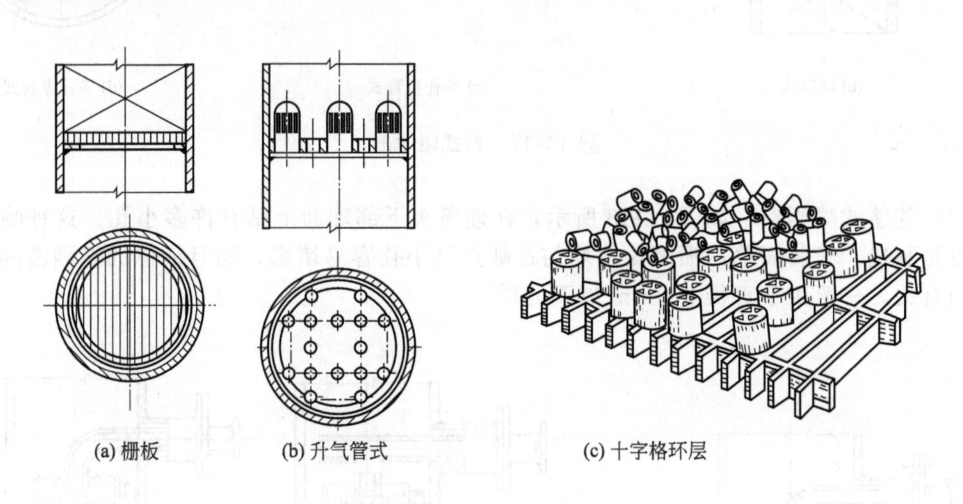

(a) 栅板　(b) 升气管式　(c) 十字格环层

图 14-16　填料支承板

（二）液体分布装置

填料塔操作时，从塔顶引入的液体应能沿整个塔截面均匀地分布进料填料层。如液体分布不良，必将减少填料的有效润湿表面积，影响传质效果。

常见的液体分布装置有以下几种。

(1) 管式喷淋器　图 14-17 为几种结构简单的管式喷淋器。图 14-17(a) 为弯管式，图 14-17(b) 为缺口式，液体直接向下流出，为了避免液体冲击填料及促使液体分布均匀，最好在流出口下面加一块圆形挡板。这两种喷淋器一般只用于塔径在 300mm 以下的小塔。

图 14-17(c) 为多孔直管式，图 14-17(d) 为多孔盘管式，在这两种结构的管底部钻有 2～4 排直径为 3～6mm 的小孔，孔的总截面积大致与进液管的截面积相等。图 14-17(c) 型适用于直径 600mm 以下的塔，图 14-17(d) 型适用于直径 1.2m 以下的塔。

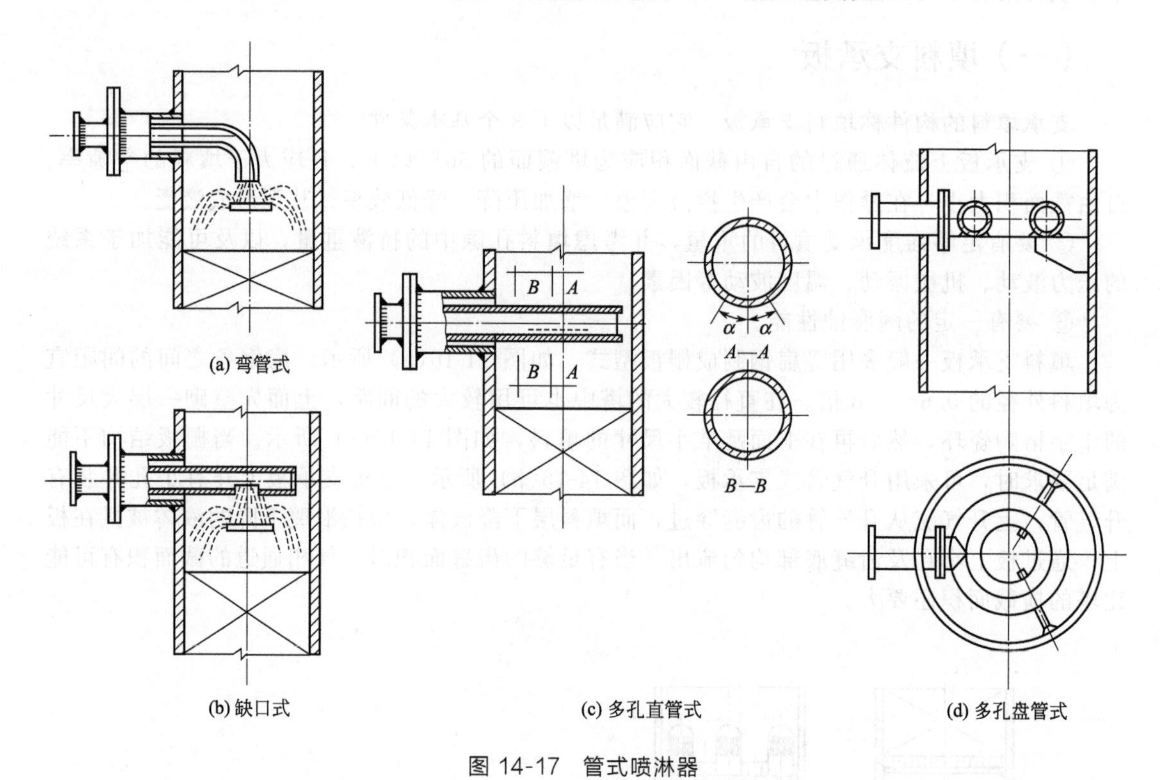

图 14-17　管式喷淋器

(2) 莲蓬式喷洒器　如图 14-18 所示，在莲蓬头下部球面上钻有许多小孔。这种喷洒器的优点是制造、安装简单，喷洒比较均匀；缺点是小孔容易堵塞，而且液体的喷洒范围与压头密切有关。一般用于直径 600mm 以下的塔。

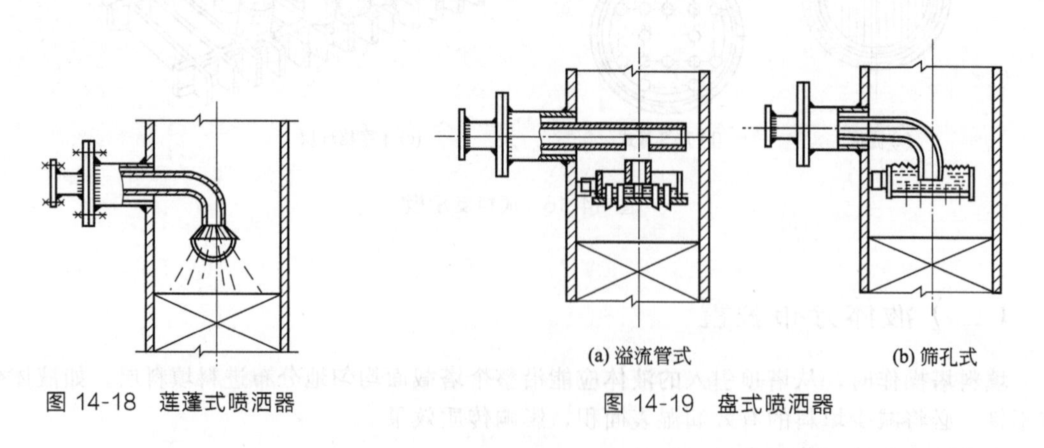

图 14-18　莲蓬式喷洒器

图 14-19　盘式喷洒器

(3) 盘式喷洒器　如图 14-19 所示。图 14-19(a) 为溢流管式，盘上均匀地装有若干根直径大于 15mm 的溢流管，管上端开有矩形齿槽。图 14-19(b) 为筛孔式，盘底均匀地钻有 3～10mm 的小孔。液体流到盘上后，通过溢流管的齿槽或盘底小孔均匀地分洒在整个塔截面上。一般分布盘的直径为塔径的 0.6～0.8 倍。此类分布器适用于直径 800mm 以上的塔。

(三) 液体再分布器

液体沿填料层下流时，往往由于塔壁处阻力较小而有逐渐向塔壁处集中的趋势。这样，沿填料向下距离越远，填料层中心的润湿程度就越差，形成了所谓“干锥体”的不正常现象，减小了气液两相的有效传质面积。因此每隔一定距离必须设置液体再分布装置，使沿塔壁流下的液体再流向填料层中心。再分布的距离 h_0 与塔径 D 之间关系推荐如下。

对拉西环：$h_0=(2.5\sim3)D$，对塔径<400mm 以下的小塔，可允许比上值较大的 h_0；对于大塔，h_0 不宜超过 6m。

对鲍尔环：$h_0=(5\sim10)D$，对于大塔 h_0 也不宜超过 6m。

对鞍形填料：$h_0=(5\sim8)D$，对大塔也不宜超过 6m。

常用的液体再分布器是截锥式再分布器，如图 14-20 所示。图 14-20(a) 型是将截锥体焊（或搁置）在塔体中，截锥上下仍能全部放满填料，不占空间。当需分段卸出填料时，则采用图 14-20(b) 所示结构，截锥上加设支承板，截锥下要隔一段距离再装填料。

截锥体与塔壁的夹角 α 一般为 35°～45°，截锥下口直径 D_1 为 $(0.7\sim0.8)D$。

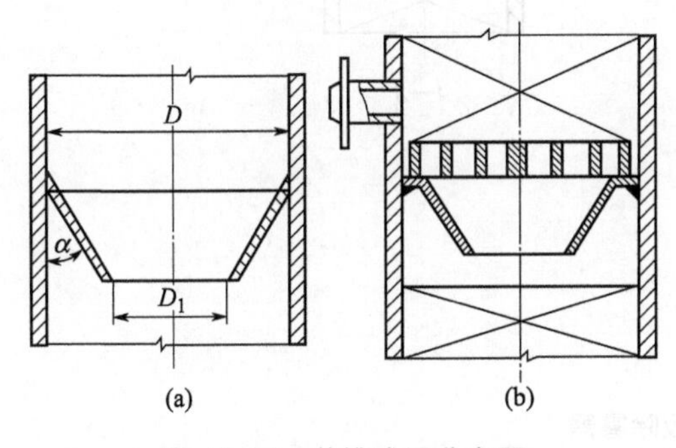

图 14-20　截锥式再分布器

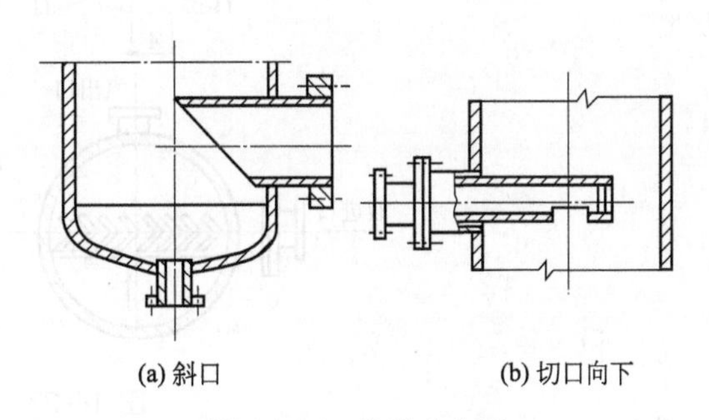

图 14-21　气体分布器

(四) 气体分布器

填料塔的气体进口装置应能防止液体流入进气管，同时还能使气体分布均匀。常见的方法是使进气管伸至塔的中心线位置，管端为 45°向下的切口或向下的缺口，如图 14-21 所示。使气流转折向上，这种进气管不能达到均匀分布气体的目的，只能用于塔径<500mm 的小塔。对于大塔，管的末端可以制成向下的喇叭形扩大口，或进气管制成如图 14-17(d) 所示的多孔盘管式。

(五) 排液装置

塔内液体从塔底排出时，一方面要使液体能顺利流出，另一方面应保证塔内气体不会从排液管排出，一般采用如图 14-22 所示的装置。常压操作时用图 14-22(a) 的结构；塔内外压差较大时，可采用图 14-22(b) 的结构。

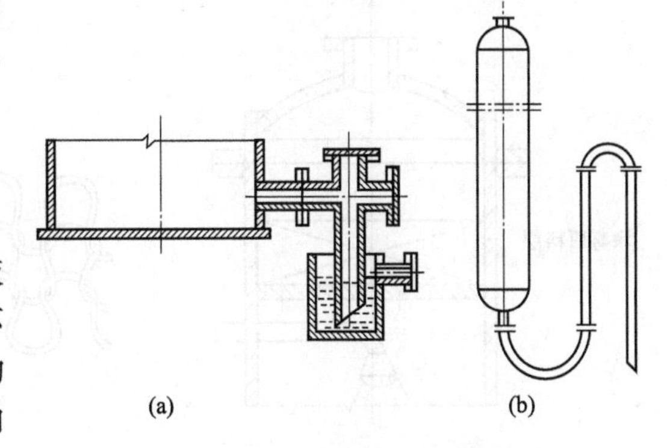

图 14-22　液体出口装置

（六）气体出口装置

气体的出口装置既要保证气体流动通畅，又应能除去被夹带的液体雾滴。填料塔常用的除雾装置有以下 3 种。

（1）折板除雾器　如图 14-23 所示，这是一种简单有效的除雾器。除雾板由 50mm×50mm×3mm 的角钢组成，板间横向距离为 25mm。除雾板阻力为 50～100Pa（5～10mm H_2O），能除去的最小雾滴直径为 50μm。

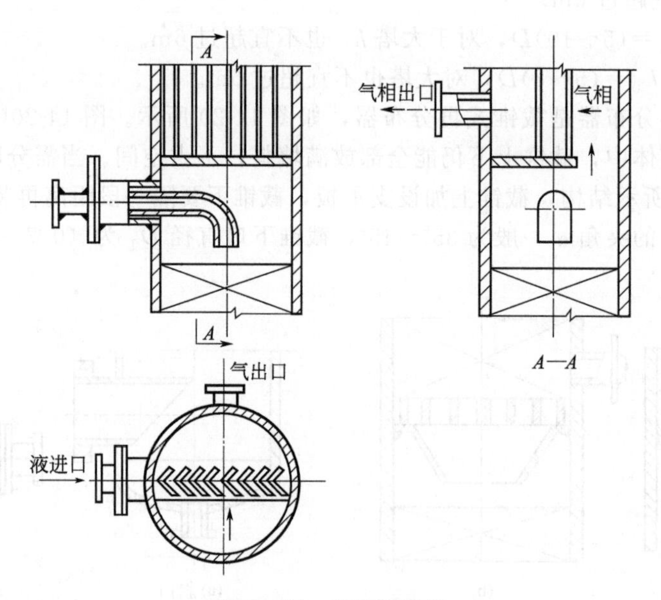

图 14-23　折板除雾器

（2）填料除雾器　如图 14-24 所示。塔顶气体排出前，再通过一层填料以达到分雾沫的目的，所用填料一般为环形填料，比塔内填料小。这层填料的高度根据除沫要求和允许压降决定。这种除雾装置效率高，但阻力大，所占空间也大。

（3）丝网除雾器　如图 14-25 所示。它是用一定规格的丝网带卷成盘状，再用支承板加以固定的一种装置。丝网盘高一般为 100～150mm，丝网支承栅板的自由截面积应大于 90%。

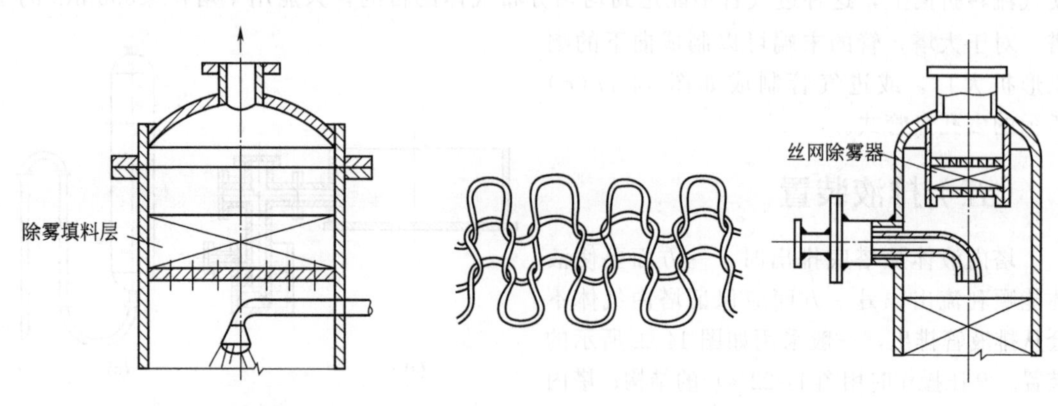

图 14-24　填料除雾器

图 14-25　丝网除雾器

这种除雾装置分离效率高（对＞5μm 的雾滴可达 98%～99%），阻力小（约＜250Pa），占空间小；但不适宜于分离含有固体杂质的雾沫，以免堵塞网孔。

第三节 板式塔的设计

一、板式塔的主要塔板类型

板式塔的塔板类型较多，以下主要介绍工业上应用较广的筛板塔和浮阀塔。

1. 筛板塔

筛板塔的塔板结构如图 14-26 所示。塔板开有许多均布的筛孔，孔径一般为 3～8mm。筛孔在塔板上呈正三角形排列。孔中心距为孔径的 2.5～4 倍。塔板上设置溢流堰使板上能维持一定厚度的液层。操作时上升气流通过筛孔分散成细小流股，在板上液层中鼓泡而出，形成泡沫层使气液间密切接触而进行传质。在正常的操作气速下，通过筛孔的气流应能阻止液体经筛孔向下泄漏。

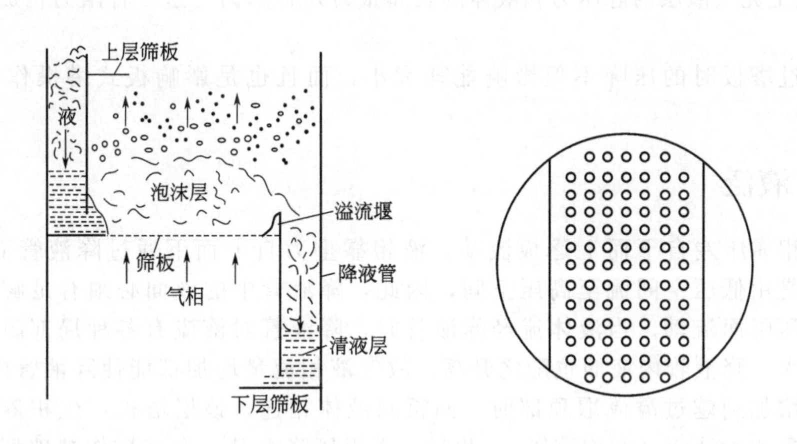

图 14-26 塔板结构

筛板塔的优点是结构简单、造价低廉，气体压降较低，板上液面落差也较小，生产能力及板效率均较泡罩塔高 10%～15%。主要缺点是操作弹性较小（2～3，指维持正常操作时的气体最大流量与最小流量之比）、筛孔小时容易堵塞，故不适合处理污秽的、含有固体的或者会聚合的物料。为了避免筛孔的锈蚀，筛板多用不锈钢板或合金钢板制成。

2. 浮阀塔

浮阀塔的塔板上开有按三角形排列的阀孔，每孔之上装有可升降的阀片。如图 14-27 所示为常用的 F1 型浮阀。阀片的外径为 48mm，下有 3 条带脚钩的垂直腿，插入阀孔（直径为 39mm）中，气速达到一定时阀片被推起，但受脚钩的限制最高也不能脱离阀孔，最大开度为 8.5mm（指离开板面的距离）。气速减小则阀片落到板上，靠阀片底部 3 处凸缘支撑，其最小开度为 2.5mm。塔板上阀孔开

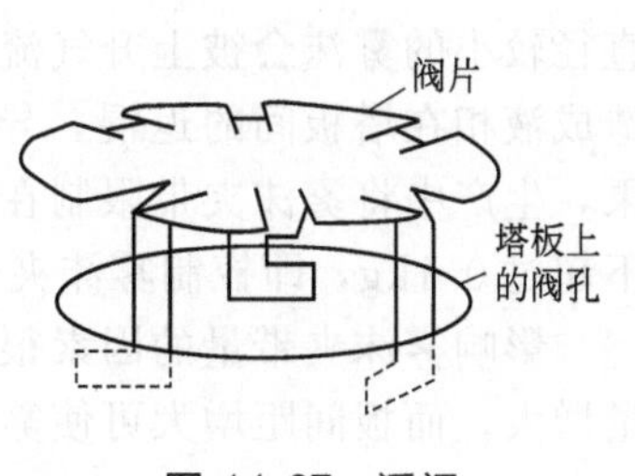

图 14-27 浮阀

启的数量按气体流量的大小而有所改变。因此，气体从浮阀送出的线速度变动不大，鼓泡性能可以保持均衡一致，使得浮阀具有较大的操作弹性（可达6左右），且比筛板塔操作稳定。浮阀塔的塔板效率较高，气体压降及液面落差也较小；但它比筛板塔构造复杂、价贵。目前浮阀塔广泛用于精馏、吸收以及脱吸等传质过程中，塔径从200mm到6400mm，使用效果均较好。

浮阀是一活动部件，要注意保持每个浮阀能顺利及时开启，不使其脱落或被卡住，否则会降低塔工作的可靠性。为了避免锈蚀、粘连，塔板与浮阀一般均需用不锈钢制造。

二、板式塔的流体力学性能

塔的操作能否正常进行，与塔内气液两相的流体力学性能有关。板式塔的流体力学性能包括气体通过塔板的阻力损失、液泛、雾沫夹带、漏液及液面落差等。

（一）气体通过塔板的阻力损失

上升的气流通过塔板时需要克服塔板本身的干板阻力（即板上的筛孔或浮阀所造成的局部阻力）、板上充气液层的静压力和液体的表面张力几种阻力。这3种阻力构成了该板的总压降。

气体通过塔板时的压降不但影响能耗大小，而且也是影响板式塔操作特性的重要因素。

（二）液泛

塔内气相靠压差自下而上逐板流动，液相靠重力自上而下通过降液管而逐板流动。显然，液体是由低压空间流至高压空间，因此，降液管中的液面必须有足够高度，以克服两板间的压降而流动。当液体流经降液管时，降液管对液流有各种局部阻力，液流量大阻力也增大，降液管内液面也随之升高。故气液相流量增加都能使降液管内液面升高。当管内液体增加到越过溢流堰顶部时，两板间液体相连，该层塔板产生积液，并依次上升，这种现象称为液泛（亦称淹塔）。此时，塔板压降上升，全塔操作被破坏。操作时应避免液泛发生。

发生液泛时的气速称为液泛速度，是塔操作的极限速度。影响液泛速度的因素除气液流量和流体物性外，塔板结构特别是塔板间距也是重要参数，设计中采用较大的板间距可提高液泛速度。

（三）雾沫夹带

上升气流穿过塔板上液层时，会产生数量甚多、大小不一的液滴，这些液滴中的一部分直径较小的雾沫会被上升气流夹带至上层塔板，这种现象称为雾沫夹带。过量的雾沫夹带会造成液相在塔板间的返混，导致塔板效率严重下降。为了保证板式塔能维持正常的操作效果，生产中将雾沫夹带限制在一定限度以内，规定每千克上升气体夹带到上层塔板的液体量不超过0.1kg，即控制雾沫夹带量 $e_v < 0.1$kg/kg(液/气)。

影响雾沫夹带量的因素很多，最主要的是空塔气速和板间距。空塔气速增高，雾沫夹带量增大，而板间距增大可使雾沫夹带量减小。

（四）漏液

当通过升气孔道的气速较小时，板上部分液体就会从孔口直接落下，这种现象称为漏液现象。错流型的塔板在正常操作时，液体应沿塔板流动，在板上与垂直方向上流动的气体进行错流接触后由降液管流下。漏液时，液体经升气孔道流下，未与气体在板上进行充分接触，使传质效果降低，严重时会使塔板不能积液而无法操作。故正常操作时的漏液量应控制在不超过液体流量的10％。

漏液量达10％时的气速称为漏液气速，这是塔操作的下限气速。

（五）液面落差与气流分布

当液体横向流过塔板时，必须克服阻力，故板上液面将出现坡度。塔板进、出口侧的液面高度差称液面落差。在液体进口侧因液层厚，故气速小；出口侧液层薄，气速大，导致气流分布不均匀。为使气流分布均匀，减少液面落差，对大液流量或大塔径的情况，可对塔板的溢流装置采用双溢流或阶梯流。

浮阀塔的液面落差较小，筛板塔的液面落差更小，在塔径不很大的情况下常可忽略。

（六）塔板负荷性能图

对一定的物系，在塔板结构尺寸已经确定的情况下，其气、液流量要维持在一定范围之内，操作才能正常，这样的范围可用负荷性能图来表示，如图14-28所示。在图中以液体流量L_s为横坐标，气体流量V_s为纵坐标。通常负荷性能图由以下5条曲线所组成，这些曲线线界范围之内才是合适的操作区。

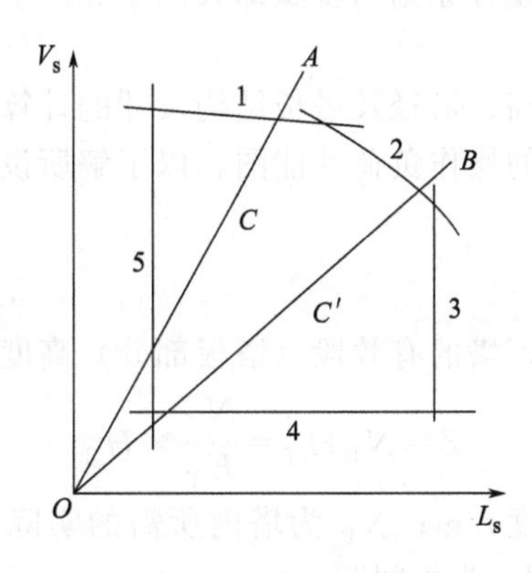

图14-28 塔板负荷性能图

（1）雾沫夹带线 线1为雾沫夹带线，它是以雾沫夹带量0.1kg/kg(液/干气体)为依据确定的。当气体流量超过此线时，雾沫夹带量将过大，使板效率严重下降。

（2）液泛线 线2为液泛线。当气、液相流量位于线2右上方时，塔内将出现液泛。此线的位置可根据液泛条件确定。

（3）液体流量上限线 线3为液体流量上限线，该线又称降液管超负荷线。液体流量超过此线，表明液体流量过大，液体在降液管内停留时间过短，进入降液管中的气泡来不及与液相分离而被带入下层塔板，造成气相返混，使塔板效率降低。

（4）漏液线　线 4 为漏液线，该线又称气体流量下限线。当气体流量低于此线时，将发生严重的漏液现象，导致板效率下降。

（5）液体流量下限线　线 5 为液体流量下限线。当液体流量低于此线时，会使塔板上液流不能均匀分布，导致板效率下降。

操作时的气体流量 V_s 与液体流量 L_s 在负荷性能图上的坐标点称为操作点。通过原点 O 的直线为操作线，该线的斜率即为 V_s/L_s。

操作线与负荷性能图上曲线的两个交点分别表示塔的上下操作极限，两极限的气体流量之比称为塔板的操作弹性。操作弹性大，说明塔适应负荷变动的能力强，操作性能好。

欲使塔获得良好的稳定操作效果，则应使操作点位于负荷性能图适中的位置。显然，图中操作点 C 优于 C' 点。如果操作点紧靠某一线，则负荷稍有波动，便会使塔的正常操作受到破坏。

同一层塔板，操作情况不同，控制负荷上下限的因素也不同。如 OA 线，上限为雾沫夹带控制，下限为液体流量下限控制；OB 线的上限为液泛控制，下限为漏液控制。

物系一定时，负荷性能图中各条线的位置随塔板结构尺寸而变。因此，在设计塔板时，常用负荷性能来检验设计是否合理，并根据操作点在图中位置，适当调整塔板结构参数，以改进负荷性能图。例如，加大板间距或增大塔径可使液泛线上移，增加降液管截面积可使液体流量上限线右移，减少塔板开孔率可使漏液线下移等。

塔板负荷性能图，对改进设计、决定塔的负荷范围以及指导塔的正常操作都具有重要的意义。

三、浮阀塔主要工艺尺寸的设计

板式塔的类型很多，但其设计原则与步骤却大同小异。下面以浮阀塔为例介绍板式塔的工艺计算。

浮阀塔的工艺计算包括塔高、塔径及塔板结构尺寸的计算。为检验设计是否合理，应做流体力学验算。最后画出塔板的操作负荷性能图，以了解所设计的塔的操作性能。

（一）塔高的计算

当吸收操作采用板式塔时，塔的有效段（塔板部分）高度可按下式计算，即：

$$Z=N_P H_T=\frac{N_T}{E_T}\times H_T \tag{14-61}$$

式中，Z 为塔的有效段高度，m；N_P 为塔内所需的实际板层数；N_T 为塔内所需的理论板层数；E_T 为总板效率；H_T 为板间距，m。

塔的总高度 H 应为有效段高度、上层塔板与吸收塔顶盖距离、下层塔板与塔底间距离之和。

1. 理论板层数的计算

所谓理论板是指离开该板的气、液两相互成平衡。计算板式塔完成吸收要求所需的理论板层数时，要应用物料衡算和气液平衡关系。通常采用的是图解法。

（1）图解法　在吸收操作线与平衡线之间，绘出由水平线和垂直线构成的梯级，每一个梯级相当一层理论板。

图 14-29(a) 表示一个逆流操作的板式吸收塔。板式塔的塔板数由上向下数共 N 层，每层塔板都为理论板。图 14-29(b) 则表示相应的 Y-X 关系，图中 BT 为吸收操作曲线，OE 为平衡线。由塔顶端点 T 开始画梯级直至塔底端点 B，所画出的梯级数即为理论板层数。

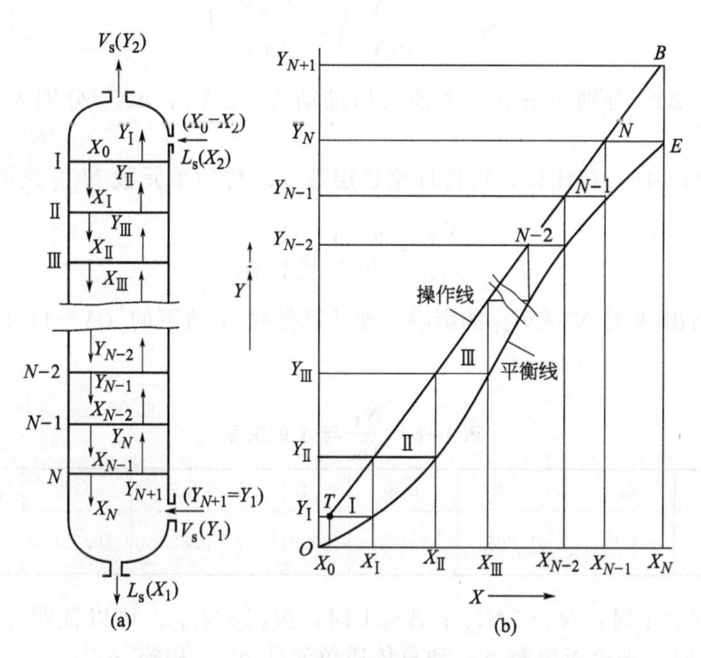

图 14-29　吸收塔的理论板层数

【例 14-8】 欲在板式塔中进行例 14-1 所述的吸收操作，试求该吸收塔所需理论板数。

解　由例 14-1 知，操作条件下的平衡关系为：

$Y^*=\dfrac{0.125X}{1+0.875X}$，该平衡线为一曲线，故需用图解法求理论塔板数。

在 Y-X 直角坐标系中标绘出操作线 BT 及平衡线 OE，见本例附图。由图中的点 T 开始在操作线与平衡线之间画梯级，得知达到规定指标所需的理论板层数约为 7.6。

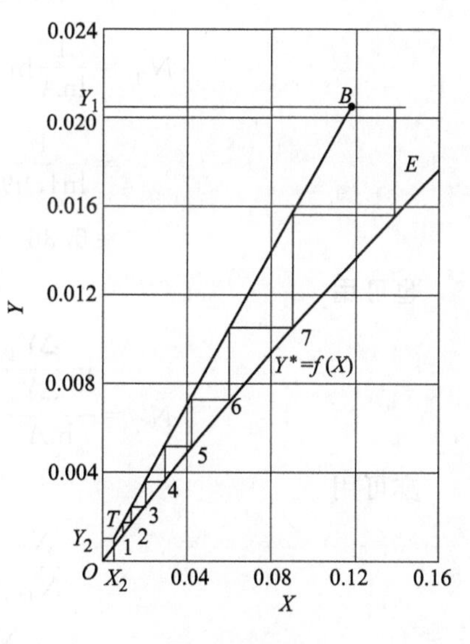

例 14-8 附图

(2) 解析法　对低浓度气体吸收操作，当过程所涉及的浓度范围内的平衡线为一直线时，可采用解析法求理论板层数，即可用下式来计算 N_{T}：

$$N_{\mathrm{T}}=\frac{1}{\ln A}\ln\left[\left(1-\frac{1}{A}\right)\frac{Y_1-mX_2}{Y_2-mX_2}+\frac{1}{A}\right] \tag{14-62}$$

或

$$N_{\mathrm{T}}=\frac{1}{\ln A}\ln\left[(1-S)\ \frac{Y_1-mX_2}{Y_2-mX_2}+S\right] \tag{14-63}$$

式中，N_T 为理论板层数；A 为吸收因数，$A=\frac{L}{mV}$；S 为脱吸因数，$S=\frac{1}{A}$。

N_T 除用上两式计算外，还可用下述更为简单形式计算：

$$N_T=\frac{\ln\frac{\Delta Y_1}{\Delta Y_2}}{\ln A}\left(=\frac{\ln\frac{\Delta X_1}{\Delta X_2}}{\ln A}\right) \tag{14-64}$$

式中，ΔY_1、ΔY_2 分别为塔底、塔顶气相推动力；ΔX_1、ΔX_2 分别为塔底、塔顶液相推动力。

将上式与式(14-46) 相比较，可得理论板层数与总传质单元数 N_{OG} 之间关系：

$$\frac{N_T}{N_{OG}}=\frac{S-1}{\ln S}=\frac{A-1}{A\ln A} \tag{14-65}$$

从上式不易看出 A 对 N_T/N_{OG} 的影响，现计算某些 A 值下的 $(A-1)/(A\ln A)$ 如表 14-8 所列。

表 14-8 $\frac{N_T}{N_{OG}}$ 与 A 的关系

A	0.1	0.3	0.6	0.8	1.2	1.5	2	5	10
$\frac{A-1}{A\ln A}$	3.91	1.94	1.305	1.120	0.914	0.822	0.721	0.497	0.391

由表可见，$A>1$ 时，$N_T<N_{OG}$；$A<1$ 时，$N_T>N_{OG}$。可以证明［对式(14-65) 求极限］，在 $A=1$ 时，理论板层数 N_T 和总传质单元数 N_{OG} 相等。

【例 14-9】 欲在板式塔中进行例 14-3 所述的吸收操作，试求该吸收塔所需的理论板层数。

解 本例中的平衡线为直线，故可用解析法计算 N_T。

吸收因数 $A=\frac{1}{S}=\frac{1}{0.63}=1.59$

$$N_T=\frac{1}{\ln A}\ln\left[(1-S)\ \frac{Y_1-mX_2}{Y_2-mX_2}+S\right]$$

$$=\frac{1}{\ln 1.59}\ln\left[(1-0.63)\times\frac{0.0638}{0.00128}+0.63\right]$$

$$=6.36$$

也可用

$$N_T=\frac{\ln\frac{\Delta Y_1}{\Delta Y_2}}{\ln A}=\frac{\ln\frac{0.0638-0.0393}{0.00128}}{\ln 1.59}=6.37$$

亦可用

$$\frac{N_T}{N_{OG}}=\frac{S-1}{\ln S}=\frac{0.63-1}{\ln 0.63}=0.80$$

$$N_T=0.8\times 7.97=6.38$$

当平衡线为一直线时，用以上三个式子均可求得 N_T，计算结果相同。

因该塔操作条件下的 $A>1$，所以 $N_T<N_{OG}$。

2. 总板效率

对吸收塔来说，塔板上的实际传质效率远不如理论板那么完善，故所需的实际板层数 N_P 较理论板层数 N_T 为多。这种差别用总板效率 E_T 来衡量，即

$$E_T=\frac{N_T}{N_P} \tag{14-66}$$

总板效率与物系、塔板结构和操作条件有关，需由实验测定。吸收操作的塔板效率比精馏操作的塔板效率低。E_T 的范围为 10%～50%。

对吸收塔，奥康奈尔提出了总板效率与液相黏度（μ_L）、亨利系数（H）及总压（p）之间的关联曲线，如图 14-30 所示。

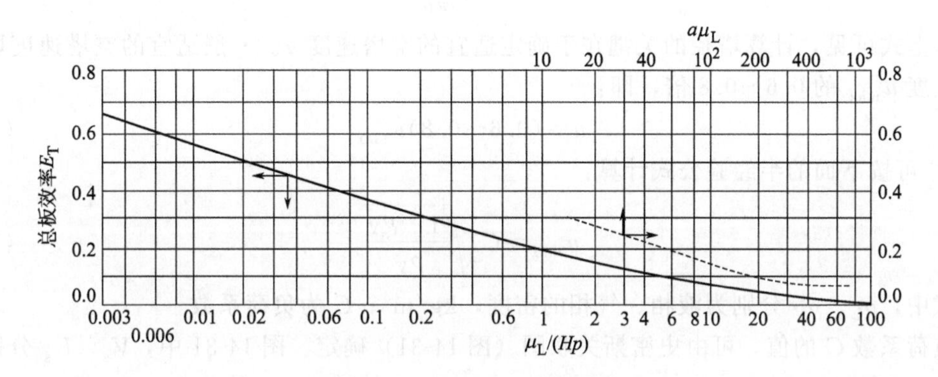

图 14-30　吸收塔效率关联曲线

上述关联图主要是依据泡罩塔板数据做出的。对于其他板型，可参考表 14-9 所列的效率相对值加以校正。

表 14-9　总板效率相对值

塔　型	总板效率相对值	塔　型	总板效率相对值
泡罩塔	1.0	浮阀塔	1.1～1.2
筛板塔	1.1	穿流筛板塔(无降液管)	0.8

（二）初选板间距

在前述板式塔的流体力学性能中知，板间距的大小与液泛、雾沫夹带有密切关系。采用较大的板间距，能允许较高的空塔速度，因而塔径可小些，但塔高要增加；反之，采用较小的板间距，塔径就要增大，但塔高可降低。板间距取得大还对塔板效率、操作弹性及安装检修有利。所以在选板间距时，应根据实际情况，权衡利弊，反复调整。对塔板数较多的吸收塔，往往采用较小的板间距，适当加大塔径，使塔身不致过高。初选板间距时可参考表 14-10 所推荐的经验数据。板间距的数值应按照规定选取整数，如 300mm、350mm、450mm、500mm、600mm、800mm。

表 14-10　板间距参考数值

塔径 D/m	0.3～0.5	0.5～0.8	0.8～1.6	1.6～2.0	2.0～2.4	＞2.4
板间距 H_T/mm	200～300	300～350	350～450	450～600	500～800	≥600

板间距需要初步选定，是因为计算空塔速度以估算塔径时，必须先选定板间距，选定的板间距是否合理，还需在最后进行流体力学验算。如不能满足流体力学的要求，则可适当调整板间距或塔径。

对于需要经常清洗或检修的塔，在塔体开设人孔的地方，塔板间距必须保证有足够的空间，该处的板间距不能小于600mm。

（三）塔径的计算

塔径可依据式(14-16) 来计算，即：

$$D=\sqrt{\frac{4V_s}{\pi u}}$$

由上式可见，计算塔径的关键在于确定适宜的空塔速度 u。一般适宜的空塔速度取允许最大速度 u_{max} 的 0.6～0.8 倍，即：

$$u=(0.6\sim0.8)u_{max} \tag{14-67}$$

而 u_{max} 可按下面的半经验公式计算：

$$u_{max}=C\sqrt{\frac{\rho_L-\rho_V}{\rho_V}} \tag{14-68}$$

式中，ρ_L、ρ_V 分别为液相、气相的密度，kg/m^3；C 为负荷系数。

负荷系数 C 的值，可由史密斯关联图（图 14-31）确定。图 14-31 中，V_s、L_s 分别为塔内气、液两相的体积流量，m^3/s；ρ_V、ρ_L 分别为塔内气、液两相的密度，kg/m^3；H_T 为板间距，m；h_L 为板上液层高度，m。

横坐标 $F_{LV}=\frac{L_s}{V_s}\frac{\rho_L}{\rho_V}$ 称为液气动能参数，它反映液气两相的流量与密度的影响。取 H_T-h_L 为参变数，它反映板间气相空间净高度对负荷系数的影响，显然 H_T-h_L 值越大 C 值越大，这是因为随着分离空间增大，雾沫夹带量减小，允许最大气速增大。

板上液层高度 h_L 应由设计者首先选定，对常压塔一般取 0.05～0.08m；对减压塔应取低些，可低至 0.025～0.03m。

图 14-31 中的纵坐标则是所要查取的负荷系数。由于这一关联图是用液体表面张力 $\sigma=20mN/m$ 的物系作实验得出的，故记为 C_{20}。对于液体表面张力 σ 不等于 20mN/m 的物系，考虑到表面张力较大的液体不易产生泡沫，因此其允许上升气速或负荷系数可取较大之值，通常可按下式对负荷系数加以校正：

$$C=C_{20}\left(\frac{\sigma}{20}\right)^{0.2} \tag{14-69}$$

式中，C_{20} 为物系表面张力为 20mN/m 的负荷系数，由图 14-31 查出；σ 为操作物系的液体表面张力，mN/m；C 为操作物系的负荷系数。

负荷系数 C 确定后，代入式(14-68)，就可求出允许的最大气速 u_{max}，再乘以安全系数 0.6～0.8，便得出适宜的空塔气速。

将求得空塔气速 u 代入式(14-16) 算出塔径后，还需根据塔径系列标准予以圆整。常用的标准塔径（m）为 0.6、0.7、0.8、1.0、1.2、1.4、1.6、1.8、2.0、2.2、2.4、…初步确定塔径后，还要看原来所取的板间距是否在合适的范围内，否则应调整重算；然后，再进一步确定塔各部分工艺尺寸，并进行流体力学验算。

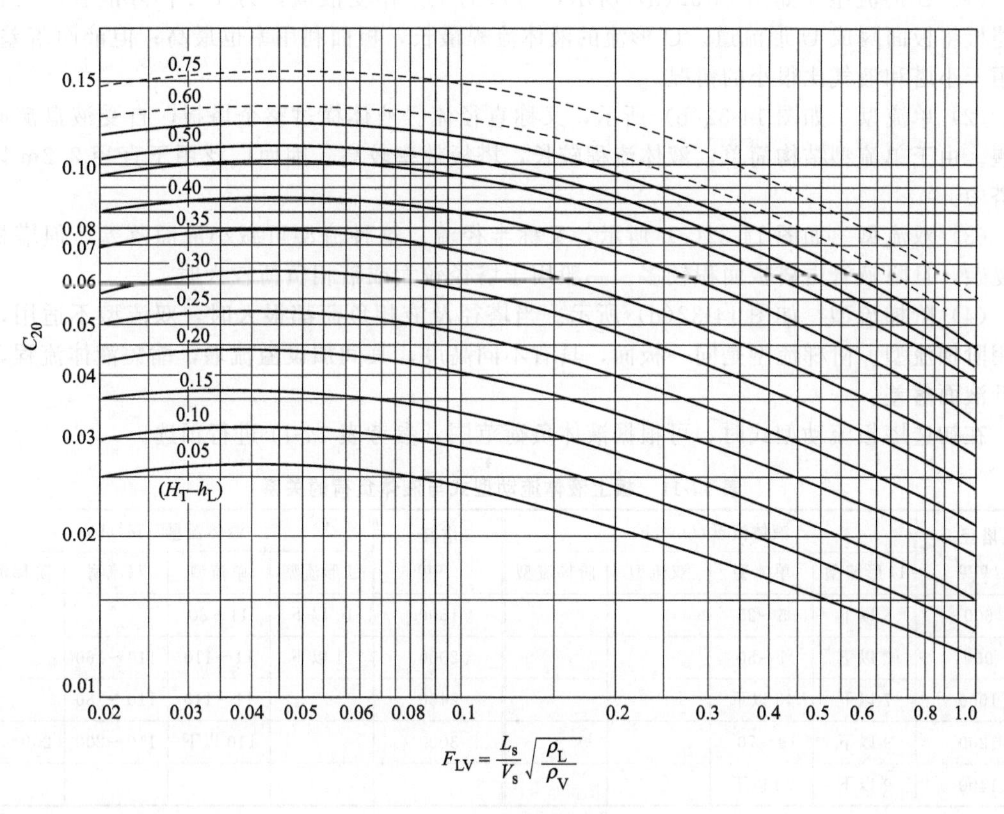

图 14-31　史密斯关联图

（四）塔板流动型式

降液管板式塔常用的塔板流动型式如图 14-32 所示。

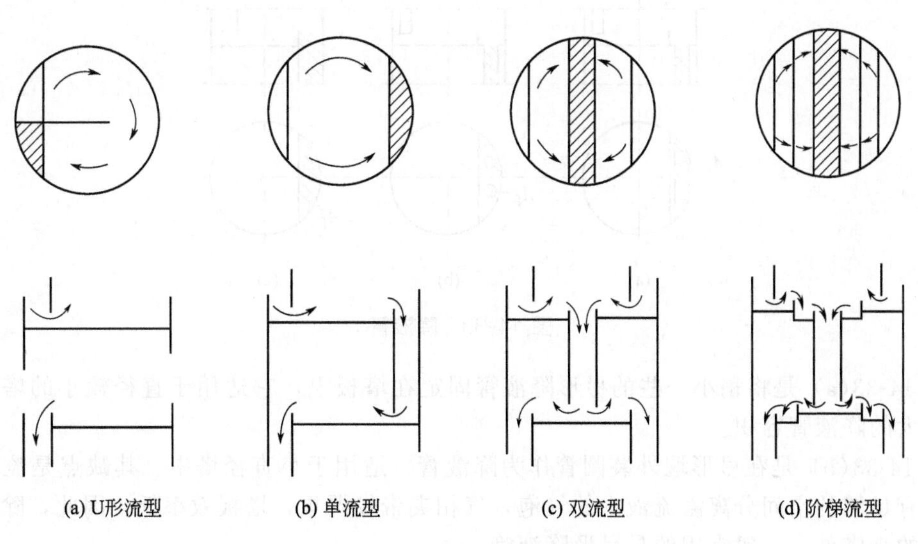

图 14-32　塔板流动型式

(1) U形流型　如图14-32(a)所示，弓形的1/2作受液盘，另1/2作降液管。沿直径以挡板将板面隔成U形流道。U形流的液体流程最长，板面利用率也最高；但液面落差大。仅用于小塔和液气比很小的情况。

(2) 单流型　如图14-32(b)所示，又称直径流。液体横过整个塔板，自受液盘流向溢流堰。由于单流型结构简单，液体流程较长，塔板效率较高，因而广泛用于直径2.2m以下的塔中。

(3) 双流型　如图14-32(c)所示，又称半径流。这种流型可减小液面落差，但塔板结构复杂，且降液管占塔板面积较多。一般用于塔径较大或液相负荷较大时。

(4) 阶梯流型　如图14-32(d)所示。当塔径及液相负荷都很大时，双流型不适用，可采用阶梯流型。阶梯流型是同一板面，具有不同高度，其间加设溢流堰，缩短液体流程，以降低液面落差。

在初选塔板流动型式时，可根据液体负荷范围，参考表14-11进行预选。

表14-11　板上液体流动型式与液体负荷的关系

塔径/mm	液体流量/(m^3/h)				塔径/mm	液体流量/(m^3/h)			
	U形流型	单流型	双流型	阶梯流型		U形流型	单流型	双流型	阶梯流型
600	5以下	5～25			1500	10以下	11～80		
900	7以下	7～50			2000	11以下	11～110	110～160	
1000	7以下	45以下			2400		11～110	110～180	
1200	9以下	9～70			3000		110以下	110～200	200～300
1400	9以下	70以下							

(五)溢流装置

板式塔的溢流装置是指溢流堰和降液管。降液管是塔板间液体流通的通道，也是溢流液中夹带的气体得以分离的场所。降液管一般有图14-33所示的几种(A_f为流通截面)。

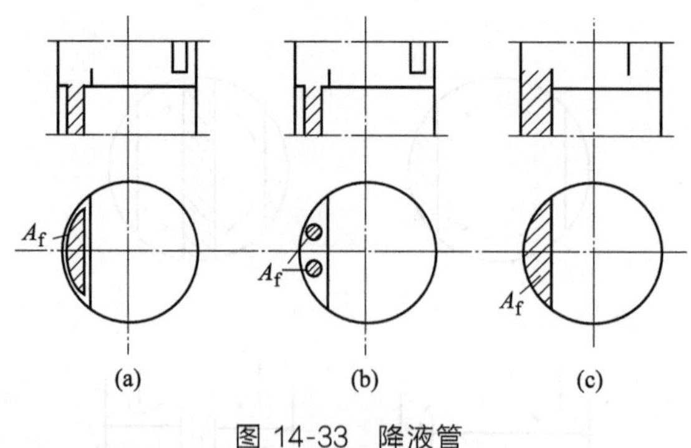

图14-33　降液管

图14-33(a)是将稍小一些的弓形降液管固定在塔板上，它适用于直径较小的塔中，又能有较大的降液管容积。

图14-33(b)是在弓形堰外装圆管作为降液管，适用于小直径塔中。其缺点是流通截面小，没有足够的空间分离溢流液中的气泡，气相夹带较严重，塔板效率低。因此，除液体流量很小的小塔外，一般常用的是弓形降液管。

图 14-33(c) 为弓形降液管，堰与塔壁之间的全部截面均作为降液之用，塔板利用率高。这种结构适合于直径较大的塔中，当塔径较小时制作焊接不便。

下面以弓形降液管为例，介绍溢流装置的设计。塔板及溢流装置的各部分尺寸可参阅图 14-34。

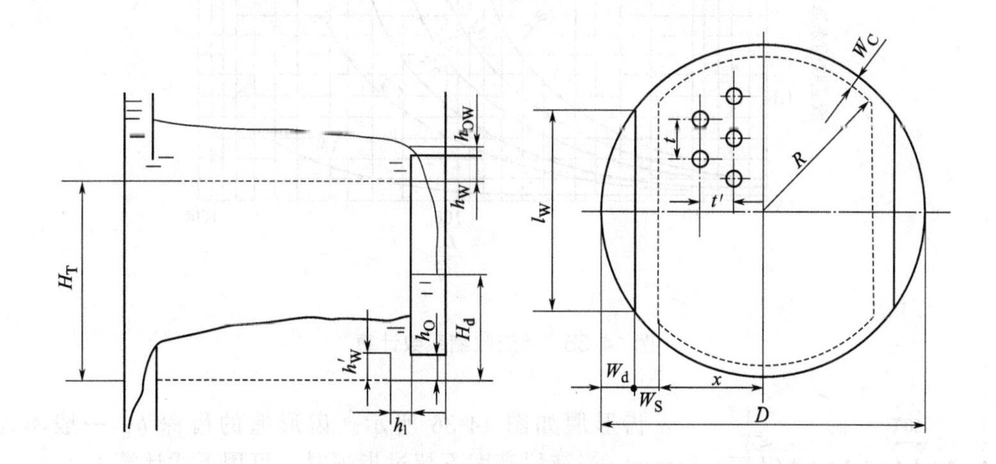

图 14-34 塔板结构参数

h_W—出口堰高，m；h_{OW}—堰上液层高度，m；h_O—降液管底隙高度，m；
h_1—进口堰与降液管间的水平距离，m；h'_W—进口堰高，m；
H_d—降液管中清液层高度，m；H_T—板间距，m；l_W—堰长，m；
W_d—弓形降液管宽度，m；D—塔径，m；R—鼓泡区半径，m；x—鼓泡区宽度的 1/2，m；
t—同一横排的阀孔中心距，m；t'—阀孔排间距，m；
W_S—筛板与溢流孔的间距，m；W_C—筛板与壁的间距，m

1. 溢流堰（出口堰）

溢流堰设置在塔板上液体出口处，其作用是维持板上有一定高度的液层，并使液流在板上能均匀流动。降液管上端必须高出塔板板面一定高度，这一高度称堰高，以 h_W 表示。弓形溢流管的弦长称为堰长，以 l_W 表示。溢流堰板形状有平直形与齿形两种。

一般堰长 l_W 可根据流动型式而定。对单流型取塔径 D 的 0.6～0.8 倍，对双流型取塔径 D 的 0.5～0.7 倍。

堰高 h_W 可根据板上液层高度 h_L 为堰高与堰上液层高度之和来确定，即：

$$h_L = h_W + h_{OW} \quad \text{或} \quad h_W = h_L - h_{OW} \tag{14-70}$$

式中，h_L 为板上清液层高度，m；h_W 为堰高，m；h_{OW} 为堰上液层高度，m。

对一般常压塔，h_L 可在 0.05～0.1m 之间选取。h_{OW} 可按下式计算：

平直堰
$$h_{OW} = \frac{2.84}{1000} E \left(\frac{L_h}{l_W}\right)^{2/3} \tag{14-71}$$

式中，L_h 为塔内液体流量，m^3/h；l_W 为堰长，m；E 为液流收缩系数，考虑塔壁对液流影响，可由图 14-35 查取，一般情况下可取 $E=1$ 对计算结果影响不大。

设计时一般 h_{OW} 不超过 60～70mm，超过此值可改用双流型。液量小时，h_{OW} 应不小于 6mm，以免造成板上液体分布不均匀。若 $h_{OW}<6$mm，可采用齿形堰。若原来堰长 l_W 取得较大，也可从减少堰长来调整。

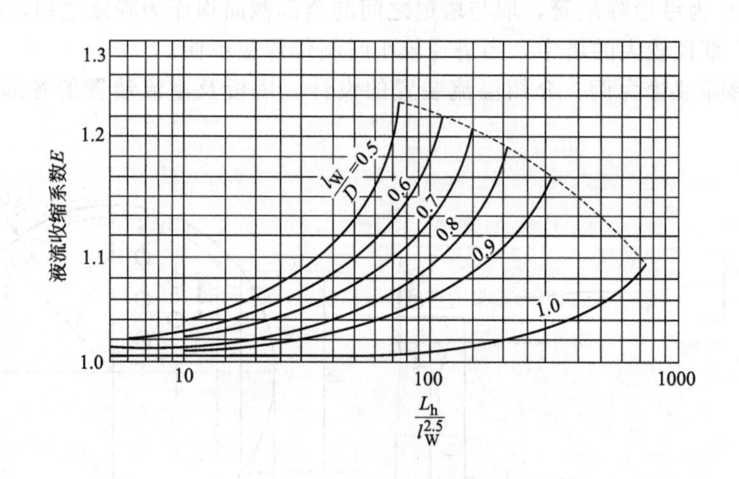

图 14-35　液流收缩系数计算

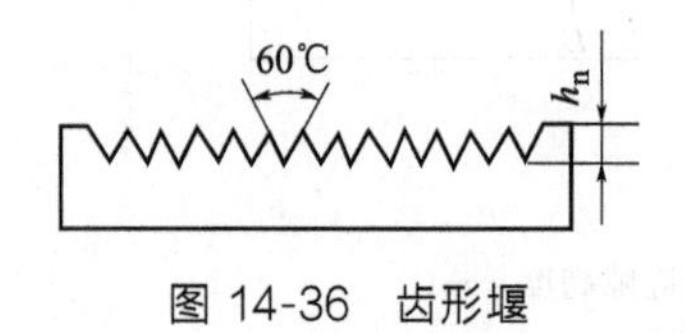

图 14-36　齿形堰

齿形堰如图 14-36 所示。齿形堰的齿深 h_n 一般不超过 15mm。当液层高度不超过齿顶时，可用下式计算 h_{OW}：

$$h_{OW}=1.17\left(\frac{L_S h_n}{l_W}\right)^{2/5} \tag{14-72}$$

当液层高度超过齿顶时，

$$L_S=0.735\frac{l_W}{h_n}\left[h_{OW}^{5/2}-(h_{OW}-h_n)^{5/2}\right] \tag{14-73}$$

式中，L_S 为塔内液体流量，m^3/s；h_n 为齿深，m；h_{OW} 为由齿根算起的堰上液层高度。由式(14-72) 求 h_{OW} 时需用试差法。

在求出 h_{OW} 之后，可按下式给出范围确定 h_W，即：

$$0.05-h_{OW}\leqslant h_W\leqslant 0.1-h_{OW} \tag{14-74}$$

堰高 h_W 一般在 0.03～0.05m 范围内，减压塔的 h_W 可低些。

2. 弓形降液管

(1) 弓形降液管的宽度和截面积　弓形降液管的宽度 W_d 可按下式计算：

$$W_d=\frac{D}{2}\left[1-\sqrt{1-\left(\frac{l_W}{D}\right)^2}\right] \tag{14-75}$$

降液管的截面积 A_f 可按下式计算：

$$\frac{A_f}{A_T}=\frac{1}{\pi}\left[\arcsin\left(\frac{l_W}{D}\right)-\frac{l_W}{D}\sqrt{1-\left(\frac{l_W}{D}\right)^2}\right] \tag{14-76}$$

式中，W_d 为降液管宽度，m；D 为塔径，m；$\frac{l_W}{D}$ 为堰长与塔径之比；A_f 为降液管截面积，m^2；A_T 为塔截面积，即 $A_T=\frac{\pi}{4}D^2$，m^2。

W_d 与 A_f 也可查图 14-37 求得。

(2) 降液管底隙高度　降液管底隙高度 h_O 即为降液管底部与下一塔板的距离。h_O 应比堰高 h_W 低，一般取 $h_W-h_O=6$～12mm，以保证降液管底部的液封。降液管底隙

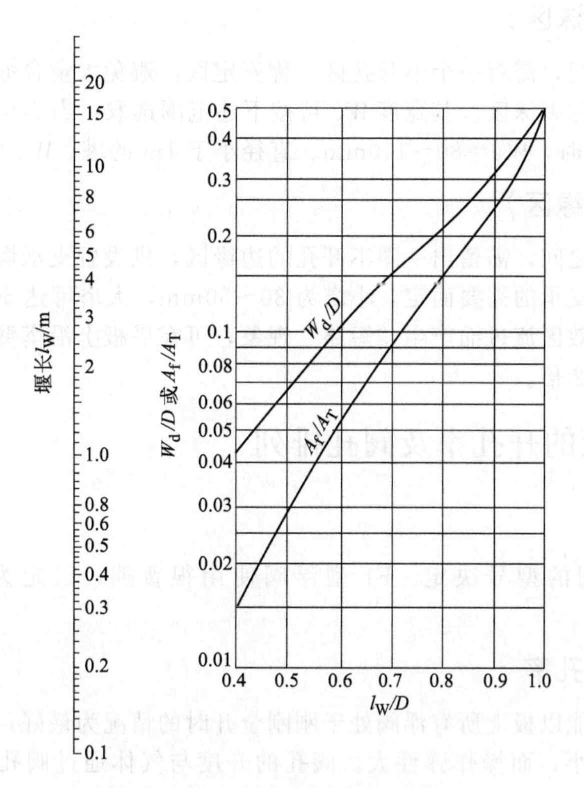

图 14-37　弓形降液管的宽度与面积

高度一般不宜小于 20～25mm，否则易于堵塞，或因安装偏差而使液流不畅，造成液泛。设计时对小塔可取 h_O 为 25～30mm，对大塔取 h_O 为 40mm 左右。

(3) 进口堰　在较大的塔中，有时在液体进入塔板处设有进口堰，以保证降液管的液封，并使液体在塔板上分布均匀。但由于进口堰要占用较多塔面，还易使沉淀物淤积此处造成堵塞，故一般应尽量避免采用进口堰。

若设进口堰，其高度 h'_W 可按下述原则考虑。当出口堰高 h_W 大于降液管底隙高度 h_O 时，则取 h'_W 与 h_W 相等。在个别情况下，当 $h_W<h_O$ 时则应取 h'_W 大于 h_O，以保证液封。

为了保证液体由降液管流出时不致受到很大阻力，进口堰与降液管间的水平距离 h_1 不应小于 h_O，即 $h_1 \geqslant h_O$。

（六）塔板布置

整个塔板面积一般可分为如图 14-34 所示的 4 个区域。

1. 鼓泡区

图 14-34 中虚线以内区域为鼓泡区。塔板上气液接触构件（筛孔或浮阀）设置在此区域内，故此区为气液传质的有效区域。

2. 溢流区

溢流装置所占的区域为溢流区。

3. 安定区（破沫区）

在鼓泡区与堰之间，需有一个不开孔区，称安定区，避免大量含泡沫的液相进入降液管促使液泛形成，故也称破沫区。其宽度 W_S 可按下述范围选取：当 $D<1.5$m 时，$W_S=60\sim75$mm；当 $D>1.5$m 时，$W_S=80\sim110$mm。直径小于 1m 的塔，W_S 可适当减小。

4. 无效区（边缘区）

在鼓泡区与塔壁之间，需留出一圈不开孔的边缘区，供设置支承塔板的边梁之用。边缘区的宽度 W_C 视塔板支承的需要而定，小塔为 30～50mm，大塔可达 50～57mm。

为防止液体经无效区流过而产生“短路”现象，可在塔板上沿塔壁设置挡板，挡板的高度约为清液层高度的 2 倍。

（七）浮阀板的开孔率及阀孔排列

1. 阀孔孔径 d_0

孔径由所选浮阀的型号决定。F1 型浮阀使用很普遍，已定为部颁标准，其孔径为 39mm。

2. 浮阀数与开孔率

浮阀塔的操作性能以板上所有浮阀处于刚刚全开时的情况为最好，这时塔板的压降及板上液体的泄漏都比较小，而操作弹性大。阀孔的开度与气体通过阀孔时的动能因数 F_0 有关，动能因数是气体通过阀孔的平均流速和气体密度的函数，其定义式为：

$$F_0=u_0\sqrt{\rho_V} \tag{14-77}$$

式中，F_0 为气体通过阀孔时的动能因数；u_0 为气体通过阀孔时的速度，m/s；ρ_V 为气体密度，kg/m^3。

测试结果表明，对 F1 浮阀（重阀）而言，当阀孔动能因数 $F_0=9\sim12$ 时，塔板上所有的浮阀刚好全开；当 $F_0=5\sim6$ 时，漏液量接近 10%。在设计时可选取 F_0 的最佳值 9～12 来决定阀孔的气速 u_0。即：

$$u_0=\frac{F_0}{\sqrt{\rho_V}} \tag{14-78}$$

阀孔气速与每层板上的阀孔数 N 的关系如下：

$$N=\frac{V_s}{\frac{\pi}{4}d_0^2u_0} \tag{14-79}$$

式中，V_s 为上升气体流量，m^3/s。

浮阀塔板的开孔率 ϕ 是指阀孔面积与塔截面积之比，即：

$$\phi=\frac{N\frac{\pi}{4}d_0^2}{\frac{\pi}{4}D^2}=N\left(\frac{d_0}{D}\right)^2=\frac{u}{u_0} \tag{14-80}$$

由上式可知开孔率也是空塔气速 u 与阀孔气速 u_0 之比。塔板工艺尺寸计算完毕，应该计算塔板开孔率。对常压塔或减压塔，开孔率在 10%～14%之间；对加压塔为 6%～9%；在小直径塔中开孔率较低，一般为 6%～10%。

3. 阀孔的排列

阀孔在塔板鼓泡区内排列有正三角形与等腰三角形两种方式。在三角形排列中又有顺排和叉排两种方式，如图 14-38 所示。采用叉排时，相邻阀孔中吹出的气流搅动液层的作用较顺排显著，鼓泡均匀，故一般都采用叉排。对整块式塔板，多采用正三角形排列，孔心距 t 为 75～125mm；对分块式塔板，宜采用等腰三角形叉排，此时常把同一横排的阀孔中心距 t 定为 75mm，而相邻两排间的中心距 t' 可取 65mm、70mm、80mm、90mm、100mm 等几种尺寸。

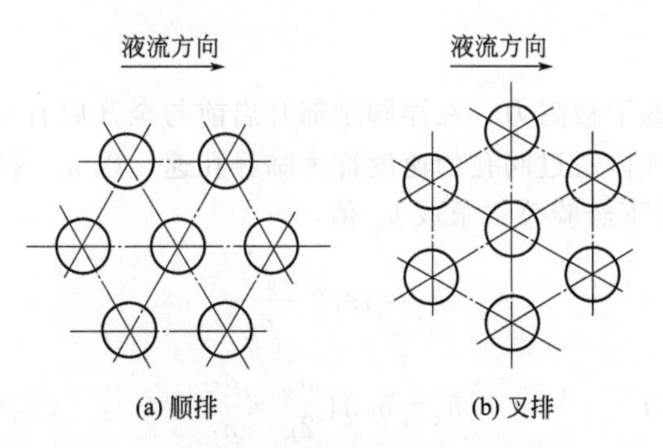

图 14-38 阀孔排列方式

分析鼓泡区内阀孔排列的几何关系可知，同一排的阀孔中心距 t 应大致符合以下关系：

等边三角形排列
$$t=d_0\sqrt{\frac{0.907A_a}{A_0}} \tag{14-81}$$

等腰三角形排列
$$t'=\frac{A_a}{Nt}=\frac{A_a}{0.075N} \tag{14-82}$$

式中，d_0 为阀孔直径，m，$d_0=0.039$m；A_0 为阀孔总面积，$A_0=\frac{V_s}{u_0}$，m^2；A_a 为鼓泡区面积，m^2；其他符号意义同前。

对单流型塔板，鼓泡区面积可按下式计算（参见图 14-34）：

$$A_a=2\left(x\sqrt{R^2-x^2}+\frac{\pi}{180°}R^2\sin^{-1}\frac{x}{R}\right) \tag{14-83}$$

$$x(\text{m})=\frac{D}{2}-(W_d+W_S)$$

$$R(\text{m})=\frac{D}{2}-W_C$$

根据已确定的孔距作图，确定排出鼓泡区内可以布置的阀孔总数。若此数与前面算得的浮阀数 N 相近，则按此阀孔数目重算阀孔气速，并核算阀孔动能因数 F_0，如 F_0 仍在 9～12 范围以内，即可认为作图得出的阀数能够满足要求。否则应调整孔距，并重新作图，反复计算，直至满足要求为止。

四、浮阀塔板的流体力学验算

在初步确定塔板的结构尺寸后，还必须进行塔板的流体力学验算。如校核气体通过这样的塔板将产生多大压降，是否符合工艺要求；此外，这样的塔是否会产生严重的雾沫夹带或淹塔等。下面就这些问题进行讨论。

（一）气体通过浮阀塔板的压降

气体通过一层浮阀塔板时的压降应为：

$$h_p = h_c + h_1 + h_\sigma \tag{14-84}$$

式中，h_p 为气体通过一层塔板的压降；h_c 为干板阻力；h_1 为板上液层的阻力；h_σ 为克服液体表面张力的阻力。

1. 干板阻力 h_c

气体通过浮阀塔板的干板阻力，在浮阀全部开启前与全开后有着不同的规律。板上所有浮阀刚好全部开启时，气体通过阀孔的速度称为临界孔速，以 u_{0c} 表示。

对 F1 型重阀可用以下经验公式求取 h_c 值：

阀全开前（$u_0 \leqslant u_{0c}$）

$$h_c = 19.9 \frac{u_0^{0.175}}{\rho_L} \tag{14-85}$$

阀全开后（$u_0 \geqslant u_{0c}$）

$$h_c = 5.34 \frac{u_0^2}{2g} \times \frac{\rho_V}{\rho_L} \tag{14-86}$$

式中，u_0 为阀孔气速，m/s；ρ_L 为液体密度，kg/m^3；ρ_V 为气体密度，kg/m^3。

计算 h_c 时，可先将上两式联立解出临界孔速 u_{0c}，即：

$$u_{0c} = \sqrt[1.825]{\frac{73.1}{\rho_V}} \tag{14-87}$$

由上式算出 u_{0c}，然后与由式(14-78) 算出的 u_0 相比较，便可选定式(14-85) 或式(14-86) 来计算 h_c。

2. 板上充气液层阻力

一般用下述经验公式计算 h_1 值，即：

$$h_1 = \varepsilon_0 h_L \tag{14-88}$$

式中，h_L 为板上液层高度，m；ε_0 为反映板上液层充气程度的因数，称为充气因数，无量纲；液相为水时 $\varepsilon_0 = 0.5$，液相为油时 $\varepsilon_0 = 0.2 \sim 0.35$，为烃类化合物时 $\varepsilon_0 = 0.4 \sim 0.5$。

3. 液体表面张力所造成阻力 h_σ

$$h_\sigma = \frac{2\sigma}{h \rho_L g} \tag{14-89}$$

式中，σ 为液体的表面张力，N/m；h 为浮阀的开度，m。

浮阀塔的 h_σ 值通常很小，计算时可以忽略。

（二）液泛（淹塔）

为了克服各种阻力，降液管中液面需保持一定高度 H_d，可用下式计算：

$$H_d = h_p + h_L + h_d \tag{14-90}$$

式中，H_d 为降液管中清液层高度，m；h_p 为气体通过一层塔板压降，m 液柱；h_L 为板上液层高度，m；h_d 为液体流体降液管阻力，m 液柱。

流体流过降液管的阻力，主要是由降液管底隙处的局部阻力造成的，h_d 可按下面的经验公式计算：

塔板上不设进口堰

$$h_d=0.153\left(\frac{L_s}{l_W h_O}\right)^2=0.153{u'_O}^2 \tag{14-91}$$

塔板上装有进口堰

$$h_d=0.2\left(\frac{L_s}{l_W h_O}\right)^2=0.2{u_O}^2 \tag{14-92}$$

式中，L_s 为液体流量，m^3/s；l_W 为堰长，亦即降液管底隙长度，m；h_O 为降液管底隙高度，m；u'_O、u_O 分别为不设、装有进口堰液体通过降液管底隙时的流速，m/s。

按式(14-90) 可算出降液管中清液层高度 H_d，实际降液管中液体和泡沫的总高度大于此值。为防止液泛，应保证降液管中泡沫液体总高度不能超过上层塔板的出口堰。为此，

$$H_d \leqslant \phi(H_T+h_W) \tag{14-93}$$

式中，H_T 为板间距，m；h_W 为堰高，m；ϕ 为考虑降液管内液体充气及操作安全两种因素的校正系数，对于一般的物系取 0.3～0.4，对不易发泡的物系取 0.6～0.7。

（三）雾沫夹带

前已讨论，为了维持塔的正常操作，必须控制雾沫夹带量 $e_V<0.1$kg(液)/kg(气)。目前通常采用控制泛点率 F 的方法来达到上述指标，即：对于一般的大塔，$F<80\%$；对于直径<900mm 的塔，$F<70\%$；对于负压操作的塔，$F<75\%$。

泛点率 F 是指操作时的空塔气速与发生液泛时的空塔气速的比值。泛点率 F 可按下列公式来计算，并采用其中大者为验算的依据：

$$F=\frac{V\sqrt{\dfrac{\rho_V}{\rho_L-\rho_V}}+1.36L_sZ_L}{KC_FA_b}\times 100\% \tag{14-94}$$

或

$$F=\frac{V_s\sqrt{\dfrac{\rho_V}{\rho_L-\rho_V}}}{0.78KC_FA_T}\times 100\% \tag{14-95}$$

式中，V_s、L_s 分别为塔内气、液流量，m^3/s；ρ_V、ρ_L 分别为塔内气、液密度，kg/m^3；Z_L 为板上液体流经长度，m，对单流型塔板，$Z_L=D-2W_d$，其中 D 为塔径，W_d 为弓形降液管的宽度；A_b 为板上液流面积，m^2，对单流型塔板，$A_b=A_T-2A_f$，其中 A_T 为塔截面积，A_f 为弓形降液管截面积；C_F 为泛点负荷系数，可根据气相密度 ρ_V 及板间距 H_T 由图 14-39 查得；K 为物性系数，其值查表 14-12。

表 14-12　物性系数 K

系　统	物性系数 K	系　统	物性系数 K
无泡沫,正常系统	1.0	多泡沫系统(如胺及乙二胺吸收塔)	0.73
氟化物(如 BF_3,氟利昂)	0.9	严重发泡系统(如甲乙酮装置)	0.60
中等发泡系统(如油吸收塔、胺及乙二醇再生塔)	0.85	形成稳定泡沫的系统(如碱再生塔)	0.30

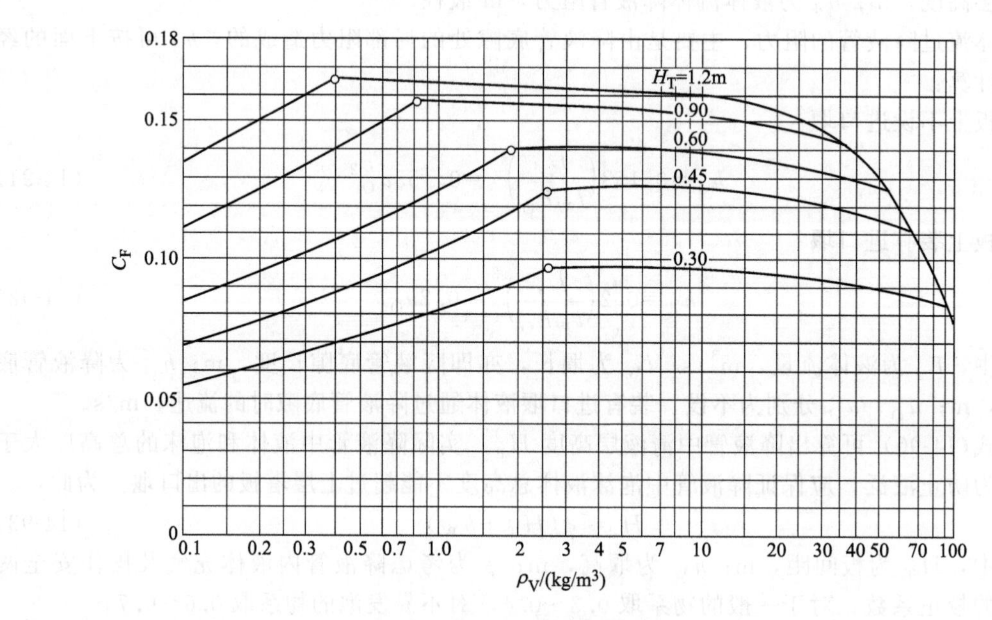

图 14-39 泛点负荷系数

（四）漏液

取阀孔动能因数 $F_0=5\sim6$ 作为控制漏液量的操作下限，此时漏液量接近 10%。流体力学验算后还应绘出负荷性能图。

参 考 文 献

[1] 李家瑞. 工业企业环境保护. 北京：冶金工业出版社，1992.

[2] 周迟骏. 环境工程设备设计手册. 北京：化学工业出版社，2009.

[3] 北京环境科学学会. 工业企业环境保护手册. 北京：中国环境科学出版社，1990.

[4] 刘天齐. 三废处理工程技术手册. 废气卷. 北京：化学工业出版社，1999.

[5] 马广大. 大气污染控制技术手册. 北京：化学工业出版社，2010.

[6] 江晶. 环保机械设备设计. 北京：冶金工业出版社，2009.

[7] 周兴求. 环保设备设计手册——大气污染控制设备. 北京：化学工业出版社，2004.

[8] 彭犇，高华东，张殿印. 工业烟尘协同减排技术. 北京：化学工业出版社，2023.

[9] 中国石油化工集团公司安全环保局. 石油石化环境保护技术. 北京：中国石化出版社，2003.

[10] 梁文俊，李晶欣，竹涛. 低温等离子体大气污染控制技术及应用. 北京：化学工业出版社，2016.

第十五章
吸附装置的设计

第一节　吸附装置概述

一、吸附装置设计的基本要求

1. 吸附装置出口排气必须达到排放标准

当前已进入可持续发展时代，不论是为生产工艺过程中尾气的回收利用，还是为废气治理而设计的吸附装置，出口的排气必须达到排放标准。

2. 设备选型与吸附剂选择要面向生产实际、面向市场

为某些特定生产工艺（化学工业、石油化工等）的废气治理或为开发环保产业的新产品而设计吸附装置，都会面临设备选型和选用吸附剂的问题。这就需要考虑到工业生产的规模、性质，生产和排污的方式（连续或间歇，均匀或排污强度变化大等），以及所排污染物的物理特征和化学特征。新产品开发还要考虑国家的产业政策、环境政策，以及预测市场需求的变化。

3. 设计的吸附装置要处理能力大、效率高

在选定吸附装置的类型和使用的吸附剂后，在设计中通过改进设备结构使吸附装置能保持在最佳条件下操作，更新吸附剂制作、再生的方法，使设计的吸附装置处理能力大、效率高、收益大。

4. 价格低、运行费用低

设计吸附装置要尽可能简化结构，并使设备易于安装，以节省用户的一次性投资；设计的吸附装置还要维修、操作简便，易于管理，以节省运转费用。

二、吸附剂的种类和应用

吸附剂的种类很多，可分为无机的和有机的，天然的和合成的。天然矿产如活性白土、漂白土和硅藻土等，经过适当的加工就可形成多孔结构直接作为吸附剂使用，一般用于石油制品的脱色或脱水及溶剂的精制等。天然沸石如丝光沸石、斜发沸石等，可直接用于环境保护中的 NO_x 治理、水处理，脱除重金属离子以及海水提钾等。合成无机材料吸附剂有活性炭、活性炭纤维、硅胶、活性氧化铝和合成沸石分子筛等。特别是合成分子筛有严格的孔道结构，它的性能经调节和不断改进，具有较高的选择性和催化性能，适用于分离性能非常类似的物质。近年来还研制出多种大孔吸附树脂，与活性炭相比，它具有选择性良好、性能稳

定、再生容易等优点，常用于废气治理、废水处理、维生素的分离及过氧化氢的精制等。几种常用吸附剂的物理性质见表15-1。

表15-1 几种常用吸附剂的物理性质

物理性质	吸附剂种类			
	活性炭	活性氧化铝	硅胶	沸石分子筛
真密度/(g/cm^3)	1.9～2.2	3.0～3.3	2.2～2.3	2.0～2.5
表观密度/(g/cm^3)	0.6～1.0	0.9～1.0	0.8～1.3	0.9～1.3
堆积密度/(g/cm^3)	0.35～0.60	0.50～1.00	0.50～0.75	0.60～0.75
平均孔径/Å	15～50	40～120	10～140	—
空隙率/%	33～45	40～45	40～45	32～40
比表面积/(m^2/g)	700～1500	150～350	200～600	400～750
操作温度上限/K	423	773	673	873
再生温度/K	373～413	473～523	393～423	473～573

注：1Å=10^{-10}m，下同。

工业上广泛应用的吸附剂有以下几种。

（一）活性炭及活性炭纤维

活性炭是应用最早、用途较广的一种优良吸附剂。它是由各种含碳物质如煤、木材、石油焦、果壳、果核等炭化后，再用水蒸气或化学药品进行活化处理，制成孔穴十分丰富的吸附剂，比表面积一般在700～1500m^2/g范围内，具有优异的吸附能力。孔径一般为：活性炭50Å以下，活性焦炭20Å以下，碳分子筛10Å以下。碳分子筛是新近发展的一种孔径均一的分子筛型新品种，具有良好的选择吸附能力。

活性炭是一种具有非极性表面，为疏水性和亲有机物的吸附剂，故活性炭常常被用来吸附回收空气中的有机溶剂和恶臭物质，在环境保护方面用来处理工业废水和治理某些气态污染物。

活性炭纤维是一种较新型的高效吸附剂。它是用超细的活性炭微粒与各种纤维素、人造丝、纸浆等混合制成的各种形态的纤维状活性炭。微孔范围为0.5～1.4nm，比表面积大。对各种无机和有机气体、水溶液中的有机物、重金属离子等具有较大的吸附量和较快的吸附速率，其吸附能力比一般的活性炭高1～10倍，特别是对一些恶臭物质的吸附量比颗粒活性炭要高出40倍左右。活性炭纤维目前主要用于气相吸附。

（二）活性氧化铝

活性氧化铝一般指氧化铝的水合物加热脱水而形成的多孔结构物质。它是一种极性吸附剂，无毒，对多数气体和蒸气是稳定的，浸入水或液体中不会溶胀或破碎，机械强度好。活性氧化铝的比表面积为150～350 m^2/g，宜在473～523K下再生。循环使用后，其物化性能变化很小。由于它对水分的吸附容量大，常用于高湿度气体的脱湿和干燥，也可用于石油气的脱硫以及含氟废气的净化。

（三）硅胶

硅胶是一种坚硬无定形链状和网状结构的硅酸聚合物颗粒，分子式为$SiO_2 \cdot nH_2O$，由硅酸钠（水玻璃）与硫酸或盐酸经胶凝、洗涤、干燥、烘焙而成。硅胶为亲水性的极性吸附剂，而难于吸附非极性的有机物质。当硅胶吸附气体中的水分时可达其自身重量的50%。硅胶的吸附热很大，吸附水分时能够放出大量的热量，使硅胶容易破碎。在工业上硅胶多用于高湿气体的干燥和从废气中回收极为有用的烃类气体，也可用作催化剂的载体。

（四）沸石分子筛

沸石分子筛是人工合成的结晶硅酸金属盐的多水化合物，其化学通式为：

$$Me_{x/n}[(Al_2O_3)_x(SiO_2)_y]\cdot mH_2O$$

其中，Me为阳离子，主要是Ca^{2+}、Na^+和K^+等金属离子；x/n为价数为n的可交换金属阳离子Me的数目；m为结晶水的分子数。

沸石分子筛具有孔径均一的微孔，比孔道小的分子能进入孔穴而被吸附，比孔道大的分子被拒之孔外，因而具有筛分性能。按SiO_2和Al_2O_3的分子比不同，分子筛可分为A型、X型和Y型，根据孔径大小，A型分子筛又分为3A、4A、5A等几种。同一种类型分子筛孔径的大小主要取决于金属离子的种类。如金属离子为Na^+的A型分子筛是4A型；若以K^+代替Na^+，则为3A型；如以Ca^{2+}取代75%的Na^+，即为5A型等。几种常见分子筛的孔径及其组成见表15-2。

表15-2　几种常见的分子筛

型号	SiO_2/Al_2O_3 分子比	孔径/Å	典型化学组成
3A(钾A型)	2	3～3.3	$\frac{2}{3}K_2O\cdot\frac{1}{3}Na_2O\cdot Al_2O_3\cdot 2SiO_2\cdot 4.5H_2O$
4A(钠A型)	2	4.2～4.7	$Na_2O\cdot Al_2O_3\cdot 2SiO_2\cdot 4.5H_2O$
5A(钙A型)	2	4.9～5.6	$0.7CaO\cdot 0.3Na_2O\cdot Al_2O_3\cdot 2SiO_2\cdot 4.5H_2O$
10X(钙X型)	2.3～3.3	8～9	$0.8CaO\cdot 0.2Na_2O\cdot Al_2O_3\cdot 2.5SiO_2\cdot 6H_2O$
13X(钠X型)	2.3～3.3	9～10	$Na_2O\cdot Al_2O_3\cdot 2.5SiO_2\cdot 6H_2O$
Y(钠Y型)	3.3～6	9～10	$Na_2O\cdot Al_2O_3\cdot 5SiO_2\cdot 8H_2O$
钠丝光沸石	3.3～6	约5	$Na_2O\cdot Al_2O_3\cdot 5SiO_2\cdot 6\sim 7H_2O$

与其他吸附剂比较，沸石分子筛有如下特点：

① 具有高的吸附选择性，并具有离子交换性和催化性；

② 具有较强的吸附能力，合成沸石孔道小、空腔多、比表面积大，由于空腔周围力场叠加的作用，使其吸附能力明显提高，即使在吸附质浓度很低的情况下，吸附容量仍然很大；

③ 沸石分子筛是强极性吸附剂，对极性分子特别是对水具有较强的亲和力，也能选择性地吸附不饱和有机物；

④ 热稳定性和化学稳定性高。

三、吸附剂的选择与再生

（一）对吸附剂的基本要求

虽然许多固体表面都具有吸附能力，但合乎工业需要的吸附剂应满足下列要求。

① 有巨大的内表面积。吸附剂的吸附作用主要发生在与外界相通的孔穴的表面上，孔穴越多，内表面积越大，则吸附性能越好。

② 有良好的选择性。不同的吸附剂因其组成、结构不同，所显示出来的对某些物质优先吸附的能力就不同，例如木炭吸附 SO_2 或 NH_3 的能力较吸附空气的要大。

③ 有良好的再生特性。吸附剂再生效果的好坏，往往是吸附技术使用的关键，因此要求吸附剂具有简单的再生方法、稳定的再生活性。

④ 有较好的机械强度、热稳定性和化学稳定性。

⑤ 原料来源广泛，制备简单，价格低廉。

要同时满足以上要求往往是很困难的，只能在全面衡量后择优选定。

（二）吸附剂的选择

吸附过程设计中吸附剂的选择是十分重要的，原则上应根据上述对吸附剂的基本要求进行选择。一般可按下述方法进行。

1. 吸附剂的初步选择

选择吸附剂除要有一定的机械强度外，最主要的是对预分离组分要有良好的选择性和较高的吸附能力。这主要取决于吸附剂本身的物理化学结构和吸附质的性质（例如极性、分子大小、浓度高低、分离要求等）。

对极性分子，可优先考虑使用分子筛、硅胶和活性氧化铝。而对非极性分子或分子量较大的有机物，应选用活性炭，因为活性炭对烃类化合物具有良好的选择性和较高的吸附能力。对分子较大的吸附质，应选用活性炭和硅胶等孔径较大的吸附剂。而对于分子较小的吸附质，则应选用分子筛，因为分子筛的选择性更多地取决于其微孔尺寸极限。很重要的一点是，要除去的污染物必须小于有效微孔尺寸。

当污染物浓度较大而净化要求不太高时，可采用吸附能力适中且价格便宜的吸附剂。当污染物浓度高而净化要求也高时，可考虑用不同吸附剂进行两级吸附处理或用吸附浸渍的方法（例如浸渍过碘的活性炭可除去汞蒸气，浸渍过溴的活性炭可除去乙烯或丙烯）。

2. 活性与寿命实验

对初步选出的一种或几种吸附剂应进行活性和寿命实验。活性实验一般在小试阶段进行，而对活性较好的吸附剂一般应通过中试进行寿命实验（包括吸附剂的脱附和活化实验）。

3. 经济评估

对初步选出的几种吸附剂进行活性、使用寿命、脱附性能、价格等方面的综合比较，进行经济估算，从中选用总费用最少、效果较好的吸附剂。

（三）吸附剂的再生

吸附剂的吸附容量有限，在1%～40%（质量分数）之间。要增大吸附装置的处理能力，吸附剂一般都循环使用，即当吸附剂达到饱和或接近饱和时，使其转入脱附和再生操作，再生后重新转入吸附操作。一般常用的脱附再生方法如下。

(1) 升温脱附　根据吸附剂的吸附容量在等压下随温度升高而降低的特点，升高吸附剂温度，使吸附质脱附，从而使吸附剂得以再生的方法称为升温脱附。选择一定的脱附温度，能使吸附质脱附得比较完全，达到较低的残余负荷。但要严格控制床层温度，以防止吸附剂失活或晶体结构被破坏。脱附阶段对吸附剂床层的加热方式可以采用过热水蒸气法、烟道气法、电感加热法和微波加热法等。

(2) 降压脱附　根据吸附剂的吸附容量在等温下随压力下降而降低的特点，用降低压力或抽真空使吸附质脱附，从而吸附剂得以再生的方法称为降压脱附。对一定的吸附剂而言，压力变化越大，吸附质脱附得越完全。但要严格控制体系的压力变化，以减少动力消耗和尽量避免吸附剂颗粒剧烈的相对运动。

(3) 置换脱附　根据吸附剂对不同物质具有不同的吸附能力这一特点，在恒温和恒压下，向饱和吸附剂床层中通入可被吸附的流体置换出原来被吸附的物质，从而使吸附质脱附的方法称为置换脱附。此法特别适用于对热敏感性强的吸附质，其脱附效率较高，能使吸附剂的残余负荷很低。在气体净化中常用水蒸气作置换剂，而在液体吸附中常采用水和有机溶剂作为置换剂。由于采用该方法，脱附产物中既有原吸附质又有置换剂，所以在后处理中必须将其进行分离。为了达到较理想的分离效果，置换剂与吸附质组分间的沸点要相差较大。

(4) 吹扫脱附　用不能被吸附的气体（例如惰性气体）吹扫吸附剂床层，以降低气相中吸附质的分压，使吸附质脱附的方法称为吹扫脱附。如吸附了大量水分的硅胶，可通入干燥的氮气进行吹扫，以使硅胶脱出水分而得到再生。

(5) 化学转化再生法　有时候可以将被吸附的物质进行化学反应，使其生成一种不易被吸附的新物质而脱附下来。如活性炭上吸附的有机物，可用蒸汽和空气的混合物对它进行氧化，使其生成 CO_2，从而实现脱附再生的目的。

此外，还有一些其他的吸附剂脱附再生方法，例如电解氧化再生法、微生物再生法和药物再生法。至于工业上到底采用哪种操作方法应视具体情况选用，生产实际中常常是几种方法结合使用。

四、吸附剂的残留吸附量与劣化现象

由于再生条件不同，再生后的吸附剂中总有一部分吸附质留在里面，一般用 q_R 表示残留吸附量。图 15-1 表示的是吸附剂再生前后吸附容量的变化情况。

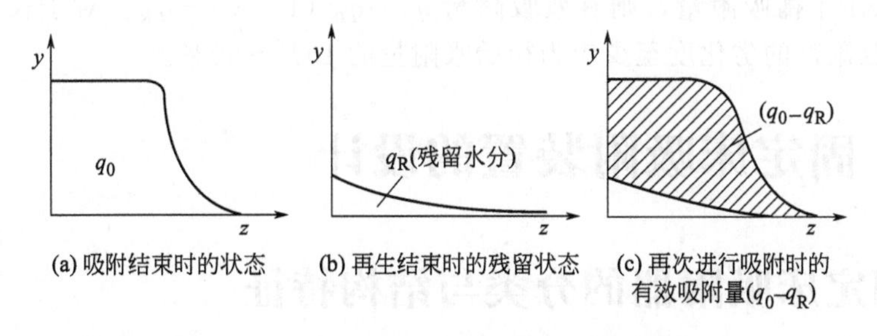

图 15-1　吸附剂再生前后吸附容量的变化

残留吸附量的多少是由再生气体中水分的浓度和再生温度等条件决定的。即使在同一再生温度下，不同的吸附剂残留量也有所不同。硅胶、活性氧化铝和合成沸石在同一再生温度下，其残留水分就有很大的不同。例如以露点为0℃的再生气体均匀地把吸附剂床层加热到150℃，硅胶的残留水分量为1%，活性氧化铝为2%，而合成沸石却为5%（图15-2）。说明硅胶在较低的温度下就可以完成脱附，而合成沸石则要求在较高的温度下再生。

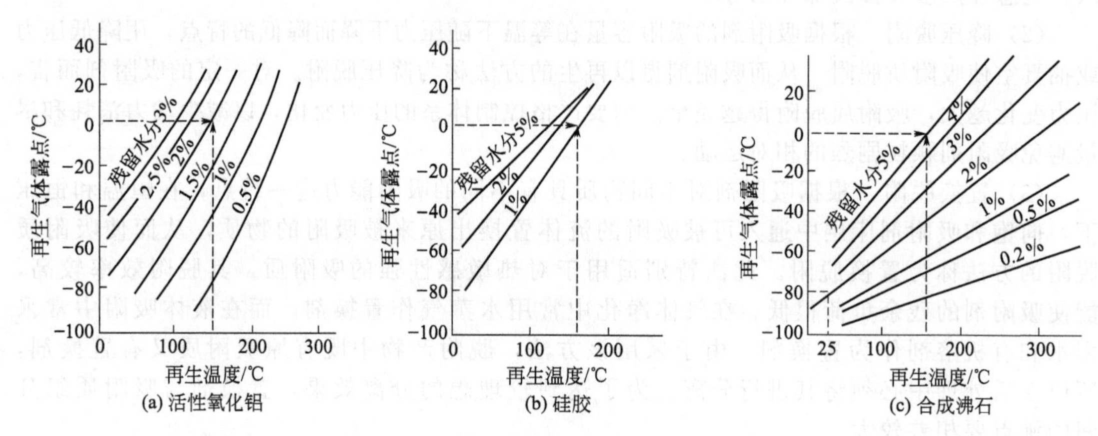

图15-2 再生条件和残留水分量的关系

吸附容量的减少，是由于吸附剂本身被反复使用和加热再生而发生的劣化现象引起的。产生劣化现象的主要原因有：

① 吸附剂表面被炭、聚合物、化合物所覆盖；

② 加热再生过程中吸附剂成为半熔融状态，使部分细孔堵塞或消失；

③ 化学反应使细孔的结晶受到破坏。

吸附剂表面被炭或其他物质黏附的情况是较普遍的。例如在干燥压缩空气时，从压缩机带来的油气凝固在吸附剂表面后会进一步被炭化；当吸附剂吸附有机溶剂后在加热再生时，也会发生分解炭化而黏附在吸附剂表面上。硅、铝类的吸附剂在320℃左右就会产生半熔融现象，使得一些微小的细孔被堵塞，引起吸附表面积的减少。化学反应引起吸附剂的劣化现象，如气体或溶液中含稀酸或稀碱对合成沸石、活性氧化铝的结晶或无定形物质的破坏，导致吸附性能下降。

由于劣化现象的产生，使吸附剂的吸附容量下降。如果用R表示劣化率，q_R表示残留水分量，q_0^*表示平衡吸附量，则有效吸附量$q_d=q_0^*(1-R)-q_R$。对于长期使用的吸附剂，在设计时吸附剂的劣化度至少应为初始吸附量的10%～30%。

第二节 固定床吸附装置的设计

一、固定床吸附器的分类与结构特征

固定床吸附器按照床层吸附剂的填充方式可分为立式、卧式、环式几种。

（一）立式吸附器

底和顶盖分别为圆锥形和椭圆形两种（图15-3、图15-4）。吸附剂床层高度在0.5～

2.0m范围内，吸附剂填充在可拆卸的栅板上，栅板安装在梁上。为了防止吸附剂漏到栅板下面，应在栅板上面放置两层不锈钢网或厚度为100mm的块状砾石层。为了使吸附剂再生，最常用的方法是从栅板下方将饱和蒸汽通入床层，栅板下面设置的有一定孔径的环形扩散器可直接通入蒸汽。为了防止吸附剂颗粒被带出，在床层上方用钢丝网覆盖，网上用铸铁固定。

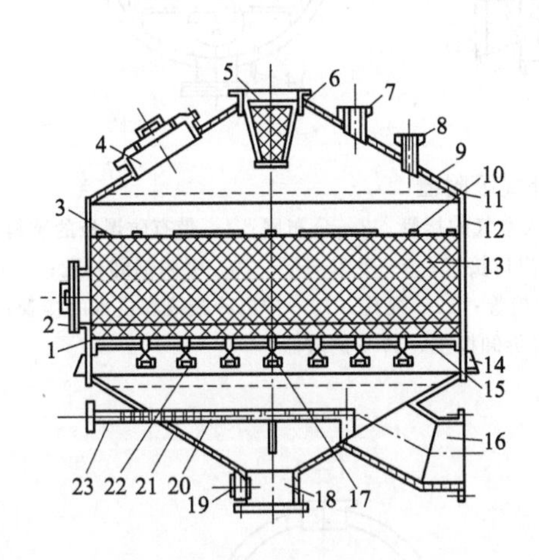

图 15-3　立式吸附器

1—砾石；2—卸料孔；3,6—网；4—装料孔；5—原料混合物及通过分配网用于干燥和冷却的空气入口接管；7—脱附时蒸汽排出管；8—安全阀接管；9—顶盖；10—重物；11—刚性环；12—外壳；13—吸附剂；14—支撑环；15—栅板；16—净化气出口接管；17—梁；18—视孔；19—冷凝液排放及供水接管；20—扩散器；21—底；22—梁的支架；23—进入扩散器的水蒸气接管

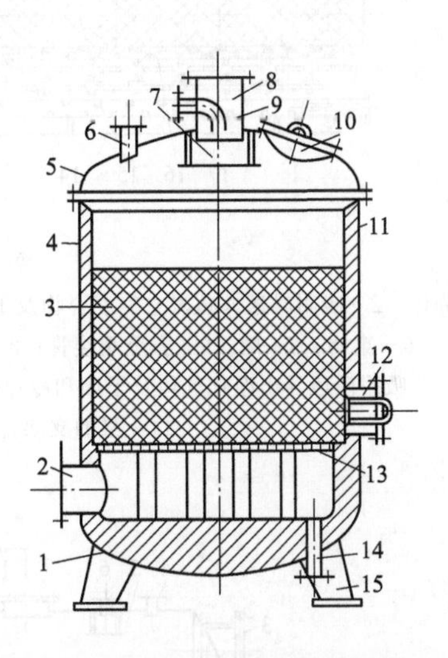

图 15-4　具有内衬的立式吸附器

1—底；2—原料混合物及用于干燥和冷却的空气入口接管；3—吸附剂；4—筒体；5—顶盖；6—安全阀接管；7—挡板；8—净化气出口接管；9—水蒸气入口接管；10—装料孔；11—内衬；12—卸料孔；13—陶瓷板；14—蒸汽和冷凝液出口接管；15—支脚

图 15-4 为具有内衬的立式吸附器。内衬采用耐火砖和陶瓷板防腐材料制成，吸附剂放在多孔陶瓷板上。在处理腐蚀性流体混合物时可采用此种型式的吸附器。

（二）卧式吸附器

壳体为圆柱形，封头为椭圆形，壳体用不锈钢板或碳素钢板制成。吸附剂床层高度为0.5～1.0m。在图 15-5 所示的吸附器中，待净化的气体从入口接管 2 被送入吸附剂床层的上方空间，净化后的气体从吸附剂床层底部接管 11 排出。用于脱附的饱和蒸汽经一定孔径的环形扩散器 17 送入，然后从吸附器顶部的接管 8 排出。图 15-6 所示的吸附器与图 15-5 所示的吸附器不同的是吸附剂床层下方安装的不是栅板，而是底朝上的长槽式整体底座 13，底座上放有砾石层 11，其上面是吸附剂层 9。利用砾石层作为承载板，在吸附剂需要再生时砾石层要吸收大量的热，这些热量可用于吸附剂下一阶段的干燥。卧式吸附器的优点是流体阻力小，可以减少流体通过吸附剂床层的动力消耗。但由于吸附剂床层横截面积大，易产生气流分配不均匀现象。

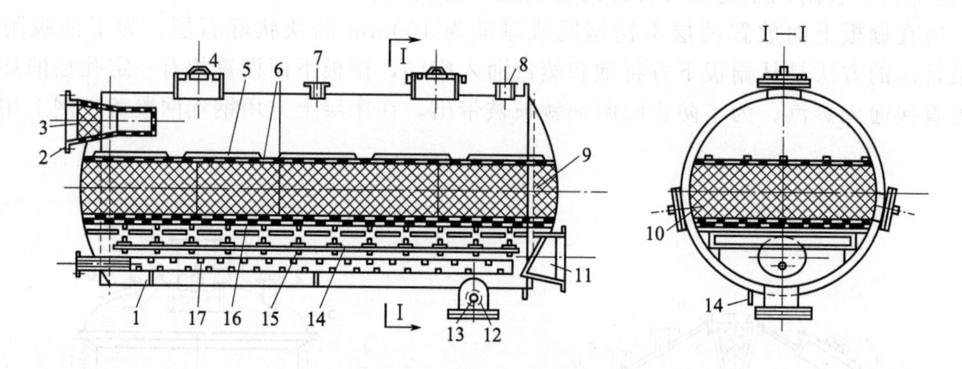

图 15-5　BTP 卧式吸附器

1—壳体；2—吸附时送入蒸汽空气混合物及干燥和冷却时送入空气的接管；3—分布网；4—带有防爆板的装料孔；5—重物；6—网；7—安全阀接管；8—脱附阶段蒸汽出口接管；9—吸附剂层；10—吸附剂卸料孔；11—吸附阶段导出净化气体及干燥和冷却时导出废空气的接管；12—视孔；13—排出冷凝液和供水的接管；14—梁的支架；15—梁；16—可拆卸栅板；17—扩散器

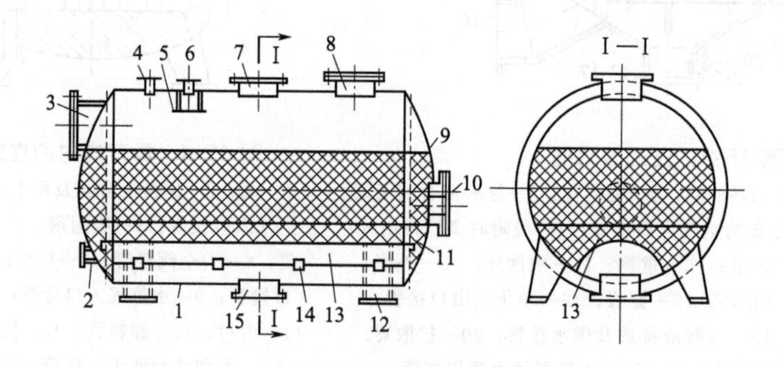

图 15-6　卧式吸附器

1—壳体；2—供水接管；3—用于平整吸附剂层的人孔；4—安全阀接管；5—挡板；6—蒸汽进口接管；7—吸附阶段净化气出口接管；8—装料孔；9—吸附剂层；10—卸料孔；11—砾石层；12—支脚；13—吸附剂和砾石的整体底座；14—支架；15—吸附时送入蒸汽空气混合物、干燥和冷却时送入空气以及在脱附时排出蒸汽和冷凝液的接管

（三）环式吸附器

环式吸附器的结构比立式吸附器和卧式吸附器要复杂。BTP 环式吸附器结构如图 15-7 所示。吸附剂填充在具有多孔的两个同心圆筒构成的环隙之间，因此具有比较大的吸附截面积。待净化的气体从吸附器的底部左侧接管（图 15-7 中 2）进入，沿径向通过吸附剂床层，然后从底部中心管（图 15-7 中 16）排出。环式吸附器的特点是吸附器比较紧凑，吸附截面积大，且在不太高的流体阻力下具有较大的生产能力。

二、固定床吸附器的设计计算

吸附器设计计算的原始数据通常是：原料混合物的流量和组成；吸附分离要求；吸附剂的性质；吸附和再生的操作条件等。设计计算的目的是：确定吸附器的床层直径和高度；吸附剂的用量；透过时间；床层压降及设计吸附器的支承与固定装置、气流分布装置等。

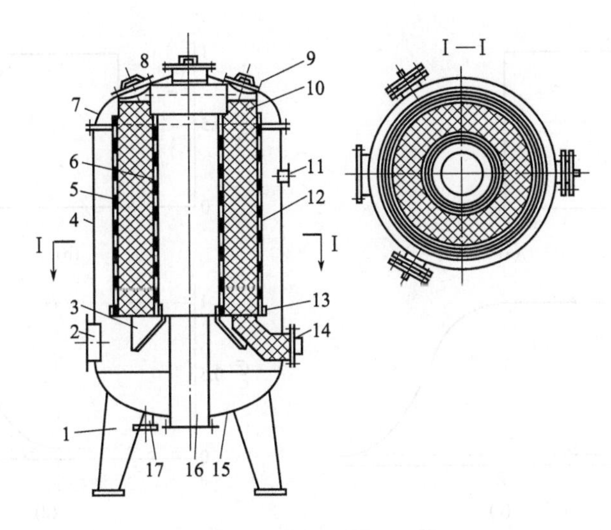

图 15-7　BTP 环式吸附器

1—支脚；2—蒸汽空气混合物及用于干燥和冷却的空气入口接管；3—吸附剂筒底支座；4—壳体；5，6—多孔外筒和内筒；7—顶盖；8—视孔；9—装料孔；10—补偿料斗；11—安全阀接管；12—活性炭层；13—吸附剂筒底座；14—卸料孔；15—底；16—净化气和废空气的出口及水蒸气的入口接管；17—脱附时排出蒸汽和冷凝液及供水用接管

吸附器的设计计算一般要涉及物料衡算方程、吸附等温方程和传热速率方程及热量衡算。如果吸附分离是在恒温下进行的，可以不考虑传热速率方程和热量衡算。一般溶质浓度较低的气体混合物的吸附分离过程，因其吸附热较小，可近似等温过程。在此主要讨论恒温下固定床吸附分离过程的设计计算。

由于固定床吸附器内的流体相和固定颗粒相之间的物质传递，对任一时间或任一颗粒来说都是不稳定过程，因而固定床吸附器的操作是非稳态的，计算过程比较复杂。通常是采用简化的近似方法，常用的有透过曲线计算方法和希洛夫近似计算方法。

（一）透过曲线计算方法

1. 基本概念

（1）吸附负荷曲线与透过曲线　把选定的颗粒大小均一的吸附剂装填在固定床吸附柱中，让初始浓度为 c_0 的气体等速通过吸附柱。柱内吸附剂吸附的溶质量随时间沿床层垂直方向变化的关系曲线称为吸附负荷曲线，流出气体中溶质浓度随时间变化的关系曲线称为透过曲线（图 15-8）。

假设传质阻力为零，传质速率无限大，两相在瞬间可以达到平衡，则吸附负荷曲线与透过曲线为直线折线［图 15-8(a)、(b)］。实际上由于各种因素的影响（流速、吸附相平衡、吸附机理等），传质阻力不可能为零，传质速率也不可能无限大，故两相接触时间较短，不可能达到相平衡状态，所以吸附负荷曲线与透过曲线均成为弯曲的形状［图 15-8(c)、(d)］，其中 S 形的一段曲线称为传质前沿或吸附波。由于从床层各部位采样测量吸附剂的吸附量容易破坏床层的装填密度，影响床层中气体的流速分布和浓度分布，故很难得到吸附负荷曲线。通常情况下都是用透过曲线来反映床层中吸附剂负荷的变化。

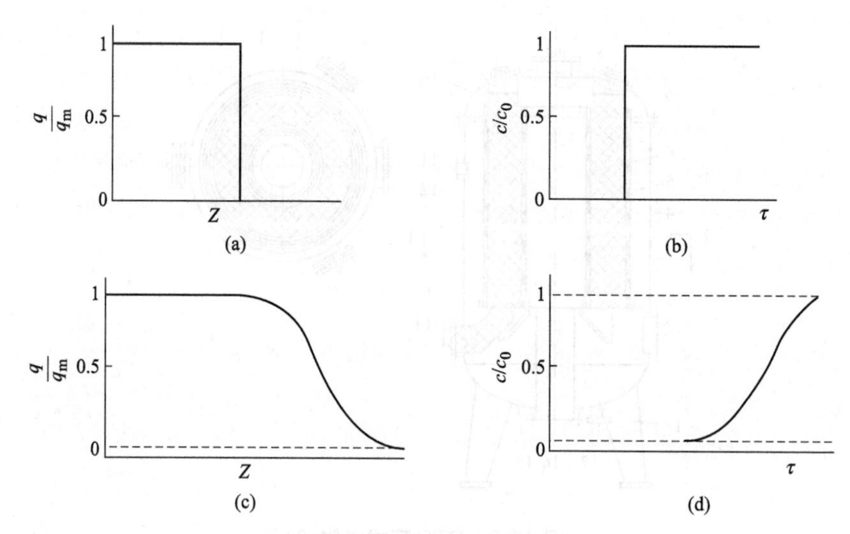

图 15-8　吸附负荷曲线和透过曲线

（2）透过点与透过时间　让初始浓度为 c_0 的气体从固定床吸附柱下方流入，此时柱内的吸附剂开始吸附气体中的溶质。经过一段时间 τ_1 后，在入口端形成负荷曲线（浓度梯度），溶质则在这部分床层中全部被吸附，吸附柱上方虽有流体通过，但其中已不含溶质。随着气体继续通过床层，经过时间 τ_2 后，负荷曲线沿着床层平行地向前移动，即成为所谓“恒定模式”。“恒定模式”时，传质区高度 Z_a 为一定值（图 15-9）。

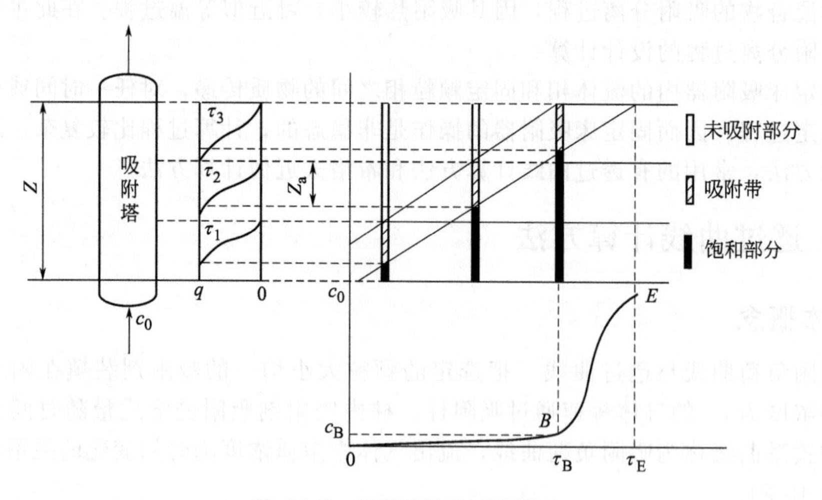

图 15-9　吸附波的形成和移动

继续让恒定浓度的气体通过吸附柱，经过时间 τ_3 后，负荷曲线（S 形吸附波）的前端移到吸附柱末端时，气体中开始有溶质漏出。水平虚线 c_B 是根据排放标准确定的污染物在净化后气流中的最大允许浓度，此浓度对应的时间 τ_B 称透过时间，此点 B 称透过点。这时单位床层吸附剂所吸附的溶质量为床层的动活性。随着吸附波慢慢移出吸附柱末端，气体中的浓度逐步增大，直至吸附波完全离开床层，即气体中溶质浓度恢复至初始浓度 c_0 时，此

时间 τ_E 称干点时间，此点 E 称干点。此时床层中全部吸附剂已饱和，完全失去了吸附能力。这时吸附剂所具有的吸附容量为床层的静活性。当用固定床吸附器净化气体时，一旦达到透过点就应停止吸附操作，切换到另一吸附柱。穿透了的吸附床需转入脱附再生。

(3) 传质区高度　S 形吸附波（传质前沿）所占据的床层高度称传质区高度 Z_a [图 15-10(a)]。从理论上讲，传质区高度应是流出气体中溶质浓度从 0 变到 c_0 这段区间内传质前沿或透过曲线在 Z 轴上所占据的长度，但实际上再生后的吸附剂中还残留一定量的吸附质（一般为初始浓度的 5%或 10%），而吸附剂完全达到饱和时间又太长，所以一般把由透过时间 τ_D 对应的溶质浓度 c_B 到干点时间 τ_E 对应的溶质浓度 c_E 这段区间内传质前沿或透过曲线在 Z 轴上所占据的长度称为传质区高度 [参见图 15-10(b)]。

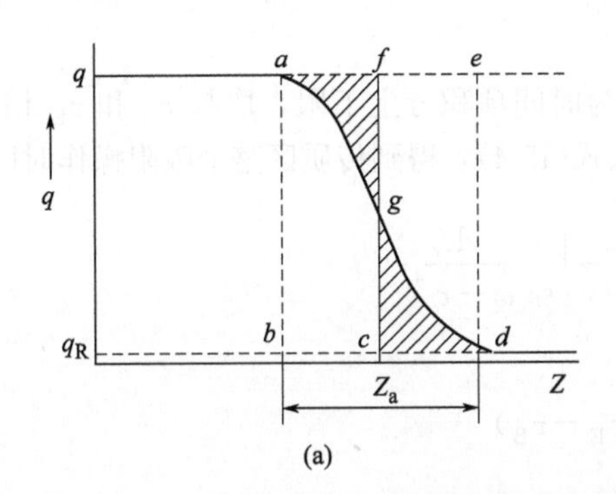

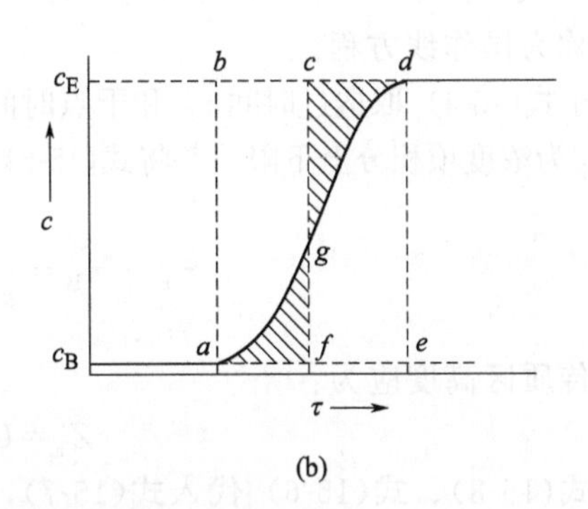

图 15-10　吸附饱和率和剩余饱和吸附能力分率的分析

(4) 吸附饱和率和剩余饱和吸附能力分率　在传质区 Z_a 内，吸附剂实际吸附的溶质量与吸附剂达到饱和时吸附的总溶质量之比称为吸附饱和率。而吸附剂仍具有的吸附容量与吸附剂饱和时吸附的总溶质量之比称为剩余饱和吸附能力分率。图 15-10 中的 q-Z 曲线，吸附饱和率为 $\overline{agdcb}/\overline{abcdef}$，剩余饱和吸附能力分率为 $\overline{agdef}/\overline{abcdef}$。剩余饱和吸附率越大，表示床层的利用效率越高。

2. 计算方法

最简单的体系是在恒温下，进料为惰性气体（或液体）仅有一种吸附质组分的流体。该体系得到的仅有一个吸附波或传质区。此种情况下固定床吸附器的计算主要为传质区的高度 Z_a、透过点时间 τ_B 和全床层饱和度 S。

(1) 传质区高度 Z_a 的计算　如果吸附波形成后，以恒定的速度向前移动，其移动速度可通过对微元固定床层作物料衡算得到：

$$\varepsilon Uac_0\mathrm{d}\tau=A[(1-\varepsilon)q_m+\varepsilon c_0]\mathrm{d}Z \tag{15-1}$$

移项，并用 U_c 表示吸附波的移动速度：

$$U_c=\frac{\mathrm{d}Z}{\mathrm{d}\tau}=\frac{\varepsilon Uc_0}{(1-\varepsilon)q_m+\varepsilon c_0} \tag{15-2}$$

式中，ε 为床层孔隙率；U 为空塔速度，m/s；a 为颗粒表面积；A 为床层截面积，m^2。

在污染物浓度 c_0 很低时，取 $\rho_B=\varepsilon/(1-\varepsilon)$，则式(15-2) 可近似为：

$$U_c=\frac{Uc_0}{\rho_B q_m} \tag{15-3}$$

式中，c_0 为进入吸附器流体的初始浓度，kg/m³；ρ_B 为吸附剂颗粒的堆积密度，kg/m³；q_m 为与 c_0 呈平衡的吸附量，kg/kg（溶质/吸附剂）。

以流体相浓度为推动力，用总传质系数表示的吸附传质速率方程为：

$$\rho_B \frac{dq}{d\tau} = K_F a_V (c - c^*) \tag{15-4}$$

式中，K_F 为以流动相浓度差为基准的总传质系数，m/h；a_V 为单位体积吸附剂的传质外表面积，m²/m³；c^* 为吸附平衡时流动相中吸附质的浓度，kg/m³。

固定床内任一点吸附量和流体浓度之间，对于具有"恒定模式"吸附波的床层有下列关系：

$$q = \frac{c}{c_0} q_m \tag{15-5}$$

此式亦称为操作线方程。

对于式(15-4) 取透过时间 τ_B 和干点时间 τ_E 为时间项积分上下限，取与 τ_B 和 τ_E 相对应的 c_B 和 c_E 为浓度项积分上下限，并将式(15-5) 代入式(15-4)，得到传质区整个吸附操作时间为：

$$\tau_E - \tau_B = \frac{\rho_B q_m}{c_0 K_F a_V} \int_{c_B}^{c_E} \frac{dc}{c - c^*} \tag{15-6}$$

则传质区高度应为：

$$Z_a = U_c (\tau_E - \tau_B) \tag{15-7}$$

将式(15-3)、式(15-6) 代入式(15-7)，得：

$$Z_a = \frac{U}{K_F a_V} \int_{c_B}^{c_E} \frac{dc}{c - c^*} = H_t N_t \tag{15-8}$$

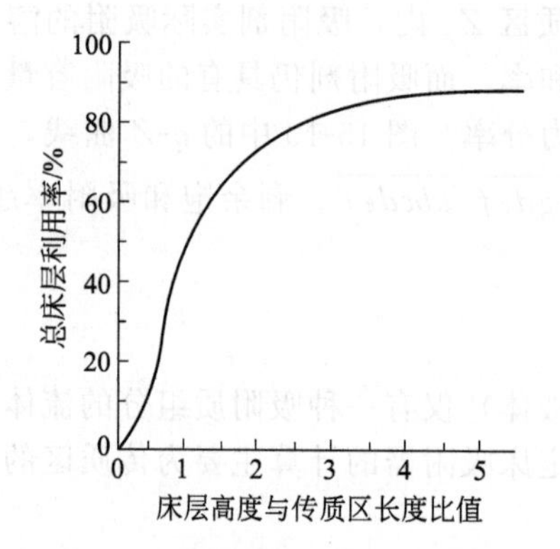

图 15-11　床层高度比值与利用率关系

上式积分项中推动力（$c - c^*$）可由操作线和吸附等温线之间的相应值求得。积分项用图解积分法求得，此图解积分值表示在传质区内，从浓度 c_B 改变至 c_E 所需要的传质单元数 N_t。$H_t = U/(K_F a_V)$ 称为传质单元高度。一般床层的高度 Z 不能过小，应和传质区高度 Z_a 有一定的比例，以保证床层有较高的利用率（图 15-11）。

（2）透过时间 τ_B 的计算　根据 Michaels 提出的传质区内剩余饱和吸附能力分率 f 的概念，透过时间 τ_B 的计算公式为：

$$\tau_B = \frac{\rho_B q_m}{U c_0}(Z - f Z_a) \tag{15-9}$$

式中 f 的定义为：

$$f = \frac{\int_{W_B}^{W_E} (X_0 - X) dW}{X_0 W_A} = \int_{W_B}^{W_E} \left(1 - \frac{X}{X_0}\right) d\frac{W}{W_A} \tag{15-10}$$

式中，X_0 为进入吸附器流体的初始浓度，kg/kg；W_B、W_E 分别为到达透过点和干点时流出的纯溶剂量，kg/(h·m²)；$W_A = W_E - W_B$ 为干点和透过点之间累积的纯溶剂量，kg/(h·m²)。

式(15-9) 说明透过时间 τ_B 与床层高度成正比，并随流动相的流速和剩余饱和吸附能力分率的增加而缩短。f 值一般取0.4～0.5。

(3) 全床层饱和度 S 的计算　达到透过点时，床层中饱和区与传质区吸附溶质的量和全床层吸附剂完全饱和时吸附溶质的量之比，称为全床层饱和度，其表达式为：

$$S=\frac{(Z-Z_a)A\rho_B X_T+Z_a A\rho_B(1-f)X_T}{ZA\rho_B X_T}=\frac{Z-fZ_a}{Z} \tag{15-11}$$

式中，Z，Z_a 分别为全床层高度和传质区高度，m；A 为床层横截面积，m^2；X_T 为饱和吸附剂中吸附质的浓度，即床层静活性，kg/kg；$(Z-Z_a)A\rho_B X_T$ 为饱和区吸附剂吸附溶质的量；$Z_a A\rho_B(1-f)X_T$ 为传质区吸附剂吸附溶质的量；$ZA\rho_B X_T$ 为全床层吸附剂均达到饱和时吸附溶质的量。

(二) 希洛夫近似计算方法

假设传质阻力为零，吸附速率为无穷大，则吸附负荷曲线为一垂直于 Z 轴的直线，传质区高度 Z_a 为无穷小。又假设吸附剂床层达到透过点时全部处于饱和状态，其动活性等于静活性，即饱和度为1。

在上述两点假设下，其透过时间内流体带入床层的溶质量等于该时间内床层所吸附的溶质的量，即：

$$G_s\tau_B' Ac_0=ZA\rho_B X_T \tag{15-12}$$

式中，G_s 为流体通过床层的速率，kg/(m^2·s)；A 为吸附剂床层截面积，m^2；X_T 为与 c_0 达吸附平衡时吸附剂的平衡吸附量，即静活性，kg/kg（溶质/吸附剂）。

由上式得吸附床的理想透过时间为：

$$\tau_B'=\frac{\rho_B X_T}{G_s c_0}Z=KZ \tag{15-13}$$

对于一定的吸附系统和操作条件，K 为常数。理想透过时间 τ_B' 与吸附层长度 Z 成线性关系。因此，只要测得 K 值，即可由床层高度计算出透过时间 τ_B'；反之亦然。

实际上吸附速率不可能无穷大，到达透过时间时床层内吸附剂不可能完全饱和，即在实际吸附过程中，实际透过时间 τ_B 要小于上述假设的理想透过时间 τ_B'，所以在实际设计中可将上式修改为：

$$\tau_B=\tau_B'-\tau_0 \tag{15-14}$$

或

$$\tau_B=K(Z-Z_0) \tag{15-14a}$$

式中，τ_0 为吸附操作的时间损失；Z_0 为吸附床层的长度损失；τ_0 和 Z_0 值均可由实验确定。

上两式即为具有实用价值的希洛夫方程。虽然希洛夫方程仅能近似地确定吸附层的长度和透过时间，但因其简单方便，在计算中仍广泛地被采用。

【例 15-1】 某厂用固定床吸附器回收废气中的四氯化碳。常温常压下废气的体积流量为1000m^3/h，四氯化碳的初始浓度为2 g/m^3，空床速度为20m/min。选用粒状活性炭作为吸附剂，其平均直径为3mm，堆积密度为450kg/m^3，采用水蒸气置换脱附，每周脱附一次，累计吸附时间为40h。在上述条件下进行动态吸附试验，测定不同床层高度下的透过时间，得到下列数据：

床层高度 Z/m	0.1	0.15	0.2	0.25	0.3	0.35
透过时间 τ_B/min	109	231	310	462	550	650

试确定固定床吸附器的直径、高度、吸附剂用量。

解　以 Z 为横坐标，τ_B 为纵坐标，将上述实验数据描绘在坐标图上得一直线（例15-1附

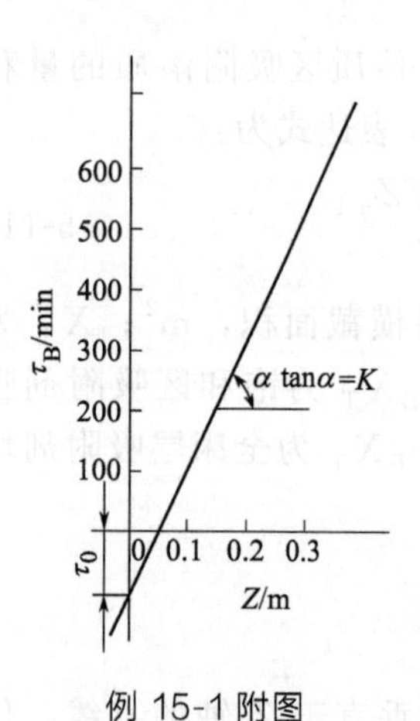

例 15-1 附图

图）。直线的斜率为 K，在纵轴上的截距为 τ_0。

由例 15-1 附图，图解得到：

$$K=2143\text{min/m}\quad \tau_0=95\text{min}$$

由希洛夫方程 $\tau_B=KZ-\tau_0$ 得：

$$Z=\frac{\tau_B+\tau_0}{K}=\frac{40\times 60+95}{2143}=1.164(\text{m})$$

取 $Z=1.2\text{m}$。

采用立式圆柱床进行吸附，其直径为：

$$D=\sqrt{\frac{4Q}{\pi U}}=\sqrt{\frac{4\times 1000}{\pi\times 20\times 60}}=1.03(\text{m})$$

取 $D=1.0\text{m}$。

所需吸附剂用量为：

$$W=ZA\rho_B=1.20\times\pi/4\times 1.0^2\times 450=423.9(\text{kg})$$

考虑到装填损失，取损失率 10%，则吸附剂用量为 466kg。

（三）固定床吸附器床层压降的计算

流体通过固定床吸附器时，由于流体不断地分流和汇合以及流体与吸附剂颗粒和器壁的摩擦阻力会产生一定的压降。在设计固定床吸附器时多采用流路模型估算床层压力降。若对压力降计算有更高的精度要求，则可直接用实验测得的数据。

吸附剂床层由大量的粒径和形状不同的颗粒堆积而成，颗粒之间的空隙结构毫无规则，因而造成流体流动的通道曲折复杂，难以进行理论计算。流路模型是将流体的通路看成一组平行弯曲的细管（图 15-12），流体通过固定床的压降相当于通过一组直径为 d_e、长度为 L_e 的细管的压降：

$$\Delta p=\lambda\frac{L_e}{d_e}\times\frac{\rho_f U_f^2}{2}\tag{15-15}$$

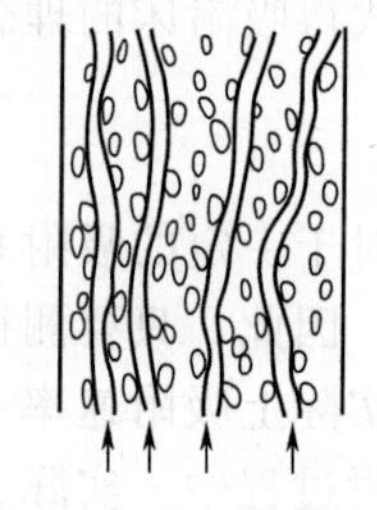
图 15-12　流路模型示意

式中，U_f 为细管内的流速，即吸附剂颗粒空隙间的流速，它与空床流速的关系为：

$$U=\varepsilon U_f\tag{15-16}$$

d_e 为虚拟的一组平行细管的当量直径，其定义：

$$d_e=\frac{4\times\text{通道截面积}}{\text{浸润周边}}$$

假定细管的内表面积等于床层颗粒的全部外表面积，细管的全部流动空间等于床层颗粒的空隙容积，若以 1m^3 床层体积为基准，则：

$$d_e=\frac{4\varepsilon}{a(1-\varepsilon)}\tag{15-17}$$

式中，a 为颗粒的比表面积，对于球形颗粒有：

$$a=\frac{6}{d_p}\tag{15-18}$$

将式(15-16)～式(15-18) 代入式(15-15)，得：

$$\frac{\Delta p}{L}=\lambda\frac{3L_e}{4L}\times\frac{1-\varepsilon}{\varepsilon^3 d_p}\rho_f U^2\tag{15-19}$$

令
$$f_k=\frac{3\lambda L_e}{L}$$

则式(15-19) 可写作：

$$\frac{\Delta p}{L}=f_k\frac{1-\varepsilon}{\varepsilon^2 d_p}\rho_f U^2 \tag{15-20}$$

f_k 称为固定床的流动摩擦系数，其数值必须由实验测得。

欧刚（Ergun）从大量数据整理得到了 f_k 的计算式：

$$f_k=150\frac{1-\varepsilon}{Re}+1.75 \tag{15-21}$$

式中，$Re=d_p\rho_f U/\mu_f$。

由式(15-21) 计算的流动摩擦系数和雷诺数关系如图 15-13 所示。

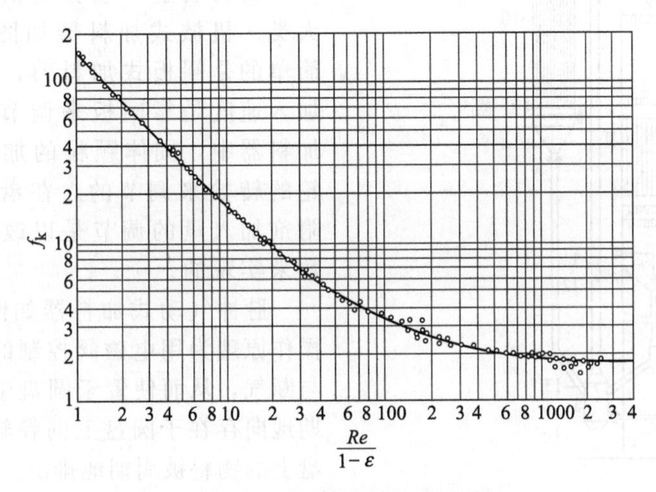

图 15-13　流动摩擦系数和雷诺数关系

将式(15-21) 代入式(15-20)，得：

$$\frac{\Delta p}{L}=\frac{(1-\varepsilon)^2}{\varepsilon^3}\times\frac{\mu_f U}{d_p^2}+1.75\frac{1-\varepsilon}{\varepsilon^3}\times\frac{\rho_f U^2}{d_p} \tag{15-22}$$

Ergun 方程的适用范围是 $Re/(1-\varepsilon)\leqslant 2500$。

第三节　移动床吸附装置的设计

一、移动床吸附器的结构特征

移动床吸附器早期用于从含烃类原料气中提取烯烃和乙炔等组分。1947 年曾建立的大型移动床吸附分离装置，气体处理量达 2100m^3/h，乙烯回收量 1000 t/a，将乙烯含量(体积分数）从 4.5%～6%提高到 92%～93%。此后移动床吸附器在食品工业、精细化工和环境污染治理方面进一步得到应用。典型的移动床吸附装置如图 15-14 所示。它是由吸附段（Ⅰ）、精馏段（Ⅱ）和脱附段（Ⅲ）组成的连续循环吸附分离操作系统（也称超吸附)，该装置适用于多组分气体混合物的分离。下面对该装置的主要部件做简要介绍。

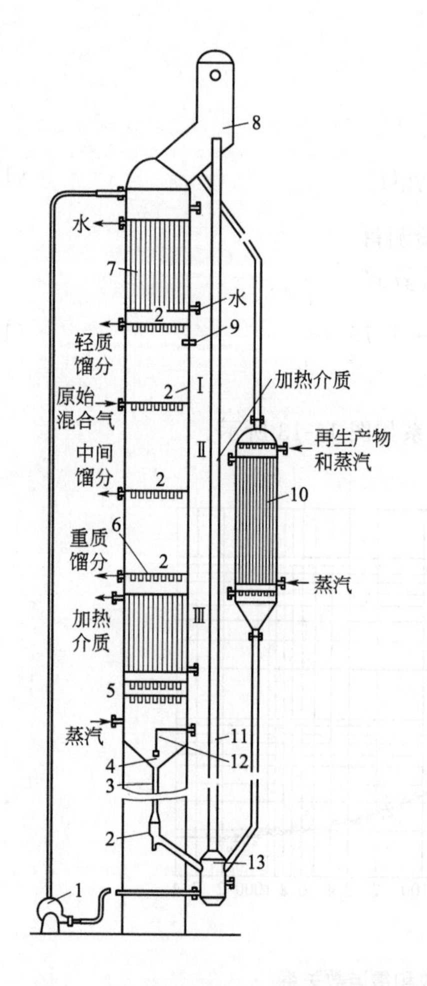

图 15-14 活性炭移动床吸附装置的典型流程

Ⅰ—吸附段；Ⅱ—精馏段；Ⅲ—脱附段；1—鼓风机；2—闸门；3—水封管；4—水封；5—卸料板；6—分配板；7—冷却器；8—料斗；9—热电偶；10—再生器；11—气流输送管；12—料面指示器；13—收集器

（一）吸附剂冷却器

如图 15-14 所示，经脱附后的吸附剂从设备顶部的料斗 8 进入冷却器 7。该冷却器是一种立式列管换热器。吸附剂沿胀接在管板上的管内通过，管间隙通入冷却水。有时为了干燥，在料斗中迎着吸附器方向送入部分轻馏分。

（二）吸附剂加料装置

加料装置一般分为机械式和气动式两大类。机械式加料器如图 15-15 所示，最简单的是闸板式加料器，其中固体颗粒的加入速度是靠闸板来调节的。在星形轮式加料器中，固体颗粒的加入是靠改变星形轮的转数来调节的。在盘式加料器中，吸附剂加入量的调节是以改变转动圆盘的转数来实现的。

脉冲气动式加料器如图 15-16 所示。其操作原理为用电磁阀控制的气源周期地通气与断气，从而使置于圆盘中心上方的气嘴周期地向存在于圆盘上的颗粒物料吹气，致使盘上的物料被周期地排出。

（三）吸附剂卸料装置

移动床中吸附剂的移动速度由卸料装置控制，最常见的是由两块固定板和一块移动板组成，如图 15-17 所示。移动板借助于液压机械来完成在两块固定板间的往复运动。

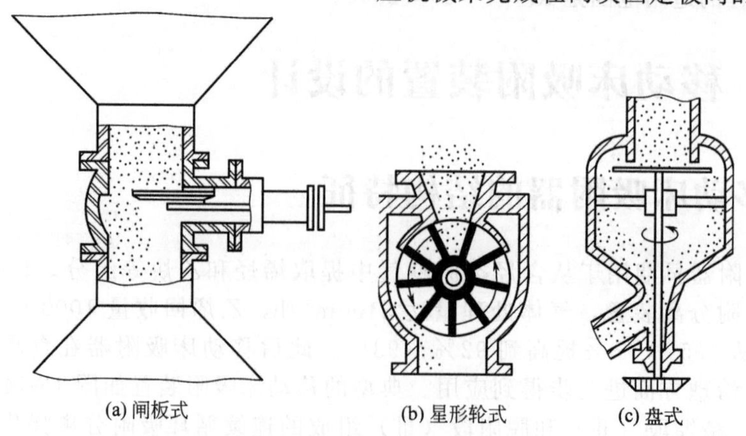

图 15-15 典型加料器简图

（四）吸附剂分配板

吸附剂分配板的作用是使吸附剂颗粒沿设备的截面能够均匀地分布。分配板制成带有胀接短管的管板形式，短接长度一般为 0.25～0.6m，直径为 40～50mm。安装时分配板的短接一面向下。有时采用板上均匀排列的孔数逐渐减少的孔板系列分配器，如图 15-18 所示。

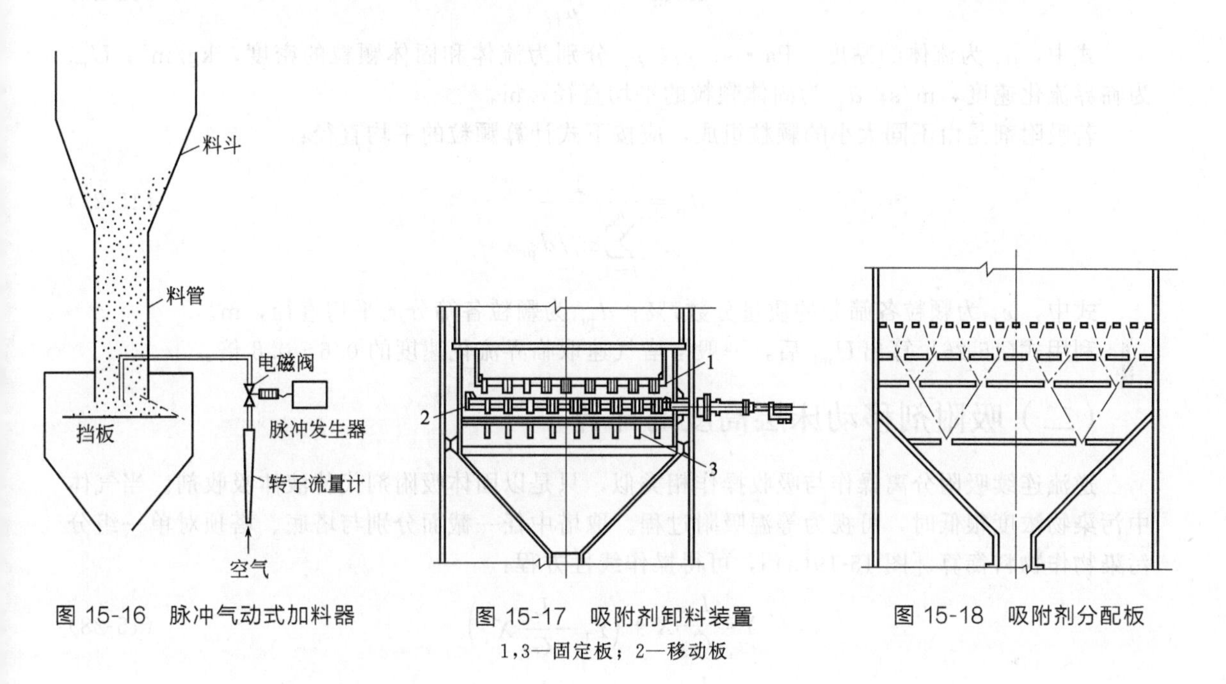

图 15-16　脉冲气动式加料器

图 15-17　吸附剂卸料装置
1,3—固定板；2—移动板

图 15-18　吸附剂分配板

（五）吸附剂脱附器

吸附剂脱附器为胀接在两块管板中的直立管束。吸附剂和水蒸气沿管程移动，而在管隙间通入加热介质，选择介质要由所要求的脱附温度来决定，最常用的有水蒸气或高温有机载热体。

二、移动床吸附器的设计计算

（一）吸附器直径的计算

吸附器一般为圆柱形设备，设备的直径可由进料气体的体积流量及通过设备横截面的空塔气速求得，即：

$$D=\left(\frac{4V}{\pi U}\right)^{1/2} \tag{15-23}$$

通常被分离的气体混合物的流量为已知，因而吸附器直径的确定取决于空塔气速。移动床吸附器中的空塔气速应该低于临界流化速度。球形颗粒的床层临界流化速度可由下列关系式求得：

$$Re_{\mathrm{mf}}=\frac{Ar}{1400+5.22Ar^{1/2}} \tag{15-24}$$

式中，Ar 为阿基米德数；Re_{mf} 为临界流化速度时的雷诺数。

Ar 和 Re_{mf} 表达式分别为：

$$Ar=\frac{d_p^3\rho_f g}{\mu_f^2}(\rho_s-\rho_f) \tag{15-25}$$

$$Re_{mf}=\frac{d_p U_{mf}\rho_f}{\mu_f} \tag{15-26}$$

式中，μ_f 为流体的黏度，Pa・s；ρ_f、ρ_s 分别为流体和固体颗粒的密度，kg/m^3；U_{mf} 为临界流化速度，m/s；d_p 为固体颗粒的平均直径，m。

若吸附剂是由不同大小的颗粒组成，应按下式计算颗粒的平均直径：

$$d_p=\frac{1}{\sum_{i=1}^{n}x_i/d_{pi}} \tag{15-27}$$

式中，x_i 为颗粒各筛分的质量分数，%；d_{pi} 为颗粒各筛分的平均直径，m。

利用式(15-26) 算出 U_{mf} 后，一般空塔气速取临界流化速度的 0.6～0.8 倍。

（二）吸附剂移动床层高度的计算

逆流连续吸附分离操作与吸收操作相类似，只是以固体吸附剂代替液体吸收剂。当气体中污染物浓度很低时，可视为等温吸附过程。取塔中任一截面分别与塔底、塔顶对单一组分污染物作物料衡算［图 15-19(a)］，可得操作线性方程：

$$Y=\frac{L_S}{G_S}X+\left(Y_1-\frac{L_S}{G_S}X_1\right) \tag{15-28}$$

或

$$Y=\frac{L_S}{G_S}X+\left(Y_2-\frac{L_S}{G_S}X_2\right) \tag{15-28a}$$

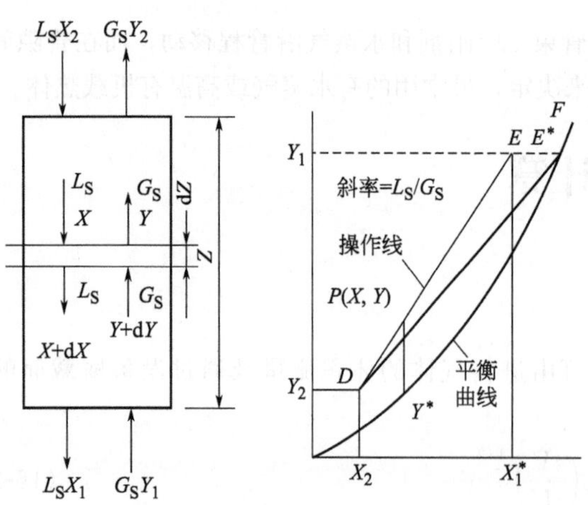

图 15-19　逆流连续吸附分离示意

式中，G_S 为通过吸附器床层的惰性气体量，$kg/(s\cdot m^2)$；L_S 为纯吸附剂的质量流量，$kg/(s\cdot m^2)$；Y_1、Y_2 分别为进口、出口气体中污染物的浓度，kg/kg（污染物/惰性气体）；X_1、X_2 分别为出口、进口吸附剂中污染物的浓度，kg/kg（污染物/纯吸附剂）。

在稳态操作条件下，L_S/G_S 为定值，故操作线为一直线，直线的斜率为 L_S/G_S，且应通过 E（X_1,Y_1）和 D（X_2,Y_2）两点，操作线上的任一点 P（X,Y）代表着吸附器内相应截面上的操作状况［图 15-19(b)］。

因气相和固相中污染物的浓度沿床层高度是逐步变化的，故取一微元 dZ 作物料衡算，并假设在该微元吸附层内，气相和固相中污染物的浓度变化很小，可认为吸附速率为一定值，由此得到：

$$L_S dX = G_S dY = K_Y a_V (Y - Y^*) dZ \tag{15-29}$$

对 dZ 积分得吸附剂移动床层高度计算公式：

$$Z = \frac{G_S}{K_Y a_V} \int_{Y_2}^{Y_1} \frac{dY}{Y - Y^*} = H_t N_t \tag{15-30}$$

式中，K_Y 为气相传质系数，kg/(s·m^2)；a_V 为单位体积吸附剂颗粒的表面积，m^2/m^3；Y^* 为与固相中污染物浓度呈平衡的气相组成，kg/kg（污染物/惰性气体）。

（三）吸附剂用量的计算

与吸收操作相类似，操作线斜率 L_S/G_S 称为“固气比”，它反映了单位气体处理量所需的吸附剂用量的大小。当 G_S 一定时，若要减少吸附剂用量，操作线斜率就要变小，其极限状况为操作线上的点 E 水平移至吸附平衡线上的点 E^*，图 15-19(b) 中的 DE^* 线即为最小固气比时的操作线。实际操作条件下的固气比应为最小固气比的 1.1～2.0 倍，即 $L_S/G_S = 1.1 \sim 2.0 (L_S/G_S)_{min}$。

最小固气比可用图解法求出。如果吸附平衡线符合图 15-19(b) 的情况，则需找到水平线 $Y=Y_1$ 与平衡线的交点 E^*，从而读出 X_1^* 的值，然后用下式计算最小固气比，即

$$(L_S/G_S)_{min} = \frac{Y_1 - Y_2}{X_1^* - X_2} \tag{15-31}$$

或

$$L_{S,\ min} = G_S \frac{Y_1 - Y_2}{X_1^* - X_2} \tag{15-31a}$$

也可用下式计算吸附剂的用量：

$$L_S = \rho_B U_C = \rho_B \frac{U Y_1}{\varepsilon Y_1 + X_1^*} \tag{15-32}$$

式中，U_C 为吸附剂在塔中的位移速度，m/s；U 为空塔气速，m/s；ε 为床层空隙率，一般在 0.33～0.49 之间；ρ_B 为吸附剂的堆积密度，kg/m^3；X_1^* 为与 Y_1 呈平衡的固相吸附剂中污染物的浓度，kg/kg（污染物/吸附剂）。

三、移动床吸附器设计举例

【例 15-2】 用连续移动床逆流等温吸附空气中的有害物质 H_2S。吸附剂为分子筛，空气中 H_2S 的质量分数为 3%，气相流速为 6500kg/h，假设操作在 293K 和 1.013×10^5Pa 下进行，H_2S 的净化率要求为 95%。试确定：①吸附剂的需用量；②操作条件下，吸附剂中 H_2S 的含量；③需要的传质单元数。

解　① 吸附剂的需用量

吸附器进、出口气相组成为：

$$Y_1 = \frac{6500 \times 0.03}{6500 - 6500 \times 0.03} = 0.03 (\text{kg/kg}, H_2S/\text{空气})$$

$$Y_2 = \frac{6500 \times 0.03 \times (1 - 0.95)}{6500 - 6500 \times 0.03} = 1.55 \times 10^{-3} (\text{kg/kg})$$

由实验得到用分子筛从空气中吸附 H_2S 的平衡曲线（图 15-20）。由图可查出与气相组

成 Y_1 呈平衡的 $X_1^* = 0.1147$，假定吸附器进口固相组成 $X_2 = 0$，则根据式(15-31) 得：

$$(L_S/G_S)_{\min} = \frac{0.03 - 0.00155}{0.1147 - 0} = 0.248$$

操作条件下的固气比取最小固气比的 1.5 倍，则：

$$(L_S/G_S)_{\text{空气}} = 1.5(L_S/G_S)_{\min} = 1.5 \times 0.248 = 0.372$$

故吸附剂的实际用量：

$$L_S = 0.372 \times 6305 = 2345.5(\text{kg/h})$$

② 操作条件下，吸附剂中 H_2S 的含量：

$$(X_1)_{\text{实际}} = \frac{\text{吸附剂进口 } H_2S \text{ 的含量} - \text{吸附剂出口 } H_2S \text{ 的含量}}{\text{吸附剂的实际用量}}$$

$$= \frac{6500 \times 0.03 - 6500 \times 0.03 \times (1 - 0.95)}{2345.5}$$

$$= 0.079(\text{kg/kg}, H_2S/\text{分子筛})$$

③ 需要的传质单元数

根据 $N_t = \int_{Y_2}^{Y_1} \frac{dY}{Y - Y^*}$，用图解积分法求传质单元数 N_t。在 $Y_1 = 0.03$ 到 $Y_2 = 0.00155$ 范围内划分一系列的 Y 值，利用图 15-20 对于每一个 Y 值在操作线上查出相应的 X 值，而对于每一个 X 值在平衡线上查出 Y^* 值。求出的结果如下：

Y	0.00155	0.005	0.010	0.015	0.020	0.025	0.03
Y^*	0.00	0.00	0.0001	0.0005	0.0018	0.0043	0.0078
$1/(Y-Y^*)$	645	200	101	69	55	48.3	45.0

作 $1/(Y-Y^*)$ 与 Y 的关系曲线（见图 15-21）。在坐标 $Y_1 = 0.03$ 和 $Y_2 = 0.00155$ 区间曲线下的面积即为传质单元数 $N_t = \int_{Y_2}^{Y_1} \frac{dY}{Y - Y^*} = 3.127$。

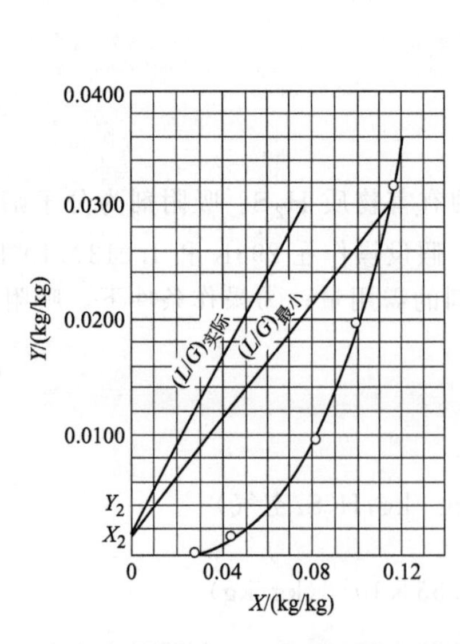

图 15-20 从空气中吸附 H_2S 的操作线与平衡线

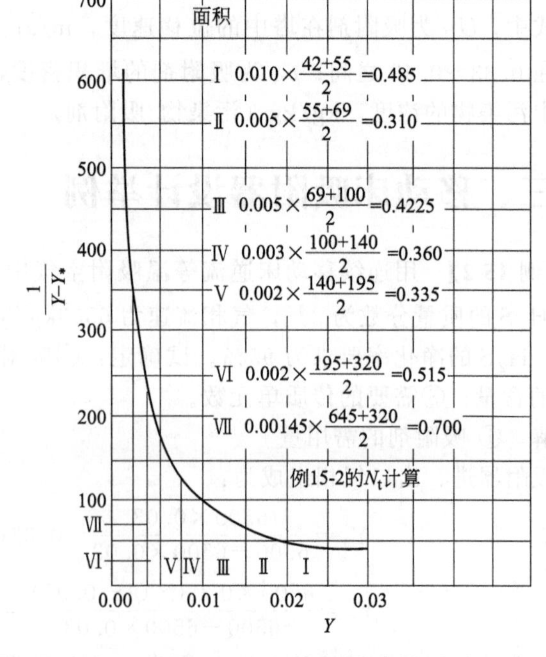

图 15-21 图解积分法求 N_t

第四节　流化床吸附装置的设计

一、流化床吸附器的结构特征

按流化体系的不同，习惯上把流化床吸附器分为气固、液固流化床和气、液、固三相流化床。典型的气固流化床吸附器如图 15-22 所示。它由带有溢流装置的多层吸附器和移动式脱附器所组成，在脱附器的底部用直接蒸汽进行吸附剂的脱附和干燥。吸附过程和脱附过程在单独的设备中分别进行。图 15-23 所示的是将吸附过程、脱附过程都安排在同一装置中的流化床。气体混合物从中间进入吸附段，与多孔板上比较薄的吸附剂层逆流接触，吸附剂颗粒通过溢流管从上一块板位移到下一块板。在脱附段吸附剂同样与热气体逆流接触进行再生，热气体把脱附下的污染物从脱附段上部带走。经过再生的吸附剂由空气提升到吸附段顶部循环使用。这种流化床的一个严重缺点是由床层流态化造成的吸附剂磨损较大。

气体分布板是流化床装置的主要部件之一，它对于流化质量的影响极为重要。成功的分布板设计有助于产生均匀而平稳的流态化状态，防止正常操作时物料的漏出、磨损和小孔堵塞。多层流化床吸附器采用多块气体分布板，它可抑制床内气体与吸附剂颗粒的返混，改善停留时间分布，提高吸附传质效果。

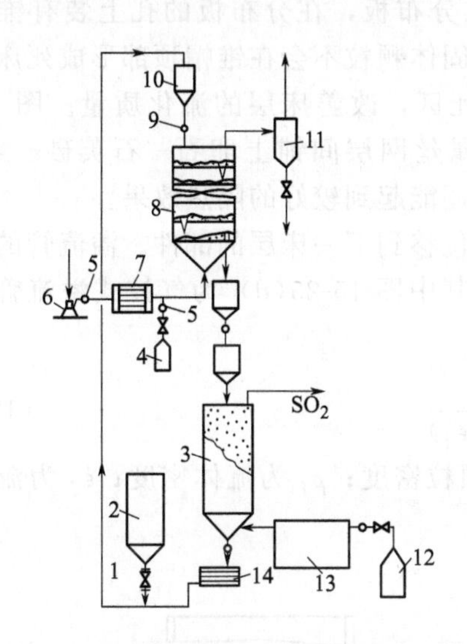

图 15-22　多层流化床去除废气中 SO_2 的吸附装置

1—提升机；2—新鲜吸附剂容器；3—脱附器；4—氧化器；5—流量计；6—鼓风机；7—换热器；8—多层吸附器；9—吸附剂加量调节器；10—料斗；11—分离器；12—惰性气源；13—加热炉；14—机械筛

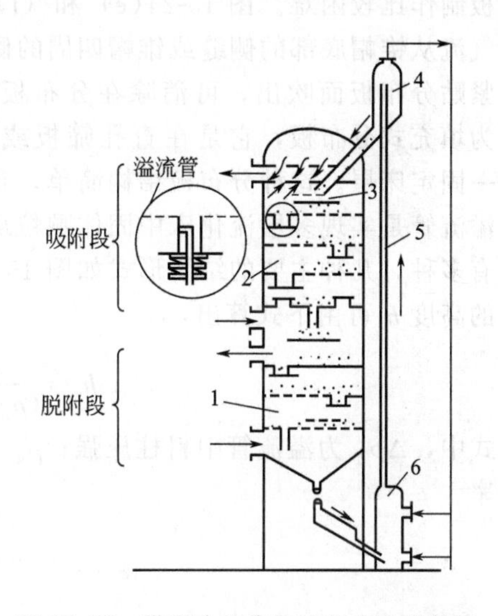

图 15-23　带再生的多层流化床吸附装置

1—脱附器；2—吸附器；3—分配板；4—料斗；5—空气提固机；6—冷却器

气体分布板的结构形式很多，几种常用的气体分布板形式如图 15-24 所示。图 15-24(a) 和（b）为直孔式分布板，其结构简单、易于设计和制造。单层直孔式分布板，因气流方向与床层垂直，易使床层形成沟流，且小孔易堵塞，停车时易漏料。而双层错叠直孔板具有良

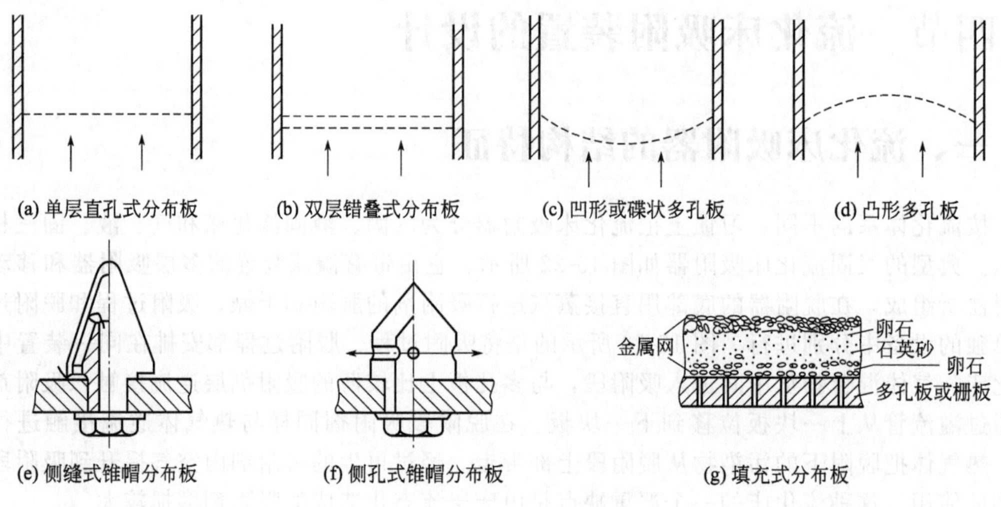

图 15-24　各种气体分布板的结构形式

好的气体分布，且能避免漏料。图 15-24(c) 和 (d) 为弓形多孔分布板，它能承受固体颗粒的负荷和热应力，且能防止沟流和使气体分布均匀，适应于大直径流化床。但这两种形式的分布板制作比较困难。图 15-24(e) 和 (f) 为侧流式分布板，在分布板的孔上装有锥形风帽，气流从锥帽底部的侧缝或锥帽四周的侧孔流出。固体颗粒不会在锥帽顶部形成死床，且气体紧贴分布板面吹出，可消除在分布板面形成的死区，改善床层的流化质量。图 15-24(g) 为填充式分布板，它是在直孔筛板或栅板和金属丝网层间铺上卵石—石英砂—卵石，形成一固定床层。这种分布板结构简单，布气均匀，还能起到较好的隔热效果。

溢流管是实现多层流化床中固体颗粒从上一床层位移到下一床层的部件。溢流管的结构形式有多种，几种主要的结构形式如图 15-25 所示。其中图 15-25(d) 为气控式溢流管，溢流管的高度 h 可由下式算出：

$$h=\frac{\Delta p_{\mathrm{d}}}{(\rho_{\mathrm{s}}-\rho_{\mathrm{f}})(1-\varepsilon_{\mathrm{f}})} \tag{15-33}$$

式中，Δp_{d} 为溢流管中料柱压强；ρ_{s} 为吸附剂颗粒密度；ρ_{f} 为流体密度；ε_{f} 为流态化空隙率。

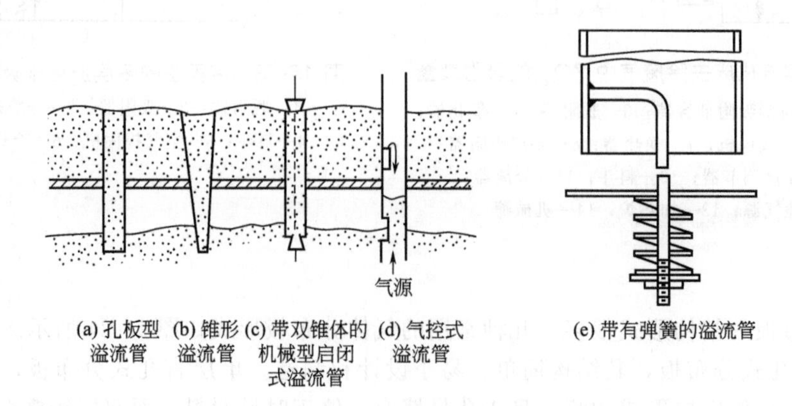

图 15-25　流化床内溢流管的结构形式

在设计溢流管时，还应考虑到溢流管太狭窄时可能发生散状物料的悬浮。

在流化床吸附器中，固体物料的加料、卸料装置以及气流输送系统基本上与移动床吸附器中所采用的相同。

二、流化床吸附器操作速度的确定

从理论上讲，流化床的操作速度介于临界流化速度与最大流化速度之间，即 $U_{mf}<U<U_t$。当操作速度小于临界流化速度时，床层处于固定床状态；当大于最大流化速度时，颗粒将被气流大量带走。因此，欲确定操作速度，首先应计算出临界流化速度和最大流化速度，然后确定实际操作速度。

（一）临界流化速度的计算

临界流化速度常采用下述经验关联式：

当 $Re=(d_p U_{mf} \rho_f)/\mu_f<10$ 时

$$U_{mf}=0.00923\frac{d_p^{1.82}(\rho_s-\rho_f)^{0.94}}{\mu_f^{0.88}\rho_f^{0.06}} \tag{15-34}$$

当 $Re>10$ 时，则用下式进行修正：

$$F=1.33-0.38\lg Re_{mf} \tag{15-35}$$

也可由下面的二次方程式（Ergun 方程）求出临界流化雷诺数值：

$$1.75\frac{Re_{mf}^2}{\varepsilon^3\varphi}+150\frac{(1-\varepsilon)}{\varepsilon^3\varphi^2}Re_{mf}-Ar=0 \tag{15-36}$$

其中阿基米德数 Ar 按下式计算：

$$Ar=\frac{d_p^3\rho_f g(\rho_s-\rho_f)}{\mu_f^2} \tag{15-37}$$

在此基础上，可由 Re_{mf} 的计算公式求出临界流化速度：

$$U_{mf}=\frac{Re_{mf}\mu_f}{d_p\rho_f} \tag{15-38}$$

式(15-36) 中的 φ 为粒子形状系数，其计算公式为 $\varphi=F_m/F_s$，F_m 为与粒子表面积 F_s 等体积的球体表面积。

（二）最大流化速度的计算

最大流化速度可按下列通用计算公式求取：

$$U_t=\left[\frac{4d_p(\rho_s-\rho_f)g}{3C_d\rho_f}\right]^{0.5} \tag{15-39}$$

式中，C_d 为与雷诺数 Re_t 有关的曳力系数。

对于球形颗粒，C_d 与 Re_t 的关系及 U_t 的表达式为：

当 $Re_t<2.0$ 时

$$C_d=24/Re_t,\ U_t=\frac{d_p^2(\rho_s-\rho_f)g}{18\mu_f} \tag{15-40}$$

$2.0<Re_t<500$ 时

$$C_d=18.5/Re_t^{0.6}，U_t=0.153\frac{d_p^{1.14}[(\rho_s-\rho_f)g]^{0.71}}{\mu_f^{0.43}\rho_f^{0.2}} \tag{15-41}$$

$500<Re_t<20000$ 时

$$C_d=0.44，U_t=1.74\left[\frac{d_p(\rho_s-\rho_f)g}{\rho_f}\right]^{0.5} \tag{15-42}$$

对于非球形颗粒，因其曳力系数 C_d 与颗粒不同，必须对上述最大流化速度按粒子形状系数 φ 加以修正。U_t 的表达式为：

当 $Re_t<0.05$ 时

$$U_t=k_1\frac{d_p^2(\rho_s-\rho_f)g}{18\mu_f} \tag{15-43}$$

其中

$$k_1=0.843\lg\frac{\varphi}{0.065}$$

当 $Re_t=2000\sim20000$ 时

$$U_t=1.74\left[\frac{d_p(\rho_s-\rho_f)g}{k_2\rho_f}\right]^{0.5} \tag{15-44}$$

其中

$$k_2=5.31-4.88\varphi$$

当 $Re_t=0.05\sim2000$ 时，仍用式(15-39) 计算，其中 C_d 数值由表 15-3 查得。

表 15-3　非球形颗粒曳力系数 C_d

φ_s	$Re_t=\frac{d_pU_t\rho_f}{\mu}$					φ_s	$Re_t=\frac{d_pU_t\rho_f}{\mu}$				
	1	10	100	400	1000		1	10	100	400	1000
0.670	28	6	2.2	2.0	2.0	0.946	27.5	4.5	1.1	0.8	0.8
0.806	27	5	1.3	1.0	1.1	1.000	26.5	4.1	1.07	0.6	0.46
0.846	27	4.5	1.2	0.9	1.0						

（三）操作流化速度的确定

流化床的操作速度范围可用 U_t/U_{mf} 的大小来衡量。大量研究表明，U_t/U_{mf} 值常在 10～90 之间。对于大颗粒，U_t/U_{mf} 值=7～8，此值较小，说明其操作灵活性较差；对于小颗粒，U_t/U_{mf} 值=64～92。实际上，对于不同工业生产过程中的流化床来说，操作速度与临界流化速度的比值差别很大，有时可高达数百，远远超过上述 U_t/U_{mf} 值高限值。

U_t/U_{mf} 值是表示正常操作时允许气速波动范围的指标。一般情况下，所选气速不应太接近这一允许气速范围的任一极端值。为保证气固的充分混合与传热，所选的最低气速一般为临界流化速度的 1.5～2.5 倍，即 $U_{min}=1.5\sim2.5U_{mf}$。

三、流化床吸附器设计举例

设计任务：试设计用活性炭从空气中回收苯蒸气的流化床吸附装置。

在常温常压下，苯蒸气空气混合物的流量 $V_h=2000m^3/h$，空气中苯的初始浓度 $Y_1=250mg/m^3$，设备出口苯的浓度 $Y_2=10mg/m^3$。采用活性炭吸附剂，颗粒的平均直径 $d_p=$

0.001m，表观密度 $\rho_s=670\ kg/m^3$，堆积密度 $\rho_B=470\ kg/m^3$，流化床层空隙率 $\varepsilon_f=0.55$。从空气混合物中吸附苯蒸气的平衡数据如下：

气相中苯浓度 $Y/(10^4 mg/m^3)$	1.0	2.0	4.0	5.0	6.0	8.0	10.0	16.0	25.0	30.0
固相中苯浓度 $X/(mg/m^3)$	220	263	276	280	284	285	290	296	300	300

试在上述条件下，计算多层流化床吸附器的直径、塔板数和总高度。

（一）气流速度的确定

常温下空气混合物的性质：$\rho_f=1.20kg/m^3$；$\mu_f=1.5\times10^{-5}Pa\cdot s$。因为 $d_p=0.001m$，$\rho_s=670kg/m^3$，代入式(15-34) 中求得：

$$U_{mf}=0.00923\frac{d_p^{1.82}(\rho_s-\rho_f)^{0.94}}{\mu_f^{0.88}\rho_f^{0.06}}=0.25(m/s)$$

校核雷诺数：

$$Re_{mf}=\frac{d_pU_{mf}\rho_f}{\mu_f}=\frac{0.001\times0.25\times1.20}{1.5\times10^{-5}}=20(>10)$$

用式(15-35) 修正：

$$F=1.33-0.38\ \lg Re_{mf}=0.84$$

$$U_{mf}=0.84\times0.25=0.21\ (m/s)$$

用式(15-41) 求最大流化速度：

$$U_t=0.153\frac{d_p^{1.14}[(\rho_s-\rho_f)g]^{0.71}}{\mu_f^{0.43}\rho_f^{0.2}}=3.41(m/s)$$

校核雷诺数：

$$Re_{mf}=\frac{d_pU_t\rho_f}{\mu_f}=\frac{0.001\times3.41\times1.20}{1.5\times10^{-5}}=272.8(<500)$$

最大流化速度与临界流化速度的比值

$$U_t/U_{mf}=3.41/0.21=16.24$$

取操作速度　$U=2.5U_{mf}=2.5\times0.21=0.525\ (m/s)$。

（二）吸附器直径的确定

按式(15-23) 求出设备直径：

$$D=\sqrt{\frac{4V}{\pi U}}=\sqrt{\frac{4\times2000}{3600\times3.14\times0.525}}=1.16(m)$$

取设备的直径 $D=1.20m$。

实际气流速度　$U=\frac{4V}{\pi D^2}=0.49\ (m/s)$。

（三）吸附剂床层高度的确定

根据下式计算吸附剂床层高度：

$$Z=\frac{V_s}{K_{YV}A}\int_{Y_2}^{Y_1}\frac{dY}{Y-Y^*}=H_tN_t$$

本例题中体积传质系数 $K_{YV}=12.4s^{-1}$，床层截面积 $A=\pi D^2/4=\pi\times1.2^2/4=1.13\ (m^2)$，

因此传质单元高度：

$$H_t = \frac{V_m}{K_{YV}A} = \frac{2000}{3600 \times 12.4 \times 1.13} = 0.04(\mathrm{m})$$

用图解积分法求出传质单元数：

$$N_t = \int_{Y_2}^{Y_1} \frac{\mathrm{d}Y}{Y - Y^*} = 4.5$$

故吸附剂的床层高度：

$$Z = H_t N_t = 0.04 \times 4.5 = 0.18(\mathrm{m})$$

（四）吸附器塔板数的确定

吸附剂本身占据的体积：

$$V = ZA = 0.18 \times 1.13 = 0.20(\mathrm{m^3})$$

吸附剂床层体积：

$$V' = V\rho_s/\rho_B = 0.2 \times 670/470 = 0.28(\mathrm{m^3})$$

取板上固定床层高度 H=0.05m，则吸附器中塔板数：

$$n = V'/(AH) = 0.28/(1.13 \times 0.05) = 4.95(块)$$

取 n=5 块。

（五）吸附器总高度的确定

板上的固定床层高度 H 和流化床层高度 H_f 之间有下列关系式：

$$(1-\varepsilon)H = (1-\varepsilon_f)H_f$$

式中，ε 为板上吸附剂固定床层的空隙率。

在本设计条件下：

$$\varepsilon = 1 - \rho_B/\rho_s = 1 - 470/670 = 0.3$$

则板上吸附剂流化床层的高度为：

$$H_f = \frac{H(1-\varepsilon)}{1-\varepsilon_f} = \frac{0.05 \times (1-0.3)}{1-0.55} = 0.08(\mathrm{m})$$

考虑到裕度取板间距 H_o=0.4m，则吸附器塔板部分的高度为：

$$H_T = H_o(n-1) = 0.4 \times (5-1) = 1.6(\mathrm{m})$$

吸附器的上、下封头分别到上、下塔板之间的距离是由给料装置和分配装置的结构确定的。当取这两个距离各为 $2H_o$ 时，得到吸附器的总高度：

$$H_{总} = H_T + 2 \times 2H_o = 1.6 + 4 \times 0.4 = 3.2(\mathrm{m})$$

第五节　催化反应器设计

工业催化反应器与吸附净化装置大同小异，可分为固定床和流化床两种型式；对于中小型装置多采用间歇操作的固定床反应器，大型装置则采用连续的流化床反应器。因为大多数催化反应是吸热或放热的过程，反应器内要维持一定的温度，这就要求反应器能输入或输出必要的热量。下面简要介绍几种常用的催化反应器。

一、反应器的设计要求

在大多数的情况下，反应器的结构应当保证提供对工艺所要求的最基本参数维持稳定的数值，主要的参数有：

① 反应物与催化剂的接触时间；

② 在反应器的反应区内不同点的温度；

③ 反应器中的压力；

④ 反应物向催化剂表面的传递速度；

⑤ 催化剂的活性。

当其他条件已经确定时有一个最适的接触时间，如果偏离了这个最适的接触时间就会使过程的效率降低。

在这些参数中，保证反应区内的温度是工业反应器设计中最重要也是最复杂的问题。因为大多数化学反应是吸热或放热的，要维持反应器内指定的温度，就必须及时地从反应区里取出或向反应器里供给热量。当催化剂床层过热时，就可能产生催化剂的半熔甚至烧结，致使活性降低，有时选择性也降低；床层温度低于最适温度时，转化率也降低。因此，为了保证反应所要维持的温度和有效的利用能量，工业上有各式各样的绝热的和具有热交换的反应器。

当反应的热效应很大，或催化剂需要周期再生时，可应用流化床反应器。

对各类反应器的基本要求，随着催化反应和催化剂的不同而异。但其中对所有工业反应器基本要求还是一样的，这些要求是：

① 最大的操作强度；

② 最高的产品收率；

③ 最小的流体阻力；

④ 最有效地利用热能；

⑤ 操作容易；

⑥ 建设费用低。

二、催化反应器的设计基础

反应器的作用主要是提供与维持发生化学反应所需要的条件，并保证反应进行到指定程度所需要的反应时间。因此，气固相催化反应器的设计，即是在选择反应条件的基础上确定催化剂的合理装量，并为实现所选择的反应条件提供技术手段。

（1）停留时间　反应物通过催化床的时间称为停留时间。显然，停留时间决定了物料在催化剂表面化学反应的转化率。而它自身又是由催化床的空间体积、物料的体积流量和流动方式所决定的。因此，停留时间是反应器设计的重要参数，它和反应速度共同决定了反应器的催化剂装载量。

（2）反应器的流动模型　在工业反应器分类中，气固相催化反应器的设计属于连续式，即连续进料、出料的反应器。连续式反应器有两种理论流动模型，即活塞流反应器和理论混合流反应器。在活塞流反应器内，物料以相同的流量沿流动方向流动，而且没有混合和扩散。它们就像活塞那样做整体运动，因而通过反应器的时间完全相同。而在理论混合流反应器中，物料在进入的瞬间即均匀地分散在整个反应空间，反应器出口的物料浓度与反应器内完全相同。

实际反应器内的物料流动模型总是介于上述两种理论流动模型之间的。物料在反应器内流动截面上每一点的流动状态，实际上是各不相同的，各物料点的停留时间因此也就不同，具有某一停留时间的物料在总量中占有一定的分率。对于某一确定的流动状态，不同停留时间的物料在总量中所占有的分率有一个相应的统计分布。显然，这种物料停留时间分布函数，与反应动力方程一样也是反应器理论设计计算的基础。

在连续流动状态下，不同停留时间的物料在各个流动截面上难免要发生混合，这种现象即称为返混。返混会使反应物浓度降低，反应产物浓度升高，从而降低了过程的推动力，进而降低了转化率。通常设计上要增大催化剂的装量以补偿返混的消极影响。

工程上对某些反应器常做近似处理，如把连续釜式反应器简化为理想混合反应器，而把径高比大的固定床简化为活塞流反应器。对薄层床以外的其他固定床，包括加装惰性填料层的薄层床，由于气流在催化剂的空隙或颗粒间隙内流动，把它们简化为活塞流反应器仍有满意的效果。固定床的停留时间可按式(15-45) 来计算：

$$t=\frac{\varepsilon V_R}{Q} \tag{15-45}$$

式中，V_R 为催化剂体积，m^3；Q 为反应气体实际体积流量，m^3/h；ε 为催化床空隙率，%。

由于 Q 通常是一个变量，式(15-45) 的计算是不方便的。工程上常用空间速度求反应时间。

(3) 空间速度 空间速度系指单位时间内、通过单位体积催化床的反应物料体积，记为 W_{sp}。

$$W_{sp}=\frac{Q_N}{V_R} \tag{15-46}$$

式中，Q_N 为标准状态下的反应气体体积流量，m^3/h，有时也可用进口状态下反应气体体积流量来表示。

显然，空间速度越大，停留时间越短。基于这种关系，把空间速度的倒数称为反应物与催化剂的接触时间，记为：

$$\tau=\frac{1}{W_{sp}}=\frac{V_R}{Q_N} \tag{15-47}$$

用接触时间来表征停留时间，两者虽然不是等位的，但有其等效性。出于实用的方便，工程上习惯于采用“空间速度-转化率”的方式处理问题。

三、固定床催化反应器

由于固定床一般结构简单，建设费用低，也容易操作。此外，固定床还具有以下优点：

① 催化剂在固定床中磨损少；

② 催化剂的形状和大小可在很大的范围内选择；

③ 允许空速变动的范围大，因此接触时间可以大幅度变化，能适应很快的和很慢的化学反应；

④ 一次通过的转化率高，特别有利于未反应的原料循环再用。

但是，事物总是一分为二的，固定床具有这些优点的同时也存在下面一些缺点：

① 固定床反应器不利于采用寿命短的或需要频繁再生的催化剂；

② 沿催化剂床层的轴向和径向，不可避免地产生温度梯度；

③ 当床层厚或空速大时，压力降增大，动力消耗增加。

为了解决上述问题，设计上常常采取许多技术措施，例如催化剂的放置方法和反应热交换方法，与此相适应的就出现了各种结构的反应器。固定床催化反应器有许多种型式，下面仅介绍单段和多段绝热反应器两种。

单段绝热反应器与固定床吸附器的构造相同。由于它没有换热设备，应用范围受到一定限制。应用较多的是多段绝热反应器，如图 15-26 所示。

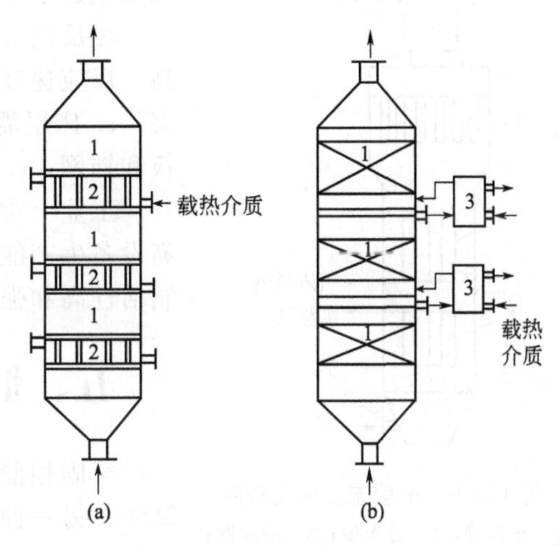

图 15-26　多段绝热反应器

反应器的层数可根据需要设置，在每层隔板上置放催化剂 1。图 15-26 中给出两种型式：一种是在床层中间装有列管式换热器 2［图 15-26(a)］；另一种型式是在反应器外装有换热设备 3［图 15-26(b)］。被处理的气体从反应器下部进入，依次通过催化剂床层或换热管，最后反应后的气体从顶部管排出。

本身换热型反应器：这种反应器的热利用方式甚为简便，它是利用温度较低的被处理气体来降低催化剂床层的温度，与此同时被处理气体达到预热的目的。图 15-27 中给出了三种基本换热型式的反应器。被处理的气体沿箭头方向流动，经过催化剂床层反应后排出。

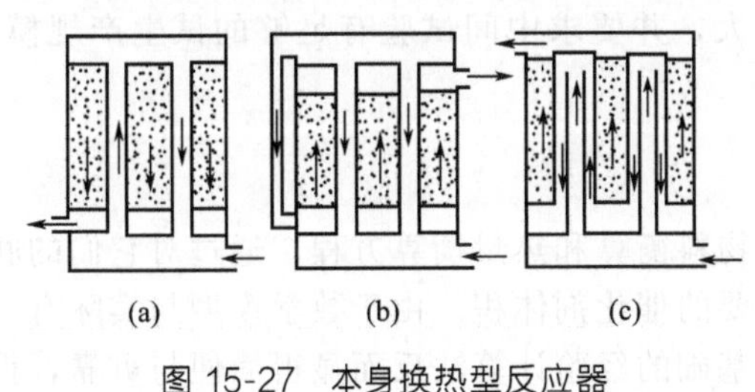

图 15-27　本身换热型反应器

多段绝热反应器，在操作上具有很大的灵活性。因为在每个热交换器里，可以将反应混合物冷却或加热到所需要的温度，这样可使催化反应在各层中以接近最适的温度条件下进行，从而提高催化反应的效率。

四、流化床催化反应器

它的原理与流化床吸附器基本相同，型式种类颇多，这里仅介绍一种有内部换热器的单层床反应器，见图 15-28。

被处理气体由反应器底部的进口管 1 送入，经分布板 2 进入流化床反应区。催化剂在气流的作用下呈流态化。在反应区里装有冷却器 3，将反应器内热媒输出。在反应区上部装有预热器 4，可将被处理气体预热，同时将反应后的气体冷却。最后反应气体经过多孔陶瓷过滤器 5 分离。为防止催化剂微粒堵塞过滤器，采用空气周期性反吹清灰。

流化床催化反应器具有一系列优点。它可采用较细的催化剂，因而提高了催化剂的表面利用率，相应地提高了反应转化率，床层温度比较均匀以及便于催化剂的再生与更换。

流化床操作速度的选择要考虑许多因素，当下列中的某个因素表现突出时应采用较低的流化速度：

① 催化剂容易粉碎；

② 床层中催化剂颗粒分布较宽；

③ 化学反应速度慢；

④ 反应热不大；

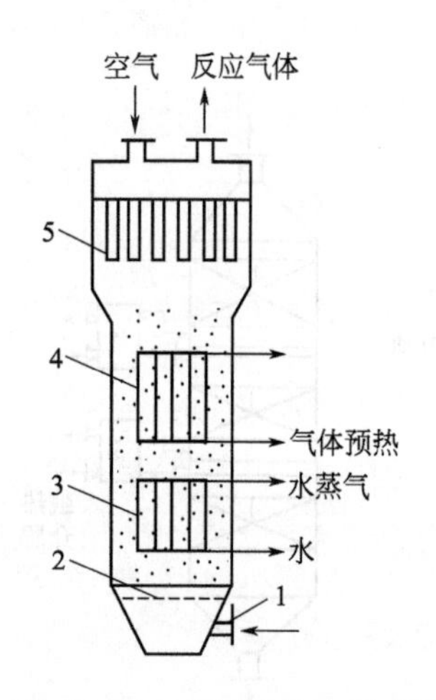

图 15-28 单层流化床反应器

1—进口管；2—分布板；3—冷却器；4—预热器；5—多孔陶瓷过滤器

⑤ 需要的催化剂床高较小，颗粒具有良好的流化特性，在低流速下不致产生沟流现象。

相反的对于下列情况，应提高流化速度：a. 催化剂活性高，反应速度快；b. 反应热较大，必须通过传热面迅速除去；c. 床层需要保持均匀的温度条件；d. 床层内设置了挡板和挡网；e. 催化剂需要周期地循环再生。

工业上常采用的流化速度一般为 0.2～1.0m/s。为了提高设备生产能力，应尽可能提高气体流化速度，这就要求研制活性高和强度大的催化剂。

五、催化反应器设计计算

气固相催化反应器设计有两种计算方法：一种是经验计算法；另一种是数学模型法。

1. 经验计算法

把整个催化床作为一个整体，利用生产上的经验参数设计新的反应器，或通过中间试验测得最佳工艺条件参数（如反应温度和空间速度等）和最佳操作参数（如空床气速和许可压降等），在此基础上求出相应条件的催化剂体积和反应床截面及高度。经验计算法要求设计条件符合所借鉴的原生产工艺条件或中间试验条件，在反应物浓度、反应温度、空间速度以及催化床上的温度分布和气流分布等方面，尽量保持一致。因此不宜高倍放大，并要求中间试验有足够的试生产规模，否则将导致大的误差。

2. 数学模型法

借助于反应的动力学方程、物料流动方程及物料衡算和热量衡算方程，通过对它们的联立求解，求出在指定条件下达到规定转化率所需要的催化剂体积。由于数学模型与实际有一定的差别，实际应用受限制；而以实验模拟作为基础的经验计算法反而显得简便与可靠，得到了普遍的应用。

参 考 文 献

[1] 李家瑞. 工业企业环境保护. 北京：冶金工业出版社，1992.

[2] 周迟骏. 环境工程设备设计手册. 北京：化学工业出版社，2009.

[3] 北京环境科学学会. 工业企业环境保护手册. 北京：中国环境科学出版社，1990.

[4] 刘天齐. 三废处理工程技术手册. 废气卷. 北京：化学工业出版社，1999.

[5] 马广大. 大气污染控制技术手册. 北京：化学工业出版社，2010.

[6] 江晶. 环保机械设备设计. 北京：冶金工业出版社，2009.

[7] 周兴求. 环保设备设计手册——大气污染控制设备. 北京：化学工业出版社，2004.

[8] 台炳华. 工业烟气净化. 2版. 北京：冶金工业出版社，1999.

[9] 郑铭. 环保设备——原理、设计、应用. 北京：化学工业出版社，2001.

[10] 王文兴. 工业催化. 北京：化学工业出版社，1978.

[11] 彭犇，高华东，张殿印. 工业烟尘协同减排技术. 北京：化学工业出版社，2023.

[12] 中国石油化工集团公司安全环保局. 石油石化环境保护技术. 北京：中国石化出版社，2003.

第十六章 换热装置的设计

第一节 换热装置概述

一、换热器的分类

使温度较高的载热体把热量传给另一较低的载热体的装置，称为热交换设备或换热器。在废气处理的工艺过程中有放热和吸热的作用，例如，催化燃烧过程或直接燃烧过程中热量的回收及利用；某些有用蒸气的冷凝回收等，都需要热交换设备才能完成。所以换热器在废气处理中被广泛采用，它们或用作单独的机组或作为其他设备和装置的一部分。

换热器可按作用原理分类，也可按用途分类，但最普遍采用的分类法是按加热表面的形状和结构来分，大致可分成下列几类。

1. 管壳式换热器

这类换热器由一组两端被固定在特殊管板中的管束和一个壳体组成。在其中一种载热体流经管内，另一种载热体流经管间（或壳内）。

管壳式换热器又可按流体流过的方式分为单程式及多程式；或按结构形式分为固定板式、浮头式、具有热补偿的换热器等类型。

2. 螺旋板式换热器

这类换热器的加热表面呈螺旋形式。

3. 板式换热器

这类换热器的加热表面是平面。

4. 沉浸式蛇管换热器

这类换热器的表面由弯曲的蛇管组成，蛇管浸在具有冷却液体的容器内。

5. 喷淋式蛇管换热器

这一类换热器由许多直管和回管连成平板式蛇管结构，管外用水喷淋。

此外，还有套管式换热器和夹套式换热器等。

二、换热器的特征与选型

（一）换热器的特征

决定换热器的特征是传热面尺寸（即换热面积）与设备的结构，而两者又有密切的关系。载热体的性质和构造材料的性质又显著地影响着设备的结构。因此，在设计换热器时热计算应该与画设备简图同时进行。在校核现有换热器的生产能力及确定其最适宜工作条件时，也必须进行热计算；而物料平衡的计算应先于热计算。决定换热器尺寸的原始数据由热平衡来求得：

$$Q=-G_1\Delta i_1=G_2\Delta i_2 \tag{16-1}$$

式中，Q 为由一个载热体传给另一个载热体的热量，kJ/h；G_1、G_2 分别为进行热交换的两种载热体的质量流量，kg/h；Δi_1、Δi_2 分别为进行传热过程时两种载热体热焓量的变化值，kJ/kg，它们的确定和进行传热过程时载热体的相态是否保持不变有关。

传热面积根据传热基本方程式求得：

$$F=\frac{Q}{\theta K} \tag{16-2}$$

式中，F 为传热面积，m^2；θ 为平均温度差，℃；K 为传热系数，kJ/(m^2·℃·h)。

温度差 θ 是任何热交换的推动力。温度差与载热体的流向和载热体的相态有无改变有关。当两个载热体的相态都改变时，温度差等于载热体的冷凝温度与沸腾温度之差：

$$\theta=t_{冷凝}-t_{沸腾} \tag{16-3a}$$

即使有一个载热体不改变自己的相态，则当它沿着用以隔离载热体的器壁流动时，其温度差也将会变化。在这种情况下温度推动力是平均温度差。

对逆流、并流以及当载热体沿器壁流动时，在器壁的一边流动的载热体，由于改变本身相态的结果而保持温度不变，则温度推动力是对数平均温度差：

$$\theta=\frac{\Delta t_1-\Delta t_2}{\ln\dfrac{\Delta t_1}{\Delta t_2}} \tag{16-3b}$$

式中，Δt_1 为在换热器一端的载热体的较大温度差，℃；Δt_2 为在换热器另一端的载热体的较小温度差，℃。

对于器壁两边流动的流体均发生变温时的平均温度差的计算也与上述相同。

如果 $\frac{\Delta t_1}{\Delta t_2}=R\leqslant 2$，把算术平均温度差当作平均温度差已够准确了：

$$\theta=\frac{\Delta t_1+\Delta t_2}{2} \tag{16-3c}$$

如果 $R>2$，则所得算术平均温度差比对数平均温度差大，根据算术平均温度差计算时会得出较小的传热面积，不足以传递必需的热量。

逆流时的平均温度差大于并流时的平均温度差，因而为传递一定热量所必要的传热面积，在逆流时最小。此外，在并流时加热用载热体的最终温度必须大于被加热载热体的最终温度，因此在并流换热器中换热的程度要高，即加热用载热体可能传给被加热载热体更多的热量。从经济观点来看，传热面积较小的逆流换热器比并流更为合适，这也就说明了它被优先采用的原因。但由于热载热体入口处传热面的金属在工作时的温度条件较恶劣；或由于工艺上的原因，例如被加工的成品不允许受过热，可能会妨碍采用逆流。

载热体在错流和其他流向情况下，平均温度差像逆流时一样计算，将其结果乘以修正系数 φ：

$$\theta=\varphi\theta_{逆流} \tag{16-3d}$$

系数 φ 与载热体的流向、比值 $R=\Delta t_1/\Delta t_2$ 及 $p=\Delta t_1/(t_1-\theta_1)$ 有关。其中，t_1 为热载体的最初温度，℃；θ_1 为被加热的载热体的最初温度，℃。

载热体在各种流向时的 φ 值可参考有关手册。

另一个重要的任务是求传热系数 $K[\mathrm{kJ/(m^2 \cdot ℃ \cdot h)}]$。平壁的传热系数用下式计算：

$$K=\frac{1}{\dfrac{1}{\alpha_1}+\dfrac{1}{\alpha_2}+\sum\dfrac{\delta}{\lambda}} \tag{16-4}$$

式中，α_1、α_2 分别为从载热体到器壁和从器壁到被加热载热体间的传热系数，kJ/(m^2・℃・h)；δ 为壁厚，m；λ 为器壁材料的热导率，kJ/(m・℃)。

实际上，大多数器壁必须视作多层的，因为在操作时，它们会逐渐结上污垢层、淤泥层、油层或铁锈层。污垢具有较小的导热性，其导热性要为金属导热性的几十至几百分之一。这些污垢层的热阻，即使在厚度很薄时也可能比金属器壁本身的热阻大很多。

多层器壁的热阻等于所有各层热阻之和：

$$\sum\frac{\delta}{\lambda}=\frac{\delta_1}{\lambda_1}+\frac{\delta_2}{\lambda_2}+\cdots+\frac{\delta_n}{\lambda_n} \tag{16-5}$$

圆筒形器壁的传热系数 K_L 可以更准确地用下式计算：

$$K_L=\frac{\pi}{\dfrac{1}{\alpha_1 d_1}+\dfrac{1}{\alpha_2 d_2}+\sum\dfrac{1}{2\lambda}\ln\dfrac{d_{n_1}}{d_{n_2}}} \tag{16-6}$$

式中，d_1 为热载热体一侧的圆筒形器壁的直径，m；d_2 为被加热载热体一侧的圆筒形器壁的直径，m；d_{n_1}、d_{n_2} 分别为器壁的外径和内径，m。

必须指出，在计算换热器时，求壁间传热系数（α）是一项重要而困难的工作。其所以重要是因为不正确的计算会得出不正确的传热面积；其所以困难是因为传热系数（α）与许多其他物理量有关。求壁间传热系数的方法可详见相应的文献。

（二）换热器的选型

除了上面所述的基本特征之外，影响选择换热器结构与类型及流程的还有下面诸因素：

① 传热量；

② 热力学参数——温度、压力、体积以及载热体的相态；

③ 物理化学性质，密度、黏度等；

④ 载热体对所采用的构造材料的腐蚀性；

⑤ 载热体的不清洁程度和沉淀性质；

⑥ 构造材料及其强度性能和工艺性；

⑦ 设备的用途以及其中所进行的过程，如仅是进行热交换或是同时伴有其他物理化学过程；

⑧ 由载热体的压力作用所产生的，或是由换热器各部分不同的热伸长所产生的应力；

⑨ 载热体所具有的压头；

⑩ 一次性投资及运转费用低，便于维修管理。

传热量是决定传热面积的主要因素，并且还影响换热器结构类型的选择（例如选用简单的蛇管换热器或管壳式换热器）。

热力学参数和物理化学性质对 α 值和 K 值都有影响，因此也影响着传热面的形状和大小。

载热体的温度决定 θ 值与 F 值，并作为选择载热体流向的根据。

载热体的体积决定换热器的横截面积，因而决定了采用单程或多程结构。

载热体的腐蚀性迫使采用不同的结构材料，而结构材料又预先决定了换热器的形状与结构。

载热体的不清洁需要采取措施来防止产生沉淀，以及选择便于清洗的积有污垢的传热面的结构。

设备的用途、载热体的相态是否改变，在设备中进行的仅是热交换过程还是当作反应器用，这些因素都影响换热器的结构。

应该说明，上述许多因素是相互矛盾的。所以正如选择所有其他设备类型的情况一样，选定合适的换热器类型是要找到一个折中的办法，能最大限度满足最主要的要求，而放弃次要的要求。这个办法完全决定于具体的条件与要求。没有一种换热器是十全十美的，必须仔细分析所有因素，从中选出最重要的，并选定或设计出在这一具体条件下最适宜的换热器。

三、换热器的近代成果和发展趋势

在废气治理过程中，传热及所使用的换热设备一般多为辅助过程，即使如此它也往往成为废气治理过程中的关键。因此，如何强化传热过程以及其强化途径和发展趋势便成为重要的环节。

1. 对传热设备的要求

随着经济建设的不断深入，要求大大强化现有生产设备，创造新型高效率的设备，并希望能在较小的设备上获得更大的生产效益。因此，如何强化传热过程往往成为废气治理工艺十分重要的问题，也是提高换热装置生产能力的关键。

从式(16-2) 可知，热传递速率（Q）与传热面积（F）、平均温差（θ）及传热系数（K）都成正比。因此，要求传热设备的传热面积要大，过程推动力要大，传热系数也要大。然而究竟哪一个对传热速率的提高起着决定作用，则需做仔细分析。

(1) 传热面积（F）　传热面积是为完成换热过程所需要的接触面积，传热面积越大，传递的热量越多，换热过程进行越完善。因此增大传热面积有利于过程的进行。但对于间壁式换热器，由于其传热面是器壁，因此，传热面积的大小就决定了材料消耗量的多少，也即设备费用的高低。为了节省材料，不宜从扩大传热面积来提高传热速率，而应该力图在小设备上获得较大的生产能力，即单位面积上传热速率最大。因此，有效地提高传热速率应从加大推动力 θ 和传热系数 K 两方面着手。

(2) 推动力——平均温差（θ）　推动力主要决定于参与热交换的两种流体的温度，一般已为生产条件所确定。对一定传热面积的换热器而言，在操作过程中，对处理只有一边有相变流体的传热体，其操作方式不论逆流或并流都不会影响 θ 的大小。但对两边流体温度均发生变化时，应选择逆流操作为宜。但是，在设备结构上为满足某些方面的要求（如提高效率时加挡板、折流板等)，使操作方式处于折流或错流情况下，则使 θ 比逆流时为低。虽然设备结构得到满足，但也要注意 θ 的合理性，一般采用 $\theta>0.75$，否则需改变流程及挡板的安排。

(3) 传热系数（K）　K 的数值主要决定于两流体的传热系数 α_1、α_2。在强化 K 时，若 $\alpha_1 \approx \alpha_2$，则应同时提高 α_1 与 α_2；若 $\alpha_1 \ll \alpha_2$，则应提高 α_1。α 的数值与参与热交换的物质及操作条件有关。一般对无相变流体而言，提高其操作流速，增大其湍流程度，可以提高 α，于是 K 也增加。因此，在设计设备结构时应保证最有利的流体力学条件。

另外，设备的结构也影响操作时的能量消耗，其能量消耗在于克服流体输送时的阻力。为提高 K，在增加速度的同时，能量的消耗也逐渐增加。能量消耗的增加有两方面，一方面是为增大湍流程度，而另一方面则消耗在摩擦及撞击的损耗上。应尽力避免后者的消耗。但能量消耗的增加毕竟还是增加了操作费用，并可能增大污染。因此，对能量消耗也应从经济核算上考虑其适宜的情况。如图 16-1 所示，当流速增加时传热效率提高，所需传热面积较小，设备费用下降；但又引起操作费用的增加。只有在两种费用之和为最小时才是最适宜的操作情况。

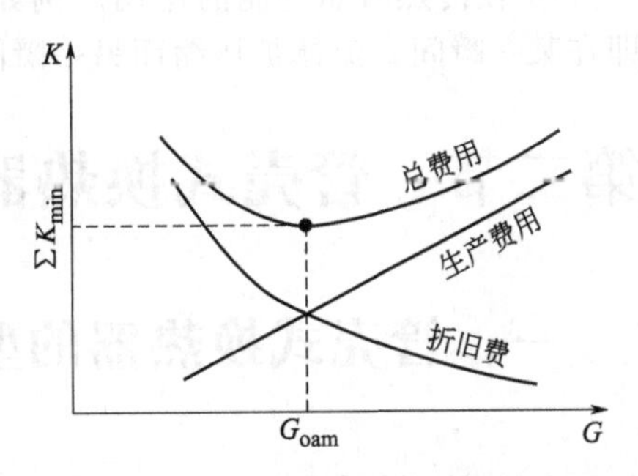

图 16-1　传热设备最经济费用选择

G_{oam}—最适宜速度；ΣK_{min}—最小费用

此外，在换热设备中，$\sum(\delta/\lambda)$ 一项中所包括的污垢阻力往往是使传热设备效率降低的主要原因。因此，如何减少或防止结垢、及时有效地除垢也是强化过程的重要问题。

2. 强化途径及其发展趋势

上述对传热设备结构影响过程进行的各因素分析，指出了强化途径最有效的措施是提高换热器传热系数 K，也即提高流体传热系数 α 和减少污垢的热阻（δ_t/λ_t）。一般提高 α 的方法可从两方面着手：一是对设备结构加以改进，使其操作时有利于传热；二是可以选择高效率的载热体以增加传热效能。传热设备结构的强化是目前发展的主要趋势。

① 从流体力学边界层概念出发，流体在管内流动时，热量通过滞流边界层的传递方式为传导，因此减少滞流层的厚度为强化途径的正确方向。例如，增加 Re 即提高操作速度，或在设备中添加“传热强化圈”使滞流边界层得以破坏，以及其他导致湍流增强的措施。

各种文献中出现了许多种管内添加物的类型，例如波浪式的螺旋圈或薄片等。实验证明，添加强化圈后可以显著提高传热系数 α，但与其他湍流措施有着同样的缺点，就是增加了换热面的压强降，因而增加了能量消耗。但如果传热的强化成为生产过程中的关键问题而条件允许时，则可利用这些措施进行强化，简单可行。一般将车床车削的金属圈安置于管内就可达到强化目的。

此外，也可采用使流体以切线方向进口的设备以提高其湍流程度，例如涡流管式套管换热器。

对于自然对流的换热器，如沉浸式蛇管换热器，对管外流体可考虑加挡板以增加流动路程，或加搅拌装置以提高其湍流程度。

② 从雷诺类似定律可知，流体与管壁间的传热系数与摩擦系数成正比，因此管壁粗糙度的增加，对传热有利。在增加粗糙度方面已出现了新型换热器，如内螺旋及外螺旋型式的换热器，这种换热器不仅增加了湍流程度，也相对地扩大了传热面积、增加了接触时间。

③ 从传热速率方程式得知，增加传热面积可提高传热效率。例如，螺旋型换热器，即为增大换热面积的一种新型换热器；还有管内外带有轴向翅片的换热器。最近又出现了可以拆卸的板式换热器，不仅接触面积大，而且流体是以高度湍流程度进行热交换，因此热效率

很高。这种新型换热器由一系列平板组成，板间的沟道分为两个系统，热流体及冷流体分别沿沟道做逆流及错流流动。这种换热器结构紧凑，节省材料，并可按换热需要增减换热面而便于拆卸，适合于黏稠液或乳浊液之间的热交换，便于清洗；但强度不高，填料易漏，有时会影响换热。

④ 在传热时靠外能的作用。例如，脉动或超声波的作用都可使传热时湍流程度增加，即在某一瞬间，流体被压缩而另一瞬间流体又发生膨胀。

第二节 管壳式换热器的设计

一、管壳式换热器的型式及结构

（一）型式

管壳式换热器是把多管式的管束插入圆筒壳体中。按管板和壳体之间的组合结构，分成固定管板式、U 形管式、浮头式、插管式等。

1. 固定管板式换热器

固定管板式换热器（见图 16-2）是靠焊接或用螺栓把管束的管板固定到圆筒壳体两端的。与其他型式相比，制作简单、便宜，所以通常被广泛使用。这种换热器的最大缺点是管外侧清洗困难。因此，用于壳侧（管外侧）流体清洁、不易结垢或者垢能被化学处理（例如用酸洗等容易除掉）的场合。在固定管板式换热器中，当壳侧流体和管内流体之间温差大，或者管和壳体材料的热膨胀系数显著不同时，为了缓和由于壳体和传热管因热膨胀产生的应力，必须在壳体上安装伸缩接头。当壳侧流体压力＞600kPa（表压）时，这个伸缩接头由于承受内压，必须做得很厚，导致不易自由伸缩，所以，伸缩接头的设计是困难的。此时，必须用 U 形管或者浮头式。图 16-2～图 16-4 中各序号的注释见表 16-1。

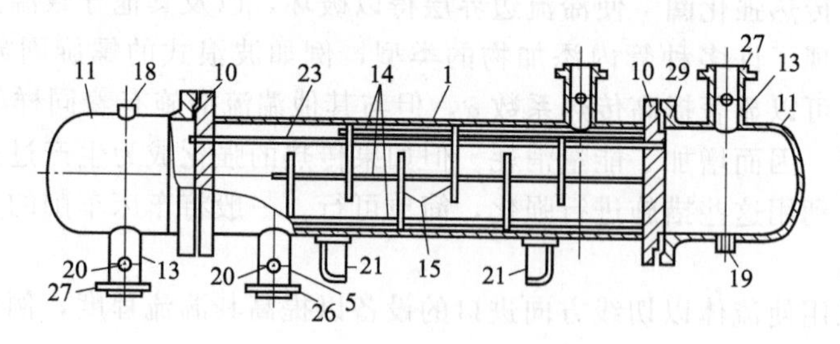

图 16-2 固定管板式换热器

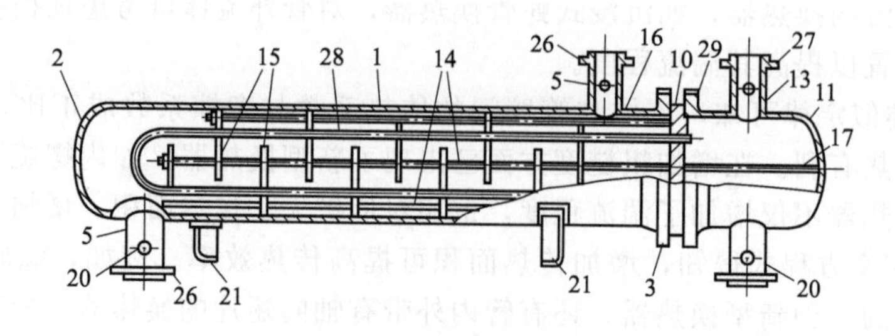

图 16-3 U 形管式换热器

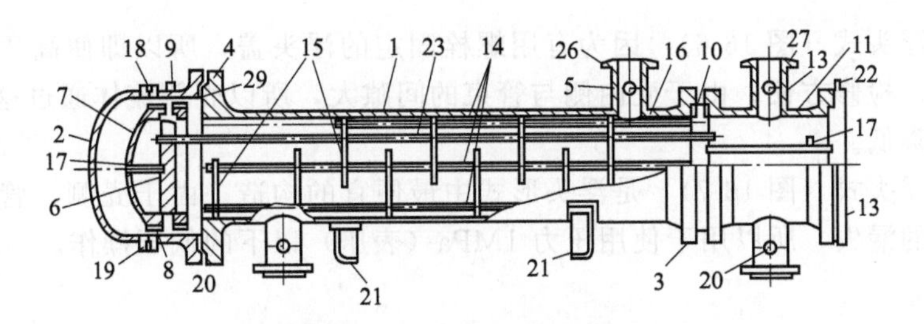

图 16-4 对开法兰浮头式换热器

表 16-1 热交换器的各部分名称

序号	名称	序号	名称	序号	名称
1	壳体	11	管箱	21	支座
2	壳盖	12	管箱盖板	22	吊耳
3	管箱侧壳法兰	13	管箱接管	23	传热管
4	壳盖侧壳法兰	14	拉杆和定距管	24	堰板
5	壳体接管	15	折流板和支持板	25	液面计接口
6	浮动管板	16	缓冲板	26	壳体接管法兰
7	浮头盖	17	分程隔板	27	管箱接管法兰
8	浮头法兰	18	放气接口	28	U 形传热管
9	浮头衬托构件	19	排液接口	29	填料
10	固定管板	20	仪表接口		

注：序号 12、24、25 在图中未指示。

2. U 形管式换热器

U 形管式换热器(见图 16-3) 由于管束可以取出，所以管外侧可以清扫，另外管子可以自由膨胀；其缺点是 U 形管的更换和管内清扫困难。但该式换热器价格比固定管板式略低。

3. 浮头式换热器

用法兰把管束一侧的管板固定到壳体的一端，另一侧的管板可以在壳体内移动。其型式有对开法兰浮头式、外压盖浮头式、拔出浮头式、套环浮头式等。

(1) 对开法兰浮头式（图 16-4） 由于管束可以抽出来，所以壳侧可以清扫，另外壳与管之间不会产生热膨胀应力。由于构造复杂，所以造价比固定管板式高。

(2) 外压盖浮头式（图 16-5） 是浮头形式中使用最广泛的一种形式。实际应用时，由于害怕壳侧流体外泄，在处理挥发性、易燃性流体时不能用这种形式。

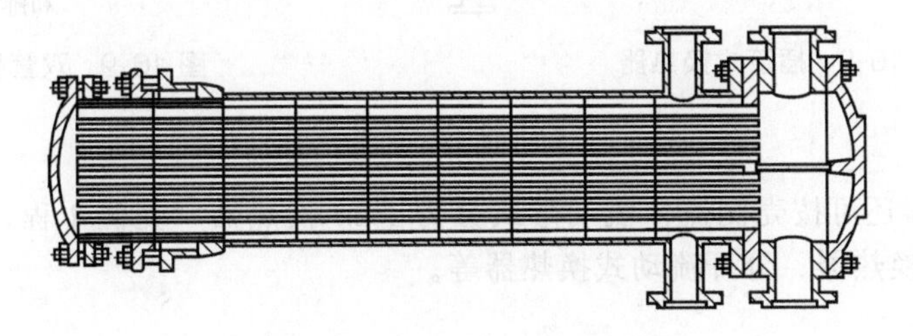

图 16-5 外压盖浮头式换热器

(3) 拔出浮头式(图 16-6) 因为有用螺栓固定的浮头盖，所以即使高压也能使用。管束的拉拔简单，检修方便；由于壳内侧与管束的间隙大，所以壳侧流体通过这个间隙旁通流动，传热系数降低。

(4) 套环浮头式(图 16-7) 是浮头形式中最便宜的构造。由于壳侧、管侧都有避免不了的某种程度的漏失，所以用于使用压力 1MPa(表压)以下的低压操作。

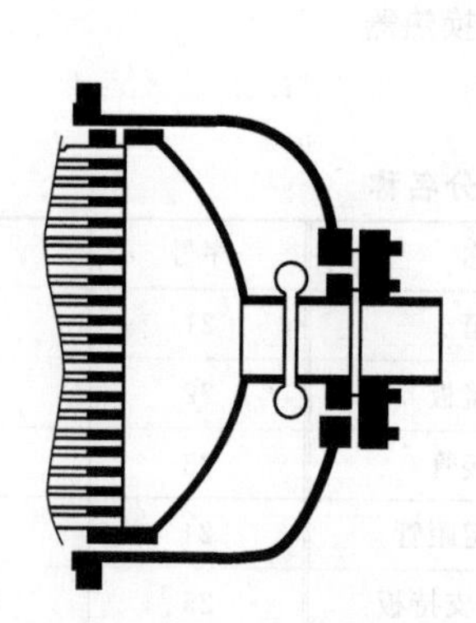
图 16-6 拔出浮头式换热器

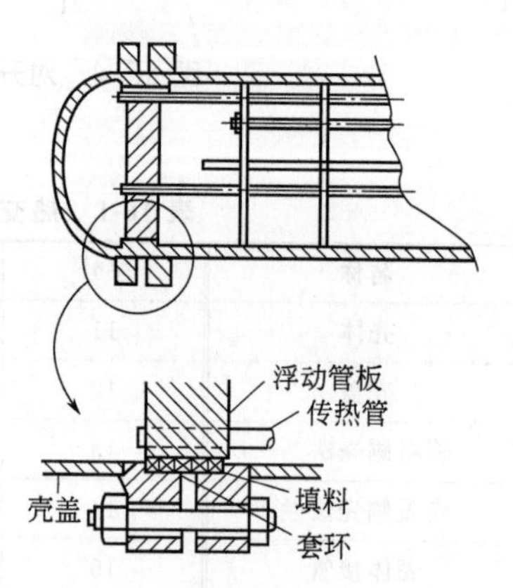

图 16-7 套环浮头式换热器

4. 插管式换热器

这种形式(见图 16-8)，根据壳体和管之间的热膨胀差而产生的移动完全是自由的，另外不担心泄漏问题，所以用于壳侧流体和管侧流体温差大并且是高压的场合。

5. 双管板式换热器

当壳侧和管侧流体从传热管安装部分漏失且相互混合就会引起爆炸或其他事故危险时，或者非常重视流体纯度时，可采用这种形式(见图 16-9)。

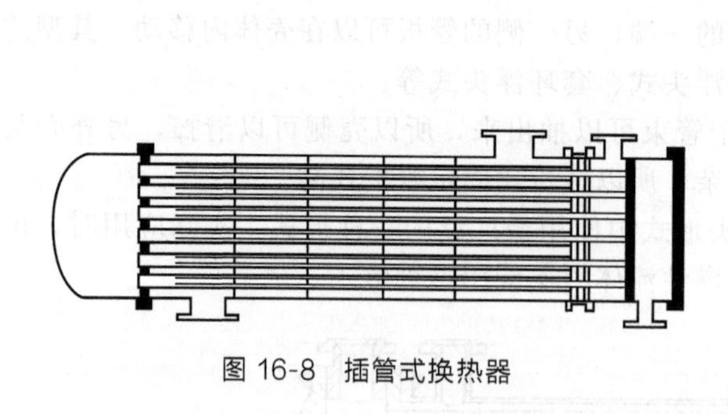
图 16-8 插管式换热器

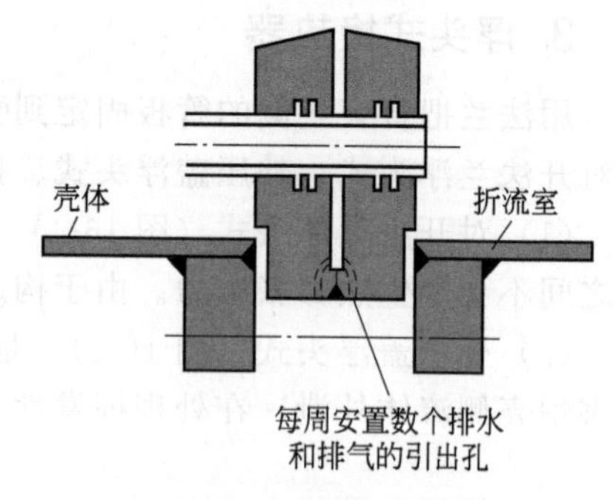

图 16-9 双管板式换热器

管壳式换热器还可按壳侧流体流动形式分为 1-2n 换热器(壳侧 1 程，管侧 2n 程)、2-4n 换热器、分流换热器、分开流动式换热器等。

（二）结构

1. 传热管

传热管是热交换时的传热面，一般采用普通的光滑管或者低翅片管。

光滑管采用碳钢管或不锈钢管。低翅片管用于管外（壳）侧传热系数小于管内侧传热系数的情况。至于使用低翅片管还是使用光滑管，以经济观点决定。

2. 管布置和排列间距

如图 16-10 所示，管子布置有正方形直列、正方形错列、三角形直列和三角形错列。

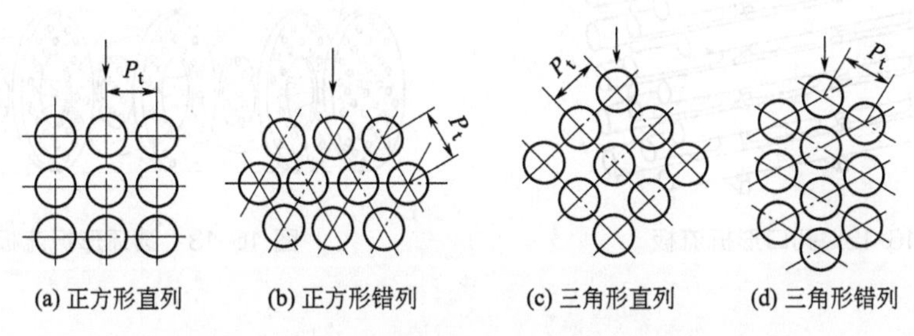

图 16-10 管子布置方法（──→表示流动方向）

三角形错列布置用于壳侧流体清洁、不易结垢，或者壳侧污垢可用化学处理除掉的场合。

正方形直列或者正方形错列，由于可以用机械的方法清扫管外，故可用于易结垢的流体。

三角形直列一般不用。

管子间距 P_t（管中心的间距）一般是管外径（低翅片管为翅片外径）D_o 的 1.25 倍左右，一般采用的值示于表 16-2。

当管侧在 2 程以上时，如图 16-11 那样隔开，这种场合的隔板中心到管中心的距离 F 的标准值示于表 16-2。一般 F（mm）用下式表示：

$$F=(P_t/2)+6 \tag{16-7}$$

表 16-2 管子布置间距

管外径 D_o/mm	管子间距 P_t/mm	隔板中心到管中心距离 F/mm
19	25	19
25.4	32	22
31.8	40	26
38.1	48	30

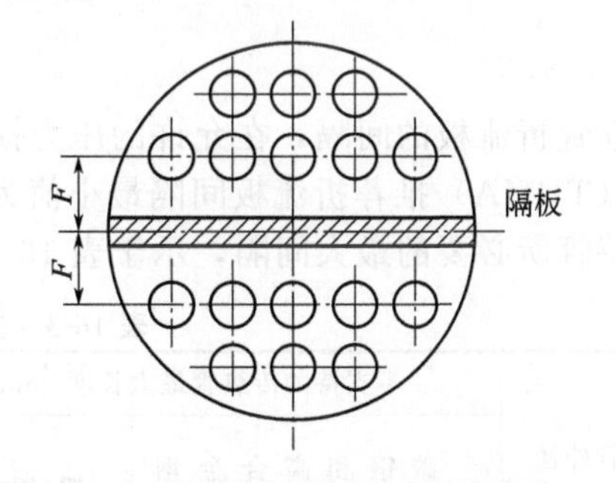

图 16-11 隔板中心与管中心的距离 F

3. 折流板的形状和间隔

为使壳侧流速充分，以增加传热系数，可在垂直管轴方向安装折流板。这种垂直折流板有孔口形、圆环形和圆缺形。

孔口形折流板（图 16-12）是在圆板上开比管外径大 2～3mm 的管孔，流体在这个管孔和管外径之间的环状部分流动。如果流体不清洁，则容易阻塞孔口，因而不多用。

圆环形折流板（图 16-13）是由圆板和环形板组成的，但怕在环形板背后堆积不凝气体或污垢，因而不多用。

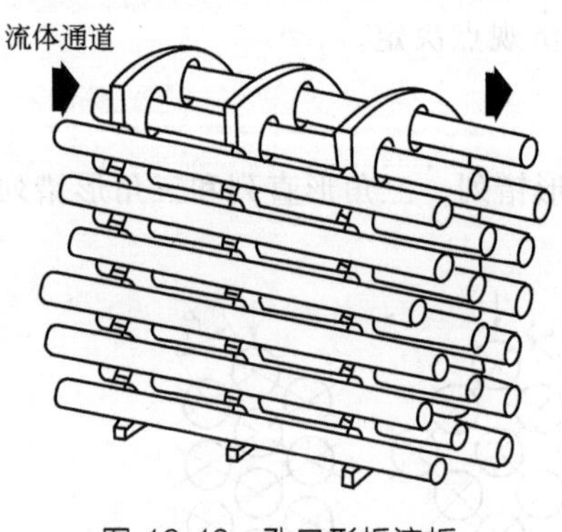

图 16-12 孔口形折流板

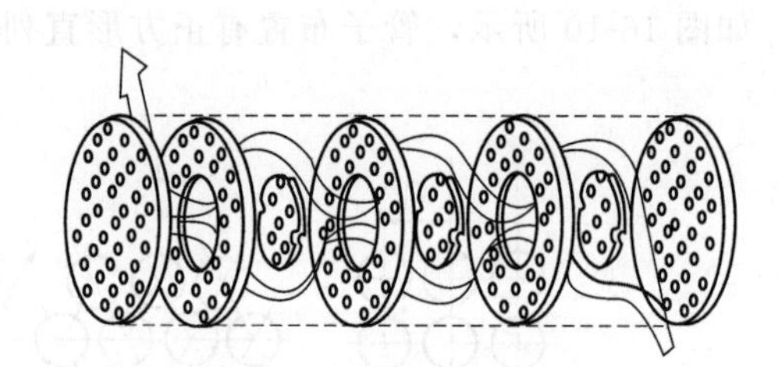

图 16-13 圆环形折流板

圆缺形折流板（图 16-14）是常用的折流板，有水平圆缺和垂直圆缺两种。切缺率（切掉圆弧的高度与壳内径之比）通常为 20%～50%。垂直圆缺用于水平冷凝器、水平再沸器和含有悬浮固体粒子流体用的水平换热器等。应用垂直圆缺时，不凝气不能在折流板顶部积存；而在冷凝器中，排水也不能在折流板底部积存。

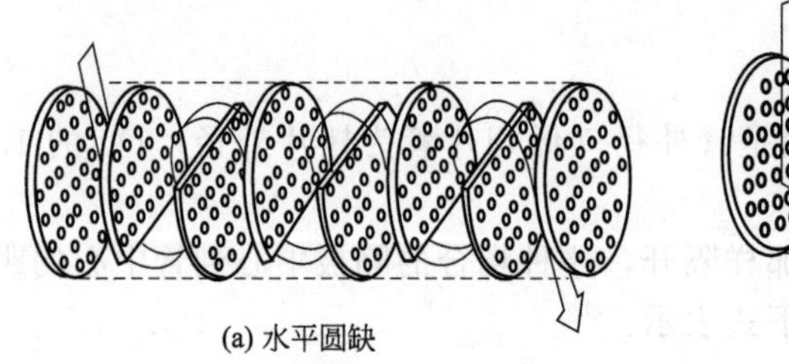

(a) 水平圆缺

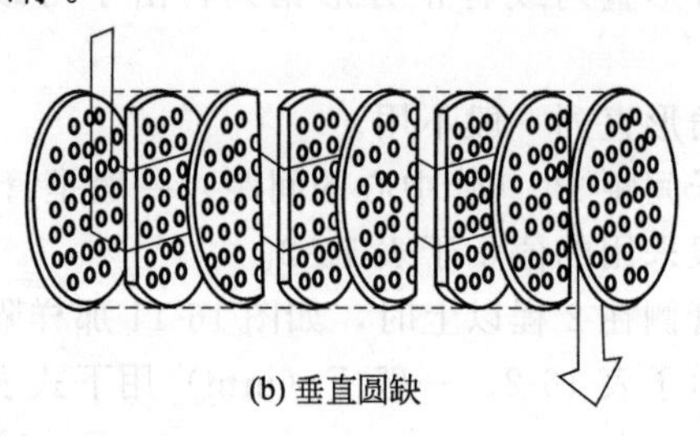

(b) 垂直圆缺

图 16-14 圆缺形折流板

立置折流板的间隔，在允许的压力损失范围内，希望尽可能小。美国管式换热器制造商协会（TEMA）推荐折流板间隔最小值为壳内径的 1/5，或者不大于 50mm。而最大值决定于支持管所必要的最大间隔，示于表 16-3。

表 16-3 支持管必要的最大间隔

传热管外径/mm	不支持的传热管最大长度/mm		传热管外径/mm	不支持的传热管最大长度/mm	
	碳钢和高合金钢(400℃)、低合金钢(450℃)、镍和铜(320℃)	铝，铝合金和铜合金		碳钢和高合金钢(400℃)、低合金钢(450℃)、镍和铜(320℃)	铝，铝合金和铜合金
19.0	1520	1320	31.8	2235	1930
25.4	1880	1630	38.1	2540	2210

垂直折流板管孔的标准直径如下：当折流板间隔小于 1000mm 时，比管外径大 1mm；当折流板间隔大于 1000mm 时，比管外径大 0.5mm。

垂直折流板和壳内径的标准间隙示于表 16-4。

表 16-4 垂直折流板和壳内径的标准间隙 单位：mm

公称壳径		标准间隙壳设计内径和折流板（支持板）外径之差	公称壳径		标准间隙壳设计内径和折流板（支持板）外径之差
管壳	卷板壳		管壳	卷板壳	
从 8*B* 到 12*B*、14*B*、16*B*	200～300	3.0	从 8*B* 到 12*B*、14*B*、16*B*	600～950	4.5
	350～400	3.5		1000～1350	6.0
	450～550	4.0		1400～1500	8.0

注：*B* 为换热管外径，mm。

当壳侧为 2 程时，如图 16-15 所示，放入平行于传热管轴的纵向折流板。为使折流板和壳体之间纵向接触部分没有间隙，在折流板和壳体之间加填料。

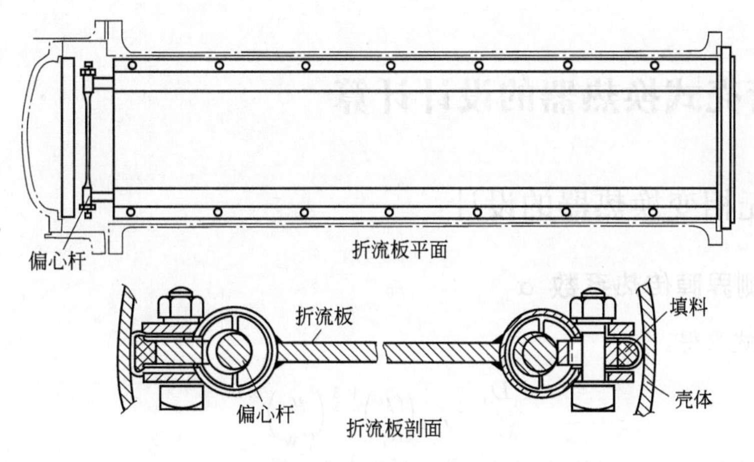

图 16-15 纵向折流板

4. 折流板固定杆和衬垫

折流板固定杆和衬垫的个数和尺寸，相应于壳内径按表 16-5 选用。

表 16-5 折流板固定杆数

壳的公称直径/mm	固定杆直径/mm	固定杆数/个	壳的公称直径/mm	固定杆直径/mm	固定杆数/个
8*B*～14*B* 200～350	10(W3/8)	4	700～800	13(W1/2)	6
			850～1200	13(W1/2)	8
16*B* 400～650	10(W3/8)	6	1250～1500	13(W1/2)	10

注：（ ）表示在固定杆上车螺纹时螺纹的公称直径。

5. 旁通挡板

如果壳体和管束之间间隙过大，则流体不通过管束而通过这个间隙旁通。为了防止这种情形，往往采用如图 16-16 所示的旁通挡板。

6. 缓冲板

流体与管束外面直接接触，为防止在管表面产生冲蚀，应使用缓冲板（图 16-17）。缓冲板除保护管表面以外，还有使流体沿管束均匀分布的作用。

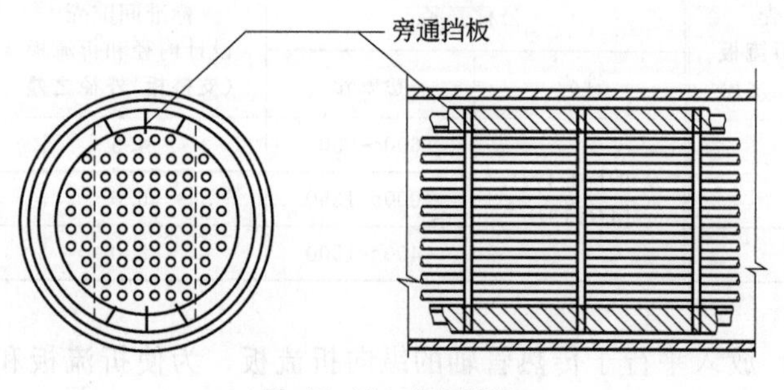

图 16-16　旁通挡板

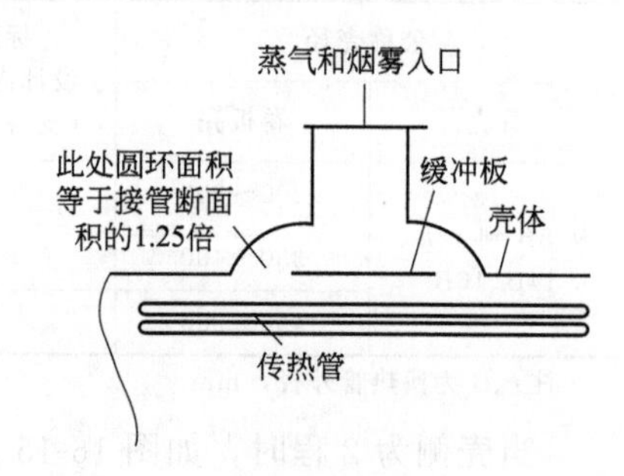

图 16-17　入口接管根部安装的缓冲板

二、管壳式换热器的设计计算

（一）无相变换热器的设计

1. 管内侧界膜传热系数 α_i

α_i 可用下式求得：

$$\frac{\alpha_i D_i}{\lambda_i}=j_H\left(\frac{c\mu}{\lambda_i}\right)^{1/3}\left(\frac{\mu}{\mu_W}\right)^{0.14} \tag{16-8}$$

式中，α_i 为管内侧界膜传热系数；D_i 为管内径；j_H 为传热因子（为雷诺数的函数）；c 为管内流体的比热容；λ_i 为管内流体热导率；μ 为平均温度下管内流体的黏度；μ_W 为壁温下管内流体的黏度。

2. 壳侧界膜传热系数 α_o

(1) 无折流板时（图 16-18，仅适用于光滑管）　Short 提出如下公式：

$$\frac{\alpha_o D_o}{\lambda_o}=0.16\left(\frac{D_o G_B}{\mu}\right)^{0.6}\left(\frac{c\mu}{\lambda_o}\right)^{0.33}\left(\frac{\mu}{\mu_W}\right)^{0.14} \tag{16-9}$$

适用范围：$200<\frac{D_o G_B}{\mu}<20000$。

式中，G_B 为通过管束部分（图 16-19 的虚线包围部分）的质量速度 W_B/S_B，kg/(m^2·h)；S_B 为管束部分的流道面积（包围管束外侧的面积与管子断面积之差），m^2；W_B 为通过管束部分的流量，kg/h。

W_B 用下式求得：

$$W_B=W_S\frac{S_B}{S_B+S_{Bx}\ (D_{Bx}/D_B)^{0.715}} \tag{16-10}$$

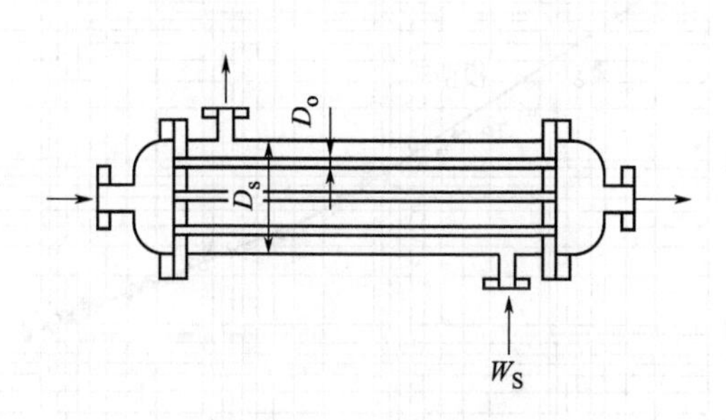

图 16-18　无折流板的换热器

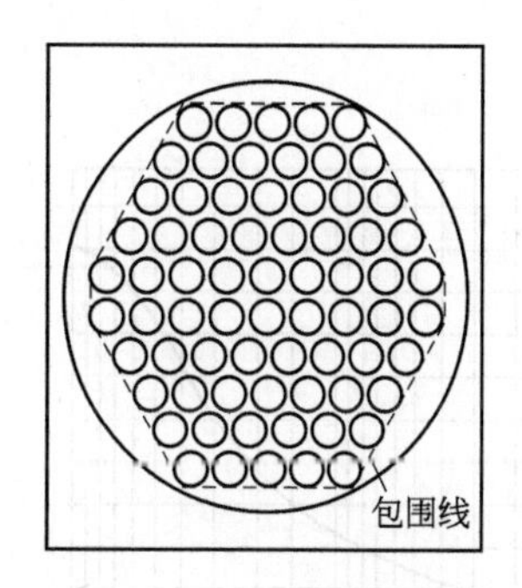

图 16-19　管束的包围线

$$D_B = \frac{4S_B}{N_t \pi D_o} \tag{16-11}$$

$$D_{Bx} = \frac{4S_{Bx}}{\pi D_s} \tag{16-12}$$

式中，W_S 为通过换热器壳侧的流体总流量，kg/h；S_{Bx} 为管束包围线与壳内径之间的间隙面积，m^2；D_B 为管束部分流道的当量直径，m；D_{Bx} 为间隙流道的当量直径，m；D_s 为壳内径，m；D_o 为管外径，m；N_t 为管子根数。

(2) 安装圆缺形折流板时　对于安装圆缺形折流板的换热器，为使其组装和拆卸方便，管和折流板管孔之间及折流板与壳内径之间，必须要有某种程度的间隙。另外，管束和壳内径之间也有间隙。因此，在壳侧的流动中，除在折流板之间与管群正交流动，通过折流板圆缺部分流经管群等主流以外，还有通过上述各种间隙的侧流。求安装圆缺形折流板时壳侧界膜传热系数的计算公式很多，下面介绍几种常用方法。

① 贝尔方法（适用于光滑管和低翅片管）。把通过各间隙的侧流影响作为修正系数，乘以所希望的错流流动的界膜传热系数，用下式表示安装圆缺折流板的换热器的壳侧界膜传热系数 α_o：

$$\alpha_o = F_{fh} j_H (cG_c) \left(\frac{c\mu}{\lambda_o}\right)^{-2/3} \left(\frac{\mu}{\mu_W}\right)^{0.14} \left(\frac{\phi \xi_h}{X}\right) F_g \tag{16-13}$$

$$G_c = W_S / S_c \tag{16-14}$$

式中，G_c 为距换热器中心线最近的管排中错流流动的最大质量速度，kg/(m^2·h)；W_S 为通过壳侧的总流量，kg/h；S_c 为距换热器中心线最近的管排中错流流动的最小流道面积，m^2；F_{fh} 为决定于管子种类的修正系数，对光滑管 $F_{fh}=1.0$，对低翅片管则取决于雷诺数大小，可从图 16-20 求得；j_H 为传热因子；c 为流体比热容，kJ/(kg·℃)；μ 为流体黏度，kg/(m·h)；μ_W 为管壁温度下的流体黏度，kg/(m·h)；λ_o 为流体热导率，kJ/(m·h·℃)；ϕ、ξ_h、X、F_g 为修正系数。

式(16-13) 中的一些符号的详细解释如下。

j_H 作为雷诺数的函数，可用图 16-21 或式(16-15)～式(16-17) 表示。其中雷诺数如下计算：

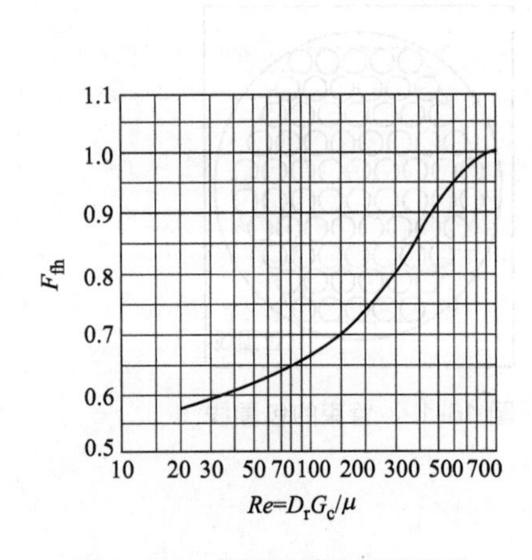

图 16-20　低翅片管的界膜导热系数的修正系数

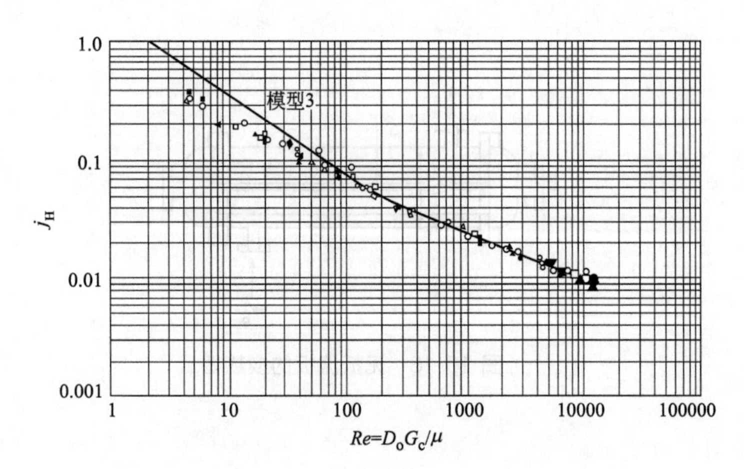

图 16-21　壳侧界膜传热系数

对于光滑管，$Re=D_oG_c/\mu$，D_o 是管外径，m；对于低翅片管，$Re=D_rG_c/\mu$，D_r 是翅根径，m。

$$\text{对于}\quad Re=20\sim200, j_H=1.73Re^{-0.675} \tag{16-15}$$

$$\text{对于}\quad Re=200\sim600, j_H=0.65Re^{-0.49} \tag{16-16}$$

$$\text{对于}\quad Re=600\sim10000, j_H=0.35Re^{-0.39} \tag{16-17}$$

ϕ 取决于通过折流板圆缺部分流动的状况：

$$\phi=1.0-r+0.0524r^{0.32}(S_c/S_b)^{0.03} \tag{16-18}$$

r 是折流板圆缺部分的传热面积与总传热面积之比，如果令折流板圆缺部分的管根数为 n_{wl}，传热管的总根数为 N_t，则

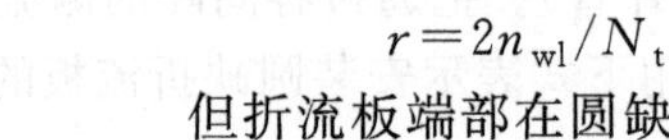

$$r=2n_{wl}/N_t$$

但折流板端部在圆缺部分的管，是用其圆周比划分，并加到 n_{wl} 上的。例如图 16-22 所示情况，折流板圆缺中的管为 2 根，折流板端上的管为 3 根，则

$$n_{wl}=2+3\frac{\theta}{2\pi}$$

图 16-22　折流板

式(16-18) 中的 S_b 是折流板圆缺部分的流道面积，用下式计算：

对于光滑管

$$S_b=K_1D_s^2-n_{wl}\frac{\pi}{4}D_o^2 \tag{16-19a}$$

对于低翅片管

$$S_b=K_1D_s^2-n_{wl}\frac{\pi}{4}D_f^2 \tag{16-19b}$$

K_1 的值可从表 16-6 查出；而 n_{wl} 是折流板圆缺部分的管根数，折流板端上的管，按其断面比加进；D_f 为翅片外径。

式(16-18) 中的 ϕ 值还可从图 16-23 中查出，但该图是 $(S_c/S_b)^{0.03}=1$ 时的值。

表 16-6　K_1 的值

折流板圆缺高度 H_B	K_1
$0.25D_s$	0.154
$0.30D_s$	0.198
$0.35D_s$	0.245
$0.40D_s$	0.293
$0.45D_s$	0.343

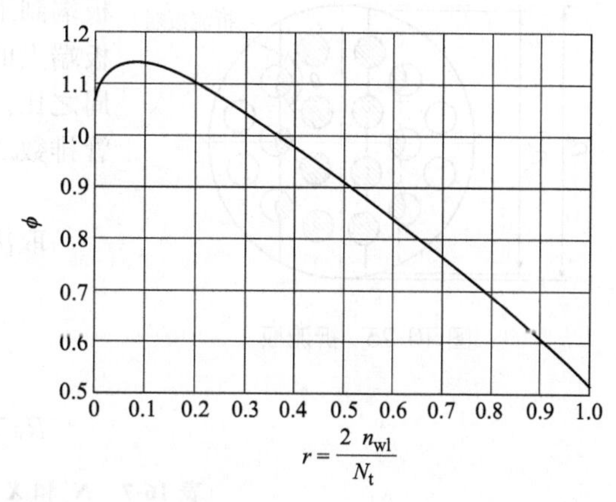

图 16-23　ϕ 值计算图 [$(S_c/S_b)^{0.03}=1$ 时的值]

取决于通过壳和管束之间间隙流动的修正系数 ξ_h 用下式表示：

$$\xi_h=\exp\left[-1.25F_{BP}\left(1-\sqrt[3]{\frac{2N_s}{N_c}}\right)\right] \tag{16-20}$$

式中，N_s 为旁通挡板数；F_{BP} 为在换热器中心线或距中心线最近的管排上，管束和壳内径之间间隙的流道面积 S_d 和错流流动流道面积 S_c 之比。如图 16-24 所示的折流板间隔为 $\overline{BP}$，距换热器中心线最近管排的管根数为 N_c，此处的壳内径应为 D_s'(见图 16-25)，则对于光滑管，

$$F_{BP}=\frac{S_d}{S_c}=\frac{[D_s'-(N_c-1)P_t-D_o]\overline{BP}}{(D_s'-N_cD_o)\overline{BP}} \tag{16-21a}$$

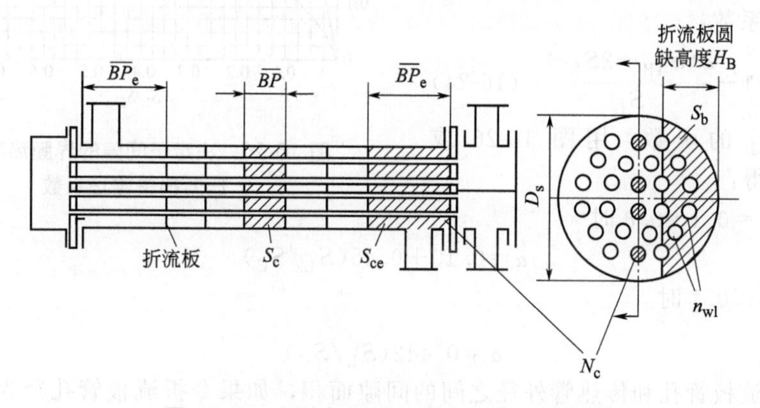

图 16-24　折流板间距及距中心最近管排数

对于低翅片管

$$F_{BP}=\frac{[D_s'-(N_c-1)P_t-D_r]\overline{BP}}{\left\{D_s'-N_c\left[D_r+t_f\frac{(D_f-D_r)}{P_f}\right]\right\}\overline{BP}} \tag{16-21b}$$

式中，P_f 为翅片间距；N_c 是错流流动范围内流道上收缩部分的次数，当管子正方形排列和三角形错列时是从折流板端到下一个折流板端之间的管排数，正方形错列时等于从折流

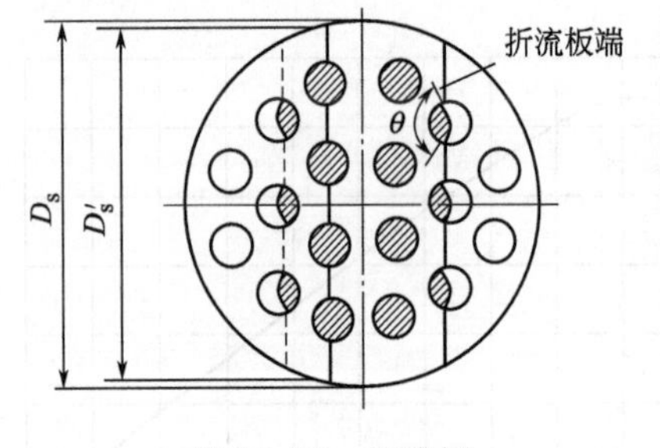

图 16-25　折流板

板端到下一个折流板端之间的管排数减 1。但对于折流板端上的管排，是用在折流板端之内的管圆周与管总圆周之比。例如，图 16-25 那样的情况，折流板端之间的管排数 N_c 为：

$$N_c=2+3[\theta/(2\pi)]$$

取决于管排数的修正系数 X 与雷诺数的关系如下：

$$Re<100，X=\left(\frac{N'_c}{13}\right)^{0.18} \tag{16-22a}$$

$$Re=100\sim2000 \quad X=1.0 \tag{16-22b}$$

$Re>2000$　X 由表 16-7 查得。

表 16-7　N'_c和 X 的关系（$Re>2000$）

N'_c	1	2	3	4	5	6	7	8	9	10	12	15	18	25	35	72
X	0.63	0.70	0.77	0.83	0.86	0.88	0.90	0.91	0.92	0.93	0.94	0.95	0.96	0.97	0.98	0.99

N'_c是换热器壳侧流体流道收缩的总有效数，用下式表示：

$$N'_c=(N_b+1)N_c+(N_b+2)N_w \tag{16-23}$$

式中，N_b 为折流板数；N_w 为折流板圆缺部分中的管排数。例如像图 16-25 那样，应为：

$$N_w=1+1\times[(2\pi-\theta)/(2\pi)]$$

F_g 是取决于折流板和壳内径之间间隙流动和折流板管孔与传热管外径之间间隙流动的修正系数：

$$F_g=1-\frac{\alpha(S_{TB}+2S_{SB})}{S_L} \tag{16-24}$$

α 作为 S_L/S_C 的函数，用图 16-26 或式(16-25) 求得：

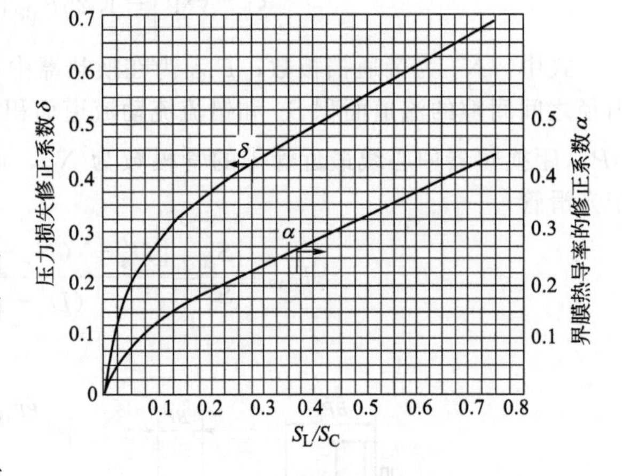

图 16-26　决定于间隙的界膜热导率和压力损失修正系数

当 $S_L/S_C=0.1\sim0.8$ 时

$$\alpha=0.10+0.45(S_L/S_C) \tag{16-25a}$$

当 $S_L/S_C<0.1$ 时

$$\alpha=0.442(S_L/S_C)^{\frac{1}{2}} \tag{16-25b}$$

S_{TB} 是折流板管孔和传热管外径之间的间隙面积，如果令折流板管孔径为 D_H，1 块折流板的管孔数为 n_B，则：

对于光滑管　$S_{TB}=n_B(\pi/4)(D_H^2-D_o^2)$　(16-26a)

对于低翅片管　$S_{TB}=n_B(\pi/4)(D_H^2-D_f^2)$　(16-26b)

S_{SB} 是折流板外径和壳内径之间的间隙面积，在图 16-25 中，

$$S_{SB}=\frac{360°-A}{360°}\ (\pi/4)\ (D_s^2-D'^2_s) \tag{16-27}$$

式中，A 为折流板弦表的中心夹角，(°)。S_L 为间隙面积的总和：

$$S_L=S_{TB}+S_{SB} \tag{16-28}$$

② 克恩方法。克恩提出下式作为圆缺形折流板界膜传热系数的推算式：

$$\frac{\alpha_o D_e}{\lambda_o}=0.36\left(\frac{D_e G_c}{\mu}\right)^{0.55}\left(\frac{c\mu}{\lambda_o}\right)\left(\frac{\mu}{\mu_W}\right)^{0.14} \tag{16-29}$$

式中，G_c 是在换热器中心线或者距中心线最近管排上错流流动的质量速度，$kg/(m^2 \cdot h)$；D_e 为当量直径，m，随管子布置方式而变，用下式计算：

正方形排列时
$$D_e=\frac{4(P_t^2-\pi D_o^2/4)}{\pi D_o} \tag{16-30}$$

三角形排列时
$$D_e=\frac{4[(0.5P_t)(0.86P_t)-0.5\pi D_o^2/4]}{\frac{\pi D_o}{2}} \tag{16-31}$$

式中，P_t 是管间距，mm；D_o 是管外径，mm。

表 16-8 列出常用的管群当量直径。

表 16-8　管群的当量直径 D_e

管外径 D_o/mm	间距 P_t/mm	当量直径 D_e/mm		管外径 D_o/mm	间距 P_t/mm	当量直径 D_e/mm	
		正方形排列	三角形排列			正方形排列	三角形排列
19.0	25.0	22.8	17.2	31.8	40.0	32.3	23.8
25.4	32.0	26.0	19.0	38.1	48.0	39.0	28.6

另外，式(16-29) 可以适用于圆缺 25%（用百分数表示圆缺的弧高与壳内径之比）的折流板。在其他情况，用图 16-27 求出作为雷诺数函数的传热因子 j_H，由下式能较好地求得界膜传热系数：

$$\alpha_o=j_H\frac{\lambda_o}{D_e}\left(\frac{c\mu}{\lambda_o}\right)^{1/3}\left(\frac{\mu}{\mu_W}\right)^{0.14} \tag{16-32}$$

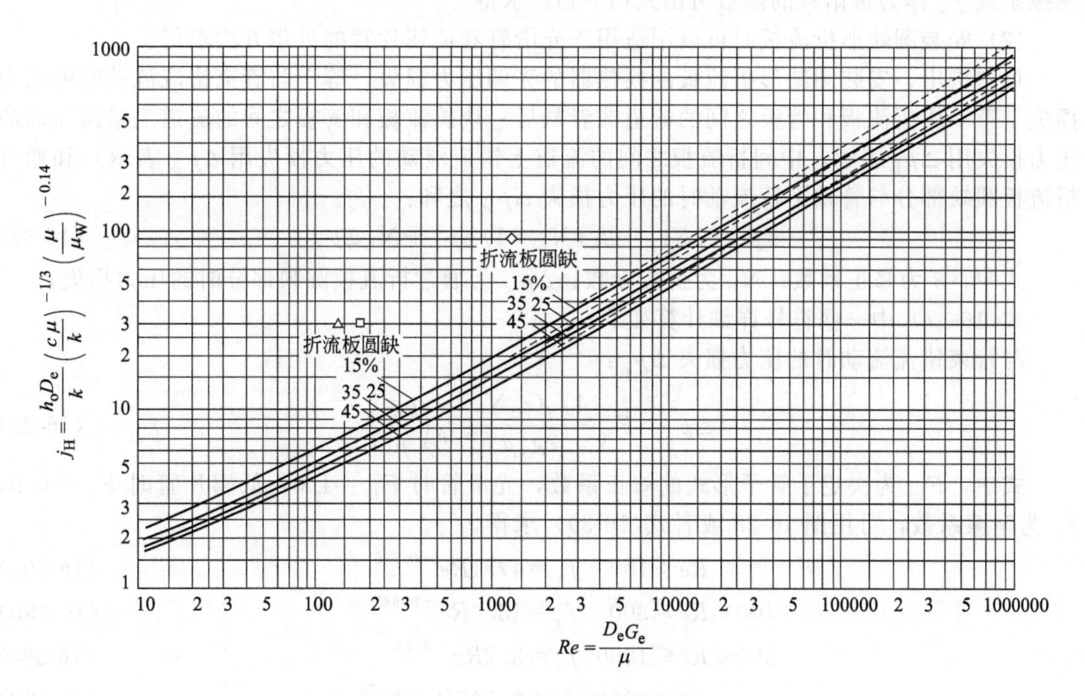

图 16-27　壳侧界膜传热系数

3. 管内侧压力损失

管内侧流体的压力损失 Δp_T，等于管子部分的压力损失 Δp_t 和管箱处改变方向时的压力损失 Δp_r 之和：

$$\Delta p_T=\Delta p_t+\Delta p_r \tag{16-33}$$

管子部分的压力损失可用普通圆管内流动的公式计算：

$$\Delta p_t=\frac{4f_t G_t^2 L n_{tpass}}{2g_c\rho D_i}\left(\frac{\mu}{\mu_W}\right)^{-0.14} \tag{16-34}$$

式中，L 为管长；n_{tpass} 为管侧程数；Ln_{tpass} 为总管长；f_t 为摩擦系数，可由下式求得：

当 $Re=(D_iG_t/\mu)<2000$ 时：

$$f_t=\frac{16}{D_iG_t/\mu} \tag{16-35a}$$

当 $Re=(D_iG_t/\mu)>2000$ 时：

对于光滑管
$$f_t=0.00140+\frac{0.125}{(D_iG_t/\mu)^{0.32}} \tag{16-35b}$$

对于粗糙管
$$f_t=0.0035+\frac{0.264}{(D_iG_t/\mu)^{0.42}} \tag{16-35c}$$

式中，G_t 是管内侧流体的质量速度。

4. 壳侧压力损失

（1）无折流板时（仅适用于光滑管）

$$\Delta p_s=\frac{4f_s G_B^2 L}{2g_c\rho D_B}\left(\frac{\mu}{\mu_W}\right)^{-0.14} \tag{16-36}$$

摩擦系数 f_s 作为雷诺数的函数可由式(16-36) 求得。

（2）安装圆缺形折流板时可以用适用于光滑管和低翅片管的贝尔方法求得。

贝尔指出，安装圆缺形折流板的换热器的壳侧压力损失，等于与管束错流流动时的压力损失（第一块折流板和管板之间的流道或者最后一块折流板和管板之间的流道上错流流动的压力损失用 $\Delta p_B'$表示，中间折流板之间的流道上错流流动的压力损失用 Δp_B 表示）和通过折流板圆缺部分与管轴平行流动时的压力损失 Δp_w 之和：

$$\Delta p_s=2\Delta p_B'+\beta[(N_b-1)\Delta p_B+N_b\Delta p_w] \tag{16-37}$$

式中，β 为修正系数；N_b 为折流板数；Δp_w 为通过折流板圆缺部分时的压力损失。

式(16-37) 中一些符号详细计算如下。

与管束错流流动时的压力损失 Δp_B：

$$\Delta p_B=F_{fp}\frac{4f_s G_c^2 N_c}{2g_c\rho}\xi_{\Delta p}\left(\frac{\mu_W}{\mu}\right) \tag{16-38}$$

式中，F_{fp} 为决定于管子形式的修正系数，光滑管时 $F_{fp}=1.0$，低翅片管时 $F_{fp}=0.9$；f_s 为摩擦系数，可用图 16-28 或者式(16-39) 求得，

$$Re<100\quad f_s=47.1Re^{-0.965} \tag{16-39a}$$

$$100\leqslant Re\leqslant 300\quad f_s=13.0Re^{-0.685} \tag{16-39b}$$

$$300\leqslant Re\leqslant 1000\quad f_s=3.2Re^{-0.44} \tag{16-39c}$$

$$Re>1000\quad f_s=0.505Re^{-0.176} \tag{16-39d}$$

对于光滑管 $$Re=\frac{D_{o}G_{c}}{\mu}$$

对于低翅片管 $$Re=\frac{D_{r}G_{c}}{\mu}$$

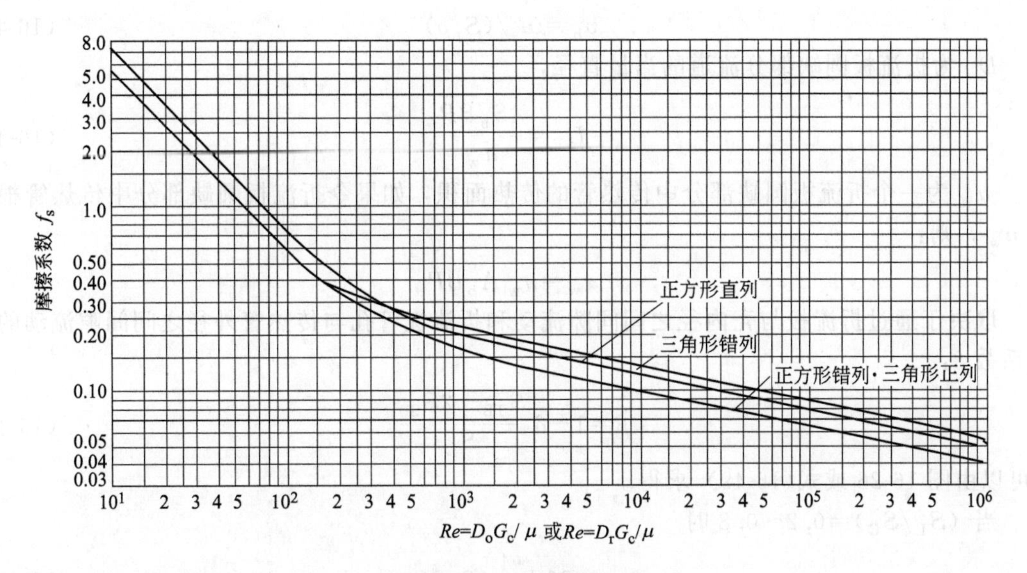

图 16-28　壳侧摩擦系数

$\xi_{\Delta p}$ 为修正系数，其大小取决于通过壳和管束之间间隙流动的状况，

当 $Re<100$ 时

$$\xi_{\Delta p}=\exp\left[-4.5F_{BP}\left(1-\sqrt[3]{\frac{2N_{s}}{N_{c}}}\right)\right] \tag{16-40a}$$

当 $Re>4000$ 时

$$\xi_{\Delta p}=\exp\left[-3.8F_{BP}\left(1-\sqrt[3]{\frac{2N_{s}}{N_{c}}}\right)\right] \tag{16-40b}$$

壳侧两端错流流动的压力损失 $\Delta p_{B}'$：

$$\Delta p_{B}'=1+\frac{N_{w}}{N_{c}}\Delta p_{B} \tag{16-41}$$

通过折流板圆缺部分时的压力损失 Δp_{w}：

当 $Re<100$ 时

$$\Delta p_{w}=23\xi_{\Delta p}\frac{\mu v_{z}}{g_{c}S}N_{w}+26\frac{\mu v_{z}}{g_{c}D_{v}}\frac{\overline{BP}}{D_{v}}+2\frac{\rho v_{z}^{2}}{2g_{c}} \tag{16-42a}$$

当 $Re>4000$ 时

$$\Delta p_{w}=(2.0+0.6N_{w})\frac{\rho v_{z}^{2}}{2g_{c}} \tag{16-42b}$$

式中，S 为管之间的最小间隙。

$$\left.\begin{array}{ll}\text{光滑管} & S=P_{t}-D_{o}\\ \text{低翅片管} & S=P_{t}-D_{f}\end{array}\right\} \tag{16-43}$$

v_{z} 为几何平均流速，

$$v_z=(v_c v_b)^{0.5} \tag{16-44}$$

v_c 为错流流动的流速，

$$v_c=w_s/(S_c\rho) \tag{16-45}$$

v_b 为折流板圆缺部分中的流速，

$$v_b=w_s/(S_b\rho) \tag{16-46}$$

D_v 为折流板圆缺部分流道的当量直径，

$$D_v=\frac{4S_b\overline{BP}}{a_w} \tag{16-47}$$

a_w 为一个折流板圆缺部分中传热管的传热面积，如果令折流板圆缺部分中传热管根数为 n_{wl}，则：

$$a_w=n_{wl}A_o\overline{BP}$$

取决于通过折流板与壳内径之间间隙流动和折流板管孔与传热管外径之间间隙流动的修正系数 β：

$$\beta=1-\delta\frac{S_{TB}+2S_{SB}}{S_L} \tag{16-48}$$

δ 可以由图 16-26 或式(16-49) 求得。

当 $(S_L/S_C)=0.2\sim0.8$ 时

$$\delta=0.26+\frac{4}{7}(S_L/S_C) \tag{16-49a}$$

当$(S_L/S_C)<0.2$ 时

$$\delta=0.710(S_L/S_C)^{0.4} \tag{16-49b}$$

贝尔方法计算起来比较麻烦，如果圆缺形折流板的圆缺为 20%，则可用洛里什基提出的简便公式计算：

$$\Delta p_s=10.4\frac{G_c^2L}{g_c\rho} \tag{16-50}$$

式中，L 是壳长（等于管长）。

（二）蒸气冷凝器的设计

1. 冷凝机理

冷凝就是将蒸气从混合气体中冷却凝结成液体的过程。当饱和蒸气与低于饱和温度的壁面相接触时，将放热而凝结成液体。视冷凝液能否湿润冷却壁面，可将冷凝分成膜状冷凝和滴状冷凝。若能润湿壁面，并形成一完整冷凝膜的称为膜状冷凝；如凝液不能润湿冷却壁面，而结成滴状小液珠，最后从壁面落下，从而让出新的冷凝面的称为滴状冷凝。在废气治理过程中大多为膜状冷凝。物质在不同的温度和压力下，具有不同的饱和蒸气压。对应于废气（混合气体）中有害物质的分压数值的饱和蒸气压下的温度，即为该混合气体的露点温度。也就是说，该混合气体接触到的壁面必须在露点温度以下才能使有害物质的蒸气冷凝下来。可见关键是冷却温度，冷却温度越低，冷凝净化程度越高。为提高冷凝器的效率，要求壁面有较大的热导率，但膜状冷凝的热导率比滴状冷凝小，因为膜状冷凝要克服液膜的热阻力。对于膜状冷凝（见图 16-29），若以 t_w 代表蒸气温度，则在蒸气与壁面之间存在温度差 $\Delta t=t_n-t_w$，设壁面的液膜作滞流，则通过此膜的传热将以传导方式进行，即传热速率 q

(kJ/h) 为：

$$q=\frac{\lambda F\Delta t}{\delta}$$

式中，δ 为冷凝液膜厚度，m；λ 为冷凝液的热导率，kJ/(m·℃·h)；F 为传热面积，m^2。

同时，此项热量的传递，也可以对流传热方程式表示，即

$$q=\alpha F\Delta t$$

由上两式得 $\alpha=\frac{\lambda}{\delta}$。因此，$\alpha$ 值决定于冷凝液膜的厚度与其热导率。显然，液膜越厚，α 值越小。由此可知，要确定 α 值，先需确定冷凝液膜的厚度。

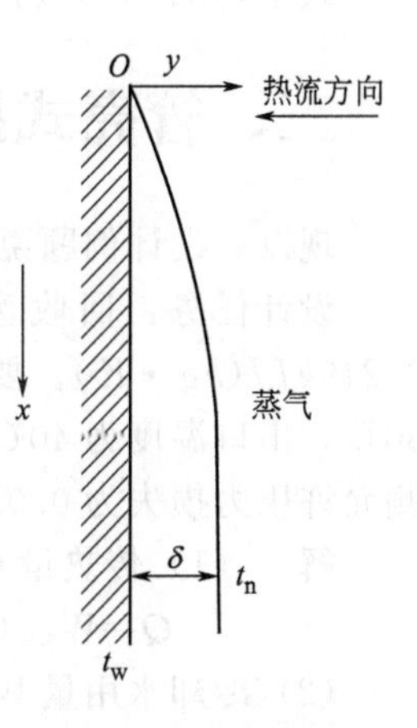

图 16-29　膜状冷凝

从边界层的概念出发，冷凝传热在很大程度上与冷凝液的流动状况有关。图 16-29 所示为蒸气在垂直壁面冷凝时，在向下流动过程中，液膜的厚度随冷凝液的增加而增厚。实验证明，当 $Re>1600$ 时，冷凝液流动将从滞流变为湍流，在平壁上液流的 Re 可表示为：

$$Re=\frac{4G}{\mu g}$$

式中，G 为单位壁面宽度的冷凝液质量流量，kg/(h·m)。

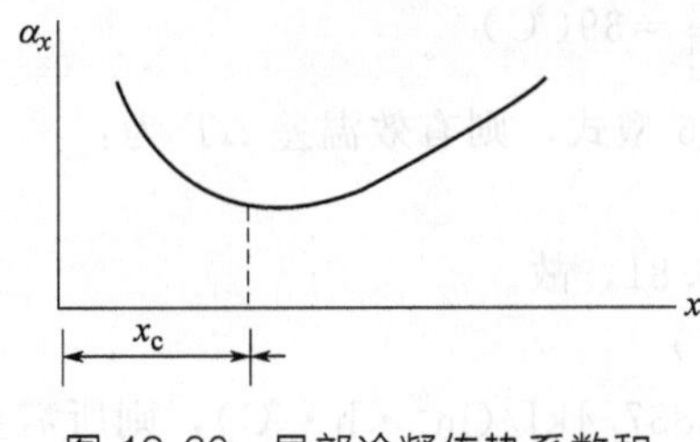

图 16-30　局部冷凝传热系数和高度 x 的关系

图 16-30 示出局部冷凝传热系数 α_x 与垂直高度 x 的关系。在滞流时，α_x 将随其边界层厚度的增加而减小；而在湍流时，由于其滞流内层厚度将减薄，所以 α_x 又逐渐增加，直至滞流内层厚度不变而保持定值。在工程计算中，一般不采用其局部系数而取其平均值。

2. 膜状冷凝的传热系数

从相似理论或边界层理论可获得膜状冷凝的传热系数 α 的一般表达式为：

$$\alpha=A'\left(\frac{3600\lambda^3g^2\rho^2r}{\mu l\Delta t}\right)^n \tag{16-51}$$

式中，A'、n 为经验常数；λ 为冷凝体热导率；g 为重力加速度；ρ 为冷凝体密度；r 为冷凝潜热；μ 为冷凝体黏度；l 为垂直壁面长度。

对于不同的具体场合，常数 A'、n 也将随之变化。例如蒸气在单根水平管冷凝时，式(16-51) 可写成：

$$\alpha=0.725\left(\frac{3600\lambda^3g^2\rho^2r}{d_n\mu\Delta t}\right)^{\frac{1}{4}} \tag{16-52a}$$

式中，d_n 为管外径，m；物性量 λ、ρ、μ 均取冷凝膜在平均温度下的值。

蒸气在水平管束冷凝时，考虑到管的数目及排列的影响，需以上下排列的诸管外管之和 $\Sigma\frac{nd_n}{m}$ 代替式(16-52a) 中的 d_n，可写成：

$$\alpha=0.725\left[\frac{3600\lambda^3g^2\rho^2r}{\left(\Sigma\frac{nd_n}{m}\right)\mu\Delta t}\right]^{\frac{1}{4}} \tag{16-52b}$$

式中，n、m 分别为管的总数及垂直列数。

三、管壳式换热器的应用

现以一设计例题说明管式换热器的实际应用。

设计任务：回收废热锅炉中某液体的热量，该液体流量为 6000kg/h，比热容为 2.219$kJ/(kg \cdot K)$。要求设计从 140℃ 冷却到 40℃ 的管壳式换热器。冷却水入口温度为 30℃，出口温度为 40℃，冷却水通过管侧流动。另外，管侧允许压力损失为 0.05MPa，壳侧允许压力损失为 0.01MPa。

解 （1）传热量 Q

$$Q=W_S c(T_1-T_2)=6000\times 2.219\times(140-40)=1331400\ (\mathrm{kJ/h})$$

（2）冷却水用量 W

$$W=Q/(c_{水}\ \Delta t)=1331400/[4.1868\times(40-30)]=3.18\times 10^4\ (\mathrm{kg/h})$$

（3）有效温差 ΔT

对数平均温差 ΔT_{tm} 计算值为：

$$\Delta T_{tm}=\frac{|T_1-t_2|-|T_2-t_1|}{\ln[(T_1-t_2)/(T_2-t_1)]}$$

$$=\frac{(140-40)-(40-30)}{\ln[(140-40)/(40-30)]}=39(℃)$$

假定选用的管壳式换热器为壳侧 1 程、管侧 6 程的 1-6 型式，则有效温差 ΔT 为：

$$\Delta T=F_t \Delta T_{tm}$$

式中，F_t 为温差修正系数，由有关图表查得其值为 0.81，故

$$\Delta T=0.81\times 39=31.6(℃)$$

（4）概略尺寸　假定管壳式换热器的总传热系数 $K=837.4\mathrm{kJ/(m^2 \cdot h \cdot ℃)}$，则所需要的传热面积 A 为：

$$A=Q/(\Delta T K)=\frac{1331400}{31.6\times 837.4}=50.3(\mathrm{m^2})$$

传热管可采用高强度黄铜管，外径 $D_o=25\mathrm{mm}$，内径 $D_i=20.8\mathrm{mm}$，长度为 5m，则需要的传热管根数 N_t 为：

$$N_t=\frac{A}{\pi D_o L}=\frac{50.3}{3.1416\times 0.025\times 5}=128(根)$$

因为管侧程数为 6，取 6 的倍数，管子应为 132 根。管子布置如图 16-31 所示。

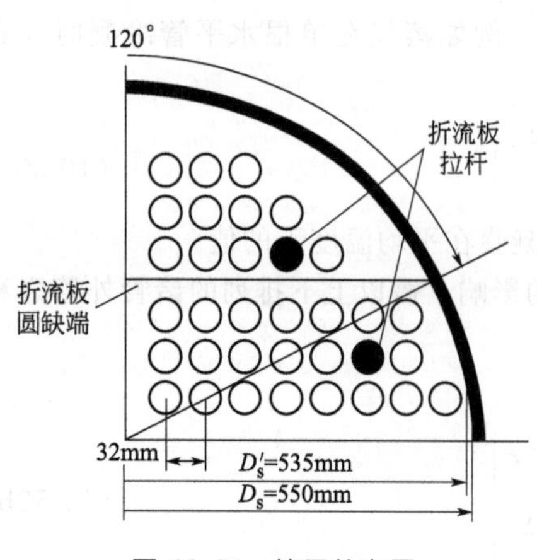

图 16-31　管子的布置

管子布置间距 $P_t=0.032\mathrm{m}$，$D_s=0.550\mathrm{m}$，$D'_s=0.535\mathrm{m}$，N_c 最多为 16，$n_{w_1}=n_{w_2}=24$（折流板圆缺部分中的传热管 22 根，加上 2 根折流板固定杆），N_c 最少为 6，$n_B=116$（每块折流板上传热管孔 112 个，4 个固定杆孔），$N_w=3$ 排，$N_s=0$（没有旁通挡板）。

折流板数如为 $N_b=32$ 块，折流板间隔 $\overline{BP}$ 为：

$$\overline{BP}=L/(N_b+1)=0.150\mathrm{m}$$

折流板为缺 25％的圆缺形折流板。

（5）流体中心温度 T_c、t_c 计算

高温端的温差　$\Delta t_h=(T_1-t_2)=140-40=100(℃)$

低温端温差　$\Delta t_c=(T_2-t_1)=40-30=10(℃)$

所以　$\Delta t_c/\Delta t_h=0.1$

利用式

$$T_c=T_2+F_c(T_1-T_2)$$
$$t_c=t_1+F_c(t_2-t_1)$$

式中，F_c 为温度修正值，因 $\Delta t_c/\Delta t_h=0.1$，由有关图表查得 $F_c=0.31$。

故

$$T_c=40+0.31\times(140-40)=71(℃)$$
$$t_c=30+0.31\times(40-30)=33.1(℃)$$

（6）管侧界膜传热系数 α_i　每程的管侧流路面积 a_t 为：

$$a_t=\frac{\pi}{4}D_i^2\ \frac{N_t}{n_{tpass}}=\frac{3.14}{4}\times0.0208^2\times\frac{132}{6}=0.00747(m^2)$$

管内冷却水的质量流速 G_t 为：

$$G_t=\frac{W}{a_t}=\frac{31800}{0.00747}=4257028[kg/(m^2\cdot h)]$$

管内冷却水的 Re[中心温度 $t_c=33.1℃$，水的黏度 $\mu=2.88\ kg/(m\cdot h)$]为：

$$Re=D_iG_t/\mu=0.0208\times4257028/2.88=30745$$

另外，当 $t_c=33.1℃$时，水的 $\lambda=2.177kJ/(m\cdot h\cdot ℃)$，查有关图表，得 $j_H=100$。

由式

$$\frac{\alpha_iD_i}{\lambda}=j_H\left(\frac{c_{水}\ \mu}{\lambda}\right)^{1/3}\left(\frac{\mu}{\mu_W}\right)^{0.14}$$

假定

$$\left(\frac{\mu}{\mu_W}\right)^{0.14}\approx1.0$$

则

$$\begin{aligned}\alpha_i&=\frac{j_H\lambda}{D_i}\left(\frac{c_{水}\mu}{\lambda}\right)^{1/3}\left(\frac{\mu}{\mu_W}\right)^{0.14}\\&=\frac{100\times2.177}{0.0208}\left(\frac{4.1868\times2.88}{2.177}\right)^{1/3}\times1.0\\&=18518[kJ/(m^2\cdot h\cdot ℃)]\end{aligned}$$

（7）壳侧界膜传热系数 α_o　换热器中心线或者距中心线最近的管排上错流流动的最小流道面积 S_c 为：

$$\begin{aligned}S_c&=(D_s'-n_cD_o)\overline{BP}\\&=(0.535-16\times0.025)\times0.15=0.0202(m^2)\end{aligned}$$

换热器中心线或距中心线最近管排上错流流动的最大质量速度 G_c 为：

$$G_c=W_S/S_c=6000/0.0202=297030\ [kg/(m^2\cdot h)]$$

流体中心温度 $T_c=71℃$，相应的黏度（某液体）$\mu=3.28kg/(m\cdot h)$，则 $Re=\dfrac{D_oG_c}{\mu}=2264$，从有关图表查得其传热因子 $j_H=0.0180$。

折流板圆缺部分流道面积 S_b 为：

$$S_b=K_1D_s^2-n_{w_2}\ \frac{\pi}{4}D_o^2$$

从有关图表中查得 $K_1=0.154$

则　$S_b=0.0348m^2$

管束与壳内径之间的间隙流道面积 S_d 为：

$$S_d=[D_s'-(N_c-1)P_t-D_o]\overline{BP}$$
$$=[0.535-(16-1)\times 0.032-0.025]\times 0.150=0.0045(m)$$

其他尺寸计算从略。

由于采用光滑管，故 $F_{fh}=1.0$，则 α_o 计算式为：

$$\alpha_o=F_{th}j_H(cG_c)\left(\frac{c_o\mu_o}{\lambda_o}\right)^{-2/3}\left(\frac{\mu}{\mu_W}\right)^{0.14}\left(\frac{\phi\xi_h}{X}\right)F_g$$

式中 ϕ、ξ_h、X、F_g 由有关计算式和图表可得：

$$\phi=1.02,\ \xi_h=0.76,\ X=1,\ F_g=0.656$$

假定 $(\mu/\mu_W)^{0.14}=0.95$，将有关数据代入 α_o 计算式可得：

$$\alpha_o=963kJ/(m^2\cdot h\cdot ℃)$$

（8）污垢系数

管内侧取 $r_i=0.000048m^2\cdot h\cdot ℃/kJ$

管外侧取 $r_o=0.000048m^2\cdot h\cdot ℃/kJ$

（9）管金属的热导率 λ_w　取 418.68kJ/(m·h·℃)。

（10）总传热系数 K

$$\frac{1}{K}=\frac{1}{\alpha_o}+r_o+\frac{t_s}{\lambda_w}\frac{D_o}{D_m}+r_i\frac{D_o}{D_i}+\frac{1}{\alpha_i}\frac{D_o}{D_i}$$

将有关数据代入上式经计算得：

$$\frac{1}{K}=0.001194m^2\cdot h\cdot ℃/kJ$$

故　$$K=837.4kJ/(m^2\cdot h\cdot ℃)$$

由此可知在（4）中假设的 K 是正确的。

（11）管壁温度 t_w

$$t_w=t_c+\frac{\alpha_o}{\alpha_i(D_i/D_o)+\alpha_o}(T_c-t_c)$$
$$=33.1+\frac{963}{18422\times(0.0208/0.025)+963}\times(71-33.1)$$
$$=35\ (℃)$$

假设 35℃时某液体的黏度　$\mu_W=5.2kg/(m\cdot h)$，

则　$$\left(\frac{\mu}{\mu_W}\right)^{0.14}=\left(\frac{3.28}{5.2}\right)^{0.14}=0.95$$

由此可知，计算壳侧界膜传热系数时所假定的 $(\mu/\mu_W)^{0.14}$ 的值是正确的。

35℃时水的黏度 $\mu_W=2.70kg/(m\cdot h)$，

则　$$\left(\frac{\mu}{\mu_W}\right)^{0.14}=\left(\frac{0.288}{0.270}\right)^{0.14}=1$$

由此可知，计算管侧界膜传热系数时假定的 $(\mu/\mu_W)^{0.14}$ 的值是正确的。

（12）壳侧压力损失　可用概算法计算，计算式为：

$$\Delta p_s=10.4\times\frac{G_c^2L}{g_c\rho}$$

式中，g_c 为换算系数：

$$g_c = 1.27\times10^8\,\mathrm{kg\cdot m/(kg\cdot h^2)}$$

故
$$\Delta p_s = 10.4\times\frac{297030^2\times5}{1.27\times10^8\times825}\approx42.5(\mathrm{kgf/m^2}) = 417(\mathrm{Pa})$$

(13) 管侧压力损失 Δp_T

① 直管部分压力损失 Δp_t

$$\Delta p_t = \frac{4f_t G_t^2 L n_{tpass}}{2g_c \rho D_i}\left(\frac{\mu_W}{\mu}\right)^{0.14}$$

$$=2880(\mathrm{kgf/m^2}) = 28253(\mathrm{Pa})$$

② 方向改变产生的压力损失 Δp_r

$$\Delta p_r = \frac{4G_t^2 n_{tpass}}{2g_c\rho} = 1710(\mathrm{kgf/m^2}) = 16775(\mathrm{Pa})$$

③ 管侧压力损失之和 Δp_T

$$\Delta p_T = \Delta p_t + \Delta p_r = 28253+16775$$

$$=45028(\mathrm{Pa}) = 0.045(\mathrm{MPa})$$

因此，所设计的冷却器的管侧、壳侧压力损失都低于允许压力损失，满足设计要求。

第三节　螺旋板式换热器的设计

一、螺旋板式换热器的结构特点及分类

螺旋板式换热器是用焊到板上的隔板使两块平行板保持一定间距并卷成螺旋状，把两端密封。使两端密封的方法有 3 种：a. 把两个流道的一端分别交替焊死（见图 16-32）；b. 仅把一个流道的两端焊死（见图 16-33）；c. 两流道的两端敞开，用填料进行密封（见图 16-34）。

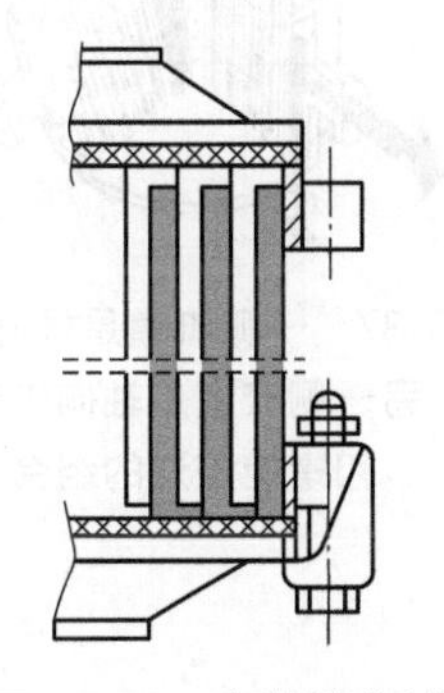

图 16-32　交替端密封

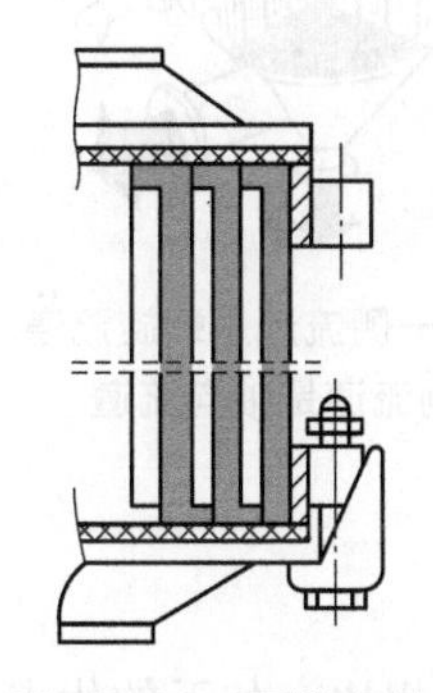

图 16-33　两端密封

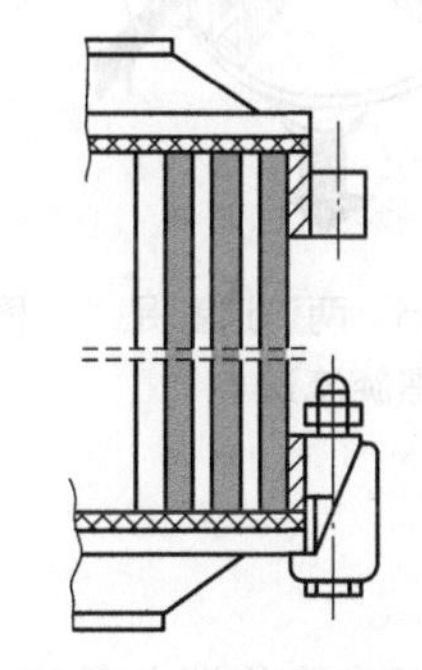

图 16-34　两端敞开式密封

交替端密封时，进行换热的两流体沿各自的流道完全被隔开，相互不混。另外，流体的短路通道处在上、下两面均用填料压住。取掉盖子后可容易地进行清理。当用两端密封时，流道清理不能用机械方法，必须用化学方法处理；当用两面敞开式密封时，由于填料被破坏，热交换器中进行换热的两种流体可能相互混合。

螺旋板式换热器，可以用任何可作冷加工和焊接的材料制作，一般用碳钢，不锈钢和耐蚀耐热镍基合金B、C及镍合金，铝合金，钛、铜合金。另外，为了防止冷却水侧的腐蚀，往往加装酚醛树脂衬里。

螺旋板式换热器一般耐压约1MPa。按盖板的安装方法，螺旋板式换热器可采用如下的三种流体流动形式：a. 两种流体都呈螺旋流动；b. 一种流体呈螺旋流动，另一种流体呈轴向流动；c. 一种流体呈螺旋流动，另一种流体是轴向和螺旋流动的组合。

（1）图16-35示出两种流体都呈螺旋流动，两端安装平板盖板时的情况。被加热物体从外层流入，沿螺旋方向流动，从中心流出。加热流体从中心流入，沿螺旋方向流动，从外层流出。这种换热器的中心轴可以垂直安装，也可以水平安装。主要用于液-液换热，也可用于流量不大时的气体换热或蒸汽冷凝。

（2）一种流体呈螺旋流动，另一种流体呈轴向流动，如图16-36所示，是两端安装圆锥形式碟形盖时的情况。轴向流动流道是两端敞开的，螺旋流道两端焊死。这种换热器用于两种流体的体积流量差别较大时，即液-液换热、气体的冷却或加热、蒸气冷凝，也可用作再沸器。

（3）一种流体呈螺旋流动，另一种流体是轴向流动和螺旋流动的组合，如图16-37所示。它是螺旋板的流体入口端安装圆锥形盖，另一端要装平板盖时的情况。螺旋外层部分上端是封闭的，流体从中心部分轴向流入，在外层部分形成螺旋流动流出。它主要用于蒸气冷凝，蒸气开始时沿轴向流动，其大部分被冷凝，未凝气、不凝气、冷凝液形成螺旋流动，使未凝气都冷凝，不凝气和冷凝液过冷后流出。

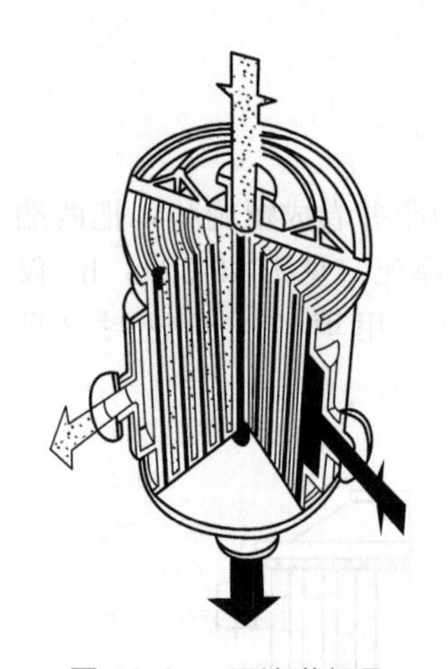
图16-35　两流道都是螺旋流道

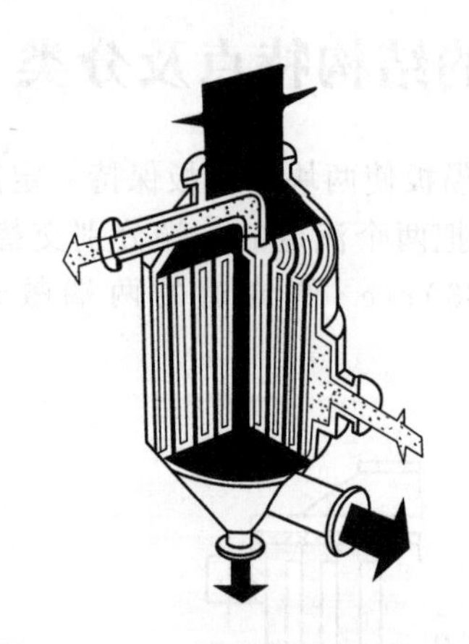
图16-36　一侧流道是螺旋流道，另一侧流道是轴向流道

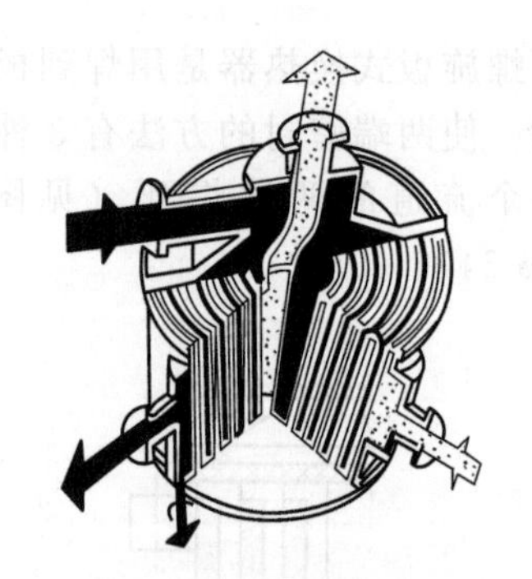
图16-37　一侧流道是螺旋流道，另一侧流道是轴向流道和螺旋流道的组合

螺旋板式换热器与管壳式换热器相比有如下的优点。

① 单一流道，适于淤渣或泥浆的加热或冷却，当设计压力低、流道之间不设隔板时，也可处理含纤维的液体。

② 单一流动，流量分布均匀。

③ 由于流道单一和弯曲，不易结垢。另外即使产生污垢，用化学方法除垢也容易些。如果两流道的螺旋间隔相等，当垢在一流道沉积时则切换流体，可以把垢除去。再者，由于流道宽度最大为2m左右，用高压水或蒸汽清洗也很容易。

④ 由于螺旋板式换热器的 L/D 比管壳式换热器小，滞流区的传热系数大，适于高黏度流体的加热或冷却。当加热或冷却高黏度流体时，希望螺旋中心轴水平安装；如果中心轴垂直布置，则高黏度流体在流道中的速度分布容易不均匀。

⑤ 两流体都为螺旋流动时，可认为流动是逆流，则其换热效率高。

⑥ 螺旋板式换热器中，由于热膨胀系数不同而产生的热应力被螺旋板消除，没有热应力破坏；但当温度周期变化时，敞开式密封的密封垫可能破损。

⑦ 用于真空蒸汽冷凝时，如采用轴向流动，则流道面积变大，压力损失减少。

⑧ 螺旋板式换热器结构紧凑，即使传热面积为 200m^2，壳外径也不大于 1500mm，换热板宽也不大于 1800mm。

缺点如下。

① 现场修理困难，与管壳式换热器一样，在泄漏处插塞子是不可能的。显然，螺旋板厚度一般大于传热管厚，因此，螺旋板泄漏的可能性很小。

② 当用于温度周期变化的场合时，在两面敞开式的情况下，密封垫由于螺旋板的伸缩而分离，增加了多余的旁通，或在盖上产生气蚀。

③ 在污垢沉积严重的场合，不能使用螺旋板式换热器。这是因为螺旋板的间隔板变成折流板，很难用旋转法除垢。显然，当设计压力低、不用隔板时也可以用于污垢沉积严重的场合。

二、螺旋板式换热器的设计计算

（一）传热系数

1. 螺旋流动时的传热

（1）无相变时的对流传热系数　在滞流区，可采用螺旋管的对流传热公式，即

$$\alpha=\left[0.65\left(\frac{D_\text{e}G}{\mu}\right)^{1/2}\ (D_\text{e}/D_\text{H})^{1/4}+0.76\right]\frac{\lambda}{D_\text{e}}\left(\frac{c\mu}{\lambda}\right)^{0.175} \tag{16-53}$$

上式适用范围：

$$\frac{D_\text{e}G}{\mu}\left(\frac{D_\text{e}}{D_\text{H}}\right)^{1/2}=30\sim2000$$

在湍流区的对流传热可用下式：

$$\alpha=\left[0.0315\left(\frac{D_\text{e}G}{\mu}\right)^{0.8}-6.65\times10^{-7}\left(\frac{L}{b}\right)^{1.8}\right]\frac{\lambda}{D_\text{e}}\left(\frac{c\mu}{\lambda}\right)^{0.25}\left(\frac{\mu}{\mu_\text{W}}\right)^{0.17} \tag{16-54}$$

上式适用范围：

$$\left(\frac{D_\text{e}G}{\mu}\right)>1000$$

式中，D_e 为流道的当量直径，m，$D_\text{e}=\dfrac{2Bb}{B+b}\approx2b$；$b$ 为流道间距，m；B 为流道宽度（换热板宽度），m；L 为流道长度（换热板长度），m；G 为质量速度，$\text{kg/(m}^2\cdot\text{h)}$；$\alpha$ 为界膜对流传热系数，$\text{kJ/(m}^2\cdot\text{h}\cdot℃)$。

（2）冷凝传热（垂直）时的对流传热系数　螺旋中心轴垂直安装时，传热板上的冷凝可以按垂直平板上的冷凝过程处理，可用下式：

$$\alpha = 1.47\left(\frac{4\Gamma}{\mu_f}\right)^{-1/3}\left(\frac{\mu_f^2}{\lambda_f \rho_f^2 g}\right)^{-1/3} \tag{16-55}$$

$$\Gamma = W_f/(2L) \tag{16-56}$$

式中，W_f 为冷凝量，kg/h；Γ 为冷凝负荷，kg/(m·h)；μ_f 为界膜温度下冷凝液黏度，kg/(m·h)；ρ_f 为界膜温度下冷凝液密度，kg/m^3；λ_f 为界膜温度下冷凝液的热导率，kJ/(m·h·℃)；g 为重力加速度，1.27×10^8m/h^2。

式(16-55) 适用范围： $4\Gamma/\mu_f < 2100$

2. 轴向流动时的传热

(1) 无相变时的对流传热系数

$$\alpha = j_H \frac{\lambda}{D_e}\left(\frac{c\mu}{\lambda}\right)^{1/3}\left(\frac{\mu}{\mu_W}\right)^{0.14} \tag{16-57}$$

式中，j_H 为传热因子。

(2) 冷凝传热（水平安装）时的对流传热系数 螺旋中心轴水平安装时，由于螺旋直径大的外层部分传热面积大于螺旋直径小的内层部分的传热面积，所以冷凝负荷（Γ）也变大，传热系数变小。因此，冷凝传热系数随螺旋位置不同而变化。一般情况下，把有效螺旋数定为 $\Gamma/7$ 时可用下式求有效冷凝负荷：

$$\Gamma = \frac{W_f}{2B}\frac{7}{L} \tag{16-58}$$

于是传热系数可用下式计算：

$$\alpha = 1.51\left(\frac{4\Gamma}{\mu_f}\right)^{-1/3}\left(\frac{\mu_f^3}{\lambda_f^3 \rho_f^2 g}\right)^{-1/3} \tag{16-59}$$

上式适用范围： $4\Gamma/\mu_f < 2100$

（二）压力损失

1. 螺旋流动时的压力损失

螺旋板式换热器中，为使流道保持一定，多在传热面之间加隔板，由于这个隔板使压力损失增大，所以不能照搬圆管内流动的压力损失公式。

明顿和哈吉斯发表了索得实验求得的压力损失公式。

(1) 无相变时的压力损失 明顿用下式定义临界雷诺数 Re_c。当雷诺数小于临界雷诺数时，为滞流；当雷诺数大于临界雷诺数时，为湍流。并发表了这两个区各自的压力损失关联式：

$$Re_c = 20000(D_e/D_H)^{0.32} \tag{16-60}$$

式中，D_H 为螺旋的直径，m。

在湍流区，当 $Re > Re_c$ 时：

$$\Delta p = \frac{4.65}{10^9}\frac{L}{\rho}\left(\frac{W}{bB}\right)^2\left[\frac{0.55}{b+0.00318}\left(\frac{\mu B}{W}\right)^{1/3}\left(\frac{\mu_W}{\mu}\right)^{0.17} + 1.5 + \frac{5}{L}\right] \tag{16-61}$$

式中的 1.5，是 1ft^2 传热板安装 5/16in 的隔板为 18 个时的值，当隔板数变化时这个值也随之而变。

在滞流区，当 $100 < Re < Re_c$ 时：

$$\Delta p=\frac{4.65}{10^9}\frac{L}{\rho}\left(\frac{W}{bB}\right)^2\left[\frac{1.78}{b+0.00318}\left(\frac{\mu B}{W}\right)^{1/2}\left(\frac{\mu_W}{\mu}\right)^{0.17}+1.5+\frac{5}{L}\right] \tag{16-62}$$

当 $Re<100$ 时：

$$\Delta p=\frac{44.5}{10^8}\frac{L}{\rho}\frac{W}{bB}\left(\frac{\mu}{b^{1.75}}\right) \tag{16-63}$$

（2）冷凝时的压力损失　冷凝时，因容积随着冷凝而降低，所以认为等于无相变时的压力损失的 0.5 倍是可靠的。

即
$$\Delta p=\frac{2.33}{10^9}\frac{L}{\rho}\left(\frac{W}{bB}\right)^2\left[\frac{0.55}{b+0.00318}\left(\frac{\mu B}{W}\right)^{1/3}+1.5+\frac{5}{L}\right] \tag{16-64}$$

2. 轴向流动时的压力损失

无相变时（$Re>10000$），若摩擦系数定为 $f=0.046/Re^{0.2}$，出入口压力损失等于速度头的 2 倍，则可由下式计算：

$$\begin{aligned}\Delta p&=\frac{G^2}{2g_c\rho}\left[4\times0.046\left(\frac{D_eG}{\mu}\right)^{-0.2}\frac{B}{D_e}+4\right]\\&=\frac{4G^2}{2g_c\rho}\left[0.046\left(\frac{D_eG}{\mu}\right)^{-0.2}\frac{B}{D_e}+1\right]\end{aligned} \tag{16-65}$$

冷凝时：

$$\Delta p=\frac{2G^2}{2g_c\rho}\left[0.046\left(\frac{D_eG}{\mu}\right)^{-0.2}+\frac{B}{D_e}+1\right] \tag{16-66}$$

3. 螺旋板的外层直径

螺旋板的外层直径 D_{max} 可用下式求得：

$$D_{max}=D_1+(b_1+t_s)+N_{coil}(b_1+b_2+2t_s) \tag{16-67}$$

式中，D_1 为中心管径，m；t_s 为传热板厚度，m；b_1、b_2 为传热板间距，m；N_{coil} 为螺旋数。

$$N_{coil}=\frac{-\left(D_1+\dfrac{b_1+b_2}{2}\right)+\sqrt{\left(D_1+\dfrac{b_1+b_2}{2}\right)^2+\dfrac{4L}{\pi}(b_1+b_2+2t_s)}}{b_1+b_2+2t_s} \tag{16-68}$$

三、螺旋板式换热器的应用

以一例题说明螺旋板式换热器的应用。仍以废热锅炉冷却器的设计为例。设计把锅炉内某液体（流量为 6000kg/h）从 140℃冷却到 40℃的螺旋板式换热器。假定冷却水入口温度 30℃，冷却水量 $30m^3/h$。

解　（1）传热量 Q 的计算　某液体的比热容为 2.219kJ/(kg·℃)，则

$$Q=6000\times2.219\times(140-40)=1331400(kJ/h)$$

（2）冷却水出口温度 t_2 的计算

$$t_2=30+\frac{1331400}{30000\times4.1816}=40.6(℃)$$

（3）型式　由于是液-液热交换器，所以水侧、某液体侧都可选为螺旋流动的型式。

（4）流道的当量直径 D_e 的计算 选定冷却水的流速为 1.5m/s，某液体的流速为 0.8m/s。如令所需要的流道断面积分别为 a_1（冷却水侧）、a_2（某液体侧），则

$$a_1=\frac{30000/1000}{3600\times1.5}=0.00556(m^2)$$

某液体的密度为 825kg/m³，则

$$a_2=\frac{6000/825}{3600\times0.8}=0.00252(m^2)$$

若令传热板的宽度为 0.6m，流道宽度分别为 b_1（冷却水侧）、b_2（某液体侧），则

$$b_1=0.00556/0.6=0.0093(m)$$
$$b_2=0.00252/0.6=0.0042(m)$$

流道的当量直径分别为 D_{e1}（冷却水侧）、D_{e2}（某液体侧）：

$$D_{e1}=2b_1=2\times0.0093=0.0186(m)$$
$$D_{e2}=2b_2=2\times0.0042=0.0084(m)$$

（5）流体中心温度 t_c、T_c 的计算

高温端温差 $\Delta t_h=T_1-t_2=140-40.6=99.4(℃)$

低温端温差 $\Delta t_c=T_2-t_1=40-30=10(℃)$

$$\Delta t_c/\Delta t_h=10/99.4\approx0.1$$

由有关资料查得：

温度修正系数 $F_c=0.31$

因为 $T_1>t_2$

所以

$$T_c=T_2+F_c(T_1-T_2)$$
$$=40+0.31\times(140-40)=71(℃)$$
$$t_c=t_1+F_c(t_2-t_1)$$
$$=30+0.31\times(40.6-30)=33.3(℃)$$

（6）雷诺数的计算 流体中心温度条件下冷却水的物性值：

黏度 $\mu_1=2.88kg/(m\cdot h)$，热导率 $\lambda_1=2.21kJ/(m\cdot h\cdot ℃)$

比热容 $c_1=4.1868kJ/(kg\cdot ℃)$，密度 $\rho_1=1000kg/m^3$

71℃下某液体的物性值：

黏度 $\mu_2=3.25kg/(m\cdot h)$，热导率 $\lambda_2=0.502kJ/(m\cdot h\cdot ℃)$

比热容 $c_2=2.219kJ/(kg\cdot ℃)$，密度 $\rho_2=825kg/m^3$

质量速度 G_1（冷却水侧）、G_2（某液体侧）为：

$$G_1=30000/0.00556\approx5400000[kg/(m^2\cdot h)]$$
$$G_2=6000/0.00252\approx2380000[kg/(m^2\cdot h)]$$

雷诺数 Re_1（冷却水侧）、Re_2（某液体侧）为：

$$Re_1=0.0186\times5400000/2.88\approx35000$$
$$Re_2=0.0084\times2380000/3.28\approx6100$$

（7）界膜传热系数 α 的计算 假定传热板长为 12m，冷却水侧界膜传热系数 α_1 可用式（16-54）计算：

$$\alpha_1=\left[0.0315\times35000^{0.8}-6.65\times10^{-7}\left(\frac{12}{0.0093}\right)^{1.8}\right]\times$$
$$\frac{2.21}{0.0186}\times\left(\frac{4.1868\times2.88}{2.21}\right)^{0.25}\left(\frac{\mu}{\mu_W}\right)^{0.17}$$

$$=24650(\mu/\mu_W)^{0.17}$$

若　$$(\mu/\mu_W)^{0.17}=1.0$$

则　$$\alpha_1=24650\text{kJ}/(\text{m}^2\cdot\text{h}\cdot℃)$$

某液体侧界膜传热系数 α_2 为

$$\alpha_2=\left[0.0315\times6100^{0.8}-6.65\times10^{-7}\left(\frac{12}{0.0042}\right)^{1.8}\right]\times\frac{0.502}{0.0084}\times\left(\frac{2.219\times3.28}{0.502}\right)^{0.25}\left(\frac{\mu}{\mu_W}\right)^{0.17}$$

$$=3792\left(\frac{\mu}{W}\right)^{0.17}$$

假定　$$(\mu/\mu_W)^{0.17}=0.92$$

则　$$\alpha_2=3488\text{kJ}/(\text{m}^2\cdot\text{h}\cdot℃)$$

（8）总传热系数 K 的计算　假定传热板厚 $t_s=0.0023\text{m}$，其材质为钢板。

污垢系数 r_1（冷却水侧）$=0.0000478\text{m}^2\cdot\text{h}\cdot℃/\text{kJ}$

污垢系数 r_2（某液体侧）$=0.0000478\text{m}^2\cdot\text{h}\cdot℃/\text{kJ}$

则
$$\frac{1}{K}=\frac{1}{\alpha_1}+\frac{1}{\alpha_2}+\frac{t_s}{\lambda}+r_1+r_2$$
$$=\frac{1}{24650}+\frac{1}{3488}+\frac{0.0023}{167.5}+0.0000478+0.0000478$$
$$=0.00044$$

所以　$$K=2273\text{kJ}/(\text{m}^2\cdot\text{h}\cdot℃)$$

（9）传热面 A 的计算

$$\Delta T=\frac{|T_1-t_2|-|T_2-t_1|}{\ln\dfrac{T_1-t_2}{T_2-t_1}}=\frac{(140-40.6)-(40-30)}{\ln\dfrac{140-40.6}{40-30}}=38.9(℃)$$

所以　$$A=\frac{Q}{K\Delta T}=\frac{1331400}{2273\times38.9}=15.0(\text{m}^2)$$

（10）流道长度 L 的计算

$$L=A/(2B)=14.5/(2\times0.6)=12.5(\text{m})$$

因此，计算界膜传热系数时假定的 L 值正确。

（11）管壁温度 t_w 的计算

$$t_w=t_c+\frac{\alpha_2}{\alpha_1+\alpha_2}(T_c-t_c)$$

$$=33.3+\frac{3488}{24650+3488}(71-33.3)=37.9(℃)$$

38℃下冷却水的黏度 $\mu_{W_1}=2.44\text{kg}/(\text{m}\cdot\text{h})$

故　$$\frac{\mu}{\mu_{W_1}}=\left(\frac{2.88}{2.44}\right)^{0.17}\approx1$$

38℃下某液体的黏度　$\mu_{W_2}=5.2\text{kg}/(\text{m}\cdot\text{h})$

故　$$\frac{\mu}{\mu_{W_2}}=\left(\frac{3.28}{5.2}\right)^{0.17}\approx0.92$$

因此，计算界膜传热系数时假定的 μ/μ_W 值是正确的。

（12）螺旋外层直径 D_{max} 的计算　假定中心管径 $D_1=0.110$m

$$D_1+\frac{b_1+b_2}{2}=0.110+\frac{0.0093+0.0042}{2}=0.1168(\text{m})$$

$$b_1+b_2+2t_s=0.0181\text{m}$$

则从式(16-68)计算 N_{coil} 为：

$$N_{coil}=\frac{-0.1125+\sqrt{0.1125^2+4\times 12.1\times 0.0181/\pi}}{0.0181}$$

$$=23.6$$

由式(16-67) 可得：

$$D_{max}=0.110+0.0116+23.6\times 0.0181=0.5488(\text{m})$$

螺旋平均直径 $(D_H)_{ave}=(D_1+D_{max})/2=0.333(\text{m})$

（13）压力损失计算

冷却水侧临界雷诺数 $Re_c=20000\times(0.0186/0.328)^{0.32}\approx 8000$

某液体侧临界雷诺数 $Re_c=20000\times(0.0084/0.328)^{0.32}\approx 6200$

由以上计算知，冷却水侧的 $Re>Re_c$，应用式(16-61)：

$$\Delta p_1=\frac{4.65}{10^9}\times\frac{12.1}{1000}\times\left(\frac{30000}{0.0093\times 0.6}\right)^2\times$$

$$\left[\frac{0.55}{0.0093+0.00318}\left(\frac{2.88\times 0.6}{30000}\right)^{\frac{1}{3}}\left(\frac{2.44}{2.88}\right)^{0.17}+1.5+\frac{5}{12.1}\right]$$

$$=0.62(\text{kgf/cm}^2)=0.061(\text{MPa})$$

某液体侧的 $Re<Re_c$，可应用式(16-62)：

$$\Delta p_2=\frac{4.65}{10^9}\times\frac{12.1}{825}\times\left(\frac{6000}{0.0042\times 0.6}\right)^2\times$$

$$\left[\frac{1.78}{0.0042+0.00318}\left(\frac{3.28\times 0.6}{6000}\right)^{1/2}\left(\frac{5.20}{3.28}\right)^{0.17}+1.5+\frac{5}{12.1}\right]$$

$$=0.25(\text{kgf/cm}^2)$$

$$=0.024(\text{MPa})$$

第四节　板式换热器的设计

一、板式换热器结构特点

板式换热器是把具有波形凸起或半球形凸起的传热板，像板框式压滤机那样，借助于垫片重叠压紧，在各板之间形成薄的矩形断面流道，高温流体和低温流体相间地在流道中流动进行换热。这种换热器的特征是组装、拆卸容易，传热面的清扫和除垢简单。另外，由于换热器内滞流液量少，多用于加热易热分解的液体。

板式换热器可以用作液-液换热器、冷凝器、蒸发器等，由于用途不同其结构也有些变化。

用作液-液热交换的板式换热器的板型有凸起状板、波纹板、人字形板等。

图 16-38 所示为三角形波纹平行布置的三角形波纹板。图 16-39 所示为梯形波纹平行布

置的梯形波纹板。

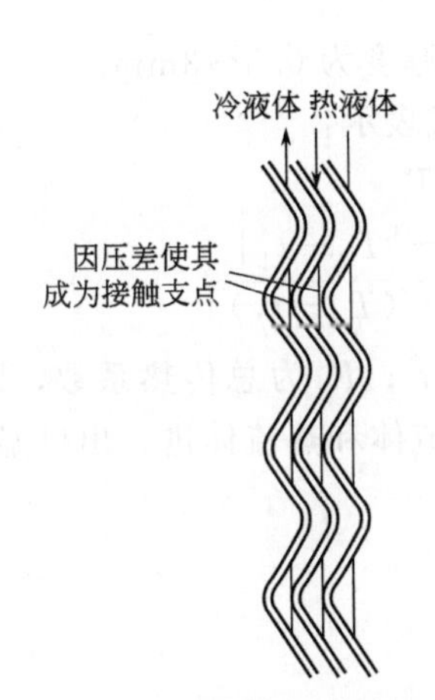

图 16-38　三角形波纹板断面

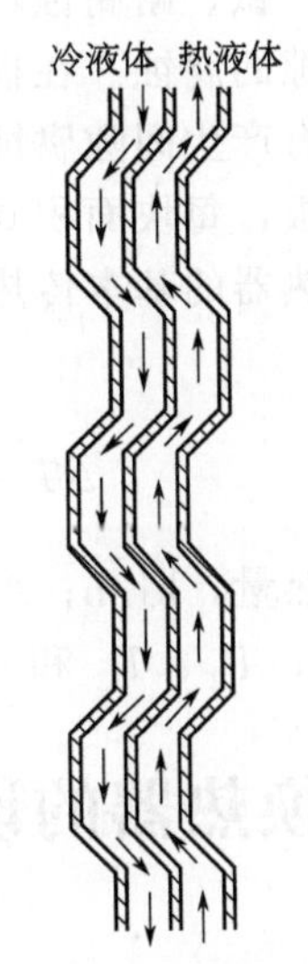

图 16-39　梯形波纹板断面

板的组装方式有螺旋组装和板框压滤机式组装。

用于液-液热交换的板式换热器中流体的流动形式示于图 16-40 中。

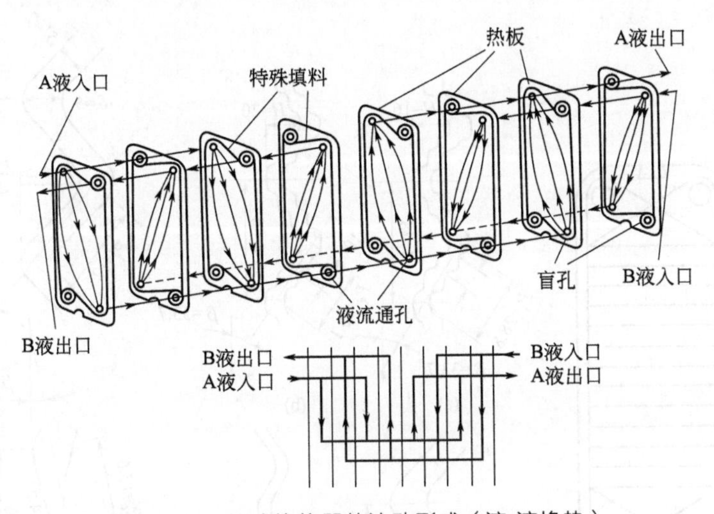

图 16-40　板式换热器的流动形式（液-液换热）

板式换热器的组装，是把垫片放入各板沟槽中压紧，这种垫片除天然橡胶、丁腈橡胶、氯丁橡胶、苯乙烯-丁基橡胶、硅酮橡胶、氯化橡胶等人造橡胶以外，还有压缩石棉垫片。垫片种类根据流体种类和使用温度进行选择。垫片寿命决定于操作条件、启动和关闭次数以及清洗拆卸次数。板片式换热器的最高使用温度决定于垫片的耐热性，一般来讲合成橡胶垫片为 130℃，压缩石棉垫片为 250℃。

板式换热器的最高使用压力也决定于垫片的种类和垫片沟槽的构造。目前出售的板式换热器的耐压可达 2MPa。

板材为不锈钢、钛、耐腐蚀耐热镍基合金、铝铜合金、镍、钽、耐热镍铬铁合金等。选择材质时应注意间隙的腐蚀。在板式换热器中，由于垫片沟槽和垫片之间不可避免地存在间隙，所以在这部分有产生间隙腐蚀的危险。

板式换热器的板，每块面积 0.1～1.5m^2，其厚度为 0.5～3mm。

最后，板式换热器的基本传热公式仍可用下式表示：

$$Q = AK\Delta T \tag{16-69}$$

$$\Delta T = F_t \frac{|T_1 - t_2| - |T_2 - t_1|}{\ln[(T_1 - t_2)/(T_2 - t_1)]} \tag{16-70}$$

式中，Q 为传热量，kJ/h；A 为传热面积，m^2；K 为总传热系数，kJ/(m^2·h·℃)；F_t 为温差修正系数；T_1、T_2 和 t_1、t_2 分别为冷流体和热流体进、出口温度，℃。

二、板式换热器的设计计算

（一）传热系数

1. 无相变的对流传热

冈田等对图 16-41 和表 16-9 所示的平行波纹板进行了实验，提出下列公式。

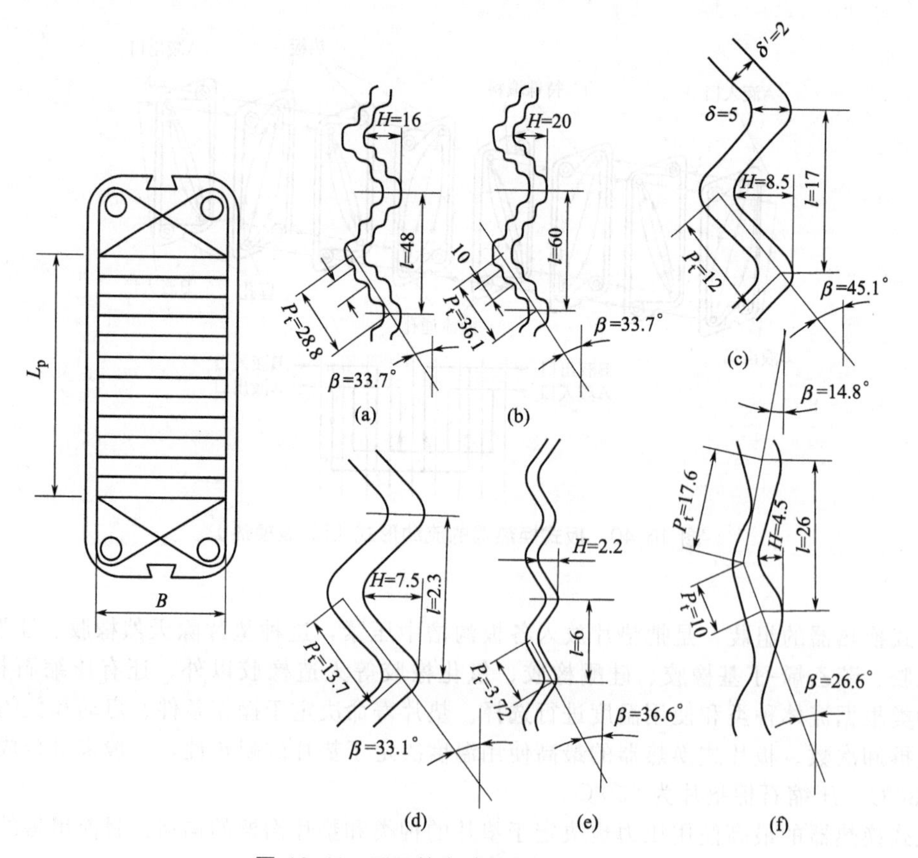

图 16-41 冈田等实验用的平行波纹板

(a)，(b) —带褶的三角形波纹板；(c)～(e) —三角形波纹板；(f) —不等边三角形波纹板

表 16-9　冈田等实验用波纹板尺寸

形　　式	带褶的三角形波纹板		三角形波纹板			不等边三角形波纹板
传热面积 A_p/m^2	0.168	0.350	0.048	0.188	0.034	0.133
投影面积 A'/m^2	0.135	0.270	0.034	0.160	0.027	0.123
板宽 B/m	0.230	0.320	—	0.260	0.07	0.230
板厚 t_s/m	0.0009	0.0009	—	0.0009	0.0005	0.0012
板长 L_p/m	0.84	1.12	—	0.0	0.04	0.80
波纹间距 l/m	0.048	0.060	0.017	0.0023	0.006	0.0260
直线距离 P_t①/m	0.0288	0.0361	0.012	0.0137	0.00372	{0.0176 0.0100
板间最大间距 δ/m	—	—	0.005～0.010	—	—	—
板间最小间距 δ'/m	—	—	0.002～0.004	—	—	—
波纹高度 H/m	0.016	0.020	0.0085	0.0075	0.0022	0.0045
波纹倾斜角 β/(°)	33.7	33.7	14.8	33.1	36.6	26.6

① P_t 是流体从流动方向改变到下一次流动方向的直线距离。

带褶的三角形波纹板［图 16-41 中（a）、（b）］：

$$\frac{\alpha D'_e}{\lambda}=1.45\frac{D'_e}{P_t}\exp\frac{-2.0D'_e}{P_t}\left(\frac{D'_eG}{\mu}\right)^{0.62}\left(\frac{c\mu}{\lambda}\right)^{0.4} \tag{16-71}$$

三角形波纹板［图 16-41 中的（c）～（e）］：

当 $0.00286\text{m}\leqslant D'_e\leqslant 0.0126\text{m}$ 时

$$\frac{\alpha D'_e}{\lambda}=1.0\frac{D'_e}{P_t}\exp\frac{-1.1D'_e}{P_t}\left(\frac{D'_eG}{\mu}\right)^{0.62}\left(\frac{c\mu}{\lambda}\right)^{0.4} \tag{16-72}$$

不等边三角形波纹板［图 16-41 中的（f）］：

当 $0.006\text{m}\leqslant D'_e\leqslant 0.0140\text{m}$ 时

$$\frac{\alpha D'_e}{\lambda}=0.80\frac{D'_e}{P_t}\exp\frac{-1.15D'_e}{P_t}\left(\frac{D'_eG}{\mu}\right)^{0.62}\left(\frac{c\mu}{\lambda}\right)^{0.4} \tag{16-73}$$

上述式中，由于板间的流道断面积不一定，随流动方向而变化，故用水力当量直径的概念，即等于流道体积除以湿周面积（传热面积）乘以 4 而计算出 D'_e 的值。

2. 冷凝传热

板表面上的冷凝传热可以按垂直平板上冷凝传热进行处理。

当 $\Gamma/\mu_f<2100$ 时

$$\alpha=1.47\left(\frac{\lambda_f^3\rho_f^2g}{\mu_f^2}\right)^{1/3}\left(\frac{4\Gamma}{\mu}\right)^{-1/3} \tag{16-74}$$

$$\Gamma=\frac{W_f}{B} \tag{16-75}$$

式中，Γ 为冷凝负荷，kg/(m・h)；W_f 为冷凝量（每块板），kg/h；B 为板宽度，m；λ_f 为冷凝液的热导率，kJ/(m・h・℃)；ρ_f 为冷凝液的密度，kg/m³；μ_f 为冷凝液的黏度，

kg/(m·h)；g 为重力加速度，取 $1.27\times10^8 m/h^2$。

3. 污垢系数

板式换热器的污垢系数比普通管壳式换热器的污垢系数小，其理由如下。

① 流体由于板的凹凸而湍流，流体中固体颗粒不易沉积。

② 管壳式换热器中，流体在壳侧折流板附近滞留，板式换热器中没有这样的死区。

③ 传热面表面光滑，有时好似镜面。

④ 板式换热器中，由于板的厚度薄，为避免腐蚀必然采用高级材料，所以没有腐蚀产生的杂质沉积。

⑤ 由于传热系数大，因此冷却水侧壁面温度变低，使冷却水中的溶解盐（Ca^{2+}、Mg^{2+} 等）难以析出。

⑥ 清洗容易。由于板式换热器中没有死区，而且液体滞留量小，因此可以有效、容易地进行化学清洗。

马里奥特提出如表 16-10 所列的值作为板式换热器（至少是波纹板换热器）可以用的污垢系数。

表 16-10　马里奥特提出的板式换热器污垢系数

流体种类	污垢系数 r /(m^2·h·℃/kJ)	流体种类	污垢系数 r /(m^2·h·℃/kJ)
水		海水(大洋)	0.00000717
软水或蒸馏水	0.00000239	油	
工业用水(硬度低)	0.00000478	润滑油	0.00000478～0.0000119
工业用水(硬度高)	0.0000119	有机溶剂	0.00000239～0.00000717
凉水塔循环水(处理)	0.00000956	水蒸气	0.00000239
海水(海岸附近)	0.0000119		

无论在什么情况下污垢系数也不会超过 $0.00002866m^2$·h·℃/kJ。另外，如果流速增大，压力损失变大，则污垢系数将变小。

（二）压力损失（无相变时）

冈田等通过如图 16-41 所示平行波纹板的压力损失实验得出如下的压力损失计算公式。

带褶的三角形波纹板［图 16-41 中（a)］：

当 $D'_e=0.0049$m 时

$$(\Delta p/L)=1.5\times10^{-5}(G^2/\rho)(D'_eG/\mu)^{-0.25} \tag{16-76a}$$

当 $D'_e=0.0061$m 时

$$(\Delta p/L)=5.8\times10^{-6}(G^2/\rho)(D'_eG/\mu)^{-0.25} \tag{16-76b}$$

三角形波纹板［图 16-41 中（d)］：

当 $D'_e=0.0059$m 时

$$(\Delta p/L)=3.0\times10^{-6}(G^2/\rho)(D'_eG/\mu)^{-0.30} \tag{16-77a}$$

当 $D'_e=0.0074$m 时

$$(\Delta p/L)=2.5\times10^{-6}(G^2/\rho)(D'_eG/\mu)^{-0.30} \tag{16-77b}$$

三、板式换热器的应用

以一设计例题说明其应用。仍以废热锅炉冷却器的设计为例。

【例 16-1】设计把流量为 3000kg/h 的某液体从 140℃冷却到 40℃的板式换热器。假定冷却水入口温度为 30℃，出口温度为 60℃。

解 (1) 选用板型 使用如图 16-42 所示尺寸的三角形平行波纹板。

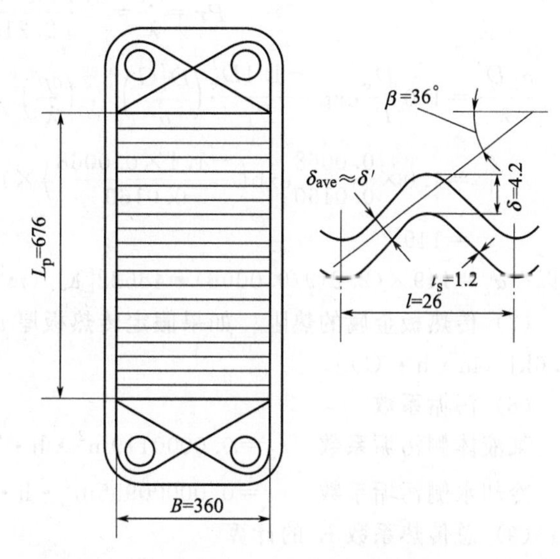

图 16-42 三角平行波纹板

(2) 传热量 Q 的计算

$$Q=3000\times2.219\times(140-40)=665700(\text{kJ/h})$$

(3) 冷却水用量 W 的计算

$$W=665700/[4.1868\times(60-30)]\approx5300(\text{kg/h})$$

(4) 流道构成 流道构成如图 16-43 所示，为 1-1 流道。

(5) 某液体侧界传热系数 α_1 某液体物性值采用入口温度和出口温度的算术平均值即 90℃下的值。

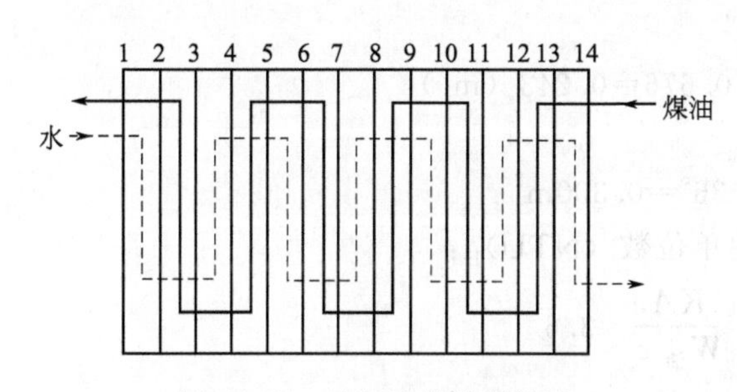

图 16-43 冷却器的流道构成

质量速度 $G=W/(B\delta)=3000/(0.36\times0.0042)\approx1980000[\text{kg}/(\text{m}^2\cdot\text{h})]$

当量直径 D'_e 的计算：

$$\delta_{ave}\approx\delta\cos\beta=0.0042\times\cos36°=0.0034(\text{m})$$

$$D'_e=2\delta_{ave}=2\times0.0034=0.0068(\text{m})$$

雷诺数 $Re=\dfrac{D'_eG}{\mu}=\dfrac{0.0068\times1980000}{3.12}=4315>500$

普兰特数 $Pr=\dfrac{c\mu}{\lambda}=\dfrac{2.219\times3.12}{0.502}=13.8$

使用接近于本例题采用的波纹板的界膜传热系数 α 的计算公式，即式(16-72)：

$$\frac{\alpha_1D'_e}{\lambda}=1.0\frac{D'_e}{P_t}\exp\frac{-1.1D'_e}{P_t}\left(\frac{D'_eG}{\mu}\right)^{0.62}\left(\frac{c\mu}{\lambda}\right)^{0.4}$$

$$=1.0\times\frac{0.0068}{0.0160}\exp\frac{-1.1\times0.0068}{0.0160}\times4315^{0.62}\times13.8^{0.4}$$

$$=137$$

所以 $\alpha_1=137\times(0.502/0.0068)=10113.8[\text{kJ}/(\text{m}^2\cdot\text{h}\cdot℃)]$

(6) 水侧界膜传热系数的计算

$$G=W/(B\delta)=5300/(0.36\times0.0042)=3505291[\text{kg}/(\text{m}^2\cdot\text{h})]$$

$$Re=\frac{D'_eG}{\mu}=\frac{0.0068\times3505291}{2.14}=11138>500$$

$$Pr=\frac{c\mu}{\lambda}=\frac{4.1868\times2.14}{2.219}=4.04$$

$$\frac{\alpha_2 D'_e}{\lambda}=1.0\frac{D'_e}{P_t}\exp\frac{-1.1D'_e}{P_t}\left(\frac{D'_eG}{\mu}\right)^{0.62}\left(\frac{c\mu}{\lambda}\right)^{0.4}$$

$$=1.0\times\frac{0.0068}{0.0160}\exp\left(\frac{-1.1\times0.0068}{0.0160}\right)\times11138^{0.62}\times4.04^{0.4}$$

$$=149$$

所以　$\alpha_2=149\times(2.219/0.0068)=48622[\text{kJ}/(\text{m}^2\cdot\text{h}\cdot℃)]$

(7) 传热板金属的热阻　如果假定传热板厚 $t_s=1.2\text{mm}$，材料用 SUS27 [其热导率 $\lambda=58.6\text{kJ}/(\text{m}\cdot\text{h}\cdot℃)$]。

(8) 污垢系数

某液体侧污垢系数　$r_1=0.0000119\text{m}^2\cdot\text{h}\cdot℃/\text{kJ}$

冷却水侧污垢系数　$r_2=0.00000955\text{m}^2\cdot\text{h}\cdot℃/\text{kJ}$

(9) 总传热系数 K 的计算

$$\frac{1}{K}=\frac{1}{\alpha_1}+r_1+\frac{t_s}{\lambda}+r_2+\frac{1}{\alpha_2}$$

$$=\frac{1}{10113.8}+0.0000119+\frac{0.00012}{58.6}+0.00000955+\frac{1}{48622}$$

$$=0.000143$$

所以
$$K=6993\ \text{kJ}/(\text{m}^2\cdot\text{h}\cdot℃)$$

(10) 所需板数　波纹部分的投影面积 A'

$$A'=BL_p=0.36\times0.676=0.243\ (\text{m}^2)$$

由于波纹角度 $\beta=36°$

所以
$$A_p=A'/\cos 36°=0.300\text{m}^2$$

由于流道构成是 1-1 流道，可求得热传递单位数 $(\text{NTU})_B$：

$$(\text{NTU})_B=\frac{KA}{W_{油}c}=3.6$$

所以
$$A=(\text{NTU})_B\frac{W_{油}c}{K}=3.6\times\frac{3000\times2.219}{6993}=3.43\ (\text{m}^2)$$

所需板数　$N=A/A_p=3.43/0.300=11.4$ (块)

可选用 12 块板。实际上由于在板的两端各自留 1 块，应采用 14 块，如图 16-43 所示，流道构成 1-1 流道 6-7 程。

(11) 某液体侧压力损失　流道长度 $L=L_p/\cos\beta=0.676/\cos 36°=0.835$ (m)

则每程压力损失

$$\Delta p=3.0\times10^{-6}\times\frac{G^2}{\rho}(D'_eG/\mu)^{-0.30}L$$

$$=3.0\times10^{-6}\times\frac{1980000^2}{825}\times4315^{-0.30}\times0.835$$

$$=975(\text{kgf/m}^2)=9555(\text{Pa})$$

某液体侧为 6 程，故压力损失 $=9555\times6=57.3$ (kPa)

水侧压力损失计算与前几节相似，略。

第五节　螺旋管式换热器

一、结构

图 16-44 为螺旋管式换热器平面，它是把许多传热管卷成同心螺旋状，固定在盖板和壳体底板之间构成的。各传热管的两端分别与一根入口管和一根出口管连接。传热管无间隙地重叠在一起，其上、下端分别与盖板和壳底板固紧。传热管螺旋间距保持一定，为使壳侧流道保持一定，应在螺旋之间加隔板。

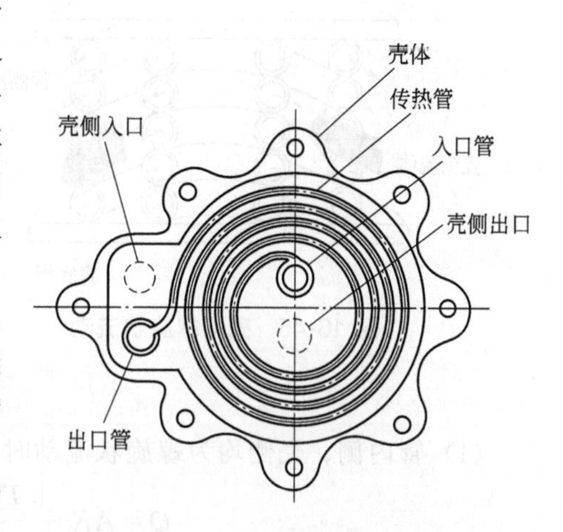

图 16-44　螺旋管式换热器平面

传热管可以用碳钢、铜、铜合金、不锈钢、镍、镍合金等材料制成。除光滑管外，还可以用低翅片管作传热管。壳体采用铸铁、青铜碳钢或不锈钢制造。

传热管用焊接、钎焊等方法与入口管和出口管连接。

螺旋管式换热器与管壳式换热器相比，具有如下优点：

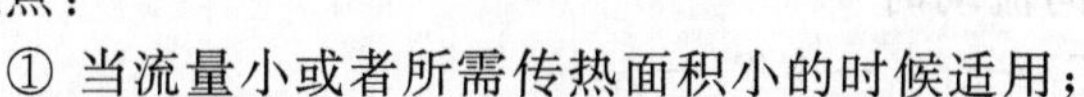
① 当流量小或者所需传热面积小的时候适用；

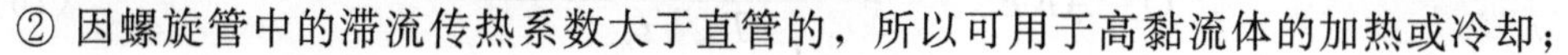
② 因螺旋管中的滞流传热系数大于直管的，所以可用于高黏流体的加热或冷却；

③ 螺旋管式换热器中的流动可认为是逆流流动；

④ 因传热管呈蛇形盘管状，具有弹簧作用，所以没有热应力造成的破坏漏失；

⑤ 紧凑，安装容易。

缺点如下：

① 当传热管与入口管和出口管连接处产生漏失时，修理困难；

② 用机械方法清洗管内侧很困难（壳侧可以用水喷嘴喷射清洗，而管内侧必须用化学处理清洗）；

③ 当用不锈钢管作传热管时，如果传热管长度大于某一限度，则为了保持壳侧流道均匀，必须加隔板，从而使壳侧流体压力损失增大（在下面所述的压力损失计算中没有考虑加隔板产生的压力损失）。

虽然螺旋管式换热器的造价比同样传热面积的管壳式换热器高，可是因为传热系数大，容易维修，所以被广泛使用。

二、基本传热公式

如图 16-45 所示，卷成螺旋状的传热管上下无间隙地重叠，传热管上端与盖板、下端与壳底板无间隙连接，在此构造中壳侧流体和管侧流体都呈螺旋状流动。在这种情况下，如令高温流体在管内侧、低温流体在壳侧流动，则管内侧流体通过管壁与外侧流道内的壳侧流体进行换热，可近似地认为是逆流流动（严格讲不是逆流流动）。

如图 16-46 所示，在传热管上端与盖板和传热管下端与壳底板之间安装适当的隔板，这类螺旋管式换热器的管内侧流体呈螺旋状流动，壳侧流体呈轴向流动。这时的流动形式可以认为是两流体不混合的逆向错流。因此，螺旋管式换热器的基本传热公式可以用下述公式表示。

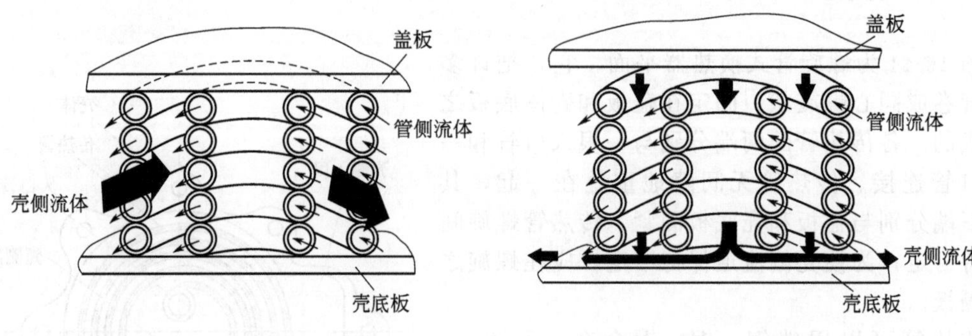

图 16-45 壳侧螺旋状流动　　图 16-46 壳侧轴向流动

(1) 管内侧、壳侧均为螺旋状流动时

$$Q=AK\frac{|T_1-t_2|-|T_2-t_1|}{\ln\frac{T_1-t_2}{T_2-t_1}} \tag{16-78}$$

(2) 管内侧呈螺旋状流动，壳侧呈轴向流动时

$$Q=AKF_t\frac{|T_1-t_2|-|T_2-t_1|}{\ln\frac{T_1-t_2}{T_2-t_1}} \tag{16-79}$$

上两式中，Q 为传热量，kJ/h；A 为传热面积，m^2；t_1、t_2 分别为管内侧流体入口、出口温度，℃；T_1、T_2 分别为壳侧流体入口、出口温度，℃；K 为总传热系数，kJ/(m^2 · h · ℃)；F_t 为温度修正系数，用两流体都不混合的错流热交换器的温差修正系数确定。

三、传热系数

(一) 管内侧界膜传热系数

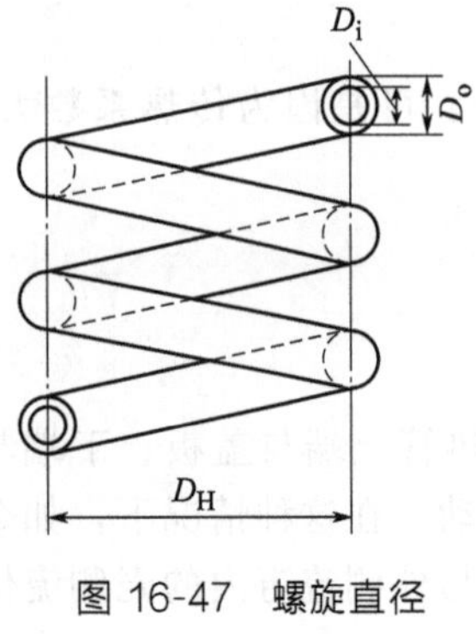

1. 无相变对流传热

螺旋管式换热器的传热管如图 16-47 所示，螺旋径 D_H 从 D_{Hmin} 变到 D_{Hmax}，形成所谓的阿基米德螺旋管。关于阿基米德螺旋管内流体流动的传热系数关联式，一般只采用在螺旋径一定时的盘管内流动流体的界膜传热系数作为其接近解。

图 16-47 螺旋直径一定的盘管

伊托提出了作为在螺旋径一定的盘管中流动的流体，从滞流向湍流过渡的临界雷诺数 Re_c 的推定式：

$$Re_c=2\times10^4(D_i/D_H)^{0.32} \tag{16-80}$$

关于在螺旋径一定的盘管内流动流体的界膜传热系数，库贝尔、基尔皮科夫都发表了关联式。

库贝尔提出了在滞流区内的关联式：

$$\alpha_i=[0.763+(D_i/D_H)]\frac{\lambda}{D_i}\left(\frac{W_tc}{\lambda L}\right)^{0.9} \tag{16-81}$$

上式适用范围：$D_i=6.6\sim12.7\text{mm}$

$D_i/D_H=0.037\sim0.097$

$Re=2100\sim15000$

$(W_tc)/(\lambda L)=15\sim100$

式中，c 为流体比热容，kJ/(kg・℃)；W_t 为管内流体流量，kg/h；L 为管长，m；λ 为管内流体热导率（流体本身温度下的值），kJ/(m・h・℃)。

基尔皮科夫提出了在湍流区内的关联式：

$$\alpha_i=0.0456\left(\frac{D_i}{D_H}\right)^{0.21}\left(\frac{D_iG_i}{\mu}\right)^{0.8}\left(\frac{c\mu}{\lambda}\right)^{0.4} \tag{16-82}$$

式中，μ 为流体黏度（流体本身温度下的值），$\text{kgf}/(\text{m}^2\cdot\text{h})$。

上式适用范围：$Re=10000\sim45000$

$D_i/D_H=0.1\sim0.056$

2. 冷凝传热

冷凝传热可以采用水平管内冷凝时的有关式子，但使用下式更为简便实用：

$$\alpha=1.20\left(\frac{4\Gamma}{\mu_f}\right)^{-1/3}\left(\frac{\mu_f^2}{\lambda_f^3\rho_f^2g}\right)^{-1/3} \tag{16-83}$$

$$\Gamma=W_f/(LN) \tag{16-84}$$

式中，W_f 为冷凝液量，kg/h；Γ 为冷凝负荷，kg/(m・h)；μ_f 为冷凝液黏度（界膜温度下的值），$\text{kgf}/(\text{m}^2\cdot\text{h})$；$\rho_f$ 为冷凝液密度（界膜温度下的值），kg/m^3；λ_f 为冷凝液热导率（界膜温度下的值），kJ/(m・h・℃)；g 为重力加速度，$1.27\times10^8\text{m/h}^2$。

上式的适用范围：

$$\Delta\Gamma/\mu_f<2100$$

同时忽略了由于管内蒸气流动而产生的作用在冷凝液上的切应力和冷凝液的湍动效应。

（二）壳侧界膜传热系数

1. 无相变的对流传热（螺旋流动）

如图 16-45 所示，当传热管上端与盖板和传热管下端与壳底板之间没有间隙时，壳侧流体呈螺旋流动，如用壳侧流道的当量直径 D_e 代替管内径 D_i，则这时壳侧的传热系数仍可用有关的管内侧界膜传热系数的关联式计算。

壳侧流道断面的当量直径 D_e 用下式表示：

$$D_e=\frac{4(P_tND_o-\frac{\pi}{4}ND_o^2)}{2P_t+N\pi D_o} \tag{16-85}$$

一般因 $2P_t\ll N\pi D_o$，故 $2P_t$ 可忽略，则

$$D_e=4\times\frac{P_t}{\pi}-D_o \tag{16-86}$$

式中，D_o 为传热管外径，m；P_t 为传热管螺旋间距，m；N 为传热管根数。

德雷维德提出在滞流区内壳侧的界膜传热系数公式：

$$\alpha_o=\left[0.65\left(\frac{D_eG_o}{\mu}\right)^{1/2}\ (D_e/D_H)^{1/4}+0.76\right]\frac{\lambda}{D_e}\left(\frac{c\mu}{\lambda}\right)^{0.175} \tag{16-87}$$

上式适用范围：$\dfrac{D_eG_o}{\mu}\left(\dfrac{D_e}{D_H}\right)^{1/2}=30\sim2000$

也可用下式表示：

$$\alpha_o=[0.763+(D_e/D_H)]\frac{\lambda}{D_e}\left(\frac{Wc}{\lambda L}\right)^{0.9} \tag{16-88}$$

上式适用范围：$\dfrac{D_eG_o}{\mu}=2100\sim15000$

这里，G_o 为壳侧质量速度，$kg/(m^2\cdot h)$；L 为流道长度，m。

在湍流区内界膜传热系数表达式为：

$$\alpha_o=0.023\left(\frac{D_e}{D_H}\right)^{0.1}\left(\frac{D_eG_o}{\mu}\right)^{0.85}\left(\frac{c\mu}{\lambda}\right)^{0.4} \tag{16-89}$$

上式适用范围：$\dfrac{D_eG_o}{\mu}=10000\sim100000$

2. 无相变的对流传热（轴向流动）

如图 16-46 所示，当传热管上端与盖板和传热管下端与壳体底板之间有间隙时，壳侧流动呈轴向流动。这时的流道为环形，其流道断面积沿流动方向交替扩大和缩小。

霍布勒提出下式作为沿轴向一定间隔安装缩口的圆管内流动流体的界膜传热系数的关联式。

当 $200<Re<2000$ 时：

$$\alpha_i=0.437\frac{\lambda}{D_i}\frac{D_iG_i}{\mu}\frac{c\mu}{\lambda}\frac{D_i}{L} \tag{16-90}$$

当 $2000<Re<6000$ 时：

$$\alpha_i=0.0514\frac{\lambda}{D_i}\left(\frac{D_iG_i}{\mu}\right)^{0.775}\left(\frac{c\mu}{\lambda}\right)^{0.4}\left(\frac{D_i}{D_{imin}}\right)^{0.488}\left(\frac{D_i}{L}\right)^{0.242} \tag{16-91}$$

式中，D_{imin} 为缩口处管内径。

用壳侧流道的当量直径 D_e 代替管内径 D_i，则螺旋管式换热器壳侧界膜传热系数可以近似地用下列各式表达。而轴向流动的壳侧流道的当量直径 D_e 为：

$$D_e\approx2P_t \tag{16-92}$$

此时滞流区的界膜传热系数可写成：

$$\alpha_o=0.437\frac{\lambda}{D_e}\frac{D_eG_o}{\mu}\frac{c\mu}{\lambda}\frac{D_e}{ND_o} \tag{16-93}$$

$$\frac{D_eG_o}{\mu}=200\sim2000$$

而湍流区的界膜传热系数可写成：

$$\alpha_{o}=0.0514\frac{\lambda}{D_{e}}\left(\frac{D_{e}G_{o}}{\mu}\right)^{0.775}\left(\frac{c\mu}{\lambda}\right)^{0.4}\left(\frac{p_{t}}{p_{t}-D_{o}}\right)^{0.488}\left(\frac{D_{e}}{ND_{o}}\right)^{0.242} \tag{16-94}$$

$$G_{o}=W_{o}/(P_{t}L) \tag{16-95}$$

式中，G_o 为壳侧流体的质量速度，$kg/(m^2 \cdot h)$；W_o 为壳侧流体的流量，kg/h；N 为传热管数；L 为传热管长，m。

（三）冷凝传热

可以采用水平管群的管外冷凝时的公式。但一般可用下式表达更为简洁实用：

$$\alpha_{o}=1.51\left(\frac{4\Gamma}{\mu_{f}}\right)^{-1/3}\left(\frac{\mu_{f}^{2}}{\lambda_{f}^{3}\rho_{f}^{2}g}\right)^{-1/3} \tag{16-96}$$

$$\Gamma=W_{f}/(LN^{2/3}) \tag{16-97}$$

式中，Γ 为冷凝负荷，$kg/(m \cdot h)$。

四、压力损失

（一）管内侧压力损失

1. 无相变时的压力损失

（1）管内流动的摩擦损失 Δp_f　肖凯特阿利等提出下列各式作为阿基米德螺旋管中压力损失的关联式。

滞流区（$Re<6000$）

$$\Delta p_{f}=49\left(\frac{D_{i}G_{i}}{\mu}\right)^{-0.67}\left[\frac{R_{max}^{0.75}(R_{max}-R_{min})^{0.75}}{P_{t}D_{i}^{0.5}}\right]\frac{4G_{i}^{2}}{2g_{c}\rho} \tag{16-98}$$

湍流区（$Re>10000$）

$$\Delta p_{f}=0.65\left(\frac{D_{i}G_{i}}{\mu}\right)^{-0.18}\left[\frac{R_{max}^{0.75}(R_{max}-R_{min})^{0.75}}{P_{t}D_{i}^{0.5}}\right]\frac{4G_{i}^{2}}{2g_{c}\rho} \tag{16-99}$$

式中，Δp_f 为管内流动的摩擦损失，kg/m^2；R_{max} 为螺旋的最大半径，m；R_{min} 为螺旋的最小半径，m；g_c 为重力换算系数，$1.27\times10^8 m/h^2$。

（2）出入口压力损失 Δp_r　从入口管分流到传热管的压力损失和从传热管合流到出口管的压力损失之和等于速度头的 2 倍。

$$\Delta p_{r}=\frac{2G_{i}^{2}}{2g_{c}\rho} \tag{16-100}$$

（3）管内侧总压力损失 Δp_t

$$\Delta p_{t}=\Delta p_{f}+\Delta p_{r} \tag{16-101}$$

2. 冷凝时的压力损失

这时的压力损失等于用假定无相变公式算出的压力损失的 1/2。这是充分可靠的推算。

（二）壳侧压力损失

1. 无相变时的压力损失（螺旋流动）

（1）壳侧流动的摩擦损失 当用壳侧流道当量直径 D_e 代替管内径 D_i 时，壳侧流动摩擦损失计算公式如下。

滞流时（$Re<6000$）

$$\Delta p_f=49\left(\frac{D_eG_o}{\mu}\right)^{-0.67}\left[\frac{R_{max}^{0.75}\ (R_{max}-R_{min})^{0.75}}{P_tD_e^{0.5}}\right]\frac{4G_o^2}{2g_c\rho} \tag{16-102}$$

湍流时（$Re>10000$）

$$\Delta p_f=0.65\left(\frac{D_eG_o}{\mu}\right)^{-0.18}\left[\frac{R_{max}^{0.75}\ (R_{max}-R_{min})^{0.75}}{P_tD_e^{0.5}}\right]\frac{4G_o^2}{2g_c\rho} \tag{16-103}$$

（2）出入口压力损失 Δp_r 出入口接管的压力损失，等于速度头的 2 倍。

$$\Delta p_r=\frac{2G_o^2}{2g_c\rho} \tag{16-104}$$

（3）壳侧总压力损失 Δp_s

$$\Delta p_s=\Delta p_f+\Delta p_r \tag{16-105}$$

2. 无相变时的压力损失（轴向流动）

沿流动方向反复扩大，缩小的次数仅等于传热管数。如果认为扩大和缩小时的压力损失为速度头的 2 倍，则：

$$\Delta p_s=\frac{2}{2g_c\rho}\left[\frac{W_o}{L(P_t-D_o)}\right]^2N \tag{16-106}$$

3. 冷凝时的压力损失

冷凝时的压力损失可认为等于假定无相变计算出的压力损失的 1/2，这是充分可靠的推算。

五、螺旋的最大直径

螺旋的圈数 N_{coil} 用下式求得：

$$N_{coil}=\frac{1}{2\pi}\sqrt{\frac{4\pi}{P_t}\left(L+\frac{\pi}{4P_t}D_{Hmin}^2\right)} \tag{16-107}$$

螺旋的最大直径 D_{Hmax} 为：

$$D_{Hmax}=2N_{coil}P_t=\frac{P_t}{\pi}\sqrt{\frac{4\pi}{P_t}\left(L+\frac{\pi}{4P_t}D_{Hmin}^2\right)} \tag{16-108}$$

第六节 高温烟气冷却器设计

在冶金、建材、电力、机械制造、耐火材料及陶瓷工业等生产过程中排放的烟气，其温度往往在 130℃以上，在环境工程中称为高温烟气。高温烟气的除尘困难和复杂性，不仅是因为烟气温度高而需要采取降温措施或使用耐高温的除尘器，而且还因为烟气温度高会引起烟气和粉尘性质的一系列变化。所以，在高温烟气除尘时只有对烟气进行冷却降温处理才能获得满意的除尘效果。

一、冷却方法的分类和设计流程

1. 冷却方法分类

冷却高温烟气的介质可以采用温度低的空气或水，称为风冷或水冷，不论风冷还是水冷，都可以直接冷却和间接冷却，所以冷却方式用以下方法分类（见图 16-48）。

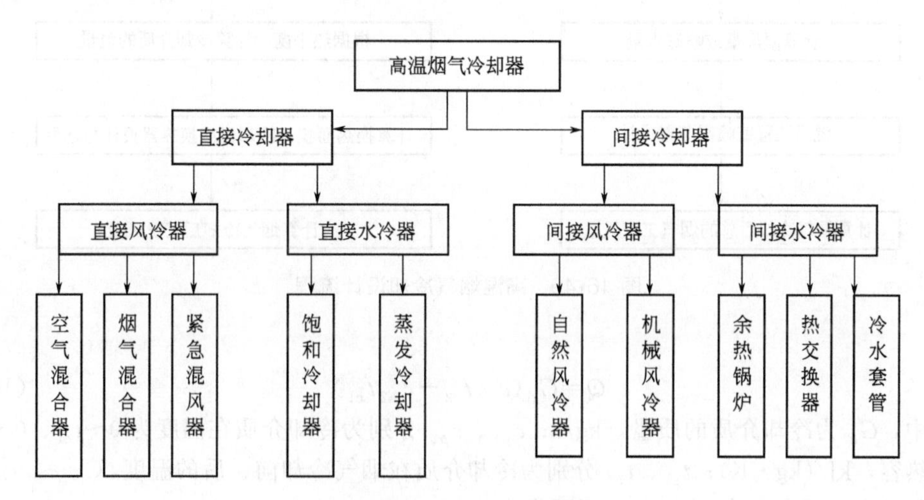

图 16-48　烟气冷却器分类

（1）直接风冷　将常温的空气直接混入高温烟气中（掺冷方法）。

（2）间接风冷　用空气冷却在管内流动的高温烟气。用自然对流空气冷却的风冷称为自然风冷，用风机强迫对流空气冷却称为机械风冷。

（3）直接水冷　即往高温烟气中直接喷水，用水雾的蒸发吸热，使烟气冷却。

（4）间接水冷　即用水冷却在管内流动的烟气，可以用水冷夹套或冷却器等形式。

2. 设计流程

高温烟气冷却设计流程如图 16-49 所示。

3. 热平衡计算

高温烟气冷却的热平衡计算包括烟气放出的热量和冷却介质（水和空气）所吸收的热量，两者应该相等。

烟气量为 Q_g（m^3/h）的烟气由温度 t_{g1} 冷却到 t_{g2} 所放出的热流量为：

$$Q=\frac{Q_g}{22.4}(c_{pm1}t_{g1}-c_{pm2}t_{g2}) \tag{16-109}$$

式中，Q 为热流量，kJ/h；Q_g 为烟气量，m^3/h；c_{pm1}、c_{pm2} 分别是烟气为 t_{g1} 及 t_{g2} 时的平均定压摩尔热容，kJ/(kmol·K)；t_{g1}、t_{g2} 分别为烟气冷却前、后的温度，℃。

热流量 Q 应为冷却介质所吸收，这时冷却介质的温度由 t_{g1} 上升到 t_{g2}，于是：

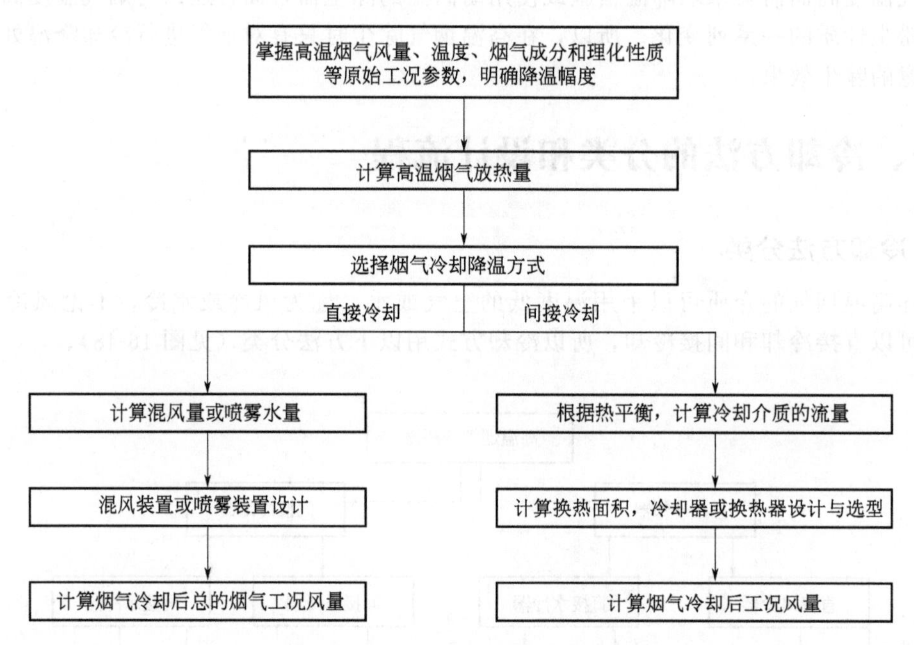

图 16-49 高温烟气冷却设计流程

$$Q=G_{\mathrm{o}}(c_{p1}t_{c2}-c_{p2}t_{c1}) \tag{16-110}$$

式中，G_{o} 为冷却介质的质量，kg/s；c_{p1}、c_{p2} 分别为冷却介质在温度为 $0\sim t_{c1}$、$0\sim t_{c2}$ 下的质量热容，kJ/(kg·K)；t_{c1}、t_{c2} 分别为冷却介质在烟气冷却前、后的温度，℃。

如果冷却介质为空气时，上式可写成为：

$$Q=\frac{Q_{\mathrm{h}}}{22.4}(c_{pc2}t_{c2}-c_{pc1}t_{c1}) \tag{16-111}$$

式中，Q_{h} 为冷却气体的气体量，m^3/h；c_{pc1}、c_{pc2} 分别为冷却空气在温度为 $0\sim t_{c1}$、$0\sim t_{c2}$ 时的平均定压摩尔热容，kJ/(kmol·K)；t_{c1}、t_{c2} 分别为冷却介质在烟气冷却前、后的温度，℃。

二、直接冷却器设计

（一）直接风冷器

直接风冷是最为简单的一种冷却方式，它是在除尘器的入口前的风管上另设一冷风口，将外界的常温空气吸入到管道内与高温烟气混合，使混合后的温度降至设定温度达到烟气降温的目的。

直接风冷在实际应用一般要在冷风口处设置自动调节阀，并在冷风入口处设置温度传感器来控制调节阀开启的时间，从而控制吸入的冷风量。温度传感器应设在冷风入口前 5m 以上的距离。

这种方法通常适用于较低温度（200℃以下）及要求降温量较小的情况，或者是用其他方法将高温烟气温度大幅度下降后仍达不到要求，再用这种方法作为防止意外事故性高温的补充降温措施，作为防止出现意外高温的情况应用最为广泛。

直接冷风的冷风量，可根据热平衡方程来计算，混入冷空气后，混合气体的温度为$t_h=t_{g2}=t_{c2}$，于是可得：

$$\frac{Q_g}{22.4}(t_{g1}c_{pm1}-t_h c_{pm2})=\frac{Q_h}{22.4}(t_h c_{pc2}-t_{c1}c_{pc1}) \tag{16-112}$$

或

$$Q_h=\frac{Q_g(t_{g1}c_{pm1}-t_h c_{pm2})}{t_h c_{pc2}-t_{c1}c_{pc1}} \tag{16-113}$$

式中，Q_g 为烟气量，m^3/h；Q_h 为冷却气体的气体量，m^3/h；t_{g1} 为烟气冷却前温度,℃；t_h 为冷却气体温度,℃；t_{c1} 为冷却气体开始温度,℃；c_{pm1}、c_{pm2} 分别为烟气为 $0\sim t_{g1}$、$0\sim t_{g2}$ 时的平均定压摩尔热容，kJ/(kmol·K)；c_{pc1}、c_{pc2} 分别为冷却气体为 $0\sim t_{c1}$、$0\sim t_{c2}$ 时的平均定压摩尔热容，kJ/(kmol·K)。

若烟气温度变化范围不大，或计算结果不要求十分精确，一般可将理想气体摩尔热容近似看作常数，称为气体的定值摩尔热容。根据能量按自由度均分的理论可知：凡原子数相同的气体，摩尔比热容也相同，其数值见表16-11。

表 16-11 定值摩尔热容（压力：101.3kPa）

原子数	定值摩尔热容/[kJ/(kmol·℃)]
单原子气体	20.934
双原子气体	29.3076
多原子气体	37.6812

对于多种气体组成的混合气体的平均定压摩尔热容 c_p 按下式计算：

$$c_p=\sum(r_1 c_{pi}) \tag{16-114}$$

式中，r_1 为混合气体中某一成分所占体积分数,%；c_{pi} 为混合气体中某一成分的平均定压摩尔热容，kJ/(kmol·K)，见表16-12。

表 16-12 几种气体的定压摩尔热容（压力：101.3kPa）

单位：kJ/(kmol·K)

t/℃	N_2	O_2	空气	H_2	CO	CO_2	H_2O
0	29.136	29.262	29.082	28.629	29.104	35.998	33.490
25	29.140	29.316	29.094	28.738	29.148	36.492	33.545
100	29.161	29.546	29.161	28.998	29.194	38.192	33.750
200	29.245	29.952	29.312	29.119	29.546	40.151	34.122
300	29.404	30.459	29.534	29.169	29.546	41.880	34.566
400	29.622	30.898	29.802	29.236	29.810	43.375	35.073
500	29.885	31.355	30.103	29.299	30.128	44.715	35.617
600	30.174	31.782	30.421	29.370	30.450	45.908	36.191
700	30.258	32.171	30.731	29.458	30.777	46.980	36.781
800	30.733	32.523	31.041	29.567	31.100	47.934	37.380
900	31.066	32.845	31.388	29.697	31.405	48.902	37.974
1000	31.326	33.143	31.606	29.844	31.694	49.614	38.560

续表

t/℃	N_2	O_2	空气	H_2	CO	CO_2	H_2O
1100	31.614	33.411	31.887	29.998	31.966	50.325	39.138
1200	31.862	33.658	32.130	30.166	32.188	50.953	39.699
1300	32.092	33.888	32.624	30.258	32.456	51.581	40.248
1400	32.314	34.106	32.577	30.396	32.678	52.084	40.799
1500	32.527	34.298	32.783	30.547	32.887	52.586	41.282

（二）直接水冷器

1. 饱和冷却塔

饱和冷却塔是通过向高温烟气大量喷水，液气比高达 1～4kg/m^3，使高温烟气在瞬间冷却到相应的饱和温度，在高温烟气湿式净化系统中，如转炉煤气净化系统，一般均采用该冷却装置。在冷却降温的同时，该装置也起到了粗除尘的作用，大量烟尘被水捕集形成污水进入污水处理系统。转炉湿式净化系统中的溢流文氏管（简称一文），即饱和冷却的一种典型装置。

电炉除尘装置采用的是布袋除尘器，即除尘系统为干法除尘，要求高温烟气冷却采用干法冷却或不饱和冷却。所以饱和冷却塔设备不适用电炉等干法除尘。

2. 蒸发冷却塔

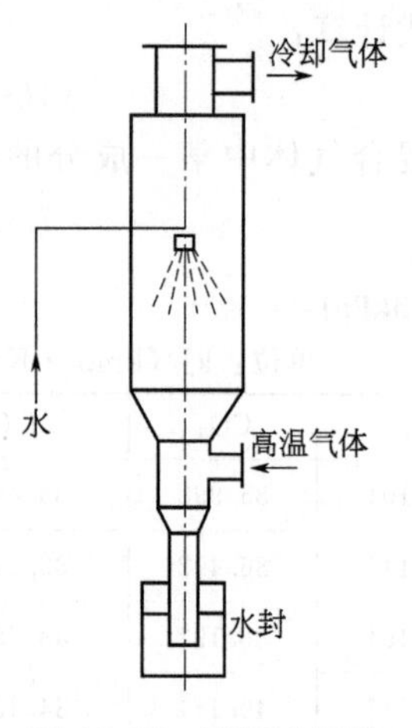

图 16-50 喷雾冷却塔

蒸发冷却塔是通过向高温烟气喷入适当的气水混合颗粒，使高温烟气在瞬间冷却到相应的不饱和气体，在冷却降温的同时，也起到粗除尘的作用，即粉尘被凝结成较大的干颗粒沉降在灰斗内，没有了水的二次污染问题和强制吹风冷却器的能耗及冷却管阻塞问题。

冷却塔多用于干法除尘系统，可与袋式除尘器和电除尘器等配套使用。根据工艺形式和除尘方案，冷却塔设计一般可分为以冷却水为介质的和以气水混合物为介质的冷却塔。

（1）设计要求　以冷却水为介质的蒸发冷却塔的形式如图 16-50 所示。烟气自塔的顶部或下部进入，由底部或顶部排出，喷雾装置设计为顺喷，即冷却水雾流向与气流相同。一般情况下，塔内断面气流速度宜取 4.0m/s 以下。若气流速度增大，则必须增大塔体的有效高度，以便烟气在塔内有足够的停留时间，使其水雾容易达到充分蒸发的目的。停留时间一般为 5s 以上。蒸发冷却塔的有效高度决定于喷嘴喷入的水滴蒸发的时间，而蒸发时间取决于水滴粒径的大小和烟气的热容量。因此，为降低蒸发冷却塔的高度，必须尽可能减小水滴粒径，即对喷嘴喷入的水滴直径要求很细，使其雾粒在与高温烟气接触的很短时间内，吸收烟气显热后全部汽化，并被烟气再加热而形成一种不饱和气体，且应能适应烟气热量调节而不影响喷雾的粒径，同时保持有较高的水压，并要求喷嘴有较高的使用寿命。一般可采用带回流的压力喷嘴，喷嘴的技术性能可查有关资料。

以气水混合物为介质的蒸发冷却塔。蒸发冷却塔的结构形式基本类同于以冷却水为介质的蒸发冷却塔。所不同的是它采用气液双相流喷嘴来强化喷嘴的雾化能力，即采用具有一定压力的蒸汽或压缩空气与水混合，使喷嘴喷入的水滴直径更细，冷却效果更好。而且与高温烟气接触时间可以缩短，即蒸发冷却塔塔内的断面气流速度可以适当提高，这样可降低冷却塔的高度，便于设备的布置等。

该蒸发冷却塔适用范围较广，也可用于转炉煤气的干法净化系统和其他场合的高温烟气冷却，并可与电除尘器配套使用。对电炉干法除尘系统而言，蒸发冷却塔所降低的烟气温度绝对不能低于烟气的饱和温度，即烟气的露点温度，以免出现结露现象而影响系统的正常运行。为安全考虑，当烟气进口温度低于150℃时，喷嘴应停止工作；并要求降温后的烟气温度应高于烟气露点温度30～50℃，出口烟气相对湿度要求低于30%。

(2) 烟气放出热量 Q_g 的计算　高温气体从 t_{g1} 下降到 t_{g2} 所放出的热量 Q_g，按下式计算：

$$Q_g=\frac{V_0}{22.4}\int_{t_{g2}}^{t_{g1}} c_p \mathrm{d}t=\frac{V_0}{22.4}(c_p t_{g1}-c_p t_{g2}) \tag{16-115}$$

式中，Q_g 为烟气放出热量，kJ/h；V_0 为标准状态下气体的体积流量，m^3/h；c_p 为0～t（℃）气体的平均定压摩尔热容，kJ/(kmol·℃)。

(3) 有效容积 V 计算　在喷嘴喷出的水滴全部蒸发的情况下，蒸发冷却塔的有效容积 V 可按下式计算：

$$Q_g=sV\Delta t_m \tag{16-116}$$

式中，Q_g 为高温烟气放出热量，kJ/h；s 为蒸发冷却塔的热容系数，kJ/(m^3·h·℃)，当雾化性能良好时，可取627～838kJ/(m^3·h·℃)；V 为蒸发冷却塔的有效容积，m^3；Δt_m 为水滴和高温烟气的对数平均湿度差,℃。

$$\Delta t_m=\frac{\Delta t_1-\Delta t_2}{\ln\dfrac{\Delta t_1}{\Delta t_2}} \tag{16-117}$$

式中，Δt_1 为入口处烟气与水滴的温差,℃；Δt_2 为出口处烟气与水滴的温差,℃。

蒸发冷却塔的有效容积与塔直径和高度有关，高度可根据塔内水滴完全蒸发所需的时间来确定，水滴完全蒸发所需的时间由图16-51查得。

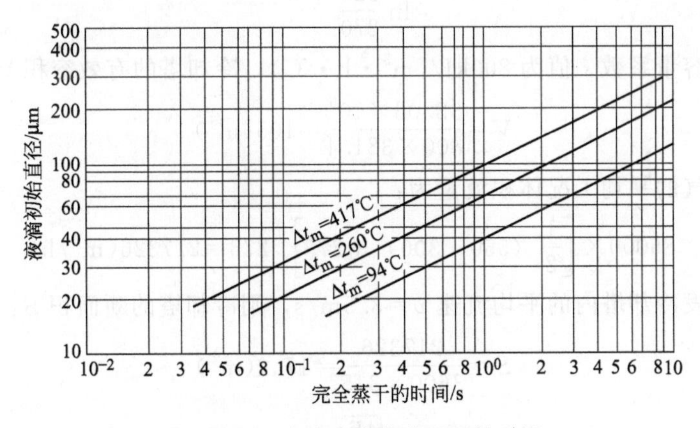

图16-51　水滴完全蒸发所需的时间

(4) 喷水量 W 计算　蒸发冷却塔的喷水量 W（kg/h），可按下式计算：

$$W=\frac{Q_g}{r+c_W(100-t_W)+c_V(t_{g2}-100)} \tag{16-118}$$

式中，r 为在100℃时水的汽化潜热，2257kJ/kg；c_W 为水的质量比热容，4.18kJ/(kg·℃)；c_V 为在100℃时水蒸气的比热容，2.14kJ/(kg·℃)；t_W 为喷雾水温度，℃；t_{g2} 为高温烟气出口温度，℃。

(5) 水蒸气容积流量 V_W 计算 出蒸发冷却塔时，烟气中所增加的水蒸气容积 V_W (m^3/h)，可按下式计算：

$$V_W=\frac{w(273+t_{g2})}{273\rho} \tag{16-119}$$

式中，ρ 为水蒸气的密度，kg/m^3，$\rho=M(H_2O)/22.4$；其他符号意义同前。

【例 16-2】 已知：某电炉排出的烟气量（标态），$Q_g=85000\text{m}^3/\text{h}$，进入喷雾冷却塔的烟气温度 $t_{g1}=550$℃，要求在出口处烟气温度 $t_{g2}=300$℃，冷却水温 $t_W=30$℃。

求：蒸发冷却塔规格和冷却水量。

解 ① 烟气放热量 Q：

烟气组成：

CO	CO_2	N_2	O_2
3%	19%	68%	10%

烟气入口 0～550℃的平均定压摩尔热容 c_{p1} 的计算，可查表16-12得：

$$c_{p1}=30.289\times3\%+45.312\times19\%+30.03\times68\%+31.569\times10\%$$
$$=33.09[\text{kJ}/(\text{kmol}\cdot℃)]$$

在冷却塔内烟气放出的热量 Q：

$$Q=\frac{85000}{22.4}(33.09\times550-32.19\times300)=32.06\times10^6(\text{kJ/h})$$

② 冷却塔规格：

$$\Delta t_1=550-30=520(℃)$$
$$\Delta t_2=300-30=270(℃)$$
$$\Delta t_m=\frac{520-270}{\ln\frac{520}{270}}=381.4℃$$

取冷却塔热容量系数 s 值为800kJ/(m^3·h·℃)，冷却塔的有效容积 V：

$$V=\frac{32.06\times10^6}{800\times381.4}=105(\text{m}^3)$$

冷却塔内烟气的平均工况体积流量为：

$$85000\times\left[\frac{1}{2}(550+300)+273\right]\Big/273=217326(\text{m}^3/\text{h})$$

取烟气在蒸发冷却塔内的平均流速 $v=3.5\text{m/s}$，则冷却塔的断面积 S：

$$S=\frac{217326}{3600\times3.5}=17.2(\text{m}^2)$$

冷却塔直径 $D=\sqrt{\frac{4S}{\pi}}=4.7\text{m}$

冷却塔有效高度 $H=\frac{105}{17.2}=6.1(\text{m})$

为使烟气在塔内完全蒸发，烟气停留时间应不少于5s，故取塔高为18m，则冷却塔的有效容积V应为：

$$17.2\times18=309.6(\text{m}^3)$$

③ 冷却水量W：

$$W=\frac{32.06\times10^6}{2257+4.18\times(100-30)+2.14\times(300-100)}=10767(\text{kg/h})$$

烟气中增加水蒸气工况体积流量为V_W：

$$V_W=\frac{10767}{18/22.4}\times\frac{273+300}{273}=28123(\text{m}^3/\text{h})$$

冷却塔出口处湿烟气实际体积流量V为：

$$V=85000\times\frac{273+300}{273}+28123=206530(\text{m}^3/\text{h})$$

三、间接冷却器设计

（一）间接风冷器

1. 自然风冷器

间接风冷一般做法是使高温烟气在管道内流动，管外靠自然对流的空气将其冷却。由于大气温度较低，降温比较容易，当生产设备与除尘器之间相距较远时则可以直接利用风管进行冷却。自然风冷的装置构造简单，容易维护，主要用于烟气初温为500℃以下、要求冷却到终温120℃的场合。这种冷却器在工矿企业中有着广泛应用。

自然风冷的管内平均流速一般取$v_p=16\sim20\text{m/s}$，出口端的流速不低于14m/s。管径一般取$D=200\sim800\text{mm}$。烟气温度高于400℃的管段应选用耐热合金钢或不锈钢；400℃以下的管段应选用低合金钢或锅炉用钢。

高度与管径比由冷却器的机械稳定性决定，一般高度$h=(20\sim50)D$。当$h>40D$时，应设计管道框架加以固定，此时要对框架进行受力计算。

管束排列通常采用顺列的较多，以便于布置支架的梁柱。管间节距应使净空为500～2800mm为宜，以利于安装和检修。

冷却管可纵向加筋，以增加传热面积。

为清除管壁上的积灰，烟管上可设清灰装置、检修门或检修口以及排灰装置；还要设梯子、检修平台及安全走道，平台栏杆的高度应大于1050mm。

由于这种方式是依靠管外空气的自然对流而冷却的，所以为了用冷却器来控制温度，要在冷却器上装设流量调节阀，在不同季节或不同生产条件下用调节阀开度的方法进行温度控制。

在冷却器设计中，通常要计算冷却表面积。若已知烟气的放热量Q，则表面冷却器的传热面积S可按下式计算：

$$S=\frac{Q}{K\Delta t_m}\tag{16-120}$$

$$\Delta t_m=\frac{\Delta t_1-\Delta t_2}{\ln\dfrac{\Delta t_1}{\Delta t_2}}$$

式中，S 为冷却器传热面积，m^2；Q 为烟气的放热量，kJ；K 为冷却器的传热系数，$W/(m^2 \cdot K)$；Δt_m 为冷却器的对数平均温差，℃；Δt_1 为冷却器入口处管内、外流体的温差，℃；Δt_2 为冷却器出口处管内、外流体的温差，℃。

应用中管内壁会积灰形成灰垢，而外壁可能有水垢（当用冷水作冷却介质时），这些都将影响传热过程，因此传热系数 K 表示为：

$$K=\frac{1}{\frac{1}{\alpha_i}+\frac{\delta_h}{\lambda_h}+\frac{\delta_b}{\lambda_b}+\frac{\delta_s}{\lambda_s}+\frac{1}{\alpha_o}} \tag{16-121}$$

式中，α_i 为烟气与管内壁的换热系数，$W/(m^2 \cdot K)$；α_o 为管外壁与冷却介质（空气与水）的换热系数，$W/(m^2 \cdot K)$；δ_h 为灰层的厚度，m；λ_h 为灰层的热导率，$W/(m \cdot K)$；δ_s 为水垢的厚度，m；λ_s 为水垢的热导率，$W/(m \cdot K)$；δ_b 为管壁厚，m，一般为 0.003～0.008m；λ_b 为钢管的热导率，$W/(m \cdot K)$，一般为 45.2～58.2W/(m·K)。

钢管的绝热系数 $M_s=\frac{\delta_b}{\lambda_b}$，很小，可以忽略不计。水垢的绝热系数 $M_s=\frac{\delta_s}{\lambda_s}$因流体的性质、温度、流速及传热面的状态、材质等而不同，一般为 0.00017～0.00052$m^2 \cdot K/W$。

采取清垢措施后，可取 $\delta_s=0$，即 $M_s=0$。

灰层的绝热系数 $M_h=\frac{\delta_h}{\lambda_h}$，也称灰垢系数，与烟气的温度、流速、管内表面状态及清灰方式等因素有关，通常可取 $M_h=0.006 \sim 0.012 m^2 \cdot K/W$。

管外壁与冷却介质之间的换热系数 α_o，取决于冷却介质及其流动状态。若忽略其换热热阻 $1/\alpha_o$，当采用水作为冷却介质时，$\alpha_o=5800 \sim 11600 W/(m^2 \cdot K)$。但采用空气作为冷却介质时，则需要对 α_o 进行计算。

烟气与管内壁的换热系数 α_i 为对流换热系数 α_{ci} 与辐射换热系数 α_{ri} 之和：

$$\alpha_i=\alpha_{ci}+\alpha_{ri} \tag{16-122}$$

烟气在管道内流动，通常都是紊流，对流换热系数 α_{ci} 按下列准则方程式确定：

$$Nu=0.023Re^{0.8}Pr^{0.3} \tag{16-123}$$

式中各准则数为：

努塞数
$$Nu=\frac{\alpha_{ci}d}{\lambda} \tag{16-124}$$

雷诺数
$$Re=\frac{v_p d}{\nu} \tag{16-125}$$

普朗特数
$$Pr=\nu/\alpha \tag{16-126}$$

式中，λ 为烟气的热导率，$W/(m \cdot K)$；ν 为烟气的运动黏度系数，m^2/s；α 为烟气的热扩散率，m^2/s；v_p 为烟气的平均流速，m/s；d 为定型尺寸（取管内径），m。

这里烟气的各物理参数应按计算段进、出口的平均温度下的数值。

将以上各准则数代入上式后，可得；

$$\alpha_{ci}=0.023\frac{\lambda}{d}\left(\frac{v_p d}{\nu}\right)^{0.8}\left(\frac{\nu}{\alpha}\right)^{0.3} \tag{16-127}$$

在烟气冷却器中，为了防止烟气中的粉尘在管内沉积，烟气流速一般都较高（18～40m/s），所以对流换热能起主导作用。计算表明，当烟气温度为 400℃时，辐射热仅占 2%～5%。所以当烟气温度不超过 400℃时，辐射换热量可以忽略不计。如烟气温度很高，则辐射换热应予以考虑，按照传热学中介绍的方法进行计算。

自然风冷冷却器的传热系数计算复杂，近似地当 Δt_m 值小于 280℃时，传热系数 K 按图 16-52 确定；当 Δt_m 值大于 280℃时，K 可近似地取值为 20～30W/(m^2·K)。

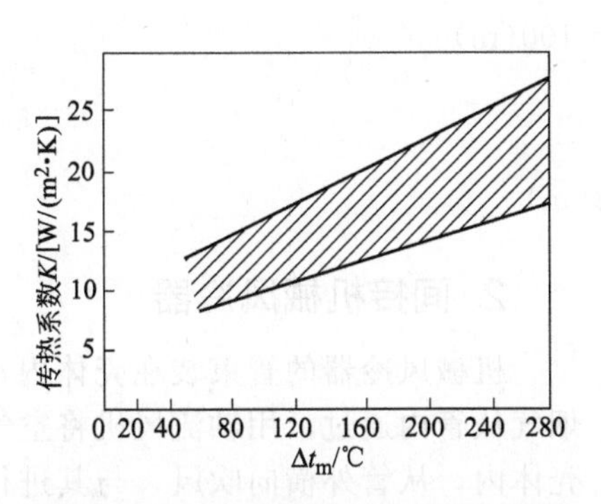

图 16-52　烟气间接空冷时的传热系数

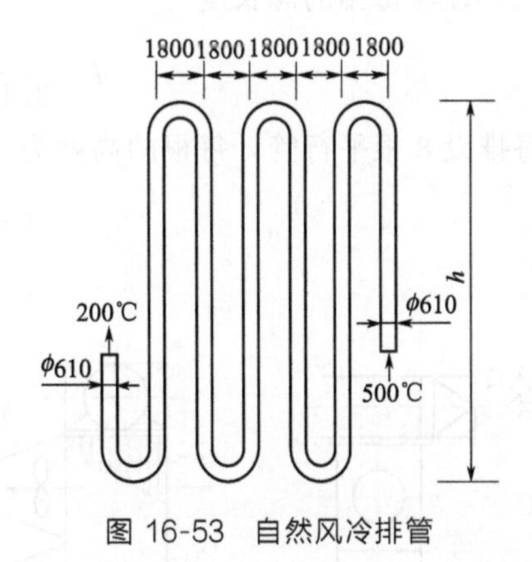

图 16-53　自然风冷排管

【例 16-3】　要求用自然风冷的方法将烟气温度由 500℃降至 200℃。标准状态下的烟气量 170000m^3/h，采用图 16-53 所示的冷却管 20 排，管径 610mm，烟气的成分为 CO_2 13%、H_2O 11%、N_2 76%。要求确定所需的冷却面积及每排的长度。

解　(1) 计算对数平均温差

周围空气温度取 50℃

$$\Delta t_1 = 500-50 = 450\ (℃)$$
$$\Delta t_2 = 200-50 = 150\ (℃)$$
$$\Delta t_m = \frac{450-150}{\ln\frac{450}{150}} = 273\ (℃)$$

(2) 计算烟气放出的热量

0～500℃时烟气的平均摩尔热容

$$c_{pm1} = 44.715\times0.13+35.617\times0.11+29.885\times0.76 = 32.443\ [kJ/(kmol\cdot K)]$$

0～200℃时烟气的平均摩尔热容

$$c_{pm2} = 40.151\times0.13+34.122\times0.11+29.245\times0.76 = 31.199\ [kJ/(kmol\cdot K)]$$

烟气的放热量 Q

$$Q = \frac{170000}{22.4}(32.443\times500-31.199\times200) = 7.5\times10^7\ [kJ/(kmol\cdot K)]$$

(3) 传热系数近似取值为 20W/(m^2·K)。

(4) 计算冷却器所需的冷却面积

$$F=\frac{7.5\times 10^7}{20\times 3.6\times 273}=3816(\mathrm{m}^2)$$

冷却器共 20 排排管，每排的面积为

$$a=\frac{3816}{20}=191(\mathrm{m}^2)$$

(5) 计算每排的总长度

$$l=\frac{191}{3.14\times 0.61}=100(\mathrm{m})$$

每排设 8 根平行管，每根的高度为

$$h=\frac{100}{8}=13(\mathrm{m})$$

2. 间接机械风冷器

机械风冷器的管束装在壳体内，高温烟气从管内通过，用轴流风机将空气压入壳体内，从管外横向吹风，与其进行热交换，将高温烟气冷却到所需的温度，如图 16-54 所示。被加热了的热空气有的加以利用，有的直接放散到大气中。由于采用风机送风，可以根据室外环境的变化，调节风机的风量，达到控制温度的目的。选择冷却风机应静压小、风量大，以利减少动力消耗。

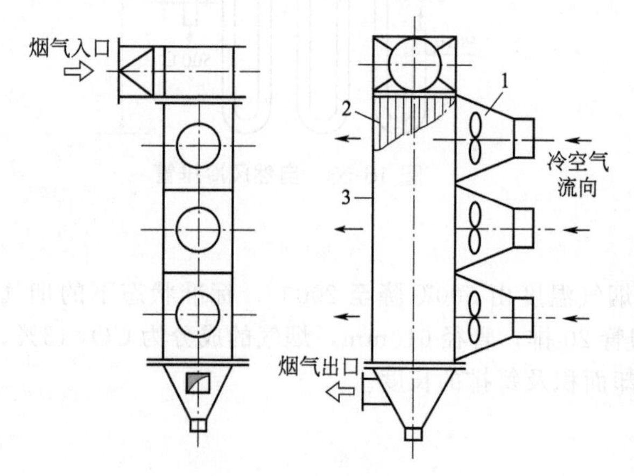

图 16-54　机械风冷器

1—轴流风机；2—管束；3—壳体

采用机械风冷时，管与管之间的间距可比自然风冷时小一些（最小间距可减至 200mm，一般不大于烟气管直径）。冷却管的排列方式可以是顺排或叉排，如图 16-55 所示。

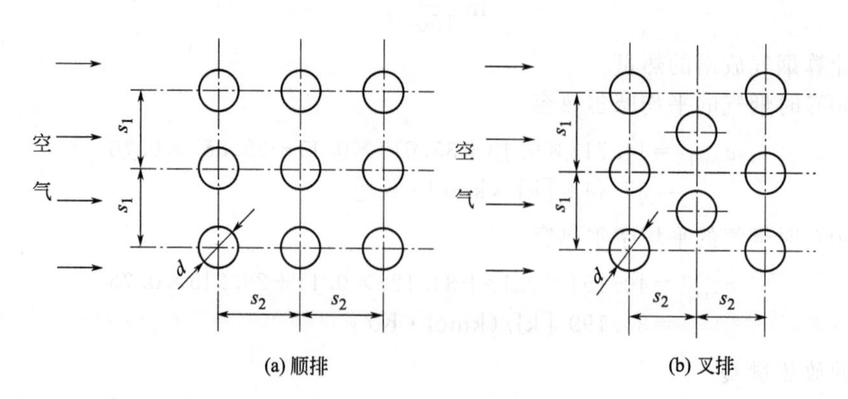

图 16-55　管束的排列

机械风冷时对流换热的准则方程式列入表 16-13。

表 16-13　管束平均热准则方程式

排列方式	适用范围($0.7<Pr<500$)		准则方程式对空气或烟气的简化式($Pr=0.7$)
顺排	$Re=10^3\sim2\times10^5$ $Re=2\times10^5\sim2\times10^5$		$Nu=0.24Re^{0.63}$ $Nu=0.018Re^{0.84}$
叉排	$Re=10^3\sim2\times10^5$	$\frac{s_1}{s_2}\leqslant2$	$Nu=0.031Re^{0.6}\left(\frac{s_1}{s_2}\right)^{0.2}$
		$\frac{s_1}{s_2}>2$	$Nu=0.35Re^{0.6}$
	$Re=2\times10^5\sim2\times10^6$		$Nu=0.019Re^{0.84}$

当管子在气流方向的排数不同时，所求得的 Nu 值应乘以修正系数 ε，其值列入表 16-14。

表 16-14　管列数修正系数 ε

排列	1	2	3	4	5	6	8	12	16	20
顺排	0.69	0.80	0.86	0.90	0.93	0.95	0.96	0.98	0.99	1.0
叉排	0.62	0.76	0.84	0.88	0.92	0.95	0.96	0.98	0.99	1.0

当计算机械风冷器的换热时，需要确定冷热气体间的计算平均温差，由于冲刷气体与热气流成直角相交，用数学解析法求平均温差是相当复杂的，实际计算时采用逆流时的对数平均温差 Δt_m 乘以修正系数 F，F 值根据 P、R 不同由图 16-56 中查出。

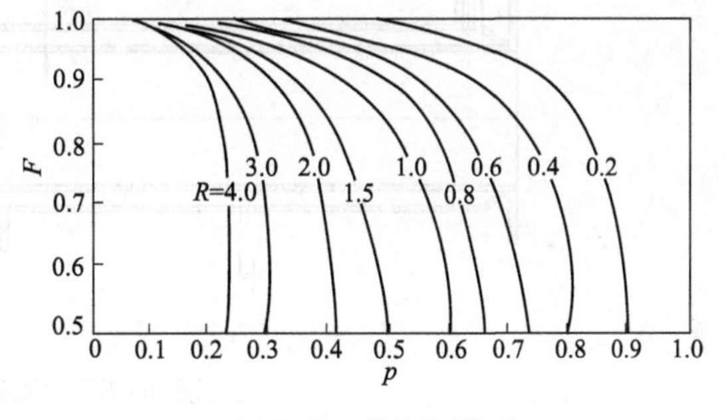

图 16-56　修正系数 F

$$p=\frac{t_{c1}-t_{c2}}{t_{c2}-t_{c1}},R=\frac{t_{g2}-t_{g1}}{t_{c1}-t_{c2}}$$

式中，t_{g1}、t_{g2} 分别为热气流的进、出口温度,℃；t_{c1}、t_{c2} 分别为冷气流的进、出口温度,℃。

(二) 间接水冷器

1. 间接水冷计算

间接水冷是高温烟气通过管壁将热量传出，由冷却器或夹层中流动的冷却水带走热量的一种冷却装置。常用的设备有水冷套管、水冷式热交换器和密排管式水冷器。

高温烟气在冷却的同时应充分回收其热能，一般温度高于 650℃时，应考虑设废热锅炉回收热能。

间接水冷所需的传热面积，可按下式计算：

$$F=\frac{Q}{K\Delta t_m} \tag{16-128}$$

式中，F 为传热面积，m^2；Q 为烟气在冷却器内放出的热量，kJ/h；K 为传热系数，$W/(cm^2\cdot K)$；Δt_m 为当进、出口温度之比大于 2 时则应采用对数平均温差,℃。

传热系数（K）可按下式计算：

$$K=\frac{1}{\frac{1}{\alpha_1}+\frac{\delta_d}{\lambda_d}+\frac{\delta_o}{\lambda_o}+\frac{\delta_i}{\lambda_i}+\frac{1}{\alpha_2}} \tag{16-129}$$

式中，K 为传热系数，$W/(m^2 \cdot K)$；α_1 为烟气与金属壁面的换热系数，$kJ/(m^2 \cdot h \cdot ℃)$；α_2 为金属壁面与水的换热系数，$kJ/(m^2 \cdot K)$；δ_d 为管内壁灰层厚度，m；δ_o 为管壁厚度，m；δ_i 为水垢厚度，m；λ_d 为管内壁灰层的热导率，$W/(m \cdot K)$；λ_o 为管金属的热导率，$W/(m \cdot K)$；λ_i 为水垢的热导率，$W/(m \cdot K)$。

α_1、α_2 对传热系数影响较大。上述数据可由传热学及试验数据得出，但是情况迥异，变化较大，计算非常烦琐。在实际应用中，可用经验数据。通常可取 K 值为 30～60$W/(m^2 \cdot K)$ 或 108$kJ/(m^2 \cdot h \cdot ℃)$。烟气温度越高，K 值越大。

2. 水冷套管冷却器

水冷套管冷却器如图 16-57 所示。水冷式套管冷却烟气具有方法简单、实用可靠、设备运行费用较低等特点，是一种常用冷却装置，但其传热效率较低，需要较大的传热面积。

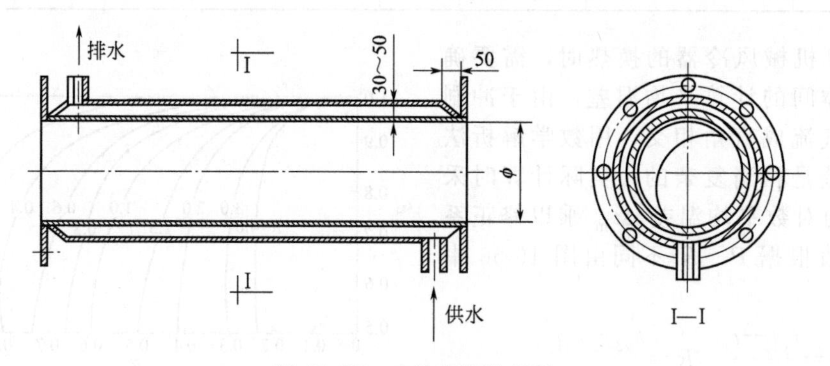

图 16-57 水冷套管冷却器

水冷套管水套中夹层的厚度应视具体条件而定。当冷却水的硬度大，出水温度高，需要清理水垢时，夹层厚度可取 80～120mm 以上；对软化水，出水温度较低，不需要清理水垢时，则可取为 40～60mm。为防止水层太薄、水循环不良、产生局部死角等，水冷夹层厚度不应太小。水套的进水口应从下部接入，上部接出。烟管水套内壁采用 6～8mm 钢板制作，外壁用 4～6mm 钢板制作，全部采用连续焊缝焊制，并要求严密不漏水。冷却水进水温度一般为 30℃左右，最高出水温度不允许超过 45℃。水冷套管每段管道通常为 3～5m，水压 0.3～0.5MPa；对于直径较大的管道，夹套间宜用拉筋加固，一般可设水流导流板。管道直径按烟气在工况下的流速计算，一般为 20～30m/s。

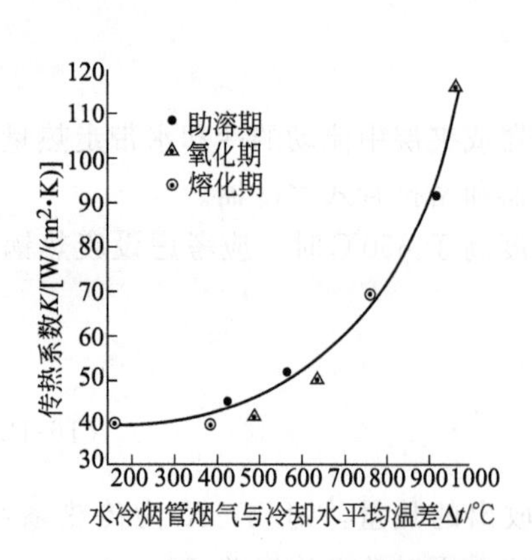

图 16-58 水冷套管的传热系数 K 值

炼钢电炉的高温烟气水冷套管传热系数（K）可按图 16-58 选取，该曲线系在烟管直径为 300mm、烟气量 2660m^3/h 条件下测得。

【例 16-4】 已知某厂 30t 电炉 1 套，水冷套管进口热量 33.6×10^6kJ/h，出口热量 23×10^6kJ/h。

传热系数 $58\text{W}/(\text{m}^2\cdot\text{K})$，烟气进口温度 840℃，烟气出口温度 600℃，冷却水进口温度 32℃，冷却水出口温度 47℃，烟气量 $27000\text{m}^3/\text{h}$，烟气流速 30m/s，求传热面积和冷却水量。

解　将已知条件代入下式，传热面积计算如下：

$$F=\frac{Q}{K\Delta t_{\text{m}}}=\frac{33.6\times10^6-23\times10^6}{\frac{58\times4.2}{1.163}\times\frac{(840-47)+(600-32)}{2}}=\frac{10\times10^6}{210\times680}=70\ (\text{m}^2)$$

水冷套管直径

$$D=\sqrt{\frac{4Q_{\text{g}}}{\pi v3600}}=\sqrt{\frac{4\times27000\times\frac{273+\frac{840+600}{2}}{273}}{3.1416\times30\times3600}}=\sqrt{\frac{392835}{339293}}=\sqrt{1.16}=1.1\ (\text{m})$$

每米长度冷却面积

$$f=\pi Dl=3.1416\times1.1\times1=3.46\ (\text{m}^2)$$

水冷套管总长度　$L=\frac{70}{3.46}=20\ (\text{m})$

分 5 段制作，每段长度　$L_1=\frac{20}{5}=4\ (\text{m})$

冷却水量

$$G=\frac{Q}{c\Delta t}=\frac{10\times10^6}{4.18\times15\times1000}\approx160\ (\text{m}^3/\text{h})$$

3. 水冷式热交换器

水冷式热交换器（见图 16-59）是利用钢管内通水，在无数束钢管外通过高温烟气进行气水平流热交换的一种间接水冷式冷却器。

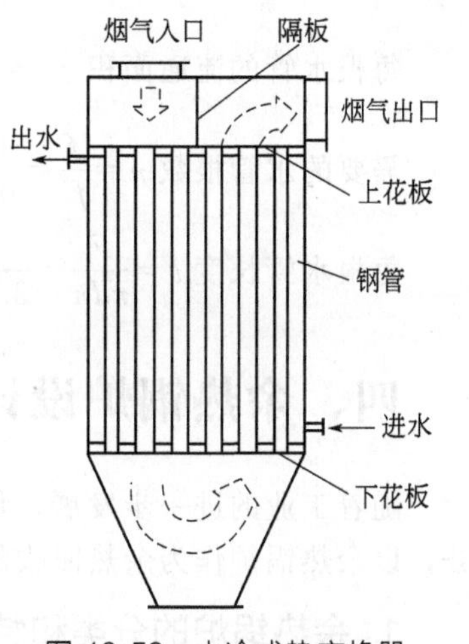

图 16-59　水冷式热交换器

水冷式热交换器的传热量（Q）为：

$$Q(\text{kJ/h})=Q_{\text{g}}(c_{p1}T_1-c_{p2}T_2)\qquad(16\text{-}130)$$

其与式(16-128) 相比，则得：

$$Q_{\text{g}}(c_{p1}T_1-c_{p2}T_2)=KF\Delta t_{\text{m}}\qquad(16\text{-}131)$$

式中，Q_{g} 为烟气量，m^3/h；c_{p1}、c_{p2} 分别为烟气进、出口平均摩尔热容，kJ/(kmol·℃)，由计算确定；T_1、T_2 分别为烟气进、出口温度,℃；K 为传热系数，$\text{kJ}/(\text{m}^2\cdot\text{h}\cdot℃)$，通常取 $108\sim216\text{kJ}/(\text{m}^2\cdot\text{h}\cdot℃)$；$F$ 为水冷段的传热面积，m^2；Δt_{m} 为对数平均温度差,℃，且满足

$$\Delta t_{\text{m}}=\frac{\Delta t_{\text{a}}-\Delta t_{\text{b}}}{2.31\lg\frac{\Delta t_{\text{a}}}{\Delta t_{\text{b}}}}\qquad(16\text{-}132)$$

式中，Δt_{a} 为进口气温与出口水温差，℃；Δt_{b} 为出口气温与出口水温差，℃。

【例 16-5】 高温烟气量为 $1\times10^4\text{m}^3/\text{h}$，烟气温度 $t_2=250$℃。要求烟气进入袋式除尘

器前的温度不超过120℃。采用水冷式热交换器进行烟气冷却，计算该热交换器所需传热面积。

热交换器冷却用水的供水温度 $t_{W1}=30℃$，排水温度 $t_{W2}=40℃$；水管外径 $d_1=60mm$，内径 $d_2=54mm$；烟气平均温度 $t_p=\frac{1}{2}(250+120)=185℃$；烟气在烟管内流速取 $v=10m/s$。

实际流速 $v'=10\times\frac{273+185}{273}=16.8\ (m/s)$

解 根据表16-12计算出烟气平均定压摩尔热容：

0～250℃时，$c_{p\,m1}=31.2kJ/(kmol\cdot℃)$

0～120℃时，$c_{p\,m2}=30.6kJ/(kmol\cdot℃)$

烟气在热交换器放出热量为：

$$Q=\frac{1\times10^4}{22.4}\times(31.2\times250-30.6\times120)=1.84\times10^6\ (kJ/h)$$

根据经验数据，取 K 值为 $108kJ/(m^2\cdot h\cdot ℃)$

在热交换器中，气水相逆流动

$$\Delta t_a=250-40=210\ (℃)$$

$$\Delta t_b=120-30=90\ (℃)$$

对数平均温度差 $\Delta t_m=\frac{210-90}{2.311\lg\frac{210}{90}}=142\ (℃)$

需要的传热面积 $F=\frac{1.84\times10^6}{108\times142}=120\ (m^2)$

烟气所需的流通面积 $f=\frac{1\times10^4}{3600\times10}=0.278\ (m^2)$

每根水管的流通面积 $f'=\frac{\pi}{4}\times0.054^2=2.3\times10^{-3}\ (m^2)$

需要的水管根数 $n=\frac{f}{f'}=\frac{0.278}{0.0023}=120.9$（根）（取120根）

每根水管长度 $l=\frac{F}{\pi dn}=\frac{120}{3.14\times0.06\times120}=5.3\ (m)$

四、余热锅炉设计

随着工业的进一步发展，能源越来越紧张，节能降耗是工业企业的重要管理目标和任务，以余热锅炉作为余热回收的主要手段，必将得到重视。余热锅炉又称废热锅炉。

1. 余热锅炉的分类和特点

（1）余热锅炉分类

① 按烟气的流动分为水管余热锅炉、火管余热锅炉。

② 按锅筒放置方式分为立式余热锅炉、卧式余热锅炉。

③ 按使用载热体分为蒸汽余热锅炉、热水余热锅炉和特种工质余热锅炉。

④ 按用途分为冶炼余热锅炉、焚烧余热锅炉、熄焦余热锅炉等。

（2）余热锅炉特点

① 工作原理特点。一般锅炉设备是将燃料的化学能转化为热能，又将热能传递给水，从而产生一定温度和压力的蒸汽和热水。余热锅炉用的是烟气中的余热（废热），所以不用燃料，也不存在化学能转化为热能的问题。

② 构造特点。通常锅炉一般由“锅”和“炉”两大部分构成。锅是容纳水或蒸汽的受压部件，其中进行着水的加热和汽化过程。炉子是由炉墙、炉排和炉顶组成的燃烧设备和燃烧空间，其作用是使燃料不断地充分燃烧。余热锅炉不用燃料，也没有炉子的构造特征，只有锅的特征（图 16-60），有的甚至类似换热器（图 16-61）。

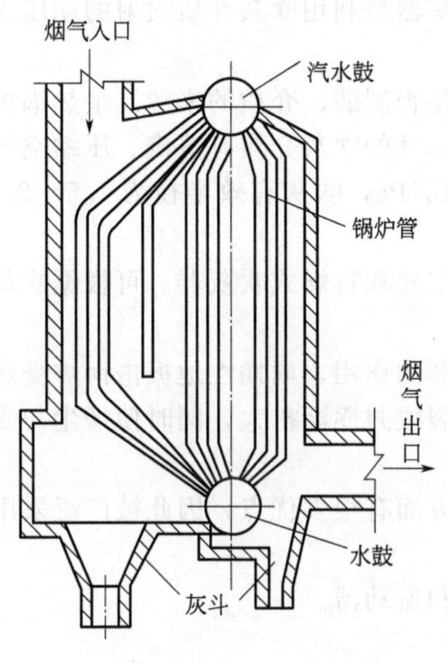

图 16-60 锌沸腾炉余热锅炉构造

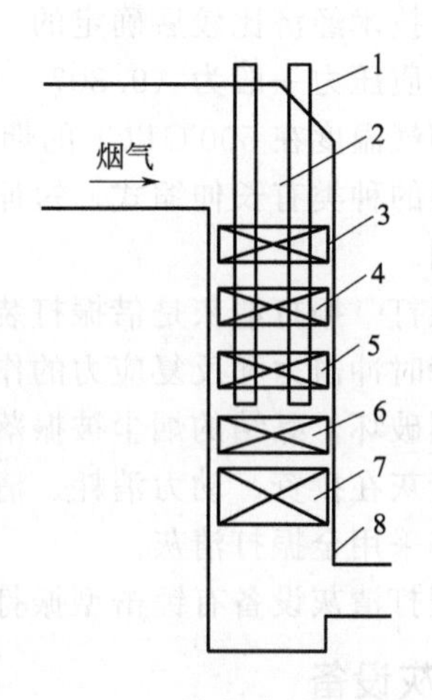

图 16-61 干熄焦余热锅炉结构

1—悬吊管；2—转向室；3—二级过热器；4——一级过热器；5—光管蒸发器；6—鳍片管蒸发器；7—鳍片管省煤器；8—水冷壁

2. 余热锅炉的热力计算

余热锅炉热力计算的任务是在确定的烟气及蒸汽参数下，确定锅炉各部件的尺寸及产气量，选择辅助设备，并为强度计算、水循环计算、烟道阻力计算提供基础数据。

（1）解析计算 余热锅炉的热力计算分为结构热力计算和校核热力计算两种。在锅炉设计中结合使用，完成锅炉整体结构的设计。结构热力计算是在给定的烟气量、烟气特性、烟气进出口温度以及锅炉蒸汽参数等条件下，确定锅炉各个部件的受热面积和主要的结构尺寸，校核热力计算是在给定的锅炉结构尺寸、蒸汽参数、烟气量及烟气参数等条件下，校核锅炉各个受热面的吸热量及进出口烟气温度等是否合理。对于锅炉运行中的不同工况，也需要做校核热力计算，以检验锅炉各处的烟气温度和过热蒸汽温度等参数是否符合要求。

余热锅炉发展至今，在工程中被广泛应用，已经形成了一套比较成熟的热力计算方法，即根据烟气质量守恒、热力平衡方程以及不同结构中烟气换热的经验公式建立的热力计算程序。

（2）数值计算 数值模拟方法是在设备设计和生产前期常用的方法，它利用计算机平台，应用程序或软件建模，进行数值模拟，对设备内部的流动和换热特性进行预测，为设备的设计和制造提出合理化建议，这种方法周期短，节省资金。随着计算机技术的发展，计算流体力学学科的飞速前进，数值模拟已经成为传热学领域必不可少的研究方法。很多大型商用软件，如FLUENT、GAMBIT等为研究者提供了良好的操作平台，在满足一些基本操作的基础上可以加入自编程序进行二次开发，实现复杂流动换热问题和多场耦合问题的求解。

3. 清灰设备

余热锅炉的清灰设施是保证其正常安全运行的重要环节。常用的清灰方法有吹灰和振打。

（1）吹灰 吹灰主要通过吹灰器完成。吹灰器是利用吹灰介质喷射的动压头，以清扫受热面上黏结的烟尘的一种清灰设备。

吹灰介质的选用是根据烟气的特性、尾气是否制酸、介质的来源及余热锅炉的具体工作条件等进行技术经济比较后确定的。目前可供选择的吹灰介质有蒸汽、压缩空气、压缩氮气和水等。介质压力一般为（9.807～15.691）$\times 10^5$Pa，吹灰有效半径为1.5～2.5m。蒸汽吹灰多用于烟气温度在500℃以上的烟道。

吹灰器的种类有长伸缩式、短伸缩式、固定式和省煤式吹灰器。可根据吹灰的要求和使用温度选用。

（2）振打 振打清灰是借振打装置或振动器的作用，周期性地振击锅炉受热面，被黏结的烟尘在瞬时冲击力和反复应力的作用下产生裂痕并逐渐扩大，同时使烟尘与受热面之间的附着力遭到破坏，黏结的烟尘被振落。

振打清灰在投资、动力消耗、清灰效果等方面有很多优点，因此被广泛采用。目前的余热锅炉大都采用全振打清灰。

常用振打清灰设备有锤击型振打清灰装置和振动器。

4. 除灰设备

除灰设备是指从余热锅炉冷灰斗的出口将灰渣排出锅炉本体的设备。由于各种工业窑炉的工艺特点不同，对除灰设备的要求也不同，通常应考虑以下几点。

① 落入冷灰斗中的灰渣一般有回收价值，应考虑灰渣的回收利用。

② 若进入余热锅炉的烟气含有较多的二氧化硫和三氧化硫，烟气用于制酸时除灰设备必须考虑防腐和密封。

③ 灰渣的密度较大、温度较高或结焦后渣块硬度较高，除灰设备要有较好的耐高温及耐磨性能。

④ 余热锅炉的冷灰斗沿锅炉长度方向开口，要求除灰设备的结构与其相匹配；同时要考虑大渣块的清除。

为满足上述要求，余热锅炉通常采用水平布置的干式机械除灰设备。常用的有刮板除灰机、框链式除灰机、埋刮板输送机和螺旋输送机等。此类输送机可参阅有关设备的选用手册和样本，并根据灰渣的密度、温度、磨损等条件进行校核，并做必要修改。

5. 余热锅炉的水循环

余热锅炉的水循环可分为自然循环和强制循环两种。

自然循环的优点：锅炉水容量大，负荷变动时对水位的影响较小，所以突然停电时危险性小；操作方法与自然循环的普通锅炉相同，简单易行；对水质不像强制循环要求那么严；运行费用比强制循环少。

自然循环的缺点：大型余热锅炉的结构比较复杂，受热面布置较麻烦，投资较大；锅炉启动时间长，需要装设启动专用燃烧装置；死角处附着的烟尘较多，不易清除。

强制循环的优点：a. 锅炉紧凑、体积小；b. 大型余热锅炉造价低，容易清灰，启动升压容易，不需专门的启动燃烧器。

强制循环的缺点：a. 强制水循环泵电耗较大，维护检修工作量大，供电的等级高，不允许突然停电；b. 水质要求严，水处理设备的投资和运行费用较高。

通常根据余热锅炉的规模、烟气性质以及场地条件等确定水循环的方式。一般小型余热锅炉以自然循环为好。

余热锅炉的补充给水量与蒸汽的用途和补给水的水质有关，情况较为复杂，通常有以下3种情况。

① 蒸汽用作冷凝式汽轮机发电时，锅炉补充水量按下式估算：

$$G=(0.15\sim0.25)D \tag{16-133}$$

② 蒸汽用作全部不回水的工艺用汽，锅炉补充水量按下式估算：

$$G=(1.15\sim1.25)D \tag{16-134}$$

③ 有部分回水的锅炉补充水量按下式估算：

$$G=(1.15\sim1.25)D-G_{回} \tag{16-135}$$

式中，G 为锅炉补充水量，t/h；D 为锅炉的蒸发量，t/h；$G_{回}$ 为蒸汽凝结水回至锅炉房的水量，t/h。

6. 余热锅炉应用实例

见表 16-15。

表 16-15　余热锅炉应用实例

名称		单位	铜反射炉余热锅炉	锡反射炉余热锅炉	铜闪速炉余热锅炉	硫酸液态化炉余热锅炉	锌精矿流态化炉余热锅炉
烟气条件	烟气量	m^3/h	35000	9940	20000	11845	27000
	SO_2	%	2	0.05	9.9	1.1	9.1
	N_2	%	70.63	76.31	73.5	78.23	75
	H_2O	%	6	4.0	9.5	7	9.9
	O_2	%	5.07	3.64	0.6	3.4	5.5
	CO_2	%	16	15.6	6.4		
	CO	%	0.3	0.4			
	SO_3	%				0.37	0.3
	烟气含尘量	g/m^3	50	11.2	85	250～300	300
烟气温度	锅炉进口温度	℃	1200	1050	1300	916	850
	第二烟道进口温度	℃	660	750	770	779	670
	第三烟道进口温度	℃	500	650	670	596	570
	第四烟道进口温度	℃		570	520	472	
	锅炉出口温度	℃	370	350	350	452	400
烟气流速	第一烟道(冷却室)	m/s	1.38	2.31	1.8	5.3～6.84	4.4
	第二烟道	m/s	3.3	4.23	3.8		5.7
	第三烟道	m/s	4.4	4.96	2.6		5.5
	第四烟道	m/s	4.2	5.48	3.8～9.7		5.8
锅炉参数	蒸发量	t/h	17.2	5	8.1	5.4	9
	锅炉蒸汽压力	MPa	2.9	1.5	4.5	4.1	2.6
	过热蒸汽出口压力	MPa	2.8	1.4	4.4	3.4	2.5
	第一过热器出口温度	℃	310		500	300	
	第二过热器出口温度	℃	410	370	500(再热)	420	370
	锅炉给水温度	℃	105	104		104	105

续表

名称		单位	铜反射炉余热锅炉	锡反射炉余热锅炉	铜闪速炉余热锅炉	硫酸液态化炉余热锅炉	锌精矿流态化炉余热锅炉
锅炉受热面积	蒸发受热面积	m^2	1150	284	780	210	784
	第一过热器面积	m^2	32	60	214	29	61
	第二过热器面积	m^2	260		204(再热)	28.5	
传热系数 K	第一烟道(冷却室)	W/(m^2·℃)	11.9	6.9	5.5～103	8.3～9.7	11.1
	第二烟道	W/(m^2·℃)	5.5	5.8	6.1	5.5～6.9	10
	第三烟道	W/(m^2·℃)	6.1	8.9	5.5	5.5～6.9	3.9
	第四烟道	W/(m^2·℃)	4.4	5.8	5.3	5.5～6.9	3.9
	第一过热器	W/(m^2·℃)	11.9	7.8	6.1	8.3～9.7	10.5
	第二过热器	W/(m^2·℃)	5.8	8.3	5.5	6.9	10.5
			按管壁积灰5mm				按管壁积灰5mm
锅炉通风阻力		Pa	<196	1275		<392	<392
锅炉水循环方式			强制循环水泵功率55kW扬程0.4MPa流量:250t/h	自然循环	自然循环	强制循环水泵功率14kW扬程0.4MPa流量:45t/h	强制循环水泵功率37kW扬程0.4MPa流量:150t/h

五、冷却方法选择

1. 冷却方法的特点

烟气冷却方法根据烟气与冷却介质接触与否分为直接冷却和间接冷却两大类，其特点如下。

(1) 间接冷却　烟气不与冷却介质直接接触，一般不改变烟气的性质。主要热交换方式是对流和辐射。

(2) 直接冷却　烟气与冷却介质直接接触，并进行热交换，烟气量及其成分可能发生改变。热交换方式是蒸发和稀释（见表16-16）。

表16-16　烟气冷却方法

冷却方式	优点	缺点
对流与辐射	(1)不改变烟气成分与流量； (2)废热可以利用； (3)可以对烟气的流量、温度、压力或其他峰值负荷起平抑作用	(1)占用空间大； (2)管道可能由于烟尘黏结而堵塞； (3)设备体积较大
蒸发(喷水冷却)	(1)设备费低，占空间小； (2)能严格而迅速地控制温度； (3)能部分清除灰尘及有害气体	(1)运行时，设备容易腐蚀； (2)增加结露危险； (3)增加气体体积，加大后面设备能力
稀释(吸冷风)	(1)方法简单易行； (2)设备费及运行费低	(1)增大气体流量，增大后面设备容量； (2)有时需先处理稀释空气，以免吸入环境湿气等

2. 冷却方法选择的因素

冷却方法选择通常要考虑以下因素。

① 根据烟气出炉温度、除尘设备及排风机的操作温度选择冷却方法。例如，袋式除尘

器使用温度＜300℃，电除尘器使用温度＜400℃。

② 废热利用。当烟气温度高于700℃时，可根据供水、供电及冶炼工艺等具体情况分别选择水套、风套、汽化冷却或废热锅炉冷却烟气，产出热水、热风和蒸汽。

3. 烟气冷却方式适用场合

见表16-17。

表16-17　烟气冷却方法适用场合

冷却方式		适用范围	技术要求和措施
直接冷却	混风冷却	(1)冷却烟气量较小，降温幅度不大时； (2)烟气出现突发性高温时，作为临时保护性降温措施	除尘器进口烟道安装混风阀和混风器
	喷雾冷却	(1)烟气量大、温降大时可作为连续降温的冷却方式； (2)烟气量较大、烟气出现突发性高温时可对滤袋进行临时保护； (3)烟气需要调质并冷却时	(1)应防止烟气温度过低而出现结露和腐蚀； (2)烟气降温后温度应高于露点温度15～20℃； (3)应根据烟气量和温降的大小来确定喷水量； (4)喷雾降温冷却应保证必要的雾滴直径和蒸发时间； (5)采用喷雾装置
间接冷却	自然风冷	(1)烟气温降小于200℃、余热不具回收价值时烟气连续降温的冷却方式； (2)占地较大。无动力消耗	采用自然风冷器
	机械风冷	(1)烟气温降大于200℃、余热不具回收价值时烟气连续降温的冷却方式； (2)占地较小。有动力消耗	采用机械风冷器
	间接水冷	(1)烟气温度高于400℃、余热不具回收价值时烟气连续降温的冷却方式； (2)车间内布置	采用水冷烟道、气水换热器
	余热锅炉	烟气量大、烟气温度高于400℃、余热具备回收价值时烟气连续降温的冷却方式	采用余热锅炉

参考文献

[1] 刘天齐. 三废处理工程技术手册·废气卷. 北京：化学工业出版社，1999.
[2] 马广大. 大气污染控制技术手册. 北京：化学工业出版社，2010.
[3] 李家瑞. 工业企业环境保护. 北京：冶金工业出版社，1992.
[4] 通商产业省立地公害局. 公害防止必携. 东京：产业公害防止协会，1976.
[5] 郑铭. 环保设备——原理、设计、应用. 北京：化学工业出版社，2001.
[6] 江晶. 环保机械设备设计. 北京：冶金工业出版社，2009.
[7] 周兴求. 环保设备设计手册——大气污染控制设备，北京：化学工业出版社，2004，
[8] 张殿印，王纯，俞非漉. 袋式除尘技术. 北京：冶金工业出版社，2008.
[9] 王纯，张殿印. 除尘设备手册. 北京：化学工业出版社，2009.
[10] 北京有色冶金设计研究总院，等. 重有色金属冶炼设计手册. 北京：冶金工业出版社，1996.
[11] 张殿印，王纯. 除尘工程设计手册. 3版. 北京：化学工业出版社，2021.
[12] 朱晓华，王珲，张殿印. 工业除尘设备设计手册. 2版. 北京：化学工业出版社，2023.

第十七章
净化系统的设计

第一节　净化系统概述

一、净化系统设计总则

① 废气污染治理工程应遵循综合治理、循环利用、达标排放和总量控制的原则。

② 废气污染治理工程应采取各种有效措施，控制污染源有组织排放，减少污染气体的处理量。

③ 废气污染治理过程中应减少二次污染。对产生的二次污染，应执行国家和地方环境保护法规和标准的有关规定，进行治理后达标排放，满足总量控制要求。二次污染的治理方案宜与企业生产中的相关处理工艺相结合，充分利用企业已有资源。

④ 净化系统的位置应靠近污染源集中的地方，充分利用地形条件，便于灰渣、浆、污水排放和净化后气体的排放。

⑤ 净化系统的主体设备之间应留有足够的安装和检修空间。主体设备应按工艺流程紧凑、合理布置，主体设备周边应设有运输通道和消防通道，满足防火、安全、运行维护等设计规范的要求，并应保证起吊设施作业条件。主体设备布置应考虑强烈振动和噪声对周围环境的影响，厂界噪声应符合相关规定。

⑥ 废气污染控制工程的总图布置应符合《建设项目环境保护设计规定》的规定。净化系统、主体设备和辅助设施等的总图布置应符合国家及行业相关的防火、安全、卫生、交通运输和环保设计规范、规定与规程的要求。

⑦ 废气污染控制工程不宜靠近、穿越人口密集的区域，布置于主导风向的下风侧。

⑧ 废气污染治理工程的控制水平应与生产工艺相适应。生产企业应把大气污染治理设施作为生产系统的一部分进行管理。

⑨ 废气污染治理工程的设计、施工、验收和运行除符合环保标准规定外，还应遵守国家现行的有关法律、法令、法规、标准和行业规范的规定。

二、净化系统的组成

1. 局部排风净化系统

防止大气污染物在室内扩散的最有效方法是在污染源处直接把它们捕集起来，经净化后排至室外，这种通风方法称局部排风。局部排风系统的特点是风量小、通风效果好，因此在选择通风方法时应优先考虑。

局部排风净化系统通常由排风罩、净化装置、风管和风机组成，系统结构见图 17-1。

局部排风罩是用来捕集污染物的，它的性能对局部排风系统的技术经济指标有直接的影响。性能良好的局部排气罩如密闭罩，只需要较小的风量就可以获得良好的工作效果。由于生产设备结构和操作的不同，排气罩的型式是多种多样的。

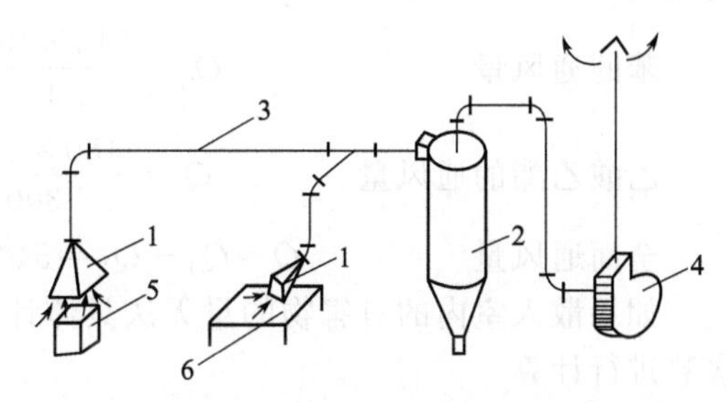

图 17-1　局部排风净化系统示意
1—排风罩；2—净化装置；3—风管；
4—风机；5—污染源；6—工作台

在净化系统中输送气流的管道称风管，通过风管使通风系统的设备和部件连成一个整体。风管通常用薄钢板制造，也有的使用聚氯乙烯塑料板、混凝土、砖或其他材料制造。混凝土和砖制作的风管常称为风道。

气体净化设备是防止大气污染，把有害气体进行净化处理的装置，是净化系统的核心部分。有关设备的设计前几章已做了介绍。

风机是净化系统中气体流动的动力装置，为防止风机的磨损和腐蚀，通常把风机放在净化设备的后面。

2. 全面通风净化系统

如果室内污染源分布广、污染点多、污染面积大、污染物不易捕集，就要对室内进行全面通风。在技术上，这种通风是比较容易实现的，但是从环境保护的观点来看存在以下缺点：

① 空气中的有害物浓度在靠近排出口区域比靠近入口附近要高；

② 由于实际上不能立即和均匀地冲淡有害物，因此可能造成个别地区有害物浓度过高；

③ 耗能多。

全面通风有自然通风、机械通风或自然与机械的联合通风等方式。通常当自然通风达不到卫生条件或生产条件时才采用机械通风净化。为了满足全面通风净化的要求，需要合理的气流组织和足够的通风换气量。全面通风净化系统的组成与局部排风净化系统相同。

(1) 全面通风换气量的计算　在稳定状态下，室内有害气体稀释至最高允许浓度所需要的换气量按下式计算：

$$Q=\frac{m}{c_{y}-c_{x}} \tag{17-1}$$

式中，Q 为全面通风换气量，m^3/h；m 为室内有害物质散发量，mg/h；c_y 为室内空气中有害物质的最高允许浓度，mg/m^3；c_x 为送风空气中有害物质的浓度，mg/m^3。

当车间内散发多种有害物时，一般情况下应分别计算，然后取最大值作为车间的全面换气量。如果车间同时散发数种溶剂（苯及其同系物、醇、乙酸酯类）的蒸气，或数种刺激性气体（SO_3、SO_2、HCl、HF、NO_x、CO 等），因每种有害物对人体健康的危害在性质上是相同的，计算全面换气量时应把它们看成是一种有害物，因此实际所需的全面换气量应是分别稀释每一种有害气体所需的全面换气量的总和。下面通过一个例题来说明。

【例 17-1】 某车间内同时散发两种有机溶剂蒸气，它们的散发量为：苯 216g/h，乙酸乙酯 180g/h。求必需的全面通风量。

解　一般有害物质在车间空气中最高容许浓度均可通过查表获得，查表得到两种溶剂蒸气的最高容许浓度为：苯 $c_{y1}=40mg/m^3$，乙酸乙酯 $c_{y2}=300mg/m^3$。送风空气中 $c_x=0$，代入式(17-1) 可得：

苯的通风量 $Q_1=\frac{216\times1000}{40}=5400(m^3/h)$

乙酸乙酯的通风量 $Q_2=\frac{180\times1000}{300}=600(m^3/h)$

全面通风量 $Q=Q_1+Q_2=5400+600=6000(m^3/h)$

如果散入室内的有害物的量无法具体计算，全面通风所需的换气量可按类似车间的换气次数进行计算。

换气次数是通风量 $Q(m^3/h)$ 与通风房间的体积 $V(m^3)$ 的比值，换气次数 n(次/h) $=Q/V$，通风量 $Q=nV$。各种房间的换气次数见表 17-1，也可从有关设计手册中查得。

表 17-1 每小时各种场所换气次数

场所种类		次数	场所种类		次数
医院	诊疗室	6	工厂	一般作业室	6
	手术室	15		涂装室	20
	消毒室	12		变电室	20
学校	礼堂	6	放映室		15
	教室	4～6	卫生间		10
	实验室	10	有害气体尘埃发出地		20 以上

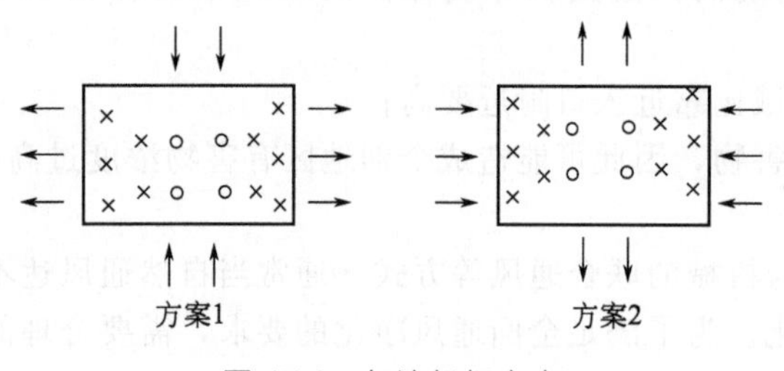

图 17-2 气流组织方案

(2) 气流的组织　气流组织的情况也会直接影响通风的效果，如图 17-2 所示：“×”表示有害物发生源，“○”表示工人操作的位置；箭头表示进风和排风的方向。方案 1 是将进风先送到工人的操作位置，再经过有害物源排至室外，这样工人的操作地点保持空气新鲜；方案 2 是将进风先经过有害物源，再送到工人的工作位置，这样工作区的空气比较污浊。

因此送风口应设在有害物浓度较小的区域，排风口则应设在污染源的附近或有害物浓度最高的区域，尽可能把较多的有害物从室内排出。在整个车间内，还应尽量使进风气流均匀分布，减少死角，避免有害物在局部地区的不断积聚。对于散发有害气体或伴有余热的车间，一般采用下送上排的方案。此外，有害气体在车间内的浓度分布是设计全面通风时必须注意的一个问题，在工程设计中通常采用以下做法：

①如果散发的有害气体温度较高，或者车间发热设备产生上升气流时，不论散发的有害气体密度大小，均应从上部排出；

②如果没有热气流的影响，散发的有害气体密度较空气小时应从上部排出，较空气密度大时应从上下两个部位排出。

3. 事故通风

在生产过程中，有时由于设备偶然发生故障，会散发大量有害气体或有爆炸危险的气体，需要尽快把有害物排到室外，为此应设置事故排风装置。

一般事故排风装置所排出的空气可不设专门的进风系统来补偿，而且排出的气体可不进行净化或其他处理。

在进行车间或实验室通风净化设计时，应根据污染物产生的特点和污染物的性质，尽可能考虑采用局部排风净化系统。只有在局部排风不能满足要求，或工艺条件不允许设置局部排风装置时，才考虑采用全面通风净化的方法。有时可能需要综合考虑，同时运用几种通风净化方法才能取得较好的通风效果，例如炼钢电炉除尘净化一般既有电炉密闭罩，又有屋顶罩。因此，必须因地制宜、合理地解决大气污染物的控制问题。

在全面通风净化系统中，还应考虑空气平衡、湿平衡和热平衡的问题。在单位时间内进风量等于排风量就可达到室内空气平衡。如进风量过大就会造成室内压力升高，一部分气体会通过门窗向邻室渗漏；相反，排风量过大会造成负压，在设计时应予注意。有时可以有目的地利用空气不平衡状态，合理组织气流使邻室不受污染。此外，要使室内空气湿度和温度保持不变，必须使室内得到的湿量和热量与失去的湿量和热量保持相等。实际通风问题往往是比较复杂的，为了确定复杂条件下合理的进风量，则需要进行空气平衡和湿平衡、热平衡的计算。

第二节　排气罩设计

排气罩又称集气罩、排风罩、吸气罩、吸风罩、吸尘罩、集气吸尘罩等，用于不同场合往往有不同的称谓。

一、排气罩气流流动的特性

研究排气罩罩口气流运动规律，对于合理设计和合理使用排气罩是十分重要的。罩口气流流动的方式有两种：一种是吸风口的吸入流动；另一种是喷气口的射流流动。排气罩对气流的控制均以这两种流动原理为基础。

（一）吸风口气流运动的规律

凡吸气捕集有害气体的排气罩口均属吸风口，罩口的吸气效果同空气吸入流动的特性有关，主要是研究吸气空间的流速分布。

如图 17-3 所示，如果用一根直径较小的管子连接通风机的吸入口，风机启动后，周围空气从管口被吸入，管口附近便形成负压，该管口就相当于吸风口。离吸风口越近，压力越低，流速则随距离的增加而急剧减小，这种特殊的空气吸入流动称空气汇流。

当吸风口面积很小时，可以认为是“点汇流”。吸风口的中心点叫极点，周围空气从四面八方流向吸风口，空气流动不受任何界壁限制，就叫“自由点汇流”。假定流动没有阻力，则吸风口外气流流动的流线是以吸风口为中心的径向线，而在吸风口的周围气速相等的点所组成的面是以吸风口为球心的球面，这些球面为自由点汇流的等速面。如果吸风口的空气流动受到界壁限制，则叫“有限点汇流”，如设置在墙面、顶棚或地面的吸风口。如果吸气流动范围被限制在壁面外部半个空间内进行，其等速面为半个球面，这种点汇流叫“半无限点汇流”。

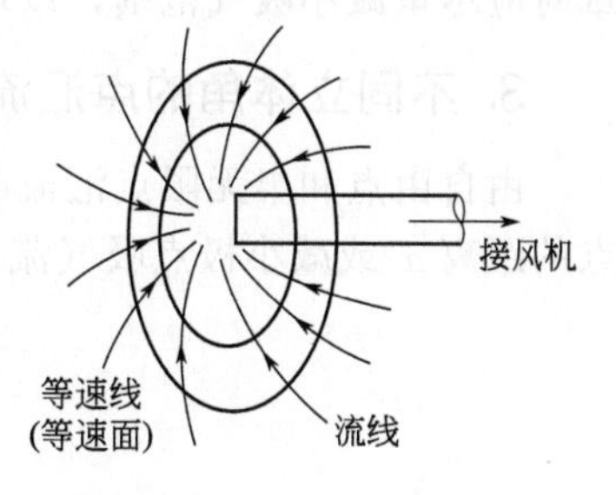

图 17-3　管口的自由吸入

如果空间气流从四面八方集中向无限长的直线汇集（当吸风口的长度很长而宽度很小时），这种气体吸入流动方式叫“线汇流”。在线汇流的流动中，如空气流动没有受到任何界壁限制时，就叫“自由线汇流”；如流动受到限制就叫“受限线汇流”。当线汇流设在墙面或其他界面上时，空气的流动被界壁限制，只能在界壁外部进行，此时叫“半无限线汇流”。如果线汇流的长度并非很长，就叫“有限长度的线汇流”。

下面分析几种典型吸风口的流动特性。

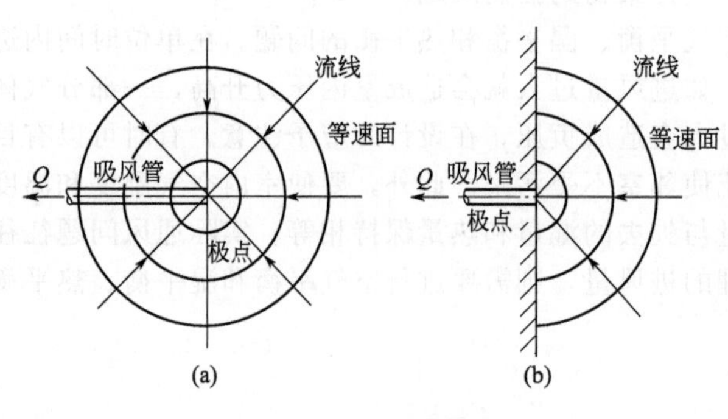

图 17-4 点汇流模型

1. 自由点汇流

自由点汇流吸入流动的作用区是以极点为中心的球体，如图 17-4(a) 所示。在作用区内，以极点为中心的所有不同半径的球面都是点汇的等速面。不同半径的球面面积不同，而通过每个等速面的空气量相等，并等于吸风口的流量，因此各等速面上的速度是不同的。假设点汇流吸风口的流量为 Q(m^3/s)，等速面的半径为 x_1(m)和 x_2(m)，相应的气流速度为 v_1(m/s)和 v_2(m/s)，那么

$$Q=4\pi {x_1}^2 v_1=4\pi {x_2}^2 v_2 \tag{17-2}$$

$$v_1/v_2=(x_2/x_1)^2 \tag{17-3}$$

由此看出，在作用区内，自由点汇流外某一点的流速与该点至吸风口距离的平方成反比，吸风口外的气流速度衰减很快，因此设计排气罩时应尽量减小罩口到污染源的距离以提高吸风效果。

2. 半无限点汇流

如图 17-4(b) 所示，半无限点汇流的吸气范围减少 50%，其等速面为半球面，则吸风口的流量为：

$$Q=2\pi {x_1}^2 v_1=2\pi {x_2}^2 v_2 \tag{17-4}$$

比较式(17-2) 和式(17-4) 可以看出，在同样距离上造成同样的吸气速度，没有阻挡的吸风口的吸气量比有阻挡的吸风口的吸气量大 1 倍。或者说在吸气量相同的情况下，在相同的距离上有阻挡的吸风口的吸入速度比无阻挡的吸风口的吸入速度大 1 倍。因此，设计排气罩时应尽量减小吸气范围，以增强吸气效果。

3. 不同立体角的点汇流

由自由点和半无限点汇流的计算可知，要提高点汇的流速，可以用减小任意空间点至极点的距离 x 或减小极点吸气流动的球面立体角的方法来达到。其通用公式为：

$$v_x=\frac{Q}{\beta x^2} \tag{17-5}$$

式中，β 为立体角，从极点看到的吸气流动场所占据的整个空间，都包括在该立体角

内。立体角 β 可表示为球面开敞部分的面积（F）与其半径 x 的平方之比，即 $\beta=F/x^2$，见表 17-2。

表 17-2 各种条件下的立体角 β

序号	汇流界面的限制条件	立体角 β	序号	汇流界面的限制条件	立体角 β
1	无限制（相当于自由点汇流）	4π	4	直角三面角边界	$\pi/2$
2	平面墙壁、顶板、地板（相当于半无限点汇流）	2π	5	两面角为 ϕ（弧度）的两个平面	2ϕ
3	直角二面角边界	π	6	顶角为 ϕ 的圆锥侧面	$2\pi[1-\cos(\phi/2)]$

对于圆锥伞形吸风口，空气的流动速度分布是不均匀的。中心处流速较大，靠近边界处流速较小。同时伞形顶角越大，不均匀性就越大。

【例 17-2】 在圆形炉子上面设计一个伞形圆锥体吸风口。伞顶角为 $\phi=90°$ 及 $\phi=60°$ 两种方案。采用的吸风口半径 $R=0.5\text{m}$，见图 17-5。在伞形罩孔口处保证空气流速不小于 1m/s。求（1）所需空气量；（2）罩口中心的速度 v_m。

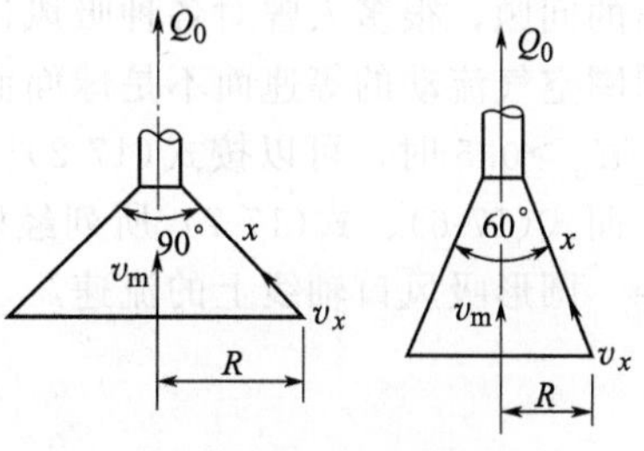

图 17-5 伞形罩

解 （1）当 $\phi=90°$ 时，查表 $\beta=2\pi\left(1-\cos\dfrac{\phi}{2}\right)=2\pi\left(1-\cos\dfrac{90}{2}\right)=1.84$

设由罩口边界到极点的距离为 x，

则

$$x=\frac{R}{\sin\dfrac{\phi}{2}}=\frac{0.5}{\sin\dfrac{90}{2}}=0.707(\text{m})$$

所以

$$Q_0=\beta x^2 v_x=1.84\times0.707^2\times1=0.92(\text{m}^3/\text{s})$$

设 x_m 为伞形罩罩口中心到极点的距离，则

$$x_m=\frac{R}{\tan\dfrac{\phi}{2}}=\frac{0.5}{\tan\dfrac{90}{2}}=0.5(\text{m})$$

伞形罩口中心速度

$$v_m=\frac{Q_0}{\beta x_m^2}=\frac{0.92}{1.84\times0.5^2}=2(\text{m/s})$$

（2）当 $\phi=60°$ 时，

$$\beta=2\pi\left(1-\cos\frac{60}{2}\right)=0.84$$

查表 $x=\dfrac{0.5}{\sin\dfrac{60}{2}}=1(\text{m})$

$$Q_0=\beta x^2 v_x=0.84\times1^2\times1=0.84(\text{m}^3/\text{s})$$

$$x_m=\frac{R}{\tan\dfrac{\phi}{2}}=\frac{0.5}{\tan\dfrac{60}{2}}=0.87(\text{m})$$

$$v_m=\frac{0.84}{0.84\times0.87^2}=1.32(\text{m/s})$$

由计算结果看出，当顶角 $\phi=90°$时，罩口中心速度为边界处速度的 2 倍；而当 $\phi=60°$时，罩口中心速度为边界处速度的 1.32 倍。因此通常伞形罩的顶角宜≥90°，但最大不超过 120°。

实际使用的排气罩罩口都是有一定面积的，不能都看成一个点，而且空气流动也是有阻力的，因此不能把点汇流吸风口的流动规律直接用于排气罩的计算。为了解决生产实践中提出的问题，很多人曾对各种吸风口的气流运动规律进行大量的实验研究。实践证明，吸风口周围空气流动的等速面不是球面而是椭球面。当离开吸风口的距离 x 与吸风口直径 d_0 的比 $x/d_0>0.5$ 时，可以按式(17-2) 计算吸风口作用区内各点的流速；当 $x/d_0<0.5$ 时，推荐下面式(17-6)、式(17-7) 所列经验公式：

圆形吸风口轴线上的流速

$$\frac{v_x}{v_0}=\frac{1}{1+7.7\left(\dfrac{x}{\sqrt{F_0}}\right)^{1.4}} \tag{17-6}$$

矩形吸风口轴线上的流速

$$\frac{v_x}{v_0}=\frac{1}{1+7.7\left(\dfrac{a_0}{b_0}\right)^{0.34}\left(\dfrac{x}{\sqrt{F_0}}\right)^{1.4}} \tag{17-7}$$

式中，x 为离开吸风口的距离，m；F_0 为吸风口的横断面积（圆形 $F_0=\frac{1}{4}\pi d_0^2$，矩形 $F_0=a_0b_0$），m^2；a_0 为矩形吸风口的长边，m；b_0 为矩形吸风口的短边，m。

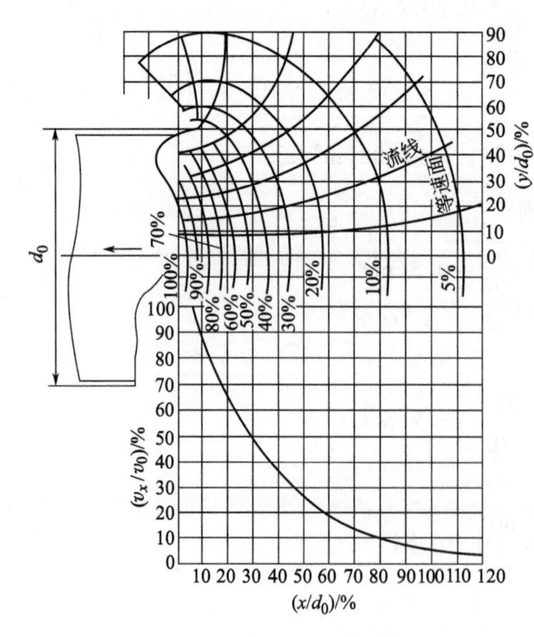

图 17-6 四周无障碍的圆形或矩形（宽长比≥0.2）吸风口的吸流流谱

为了使用方便，不少研究工作者把吸风口的吸入流动实验的数据制成吸流流谱。这些流谱表示了吸气区内流速和等速面的分布情况，设计者可直观地从吸流流谱上查到各点的流速，而不需要按公式进行计算。图 17-6 和图 17-7 都是以实验为基础绘制的几种吸风口的吸流流谱。

图中等速面的速度值是以吸风口流速 v_0 的百分数表示的，离吸风口的距离是以吸风口的直径的倍数表示的。

【例 17-3】 无边圆形吸气口直径 $d_0=150\text{mm}$，吸风口平均流速 $v_0=2\text{m/s}$。灰尘、颗粒受到 0.5m/s 吸入速度的作用才会吸入吸风口，达到除尘的目的。试问吸风口距离灰尘颗粒 $x=150\text{mm}$ 时，灰尘颗粒能

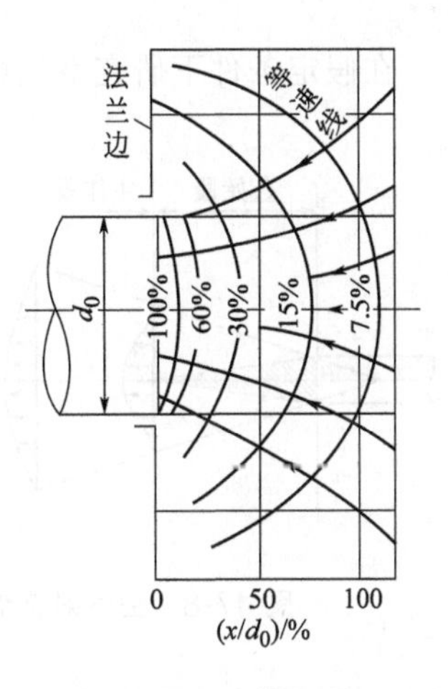

图 17-7　四周有边的圆形或矩形（宽长比≥0.2）吸风口的吸流流谱

否被吸入？

解　利用吸流流谱图 17-6，查得相对距离 $x=d_0$ 时，轴心流速 $v_x=7\%v_0$

$$v_x=0.07\times2=0.14(\mathrm{m/s})$$

这时灰尘颗粒不能被吸入。只有距离吸风口 75mm 以内的灰尘颗粒才能被吸入，在实际操作中吸风口应尽量靠近尘源。

（二）射流运动的规律

在通风工程中广泛应用了射流。例如，一些高温设备或炉子散热时形成上升的对流气流就是热射流。电风扇吹风、空气幕、喷气口送风等都属于机械射流。带有空气幕的通风柜和吹吸式排气罩则同时应用了吸气和射流两种流动原理。吸风口空气流动的情况与射流运动时气流扩散的情况是完全不同的。因此有必要研究射流运动的规律。

1. 射流的分类

空气从孔口或管口喷出，在空间形成一股气流称空气射流。可以将射流大致分类如下。

（1）自由射流、受限射流和半受限射流　根据空间界壁对射流扩展影响的不同，可分为自由射流、受限射流和半受限射流。自由射流是指不受界壁限制的射流。当房间的横断面积比射流出口横断面积大得多，射流不受墙壁地板和顶棚的限制时称自由射流，也叫无限空间射流。反之，当射流的扩展受到界壁的限制时称受限射流，也称有限射流。例如，在比较狭窄的房间内传播的射流，可认为是受限射流。若受限射流仅一面受限，在另一面可自由扩展，则称半受限射流，即贴附射流。

（2）等温射流和非等温射流　根据射流温度与周围空气温度之间有无差异可分为等温射流和非等温射流。等温射流是指射流出口温度和周围空气温度相同的射流；非等温射流是沿射程被不断冷却或加热的射流。

（3）圆形、矩形、扁射流　按喷射口的形状不同，可分为圆形射流、矩形射流和扁射流（也称条缝射流）。矩形喷射口长边与短边之比大于 10：1 时就称扁射流。

（4）机械射流和对流射流　在热源上方的空气被加热，空气受热膨胀，密度变小而上升。这种上升的气流称对流射流。实际上对流射流是热物体散热的一种方式。

靠机械作用产生的射流称为机械射流。

（5）集中射流和分散射流　根据射流的流速方向可分为集中射流和分散射流。集中射流的流速向量是平行的，如圆形射流、矩形射流都属于集中射流，其特点是沿射流的轴线方向速度衰减较慢，可达到较远的射程。而分散射流是空气流出后向各个方向分散，速度衰减很快。例如，扇形射流和圆锥形射流均属于分散射流。

2. 射流运动的特性

为了便于对空气射流特性的研究，必须做简化假定。由于射流流速比较高，可以假定空气在管道内流动一般都属于紊流。紊流运动出口断面上各点的速度是近乎均匀一致的。为此可以假定射流在喷口断面上的速度分布也是一致的。此外，假定射流各断面的动量是相等的，即空气射流的动力学特性完全遵循动量守恒定律。

在假定条件下研究空气射流有以下特性。

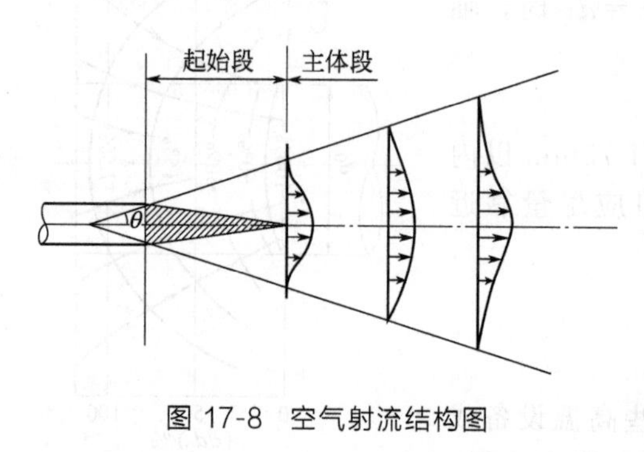

图 17-8 空气射流结构图

(1) 卷吸作用 射流中的空气质点由于紊流的横向脉动，会碰撞靠近射流边界原来静止的空气质点，并带动它们一起向前运动。射流这种“带动”静止空气的作用就是卷吸作用。

(2) 射流范围不断扩大 由于卷吸作用，周围空气不断地被卷进射流范围内，因此射流范围不断扩大。以圆形射流为例，图 17-8 是空气射流形成的示意图，理论和实践都证明，射流的边界角是圆锥面。圆锥的顶点称极点，圆锥的半顶角称射流极角。

射流极角为：

$$\tan\theta = \alpha\phi \tag{17-8}$$

式中，θ 为射流极角，为整个扩张角的 1/2，对圆形管口 $\theta=14°30'$；α 为紊流系数，由实验数据确定，其大小取决于喷嘴的结构及空气的扰动情况，通常 θ 角越大，α 值就越大；ϕ 为射流管口的形状系数，由实验确定。

设计时 α 值可从表 17-3 中查到。例如对圆射流 $\alpha=0.08$，$\phi=3.4$；对扁射流 $\alpha=0.11\sim0.12$，$\phi=2.24$。

表 17-3 喷嘴紊流系数

射流喷口形状	紊流系数 α	射流喷口形状	紊流系数 α
带有缩口的光滑卷边喷口	0.066	巴吐林喷管(有导风板)	0.12
圆柱形喷管	0.08	轴流风机(有导风板)	0.16
带有导风管或栅栏的喷管	0.09	轴流风机(两侧有板)	0.20
方形喷管	0.10	条缝喷口	0.11～0.12

(3) 射流流量不断增加，射流范围不断扩大 由于卷吸作用，周围空气不断地被卷进射流范围内，因此自由射流的流量沿射程不断增加。

(4) 射流核心不断缩小 射流与周围静止空气的相互混掺是由外向里发展的，在开始一段范围内，射流中心部分还没有来得及被影响到将仍然保持射流的初速度。这个保持初速度的中心区称为射流核心。从图 17-8 看出，射流核心区是一个不断缩小的圆锥形，圆锥的顶点为临界断面的中心点。存在射流核心的那一段称起始段，起始段的长度经实验证明是比较短的，只有管口半径的 4～10 倍，在工程上实际意义不大。射流核心消失以后，从临界断面开始，射流轴心速度则随射程的增加而减小，最后衰减为零。起始段后面称主体段，以下着重研究射流主体段的特性。

(5) 射流各断面速度分布的相似性 射流中任一点的速度是一个随机变量，特别是射流主体段，各断面的速度值虽然不同，但速度分布规律是相似的，较好服从对数正态分布，轴心速度大于边界层的速度。经过前人大量实验并对实验数据进行整理，以 v 表示任一断面内离开中心距离为 y 点的速度，v_m 表示该断面中心点的最大速度，R 表示该断面的半径，以 v/v_m 作纵坐标，以 y/R 作横坐标，可以发现各个断面的速度分布曲线都重合在一起，成为一条统一的无量纲速度分布曲线，这一特性称为射流断面速度分布的相似性，说明射流的相对速度不随射程变化（见图 17-9）。此规律适用于起始段和主体段的各个截面，用数学公式表示为：

$$\frac{v}{v_{\mathrm{m}}}=\left[1-\left(\frac{y}{R}\right)^{1.5}\right]^{2} \tag{17-9}$$

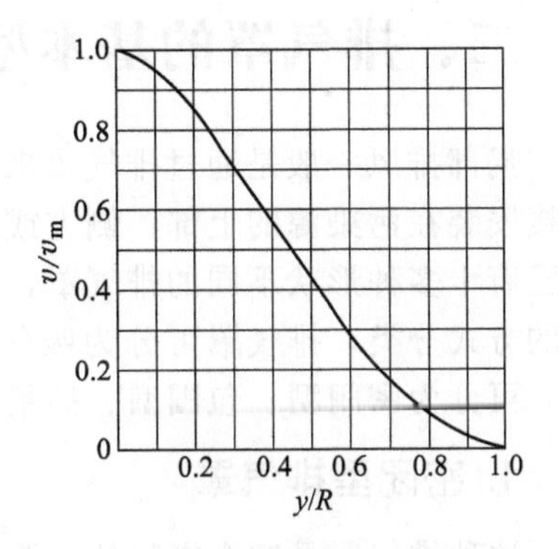

图 17-9　射流各断面速度分布的相似性

（6）射流的静压分布　实验证明，射流中的压力与周围静止空气的压力相同，射流范围内每点的压力与射流是否存在无关。原因是射流中各个方向的静压力相互抵消，外力之和等于零，使射流处于平衡状态，所以射流中各点的静压力是一致的，并且都等于周围静止空气的压力。

（7）射流的附壁现象　在射流的两侧装置两块挡板，如果这两块挡板离开喷口的距离不等（$S_1>S_2$）时会出现什么现象呢［见图 17-10(a)］？

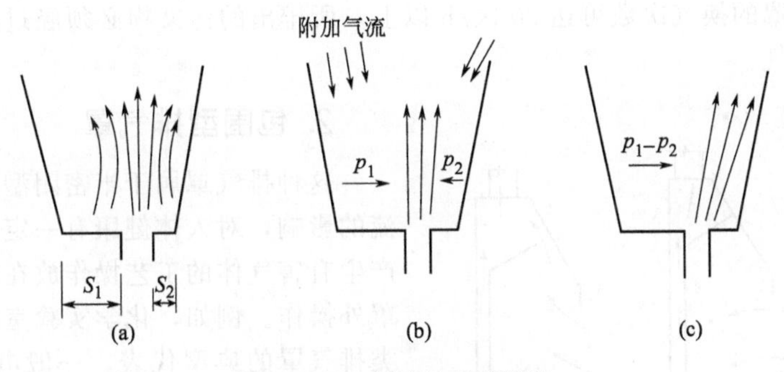

图 17-10　射流的附壁现象

由于卷吸作用，射流周围的空气随着一起向前运动，射流两侧空气的数量必然有所减少，从而造成射流两侧压力降低，其他地方的空气必然要补充进来，形成附加气流［见图 17-10(b)］。射流两侧在同一时间内卷吸的空气量应该相同，这样附加气流补充的空气量也应该相等。但是喷口离开两侧挡板的距离不等，因此距离大的一侧附加气流的流速较小，距离小的一侧附加气流的流速较大。根据能量守恒原理，流速大的地方压力小，流速小的地方压力大。因此挡板距离大的一侧压力大于距离小的一侧压力，结果射流在压力差（p_1-p_2）的作用下，被压向右侧［见图 17-10(c)］，这种现象称为射流的附壁现象。

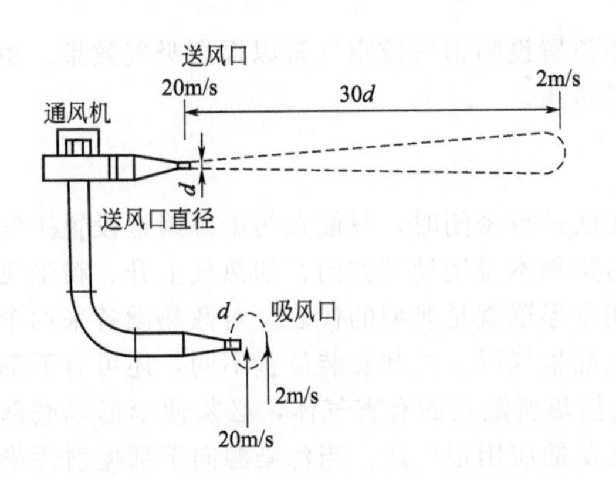

图 17-11　送风口和吸风口气流速度衰减情况

3. 吸入流动和射流的不同点

① 射流由于卷吸作用，沿射程前进方向流量不断增加，射流作用区呈锥形；吸入流动作用区内的等速面为椭球面，通过各等速面的流量相等，并等于进入吸入口的流量。

② 射流轴线上的速度基本上与射程成反比，而吸入流动区内空气速度与离开吸风口的距离平方成反比，所以吸风口的能量衰减很快。如图 17-11 所示。

二、排气罩的基本型式

局部排风一般是通过排气罩来实现的。排气罩是一种很有效的捕集有害气体的装置，可直接安装在污染源的上部、侧方或下方。排气罩分类的形式很多，据不完全统计，目前国内外已有十多种形状不同的排气罩，这些排气罩正广泛用于各生产部门和科研单位。按气流流动的方式分类，排气罩可分为吸气捕集装置和吹吸式捕集装置两大类；如果按捕集原理来分，可分为密闭型、包围型、捕集型和诱导型四种型式。

1. 密闭型排气罩

这种排气罩是完全密闭的，罩子把污染源局部或整体密闭起来，使污染物的扩散被限制在一个很小的密闭空间内，同时从罩内排出一定量的空气，使罩内保持一定的负压，罩外的空气经罩上的缝隙流入罩内，以防止污染物外逸。密闭罩的特点是所需排气量最小，控制效果最好，而且不受横向气流的干扰，如手套箱等，适于处理毒性较大的气态污染物，如放射性物质等。密闭罩的换气次数可达 20 次/h 以上，所排出的污染物必须经过高效过滤或净化处理才能排入大气。

2. 包围型排气罩

这种排气罩属于半密闭型。它不受周围气流的影响，对人体健康有一定的保护作用。把产生有害气体的工艺操作放在罩内进行，人在罩外操作。例如，化学实验室的通风柜就是此类排气罩的典型代表。一般电子厂、仪器厂、制药厂、食品厂使用此类排气罩较多，应用广泛。如按气流方向来分，又可分为水平式通风柜和垂直式通风柜；如按吸风口的位置来分，排气柜又可分为上吸式、下吸式、开口倾斜式以及上下联合抽气式等。如图 17-12 所示。

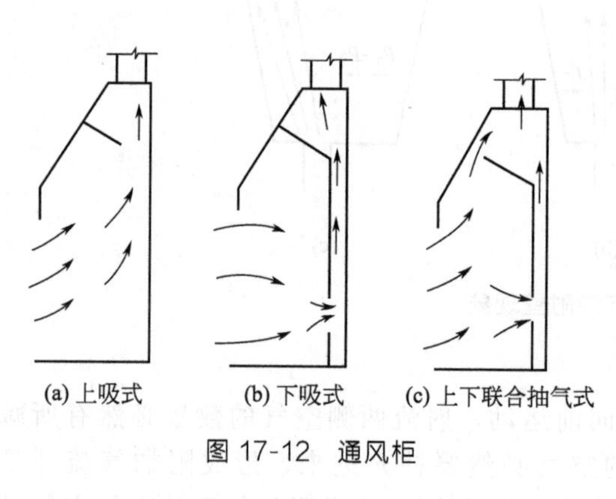

图 17-12 通风柜

当柜内产生的气态污染物的温度较高或密度较小时适用于上吸式，密度比空气大且是冷源时适用于下吸式。开口倾斜式是下吸式的一种改进形式。上下联合抽气式可调节上下抽气量的比例，适合柜内发生各种不同密度的有害气体或有热源存在时采用。

有的通风柜结构更复杂一些，可在开口操作位置设喷射气流空气幕以提高吸气效果。由于各种通风柜都要进行抽气，所以柜内一般都是负压。

3. 捕集型排气罩

当由于工艺条件限制，污染源设备较大，无法进行密闭时，只能在污染源附近设置排气罩，因此也叫外部集气罩。其原理是利用气态污染物本身运动的方向，如热气上升、粉尘飞散等，在污染物移动的方向等待并加以捕集。如伞形罩就是典型的代表。对散热设备采用伞形罩最为有利，多位于污染源上方，所以又叫上部集气罩。按其安装位置不同，还可有下部集气罩和侧集罩，如图 17-13 所示。为了能尽量捕集所散发的有害气体，必须使伞形罩底部尺寸大于污染物的发生源。实际工程中上部集气罩的应用很广泛。当污染源向下部抛射污染物，由于工艺操作上的限制在上部或侧面都不允许设置集气罩时才采用下部集气罩，如木工车间加工木材的设备所用排气装置。

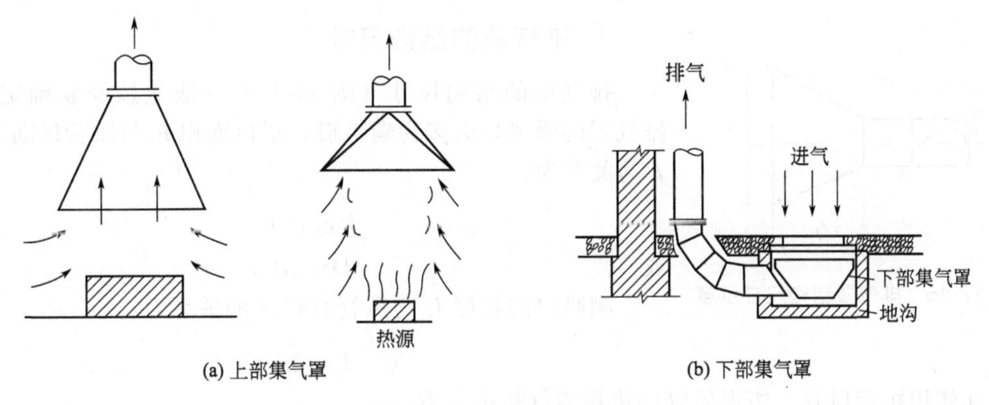

(a) 上部集气罩　　(b) 下部集气罩

图 17-13　捕集型排气罩

4. 诱导型排气罩

这种排气罩对于气态污染物的捕捉方向与污染物本身运动方向不一致，例如对各种工业槽设置的槽边排气罩，气态污染物由槽内向上运动，排气罩对污染物进行侧方诱导，让污染物沿侧向排出。这样既不影响工艺操作，有害物排出时又不经过人的呼吸区。但这时往往需要较大的排风量。槽边排气罩一般分为单侧和双侧，当槽子宽度大于 700mm 时一般采用双侧排风。见图 17-14。

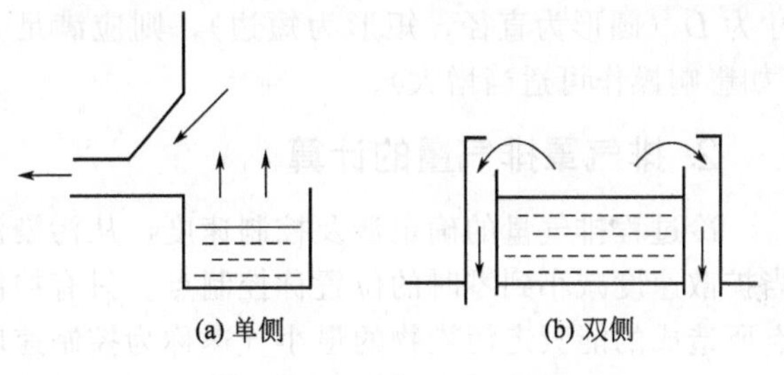
(a) 单侧　　(b) 双侧

图 17-14　诱导型排气罩

三、排气罩的设计计算

排气罩是排风系统的一个重要部件，它的性能对排风系统的技术经济效果有很大影响。如果设计合理，用较小的排风量就能获得良好的效果；反之，用了很大的排风量也达不到预期的目的。设计排气罩需满足下列要求：

① 了解工艺设备的结构和使用操作特点，在不妨碍生产操作以及对生产过程的观察、不妨碍设备检修的情况下，确定排气罩的型式和位置；

② 研究并了解有害物的特点与散发情况，以最少的风量尽可能充分完善地收集所散发的有害物，而且需要的捕集装置少、阻力小；

③ 在任何情况下被排出的气体都不应通过人的呼吸区；

④ 所使用的材料要求来源广、价格低廉、易于加工制作，如排除有腐蚀性的气体，设备材料应防腐。

要同时满足这些要求往往是困难的。所以设计时必须根据生产设备的结构和操作的特点，进行具体分析，抓住主要矛盾给予解决。

设计步骤一般是先详细了解使用者的要求，然后深入实际进行调查。在调查的基础上确定排气罩的结构尺寸和安装位置，确定排气罩，最后计算压力损失。排气量和压力损失是排气罩的重要性能指标，其确定方法在下面简单介绍。排气罩设计的总原则是经济、合理、方便、美观。

1. 排气罩的结构尺寸

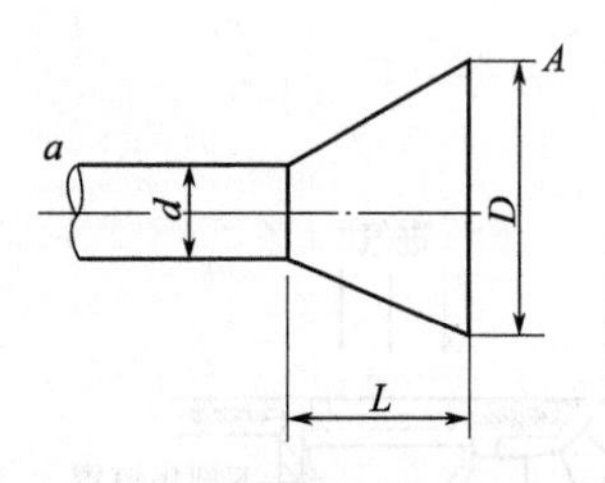

图 17-15 排气罩结构尺寸示意

排气罩的结构尺寸（图 17-15）一般是按经验确定的。排气罩的吸风口大多为喇叭形，罩口面积 F 与风管横断面积 f 的关系为：

$$F \leqslant 16f$$

或

$$D \leqslant 4d$$

喇叭口的长度 L 与风管直径 d 的关系为：

$$L \leqslant 3d$$

如使用矩形风管，矩形风管的边长 B（长边）为：

$$B = 1.13\sqrt{F}$$

各种排气罩的结构尺寸可从有关设计手册中查到，供设计时参考。在无参考尺寸时，可参照下列条件确定。首先排气罩的罩口尺寸不应小于罩子所在位置的污染物扩散的断面面积。如果设排气罩联结风管的特征尺寸为 d（圆形为直径，矩形为短边），污染源的特征尺寸为 E（圆形为直径，矩形为短边），排气罩距污染源的垂直距离为 H，排气罩口的特征尺寸为 D（圆形为直径，矩形为短边），则应满足 $d/E > 0.2$，$1.0 < D/E < 2.0$，$H/E < 0.7$（如影响操作可适当增大）。

2. 排气罩排气量的计算

冷过程排气量的确定涉及控制速度，从污染源散发出来的污染物具有一定的扩散速度，当扩散速度减小到零时的位置称控制点。只有控制点的污染物才容易被吸走。排气罩在控制点所造成的能吸走污染物的最小气速称为控制速度。其值的大小与工艺过程和室内气流运动情况有关，一般通过实测求得。如缺乏现场实测数据，可参考有关设计手册的经验数值。现将某些污染源的控制吸入速度列于表 17-4～表 17-7。

表 17-4 按有害物散发条件选择的吸入速度

有害物散发条件	举例	最小吸入速度/(m/s)
以轻微的速度散发到几乎是静止的空气中	蒸气的蒸发，气体或烟从敞口容器中外逸，槽子的液面蒸发，如脱油槽浸槽等	0.25～0.5
以较低的速度散发到较平静的空气中	喷漆室内喷漆，间断粉料装袋，焊接台，低速皮带机运输，电镀槽，酸洗	0.5～1.0
以相当大的速度散发到空气运动迅速的区域	高压喷漆，快速装袋或装桶，往皮带机上装料，破碎机破碎，冷落砂机	1.0～2.5
以高速散发到空气运动很迅速的区域	磨床，重破碎机，在岩石表面工作，砂轮机，喷砂，热落砂机	2.5～10

注：1. 当室内气流很小或者对吸入有利，污染物毒性很低或者仅是一般的粉尘，间断性生产或产量低的情况，大型罩——吸入大量气流的情况，按表 17-4 取下限；

2. 当室内气流搅动很大，污染物的毒性高，连续性生产或产量高，小型罩——仅局部控制等情况下，按表 17-4 取上限。

表 17-5 对于某些特定作业的吸入速度

作业内容	吸入速度/(m/s)	说明	作业内容	吸入速度/(m/s)	说明
研磨喷砂作业			铸造拆模	3.5	高温铸造,下方排风
在箱内	2.5	具有完整排风罩	有色金属冶炼		
在室内	0.3～0.5	从该室下面排风	铝	0.5～1.0	排风罩的开口面
装袋作业			黄铜	1.0～1.4	排风罩的开口面
纸袋	0.5	装袋室及排风罩	研磨机		
布袋	1.0	装袋室及排风罩	手提式	1.0～2.0	从工作台下方排风
粉砂业	2.0	污染源处外设排风罩	吊式	0.5～0.8	研磨箱开口面
囤斗与囤仓	0.8～1.0	排风罩的开口面	金属精炼		
皮带输送机	0.8～1.0	转运点处排风罩的开口面	有毒金属(铅、镉)	1.0	精炼室开口面
铸造型芯抛光	0.5	污染源处	无毒金属(铁、铝)	0.7	精炼室开口面
手工锻造场	1.0	排风罩的开口面	无毒金属(铁、铝)	1.0	外装精炼室开口面
铸造用筛			混合机(砂等)	0.5～1.0	混合机开口面
圆筒筛	2.0	排风罩的开口面	电弧焊	0.5～1.0	污染源(吊式排风罩)
平筛	1.0	排风罩的开口面		0.5	电焊室开口面
铸造拆模	1.4	低温铸造,下方排风			

表 17-6 按周围气流情况及有害气体的危害性选择吸入速度

周围气流情况	吸入速度/(m/s)	
	危害性小时	危害性大时
无气流或者容易安装挡板的地方	0.20～0.25	0.25～0.30
中等程度气流的地方	0.25～0.30	0.30～0.35
较强气流的地方或者不安挡板的地方	0.35～0.40	0.38～0.50
强气流的地方	0.5	
非常强气流的地方	1.0	

表 17-7 按有害物危害性及排气罩形式选择吸入速度 单位：m/s

危害性	圆形罩		侧面方形罩	伞形罩	
	一面开口	两面开口		三面敞开	四面敞开
大	0.38	0.50	0.5	0.63	0.88
中	0.38	0.45	0.38	0.50	0.78
小	0.30	0.38	0.25	0.38	0.63

通常使用的通风柜属于半密闭型，其排气量 Q(m^3/h)可通过下式进行计算：

$$Q = 3600Fv\beta \tag{17-10}$$

式中，F 为操作口实际开启面积，m^2；v 为操作口处空气吸入速度，m/s，可按表 17-4 选用；β 为安全系数，一般取 1.05～1.1。

敞开式排气罩的喇叭口一般多装有 7.5～15cm 宽的边框，边框可节省排风量 20%～25%，压力损失可减少 50%左右。对不同形状的排气罩，其排气量的计算方法不同，设计时也可查阅有关手册，现将一部分计算公式列于表17-8。

表17-8 各种排气罩的排气量计算公式

名称	型式	罩形	罩子尺寸比例	排气量计算公式 $Q/(m^3/s)$	备注
矩形及圆形平口排气罩	无边		$h/B \geqslant 0.2$ 或圆口	$Q=(10x^2+F)v_x$	罩口面积 $F=Bh$ 或 $F=\pi d^2/4$，d 为罩口直径，m
	有边		$h/B \geqslant 0.2$ 或圆口	$Q=0.75(10x^2+F)v_x$	罩口面积 $F=Bh$ 或 $F=\pi d^2/4$，d 为罩口直径，m
	台上或落地式		$h/B \geqslant 0.2$ 或圆口	$Q=0.75(10x^2+F)v_x$	罩口面积 $F=Bh$ 或 $F=\pi d^2/4$，d 为罩口直径，m
	台上		$h/B \geqslant 0.2$ 或圆口	有边 $Q=0.75(5x^2+F)v_x$ 无边 $Q=(5x^2+F)v_x$	罩口面积 $F=Bh$ 或 $F=\pi d^2/4$，d 为罩口直径，m
条缝侧集罩	无边		$h/B \leqslant 0.2$	$Q=3.7Bxv_x$	$v_x=10m/s$；$\zeta=1.78$；B 为罩宽，m；h 为条缝高度，m；x 为罩口至控制点距离，m
	有边		$h/B \leqslant 0.2$	$Q=2.8Bxv_x$	$v_x=10m/s$；$\zeta=1.78$；B 为罩宽，m；h 为条缝高度，m；x 为罩口至控制点距离，m
	台上		$h/B \leqslant 0.2$	无边 $Q=2.8Bxv_x$ 有边 $Q=2Bxv_x$	$v_x=10m/s$；$\zeta=1.78$；B 为罩宽，m；h 为条缝高度，m；x 为罩口至控制点距离，m

续表

名称	型式	罩形	罩子尺寸比例	排气量计算公式 $Q/(m^3/s)$	备注
上部伞形罩	冷态		按操作要求	(1)侧面无围挡时 $Q=1.4pHv_x$ (2)两侧有围挡时 $Q=(W+B)Hv_x$ (3)三侧有围挡时 $Q=WHv_x$ 或 $Q=BHv_x$	p 为罩口周长，m；W 为罩口长度，m；B 为罩口宽度，m；H 为污染源至罩口距离，m； $v_x=0.25\sim2.5$m/s； $\zeta=0.25$
上部伞形罩	热态		低悬罩 $(H<1.5\sqrt{f})$ 圆形 $D=d+0.5H$ 矩形 $A=a+0.5H$ $B=b+0.5H$	圆形罩 $Q(m^3/h)=167D^{2.33}\times\Delta t^{5/12}$ 矩形罩 $Q[m^3/(h\cdot m 长罩子)]=221B^{3/4}(\Delta t)^{5/12}$	D 为罩子实际罩口直径，m；Δt 为热源与周围温度差，℃；f 为热源水平投影面积，m^2；B 为罩子实际罩口宽度，m；A 为实际罩口长度，m；a，b 分别为热源长度、宽度
上部伞形罩	热态		高悬罩 $(H>1.5\sqrt{f})$ 圆形 $D=D_0+0.8H$	$Q=v_0F_0+v'(F-F_0)$ $v_0=\dfrac{0.087f^{1/3}\Delta t^{5/12}}{(H')^{1/4}}$ $F_0=\pi D_0{}^2/4$ $D_0=0.433(H')^{0.88}$ $H'=H+2d$ $F=\pi D^2/4$	F 为实际罩口面积，m^2；F_0 为罩口处热气流断面积，m^2；v'为通过罩口过剩面积的气流速度，m/s，取值 0.5～0.75m/s；d 为热源直径，m；f 为热源的水平面积，m^2；Δt 为热源与周围空气的温差，℃；D_0 为罩口处热气流的直径，m
槽边侧集罩			$h/B\leqslant0.2$	$Q=BWC$ 或 $Q=v_0n$	h 按罩口速度 $v_x=10$m/s确定；C 为风量系数，$m^3/(m^2\cdot s)$，在 $0.25\sim2.5m^3/(m^2\cdot s)$ 范围内变化，一般取 $0.75\sim1.25m^3/(m^2\cdot s)$
半密闭罩	通风柜	上中下三个缝隙面积相等且$v=5\sim7$m/s		用于热态时 $Q=4.86\sqrt[3]{hqF}$ 用于冷态时 $Q=Fv$	h 为操作口高度，m；q 为柜内发热量，kW/s；F 为操作口面积，m^2；v 为操作口平均速度，m/s，取值 0.5～1.5m/s

续表

<table>
<tr><th rowspan="2">名称</th><th rowspan="2">型式</th><th rowspan="2">罩形</th><th rowspan="2">罩子尺寸比例</th><th rowspan="2">排气量计算公式
$Q/(m^3/s)$</th><th colspan="2">备注</th></tr>
<tr></tr>
<tr><td>密闭罩</td><td>整体密闭罩</td><td>Q
进风缝隙</td><td></td><td>$Q=Fv$ 或 $Q=v_0 n$</td><td colspan="2">F 为缝隙面积，m^2；v 为缝隙风速，近似 5m/s；v_0 为罩内容积，m^3；n 为换气次数，次/h</td></tr>
<tr><td>吹吸罩</td><td></td><td>Q_2
Q_1 10°
W H
D</td><td></td><td>H(集气罩高度)
$=D\tan 10$
$=0.18D$
$Q_1=\frac{1}{DE}Q_2$
D 为射流长度，m；
E 为进入系数；
$Q_2=1830\sim2750m^3/(h\cdot m^2$ 槽面)；
W 按喷口速度 5～10 m/s 确定</td><td>射流长度
D/m

<2.5
2.5～5.0
5.0～7.5
>7.5</td><td>进入系数
E

2.0
1.4
1.0
0.7</td></tr>
</table>

3. 排气罩压力损失的计算

排气罩的压力损失 Δp 一般用压力损失系数 ζ 与直管中的动压 p_v 的乘积来表示，ζ 值可从有关设计手册中查表得到。如果查不到压损系数 ζ，也可以通过流量系数 φ 计算出来。ζ 和 φ 的关系为：

$$\varphi=\frac{1}{\sqrt{1+\zeta}}$$

对于结构形状一定的排气罩，φ 和 ζ 皆为常数。动压 p_v 与流速 v 有关，p_v 也可从图 17-16 中查得。

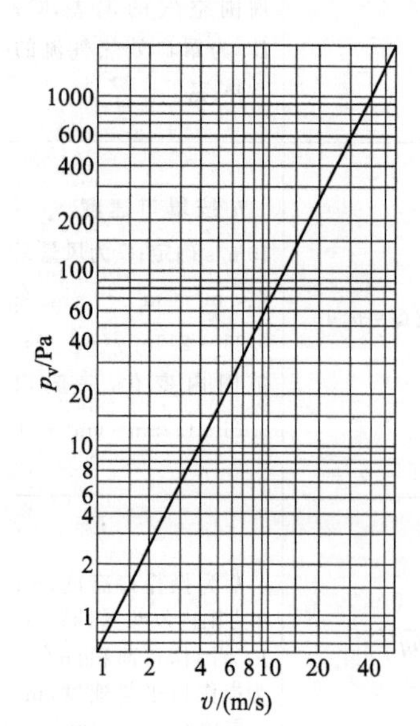

图 17-16 流速与动压的关系

$$p_v=\frac{\rho v^2}{2g}\approx\left(\frac{v}{4.04}\right)^2 \tag{17-11}$$

式中，ρ 为气体密度。

所以

$$\Delta p=\zeta p_v \tag{17-12}$$

排气罩的性能一般指排气量、压力损失、尺寸和材料消耗等。对一个确定的污染源，在控制污染物外逸的效果相同的条件下，排气量小、压力损失小、尺寸小、材料消耗小的排气罩的性能好。

【例 17-4】 有一圆形排气罩，罩口直径 $d=250$mm，要在距罩中心 0.2m 处造成 0.5m/s 的吸入速度，试计算该排气罩的排气量。

解 (1) 采用四周无边的排气罩 由表 17-8 查得该排气罩的排气量计算式：

$$Q=(10x^2+F)v_x$$
$$=(10\times0.2^2+\pi\times0.25^2/4)\times0.5$$
$$=0.225(m^3/s)$$

（2）采用四周有边的排气罩　由表 17-8 查得

$$Q=0.75(10x^2+F)v_x$$
$$=0.75(10\times0.2^2+\pi\times0.25^2/4)\times0.5$$
$$=0.169(m^3/s)$$

从计算可以看出，罩子四周加边后，由于减少了无效气流，排气量可以节省 25%，因此在设计时应尽量采用有边的罩子。

【例 17-5】 有一元件酸洗槽，槽子的尺寸为长×宽＝1.0m×0.8m，伞形罩外形尺寸比槽子每边长 0.2m，即长×宽＝1.4m×1.2m，从槽边到伞形罩罩口的垂直距离 0.7m，试求伞形罩的排气量。如果伞形罩的长度 $L=0.9$m，试求罩子的阻力损失。

解　（1）求排气量　由表 17-8 查得：

① 侧面无围挡时

$$Q=1.4phv_x$$

v_x 由表 17-4 查得酸洗槽的控制速度为 0.25～0.5m/s，取最小值 0.25m/s

$$Q=1.4(2\times1.0+2\times0.8)\times0.7\times0.25$$
$$=0.882(m^3/s)$$

② 两侧有围挡时

$$Q=(W+B)hv_x$$
$$=(1.4+1.2)\times0.7\times0.25$$
$$=0.455(m^3/s)$$

③ 三侧有围挡时

$$Q=whv_x$$
$$=1.4\times0.7\times0.25$$
$$=0.245(m^3/s)$$

（2）求阻力损失　由表 17-8 查得阻力系数 $\zeta=0.25$。对于侧面无围挡的伞形罩，当 $L=0.9$m 时，假设风管直径 $d=\frac{1}{3}L=0.3$m，那么风管的横断面积

$$f=\pi\times0.3^2/4=0.07\ (m^2)$$

管口的流速 $v_0=\frac{Q}{f}=\frac{0.882}{0.07}=12.6$ （m/s）

由图 17-16 查得动压 $p_v=95$Pa

所以 $\Delta p=\zeta p_v=0.25\times95=24$ （Pa）

【例 17-6】 计算安装在热油槽（内径 $d=0.6$m）上方的伞形罩尺寸及其排气量。伞形罩安装在距槽面 0.4m 的高处，热油表面温度 900℃，室内空气温度 25℃。

解　$F=\pi d^2/4=3.14\times0.6^2/4=0.28$ （m²）

$$1.5\sqrt{F}=1.5\sqrt{0.28}=0.79$$

$$H=0.4<1.5\sqrt{F}$$

所以属低悬罩。

由表 17-8 查得排气量的计算公式，如果伞形罩选圆形，则

$$D = d + 0.5H = 0.6 + 0.5 \times 0.4 = 0.8(\mathrm{m})$$

$$Q = 167D^{2.33}(\Delta t)^{5/12}$$

$$= 167 \times 0.8^{2.33}(900 - 25)^{5/12}$$

$$= 1670(\mathrm{m^3/h})$$

四、排气罩的设计优化

① 排气罩设计优劣对比见表 17-9。

表 17-9 排气罩设计优劣对比

对比	说明
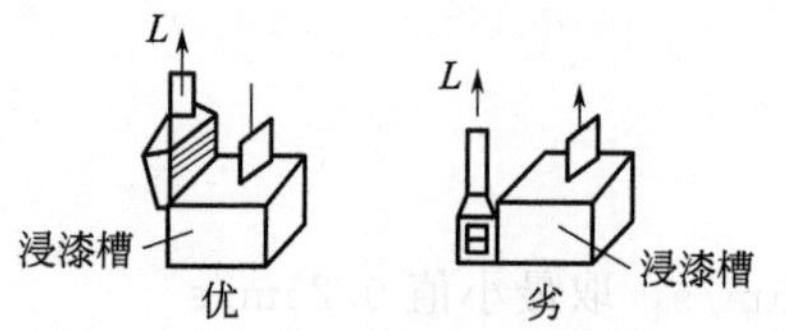 L 浸漆槽 优；L 浸漆槽 劣	应从散发有机溶剂浓度比较高的槽侧直接排风
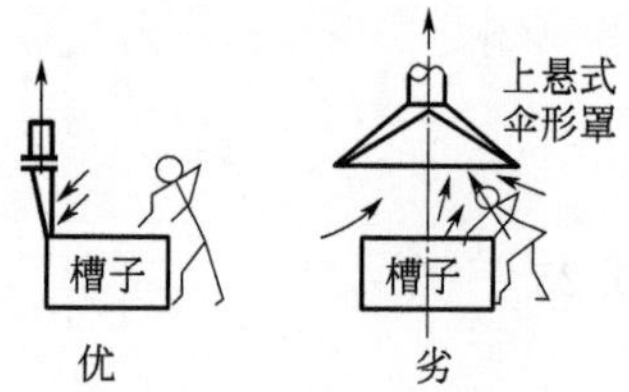 槽子 优；上悬式伞形罩 槽子 劣	采用条缝侧吸罩使操作人员不接触有害物。如用上部伞形罩，则有害物首先经过操作人员的呼吸区
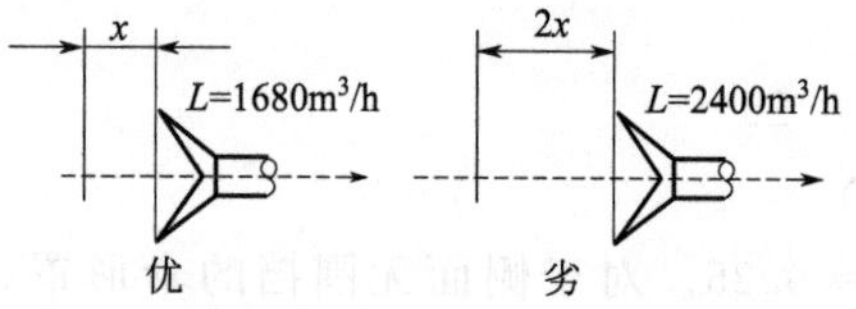 x L=1680m³/h 优；$2x$ L=2400m³/h 劣	罩子远离污染源，不仅排风量增大而且效果也不好
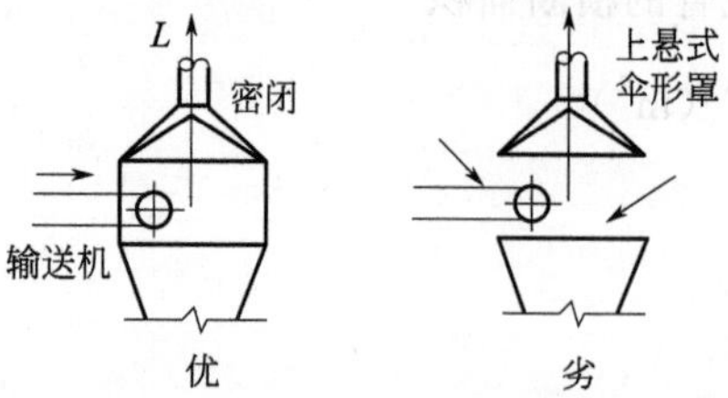 L 密闭 输送机 优；上悬式伞形罩 劣	应尽可能将尘源密闭，减少排风量
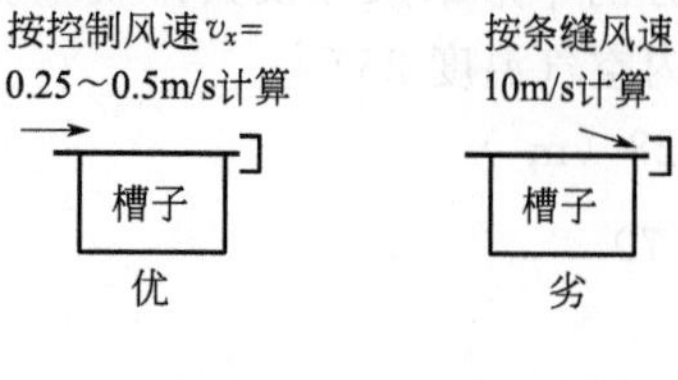 按控制风速 v_x=0.25～0.5m/s计算 槽子 优；按条缝风速 v_0=10m/s计算 槽子 劣	按控制风速或每平方米槽面积计算排风量，这就考虑了槽宽和槽面积不同时，排风量也是变动的，而按条缝风速计算，则不论槽子大小，都采用一个固定不变的风量，这是不合理的

续表

对比	说明
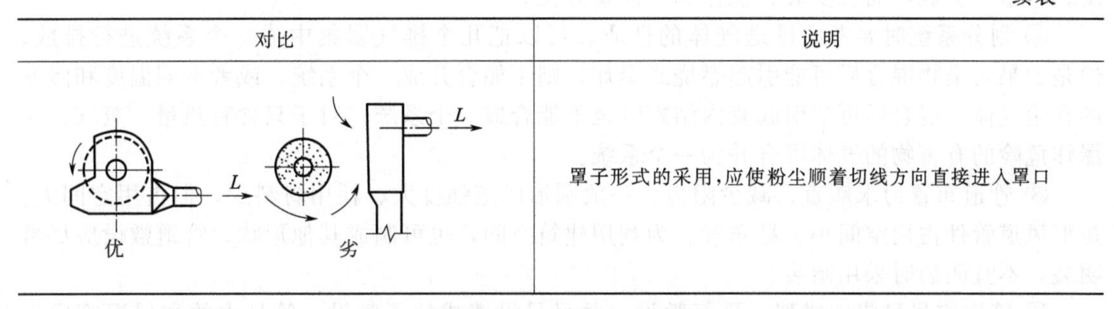	罩子形式的采用，应使粉尘顺着切线方向直接进入罩口

② 排风罩的吸气气流方向应尽可能与污染气流运动方向一致。

③ 已被污染的吸入气流不允许通过人的呼吸区。设计时要充分考虑操作人员的位置和活动范围。

④ 局部排风罩的配置应与生产工艺协调一致，力求不影响工艺操作。

⑤ 要尽可能避免和减弱干扰气流及穿堂风、送风气流等对吸气气流的影响。

⑥ 对产生含尘气体的生产设备和部位，应优先考虑采用密闭罩或排气柜，并保持一定的负压。当不能或不便采用密闭罩时，可根据生产操作要求选择半密闭罩或外部排气罩，并尽可能包围或靠近污染源，必要时采取增设软帘围挡，以防止粉尘外逸。逸散型热含尘气体的捕集应优选采用顶部排气罩；污染范围较大，生产操作频繁的场合可采用吹吸式排气罩；无法设置固定排气罩，生产间断操作的场合，可采用活动（移动）排气罩。

⑦ 排气罩的排风口不宜靠近敞开的孔洞（如操作孔、观察孔、出料口等），以免吸入大量空气或物料。

⑧ 排气罩、屋顶排气罩的外形尺寸和容积较大时，罩体宜设置多个排风出口。排气罩收缩角不宜大于 60°。

⑨ 排气罩的排风量应按照防止粉尘或有害气体扩散到环境空间的原则确定。排风量为工况风量，排风量大小可通过下列方式获得：a. 生产设备提供；b. 实际测量或模拟试验；c. 工程类比和经验数据；d. 设计手册与理论计算。

⑩ 排气罩应能实现对含尘气体（尘）的捕集效果，捕集率不低于：a. 密闭罩 100%；b. 半密闭罩 95%；c. 吹吸罩 90%；d. 屋顶排烟罩 90%；e. 含有毒有害、易燃易爆污染源控制装置 100%。

⑪ 在排气罩可能进入杂物的场合，罩口应设置格栅。

第三节　管道系统的设计

一、管道布置的一般原则

管道的布置关系到整个系统的整体布局，合理设计、施工和使用管道系统，不仅能充分发挥控制系统的作用，而且直接关系到设计和运转的经济合理性。

在大气污染控制过程中，管道输送的介质可能是各种各样的，像含尘气体、各种有害气体、各种蒸气等。对这些不同的介质，在设计管道时应考虑其特殊要求，但就其共性来说作为管道布置的一般原则应注意以下几点。

① 布置管道时应对所有管线通盘考虑，统一布置，尽量少占有用空间，力求简单、紧

凑、平整、美观，而且安装、操作和检修要方便。

② 划分系统时要考虑排送气体的性质。可以把几个排气罩集中成一个系统进行排放。但是如果污染物混合后可能引起燃烧或爆炸，则不能合并成一个系统。或者不同温度和湿度的含尘气体，混合后可能引起管内结露时也不能合成一个系统。对于只含有热量、蒸气、无爆炸危险的有害物的气体可合并为一个系统。

③ 管道布置力求顺直、减少阻力。一般圆形风道强度大、耗用材料少，但占用空间大。矩形风道管件占用空间小、易布置。为利用建筑空间，也可制成其他形状。管道敷设应尽量明装，不宜明装时采用暗装。

④ 管道应尽量集中成列、平行敷设，并尽量沿墙或柱子敷设，管径大的和保温管应设在靠墙侧。管道与梁、柱、墙、设备及管道之间应有一定的距离，以满足施工、运行、检修和热胀冷缩的要求。各种管件应避免直接连接。

⑤ 管道应尽量避免遮挡室内光线和妨碍门窗的启闭，不应影响正常的生产操作。

⑥ 输送剧毒物的风管不允许是正压，此风管也不允许穿过其他房间。

⑦ 水平管道应有一定的坡度，以便放气、放水、疏水和防止积尘，一般坡度为0.002～0.005。

⑧ 管道与阀门的重量不宜支承在设备上，应设支架、吊架。保温管道的支架应设管托。焊缝不得位于支架处，焊缝与支架的距离不应小于管径，至少不得小于200mm。管道焊缝的位置应在施工方便和受力小的地方。

⑨ 确定排入大气的排气口位置时，要考虑排出气体对周围环境的影响。对含尘和含毒的排气即使经净化处理后仍应尽量在高处排放。通常排出口应高于周围建筑2～4m。为保证排出气体能在大气中充分扩散和稀释，排气口可装设锥形风帽，或者辅以阻止雨水进入的措施。

⑩ 风管上应设置必要的调节和测量装置（如阀门、压力表、温度计、风量测量孔和采样孔等)，或者预留安装测量装置的接口。调节和测量装置应设在便于操作和观察的位置。

⑪ 管道设计中既要考虑便于施工，又要求保证严密不漏。整个系统要求漏损小，以保证吸风口有足够的风量。

二、管道系统的设计计算

管道设计应在保证使用效果的前提下使管道系统技术可靠，安全环保，而且投资和运行费用最低。管道系统设计计算的任务主要是确定管道的位置、选择断面尺寸并计算风道的压力损失，以便根据系统的总风量和总阻力选择适当的风机和电机。

管道系统设计应用较多的是流速控制法，也称比摩阻法。该方法一般按以下步骤进行：

① 绘制管道系统的轴侧投影图，对各管段进行编号，标注长度和流量，管段长度一般按两管件中心线之间的长度计算，不扣除管件（如三通、弯头）本身的长度；

② 选择合适的气体流速，使其技术经济合理，即使得系统的造价和运行费用的总和最经济；

③ 根据各管段的风量和选定的流速确定各管段的断面尺寸，并按国家规定的统一规格进行圆整，选取标准管径；

④ 确定系统最不利环路，即最远或局部阻力最多的环路，也是压损最大的管路，计算该管段总压损，并作为管段系统的总压损；

⑤ 对并联管路进行压损平衡计算，两支管的压损差相对值，对除尘系统应小于 10%，其他系统可小于 15%；

⑥ 根据系统的总流量和总压损选择合适的风机和电机。

（一）选择适当的流速

风管内气体流速对通风系统的经济性有较大影响。流速高，风管断面小，材料消耗少，建造费用小；但是系统阻力大，动力消耗大，运行费用增加。流速低，阻力小，动力消耗少；但是风管断面大，材料和建造费用高，风管占用的空间也会增大。对除尘系统来说，流速过低又会使粉尘沉积堵塞管道。因此，必须通过全面的技术经济比较，选定适当的气体流速，使投资和运行费用的总和为最小。根据经验总结，要求管道内的风速控制在一定的范围内，具体数值见表 17-10 和表 17-11。表中建议的风速既考虑到系统的运行费用，也考虑了对周围环境的影响。

表 17-10　工业通风管道内的风速　　单位：m/s

风道部位	钢板和塑料风道	砖和混凝土风道
干管	6～14	4～12
支管	2～8	2～6

表 17-11　除尘风管的最小风速　　单位：m/s

粉尘类型	粉尘名称	垂直风管	水平风管	粉尘类型	粉尘名称	垂直风管	水平风管
纤维粉尘	干锯末、小刨屑、纺织尘	10	12	矿物粉尘	重矿物粉尘	14	16
	木屑、刨花	12	14		轻矿物粉尘	12	14
	干燥粗刨花、大块干木屑	14	16		灰土、砂尘	16	18
	潮湿粗刨花、大块湿木屑	18	20		干细型砂	17	20
	棉絮	8	10		金刚砂、刚玉粉	15	19
	麻	11	13	金属粉尘	钢铁粉尘	13	15
	石棉粉尘	12	18		钢铁屑	19	23
矿物粉尘	耐火材料粉尘	14	17		铅尘	20	25
	黏土	13	16	其他粉尘	轻质干粉（木工磨床粉尘、烟草灰）	8	10
	石灰石	14	16		煤尘	11	13
	水泥	12	18		焦炭粉尘	14	18
	湿土（含水 2%以下）	15	18		谷物粉尘	10	12

（二）管径的选择

在已知流量和确定流速以后，管道断面尺寸可按下式计算：

$$D=\sqrt{\frac{4Q}{\pi v}} \tag{17-13}$$

式中，D 为管道直径，m；Q 为体积流量，m^3/s；v 为管内流体的平均流速，m/s。

计算出的管径应按统一规格进行圆整。圆形和矩形风道及其配件规格见表 17-12～表 17-21。

表 17-12 矩形通风管道规格 单位：mm

<table>
<tr><th rowspan="2">外边长
($a \times b$)</th><th colspan="2">钢板制风道</th><th colspan="2">塑料制风道</th><th rowspan="2">外边长
($a \times b$)</th><th colspan="2">钢板制风道</th><th colspan="2">塑料制风道</th></tr>
<tr><th>外边长
允许偏差</th><th>壁厚</th><th>外边长
允许偏差</th><th>壁厚</th><th>外边长
允许偏差</th><th>壁厚</th><th>外边长
允许偏差</th><th>壁厚</th></tr>
<tr><td>120×120</td><td rowspan="26">−2</td><td rowspan="6">0.5</td><td rowspan="23">−2</td><td rowspan="14">3.0</td><td>630×500</td><td rowspan="26">−2</td><td rowspan="13">1.0</td><td rowspan="26">−3</td><td rowspan="7">5.0</td></tr>
<tr><td>160×120</td><td>630×630</td></tr>
<tr><td>160×160</td><td>800×320</td></tr>
<tr><td>200×120</td><td>800×400</td></tr>
<tr><td>200×160</td><td>800×500</td></tr>
<tr><td>200×200</td><td>800×630</td></tr>
<tr><td>250×120</td><td rowspan="17">0.75</td><td>800×800</td></tr>
<tr><td>250×160</td><td>1000×320</td><td rowspan="11">6.0</td></tr>
<tr><td>250×200</td><td>1000×400</td></tr>
<tr><td>250×250</td><td>1000×500</td></tr>
<tr><td>320×160</td><td>1000×630</td></tr>
<tr><td>320×200</td><td>1000×800</td></tr>
<tr><td>320×250</td><td>1000×1000</td></tr>
<tr><td>320×320</td><td>1250×400</td><td rowspan="13">1.2</td></tr>
<tr><td>400×200</td><td rowspan="9">4.0</td><td>1250×500</td></tr>
<tr><td>400×250</td><td>1250×630</td></tr>
<tr><td>400×320</td><td>1250×800</td></tr>
<tr><td>400×400</td><td>1250×1000</td></tr>
<tr><td>500×200</td><td>1600×500</td><td rowspan="8">8.0</td></tr>
<tr><td>500×250</td><td>1600×630</td></tr>
<tr><td>500×320</td><td>1600×800</td></tr>
<tr><td>500×400</td><td>1600×1000</td></tr>
<tr><td>500×500</td><td>1600×1250</td></tr>
<tr><td>630×250</td><td rowspan="3">1.0</td><td rowspan="3">−3</td><td rowspan="3">5.0</td><td>2000×800</td></tr>
<tr><td>630×320</td><td>2000×1000</td></tr>
<tr><td>630×400</td><td>2000×1250</td></tr>
</table>

注：除尘管道壁厚为表中值的 4～8 倍，详见张殿印、王纯主编《除尘工程设计手册》（第三版），化学工业出版社，2021。

表 17-13 矩形风道法兰 单位：mm

矩形风道大边长	≤630	800～1250	1600～2000
法兰用料规格(角材)	25×3	30×4	40×4

表 17-14 圆形通风管道规格 单位：mm

<table>
<tr><th rowspan="2">外径 D</th><th colspan="2">钢板制风管</th><th colspan="2">塑料制风管</th><th rowspan="2">外径 D</th><th colspan="2">钢板制风管</th><th colspan="2">塑料制风管</th></tr>
<tr><th>外径允许偏差</th><th>壁厚</th><th>外径允许偏差</th><th>壁厚</th><th>外径允许偏差</th><th>壁厚</th><th>外径允许偏差</th><th>壁厚</th></tr>
<tr><td>100</td><td rowspan="13">±1</td><td rowspan="6">0.5</td><td rowspan="13">±1</td><td rowspan="10">3.0</td><td>500</td><td rowspan="13">±1</td><td>0.75</td><td>±1</td><td rowspan="3">4.0</td></tr>
<tr><td>120</td><td>560</td><td rowspan="7">1.0</td><td rowspan="12">±1.5</td></tr>
<tr><td>140</td><td>630</td></tr>
<tr><td>160</td><td>700</td><td rowspan="4">5.0</td></tr>
<tr><td>180</td><td>800</td></tr>
<tr><td>200</td><td>900</td></tr>
<tr><td>220</td><td rowspan="7">0.75</td><td>1000</td></tr>
<tr><td>250</td><td>1120</td><td rowspan="6">6.0</td></tr>
<tr><td>280</td><td>1250</td><td rowspan="5">1.2～1.5</td></tr>
<tr><td>320</td><td>1400</td></tr>
<tr><td>360</td><td rowspan="3">4.0</td><td>1600</td></tr>
<tr><td>400</td><td>1800</td></tr>
<tr><td>450</td><td>2000</td></tr>
</table>

表 17-15 圆形风道法兰 单位：mm

圆形风道直径	法兰用料规格		圆形风道直径	法兰用料规格	
	扁钢	角钢		扁钢	角钢
≤140	20×4		530～1250		30×4
150～280	25×4		1320～2000		40×4
300～500		25×3			

表 17-16 硬聚氯乙烯板圆形法兰 单位：mm

风道直径	法兰用料规格	风道直径	法兰用料规格
100～180	－35×6	900～1400	－45×12
200～400	－35×8	1600	－50×15
450～500	－35×10	1800～2000	－60×15
560～800	－40×10		

表 17-17 硬聚氯乙烯板矩形法兰 单位：mm

风道大边长	法兰用料规格	风道大边长	法兰用料规格
120～160	－35×6	1000～1250	－45×12
200～400	－35×8	1600	－50×15
500	－35×10	2000	－60×18
630～800	－40×10		

表 17-18 不锈钢板风道 单位：mm

圆形风道直径或矩形风道大边长	不锈钢板厚度	圆形风道直径或矩形风道大边长	不锈钢板厚度
100～500	0.5	1250～2000	1.00
560～1120	0.75		

表 17-19 不锈钢法兰 单位：mm

圆形风道直径或矩形风道大边长	法兰用料规格	圆形风道直径或矩形风道大边长	法兰用料规格
≤280	－25×4	630～1000	－35×6
320～560	－30×4	1120～2000	－40×8

表 17-20 铝板风道 单位：mm

圆形风道直径或矩形风道大边长	铝板厚度	圆形风道直径或矩形风道大边长	铝板厚度
100～320	1.0	700～2000	2.0
360～630	1.5		

表 17-21 铝法兰 单位：mm

圆形风道直径或矩形风道大边长	法兰用料规格		圆形风道直径或矩形风道大边长	法兰用料规格	
	扁铝	角铝		扁铝	角铝
≤280	30×6	30×4	630～1000	40×10	
320～560	35×8	35×4	1120～2000	40×12	

（三）管道内气体流动的压力损失

按照流体力学原理，流体在流动过程中，由于阻力的作用产生压力损失。根据阻力产生的原因不同，可分为沿程阻力和局部阻力。沿程阻力 h_f 是流体在直管中流动时，由于流体的黏性和流体质点之间或流体与管壁之间的互相位移产生摩擦而引起的压力损失。它是伴随着流体的流动在整个流动路程上出现的，所以称沿程阻力，也称摩擦阻力。局部阻力是流体流经管道中某些管件（如三通、阀门、管道出入口及流量计等）或设备时，由于流速的方向和大小发生变化产生涡流而造成的阻力。

1. 沿程阻力的计算

空气在任何横断面形状不变的管道内流动时，摩擦阻力 Δp_m（Pa）可按下式计算：

$$\Delta p_m = \lambda \frac{l}{4R_s} \times \frac{v^2 \rho}{2} \tag{17-14}$$

式中，λ 为摩擦阻力系数；v 为风管内空气的平均流速，m/s；ρ 为空气的密度，kg/m^3；l 为风管长度，m；R_s 为风管的水力半径，m。

水力半径 R_s 可按下式计算：

$$R_s = \frac{A}{P} \tag{17-15}$$

式中，A 为管道中充满流体部分的横断面积，m^2；P 为润湿周边，在通风系统中即为风管的周长，m。

对于圆形风管，设 D 为圆形风管直径（m），则

$$R_s=\frac{A}{P}=\frac{\frac{\pi}{4}D^2}{\pi D}=\frac{D}{4}$$

因此，圆形风管的摩擦阻力计算公式可改写为：

$$\Delta p_m=\frac{\lambda}{D}\times\frac{v^2\rho}{2}l \tag{17-16}$$

圆形风管单位长度的摩擦阻力 R_m（又称比摩阻，Pa/m）为：

$$R_m=\frac{\lambda}{D}\times\frac{v^2\rho}{2} \tag{17-17}$$

摩擦阻力系数 λ 与空气在风管内的流动状况 Re 和风管管壁的绝对粗糙度 K 有关，λ 值大小分 3 种情况。

① 按流体力学原理，在 $Re\leqslant 2300$ 时，属于水力光滑管，影响摩擦系数 λ 的因素只是 Re，而与管壁的粗糙度无关：

$$\lambda=64/Re \tag{17-18}$$

② 当 $Re>4000$ 时，处于湍流状态，此时 λ 与 Re 及相对粗糙度 K/D 都有关。当 K/D 一定时，λ 随 Re 增大而减小；当 Re 值一定时，λ 随 K/D 的增大而增大。当属于水力粗糙管，即完全湍流区内，λ 只与 K/D 有关，而与 Re 无关。λ 值可按尼古拉兹公式计算：

$$\frac{1}{\sqrt{\lambda}}=2\lg\frac{3.71D}{K} \tag{17-19}$$

③ 当 $2300<Re<4000$ 时，流动状态处于滞流向湍流转化的过渡区。

在净化系统中，薄钢板风管的空气流动状态大多数属于水力光滑管到水力粗糙管之间的过渡区。通常，高速风管的流动状态也处于过渡区。只有管径很小、表面粗糙的砖、混凝土风管才属于水力粗糙管。计算水力过渡区摩擦阻力系数的公式很多，克里布洛克公式适用范围较大，在目前得到较广泛的采用。此公式如下：

$$\frac{1}{\sqrt{\lambda}}=-2\lg\left(\frac{K}{3.71D}+\frac{2.51}{Re\sqrt{\lambda}}\right) \tag{17-20}$$

式中，K 为风管内壁粗糙度，mm；D 为风管直径，mm。

进行净化系统设计时，为了避免烦琐的计算，在过程设计中常使用按上述公式绘制成的各种形式的计算表或线解图。

表 17-22 为钢板圆形通风管道计算表。它适用于标准状态空气，大气压力 $p=101.3$kPa，温度 $t=20$℃，密度 $\rho=1.24\text{kg/m}^3$，运动黏度 $\nu=15.06\times10^{-6}\text{m}^2/\text{s}$。对于钢板制风管，绝对粗糙度 $K=0.15$mm。

当条件改变时需对沿程阻力进行修正。

(1) 粗糙度对摩擦阻力的影响　式(17-20) 可以看出，摩擦阻力系数 λ 不仅与 Re 有关，还与管壁粗糙度 K 有关，当粗糙度增大时摩擦阻力系数和摩擦阻力也增大。

在通风系统中，常用各种材料制作风管。这些材料的粗糙度各不相同，其数值列于表 17-23。

表 17-22　钢板圆形通风管道计算表

动压/Pa	风速/(m/s)	外径 D/mm　上行— 下行—												
		100	120	140	160	180	200	220	250	280	320	360	400	450
0.602	1.0	28 0.222	40 0.175	55 0.143	71 0.121	91 0.104	112 0.091	135 0.081	175 0.069	219 0.059	287 0.050	363 0.043	449 0.038	569 0.033
0.728	1.1	30 0.262	44 0.207	60 0.170	79 0.143	100 0.123	123 0.108	148 0.096	192 0.081	241 0.070	316 0.060	400 0.051	494 0.045	626 0.039
0.867	1.2	33 0.306	48 0.241	66 0.198	86 0.167	109 0.144	134 0.126	162 0.112	210 0.095	263 0.082	344 0.070	436 0.060	539 0.053	682 0.045
1.017	1.3	36 0.352	52 0.278	71 0.228	93 0.192	118 0.166	146 0.145	175 0.129	227 0.110	285 0.095	373 0.080	472 0.069	584 0.061	739 0.052
1.180	1.4	39 0.402	56 0.318	76 0.261	100 0.220	127 0.189	157 0.165	189 0.147	244 0.125	307 0.109	402 0.092	509 0.079	629 0.069	796 0.060
1.355	1.5	42 0.454	60 0.359	82 0.295	107 0.249	136 0.214	168 0.187	202 0.166	262 0.142	329 0.123	430 0.104	545 0.090	674 0.079	853 0.068
1.541	1.6	44 0.510	64 0.403	87 0.331	114 0.279	145 0.240	179 0.210	216 0.187	279 0.159	351 0.138	459 0.117	581 0.101	718 0.088	910 0.076
1.740	1.7	47 0.568	68 0.449	93 0.369	122 0.311	154 0.268	190 0.235	229 0.209	297 0.178	373 0.154	488 0.130	618 0.113	763 0.099	967 0.085
1.950	1.8	50 0.630	72 0.498	98 0.409	129 0.345	163 0.297	202 0.260	243 0.231	314 0.197	395 0.171	516 0.145	654 0.125	808 0.109	1024 0.095
2.173	1.9	53 0.694	76 0.549	104 0.451	136 0.380	172 0.327	213 0.287	256 0.255	332 0.217	417 0.188	545 0.159	690 0.138	853 0.121	1081 0.104
2.408	2.0	55 0.761	80 0.602	109 0.494	143 0.417	181 0.359	224 0.315	270 0.280	349 0.238	439 0.207	574 0.175	727 0.151	898 0.133	1137 0.115
2.655	2.1	58 0.831	84 0.657	115 0.540	150 0.456	190 0.392	235 0.344	283 0.306	367 0.260	461 0.226	602 0.191	763 0.165	943 0.145	1194 0.125
2.914	2.2	61 0.903	88 0.715	120 0.587	157 0.496	199 0.427	246 0.374	297 0.333	384 0.283	482 0.246	631 0.208	799 0.180	988 0.158	1251 0.136
3.185	2.3	64 0.979	92 0.775	126 0.636	164 0.537	208 0.463	258 0.405	310 0.361	402 0.307	504 0.267	660 0.226	836 0.195	1033 0.171	1308 0.148
3.468	2.4	67 1.057	96 0.837	131 0.688	172 0.580	217 0.500	269 0.438	324 0.390	419 0.332	526 0.288	688 0.244	872 0.211	1078 0.185	1365 0.160
3.763	2.5	69 1.138	100 0.901	137 0.741	179 0.625	226 0.539	280 0.472	337 0.420	437 0.358	548 0.310	717 0.263	908 0.227	1123 0.199	1422 0.172
4.070	2.6	72 1.222	104 0.968	142 0.795	186 0.672	236 0.579	291 0.507	351 0.451	454 0.384	570 0.334	746 0.283	945 0.244	1167 0.214	1479 0.185
4.389	2.7	75 1.309	108 1.037	147 0.852	193 0.719	245 0.620	302 0.543	364 0.483	471 0.412	592 0.357	774 0.303	981 0.262	1212 0.230	1536 0.199
4.720	2.8	78 1.399	112 1.108	153 0.910	200 0.769	254 0.663	314 0.580	378 0.517	489 0.440	614 0.382	803 0.324	1017 0.280	1257 0.246	1592 0.212
5.063	2.9	80 1.491	116 1.181	158 0.971	207 0.820	263 0.707	325 0.619	391 0.551	506 0.469	636 0.408	832 0.345	1054 0.298	1302 0.262	1649 0.227
5.418	3.0	83 1.586	120 1.256	164 1.033	214 0.872	272 0.752	336 0.659	405 0.586	524 0.500	658 0.434	860 0.367	1090 0.318	1347 0.279	1706 0.241
5.785	3.1	86 1.684	124 1.334	169 1.097	222 0.926	281 0.799	347 0.700	418 0.623	541 0.531	680 0.461	889 0.390	1127 0.337	1392 0.296	1763 0.256
6.164	3.2	89 1.785	128 1.414	175 1.162	229 0.982	290 0.846	358 0.742	432 0.660	559 0.563	702 0.488	918 0.414	1163 0.358	1437 0.314	1820 0.272
6.556	3.3	91 1.888	132 1.496	180 1.230	236 1.039	299 0.896	369 0.785	445 0.699	576 0.595	724 0.517	947 0.438	1199 0.379	1482 0.332	1877 0.288
6.959	3.4	94 1.994	136 1.580	186 1.299	243 1.098	308 0.946	381 0.829	459 0.738	594 0.629	746 0.546	975 0.463	1236 0.400	1527 0.351	1934 0.304

续表

风量/(m³/h)
单位摩擦阻力/(Pa/m)

500	560	630	700	800	900	1000	1120	1250	1400	1600	1800	2000
703 0.029	880 0.025	1115 0.022	1378 0.019	1801 0.016	2280 0.014	2816 0.012	3534 0.011	4397 0.009	5518 0.008	7211 0.007	9130 0.006	11276 0.005
773 0.034	968 0.030	1227 0.026	1515 0.022	1981 0.019	2508 0.017	3098 0.015	3887 0.013	4836 0.011	6070 0.010	7932 0.008	10043 0.007	12403 0.006
843 0.040	1056 0.035	1338 0.030	1653 0.026	2161 0.022	2736 0.019	3379 0.017	4241 0.015	5276 0.013	6622 0.011	8653 0.010	10956 0.008	13531 0.007
913 0.046	1144 0.040	1450 0.035	1791 0.030	2341 0.026	2964 0.022	3661 0.020	4594 0.017	5716 0.015	7173 0.013	9374 0.011	11869 0.010	14659 0.008
984 0.053	1233 0.046	1561 0.040	1929 0.035	2521 0.030	3192 0.026	3943 0.022	4948 0.020	6155 0.017	7725 0.015	10096 0.013	12783 0.011	15786 0.010
1054 0.060	1321 0.052	1673 0.045	2066 0.039	2701 0.033	3420 0.029	4224 0.025	5301 0.022	6595 0.019	8277 0.017	10817 0.014	13696 0.013	16914 0.011
1124 0.067	1409 0.058	1784 0.050	2204 0.044	2881 0.038	3648 0.033	4506 0.029	5655 0.025	7035 0.022	8829 0.019	11538 0.016	14609 0.014	18041 0.012
1194 0.075	1497 0.065	1896 0.056	2342 0.050	3061 0.042	3876 0.036	4787 0.032	6008 0.028	7474 0.024	9381 0.021	12259 0.018	15522 0.016	19169 0.014
1265 0.083	1585 0.072	2007 0.063	2480 0.055	3241 0.047	4104 0.040	5069 0.036	6361 0.031	7914 0.027	9932 0.024	12980 0.020	16435 0.017	20296 0.015
1335 0.092	1673 0.080	2119 0.069	2617 0.061	3421 0.052	4332 0.045	5351 0.039	6715 0.034	8354 0.030	10484 0.026	13701 0.022	17348 0.019	21424 0.017
1405 0.101	1761 0.088	2230 0.076	2755 0.067	3601 0.057	4560 0.049	5632 0.043	7068 0.038	8793 0.033	11036 0.029	14422 0.024	18261 0.021	22552 0.019
1476 0.110	1849 0.096	2342 0.083	2893 0.073	3781 0.062	4788 0.054	5914 0.047	7422 0.041	9233 0.036	11588 0.031	15143 0.027	19174 0.023	23679 0.020
1546 0.120	1937 0.104	2453 0.090	3031 0.079	3961 0.067	5016 0.058	6195 0.051	7775 0.045	9673 0.039	12140 0.034	15864 0.029	20087 0.025	24807 0.022
1616 0.130	2025 0.113	2565 0.098	3168 0.086	4141 0.073	5244 0.063	6477 0.056	8128 0.049	10112 0.043	12692 0.037	16586 0.032	21000 0.027	25934 0.024
1686 0.141	2113 0.122	2676 0.106	3306 0.093	4321 0.079	5472 0.069	6759 0.060	8482 0.053	10552 0.046	13243 0.040	17307 0.034	21913 0.030	27062 0.026
1757 0.151	2201 0.132	2788 0.114	3444 0.100	4501 0.085	5700 0.074	7040 0.065	8835 0.057	10992 0.050	13795 0.043	18028 0.037	22826 0.032	28190 0.028
1827 0.163	2289 0.142	2899 0.123	3582 0.108	4681 0.092	5928 0.079	7322 0.070	9189 0.061	11431 0.053	14347 0.047	18749 0.040	23739 0.034	29317 0.030
1897 0.174	2377 0.152	3011 0.132	3719 0.116	4861 0.098	6156 0.085	7604 0.075	9542 0.065	11871 0.057	14899 0.050	19470 0.043	24652 0.037	30445 0.033
1967 0.187	2465 0.163	3122 0.141	3857 0.124	5041 0.105	6384 0.091	7885 0.080	9895 0.070	12311 0.061	15451 0.053	20191 0.046	25565 0.040	31572 0.035
2038 0.199	2553 0.173	3234 0.150	3995 0.132	5222 0.112	6612 0.097	8167 0.086	10249 0.075	12750 0.065	16002 0.057	20912 0.049	26478 0.042	32700 0.037
2108 0.212	2641 0.185	3345 0.160	4133 0.140	5402 0.119	6840 0.103	8448 0.091	10602 0.079	13190 0.070	16554 0.061	21633 0.052	27391 0.045	33827 0.040
2178 0.225	2729 0.196	3457 0.170	4270 0.149	5582 0.127	7068 0.110	8730 0.097	10956 0.084	13630 0.074	17106 0.065	22354 0.055	28304 0.048	34955 0.042
2248 0.239	2817 0.208	3568 0.180	4408 0.158	5762 0.135	7296 0.117	9012 0.103	11309 0.090	14069 0.078	17658 0.068	23076 0.058	29217 0.051	36083 0.045
2319 0.253	2905 0.220	3680 0.191	4546 0.168	5942 0.142	7524 0.123	9293 0.109	11662 0.095	14509 0.083	18210 0.072	23797 0.062	30130 0.054	37210 0.047
2389 0.267	2993 0.233	3791 0.201	4684 0.177	6122 0.151	7752 0.131	9575 0.115	12016 0.100	14949 0.088	18761 0.077	24518 0.065	31043 0.057	38338 0.050

动压/Pa	风速/(m/s)	外径 D/mm												上行— 下行—
		100	120	140	160	180	200	220	250	280	320	360	400	450
7.375	3.5	97 2.103	140 1.666	191 1.370	250 1.158	317 0.998	392 0.875	472 0.779	611 0.664	768 0.576	1004 0.488	1272 0.422	1572 0.371	1991 0.321
7.802	3.6	100 2.215	144 1.755	197 1.443	257 1.219	326 1.051	403 0.921	486 0.820	629 0.699	789 0.607	1033 0.514	1308 0.445	1616 0.390	2047 0.338
8.241	3.7	103 2.329	148 1.846	202 1.518	264 1.283	335 1.106	414 0.969	499 0.863	646 0.735	811 0.639	1061 0.541	1345 0.468	1661 0.411	2104 0.355
8.693	3.8	105 2.446	152 1.939	208 1.595	272 1.347	344 1.162	425 1.018	513 0.906	663 0.773	833 0.671	1090 0.569	1381 0.492	1706 0.432	2161 0.373
9.156	3.9	108 2.566	156 2.034	213 1.673	279 1.413	353 1.219	437 1.068	526 0.951	681 0.811	855 0.704	1119 0.597	1417 0.516	1751 0.453	2218 0.392
9.632	4.0	111 2.689	160 2.131	219 1.753	286 1.481	362 1.277	448 1.119	540 0.997	698 0.850	877 0.738	1147 0.625	1454 0.541	1796 0.475	2275 0.411
10.120	4.1	114 2.814	164 2.231	224 1.835	293 1.550	371 1.337	459 1.172	553 1.043	716 0.889	899 0.772	1176 0.655	1490 0.566	1841 0.497	2332 0.430
10.619	4.2	116 2.942	168 2.332	229 1.918	300 1.621	380 1.398	470 1.225	567 1.091	733 0.930	921 0.808	1205 0.685	1526 0.592	1886 0.520	2389 0.450
11.131	4.3	119 3.073	172 2.436	235 2.004	307 1.693	390 1.461	481 1.280	580 1.140	751 0.972	943 0.844	1233 0.715	1563 0.618	1931 0.543	2446 0.470
11.655	4.4	122 3.207	176 2.542	240 2.091	315 1.767	399 1.524	493 1.336	594 1.189	768 1.014	965 0.881	1262 0.747	1599 0.645	1976 0.567	2502 0.491
12.191	4.5	125 3.343	180 2.650	246 2.180	322 1.842	408 1.589	504 1.393	607 1.240	786 1.057	987 0.918	1291 0.778	1635 0.673	2021 0.591	2559 0.512
12.738	4.6	127 3.482	184 2.760	251 2.271	329 1.919	417 1.655	515 1.451	621 1.292	803 1.102	1009 0.957	1319 0.811	1672 0.701	2065 0.616	2616 0.533
13.298	4.7	130 3.623	188 2.873	257 2.364	336 1.997	426 1.723	526 1.510	634 1.345	821 1.147	1031 0.996	1348 0.844	1708 0.730	2110 0.641	2673 0.555
13.870	4.8	133 3.768	192 2.987	262 2.458	343 2.077	435 1.792	537 1.571	648 1.398	838 1.192	1053 1.036	1377 0.878	1744 0.759	2155 0.667	2730 0.577
14.454	4.9	136 3.915	196 3.104	268 2.554	350 2.159	444 1.862	549 1.632	661 1.453	856 1.239	1075 1.077	1405 0.912	1781 0.789	2200 0.693	2787 0.600
15.050	5.0	139 4.065	200 3.223	273 2.652	357 2.241	453 1.933	560 1.695	675 1.509	873 1.287	1097 1.118	1434 0.948	1817 0.819	2245 0.720	2844 0.623
15.658	5.1	141 4.217	204 3.344	279 2.751	365 2.326	462 2.006	571 1.759	688 1.566	890 1.335	1118 1.160	1463 0.983	1853 0.850	2290 0.747	2901 0.646
16.278	5.2	144 4.372	208 3.467	284 2.853	372 2.411	471 2.080	582 1.823	702 1.624	908 1.385	1140 1.203	1491 1.020	1890 0.882	2335 0.775	2957 0.670
16.910	5.3	147 4.530	212 3.592	290 2.956	379 2.499	480 2.156	593 1.889	715 1.683	925 1.435	1162 1.247	1520 1.057	1926 0.914	2380 0.803	3014 0.695
17.554	5.4	150 4.691	216 3.720	295 3.061	386 2.587	489 2.232	605 1.957	729 1.742	943 1.486	1184 1.291	1549 1.094	1962 0.946	2425 0.831	3071 0.720
18.211	5.5	152 4.854	220 3.850	300 3.168	393 2.678	498 2.310	616 2.025	742 1.803	960 1.538	1206 1.336	1578 1.133	1999 0.980	2470 0.860	3128 0.745
18.879	5.6	155 5.020	224 3.981	306 3.276	400 2.769	507 2.389	627 2.094	756 1.865	987 1.591	1228 1.382	1606 1.172	2035 1.013	2514 0.890	3185 0.770
19.559	5.7	158 5.189	228 4.115	311 3.386	407 2.863	516 2.470	638 2.165	769 1.928	995 1.644	1250 1.429	1635 1.211	2071 1.047	2559 0.920	3242 0.796
20.251	5.8	161 5.360	232 4.251	317 3.499	415 2.957	525 2.551	649 2.237	783 1.992	1013 1.699	1272 1.476	1664 1.251	2108 1.082	2604 0.951	3299 0.823
20.956	5.9	163 5.534	236 4.389	322 3.612	422 3.054	535 2.635	661 2.310	796 2.057	1030 1.754	1294 1.524	1692 1.292	2144 1.118	2649 0.982	3356 0.850

续表

风量/(m^3/h)
单位摩擦阻力/(Pa/m)

500	560	630	700	800	900	1000	1120	1250	1400	1600	1800	2000
2459 0.282	3081 0.245	3903 0.213	4821 0.187	6302 0.159	7980 0.138	9856 0.121	12369 0.106	15388 0.093	19313 0.081	25239 0.069	31956 0.060	39465 0.053
2529 0.297	3169 0.259	4014 0.224	4959 0.197	6482 0.167	8208 0.145	10138 0.128	12723 0.111	15828 0.098	19865 0.085	25960 0.073	32869 0.063	40593 0.056
2600 0.312	3257 0.272	4126 0.236	5097 0.207	6662 0.176	8436 0.153	10420 0.134	13076 0.117	16268 0.103	20417 0.090	26681 0.076	33782 0.066	41721 0.059
2670 0.328	3345 0.286	4237 0.248	5235 0.218	6842 0.185	8664 0.161	10701 0.141	13429 0.123	16707 0.108	20969 0.094	27402 0.080	34695 0.070	42848 0.062
2740 0.344	3433 0.300	4349 0.260	5372 0.229	7022 0.194	8892 0.169	10983 0.148	13783 0.129	17147 0.113	21520 0.099	28123 0.084	35608 0.073	43976 0.065
2810 0.361	3521 0.315	4460 0.272	5510 0.240	7202 0.204	9120 0.177	11265 0.156	14136 0.136	17587 0.119	22072 0.104	28844 0.088	36521 0.077	45103 0.068
2881 0.378	3609 0.329	4572 0.285	5648 0.251	7382 0.213	9348 0.185	11546 0.163	14490 0.142	18026 0.125	22624 0.109	29566 0.093	37435 0.080	46231 0.071
2951 0.395	3698 0.345	4683 0.298	5786 0.262	7562 0.223	9576 0.193	11828 0.170	14843 0.149	18466 0.130	23176 0.114	30287 0.097	38348 0.084	47358 0.074
3021 0.413	3786 0.360	4795 0.312	5923 0.274	7742 0.233	9804 0.202	12109 0.178	15197 0.155	18906 0.136	23728 0.119	31008 0.101	39261 0.088	48486 0.078
3092 0.431	3874 0.376	4906 0.325	6061 0.286	7922 0.243	10032 0.211	12391 0.186	15550 0.162	19345 0.142	24279 0.124	31729 0.106	40174 0.092	49614 0.081
3162 0.450	3962 0.392	5018 0.339	6199 0.299	8102 0.254	10260 0.220	12673 0.194	15903 0.169	19785 0.148	24831 0.129	32450 0.110	41087 0.096	50741 0.084
3232 0.468	4050 0.408	5129 0.354	6337 0.311	8282 0.265	10488 0.229	12954 0.202	16257 0.176	20225 0.155	25383 0.135	33171 0.115	42000 0.100	51869 0.088
3302 0.488	4138 0.425	5241 0.368	6474 0.324	8462 0.275	10716 0.239	13236 0.210	16610 0.183	20664 0.161	25935 0.140	33892 0.120	42913 0.104	52996 0.092
3373 0.507	4226 0.442	5352 0.383	6612 0.337	8643 0.287	10944 0.248	13517 0.219	16964 0.191	21104 0.167	26487 0.146	34613 0.124	43826 0.108	54124 0.095
3443 0.527	4314 0.460	5464 0.398	6750 0.350	8823 0.298	11172 0.258	13799 0.227	17317 0.198	21544 0.174	27038 0.152	35334 0.129	44739 0.112	55252 0.099
3513 0.548	4402 0.477	5575 0.413	6888 0.364	9003 0.309	11400 0.268	14081 0.236	17670 0.206	21983 0.181	27590 0.158	36056 0.134	45652 0.117	56379 0.103
3583 0.568	4490 0.495	5787 0.429	7025 0.377	9183 0.321	11628 0.278	14362 0.245	18024 0.214	22423 0.188	28142 0.164	36777 0.139	46565 0.121	57507 0.107
3654 0.589	4578 0.514	5798 0.445	7163 0.391	9363 0.333	11856 0.289	14644 0.254	18377 0.222	22863 0.195	28694 0.170	37498 0.145	47478 0.126	58634 0.111
3724 0.611	4666 0.532	5910 0.461	7301 0.406	9543 0.345	12084 0.299	14926 0.263	18731 0.230	23302 0.202	29246 0.176	38219 0.150	48391 0.130	59762 0.115
3794 0.633	4754 0.551	6022 0.478	7439 0.420	9723 0.357	12312 0.310	15207 0.273	19084 0.238	23742 0.209	29797 0.182	38940 0.155	49304 0.135	60889 0.119
3864 0.655	4842 0.571	6133 0.494	7576 0.435	9903 0.370	12540 0.321	15489 0.283	19437 0.246	24182 0.216	30349 0.189	39661 0.161	50217 0.140	62017 0.123
3935 0.677	4930 0.590	6245 0.511	7714 0.450	10083 0.383	12768 0.332	15770 0.292	19791 0.255	24621 0.224	30901 0.195	40382 0.166	51130 0.144	63145 0.127
4005 0.700	5018 0.610	6356 0.529	7852 0.465	10263 0.396	12996 0.343	16052 0.302	20144 0.264	25061 0.231	31453 0.202	41103 0.172	52043 0.149	64272 0.132
4075 0.723	5106 0.631	6468 0.546	7990 0.481	10443 0.409	13224 0.355	16334 0.312	20498 0.272	25501 0.239	32005 0.209	41824 0.178	52956 0.154	65400 0.136
4145 0.747	5194 0.651	6579 0.564	8127 0.496	10623 0.422	13452 0.366	16615 0.322	20851 0.281	25940 0.247	32556 0.215	42546 0.184	53869 0.159	66527 0.141

动压/Pa	风速/(m/s)	外径 D/mm 上行— 下行—												
		100	120	140	160	180	200	220	250	280	320	360	400	450
21.672	6.0	166 5.711	240 4.530	328 3.728	429 3.151	544 2.719	672 2.384	810 2.123	1048 1.810	1316 1.573	1721 1.334	2180 1.153	2694 1.013	3412 0.877
22.400	6.1	169 5.890	244 4.672	333 3.845	436 3.251	553 2.805	683 2.459	823 2.190	1065 1.868	1338 1.623	1750 1.376	2217 1.190	2739 1.045	3469 0.905
23.141	6.2	172 6.073	248 4.817	339 3.964	443 3.351	562 2.891	694 2.535	837 2.258	1083 1.926	1360 1.673	1778 1.418	2253 1.227	2784 1.078	3526 0.933
23.893	6.3	175 6.257	252 4.963	344 4.085	450 3.453	571 2.980	705 7.612	850 2.326	1100 1.984	1382 1.724	1807 1.462	2289 1.264	2829 1.111	3583 0.961
24.658	6.4	177 6.445	256 5.112	350 4.208	457 3.557	580 3.069	717 2.691	864 2.396	1117 2.044	1404 1.776	1836 1.506	2326 1.302	2874 1.144	3640 0.990
25.435	6.5	180 6.635	260 5.263	355 4.332	465 3.662	589 3.160	728 2.770	877 2.467	1135 2.105	1425 1.829	1864 1.550	2362 1.341	2919 1.178	3697 1.020
26.223	6.6	183 6.828	264 5.416	361 4.458	472 3.769	598 3.252	739 2.851	891 2.539	1152 2.166	1447 1.882	1893 1.596	2398 1.380	2963 1.213	3754 1.050
27.024	6.7	186 7.023	268 5.571	366 4.586	479 3.877	607 3.345	750 2.933	904 2.612	1170 2.228	1469 1.936	1922 1.642	2435 1.420	3008 1.247	3811 1.080
27.836	6.8	188 7.222	272 5.729	371 4.715	486 3.987	616 3.440	761 3.016	918 2.686	1187 2.291	1491 1.991	1950 1.688	2471 1.460	3053 1.283	3867 1.110
28.661	6.9	191 7.423	276 5.888	377 4.847	493 4.098	625 3.536	773 3.100	931 2.761	1205 2.355	1513 2.047	1979 1.735	2507 1.501	3098 1.319	3924 1.142
29.498	7.0	194 7.626	280 6.050	382 4.980	500 4.210	634 3.633	784 3.185	945 2.837	1222 2.420	1535 2.103	2008 1.783	2544 1.542	3143 1.355	3981 1.173
30.347	7.1	197 7.832	284 6.214	388 5.115	508 4.324	643 3.731	795 3.272	958 2.914	1240 2.486	1557 2.160	2036 1.831	2580 1.584	3188 1.392	4038 1.205
31.208	7.2	200 8.041	288 6.380	393 5.251	515 4.440	652 3.831	806 3.359	972 2.992	1257 2.552	1579 2.218	2065 1.880	2616 1.627	3233 1.429	4095 1.237
32.081	7.3	202 8.253	292 6.548	399 5.390	522 4.557	661 3.932	817 3.448	985 3.071	1275 2.620	1601 2.276	2094 1.930	2653 1.670	3278 1.467	4152 1.270
32.966	7.4	205 8.467	296 6.718	404 5.530	529 4.676	670 4.035	829 3.538	999 3.151	1292 2.688	1623 2.336	2122 1.980	2689 1.713	3323 1.505	4209 1.303
33.863	7.5	208 8.684	300 6.890	410 5.672	536 4.796	679 4.138	840 3.628	1012 3.232	1310 2.757	1645 2.396	2151 2.031	2725 1.757	3368 1.544	4266 1.337
34.772	7.6	211 8.904	304 7.064	415 5.815	543 4.917	689 4.243	851 3.720	1026 3.314	1327 2.827	1667 2.456	2180 2.083	2762 1.802	3412 1.583	4322 1.371
35.693	7.7	213 9.126	308 7.241	421 5.961	550 5.040	698 4.349	862 3.813	1039 3.397	1344 2.898	1689 2.518	2209 2.135	2798 1.847	3457 1.623	4379 1.405
36.626	7.8	216 9.351	312 7.419	426 6.108	558 5.164	707 4.457	873 3.908	1053 3.481	1362 2.969	1711 2.580	2237 2.188	2834 1.893	3502 1.663	4436 1.440
37.571	7.9	219 9.579	316 7.600	432 6.257	565 5.290	716 4.565	885 4.003	1066 3.566	1379 3.042	1732 2.643	2266 2.241	2871 1.939	3547 1.704	4493 1.475
38.528	8.0	222 9.809	320 7.783	437 6.407	572 5.418	725 4.675	896 4.099	1080 3.651	1397 3.115	1754 2.707	2295 2.296	2907 1.986	3592 1.745	4550 1.511
39.497	8.1	224 10.042	324 7.968	442 6.560	579 5.547	734 4.787	907 4.197	1093 3.738	1414 3.189	1776 2.772	2323 2.350	2943 2.033	3637 1.786	4607 1.547
40.478	8.2	227 10.278	328 8.155	448 6.714	586 5.677	743 4.899	918 4.296	1107 3.826	1432 3.264	1798 2.837	2352 2.406	2980 2.081	3682 1.829	4664 1.583
41.472	8.3	230 10.516	332 8.344	453 6.869	593 5.809	752 5.013	929 4.396	1120 3.915	1449 3.340	1820 2.903	2381 2.462	3016 2.129	3727 1.871	4721 1.620
42.477	8.4	233 10.758	336 8.536	459 7.027	600 5.942	761 5.128	941 4.497	1134 4.005	1467 3.417	1842 2.969	2409 2.518	3052 2.178	3772 1.914	4777 1.657

续表

风量/(m³/h)
单位摩擦阻力/(Pa/m)

500	560	630	700	800	900	1000	1120	1250	1400	1600	1800	2000
4216 0.771	5282 0.672	6691 0.582	8265 0.512	10803 0.436	13680 0.378	16897 0.333	21204 0.290	26380 0.255	33108 0.222	43267 0.189	54782 0.165	67655 0.145
4286 0.795	5370 0.693	6802 0.601	8403 0.529	10983 0.450	13908 0.390	17178 0.343	21558 0.300	26820 0.263	33660 0.229	43988 0.195	55695 0.170	68783 0.150
4356 0.820	5458 0.715	6914 0.620	8541 0.545	11163 0.464	14136 0.402	17460 0.354	21911 0.309	27259 0.271	34212 0.237	44709 0.202	56608 0.175	69910 0.154
4427 0.845	5546 0.737	7025 0.638	8678 0.562	11343 0.478	14364 0.414	17742 0.365	22265 0.318	27699 0.279	34764 0.244	45430 0.208	57521 0.181	71038 0.159
4497 0.871	5634 0.759	7137 0.658	8816 0.579	11523 0.492	14592 0.427	18023 0.376	22618 0.328	28139 0.288	35315 0.251	46151 0.214	58434 0.186	72165 0.164
4567 0.897	5722 0.782	7248 0.677	8954 0.596	11703 0.507	14820 0.440	18305 0.387	22971 0.338	28578 0.296	35867 0.259	46872 0.220	59347 0.192	73293 0.169
4637 0.923	5810 0.805	7360 0.697	9092 0.613	11883 0.522	15048 0.453	18586 0.399	23325 0.348	29018 0.305	36419 0.266	47593 0.227	60260 0.197	74420 0.174
4708 0.949	5898 0.828	7471 0.717	9229 0.631	12063 0.537	15276 0.466	18868 0.410	23678 0.358	29458 0.314	36971 0.274	48314 0.233	61174 0.203	75548 0.179
4778 0.976	5986 0.851	7583 0.738	9367 0.649	12244 0.552	15504 0.479	19150 0.422	24032 0.368	29897 0.323	37523 0.282	49036 0.240	62087 0.209	76676 0.184
4848 1.004	6074 0.875	7694 0.758	9505 0.667	12424 0.568	15732 0.492	19431 0.434	24385 0.378	30337 0.332	38075 0.290	49757 0.247	63000 0.214	77803 0.189
4918 1.031	6163 0.899	7806 0.779	9643 0.686	12604 0.583	15960 0.506	19713 0.445	24739 0.389	30777 0.341	38626 0.298	50478 0.254	63913 0.220	78931 0.194
4989 1.059	6251 0.924	7917 0.800	9781 0.704	12784 0.599	16188 0.520	19995 0.458	25092 0.399	31216 0.350	39178 0.306	51199 0.261	64826 0.226	80058 0.200
5059 1.088	6339 0.948	8029 0.822	9918 0.723	12964 0.615	16416 0.534	20276 0.470	25445 0.410	31656 0.360	39730 0.314	51920 0.268	65739 0.233	81186 0.205
5129 1.117	6427 0.974	8140 0.844	10056 0.742	13144 0.631	16644 0.548	20558 0.482	25799 0.421	32096 0.369	40282 0.322	52641 0.275	66652 0.239	82314 0.211
5199 1.146	6515 0.999	8252 0.866	10194 0.762	13324 0.648	16872 0.562	20839 0.495	26152 0.432	32535 0.379	40834 0.331	53362 0.282	67565 0.245	83441 0.216
5270 1.175	6603 1.025	8363 0.888	10332 0.781	13504 0.665	17100 0.577	21121 0.508	26506 0.443	32975 0.389	41385 0.339	54083 0.289	68478 0.251	84569 0.222
5340 1.205	6691 1.051	8475 0.910	10469 0.801	13684 0.682	17328 0.591	21403 0.521	26859 0.454	33415 0.399	41937 0.348	54804 0.297	69391 0.258	85696 0.227
5410 1.235	6779 1.077	8586 0.933	10607 0.821	13864 0.699	17556 0.606	21684 0.534	27212 0.466	33854 0.409	42489 0.357	55526 0.304	70304 0.264	86824 0.233
5480 1.266	6867 1.104	8698 0.956	10745 0.842	14044 0.716	17784 0.621	21966 0.547	27566 0.477	34294 0.419	43041 0.366	56247 0.312	71217 0.271	87951 0.239
5551 1.297	6955 1.131	8809 0.980	10883 0.862	14224 0.734	18012 0.636	22247 0.560	27919 0.489	34734 0.429	43593 0.375	56968 0.319	72130 0.277	89079 0.245
5621 1.328	7043 1.158	8921 1.004	11020 0.883	14404 0.751	18240 0.652	22529 0.574	28273 0.501	35173 0.439	44144 0.384	57689 0.327	73043 0.284	90207 0.251
5691 1.360	7131 1.186	9032 1.028	11158 0.904	14584 0.769	18468 0.667	22811 0.588	28626 0.513	35613 0.450	44696 0.393	58410 0.335	73956 0.291	91334 0.257
5762 1.392	7219 1.214	9144 1.052	11296 0.926	14764 0.787	18696 0.683	23092 0.602	28979 0.525	36053 0.461	45248 0.402	59131 0.343	74869 0.298	92462 0.263
5832 1.424	7307 1.242	9255 1.076	11434 0.947	14944 0.806	18924 0.699	23374 0.616	29333 0.537	36492 0.471	45800 0.411	59852 0.351	75782 0.305	93589 0.269
5902 1.457	7395 1.271	9367 1.101	11571 0.969	15124 0.824	19152 0.715	23656 0.630	29686 0.550	36932 0.482	46352 0.421	60573 0.359	76695 0.312	94717 0.275

动压/Pa	风速/(m/s)	外径 D/mm												上行— 下行—
		100	120	140	160	180	200	220	250	280	320	360	400	450
43.495	8.5	236 11.001	340 8.729	464 7.186	608 6.077	770 5.244	952 4.599	1147 4.096	1484 3.495	1864 3.037	2438 2.575	3089 2.228	3817 1.958	4834 1.695
44.524	8.6	238 11.248	344 8.925	470 7.348	615 6.213	779 5.362	963 4.702	1161 4.188	1502 3.573	1886 3.105	2467 2.633	3125 2.278	3861 2.002	4891 1.733
45.565	8.7	241 11.497	348 9.122	475 7.510	622 6.351	788 5.481	974 4.806	1174 4.281	1519 3.652	1908 3.174	2495 2.692	3161 2.329	3906 2.046	4948 1.772
46.619	8.8	244 11.748	352 9.322	481 7.675	629 6.490	797 5.601	985 4.912	1188 4.375	1536 3.732	1930 3.244	2524 2.751	3198 2.380	3951 2.091	5005 1.810
47.684	8.9	247 12.003	356 9.524	486 7.841	636 6.631	806 5.723	997 5.018	1201 4.470	1554 3.813	1952 3.314	2553 2.811	3234 2.431	3996 2.137	5062 1.850
48.762	9.0	249 12.260	360 9.728	492 8.009	643 6.773	815 5.845	1008 5.126	1215 4.566	1571 3.895	1974 3.385	2581 2.871	3270 2.484	4041 2.183	5119 1.890
49.852	9.1	252 12.519	364 9.935	497 8.179	650 6.917	824 5.969	1019 5.235	1228 4.663	1589 3.978	1996 3.457	2610 2.932	3307 2.537	4086 2.229	5176 1.930
50.953	9.2	255 12.782	368 10.143	503 8.351	658 7.062	833 6.095	1030 5.344	1242 4.761	1606 4.062	2018 3.530	2639 2.994	3343 2.590	4131 2.276	5232 1.970
52.067	9.3	258 13.047	372 10.353	508 8.524	665 7.209	843 6.221	1041 5.455	1255 4.860	1624 4.146	2040 3.603	2667 3.056	3380 2.644	4176 2.323	5289 2.011
53.193	9.4	260 13.315	376 10.566	514 8.699	672 7.357	852 6.349	1053 5.568	1269 4.959	1641 4.231	2061 3.677	2696 3.119	3416 2.698	4221 2.371	5346 2.053
54.331	9.5	263 13.585	380 10.780	519 8.876	679 7.506	861 6.478	1064 5.681	1282 5.060	1659 4.317	2083 3.752	2725 3.182	3452 2.753	4266 2.419	5403 2.095
55.480	9.6	266 13.858	384 10.997	524 9.055	686 7.657	870 6.609	1075 5.795	1296 5.162	1676 4.404	2105 3.828	2753 3.246	3489 2.809	4310 2.468	5460 2.137
56.642	9.7	269 14.134	388 11.216	530 9.235	693 7.810	879 6.740	1086 5.911	1309 5.265	1694 4.492	2127 3.904	2782 3.311	3525 2.865	4355 2.517	5517 2.180
57.816	9.8	272 14.412	392 11.437	535 9.417	701 7.964	888 6.873	1097 6.027	1323 5.369	1711 4.581	2149 3.981	2811 3.377	3561 2.921	4400 2.567	5574 2.223
59.002	9.9	274 14.693	396 11.660	541 9.601	708 8.119	897 7.007	1108 6.145	1336 5.474	1729 4.670	2171 4.059	2840 3.443	3598 2.978	4445 2.617	5631 2.266
60.200	10.0	277 14.977	400 11.885	546 9.786	715 8.276	906 7.143	1120 6.264	1350 5.580	1746 4.761	2193 4.138	2868 3.509	3634 3.036	4490 2.668	5687 2.310
61.410	10.1	280 15.263	404 12.113	552 9.973	722 8.435	915 7.280	1131 6.384	1363 5.687	1763 4.852	2215 4.217	2897 3.577	3670 3.094	4535 2.719	5744 2.354
62.632	10.2	283 15.552	408 12.342	557 10.162	729 8.594	924 7.418	1142 6.505	1377 5.795	1781 4.944	2237 4.297	2926 3.644	3707 3.153	4580 2.771	5801 2.399
63.866	10.3	285 15.844	412 12.574	563 10.353	736 8.756	933 7.557	1153 6.627	1390 5.904	1798 5.037	2259 4.378	2954 3.713	3743 3.212	4625 2.823	5858 2.444
65.112	10.4	288 16.138	416 12.808	568 10.546	743 8.919	947 7.671	1164 6.750	1404 6.013	1816 5.131	2281 4.459	2983 3.782	3779 3.272	4670 2.876	5915 2.490
66.371	10.5	291 16.435	420 13.043	574 10.740	751 9.083	951 7.839	1176 6.875	1417 6.124	1833 5.225	2303 4.542	3012 3.852	3816 3.333	4715 2.929	5972 2.536
67.641	10.6	294 16.735	424 13.281	579 10.936	758 9.249	960 7.982	1187 7.000	1431 6.236	1851 5.321	2325 4.625	3040 3.922	3852 3.393	4759 2.982	6029 2.582
68.923	10.7	297 17.037	428 13.521	585 11.134	765 9.416	969 8.127	1198 7.127	1444 6.349	1868 5.417	2347 4.708	3069 3.993	3896 3.451	4804 3.036	6086 2.629
70.217	10.8	299 17.342	432 13.764	590 11.333	772 9.585	978 8.273	1209 7.255	1458 6.463	1886 5.514	2368 4.793	3098 4.065	3925 3.517	4849 3.091	6142 2.676
71.524	10.9	302 17.650	436 14.008	595 11.534	779 9.755	987 8.419	1220 7.384	1471 6.578	1903 5.612	2390 4.878	3126 4.137	3961 3.580	4894 3.146	6199 2.724

续表

风量/(m^3/h)
单位摩擦阻力/(Pa/m)

500	560	630	700	800	900	1000	1120	1250	1400	1600	1800	2000
5972 1.490	7483 1.300	9478 1.126	11709 0.991	15304 0.843	19380 0.731	23937 0.644	30040 0.562	37372 0.493	46903 0.431	61294 0.367	77608 0.319	95845 0.281
6043 1.524	7571 1.329	9590 1.151	11847 1.013	15484 0.862	19608 0.748	24219 0.659	30393 0.575	37811 0.504	47455 0.440	62016 0.375	78521 0.326	96972 0.288
6113 1.558	7659 1.358	9701 1.177	11985 1.036	15665 0.881	10836 0.764	24500 0.673	30740 0.588	38251 0.516	48007 0.450	62737 0.384	79434 0.333	98100 0.294
6183 1.592	7747 1.388	9813 1.203	12122 1.059	15845 0.901	20064 0.781	24782 0.688	31100 0.601	38691 0.527	48559 0.460	63458 0.392	80347 0.341	99227 0.301
6253 1.627	7835 1.418	9924 1.229	12260 1.082	16025 0.920	20292 0.798	25064 0.703	31453 0.614	39130 0.538	49111 0.470	64179 0.401	81260 0.348	100355 0.307
6324 1.662	7923 1.449	10036 1.256	12398 1.105	16205 0.940	20520 0.816	25345 0.718	31807 0.627	39570 0.550	49662 0.480	64900 0.409	82173 0.356	101482 0.314
6394 1.697	8011 1.480	10147 1.282	12536 1.128	16385 0.960	20748 0.833	25627 0.734	32160 0.640	40010 0.562	50106 0.491	65621 0.418	83086 0.363	102610 0.320
6464 1.733	8099 1.511	10259 1.309	12673 1.152	16565 0.980	20976 0.850	25908 0.749	32514 0.654	40449 0.574	50766 0.501	66342 0.427	83999 0.371	103738 0.327
6534 1.769	8187 1.542	10370 1.337	12811 1.176	16745 1.001	21204 0.868	26190 0.765	32867 0.667	40889 0.586	51318 0.511	67063 0.436	84912 0.379	104865 0.334
6605 1.805	8275 1.574	10482 1.364	12949 1.201	16925 1.021	21433 0.886	26472 0.780	33220 0.681	41329 0.598	51870 0.522	67784 0.445	85826 0.386	105993 0.341
6675 1.842	8363 1.606	10593 1.392	13087 1.225	17105 1.042	21661 0.904	26753 0.796	33574 0.695	41769 0.610	52421 0.532	68506 0.454	86739 0.394	107120 0.348
6745 1.879	8451 1.639	10705 1.420	13224 1.250	17285 1.063	21889 0.922	27035 0.813	33927 0.709	42208 0.622	52973 0.543	69227 0.463	87652 0.402	108248 0.355
6815 1.917	8540 1.671	10816 1.448	13362 1.275	17465 1.085	22117 0.941	27317 0.829	34281 0.723	42648 0.635	53525 0.554	69948 0.472	88565 0.410	109376 0.362
6886 1.954	8628 1.704	10928 1.477	13500 1.300	17645 1.106	22345 0.959	27598 0.845	34634 0.738	43088 0.647	54077 0.565	70669 0.482	89478 0.419	110503 0.369
6956 1.993	8716 1.738	11039 1.506	13638 1.325	17825 1.128	22573 0.978	27880 0.862	34987 0.752	43527 0.660	54629 0.576	71390 0.491	30391 0.427	111631 0.376
7026 2.031	8804 1.771	11151 1.535	13775 1.351	18005 1.150	22801 0.997	28161 0.878	35341 0.767	43967 0.673	55180 0.587	72111 0.501	91304 0.435	112758 0.384
7096 2.070	8892 1.805	11262 1.565	13913 1.377	18185 1.172	23029 1.016	28443 0.895	35694 0.781	44407 0.686	55732 0.599	72832 0.510	92217 0.443	113886 0.391
7167 2.110	8980 1.840	11374 1.594	14051 1.403	18365 1.194	23257 1.036	28725 0.912	36048 0.796	44846 0.699	56284 0.610	73553 0.520	93130 0.452	115013 0.399
7237 2.149	9068 1.874	11485 1.624	14189 1.430	18545 1.216	23485 1.055	29006 0.930	36401 0.811	45286 0.712	56836 0.621	74274 0.530	94043 0.460	116141 0.406
7307 2.189	9156 1.909	11597 1.655	14326 1.456	18725 1.239	23713 1.075	29288 0.947	36754 0.826	45726 0.725	57388 0.633	74996 0.540	94956 0.469	117269 0.414
7378 2.230	9244 1.945	11708 1.685	14464 1.483	18905 1.262	23941 1.095	29569 0.964	37108 0.842	46165 0.739	57939 0.645	75717 0.550	95869 0.478	118396 0.421
7448 2.271	9332 1.980	11820 1.716	14602 1.510	19086 1.285	24169 1.115	29851 0.982	37461 0.857	46605 0.752	58491 0.657	76438 0.560	96782 0.486	119524 0.429
7518 2.312	9420 2.016	11932 1.747	14740 1.538	19266 1.308	24397 1.135	30133 1.000	37815 0.873	47045 0.766	59043 0.669	77159 0.570	97695 0.495	120651 0.437
7588 2.353	9508 2.052	12043 1.779	14877 1.565	19446 1.332	24625 1.156	30414 1.018	38168 0.888	47484 0.779	59595 0.681	77880 0.580	98608 0.504	121779 0.445
7659 2.395	9596 2.089	12155 1.810	15015 1.593	19626 1.356	24853 1.176	30696 1.036	38521 0.904	47924 0.793	60147 0.693	78601 0.591	99521 0.513	122907 0.453

动压/Pa	风速/(m/s)	外径 D/mm												上行— 下行—
		100	120	140	160	180	200	220	250	280	320	360	400	450
72.842	11.0	305 17.960	440 14.254	601 11.737	786 9.927	997 8.568	1232 7.514	1485 6.693	1921 5.711	2412 4.964	3155 4.210	3997 3.643	4939 3.201	6256 2.772
74.172	11.1	308 18.273	444 14.503	606 11.942	793 10.100	1006 8.717	1243 7.645	1498 6.810	1938 5.811	2434 5.051	3184 4.284	4034 3.706	4984 3.257	6313 2.820
75.515	11.2	310 18.589	448 14.753	612 12.148	801 10.274	1015 8.868	1254 7.777	1512 6.928	1956 5.911	2456 5.138	3212 4.358	4070 3.770	5029 3.314	6370 2.869
76.869	11.3	313 18.907	452 15.006	617 12.356	808 10.450	1024 9.020	1265 7.910	1525 7.047	1973 6.013	2478 5.226	3241 4.433	4106 3.835	5074 3.370	6427 2.918
78.236	11.4	316 19.228	456 15.261	623 12.566	815 10.628	1033 9.173	1276 8.045	1539 7.167	1990 6.115	2500 5.315	3270 4.508	4143 3.900	5119 3.428	6484 2.968
79.615	11.5	319 19.552	460 15.518	628 12.778	822 10.807	1042 9.328	1288 8.180	1552 7.288	2008 6.218	2522 5.405	3298 4.584	4179 3.966	5164 3.486	6541 3.018
81.005	11.6	321 19.878	464 15.777	634 12.991	829 10.988	1051 9.484	1299 8.317	1566 7.409	2025 6.322	2544 5.495	3327 4.661	4215 4.033	5208 3.544	6597 3.069
82.408	11.7	324 20.207	468 16.038	639 13.206	836 11.170	1060 9.641	1310 8.455	1579 7.532	2043 6.427	2566 5.586	3356 4.738	4252 4.099	5253 3.603	6654 3.120
83.822	11.8	327 20.539	472 16.301	645 13.423	843 11.353	1069 9.799	1321 8.594	1593 7.656	2060 6.533	2588 5.678	3384 4.816	4288 4.167	5298 3.662	6711 3.171
85.249	11.9	330 20.873	476 16.567	650 13.642	851 11.538	1078 9.959	1332 8.734	1606 7.781	2078 6.639	2610 5.771	3413 4.895	4324 4.235	5343 3.722	6768 3.223
86.688	12.0	333 21.210	480 16.834	656 13.862	858 11.724	1087 10.120	1344 8.875	1620 7.906	2095 6.746	2632 5.864	3442 4.974	4361 4.303	5388 3.782	6825 3.275
88.139	12.1	335 21.549	484 17.104	661 14.084	865 11.912	1096 10.282	1355 9.017	1633 8.033	2113 6.855	2654 5.958	3471 5.054	4397 4.372	5433 3.843	6882 3.327
89.602	12.2	338 21.892	488 17.375	666 14.308	872 12.102	1105 10.445	1366 9.161	1647 8.161	2130 6.964	2675 6.053	3499 5.134	4433 4.442	5478 3.904	6939 3.380
91.077	12.3	341 22.236	492 17.649	672 14.534	879 12.292	1114 10.610	1377 9.305	1660 8.290	2148 7.074	2697 6.148	3528 5.215	4470 4.512	5523 3.965	6996 3.434
92.564	12.4	344 22.584	496 17.925	677 14.761	886 12.485	1123 10.776	1388 9.451	1674 8.419	2165 7.184	2719 6.245	3557 5.297	4506 4.583	5568 4.028	7052 3.487
94.063	12.5	346 22.934	500 18.203	683 14.990	894 12.678	1132 10.943	1400 9.598	1687 8.550	2183 7.296	2741 6.342	3585 5.379	4542 4.654	5613 4.090	7109 3.542
95.574	12.6	349 23.287	504 18.483	688 15.221	901 12.874	1141 11.112	1411 9.745	1701 8.682	2200 7.408	2763 6.439	3614 5.462	4579 4.726	5657 4.153	7166 3.596
97.097	12.7	352 23.643	508 18.766	694 15.453	908 13.070	1151 11.282	1422 9.894	1714 8.815	2217 7.522	2785 6.538	3643 5.545	4615 4.798	5702 4.217	7223 3.651
98.632	12.8	355 24.001	513 19.050	699 15.687	915 13.269	1160 11.453	1433 10.044	1728 8.948	2235 7.636	2807 6.637	3671 5.630	4651 4.871	5747 4.281	7280 3.707
100.179	12.9	357 24.362	517 19.337	705 15.923	922 13.468	1169 11.625	1444 10.196	1741 9.083	2252 7.751	2829 6.737	3700 5.714	4688 4.944	5792 4.345	7337 3.763
101.738	13.0	360 24.725	521 19.625	710 16.161	929 13.669	1178 11.799	1456 10.348	1755 9.219	2270 7.866	2851 6.838	3729 5.800	4724 5.018	5837 4.410	7394 3.819
103.309	13.1	363 25.091	525 19.916	716 16.401	936 13.872	1187 11.974	1467 10.501	1768 9.355	2287 7.983	2873 6.939	3757 5.886	4760 5.093	5882 4.476	7451 3.876
104.892	13.2	366 25.460	529 20.209	721 16.642	944 14.076	1196 12.150	1478 10.656	1782 9.493	2305 8.101	2895 7.041	3786 5.973	4797 5.168	5927 4.542	7507 3.933
106.488	13.3	369 25.832	533 20.504	727 16.885	951 14.281	1205 12.327	1489 10.812	1795 9.632	2322 8.219	2917 7.144	3815 6.060	4833 5.243	5972 4.608	7564 3.990
108.095	13.4	371 26.206	537 20.801	732 17.129	958 14.488	1214 12.506	1500 10.968	1809 9.772	2340 8.338	2939 7.248	3843 6.148	4869 5.319	6017 4.675	7621 4.048

续表

风量/(m^3/h)
单位摩擦阻力/(Pa/m)

500	560	630	700	800	900	1000	1120	1250	1400	1600	1800	2000
7729 2.437	9684 2.126	12266 1.842	15153 1.621	19806 1.380	25081 1.197	30977 1.054	38875 0.920	48364 0.807	60698 0.705	79322 0.601	100434 0.522	124034 0.461
7799 2.480	9772 2.163	12378 1.874	15291 1.650	19986 1.404	25309 1.218	31259 1.073	39228 0.936	48803 0.822	61250 0.717	80043 0.612	101347 0.531	125162 0.469
7869 2.523	9860 2.200	12489 1.907	15428 1.678	20166 1.428	25537 1.239	31541 1.091	39582 0.952	49243 0.836	61802 0.730	80764 0.622	102260 0.541	126289 0.477
7940 2.566	9948 2.238	12601 1.940	15566 1.707	20346 1.453	25765 1.260	31822 1.110	39935 0.969	49683 0.850	62354 0.742	81486 0.633	103173 0.550	127417 0.485
8010 2.610	10036 2.276	12712 1.973	15704 1.736	20526 1.477	25993 1.282	32104 1.129	40288 0.985	50122 0.865	62906 0.755	82207 0.644	104086 0.559	128544 0.493
8080 2.654	10124 2.315	12824 2.006	15842 1.766	20706 1.502	26221 1.303	32386 1.148	40642 1.002	50562 0.879	63458 0.768	82928 0.655	104999 0.569	129672 0.502
8150 2.699	10212 2.353	12935 2.040	15979 1.795	20886 1.528	26449 1.325	32667 1.167	40995 1.019	51002 0.894	64009 0.781	83649 0.665	105912 0.578	130800 0.510
8221 2.743	10300 2.393	13047 2.074	16117 1.825	21066 1.553	26677 1.347	32949 1.187	41349 1.036	51441 0.909	64561 0.794	84370 0.677	106825 0.588	131927 0.519
8291 2.788	10388 2.432	13158 2.108	16255 1.855	21246 1.578	26905 1.369	33230 1.206	41702 1.053	51881 0.924	65113 0.807	85091 0.688	107738 0.598	133055 0.527
8361 2.834	10476 2.472	13270 2.142	16393 1.885	21426 1.604	27133 1.392	33512 1.226	42056 1.070	52321 0.939	65665 0.820	85812 0.699	108651 0.607	134182 0.536
8431 2.880	10564 2.512	13381 2.177	16530 1.916	21606 1.630	27361 1.414	33794 1.246	42409 1.087	52760 0.954	66217 0.833	86533 0.710	109564 0.617	135310 0.545
8502 2.926	10652 2.552	13493 2.212	16668 1.947	21786 1.656	27589 1.437	34075 1.266	42762 1.105	53200 0.970	66768 0.847	87254 0.722	110478 0.627	136438 0.553
8572 2.973	10740 2.593	13604 2.247	16806 1.978	21966 1.683	27817 1.460	34357 1.286	43116 1.122	53640 0.985	67320 0.860	87976 0.733	111391 0.637	137565 0.562
8642 3.020	10828 2.634	13716 2.283	16944 2.009	22146 1.709	28045 1.483	34638 1.306	43469 1.140	54079 1.001	67872 0.874	88697 0.745	112304 0.647	138693 0.571
8713 3.067	10916 2.675	13827 2.318	17081 2.040	22326 1.736	28273 1.506	34920 1.327	43823 1.158	54519 1.016	68424 0.887	89418 0.757	113217 0.657	139820 0.580
8783 3.115	11005 2.716	13939 2.354	17219 2.072	22507 1.763	28501 1.530	35202 1.348	44176 1.176	54959 1.032	68976 0.901	90139 0.768	114130 0.668	140948 0.589
8853 3.163	11093 2.758	14050 2.391	17357 2.104	22687 1.791	28729 1.553	35483 1.368	44529 1.194	55398 1.048	69527 0.915	90860 0.780	115043 0.678	142075 0.598
8923 3.211	11181 2.801	14162 2.427	17495 2.136	22867 1.818	28957 1.577	35765 1.389	44883 1.213	55838 1.064	70079 0.929	91581 0.792	115956 0.688	143203 0.607
8994 3.260	11269 2.843	14273 2.464	17632 2.169	23047 1.846	29185 1.601	36047 1.411	45236 1.231	56278 1.080	70631 0.943	92302 0.804	116869 0.699	144331 0.617
9064 3.309	11357 2.886	14385 2.501	17770 2.202	23227 1.873	29413 1.625	36328 1.432	45590 1.250	56717 1.097	71183 0.957	93023 0.816	117782 0.709	145458 0.626
9134 3.359	11445 2.929	14496 2.539	17908 2.235	23407 1.901	29641 1.650	36610 1.453	45943 1.268	57157 1.113	71735 0.972	93744 0.829	118695 0.720	146586 0.635
9204 3.408	11533 2.973	14608 2.576	18046 2.268	23587 1.930	29869 1.674	36891 1.475	46296 1.287	57597 1.130	72286 0.986	94466 0.841	119608 0.731	147713 0.645
9275 3.459	11621 3.017	14719 2.614	18183 2.301	23767 1.958	30097 1.699	37173 1.497	46650 1.306	58036 1.146	72838 1.001	95187 0.853	120521 0.742	148841 0.654
9345 3.509	11709 3.061	14831 2.653	18321 2.335	23947 1.987	30325 1.724	37455 1.519	47003 1.325	58476 1.163	73390 1.016	95908 0.866	121434 0.752	149969 0.664
9415 3.560	11797 3.105	14942 2.691	18459 2.369	24127 2.016	30553 1.749	37736 1.541	47357 1.345	58916 1.180	73942 1.030	96629 0.878	122347 0.763	151096 0.673

动压/Pa	风速/(m/s)	外径 D/mm 上行— 下行—												
		100	120	140	160	180	200	220	250	280	320	360	400	450
109.715	13.5	374 26.582	541 21.100	737 17.376	965 14.697	1223 12.686	1512 11.126	1822 9.912	2357 8.458	2961 7.352	3872 6.236	4906 5.396	6062 4.742	7678 4.107
111.346	13.6	377 26.962	545 21.401	743 17.624	972 14.907	1232 12.867	1523 11.285	1836 10.054	2375 8.579	2983 7.457	3901 6.325	4942 5.473	6106 4.810	7735 4.165
112.989	13.7	380 27.344	549 21.704	748 17.874	979 15.118	1241 13.050	1534 11.445	1849 10.197	2392 8.701	3004 7.563	3929 6.415	4978 5.551	6151 4.879	7792 4.224
114.645	13.8	382 27.729	553 22.010	754 18.125	986 15.331	1250 13.234	1545 11.606	1863 10.340	2409 8.824	3026 7.670	3958 6.506	5015 5.629	6196 4.947	7849 4.284
116.312	13.9	385 28.116	557 22.318	759 18.379	994 15.545	1259 13.419	1556 11.769	1876 10.485	2427 8.947	3048 7.777	3987 6.597	5051 5.708	6241 5.017	7906 4.344
117.992	14.0	388 28.506	561 22.627	765 18.634	1001 15.761	1268 13.605	1568 11.932	1890 10.630	2444 9.071	3070 7.885	4015 6.688	5087 5.787	6286 5.086	7962 4.404
119.684	14.1	391 28.899	565 22.939	770 18.891	1008 15.979	1277 13.792	1579 12.097	1903 10.777	2462 9.196	3092 7.994	4044 6.781	5124 5.867	6331 5.157	8019 4.465
121.387	14.2	394 29.294	569 23.253	776 19.149	1015 16.197	1286 13.981	1590 12.262	1917 10.925	2479 9.322	3114 8.103	4073 6.874	5160 5.948	6376 5.227	8076 4.526
123.103	14.3	396 29.692	573 23.569	781 19.410	1022 16.418	1295 14.171	1601 12.429	1930 11.073	2497 9.449	3136 8.214	4102 6.967	5196 6.029	6421 5.298	8133 4.588
124.831	14.4	399 30.093	577 23.887	787 19.672	1029 16.639	1305 14.363	1612 12.597	1944 11.223	2514 9.577	3158 8.325	4130 7.061	5233 6.110	6466 5.370	8190 4.650
126.571	14.5	402 30.496	581 24.207	792 19.935	1036 16.862	1314 14.556	1624 12.766	1957 11.373	2532 9.705	3180 8.436	4159 7.156	5269 6.192	6511 5.442	8247 4.713
128.322	14.6	405 30.902	585 24.530	798 20.201	1044 17.087	1323 14.749	1635 12.936	1971 11.525	2549 9.835	3202 8.549	4188 7.252	5305 6.275	6555 5.515	8304 4.775
130.086	14.7	407 31.311	589 24.854	803 20.468	1051 17.313	1332 14.945	1646 13.107	1984 11.678	2567 9.965	3224 8.662	4216 7.348	5342 6.358	6600 5.588	8361 4.839
131.862	14.8	410 31.722	593 25.181	809 20.737	1058 17.541	1341 15.141	1657 13.280	1998 11.831	2584 10.096	3246 8.776	4245 7.444	5378 6.441	6645 5.661	8417 4.902
133.650	14.9	413 32.136	597 25.509	814 21.008	1065 17.770	1350 15.339	1668 13.453	2011 11.986	2602 10.228	3268 8.891	4274 7.542	5414 6.526	6690 5.735	8474 4.966
135.450	15.0	416 32.553	601 25.840	819 21.280	1072 18.000	1359 15.538	1680 13.628	2025 12.141	2619 10.361	3290 9.006	4302 7.640	5451 6.610	6735 5.810	8531 5.031
137.262	15.1	418 32.972	605 26.173	825 21.555	1079 18.232	1368 15.738	1691 13.803	2038 12.298	2636 10.494	3311 9.122	4331 7.738	5487 6.696	6780 5.885	8588 5.096
139.086	15.2	421 33.394	609 26.508	830 21.831	1087 18.466	1377 15.940	1702 13.980	2052 12.455	2654 10.629	3333 9.239	4360 7.837	5523 6.781	6825 5.960	8645 5.161
140.922	15.3	424 33.818	613 26.845	836 22.108	1094 18.701	1386 16.142	1713 14.158	2065 12.614	2671 10.764	3355 9.357	4388 7.937	5560 6.868	6870 6.036	8702 5.227
142.770	15.4	427 34.245	617 27.184	841 22.388	1101 18.937	1395 16.347	1724 14.337	2079 12.773	2689 10.900	3377 9.475	4417 8.037	5596 6.955	6915 6.113	8759 5.293
144.631	15.5	430 34.675	621 27.526	847 22.669	1108 19.175	1404 16.552	1736 14.517	2092 12.934	2706 11.037	3399 9.594	4446 8.138	5633 7.042	6960 6.189	8816 5.360
146.503	15.6	432 35.108	625 27.869	852 22.952	1115 19.414	1413 16.759	1747 14.699	2106 13.095	2724 11.175	3421 9.714	4474 8.240	5669 7.130	7004 6.267	8872 5.427
148.387	15.7	435 35.543	629 28.214	858 23.236	1122 19.655	1422 16.966	1758 14.881	2119 13.258	2741 11.314	3443 9.835	4503 8.342	5705 7.219	7049 6.345	8929 5.494
150.283	15.8	438 35.981	633 28.562	863 23.523	1129 19.897	1431 17.176	1769 15.064	2133 13.421	2759 11.453	3465 9.956	4532 8.445	5742 7.308	7094 6.423	8986 5.562
152.192	15.9	441 36.421	637 28.912	869 23.811	1137 20.141	1440 17.386	1780 15.249	2146 13.586	2776 11.594	3487 10.078	4560 8.549	5778 7.397	7139 6.502	9043 5.630

续表

风量/(m^3/h)
单位摩擦阻力/(Pa/m)

500	560	630	700	800	900	1000	1120	1250	1400	1600	1800	2000
9485 3.611	11885 3.150	15054 2.730	18597 2.403	24307 2.045	30781 1.774	38018 1.563	47710 1.364	59355 1.197	74494 1.045	97350 0.891	123260 0.774	152224 0.683
9556 3.663	11973 3.195	15165 2.769	18735 2.437	24487 2.074	31009 1.799	38299 1.585	48063 1.384	59795 1.214	75045 1.060	98071 0.904	124173 0.785	153351 0.693
9626 3.715	12061 3.240	15277 2.808	18872 2.472	24667 2.104	31237 1.825	38581 1.608	48417 1.403	60235 1.231	75597 1.075	98792 0.917	125086 0.797	154479 0.703
9696 3.768	12149 3.286	15388 2.848	19010 2.507	24847 2.133	31465 1.851	38863 1.630	48770 1.423	60674 1.249	76149 1.090	99513 0.930	125999 0.808	155606 0.713
9766 3.820	12237 3.332	15500 2.888	19148 2.542	25027 2.163	31693 1.877	39144 1.653	49124 1.443	61114 1.266	76701 1.106	100234 0.943	126912 0.819	156734 0.723
9837 3.873	12325 3.378	15611 2.928	19286 2.577	25207 2.193	31921 1.903	39426 1.676	49477 1.463	61554 1.284	77253 1.121	100956 0.956	127825 0.831	157862 0.733
9907 3.927	12413 3.425	15723 2.969	19423 2.613	25387 2.223	32149 1.929	39708 1.699	49830 1.483	61993 1.302	77804 1.137	101677 0.969	128738 0.842	158989 0.743
9977 3.981	12501 3.472	15834 3.009	19561 2.649	25567 2.254	32377 1.956	39989 1.723	50184 1.504	62433 1.320	78356 1.152	102398 0.982	129651 0.854	160117 0.753
10048 4.035	12589 3.519	15946 3.050	19699 2.685	25747 2.285	32605 1.982	40271 1.746	50537 1.524	62873 1.338	78908 1.168	103119 0.996	130564 0.865	161244 0.763
10118 4.090	12677 3.567	16057 3.092	19837 2.721	25928 2.316	32833 2.009	40552 1.770	50891 1.545	63312 1.356	79460 1.184	103840 1.009	131477 0.877	162372 0.774
10188 4.145	12765 3.615	16169 3.133	19974 2.785	26108 2.347	33061 2.036	40834 1.794	51244 1.566	63752 1.374	80012 1.200	104561 1.023	132390 0.889	163500 0.784
10258 4.200	12853 3.663	16280 3.175	20112 2.795	26288 2.378	33289 2.063	41116 1.818	51598 1.586	64192 1.392	80563 1.216	105282 1.036	133303 0.901	164627 0.795
10329 4.255	12941 3.712	16392 3.217	20250 2.832	26468 2.410	33517 2.091	41397 1.842	51951 1.608	64631 1.411	81115 1.232	106003 1.050	134216 0.913	165755 0.805
10399 4.312	13029 3.761	16503 3.259	20388 2.869	26648 2.411	33745 2.118	41679 1.866	52304 1.629	65071 1.429	81667 1.248	106724 1.064	135130 0.925	166882 0.816
10469 4.368	13117 3.810	16615 3.302	20525 2.906	26828 2.473	33973 2.146	41960 1.890	52658 1.650	65511 1.448	82219 1.264	107446 1.078	136043 0.937	168010 0.827
10539 4.425	13205 3.859	16726 3.345	20663 2.944	27008 2.505	34201 2.174	42242 1.915	53011 1.671	65950 1.467	82771 1.281	108167 1.092	136956 0.949	169137 0.837
10610 4.482	13293 3.909	16838 3.388	20801 2.982	27188 2.538	34429 2.202	42524 1.940	53365 1.693	66390 1.486	83322 1.297	108888 1.106	137869 0.961	170265 0.848
10680 4.539	13381 3.959	16949 3.432	20939 3.020	27368 2.570	34657 2.230	42805 1.965	53718 1.715	66830 1.505	83874 1.314	109609 1.120	138782 0.974	171393 0.859
10750 4.597	13470 4.010	17061 3.475	21076 3.059	27548 2.603	34885 2.259	43087 1.990	54071 1.737	67269 1.524	84426 1.331	110330 1.135	139695 0.986	172520 0.870
10820 4.655	13558 4.060	17172 3.519	21214 3.098	27728 2.636	35113 2.287	43368 2.015	54425 1.759	67709 1.543	84978 1.348	111051 1.149	140608 0.999	173648 0.881
10891 4.714	13646 4.111	17284 3.564	21352 3.137	27908 2.669	35341 2.316	43650 2.040	54778 1.781	68149 1.563	85530 1.365	111772 1.163	141521 1.011	174775 0.892
10961 4.773	13734 4.163	17395 3.608	21490 3.176	28088 2.703	35569 2.345	43932 2.066	55132 1.803	68588 1.582	86081 1.382	112493 1.178	142434 1.024	175903 0.903
11031 4.832	13822 4.215	17507 3.653	21627 3.215	28268 2.736	35797 2.374	44213 2.092	55485 1.826	69028 1.602	86633 1.399	113214 1.193	143347 1.037	177031 0.914
11101 4.892	13910 4.267	17618 3.698	21765 3.255	28448 2.770	36025 2.403	44495 2.117	55838 1.848	69468 1.622	87185 1.416	113936 1.207	144260 1.049	178158 0.926
11172 4.952	13998 4.319	17730 3.743	21903 3.295	28628 2.804	36253 2.433	44777 2.143	56192 1.871	69907 1.642	87737 1.434	114657 1.222	145173 1.062	179286 0.937

动压/Pa	风速/(m/s)	外径 D/mm												上行— 下行—
		100	120	140	160	180	200	220	250	280	320	360	400	450
154.112	16.0	443 36.864	641 29.264	874 24.101	1144 20.386	1450 17.598	1792 15.435	2160 13.751	2794 11.735	3509 10.201	4589 8.653	5814 7.487	7184 6.581	9100 5.699
156.044	16.1	446 37.310	645 29.618	880 24.392	1151 20.633	1459 17.811	1803 15.621	2173 13.918	2811 11.877	3531 10.324	4618 8.758	5851 7.578	7229 6.661	9157 5.768
157.989	16.2	449 37.759	649 29.974	885 24.685	1158 20.881	1468 18.025	1814 15.809	2187 14.085	2829 12.020	3553 10.448	4647 8.863	5887 7.669	7274 6.741	9214 5.837
159.945	16.3	452 38.210	653 30.332	890 24.980	1165 21.130	1477 18.240	1825 15.998	2200 14.253	2846 12.164	3575 10.573	4675 8.969	5923 7.761	7319 6.821	9271 5.907
161.914	16.4	454 38.663	657 30.692	896 25.277	1172 21.382	1486 18.457	1836 16.189	2214 14.423	2863 12.308	3597 10.699	4704 9.076	5960 7.853	7364 6.903	9327 5.977
163.895	16.5	457 39.120	661 31.055	901 25.576	1179 21.634	1495 18.675	1847 16.380	2227 14.593	2881 12.454	3618 10.826	4733 9.183	5996 7.946	7409 6.984	9384 6.048
165.887	16.6	460 39.579	665 31.419	907 25.876	1187 21.888	1504 18.894	1859 16.572	2241 14.765	2898 12.600	3640 10.953	4761 9.291	6032 8.040	7453 7.066	9441 6.119
167.892	16.7	463 40.041	669 31.786	912 26.178	1194 22.144	1513 19.115	1870 16.766	2254 14.937	2916 12.747	3662 11.081	4790 9.400	6069 8.134	7498 7.149	9498 6.191
169.908	16.8	466 40.505	673 32.154	918 26.482	1201 22.400	1522 19.337	1881 16.960	2268 15.110	2933 12.895	3684 11.209	4819 9.509	6105 8.228	7543 7.232	9555 6.263
171.937	16.9	468 40.972	677 32.525	923 26.787	1208 22.659	1531 19.560	1892 17.156	2281 15.285	2951 13.044	3706 11.339	4847 9.619	6141 8.323	7588 7.315	9612 6.335
173.978	17.0	471 41.442	681 32.898	929 27.094	1215 22.919	1540 19.784	1903 17.353	2295 15.460	2968 13.193	3728 11.469	4876 9.729	6178 8.419	7633 7.399	9669 6.408
176.031	17.1	474 41.914	685 33.273	934 27.403	1222 23.180	1549 20.010	1915 17.551	2308 15.637	2986 13.344	3750 11.600	4905 9.840	6214 8.515	7678 7.484	9726 6.481
178.096	17.2	477 42.389	689 33.650	940 27.714	1229 23.443	1558 20.237	1926 17.750	2322 15.814	3003 13.495	3772 11.731	4933 9.952	6250 8.611	7723 7.569	9783 6.554
180.173	17.3	479 42.867	693 34.029	945 28.026	1237 23.707	1567 20.465	1937 17.950	2335 15.992	3021 13.648	3794 11.864	4962 10.064	6287 8.708	7768 7.654	9839 6.628
182.262	17.4	482 43.347	697 32.411	951 28.340	1244 23.973	1576 20.694	1948 18.151	2349 16.172	3038 13.801	3816 11.997	4991 10.177	6323 8.806	7813 7.740	9896 6.703
184.363	17.5	485 43.830	701 34.794	956 28.656	1251 24.240	1585 20.925	1959 18.353	2362 16.352	3056 13.955	3838 12.131	5019 10.290	6359 8.904	7858 7.826	9953 6.777
186.476	17.6	488 44.315	705 35.180	961 28.974	1258 24.509	1594 21.157	1971 18.557	2376 16.533	3073 14.109	3860 12.265	5048 10.404	6396 9.003	7902 7.913	10010 6.853
188.601	17.7	490 44.803	709 35.567	967 29.293	1265 24.779	1604 21.390	1982 18.762	2389 16.716	3090 14.265	3882 12.400	5077 10.519	6432 9.103	7947 8.000	10067 6.928
190.738	17.8	493 45.294	713 35.957	972 29.614	1272 25.051	1613 21.625	1993 18.967	2403 16.899	3108 14.421	3904 12.536	5105 10.635	6468 9.202	7992 8.088	10124 7.004
192.887	17.9	496 45.788	717 36.349	978 29.937	1279 25.324	1622 21.861	2004 19.174	2416 17.083	3125 14.579	3926 12.673	5134 10.751	6505 9.303	8037 8.177	10181 7.081
195.048	18.0	499 46.284	721 36.743	983 30.261	1287 25.598	1631 22.098	2015 19.382	2430 17.268	3143 14.737	3947 12.811	5163 10.867	6541 9.404	8082 8.265	10237 7.158
197.221	18.1	502 46.783	725 37.139	989 30.588	1294 25.874	1640 22.336	2027 19.591	2443 17.455	3160 14.896	3969 12.949	5191 10.985	6577 9.505	8127 8.354	10294 7.235
199.406	18.2	504 47.284	729 37.537	994 30.916	1301 26.152	1649 22.575	2038 19.801	2457 17.642	3178 15.056	3991 13.088	5220 11.102	6614 9.607	8172 8.444	10351 7.313
210.604	18.3	507 47.789	733 37.938	1000 31.245	1308 26.431	1658 22.816	2049 20.012	2470 17.830	3195 15.216	4013 13.227	5249 11.221	6650 9.710	8217 8.534	10408 7.391
203.813	18.4	510 48.295	737 38.340	1005 31.577	1315 26.711	1667 23.058	2060 20.225	2484 18.019	3213 15.378	4035 13.368	5278 11.340	6686 9.813	8262 8.625	10465 7.469

续表

风量/(m^3/h)
单位摩擦阻力/(Pa/m)

500	560	630	700	800	900	1000	1120	1250	1400	1600	1800	2000
11242 5.012	14086 4.372	17842 3.789	22041 3.335	28808 2.838	36481 2.463	45058 2.169	56545 1.894	70347 1.662	88289 1.451	115378 1.237	146086 1.075	180413 0.949
11312 5.073	14174 4.425	17953 3.835	22178 3.376	28988 2.873	36709 2.492	45340 2.196	56899 1.917	70787 1.682	88841 1.469	116099 1.252	146999 1.088	181541 0.960
11383 5.134	14262 4.478	18065 3.881	22316 3.416	29168 2.907	36937 2.522	45621 2.222	57252 1.940	71226 1.702	89392 1.486	116820 1.267	147912 1.101	182668 0.972
11453 5.195	14350 4.531	18176 3.928	22454 3.457	29348 2.942	37165 2.553	45903 2.249	57605 1.963	71666 1.723	89944 1.504	117541 1.282	148825 1.115	183796 0.983
11523 5.257	14438 4.585	18288 3.974	22592 3.498	29529 2.977	37393 2.583	46185 2.276	57959 1.986	72106 1.743	90496 1.522	118262 1.298	149738 1.128	184924 0.995
11593 5.319	14526 4.640	18399 4.021	22729 3.540	29709 3.012	37621 2.614	46466 2.303	58312 2.010	72545 1.764	91048 1.540	118983 1.313	150651 1.141	186051 1.007
11664 5.382	14614 4.694	18511 4.069	22867 3.581	29889 3.048	37849 2.644	46748 2.330	58666 2.033	72985 1.784	91600 1.558	119704 1.329	151564 1.155	187179 1.019
11734 5.445	14702 4.749	18622 4.116	23005 3.623	30069 3.083	38077 2.675	47029 2.357	59019 2.057	73425 1.805	92151 1.576	120426 1.344	152477 1.168	188306 1.031
11804 5.508	14790 4.804	18734 4.164	23143 3.665	30249 3.119	38305 2.706	47311 2.384	59372 2.081	73864 1.826	92703 1.595	121147 1.360	153390 1.182	189434 1.043
11874 5.572	14878 4.860	18845 4.212	23280 3.708	30429 3.155	38533 2.738	47593 2.412	59726 2.105	74304 1.847	93255 1.613	121868 1.375	154303 1.195	190562 1.055
11945 5.635	14966 4.915	18957 4.261	23418 3.750	30609 3.191	38761 2.769	47874 2.440	60079 2.129	74744 1.869	93807 1.632	122589 1.391	155216 1.209	191689 1.067
12015 5.700	15054 4.972	19068 4.309	23556 3.793	30789 3.228	38989 2.801	48156 2.467	60433 2.154	75183 1.890	94359 1.650	123310 1.407	156129 1.223	192817 1.079
12085 5.765	15142 5.028	19180 4.358	23694 3.836	30969 3.265	39217 2.833	48438 2.496	60786 2.178	75623 1.912	94910 1.669	124031 1.423	157042 1.237	193944 1.091
12155 5.830	15230 5.085	19291 4.407	23831 3.879	31149 3.301	39445 2.865	48719 2.524	61140 2.203	76063 1.933	95462 1.688	124752 1.439	157955 1.251	195072 1.104
12226 5.895	15318 5.142	19403 4.457	23969 3.923	31329 3.339	39673 2.897	49001 2.552	61493 2.228	76502 1.955	96014 1.707	125473 1.455	158868 1.265	196199 1.116
12296 5.961	15406 5.199	19514 4.507	24107 3.967	31509 3.376	39901 2.929	49282 2.581	61846 2.252	76942 1.977	96566 1.726	126194 1.472	159782 1.279	197327 1.128
12366 6.027	15494 5.257	19626 4.557	24245 4.011	31689 3.413	40129 2.962	49564 2.609	62200 2.277	77382 1.999	97118 1.745	126916 1.488	160695 1.293	198455 1.141
12436 6.093	15582 5.315	19737 4.607	24382 4.055	31869 3.451	40357 2.994	49846 2.638	62553 2.303	77821 2.021	97669 1.765	127637 1.505	161608 1.308	199582 1.154
12507 6.160	15670 5.373	19849 4.657	24520 4.100	32049 3.489	40585 3.027	50127 2.667	62907 2.328	78261 2.043	98221 1.784	128358 1.521	162521 1.322	200710 1.166
12577 6.228	15758 5.432	19960 4.708	24658 4.144	32229 3.527	40813 3.060	50409 2.696	63260 2.353	78701 2.065	98773 1.803	129079 1.538	163434 1.336	201837 1.179
12647 6.295	15846 5.491	20072 4.759	24796 4.189	32409 3.565	41041 3.094	50690 2.725	63613 2.379	79140 2.088	99325 1.823	129800 1.554	164347 1.351	202965 1.192
12717 6.363	15935 5.550	20183 4.811	24933 4.235	32589 3.604	41269 3.127	50972 2.755	63967 2.405	79580 2.110	99877 1.843	130521 1.571	165260 1.366	204093 1.205
12788 6.431	16023 5.610	20295 4.863	25071 4.280	32769 3.642	41497 3.161	51254 2.784	64320 2.430	80020 2.133	100428 1.862	131242 1.588	166173 1.380	205220 1.218
12858 6.500	16111 5.670	20406 4.914	25209 4.326	32950 3.681	41725 3.194	51535 2.814	64674 2.456	80459 2.156	100980 1.882	131963 1.605	167086 1.395	206348 1.231
12928 6.569	16199 5.730	20518 4.967	25347 4.372	33130 3.721	41953 3.228	51817 2.844	65027 2.482	80899 2.179	101532 1.902	132684 1.622	167999 1.410	207475 1.244

动压/Pa	风速/(m/s)	外径 D/mm 上行— 下行—												
		100	120	140	160	180	200	220	250	280	320	360	400	450
206.035	18.5	513 48.805	741 38.744	1011 31.910	1322 26.993	1676 23.302	2071 20.438	2497 18.210	3230 15.540	4057 13.509	5306 11.460	6723 9.917	8307 8.716	10522 7.548
208.268	18.6	515 49.317	745 39.151	1016 32.245	1330 27.276	1685 23.546	2083 20.653	2511 18.401	3248 15.703	4079 13.651	5335 11.580	6759 10.021	8351 8.808	10579 7.627
210.513	18.7	518 49.832	749 39.560	1022 32.582	1337 27.561	1694 23.792	2094 20.869	2524 18.593	3265 15.867	4101 13.793	5364 11.701	6795 10.125	8396 8.900	10636 7.707
212.771	18.8	521 50.349	753 39.971	1027 32.920	1344 27.848	1703 24.040	2105 21.085	2538 18.786	3282 16.032	4123 13.937	5392 11.823	6832 10.231	8441 8.992	10692 7.787
215.040	18.9	524 50.869	757 40.383	1032 33.260	1351 28.135	1712 24.288	2116 21.303	2551 18.980	3300 16.198	4145 14.081	5421 11.945	6868 10.337	8486 9.085	10749 7.868
217.322	19.0	527 51.392	761 40.798	1038 33.602	1358 28.425	1721 24.538	2127 21.522	2565 19.176	3317 16.365	4167 14.226	5450 12.068	6904 10.443	8531 9.179	10806 7.949
219.616	19.1	529 51.917	765 41.216	1043 33.946	1365 28.715	1730 24.789	2139 21.743	2578 19.372	3335 16.532	4189 14.371	5478 12.191	6941 10.550	8576 9.273	10863 8.030
221.921	19.2	532 52.445	769 41.635	1049 34.291	1372 29.007	1739 25.041	2150 21.964	2592 19.569	3352 16.700	4211 14.518	5507 12.316	6977 10.657	8621 9.367	10920 8.112
224.239	19.3	535 52.976	773 42.056	1054 34.638	1380 29.301	1748 25.294	2161 22.186	2605 19.767	3370 16.869	4233 14.665	5536 12.440	7013 10.765	8666 9.462	10977 8.194
226.569	19.4	538 53.509	777 42.480	1060 34.987	1387 29.596	1758 25.549	2172 22.410	2619 19.966	3387 17.039	4254 14.812	5564 12.566	7050 10.874	8711 9.557	11034 8.277
228.911	19.5	540 54.045	781 42.905	1065 35.337	1394 29.893	1767 25.805	2183 22.634	2632 20.166	3405 17.210	4276 14.961	5593 12.692	7086 10.983	8756 9.653	11091 8.360
231.264	19.6	543 54.584	785 43.333	1071 35.690	1401 30.191	1776 26.063	2195 22.860	2646 20.367	3422 17.382	4298 15.110	5622 12.818	7122 11.092	8800 9.749	11147 8.443
233.630	19.7	546 55.125	789 43.763	1076 36.044	1408 30.490	1785 26.321	2206 23.087	2659 20.570	3440 17.554	4320 15.260	5650 12.946	7159 11.202	8845 9.846	11204 8.527
236.008	19.8	549 55.669	793 44.194	1082 36.399	1415 30.791	1794 26.581	2217 23.315	2673 20.773	3457 17.728	4342 15.411	5679 13.073	7195 11.313	8890 9.944	11261 8.611
238.398	19.9	551 56.215	797 44.628	1087 36.757	1422 31.094	1803 26.842	2228 23.544	2686 20.977	3475 17.902	4364 15.562	5708 13.202	7231 11.424	8935 10.041	11318 8.696
240.800	20.0	554 56.764	801 45.065	1093 37.116	1430 31.398	1812 27.104	2239 23.774	2700 21.182	3492 18.077	4386 15.714	5736 13.331	7268 11.536	8980 10.140	11375 8.781

续表

风量/(m^3/h)
单位摩擦阻力/(Pa/m)

500	560	630	700	800	900	1000	1120	1250	1400	1600	1800	2000
12999 6.639	16287 5.790	20629 5.019	25484 4.418	33310 3.760	42181 3.262	52098 2.874	65380 2.509	81339 2.202	102084 1.923	133406 1.639	168912 1.425	208603 1.257
13069 6.708	16375 5.851	20741 5.072	25622 4.464	33490 3.799	42409 3.297	52380 2.904	65734 2.535	81778 2.225	102636 1.943	134127 1.657	169825 1.440	209730 1.270
13139 6.778	16463 5.913	20852 5.125	25760 4.511	33670 3.839	42637 3.331	52662 2.935	66087 2.562	82218 2.248	103187 1.963	134848 1.674	170738 1.455	210858 1.283
13209 6.849	16551 5.974	20964 5.178	25898 4.558	33850 3.879	42865 3.366	52943 2.965	66441 2.588	82658 2.271	103739 1.983	135569 1.691	171651 1.470	211986 1.297
13280 6.920	16639 6.036	21075 5.232	26035 4.605	34030 3.919	43093 3.401	53225 2.996	66794 2.615	83097 2.295	104291 2.004	136290 1.709	172564 1.485	213113 1.310
13350 6.991	16727 6.098	21187 5.286	26.173 4.653	34210 3.960	43321 3.436	53507 3.027	67147 2.642	83537 2.319	104843 2.025	137011 1.726	173477 1.500	214241 1.324
13420 7.063	16815 6.160	21298 5.340	26311 4.700	34390 4.000	43549 3.471	53788 3.058	67501 2.669	83977 2.342	105395 2.045	137732 1.744	174390 1.516	215368 1.337
13490 7.135	16903 6.223	21410 5.394	26449 4.748	34570 4.041	43777 3.506	54070 3.089	67854 2.696	84416 2.366	105946 2.066	138453 1.762	175303 1.531	216496 1.351
13561 7.207	16991 6.286	21521 5.449	26586 4.796	34750 4.082	44005 3.542	54351 3.120	68208 2.724	84856 2.390	106498 2.087	139174 1.780	176216 1.547	217624 1.365
13631 7.279	17079 6.350	21633 5.504	26724 4.845	34930 4.123	44233 3.577	54633 3.152	68561 2.751	85296 2.414	107050 2.108	139896 1.798	177129 1.562	218751 1.378
13701 7.353	17167 6.413	21744 5.559	26862 4.893	35110 4.164	44461 3.613	54915 3.183	68914 2.779	85735 2.439	107602 2.129	140617 1.816	178042 1.578	219879 1.392
13771 7.426	17255 6.477	21856 5.615	27000 4.942	35290 4.206	44689 3.649	55196 3.215	69268 2.806	86175 2.463	108154 2.151	141338 1.834	178955 1.594	221006 1.406
13842 7.500	17343 6.542	21967 5.670	27137 4.991	35470 4.248	44917 3.686	55478 3.247	69621 2.834	86615 2.487	108705 2.172	142059 1.852	179748 1.610	222134 1.420
13912 7.574	17431 6.606	22079 5.726	27275 5.040	35650 4.290	45145 3.722	55759 3.279	69975 2.862	87054 2.512	109257 2.194	142780 1.870	180781 1.626	223261 1.434
13982 7.648	17519 6.671	22190 5.783	27413 5.090	35830 4.332	45373 3.759	56041 3.312	70328 2.891	87494 2.537	109809 2.215	143501 1.889	181694 1.642	224389 1.448
14052 7.723	17607 6.736	22302 5.839	27551 5.140	36010 4.374	45601 3.796	56323 3.344	70682 2.919	87934 2.562	110361 2.237	144222 1.907	182607 1.658	225517 1.463

表 17-23 风道内表面的平均绝对粗糙度

风管材料	平均绝对粗糙度 K/mm	风管材料	平均绝对粗糙度 K/mm
薄钢板或镀锌薄钢板	0.15	胶合板、木板	1.0
塑料板	0.01～0.03	竹风道	0.8～1.2
铝板	0.03	混凝土板	1.0～3.0
矿渣石膏板	1.0	砖砌风道	3.0～10.0
矿渣混凝土板	1.5	铁丝网抹灰风道	10.0～15.0

风管材料变化、管壁的粗糙度改变以后，需对表 17-22 进行修正，也可从线解图中直接查出。有关通风管道单位长度摩擦阻力线解图可参看图 17-17。

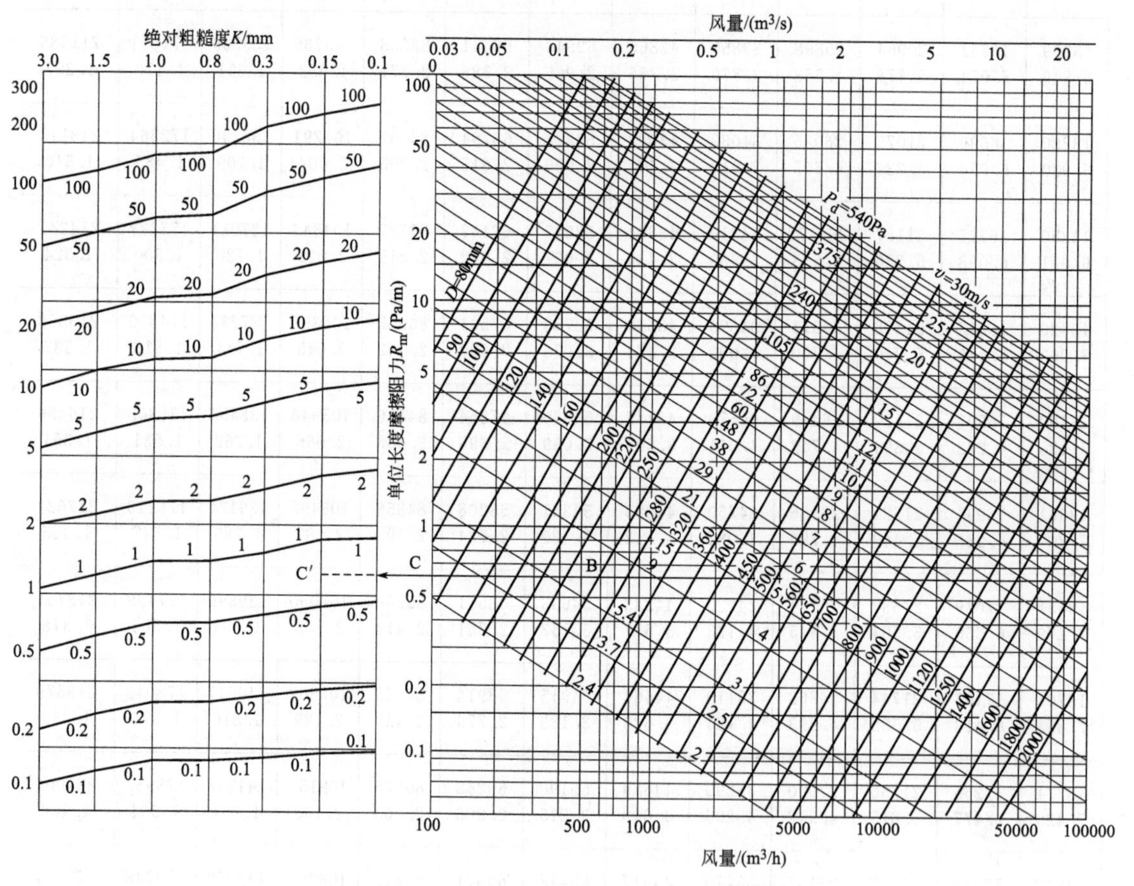

图 17-17 通风管道单位长度摩擦阻力线解图

(2) 空气温度对摩擦阻力的影响　如果风管内的空气温度不是 20℃，随着温度的变化，空气的密度 ρ、运动黏度 ν 以及单位长度摩擦阻力 R_m 都会发生变化。因此对比摩擦阻力，必须用下式进行校正：

$$R'_m = R_m K_t \tag{17-21}$$

式中，R'_m 为不同温度下实际的单位长度摩擦阻力，Pa/m；R_m 为按 20℃查得的单位长度摩擦阻力，Pa/m；K_t 为摩擦阻力温度修正系数，见图 17-18。

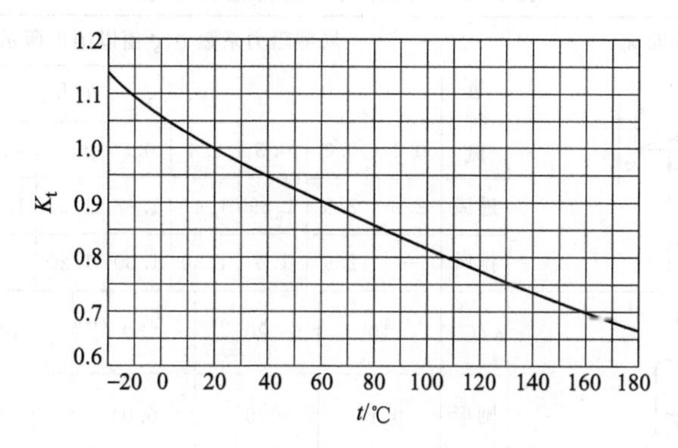

图 17-18 摩擦阻力温度修正系数

(3) 矩形风管的摩擦阻力　前面所研究的沿程阻力都是针对圆管的，对于矩形管道，可以利用当量直径 d_e 仍按圆形管道的沿程阻力公式计算。当量直径有两种：流速当量直径和流量当量直径。

流速当量直径的含义是矩形管道（面积 $a\times b$）中的沿程阻力，与同一长度、同一平均流速、直径为 d_e 的圆形管道中的沿程阻力相等。

根据这一定义，从式(17-14) 可以看出，圆形风管和矩形风管的水力半径必须相等。已知圆形风管的水力半径 $R_s'=\dfrac{D}{4}$，矩形风管的水力半径 $R_s''=\dfrac{ab}{2(a+b)}$

令 $R_s'=R_s''$　即 $\dfrac{D}{4}=\dfrac{ab}{2(a+b)}$

则

$$D=\frac{2ab}{a+b}=d_e \tag{17-22}$$

根据矩形风管的实际流速 v 和流速当量直径 d_e，可查得比摩阻力。工程上常用流速当量直径，在此对流量当量直径不做介绍。值得注意的是，在利用当量直径求矩形风管的阻力时要注意其对应关系；采用流速当量直径时，必须用矩形风管的空气流速去比摩查阻力；采用流量当量直径时，必须用矩形风管中的空气流量去查比摩阻力。用两种方法求得的比摩阻力是相等的。

2. 局部阻力的计算

流体流过异型管件或设备时，由于流动情况发生变化使流动阻力增加，这种阻力称局部阻力。克服局部阻力而引起的能量损失称局部压力损失，简称局部阻力损失。

局部阻力 Δp_m(Pa)可按下式计算，也称阻力系数法：

$$\Delta p_m=\zeta\frac{v^2\rho}{2} \tag{17-23}$$

式中，ζ 为局部阻力系数，是一个无量纲数；v 为断面平均流速，m/s。局部阻力系数通常是用实验方法确定的。实验时先测出管件前后的全压差（即测得局部阻力损失），再除以与速度 v 相应的动压 $\dfrac{v^2\rho}{2}$，即可求出 ζ 值。

(1) 局部阻力系数　表 17-24 中列出了部分管件的局部阻力系数，计算时必须注意该 ζ 值是对应于哪一个断面的气流速度。

表 17-24 部分管件局部阻力系数

<table>
<tr><th>序号</th><th>名称</th><th>图形和断面</th><th>局部阻力系数 ζ(ζ 值以图内所示的速度计算)</th></tr>
<tr><td>1</td><td>带有倒锥体的伞形风帽</td><td></td><td>
<table>
<tr><td rowspan="2">进排风</td><td colspan="11">h/D_0</td></tr>
<tr><td>0.1</td><td>0.2</td><td>0.3</td><td>0.4</td><td>0.5</td><td>0.6</td><td>0.7</td><td>0.8</td><td>0.9</td><td>1.0</td><td>∞</td></tr>
<tr><td>进风</td><td>2.9</td><td>2.9</td><td>1.59</td><td>1.41</td><td>1.33</td><td>1.25</td><td>1.15</td><td>1.10</td><td>1.07</td><td>1.06</td><td>1.06</td></tr>
<tr><td>排风</td><td>—</td><td>2.9</td><td>1.9</td><td>1.50</td><td>1.30</td><td>1.20</td><td>—</td><td>1.10</td><td>—</td><td>1.10</td><td>—</td></tr>
</table>
</td></tr>
<tr><td>2</td><td>伞形罩</td><td></td><td>
<table>
<tr><td>α/(°)</td><td>10</td><td>20</td><td>30</td><td>40</td><td>90</td><td>120</td><td>150</td></tr>
<tr><td>圆形</td><td>0.14</td><td>0.07</td><td>0.04</td><td>0.05</td><td>0.11</td><td>0.20</td><td>0.30</td></tr>
<tr><td>矩形</td><td>0.25</td><td>0.13</td><td>0.10</td><td>0.12</td><td>0.19</td><td>0.27</td><td>0.37</td></tr>
</table>
</td></tr>
<tr><td>3</td><td>渐扩管</td><td></td><td>
<table>
<tr><td rowspan="2">$\frac{F_1}{F_0}$</td><td colspan="5">α/(°)</td></tr>
<tr><td>10</td><td>15</td><td>20</td><td>25</td><td>30</td></tr>
<tr><td>1.25</td><td>0.02</td><td>0.03</td><td>0.05</td><td>0.06</td><td>0.07</td></tr>
<tr><td>1.50</td><td>0.03</td><td>0.06</td><td>0.10</td><td>0.12</td><td>0.13</td></tr>
<tr><td>1.75</td><td>0.05</td><td>0.09</td><td>0.14</td><td>0.17</td><td>0.19</td></tr>
<tr><td>2.00</td><td>0.06</td><td>0.13</td><td>0.20</td><td>0.23</td><td>0.26</td></tr>
<tr><td>2.25</td><td>0.08</td><td>0.16</td><td>0.26</td><td>0.38</td><td>0.33</td></tr>
<tr><td>3.50</td><td>0.09</td><td>0.19</td><td>0.30</td><td>0.36</td><td>0.39</td></tr>
</table>
</td></tr>
<tr><td>4</td><td>渐扩管</td><td></td><td>
<table>
<tr><td>α</td><td>22.5</td><td>30</td><td>45</td><td>90</td></tr>
<tr><td>ζ_1</td><td>0.06</td><td>0.8</td><td>0.9</td><td>1.0</td></tr>
</table>
</td></tr>
<tr><td>5</td><td>突扩</td><td></td><td>
<table>
<tr><td>$\frac{F_1}{F_2}$</td><td>0</td><td>0.1</td><td>0.2</td><td>0.3</td><td>0.4</td><td>0.5</td><td>0.6</td><td>0.7</td><td>0.9</td><td>1.0</td></tr>
<tr><td>ζ_1</td><td>1.0</td><td>0.81</td><td>0.64</td><td>0.49</td><td>0.36</td><td>0.25</td><td>0.16</td><td>0.09</td><td>0.01</td><td>0</td></tr>
</table>
</td></tr>
<tr><td>6</td><td>突缩</td><td></td><td>
<table>
<tr><td>$\frac{F_2}{F_1}$</td><td>0</td><td>0.1</td><td>0.2</td><td>0.3</td><td>0.4</td><td>0.5</td><td>0.6</td><td>0.7</td><td>0.9</td><td>1.0</td></tr>
<tr><td>ζ_2</td><td>0.5</td><td>0.47</td><td>0.42</td><td>0.38</td><td>0.34</td><td>0.30</td><td>0.25</td><td>0.20</td><td>0.09</td><td>0</td></tr>
</table>
</td></tr>
<tr><td>7</td><td>渐缩管</td><td></td><td>当 $\alpha \leqslant 45°$ 时，$\zeta = 0.10$</td></tr>
<tr><td>8</td><td>90°圆形弯头(及非90°弯头)</td><td></td><td>
<table>
<tr><td colspan="5">α=90°</td></tr>
<tr><td>R/D</td><td>二中节二端节</td><td>三中节二端节</td><td>五中节二端节</td><td>八中节二端节</td></tr>
<tr><td>1.0</td><td>0.29</td><td>0.28</td><td>0.24</td><td>0.24</td></tr>
<tr><td>1.5</td><td>0.25</td><td>0.23</td><td>0.21</td><td>0.21</td></tr>
<tr><td colspan="5">非 90°弯头的阻力系数修正值</td></tr>
</table>
<table>
<tr><td rowspan="2">$\zeta = C_\alpha \zeta 90°$</td><td>α</td><td>60°</td><td>45°</td><td>30°</td></tr>
<tr><td>C_α</td><td>0.8</td><td>0.6</td><td>0.4</td></tr>
</table>
</td></tr>
</table>

续表

序号	名称	图形和断面	局部阻力系数 ζ（ζ 值以图内所示的速度计算）							
9	圆形或正方形弯头		$\alpha/(°)$	R: D	$1.5D$	$2.0D$	$2.5D$	$3D$	$6D$	$10D$
			7.5	0.028	0.021	0.018	0.016	0.014	0.010	0.008
			15	0.058	0.044	0.037	0.033	0.029	0.021	0.016
			30	0.11	0.081	0.069	0.061	0.054	0.038	0.030
			60	0.18	0.41	0.12	0.10	0.091	0.064	0.05
			90	0.23	0.18	0.15	0.13	0.12	0.083	0.066
			120	0.27	0.20	0.17	0.15	0.13	0.10	0.067
			150	0.30	0.22	0.19	0.17	0.15	0.11	0.048
			180	0.33	0.25	0.21	0.18	0.16	0.12	0.092

序号 9 附注：$\zeta=0.008\dfrac{\alpha^{0.75}}{n^{0.6}}$，式中 $n=\dfrac{R}{D}$，或 $n=\dfrac{R}{b}$，b 为正方形边长

序号	名称	图形和断面	阀门扇数	速度为 v_0，在下列角度时的 ζ 值：10°	20°	30°	40°	50°	60°	70°	80°	90°
10	节流阀门	节流阀门	1	0.3	1.0	2.5	7	20	60	100	1500	8000
			2	0.4	1.0	2.5	4	8	30	50	350	6000
			3	0.2	0.7	2.0	5	10	20	40	160	6000
			4	0.25	0.8	2.0	4	8	15	30	100	6000
			5	0.2	0.6	1.8	3.5	7	13	28	80	4000

序号	名称	图形和断面		速度为 v_0，$\dfrac{h}{D_0}$ 为下值时的 ζ 值：0.1	0.2	0.3	0.4	0.5	0.6	0.7	0.8	0.9
11	闸板阀		圆风管	97.8	35	10	4.6	2.06	0.98	0.44	0.17	0.06
			矩形风管	193	44.5	17.8	8.12	4.0	2.1	0.95	0.39	0.09

序号	名称	图形和断面	$\dfrac{L_2}{L_1}$	$\dfrac{F_2}{F_1}$ = 0.25 (ζ_2)	0.5 (ζ_2)	0.75 (ζ_2)	1.0 (ζ_2)	$\dfrac{F_2}{F_1}$ = 0.25 (ζ_3)	1.0 (ζ_3)
12	90°矩形断面送出三通	v_1F_1，v_3F_3，v_2F_2	0.1	0.7	0.61	0.65	0.68	—	—
			0.2	0.5	0.5	0.55	0.56	—	—
			0.3	0.6	0.4	0.40	0.45	—	—
			0.4	0.8	0.4	0.35	0.40	0.05	0.03
			0.5	1.25	0.5	0.35	0.30	0.15	0.05
			0.6	2.0	0.6	0.38	0.29	0.20	0.12
			0.7	—	0.8	0.45	0.29	0.30	0.20
			0.8	—	1.05	0.58	0.30	0.40	0.29
			0.9	—	1.5	0.75	0.38	0.46	0.35

续表

序号	名称	图形和断面	局部阻力系数ζ(ζ值以图内所示的速度计算)

13　90°矩形断面吸入三通

$\frac{L_2}{L_1}$	$\frac{F_2}{F_3}$ 0.25	$\frac{F_2}{F_3}$ 0.50	$\frac{F_2}{F_3}$ 1.0	$\frac{F_2}{F_3}$ 0.5	$\frac{F_2}{F_3}$ 1.0
	ζ_2	ζ_2	ζ_2	ζ_3	ζ_3
0.1	−0.6	−0.6	−0.6	0.20	0.20
0.2	0.0	−0.2	−0.3	0.20	0.22
0.3	0.4	0.0	−0.1	0.10	0.25
0.4	1.2	0.25	0.0	0.0	0.24
0.5	2.3	0.40	0.1	−0.1	0.20
0.6	3.6	0.70	0.2	−0.2	0.18
0.7	—	1.0	0.3	−0.3	0.15
0.8	—	1.5	0.4	−0.4	0.00

14　矩形三通

F_2/F_1	0.5	1
分流	0.304	0.247
合流	0.233	0.072

15　圆形三通（$\alpha=90°$）

合流($R_0/D_1=2$)

L_3/L_1	0	0.10	0.20	0.30	0.04	0.50	0.70	0.90
ζ_1	−0.13	−0.10	−0.07	−0.03	0	+0.03	0.03	0.05

分流($F_3/F=0.5, L_3/L_1=0.5$)

R_0/D_1	0.5	0.75	1.0	1.5	2.0
ζ_1	1.10	0.60	0.40	0.25	0.20

16　直角三通

v_1/v_2	0.6	0.8	1.0	1.2	1.4	1.6
ζ_{12}	1.18	1.32	1.50	1.72	1.98	2.28
ζ_{21}	0.6	0.8	1.0	1.6	1.9	2.5

17　矩形送出三通

$v_2/v_1<1.0$ 时可不计，$v_2/v_1\geqslant1.0$ 时

x	0.25	0.5	0.75	1.0	1.25
ζ(直通)	0.21	0.07	0.05	0.15	0.36
ζ(分支)	0.30	0.20	1.30	0.40	0.65

其中：$x=\frac{v_3}{v_1}\times\left(\frac{a}{b}\right)^{1/4}$

$\Delta p=\zeta\frac{\rho v_1^2}{2}$

18　矩形吸入三通

	v_1/v_3	0.4	0.2	0.8	1.0	1.2	1.5	
$\frac{F_1}{F_3}$	0.75	−1.2	−0.3	0.35	0.8	1.1	—	$\Delta p=\zeta\frac{\rho v_3^2}{2}$ ζ为直通之值
	0.67	−1.7	−0.9	−0.3	0.1	0.45	0.7	
	0.60	−2.1	−0.3	−0.8	0.4	0.1	0.2	
ζ(分支)		−1.3	−0.9	−0.5	0.1	0.55	1.4	$\Delta p=\zeta\frac{\rho v_3^2}{2}$

（2）抽气罩的阻力系数 抽气罩的阻力系数 ξ 可通过图 17-19 查得。

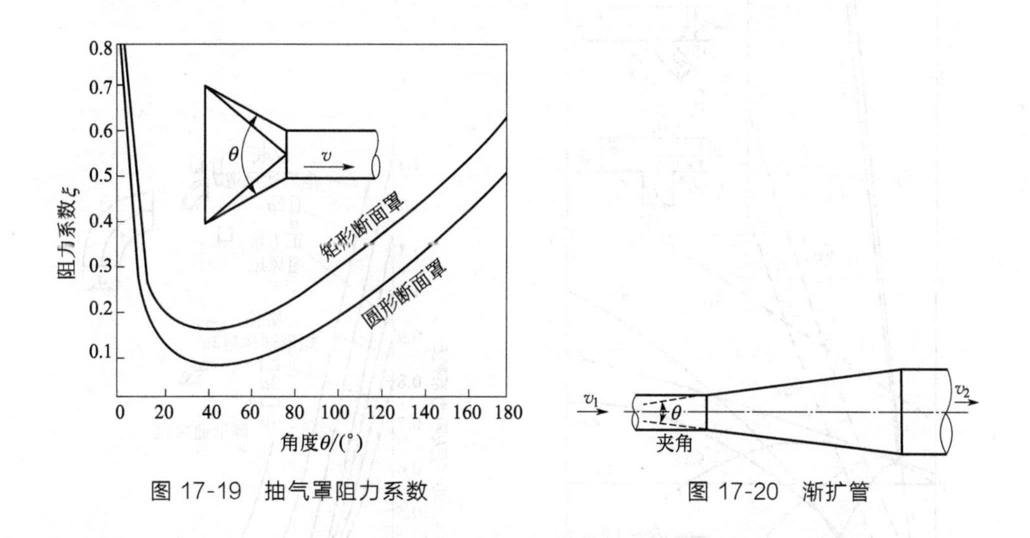

图 17-19 抽气罩阻力系数

图 17-20 渐扩管

（3）渐扩管阻力系数 渐扩管阻力系数 ξ 可通过图 17-20 和表 17-25 查得，也可用下式计算：

$$\xi=0.011\theta^{1.22} \tag{17-24}$$

表 17-25 渐扩管阻力系数

夹角 θ/(°)	10	12	15	18	20
阻力系数 ξ	0.18	0.23	0.30	0.37	0.43

（4）三通合流管阻力系数 已知三通管的流量配比和管径以及三通管的夹角等，由图 17-21 查取合流管的阻力系数 ξ。计算三通直管阻力或计算三通支管阻力时，所采用的气体流速均为主管流速。三通合流管阻力系数计算比较烦琐，相对工程设计而言可进行简化，当图 17-21 中三通管长度 $l\geqslant5\ (d_3-d_1)$ 时，可查表 17-26。

表 17-26 三通合流管阻力系数

夹角 θ/(°)	阻力系数 ξ		夹角 θ/(°)	阻力系数 ξ	
	ξ_{13}	ξ_{23}		ξ_{13}	ξ_{23}
10	0.20	0.06	40	0.30	0.25
15	0.20	0.09	45	0.60	0.28
20	0.20	0.12	50	0.70	0.32
25	0.20	0.15	60	0.70	0.44
30	0.20	0.18	90	0.70	1.0
35	0.20	0.21			

（5）弯头阻力系数 各种类型的 90°弯头的阻力系数 ξ 见图 17-22。对于非 90°弯头的阻力系数要乘以修正系数 ξ，见表 17-27。

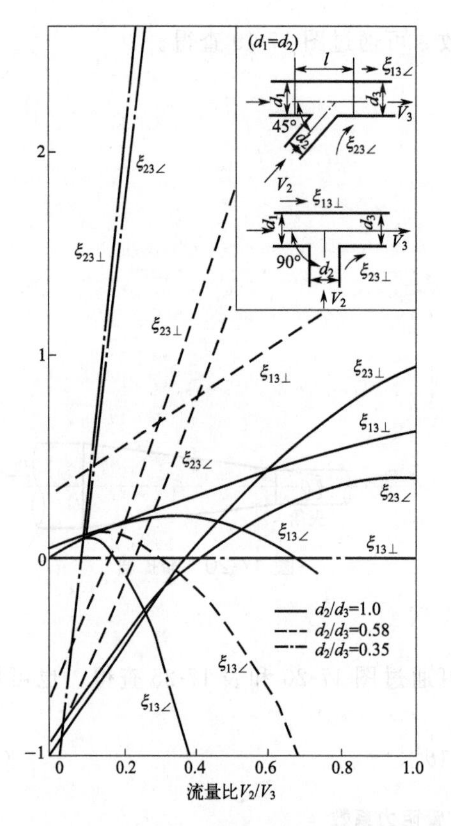

图 17-21　三通合流管阻力系数

ξ_{13}—45°和 90°三通直管阻力系数；ξ_{23}—45°和 90°三通支管阻力系数；V_2—三通支管流量；V_3—三通主管流量

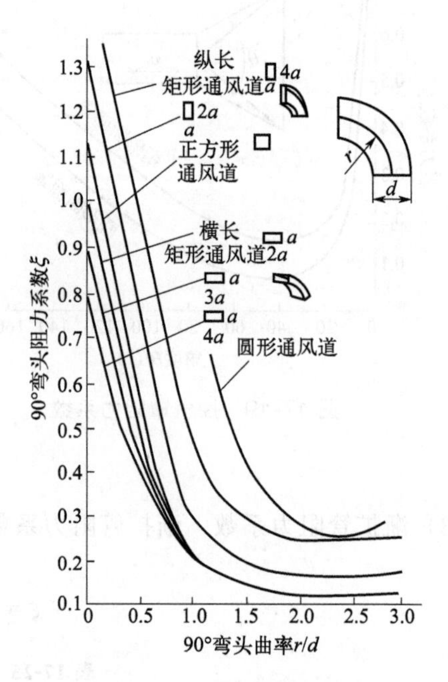

图 17-22　90° 弯头阻力系数

表 17-27　非 90°弯头的修正值

θ/(°)	0	20	30	45	60	75	90	110	130	150	180
ξ	0	0.31	0.45	0.60	0.78	0.90	1.0	1.13	1.20	1.28	1.40

（6）阀门阻力系数　圆形管道蝶阀阻力系数 ξ 查表 17-28，矩形管道蝶阀阻力系数查表 17-29，闸阀阻力系数 ξ 查表 17-30。

表 17-28　圆形管道蝶阀阻力系数 ξ

θ/(°)	0	10	20	30	40	50	60
ξ	0.20	0.52	1.5	4.5	11	29	108

表 17-29　矩形管道蝶阀阻力系数 ξ

θ/(°)	0	10	20	30	40	50	60
ξ	0.04	0.33	1.2	3.3	9.0	26	70

表 17-30　闸阀阻力系数 ξ

$(d-h)/d$	0	1/8	2/8	3/8	4/8	5/8	6/8	7/8
ξ	0.00	0.07	0.26	0.81	2.06	5.52	17.0	97.8

（7）管端入口阻力系数　各种管端入口的阻力系数见图 17-23。

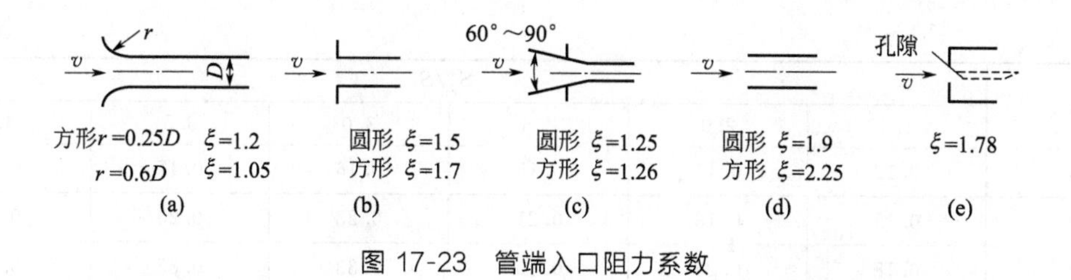

图 17-23　管端入口阻力系数

(8) 突然收缩形管件阻力系数　突然收缩形管件阻力系数 ξ 见图 17-24。

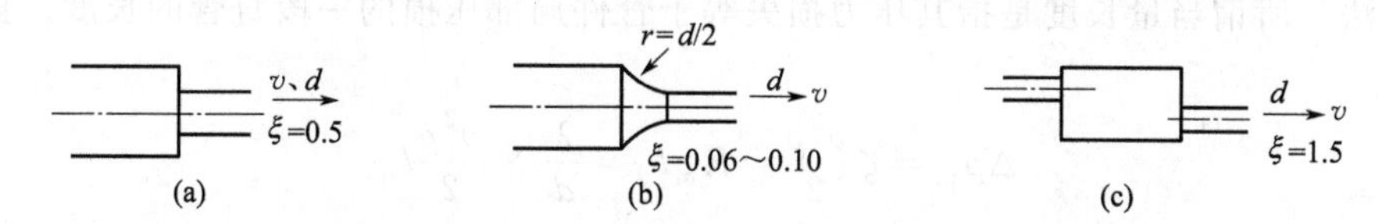

图 17-24　突然收缩形管件阻力系数

(9) 风机出口阻力系数　一般风机出口设计通常采用图 17-25 的结构形式，A 型风机出口阻力系数 ξ 查表 17-31，B 型风机出口阻力系数 ξ 查表 17-32。

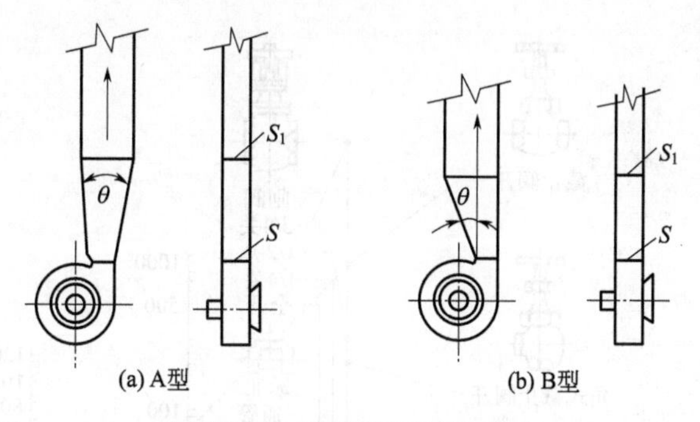

图 17-25　风机出口结构形式

表 17-31　A 型风机出口阻力系数 ξ

θ/(°)	S_1/S					
	1.5	2.0	2.5	3.0	3.5	4.0
10	0.05	0.07	0.09	0.10	0.11	0.11
15	0.06	0.09	0.11	0.13	0.13	0.14
20	0.07	0.10	0.13	0.15	0.16	0.16
25	0.08	0.13	0.16	0.19	0.21	0.23
30	0.16	0.24	0.29	0.32	0.34	0.35
35	0.24	0.34	0.39	0.44	0.48	0.50

表 17-32　B 型风机出口阻力系数 ξ

θ/(°)	S_1/S					
	1.5	2.0	2.5	3.0	3.5	4.0
10	0.08	0.09	0.10	0.10	0.11	0.11
15	0.10	0.11	0.12	0.13	0.14	0.15

续表

θ/(°)	S_1/S					
	1.5	2.0	2.5	3.0	3.5	4.0
20	0.12	0.14	0.15	0.16	0.17	0.18
25	0.15	0.18	0.21	0.23	0.25	0.26
30	0.18	0.25	0.30	0.33	0.35	0.35
35	0.21	0.31	0.38	0.41	0.43	0.44

计算局部阻力损失的另一种方法是当量长度法，热力、煤气、压缩空气管道局部压损计算多用此法。所谓当量长度是指其压力损失等于管件局部压损的一段直管的长度。据此可列出下式：

$$\Delta p_m = \zeta \frac{v^2 \rho}{2} = R_m l_d = \frac{\lambda}{d} \times \frac{v^2 \rho}{2} l_d \tag{17-25}$$

所以

$$l_d = \zeta \frac{d}{\lambda} \tag{17-26}$$

局部压损当量长度 l_d 可在有关手册中查到，此时局部阻力可按式(17-25) 计算。

一般情况下，管道附件按图 17-26 折合成管道当量长度，例如，当 DN200 截止阀、内径 200mm 时，查得当量长度为 70m，按表 17-33 求出等值长度。管道附件的阻力损失近似

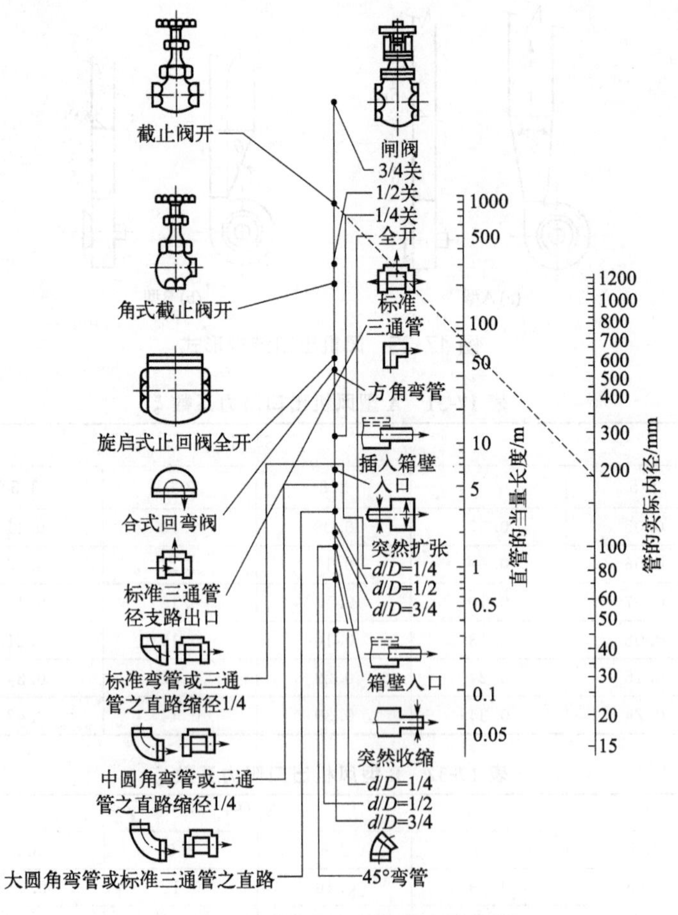

图 17-26 局部阻力的当量长度折算

可按管路长度增加10%～20%考虑。

表17-33　管径等值长度

管件名称	示意图	管子内径/mm									
		50	100	150	200	250	300	350	400	450	500
		等值长度/m									
煨弯管 90° $R=4D$		1	1.7	2.5	3.2	4	5	6	7	8	9
煨弯管 90° $R=3D$		1.5	2.7	4	5	6	7.5	9	11	12.5	14
铸造弯头 90°		3.2	7.5	12.5	18	24	30	38	44	50	55
焊接弯头 90°		7.5	17.5	29	42	56	70	87	102	115	137
缓冲管 $R=12D$		4	9.5	14.5	20	27	33	41	48	54	64
分流三通		3.6	5.5	8	11.3	15.5	21	26	32	36	43
分流三通		4.5	7	9.5	14	19	25	31	38	43	51
合流三通		5	11.5	17.5	26	36	47	65	74	84	100
合流三通		4.5	9	14.5	20	26	34	41	47	54	63
弯角阀		13	31	50	73	100	130	160	200	230	270
直角阀		10	20	32	45	61	77	95	115	130	150
逆止阀		3.2	7.5	12.5	18	24	30	38	44	50	59
闸阀		0.6	1.5	2	3	4	5	6.5	7.5	8.5	10
伸缩节		0.6	1.5	2.4	3.6	4.5	6.3	7.1	8.3	10	12
急胀		1.2	3	4.8	7.1	9.1	12.5	14.3	16.6	20	25
急缩		0.6	1.5	2.4	3.6	4.5	6.3	7.1	8.3	10	12
油水分离器		7.2	18	28.4	42.8	53.3	75	85	100	120	152

3. 净化系统管网的总阻力

净化系统管网的总阻力，是不同直径各直管段摩擦阻力之和，加上各局部阻力点局部阻力之和，再乘以阻力附加系数（储备量），即

$$\Delta p = K(\sum \Delta p_L + \sum \Delta p_z) \tag{17-27}$$

式中，Δp 为系统管网总阻力；K 为流体阻力附加系数，可取 $K=1.15\sim1.20$。

4. 净化系统管网中支管的阻力平衡

在设计的净化系统中，当将若干尘源点连接起来并组成一个净化系统时，必然有三通管，这时必须考虑在三通管处两个支管的阻力平衡问题，两支管之间阻力差不应大于10%。如不平衡，对于阻力较大的支管，应通过加大管径来减小阻力，使两支路阻力平衡。

当并联支管的阻力差超过上述规定时，可用下述方法进行阻力平衡。

（1）调整支管管径　这种方法是通过改变管径，即改变支管的阻力，达到阻力平衡的。调整后的管径按下式计算

$$D' = D(\Delta p / \Delta p')^{0.225} \tag{17-28}$$

式中，D'为调整后的管径，m；D 为原设计的管径，m；Δp 为原设计的支管阻力，Pa；$\Delta p'$为为了阻力平衡，要求达到的支管阻力，Pa。

应当指出，采用本方法时不宜改变三通支管的管径，可在三通支管上增设一节渐扩（缩）管，以免引起三通支管和直管局部阻力的变化。

（2）增大排风量　当两支管的阻力相差不大时（例如在20%以内），可以不改变管径，将阻力小的那段支管的流量适当增大，以达到阻力平衡。增大的排风量按下式计算：

$$Q' = Q(\Delta p' / \Delta p)^{0.5} \tag{17-29}$$

式中，Q'为调整后的排风量，m^3/h；Q 为原设计的排风量，m^3/h；Δp 为原设计的支管阻力，Pa；$\Delta p'$为为了阻力平衡，要求达到的支管阻力，Pa。

（3）增加支管阻力　阀门调节是最常用的一种增加支管局部阻力的方法，它是通过改变阀门的开度来调节管道阻力。应当指出，这种方法虽然简单易行，不需严格计算，但是改变某一支管上的阀门位置会影响整个系统的压力分布。要经过反复调节，才能使各支管的风量分配达到设计要求。对于除尘系统还要防止在阀门附近积尘，以免引起管道堵塞。

（四）设计计算实例

某选矿厂筛分室有3台1500mm×3000mm振动筛，其中2台工作，1台备用，筛分破碎后的铁矿石。筛上给料和筛下卸料都用宽 $B=800$mm 的胶带运输机，筛上剩余的矿石用宽 $B=500$mm 的胶带运输机运走。

已知该地区的大气压力为 1.013×10^5Pa，室内设有采暖设备，该室要求配备机械除尘设施。

根据对实际生产情况的观察，振动筛在工作时，筛上部分向工作区散发大量的粉尘，为防止粉尘外逸，必须严格密闭。依据比较成熟的经验，决定在筛上部分采用大容积的密闭罩，并在密闭罩上设抽风点，以保持密闭罩内处于负压状态；筛上剩余料和筛下料的卸料点，也往外散发粉尘（其中筛上剩余料卸料点向外飞扬的粉尘较少），也需要严格密闭，根据工艺操作和设备形式的限制，采用局部密闭罩，并于密闭罩上设抽风点以保持负压。

鉴于3台振动筛在工作时，每台筛子都可以单独使用，胶带运输机和筛子是同时工作的，因此，每台筛子上部密闭罩上的抽风点与其卸料点的抽风点可以划归一个系统。该室的3台振动筛设三个独立的除尘系统（每个系统位置的布置视具体设计情况而定），现以一个除尘系统为例（图17-27和图17-28）计算如下。

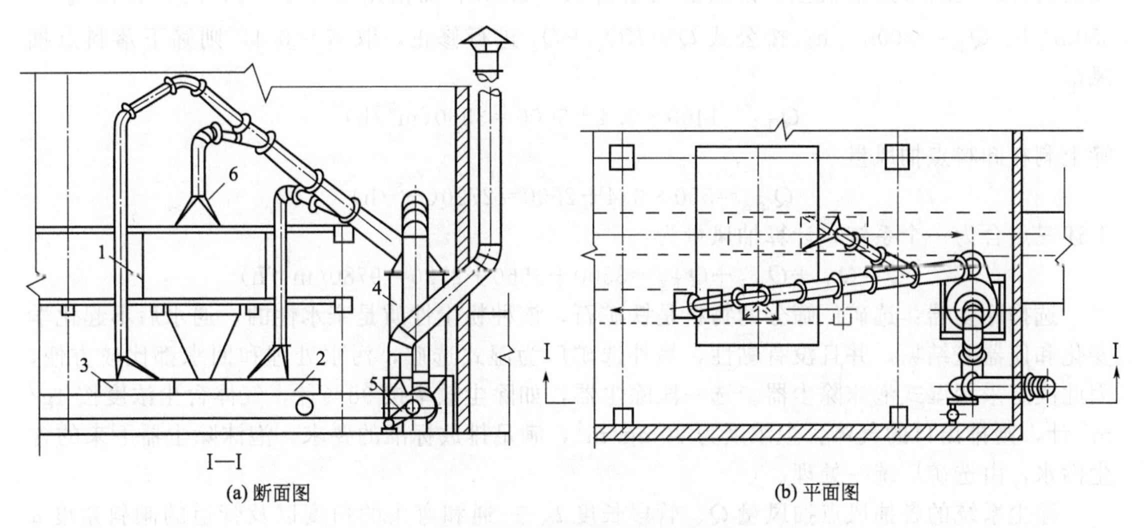

(a) 断面图　　(b) 平面图

图 17-27　振动筛除尘平断面

1—振动筛大容积密闭罩；2，3—胶带运输机密闭罩；

4—除尘器；5—通风机；6—卸料口

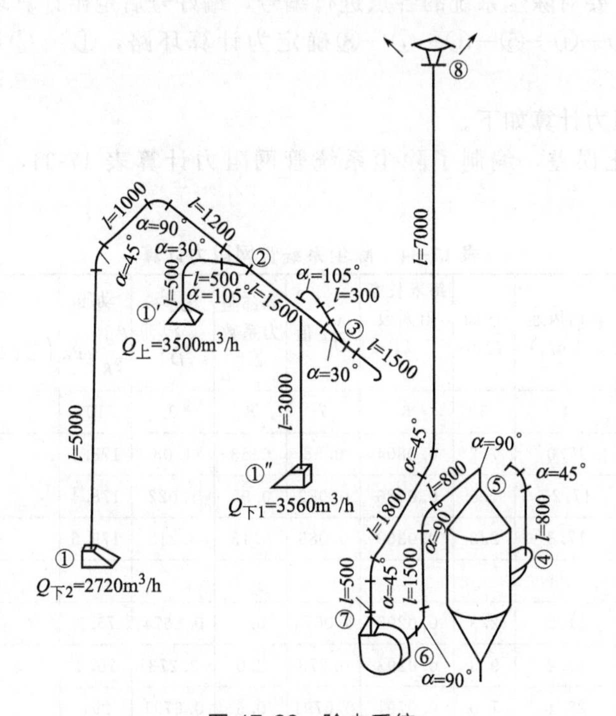

图 17-28　除尘系统

各密闭罩的形式和位置、抽风点的位置、除尘器和风机的位置、管道走向及标高等初步确定后，即可进行除尘系统的计算。

各抽风点的抽风量：从振动筛上部除尘抽风量表可以查得，筛上密闭罩的抽风量为 $Q_{上}=3500\text{m}^3/\text{h}$；筛下漏落料卸至胶带运输机上，该点抽风量从胶带运输机转运点除尘抽风量表可以查得，当物料落差为 2.5m、溜槽角度 $\alpha=90°$时，$Q_1=1400\text{m}^3/\text{h}$、$Q_2=3000\text{m}^3/\text{h}$；

筛上剩料卸至胶带运输机上，该点抽风量当 $H=2.5\text{m}$、溜槽角度为 90°时，同样查得 $Q_1=550\text{m}^3/\text{h}$、$Q_2=2500\text{m}^3/\text{h}$；按公式 $Q=KQ_1+Q_2$ 进行修正，取 $K=0.4$，则筛下落料点抽风量

$$Q_{下1}=1400\times0.4+3000=3560(\text{m}^3/\text{h})$$

筛上剩料卸料点抽风量

$$Q_{下2}=550\times0.4+2500=2720(\text{m}^3/\text{h})$$

上述三点合为一个系统，计算抽风量为：

$$Q=Q_{上}+Q_{下1}+Q_{下2}=3500+3560+2720=9780(\text{m}^3/\text{h})$$

选择除尘器：选矿厂筛分的物料是铁矿石，该种粉尘性质是亲水性的，遇水后不起化学变化和使器壁结垢，并且没有黏性，另外选矿厂为湿式选矿，污水处理和回水都比较方便，因此决定采用湿式泡沫除尘器。选一段除尘器，如除尘效率按 98%计，气体含尘浓度按 4g/m³ 计，则排出口的气体含尘浓度为 80mg/m³，满足排放标准的要求。泡沫除尘器下来的含尘污水，由选矿厂统一处理。

除尘系统的各抽风点抽风量 Q、管段长度 l、三通和弯头的角度以及管道的倾斜角度 α（由各种粉状物料的堆积密度和自然堆积角表中查得：矿石静止堆积角为 30°～45°，故取管道坡度为 45°）等如图 17-28 所示。

为了方便计算，要对除尘系统的各点进行编号，编好号后定出计算环路和支环环路。

现将①—②—③—④—⑤—⑥—⑦—⑧确定为计算环路，①′—②和①″—③作为支环环路。

除尘系统管网阻力计算如下。

为了清晰和防止误差，编制了除尘系统管网阻力计算表 17-34，通常是按程序填表计算。

表 17-34　除尘系统管网阻力计算

管段编号	风量 Q /(m³/h)	管径 D/mm	管内风速 v/(m/s)	管长 l/m	每米长摩阻系数 $\frac{\lambda}{D}$	$\frac{\lambda}{D}l$ 值	局部阻力系数 $\Sigma\zeta$	$\Sigma\zeta+\frac{\lambda}{D}l$	动压 $\frac{\rho v^2}{2g}$/Pa	管段阻力 $\left(\Sigma\zeta+\frac{\lambda}{D}l\right)\frac{\rho v^2}{2g}$/Pa	累计阻力 ΣH/Pa
1	2	3	4	5	6	7	8	9	10	11	12
①—②	2720	240	17.0	7.2	0.0804	0.58	0.53	1.08	173.5	187.4	
②—③	6220	360	17.25	1.5	0.0486	0.072	0.95	1.022	178.4	182.3	369.6
③—④	9780	450	17.3	2.3	0.0369	0.085	0.13	0.215	179.6	38.6	408.3
④—⑤										686	1094.3
⑤—⑥	9780	560	11.2	2.3	0.0293	0.0674	0.5	0.5674	75.3	42.6	1136.9
⑥—⑦	9780	560	11.2	9.3	0.0293	0.273	2.0	2.273	75.3	171.5	1308.4
①′—②	3500	240	22.1	1.0	0.0791	0.0791	0.6	0.6791	291	197	
支环①′—②与计算环①—②两环阻力差为 10Pa，明显地小于允许误差 10%，满足要求											
①″—③	3650	260	19.1	3.3	0.0722	0.238	0.92	1.158	219	252.8	
支环①″—③与计算环①—③两环误差为 $\frac{369.6-252.8}{369.6}=31.6\%$，大于允许误差 10%，需重新计算											
①″—③	3650	240	22.4	3.3	0.0791	0.262	0.92	1.182	303.5	357.7	
支环①″—③与计算环①—③两环误差为 $\frac{369.6-357.7}{369.6}=3.2\%$，小于 10%，满足要求											

首先，按系统图 17-28 将管段编号、抽风量、管长以及异形件（三通、弯头、异形管等）填入表中。

其次，根据粉尘性质参考表 17-35 决定管内流速 v 的可用范围，然后按此风速由除尘管道计算表中查得直径 D、λ/D 值、$\rho v^2/(2g)$ 值及 v 值，填入表 17-34 中的有关栏内。

表 17-35　典型应用流速

微粒种类	流速 v/(m/s)	典型的例子
清洁气流	5～10	含有非常少或不含可沉淀固体的气流，环境气体，蒸汽
烟雾	10～13	焊接气体，激光切割气体，棉花灰，木材粉末
干燥，粉状产品	13～18	炭粉、面粉、石墨粉、铅粉、淀粉、织物粉、橡胶粉末、(打印机)墨粉、颜料、粉末涂料、药物(干)
一般的工业灰尘	15～20	喷砂处理灰尘、磨光和抛光灰尘(干)、水泥、黏土、煤灰、研磨灰尘、石灰、金属喷涂灰尘、粉状金属、岩石灰、烟草、木材磨光灰尘
重颗粒	17～23	水泥渣、煤尘、复合和切削加工灰尘、玻璃纤维、翻砂、落砂和砂子的搬运、铅尘、金属碎屑、木材切割废料
潮湿、黏性和油质的产品	23 或更高	含氧化铁的抛光屑、水泥灰(湿)、奶粉、油性食物制品

再次，根据处理气体为常温空气，同时考虑延长通风机的使用寿命，决定选用 C4-73-11 型离心风机。选择风机的计算风量为：

$$Q_B = 9780 \times (1 + 0.1) = 10758(\mathrm{m^3/h})$$

计算风压为：

$$H = 622.4 \times (1 + 0.15) + 686 = 1402(\mathrm{Pa})$$

$$H_3 = 1402 \times (1 + 0.1) = 1542(\mathrm{Pa})$$

根据样本选用 C4-73-11 型 NO. 5. 5C 离心风机，其 $H_B Q_B = 162\mathrm{mm} \times 11150\mathrm{m^3/h}$，电动机为 JO2-42-2，$N = 7.3\mathrm{kW}$。

最后，按上述设计和计算绘制施工图。

三、管道支架和支座

（一）管道重量负荷跨距计算

含尘烟道的积灰一般清灰周期按管道断面积灰后高度考虑，负荷按管道断面积灰 1/3 高度考虑，管壁钢板许用应力不超过 $1300\mathrm{kgf/cm^2}$（$1\mathrm{kgf/cm^2} = 98.0665\mathrm{kPa}$）。

1. 按强度计算

$$L = \sqrt{\frac{0.10\sigma W \varphi}{\theta_1}} \tag{17-30}$$

$$W = \frac{2J}{D} \tag{17-31}$$

$$J = \frac{\pi}{64}(D^4 - d^4) \tag{17-32}$$

式中，σ 为钢板许用应力，$\mathrm{kgf/cm^2}$；W 为断面系数，$\mathrm{cm^3}$；φ 为焊缝系数，一般取 $\varphi = 0.75$；θ_1 为管道积灰负荷，kg/m；J 为惯性矩，$\mathrm{cm^{-1}}$；D 为管道外径，cm；d 为管道内径，cm。

2. 按挠度计算

$$L(\mathrm{m})=2.98\left(\frac{J}{\theta_1}\right)^{\frac{1}{3}} \tag{17-33}$$

一般小管采用挠度计算比较安全，而大管采用强度计算偏安全，两个公式同时计算应取小值。

如果管道上有其他附加负荷如伴行管道、检修平台、管道积灰、积雪负荷等，可以折算为均布负载加入到 θ_1 中，表 17-36 为部分管道支座最大跨距的参考数值。

表 17-36　管道支座的最大跨距

管径/mm	720×5	820×5	920×5	1020×5	1120×6	1220×6	1320×7	1420×7
最大跨距/m	17	18	20	21	23	25	29	31
管径/mm	1520×7	1620×7	1720×7	1820×7	2020×8	2220×8	2420×8	2520×8
最大跨距/m	32	33	34	35	38	41	44	45

注：采用大跨距时要采用标准管支托，防止管道变形。

（二）管道支架

1. 管道膨胀伸缩量

除尘系统中由于管道内外介质温度的变化而引起的管道伸缩量 ΔL（mm/m）可按下式计算：

$$\Delta L=\lambda(t_1-t_2) \tag{17-34}$$

式中，t_1 为管壁最高温度,℃；t_2 为当地冬季采暖计算温度,℃；λ 为线膨胀系数，mm/(m・℃)。

对于不同的钢材在不同管壁温度下的 λ 值是不同的，见表 17-37。

表 17-37　不同钢材在不同管壁温度下的 λ 值　　单位：mm/(m・℃)

钢材	管壁温度/℃				
	20	100	200	300	400
普通碳素钢	0.0118	0.0122	0.0128	0.0134	0.0138
优质碳素钢	0.0116	0.0119	0.0126	0.0128	0.0130
16Mn		0.0120	0.0126	0.0132	0.0137

2. 除尘管道对固定支架的推力

管道需支架的固定和支撑，支架除了受到管道重量荷载以外，还受到管道水平方向的推力。管道水平方向的推力主要来自管道内介质的压力、管道热膨胀受金属膨胀器的反弹力、活动支架对管道的摩擦力。

① 由于除尘系统一般工作压力只有数千帕，产生的盲板力一般比管道的摩擦力要小得多，因此在设计上可以忽略不计。对管径大于 3m 的管，若系统工作压力较高，应该进行核算，把产生的推力加到对管支架的推力计算中，管的盲板要加筋，防止钢板变形。

② 管道中的补偿器如采用鼓形或波形膨胀器，可在产品说明书中查到每压缩 1cm 的推力。如采用织物和橡胶补偿器，推力可忽略不计，所以对管道的固定支架只剩下在固定支架

至补偿器之间活动支架与支座之间的滑动摩擦力，如果固定支架两侧有管，可考虑部分抵消，可取较大侧力的0.5～0.7倍。

③ 不同的管道支座对支架的摩擦力是不相同的，摩擦阻力F可按下式计算：

$$F=\mu P \tag{17-35}$$

式中，P为管道质量，包括灰的质量，kg；μ为摩擦系数。

钢与钢之间的滑动摩擦，取$\mu=0.3$；钢与钢之间的滚动摩擦，取$\mu=0.1$；对特殊加工、润滑状态下，$\mu\leqslant0.01$；聚四氟乙烯滑动支座，干滑摩擦系数$\mu\leqslant0.05$，润滑状态下$\mu\leqslant0.015$。

④ 利用管道弯管自然补偿，由于除尘管的刚度很大，特别是大直径管道，对固定支架会产生很大的纵向和横向推力。设计时要引起重视，经计算后要采取必要的措施。

（三）聚四氟乙烯滑动支座

填充聚四氟乙烯的滑动支座采用由镜面不锈钢与填充聚四氟乙烯复合夹层滑片组成的滑动摩擦副，该滑动摩擦副简称填充聚四氟乙烯滑动摩擦副。与碳钢滑动摩擦副及普通纯聚四氟乙烯滑动摩擦副相比，填充聚四氟乙烯滑动摩擦副具有以下几个方面的优点。

① 填充采用独特配方的聚四氟乙烯滑动摩擦副的干滑摩擦系数$\mu\leqslant0.05$，而碳钢板之间为0.3。

② 填充聚四氟乙烯滑动摩擦副的承载能力高、压缩变形小、蠕变小，克服了纯聚四氟乙烯承载能力低、线膨胀系数大、蠕变率高等缺点。解决了纯聚四氟乙烯板采用直接垫入，粘贴或埋头螺钉固定等工艺卸载的缺陷。

③ 填充聚四氟乙烯复合夹层滑片具有优异的耐腐蚀性能。而碳钢由于锈蚀会造成实际工作摩擦系数超过原始设计参数，使管道固定支座在大于设计受力的状态下工作。

④ 填充聚四氟乙烯负荷夹层滑片在有油、无油、有水、无水情况或有粉尘嵌入、泥沙混杂状态下，均能以很低的摩擦系数工作，而碳钢则做不到这一点。

表17-38为聚四氟乙烯滑动支座水平管道特轻级荷载滑动（导向）支座参数，供设计参考选用，图17-29、图17-30分别为水平管道特轻级荷载滑动不带导向板与带导向板支座。

表17-38　聚四氟乙烯滑动支座水平管道特轻级荷载滑动（导向）支座参数

公称通径DN/mm	设计位移/mm 轴向X				最大垂直荷载/N	最大许用侧向荷载/N	下基板尺寸$a\times b$/mm	管中心高度H/m					
								H_1	H_2	H_3	H_4	H_5	H_6
								保温层厚度/mm					
	A	B	C	D				无保温	≤70	≤100	≤140	≤200	≤280
200	50	100	200	400	3350	30000	300×112	190	265	300	335	400	
300	50	100	200	400	7100	40000	375×132	250	335	355	400	450	
400	50	100	200	400	11800	40000	450×132	315	400	425	450	530	
500	50	100	200	400	18000	40000	600×132	375		475	530	600	
600	50	100	200	400	25800	40000	670×132	425		530	600	630	
700	50	100	200	400	31500	40000	750×132	475		600	630	710	
800	50	100	200	400	41200	40000	900×132	560		670	710	750	850
900	50	100	200	400	51500	40000	1000×132	600		710	750	800	900
1000	50	100	200	400	63000	40000	1060×132	670		750	800	850	950

续表

公称通径 DN/mm	设计位移/mm 轴向 X				最大垂直荷载/N	最大许用侧向荷载/N	下基板尺寸 $a\times b$/mm	管中心高度 H/m					
								H_1	H_2	H_3	H_4	H_5	H_6
								保温层厚度/mm					
	A	B	C	D				无保温	≤70	≤100	≤140	≤200	≤280
1200	50	100	200	400	90000	40000	1320×132	800		900	900	1000	1060
1400	50	100	200	400	125000	40000	1500×132	900		1000	1060	1120	1180
1600	50	100	200	400	165000	40000	1700×132	1000		1120	1120	1180	1250
1800	50	100	200	400	206000	40000	1900×132	1120		1180	1250	1320	1400
2000	50	100	200	400	250000	75000	2120×200	1180		1320	1320	1400	1500
2200	50	100	200	400	300000	75000	2360×200	1320		1400	1500	1500	1600
2400	50	100	200	400	355000	75000	2500×200	1400		1500	1600	1600	1700
2600	50	100	200	400	400000	75000	2650×200	1500			1700	1700	1800
2800	50	100	200	400	452000	75000	3000×200	1600			1800	1800	1900
3000	50	100	200	400	530000	75000	3150×200	1700			1900	1900	2000
3200	50	100	200	400	615000	75000	3350×200	1800			2000	2000	2120
3400	50	100	200	400	690000	75000	3350×200	1900			2120	2120	2240
3600	50	100	200	400	775000	75000	3750×200	2000			2120	2240	2360
3800	50	100	200	400	875000	106000	3750×265	2120			2240	2360	2360
4000	50	100	200	400	950000	106000	4000×265	2240			2360	2500	2500

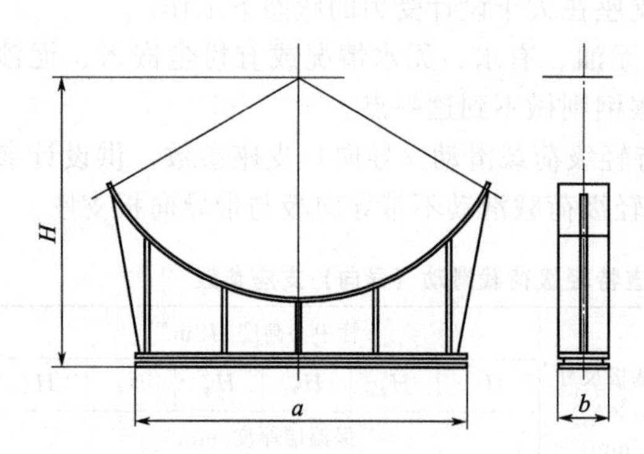

图 17-29　聚四氟乙烯滑动支座水平管道特轻级荷载滑动支座（不带导向板）

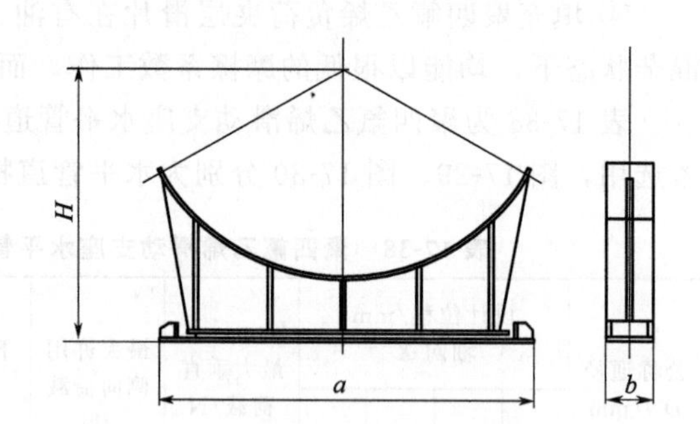

图 17-30　聚四氟乙烯滑动支座水平管道特轻级荷载滑动支座（带导向板）

四、管道检测孔、检查孔和清扫孔

1. 管道检测孔

一般除尘和净化系统上有温度测孔、湿度测孔风量、及风压测孔和粉尘浓度测孔。测孔设置地点一般是：

① 除尘系统管道上，主要测定管道上的压力分布和风量大小，以便对系统风量进行调整；

② 风机前后的总管上，主要用于测定风机性能和工作状态，如风量、风压等；

③ 除尘器进出口管道上，主要用于测定除尘器的技术性能，如设备漏风率、风量分配等；

④ 吸尘罩附近，主要是测定吸尘点抽风量、初始含尘浓度和吸尘罩内的负压；

⑤ 烟囱上，主要用于测定净化后气体的排放浓度。

由于气流流经弯头、三通等局部构件时会产生涡流，使气流极不稳定，因此测孔必须远离这些部件而选在气流稳定段。测孔位置应在这些影响气流部件上游 4 倍管径和下游 2 倍管径处。当测孔位置受限制时，应在测孔内增加测点数，尽量做到精确测量。

以上几种测孔最好同时设置，温度测孔、湿度测孔、风量及风压测孔的孔径一般为 50mm，粉尘测孔一般为 75～100mm；当管道直径＞500mm 时，风量、风压测孔应在同一横断面相互垂直的两个方向上设孔。

2. 清扫孔

虽然在管道设计时选择了防止粉尘沉积的必要流速，但是，由于在弯头、三通管等局部构件处，气流形成的涡流是几乎无法消除的，特别是遇到含尘气体温度变化、速度变化以及管壁可能形成的结露等，都会有粉尘在那里沉积。另外，由于生产设备间歇运行及一些未考虑到的因素，粉尘在管道内也会沉积。为了保证除尘系统正常运行，需要对除尘管道定期进行清扫。清扫孔的位置应在管道的侧面或上部；对于大型管道、直径大于 500mm 者在弯头、三通、端头处都应设清扫孔。图 17-31 为设置清扫孔的位置。所有清扫孔都必须做到严密不漏风，如果严重漏风，会使清扫孔上游管道内流速降低，粉尘沉积更加严重，致使吸尘点抽风量减少。一般清扫孔盖板与风道壁间用螺栓拧紧或其他压紧装置压紧，盖板与风管壁间应有橡胶板或橡胶带做衬垫。图 17-32 为清扫孔的一种做法示意。

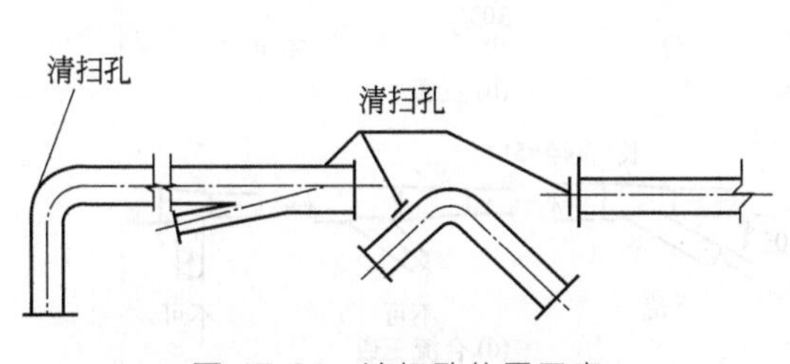

图 17-31 清扫孔位置示意

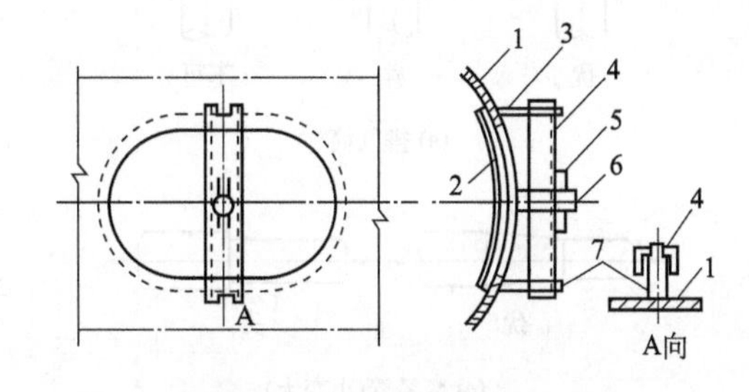

图 17-32 清扫孔示意

1—风道壁；2—盖板；3—衬垫；4—压紧杆；5—尖劈形压块；6—压紧杆；7—支架

3. 检查孔

除尘系统主管上，与设备连接的管道应设检查孔，检查孔有手孔和人孔两类，分别见图 17-33 和图 17-34。检查孔最好采取快开方式，直接用手轮打开，不需要扳手等工具；另外检查孔周边需要很好地密封，当检查孔关上时不应有漏风处。

五、管道设计优化

① 管件的制作、风管的连接、风管与通风机的接口都有一定要求，优劣比较参见

图 17-35、图 17-36。

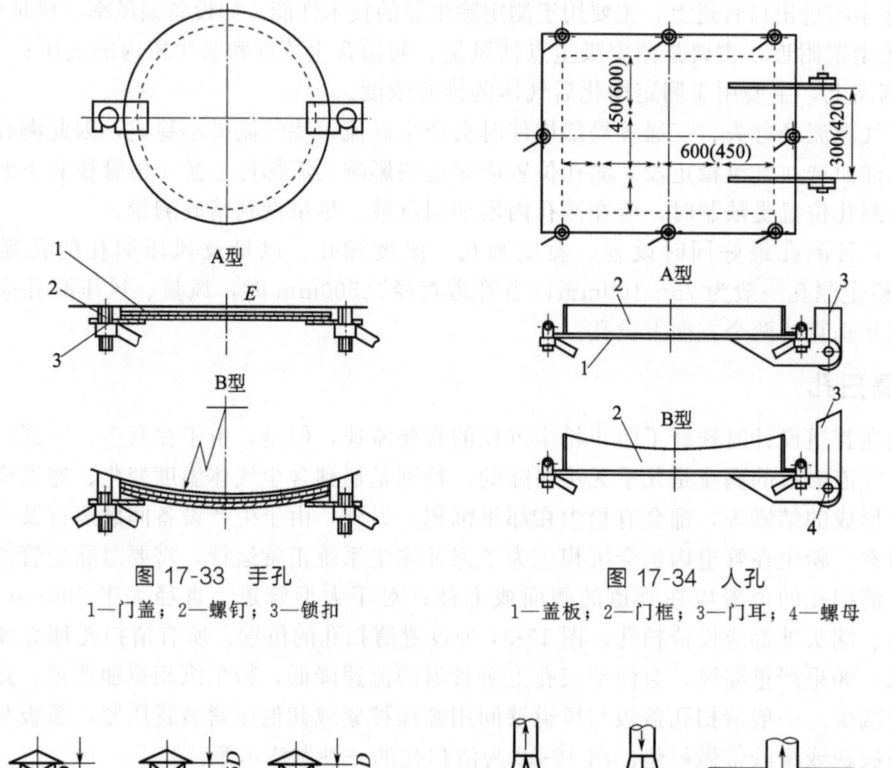

图 17-33　手孔
1—门盖；2—螺钉；3—锁扣

图 17-34　人孔
1—盖板；2—门框；3—门耳；4—螺母

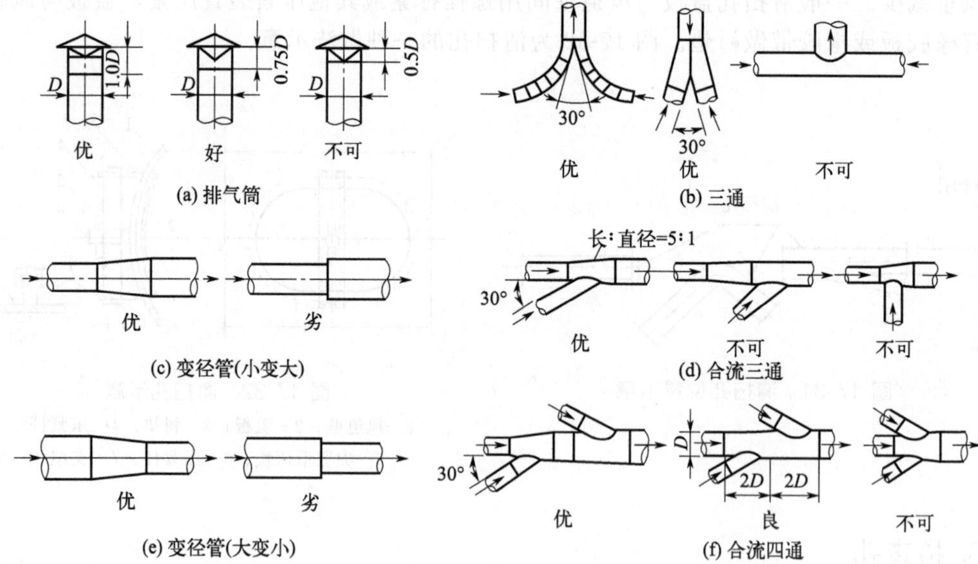

图 17-35　管件的制作和风管的连接优劣比较

② 不允许在风管上安装或在风管内安装电线、煤气管道、热源管道、热水管等。

③ 为调整、检查测定净化系统及各吸风点的参数，应在各支管及净化设备、通风机前后处设测孔，测孔位置尽可能远离异形管件，以减少涡流影响，测孔位置不要打在风管的上方，以免影响测定。

④ 钢制风管水平安装，管径不超过 360mm 时，其固定件（卡箍、吊架、支架等）的间

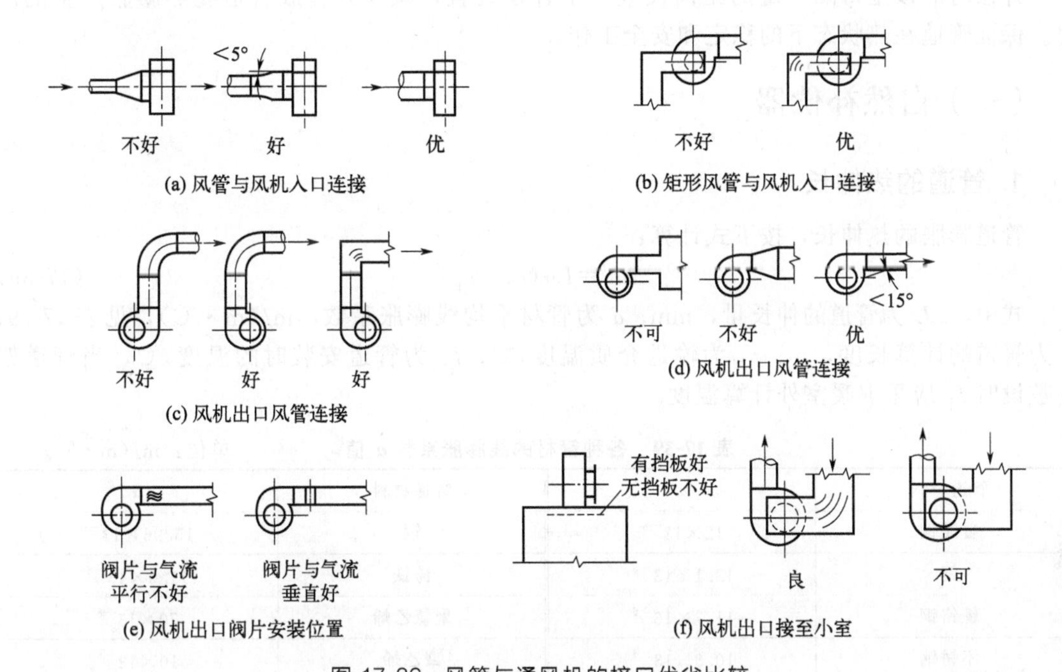

图 17-36 风管与通风机的接口优劣比较

距不大于 4m；管径超过 360mm 时，其固定件的间距不大于 3m；当垂直安装时，其固定件的间距不大于 4m，拉绳和吊架不允许直接固定在风管的法兰上。

⑤ 防止可燃物在通风系统中的局部地点（死角）积聚。排除有爆炸性气体时，不允许采用伞形罩或能使该气体积聚不散的装置。

⑥ 在操作伴有爆炸性气体的除尘系统时，同样要注意不使该气体在风管或设备内积聚。在系统运转中，不要在管道上切割和焊接以防管道中气体爆炸。

⑦ 选用防爆通风机，并采用直联或轴联传动方式，如采用三角皮带传动时，为了防止静电产生火花，可用接地的方法。

⑧ 输送含尘浓度高、粉尘磨琢性强的含尘气体时，除尘管道中易受冲刷部位应采取防磨措施，可加厚管壁或采用碳化硅、陶瓷复合管等管材。

⑨ 输送含湿度较大、易结露的污染气体时，管道必须采取保温措施，必要时宜增设加热装置。

⑩ 输送高温气体的管道，应采取热补偿措施。

⑪ 输送易燃易爆污染气体的管道，应采取防止静电的接地措施，且相邻管道法兰间应跨接接地导线。

六、管道膨胀补偿

高温烟气管道的补偿首先应利用弯道的自然补偿作用，当管内介质温度不高、管线不长且支点配置正确时，则管道长度的热变化可以其自身的弹性予以补偿，这种是管道长度热变化自行补偿的最好办法。若自然补偿不能满足要求时，再考虑设置柔性材料补偿器、波形补偿器等进行补偿。

补偿时应该是每隔一定的距离设置一个补偿装置，减少并释放管道受热膨胀产生的应力。保证管道在热状态下的稳定和安全工作。

（一）自然补偿器

1. 管道的热伸长

管道膨胀的热伸长，按下式计算：

$$\Delta L = L\alpha(t_2 - t_1) \tag{17-36}$$

式中，ΔL 为管道的伸长量，mm；α 为管材平均线膨胀系数，m/(m・℃)，见表 17-39；L 为管道的计算长度，m；t_2 为输送介质温度，℃；t_1 为管道安装时的温度，℃，当管道架空敷设时 t_1 应采取暖室外计算温度。

表 17-39 各种管材的线膨胀系数 α 值 单位：m/(m・℃)

管道材料	α	管道材料	α
普通钢	12×13^{-6}	铜	15.96×13^{-6}
钢	13.1×13^{-6}	铸铁	11.0×13^{-6}
镍铬钢	11.7×13^{-6}	聚氯乙烯	70×13^{-6}
不锈钢	10.3×13^{-6}	聚乙烯	10×13^{-6}
碳素钢	11.7×13^{-6}		

对于一般钢管 $\alpha=12\times10^{-6}$ m/(m・℃) 代入式(17-36)

$$\Delta L(\text{mm}) = 0.012(t_2 - t_1)L \tag{17-37}$$

2. L形补偿器

L 形补偿器由管道的弯头构成。充分利用这种补偿器作热膨胀的补偿，可以收到简单方便的效果。

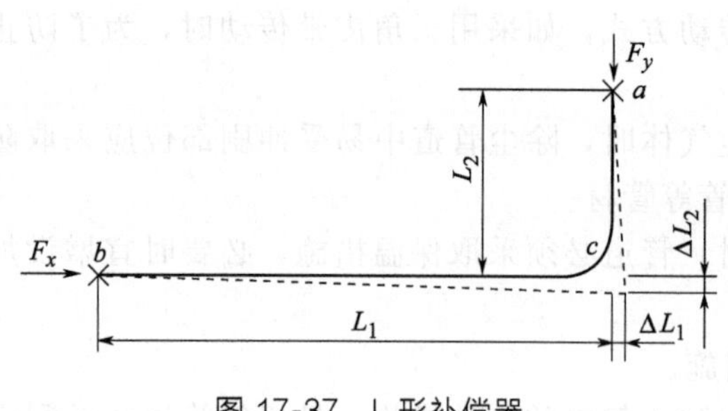

图 17-37 L形补偿器

L 形补偿器如图 17-37 所示，其短臂 L_2 的长度可按下式计算：

$$L_2 = 1.1\sqrt{\frac{\Delta L D_w}{300}} \tag{17-38}$$

式中，L_2 为 L 形补偿器的短臂长度，mm；ΔL 为长臂的热膨胀量，mm；D_w 为管道外径，mm。

L 形补偿器的长臂长度应取 20～25m，否则会造成短臂的侧向移动量过大而失去了作用。

对固定支架 b 的推力（F_x）按下式计算：

$$F_x = \frac{\Delta L_1 EJK}{L_2^3}\varepsilon \tag{17-39}$$

$$J = \frac{\pi}{64}(D_w^2 - d^2) \tag{17-40}$$

式中，F_x 为对支架 b 的推力，N；ΔL_1 为长臂的外补偿量，cm；L_2 为短臂侧的计算臂长，cm；E 为钢材弹性模量，Pa，对 Q235 钢，E＝21000MPa；J 为管道断面惯性矩，

mm^2；D_w 为管道外径，mm；d 为管道内径，mm；K 为修正系数，$D_w>900mm$ 时 K 取 2，$D_w<800mm$ 时 K 取 3；ε 为安装预应力系数，大气温度安装调整时 ε 取 0.63，不调整时，ε 取 1.0。

对固定支架 a 的推力（F_y），如下所示：

$$F_y=\frac{\Delta L_2 EJK}{L_1^3}\varepsilon \tag{17-41}$$

式中，F_y 为对支架 a 的推力，N；ΔL_2 为短臂的补偿量，cm；其他符号意义同前。

对最不利的 c 点的弯曲应力（σ_1）为：

$$\sigma_1=\frac{\Delta L_2 ED_w K}{2L_1^2} \tag{17-42}$$

式中，σ_1 为 c 点的弯曲应力，Pa；其他符号意义同前。

3. Z 形补偿器

Z 形补偿器是常用的自然补偿器之一。Z 形补偿器的优点在于管道设计和安装中很容易实现补偿。如图 17-38 所示。

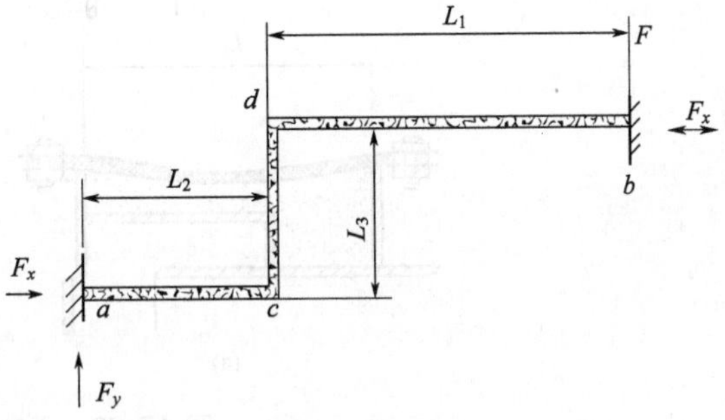

图 17-38 Z 形自然补偿器计算图

Z 形补偿器垂直臂的长度 L_3 可按下式计算：

$$L_3=\left[\frac{6\Delta t ED_w}{10^3\sigma(1+12K)}\right]^{1/2} \tag{17-43}$$

式中，L_3 为 Z 形补偿器的垂直臂长度，mm；Δt 为计算温差，℃；E 为管材的弹性模量，Pa；D_w 为管道外径，mm；σ 为允许弯曲应力，Pa；K 为 L_1/L_2，L_1 为长臂长，L_2 为短臂长。

Z 形补偿器的长度（L_1+L_2），应控制在 40～50m 的范围内。

对固定支架 b 的轴向推力（F_x）

$$F_x=\frac{KEJ(\Delta L_3+\Delta L_2)}{L_3^3} \tag{17-44}$$

式中，F_x 为支架 b 的轴向推力，N；其他符号意义同前。

对 b 的横向推力 F_y 系由 L_3 管段的补偿量 ΔL 所产生的力按静力平衡的原则表示如下：

$$F_y=\frac{KEJ\Delta L'}{L_1^3}=\frac{KEJ\Delta L''}{L_2^3} \tag{17-45}$$

式中，F_y 为支架 b 的横向推力，N；$\Delta L'$ 为力臂 L_1 吸收管段的补偿量；$\Delta L''$ 为由力臂 L_2 吸收管段的补偿量。

对于应力最大位置 c 点应力按下式：

$$\sigma_c=\frac{KED_w(\Delta L_1\varepsilon+\Delta L_2)}{2L} \tag{17-46}$$

式中，σ_c 为 c 点最大弯曲应力，MPa；其他符号意义同前。

（二）柔性材料补偿器

当输送的烟气温度高于 70℃时，且在管线的布置上又不能靠自身补偿时，需设置补偿器。补偿器一般布置在管道的两个固定支架中间，但必须考虑到因为补偿器本身的重量而在烟气管道膨胀与收缩时发生扭曲，需用两个单片支架支撑补偿器重量，单片支架的间距在车间外部时一般为 3～4m；在车间内部最大不超过 6m。在任何烟气情况下，为防止外力作用到设备上，以及防止机械设备的振动传递给管道，在紧靠除尘器和风机连接管道上也应装设补偿器。对大型除尘器和风机，其前后都应设置补偿器。

常用的柔性材料补偿器如图 17-39 所示。

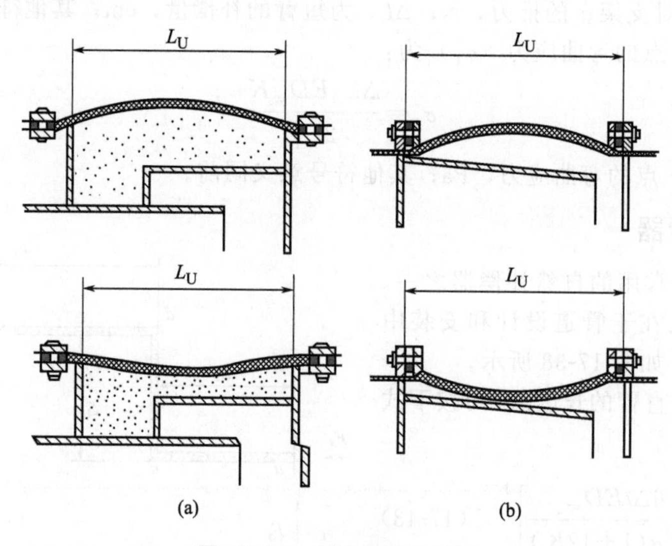

图 17-39　柔性材料补偿器

NM 非金属补偿器是由一个柔性补偿元件（圈带）与两个可与相邻管道、设备相接的端管（或法兰）等组成的挠性部件，见图 17-40。圈带采用硅橡胶、氟橡胶、三元乙丙橡胶和玻璃纤维布压制硫化处理而成，主要特点如下。

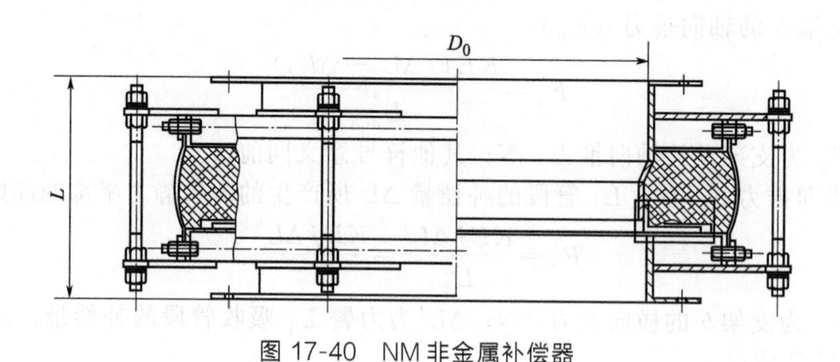

图 17-40　NM 非金属补偿器

① 可以在较小的长度尺寸范围内提供多维位移补偿，与金属波纹补偿器相比，简化了补偿器结构形式。

② 无弹性力。由于补偿器元件采用橡胶、聚四氟乙烯与无碱玻璃纤维复合材料，它具有万向补偿和吸收热膨胀推力的能力，几乎无弹性反力，可简化管路设计。

③ 消声减振。橡胶玻璃纤维复合材料能有效地减少锅炉、风机等系统产生的噪声和振动。

④ 适用温度范围较宽。采用不同橡胶复合材料和圈带内部设置隔热材料，可达到较宽的温度范围。

⑤ 在允许的范围内可补偿一定的施工安装误差。

1. 设计技术条件

(1) 设计压力 p　除尘系统管道内的气体设计压力一般在 0.01MPa 以下，选型时一般取设备的承受压力 $p \leqslant 0.03$MPa。

(2) 设计温度等级　设计温度范围可从常温到高温分为 9 个等级，见表 17 40。

表 17-40　设计温度等级

设计温度等级	A	B	C	D	E	F	G	H	I
工作温度/℃	常温	≤100	≤150	≤250	≤350	≤450	≤550	≤700	≥700

2. 结构形式

非金属补偿器有圆形（SNM）和矩形（CNM）两种类型，补偿元件（圈带）与端管或垫环连接通常用直筒形，亦可采用翻边形式。根据使用温度和位移补偿要求，结构相应有变化。

3. 安装长度与连接尺寸

(1) 安装长度　非金属补偿器的安装长度与位移量的大小有直接关系，安装长度与位移补偿量见表 17-41。

表 17-41　安装长度与位移补偿量

位移方向	安装长度/mm	300	350	400	450	500	550	600	700
轴向位移	补偿量/mm								
	压缩(−X)	−30	−45	−60	−70	−90	−100	−120	−150
横向位移	拉伸(+X)	+10	+15	+20	+25	+30	+35	+40	+50
	圆形(SNM)	±15	±20	±25	±30	±35	±40	±45	±50
	矩形(CNM)	±8/±4	±10/±6	±12/±8	±16/±10	±18/±12	±20/±14	±22/±16	±25/±18

(2) 非金属补偿器的连接尺寸　非金属补偿器的连接尺寸，是指与管道连接的端管公称通径 DN 或矩形端管的外径边长。圆形非金属补偿器，端管公称通径 DN200～6000mm；矩形非金属补偿器，外径边长 200～6000mm。

4. 举例

(1) SNMC800(−60±20)-150　该代号表示圆形非金属补偿器，长期使用温度 150℃，接管公称通径 800mm，系统设计要求位移补偿量：轴向压缩 −60mm，横向位移补偿量 ±20mm，根据表 17-41 选用的最小安装长度应为 400mm。

(2) SNMD400×600(−40)-250　该代号表示矩形非金属补偿器，长期使用温度 250℃，矩形管道外径边长 400mm×600mm，系统设计要求位移补偿量：轴向压缩 −40mm，根据表 17-41 选用的最小安装长度为 350mm。

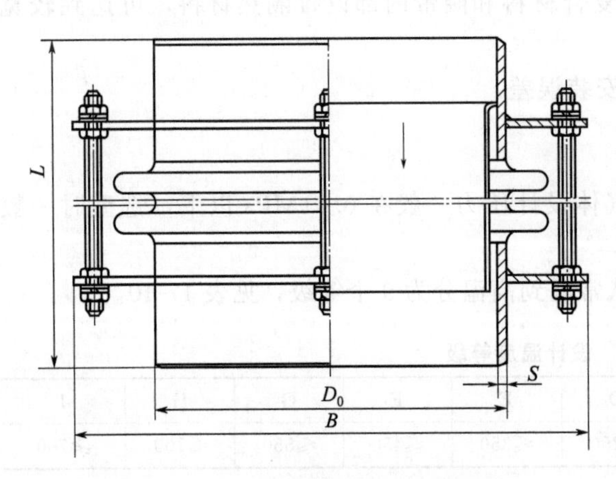

图 17-41 SDZ-普通轴向型补偿器系列

（三）波纹补偿器

除尘系统所需采用的金属波纹补偿器，一般为普通轴向型补偿器。它是由一个波纹管组与两个可与相邻管道、设备相接的端管（或法兰）组成的挠性部件，见图 17-41。

设计条件如下：

① 除尘系统的设计压力一般不高，选用金属波纹补偿器时可按 $p=0.1\text{MPa}$ 查取样本资料；

② 设计温度通常按 350℃以下考虑；

③ 设计许用寿命按 1000 次考虑；

④ 公称通径在 DN600～4600mm。

金属波纹补偿器系列技术参数见表 17-42，表中符号 D_0、S、L、B 见图 17-41。

表 17-42 金属波纹补偿器系列技术参数（设计压力：$p=0.1\text{MPa}$）

公称通径 /mm	型号	轴向位移 X/mm	轴向刚度 K_X/(N/mm)	有效面积 A/cm^2	焊接端管		总长 L/mm	总宽 B/mm	参考质量 /kg
					外径 D_0/mm	壁厚 S/mm			
600	SDZ1-600Ⅰ	42	373	3475	630	8	420	900	108
700	SDZ1-700Ⅰ	54	297	4670	720	10	450	980	141
800	SDZ1-800Ⅰ	55	1428	5960	820	10	480	1100	173
900	SDZ1-900Ⅰ	55	452	7390	920	10	530	1210	212
1000	SDZ1-1000Ⅰ	65	413	8990	1020	10	580	1320	252
1100	SDZ1-1100Ⅰ	75	337	10940	1120	10	560	1450	269
1200	SDZ1-1200Ⅰ	85	314	13070	1220	12	570	1550	299
1300	SDZ1-1300Ⅰ	70	324	15070	1320	12	570	1650	322
1400	SDZ1-1400Ⅰ	40	550	17580	1420	12	500	1750	395
1500	SDZ1-1500Ⅰ	45	564	20000	1520	12	500	1850	423
1600	SDZ1-1500Ⅰ	45	991	22730	1620	12	500	1950	447
1700	SDZ1-1600Ⅰ	50	924	25620	1720	12	520	2080	501
1800	SDZ1-1800Ⅰ	50	949	28360	1820	12	520	2180	528
2000	SDZ1-2000Ⅰ	42	1225	34700	2020	12	500	2360	582
2200	SDZ1-2200Ⅰ	38	1355	41350	2220	14	520	2560	715
2300	SDZ1-2300Ⅰ	32	1368	44990	2320	14	500	2660	743
2400	SDZ1-2400Ⅰ	36	1443	48790	2420	14	510	2760	764
2500	SDZ1-2500Ⅰ	26	3326	53380	2520	14	600	2860	914
2600	SDZ1-2600Ⅰ	42	1769	57766	2620	16	580	2960	963
2800	SDZ1-2800Ⅰ	60	1618	366250	2820	16	620	3160	1028
3000	SDZ1-3000Ⅰ	58	1720	76110	3020	16	620	3360	1099

型号 SDZ1-6001，表示普通轴向型补偿器，公称压力 $PN=0.1$MPa，公称通径 DN=600mm，轴向额定位移［X］=42mm，疲劳寿命 $N=1000$ 次，刚度 $K_Y=373$N/mm，接管为焊接，无保温层，接管材料为碳钢。

【例 17-7】 已知某管段两端为固定管架或设备，管道公称通径 DN1400mm，设计压力 $p=0.1$MPa，介质温度 $t=300$℃，轴向位移 $X=30$mm。

求：选型并计算推力。

解 选型号为 SDZ1-1400Ⅰ。

该型号轴向补偿能力 $X=40$mm，轴向刚度 $K_X=550$N/mm，有效面积 $A=17580\text{m}^2$，总长 $L=500$mm，总宽 $B=1750$mm，端管规格 $\phi1420\text{mm}\times12\text{mm}$，弹性反力：轴向 $FK_X=XK_X=30\times550=16500$（N）。

两端管道的盲端，拐弯处的固定支架或设备所承受的压力推力（工作时）为：

$$F_p=100pA=100\times0.1\times17580=175800\ (\text{N})$$

（四）鼓形补偿器

鼓形补偿器见图 17-42。一般用于户外管道。鼓形补偿器分一级、二级和三级 3 种，根据所需补偿量选用，图中 L 值：一级为 500mm；二级为 1000mm；三级为 1500mm。波纹补偿器波纹多用不锈钢制作，鼓形补偿器用 Q235 钢制作。

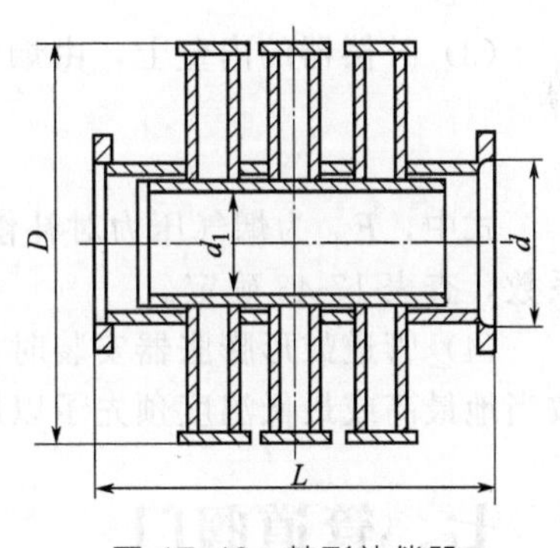

图 17-42　鼓形补偿器

鼓形补偿器的计算如下。

（1）补偿器的压缩或拉伸量

$$L=\Delta Ln \tag{17-47}$$

$$\Delta L=\frac{3\alpha}{4}\times\frac{\sigma_T d^2}{E\delta K} \tag{17-48}$$

式中，L 为补偿器压缩或拉伸量，mm；n 为补偿器的级数；ΔL 为一级最大压缩或拉伸量，mm；α 为系数，查表 17-43 确定；σ_T 为屈服极限，Pa，用 Q235 材料时 σ_T 为 21000MPa；d 为补偿器内径，cm；E 为弹性模量，用 Q235 材料时 E 为 21000MPa；δ 为补偿器的鼓壁厚度，cm；K 为安全系数，可采取 1.2。

表 17-43　α 及 ϕ 系数

管道外径(d)/mm	膨胀器外径(D)/mm	$B=\frac{d}{D}$	系数	
			α	ϕ
219	1200	0.0183	140	0.632
325	1300	0.25	61	4.65
426	1400	0.305	34.48	3.107
630	1600	0.394	14.918	1.797
820	1800	0.456	8.67	1.289
1020	2000	0.51	5054	0.892
1220	2200	0.555	3.387	0.786
1420	2400	0.592	2.775	0.655
1620	2600	0.623	2.17	0.563

续表

管道外径(d)/mm	膨胀器外径(D)/mm	$B=\frac{d}{D}$	系数	
			α	ϕ
1820	2800	0.65	1.65	0.491
2020	3000	0.673	1.3	0.437
2420	3400	0.711	0.9399	0.357
2520	3500	0.72	0.829	0.341

（2）当一级压缩或拉伸为 ΔL 时，补偿器最大的压缩或拉伸力（弹性力或延伸力）。

$$F_s=1.25\frac{\pi}{1-B}\times\frac{\sigma_T\delta^2}{K} \tag{17-49}$$

式中，F_s 为补偿器最大压缩或拉伸力，N；B 为系数，等于补偿器内径 d 与外径 D 之比 $B=\frac{d}{D}$；其他符号意义同前。

（3）补偿器的内壁上，由烟气工作压力引起的推力：

$$F_T=\phi\frac{pd^2}{K} \tag{17-50}$$

式中，F_T 为烟气压力对补偿器的推力，N；p 为管道内部烟气的计算压力，Pa；ϕ 为系数，查表 17-43 确定。

（4）管道鼓形膨胀器安装时，因受空气温度影响，已经延伸或收缩，为减少推力，规定按当地最高或最低温度预先予以压缩或延伸。

七、管道阀门

阀门是净化系统中用作启闭及调节风量的一种部件。

（一）阀门的设计安装

① 所有阀门的结构特性都应适应气流的性能，阀门两端应设有连接法兰，并由托架托起。

② 阀门均需明确标注其气流的流向及其启闭的位置，并确保内部阀板的启闭与外部的标记完全一致，严防安装错误。

③ 阀门应合适地安装在水平或垂直管道上。

④ 阀门的漏风率是指在正常满负荷时风量的百分数，一般不超过1%。

⑤ 阀门的所有转动部分必须封闭，每个阀门均应设有“防雨罩”，以防周围环境（灰尘、水、雾等）对阀门控制装置的影响。

⑥ 理想的流量控制阀应设置在袋式除尘器的下游，避免暴露在脏的环境中。

（二）阀门的类型

1. 插板阀

插板阀又称闸板阀，插板阀的形式及用途极多，一般有手动调节插板阀、密闭式斜插板阀、检修插板阀等。

（1）手动调节插板阀　手动调节插板阀（图 17-43）结构简单、滑动灵活、插抽省力、拆换方便，阀板有单板和双板两种。

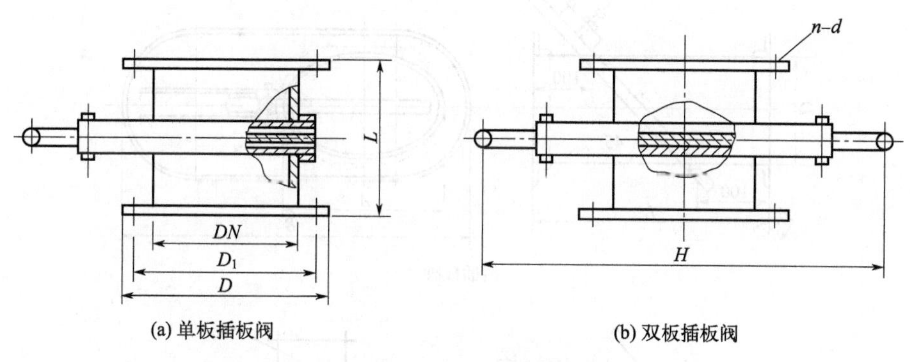

图 17-43　手动调节插板阀

手动调节插板阀的技术参数如下：

公称通径　　DN80～560mm

公称压力　　50kPa

介质流速　　＜23m/s

使用温度　　80～160℃

局部阻力系数　　$\xi=0.3\sim0.5$

手动调节插板阀的规格尺寸如表 17-44 所列。

表 17-44　手动调节插板阀的规格尺寸　　　单位：mm

DN	80	90	100	110	120	130	140	150	160	170	180	190	200	210	220	240
D	150	160	170	180	190	200	210	220	230	240	250	260	270	280	290	310
D_1	120	130	140	150	160	170	180	190	200	210	220	230	240	250	260	280
L	150															
H	240	255	270	285	300	315	330	345	360	375	390	405	420	435	450	465
n-d	4-ϕ10						6-ϕ10				8-ϕ10					
DN	250	260	280	300	320	340	360	380	400	420	450	480	500	530	560	
D	320	330	350	380	400	420	440	460	480	500	530	560	580	610	640	
D_1	290	300	320	345	365	385	405	425	445	465	495	525	545	575	605	
L	150															
H	480	495	510	525	540	1020	1045	1070	1110	1140	1210	1270	1310	1370	1400	
n-d	4-ϕ10					8-ϕ12			10-ϕ12			10-ϕ12				

（2）密闭式斜插板阀　密闭式斜插板阀（图 17-44）适用于密闭性要求较高的除尘和气力输送管道。

密闭式斜插板阀在水平管道上，插板应以 45°顺气流安装；在垂直管道上（气流向上）插板应以 45°逆气流安装。

密闭式斜插板阀的尺寸如表 17-45 所列。

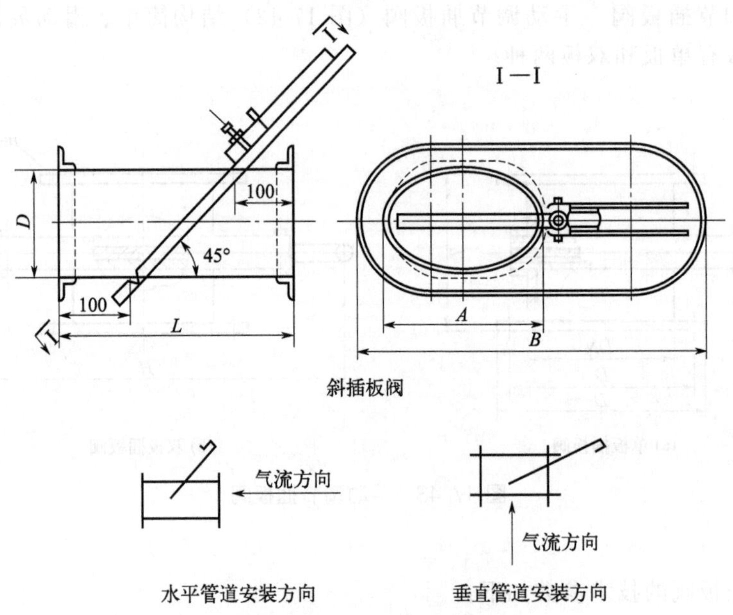

图 17-44 密闭式斜插板阀

表 17-45 密闭式斜插板阀尺寸

D/mm	100	125	150	175	200	225	250	275	300	320	340
A/mm	141	177	212	248	282	318	353	388	424	452	481
B/mm	332	404	474	546	624	696	766	836	908	964	1022
L/mm	300	325	350	375	400	425	450	475	500	520	540
重量/kg	3.5	4.6	5.8	7.1	9.2	10.9	12.7	14.5	16.5	18.1	19.9

(3) 检修插板阀　这种插板阀多装在回转下料器或翻板阀进料口的上方，处于常开状态，只有当下料阀检修时才将插板阀关闭，切断含尘气体，以便于检修。检修插板阀的使用方法如下。

① 除尘器正常运行时，检修插板阀两端用盲板封闭，使卸灰阀正常排灰，此时插板挂在插板阀边上。

② 除尘器卸灰阀需要检修时，打开一端盲板，将插板插入阀体内，使灰斗内的积尘不致排出，便于卸灰阀的检修。

(4) 大型闸板阀　这种闸板阀多为矩形，阀板垂直上下运动，即全开、全闭型，见图 17-45。用一般不锈钢制成的阀板，可耐 500～600℃ 的高温。如阀板采用高合金钢制造，耐温可达 900℃。为使阀板上下运动时不被卡住，装在阀上的电动执行机构传来的转矩径丝杠、锥齿轮传递到阀板左右两侧，以保证阀板同步运行。

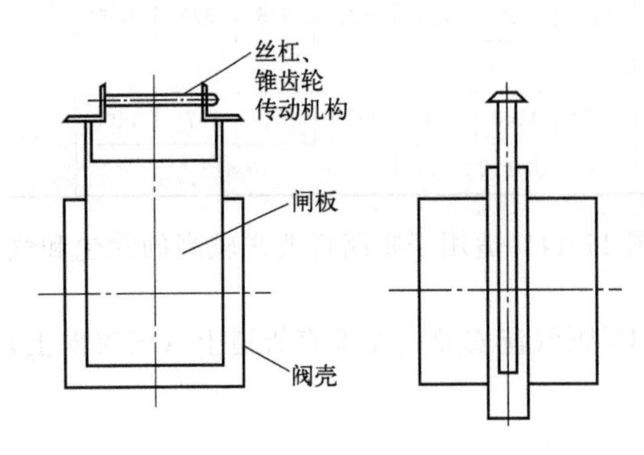

图 17-45 大型闸板阀

2. 蝶阀

蝶阀常用于圆形断面管道，有时也用于矩

形断面管道上。用于圆形管道调节流量的圆形蝶阀见图 17-46(a)。阀板关闭的状态见图 17-46(b)，阀板打开的状态见图 17-46(c)。一般大直径的蝶阀，阀板直径 D 都比阀门宽度 L 大得多，因此阀板打开时会伸出壳体外。所以在设计管道时，尽量不要把蝶阀直接与膨胀节等设备相连，以免伸出的阀板卡入其他相连的设备中，影响正常的工作。

圆形蝶阀阀板开度达 70%时，已经达到最大的流量，所以流量和开度的特性曲线是软曲线，见图 17-47。为使特性曲线更接近直线，可以把阀板制成椭圆形。大型蝶阀由于管道直径大、风速大，阀板前后流动气体的涡流也大，为保证阀板的刚度和强度，阀板本身应有足够的厚度，而且还要设置加强筋。

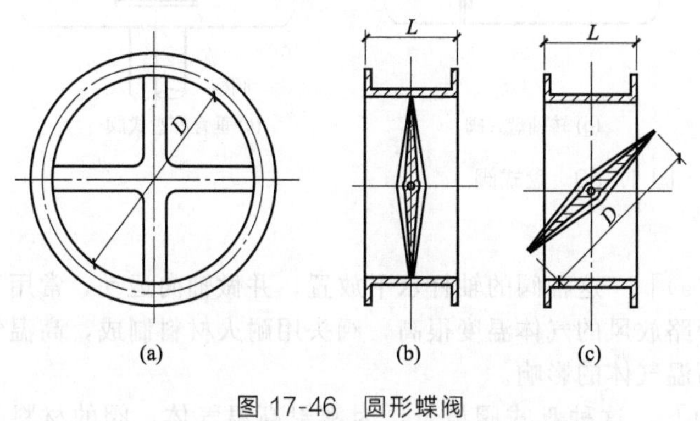

图 17-46　圆形蝶阀

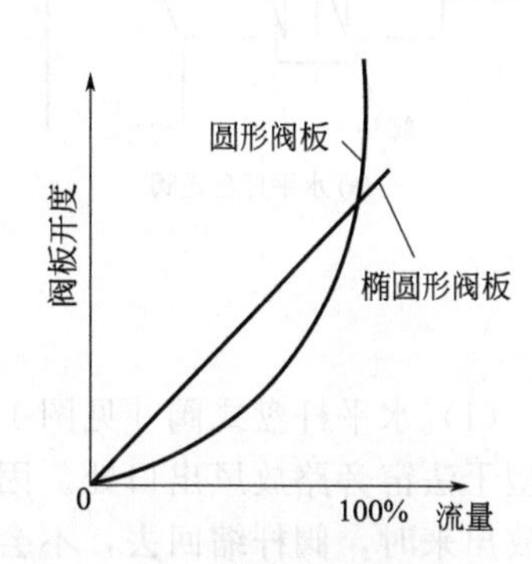

图 17-47　圆形蝶阀阀板开度与流量的关系曲线

3. 百叶阀门

百叶阀门由若干根带阀板的轴所组成，常用的百叶阀门有圆形和矩形两种，根据阀板开启的回转方向，又分为对开式和平行式两种，圆形百叶阀门见图 17-48(a)。对开式[图 17-48(b)] 的相邻两阀板回转时方向相反，流量调节基本与开度大小成正比，但结构比较复杂。平行式 [图 17-48(c)] 的结构简单、容易制造、价格便宜，但流量与开度不成正比。平行式百叶阀比对开式关得严密，但均不如蝶阀关得严。

大型风机入口处多装有平行式百叶阀门，安装时应注意阀板启闭方向，见图 17-49。为的是要使气流顺风机叶片回转方向进入，使阀板起导流片的作用，可减小阻力，这样风机能充分起到增压作用。

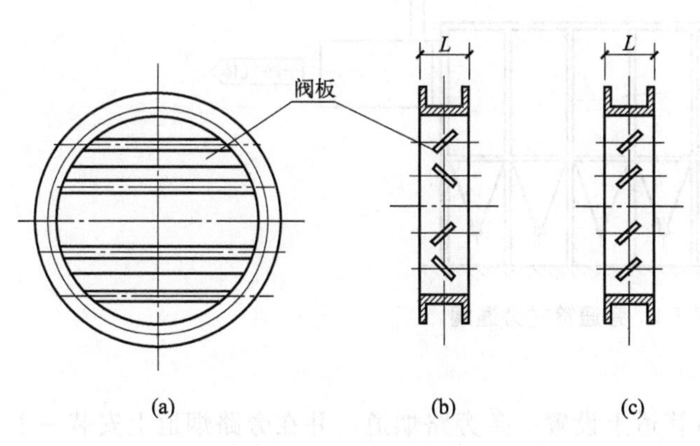

图 17-48　圆形百叶阀门

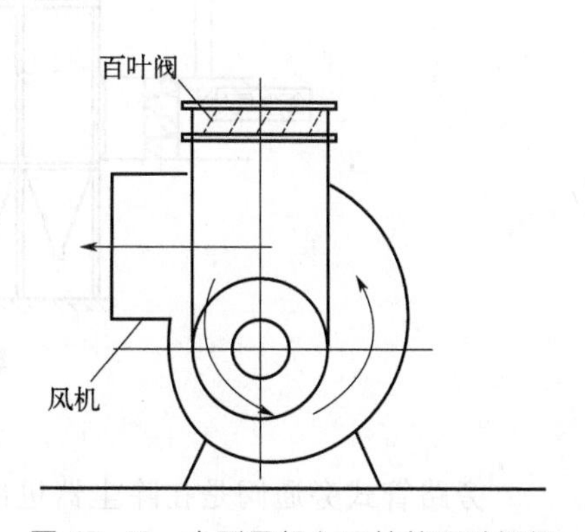

图 17-49　大型风机入口处的百叶阀门

与蝶阀规格相同的百叶阀，所需电动执行机构的转矩小得多，因此动作更灵活、可靠。

4. 盘式阀

盘式阀有 3 种类型，见图 17-50。

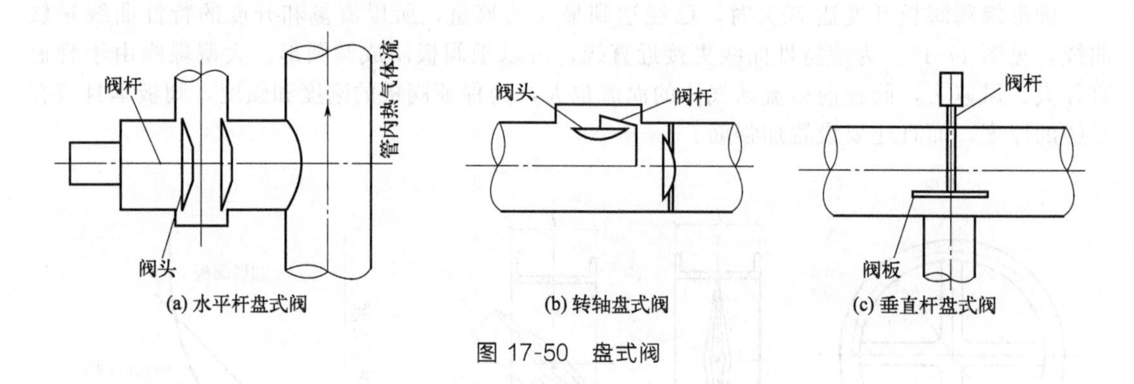

图 17-50　盘式阀

(1) 水平杆盘式阀［见图 17-50(a)］　这种阀的轴杆水平放置，并做轴向运动，常用于新型干法窑旁路放风出口处。因为旁路放风的气体温度很高，阀头用耐火材料制成，高温气体放出来时，阀杆缩回去，不会受高温气体的影响。

(2) 转轴盘式阀［见图 17-50(b)］　这种盘式阀最贵，为密封高温气体，阀的材料采用合金钢，为使密封效果好，阀的内框要精加工，阀头加工成圆锥形，即使磨损后也能关严，所以维修工作量小，但全开时，内框阻力比蝶阀大。

(3) 垂直杆盘式阀［见图 17-50(c)］　这种盘式阀也称提升阀，常用于袋式除尘器离线清灰时切断过滤气体。其优点是结构简单，能快速全开、全闭。由于阀板采用薄钢板或铝板制成，比较柔软，有一定弹性，阀板杆由气缸产生的轴向力，可使阀板变形而压紧，所以密封性较好，而且价格比蝶阀便宜。

5. 旁通阀

旁路管式旁通阀（图 17-51）是最早、最通用的一种旁通阀。

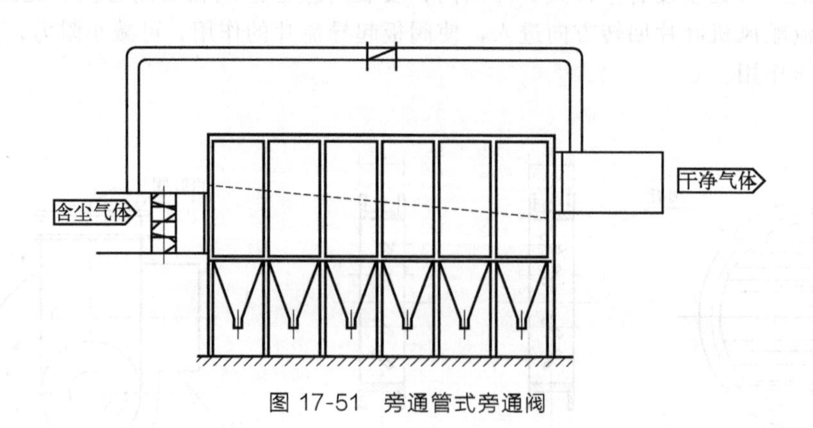

图 17-51　旁通管式旁通阀

旁路管式旁通阀是在除尘器进出口管道上设置一条旁路烟道，并在旁路烟道上安装一个旁通阀。

当除尘系统正常运行时，含尘气流的进口阀开启，旁通阀关闭。当系统烟气需要旁通时，含尘气流的进口阀关闭，开启旁通阀，使含尘气流通过旁路烟道不流入袋式除尘器直接排出。

6. 泄爆阀

泄爆阀的类型有防爆片（膜）和弹压式、弹簧式、重锤式防爆阀等。

泄爆阀选用注意事项如下：

① 泄爆口的位置应尽量设置在：a. 靠近可能产生引爆源的地方；b. 设置在围包体顶部或上部；c. 不得泄向易燃易爆危险场所，以免点燃其他可燃物；d. 不得泄向公共场所，以免泄爆伤害；e. 为防止防爆片破裂后大量气体冲入车间，可将防爆片接排气管直通室外。

② 泄爆阀的活动部分的总质量（包括隔热材料和固定用的元件）应尽可能轻，启动惯性力小，一般不超过 $10kgf/m^2$，但应考虑泄爆阀避免受到室外风力影响而被吸开。

③ 泄爆阀的开启时间尽可能短，而且不应使泄爆口被堵塞。

④ 泄爆阀的阀板必须设计和安装成可以自由转动，不受其他障碍物的影响。

⑤ 当爆破片为侧面泄压时，尽可能不采用易碎材料（如水泥板或玻璃），避免爆炸装置碎片对人员和设备造成危害，否则应设置阻挡装置，以减小伤害力。

⑥ 泄爆口必须设置栏杆，以免落入。

⑦ 泄爆阀应避免冰雪、杂物等因素的覆盖，以免增大阀的实际开启压力值。

⑧ 泄爆阀的泄爆盖应避免受大风的影响而被吸开。

7. 微细管道阀门

压缩空气等供用的微细管道阀门及对应用途见表 17-46。

表 17-46　微细管道阀门及对应用途

分类	主要用途
截止阀	一般用于切断流动介质，全开、全闭的操作场合，不允许介质双向流动。密封性能较好
蝶阀	用于各种介质管道及设备上作全开、全闭用，也可作节流用
止回阀	自动防止管道和设备中的介质倒流。分为升降式止回阀、旋启式止回阀及底阀
球阀	一般用于切断流动介质，并且要求启闭迅速的场合
减压阀	可自动将设备和管路内的介质压力降低至所需压力的装置
安全阀	安装在受压设备、容器和管路上，做超压保护装置，可以自动排泄压力
气源三联件	分别由减压阀、过滤器、油雾器组成，一般安装于气动执行机构管路前

（三）管道阀门的选用

（1）管道阀门的形式和功能　应根据气体条件和工艺要求选定。

（2）管道阀门的技术参数　应包括公称通径、公称压力、开闭时间、阻力系数、控制参数等，同时应考虑耐温性、严密性、调节性等性能。

(3) 阀门选型时应符合的技术要求

① 可靠性：要求阀门开启、关闭灵活，开关到位，不得出现卡死和失灵现象；

② 刚性：应具有很好的强度和刚度，阀体不变形；

③ 严密性：阀门关闭时，其严密性应符合设计要求；

④ 耐磨性：阀门阀体结构、材料应满足耐磨性要求；

⑤ 耐腐蚀性：阀门阀体材料和表面防腐应满足耐腐蚀性要求；

⑥ 耐温性：阀门的材质和结构应满足耐温性要求；

⑦ 开闭时间：阀门的开闭时间应满足生产和除尘工艺要求；

⑧ 安全性：对于电动、气动阀门的执行器，应具有手动开闭的功能，对于大口径的阀门，其传动机构上应设机械锁；

⑨ 固定方式：对于大口径阀门，应设有固定方式和支座，阀门的重量应由支座承担；

⑩ 流向：阀门应有明显的流动方向标识；

⑪ 执行器的方位：选型时应明确传动方式和执行器的方位。

(4) 大口径阀门的轴布置 大口径阀门的轴应水平布置。当必须垂直布置时，阀板轴应采用推力轴承结构。“常闭”的阀门宜设置在垂直管道上，以防止管道积灰。阀门结构形式选择时应考虑气体偏流导致粉尘对阀体造成的磨损。

第四节 通风机和电动机

通风机是除尘系统重要设备。通风机的作用在于把含尘气体输送到除尘器并把经过净化后的气体排至大气中。通风机包括主机、电机以及配套的执行机构、调速装置、冷却装置、润滑装置、振动装置等。通风机的良好运行不仅提高除尘系统作业率，而且可以节约能耗，降低运行成本。

一、通风机的分类和工作原理

(一) 通风机分类

因通风机的作用、原理、压力、制作材料及应用范围不同，所以通风机有许多分类方法。按其在管网中所起的作用，起吸风作用的称为引风机，起吹风作用的称为鼓风机。按其工作原理，分为离心式通风机、轴流式通风机和混流式通风机。在除尘工程中主要应用离心式通风机。按风机压力大小，通风机分为低压通风机（$p<1000$Pa）、中压通风机（p 为 1000～3000Pa）和高压通风机（$p>3000$Pa）3 种；环境工程中应用最多的是后两种。按其制作材料，分为钢制通风机、塑料通风机、玻璃钢通风机和不锈钢通风机等。按其应用范围，分为排尘通风机、排毒通风机、锅炉通风机、排气扇及一般通风机等。

(二) 通风机工作原理

通风机是将旋转的机械能转换成流动空气的动能而使空气连续流动的动力驱动机械，能量转换是通过改变流体动量实现的。

空气在离心式通风机内的流动情况如图 17-52 所示。叶轮安装在蜗壳内。当叶轮旋转时，气体经过进气口轴向吸入，然后气体约折转 90°流经叶轮叶片构成的流道间。当气体通过旋转叶轮的叶道间时，由于叶片的作用获得能量，即气体压力提高、动能增加。而蜗壳将叶轮甩出的气体集中、导流，从通风机出气口经出口扩压器排出。当气体获得的能量足以克服其阻力时则可将气体输送到高处或远处。

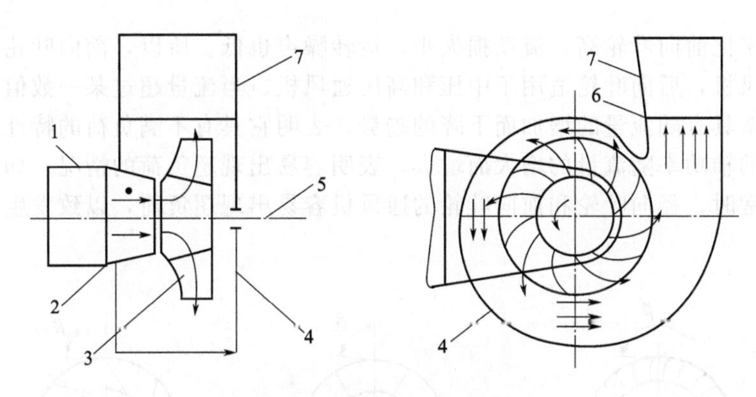

图 17-52　离心式通风机简图

1—进气室；2—进气口；3—叶轮；4—蜗壳；5—主轴；6—出气口；7—出口扩压器

（三）通风机结构

离心式通风机一般由集流器、叶轮、机壳、传动装置和电机等组成。

1. 集流器

集流器是通风机的进气口，它的作用是在流动损失较小的情况下，将气体均匀地导入叶轮。图 17-53 示出了目前常用的 4 种类型的集流器。

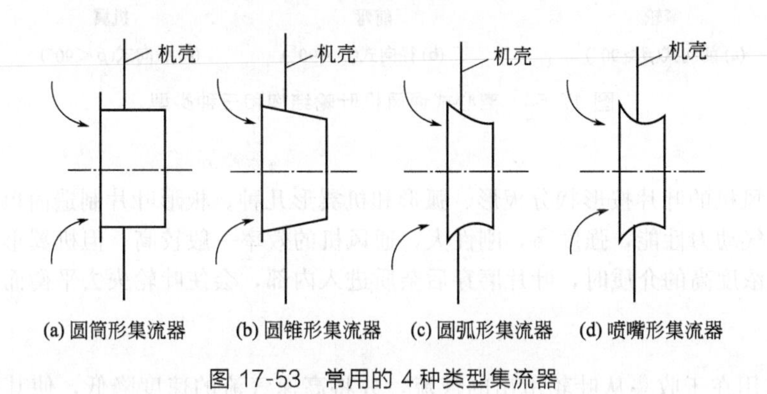

图 17-53　常用的 4 种类型集流器

圆筒形集流器本身流体阻力较大，且引导气流进入叶轮的流动状况不好。其优点是加工简便。圆锥形集流器的流动状况略比圆筒形好些，但仍不佳。圆弧形集流器的流动状况较前两种形式好些，实际使用也较为广泛。喷嘴形集流器流动损失小，引导气流进入叶轮的流动状况也较好，广泛应用在高效通风机上；但其加工比较复杂，制造要求高。

2. 叶轮

叶轮是通风机的主要部件，通风机的叶轮由前盘、后盘、叶片和轮毂组成，一般采用焊接和铆接加工。它的尺寸和几何形状对通风机的性能有着重大的影响。

叶片是叶轮最主要的部分，它的出口角、形状和数目等对通风机的工作有很大的影响。

离心式通风机的叶轮，根据叶片出口角的不同可分前向、径向和后向三种，如图 17-54 所示。在叶轮圆周速度相同的情况下，叶片出口角 β 越大，则产生的压力越低。而一般后向叶轮的流动效率比前向叶轮高，流动损失小，运转噪声也低。所以，前向叶轮常用于风量大而风压低的通风机，后向叶轮适用于中压和高压通风机。当流量超过某一数值后，后向叶轮通风机的轴功率具有随流量的增加而下降的趋势，表明它具有不满负荷的特性；而径向和前向叶轮通风机的轴功率随流量的增大而增大，表明容易出现超负荷的情况。如果在除尘系统工作情况不正常时，径向叶轮和前向叶轮的通风机容易出现超负荷，以致发生烧坏电动机的事故。

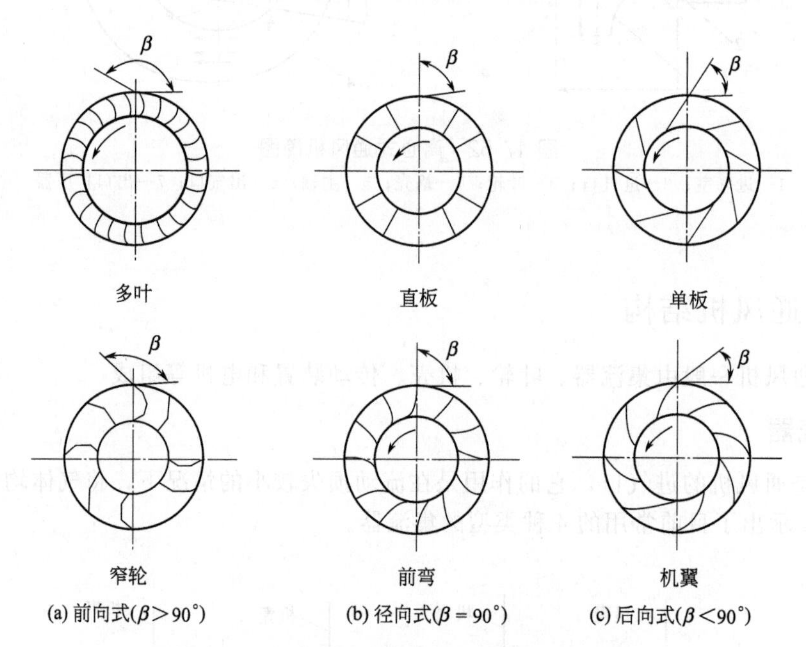

图 17-54　离心式通风机叶轮结构和三种类型

离心式通风机的叶片按形状分板形、弧形和机翼形几种。板形叶片制造简单。机翼形叶片具有良好的空气动力性能，强度高，刚性大，通风机的效率一般较高。但机翼形叶片的缺点是输送含尘气流浓度高的介质时，叶片磨穿后杂质进入内部，会使叶轮失去平衡而产生振动。

3. 机壳

机壳的作用在于收集从叶轮甩出的气流，并将高速气流的速度降低，使其静压增加，以此来克服外界的阻力将气流送出。图 17-55 为机壳及出口扩压器的外形。

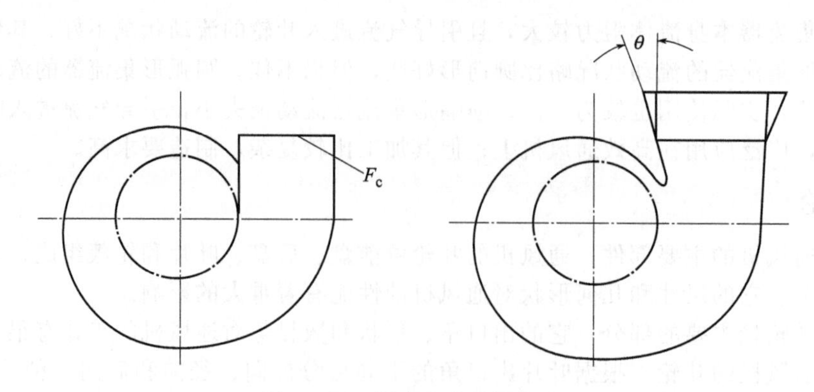

图 17-55　机壳及出口扩压器

离心式通风机的螺旋形机壳，其正确形状是对数螺线。但由于对数螺线作图较繁，在实际作图时常以阿基米德螺线来代替对数螺线。机壳断面沿叶轮转动方向呈渐扩形，在气流出口处断面为最大。随着蜗壳出口面积的增加，通风机的静压有所增加。

如果 F_c 截面上速度仍很大，为了对这部分能量有效地予以利用，可以在蜗壳出口后增加扩压器。经验表明，扩压器应向着蜗舌方向扩散（图 17-55）。出口扩压器的扩散角 $\theta=6^\circ\sim8^\circ$为佳，有时为减小其长度，也可取 $\theta=10^\circ\sim12^\circ$。

4. 通风机基本型式

（1）通风机按气流运动方向分类　可分为离心式和轴流式通风机。

（2）离心通风机按进气方式　可分为单吸入和双吸入两种。

（3）通风机按旋转方向　可分为顺时针旋转和逆时针旋转。

（4）通风机按传动型式　可分为电动机直联、皮带轮、联轴器等型式。

① 离心通风机各传动型式。离心通风机传动型式、代表符号与结构说明见表 17-47 和图 17-56。

表 17-47　离心通风机传动型式、代表符号与结构说明

传动型式	符号	结构说明
电动机直联	A	通风机叶轮直接装在电动机轴上
皮带轮	B	叶轮悬臂安装，皮带轮在两轴承中间
	C	皮带轮悬臂安装在轴的一端，叶轮悬臂安装在轴的另一端
	E	皮带轮悬臂安装，叶轮安装在两轴承之间（包括双进气和两轴承支撑在机壳或进风口上）的结构型式
联轴器	D	叶轮悬臂安装
	F	叶轮安装在两轴承之间

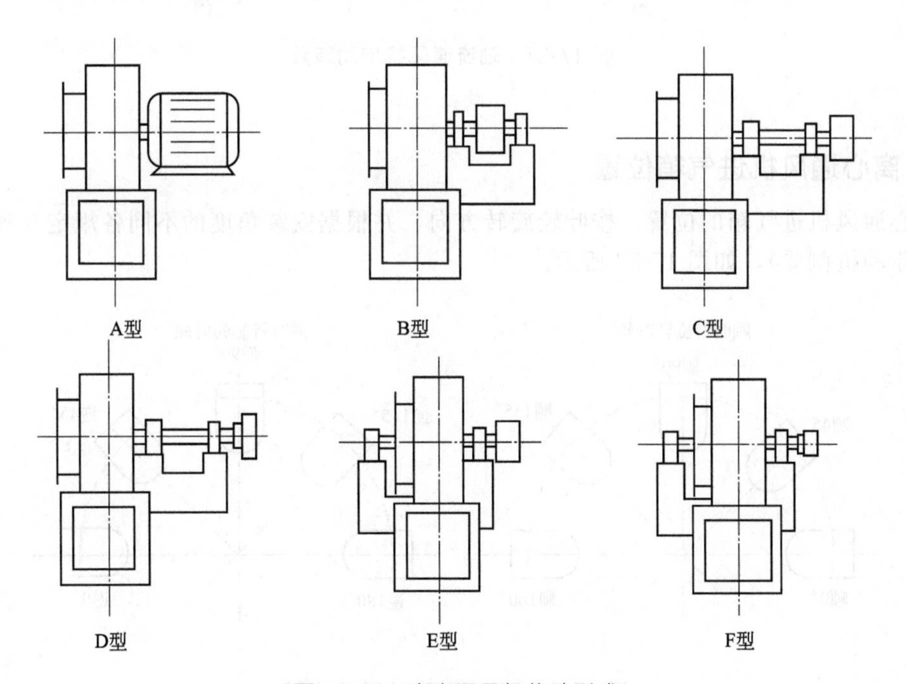

图 17-56　离心通风机传动型式

② 轴流通风机传动型式。轴流通风机与传动装置的连接及结构型式如图 17-57 所示。

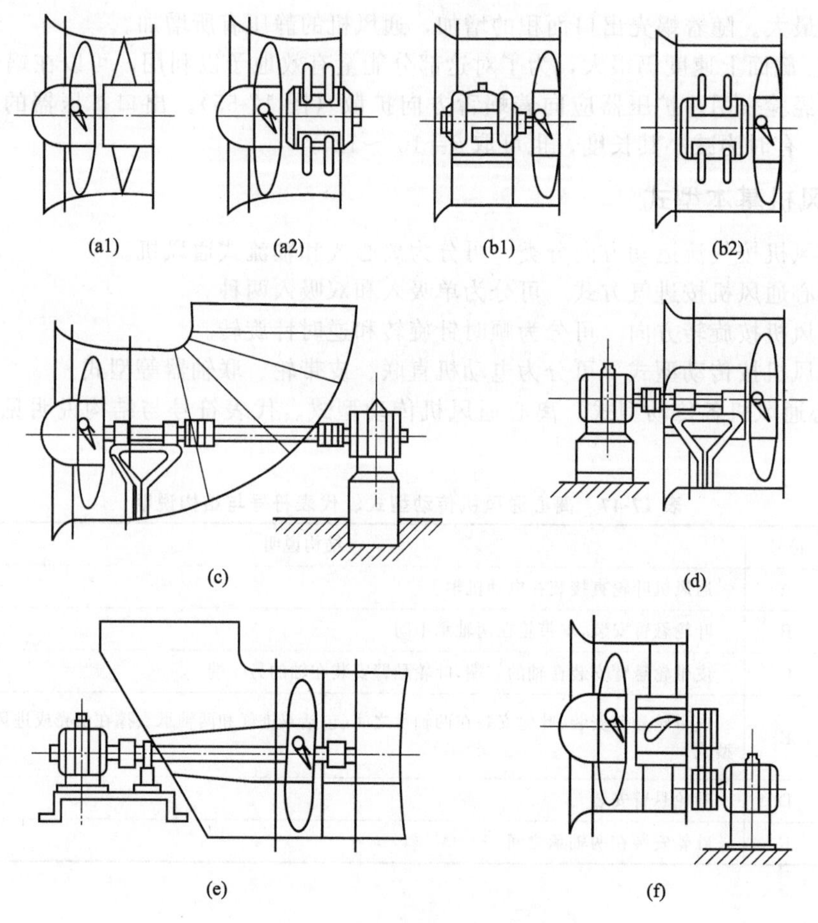

图 17-57　轴流通风机传动装置

5. 离心通风机进气箱位置

离心通风机进气箱的位置，按叶轮旋转方向，并根据安装角度的不同各规定 5 种基本位置（从原动机侧看），如图 17-58 所示。

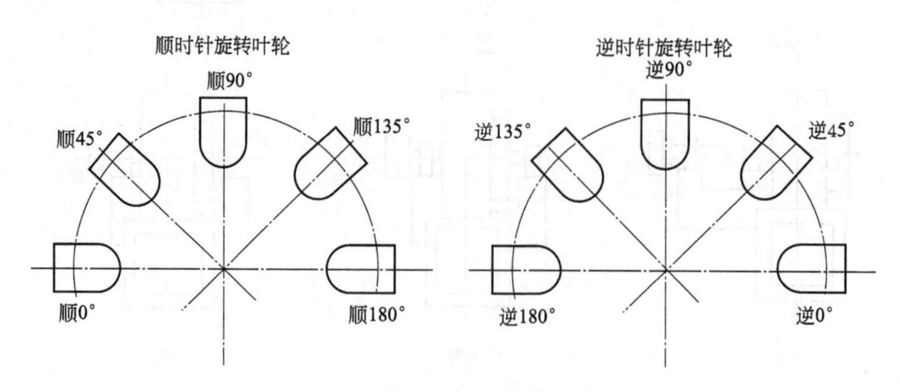

图 17-58　离心通风机进气箱位置

6. 离心通风机出气口位置

离心通风机出气口的安装位置，按叶轮旋转方向，并根据安装角度的不同各规定 8 种基本位置（从原动机侧看），如图 17-59 所示。当不能满足使用要求时，则允许采用表 17-48 所列的补充角度。

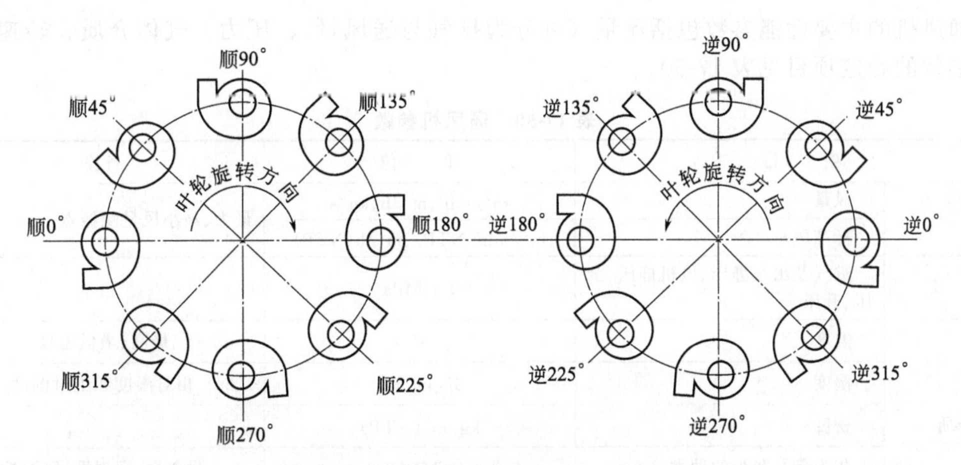

图 17-59　离心通风机出气口位置

表 17-48　通风机出气口位置补充角度

补充角度/(°)	15	30	60	75	105	120	150	165	195	210

7. 轴流通风机出气口位置

轴流通风机的风口位置，用气流入出的角度表示，如图 17-60 所示。基本风口位置有 4 个，特殊用途可增加，见表 17-49。轴流通风机气流风向一般以“入”表示正对风口气流的入方向，以“出”表示对风口气流的流出方向。

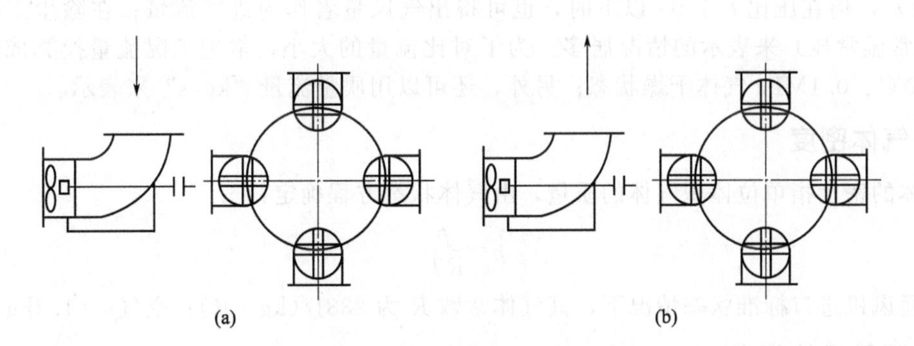

图 17-60　轴流通风机出气口位置

表 17-49　轴流通风机风口位置

基本出风口位置/(°)	0	90	180	270
补充出风口位置/(°)	45	135	225	315

二、通风机主要性能与选用

（一）主要性能参数

通风机的主要性能参数包括流量（可分为排气与送风量）、压力、气体介质、转速、功率。参数的确定项目见表 17-50。

表 17-50 通风机参数

<table>
<tr><th colspan="2">项 目</th><th>单 位</th><th colspan="2">备注</th></tr>
<tr><td rowspan="2">流量</td><td>风量</td><td>m^3/min、m^3/h、kg/s</td><td colspan="2" rowspan="2">最大、最小风量喘振点</td></tr>
<tr><td>标准风量</td><td>m^3/min(NTP)、m^3/h(NTP)</td></tr>
<tr><td>压力</td><td>进气及出气静压、风机静压、全压、升压</td><td>Pa、MPa</td><td colspan="2"></td></tr>
<tr><td rowspan="5">气体介质</td><td>温度</td><td>℃</td><td colspan="2">最高、最低温度</td></tr>
<tr><td>湿度</td><td>%、kg/m^3</td><td colspan="2">相对湿度和绝对湿度</td></tr>
<tr><td>密度</td><td>kg/m^3(NTP)</td><td colspan="2"></td></tr>
<tr><td>灰尘量及灰尘的种类</td><td>g/m^3、g/m^3(NTP)、g/min</td><td colspan="2">附着性、磨损性、腐蚀性</td></tr>
<tr><td>气体的种类</td><td></td><td colspan="2">腐蚀性、有毒性、易爆性</td></tr>
<tr><td colspan="2">转速</td><td>r/min</td><td colspan="2">滑动定速、变速(转速范围)</td></tr>
<tr><td rowspan="3">功率</td><td>有效功率</td><td rowspan="3">kW</td><td rowspan="3">驱动方法</td><td>带动</td></tr>
<tr><td>内部功率</td><td>直联</td></tr>
<tr><td>轴功率</td><td>液力联轴器</td></tr>
</table>

注：NTP 表示标准工况。

1. 流量

所说的风机流量是用出气流量换算成其进气状态的结果来表示的，通常以 m^3/min、m^3/h 表示，但在压比为 1.03 以下时，也可将出气风量看作为进气流量；在除尘工程中以 m^3/h（常温常压）来表示的情况居多。为了对比流量的大小，常把工况流量换算成标准状态，即 0℃、0.1MPa 气体干燥状态；另外，还可以用质量流量“kg/s”来表示。

2. 气体密度

气体的密度指单位体积气体的质量，由气体状态方程确定：

$$\rho=\frac{p}{RT} \tag{17-51}$$

在通风机进口标准状态情况下，其气体常数 R 为 288J/(kg·K)；空气$\rho=1.2kg/m^3$。

3. 通风机的压力

（1）通风机的全压 p_{tF} 气体在某一点或某截面上的总压等于该点或截面上的静压与动压之代数和，而通风机的全压则定义为通风机出口截面上的总压与进口截面上的总压之差，即

$$p_{tF}=\left(p_{sF_2}+\rho_2\frac{v_2^2}{2}\right)-\left(p_{sF_1}+\rho_1\frac{v_1^2}{2}\right) \tag{17-52}$$

式中，p_{sF_2}、ρ_2、v_2 分别为通风机出口截面上的静压、密度和速度；p_{sF_1}、ρ_1、v_1 分

别为通风机进口截面上的静压、密度和速度。

(2) 通风机的动压 p_{dF}　通风机的动压定义为通风机出口截面上气体的动能所表征的压力，即

$$p_{dF}=\rho_2\frac{v_2^2}{2} \tag{17-53}$$

(3) 通风机的静压 p_{sF}　通风机的静压定义为通风机的全压减去通风机的动压，即

$$p_{sF}=p_{tF}-p_{dF} \tag{17-54}$$

或

$$p_{sF}=(p_{sF_2}-p_{sF_1})-\rho_1\frac{v_1^2}{2} \tag{17-55}$$

从上式看出，通风机的静压既不是通风机出口截面上的静压 p_{sF_2}，也不等于通风机出口截面与进口截面上的静压差（$p_{sF_2}-p_{sF_1}$）。

4. 通风机的转速

通风机的转速是指叶轮每分钟的旋转圈数，单位为 r/min，常用 n 表示。

5. 通风机的功率

(1) 通风机的有效功率　通风机所输送的气体，在单位时间内从通风机中所获得的有效能量，称为通风机的有效功率。当通风机的压力用全压表示时，称为通风机的全压有效功率 P_e(kW)，则

$$P_e=\frac{p_{tF}q_v}{1000} \tag{17-56}$$

式中，q_v 为风机额定风量，m^3/s；p_{tF} 为风机全压，Pa。

当用通风机静压表示时，称为通风机的静压有效功率 P_{esF}(kW)，

则

$$P_{esF}=\frac{p_{sF}q_v}{1000} \tag{17-57}$$

式中，p_{sF} 为风机的静压，Pa；其他符号意义同前。

(2) 通风机的内部功率　通风机的内部功率 P_{in}(kW)，等于有效功率 P_e 加上通风机的内部流动损失功率 ΔP_{in}

即

$$P_{in}=P_e+\Delta P_{in} \tag{17-58}$$

(3) 通风机的轴功率　通风机的轴功率 P_{sh}(kW)，等于通风机的内部功率 P_{in} 加上轴承和传动装置的机械损失功率 ΔP_{me}(kW)，即

$$P_{sh}=P_{in}+\Delta P_{me} \tag{17-59}$$

或

$$P_{sh}=P_e+\Delta P_{in}+\Delta P_{me} \tag{17-60}$$

通风机的轴承功率又称通风机的输入功率，实际上它也是原动机（如电动机）的输出功率。

6. 通风机的效率

(1) 通风机的全压内效率 η_{in}　通风机的全压内效率 η_{in} 等于通风机全压有效功率 P_e 与内部功率 P_{in} 的比值，即

$$\eta_{in}=\frac{P_e}{P_{in}}=\frac{p_{tF}q_v}{1000P_{in}} \tag{17-61}$$

（2）通风机静压内效率$\eta_{sF,in}$　通风机静压内效率$\eta_{sF,in}$等于通风机静压有效功率P_{esF}与通风机内部功率P_{in}之比，即

$$\eta_{sF,in}=\frac{P_{esF}}{P_{in}}=\frac{p_{sF}q_v}{1000P_{in}} \tag{17-62}$$

通风机的全压内效率或静压内效率均表征通风机内部气体流动过程的好坏，是通风机气动设计的主要标准。

（3）通风机全压效率η_{tF}　通风机全压效率η_{tF}等于通风机全压有效功率P_e与轴承功率P_{sh}之比，即

$$\eta_{tF}=\frac{P_e}{P_{sh}}=\frac{p_{tF}q_v}{1000P_{sh}} \tag{17-63}$$

或

$$\eta_{tF}=\eta_{in}\eta_{me} \tag{17-64}$$

其中，η_{me}称为机械效率，且

$$\eta_{me}=\frac{P_{in}}{P_{sh}}=\frac{p_{tF}q_v}{1000\eta_{in}P_{sh}} \tag{17-65}$$

机械效率是表征通风机轴承损失和传动损失的大小，是通风机机械传动系统设计的主要指标，根据通风机的传动方式，表17-51列出了机械效率选用值，供设计时参考。当风机转速不变而运行于低负荷工况时，因机械损失不变，故机械效率还将降低。

表17-51　传动方式与机械效率

传动方式	机械效率(η_{me})	传动方式	机械效率(η_{me})
电动机直联	1.0	减速器传动	0.95
联轴器直联传动	0.98	V带传动	0.92

（4）通风机的静压效率η_{sF}　通风机的静压效率η_{sF}等于通风机静压有效功率P_{esF}与轴功率P_{sh}之比，即

$$\eta_{sF}=\frac{P_{esF}}{P_{sh}}=\frac{p_{sF}q_v}{1000P_{sh}} \tag{17-66}$$

或

$$\eta_{sF}=\eta_{sF,tn}\eta_{me} \tag{17-67}$$

7. 电动机功率的选用

电动机的功率P按下式选用

$$P\geqslant KP_{sh}=K\frac{p_{tF}q_v}{1000\eta_{tF}} \tag{17-68}$$

$$P\geqslant KP_{sh}=K\frac{p_{sF}q_v}{1000\eta_{sF}} \tag{17-69}$$

式中，K为功率储备系数，按表17-52选择。

表17-52　功率储备系数 K

电动机功率/kW	离心式风机			轴流式风机
	一般用途	粉尘	高温	
<0.5	1.5	1.2	1.3	1.05～1.10
0.5～1.0	1.4			
1.0～2.0	1.3			

续表

电动机功率/kW	离心式风机			轴流式风机
	一般用途	粉尘	高温	
2.0～5.0	1.2	1.2	1.3	1.05～1.10
＞5.0	1.15			

（二）通风机特性曲线

1. 特性曲线

在净化系统中工作的通风机，仅用性能参数表达是不够的，因为风机系统中的压力损失小时，要求的通风机的风压就小，输送的气体量就大；反之，系统的压力损失大时，要求的风压就大，输送的气体量就小。为了全面评定通风机的性能，就必须了解在各种工况下通风机的全压和风量，以及功率、转速、效率与风量的关系，这些关系就形成了通风机的特性曲线。每种通风机的特性曲线都是不同的，图 17-61 为 4-72-11№5 通风机的特性曲线。由图可知通风机特性曲线通常包括（转速一定）全压随风量的变化、静压随风量的变化、功率随风量的变化、全效率随风量的变化、静效率随风量的变化。因此，一定的风量对应于一定的全压、静压、功率和效率，对于一定的风机类型将有一个经济合理的风量范围。

由于同类型通风机具有几何相似、运动相似和动力相似的特性，因此用通风机各参数的无量纲量来表示（其特性是比较方便）并用来推算该类风机任意型号的风机性能。

图 17-62 为风机的无量纲特性曲线。

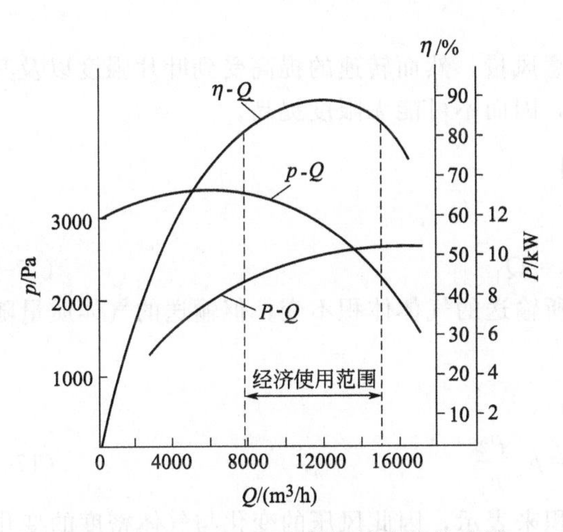

图 17-61 4-72-11№5 通风机的特性曲线

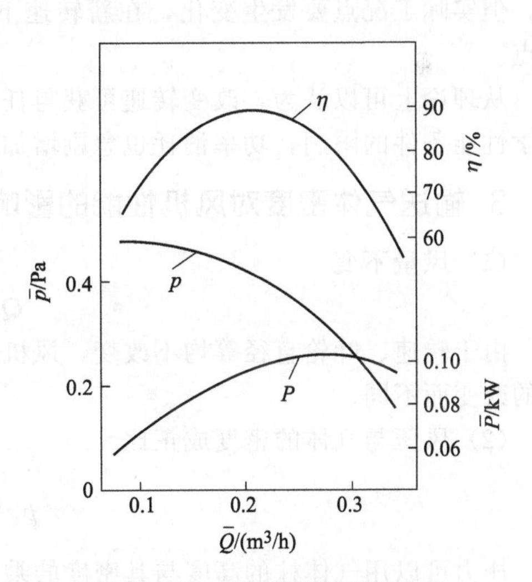

图 17-62 风机无量纲特性曲线

通风机特性曲线是在一定的条件下提出的，当风机转速、叶轮直径和输送气体的密度改变时对风压、功率及风量都会有影响。

2. 风机叶轮转速对性能的影响

① 压力（全压或静压）的改变与转速改变的平方成正比：

$$\frac{p_2}{p_1}=\frac{p_{j2}}{p_{j1}}=\left(\frac{n_2}{n_1}\right)^2 \tag{17-70}$$

式中，p 为风机全压，Pa；n 为风机转速，r/min；p_j 为风机静压，Pa。

在离心力作用下，静压是圆周速度的平方的函数，同时动压也是速度平方的函数，因此全压也随速度的平方而变化。

② 当压力与风量 Q 的变化满足 $p=KQ^2$（K 为常数）的关系时，风量的改变与转速的改变成正比：

$$\frac{p_2}{p_1}=\left(\frac{Q_2}{Q_1}\right)^2=\left(\frac{n_2}{n_1}\right)^2, \text{即} \frac{Q_2}{Q_1}=\frac{n_2}{n_1} \tag{17-71}$$

③ 功率 P 的改变（轴承、传动皮带上的功率损失忽略不计）与转速改变的立方成正比：

$$\frac{P_2}{P_1}=\left(\frac{n_2}{n_1}\right)^3 \tag{17-72}$$

功率是风量与风压的乘积，风量与转速成正比，风压与转速平方成正比，故功率与转速的立方成正比。

④ 风机的效率不改变，或改变得很小：

$$\eta_1=\eta_2 \tag{17-73}$$

因为叶轮转速改变使风量、风压均改变，同时轴功率也成比例改变，因而其比值不变。

由此可以看出，通风机转速改变时，特性曲线也随之改变。因此，在特性曲线图上，需要做出不同转速的特性曲线以备选用。需要指出的是，风机转速的改变并不影响管网特性曲线，但实际工况点要发生变化，在新转速下的特性曲线与管网特性曲线的交点即为新的工况点。

从理论上可以认为，改变转速可获得任意风量，然而转速的提高受到叶片强度以及其他力学性能条件的限制，功率消耗也急剧增加，因而不可能无限度提高。

3. 输送气体密度对风机性能的影响

（1）风量不变

$$Q_2=Q_1 \tag{17-74}$$

由于转速、叶轮直径等均不改变，风机所输送的气体体积不变，但输送的气体质量随密度的改变而不同。

（2）风压与气体的密度成正比

$$p_2=p_1\frac{\rho_2}{\rho_1} \tag{17-75}$$

压力可以用气体柱的高度与其密度的乘积来表示，因此风压的变化与气体密度的变化成正比。

（3）功率与气体的密度成正比

$$P_2=P_1\frac{\rho_2}{\rho_1} \tag{17-76}$$

由于风量不随气体密度而变化，故功率与风压成正比，而后者与气体密度成正比。

（4）效率不变

$$\eta_2=\eta_1 \tag{17-77}$$

现将以上各类关系式以及当转速、叶轮直径、气体密度均改变时的关系式列于表 17-53 中，这些关系式对于风机的选择及运行都非常重要。

表 17-53　风机 Q、p、P 及 η 与 ρ、n 的关系

项　目	计算公式	项　目	计算公式
空气密度 ρ 的换算	$Q_2=Q_1$ $p_2=p_1\dfrac{\rho_2}{\rho_1}$ $P_2=P_1\dfrac{\rho_2}{\rho_1}$ $\eta_2=\eta_1$	对转速 n 的换算	$Q_2=Q_1\dfrac{n_2}{n_1}$ $p_2=p_1\left(\dfrac{n_2}{n_1}\right)^2$ $P_2=P_1\left(\dfrac{n_2}{n_1}\right)^3$ $\eta_2=\eta_1$

【例 17-8】　通风机在一般的除尘系统中工作，当转速为 $n_1=720\text{r/min}$ 时，风量为 $Q_1=4800\text{m}^3/\text{h}$，消耗功率 $P_1=3\text{kW}$。当转速改变为 $n_2=950\text{r/min}$ 时风量及功率为多少？

解　查表 17-53 可知

$$\frac{Q_2}{Q_1}=\frac{n_2}{n_1}$$

$$Q_2=4800\times\frac{950}{720}\approx6300(\text{m}^3/\text{h})$$

$$\frac{P_2}{P_1}=\left(\frac{n_2}{n_1}\right)^3$$

$$P_2=3\times\left(\frac{950}{720}\right)^3=7(\text{kW})$$

【例 17-9】　除尘系统中输送的气体温度从 100℃降为 20℃，通风机风压为 600Pa，如果流量不变，通风机压力如何变化？

解　查资料可知气体温度降低后密度由 0.916kg/m^3 升为 1.164kg/m^3。

查表 17-53 可知

$$p_2=p_1\frac{\rho_2}{\rho_1}$$

$$p_2=600\times\frac{1.164}{0.916}=762(\text{Pa})$$

（三）通风机的选型要点

1. 选型原则

① 在选择通风机前，应了解国内通风机的生产和产品质量情况，如生产的通风机品种、规格和各种产品的特殊用途，以及生产厂商产品质量、后续服务等情况综合考察。

② 根据通风机输送气体的性质不同，选择不同用途的通风机。例如，输送有爆炸和易燃气体的应选防爆通风机；输送煤粉的应选择煤粉通风机；输送有腐蚀性气体的应选择防腐通风机；在高温场合下工作或输送高温气体的应选择高温通风机等。

③ 在通风机选择性能图表上查得有两种以上的通风机可供选择时，应优先选择效率较高、机号较小、调节范围较大的一种。

④ 当通风机配用的电机功率≤75kW 时，可不装设启动用的阀门。当排送高温烟气或空气而选择离心锅炉引风机时，应设启动用的阀门以防冷态运转时造成过载。

⑤ 对有消声要求的通风系统，应首先选择低噪声的风机，例如效率高、叶轮圆周速度低的通风机，且使其在最高效率点工作；还要采取相应的消声措施，如装设专门消声设备。通风机和电动机的减振措施，一般可采用减振基础，如弹簧减振器或橡胶减振器等。

⑥ 在选择通风机时，应尽量避免采用通风机并联或串联工作。当通风机联合工作时，尽可能选择同型号、同规格的通风机并联或串联工作；当采用串联时，第一级通风机到第二级通风机之间应有一定的管路联结。

⑦ 原有除尘系统更换用新风机应考虑充分利用原有设备、适合现场安装及安全运行等问题。根据原有风机历年来的运行情况和存在问题，最后确定风机的设计参数，以避免采用新型风机时所选用的流量、压力不能满足实际运行的需要。

2. 通风机的选型计算

① 风量（Q_f）

$$Q_f=k_1k_2Q\quad(m^3/h)\tag{17-78}$$

式中，Q 为系统设计总风量，m^3/h；k_1 为管网漏风附加系数,%，可按 10%～15%取值；k_2 为设备漏风附加系数,%，可按有关设备样本选取，或取 5%～10%。

② 全压（p_f）

$$p_f=(pa_1+p_s)a_2\tag{17-79}$$

式中，p 为管网的总压力损失，Pa；p_s 为设备的压力损失，Pa，可按有关设备样本选取；a_1 为管网的压力损失附加系数,%，可按 15%～20%取值；a_2 为通风机全压负差系数，一般可取 $a_2=1.05$（国内风机行业标准）。

③ 电动机功率（P）

$$P=\frac{Q_fP_fK}{1000\eta\eta_{me}3600}\ (kW)\tag{17-80}$$

式中，K 为容量安全系数，按表 17-54 选取；η 为通风机的效率，按有关风机样本选取；η_{me} 为机械效率，按表 17-51 选取。

表 17-54　电机容量安全系数

电动机功率/kW	K		电动机功率/kW	K	
	通风机	引风机		通风机	引风机
＜0.5	1.5		2.0～5.0	1.2	1.3
0.5～1.0	1.4		＞5.0	1.15	1.3
1.0～2.0	1.3				

3. 风机风量和风压的修正

计算得到的风量是标准状态下的体积即标准风量，风机特性曲线是在特定吸气条件下测得的风量与风压的关系曲线，由于使用地区气温、湿度和气压的差异，同一转速输出的风量和风压变化很大。因此，选择风机应参照出厂特性曲线，进行风量和风压的修正。

根据气体状态方程式得到风量修正系数 K 的近似计算公式：

$$K=\frac{(p_S-\psi p_H)T_1}{p_1T_2}\tag{17-81}$$

式中，p_S 为风机吸风口压力，其值等于使用地区大气压力减去鼓风机吸风口阻力损失，Pa；ψ 为使用地区大气相对湿度,%；p_H 为气温在 t℃（使用地区温度）时的饱和蒸气压，Pa；T_1 为风机特性曲线试验测定条件下的绝对温度，K；T_2 为风机使用地区的绝对温度，

K；p_1 为风机特性曲线试验测定条件下的大气压力，Pa。

采用风量修正系数后，可以将设计要求的风机出口风量 Q，折算为使用地区的风机出口风量 Q'(m^3/min)

$$Q'=\frac{Q}{K} \tag{17-82}$$

风压修正系数 K'由下式求得：

$$K'=\frac{p_2T_1}{p_1T_2} \tag{17-83}$$

使用地区风机风压为：

$$p'=\frac{p}{K'} \tag{17-84}$$

式中，p_1、p_2 分别为风机特性曲线试验测定条件下的大气压力和使用地区的大气压力，Pa；T_1、T_2 分别为风机特性曲线试验测定条件下的温度和使用地区的温度，K；p 为设计要求的鼓风机出口压力，Pa；p'为风机特性曲线上工况点的风压，Pa。

我国各类地区风量和风压对标准状态下的修正系数见表 17-55。

表 17-55　我国各类地区风量修正系数 K 和风压修正系数 K'

季　节	一类地区		二类地区		三类地区		四类地区		五类地区	
	K	K'	K	K'	K	K'	K	K'	K	K'
夏季	0.55	0.62	0.7	0.79	0.75	0.85	0.8	0.9	0.94	0.95
冬季	0.68	0.77	0.79	0.89	0.90	0.96	0.96	1.08	0.99	1.12
全年平均	0.63	0.71	0.73	0.83	0.83	0.91	0.88	1.0	0.92	1.04

注：地区分类按海拔标高划分。

高原地区：一类——海拔约 3000m 以上地区，如昌都、拉萨等；二类——海拔 1500～2300m 地区，如昆明、兰州、西宁等；三类——海拔 800～1000m 地区，如贵阳、包头、太原等。平原地区：四类——海拔高度在 400m 以下地区，如重庆、武汉，湘潭等；五类——海拔高度在 100m 以下地区，如鞍山、上海、广州等。

【例 17-10】 皮带转运点除尘系统风量 14000m^3/h，管道总压力损失 1010Pa 的管网计算结果，选择该系统配用通风机。

解

(1) 通风机风量计算　系统设计风量为 $Q=14000m^3/h$，取管网漏风附加率为 15%，即 $K_1=1.15$；除尘设备选用脉冲袋式除尘器，设备漏风率按 5%考虑，即 $K_2=1.05$；由此，风机的风量计算值为：

$$Q_f=K_1K_2Q=1.15\times1.05\times14000=16905\ (m^3/h)$$

(2) 通风机风压计算　管网计算总压损为 $p=1010Pa$，取管网压损附加率为 15%，即 $a_1=1.15$；除尘器设备阻力取 $p_s=1200Pa$；风机全压负差系数取 $a_2=1.05$；由此，风机的全压计算值为：

$$p_f=(pa_1+p_s)a_2=(1010\times1.15+1200)\times1.05\approx2480(Pa)$$

(3) 通风机选型　根据上述风机的计算风量和风压，查表选得 4-72№8D 离心式通风机 1 台，风机的铭牌参数为风量 17920～31000m^3/h；风压 2795～1814Pa；转速 1600r/min；配用电机 Y180M-2；功率 22kW。

(四) 常用通风机

选用风机因净化系统的复杂性和多样性，使用的风机范围很广，除了常规风机之外还要用排尘风机、高压风机、高温风机、耐磨风机、防爆风机和防腐风机。

净化工程用的通风机有两个明显特点：一是通风机的全压相对较高，以适应净化系统阻力损失的需要；二是输送气体中允许有一定的污染物含量。因此，选用净化风机时要特别注意气体密度变化引起的风量和风压的变化。影响气体密度变化的因素有：

① 气体温度变化；

② 气体含尘浓度变化；

③ 风机在高原地区使用；

④ 净化设备装在风机负压端，且阻力偏高。

净化常用通风机的性能见表 17-56。

表 17-56　净化常用通风机性能

风机类型	型号	全压/Pa	风量/(m^3/h)	功率/kW	备注
普通中压风机	4-47 4-79 6-30 4-68	606～2300 176～2695 1785～4355 148～2655	1310～48800 990～406000 2240～17300 565～189000	1.1～37 1.1～250 4～37 1.1～250	输送温度低于 80℃且不自燃气体，常用于中小型净化系统
锅炉风机	G、Y4-68 G、Y4-73 G、Y2-10 Y8-39	823～6673 775～6541 1490～3235 2136～5762	15000～153800 16150～810000 2200～58330 2500～26000	11～250 11～1600 3～55 3～37	用于锅炉，也常用于大中型净化系统
排尘风机	C6-48 BF4-72 C4-73 M9-26 C4-68	352～1323 225～3292 294～3922 8064～11968 410～1934	1110～37240 1240～65230 2640～11100 33910～101330 2221～36417	0.76～37 1.1～18.5 1.1～22 158～779 1.5～30	主要用于含尘浓度较高的净化系统
高压风机	9-19 9-26 9-15 9-28 M7-29	3048～9222 3822～15690 16328～20594 3352～17594 4511～11869	824～41910 1200～123000 12700～54700 2198～104736 1250～140820	2.2～410 5.5～850 300 4～1120 45～800	用于压损较大的净化系统
高温风机	W8-18 W4-73 FW9-27 W4-66	2747～7524 589～1403 1790～4960 2040～2040	2560～20600 10200～61600 19150～24000 47920～125500	22～55 22～55 37～75 55～132	用于温度超过 200℃的净化系统

注：1. 除表列常用风机外，许多风机厂家还生产多种型号风机，据统计国产风机型号有 400 多种，其中多数可用于净化系统。此外对大中型除尘系统还可委托风机厂家设计适合净化用的非标准风机。

2. 风机出厂的合格品性能是在给定流量下全压值不超过±5%。

3. 性能表中提供的参数，一般无说明的均系按气体温度 $t=20℃$、大气压力 $p_a=101.3kPa$、气体密度$\rho=1.2kg/m^3$ 的空气介质计算的。引风机性能按烟气的温度 $t=200℃$，大气压力 $p_a=101.3kPa$、气体密度$\rho=0.745kg/m^3$ 的空气介质计算。

三、风机电动机

（一）电动机的分类和型号

1. 电动机分类

电动机的种类很多，分类方法有多种，通常划分为交流电动机、直流电动机和特种电动机三大类。工厂企业中常见的电动机型式有三相鼠笼转子异步电动机和绕线转子异步电动机、单相交流电动机、直流电动机、用于检测信号和控制的控制电动机。特殊用途的专用电动机；除尘工程常用的电动机为三相异步电动机。

常用交流异步电动机的分类方式见表 17-57。

表 17-57 交流异步电动机的分类

<table>
<tr><th>转子结构型式</th><th>防护型式</th><th>冷却方法</th><th>安装方法</th><th>工作定额</th><th>尺寸大小
中心高 H/mm
定子铁心外径 D/mm</th><th>使用环境</th></tr>
<tr><td rowspan="3">鼠笼式
线绕式</td><td rowspan="3">封闭式
防护式
开启式</td><td rowspan="3">自冷式
自扇冷式
他扇冷式</td><td rowspan="3">B3
B5
B5/B3</td><td rowspan="3">连续
断续
短时</td><td>$H \geqslant 630$、$D \geqslant 1000$
大型</td><td rowspan="3">普通
干热、湿热
船用、化工
防爆
户外
高原</td></tr>
<tr><td>$350 < H \leqslant 630$
$500 < D \leqslant 1000$
中型</td></tr>
<tr><td>$80 \leqslant H \leqslant 315$
$120 \leqslant D \leqslant 500$
小型</td></tr>
</table>

2. 电动机的型号

根据国家标准 GB/T 4831—2016《旋转电机产品型号编制方法》，我国电机产品型号由拼音字母，以及国际通用符号和阿拉伯数字组成。电动机特殊环境代号如表 17-58 所列，电动机的规格代号如表 17-59 所列，电动机的产品类型代号如表 17-60 所列。

表 17-58 电动机特殊环境代号

特殊环境	“热”带用	“湿热”带用	“干热”带用	“高”原用	“船”(海)用	化工防“腐”用	户“外”用
代号	T	TH	TA	G	H	F	W

表 17-59 电动机的规格代号（部分）

产品名称	产品型号构成部分及其内容
小型异步电动机	中心高(mm)-机座长度(字母代号)-铁心长度(数字代号)-极数
中大型异步电动机	中心高(mm)-铁心长度(数字代号)-极数
小型同步电机	中心高(mm)-机座长度(字母代号)-铁心长度(数字代号)-极数
大、中型同步电机	中心高(mm)-铁心长度(数字代号)-极数
小型直流电机	中心高(mm)-铁心长度(数字代号)
中型直流电机	中心高(mm)-或机座号(数字代号)-铁心长度(数字代号)-电流等级(数字代号)
大型直流电机	电枢铁心外径(mm)-铁心长度(mm)
分马力电动机(小功率电动机)	中心高或机壳外径(mm)或机座长度(字母代号)-铁心长度、电压、转速(均用数字代号)
交流换向器电机	中心高或机壳外径(mm)或铁心长度、转速(均用数字代号)

表 17-60 电动机的产品类型代号

产品代号	产品名称	产品代号	产品名称
Y	异步电动机	Z	直流电动机
YF	异步发电机	ZF	直流发电机
T	同步电动机	QF	汽轮发电机
TF	同步发电机	SF	水轮发电机

续表

产品代号	产品名称	产品代号	产品名称
C	测功机	F	纺织用电机
Q	潜水电泵	H	交流换向器电动机

3. 电动机产品型号举例

（1）小型异步电动机

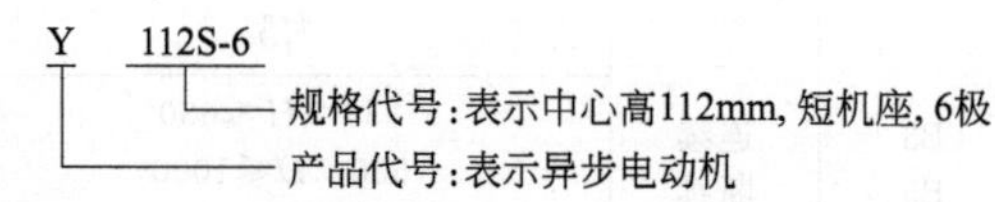

（2）中型异步电动机

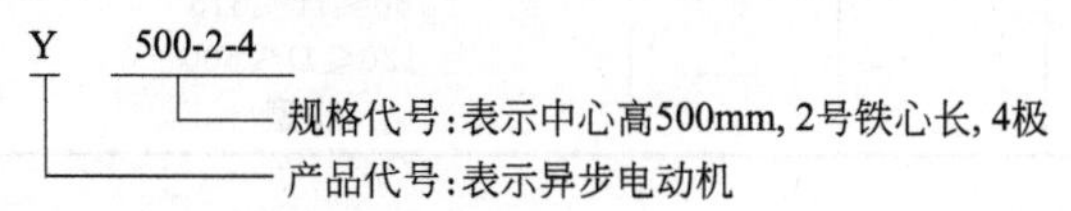

（3）户外化工防腐用小型隔爆异步电动机

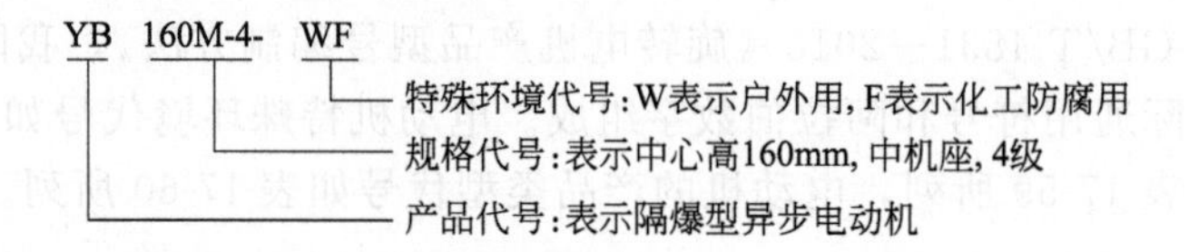

（二）电动机外壳的防护等级

1. 电动机外壳的防护型式

电动机外壳的防护型式有两种：

① 防止固体异物进入内部及防止人体触及内部的带电或运动部分的防护，见表 17-61。

表 17-61 第一位表征数字表示防护等级

第一位表征数字	防护等级	
	简述	含义
0	无防护电机	无专门防护
1	防护直径＞50mm 固体的电机	能防止大面积的人体(如手)偶然或意外地触及或接近壳内带电或转动部件(但不能防止故意接触) 能防止直径＞50mm 的固体异物进入壳内
2	防护直径＞12mm 固体的电机	能防止手指或长度不超过 80mm 的类似物体触及或接近壳内带电或转动部件 能防止直径＞12mm 的固体异物进入壳内
3	防护直径＞2.5mm 固体的电机	能防止直径＞2.5mm 的工具或导线触及或接近壳内带电或转动部件 能防止直径＞2.5mm 的固体异物进入壳内
4	防护直径＞1mm 固体的电机	能防止直径或厚度＞1mm 的导线或片条触及或接近壳内带电或转动部件 能防止直径＞1mm 的固体异物进入壳内
5	防尘电机	能防止触及或接近壳内带电或转动部件,进尘量不足以影响电机正常运行
6	尘密电机	能完全防止灰尘进入壳内,完全防止触及壳内带电或运动部分

② 防止水进入内部达到有害程度的防护，见表 17-62。

表 17-62　第二位表征数字表示防护等级

第二位表征数字	防护等级	
	简述	含　义
0	无防护电机	无专门防护
1	防滴电机	垂直滴水应无有害影响
2	15°防滴电机	当电机从正常位置向任何方向倾斜至 15°以内任何角度时，垂直滴水应无有害影响
3	防淋水电机	与垂直线成 60°角范围以内的淋水应无有害影响
4	防溅水电机	承受任何方向的溅水应无有害影响
5	防喷水电机	承受任何方向的喷水应无有害影响
6	防海浪电机	承受猛烈海浪冲击或强烈喷水时，电机的进水量应不达到有害的程度
7	防浸水电机	当电机浸入规定压力的水中经规定时间后，进水量应不达到有害的程度
8	潜水电机	在制造厂规定的条件下能长期潜水，电机一般为水密型，但对某些类型电机也可允许水进入，但应不达到有害的程度

2. 防护等级的标志方法

表明电动机外壳防护等级的标志由字母“IP”及两个数字组成，第一位数字表示第一种防护型式的等级；第二位数字表示第二种防护型式的等级。如只需要单独标志一种防护型式的等级时，则被略去数字的位置以“X”补充。如 IPX3 或 IP5X。

另外，还可采用下列附加字母：R——管道通风式电机；W——气候防护式电机；S——在静止状态下进行第二种防护型式试验的电机；M——在运动状态下进行第二种防护型式试验的电机。

字母 R 和 W 标于 IP 和两个数字之间，字母 S 和 M 应标于两个数字之后，如不标示字母 S 和 M，则表示电机是在静止和运转状态下都进行试验。

防护等级的标志方法举例如下。

① 能防护大于 1mm 的固体，同时能防溅的电机

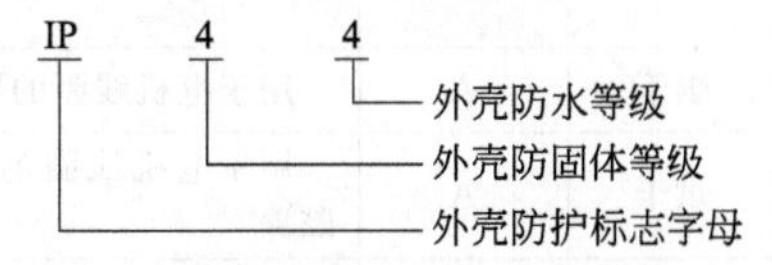

② 能防护大于 12mm 的固体，同时能防淋水的气候防护式电机

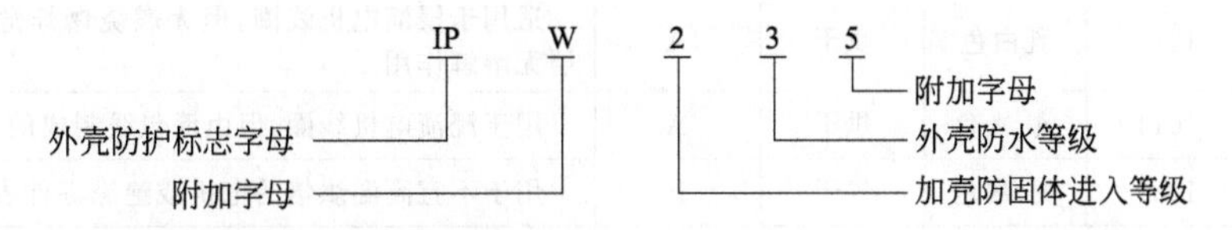

（三）电动机绝缘耐热等级

1. 电动机的绝缘耐热等级

绝缘耐热等级标志着绝缘物耐受高热程度的级别。绝缘物的耐热性是一项极为重要

的性能。它决定电气设备，特别是电机绕组的极限容许升温，表示活性材料在电气设备中的利用程度及绝缘寿命。绝缘的耐热等级分Y、A、E、B、F、H、C七级，其最高容许温度分别为90℃、105℃、120℃、130℃、155℃、180℃、180℃以上。绝缘材料耐热等级见表17-63。

表17-63　绝缘材料的耐热等级

耐热等级	绝缘材料	极限工作温度/℃
Y	木材、棉纱、天然丝、纸及纸制品、钢板纸、纤维等天然纺织品；以醋酸纤维和聚酰胺为基础的纺织品；易于热分解和熔化点较低的塑料(脲醛树脂)	90
A	工作于矿物油中的Y级材料；用油或油树脂复合胶浸过的Y级材料；漆包线、漆布、漆丝的绝缘及油性漆、沥青漆等	105
E	聚酯薄膜和A级材料复合、玻璃丝布、油性树脂漆；聚乙烯醇缩醛高强度漆包线、聚乙酸乙烯耐热漆包线	120
B	聚酯薄膜、经合适树脂黏合或浸渍涂覆后的云母；玻璃纤维、石棉等制品；聚酯漆、聚酯漆包线	130
F	以有机纤维材料补强和石棉带补强的云母片制品；玻璃丝和石棉；玻璃漆布，以玻璃丝布、石棉纤维为基础的层压制品；以无机材料作补强和石棉带补强的云母粉制品；化学稳定性较好的聚酯和醇酸类材料、复合硅有机聚酯漆	155
H	无补强或以无机材料为补强的云母制品、加厚的F级材料、复合云母、有机硅云母制品、硅有机漆、硅有机橡胶聚酰亚胺复合玻璃丝布、复合薄膜、聚酰亚胺漆等	180
C	不采用任何有机黏合剂及浸渍剂的无机物，例如石英、石棉，云母、玻璃和电瓷材料等	180以上

2. 绝缘漆

常用绝缘漆的规格和用途如表17-64所列。

表17-64　绝缘漆的规格和用途

名称	型号	颜色	干燥方式	耐热等级	主要用途
沥青漆	1010	黑色	烘干	A	适用于浸渍电机转子和定子线圈，不要求耐油的零部件
	1011				
	1210	黑色	烘干	A	用于电机线圈的覆盖
	1211	黑色	烘干	A	用于电机线圈的覆盖，在不需耐油处，可代替晾干灰磁漆
耐油性清漆	1012	黄、褐色	烘干	A	适用于浸渍电机线圈
水乳漆	1013	乳白色	烘干	A	适用于浸渍电机线圈，但无燃烧爆炸危险，对漆包线漆层无溶解作用
甲酚清漆	1014	黄、褐色	烘干	A	用于浸渍电机线圈，但由漆包线制成的线圈不能使用
晾干醇酸清漆	1231	黄、褐色	气干	B	用于不宜高温烘焙的电机或绝缘零件表面的覆盖
醇酸清漆	1031	黄、褐色	烘干	B	适于浸渍电机、电器线圈及作覆盖用

（四）三相异步电动机技术参数

三相异步电动机在工业和民用中最为广泛，其主要技术指标见表17-65。在三相异步电动机中，鼠笼式异步电动机以其结构简单、维护方便、价格低廉和坚固耐用等优点见长。

表 17-65　三相异步电动机的主要技术指标

序号	名称	符号及定义	计算公式	提高指标措施
1	效率	η 输出功率 P_2 对输入功率 P_1 之比，用%表示	$\eta=\frac{P_2}{P_1}\times100$	(1)放粗线径，降低定子、转子铜损耗； (2)采用较好的硅钢片，降低铁损耗； (3)提高制造精度，降低机械损耗
2	功率因数	$\cos\varphi$ 有功功率与视在功率之比	$\cos\varphi=\frac{P_1}{\sqrt{3}I_N U_N}$ 式中，I_N 为额定线电流；U_N 为额定线电压	(1)减小定子、转子之间气隙数值； (2)增加线圈匝数
3	堵转电流	I'_{st} 堵转时定子的电流 注：一般采用堵转电流 I_{st} 对额定电流 I_N 倍数表示	$I'_{st}(倍数)=\frac{I_{st}}{I_N}$	(1)增加匝数，降低堵转电流； (2)增加转子电阻，降低堵转电流
4	堵转转矩	T'_{st} 定子通电使转子不动需要的力矩 注：一般采用堵转转矩 T_{st} 对额定转矩 T_N 的倍数表示	$T'_{st}(倍数)=\frac{T_{st}}{T_N}$	(1)增加转子电阻，降低转子电抗，提高堵转转矩； (2)减少匝数，增加启动电流，提高堵转转矩； (3)增加气隙，提高堵转转矩
5	最大转矩	T'_{max} 启动过程中电动机产生的最大转矩 注：一般采用最大转矩 T_{max} 对额定转矩倍数表示，又称为载能力	$T'_{max}(倍数)=\frac{T_{max}}{T_N}=K$ 式中，K 为过载能力	(1)减少匝数，减少电抗，提高最大转矩； (2)增加气隙，提高最大转矩
6	最小转矩	T'_{min} 启动过程中电动机产生的最小转矩 注：一般采用最小转矩对额定转矩倍数表示	$T'_{max}(倍数)=\frac{T_{min}}{T_N}$	(1)选择适当的定子、转子槽数，提高最小转矩； (2)增加气隙，提高最小转矩
7	温升	θ 绕组的工作温度与环境温度之差值，用℃表示 注：新标准中温度单位用 K 表示	$\theta=\frac{R_2-R_1}{R_1}(K+t_1)+(t_2-t_1)$ 式中，R_2 为电动机在额定负载下测定的电阻值；R_1 为电动机没有运转冷态时测定的电阻值；t_2 为额定负载时的环境温度；t_1 为额定 R_1 时的环境温度；K 为铜绕组 235、铝绕组 228	(1)减少定子、转子铜损耗和铁损耗，降低温升； (2)加强通风

（五）电动机的选择要点

电动机的选择内容应包括电动机的类型、安装方式及外形安装尺寸、额定功率、额定电压、额定转速、各项性能经济指标等，其中以选择额定功率最为重要。

1. 选择电动机功率的原则

在电动机能够满足各种不同风机要求的前提下，最经济、最合理地确定电动机功率的大小。如果功率选得过大，会出现“大马拉小车”现象，这不仅使风机投资费用增加，而且因电动机经常轻载运行，其运行功率因数降低；反之，功率选得过小，电动机经常过载运行，使电动机温度升高，绝缘易老化，会缩短电动机的使用寿命，同时还可能造成启动困难。因此，选择电动机时应是在各种工作方式下选择电动机的额定功率。

选择电动机的基本步骤包括：从风机的要求出发，考虑使用场所的电源、工作环境、防护等级及安装方式、电动机的效率、功率因数、过载能力、产品价格、运行和维护费用等情况来选择电动机的电气性能和力学性能，使被选的电动机能达到安全、经济、节能和合理使用的目的。

2. 电动机制功率的选择

决定电动机的功率就是正确选择电动机的额定功率。其原则是在电动机能够胜任风机负载要求的前提下，最经济、最合理地决定电动机的功率。决定电动机功率时，要考虑电动机的发热、允许过载能力与启动性能三方面的因素，其中以发热问题最重要。

（1）电动机的发热　在实现能量转换过程中，电动机内部产生损耗并变成热量使电动机的温度升高。在电动机中，耐热最差的是绕组的绝缘材料。不同的绝缘等级，其最高允许温度和升温（电动机温度与环境温度之差）见表 17-66。

表 17-66　电动机的绝缘等级和允许温度　　单位：℃

绝缘等级	A	E	B	F	H
允许最高温度	105	120	130	155	180
环境温度为 40℃时最高温升	65	80	90	115	140

绝缘材料的最高允许温度，是一台电动机所带负载能力的限度，而电动机的额定功率就是这一限度的代表参数。电动机铭牌上所标的额定功率，从发热的观点来看，即指环境温度（或冷却介质温度）为 40℃（对于干热带电动机或船用电动机为 50℃）的情况下，电动机各部件因发热而提高的温升不得超过该绝缘等级的温升限值（见表 17-66），而决定绝缘材料寿命的因素是温度而不是温升，因此只要电动机运行中的实际工作温度不超出所采用的绝缘等级的最高允许工作温度，绝缘材料就不会发生本质的变化，其寿命可达 15～20 年。反之，则绝缘材料容易老化、变脆，缩短电动机寿命；在严重情况下，绝缘材料将炭化变质，失去绝缘性能，使电动机烧坏。

所选电动机应有适当的备用功率，使电动机的负载率一般为 0.75～0.9，过大的备用功率会使电动机运行效率降低，对于异步电动机，其功率因数也将变坏。

（2）允许过载能力　选择电动机功率时，除考虑发热外，有时还要考虑电动机的过载能力，因为各种电动机的瞬时过载能力都是有限的。交流电动机受临界转矩的限制，直流电动机受换向器火花的限制。电动机瞬时过载一般不会造成电动机过热，故不考虑发热问题。

电动机的过载能力是以允许转矩过载倍数 K_T 来衡量，其数据见表 17-67。直流电动机常以允许电流过载倍数 K_I 衡量，一般型直流电动机允许电流过载倍数 K_I 为 1.5～2.0 倍。

表 17-67　电动机转矩过载倍数 K_T

电动机类型	工作制	K_T	电动机类型	工作制	K_T
笼型异步电动机	连续工作制(SI)	≥1.65	直流电动机（额定励磁下）	连续工作制(SI)	≥1.5
	断续周期性工作制(S3～S5)	≥2.5		断续周期性工作制(S3～S5)	≥2.5
绕线转子异步电动机	连续工作制(SI)	≥1.8	同步电动机	$\cos\varphi=0.8$	≥1.65
	断续周期性工作制(S3～S5)	≥2.5		强励时	3～3.5

电动机过载倍数校验公式：

直流电动机 $$I_{max} \leqslant KK_I I_N \tag{17-85}$$

异步电动机 $$T_{max} \leqslant KK_U^2 K_T T_N \tag{17-86}$$

同步电动机 $$T_{max} \leqslant KK_T T_N \tag{17-87}$$

式中，I_{max} 为瞬时最大负载电流，A；T_{max} 为瞬时最大负载转矩，N・m；K_I 为允许电流过载倍数；K_T 为允许转矩过载倍数；I_N 为电动机额定电流，A；T_N 为电动机额定转矩，N・m；K_U 为电动机波动系数（取 0.85）；K 为余量系数（直流电动机取 0.9～0.95；交流电动机取 0.9）。

（3）电动机的平均启动转矩　电动机的启动过程转矩常用堵转转矩 T_k、最小转矩 T_{min} 和最大转矩 T_{max} 三个指标表示。因为异步电动机在启动过程中，其机械特性为非线性，加速转矩是一变量，所以用平均启动转矩供初步计算与选用电动机较为方便。表 17-68 所列电动机平均启动转矩为概略值，表中系数较大者用于要求快速启动的场合。

表 17-68　电动机平均启动转矩 T_{stav}

电动机类型	平均启动转矩	说明
直流电动机	$T_{stav}=(1.3\sim1.4)T_N$	T_{stav}——平均启动转矩，N・m； T_k——堵转转矩，N・m； T_{max}——最大转矩，N・m； T_{m25}——当 FC 为 25%时的额定转矩，N・m
笼型异步电动机	$T_{stav}=(0.45\sim0.5)(T_k+T_{max})$ $T_{stav}=0.9T_k$	
绕线转子异步电动机	$T_{stav}=(1\sim2)T_{m25}$	

（4）电动机的温升与冷却　电动机长期运行中的能量损耗，分为固定损耗和可变损耗两种。固定损耗包括铁耗、机械损耗及空载铜损耗，它们与负载大小无关，一般电动机的此项数值较小。可变损耗主要是定子铜损耗和转子铝损耗，它们与负载电流的平方成比例。

电动机的发热是由于工作时在其内部产生功率损耗造成的，因而也就造成电动机的温升，随着时间的增加而逐渐趋于稳定值。

有关电动机的发热、温升、冷却的计算可参阅电动机的相关标准。

（5）电动机的工作制　电动机运行分为 8 类工作制（S1～S8），从发热角度又将电动机分为连续定额、短时定额和周期工作定额三种。电动机制造厂按此三种不同的发热情况规定出电动机的额定功率和额定电流。

① 连续工作制（S1）：长期运行时，电动机达到的稳定温升不超过该电动机绝缘等级所规定的温升限值。在接近而又未超过温升限值下运行的电动机，一般不允许长期过载。风机电动机一般为连续工作制。

② 短时工作制（S2）：负载运行时间短，电动机未达到稳定温升；停机和断能时间长，电动机能完全冷却到周围环境的温度。在不超过温升限值下，允许有一定的过载。我国规定的短时工作优先时限有 10min、30min、60min 及 90min 四种。

③ 周期性工作制（S3～S8）：工作周期中的负载（包括启动与电制动在内）持续时间与停机和断能时间相交替，周期性重复。负载持续时间较短，电动机温升未达到稳定值；停机和断能时间不长，电动机也未完全冷却到周围环境的温度。

不同工作制下电动机功率选择及选择后的校验方法不同，一般按发热校验电动机的功率，并根据负载性质、电动机类型作过载能力校验，如果采用笼型异步电动机，则尚需做启动能力校验。

（6）电动机的负载率校算　为防止出现“大马拉小车”现象，避免不必要的经济损失，在选择电动机时，有必要进行负载率的校算，一般电动机的负载率在0.75～0.9。

用电流表测定电动机的空载电流 I_0 和负载电流 I_1，然后按下式计算电动机带负载时的实际输出功率 P_2

$$P_2=P_N\sqrt{\frac{I_1^2-I_0^2}{I_N^2-I_0^2}} \tag{17-88}$$

式中，P_N 为电动机的额定功率，kW；I_N 为电动机的额定电流，A；P_2 为电动机带负载时实际输出功率，kW。

负载率
$$R_L=\frac{P_2}{P_N} \tag{17-89}$$

对于常用的Y(IP44)系列的空载电流 I_0，可从表17-69查取。

表17-69　Y(IP44)系列空载电流 I_0　　单位：A

极数	功率/kW																		
	0.55	0.75	1.1	1.5	2.2	3.0	4.0	5.5	7.5	11	15	18.5	22	30	37	45	55	75	90
2级	—	0.82	1.06	1.5	1.9	2.6	2.9	3.4	4.0	6.4	7.3	8.2	12	16.9	18.6	18.7	28.5	37.4	43.1
4级	1.02	1.3	1.49	1.8	2.5	3.5	4.4	4.7	5.96	8.4	10.4	13.4	15	19.5	19	22	28.6	39.4	43.8
6级	—	1.6	1.93	2.71	3.4	3.8	4.9	5.3	8.65	12.4	13.8	14.9	17.7	18.7	19.4	23.3	25.5	—	—
8级	—	—	—	—	3.71	4.45	6.2	7.5	9.1	13	16.2	17.9	19.9	26	28.6	32.1	—	—	—

【例17-11】 电动机型号为Y100L-2，从铭牌和技术条件查得：$P_N=3.0\text{kW}$、$I_N=6.39\text{A}$，从表17-69查得 $I_0=2.6\text{A}$，用电流表测得在风机运行时定子电流 $I_1=5.5\text{A}$，求：电动机实际输出功率和负载率。

解　输出功率 $P_2=P_N\sqrt{\dfrac{I_1^2-I_0^2}{I_N^2-I_0^2}}=3.0\sqrt{\dfrac{5.5^2-2.6^2}{6.39^2-2.6^2}}=2.49(\text{kW})$

负载率　$R_L=\dfrac{P_2}{P_N}=\dfrac{2.49}{3.0}=0.83$

此电动机的实际输出功率为2.49kW，其负载率为0.83。

3. 电动机类型的选择

对无调速要求的机械，包括连续、短时、周期工作等工作制的机械，应尽量采用交流异步电动机；对启动和制动无特殊要求的连续运行的风机，宜优先采用普通笼型异步电动机。如果功率较大，为了提高电网的功率因素，可采用同步电动机，某些周期性工作制风机，若采用交流电动机在发热、启动、制动特性等方面不能满足需要，宜采用直流电动机。

只要求几种转速的小功率机械，可采用变极多速（双速、三速、四速）笼型电动机；对调速平滑程度要求不高，且调速比不大时，宜采用绕线转子电动机或电磁调速电动机，当调速范围在1∶3以上，且需连续稳定平滑调速的机械宜采用直流电动机或变频调速电动机。

4. 电动机结构型式的选择

电动机安装型式按其安装位置的不同可分为卧式和立式两种。风机电动机应按照风机结构的不同，合理地选择电动机的结构型式。

为了防止电动机被周围的媒介质所损坏，或因电动机本身的故障引起灾害，必须根据不同的环境选择适当的防护形式。

(1) 开启式 电动机外表有很大的通风口，散热条件好，价格便宜，但水汽、灰尘、铁屑或油液容易侵入电动机内部，因此只能用于干燥及清洁的工作环境。

(2) 防护式 电动机的通风口朝下，且有防护网遮掩，通风冷却条件较好。它一般可防滴、防雨、防溅以及防止外界杂物从与垂直方向成小于45°角的方向落入电动机内部，但不能防止潮气及灰尘的侵入，所以适用于比较干燥、灰尘不多、无腐蚀性和爆炸性气体的场所。

(3) 封闭式 封闭式电动机又分为自冷式、强迫通风式和密闭式三种。前两种结构型式的电动机，潮气和灰尘等不易进入电动机内部，能防止从任何方向飞溅来的水滴和其他杂物侵入，适用于潮湿、尘土多，易受风雨侵蚀、易引起火灾、有腐蚀性蒸气和气体的各种地方。密闭式电动机一般用在水中，风机很少选用。

(4) 防爆式 在封闭式结构基础上制成隔爆型、增安型、正压型和无火花型，适用于有可燃性气体和空气混合物的危险环境，如油库、煤气站或矿井等场所。

在湿热带地区，应采用湿热带型（TH）电动机，采取适当的防潮、防霉措施；在干热带地区，应采用干热带型（TA）电动机；在高海拔地区，应采用高原型（G）电动机；在船舶及舰艇上，应尽量采用有特殊结构和防护要求的船用或舰用（H）电动机。装在露天场所，宜选用户外型（W）电动机；如有防止日晒、雨雪、风沙等措施，可采用封闭式或防护式电动机。

5. 电动机的电压选择

电动机的电压选择，取决于电力系统对企业的供电电压，中小型异步电动机均是低电压的，额定电压一般为380V（Y接法或△接法）、220V/380V（△/Y接法），及380V/660V（△/Y接法）三种，在矿山及选煤厂或大型化工厂等联合企业，越来越要求使用额定电压为660V（△接法）或660V/1140V（△/Y接法）的电动机。

电源电压的三相平衡对电动机的运行关系尤为重要，如电压有3.5%的不平衡就会使电动机损耗增加约20%，因此接到三相电源上的单相负载应仔细分配，以便尽量减小电压的不平衡度。

直流电动机额定电压一般为110V、220V和440V。其中以220V为最常用的电压等级。

四、通风机调速和节能装置

通风机调速有两个目的：一是为了节约能源，避免净化系统用电过多；二是为了控制风量，避免除尘系统吸风口抽吸有用物料。净化系统调节风量的方法有风机进出口阀调节和风机变速运转，其中增加调速装置使风机变速工作是主要的。

（一）调速节能原理

1. 调速原理

通风机的压力 p、流量 Q 和功率 P 与转速存在以下关系：

$$\frac{Q_2}{Q_1}=\frac{n_2}{n_1},\frac{p_2}{p_1}=\left(\frac{n_2}{n_1}\right)^2,\frac{P_2}{P_1}=\left(\frac{n_2}{n_1}\right)^3 \tag{17-90}$$

式中，Q_1、Q_2 为流量，m^3/s；n_1、n_2 为转速，r/min；P_1、P_2 为功率，kW；p_1、p_2 为全压，Pa。

即流量与转速成比例，而功率与流量的 3 次方成比例。当流量需要改变时，用改变风门或阀门的开度进行控制，效率很低。若采用转速控制，当流量减小时所需功率近似按流量的 3 次方大幅下降，从而节约能量。

当调节风机前后的阀门，随着阀门关小，风机流量降低。

图 17-63 和图 17-64 分别为风门控制和转速控制流量变化的特性曲线。由图 17-63 可知，当流量降到 80%时，功耗为原来的 96%，即：

$$P_B=p_BQ_B=1.2p_A\times0.8Q_A=0.96P_A$$

由图 17-64 可知，当流量下降到 80%时，功率为原来的 56%，即：

$$P_C=p_CQ_C=0.7p_A\times0.8Q_A=0.56P_A$$

由此可知，调速比调风门增大的节电率为：

$$\frac{0.96P_A-0.56P_A}{0.96P_A}\times100\%=41\%$$

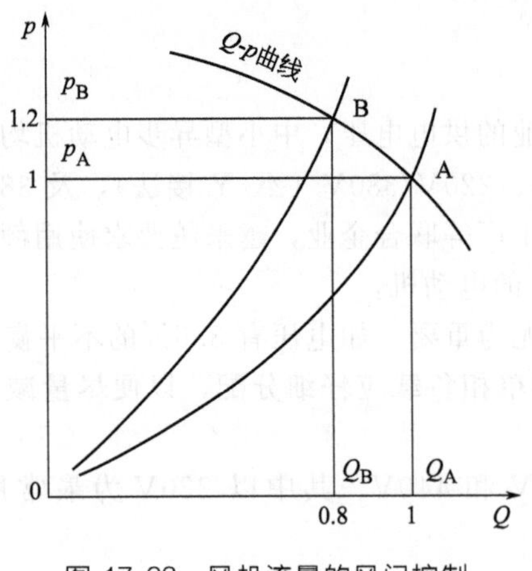

图 17-63　风机流量的风门控制

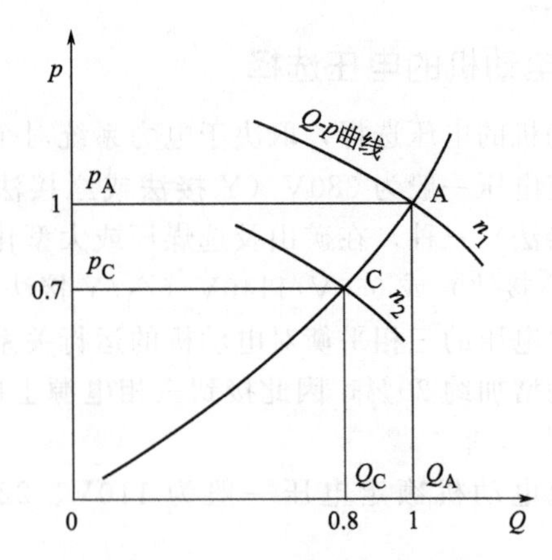

图 17-64　风机流量的转速控制

2. 调速方式比较

除电机本身的功率损耗外，无论是哪一种调速形式都存在额外的功率损耗，它们的效率都不可能为 1。图 17-65 给出了变频调速、液力耦合器调速、内反馈串级等各种调速的效率示意曲线图。

3. 调速节能比较

调速节能比较见表 17-70。

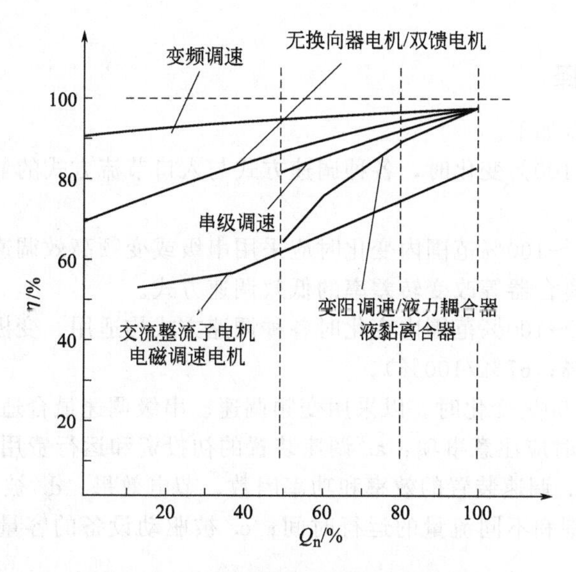

图 17-65 几种调速系统效率对比图

表 17-70 异步电动机各种调速方式适用范围、节电效果等比较

调速方式	定子调压调速	变频调速(VVVF)	电磁离合器调速	液力耦合器调速	变极调速	串级调速(绕线型电动机)	转子串电阻调速(绕线型电动机)
调速范围	80%～100%	5%～100%	10%～100%	50%～100%	4/6,6/8…	65%～100%	65%～100%
调速精度/%	±2	±0.5	±2	±1	—	±1	±2
优点	(1)结构简单；(2)可无级调速；(3)可“软启动”；(4)快速性好	(1)调速范围大；(2)容易在现有设备改制；(3)可以群控,再生制动容易	(1)结构简单；(2)可无级调速		结构简单	(1)可无级调速；(2)在调速范围内效率高	(1)可靠性高；(2)投资少；(3)维护简单；(4)功率因数高
缺点	随转速下调，η、$\cos\varphi$下降	全范围调速,逆变器容量大,低速区$\cos\varphi$下降	(1)适于小型电动机；(2)效率随转速下调而降低	转速下调,效率随之降低	(1)不能无级调速；(2)不能频繁变速	若调速范围大,则变换器容量大,价高	转速下调,效率随之降低
推荐的容量和电压	小容量,低压	大、中、小容量,低压	小容量,低压	大、中容量,高、低压	中、小容量,高、低压	大、中容量,高、低压	15kW及以上
节电效果	良	优	良	良	优	优	良
注意事项	要测速设备	转矩脉动,轴振动和超速时的机械强度	要改变基础尺寸,要测速设备			要改变电刷和集电环,要测速设备	连续调速需要水电阻调节装置
适用范围	起重机,风机、泵等	辊道、泵、鼓风机、纺织机械等	泵、风机、挤压机,印染造纸、塑料、电线电缆、卷绕机械等	大惯量机械	机床、矿山、冶金、泵、纺织、电梯、风机等	泵、风机等	泵、风机等

4. 调速方式选择

调速方式选择要点如下。

① 流量在90%～100%变化时，各种调速方式与入口节流方式的节能效果相近，因此无需调速运行。

② 当流量在80%～100%范围内变化时应采用串级或变频高效调速方式，而不宜采用调压、调阻、电磁滑差离合器等改变转差率的低效调速方式。

③ 当流量在50%～100%范围内变化时各种调速方式均适用。变极调速时，流量只能阶梯状变化（75%/100%；67%/100%）。

④ 当流量在小于50%变化时，以采用变频调速、串级调速最合适。

⑤ 选择调速装置时应注意事项：a. 调速装置的初投资和运行费用；b. 调速装置的运行可靠性、维修要求；c. 调速装置的效率和功率因数，节电效果；d. 被驱动设备的运行规律，如风机流量的变化范围和不同流量的运行时间；e. 被驱动设备的容量大小；f. 现场技术力量和环境条件等。

（二）通风机节流调节及阀门

在生产运行过程中，除尘系统对压力或者流量的要求是经常变化的（即管网性能曲线变化），为适应管网性能曲线变化时，保证系统对压力或者流量特定值的要求，就需要改变通风机的性能，使其在新的工况点工作。这种改变通风机性能的方法称为通风机的调节。

1. 通风机出口节流调节

通风机出口节流调节是通过调节通风机出口管道中的阀门开度来改变管网特性的。图 17-66 为通风机出口节流调节系统示意。

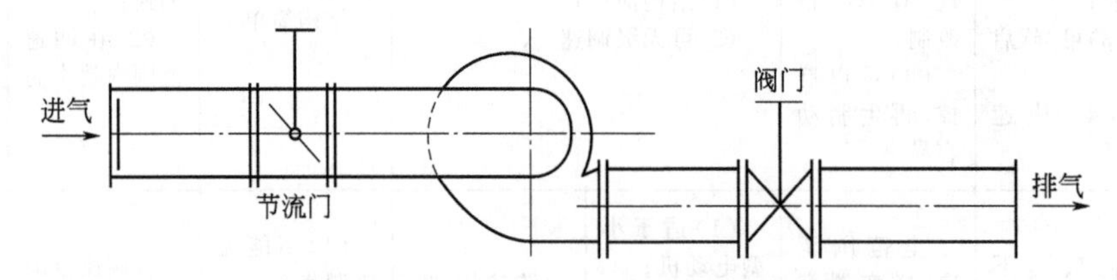

图 17-66　通风机出口节流调节系统示意

（1）等流量调节　图 17-67 为通风机出口节流等流量调节特性曲线，S_0 为正常工况点，工况参数为 q_{v0}、p_0。由于工艺流程的原因，管网阻力减小，管网性能曲线变到曲线 3 的位置，通风机在 S_1 点工作，工况参数为 q_{v1}、p_1。这时 $q_{v1}>q_{v0}$，$p_1<p_0$，然而工艺流程要求压力减小，流量保持稳定不变。为此，减小通风机出口管道中的阀门开度，使管网性能曲线恢复到原来的曲线 2 位置。压降 p_0-p_1 为消耗于关小出口阀门开度的附加损失，而进入流程中的气体压力为 p_1，流量仍为 q_{v0}，从而实现了通风机的等流量调节。

（2）等压力调节　图 17-68 为通风机出口节流等压力调节特性曲线，S_0 为正常工况点，工况参数为 q_{v0}、p_0。当工艺流程要求通风机的排气压力不变，而流量要求减小到 q_{v1} 时，则将通风机出口管道中的阀门开度逐渐关小，管网性能曲线随之变化，直至阀门开度关到使管网性能曲线变到曲线 3 的位置，则满足了所要求的流量 q_{v1}，且 $p_1>p_0$。压降 p_1-p_0 为消耗于关小出口阀门开度的附加损失，而进入流程中气体的压力仍为 p_0，流量减小到 q_{v1}，从而实现了等压调节。

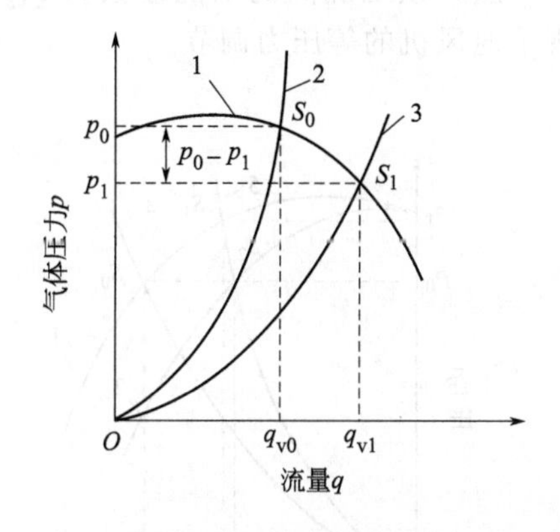

图 17-67　通风机出口节流等流量调节特性曲线

1—通风机性能曲线；2,3—管网性能曲线

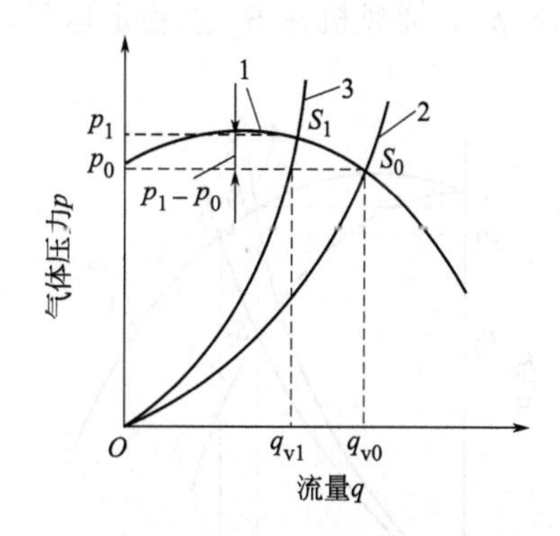

图 17-68　通风机出口节流等压力调节特性曲线

1—通风机性能曲线；2,3—管网性能曲线

(3) 出口节流调节的特点　出口节流调节是改变管网的特性，而不是调节通风机的性能。它可以实现位于通风机性能曲线 $p=f(q_v)$ 下方的所有工况。由于出口节流调节是人为地加大管网阻力来改变管网特性，所以这种调节方法的经济性最差。

2. 通风机进口节流调节

通风机进口节流调节（见图 17-69）是调节通风机进口节流阀门（或蝶阀）的开度，改变通风机的进口压力，使通风机性能曲线发生变化，以适应工艺流程对流量或者压力的特定要求。

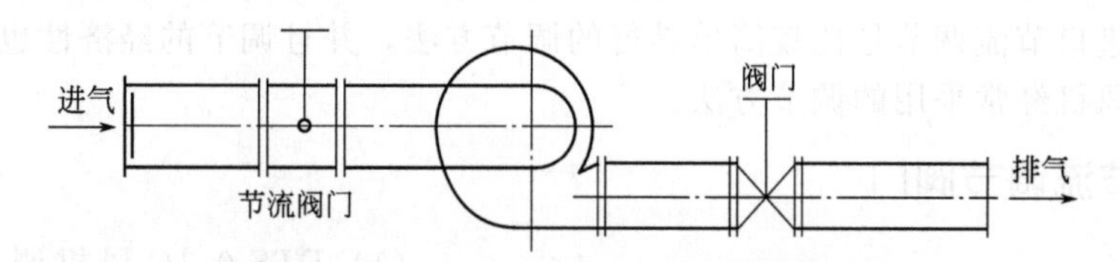

图 17-69　通风机进口节流调节系统示意

(1) 等流量调节　图 17-70 为通风机进口节流等流量调节性能曲线，S_0 为正常工况点，工况参数为 q_{v0}、p_0。当管网阻力增加，管网性能曲线移到曲线 5 的位置时，其工况点为 S_1，工况参数为 q_{v1}、p_1。这时，$p_1<p_0$，$q_{v1}>q_{v0}$。为达到工艺流程对流量稳定不变的要求，则对通风机进行进口节流调节，将通风机进口节流门的开度关小，改变通风机的进口状态参数（即进口压力）。当节流门的开度关小到某一角度时，通风机的性能曲线变为曲线 2 的位置，与管网性能曲线 5 相交于 S_2 点，该工况点的工况参数为 q_{v2}、p_2。这时 $q_{v2}=q_{v0}$，$p_2<p_0$，通风机在 S_2 点稳定运行，从而实现了通风机的流量调节。

(2) 等压力调节　图 17-71 为通风机进口节流等压力调节性能曲线，S_0 为正常工况点，工况参数为 q_{v0}、p_0。当管网阻力增加，管网性能曲线移到曲线 5 的位置时，其工况点为 S_1，工况参数为 q_{v1}、p_1。这时，$p_1>p_0$，$q_{v1}<q_{v0}$。为达到工艺流程对压力稳定不变的要

求，则对通风机进行进口节流调节，将图 17-69 中的通风机进口节流门的开度关小，改变通风机的进口状态参数（即进口压力）。当节流门的开度关小到某一角度时，通风机的性能曲线变为曲线 2 的位置，与管网性能曲线 5 相交于 S_2 点，该工况点的工况参数为 q_{v2}、p_2。这时 $p_2=p_0$，通风机在 S_2 点稳定运行，从而实现了通风机的等压力调节。

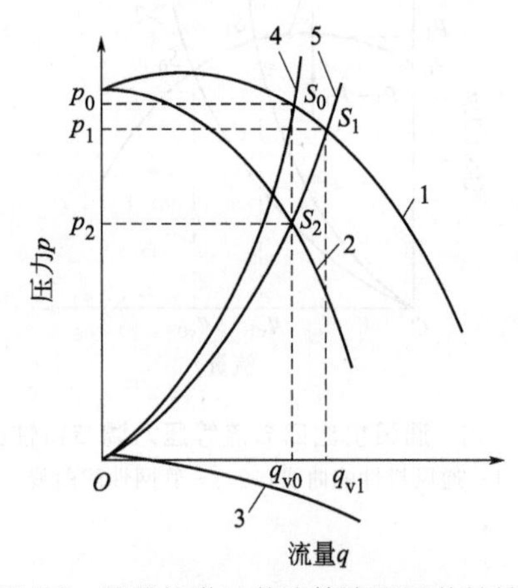

图 17-70 通风机进口节流等流量调节特性曲线

1,2—通风机性能曲线；3—通风机进口特性曲线；4,5—管网性能曲线

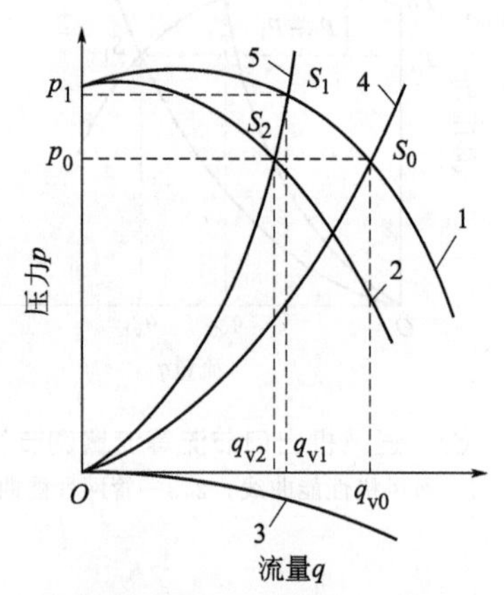

图 17-71 通风机进口节流等压力调节特性曲线

1,2—通风机性能曲线；3—通风机进口特性曲线；4,5—管网性能曲线

（3）进口节流调节的特点 通风机进口节流调节是通过改变通风机的进口状态参数（即进口压力）来改变通风机性能曲线，然而，通风机出口节流调节是通过关小出口阀门的开度来改变管网特性的，人为地增加了管网阻力，消耗了一部分通风机的压力，所以通风机进口节流调节的经济性好。

通风机进口节流调节后，使其喘振点向小流量方向变化，通风机有可能在较小的流量下工作。通风机进口节流调节是比较简单易行的调节方法，并且调节的经济性也好，因此是一般固定转速通风机经常采用的调节方法。

3. 风机节流调节阀门

（1）FTS-0.1C 风机调节阀 风机调节阀广泛用于各行业除尘系统，与离心风机配套使用，调节风机输出流量，满足管道工艺运行要求。

FTS 型阀设计新颖，结构合理，造型美观，操作方便、可靠、灵活，质量轻，是保证风机正常运行，调节流量，改变流阻，稳定风机的输出曲线，使管道系统能正常、高效运行的常用设备。阀门的性能参数为：公称压力 0.1MPa；适用温度 ≤350℃；适用流速 ≤5～20m/s；适用介质为气体。

阀门外形尺寸见图 17-72 和表 17-71。

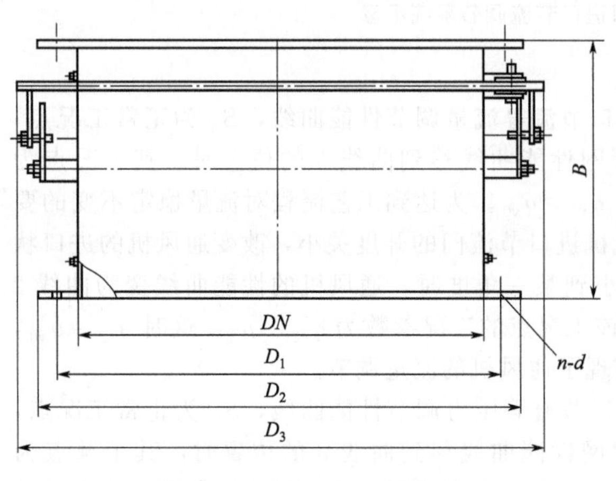

图 17-72 FTS-0.1C 阀门外形

表 17-71　阀门主要外形连接尺寸

DN/mm	D_1/mm	D_2/mm	D_3/mm	B/mm	片数	n-d	质量/kg
280	306	324	480	250	4	8-ϕ10	25
310	330	350	500	250	4	12-ϕ10	28
320	350	367	520	250	4	16-ϕ8	28
360	394	416	580	300	4	16-ϕ8	32
365	385	410	580	300	4	12-ϕ10	32
400	440	462	660	250	6	16-ϕ8	48
420	445	470	650	250	6	16-ϕ10	50
450	490	512	700	250	6	16-ϕ10	56
470	495	520	720	300	6	16-ϕ10	58
500	550	572	780	300	6	16-ϕ10	82
520	545	570	800	300	6	16-ϕ10	85
600	650	576	880	300	8	16-ϕ10	102
620	650	685	900	300	8	16-ϕ10	110
800	860	910	1150	350	8	12-ϕ12	134
1000	1065	1110	1350	350	12	16-ϕ14	198
1200	1270	1330	1580	350	12	12-ϕ14	232
1600	1660	1700	2000	400	16	28-ϕ14	380
2000	2070	2120	2420	450	16	32-ϕ14	540

(2) TJDB-0.5（圆形）百叶式气流调节阀　百叶式气流调节阀是一种新型节能高效可靠的气流调节设备，适用于风机进、出口及通风管道上，对管路中流量进行调节。

产品设计新颖，结构合理，质量轻，采用多轴百叶式，流阻小、流体均匀、启闭力小、转动灵活可靠，配用 ZA 型电动装置，可单独操作和远距离集中控制，是各种风管系统中理想的气流调节设备。主要技术参数如下：公称压力 0.05MPa；漏风率 1.5%；介质流速≤30m/s；适用温度－20～300℃；适用介质为粉尘气体等。

TJDB-0.5 百叶式气流调节阀外形尺寸见图 17-73 和表 17-72。

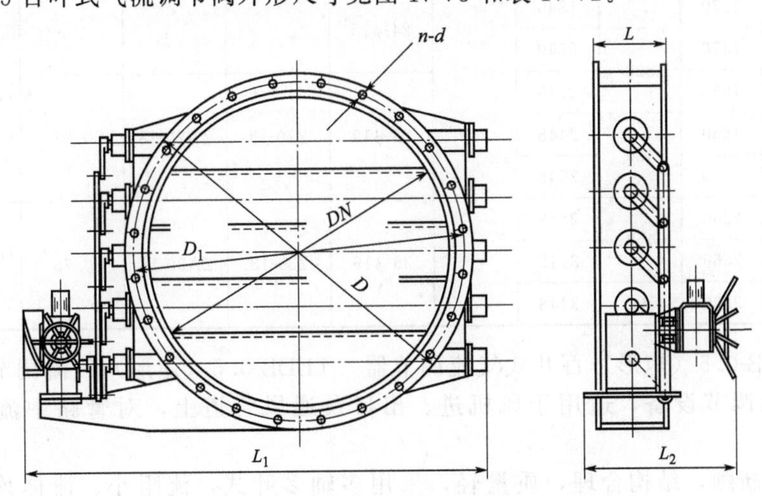

图 17-73　TJDB-0.5 百叶式气流调节阀外形

表 17-72 TJDB-0.5 百叶式气流调节阀外形连接尺寸

DN/mm	D/mm	D_1/mm	L/mm	L_1/mm	L_2/mm	n-d	电动装置		电机功率/kW	风机	质量/kg
280	324	306	160	820	585	8-ϕ10	Z5-18	ZA5-18	0.18	4-72	120
320	367	350	180	860		16-ϕ7					130
360	416	394		900							150
450	512	490		930	630	16-ϕ10					195
500	572	550	200	980			Z10-18	ZA10-18	0.25		225
600	676	650		1235							275
180	230	205	160	715	585	8-ϕ7	Z5-18	ZA5-18	0.18	9-19 9-26	95
200	250	225		735							102
224	284	254		755							110
250	310	280		781		8-ϕ10				9-19 9-72	115
280	360	320		801							125
315	395	355	180	840							127
355	435	395		880							175
400	500	450		885	630	8-ϕ12					185
450	550	500		925							215
500	620	560	200	975		12-ϕ12	Z10-18	ZA10-18	0.25		250
560	680	620		1035							275
630	750	690		1265							295
710	830	770		1345		16-ϕ12					325
800	920	860	260	1362		16-ϕ15				9-26	382
900	1040	970		1462			Z15-18	ZA15-18	0.37		435
1000	1110	1065		1640						4-72 Y5-48	475
1110	1220	1170		1740		20-ϕ15					520
1120	1250	1190	280	1760	730						570
1200	1330	1270		1840		24-ϕ15				G/Y-72	630
1400	1520	1470	320	2040							730
1600	1700	1660		2240		28-ϕ19	Z20-18	ZA20-18	0.55		830
1800	1900	1860	420	2448							930
2000	2140	2070		2648							1490
2200	2300	2260	450	2848		36-ϕ19	Z30-18	ZA30-18	0.75	G/Y-73-13	1905
2500	2600	2560		3148							2395
2800	2900	2860	500	3448							2945

(3) TEDB-0.5（矩形）百叶式气流调节器　TEDB-0.5（矩形）气流调节器是一种节能可靠的气流调节设备，适用于风机进、出口及通风管道上，对管路中流量进行电动调节。

产品设计新颖，结构合理，质量轻，采用多轴多叶式，流阻小、流体均匀、启闭力小、转动灵活可靠，配用Z型或ZA型电动装置，可单独操作或远距离集中控制，是各种风管系统中常用的气流调节设备。主要技术参数见表 17-73，外形尺寸见图 17-74 和表 17-74。

表 17-73　矩形百叶式气流调节阀技术参数

公称压力	漏风率	介质流速	适用温度	适用介质
0.05MPa	1.5%	≤30m/s	−20～300℃	空气、粉尘气体等

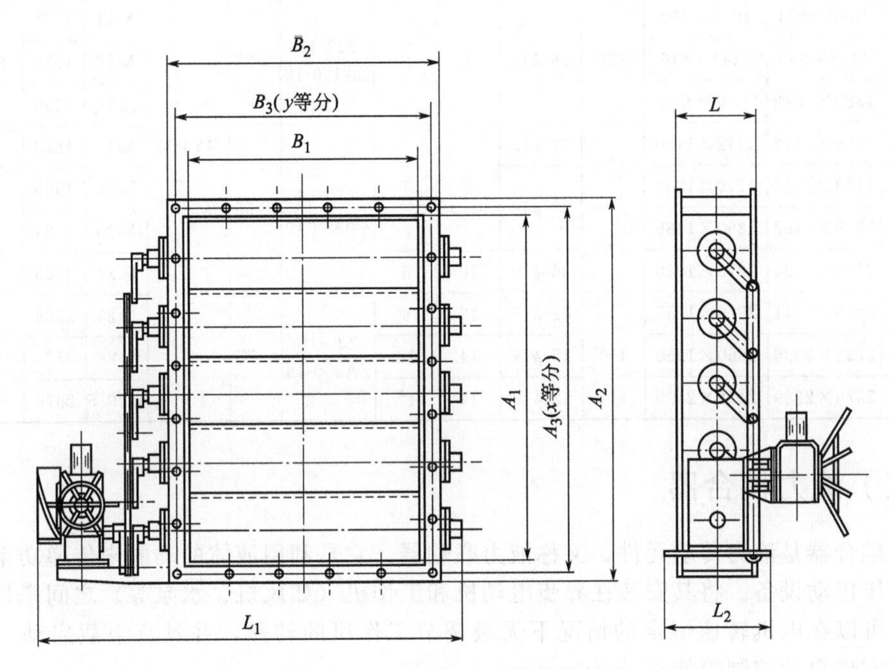

图 17-74　TEDB-0.5 调节阀外形

表 17-74　TEDB-0.5 调节阀外形尺寸

<table>
<tr><th>$A_1 \times B_1$ /mm</th><th>$A_2 \times B_2$ /mm</th><th>$A_3 \times B_3$ /mm</th><th>L /mm</th><th>n-d</th><th>x</th><th>y</th><th>电动装置</th><th>功率 /kW</th><th>风机</th><th>机号</th><th>L_1 /mm</th><th>L_2 /mm</th><th>质量 /kg</th></tr>
<tr><td>224×196</td><td>278×251</td><td>256×228</td><td rowspan="3">160</td><td rowspan="3">16-φ7</td><td rowspan="9">5</td><td rowspan="9">5</td><td rowspan="7">Z5-18
ZA50-18</td><td rowspan="7">0.18</td><td rowspan="12">4-72</td><td>№2.8</td><td>858</td><td rowspan="3">550</td><td>136</td></tr>
<tr><td>256×224</td><td>310×279</td><td>288×256</td><td>№3.2</td><td>886</td><td>145</td></tr>
<tr><td>288×252</td><td>434×308</td><td>320×284</td><td>№3.6</td><td>915</td><td>160</td></tr>
<tr><td>320×280</td><td>374×336</td><td>355×315</td><td rowspan="4">180</td><td rowspan="3">20-φ7</td><td>№4</td><td>943</td><td rowspan="4">600</td><td>217</td></tr>
<tr><td>360×315</td><td>415×371</td><td>395×350</td><td>№4.5</td><td>978</td><td>225</td></tr>
<tr><td>400×350</td><td>456×406</td><td>435×385</td><td>№5</td><td>1013</td><td>251</td></tr>
<tr><td>480×420</td><td>536×476</td><td>511×455</td><td>24-φ7</td><td>№6</td><td>1083</td><td>383</td></tr>
<tr><td>640×560</td><td>746×669</td><td>700×625</td><td>200</td><td rowspan="2">20-φ15</td><td rowspan="3">Z10-18
ZA100-18</td><td rowspan="3">0.25</td><td>№8</td><td>1296</td><td>659</td><td>357</td></tr>
<tr><td>800×700</td><td>906×809</td><td>860×765</td><td>220</td><td>№10</td><td>1436</td><td>700</td><td>472</td></tr>
<tr><td>960×840</td><td>1066×949</td><td>1008×900</td><td>240</td><td>24-φ15</td><td>6</td><td>6</td><td>№12</td><td>1576</td><td>750</td><td>558</td></tr>
<tr><td>1280×1120</td><td>1386×1232</td><td>1340×1188</td><td>260</td><td>38-φ15</td><td>10</td><td>9</td><td rowspan="2">Z15-18
ZA150-18</td><td rowspan="2">0.37</td><td>№16</td><td>1879</td><td>800</td><td>890</td></tr>
<tr><td>1600×1400</td><td>1735×1538</td><td>1672×1476</td><td>320</td><td>40-φ15</td><td>11</td><td>9</td><td>№20</td><td>2185</td><td>850</td><td>1180</td></tr>
</table>

续表

$A_1 \times B_1$ /mm	$A_2 \times B_2$ /mm	$A_3 \times B_3$ /mm	L /mm	n-d	x	y	电动装置	功率 /kW	风机	机号	L_1 /mm	L_2 /mm	质量 /kg
720×520	826×629	777×580	220	24-ϕ15	7	5	Z10-18 ZA100-18	0.25	GY4-73	№8	1256	700	408
810×586	916×694	868×650								№9	1321		446
900×650	1006×759	959×710	240							№10	1386	750	526
990×715	1096×824	1048×780	260	28-ϕ15	8	6	Z15-18 ZA150-18	0.37		№11	1471	800	560
1080×780	1186×889	1144×846								№12	1536		640
1260×910	1389×1042	1336×990								№14	1689		808
1440×1040	1569×1172	1512×1120	320	32-ϕ15	9	7	Z20-18 ZA200-18	0.55		№16	1839	850	1180
1620×1170	1179×1332	1710×1260		32-ϕ19						№18	1999		1320
1800×1300	1959×1462	1890×1386	420							№20	2129	950	1550
1980×1430	2139×1596	2070×1520		36-ϕ19	10	8				№22	2263		2000
2250×1625	2459×1841	2376×1755	450	42-ϕ19	12	9	Z30-18 ZA300-18	0.75		№25	2528	1000	2320
2520×1805	2732×2036	2660×1950		48-ϕ19	14	10				№28	2723		2590
2360×2065	2576×2289	2478×2195		52-ϕ19	14	12				№29.5	2976		2880

（三）液力耦合器

液力耦合器是液力传动元件，又称液力联轴器，它是利用液体的动能来传递功率的一种动力式液压传动设备。将其安装在异步电动机和工作机（如风机、水泵等）之间来传递两者的扭矩，可以在电机转速恒定的情况下无级调节工作机的转速，并具有空载启动、过载保护、易于实现自动控制等特点。

1. 液力耦合器分类

液力耦合器有普通型、限矩型和调速型三种基本类型。

调速型液力耦合器又可分为进口调节式和出口调节式。其调速范围对恒转矩负载约为3∶1，对离心式风机约为4∶1，最大可达5∶1。

进口调节式液力耦合器又称旋转壳体式液力耦合器，特点是结构简单紧凑、体积小、质量轻，自带旋转贮油外壳，无需专门油箱和供油泵，但因耦合器本身无箱体支持，旋转部件的重量由电机和工作机的轴分担，对电机增加了附加载荷，同时调速时间较长。一般多用于功率小于500kW和转速低于1500r/min的场合。

出口调节式液力耦合器也称箱体式液力耦合器。进口油量不变（定量油泵供油），工作腔充油量改变，耦合器输出转速也发生变化。它的特点是本身有坚实的箱体支持，因此适合于高转速（500～3000r/min）、大功率，调速过程时间短（一般十几秒钟），但外形尺寸大，辅助设备多。

2. 液力耦合器的工作原理

以出口调节式液力耦合器为例说明其工作原理，结构示意见图17-75。

调速型液力耦合器是以液体为介质传递功率的一种液力传动装置。运转时，原动机带动泵轮旋转，液体在泵轮叶片带动下因离心力作用，由泵轮内侧流向外缘，形成高压高速液流冲向涡轮叶片，使涡轮跟随泵轮作同向旋转，液体在涡轮中由外缘流向内侧被迫减压减速，然后流入泵轮。在这种循环中，泵轮将原动机的机械能转变成工作液的动能和势能，而涡轮则将液体的动能和势能又转变成输出轴的机械能，从而实现能量的柔性传递。通过改变工作腔中工作液体的充满度就可以在原动机转速不变的条件下，实现被驱动机械的无级调速。

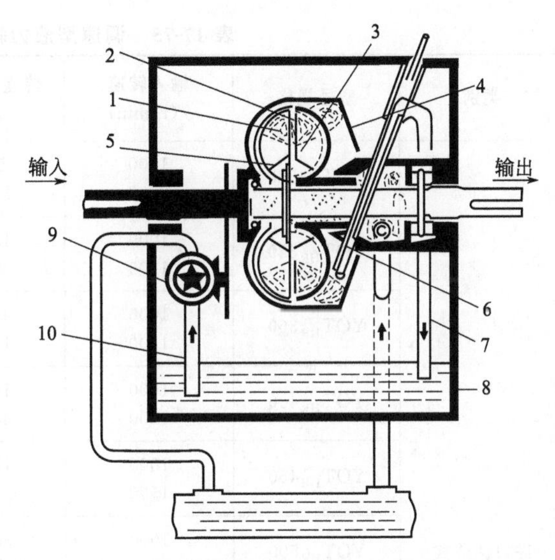

图 17-75 出口调节式液力耦合器结构

1—涡轮；2—工作腔；3—泵轮；4—勺管室；5—挡板；6—勺管；7—排油管；8—油箱；9—主循环油泵；10—吸油管

3. 液力耦合器特性参数

（1）转矩 耦合器涡轮转矩（M_T）与泵轮转矩（M_B）相等或者说输出转矩等于输入转矩。

$$M_B = M_T \quad 或 \quad M_1 = M_2 \tag{17-91}$$

（2）转速比 i 涡轮转速（n_T）与泵轮转速（n_B）之比。

$$i = \frac{n_T}{n_B} \tag{17-92}$$

（3）转差率 s 泵轮与涡轮的转速差与泵轮转速的百分比。

$$s = \frac{n_B - n_T}{n_B} \times 100\% = (1-i) \times 100\% \tag{17-93}$$

调速型液力耦合器的额定转差率 $s_N \leqslant 3\%$。

（4）效率 η 输出功率与输入功率之比。

$$\eta = \frac{P_T}{P_B} = \frac{M_T n_T}{M_B n_B} = \frac{n_T}{n_B} = i \tag{17-94}$$

即效率与转速比相等。因此，通常使之在高速比下运行，其效率一般为 0.96～0.97。

（5）泵轮转矩系数 λ_B 这是反映液力耦合器传递转矩能力的参数。

耦合器所能传递的转矩值 M_B 与液体比量 γ 的一次方、转速 n_B 的平方以及工作轮有效直径 D 的五次方成正比，即

$$M_B = \lambda_B \gamma n_B^2 D^5 \tag{17-95}$$

或

$$\lambda_B = \frac{M_B}{\gamma n_B^2 D^5} \tag{17-96}$$

λ_B 与耦合器腔型有关，其值由试验确定，λ_B 值高说明耦合器的性能较好。

（6）过载系数 λ_m 指能传递的最大转矩 M_{max} 与额定转矩 M_N 之比。

$$\lambda_m = \frac{M_{max}}{M_N} \tag{17-97}$$

4. 常用设备

调速型液力耦合器产品较多，容量从几千瓦到几千千瓦。液力耦合器与离心式风机相配使用有相当好的节能效果，特别是对于大容量风机其节能效果更为显著。

表 17-75 是部分调速型液力耦合器的技术参数。

表 17-75 调速型液力耦合器主要技术参数

类别	型号规格	输入转速/(r/min)	传递功率范围/kW	额定转差率/%	调速范围	
					离心式机械	恒扭矩机械
进口调节式	$YOT_{HR}280$	1500 3000	5～10 34～75	1.5～4	4∶1	3∶1
	$YOT_{HR}320$	1000 1500	1.5～3 9～18	1.5～4	4∶1	3∶1
	$YOT_{HR}360$	1000 1500	5～10 15～30	1.5～4	4∶1	3∶1
	$YOT_{HR}400$	1000 1500	10～15 30～50	1.5～4	4∶1	3∶1
	$YOT_{HR}450$	1000 1500	15～30 50～100	1.5～4	4∶1	3∶1
	$YOT_{HR}500$	1000 1500	30～50 100～170	1.5～4	4∶1	3∶1
	$YOT_{HR}560$	1000 1500	50～100 170～300	1.5～4	4∶1	3∶1
	$YOT_{HR}650$	1000 1500	100～180 300～560	1.5～4	4∶1	3∶1
	$YOT_{HR}750$	750 1000	70～130 180～300	1.5～4	4∶1	3∶1
	$YOT_{HR}800$	750 1000	120～200 300～500	1.5～4	4∶1	3∶1
	$YOT_{HR}875$	750 1000	130～210 300～850	1.5～4	4∶1	3∶1
出口调节式	$YOT_{GC}360$	1500 3000	15～35 110～305	1.5～3	5∶1	3∶1
	$YOT_{GC}400$	1500 3000	30～65 240～500	1.5～3	5∶1	3∶1
	$YOT_{GC}450$	1500 3000	50～110 430～900	1.5～3	5∶1	3∶1
	$YOT_{GC}650$	1000 1500	75～215 250～730	1.5～3	5∶1	3∶1
	$YOT_{GC}750$	1000 1500	150～440 510～1480	1.5～3	5∶1	3∶1
	$YOT_{GC}875$	1000 1500	365～960 1160～3260	1.5～3	5∶1	3∶1
	$YOT_{GC}1000$	750 1000	285～750 640～1860	1.5～3	5∶1	3∶1
	$YOT_{GC}1150$	750 1000	715～1865 1180～3440	1.5～3	5∶1	3∶1
	$YOC_{HJ}650$	1500	250～730	1.5～3	5∶1	3∶1
	CST50	1500 3000	70～200 560～1625	1.5～3.25	5∶1	3∶1

续表

类别	型号规格	输入转速 /(r/min)	传递功率范围 /kW	额定转差率 /%	调速范围	
					离心式机械	恒扭矩机械
出口调节式	GWT58	1500 3000	140～400 1125～3250	1.5～3.25	5∶1	3∶1

5. 调速型液力耦合器的选用

一般厂家提供的产品样本都列有耦合器的适用条件和范围，但在使用时仍应进行校验计算，以满足最不利工况的需要。下面介绍两种简单的方法。

(1) 查表法　用计算出的负荷容量和转速，从产品样本的有关曲线和参数中初步选定。

(2) 有效工作直径法　可按下式：

$$D=K\sqrt[5]{\frac{p_{\mathrm{N}}}{n_{\mathrm{B}}^{3}}} \tag{17-98}$$

式中，D 为耦合器的有效工作直径，m；K 为系数，与耦合器性能有关，$K=14.7\sim13.8$，工程一般选用 $K=14.7$；p_{N} 为负载额定轴功率，kW；n_{B} 为泵轮转速，r/min。

如果工作机的实际负载不知道，可以用电动机的额定功率和转速来计算，这样，一般耦合器选择偏大。

【例 17-12】　某高炉出铁场除尘风机，电动机轴功率为 $p_{\mathrm{N}}=670\mathrm{kW}$，转速 $n_{\mathrm{B}}=970\mathrm{r/min}$，采用耦合器调速，出铁时风机高速，不出铁时风机低速，试计算耦合器有效工作直径。

解　由式可得：

$$D=K\sqrt[5]{\frac{p_{\mathrm{N}}}{n_{\mathrm{B}}^{3}}}=14.7\sqrt[5]{\frac{670}{970^{3}}}=0.875\ (\mathrm{m})$$

故选择耦合器有效工作直径为 875mm。

YOTC710B～1050B 调速型液力耦合器外形尺寸见图 17-76 和表 17-76。

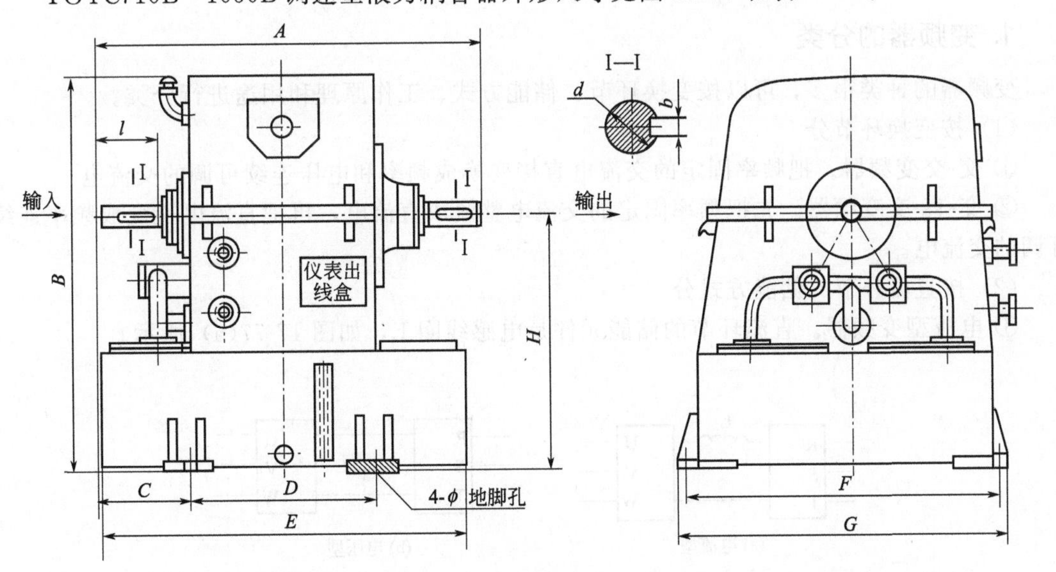

图 17-76　YOTC710B～1050B 液力耦合器外形

表 17-76　YOTC710B～1050B 液力耦合器外形尺寸　　单位：mm

<table>
<tr><th>型号</th><th>转速
/(r/min)</th><th>传递功率
/kW</th><th>A</th><th>B</th><th>C</th><th>D</th><th>E</th><th>F</th><th>G</th><th>H</th><th>d</th><th>l</th><th>b</th><th>4-φ</th><th>质量
/kg</th></tr>
<tr><td rowspan="3">YOTC710B</td><td>750</td><td>75～140</td><td rowspan="9">1455</td><td rowspan="9">1490</td><td rowspan="9">348</td><td rowspan="9">680</td><td rowspan="9">1370</td><td rowspan="9">1300</td><td rowspan="9">1380</td><td rowspan="9">915</td><td rowspan="9">110</td><td rowspan="9">210</td><td rowspan="9">28</td><td rowspan="9">40</td><td rowspan="3">3200</td></tr>
<tr><td>1000</td><td>220～360</td></tr>
<tr><td>1500</td><td>750～1250</td></tr>
<tr><td rowspan="3">YOTC750B</td><td>750</td><td>130～180</td><td rowspan="3">3300</td></tr>
<tr><td>1000</td><td>340～450</td></tr>
<tr><td>1500</td><td>1150～1450</td></tr>
<tr><td rowspan="3">YOTC800B</td><td>750</td><td>160～250</td><td rowspan="3">3400</td></tr>
<tr><td>1000</td><td>400～720</td></tr>
<tr><td>1500</td><td>1250～1600</td></tr>
<tr><td rowspan="2">YOTC875B</td><td>750</td><td>250～460</td><td rowspan="8">1700</td><td rowspan="8">1770</td><td rowspan="8">398</td><td rowspan="8">840</td><td rowspan="8">1600</td><td rowspan="8">1550</td><td rowspan="8">1640</td><td rowspan="8">1110</td><td rowspan="2">120</td><td rowspan="8">220</td><td rowspan="8">32</td><td rowspan="8">40</td><td rowspan="2">4700</td></tr>
<tr><td>1000</td><td>670～1000</td></tr>
<tr><td rowspan="3">YOTC1000B</td><td>600</td><td>280～400</td><td rowspan="6">130</td><td rowspan="3">4900</td></tr>
<tr><td>750</td><td>400～800</td></tr>
<tr><td>1000</td><td>1000～1800</td></tr>
<tr><td rowspan="3">YOTC1050B</td><td>600</td><td>355～500</td><td rowspan="3">4980</td></tr>
<tr><td>750</td><td>750～1000</td></tr>
<tr><td>1000</td><td>1400～2240</td></tr>
</table>

（四）调速变频器

变频技术，简单地说就是把直流电逆变成不同频率的交流电，或是把交流电变成直流电再逆变成不同频率的交流电，或是把直流电变成交流电再把交流电变直流电。总之这一切都是电能不发生变化，而只有频率的变化。变频器就是改变电源频率的设备。

1. 变频器的分类

变频器的种类很多，可以按变换环节、储能方式、工作原理和用途进行分类。

(1) 按变换环节分

① 交-交变频器。把频率固定的交流电直接变换成频率和电压连续可调的交流电。

② 交-直-交变频器。先把频率固定的交流电整流成直流电，再把直流电逆变成频率连续可调的交流电。

(2) 按直流环节的储能方式分

① 电流型变频器。直流环节的储能元件是电感线圈 L，如图 17-77(a) 所示。

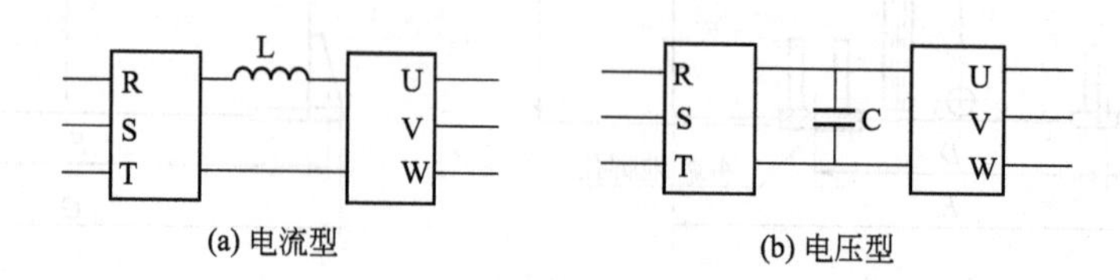

图 17-77　电流型与电压型储能方式

② 电压型变频器。直流环节的储能元件是电容器 C，如图 17-77(b) 所示。

(3) 按工作原理分

① U/f 控制变频器。U/f 控制的基本特点是对变频器输出的电压和频率同时进行控制，通过使 U/f（电压和频率的比）的值保持一定而得到所需的转矩特性。

② 转差频率控制变频器。转差频率控制方式是对 U/f 控制的一种改进，这种控制需要由安装在电动机上的速度传感器检测出电动机的转度，构成速度闭环，速度调节器的输出为转差频率，而变频器的输出频率则由电动机的实际转速与所需转差频率之和决定。

③ 矢量控制变频器。矢量控制是一种高性能异步电动机控制方式，它的基本思路是：将异步电动机的定子电流分为产生磁场的电流分量（励磁电流）和与其垂直的产生转矩的电流分量（转矩电流），并分别加以控制。

④ 直接转矩控制变频器。

(4) 按用途分

① 通用变频器。所谓通用变频器，是指能与普通的笼型异步电动机配套使用，能适应各种不同性质的负载，并具有多种可供选择功能的变频器。

② 高性能专用变频器。高性能专用变频器主要应用于对电动机的控制要求较高的系统，与通用变频器相比，高性能专用变频器大多数采用矢量控制方式，驱动对象通常是变频器厂家指定的专用电动机。

③ 高频变频器。在超精密加工和高性能机械中，常常要用到高速电动机，为了满足这些高速电动机的驱动要求，出现了采用 PAM（脉冲幅值调制）控制方式的高频变频器，其输出频率可达到 3kHz。

2. 变频器的工作原理

(1) 变频器的基本结构　通用变频器根据功率的大小，从外形上看有书本形结构（0.75～37kW）和装柜形结构（45～1500kW）两种。图 17-78 所示为书本形结构的通用变频器的外形和结构。

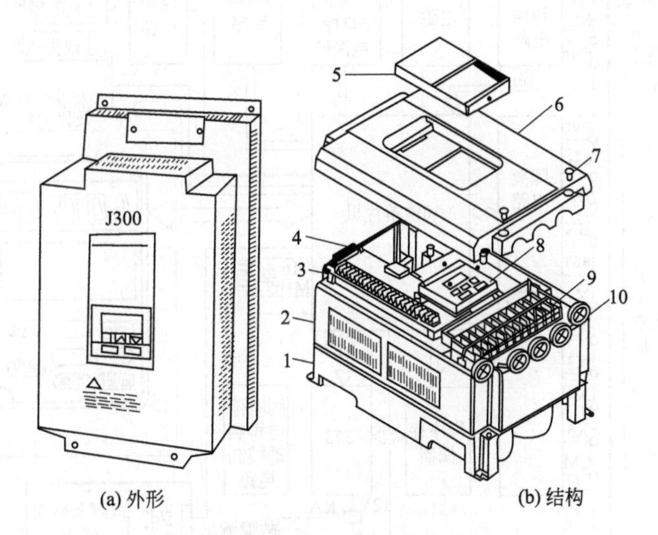

(a) 外形　(b) 结构

图 17-78　通用变频器的外形和结构

1—底座；2—外壳；3—控制电路接线端子；4—充电指示灯；5—防护盖板；6—前盖；7—螺钉；8—数字操作面板；9—主电路接线端；10—接线孔

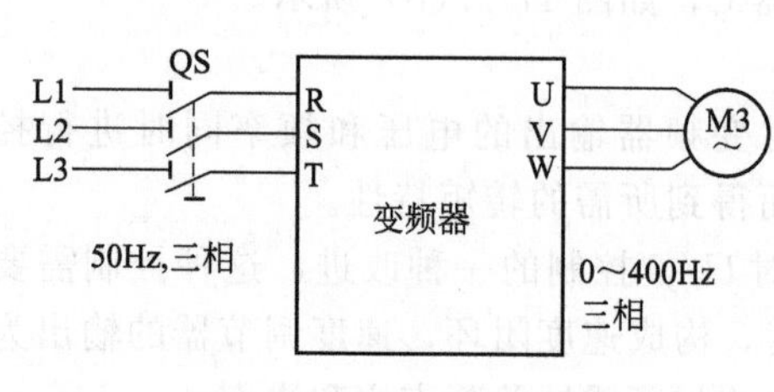

图 17-79　变频器的作用

（2）变频器的原理框图　变频器是应用变频技术制造的一种静止的频率变换器，它是利用半导体器件的通断作用将频率固定（通常为工频50Hz）的交流电（三相或单相）变换成频率连续可调的交流电的电能控制装置，其作用如图 17-79 所示。变频器按应用类型可分为两大类：一类是用于传动调速；另一类是用于多种静止电源。使用变频器可以节能、提高产品质量和劳动生产率。

变频器的原理框图如图 17-80 所示。从图中可知变频器的各组成部分，以便于接线和维修。图 17-81 所示为富士 FRN-G9S/P9S 系列变频器基本接线图。卸下表面盖板就可看见接线端子。

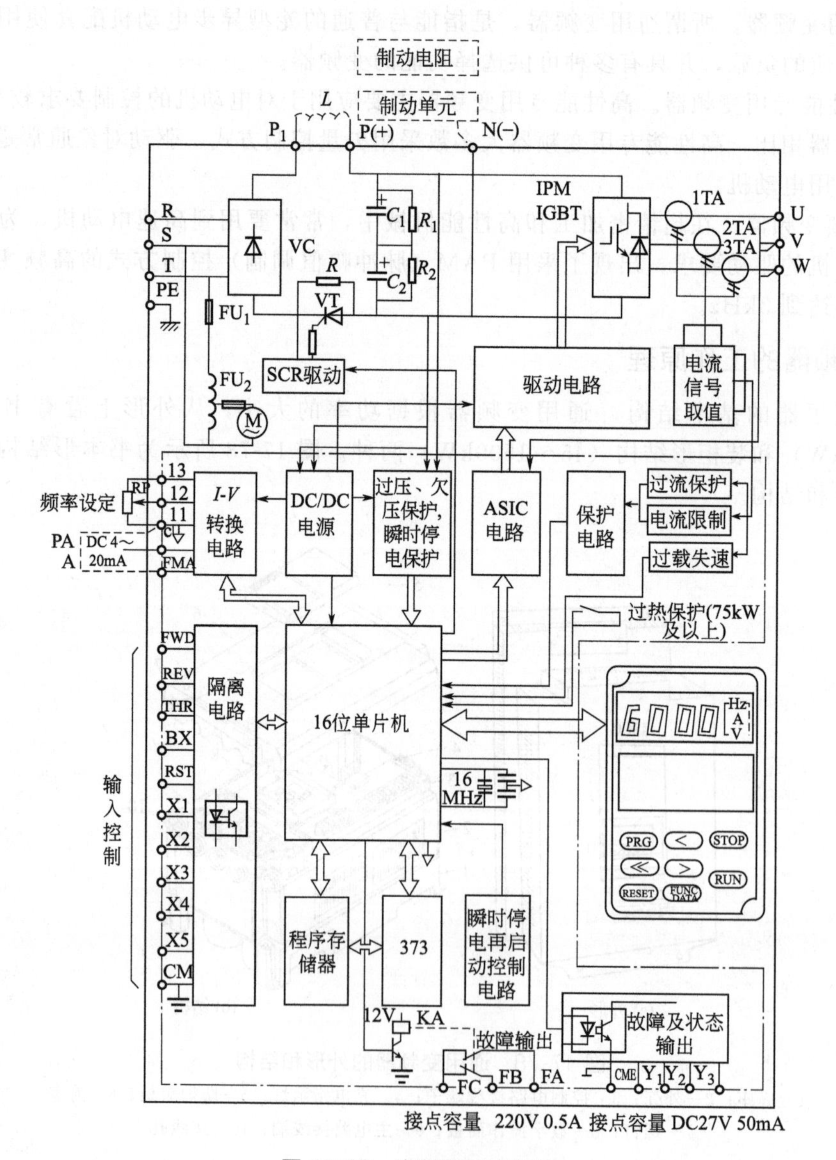

图 17-80　变频器原理框图

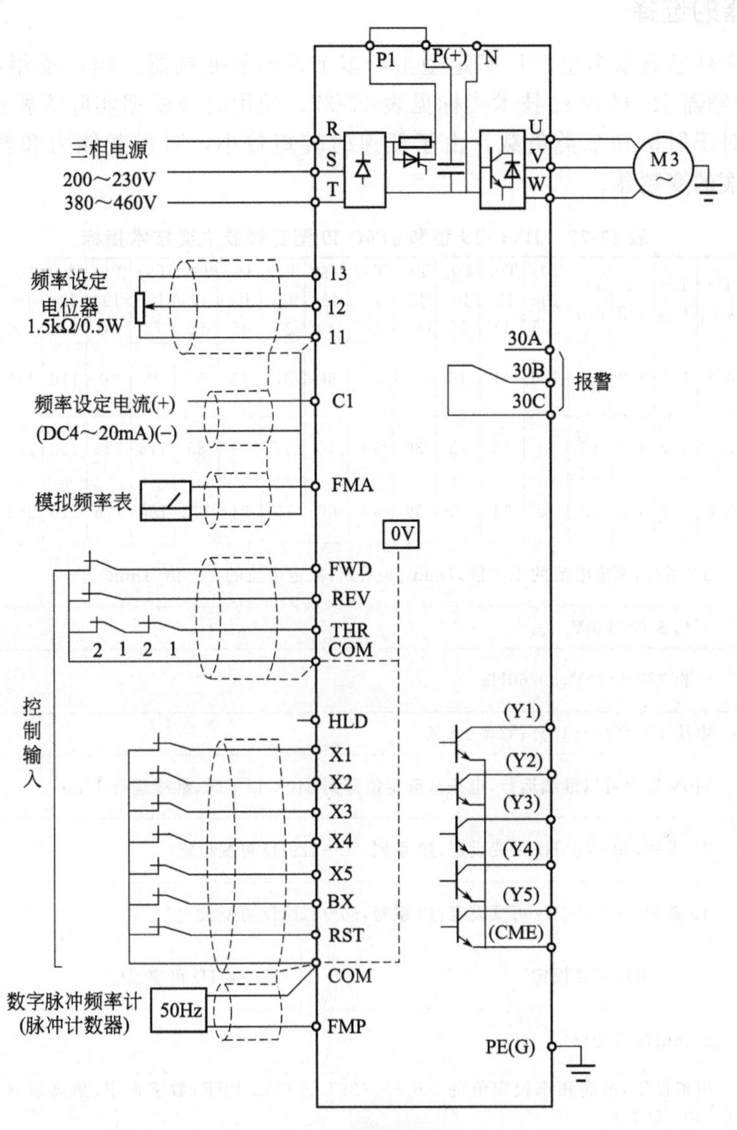

图 17-81 变频器基本接线图

接线时应注意以下几点：

① 输入电源必须接到 R、S、T 上，输出电源必须接到端子 U、V、W 上，若接错会损坏变频器。

② 为了防止触电、火灾等灾害和降低噪声，必须连接接地端子。

③ 端子和导线的连接应牢靠，要使用接触性好的压接端子。

④ 配完线后，要再次检查接线是否正确，有无漏接现象，端子和导线间是否短路或接地。

⑤ 通电后，需要改接线时，即使已关断电源也应等充电指示灯熄灭后，用万用表确认直流电压降到安全电压（DC 25V 下）后再操作。若还残留有电压就进行操作，会产生火花。

3. 变频器的选择

目前，国内外已有众多生产厂家定型生产多个系列的变频器。国产通用型变频器 JP6C-T9 和节能型变频器 JP6C-J9 的技术指标见表 17-77。使用时应根据实际需要选择满足使用要求的变频器。对于风机和泵类负载，由于低速时转矩较小，对过载能力和转速精度要求较低，故选用价廉的变频器。

表 17-77 JP6C-T9 型和 JP6C-J9 型变频器主要技术指标

<table>
<tr><td colspan="3">型号
JP6C-</td><td>T9-
0.75</td><td>T9-
1.5</td><td>T9-
2.2</td><td>T9-
5.5</td><td>T9/
J9-
7.5</td><td>T9/
J9-
11</td><td>T9/
J9-
15</td><td>T9/
J9-
18.5</td><td>T9/
J9-
22</td><td>T9/
J9-
30</td><td>T9/
J9-
37</td><td>T9/
J9-
45</td><td>T9/
J9-
55</td><td>T9/
J9-
75</td><td>T9/
J9-
90</td><td>T9/
J9-
110</td><td>T9/
J9-
132</td><td>T9/
J9-
160</td><td>T9/
J9-
200</td><td>T9/
J9-
220</td><td>T9/
J9-
280</td></tr>
<tr><td colspan="3">适用电动机功率
/kW</td><td>075</td><td>1.5</td><td>2.2</td><td>5.5</td><td>7.5</td><td>11</td><td>15</td><td>18.5</td><td>22</td><td>30</td><td>37</td><td>45</td><td>55</td><td>75</td><td>90</td><td>110</td><td>132</td><td>160</td><td>200</td><td>220</td><td>280</td></tr>
<tr><td rowspan="4">额定
输出</td><td colspan="2">额定容量①
/(kV·A)</td><td>2.0</td><td>3.0</td><td>4.2</td><td>10</td><td>14</td><td>18</td><td>23</td><td>30</td><td>34</td><td>46</td><td>57</td><td>69</td><td>85</td><td>114</td><td>134</td><td>160</td><td>193</td><td>232</td><td>287</td><td>316</td><td>400</td></tr>
<tr><td colspan="2">额定电流
/A</td><td>2.5</td><td>3.7</td><td>5.5</td><td>13</td><td>18</td><td>24</td><td>30</td><td>39</td><td>45</td><td>60</td><td>75</td><td>91</td><td>112</td><td>150</td><td>176</td><td>210</td><td>253</td><td>304</td><td>377</td><td>415</td><td>520</td></tr>
<tr><td colspan="2">额定过
载电流</td><td colspan="21">T9 系列,额定电流的 1.5 倍,1min;J9 系列,额定电流的 1.2 倍,1min</td></tr>
<tr><td colspan="2">电压</td><td colspan="21">三相 380～440V</td></tr>
<tr><td rowspan="3">输入
电源</td><td colspan="2">相数,电
压,频率</td><td colspan="21">三相 380～440V,50/60Hz</td></tr>
<tr><td colspan="2">允许波动</td><td colspan="21">电压＋10％～－15％;频率±5％</td></tr>
<tr><td colspan="2">抗瞬时
电压降低</td><td colspan="21">310V 以上可以继续运行,电压从额定值降到 310V 以下时,继续运行 15ms</td></tr>
<tr><td rowspan="6">输出
频率</td><td rowspan="4">设
定</td><td>最高
频率</td><td colspan="21">T9 系列,50～400Hz 可变设定;J9 系列,50～120Hz 可变设定</td></tr>
<tr><td>基本
频率</td><td colspan="21">T9 系列,50～400Hz 可变设定;J9 系列,50～120Hz 可变设定</td></tr>
<tr><td>启动
频率</td><td colspan="10">0.5～60Hz 可变设定</td><td colspan="11">2～4kHz 可变设定</td></tr>
<tr><td>载波
频率</td><td colspan="21">2～6kHz 可变设定</td></tr>
<tr><td colspan="2">精度</td><td colspan="21">模拟设定,最高频率设定值的±0.3％(25℃±10℃)以下;数字设定,最高频率设定值的±0.01％(－10～50℃)</td></tr>
<tr><td colspan="2">分辨率</td><td colspan="21">模拟设定,最高频率设定值的 0.05％;数字设定,0.01Hz(99.99Hz 以下)或 0.1Hz(100Hz 以上)</td></tr>
<tr><td rowspan="5">控制</td><td colspan="2">电压/频率
特性</td><td colspan="21">用基本频率可设定 320～440V</td></tr>
<tr><td colspan="2">转矩提升</td><td colspan="21">自动,根据负荷转矩调整到最佳值;手动,0.1～20.0 编码设定</td></tr>
<tr><td colspan="2">启动转矩</td><td colspan="21">T9 系列,1.5 倍以上(转矩矢量控制时);J9 系列,0.5 倍以上(转矩矢量控制时)</td></tr>
<tr><td colspan="2">加、减速
时间</td><td colspan="21">0.1～3600s,对加速时间、减速时间可单独设定 4 种,可选择线性加速、减速特性曲线</td></tr>
<tr><td colspan="2">附属功能</td><td colspan="21">上、下限频率控制,偏置频率,频率设定增益,跳跃频率,瞬时停电再启动(转速跟踪再启动),电流限制</td></tr>
<tr><td rowspan="3">运转</td><td colspan="2">运转操作</td><td colspan="21">触摸面板,RUN 键、STOP 键,远距离操作;端子输入,正转指令、反转指令,自由运转指令等</td></tr>
<tr><td colspan="2">频率设定</td><td colspan="21">触摸面板,∧键,∨键,端子输入,多段频率选择;模拟信号,频率设定器 DC 0～10V 或 DC 4～20mA</td></tr>
<tr><td colspan="2">运转状
态输出</td><td colspan="21">集中报警输出
开路集电极:能选择运转中、频率到达、频率等级、检测等 9 种或单独报警;
模拟信号:能选择输出频率、输出电流、转矩、负荷率(0～1mA)</td></tr>
</table>

续表

<table>
<tr><td colspan="2">型号
JP6C-</td><td>T9-
0.75</td><td>T9-
1.5</td><td>T9-
2.2</td><td>T9-
5.5</td><td>T9/
J9-
7.5</td><td>T9/
J9-
11</td><td>T9/
J9-
15</td><td>T9/
J9-
18.5</td><td>T9/
J9-
22</td><td>T9/
J9-
30</td><td>T9/
J9-
37</td><td>T9/
J9-
45</td><td>T9/
J9-
55</td><td>T9/
J9-
75</td><td>T9/
J9-
90</td><td>T9/
J9-
110</td><td>T9/
J9-
132</td><td>T9/
J9-
160</td><td>T9/
J9-
200</td><td>T9/
J9-
220</td><td>T9/
J9-
280</td></tr>
<tr><td rowspan="3">显示</td><td>数字显示器
(LED)</td><td colspan="21">输出频率、输出电流、输出电压、转速等8种运行数据，设定频率故障码</td></tr>
<tr><td>液晶显示器
(LCD)</td><td colspan="21">运转信息、操作指导、功能码名称、设定数据、故障信息等</td></tr>
<tr><td>灯指示
(LED)</td><td colspan="21">充电(有电压)、显示数据单位、触摸面板操作指示、运行指示</td></tr>
<tr><td rowspan="3">制动</td><td>制动
转矩[②]</td><td colspan="4">100%以上</td><td colspan="5">电容充电制动20%以上</td><td colspan="12">电容充电制动10%～15%</td></tr>
<tr><td>制动
选择[③]</td><td colspan="4">内设制动电阻</td><td colspan="5">外接制动电阻100%</td><td colspan="12">外接制动单元和制动电阻70%</td></tr>
<tr><td>直流制
动设定</td><td colspan="21">制动开始频率(0～60Hz)，制动时间(0～30s)，制动力(0～200%可变设定)</td></tr>
<tr><td colspan="2">保护功能</td><td colspan="21">过电流、短路、接地、过压、欠压、过载、过热，电动机过载、外部报警、电涌保护，主器件自保护</td></tr>
<tr><td colspan="2">外壳防
护等级</td><td colspan="4">IP40</td><td colspan="17">IP00(IP20为选用)</td></tr>
<tr><td rowspan="5">环境</td><td>使用场所</td><td colspan="21">屋内、海拔1000m以下，没有腐蚀性气体、灰尘、直射阳光</td></tr>
<tr><td>环境温
度/湿度</td><td colspan="21">−10℃～+50℃/20%～90%RH不结露(220kW以下规格在超过40℃时，要卸下通风盖)</td></tr>
<tr><td>振动</td><td colspan="21">$5.9 m/s^2 (0.6g)$以下</td></tr>
<tr><td>保存温度</td><td colspan="21">−20～+65℃(适用运输等短时间的保存)</td></tr>
<tr><td>冷却方式</td><td colspan="21">强制风冷</td></tr>
</table>

① 按电源电压440V时计算值。
② 对于T9系列，7.5～22kW为20%以上，30～280kW为10%～15%。
③ 对于J9系列，7.5～22kW为100%以上，30～280kW为75%以上（使用制动电阻时）。

当调速系统的控制对象是改变电动机转速时，在选择变频器的过程中应考虑以下几点。

(1) 电动机转速　为了维持某一速度，电动机所传动的负载必须接受电动机供给的转矩，其值与该转速下的机械所做的功和损耗相适应。这称为速度下的负载转矩。

在图17-82中，表明电动机的转速由曲线 T_M 和 T_L 的交点 A 确定。要从此点加速或减速，则需要改变 T_M，使 T_A 为正值或负值。也就是要控制电动机制转速，必须具有控制电动机产生转矩 T_M 的功能。

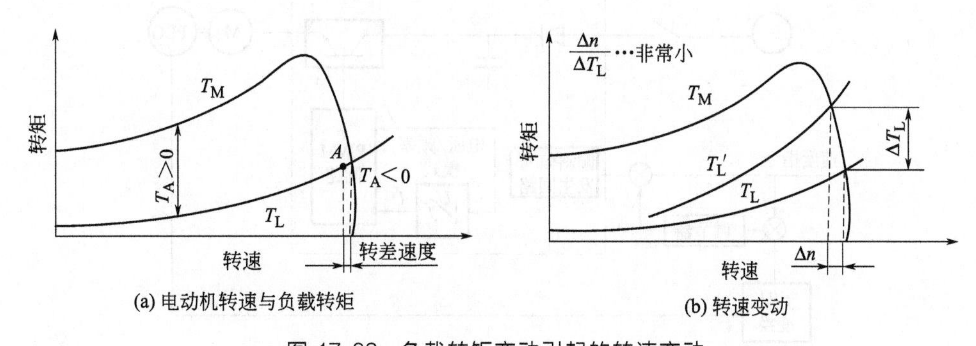

图17-82　负载转矩变动引起的转速变动

（2）加减速时间　通常，加速率是以频率从零变到最高频率所需的时间；减速率是从最高频率到零的时间。加速时间给定的要点是：在加速时产生的电流限制在变频器过电流容量以下，也就是不应使过电流失速防止回路动作。减速时间给定的要点是：防止平滑回路的电压过大，不使再生电压失速防止回路动作。对于恒转矩负载和二次方转矩负载，可用简易的计算方法和查表来计算出加减速时间。

（3）速度控制系统

① 开环控制。如果笼型电动机的电压、频率一定，因负载变化引起的转速变化是非常小的。额定转矩下的转差率决定于电动机的转矩特性，转差率为1%～5%。对于二次方转矩负载（如风机、泵等），并不要求快速响应，常用开环控制，如图17-83所示。

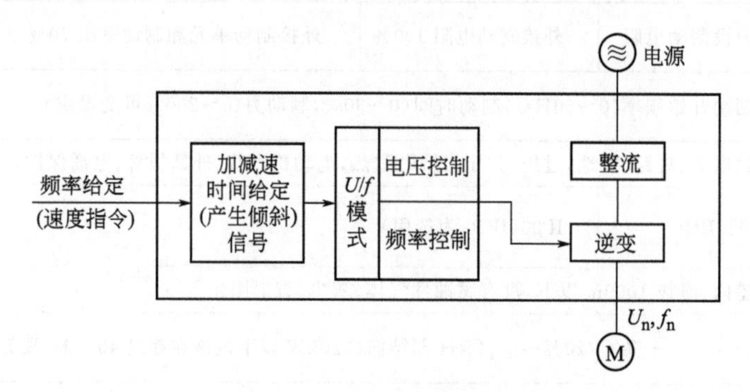

图17-83　开环控制系统

② 闭环控制。为了补偿电动机转速的变化，将可以检测出的物理量作为电气信号负反馈到变频器的控制电路，这种控制方式称为闭环控制。速度反馈控制方式是以速度为控制对象的闭环控制，用于造纸机、风机、泵类机械、机床等要求速度精度高的场合，但需要装设传感器，以便用电量检测出电动机速度。速度传感器中DCPG、ACPG、PLG等作为检测电动机转速的手段是用得最普遍的。编码器、分解器等能检测出机械位置，可用于直线或旋转位置的高精度控制。

③ 图17-84为PLG的速度闭环控制的例子。用虚线表示的信号路径，用于通用变频器的速度控制。用虚线路径进行开环控制，对开环控制的误差部分用调节器修正。

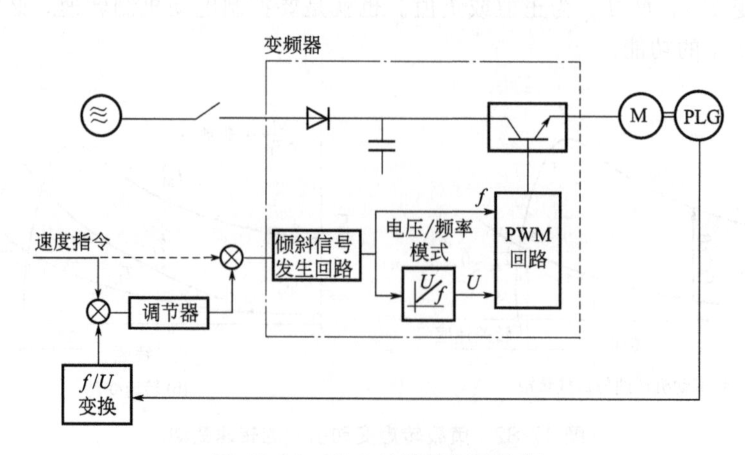

图17-84　PLG的速度闭环控制

第五节　净化系统的防爆、防腐与保温设计

一、净化系统的防爆

在处理含有可燃物（如可燃气体、可燃粉尘等）的气体时，净化系统必须有充分可靠的防火防爆措施。

燃烧是指伴有光和热的剧烈化学反应过程，或者说是在进行剧烈的氧化还原反应的同时，伴随有火焰产生的过程。燃烧过程的进行是有一定条件的，温度、燃气组分浓度及过程条件的控制都可能对过程的进行产生影响。

1. 混合气体的燃烧爆炸

当混合气体中含有的氧和可燃组分的含量处在一定的范围内，点燃某一点时所产生的热量可以继续引燃周围的混合气体，燃烧才能继续。这样的混合气体称为可燃的混合气体。氧和可燃气体稳定燃烧的浓度范围称为燃烧极限浓度范围。

可燃的混合气体在某一点着火后，不断引燃周围的气体。在有控制的条件下就形成火焰，维持燃烧；若在一个有限的空间内迅速蔓延，就形成气体的爆炸。因此，就混合气体的浓度而言，可燃的混合气体就是爆炸性的混合气体，燃烧极限浓度范围就是爆炸极限浓度范围。由此可以看出，混合气体的燃烧爆炸，一般要具备3个条件：

① 必须存在可燃的混合气体或可燃粉尘；

② 有明火或点火；

③ 氧气充足。

上述条件去掉一个即可防燃防爆。

2. 爆炸性物质的划分

爆炸性物质按有关规定可分为三类：Ⅰ类，矿井甲烷；Ⅱ类，爆炸性气体和蒸气；Ⅲ类，爆炸性粉尘和纤维。

（1）Ⅱ类爆炸性气体（包括蒸气和薄雾）在标准试验条件下，按可能引爆的最小火花能量大小，又分为A、B、C三级。按其引燃温度又可分为T1、T2、T3、T4、T5、T6六组，见表17-78。引燃温度，是指按照标准试验方法试验时，引燃爆炸性混合物的最低温度。

表17-78　爆炸性气体的分类、分级、分组举例表

类和级	最大试验安全间隙MESG/mm	最小点燃电流比MICR	组别与引燃温度/℃					
			T1	T2	T3	T4	T5	T6
			$T>450$	$450\geqslant T>300$	$300\geqslant T>200$	$200\geqslant T>125$	$135\geqslant T>100$	$100\geqslant T>85$
Ⅰ	1.14	1.0	甲烷					
ⅡA	0.9～1.14	0.8～1.0	乙烷、丙烷、丙酮、苯乙烯、氯乙烯、氯苯、甲苯、苯、氨、甲醇、一氧化碳、乙酸乙酯、乙酸、丙烯酸	丁烷、乙醇、丙烯、丁醇、乙酸丁酯、乙酸戊酯、乙酸酐	戊烷、己烷、庚烷、癸烷、辛烷、汽油、硫化氢、环己烷	乙醚、乙醛		亚硝酸乙酯

续表

类和级	最大试验安全间隙MESG/mm	最小点燃电流比MICR	组别与引燃温度/℃					
			T1	T2	T3	T4	T5	T6
			$T>450$	$450\geqslant T>300$	$300\geqslant T>200$	$200\geqslant T>125$	$135\geqslant T>100$	$100\geqslant T>85$
ⅡB	0.5～0.9	0.45～0.8	二甲醚、民用燃气环丙烷	环氧乙烷、环氧丙烷、丁二烯、乙烯	异戊二烯			
ⅡC	≤0.5	≤0.45	水煤气、氢、焦炉煤气	乙炔			二硫化碳	硝酸乙酯

（2）Ⅲ类爆炸性粉尘　按其物理性质分为A、B两级。按其引燃温度又分为T1-1、T1-2、T1-3三组。爆炸性粉尘的分级、分组见表17-79。

表17-79　爆炸性粉尘的分级、分组举例表

类和级	粉尘物质	组别与引燃温度/℃		
		T1-1	T1-2	T1-3
		$T>270$	$270\geqslant T>200$	$200\geqslant T>140$
ⅢA	非导电性可燃纤维	木棉纤维、烟草纤维、纸纤维、亚硫酸盐纤维素、人造毛短纤维、亚麻	木质纤维	
	非导电性爆炸性粉尘	小麦、玉米、砂糖、橡胶、染料、聚乙烯、苯酚树脂	可可、米、糖	
ⅢB	导电性爆炸性粉尘	镁、铝、铝青铜、锌、钛、焦炭、炭黑	铝（含油）、铁、煤	
	火炸药粉尘		黑火药、TNT	硝化棉、吸收药、黑索金、特屈儿、泰安

3. 爆炸极限浓度范围

混合气体中氧和可燃物的浓度处在一定范围时即可组成可燃的混合气体，空气中混入可燃物时，由于空气中本底氧含量是21%（体积分数），因此只要按照爆炸极限的浓度范围值规定空气中的可燃物含量即可。这个极限范围有下限和上限两个数值。当空气中的可燃物浓度低于爆炸下限时，可燃物燃烧时所产生的热量不足以引燃周围的气体，即混合气体不能维持燃烧也不会引起爆炸。当空气中可燃物浓度高于爆炸上限时，由于氧量的不足，同样也不可能燃烧和爆炸。

各种可燃物气体、蒸气和粉尘的爆炸特性见表17-80和表17-81。表中所列爆炸极限范围是在一定条件下获得的。当温度、湿度、压力变化时爆炸极限范围也可能变化。

表17-80　几种气体或蒸气的爆炸特性

气体		最低着火温度/℃		爆炸极限（体积分数）/%			
名称	分子式	与空气混合	与氧混合	与氧混合		与空气混合	
				下限	上限	下限	上限
一氧化碳	CO	610	590	13	96	12.5	75
氢	H_2	530	450	4.5	95	4.15	75
甲烷	CH_4	645	645	5	60	4.9	15.4
乙烷	C_2H_6	530	500	3.9	50.5	2.5	15.0
丙烷	C_3H_8	510	490			2.2	7.3

续表

气体		最低着火温度/℃		爆炸极限(体积分数)/%			
名称	分子式	与空气混合	与氧混合	与氧混合		与空气混合	
				下限	上限	下限	上限
乙炔	C_2H_2	335	295	2.8	93	1.5	80.5
乙烯	C_2H_4	540	485	3.0	80	3.2	34.0
丙烯	C_3H_6	420	455			2.2	9.7
硫化氢	H_2S	290	220			4.3	46.0
氰	HCN					6.6	42.6

表 17-81　工贸行业重要可燃性粉尘

序号	名称	中位径/μm	爆炸下限/(g/m³)	最小点火能/mJ	最大爆炸压力/MPa	爆炸指数/(MPa·m/s)	粉尘云引燃温度/℃	粉尘层引燃温度/℃	爆炸危险性级别
一、金属制品加工									
1	镁粉	6	25	<2	1	35.9	480	>450	高
2	铝粉	23	60	29	1.24	62	560	>450	高
3	铝铁合金粉	23			1.06	19.3	820	>450	高
4	钙铝合金粉	22			1.12	42	600	>450	高
5	铜硅合金粉	24	250		1	13.4	690	305	高
6	硅粉	21	125	250	1.08	13.5	>850	>450	高
7	锌粉	31	400	>1000	0.81	3.4	510	>400	较高
8	钛粉						375	290	较高
9	镁合金粉	21		35	0.99	26.7	560	>450	较高
10	硅铁合金粉	17		210	0.94	16.9	670	>450	较高
二、农副产品加工									
11	玉米淀粉	15	60		1.01	16.9	460	435	高
12	大米淀粉	18		90	1	19	530	420	高
13	小麦淀粉	27			1	13.5	520	>450	高
14	果糖粉	150	60	<1	0.9	10.2	430	熔化	高
15	果胶酶粉	34	60	180	1.06	17.7	510	>450	高
16	土豆淀粉	33	60		0.86	9.1	530	570	较高
17	小麦粉	56	60	400	0.74	4.2	470	>450	较高
18	大豆粉	28			0.9	11.7	500	450	较高
19	大米粉	<63	60		0.74	5.7	360		较高
20	奶粉	235	60	80	0.82	7.5	450	320	较高
21	乳糖粉	34	60	54	0.76	3.5	450	>450	较高
22	饲料	76	60	250	0.67	2.8	450	350	较高
23	鱼骨粉	320	125		0.7	3.5	530		较高
24	血粉	46	60		0.86	11.5	650	>450	较高
25	烟叶粉尘	49			0.48	1.2	470	280	一般

续表

序号	名称	中位径/μm	爆炸下限/(g/m³)	最小点火能/mJ	最大爆炸压力/MPa	爆炸指数/(MPa·m/s)	粉尘云引燃温度/℃	粉尘层引燃温度/℃	爆炸危险性级别
三、木制品/纸制品加工									
26	木粉	62		7	1.05	19.2	480	310	高
27	纸浆粉	45	60		1	9.2	520	410	高
四、纺织品加工									
28	聚酯纤维	9			1.05	16.2			高
29	甲基纤维	37	30	29	1.01	20.9	410	450	高
30	亚麻	300			0.6	1.7	440	230	较高
31	棉花	44	100		0.72	2.4	560	350	较高
五、橡胶和塑料制品加工									
32	树脂粉	57	60		1.05	17.2	470	>450	高
33	橡胶粉	80	30	13	0.85	13.8	500	230	较高
六、冶金/有色/建材行业煤粉制备									
34	褐煤粉尘	32	60		1	15.1	380	225	高
35	褐煤/无烟煤(80∶20)粉尘	40	60	>4000	0.86	10.8	440	230	较高
七、其他									
36	硫黄	20	30	3	0.68	15.1	280		高
37	过氧化物	24	250		1.12	7.3	>850	380	高
38	染料	<10	60		1.1	28.8	480	熔化	高
39	静电粉末涂料	17.3	70	3.5	0.65	8.6	480	>400	高
40	调色剂	23	60	8	0.88	14.5	530	熔化	高
41	萘	95	15	<1	0.85	17.8	660	>450	高
42	弱防腐剂	<15				31			高
43	硬脂酸铅	15	60	3	0.91	11.1	600	>450	高
44	硬脂酸钙	<10	30	16	0.92	9.9	580	>450	较高
45	乳化剂	71	30	17	0.96	16.7	430	390	较高

注：1. “其他”类中所列粉尘主要为工贸行业企业生产过程中使用的辅助原料、添加剂等，需结合工艺特点、用量大小等情况，综合评估爆炸风险。

2. 表中所列出的可燃性粉尘爆炸特性参数，为在某一工艺特定工段或设备内取出的粉尘样品实验测试结果。

表17-81中术语解释如下。

① 可燃性粉尘：是指在空气中能燃烧或焖燃，在常温常压下与空气形成爆炸性混合物的粉尘、纤维或飞絮。

② 中位粒径：是指一个粉尘样品的累计粒度分布百分数达到50%时所对应的粒径，单位为μm。

③ 爆炸下限：是指粉尘云在给定能量点火源作用下，能发生自持火焰传播的最低浓度，单位为g/m³。

④ 最小点火能：是指引起粉尘云爆炸的点火源能量的最小值，单位为mJ。

⑤ 最大爆炸压力：是指在一定点火能量条件下，粉尘云在密闭容器内爆炸时所能达到的最高压力，单位为MPa。

⑥ 爆炸指数：是指粉尘最大爆炸压力上升速率与密闭容器容积立方根的乘积，单位为MPa・m/s。

⑦ 粉尘云引燃温度：是指引起粉尘云着火的最低热表面温度，单位为℃。

⑧ 粉尘层引燃温度：是指规定厚度的粉尘层在热表面上发生着火的热表面最低温度，单位为℃。

⑨ 爆炸危险性级别：综合考虑可燃性粉尘的引燃容易程度和爆炸严重程度，确定的粉尘爆炸危险性级别。

4. 影响可燃混合物爆炸的因素

对可燃气体和蒸气构成的混合物，影响其爆炸的主要因素是混合物的温度、压力、惰性气体或杂质的含量、火源性质及容器的大小等。一般是随着温度升高、压力增大、惰性气体含量减少、火源强度增大、容器尺寸增大，爆炸极限范围随之增大。

对可燃粉尘混合物来说，爆炸的难易与粉尘的物理性质、化学性质、空气条件等因素有关。一般认为：

① 燃烧热越大的物质，爆炸越容易，例如煤尘、炭尘、硫黄等；

② 氧化速度越快的物质，爆炸越容易，如镁、氧化亚铁和染料等；

③ 悬浮性越大的粉尘，爆炸越容易；

④ 粒径越小的粉尘，爆炸越容易，这是由于粒径越小时，比表面积越大，化学活性越强，表面吸附的氧越多，因而其爆炸下限越低，所需最小点火能越小，并且最大爆炸压力和压力上升速度越高；

⑤ 混合物中氧浓度越高，则着火点越低，最大爆炸压力和压力上升速度越高，因而越容易爆炸，且爆炸压力更加剧烈；

⑥ 容易带电的粉尘更易引起爆炸；

⑦ 粉尘粒子越干越易爆炸。

5. 防火防爆措施

从理论上讲，只要使可燃物的浓度处于爆炸极限浓度范围之外，或消除一切导致着火的火源，采用其中之一措施就足以防止爆炸的发生。但实际上由于受某些不可控制的条件影响，会使某一种措施失去作用。为了提高安全的程度，两方面的措施都必须同时采取，还要考虑其他辅助措施。常用的防火防爆措施有以下几种。

（1）设备密闭与厂房通风　当管道与设备密闭不良时，在负压段可能因空气漏入而达到爆炸上限；在正压段则会因可燃物漏出，使附近空气达到爆炸下限。因此必须保证设备、管道系统的密闭性，并把设备内部压力控制在额定范围之内。

因为要使设备达到绝对密闭是不可能的，所以还必须加强厂房的通风，保证车间内可燃物的浓度不致达到危险的程度，并应采用防爆的通风系统。

（2）惰性气体的利用　向可燃混合气体中加入惰性气体，可将混合气体冲淡，缩小爆炸极限范围以致消除危险状态。还可以使用惰性气体构成气幕，阻止空气与可燃物接触混合。通常使用的惰性气体有N_2、CO_2、水蒸气等。

（3）消除火源　可能引起火灾与爆炸的火源有明火、摩擦与撞击、电气设备等。对有爆炸危险的场所，应根据具体情况采取各种可能的防火措施。例如，禁止使用明火，不准用蜡烛或普通电灯照明；物料进入系统之前，用电磁分离器等清除物料中的铁屑等异物；禁止穿带铁钉的鞋，地面采用沥青或菱苦土等软质材料铺设；采用防爆型的电气元件、开关、电动机等，预防静电的产生和积聚。

（4）可燃混合物成分的检测与控制　对有爆炸危险的可燃物的净化系统，为防止危险状态出现，防止可燃物浓度达到爆炸浓度，必须装设必要的连续检测仪器，以便经常监视系统的工作状态，并能在达到控制状态时自动报警，采取措施使设备脱离危险。

（5）阻火与泄爆措施　为了保证安全，除采用周密的防爆措施外，还必须采取必要的阻火与泄爆措施，以便万一发生爆炸时能尽量减少损失。

① 设计可燃气体管道时，必须使气体流量最小时的流速大于该气体燃烧时的火焰传播速度，以防止火焰传播。

② 为防止火焰在设备之间传播，可在管道上装设内有数层金属网或砾石的阻火器，见图 17-85。为防止回火爆炸，保证回火不波及整个管路，在设备出口可设置水封式回火防止器，如图 17-86 所示。通常在气体管道中设置连接水封和溢流水封，也能起一定的泄爆作用。

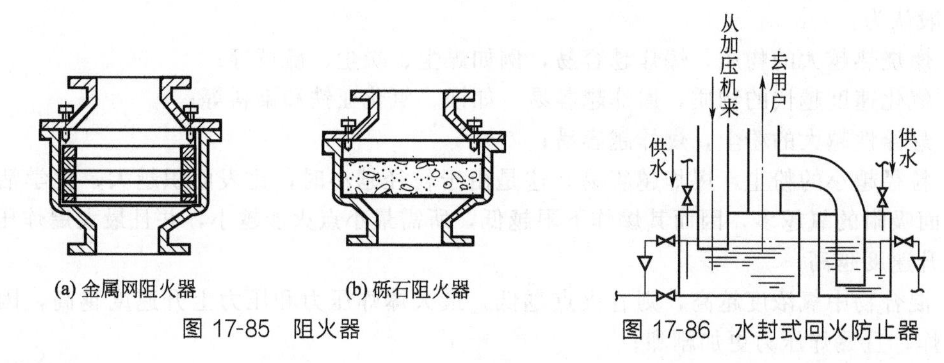

图 17-85　阻火器　　图 17-86　水封式回火防止器

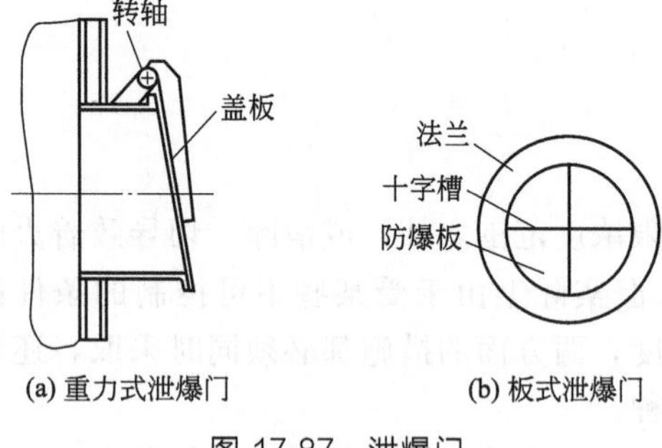

图 17-87　泄爆门

③ 在容易发生爆炸的地点或部位，如粉料储仓、电除尘器、电除雾器、袋式过滤器、气体输送装置和系统的某些管段等处，应设安全窗和特制的安全门。常用的泄爆门（孔）有重力式和板式两种，见图 17-87。

④ 净化系统要建立严格的操作管理制度，并认真执行。

二、净化系统的防腐

废气净化系统的设备和管道大多采用钢铁等金属材料制作。金属被腐蚀后，会影响工作性能，缩短使用年限，甚至造成跑、冒、滴、漏等事故。因此，防腐蚀是安全生产的重要手段之一，也是节约能耗的一项有力措施。

（一）腐蚀现象

金属被腐蚀是指金属受到周围介质的电化学作用或化学作用而产生的破坏现象。在干燥空气中，金属腐蚀一般属于化学腐蚀，且过程缓慢；但在潮湿空气中，金属腐蚀则属于电化学腐蚀，它比化学腐蚀过程要快得多。当空气中的相对湿度达到60%～70%时金属表面便会形成一定厚度且足以导致明显电化学腐蚀的水膜，促使金属的腐蚀加速。

（二）影响腐蚀的因素

金属遭受腐蚀的情况决定于金属及周围介质的性质。

(1) 金属中杂质的存在容易引起腐蚀　纯金属在空气中通常几乎不易腐蚀，甚至像铁这样的金属在纯净状态下也不生锈。但实际使用的钢铁中含有不同比例的碳等，而碳的活动性远较铁小，这样使钢铁表面形成无数微型原电池，铁成为负极，加速放出电子而被氧化。

(2) 金属表面情况的影响　金属表面如非常洁净且平整时不易受腐蚀，而凹凸不平的表面和洞穴、裂纹等易于藏污纳垢的地方，容易被锈蚀。

(3) 金属表面氧化膜的影响　当金属表面生成的氧化膜体积与所消耗的金属体积差不多时，可以得到非常紧密而坚固的表面膜，使金属表面“钝化”，避免再向深部氧化，如Al、Ni、Cr等金属的氧化膜。如果金属表面生成的氧化物体积远超过所耗金属的体积，则氧化膜呈松弛状，以致裂开或脱离。这样的膜起不到保护作用，金属深部会继续受到腐蚀，如铁等。

(4) 介质性质的影响　金属在潮湿的空气中比在干燥的空气中容易腐蚀；埋在地下的金属管道比在地面上的容易腐蚀。介质的酸性或碱性的增强都会加速金属的腐蚀，酸性越强，金属腐蚀越快。当介质中含有较多氯离子或溶解氧时都会加速金属的腐蚀。此外，随介质温度的升高，金属的腐蚀作用加剧；介质的流速增大，金属的腐蚀作用也会加剧。

（三）防腐措施

对净化系统的防腐，应采用不易受腐蚀的材料制作设备或管道，或在金属表面上覆盖一层坚固的保护膜。

1. 防腐材料的选择

不仅要考虑在使用条件下材料的耐腐蚀性能，而且要考虑材料的机械强度、加工难易程度、耐热性能及材料的来源和价格等。

通常使用的耐腐材料有：

①各种不同成分和结构的金属材料，如钢、铸铁、高硅铁、铝及复合钢板（铬、钼、镍合金钢）等；

②耐腐无机材料，如陶瓷材料、低钙铝酸盐水泥、高铝水泥等；

③耐腐有机材料，如聚氯乙烯、氟塑料、橡胶、玻璃钢（玻璃纤维增强塑料）等。

2. 金属表面覆盖保护层

(1) 涂料保护　在金属表面涂上防腐涂料，以隔离腐蚀介质，可起到防腐作用。在设备或管道外壁使用涂料，除防腐外还有装饰作用。防腐涂料品种繁多，常按其耐腐蚀性能、物理机械强度、附着力、耐热性能、施工条件等选择使用。常用的防腐涂料见表17-82。

表 17-82　常用防腐涂料的特性和用途

名称	成分或特点	用途
生漆(大漆)	生漆是漆树分泌的汁液,有优良的耐蚀性能,漆层机械强度也相当高	适用于腐蚀性介质的设备管道,使用温度约150℃,可用于金属、木材、混凝土表面
锌黄防锈漆	由锌铬黄、氧化锌、填充料、酚醛漆料、催干剂与有机溶剂组成	适用于钢铁及轻金属表面打底,对海洋性气候及海水浸蚀有特殊防锈性能
红丹醇酸及红丹防锈漆	用红丹、填充料、醇酸树脂[或油性(磁性)漆料]催干剂与有机溶剂研磨调剂而成	用于黑色金属表面打底,不应暴露于大气之中,必须用适当的面漆覆盖
混合红丹防锈漆	用红丹、氧化铁红、填充料、聚合干性油、催干剂与有机溶剂调配而成	适用于黑色金属表面作为防锈打底层
铁红防锈漆	用氧化铁红、氧化锌、填充料、油性或磁性漆料等配成	适用于室外黑色金属表面,可作为防锈底漆或面漆用
铁红醇酸底漆	由颜料、填充料与醇酸清漆制成,附着力强,防锈性和耐气候性较好	适用于高温条件下黑色金属表面
头道底漆	用氧化铁红、氧化锌、炭黑、填充料等和油基漆料研磨调制而成	适用于黑色金属表面打底,能增加硝基磁漆与金属表面附着力
磷化底漆	用聚乙烯醇缩丁醛树脂溶解于有机溶剂中,再和防锈颜料研磨而成,使用时研入预先配好的磷化液	作有色及黑色金属的底层防锈涂料,且能延长有机涂层使用寿命,但不能代替一般底漆
厚漆(铅油)	以颜料和填料混合于干性油或清油中,经研磨制成的软膏状物	适用于室内外门、窗、墙壁铁木建筑物等表面作底漆或面漆
油性调和漆	用油性调和漆料或部分酚醛漆料、颜料、填充料等配制经研磨细腻而成	适用于室内涂覆金属及木材表面,耐气候性好
磁性调合漆	用磁性调合漆料和颜料等配制,经研磨细腻而成	适用于室外一般建筑物、机械、门窗等表面
铝粉漆	用铝粉浆和中油酸树脂漆料及溶剂制成	专供散热器、管道以及一切金属零件涂刷之用
酚醛磁漆	用酚醛树脂与颜料或加少量填充料调剂研磨而成	抗水性强、耐大气性较磁性调合漆好,适用于室外金属和木材表面
醇酸树脂磁漆	以各式颜料和醇酸漆研磨调制而成	适用于金属、木材及玻璃布的涂刷,漆膜保光性好
耐碱漆	用耐碱颜料、橡胶树脂软化剂和溶剂制成	用于金属表面防止碱腐蚀
沥青漆	天然沥青或人造沥青溶于干性油或有机溶剂内配制而成	用于不受阳光直接照射的金属、木材、混凝土
耐酸漆	用耐酸颜料、橡胶树脂软化剂、溶剂制成	用于金属表面防酸腐蚀
耐热铝粉漆	用特制清漆与铝粉制成并用 PC-2 溶剂稀释磁漆	用于受高温高湿部件,在300℃以下,防锈不防腐
耐热漆(烟囱漆)	用稳定性树脂和高温稳定性颜料制成	用于温度不高于300℃的防锈表面,如钢铁烟囱及锅炉
过氯乙烯漆	过氯乙烯树脂、中性颜料、脂类溶剂制成,抗酸、抗碱性优良	底漆直接应用于黑色金属、木材、水泥表面,磁漆涂在底漆上,清漆作面层,使用温度在−20～60℃
乙烯基耐酸碱漆	用合成材料聚二乙烯基二乙炔制成,耐一般酸、碱、油、盐、水	用于工业建筑内部的防化学腐蚀
环氧耐腐蚀漆(冷固型)	由颜料、填充料、有机溶剂、增塑剂与环氧树脂经研磨配制而成,再混入预先配好的固化剂溶液	具有优良耐酸、耐盐类溶液及有机溶剂的腐蚀,漆膜具有优良的耐湿性、耐寒性,对金属有特别良好附着力,使用温度范围为150～200℃

续表

名称	成分或特点	用途
环氧铁红底漆	用环氧树脂和防锈颜料研磨配制而成	用于黑色金属的表面，防锈耐水性好，漆膜坚韧耐久
有机硅耐高温漆	由乙氧基聚硅酸加入醇酸树脂与铝粉混合配制而成	用于400～500℃高温金属表面作防腐材料
清油	由干性油或加部分半干性油经熬炼并加入干燥剂制成	用于调稀厚漆和红丹，也可单独刷于金属、木材、织物等表面，作为防污、防锈、防水使用

（2）金属喷镀　金属喷镀是用压缩空气将熔融状态的金属雾化成微粒，喷射在防腐设备表面上，形成一层完整的金属覆盖层。要求镀上去的金属的活动性比被镀金属低，如把锌、铬镀在铁上。

（3）金属电镀　利用直流电的作用从电解液中析出金属并在物体表面沉积而获得金属覆盖层的方法称金属电镀。电镀层与基体的结合力比喷镀层高，有较好的耐腐蚀和耐磨性能，外表美观。可用于电镀的金属有锌、镉、铜、镍、锡、铬等。

（4）橡胶衬里　橡胶具有较高的化学稳定性、弹性、耐疲劳性、不透水性、耐酸碱性和电绝缘性，可用作设备衬里。当衬里被损坏时可用胶膏修补。用于耐腐蚀的几种常用合成橡胶的品种和特性见表17-83。

表17-83　用于耐腐蚀的几种常用合成橡胶品种和特性

品　种	特　　性
丁基橡胶	是异丁烯与少量异戊二烯的弹性共聚物。特点是透气性小，耐臭氧、耐老化性能好，能耐无机强酸（如硫酸、硝酸等），但不耐烃类溶剂，耐热性好（极限200℃），电绝缘性、耐候性都好。黏结性和耐油性不好
氯丁橡胶	是氯丁二烯的弹性高聚物。原料来源广泛，耐臭氧、耐热、耐老化性能良好，耐油、耐溶剂、耐化学腐蚀，能耐一般的无机酸和碱，不耐浓硫酸和浓硝酸。黏结性好，不透气性比天然橡胶大5～6倍，仅次于丁基橡胶
乙丙橡胶	是乙烯和丙烯的共聚体。原料易得，价格便宜。耐臭氧性优于丁基橡胶和氯丁橡胶。耐候性极佳，耐热、耐老化性超过丁基橡胶。耐寒性、耐化学腐蚀性和电绝缘性较好。黏结性差，耐油性不好
丁腈橡胶	是丁二烯和丙烯腈的弹性共聚物。是一种很好的耐油橡胶。耐热、耐老化、耐磨、耐腐蚀等性能优于天然橡胶。抗水性良好，耐寒性差，电绝缘性是各种橡胶中最差者。耐酸性差，强力及抗撕裂性能都较低
硅橡胶	是分子链中含有硅氧结构的合成橡胶。其最大特点是耐热性好，能耐300℃的高温，而且在−90℃也不失去其弹性。还具有良好的耐候性、耐臭氧及高度电绝缘性
氟橡胶	是含氟的高分子弹性体。具有优良的耐高温、耐油和耐酸碱腐蚀性能。它是现有橡胶中耐腐蚀性能最好的一种
氯醇橡胶	是环氧氯丙烷均聚或环氧氯丙烷与环氧乙烷共聚体。其特点是耐热、耐寒、耐油、耐臭氧、耐酸碱。原料易得，价格低廉

（四）设备与管道涂装设计

1. 钢材除锈

涂装前必须去除锈蚀并达到Sa2½级或St3级的除锈等级方能达到涂装要求。

钢材表面的锈蚀分别以A、B、C和D四个等级表示。

A级：全面地覆盖着氧化皮而几乎没有铁锈的钢材表面。

B级：已发生锈蚀，并且部分氧化皮已经剥落的钢材表面。

C级：氧化皮已因锈蚀而剥落，或者可以刮除，并且有少量点蚀的钢材表面。

D级：氧化皮已因锈蚀而全部剥落，并且已普遍发生点蚀的钢材表面。

钢材表面除锈等级以代表所采用的除锈方法的字母“Sa”“St”或“FI”表示。如果字母后面有阿拉伯数字，则其表示清除氧化皮、铁锈和油漆涂层等附着物的程度等级。

（1）喷射或抛射除锈　喷射或抛射除锈以字母“Sa”表示。喷射或抛射除锈前，厚的锈层应铲除。可见的油脂和污垢也应清除。喷射或抛射除锈后，钢材表面应清除浮灰和碎屑，对于喷射或抛射除锈过的钢材表面有4个除锈等级。

① Sa1：轻度的喷射或抛射除锈，钢材表面应无可见的油脂和污垢，并且没有附着不牢的氧化皮、铁锈和油漆涂层等附着物。

② Sa2：彻底的喷射或抛射除锈，钢材表面应无可见的油脂和污垢，并且氧化皮、铁锈和油漆涂层等附着物已基本清除，其残留物应是牢固附着的。

③ Sa2½：非常彻底的喷射或抛射除锈，钢材表面应无可见的油脂、污垢、氧化皮、铁锈和油漆涂层等附着物，任何残留的痕迹应仅是点状或条纹状的轻微色斑。

④ Sa3：使钢材表观洁净的喷射或抛射除锈，钢材表面应无可见的油脂、污垢、氧化皮、铁锈和油漆涂层等附着物，该表面应显示均匀的金属色泽。

（2）手工和动力工具除锈　用手工和动力工具，如用铲刀、手工或动力钢丝刷、动力砂纸盘或砂轮等工具除锈，以字母“St”表示。手工和动力工具除锈前，厚的锈层应铲除，可见的油脂和污垢也应清除。手工和动力工具除锈后，钢材表面应除去浮灰和碎屑，对于手工和动力工具除锈过的钢材表面，有两个除锈等级。

① St2：彻底的手工和动力工具除锈，钢材表面应无可见的油脂和污垢，并且没有附着不牢的氧化皮、铁锈和油漆涂层等附着物。

② St3：非常彻底的手工和动力工具除锈，钢材表面应无可见的油脂和污垢，并且没有附着不牢的氧化皮、铁锈和油漆涂层等附着物。除锈应比St2更彻底，底材显露部分的表面应具有光泽。

（3）火焰除锈　火焰除锈以字母“FI”表示。火焰除锈前，厚的锈层应铲除，火焰除锈应该包括在火焰加热作业后以动力钢丝刷清洗加热后附着在钢材表面的产物。火焰除锈后（FI级）钢材表面应无氧化皮、铁锈和油漆涂层等附着物。任何残留物的痕迹应仅为表面变色（不同颜色的暗影）。

（4）除锈方法的特点　有资料认为除锈质量会影响涂装质量的60%以上。各种除锈方法的特点见表17-84。不同除锈方法，在使用同一底漆时其防护效果也不相同，差异很大。

表17-84　各种除锈方法的特点

除锈方法	设备工具	优点	缺点
手工、机械	砂布、钢丝刷、铲刀、尖锤、平面砂磨机、动力钢丝刷等	工具简单，操作方便，费用低	劳动强度大，效率低，质量差，只能满足一般涂装要求
喷射	空气可压缩机、喷射机、油水分离器	能控制质量，获得不同要求的表面粗糙度，适合防腐	设备复杂，需要一定操作技术，劳动强度较高，费用高，易污染环境
酸洗	酸洗槽、化学药品、厂房等	效果好，适用大批件，质量高，费用较低	污染环境，废液不易处理，工艺要求较高

2. 涂料选择和涂层结构

（1）常用涂料　常用涂料的特性及用途如表 17-82 所列。

（2）涂料选择　涂料选用正确与否，对涂层的防护效果影响很大，涂料选用得当，其耐久性长，防护效果好。涂料选用不当，则防护时间短、防护效果差。涂料品种的选择取决于对涂料性能的了解程度，以及预测环境对钢结构及其涂层的腐蚀情况和工程造价。各种底漆与相适应的除锈等级见表 17-85。

表 17-85　各种底漆与相适应的除锈等级

各种底漆	喷射或抛射除锈			手工除锈		酸洗除锈
	Sa3	Sa2½	Sa2	St3	St2	Sp8
油基漆	1	1	1	2	3	1
酚醛漆	1	1	1	2	3	1
醇酸漆	1	1	1	2	3	1
磷化底漆	1	1	1	2	4	1
沥青漆	1	1	1	2	3	1
聚氨酯漆	1	1	2	3	4	2
氯化橡胶漆	1	1	2	3	4	2
氯磺化聚乙烯漆	1	1	2	3	4	2
环氧漆	1	1	1	2	3	1
环氧煤焦油	1	1	1	2	3	1
有机富锌漆	1	1	2	3	4	3
无机富锌漆	1	1	2	4	4	4
无机硅底漆	1	2	3	4	4	2

注：1—好；2—较好；3—可用；4—不可用。

涂料种类很多，性能各异，在进行涂层设计时应了解和掌握各类涂层的基本特性和适用条件，才能大致确定选用哪一类涂料。每一类涂料，都有许多品种，每一品种的性能又各不相同，所以又必须了解每一品种的性能才能确定涂料品种。

被涂物的使用条件与选用的涂料适用范围应一致。要充分考虑腐蚀介质的种类、浓度、温度等因素，例如酸性介质可选用酚醛清漆，碱性介质可选用环氧树脂漆等。此外，还应注意被涂物表面的材料性质，如在钢材表面应先涂一层耐酸底漆作隔层才能涂刷酸性固化剂涂料等。

选用涂料应搭配合理。各种涂料的选用参考表 17-86。涂料的防腐蚀应用实例见表 17-87。

表 17-86　各种涂料的选用参考表

涂料名称	不同底材打底用涂料										不同用途常用的面漆					
	木材	水泥	黑色金属	铝镁合金	锌金属	铜和铜合金	铬金属	铅金属	锡金属	镉金属	钢架水管结构	化工设备	管道	高温设施	水泥墙	起重机
油性底漆	√	√	√	√												
油性漆											√				√	√
酯胶底漆	√	√	√													
酯胶漆															√	√

续表

涂料名称	不同底材打底用涂料										不同用途常用的面漆					
	木材	水泥	黑色金属	铝镁合金	锌金属	铜和铜合金	铬金属	铅金属	锡金属	镉金属	钢架水管结构	化工设备	管道	高温设施	水泥墙	起重机
酚醛底漆	√	√	√	√	√					√						
酚醛漆											√		√	√	√	√
沥青底漆			√													
沥青漆											√	√	√	√		
醇酸底漆	√	√	√	√		√	√		√							
醇酸漆											√					√
氨基底漆						√										
氨基漆													√			√
硝酸底漆			√													
磷化底漆			√	√	√	√			√							
过氯乙烯底漆		√	√													
过氯乙烯漆											√	√			√	√
乙烯漆												√				
丙烯酸底漆				√												
环氧底漆			√	√	√	√			√	√						
环氧漆												√	√			
富锌底漆			√		√											
虫胶漆	√															
有机硅漆													√	√		
聚氨基甲酸酯漆												√				
氯乙烯醋酸乙烯漆												√				
乙基纤维漆												√				
氯化橡胶漆												√			√	√
氯磺化聚乙烯漆	√											√				

注："√"表示可使用涂料。

表 17-87　涂料防腐蚀应用实例

设备名称	介质条件	保护措施	效果
碳化塔外壁	氨水	涂 2 道底漆后涂刷 2 道沥青漆	生产使用 10 年
泡沫塔	硫酸	内涂环氧树脂漆	延长使用寿命
淋洗塔外壁	硫酸	涂刷铁红醇酸底漆和过氯乙烯面漆	使用 7 年腐蚀轻微
电解车间墙壁	氯气	涂刷过氯乙烯漆 10 道，底漆中加 25%～30%辉绿岩粉	使用 12 年大部分完好

涂料在钢构件上成膜后，要受到大气和环境介质的作用，使其逐步老化以致损坏，为此对各种涂料抵抗环境条件的作用情况必须了解，见表 17-88。

表 17-88　与各种大气相适应的涂料种类

涂料种类	城镇大气	工业大气	化工大气	海洋大气	高温大气
酚醛漆	△				
醇酸漆	√	√			

续表

涂料种类	城镇大气	工业大气	化工大气	海洋大气	高温大气
沥青漆			√		
环氧树脂漆			√	△	△
过氯乙烯漆			√	△	
丙烯酸漆		√	√	√	
聚氨酯漆		√	√	√	△
氯化橡胶漆		√	√	△	
氯磺化聚乙烯漆		√	√	√	△
有机硅漆					√

注：“√”表示可用；“△”表示不可用。

3. 涂层结构与涂层厚度

（1）涂层结构的形式　底漆-中漆-面漆；底漆-面漆。底漆和面漆是一种漆。

涂层的配套性即考虑作用配套、性能配套、硬度配套、烘干温度的配套等。涂层中的底漆主要起附着和防锈作用，面漆主要起防腐蚀耐老化作用。中漆的作用是介于底漆、面漆两者之间，并能增加漆膜总厚度。所以，它们不能单独使用，只能配套使用，才能发挥最好的作用和获得最佳效果。另外，在使用时，各层漆之间不能发生互溶或“咬底”的现象。如用油基性的底漆，则不能用强溶剂型的中间漆或面漆。硬度要基本一致，若面漆的硬度过高，则容易开裂，烘干温度也要基本一致，否则有的层次会出现过烘干现象。

（2）确定涂层厚度主要考虑的因素　包括：a. 钢材表面原始粗糙度；b. 钢材除锈后的表面粗糙度；c. 选用的涂料品种；d. 钢结构使用环境对涂层的腐蚀程度；e. 涂层维护的周期。

① 涂层厚度，一般是由基本涂层厚度，防护涂层厚度和附加涂层厚度组成。

② 基本涂层厚度，是指涂料在钢材表面上形成均匀、致密、连续的膜所需的厚度。

③ 防护涂层厚度，是指涂层在使用环境中，在维护周期内受到腐蚀、粉化、磨损等所需的厚度。

④ 附加涂层厚度，是指涂层维修困难和留有安全系数所需的厚度。

涂层厚度要适当。过厚，虽然可增加防护能力，但附着力和力学性能却要降低，而且会增加费用；过薄，易产生肉眼看不见的针孔和其他缺陷，起不到隔离环境的作用，根据实践经验和参考有关文献，钢结构涂层厚度，可参考表17-89确定。

表17-89　钢结构涂装涂层厚度　　单位：μm

涂层种类	基本涂层和防护涂层					附加涂层
	城镇大气	工业大气	海洋大气	化工大气	高温大气	
醇酸漆	100～150	125～175				25～50
沥青漆			180～240	150～210		30～60
环氧漆			175～225	150～200	150～200	25～50
过氯乙烯漆				160～200		20～40
丙烯酸漆		100～140	140～180	120～160		20～40
聚氨酯漆		100～140	140～180	120～160		20～40

续表

涂层种类	基本涂层和防护涂层					附加涂层
	城镇大气	工业大气	海洋大气	化工大气	高温大气	
氯化橡胶漆		120～160	160～200	140～180		20～40
氯磺化聚乙烯漆		120～160	180～200	140～180	120～160	20～40
有机硅漆					100～140	20～40

4. 涂装色彩设计

钢结构的涂装，不仅可以达到防护的目的，而且可以起到装饰的作用，当人们看到涂装的鲜艳颜色时便会产生愉快的感觉。所以在进行钢结构设计时，要正确地、积极地运用色彩效应，而且关键在于解决和谐的问题。

5. 涂装设计

（1）耐工业大气腐蚀的涂装设计　工业大气，是指一般工业厂区的大气，大气中含有一定的二氧化硫和其他有害物质。

1）现场施工的涂装设计　现场施工，是指在安装现场进行临时性、小批量构件的涂装，钢材表面处理，不能采用喷射和酸洗方法除锈，而只能采用手工除锈的条件。涂装设计见表 17-90。

表 17-90　耐工业大气的涂装设计（一）

涂层结构	涂料型号及名称	户内		户外	
		道数	厚度/μm	道数	厚度/μm
底漆	Y53-31 红丹油性防锈漆	1	30～35	1	30～35
中间漆	Y53-31 或 C53-35 云铁醇酸防锈漆	1	30～35	1	30～35
面漆	C04-42 各色醇酸磁漆	2	40～45	3	30～35
涂层总道数及总厚度/μm		4	100～120	5	125～150
除锈方法及等级		GB/T 8923.1 St3			

① 设计特点：涂层结构由底漆、中间漆和面漆组成，比较合理，各层间的配套性也很好。

② 涂料品种的选择：底漆选择了防锈性能好、渗透性强的品种，适用于除锈质量较低的涂装工程；中间漆选用了防潮性和耐候性优良、附着力好的云铁醇酸防锈漆；面漆选择了光泽好，耐候性优良、施工性能好的醇酸磁漆。其缺点是红丹油性防锈漆干燥较慢，施工性能较差。

涂层厚度基本适当，但有些偏低。

2）工厂施工的涂装设计　工厂施工，指在金属结构厂或加工厂进行的涂装。涂装设计见表 17-91。

① 设计特点：涂层结构，除采用底、中、面层结构形式外，底、中、面漆全部选用醇酸系列涂料，各层间的配套性极好。

② 涂料品种的选择，与表 17-90 设计相比，底漆选用了防锈性能好、干燥快的红丹醇酸防锈漆，加速了施工进度，并且对保证质量有一定作用；中间漆和面漆与前设计相同。

表 17-91　耐工业大气的涂装设计（二）

涂层结构	涂料型号及名称	户内		户外	
		道数	厚度/μm	道数	厚度/μm
底漆	C53-31 红丹醇酸防锈漆	1	25～30	1	25～30
中间漆	C53-35 云铁醇酸防锈漆	2	50～60	2	50～60
面漆	C04-42 各色醇酸磁漆	2	40～50	3	65～80
涂层总道数及总厚度/μm		5	115～140	6	140～170
除锈方法及等级		GB/T 8923.1 Sa2½或酸洗			

(2) 耐化工大气腐蚀的涂装设计　化工大气，是指化工工业区的大气，大气中除含有二氧化硫和其他有害物质外，还含有化工生产过程中产生的腐蚀性气体物质。

耐化工大气腐蚀涂装设计见表 17-92。

表 17-92　耐化工大气腐蚀的涂装设计

项目	涂层结构				表面处理
	底漆	中间漆	面漆	修补漆	
涂料型号及名称	J52-81 云铁氯磺化聚乙烯底漆	J52 厚浆型氯磺化聚乙烯防腐漆	J52-61 氯磺化聚乙烯防腐漆	同左各层	GB/T 8923.1 Sa2½或酸洗
涂层厚度(μm)/道数(道)	40～50/2	70～80/2	40～50/2	150～180/6	
作业分工	加工厂		现场		加工厂

设计特点：对涂料品种的选择。氯磺化聚乙烯漆具有优良的耐酸、耐碱、耐水、耐化工大气、耐寒、耐热和优异的耐候、耐臭气性能。底漆的附着力和除锈性比过氯乙烯漆好；中间漆为厚浆型的，可以增加涂层厚度，省工省费用；面漆耐化学性优良、耐候性优异。由于底、中、面漆都选用了氯磺化聚乙烯漆，各层间的配套性良好。涂层厚度较为合理。

(3) 高温工程涂装设计　高温工程，是指被涂物在高温环境条件下使用的工程，如高炉、热风炉、烟囱、高温热气管道、加热炉、热交换器等工程的涂装，长期使用温度为400℃以下。涂装设计见表 17-93。

表 17-93　高温工程涂装设计

项目	涂层结构			表面处理
	底漆	面漆	修补漆	
涂料型号及名称	E06-28 无机硅酸锌底漆	W61-64 有机硅高温防腐漆	同左各层	GB/T 8923.1 Sa2½
涂层厚度(μm)/道数(道)	65～80/3	40～50/2	105～130/5	

设计特点：底漆为 E06-28 无机硅酸锌底漆，该漆附着力好、干燥快、耐温高，具有阴极保护作用；面漆为 W61-64 有机硅高温防腐漆，具有优良的耐热、耐潮湿、耐水和耐候性。

(4) 涂装体系和要求

① 涂装施工要求。在涂装施工中有 3 点要求：a. 被涂装的设备、管道务必按除锈标准去除锈蚀和油渍、杂物；b. 涂装时的环境温度在 5℃以上；c. 涂装时的环境相对湿度必须

小于 85%，严禁在阴雨天气进行涂装作业。

② 涂装体系举例。笔者整理的除尘设备与管道的涂装体系见表 17-94～表 17-99。

表 17-94 常温条件下除尘设备和管道涂装设计

部位:除尘设备(温度≤100℃)	涂层系统:环氧/环氧/氯磺化聚乙烯										
	表面处理:喷砂处理至标准 Sa2½级,表面粗糙度 40～70μm										
系统说明	颜色	漆膜厚度/μm		理论用量/(g/m²)	涂装间隔(与后道涂料)			施工方法			
		湿膜	干膜		温度/℃	最短时间/h	最长时间	手工涂刷	辊涂	高压无气喷涂	
										喷孔直径/mm	喷出压力/MPa
H06-1-1 环氧富锌底漆	灰色	80	40	180	25	24	无限制	全适用	全适用	0.4～0.5	15～20
H06-1-1 环氧富锌底漆	灰色	80	40	180	25	24	无限制			0.4～0.5	15～20
H53-6 环氧云铁防锈漆(中间漆)	灰色	100	50	160	25	24	3 个月			0.4～0.5	15～30
J52-61 氯磺化聚乙烯面漆	各色	180	25	180	25	8	无限制			0.4～0.5	12～15
J52-61 氯磺化聚乙烯面漆	各色	180	25	180	25	8	无限制			0.4～0.5	12～15
	干膜厚度合计:180μm							√—适用;×—不适用;△—只适用修补			

品种资料	混合配比	熟化时间/h(25℃)	适用期/h(25℃)	干燥时间/h(25℃) 表干	干燥时间/h(25℃) 实干	稀释剂及最大稀释量	限制 最低温度/℃	限制 最高温度/℃	限制 最低相对湿度/%	限制 最高相对湿度/%
H06-1-1 环氧富锌底漆	10∶1	0.5～1	8	0.5	24	X-7,<20%	5	40	—	85
H53-6 环氧云铁防锈漆(中间漆)	6∶1	0.5～1	8	2	24	X-7,<10%	5	40	—	85
J52-61 氯磺化聚乙烯面漆	10∶1	搅拌均匀	8	0.5	24	X-1,<10%	15	40		85
							钢材表面温度一定要在露点以上 3℃			

表 17-95 中常温条件下除尘设备和管道涂装设计

部位:除尘设备(温度≤130℃)	涂层系统:环氧/环氧/聚氨酯										
	表面处理:喷砂处理至除锈标准 Sa2½级,表面粗糙度 40～70μm										
系统说明	颜色	漆膜厚度/μm		理论用量/(g/m²)	涂装间隔(与后道涂料)			施工方法			
		湿膜	干膜		温度/℃	最短时间/h	最长时间	手工涂刷	辊涂	高压无气喷涂	
										喷孔直径/mm	喷出压力/MPa
H06-1-1 环氧富锌底漆	灰色	80	40	180	25	24	无限制	√	√	0.4～0.5	15～20
H06-1-1 环氧富锌底漆	灰色	80	40	180	25	24	无限制	√	√	0.4～0.5	15～20
H53-6 环氧云铁防锈漆(中间漆)	灰色	100	50	150	25	16	3 个月	√	√	0.4～0.5	15～30
S52-40 聚氨酯面漆	各色	80	35	120	25	4	24h	√	√	0.4～0.5	15～20
S52-40 聚氨酯面漆	各色	80	35	120	25	4	24h	√	√	0.4～0.5	15～20
	干膜厚度合计:200μm							√—适用;×—不适用;△—只适用修补			

续表

品种资料	混合配比	熟化时间/h(25℃)	适用期/h(25℃)	干燥时间/h(25℃) 表干	实干	稀释剂及最大稀释量	限制 最低温度/℃	最高温度/℃	最低相对湿度/%	最高相对湿度/%
H06-1-1 环氧富锌底漆	10∶1	0.5～1	8	0.5	24	X-7,<20%	5	40	—	85
H53-6 环氧云铁防锈漆(中间漆)	6∶1	0.5～1	8	2	24	X-7,<10%	5	40		85
S52-40 聚氨酯面漆	4∶1	20min	8	2	24	X-10,<5%	0	40	—	85
							钢材表面温度一定要在露点以上 3℃			

注：除尘设备焊接较多，底漆应采用可焊接涂料，确保焊接质量，提高焊缝处涂层的防腐效果。

表 17-96　高温条件下除尘设备与管道涂装设计（一）

部位:管道和设备(温度≤250℃)	涂层系统:无机硅酸锌/有机硅
	表面处理:喷砂处理至除锈标准 Sa2½级,表面粗糙度 40～70μm

系统说明	颜色	漆膜厚度/μm 湿膜	干膜	理论用量/(g/m²)	涂装间隔(与后道涂料) 温度/℃	最短时间/h	最长时间	施工方法 手工涂刷	辊涂	高压无气喷涂 喷孔直径/mm	喷出压力/MPa
WE61-250 耐热防腐涂料底漆	灰色	90	30	170	25	24	无限制	√	×	0.4～0.5	12～15
WE61-250 耐热防腐涂料底漆	灰色	90	30	170	25	24	无限制	√	×	0.4～0.5	12～15
WE61-250 耐热防腐涂料面漆	701	70	25	100	25	24	无限制	√	×	0.4～0.5	12～15
WE61-250 耐热防腐涂料面漆	702、602	70	25	100	25	24	无限制	√	×	0.4～0.5	12～15
	干膜厚度合计:110μm							√—适用;×—不适用;△—只适用修补			

品种资料	混合配比	熟化时间/h(25℃)	适用期/h(25℃)	干燥时间/h(25℃) 表干	实干	稀释剂及最大稀释量	限制 最低温度/℃	最高温度/℃	最低相对湿度/%	最高相对湿度/%
WE61-250 耐热防腐涂料底漆	4∶1	0.5～1	8	10min	1	WE61-250 底面漆专用稀释剂,≤5%	5	40	50	85
WE61-250 耐热防腐涂料面漆	100∶2	混合搅匀即可	8	1	24		5	40	—	85
							钢材表面温度一定要在露点以上 3℃			

注：高温面漆颜色与色标基本相似。

表 17-97 高温条件下除尘设备与管道涂装设计（二）

部位：设备和管道（温度≤250～500℃）	涂层系统：无机硅酸锌/有机硅耐高温面漆										
	表面处理：喷砂处理至除锈标准 Sa2½级，表面粗糙度 40～70μm										
系统说明	颜色	漆膜厚度/μm		理论用量/(g/m²)	涂装间隔（与后道涂料）			施工方案			
										高压无气喷涂	
		湿膜	干膜		温度/℃	最短时间/h	最长时间	手工涂刷	辊涂	喷孔直径/mm	喷出压力/MPa
E06-1(704)无机锌防锈底漆	灰色	73	30	315	25	8	无限制	√	×	0.4～0.5	12～15
E06-1(704)无机锌防锈底漆	灰色	73	30	315	25	8	无限制	√	×	0.4～0.5	12～15
9801 各色有机硅耐高温面漆	各色	46	20	50	20	24	无限制	√	×	0.4～0.5	12～15
9801 各色有机硅耐高温面漆	各色	46	20	50	20	24	无限制	√	×	0.4～0.5	12～15
	干膜厚度合计：100μm							√—适用；×—不适用；△—只适用修补			

品种资料	混合配比	熟化时间/h	干燥时间/h（25℃）		稀释剂及最大稀释量	限制			
			表干	实干		最低温度/℃	最高温度/℃	最低相对湿度/%	最高相对湿度/%
E06-1(704)无机锌防锈底漆	3∶1	0.5～1	1	24	107 稀料，≤10%	5	40	50	85
9801 各色有机硅耐高温面漆	单组分	混合均匀	1	12	耐高温专用稀料，≤10%	5	40	—	85
						钢材表面温度一定要在露点以上 3℃			

注：高温面漆颜色与色标基本相似，耐高温漆耐热温度为白 200℃、灰 350℃、棕 350℃、大红 400℃、中黄 400℃、蓝 250℃、绿 500℃、铁红 450℃。

表 17-98 高温条件下除尘设备与管道涂装设计（三）

部位：管道（温度≤600℃）	涂层系统：改性有机硅/改性有机硅										
	表面处理：喷砂处理至除锈标准 Sa2½级，表面粗糙度 40～70μm										
系统说明	颜色	漆膜厚度/μm		理论用量/(g/m²)	涂装间隔（与后道涂料）			施工方法			
										高压无气喷涂	
		湿膜	干膜		温度/℃	最短时间/h	最长时间	手工涂刷	辊涂	喷孔直径/mm	喷出压力/MPa
W61-600 有机硅耐高温防腐涂料底漆	铁红色	65	25	90	25	24	无限制	√	×	0.4～0.5	12～15
W61-600 有机硅耐高温防腐涂料底漆	铁红色	65	25	90	25	24	无限制	√	×	0.4～0.5	12～15
W61-600 有机硅耐高温防腐涂料面漆	淡绿色	60	25	80	25	24	无限制	√	×	0.4～0.5	12～15
W61-600 有机硅耐高温防腐涂料面漆	淡绿色	60	25	80	25	24	无限制	√	×	0.4～0.5	12～15
	干膜厚度合计：100μm							√—适用；×—不适用；△—只适用修补			

品种资料	混合配比	熟化时间（25℃）	适用期/h（25℃）	干燥时间/h（25℃）		稀释剂及最大稀释量	限制			
				表干	实干		最低温度/℃	最高温度/℃	最低相对湿度/%	最高相对湿度/%
W61-600 有机硅耐高温防腐涂料底漆	50∶2∶50	混合搅匀即可	8	0.5	24	WE61-600 底面漆专用稀释剂	5	40	—	85
W61-600 有机硅耐高温防腐涂料面漆	50∶2∶50		8	0.5	24		5	40	—	85
							钢材表面温度一定要在露点以上 3℃			

表 17-99　高湿常温除尘设备与管道涂装设计

部位:设备和管道内壁（含水,温度≤100℃）	涂层系统:环氧/环氧/环氧										
	表面处理:喷砂处理至除锈标准 Sa2½级,表面粗糙度 40～70μm										
系统说明	颜色	漆膜厚度/μm		理论用量/(g/m²)	涂装间隔（与后道涂料）			施工方法			
		湿膜	干膜		温度/℃	最短时间/h	最长时间	手工涂刷	辊涂	高压无气喷涂	
										喷孔直径/mm	喷出压力/MPa
H06-1-1 环氧富锌底漆	灰色	80	40	180	25	24	无限制	√	√	0.4～0.5	15～20
H06-1-1 环氧富锌底漆	灰色	80	40	180	25	24	无限制	√	√	0.4～0.5	15～20
H53-6 环氧云铁防锈漆(中间漆)	灰色	100	50	160	25	16	3 个月	√	√	0.4～0.5	15～30
H52-2 环氧厚浆型面漆	各色	100	50	120	25	24	7d	√	√	0.4～0.5	15～20
H52-2 环氧厚浆型面漆	各色	100	50	120	25	24	7d	√	√	0.4～0.5	15～20
	干膜厚度合计:230μm							√—适用;×—不适用;△—只适用修补			

品种资料	混合配比	熟化时间/h(25℃)	适用期/h(25℃)	干燥时间/h(25℃)		稀释剂及最大稀释量	限制			
				表干	实干		最低温度/℃	最高温度/℃	最低相对湿度/%	最高相对湿度/%
H06-1-1 环氧富锌底漆	10∶1	0.5～1	8	0.5	24	X-7,<20%	5	40	—	85
H53-6 环氧云铁防锈漆(中间漆)	6∶1	0.5～1	8	2	24	X-7,<10%	5	40	—	85
H52-2 环氧厚浆型面漆	18∶5	0.5～1	8	4	24	X-7,<5%	5	40	—	85
							钢材表面温度一定要在露点以上 3℃			

6. 涂装施工注意事项

(1) 表面处理

① 钢结构表面处理要求采用喷砂除锈，除锈标准达到国家标准 Sa2½级，表面粗糙度40～70μm。

② 喷砂除锈的钢结构表面应采用稀释剂擦洗，去除油脂、浮尘及砂粒。

③ 喷砂后的钢结构应在 4h 内进行涂装，以免钢结构二次生锈。

④ 在涂装每道漆之前，应对上道漆表面进行除尘、去除杂物等清扫工作。

(2) 施工前的准备

① 施工前应阅读、掌握有关涂料的说明书，详细了解涂料的施工参数、涂料配比、涂料熟化期、施工适用的工具等。

② 应详细了解不同的钢结构的配套方案。

(3) 涂料的施工

① 在有雨、露、雾、雪或较大灰尘条件，露天涂装作业的应停止施工。

② 环境温度低于 5℃，环氧类涂料不能施工。

③ 被涂物表面温度应高于露点温度 3℃以上才能施工。

④ 无机硅酸锌底漆的涂装施工，如相对湿度<50%，可在被涂物周围洒水增湿。

⑤ 相邻两道漆应按照上述表格内规定的间隔时间进行，若相邻两道漆之间的涂装间隔时间超出规定，则应对前道漆表面进行“拉毛”处理，以增加层间结合力。

⑥ 各种涂料的稀释剂应专用，避免混淆。聚氨酯涂料施工时应避免含水、醇类溶剂等混入，以防胶炼。

(4) 涂料的理论用量与实际使用量　涂料用量在实际使用时应根据施工单位的经验，综合考虑以下因素如施工环境条件、构件尺寸大小、施工采用的工具、表面粗糙度等进行酌量估算，一般喷涂施工，其实际使用量＝理论用量×(1.5～1.8)；刷涂施工，其实际使用量＝理论用量×(1.3～1.4)。

7. 涂膜性能的检验

将涂料产品按照一定条件，均匀地涂布在除尘设备上，形成厚度符合要求的涂膜，并按规定的技术条件进行检验，以测定其性能。

(1) 涂膜颜色及外观的测定　用目视法按照产品标准及标准样板，评定已经干燥的漆膜颜色及外观。

(2) 光泽度的测定　物体表面受光照射时，光线朝一定方向反射的性能，即为光泽。试样的光泽度以规定的入射角从试样表面来的正反射光量与在同一条件下标准样板表面正反射光量之比的百分数来表示。

(3) 附着力的测定　漆膜附着力系指漆膜与被涂漆的物体表面黏合牢固的性能。要真正测得漆膜与被涂物体表面的附着力是比较困难的。目前，只能以间接的手段来测定。往往测得的附着力结果还包括一些其他的综合性能，而在硬度、冲击强度、柔性试验中，也可以间接地反映出漆膜的附着力。目前一般采用综合测定和剥落测定两种方法。

综合测定方法包括栅格法、交叉切割法、画圈法。

剥落测定法包括扭开法、拉开法。

画圈法测定时，将样板涂膜向上，用固定螺丝固定在试验台上，向后移动升降棒，使棒针碰到样板的漆膜，然后以匀速顺时针方向摇转摇柄，转速以 80～100r/min 为宜，转尖在漆膜上画出类似圆滚线的图形，图形长 (7.5±0.5)cm。测完后，移动升降棒使卡针盘提起，以防旋针损坏，取出样板，用漆刷除去划上的漆屑，以 4 倍放大镜检查划痕并评级。

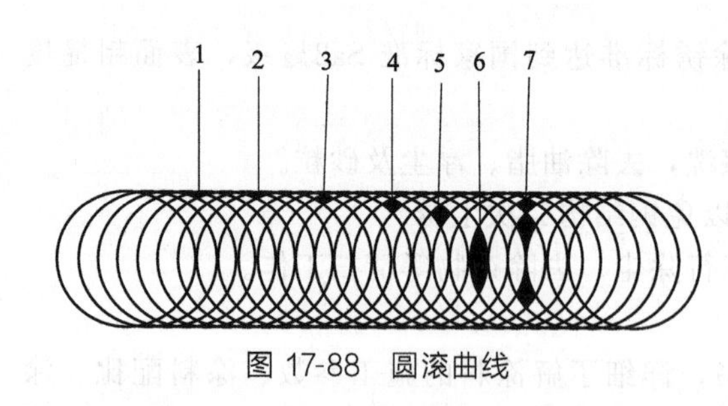

图 17-88　圆滚曲线

漆膜附着力等级的鉴定，如图 17-88，圆滚线的一边标有 1、2、3、4、5、6、7 共七个部位，分为七个等级，按图示顺序检查各部位的漆膜完整程度，若某一部位的格子有 70%以上完好，则应认为该部位是完好的，否则即认为已损坏。凡第一部位内漆完好者，则此漆膜的附着力最佳，定为一级；第二部位完好者，附着力次之，定为二级；依次类推，第七级漆膜附着力最差。

(4) 涂装检验方法

① 涂装检验时间在漆膜完全干燥后 1～3 个月内检验。

② 按 GB/T 1720 检验漆膜附着力，应该与除尘器本体相同的处理条件制备三块样板，取两个相同结果，若三块样板呈三个结果时可改用黏度法。

③ 按黏度法检验漆膜附着力，可以在除尘器本体上进行，用锋利的保险刀片，在漆膜上画一个 60°的×，深及金属，如图 17-89 所示；然后贴上专用胶带（聚酯胶带），使胶

带贴紧漆膜；再后迅速将胶带扯起，如刀刮两边漆膜下的宽度最大不超过 2mm，即为合格。检验点不少于 10～20 个。大型除尘器按每 $10m^2$ 左右一个点，且检验点取在被检面的中心。合格点不小于 80%为合格品，不小于 95%为一等品。检验不合格要及时修补至合格为止。

8. 工程验收

① 涂装工程的验收，包括竣工验收和交工验收。工程未经交工验收，不得交付生产使用。

② 涂装工程中间验收，主要是对钢材表面预处理的验收。

③ 交工验收时，应提交下列资料：a. 原材料的出厂合格证和复验报告单；b. 设计变更通知单、材料代用的技术文件；c. 对重大质量事故的处理记录；d. 隐蔽工程记录。

④ 涂装质量不符合设计和规程要求的，必须进行返修，合格后方可验收。返修记录放入交工验收资料中。

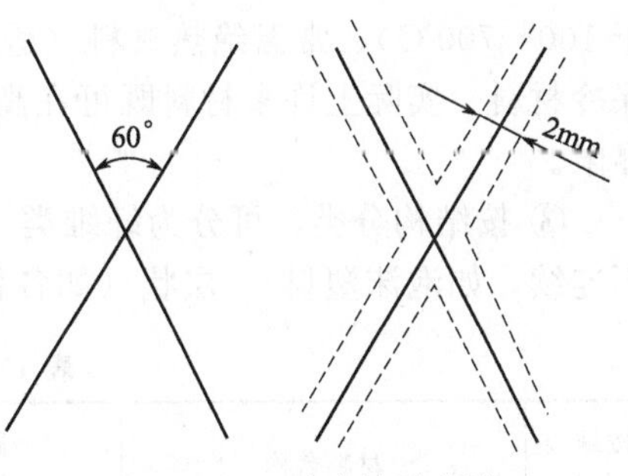

图 17-89 涂漆检验方法

三、管道与设备保温设计

管道与设备保温的主要目的在于：减少热介质在制备与输送过程中的无益热损失；保证热介质在管道与设备表面具有一定的温度，以避免表面出现结露或高温烫伤人员等。

1. 设置保温场合

① 防止高温烟气结露，使烟气温度高于露点温度 15～20℃以上；

② 防止压缩空气管道、水管、油管等冬季冻结；

③ 防止管道、设备出现冷、热损失；

④ 防止管道与设备表面结露或其内部物料冻结；

⑤ 管道表面温度过高引起燃烧、爆炸的场合；

⑥ 安全规程规定的保温要求；

⑦ 管道、设备操作维护时易引起人员烫伤的部位。

2. 保温设计的原则

① 管道、设备外表面温度≥50℃并需保持内部介质温度时；

② 管道、设备外表面由于热损失，使介质温度达不到要求的温度时；

③ 凡需要防止管道与设备表面结露时；

④ 由于管道表面温度过高会引起煤气、蒸气、粉尘爆炸起火危险的场合，以及与电缆交叉距离小于安全规程规定者；

⑤ 凡管道、设备需要经常操作、维护，而又容易引起烫伤的部位；

⑥ 敷设在除尘器上的压缩空气管道、差压管道为防止天冷结露一般应保温。

3. 保温材料的种类

(1) 保温绝热材料的定义　用于减少结构物与环境热交换的一种功能材料。按《设备及管道绝热技术通则》(GB/T 4272—2008) 的规定，保温材料在平均温度为 298K (25℃) 时热导率不得大于 0.08W/(m·K)。

(2) 绝热材料分类 绝热材料的分类方法很多，可按材质、使用温度和结构等分类。

① 按材质分类，可分为有机绝热材料、无机绝热材料和金属绝热材料三类。

② 按使用温度分类，可分为高温绝热材料（适用于 700℃以上)、中温绝热材料（适用于 100～700℃)、常温绝热材料（适用于 100℃以下)，保冷材料包括低温保冷材料和超低温保冷材料。实际上许多材料既可在高温下使用也可在中、低温下使用，并无严格的使用温度界限。

③ 按结构分类，可分为纤维类（固体基质、气孔连续)、多孔类（固体基质连续而气孔不连续，如泡沫塑料)、层状（如各种复合制品)，见表 17-100。

表 17-100 绝热材料按结构分类

按结构分类	材料名称	制品形状	按结构分类	材料名称	制品形状
多孔类	聚苯乙烯泡沫塑料	板、管	多孔类	超轻陶粒和陶砂	粉、粒
	硬质聚氨酯泡沫塑料	板、管	纤维类	岩棉、矿渣棉及其制品	毡、管、带、板
	酚醛树脂泡沫塑料	板、管		玻璃棉及其制品	毡、管、带、板
	膨胀珍珠岩及其制品	板、管		硅酸铝棉及其制品	板、毡、毯
	膨胀蛭石及其制品	板、管		陶瓷纤维纺织品	布、带、绳
	硅酸钙绝热制品	板、管	层状	金属箔	夹层、蜂窝状
	泡沫石棉	板、管		金属镀膜	多层状
	泡沫玻璃	板、管		有机与无机材料复合制品	复合墙板、管
	泡沫橡塑绝热制品	板、管		硬质与软质材料复合制品	复合墙板、管
	复合硅酸盐绝热涂料	板、管		金属与非金属材料复合制品	复合墙板、管

④ 按密度分类，分为重质、轻质和超轻质三类。

⑤ 按压缩性质分类，分为软质（可压缩 30%以上)、半硬质、硬质（可压缩性<6%)。

⑥ 按导热性质分类，分为低导热性、中导热性、高导热性三类。

4. 常用保温材料及其性能

表 17-101 为绝热材料及其性能的相关数据。

表 17-101 保温绝热材料性能

类别	密度/(kg/m^3)	适用温度/℃	常温下的热导率/[W/(m·K)]	抗压强度/MPa
岩棉类				
岩棉板	100～250	−268～700	$0.033+0.00015\Delta t(0.038+0.00015\Delta t)$	
岩棉管壳	100～150	268～700	$0.033+0.00015\Delta t(0.038+0.00015\Delta t)$	
岩棉缝毡	100～120	268～700	$0.032+0.00015\Delta t(0.037+0.00015\Delta t)$	
泡沫石棉制品	50～60	500	$0.038+0.0002\Delta t$	
碳酸镁石棉	140	≤450	0.04(0.047)	
硅酸镁石棉	450	≤750	0.06(0.070)	

续表

类别	密度/(kg/m^3)	适用温度/℃	常温下的热导率/[W/(m·K)]	抗压强度/MPa
微孔硅酸钙制品				
微孔硅酸钙	250	≤650	0.035～0.041	≥0.5
新型绝热材料				
FBT复合保温材料	干密度203	−40～1200	0.064(360℃)	
海泡石保温材料	130	600	0.046	
JBT保温材料	800	<600	≤0.085	
(ZHSQ2)硅酸镁保温材料	<500	<800	0.14	
珍珠岩类				
水泥膨胀珍珠岩制品	300～400	≤600	0.05～0.075(0.058～0.087)	0.6～1.2
水玻璃膨胀珍珠岩制品	200～300	≤600	0.054～0.06(0.063～0.077)	
磷酸盐珍珠岩板、壳	200～250	≤100	0.038～0.045(0.044～0.052)	0.6～1.2
膨胀珍珠岩	200～300	≤650	0.052～0.06	0.6～1.2
蛭石类				
水泥蛭石管壳、板	430～500	<600	0.08～0.12(0.093～0.14)	>0.25
水玻璃蛭石管壳、板	430～480	<900	0.07～0.09(0.082～0.100)	>0.5～1.2
膨胀蛭石	<500	≤800	0.08(0.093)	0.3～0.6
	400～450	≤900	0.07～0.09(0.082～0.105)	≥0.5
矿渣棉类				
矿渣棉一级	<100	600	0.038～0.044	≥0.012
矿渣棉二级	<150	600	0.04～0.047	
沥青矿渣棉一级	100	≤250	0.038～0.044	
沥青矿渣棉二级	100	≤250	0.04～0.047	
玻璃棉制品				
酚醛树脂矿棉板、壳一级	<150	≤300	≤0.04～0.047	
酚醛树脂矿棉板、壳二级	<200	≤300	≤0.045～0.052	
酚醛玻璃棉板、壳	<120	≤300	0.035～0.041	
酚醛超细玻璃棉毡	<20	≤400	0.03～0.035	
酚醛超细玻璃棉板、壳	≤60	≤300	0.03～0.035	
沥青玻璃棉	≤80	≤260	0.035～0.041	
无矸超细玻璃棉毡	≤60	≤600	0.028～0.033	
硅氧超细玻璃棉毡	≤95	≤100	0.0648～0.1020(0.075～0.1190)	
中吸玻璃纤维板、壳	≤80	≤300	0.035～0.041	
超细玻璃棉	40～60	≤400	0.026～0.03	
玻璃棉	100～120	≤250	0.04～0.047	
玻璃棉毡	<90	≤250	0.037～0.043	

5. 保温材料的选择

保温材料的性能选择一般宜按下述项目进行比较：使用温度范围；热导率；化学性能、机械强度；使用年数；单位体积的价格；对工程现状的适应性；不燃或阻燃性能；透湿性；安全性；施工性。

保温材料选择技术要求如下所述。

（1）热导率小　热导率是衡量材料或制品保温性能的重要标志，它与保温层厚度及热损失均成正比关系。热导率是选择经济保温材料的两个因素之一。当有数种保温材料可供选择时，可用材料的热导率乘以单位体积价格 A（元/m^3），其乘值越小越经济，即单位热阻的价格越低越好。

（2）密度小　保温材料或制品的密度是衡量其保温性能的又一重要标志，与保温性能关系密切。就一般材料而言，密度越小，其热导率值亦越小，但对于纤维类保温材料，应选择最佳密度。

（3）抗压或抗折强度（机械强度）　同一组成的材料或制品，其机械强度与密度有密切关系。密度增加，其机械强度增高，热导率也增大，因此，不应片面地要求保温材料过高的抗压和抗折强度，但必须符合国家标准规定。一般保温材料或其制品，在其上覆盖保护层后，在下列情况下不应产生残余变形：a. 承受保温材料的自重时；b. 将梯子靠在保温的设备或管道上进行操作时；c. 表面受到轻微敲打或碰撞时；d. 承受当地最大风荷载时；e. 承受冰雪荷载时。

保温材料也是一种吸声减震材料，韧性和强度高的保温材料其抗震性一般也较强。

通常在管道设计中，允许管道有不大于 6Hz 的固有频率，所以保温材料或保温结构至少应有耐 6Hz 的抗震性能。一般认为韧性大、弹性好的材料或制品其抗震性能良好，例如纤维类材料和制品、聚氨酯泡沫塑料等。

（4）安全使用温度范围　保温材料的最高安全使用温度或使用温度范围应符合有关的国家标准、行业标准的规定，并略高于保温对象表面的设计温度。

（5）非燃烧性　在有可燃气体或爆炸粉尘的工程中所使用的保温材料应为非燃烧材料。

（6）化学性能符合要求　化学性能一般系指保温材料对保温对象的腐蚀性；由保温对象泄漏出来的流体对保温材料的化学反应；环境流体（一般指大气）对保温材料的腐蚀等。

值得注意的是，保温的设备和管道在开始运行时，保温材料或（和）保护层材料内所吸水开始蒸发或从外保护层浸入的雨水将保温材料内的酸或碱溶解，引起设备和管道的腐蚀，特别是铝制设备和管道，最容易被碱的凝液腐蚀。为防止这种腐蚀，应采用泡沫塑料、防水纸等将保温材料包覆，使之不直接与铝接触。

（7）保温工程的设计使用年数　保温工程的设计使用年数是计算经济厚度的投资偿还年数，一般以 5～7 年为宜。但是，使用年数常受到使用温度、震动、太阳光线等的影响。保温材料不仅在投资偿还年限内不应失效，超过投资偿还年限时间越多越好。

（8）单位体积的材料价格　单位体积的材料价格低，不一定是经济的保温材料，单位热阻的材料价格低才是经济的保温材料。

（9）保温材料对工程现场状况的适应性　保温材料对工程现场状况的适应性主要考虑下列各项。

① 大气条件。有无腐蚀要素；气象状况。

② 设备状况。有无需拆除保温及其频繁程度；设备或管道有无震动或粗暴处理情况；

有无化学药品的泄漏及其部位；保温设备或管道的设置场所，是室内、室外、埋地或管沟；运行状况。

③ 建设期间和建设时期。

(10) 安全性　由保温材料引起的事故主要有：

① 保温材料属于碱性时，黏结剂常含碱性物质，铝制设备和管道以及铝板外保护层都应格外注意防腐；

② 保温的设备或管道内流体一旦泄漏，浸入保温材料内不应导致危险状态；

③ 在室内等场所的设备和管道使用的保温材料，在火灾时可产生有害气体或大量烟气，应充分考虑其影响，尽量选择危险性小的保温材料。

(11) 施工性能　保温工程的质量往往取决于施工质量，因此应选择施工性能好的材料。材料应具有性能：a. 加工容易不易破碎（在搬运和施工中）；b. 很少产生粉尘，对环境没有污染；c. 轻质（密度小）；d. 容易维护、修理。

6. 保护层材料的选择

(1) 保护层材料应具有的主要技术性能　由于外保护层绝热结构最外面的一层是保护绝热结构的，其主要作用是：a. 防止外力损坏绝热层；b. 防止雨、雪水的侵袭；c. 对保冷结构尚有防潮隔汽的作用；d. 美化绝热结构的外观。

因此，保护层应具有严密的防水、防湿性能；良好的化学稳定性和不燃性；强度高，不易开裂，不易老化等性能。

(2) 常用保护层材料的选择　保护层材料，在符合保护绝热层要求的同时，还应选择经济的保护层材料。根据综合经济比较和实践经验，推荐下述材料。

① 为保持被绝热设备或管道的外形美观和易于施工，对软质、半硬质材料的绝热层保护层宜选用 0.5mm 镀锌或不镀锌薄钢板；对硬质材料绝热层宜选用 0.5～0.8mm 铝或合金铝板，也可选用 0.5mm 镀锌或不镀锌薄钢板。

② 用于火灾危险性不属于甲、乙、丙类生产装置或设备和不划为爆炸危险区域的非燃性介质的公用工程管道的绝热层材料，可选用 0.5～0.8mm 阻燃型带铝箔玻璃钢板。

7. 保温层厚度的设计计算

(1) 最小保温层厚度的计算方法

对于平面：
$$\delta=\lambda\left(\frac{t_{\mathrm{wf}}-t_{\mathrm{a}}}{kq}-\frac{1}{\alpha_{\mathrm{s}}}\right) \tag{17-99}$$

对于管道：
$$\delta=\frac{d_1-d}{2} \tag{17-100}$$

d_1 由下式试算得出：

$$\frac{1}{2}d_1\ln\frac{d_1}{d}=\lambda\left(\frac{t_{\mathrm{wf}}-t_{\mathrm{a}}}{kq}-\frac{1}{\alpha_{\mathrm{s}}}\right) \tag{17-101}$$

式中，δ 为保温层厚度，m；λ 为保温材料及制品的热导率，W/(m·℃)；α_s 为保温层外表面放热系数，W/(m^2·℃)，室内及地沟内安装时 α_s 取 11.63W/(m^2·℃)，室外安装时 α_s 取 23.26W/(m^2·℃)；q 为不同介质温度下，保温外表面最大允许热损失量，W/m^2

(见表 17-102)；k 为最大允许热损失量的系数，计算最小保温层厚度时 k 取为 1.0，计算推荐保温层厚度时 k 取 0.5；d_1 为保温层外径，m；d 为保温层内径（取管道外径），m；t_{wf} 为管道或设备外表面温度，取介质温度,℃；t_a 为环境温度，计算 δ 时，为适应全国各地情况并从安全考虑，冬季运行工况室外安装 t_a 取－14.2℃（内蒙古海拉尔冬季平均气温），全年运行工况室外安装 t_a 取－4.1℃（青海玛多全年平均气温），室内安装时 t_a 取 20℃，地沟安装时，

$$t_a=\begin{cases}20℃ & \text{当介质温度为 }50℃\\30℃ & \text{当介质温度为 }100℃\\40℃ & \text{当介质温度为 }150℃\end{cases}$$

表 17-102　季节运行时允许最大散热损失

设备、管道及附件外表面温度 t_1/℃	50	100	150	200	250	300	400	500
季节性运行时 q/(W/m^2)	116	163	203	244	279	302		
常年运行时 q/(W/m^2)	58	93	116	140	163	186	227	262

表 17-103 是管道设备在室外时不同介质温度条件下的最小保温层厚度。

(2) 控制单位热损失的计算方法

平壁单层保温计算公式：

$$\delta_1=\lambda\left(\frac{t_f-t_k}{q}-R_2\right) \tag{17-102}$$

平壁多层保温计算公式：

$$\sum_{i=1}^{n}\frac{\delta_i}{\lambda_i}=\frac{t_f-t_k}{q}-R_2 \tag{17-103}$$

或

$$\delta_1=\lambda_1\left[\frac{t_f-t_k}{q}-R_2-\left(\frac{\delta_2}{\lambda_2}+\cdots+\frac{\delta_n}{\lambda_n}\right)\right] \tag{17-104}$$

管道单层保温计算公式：

$$\ln\frac{d_1}{d}=2\pi\lambda_1\left(\frac{t_f-t_k}{q}-R_1\right) \tag{17-105}$$

管道多层保温计算公式：

$$\ln\frac{d_1}{d}=2\pi\lambda_1\left[\frac{t_f-t_k}{q}-\left(\frac{1}{2\lambda_2}\ln\frac{d_2}{d_1}+\frac{1}{2\lambda_3}\ln\frac{d_3}{d_2}+\cdots+\frac{1}{2\lambda_n}\ln\frac{d_n}{d_{n-1}}+R_1\right)\right] \tag{17-106}$$

式中，R_1 或 R_2 为管道或平壁保温层到周围空气的热阻，m^2·K/W（见表 17-104)；δ_1，δ_2，…，δ_n 为各层保温材料的厚度，m；t_f 为设备或管道外壁温度,℃；λ_1，λ_2，…，λ_n 为各层保温材料的热导率，W/(m·K)；t_k 为保温结构周围的环境温度，℃；d_1，d_2，…，d_n 为各层保温材料的内径，m。

表 17-103　最小保温层厚度　　单位：mm

公称管径 DN			15	20	25	32	40	50	65	80	100	125	150	200	250	300	350	400	450	500	600	700	平壁
管道直径 D_i			22	28	32	38	45	57	73	89	108	133	159	219	273	325	377	426	478	529	630	720	
介质温度为50℃，热损失小于116W/m²	λ	0.02	10	10	10	10	10	10	10	10	10	10	10	10	10	10	10	10	10	10	10	10	15
		0.03	15	15	15	15	15	15	15	15	15	15	15	15	15	15	15	15	15	15	15	15	20
		0.04	15	15	15	20	20	20	20	20	20	20	20	20	20	20	20	20	20	20	20	20	25
		0.05	20	20	20	20	20	20	25	25	25	25	25	25	25	25	25	25	25	25	25	25	30
		0.06	20	25	25	25	25	25	25	25	30	30	30	30	30	30	30	30	30	30	30	30	35
		0.07	25	25	25	25	30	30	30	30	30	30	35	35	35	35	35	35	35	35	35	35	40
		0.08	25	30	30	30	30	30	35	35	35	35	35	40	40	40	40	40	40	40	40	40	45
		0.09	30	30	30	30	35	35	35	35	40	40	40	40	45	45	45	45	45	45	45	45	50
		0.10	30	35	35	35	35	35	40	40	40	45	45	45	45	50	50	50	50	50	50	50	60
介质温度为100℃，热损失小于163W/m²	λ	0.02	10	15	15	15	15	15	15	15	15	15	15	15	15	15	15	15	15	15	15	15	15
		0.03	15	15	15	15	20	20	20	20	20	20	20	20	20	20	20	20	20	20	20	20	20
		0.04	20	20	20	20	20	25	25	25	25	25	25	25	25	25	25	25	25	30	30	30	30
		0.05	25	25	25	25	25	25	30	30	30	30	30	30	30	35	35	35	35	35	35	35	35
		0.06	25	25	30	30	30	30	30	35	35	35	35	35	40	40	40	40	40	40	40	40	40
		0.07	30	30	30	30	35	35	35	35	40	40	40	40	45	45	45	45	45	45	45	45	50
		0.08	30	35	35	35	35	35	40	40	40	45	45	45	45	50	50	50	50	50	50	50	60
		0.09	35	35	35	40	40	40	45	45	45	50	50	50	60	60	60	60	60	60	60	60	60
		0.10	35	40	40	40	45	45	50	50	50	60	60	60	60	60	60	60	60	60	70	70	70
介质温度为150℃，热损失小于203W/m²	λ	0.02	15	15	15	15	15	15	15	15	15	15	15	15	15	15	15	15	15	15	15	15	20
		0.03	20	20	20	20	20	20	20	20	20	25	25	25	25	25	25	25	25	25	25	25	25
		0.04	20	25	25	25	25	25	25	25	30	30	30	30	30	30	30	30	30	30	30	30	35
		0.05	25	25	25	30	30	30	30	30	35	35	35	35	35	35	40	40	40	40	40	40	40
		0.06	30	30	30	30	35	35	35	35	40	40	40	40	45	45	45	45	45	45	45	45	50
		0.07	30	35	35	35	35	40	40	40	45	45	45	50	50	50	50	50	50	50	50	60	60
		0.08	35	35	40	40	40	45	45	45	50	50	50	60	60	60	60	60	60	60	60	60	70
		0.09	40	40	40	45	45	45	50	50	60	60	60	60	60	60	70	70	70	70	70	70	70
		0.10	40	45	45	45	50	50	60	60	60	60	60	70	70	70	70	70	70	70	70	70	80
介质温度为200℃，热损失小于244W/m²	λ	0.03	20	20	20	20	20	20	25	25	25	25	25	25	25	25	25	25	25	25	25	25	25
		0.04	25	25	25	25	25	25	30	30	30	30	30	30	35	35	35	35	35	35	35	35	35
		0.05	25	30	30	30	30	30	35	35	35	35	35	40	40	40	40	40	40	40	40	40	45
		0.06	30	30	35	35	35	35	40	40	40	40	45	45	45	45	45	50	50	50	50	50	50
		0.07	35	35	35	40	40	40	45	45	45	50	50	50	60	60	60	60	60	60	60	60	60
		0.08	40	40	40	40	45	45	50	50	50	60	60	60	60	60	60	60	60	70	70	70	70
		0.09	40	45	45	45	50	50	60	60	60	60	60	70	70	70	70	70	70	70	70	70	80
		0.10	45	45	50	50	50	60	60	60	60	70	70	70	70	70	80	80	80	80	80	80	90
		0.11	50	50	50	60	60	60	60	70	70	70	70	80	80	80	80	80	80	90	90	90	100
介质温度为250℃，热损失小于279W/m²	λ	0.03	20	20	20	20	20	25	25	25	25	25	25	25	25	30	30	30	30	30	30	30	30
		0.04	25	25	25	25	30	30	30	30	30	35	35	35	35	35	35	35	35	35	35	35	45
		0.05	30	30	30	30	35	35	35	35	40	40	40	40	40	45	45	45	45	45	45	45	50
		0.06	35	35	35	35	40	40	40	40	45	45	45	50	50	50	50	50	50	50	60	60	60
		0.07	35	40	40	40	40	45	45	50	50	50	50	60	60	60	60	60	60	60	60	60	70
		0.08	40	45	45	45	50	50	60	60	60	60	60	70	70	70	70	70	70	70	70	70	80
		0.09	45	45	45	50	50	60	60	60	60	60	70	70	70	70	70	80	80	80	80	80	90
		0.10	45	50	50	60	60	60	60	70	70	70	70	80	80	80	80	80	80	80	90	90	100
		0.11	50	60	60	60	60	60	70	70	70	80	80	80	80	90	90	90	90	90	90	90	100

续表

公称管径 DN			15	20	25	32	40	50	65	80	100	125	150	200	250	300	350	400	450	500	600	700	平壁
管道直径 D_i			22	28	32	38	45	57	73	89	108	133	159	219	273	325	377	426	478	529	630	720	
介质温度为300℃，热损失小于308W/m²	λ	0.03	20	20	20	25	25	25	25	25	25	30	30	30	30	30	30	30	30	30	30	30	30
		0.04	25	25	30	30	30	30	30	35	35	35	35	35	35	40	40	40	40	40	40	40	40
		0.05	30	30	35	35	35	35	40	40	40	40	40	45	45	45	45	45	45	50	50	50	50
		0.06	35	35	35	40	40	40	45	45	45	50	50	50	60	60	60	60	60	60	60	60	60
		0.07	40	40	40	45	45	45	50	50	60	60	60	60	60	60	60	70	70	70	70	70	70
		0.08	40	45	45	50	50	50	60	60	60	60	60	70	70	70	70	70	70	70	80	80	80
		0.09	45	50	50	50	60	60	60	60	70	70	70	70	80	80	80	80	80	80	80	80	90
		0.10	50	60	60	60	60	60	70	70	70	70	80	80	80	90	90	90	90	90	90	90	100
		0.11	60	60	60	60	60	70	70	70	80	80	80	90	90	90	90	100	100	100	100	100	110

注：计算参数，环境温度取－14.2℃；放热系数为23.26W/(m²·℃)；λ 单位W/(m·K)。

表 17-104 管道和平壁的热阻

公称管径/mm	管道的热阻 R_1/(m²·K/W)									
	室内管道 t_f/℃					室外管道 t_f/℃				
	≤100	200	300	400	500	≤100	200	300	400	500
25	0.30	0.26	0.22	0.20	0.19	0.10	0.09	0.09	0.08	0.08
32	0.28	0.23	0.20	0.16	0.14	0.09	0.09	0.08	0.07	0.06
40	0.26	0.22	0.18	0.15	0.13	0.09	0.08	0.07	0.06	0.05
50	0.20	0.16	0.14	0.12	0.10	0.07	0.06	0.05	0.01	0.01
100	0.15	0.13	0.11	0.09	0.07	0.05	0.04	0.04	0.03	0.03
125	0.13	0.11	0.09	0.08	0.07	0.04	0.03	0.03	0.03	0.03
150	0.10	0.09	0.08	0.07	0.06	0.03	0.03	0.03	0.03	0.03
200	0.09	0.08	0.07	0.06	0.05	0.03	0.03	0.03	0.02	0.02
250	0.08	0.07	0.06	0.05	0.04	0.03	0.02	0.02	0.02	0.02
300	0.07	0.06	0.05	0.04	0.04	0.03	0.02	0.02	0.02	0.02
350	0.06	0.05	0.04	0.04	0.04	0.02	0.02	0.02	0.02	0.02
400	0.05	0.04	0.04	0.03	0.03	0.02	0.02	0.02	0.02	0.02
500	0.04	0.03	0.03	0.03	0.03	0.02	0.02	0.02	0.02	0.02
600	0.036	0.034	0.032	0.030	0.028	0.014	0.013	0.013	0.012	0.011
700	0.033	0.031	0.029	0.028	0.026	0.013	0.012	0.011	0.010	0.010
800	0.029	0.028	0.025	0.024	0.023	0.011	0.010	0.010	0.009	0.009
900	0.026	0.025	0.024	0.023	0.022	0.010	0.009	0.009	0.009	0.009
1000	0.023	0.022	0.022	0.021	0.021	0.009	0.009	0.008	0.008	0.008
2000	0.014	0.013	0.012	0.011	0.010	0.005	0.004	0.004	0.004	0.004
平壁的热阻 R_2/(m²·K/W)										
平壁	0.086	0.086	0.086	0.086	0.086	0.034	0.034	0.034	0.034	0.034

【例 17-13】 已知设备设于室内，全年运行，设备壁板温度 t_f＝100℃，周围空气温度 t_k＝25℃，采用水泥珍珠岩制品保温，求保温层厚度。

解 水泥珍珠岩制品热导率

由表 17-101 查得

$$\lambda=0.078\mathrm{W/(m\cdot K)}$$

由表 17-102 查得单位允许热损失 $q=93\mathrm{W/m^2}$

由表 17-104 查得平壁热阻 $R_2=0.086\mathrm{m^2\cdot K/W}$

则

$$\delta=\lambda\left(\frac{t_\mathrm{f}-t_\mathrm{k}}{q}-R_2\right)=0.078\left(\frac{100-25}{93}-0.086\right)=0.056(\mathrm{m}),\text{取 }60\mathrm{mm}$$

即保温层厚度可采取 60mm。

8. 保温结构设计

(1) 保温结构基本要求　管道和设备的保温由保温层和保护层两部分组成，保温结构的设计直接影响到保温效果、投资费用和使用年限等。对保温结构基本要求有以下几个方面：

① 热损失不超过允许值；

② 保温结构应有足够的机械强度，经久耐用，不易损坏；

③ 处理好保温结构和管道、设备的热伸缩；

④ 保温结构在满足上述条件下，尽量做到简单、可靠、材料消耗少、保温材料宜就地取材、造价低；

⑤ 保温结构应尽量采用工厂预制成型，减少现场制作，以便于缩短施工工期、保证质量、维护检修方便；

⑥ 保护结构应有良好的保护层，保护层应适应安装的环境条件和防雨、防潮要求，并做到外表平整、美观。

(2) 保温结构形式　保温结构的形式有如图 17-90、图 17-91 所示几种形式。

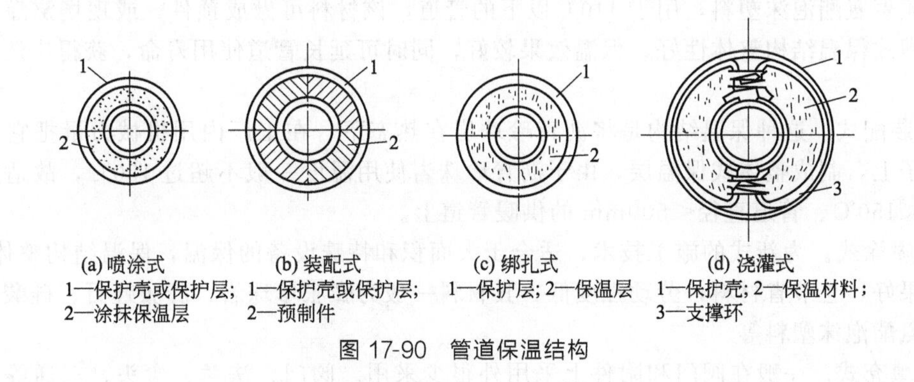

图 17-90　管道保温结构

① 绑扎式。它是将保温材料用铁丝固定在管道上，外包以保护层，适用于成型保温结构如预制瓦、管壳和岩棉毡等。这类保温结构应用较广、结构简单、施工方便，外形平整美观，使用年限较长。

② 浇灌式。保温结构主要用于无沟敷设。地下水位低、土质干燥的地方，采用无沟敷设是较经济的一种方式。保温材料可采用水泥珍珠岩等，其施工方法为挖一土沟，将管道按设计标高敷设好，沟内放上油毡纸，管道外壁面刷上沥青或重油，以利管道伸缩，然后浇上水泥珍珠岩，将油毡包好、将土沟填平夯实即成。

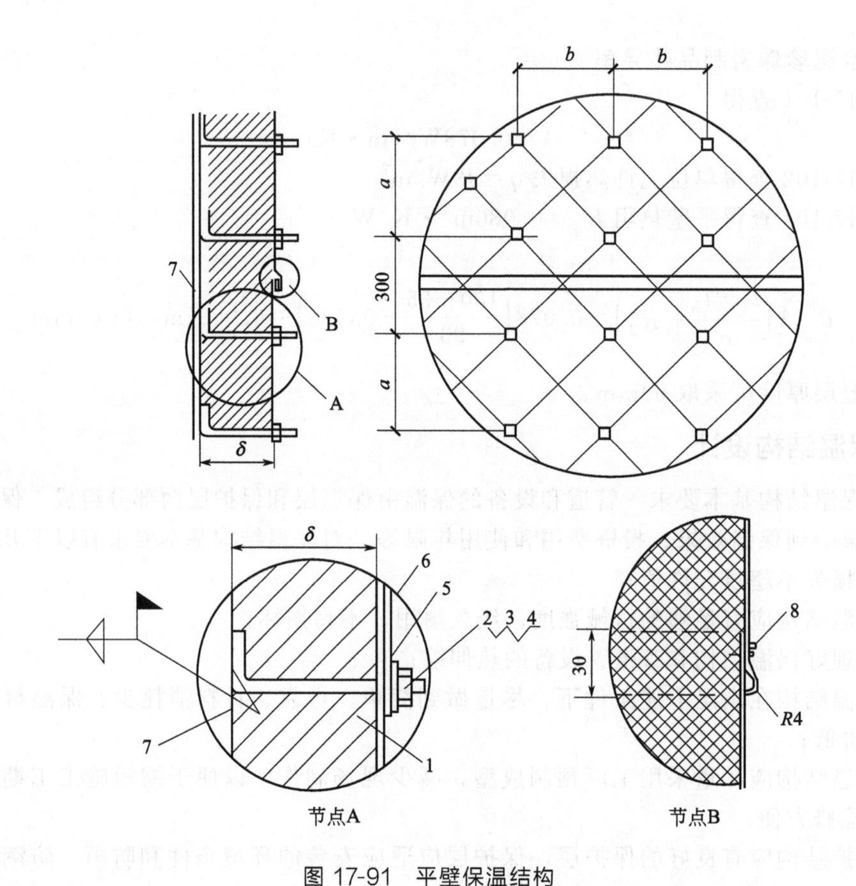

图 17-91　平壁保温结构

1—保温材料；2—直角型螺栓；3—螺母；4—垫圈；5—胶垫；6—保护板；7—支撑板；8—自攻螺丝

硬质聚氨酯泡沫塑料，用于 110℃以下的管道，该材料可做成预件，或现场浇灌发泡成型。浇灌式保温结构整体性好，保温效果较好，同时可延长管道使用寿命，获得广泛的推广使用。

③ 装配式。这种保温结构是将沥青珍珠岩在热态下、在工厂内用机械力量把它直接挤压在管子上，制成整体式保温层，由于沥青珍珠岩使用温度一般不超过 150℃，故适用于介质温度＜150℃、管道直径＜500mm 的供暖管道上。

④ 喷涂式。为新式的施工技术，适合于大面积和特殊设备的保温，保温结构整体性好，保温效果好，且节省材料，劳动强度低。其材料一般为膨胀珍珠岩、膨胀蛭石、硅酸铝纤维以及聚氨酯泡沫塑料等。

⑤ 填充式。一般在阀门和附件上采用外很少采用。阀门、法兰、弯头、三通等，由于形状不规则，应采取特殊的保温结构，一般可采用硬质聚氨酯发泡浇灌、超细玻璃棉毡等。

(3) 保护层的种类　管道设备保温，除选择良好的保温材料外，必须选择好保护层，才能延长保温结构的使用寿命，常用的保护层有如下几种。

① 金属板。铝、镀锌铁皮等，价格高但使用寿命长，可达 20～30 年，适用于室外架空管道的保温。

② 玻璃丝布保护层。采用较普遍，一般室内架空管道均采用玻璃纤维布外刷涂料作保护层，成本低，效果好。

③ 油毡玻璃纤维布保护层。这种保护层中油毡起防水作用，玻璃纤维布起固定作用，

最外层刷涂料，适用于室外架空管道和地沟内的管道保温。

④ 玻璃钢外壳保护层。该结构发展较快，质量轻，强度高，施工速度快，且具有外表光滑、美观、防火性能好等优点，可用于架空管道及无沟敷设的直埋管道的保温外壳。

⑤ 高密度聚乙烯套管。此保护层用于直埋的热力管道保温上，防水性能好；热力管道保温结构可直接浸泡水中，与硬质聚氨酯泡沫塑料保温层相配合，组成管中管，热损失率极小，仅2.8%。使用寿命可达20～30年，但价格较高。

⑥ 铝箔玻璃布和铝箔牛皮纸保护层。铝箔玻璃布和纸基铝箔黏胶带是一种蒸汽隔绝性能良好，施工简便的保护层，前者多用于热力管道的保温上；而后者则多数用于室内低温管道的保温上，效果良好。

9. 保温层和辅助材料用量计算

(1) 保温材料用量计算　保温材料工程量体积计算见表17-105。保温材料工程量面积计算表见表17-106。

表17-105　保温材料工程量体积计算　　单位：m^3

管子外径/mm	保温层厚度/mm														
	30	40	50	60	70	80	90	100	110	120	130	140	150	160	170
22	0.58	0.90	1.29	1.73	2.24	2.81	3.45	4.15	4.91	5.73	6.62	7.56			
28	0.64	0.98	1.38	1.85	2.38	2.97	3.62	4.31	5.11	5.96	6.86	7.83	8.86		
32	0.68	1.03	1.45	1.92	2.46	3.07	3.73	4.46	5.25	6.11	7.02	8.00	9.05	10.2	
38	0.74	1.11	1.54	2.04	2.59	3.22	3.90	4.65	5.46	6.33	7.27	8.27	9.33	10.5	
45	0.80	1.19	1.65	2.17	2.75	3.39	4.10	4.87	5.70	6.60	7.56	8.58	9.66	10.8	12.0
57	0.91	1.34	1.84	2.39	3.01	3.69	4.44	5.25	6.12	7.05	8.05	9.10	10.2	11.4	12.7
73	1.07	1.55	2.09	2.70	3.36	4.10	4.89	5.75	6.67	7.65	8.70	9.81	11.0	12.2	13.5
89	1.22	1.75	2.34	3.00	3.72	4.50	5.34	6.25	7.22	8.26	9.35	10.5	11.7	13.0	14.4
108	1.39	1.99	2.64	3.36	4.13	4.98	5.88	6.85	7.88	8.97	10.1	11.3	12.6	14.0	15.4
133	1.63	2.30	3.03	3.83	4.68	5.60	6.59	7.63	3.74	9.91	11.1	12.4	13.8	15.2	16.7
159	1.88	2.63	3.44	4.32	5.26	6.26	7.32	8.45	9.64	10.9	12.2	13.6	15.0	16.5	18.1
219	2.44	3.38	4.38	5.45	6.58	7.77	9.02	10.3	11.7	13.2	14.7	16.2	17.9	19.6	21.3
273	2.95	4.06	5.23	6.47	7.76	9.12	10.5	12.0	13.6	15.2	16.9	18.6	20.4	22.3	24.2
325	3.44	4.17	6.05	7.45	8.91	10.4	12.0	13.7	15.4	17.2	19.0	20.9	22.9	24.9	27.0
377	3.93	5.37	6.86	8.43	10.0	11.7	13.5	15.3	17.2	19.1	21.1	23.2	25.3	27.5	29.7
426	4.39	5.98	7.63	9.35	11.1	13.0	14.9	16.8	18.9	21.0	23.1	25.3	27.6	30.0	32.4
478	4.88	6.64	8.45	10.3	12.3	14.3	16.3	18.5	20.7	22.9	25.2	27.6	30.1	32.6	35.1
529	5.36	7.28	9.25	11.3	13.4	15.6	17.8	20.1	22.4	24.8	27.3	29.9	32.5	35.1	37.9
630	6.31	8.55	10.8	13.2	15.6	18.1	20.6	23.2	25.9	28.7	31.4	34.3	37.2	40.2	43.3
720	7.16	9.68	12.3	14.9	17.6	20.4	23.2	26.1	29.0	32.0	35.1	38.3	41.5	14.7	18.1

续表

管子外径/mm	保温层厚度/mm														
	30	40	50	60	70	80	90	100	110	120	130	140	150	160	170
820	8.11	10.9	13.8	16.8	19.8	22.9	26.0	29.2	32.5	35.8	39.2	42.7	46.2	49.8	53.4
920	9.05	12.2	15.4	18.7	22.0	25.4	28.8	32.4	35.9	39.6	43.3	47.1	50.9	54.8	58.7
1020	9.99	13.4	17.0	20.5	24.2	27.9	31.7	35.5	39.4	43.4	47.4	51.5	55.6	59.8	64.1

注：1. 本表所列数据以管长 100m 为单位。

2. 考虑到施工时的误差，在计算保温材料体积时已将管子直径加大 10mm。

表 17-106 保温材料工程量面积计算 单位：m^2

管子外径/mm	保温层厚度/mm														
	30	40	50	60	70	80	90	100	110	120	130	140	150	160	170
22	28.9	35.2	41.5	47.8	54.0	60.3	66.6	72.9	79.2	85.5	91.7	98.0			
28	30.8	37.1	43.4	49.6	55.9	62.2	68.5	74.8	81.1	87.3	93.6	99.9	106		
32	32.0	38.3	44.6	50.9	57.2	63.5	69.7	76.0	82.3	88.6	94.9	101	107	114	
38	33.9	40.2	46.5	52.8	59.1	65.3	71.6	77.9	84.2	90.5	96.8	103	109	116	
45	36.1	42.4	48.7	55.0	61.3	67.5	73.8	80.1	86.4	92.7	99.0	105	112	118	124
57	39.9	46.2	52.5	58.7	65.0	71.3	77.6	83.9	90.2	96.4	103	109	115	122	128
73	44.9	51.2	57.5	63.8	70.1	76.3	82.6	88.9	95.2	101	108	114	120	127	133
89	50.0	56.2	62.5	63.8	75.4	81.4	87.7	93.9	100	107	113	119	125	132	138
108	55.9	62.2	68.5	74.8	81.1	87.3	93.6	99.9	106	112	119	125	131	138	144
133	63.8	70.1	76.3	82.6	88.9	95.2	101	108	114	120	127	133	139	115	152
159	71.9	78.2	84.5	90.8	97.1	103	110	116	122	128	135	141	147	154	160
219	90.8	97.1	103	110	116	122	128	135	141	147	154	160	166	172	179
273	108	114	120	127	133	139	145	152	158	164	171	177	183	189	196
325	124	130	137	143	149	156	162	168	174	181	187	193	199	206	212
377	140	147	153	159	166	172	178	184	1914	197	203	210	216	222	228
426	156	162	168	175	181	187	194	200	206	212	219	225	231	238	244
478	172	178	185	191	197	204	210	216	222	229	235	241	248	254	260
529	188	194	201	207	213	220	226	232	238	245	251	257	264	270	276
630	220	226	232	239	245	254	258	264	270	276	283	289	295	302	308
720	248	254	261	267	273	280	286	292	298	305	311	317	324	330	336
820	288	286	292	298	305	311	317	324	330	336	342	349	355	361	368
920	311	317	324	330	336	342	349	355	361	368	374	380	386	393	399
1020	342	349	355	361	368	374	380	386	393	399	405	412	418	424	430

注：1. 本表所列数据以管长 100mm 为单位。

2. 考虑到施工时的误差，在计算保温材料面积时已将管子直径加大 10mm。

（2）辅助材料用量计算　保温常用辅助材料用量计算如表17-107所列。

表17-107　保温常用辅助材料用量计算

项目	规　格	单　位	用　量
沥青玻璃布油毡	JC/T 84—1996	m^2/m^2 保温层	1.2
玻璃布	中碱布	m^2/m^2 保温层	1.1
复合铝箔	玻璃纤维增强型	m^2/m^2 保温层	1.2
镀锌铁皮	δ=0.3～0.5mm	m^2/m^2 保温层	1.2
铝合金板	δ=0.5～0.7mm	m^2/m^2 保温层	1.2
镀锌铁丝网	六角网孔25mm	m^2/m^2 保温层	1.1
镀锌铁丝（绑扎保温层用）	18in（DN≤100mm时）	kg/m^3 保温层	2.0
镀锌铁丝（绑扎保温层用）	16in（DN=125～450mm时）	kg/m^2 保温层	0.05
镀锌铁丝（绑扎保护层用）	18in（DN≤100mm时）	kg/m^3 保温层	3.3
镀锌铁丝（绑扎保护层用）	16in（DN=125～450mm时）	kg/m^2 保温层	0.08
铜带	宽15mm，厚0.4mm	kg/m^2 保温层	0.54
自攻螺钉	M4mm×15mm	kg/m^2 保温层	0.03
销钉	圆钢 ϕ6mm	个/m^2 保温层	12

注：1in=0.0254m。

10. 保温层施工

① 保温固定件、支承件的设置、垂直管道和设备，每隔一段距离需设保温层承重环（或抱箍），宽度为保温层厚度的2/3。销钉用于固定保温层时，间隔250～350mm，用于固定金属外保护层时，间隔500～1000mm；并使每张金属板端头不少于两个销钉。采用支承圈固定金属外保护层时，每道支承圈间隔为1200～2000mm，并使每张金属板有两道支承圈。

② 管壳用于小于DN350mm管道保温，选用的管壳内径应与管道外径一致。施工时，张开管壳切口部套于管道上；水平管道保温，切口置于下侧。对于有复合外保护层的管壳应拆开切口部搭接头内侧的防护纸，将搭接头按压贴平；相邻两段管壳要紧，缝隙处用压敏胶带粘贴；对于无外保护层的管壳，可用镀锌铁丝或塑料绳捆扎，每段管壳捆2～3道。

③ 板材用于平壁或大曲面设备保温，施工时棉板应紧贴于设备外壁，曲面设备需将棉板的两板接缝切成斜口拼接，通常宜采用销钉自锁紧板固定。对于不宜焊销钉的设备，可用钢带捆扎，间距为每块棉板不少于两道，拐角处要用镀锌铁皮。当保温层厚度超过80mm时应分层保温，双层或多层保冷层应错缝设，分层捆扎。

④ 设备及管道支座、吊架以及法兰、阀门、人孔等部位，在整体保温时预留一定装卸间隙，待整体保温及保护层施工完毕后再做部分保温处理。并注意施工完毕的保温结构不得妨碍活动支架的滑动。保温棉毡、垫的保温厚度和密度应均匀，外形应规整，经压实捆扎后的容重必须符合设计规定的安装容重。

⑤ 管道端部或有盲板的部位应敷设保温层，并应密封。除设计指明按管束保温的管道外，其余均应单独进行保温，施工后的保温层不得遮盖设备铭牌；如将铭牌周围的保温层切割成喇叭形开口，开口处应密封规整。方形设备或方形管道四角的保温层采用保温制品敷设

时，其四角角缝应做成封盖式搭缝，不得形成垂直通缝。水平管道的纵向接缝位置，不得布置在管道垂直中心线45°范围内，当采用大管径的多块成型绝热制品时，保温层的纵向接缝位置可不受此限制，但应偏离管道垂直中心线位置。

⑥ 保温制品的拼缝宽度，一般不得大于5mm，且施工时需注意错缝。当使用两层以上的保温制品时，不仅同层应错缝，而且里外层应压缝，其搭接长度不宜小于50mm；当外层管壳绝热层采用黏胶带封缝时可不错缝。钩钉或销钉的安装，一般采用专用钩钉、销钉，也可用ϕ3～6mm的镀锌铁丝或低碳圆钢制作，直接焊在碳钢制设备或管道上，其间距不应大于350mm。单位面积上钩钉或销钉数，侧部不应少于6个/m^2，底部不应少于8个/m^2。焊接钩钉或销钉时，应先用粉线在设备、管道壁上错行或对行画出每个钩钉或销钉的位置。支承件的安装，对于支承件的材质，应根据设备或管道材质确定，宜采用普通碳钢板或型钢制作。支承件不得设在有附件的位置上，环面应水平设置，各托架筋板之间安装误差不应大于10mm。当不允许直接焊于设备上时应采用抱箍型支承件。支承件制作的宽度应小于保温层厚度10mm，但不得小于20mm。立式设备和公称直径大于100mm的垂直管道支承件的安装间距，应视保温材料松散程度而定。

⑦ 壁上有加强筋板的方形设备和管道的保温层，应利用其加强筋板代替支承件，也可在加强筋板边沿上加焊弯钩。直接焊于不锈钢设备或管道上的固定件，必须采用不锈钢制作。当固定件采用碳钢制作时，应加焊不锈钢垫板。抱箍式固定件与设备或管道之间，在介质温度高于200℃以及设备或管道系非铁素体碳钢时应设置石棉等隔垫。设备振动部位的保温施工：当壳体上已设有固定螺杆时，螺母上紧丝扣后点焊加固；对于设备封头固定件的安装，采用焊接时，可在封头与筒体相交的切点处焊高支承环，并应在支承环上断续焊设固定环；当设备不允许焊接时，支承环应改为抱箍型。多层保温层应采用不锈钢制的活动环、固定环和钢带。

⑧ 立式设备或垂直管道的保温层采用半硬质保温制品施工时，应从支承件开始，自下而上拼砌，并用镀锌铁丝或包装钢带进行环向捆扎；当卧式设备有托架时，保温层应从托架开始拼砌，并用镀锌铁丝网状捆扎。当采用抹面保护层时应包扎镀锌铁丝网。公称直径≤100mm、未装设固定件的垂直管道，应用8号镀锌铁丝在管壁上拧成扭辫箍环，利用扭辫索挂镀锌铁丝固定保温层。当弯头部位保温层无成型制品时，应将普通直管壳截断，加工敷设成虾米腰状。DN≤70mm的管道，或因弯管半径小、不易加工成虾米状时，可采用保温棉毡、垫绑扎。封头保温层的施工，应将制品板按封头尺寸加工成扇形块，错缝敷设。捆扎材料一端应系在活动环上，另一端应系在切点位置的固定环或托架上，捆扎成辐射形扎紧条。必要时，可在扎紧条间扎上环状拉条，环状拉条应与扎紧条呈十字扭结扎紧。当封头保温层为双层结构时应分层捆扎。

⑨ 伴热管管道保温层的施工，直管段每隔1.0～1.5m应用镀锌铁丝捆扎牢固。当无防止局部过热要求时，主管和伴热管可直接捆扎在一起；否则，主管和伴热管之间必须设置石棉垫。在采用棉毡、垫保温时，应先用镀锌铁丝网包裹并扎紧；不得将加热空间堵塞，然后再进行保温。

11. 保护层施工

（1）金属保护层常用镀锌薄钢板或铝合金板　当采用普通薄钢板时，其里外表面必须涂覆防锈涂料。安装前，金属板两边先压出两道半圆凸缘。对于设备保温，为加强金属板强度，可在每张金属板对角线上压两条交叉筋线。

（2）垂直方向保温施工　将相邻两张金属板的半圆凸缘重叠搭接，自下而上，上层板压下层板，搭接50mm。当采用销钉固定时，用木槌对准销钉将薄板打穿，去除孔边小块渣皮，套上3mm厚胶垫，用自销紧板套入压紧（或AM6螺母拧紧）；当采用支撑圈、板固定时，板面重叠搭接处，尽可能对准支撑圈、板，先用$\phi 3.6$mm钻头钻孔，再用自攻螺钉$M4$mm×15mm紧固。

（3）水平管道的保温　可直接将金属板卷合在保温层外，按管道坡向，自下而上施工；两板环向半圆凸缘重叠，纵向搭口向下，搭接处重叠50mm。

（4）搭接处先用$\phi 4$mm（或$\phi 3.6$mm）钻头钻孔，再用抽芯铆钉或自攻螺钉固定，铆钉或螺钉间距为150～200mm。考虑设备及管道运行受膨胀位移，金属保护层应在伸缩方向留适当活动搭口。在露天或潮湿环境中的保温设备和管道与其附件的金属保护层，必须按照规定嵌填密封剂或接缝处包缠密封带。

（5）在已安装的金属护壳上，严禁踩踏或堆放物品；当不可避免要放置物品时，应采取适当的保护措施。

（6）复合保护层

① 油毡。用于潮湿环境下的管道及小型筒体设备保温外保护层。可直接卷铺在保温层外，垂直方向由低向高处敷设，环向搭接用稀沥青黏合，水平管道纵向搭缝向下，均搭接50mm；然后，用镀锌铁丝或钢带扎紧，间距为200～400mm。

② CPU卷材。用于潮湿环境下的管道及小型筒体设备保温外保护层。可直接卷铺在保冷层外，由低处向高处敷设；管道环、纵向接缝的搭接宽度均为50mm，可用订书机直接钉上，缝口用CPU涂料粘住。

③ 玻璃布。以螺纹状紧缠在保温层（或油毡、CPU卷材）外，前后均搭接50mm。由低处向高处施工，布带两端及每隔3m用镀锌铁丝或钢带捆扎。

④ 复合铝箔。牛皮纸夹筋铝箔、玻璃布铝箔等。可直接敷设在除棉、缝毡以外的平整的保温层外，接缝处用压敏胶带粘贴。

⑤ 玻璃布乳化沥青涂层。在缠好的玻璃布外表面涂刷乳化沥青，每道用量2～3kg/m^2。一般涂刷两道，第二道涂刷需在第一道干燥后进行。

⑥ 玻璃钢。在缠好的玻璃布外表面涂刷不饱和聚酯树脂，每道用量1～2kg/m^2。

⑦ 玻璃钢、铝箔玻璃钢薄板。施工方法同金属保护层，但不压半圆凸缘及折线。环、纵向搭接30～50mm，搭接处可用抽芯铆钉或自攻螺钉紧固，接缝处宜用黏合剂密封。

（7）抹面保护层

① 抹面保护层的灰浆，应符合：a. 容重不得大于1000kg/m^3；b. 抗压强度不得小于0.8MPa（80kgf/cm^2）；c. 烧失量（包括有机物和可燃物）不得大于12%；d. 干烧后（冷状态下）不得产生裂缝、脱壳等现象；e. 不得对金属产生腐蚀。

② 露天的保温结构，不得采用抹面保护层。当必须采用时，应在抹面层上包缠毡、箔或布类保护层，并应在包缠层表面涂覆防水、耐候性的涂料。

③ 抹面保护层未硬化前，应防雨淋水冲。当昼夜室外平均温度低于5℃且最低温度低于−3℃，应按冬季施工方案，采取防寒措施。大型设备抹面时，应在抹面保护层上留出纵横交错的方格形或环形伸缩缝；伸缩缝做成凹槽，其深度应为5～8mm，宽度应为8～12mm。高温管道的抹面保护层和铁丝网的断缝，应与保温层的伸缩缝留在同一部位，缝为填充毡、棉材料。室外的高温管道，应在伸缩缝部位加金属护壳。

（8）使用化工材料或涂层时，应向有关生产厂家索取性能及使用说明书。在有防火要求时，应选用具有自熄性的涂层和嵌缝材料；在有防火要求的场所，管道和设备外应涂防火漆2道。

四、管道与设备伴热设计

净化设备和管线为维持其工作条件通常要设计伴热系统使被伴热装置在设计条件下保持一定温度。废气治理工程伴热通常有蒸汽伴热、热水伴热和电伴热三种类型。

（一）伴热设计要点

1. 伴热的意义

伴热的意义是利用热线（电缆、蒸汽管、热水管）产生的热量来补偿除尘设备（或管道）散失到环境的热量，以此来维持设备温度。伴热和加热不同，伴热是用来补充被伴热装置在工艺过程中所散失的热量，以维持介质温度。而加热是在一个点或小面积上高度集中负荷使被加热体升温，其所需的热量通常大大高于伴热。

2. 伴热方式

① 伴热方式分为重伴热和轻伴热（仅对蒸汽、热水伴热而言）。

重伴热是指伴热管道直接接触仪表及仪表测量管道，如图 17-92(a)、(b) 所示。

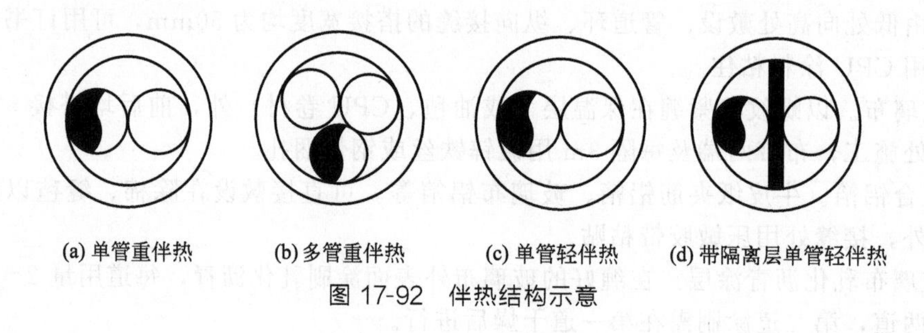

(a) 单管重伴热　(b) 多管重伴热　(c) 单管轻伴热　(d) 带隔离层单管轻伴热

图 17-92　伴热结构示意

轻伴热是指伴热管道不接触仪表及仪表测量管道或在它们之间加一隔离层，如图 17-92 (c)、(d) 所示。

② 在被测介质易冻结、冷凝、结晶的场合，仪表测量管道应采用重伴热；当重伴热可能引起被测介质汽化时，应采用轻伴热或隔热。根据介质的特性，按图 17-92 确定相应的伴热形式。

③ 处于露天环境的伴热隔热系统，大气温度应取当地极端最低温度；安装在室内的伴热隔热系统，应以室内最低气温作为计算依据。

3. 热损失设计计算

(1) 伴热管道的热损失　由下式计算

$$Q_g=\frac{2\pi(T_y-T_d)}{\frac{1}{\lambda}\ln\frac{D_o}{D_i}+\frac{2}{D_o\alpha}}\times 1.3 \tag{17-107}$$

式中，Q_g 为单位长度管道的热损失，W/m；T_y 为维持管道或平面的温度，℃；T_d 为环境温度，℃；λ 为保温材料制品的热导率，W/(m·℃)；D_i 为保温层内径（管外径 $D_{外}$），m；

D_o 为保温层外径，m；1.3为安全系数；α 为保温层外表面向大气的散热系数，W/(m^2·℃)。

散热系数（α）与风速（v）有关。可用下式计算：

$$\alpha = 1.163(6+3\sqrt{v}) \tag{17-108}$$

式中，v 为大气风速，m/s。

（2）平壁热损失 用下式计算：

$$Q_P = \frac{T_y - T_d}{\frac{\delta}{\lambda} + \frac{1}{\alpha}} \times 1.3 \tag{17-109}$$

式中，Q_P 为平壁热损失，W/m^2；δ 为保温层厚度，m；1.3为安全系数；其他符号意义同前。

4. 伴热产品选型

① 对蒸汽和热水伴热要根据热损失和介质温度计算伴热管长度，而后进行系统布置设计。

② 对电伴热通常根据厂商样本进行选型。

5. 系统布置设计

要根据管道长短、伴热面积大小进行布置设计。

（二）蒸汽伴热设计

1. 蒸汽伴热

凡符合下列条件之一者采用蒸汽伴热：

① 在环境温度下有冻结、冷凝、结晶、析出等现象产生的物料的测量管道、取样管道和检测仪表；

② 不能满足最低环境温度要求的场合。

2. 蒸汽用量的计算

伴热蒸汽宜采用低压过热或低压饱和蒸汽，其压力应根据环境温度、仪表及其测量管道的伴热要求选取0.3MPa、0.6MPa或1.0MPa。伴热系统总热量损失 Q_g 为每个伴热管道的热量损失之和，其值应按下式计算

$$Q_g = \sum_{i=1}^{n}(q_p L_i + Q_{bi}) \tag{17-110}$$

式中，Q_g 为伴热系统总热量损失，kJ/h；q_p 为伴热管道的允许热损失，kJ/(m·h)；L_i 为第 i 个伴热管道的保温长度，m；Q_{bi} 为第 i 个保温箱的热损失，kJ/h，每个仪表保温箱的热损失可取500×4.1868kJ/h；i 为伴热系统的数量，i=1、2、3、…、n。

蒸汽用量 W_s 应按下式计算

$$W_s = K_1 \frac{Q_s}{H} \tag{17-111}$$

式中，W_s 为仪表伴热用蒸汽用量，kg/h；H 为蒸汽冷凝潜热，kJ/kg；K_1 为蒸汽余量系数。

在实际运行中，应考虑下列诸多因素，取 $K_1=2$ 作为确定蒸汽总用量的依据。包括：a. 蒸汽管网压力波动；b. 隔热层多年使用后隔热效果的降低；c. 确定允许压力损失时误差；d. 设备或管道的热损失；e. 疏水器可能引起的蒸汽泄漏。

3. 蒸汽伴热系统

（1）蒸汽伴热系统　应满足下列要求：

① 仪表伴热用蒸汽宜设置独立的供汽系统，对于少数分散的仪表伴热对象，可按具体情况供汽；

② 蒸汽伴热系统包括总管、支管（或蒸汽分配器）、伴热管及管路附件，总管、支管（或蒸汽分配器）、伴热管的连接应焊接或法兰连接，接点应在蒸汽管顶部；

③ 蒸汽伴热管及支管根部应安装切断阀，如图 17-93 所示；

④蒸汽总管最低处应设疏水器，特殊情况下应对回水管伴热。

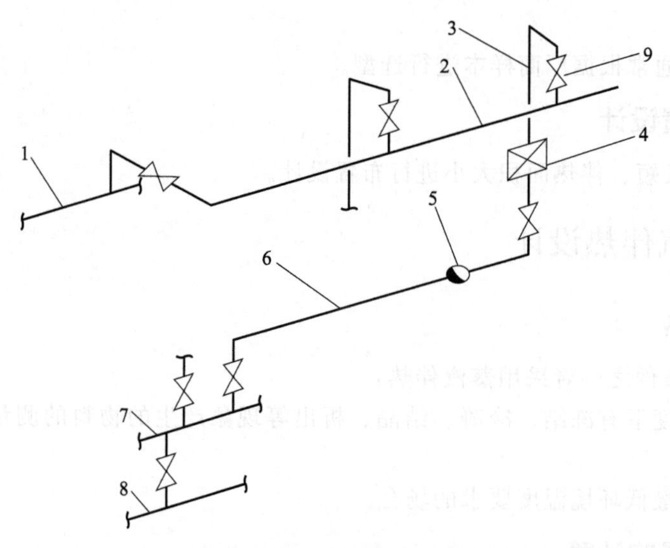

图 17-93　蒸汽伴热系统管路示意

1—总管；2—支管；3—伴热管；4—保温箱；5—疏水器；6—冷凝液管；7—回水支管；8—回水总管；9—切断阀

（2）蒸汽伴热管的材质和管径　可按表 17-108 选取。

表 17-108　蒸汽伴热管材质和管径

伴热管材质	伴热管外径×壁厚/mm	伴热管材质	伴热管外径×壁厚/mm
紫铜管	$\phi8\times1$	不锈钢管	$\phi10\times1(\phi10\times1.5)$
	$\phi10\times1$		$\phi14\times2(\phi18\times3)$
不锈钢管	$\phi8\times1$	碳钢管	$\phi14\times2(\phi18\times3)$

（3）总管、支管的选择　应满足下列要求：

① 伴热总管和支管应采用无缝钢管；

② 伴热总管和支管的管径按表 17-109 选择。

表 17-109　伴热总管和支管管径与饱和蒸汽流量、流速关系

公称直径 DN/mm	规格 外径×壁厚 /mm	蒸汽压力/MPa					
		1.0		0.6		0.3	
		流量 /(t/h)	流速 /(m/s)	流量 /(t/h)	流速 /(m/s)	流量 /(t/h)	流速 /(m/s)
15	ϕ22×2.5	<0.04	<9	<0.03	<11	<0.02	<11
20	ϕ27×2.5	<0.07	<10	<0.05	<12	<0.03	<13
25	ϕ34×2.5	0.07～0.13	<11	0.05～0.10	<13	0.03～0.06	<15
40	ϕ8×3	0.13～0.34	<13	0.10～0.26	<17	0.06～0.16	<20
50	ϕ60×3	0.34～0.64	<15	0.26～0.5	<19	0.16～0.3	<23
80	ϕ89×3.5	0.64～1.9	<20	0.5～1.4	<23	0.3～0.8	<26
100	ϕ100×3	1.9～3.8	<24	1.4～2.7	<26	0.8～1.5	<29

(4) 最多伴热点数　按表 17-110 选取。

表 17-110　最多伴热点数　　单位：个

伴热支管外径×壁厚 /mm	蒸汽压力/MPa		
	1.0	0.6	0.3
ϕ22×2.5	10	7	4
ϕ27×2.5	18	14	10
ϕ34×2.5	35	29	21
ϕ48×3	91	76	57
ϕ60×3	172	147	107
ϕ89×3.5	535	414	255

(5) 冷凝、冷却回水管的选择　应满足下列要求：

① 一般情况下，蒸汽伴热系统应设置冷凝、冷却回水总管，并将冷凝、冷却回水集中排放；

② 蒸汽伴热冷凝回水支管管径宜按表 17-109 中伴热支管管径或大一级选用；

③ 每根伴管宜单独设疏水阀，不宜与其他伴管合并疏水，通过疏水阀后的不回收凝结水，宜集中排放；

④ 为防止蒸汽窜入凝结水管网使系统背压升高，干扰凝结水系统正常运行，疏水阀组不宜设置旁路阀；

⑤ 伴管蒸汽应从高点引入，沿被伴热管道由高向低敷设，凝结水应从低点排出，应尽量减少 U 形弯，以防止产生气阻和液阻。

4. 蒸汽伴热管道的安装

① 伴热管道应从蒸汽总管或支管顶部引出，并在靠近引出处设切断阀。每根伴热管道应起始于测量系统的最高点，终止于测量系统的最低点，在最低点排凝，并尽量减少 U 形弯。

② 当伴热管道在允许伴热长度内出现 U 形弯时，则以米计的累计上升高度，不宜大于蒸汽入口压力的 10 倍。

③ 当伴热管道水平敷设时，伴热管道应安装在被伴热管道的下方或两侧。

④ 伴热管道可用金属扎带或镀锌铁丝捆扎在被伴热管道上，捆扎间距1～1.5m。

⑤ 伴热管道通过被伴热仪表测量管道的阀门、冷凝器、隔离容器等附件时，宜采用对焊连接，必要时设置活接头。

⑥ 伴热管敷设在被加热管的下方，并包在同一绝热层内，如图17-94所示，可用于凝固点在150℃以内，各种管道介质的加热保护。

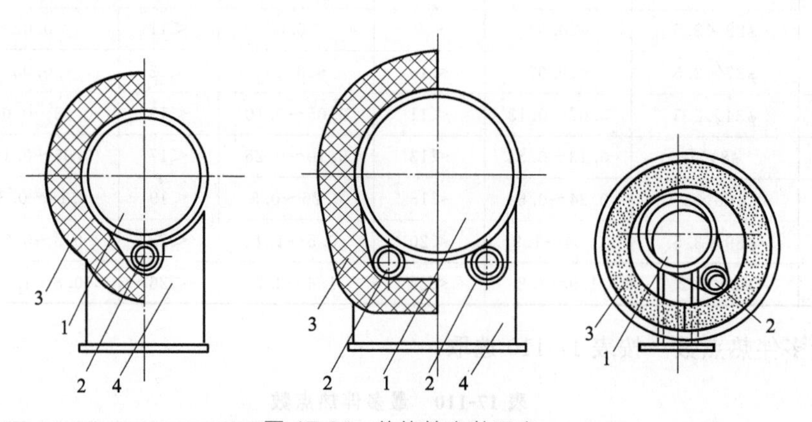

图17-94　伴热管安装示意

1—被加热管；2—伴热管；3—绝热管；4—管托

⑦ 伴热管用14号镀锌铁丝与被加热管捆在一起，每两道铁丝的间距为1m左右。对设于腐蚀性和热敏性介质管道的伴热管，不可与被加热管直接接触，应在被加热管外面包裹一层厚度1mm的石棉纸；或在两管之间间断地垫上50mm×25mm×13mm的石棉板，每两块石棉板的间距为1m左右。

⑧ 除尘器箱体和灰斗壁板的伴热可按盘管形式安装，如图17-95所示。

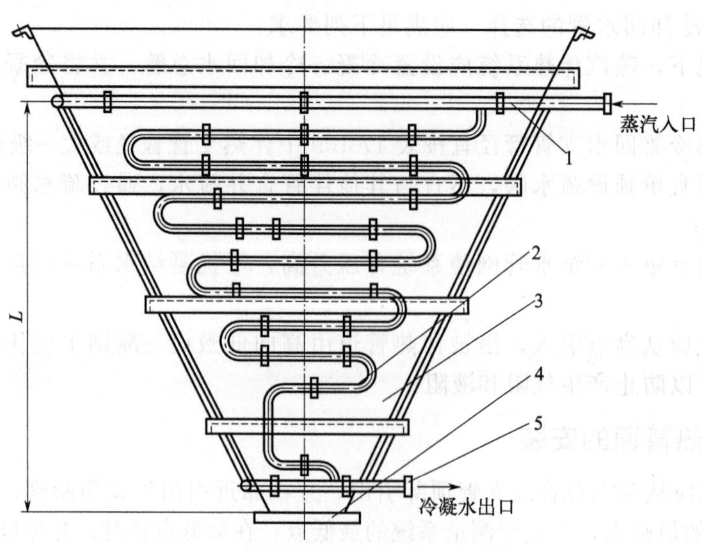

图17-95　典型蒸汽伴热灰斗布置形式

1—固定支架；2—蒸汽加热管路；3—灰斗壁面；4—灰斗法兰；5—疏水器

5. 疏水器的安装

① 疏水器前后应设置切断阀（冷凝水就地排放时疏水器后可不设置）。
② 疏水器应带有过滤器，否则应在疏水器与前切断阀间设置 Y 形过滤器。
③ 疏水器应布置在加热设备凝结水排出口下游 300～600mm 处。
④ 疏水器宜安装在水平管道上，阀盖朝上；热动力式疏水器可安装在垂直管道上。
⑤ 螺纹连接的疏水器应设置活接头。

（三）热水伴热设计

1. 热水伴热条件

凡符合下列条件之一者可采用热水伴热：
① 不宜采用蒸汽伴热的场合；
② 没有蒸汽伴热的场合。

2. 热水用量的计算

热水用量 V_W 应按下式计算

$$V_W = K_2 \frac{Q_s}{C(t_1 - t_2)\rho} \tag{17-112}$$

式中，V_W 为伴热用热水用量，m^3/h；Q_s 为伴热系统热量损失，kJ/h；t_1 为热水管道进水温度，℃；t_2 为热水管道回水温度，℃；ρ 为热水的密度，kg/m^3；C 为水的比热容，kJ/(kg·℃)，取 4.1868kJ/(kg·℃)；K_2 为热水余量系数（包括热损失及漏损），一般取 $K_2=1.05$。

热水管道进水温度 t_1 及回水温度 t_2 均与仪表管道内介质的特性（如易聚合、易分解、热敏性强等）有关。

热水压力应满足热水能返回到回水总管。

3. 热水伴热系统

用热水伴热宜设置独立的供水系统，对于少数分散的伴热对象，可视具体情况供水。热水伴热管的材质和管径宜选用 Q235 无缝钢管。

热水伴热总管和支管应采用无缝钢管，相应的管径可由下式计算

$$d_n = 18.8\sqrt{\frac{V_W}{v}} \tag{17-113}$$

式中，d_n 为热水总管、支管内径，mm；V_W 为伴热用热水量，m^3/h；v 为热水流速，m/s，一般取 1.5～3.5m/s。

一般情况下，应采用集中回水方式，并设置冷却回水总管。

4. 热水伴热管道的安装

热水伴热系统包括总管、支管、伴热管及管路附件。总管、支管、伴热管的连接应焊接，必要时设置活接头。取水点应在热水管底部或两侧。热水伴热管及支管根部、回水管根部应设置切断阀，供水总管最高点应设排气阀，最低点应设排气阀。其他安装要求同蒸汽伴热。

（四）电伴热设计

1. 电伴热条件

凡符合下列条件之一者，可采用电伴热：

① 要求对伴热系统实现遥控和自动控制的场合；

② 对环境的洁净程度要求较高的场合。

2. 电伴热的功率计算

电伴热带的功率可根据仪表测量管道散热量来确定，管道散热量按下式计算

$$Q_E = q_N K_3 K_4 K_5 \tag{17-114}$$

式中，Q_E 为单位长度测量管道散热量（实际需要的伴热量），W/m；q_N 为基准情况下，测量管道单位长度散热量，W/m；K_3 为保温材料热导率修正值（岩棉取 1.22，复合硅酸盐毡取 0.65，聚氨酯泡沫塑料取 0.67，玻璃纤维取 1）；K_4 为测量管道材料修正系数（金属取 1，非金属取 0.6～0.7）；K_5 为环境条件修正系数（室外取 1，室内取 0.9）。

管道阀门散热量按与其相连管道每米散热量的 1.22 倍计算。

3. 电伴热系统

① 电伴热系统。应满足下列要求：

ⅰ. 电伴热系统一般由配电箱、控制电缆、电伴热带及其附件组成。附件包括电源接线盒，中间接线盒（二通或三通）、终端接线盒及温控器。

ⅱ. 为精确维持管道或加热体内的介质温度，电伴热带可与温控器配合使用。重要检测回路的仪表及测量管道的电伴热系统应设置温控器。温度传感器应安装在能准确测量被控温度的位置。根据实际需要将温度传感器安装在电伴热带上构成测量电伴热带温度的测量系统，见图 17-96；也可将温度传感器安装在环境中构成测量环境温度的测量系统，见图 17-97。

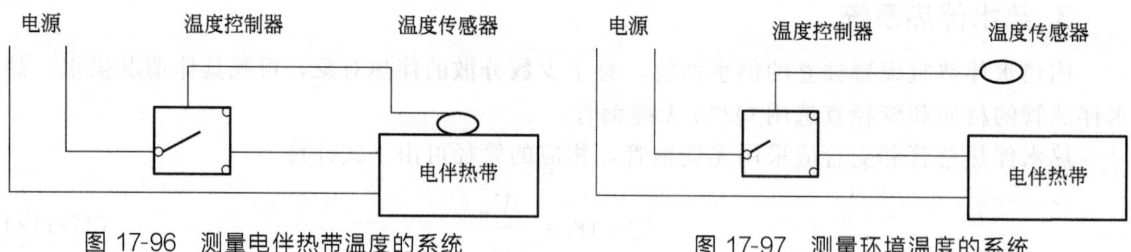

图 17-96　测量电伴热带温度的系统　　　图 17-97　测量环境温度的系统

② 电伴热系统的供电电源宜采用 220V/AC 50Hz，宜设置独立的配电系统或供电箱，并安装在安全区。配电系统应设置过载、短路保护措施。每套电伴热系统应设置单独的电流保护装置（断路器或保险丝），满负荷电流应不大于保护装置额定容量值的 80%。

③ 配电系统应有漏电保护装置。

④ 电伴热系统控制电缆线径应根据系统的最大用电负荷确定，导线允许的载流量不应小于电伴热带最大负荷时的 1.25 倍。

⑤ 保温箱的伴热宜选定型的电保温箱，并独立供电。

⑥ 在爆炸危险场所，与电伴热带配套的电气设备及附件应满足爆炸危险场所的防爆等

级，并符合现行《爆炸危险环境电力装置设计规范》(GB 50058) 的规定。

⑦ 电伴热产品主要有伴热带和伴热毯两类及其配套产品。厂商不同，电伴热产品规格性能各不相同。

4. 毯式电伴热器结构与安装

毯式电伴热器结构如图 17-98 所示。加热量为灰斗外壁面积每 $1m^2$ 采用 400～600W。毯式电伴热器的安装如图 17-99 所示，其程序如下：a. 在指定位置上焊上安装钉销；b. 放上毯式电伴热器，并暂时用带子在安装钉销上绑好；c. 将绝缘体放在安装钉销上；d. 在绝缘体安装钉销上铺上金属网；e. 用手铺开金属网，使电热毯与灰斗表面紧密地贴紧，在绝缘体的钉销上安装高速夹具。电伴热带多用于管道伴热。

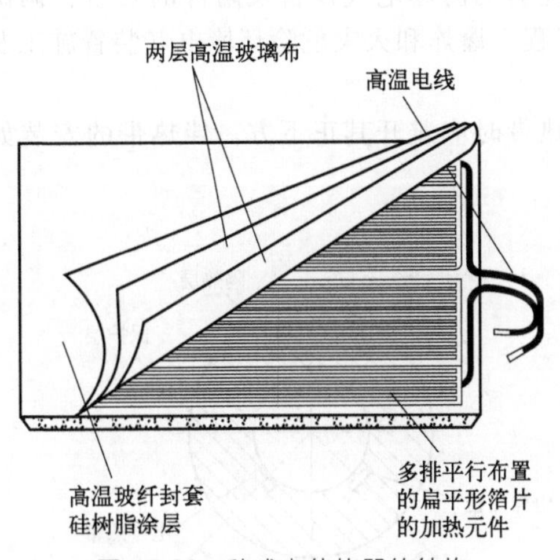

图 17-98 毯式电伴热器的结构

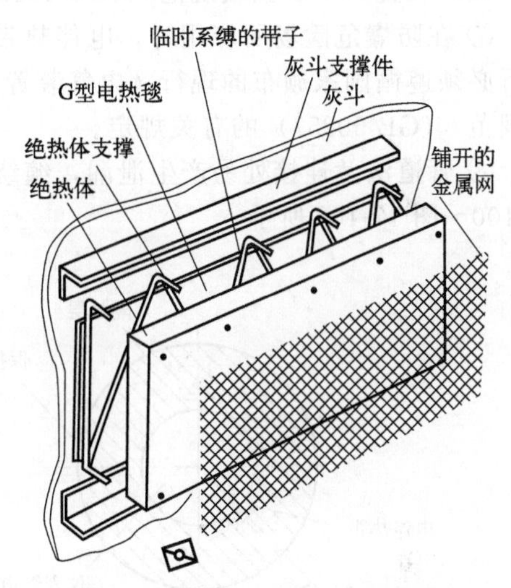

图 17-99 毯式电伴热器的安装

5. 电伴热带的选型

① 宜选用并联结构的自限式电伴热带和单相恒功率电伴热带。

② 非防爆场合选用普通型电伴热带；防爆场合必须选用防爆型电伴热带；在要求机械强度高、耐腐蚀能力强的场合应选用加强型电伴热带。

③ 伴热带的规格及长度确定应符合下列规定：

ⅰ. 应根据管道维持温度及最高温度确定电伴热带的最高维持温度。

ⅱ. 应根据管道散热量确定电伴热带的额定功率。当管道单位长度散热量大于电伴热带额定功率，且两者比值大于 1 时，用以下方式修正：当比值大于 1.5 时采用两条及以上的平行电伴热带敷设；当比值在 1.1～1.5 之间时宜采用卷绕法；修改隔热材料材质或管道隔热厚度。

④ 确定电伴热带长度时，每个弯头需电伴热带长度等于管道公称直径的 2 倍；每个法兰需电伴热带长度等于管道公称直径的 3 倍。

6. 电伴热带的安装

① 电伴热带的安装应在管道系统、水压试验检查合格后进行。

② 电伴热带可安装在仪表管道侧面或侧下方，用耐热胶带将其固定，使电热带与被伴热管道紧贴以提高伴热效率。

③ 除自限式电伴热带外，其余形式的电伴热带不得重叠交叉。敷设最小弯曲半径应大于电伴热带厚度的5倍。

④ 接线时，必须保证电伴热带与各电气附件正确可靠地连接，严禁短路，并有足够的电气间隙。对于并联式电伴热带，线头部位的电热丝要尽可能剪短，并嵌入内外层护套之间，严禁与编织层或线芯触碰，以防漏电或短路；对于自限式电伴热带，其发热芯料为导电材料，安装时电源铜线应加套管，以免短路。

⑤ 试送电正常后再停电进行隔热层施工。隔热材料必须干燥且保证材料的厚度。

⑥ 电伴热系统必须对介质管道、电伴热带编织层及电气附件按现行《电气装置安装工程　接地装置施工及验收规范》(GB 50169) 的规定做可靠接地，接地电阻应<4Ω。

⑦ 在防爆危险场所应用时，电伴热带与其配套的防爆电气设备及附件的安装、调试和运行必须遵循国家颁布的现行《电气装置安装工程　爆炸和火灾危险环境电气装置施工及验收规范》(GB 50257) 的有关规定。

⑧ 管道法兰连接处易产生泄漏，缠绕电伴热带时应避开其正下方。伴热带的安装如图17-100～图17-102所示。

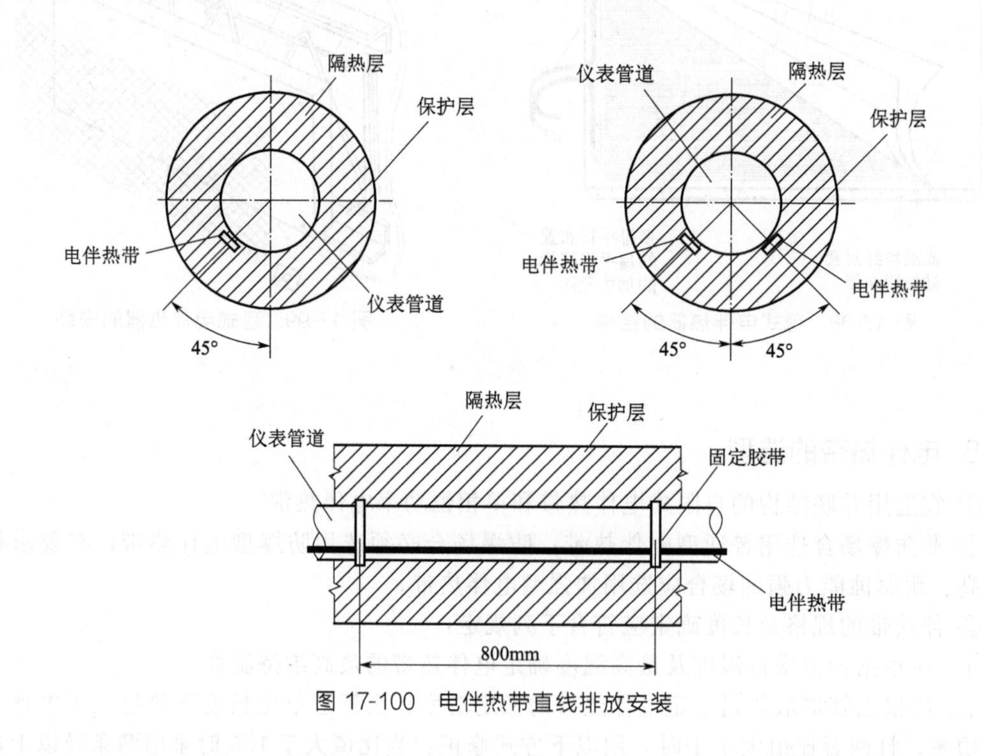

图 17-100　电伴热带直线排放安装

7. 灰斗伴热器使用注意事项

① 灰斗要经受气流引起的振动，有时还要经受空气炮的振动，伴热装置及其安装方法应能承受这样的振动而不致出现故障。

② 伴热部件和导线应能耐可能经受的最高温度。当灰斗壁温度保持在120～150℃时，伴热的工作温度通常在200～340℃。而在出现不正常情况（例如空气预热器损坏）时，烟

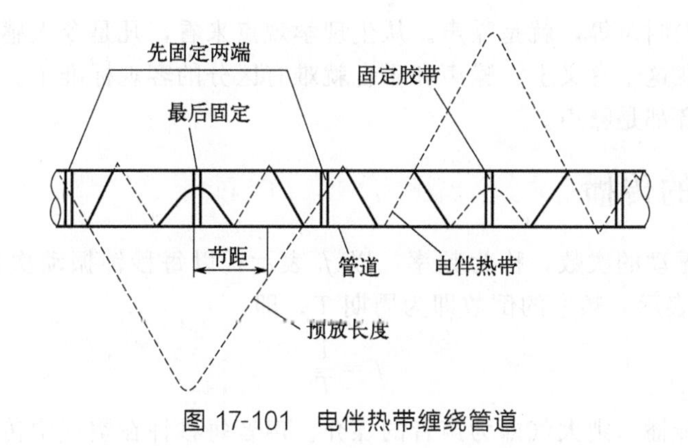

图 17-101　电伴热带缠绕管道

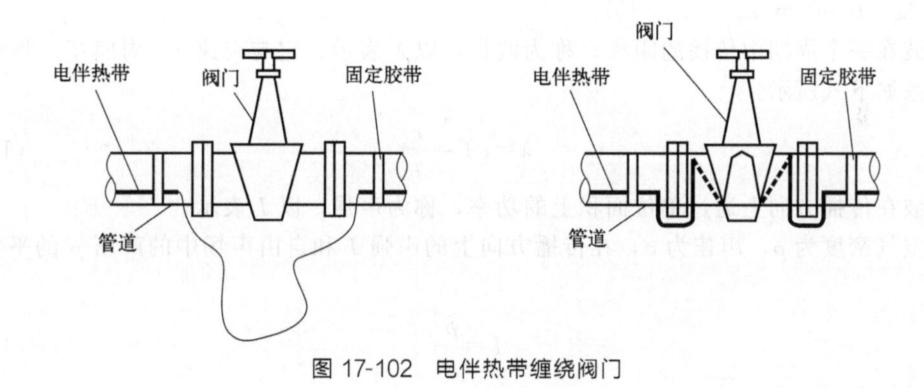

图 17-102　电伴热带缠绕阀门

气温度可能达到更高。使用伴热应考虑正常运行时的伴热器最大工作温度和不正常的烟气温度。

③ 伴热系统应能接地。配电系统应有漏电保护装置。

④ 电伴热供电电源宜采用 220V/AC 50Hz，如所有三相配电的情况一样，需要把灰斗伴热系统尽可能地连接成三相负荷平衡。

第六节　噪声和振动控制设计

净化系统消声和降振主要用于通风机，其次用于净化设备。在一般情况下，通风机要设消声器和减振器：对大、中型风机有时要设计隔声罩或隔声室。净化设备噪声也在防范之列。

一、噪声的概念

物体振动产生声音。但人耳并不能感觉到物体振动产生的所有声音，而是受听觉器官感觉能力的限制，只能听到频率 20～20000Hz 的声音。小于 20Hz 的声音，称为次声；大于 20000Hz 的声音，称为超声，人耳都听不见。在可听声范围内，各种不同的声音可分为噪声和乐音两类。

从物理学观点来看，噪声是各种不同的频率、不同强度的声音的无规则的杂乱组合。例如，工厂里机器的尖叫声等，就是噪声。从生理学观点来看，凡是令人感到厌烦的、不需要的声音都是噪声；在这个意义上，噪声和乐音就难有区分的客观标准了。所以，广义地讲凡是人们不需要的声音都是噪声。

（一）声音的传播

物体单位时间振动的次数，称为频率，以 f 表示；以每秒钟振动次数表示的频率单位是赫（兹），以 Hz 表示。频率的倒数即为周期 T，即：

$$f=\frac{1}{T} \tag{17-115}$$

声音在大气中传播，则大气即为声音的媒介。声音每秒钟在空气中传播的速度，称为声速，以 c 表示。当室温 20℃时，$c=344\text{m/s}$。声速随温度的增加而增加，每增加 1℃，声速增加量 $\Delta c=0.607\text{m/s}$。

声波在一个周期中传播的距离，称为波长，以 λ 表示。它与声速 c、周期 T、频率 f 之间的关系如下式所示：

$$\lambda=cT=\frac{c}{f} \tag{17-116}$$

声波在传播方向上通过单位面积上的功率，称为声强，以 I 表示。

设空气密度为 ρ，声速为 c，在传播方向上的声强 I 和自由声场中的声压 p 的平方成正比，即：

$$I=\frac{p^2}{\rho c} \tag{17-117}$$

（二）声压级（L_p）

由于声的作用引起的空气压力变化的起伏部分，称为声压，以 p 表示。声压级表示声音大小的量度，即声压与基准声压之比，取以 10 为底的对数乘以 20，用下式表示：

$$L_p=20\lg\frac{p}{p_0} \tag{17-118}$$

式中，L_p 为声压级，dB；p 为声压，Pa；p_0 为基准声压，2×10^{-5}Pa。
上式也可写成：

$$L_p=20\lg p+94 \tag{17-119}$$

1. A声级

也可称 A 计权声级。为了直接测量出反映评价的主观感觉量，在声学测量仪器（声级计）中，模拟人的某些听觉特性设置滤波器，将接收的声音按不同程度滤波，此滤波器称为计权网络。有 A、B、C 等计权网络，插入声级计的放大器线路中。这种经 A 网络计权后的声压叫 A 声级，记作 dB(A)。由于 A 声级的广泛使用，有时亦简化为 dB。

A 计权的衰减值如表 17-111 所列。

表 17-111　A 计权的衰减值

倍频带中心频率/Hz	63	125	250	500	1000	2000	4000	8000
衰减值/dB	−26.2	−16.1	−8.6	−3.2	0	1.2	1.0	−1.1

2. 等效连续 A 声级

其定义为在声场中一定的位置上，用某一段时间内能量平均的方法，将间隙暴露的几个不同的 A 声级噪声，用一个 A 声级来表示该段时间内的噪声大小，这个声级即为等效连续声级，单位仍为 dB(A)，记作 L_{aq}。可用下式表示：

$$L_{aq}=10\lg\left(\frac{1}{T}\int_0^T 10^{0.1L_A}\mathrm{d}t\right) \tag{17-120}$$

式中，L_{aq} 为等效连续声级，dB(A)；T 为某段时间的时间量；L_A 为 t 时刻的瞬时 A 声级。

（三）声功率、声功率级、比声功率级

1. 声功率

声功率是声源在单位时间内辐射出的总声能，是个恒量，与声源的距离无关。通常用字母 W 表示，单位是 W。

2. 声功率级

声功率用“级”表示，即声功率级。也就是声功率（W）与基准声功率（W_0）之比，取以 10 为底的对数乘以 10 即为声功率级。用下式表示：

$$L_W=10\lg\frac{W}{W_0} \tag{17-121}$$

式中，L_W 为声功率级，dB；W 为声功率，W；W_0 为基准声功率，$W_0=10^{-12}$W。

上式也可写成：

$$L_W=10\lg W+120 \tag{17-122}$$

声功率级与声压级的概念不可混淆，前者表示对声源辐射的声功率的度量；后者则不仅取决于声源功率，而且取决于离声源的距离以及声源周围空间的声学特性。

3. 比声功率级

比声功率级用于除尘系统的噪声控制时，表示单位风量、单位风压下所产生的声功率级。同一系列的风机，其比声功率级是相同的。因此，比声功率级（L_{SWA}）可作为不同系列风机噪声大小的评价指标，可用下式计算：

$$L_{SWA}=L_{WA}-10\lg Qp^2+19.8 \tag{17-123}$$

式中，L_{SWA} 为比声功率级，dB；L_{WA} 为风机的声功率级，dB；Q 为风机流量，m^3/min；p 为风机全压，Pa。

二、噪声控制原理与设计

（一）吸声材料

当声波在一定空间（室内或管道内）传播，当入射至材料或结构壁面时，有一部分声能被反射，另一部分被吸收（包括透射）。由于这种吸收特性，使反射声能减少，从而使噪声得以降低。这种具有吸收特性的材料和结构称为吸声材料和吸声结构。

1. 吸声材料的吸声系数

入射在墙面或材料表面上的入射声波被吸收（包括透射）的声能与入射声波的声能之比，称为该墙面或材料的吸声系数。它是衡量材料表面吸声能力的重要参数。在噪声控制工程中，较多采用无规入射吸声系数。

2. 吸声材料的吸声量

面积为 S 对某一频率吸声系数为 α 的表面，常以 $S\alpha$ 来衡量它的吸声能力，即吸收系数乘以材料的表面积，称为该频率的吸声量或吸声单位。

习惯上将以 125Hz、250Hz、500Hz、1000Hz、2000Hz、4000Hz 六个倍频带的吸声系数平均值等于或大于 0.2 的材料称作为吸声材料。

工程上常将以 250Hz、500Hz、1000Hz、2000Hz 的吸声系数平均值称为“降噪系数”。

吸声材料按其物理性能和吸声方式可分为多孔吸声材料和共振吸声结构两大类。

吸声系数与声波入射角有关，吸声系数一般分为正（垂直）入射吸声系数 α_0 与无规入射吸声系数 α 和 α_T。

（1）正入射吸声系数 α_0　当声波入射到声阻抗率为 Z 的吸声材料时，其吸声材料 α_0 为：

$$\alpha_0=1-\left|\frac{Z-\rho_c}{Z+\rho_c}\right|^2 \tag{17-124}$$

式中，ρ_c 为空气中平面声波特性，声阻抗率，Pa・s/m。

（2）无规入射吸声系数 α　在扩散声场中，测得的吸声系数为无规入射吸声系数，它与混响室的吸声系数相接近。

（二）消声器的消声原理

消声器是一种允许气流通过而又能使气流噪声得到控制的装置。

消声器的类型众多，但按降噪原理和功能一般可以分成阻性、抗性和阻抗复合式三大类。为某些特殊环境需要，还有微穿孔板消声器。对降低高温、高压、高速气流排出的高声强噪声，有节流减压、小孔喷注、多孔扩散式等其他类型的消声器。

1. 阻性消声器

声波在衬有吸声材料的管道中传播时，由于吸声材料耗损部分声能，从而达到了消声效果。材料的消声性能类似于电路中的电阻消耗功率，故得其名。利用多孔材料作为消声的机理与多孔吸声材料的吸声机理完全相同。因此，阻性消声器对中、高频噪声消声效果较好，低频较差。

2. 抗性消声器

抗性消声器不同于阻性消声器，它不需要在管道中衬贴吸声材料，而是利用管道中的截面积突变使声音传播中形成声阻抗的不匹配，部分声能反馈至声源方向，从而达到消声目的。这种消声原理与电路中抗性的电感和电容相仿，因而阻止电路中的交流电流通过，故得其名。抗性消声器对频率的选择性较强，压力损失较大。

3. 阻抗复合式消声器

阻性消声器主要适用于中高频消声，而抗性消声器则以低中频消声为主。而实际上，气流噪声多数属宽频噪声，所以将阻性和抗性消声器组合成一体，可以适应宽频噪声消声的需要。

4. 微穿孔板消声器

微穿孔板消声器的特点是可以不用任何多孔吸声材料，而且在厚度小于1mm的薄板上开适量的微孔，孔径一般为0.8～1mm，穿孔率一般控制在1%～3%之间。

由于薄板上有微孔，它不仅有共振腔式消声的作用，又因微孔有较大的阻声作用可代替吸声材料，因此在某些条件下它与其他各类消声器相比具有更为广泛的适用性。若采用薄金属板，则具有耐高温、防湿、防火、防腐等独特的优点。此外，微穿孔板消声器还适宜在高速气流流场中使用。

5. 放空排气消声器

放空排气噪声也称喷注噪声，是一个突出的污染源。这种噪声源的特点是产生噪声的声功率大，排气压力和气流速度均很高，脉冲袋式除尘器的电磁阀产生的噪声即属此类。

常用放空排气消声器的几种类型如下。

(1) 节流减压排气消声器　利用多层穿孔板或穿孔分级扩散减压，即将排气的总压降分散至各层节流孔板上，将压力突变排空改变为压力渐变排空，并使通过孔板的流速得到一定的控制。

(2) 小孔喷注消声器　小孔喷注消声器是以许多微小的喷口代替大喷口。它适用于流速极高的放空排气，其消声原理是通过缩小喷口孔径，使噪声的主要频率移向高频，降噪量一般可达20dB(A)以上。它还具有体积小、质量轻、结构简单、造价经济等独特优点。

(3) 节流减压和小孔喷注复合排气消声器　这是综合节流减压和小孔喷注两类消声器的特点而组成的消声器，对于不同压力高速放空排气噪声的插入损失高达30～50dB(A)，尤其适用于发电厂锅炉安全门放空排气。

(三)风机噪声控制方法

风机的种类很多，按其气体压力升高的原理，可分为容积式和叶片式两种。

① 容积式风机是利用机壳内的转子，在旋转时使转子与机壳间的工作容积发生变化，把吸进的气体压送到排气管道（典型产品为罗茨鼓风机）。

② 叶片式风机是驱动叶轮旋转做功，使气体产生压力和流动，有离心式和轴流式两种。

1. 风机噪声的产生

风机的噪声包括因叶片带动气体流动过程中产生的空气动力噪声，风机机壳受激振动辐射的噪声和机座因振动激励的噪声。就风机的整体而言，还包括驱动机（主要是电动机）的噪声。

风机的空气动力噪声，主要由于气体的非稳定流动而形成气流的扰动，气体与气体以及气体与物体相互作用所产生的噪声。一般可分旋转噪声和涡流噪声。

(1) 旋转噪声　它是由均匀分布在工作轮上的叶片在风机工作时打击气体媒质，引起周围气体压力脉动而产生噪声。

(2) 涡流噪声　又称旋涡噪声，主要是气流流经叶片时，产生紊流附面层及旋涡与旋涡分裂脱体，引起叶片上的压力脉动所造成的。

2. 风机的噪声控制

风机的噪声控制，最好采用噪声低的风机，从声源解决环境噪声问题。当然也可以从噪声传播途径，采用常规的噪控措施来降低噪声。

（1）合理选择风机型号 对同一型号风机，在性能允许的条件下应尽量选用低风速风机。对不同型式的风机，应选用比 A 声级小的。一般风机效率良好的区域，其噪声也低，因此对风机的噪声及效率二者而言都应使用性能良好的区域。

（2）对风机噪声传播途径的控制

① 从进、出风口传出的空气动力噪声比风机其他部位传出的要高 10～20dB，有效的降噪措施是在进、出口装设消声器。

② 抑制机壳辐射的噪声，可在机壳上敷设阻尼层，但由于一般情况下这种降噪效果不大，故采用不多。

③ 从基座传递的风机固体声，特别是一些安装在平台、楼层或屋顶的风机，这种振动传声的影响很大。有效的降噪措施是在基座处采取隔振措施。对大型风机还应采用独立基础。

④ 采取隔声措施，一般用隔声罩，对大型风机或多台风机可设风机房。有一种隔声消声箱，它是用箱体隔绝机壳传出的噪声，同时又在气流进出口安装消声器。这种设施对风量大、体积小而噪声较强的场地较为合适。

3. 风机消声器设计计算

除尘用风机消声常用阻性消声器。阻性消声器的消声量与消声器的形式、长度、通道横截面积有关，同时与吸声材料的种类、密度和厚度等因素有关。通常，阻性消声器的消声量 ΔL 可按下面的基本公式计算：

$$\Delta L=\Phi(\alpha_0)\frac{Pl}{S} \tag{17-125}$$

式中，ΔL 为消声量，dB；$\Phi(\alpha_0)$ 为消声系数，一般可取表 17-112 的值；l 为消声器的有效部分长度，m；P 为消声器的通道断面周长，m：S 为消声器的通道有效横断面积，m^2。

表 17-112 $\Phi(\alpha_0)$ 与 α_0 的关系

α_0	0.1	0.2	0.3	0.4	0.5	0.6	0.7	0.8	0.9～1.0
$\Phi(\alpha_0)$	0.1	0.2	0.4	0.55	0.7	0.9	1.0	1.2	1.5

注：表中吸声系数 α_0 见表 17-113。

表 17-113 吸声材料的吸声系数 α_0

材料名称	密度/(kg/m^3)	厚度/cm	倍频带中心频率/Hz					
			125	250	500	1000	2000	4000
超细玻璃棉	25	2.5	0.02	0.07	0.22	0.59	0.94	0.94
		5	0.05	0.24	0.72	0.97	0.90	0.98
		10	0.11	0.85	0.88	0.83	0.93	0.97
矿渣棉	240	6	0.25	0.55	0.78	0.75	0.87	0.91
毛毡	370		0.11	0.30	0.50	0.50	0.50	0.52
聚氨酯	30	3	0.08	0.13	0.25	0.56	0.77	
泡沫塑料	45	4	0.10	0.19	0.36	0.70	0.75	0.80
微孔砖	450	4	0.09	0.29	0.64	0.72	0.72	0.86
	620	5.5	0.20	0.40	0.60	0.52	0.65	0.62
膨胀珍珠岩	360	10	0.36	0.39	0.44	0.50	0.55	0.55

阻性消声器一般有管式、片式、蜂窝式、折板式和声流式等几种。

（1）管式消声器是将吸声材料固定在管道内壁上形成的，有直管式和弯管式，其通道可以是圆形的也可以是矩形的。管式消声器结构简单，加工容易，空气动力性能好，在气体流量较小时一般可以使用管式消声器。

直管式消声器的消声量可按基本公式计算，直角弯管式消声器的消声量可按表 17-114 的估计值考虑，表中的 d 是管径，λ 是声波的波长。

表 17-114　直角弯管式消声器的消声量估计值　　单位：dB

d/λ	0.1	0.2	0.3	0.4	0.5	0.6	0.8	1.0
无规入射	0	0.5	3.5	7.0	9.5	10.5	10.5	10.5
垂直入射	0	0.5	3.5	7.0	9.5	10.5	11.5	12
d/λ	1.5	2	3	4	5	6	8	10
无规入射	10	10	10	10	10	10	10	10
垂直入射	13	13	14	16	18	19	19	20

若声波频率与管子截面几何尺寸满足关系式

$$f_z<\frac{1.84c}{\pi d} \tag{17-126}$$

式中，c 为声速，m/s；d 为圆管直径，m。

或

$$f_z<\frac{c}{2d} \tag{17-127}$$

式中，d 为方管边长，m。

则此时声波在管中以平面波形式传播，相对于管中任意断面，声波是垂直入射的；当声波频率大于 f_z 时，管中出现其他形式的波，应按无规入射考虑。

(2) 片式消声器　片式消声器是由一排平行的消声片组成的，它的每个通道相当于一个矩形消声器，其消声量可按基本公式进行计算。这种消声器的结构不复杂，中、高频消声效果较好，消声量一般为 15～20dB/m；阻力系数大，约为 0.8。片式消声器的片间距离可取 100～200mm，片厚可取 50～150mm。取各消声片厚度相等、间距相等，这时，如果制作消声器的钢板声量足够，则可将片式消声器设计成如图 17-103 所示的结构。

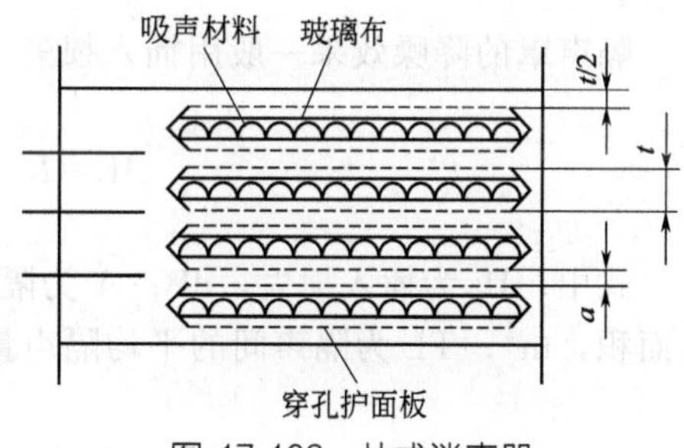

图 17-103　片式消声器

当片式消声器的通道宽度 a 比高度 h 小得多时，其消声量 ΔL 可按下式计算：

$$\Delta L=2\Phi(\alpha_0)\frac{l}{a} \tag{17-128}$$

从上式中可以看出，片式消声器的消声量与每个通道的宽 a 有关，a 越小，消声量 ΔL 就越大，而与通道的数目和高度没有什么关系。但是，在通道宽度确定以后，数目和高度就对消声器的空气动力性能有影响。因此，流量增大以后，为了保证仍有足够的有效流通面积和控制流速，就需要增加通道的数目和高度。

(四) 隔声

声波在空气中传播时，使声能在传播途径中受到阻挡而不能直接通过的措施称为隔声。

1. 隔声量

隔声材料是重而密实的材料（对实体结构而言），入射在构件一面的声能与透射到另一面的声能相差的分贝数称隔声量。用隔声墙的隔声量随波长和声源性质（点声源或声线源）的不同而变化，其计算见图 17-104。

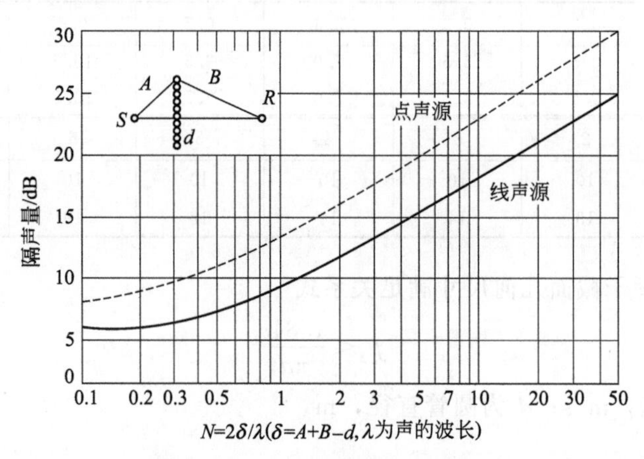

图 17-104　隔声墙隔声量计算图

2. 隔声罩

对声源单独进行隔声设计，可采用隔声罩的结构形式。隔声罩是噪声控制设计中常被采用的设备，例如空压机、水泵、通风机等高噪声源，其体积小，形状比较规则或者虽然体积较大，但空间及工作条件允许时，可以用隔声罩将声源封闭在罩内，以减少向周围的声辐射。

隔声罩的降噪效果一般用插入损失 IL 表示。

$$\mathrm{IL}=L_1-L_2=\overline{\mathrm{TL}}+10\lg\frac{A}{S} \tag{17-129}$$

式中，IL 为插入损失，dB；A 为隔声罩内表面的总吸声量，dB；S 为隔声间内表面的总面积，m^2；$\overline{\mathrm{TL}}$ 为隔声间的平均隔声量，dB。

$$\overline{\mathrm{TL}}=10\lg\frac{\sum S_i}{\sum S_i 10^{-0.1\mathrm{TL}_i}} \tag{17-130}$$

式中，S_i 为第 i 个构件的面积，m^2；TL_i 为第 i 个构件的隔声量，dB。

隔声罩的插入损失一般为 20～50dB。

对于全密封的隔声罩，IL 可近似用下式计算：

$$\mathrm{IL}=10\lg(1+\alpha 10^{0.1\mathrm{TL}}) \tag{17-131}$$

式中，α 为内饰吸声材料的吸声系数；TL 为隔声罩罩壁的隔声量，dB。

对于局部敞开的隔声罩，插入损失为：

$$\mathrm{IL}=\mathrm{TL}+10\lg\alpha+10\lg\frac{1+S_0/S_1}{1+S_0 10^{0.1\mathrm{TL}}/S_1} \tag{17-132}$$

式中，S_0 和 S_1 分别为非封闭面和封闭面的总面积，m^2。

一般固定密封型隔声罩的插入损失为 30～40dB；活动密封型为 15～30dB，局部敞开型为 10～20dB，带通风散热消声器的则为 15～30dB。

3. 使用注意事项

隔声罩的技术措施简单，降噪效果好，在设计和选用隔声罩时应注意以下几点。

① 罩壁必须有足够的隔声量，且为了便于制造安装维修，宜采用 0.5～2mm 厚的钢板或铝板等轻薄密实的材料制作。用钢或铝板等轻薄型材料做罩壁时，需在壁面上加筋，涂贴阻尼层，以抑制与减弱共振和吻合效应的影响。罩内壁要采取吸声处理，使用多孔松散材料时，应有较牢固的护面层。

② 罩体与声源设备及其机座之间不能有刚性接触，以免形成“声桥”，导致隔声量降低。

③ 开有隔声门、窗、通风与电缆等管线时，缝隙处必须密封，并且管线周围应有减振、密封措施。

④ 罩壳形状恰当，尽量少用方形平行罩壁，罩内壁与设备之间应留有较大的空间，一般为设备所占空间的 1/3 以上，各内壁面与设备的空间距离不得小于 10cm，以免耦合共振，使隔声量减小。

⑤ 对于在具有可燃性气体、蒸气或颗粒性粉尘场所设置隔声罩或对有散热要求的设备设置隔声罩，隔声罩均需合理设计通风。当隔声罩采取通风和散热措施时，隔声罩进、出风口均应增加消声器等措施，其消声量要与隔声罩的插入损失相匹配。

三、减振器和减振设计

1. 减振器材一般要求

对动力设备等采取积极隔振措施，或对精密仪器、设备及建筑物采取消极隔振措施时，应根据隔振要求、安装减振器的环境空间允许位置等对减振器进行选择。一般来说，为达到隔振目的，隔振材料或减振器应符合下列要求：

① 弹性性能优良，刚度低，承载力大，强度高，阻尼适当；

② 耐久性好，性能稳定，抗酸、碱、油的侵蚀能力较强，不因外界温度、湿度等条件变化而引起性能发生较大变化；

③ 取材容易，加工制作和维修、更换方便。

2. 减振器材的分类

减振器材和减振器分类比较复杂，可按材料或结构形式进行分类，也可按用途进行分类等。目前，一般可按表 17-115 分类。

表 17-115　减振器材分类

类别	举例
减振垫	橡胶减振垫 玻璃纤维垫 金属丝网减振垫 软木、毛毡、乳胶海绵等制成的减振垫

续表

类别	举例
减振器	橡胶减振器 全金属减振器(螺旋弹簧减振器、蝶簧减振器、板簧减振器和钢丝绳减振器等) 空气弹簧 弹性吊架(橡胶类、金属弹簧类或复合型)
柔性接管	可曲挠橡胶接头 金属波纹管 橡胶、帆布、塑料等柔性接头

在设计减振体系时，一般来说应着重于选用国内标准产品或定型产品，当不能满足设计要求时可另行设计。

3. 减振器的选择

在要求减振传递率相同的条件下，通风机振动频率越低所需减振器中的静态形变值越大；反之越小。在常用的减振器中，弹簧减振器静态形变值较大，因此弹簧减振器多用在振动频率较低的场合；金属橡胶减振器，一般多用在振动频率较高的场合，如必须用在振动频率较低的情况可组合使用。

ZD 型阻尼弹簧复合减振器。在生产阻尼弹簧减振器的基础上，进行了技术改进 ZD 型阻尼弹簧复合减振器，对阻尼弹簧、橡胶减振垫组合使用，利用各自优点，克服其缺点。具有复合隔振降噪，固有频率低，隔振效果好，对隔振固体传声，尤其是对隔离高频冲击的特点固体传声更为优越，是积极隔振的理想产品。

ZD 型阻尼弹簧复合减振器有 3 种安装方式：a. ZD 型上下座外表面装有防滑橡胶垫，对于扰力小、重心低的设备可直接将 ZD 型减振器放置于设备减振台座下，无需固定；b. ZD Ⅰ型仅上座配的螺栓与设备固定；c. ZD Ⅱ型上、下座分别设有螺栓与地基螺栓孔，可上下固定。

ZD 型系列产品适用工作温度为－40～110℃，正常工作载荷范围内固有频率 2～5Hz，阻尼比 0.045～0.065。ZD 型减振器的外形尺寸如图 17-105 所示，性能见表 17-116。

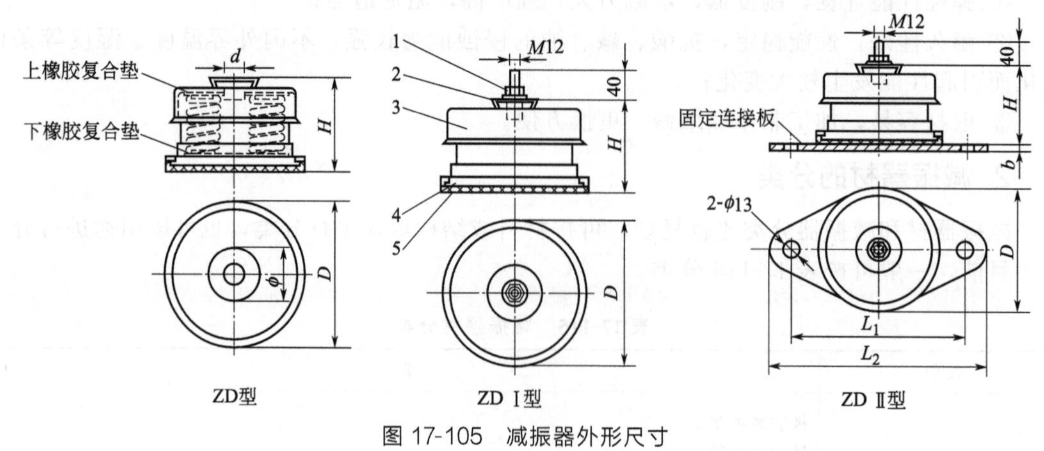

图 17-105　减振器外形尺寸

1—螺母及螺垫；2—上隔声摩擦垫；3—上壳；4—下底座；5—下隔声摩擦垫

表 17-116　ZD 型减振器外形尺寸及技术特性

型号	最佳载荷/N	预压载荷/N	极限载荷/N	竖向刚度/(N/mm)	额定载荷点水平刚度/(N/mm)	外形尺寸/mm						
						H	D	L_1	L_2	d	b	ϕ
ZD-12	120	90	168	7.5	5.4	70	84	110	140	10	5	32
ZD-18	180	115	218	9.5	14	65	128	160	195	10	5	42
ZD-25	250	153	288	12.5	19	65	128	160	195	10	5	42
ZD-40	400	262	518	22	16	72	144	175	210	10	6	42
ZD-55	550	336	680	30	21.6	72	144	175	210	10	6	42
ZD-80	800	545	1050	41	28.7	88	163	195	230	10	6	52
ZD-120	1200	800	1560	44	31	104	185	225	265	10	8	52
ZD-160	1600	1150	2180	63	33	104	185	225	265	10	8	52
ZD-240	2400	1600	3100	85	35.6	120	210	250	295	14	8	62
ZD-320	3200	2150	4220	127	70	144	230	270	310	18	8	84
ZD-480	4800	2950	5750	175	77	144	230	270	310	18	8	84
ZD-640	6400	4170	8300	180	125	154	282	320	360	20	8	104
ZD-820	8200	5300	10550	230	140	154	282	320	360	20	8	104
ZD-1000	10000	6050	11580	222	154	176	325	360	400	20	8	104
ZD-1280	12800	8300	16550	305	190	176	325	360	400	20	8	104
ZD-1500	15000	8500	19500	800	180	175	276	316	356	30	10	104
ZD-2000	20000	8000	28000	1480	290	175	276	316	356	30	10	104
ZD-2700	27000	13000	30000	2160	430	180	276	216	356	30	10	104
ZD-3500	35000	15000	40000	2700	570	180	276	316	356	30	10	104

4. 减振设计要点

减振设计主要是确定隔振效果，即频率比，设计的频率比能满足要求的情况下，隔振即可取得预期结果。

（1）确定减振器的数量　可参照表 17-117 选取。

表 17-117　减振器数量

风机功率/kW	减振器数量/个
＜10	4～6
10～50	6～8
＞50	8～18

（2）干扰频率计算

$$f=\frac{n}{t} \tag{17-133}$$

式中，f 为干扰频率，Hz；n 为风机转速，r/min；t 为时间换算值，$t=60$。

(3) 计算每个减振器承受的实际载荷　公式如下：

$$p_{\mathrm{h}}=\frac{10m_{\mathrm{f}}}{n} \tag{17-134}$$

式中，p_{h} 为每个减振器的实际载荷，kN；m_{f} 为风机（含机座、电机）的质量，kg；n 为减振器的数量，个。

(4) 选择减振器型号　根据风机总重即干扰力的大小和减振器最佳载荷选取大小不同的型号。

(5) 减振器宽度方向（横向）对称布置，长度方向（纵向）重心距离满足下式：

$$\sum A_i=0$$
$$\sum B_i=0 \tag{17-135}$$

式中，A_i、B_i 分别为各减振器纵向和横向距机组重心的距离；i 为减振器编号，如图 17-106 所示。

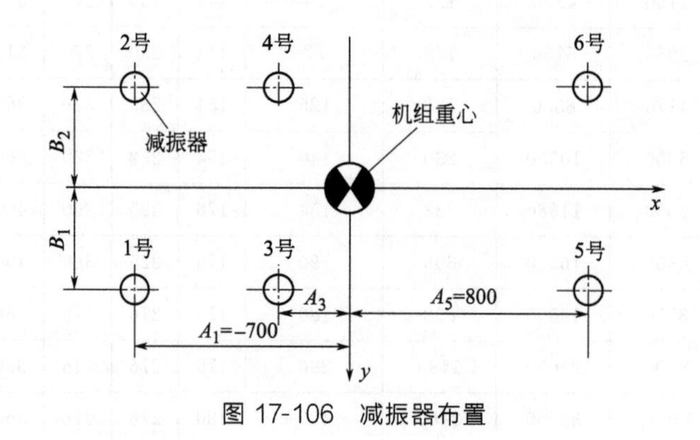

图 17-106　减振器布置

(6) 计算隔振系统固有频率　按下式计算或由减振器性能表查得：

$$f_0=\frac{1}{2\pi}\sqrt{\frac{9800}{\delta}} \tag{17-136}$$

式中，f_0 为隔振系统固有频率，Hz；δ 为压缩变形量，由减振器性能表查得。

(7) 隔振效率 η_z　按下式计算，$\eta_z \geqslant 80\%$认为比较合理。

$$\eta_z=\left[1-\sqrt{\frac{1+\left(2D\dfrac{f}{f_0}\right)^2}{\left(1-\dfrac{f^2}{f_0^2}\right)^2+\left(2D\dfrac{f}{f_0}\right)^2}}\right]\times 100\% \tag{17-137}$$

式中，η_z 为隔振效率；D 为阻尼比，一般$\leqslant 0.05$；f 为干扰频率，Hz；f_0 为固有频率，Hz。

第七节 净化系统的测试

完整的净化系统的测试包括风管内气体的状态参数，以及气体污染物和粉尘的测定。净化系统风量调整目的在于使系统各集气风量和管道内风量在设计范围内并确保尘源点没有污染物散逸，使工作区达到预期的卫生标准和污染物排放标准。最后根据综合效能考核进行工程验收。

一、测试项目、条件和测点

1. 测试项目

① 处理气体的流量、温度、含湿量、压力、露点、密度、成分；
② 处理气体和粉尘的性质；
③ 净化设备出入口的粉尘和气体污染物浓度；
④ 除尘效率和气体污染物净化效率；
⑤ 压力损失；
⑥ 净化设备的气密性或漏风率；
⑦ 净化系统集气罩性能；
⑧ 净化系统风机性能及噪声、振动等；
⑨ 按照其他需要，还有风机、电动机、空气压缩机等的容量、效率及特定部分的内容等。

2. 测试应必备的条件

① 测试应在生产工艺处于正常运行条件下进行。净化系统中的粉尘和气体污染物皆由原料在机械破碎、筛选、物料输送、冶炼、锻造、烘干、包装等工艺过程中产生。为了取得有代表性的测试数据，测试应选定生产工艺处于正常运行条件下进行。

② 测试应在净化装置稳定运行的条件下进行。整个测试期间应在设备处于正常、稳定的条件下进行，并要求其与生产工艺相协调同步进行。为此，在进行测试工作前需向厂方提出要求，取得其配合并采取措施，确保两者皆能连续正常运行。

③ 深入现场调查生产工艺和净化装置，根据测试目的，制定包括安全措施的测试方案。

为获取测试的可靠数据，测试工作必须选择在生产和净化装置正常运行的条件下进行。当生产工况出现周期性时，测试时间至少要多于一个周期的时间，一般选在三个生产周期的时间。同时要求生产负荷稳定且不低于正常产量的80%条件下进行测试。

对验收测试时间（稳定时期）应在设备运转后经过1～3个月以上时间进行；净化系统对吸收、吸附装置和机械除尘进行为期1周～1个月的测试；采用电除尘时，1～3个月进行测试。对袋式除尘器而言，将稳定运行期定为3个月以上。

3. 测定操作点的安全措施

大型装置是依据污染源设备的种类和规模设计的，对于大规模的污染源设施，测试点几乎都在高处；在高处进行测试时必须考虑到安全防护措施。

① 升降设备要有足够的强度。进行测试的工作平台，其宽度、强度以及安全栏杆的高

度均应符合安全要求。

② 在测试操作中，要防止金属测试装置与用电电源线接触，以避免触电事故。

③ 要防止有害气体和粉尘造成的危害。

④ 测试仪器装置所需要的电源形状和插座的位置，测试仪器的安放地点均应安全可靠，保证测试操作不发生安全事故。

4. 采样位置的选择

粉尘在管道中的浓度分布即便是在没有阻挡的情况下也不是完全均匀的，在水平管道内大的尘粒由于重力沉降作用使管道下部浓度偏高。只有在足够长的垂直管道中粉尘浓度才可以视为轴对称分布。在测试气体流速和采集粉尘样品时，为了取得有代表性的样品，尽可能将采样位置放在气流平稳直管段中，距弯头、阀门和其他变径管段下游方向大于 4～6 倍直径和其上游方向大于 2～3 倍直径处。最少也不应少于 1.5 倍管径，但此时应增加测试点数。此外，尚应注意取样断面的气体流速在 5m/s 以上。

但对于气态污染物，由于混合比较均匀，其采样位置则不受上述规定限制，但要注意避开涡流区。如果同时测试排气量，则采样位置仍按测尘时所需要的位置。

5. 测试的操作平台

净化系统是根据污染源设施的种类和规模设计的，对于大规模的污染源设施，净化设备也非常大，测试点几乎都是在高处，因此要在几米以上高处进行测试，则应考虑到测试仪器的放置、人员的操作空间和安全的需要，应该设置操作平台。

操作平台的面积及结构强度应以便于操作和安全为准，并设有高度不低于 1.15m 的安全护栏。平台面积不宜小于 $1.5m^2$。

6. 采样孔的结构

在选定的测试位置上开设采样孔，为适宜各种形式采样管插入，孔的直径应不小于 80mm，采样孔管长应不大于 50mm。不测试时应用盖板、管堵或管帽封闭，当采样孔仅用于采集气态污染物时其内径应不小于 40mm。采样孔的结构见图 17-107。

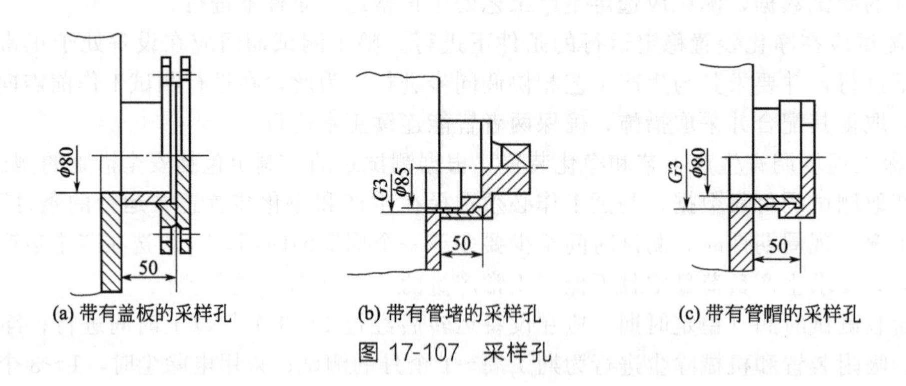

(a) 带有盖板的采样孔　(b) 带有管堵的采样孔　(c) 带有管帽的采样孔

图 17-107 采样孔

对正压下输送高温或有毒气体的情况，为保护测试人员的安全，采样孔应采用带有闸板阀的密封采样孔（见图 17-108）。

对圆形烟道，采样孔应设置在包括各测试点在内的互相垂直的直线上（图 17-109）；对矩形或正方形烟道，采样孔应在包括各测试点在内的延长线上（图 17-110、图 17-111）。

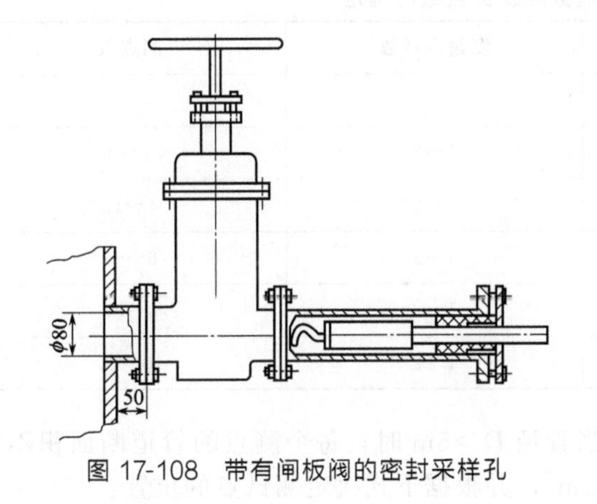

图 17-108　带有闸板阀的密封采样孔　　图 17-109　圆形断面的测定点

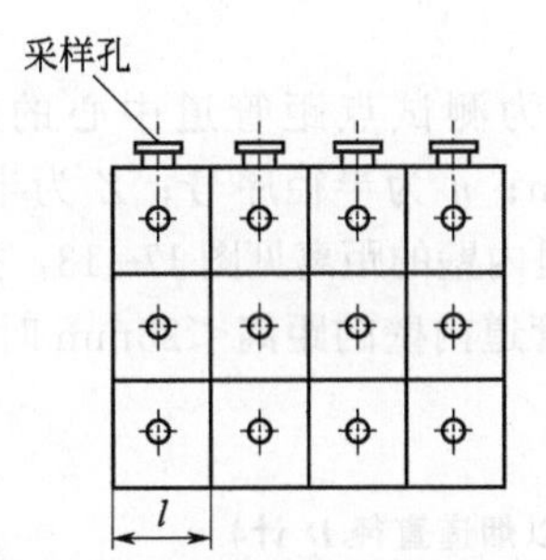

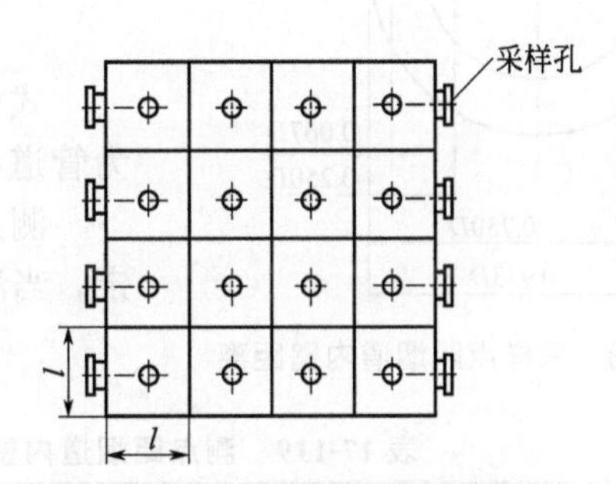

图 17-110　矩形断面的测定点　　图 17-111　正方形断面的测定点

采样孔设在高处时，孔中心线应设在比操作平台高约 1.5m 的位置上；操作平台有扶手护栏时，采样孔的位置一定要适度高出栏杆。

7. 测试断面和测点数目

当测试气体流量和采集粉尘样品时，应将管道断面分为适当数量的等面积环或方块，再将环分为两个等面积的线或方块中心，作为采样点。

(1) 圆形管道　将管道分为适当数量的等面积同心环，各测点选在各环等面积中心线与呈垂直相交的两条直径线的交点上，其中一条直径线应在预期浓度变化最大的平面内。如当测点在弯头后，该直径线应位于弯头所在的平面 A-A 内（图 17-112）。

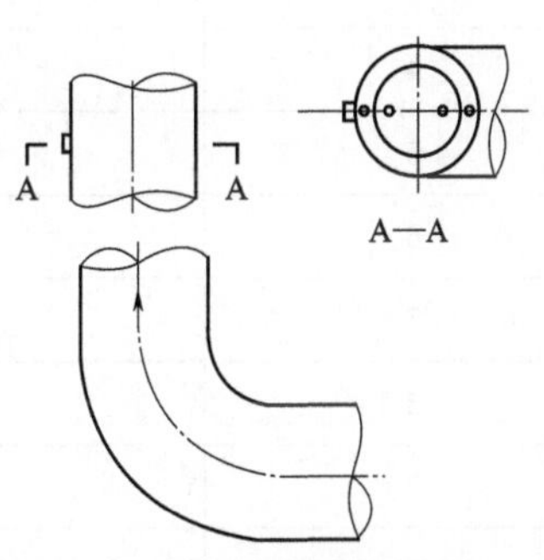

图 17-112　圆形烟道弯头后的测点

对圆形管道若所测定断面流速分布比较均匀、对称，在较长的水平或垂直管段，可设置一个采样孔，则测点减少 1/2。当管道直径小于 0.3m，流速分布比较均匀对称，可取管道中心作为采样点。

不同直径的圆形管道的等面积环数、测量直径数及测点数见表 17-118，原则上测点不超过 20 个。测试孔应设在正交线的管壁上。

表 17-118　圆形烟道分环及测点数的确定

烟道直径/m	等面积环数	测量直径数	测点数
＜0.3			1
0.3～0.6	1～2	1～2	2～8
0.6～1.0	2～3	1～2	4～12
1.0～2.0	3～4	1～2	6～16
2.0～4.0	4～5	1～2	8～20
4.0～5.0	5	1～2	10～20

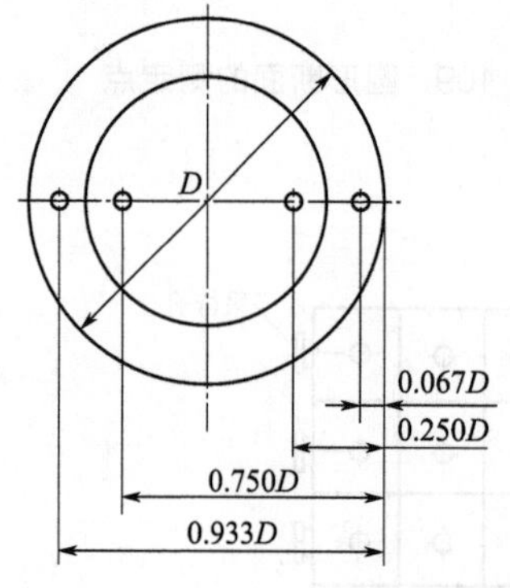

图 17-113　采样点距烟道内壁距离

当管径 D＞5m 时，每个测点的管道断面积不应超过 $1m^2$，并根据下式决定测试点的位置：

$$r_n = R\sqrt{\frac{2n-1}{2Z}} \tag{17-138}$$

式中，r_n 为测试点距管道中心的距离，m；R 为管道半径，m；n 为半径序号；Z 为半径划分数。

测点距管道内壁的距离见图 17-113，按表 17-119 确定，当测点距管道内壁的距离＜25mm 时取 25mm。

表 17-119　测点距烟道内壁距离（以烟道直径 D 计）

测点号	环数				
	1	2	3	4	5
1	0.146	0.067	0.044	0.033	0.026
2	0.854	0.250	0.146	0.105	0.082
3		0.750	0.296	0.194	0.146
4		0.933	0.704	0.323	0.226
5			0.854	0.677	0.342
6			0.956	0.806	0.658
7				0.895	0.774
8				0.967	0.854
9					0.918
10					0.974

（2）矩形或正方形管道　矩形或正方形管道断面气流分布比较均匀、对称，可适当分成若干等面积小块，各块中心即为测点，小块的数量按表 17-120 的规定选取；但每个测点所代表的管道面积不得超过 $0.6m^2$，测点不超过 20 个。若管道断面积小于 $0.1m^2$，且流速比较均匀、对称，则可取断面中心作为测点。

表 17-120　矩（正方）形烟道的分块和测点数

适用烟道断面积 S/m^2	断面积划分数	测定点数	划分的小格一边长度 L/m
＜1	2×2	4	≤0.5
1～4	3×3	9	≤0.667
4～9	3×4	12	≤1
9～16	4×4	16	≤1
16～20	4×5	20	≤1

另外，在测试端面上的流动为非对称时，按非对称方向划分的小格一边之长应比按与此方向相垂直方向划分的小格一边之长小一些，相应地增加测点数。

（3）其他形式断面管道　当管道积灰时，应通过管道收集或利用压缩空气将积灰清除，使其恢复原形，然后按照前两项的标准选择测点。当管道积灰固结在管壁上清除困难时，视含尘气体流通通道的几何形状，按照前两项的标准选择测点。

二、气体参数测试

除尘管道内气体参数的测试内容，包括气体的压力、流量、温度、湿度、露点和含尘浓度等。其中压力和流量的测试很重要，必须予以充分注意。

（一）管道内温度的测试

测试时，将温度计的感温部分放置在管道中心位置，等温度读值稳定不变时再读取。在各测点上测试温度时，将测得的数值 3 次以上取其平均值。常用的测温仪表见表 17-121。

表 17-121　常用测温仪表

仪表名称		测量范围/℃	误差/℃	使用注意事项
玻璃温度计	内封酒精	0～100	＜2	适合于管径小、温度低的情况，测定时至少稳定5min，温度稳定后方可读数
	内封水银	0～500		
热电偶温度计	镍铬-康铜	0～600	＜±3	用前需校正，插入管道后，待毫伏计稳定再读数；高温测定时，为避开辐射热干扰，最好将热电偶导线置于烟气能流动的保护套管内
	镍铬-镍铝	0～1300		
	铂铑-铂	0～1600		
铂热电阻温度计		0～500	＜±3	用前需校正，插入管道后指示表针稳定后再读数

（二）管道内气体含湿量的测试

在除尘系统与除尘器中，气体含湿量的测试方法有冷凝法、干湿球法和重量法，但常用的方法是冷凝法和干湿球法。

1. 冷凝法

由烟道中抽取一定体积的气体使之通过冷凝器，根据冷凝器排出的冷凝水量和从冷凝器排出的饱和水蒸气量，计算气体的含湿量。

气体和水分含量的测试装置如图 17-114 所示。

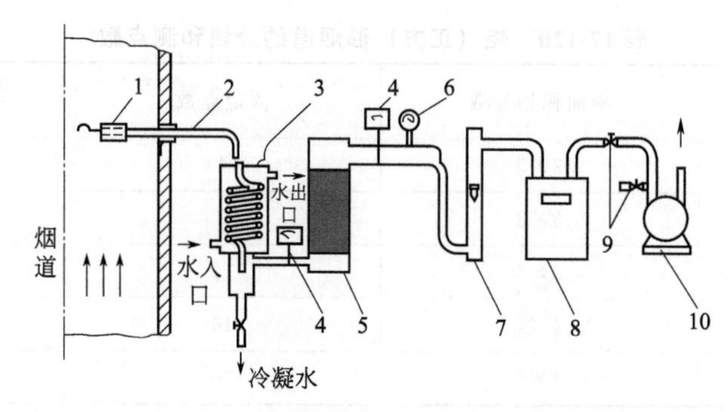

图 17-114　冷凝法测定排气水分含量的装置

1—滤筒；2—采样管；3—冷凝器；4—温度计；5—干燥器；6—真空压力表；
7—转子流量计；8—累积流量计；9—调节阀；10—抽气泵

(1) 采样管　采样管为不锈钢材质，内装滤筒，用于去除气体中的颗粒物。

(2) 冷凝器　为不锈钢材质，用于分离、贮存在采样管、连接管和冷凝器中冷凝下来的水。冷凝器总体积不小于 5L，冷凝管（ϕ110mm×1mm）有效长度不小于 1500mm，贮存冷凝水的容积应不小于 100mL，排放冷凝水的开关应严密不漏气。

(3) 温度计　精度应不低于 2.5%，最小分度值不大于 2℃。

(4) 干燥器　材质为有机玻璃，内装硅胶，其容积应不小于 0.8L，用于干燥进入流量计前的湿烟气。

(5) 真空压力表　其精确度应不低于 4%，用于测试流量计前气体压力。

(6) 转子流量计　精确度应不低于 2.5%。

(7) 抽气泵　应具备足够的抽气能力。当流量为 40L/min，其抽气能力应能够克服烟道及采样系统阻力。

(8) 量筒　其容量为 10mL。

测试步骤是将冷却水管连接到冷凝器冷水管入口。

检查按图 17-114 连接的测试系统是否漏气，如发现漏气，应进行分段检查并采取相应措施予以排除。

流量计置于抽气泵前端，其检漏方法有以下 2 种。

① 在系统的抽气泵前串联一满量程为 1L/min 的小量程转子流量计，检漏时，将装好滤筒的采样管进口（不包括采样嘴）堵严，打开抽气泵，调节泵进口处的调节阀，使系统中的压力表负压指示为 6.7kPa，此时小量程流量计的流量如不大于 0.6L/min 则视为不漏气。

② 检漏时，堵严采样管滤筒夹处进口，打开抽气泵，调节泵进口的调节阀，使系统中的真空压力表负压指示为 6.7kPa；关闭接抽气泵的橡胶管，在 0.5min 内如真空压力表的指示值下降值不超过 0.2kPa 则视为不漏气。

在仪器携往现场前，按上述方法检查采样装置的漏气性。现场检漏仅对采样管后的连接橡胶管到抽气泵段进行检漏。

流量计装置放在抽气泵后端的检漏方法：在流量计出口接一三通管，其一端接 U 形压力计，另一端接橡胶管。检漏时，切断抽气泵的进口通路，由三通的橡胶管端压入空气，使 U 形压力计水柱压差上升到 2kPa，堵住橡胶管进口，如 U 形压力计的液面差在 1min 内不变，则视为不漏气。抽气泵前管段仍按前面的方法检漏。

打开采样孔，清除孔中的积灰。将装有滤筒的采样管插入管道中心位置，封闭采样孔。

启动抽气泵并以25L/min流量抽气，同时记录采样时间。采样时应使冷凝水量在10mL以上。采样时应记录开采时间、冷凝器出口饱和水汽温度、流量计读数和流量计前的温度、压力。如果系统装有累积流量计，应记录采样启止时的累积流量。采样完毕取出采样管，将可能冷却在采样管内的水倒入冷凝器中，用量筒计量冷凝水量。

气体中水汽体积分数按下式计算：

$$X_{sw}=\frac{461.8(273+t_r)G_w+p_v V_a}{461.8(273+t_r)G_w+(B_a+p_r)V_a}\times 100\% \tag{17-139}$$

式中，X_{sw}为排气中的水分体积分数；B_a为大气压力，Pa；G_w为冷凝器中的冷凝水量，g；p_r为流量计前气体压力，Pa；p_v为冷凝器出口饱和水蒸气压力（可根据冷凝器出口气体温度t_u从空气饱和水蒸气压力表中查得），Pa；t_r为流量计前气体温度,℃；V_a为测量状态下抽取气体的体积（$V_a\approx Q'_r t$），L；Q'_r为转子流量计读数，L/min；t为采样时间，min。

2. 干湿球法

使气体在一定速度下流经干湿球温度计，根据干湿球温度计读数和测点处气体的压力，计算出排气的水分含量。

干湿球法测量装置如图17-115所示。

检查湿球温度计纱布是否包好，然后将水注入盛水容器中。干湿球温度计的精度不应低于1.5%；最小分度值不应大于1℃。

打开采样孔，清除孔中的积灰。将采样管插入管道中心位置，封闭采样孔。当排气温度较低或水分含量较高时，采样管应保温或加热数分钟后，再开动抽气泵，以15L/min流量抽气；当干湿球温度计温度稳定后，记录干湿球温度和真空表的压力。

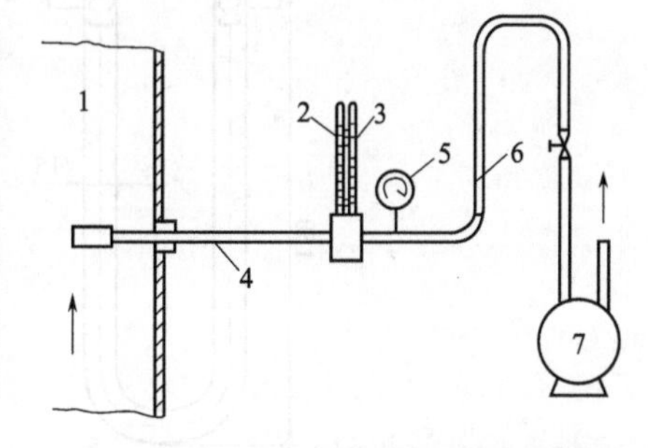

图17-115 干湿球法测定排气水分含量装置
1—烟道；2—干球温度计；3—湿球温度计；4—保温采样管；5—真空压力表；6—转子流量计；7—抽气泵

气体中水汽体积分数按下式计算：

$$X_{sw}=\frac{p_{bv}-0.00067(t_c-t_b)(B_a+p_b)}{B_a+p_s}\times 100\% \tag{17-140}$$

式中，X_{sw}为排气中水分体积分数；p_{bv}为温度为t_b时饱和水蒸气压力，根据t_b值，由室气饱和时水蒸气压力表查得，Pa；t_b为湿球温度,℃；t_c为干球温度,℃；p_b为通过湿球温度计表面的气体压力，Pa；B_a为大气压力，Pa；p_s为测点处气体静压，Pa。

3. 重量法

由管道中抽取一定体积的气体，使之通过装有吸湿剂的吸湿管，气体中的水分被吸湿剂吸收，吸湿管的增重即为已知体积气体中含有的水分。

测量气体成分的采样装置如图17-116所示，其主要组成为头部带有颗粒物过滤器的加热或保温的气体采样管，装有氯化钙或硅胶吸湿剂的U形吸湿管（图17-117）或雪菲尔德吸湿管（图17-118）。真空压力表的精度应不低于4%；温度计的精度应不小于2.5%，最小分度值应不大于2℃；转子流量计的精度应不低于2.5%，测量范围0～1.5L/min；抽气泵的流量为2L/min，抽气能力应克服烟道及采样系统阻力，当流量计置于抽气泵出口端时抽气泵应不漏气。天平的感量应不大于 1mg。

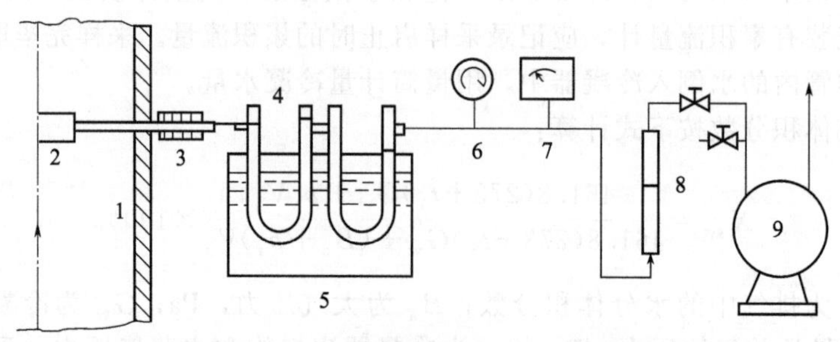

图 17-116 重量法测定排气水分含量装置

1—烟道；2—过滤器；3—加热器；4—吸湿管；5—冷却槽；6—真空压力表；
7—温度计；8—转子流量计；9—抽气泵

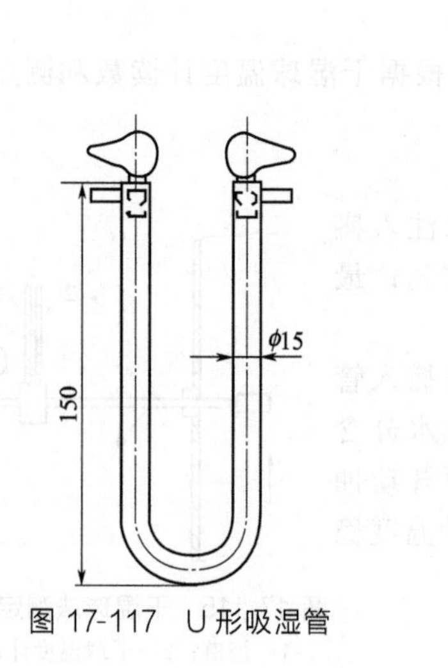

图 17-117 U形吸湿管

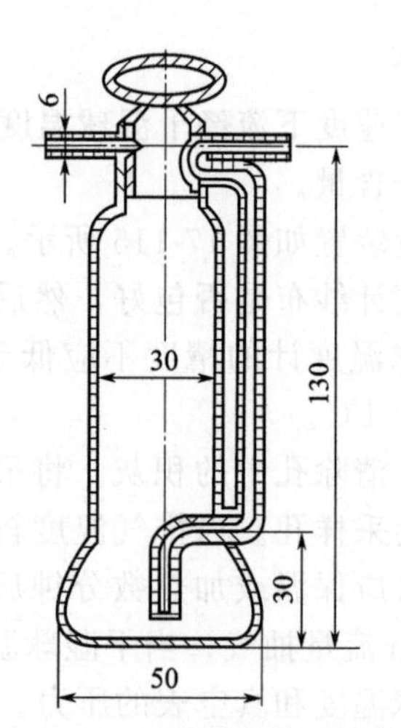

图 17-118 雪菲尔德吸湿管

将粒状吸湿剂装入 U 形吸湿管或雪菲尔德吸湿管内，并在吸湿管进出口两端填充少量玻璃棉，关闭吸湿管阀门，擦去表面的附着物后用天平称重。

采样装置组装后应检查系统是否漏气。检查漏气的方法是将吸湿管前的连接橡胶管堵死，开动抽气泵至压力表指示的负压达到 13kPa 时，封闭连接抽气泵的橡胶管，此时如真空压力表的指示值在 1min 内下降值不超过 0.15kPa，则视为系统不漏气。

将装有滤筒的采样管由采样孔插入管道中心后，封闭采样孔对采样管进行预热。打开吸湿管阀门，以 1L/min 流量抽气，同时记下开始采样时间。采样时间视气体的水分含量大小而定，采集的水分量应不小于 10mg。

记录气体的温度、压力和流量的读数。采样结束，关闭抽气泵，记下采样终止时间。关闭吸湿管阀门，取下吸湿管擦净外表附着物称重。

气体中水分含量按下式计算：

$$X_{sw}=\frac{1.24G_m}{V_d\left(\frac{273}{273+t_r}\times\frac{B_a+B_r}{101300}\right)+1.24G_m}\times 100\% \qquad (17\text{-}141)$$

式中，X_{sw} 为气体中水分体积分数；G_m 为吸湿管吸收水分的质量，g；V_d 为测量状况下抽取的干气体体积（$V_d \approx Q'_r t$），L；Q'_r为转子流量计读数，L/min；t 为采样时间，min；t_r 为流量计前气体温度，℃；B_r 为流量计前气体压力，Pa；B_a 为大气压力，Pa；1.24 为在标准状态下 1g 水蒸气所占有的体积，L。

（三）管道内压力的测试

1. 测定原理

对气体流动中的压力测量，至今还是广泛采用测压管进行接触式测量。其基本原理是：以位于流场中的压力接头表面上某一定点的压力值来表示流场空间中某点的压力值。其根据为伯努利方程式，即理想流体绕流的位流理论。把伯努利方程式应用于未扰动的气流的静压 $p_{\infty f}$、速度 v_{∞}，与绕流物体附近的气流的压力 p、速度 v，其之间的关系为：

$$\frac{1}{2}\rho v_{\infty}^{2}+p_{\infty f}=\frac{1}{2}\rho v^{2}+p \tag{17-142}$$

在任何绕流的物体上，都可以得到一些流动完全滞止、速度 v 为零的点，即驻点。该点上的压力 p 即为全压。

流动状态下的气体压力分为静压、动压与全压。全压与静压之差值称为动压。测量点应选择在气流比较稳定的管段。测全压的仪器孔口要迎着管道中气流的方向，测静压的孔口应垂直于气流的方向。管道中气体压力的测试见图 17-119，图中示出动压、静压、全压的关系。

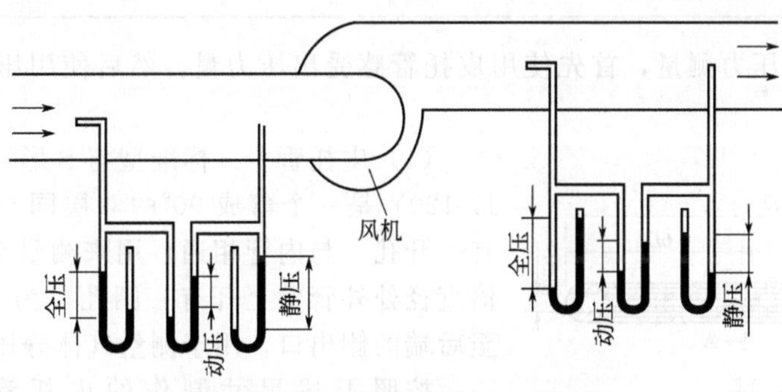

图 17-119 风道中气体压力的测量

2. 测量仪器

测量烟气压力的仪器有皮托管和压力计，参见表 17-122。

表 17-122 常用烟气测压仪器

仪器名称	示意图	用途	备注
标准皮托管	P_2 P_1	用于测量烟气全压、动压和静压。由于皮托管测孔很小，为避免尘粒堵塞，只适合在烟尘浓度较小的薄壁烟道中使用	按标准尺寸加工的标准皮托管，其校正系数 K 近似等于1

续表

仪器名称	示意图	用途	备注
S形皮托管	p_2 p_1	测量功能同标准皮托管。与标准皮托管不同，可在烟尘浓度较大和厚壁的烟道中使用，但不宜用于测量<5m/s的烟气流速	在该皮托管的 p_2 点上，因背向气流吸力影响，所测静压值与实际静压值相比有一定误差，故使用前必须校正，当流速在5～30m/s的范围内时校正系数平均值为0.84
U形压力计	p_1 p_2 h	由于该压力计误差可达1～2mm，故只适用于测量较大的压力值	测量压力值 p 公式为：$p=p_1-p_2=h\rho$ 式中，h 为两液面的高度差，mm；ρ 为管内测压液体的密度，g/cm³
倾斜微压计	p_1 p_2 h l α	适于测量微小压力，一般用在<1.5kPa的烟气压力条件下	测量压力值 p 公式为 $p=p_1-p_2=lK$ 式中，l 为斜管内液柱长度，mm；K 为斜管倾斜度的修正系数，$K=r\sin\alpha$

气体流动中的压力测量，首先使用皮托管感受出压力量，然后使用压力计测出具体数值量。

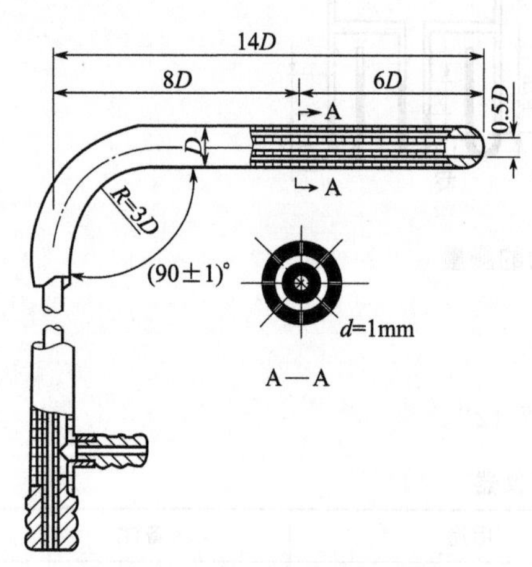

图 17-120　标准皮托管

（1）皮托管——标准型与S形　标准皮托管（图17-120）是一个弯成90°的双层同心圆形管，正前方有一开孔，与内管相通，用来测量全压。在距前端6倍直径处外管壁上开有一圈孔径为1mm的小孔，通至后端的侧出口，用于测量气体静压。

按照上述尺寸制作的皮托管其修正系数为0.99±0.01；如果未经标定，使用时可取修正系数 $K_p=0.99$。

标准皮托管的测孔很小，当管道内颗粒物浓度大时，易被堵塞。因此该型皮托管只适于含尘较少的管道中使用。

S形皮托管见图17-121，其由3根相同的金属管并联组成。测量端有方向相反的两个开口；测定时，面向气流的开口测得的压力为全压，背向气流的开口测得的压力小于静压。

S形皮托管校正系数一般在0.80～0.85之间。可在大直径的风管中使用，因不易被尘粒堵塞而在测试中广为应用。

为了解决皮托管差压小的问题，可以采用文丘里皮托管或插入式文丘里管，它的全压测量管不变而将测静压管放到文丘里管或双文丘里管缩流处（图17-122）。

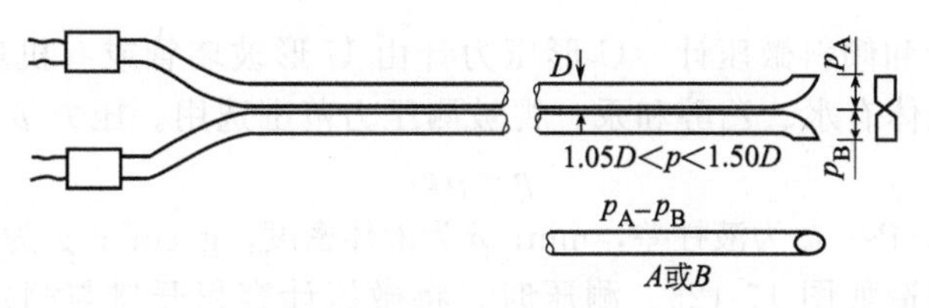

图 17-121 S形皮托管

由于缩流处流速快，其压力低于管道的静压，从而产生较大的差压。在相同流速下。双文丘里皮托管产生的差压较皮托管约大 10 倍，这就为测量带来方便。这两种流量计体积小、压损小、安装方便，适用于测量大管道内烟气气体流量，但也应采取防堵措施。这类流量计的流速差压关系与其外形及使用的雷诺数（Re）范围有关，因此应选用经过标定、有可靠实验数据，可作为计算差压依据的产品，否则它的测量精度就受到影响。

图 17-123 为插入式双文丘里皮托管。该文丘里管由于插入杆是悬臂的，在较小直径的管道内尚可使用，在大管道内其悬臂较长，稳定性差。图 17-124 为内藏式双文丘里管，它是由 3 个互成 120°角的支撑固定在管道中心，所以稳定可靠。其流量可由下列经验公式计算：

$$Q=A+B\sqrt{\frac{\Delta p(p_{\mathrm{H}}+p_{\mathrm{O}})(p_{\mathrm{H}}+p_{\mathrm{O}}+\Delta p)}{[C(p_{\mathrm{H}}+p_{\mathrm{O}})+\Delta p](273.15+t)}} \tag{17-143}$$

式中，Q 为流量值，m^3（标）/h；t 为文丘里管测量段介质温度，℃；p_{O} 为测试时当地大气压力，Pa；p_{H} 为文丘里前端静压（表压），Pa；Δp 为文丘里管所取差压值 $\Delta p=p_1-p_2$，Pa；A、B、C 为常数，由生产厂根据订货咨询处所提供的技术参数及风管截面的形状和尺寸计算并通过试验得出。

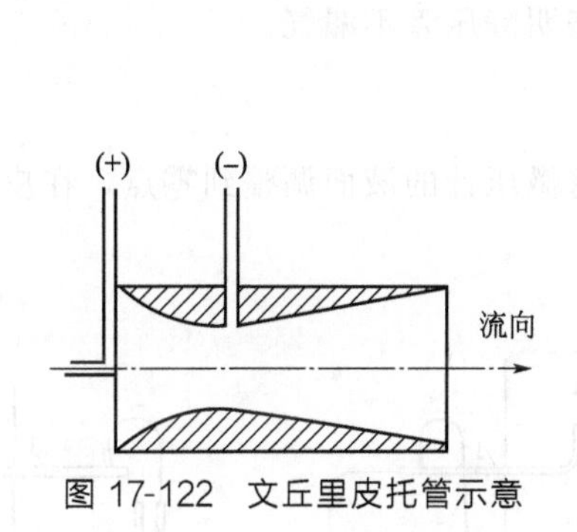

图 17-122 文丘里皮托管示意

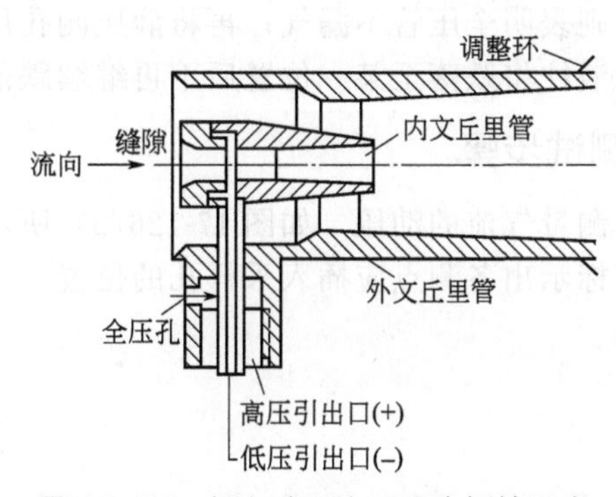

图 17-123 插入式双文丘里皮托管示意

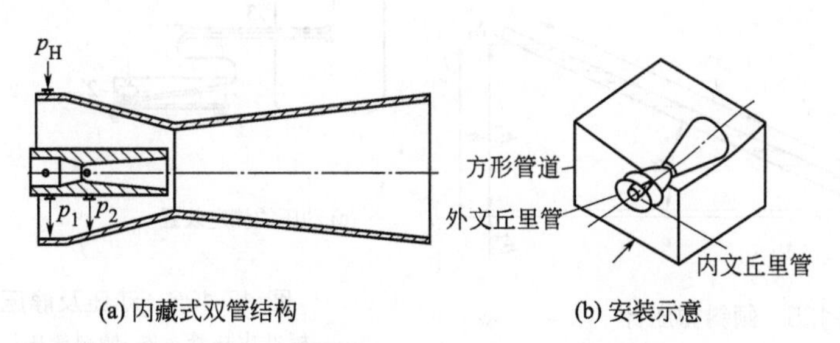

图 17-124 内藏式双文丘里管结构及安装示意

（2）U形压力计和倾斜微压计 U形压力计由U形玻璃管或有机玻璃管制成，内装测压液体，常用测压液体有水、乙醇和汞，视被测压力范围选用。压力 p 按下式计算：

$$p=\rho g h$$

式中，p 为压力，Pa；h 为液柱差，mm；ρ 为液体密度，g/cm^3；g 为重力加速度，m/s^2。

倾斜微压计的构造如图17-125。测压时，将微压计容积开口与测定系统中压力较高的一端相连。斜管与系统中压力较低的一端相连，作用于两个液面上的压力差使液柱沿斜管上升，压力 p 按下式计算：

$$p=L\left(\sin\alpha \times \frac{F_1}{F_2}\right)\rho_g \tag{17-144}$$

令

$$K=\left(\sin\alpha \times \frac{F_1}{F_2}\right)\rho_g$$

则

$$p=LK \tag{17-145}$$

式中，p 为压力，Pa；L 为斜管内液柱长度，mm；α 为斜管与水平面夹角，(°)；F_1 为斜管截面积，m^2；F_2 为容器截面积，m^2；ρ_g 为测压液体（常用相对密度为0.81的乙醇）密度，kg/m^3。

3. 测量准备工作

将微压计调至水平位置，检查其液柱中有无气泡；检查微压计是否漏气，向微压计的正压端（或负压端）入口吹气（或吸气），迅速封闭该入口，如液柱位置不变，则表明该通路不漏气；再检查皮托管是否漏气，用橡胶管将全压管的出口与微压计的正压端连接，静压管的出口与微压计的负压端连接，由全压管测孔吹气后，迅速堵塞该测孔，如微压计的液柱位置不变，则表明全压管不漏气；再将静压测孔用橡胶管或胶布密封，然后打开全压测孔，此时微压计液柱将跌落至某一位置后不再继续跌落则表明静压管不漏气。

4. 测试步骤

（1）测量气流的动压 如图17-126(a) 所示，将微压计的液面调整到零点，在皮托管上用白胶布标示出各测点应插入采样孔的位置。

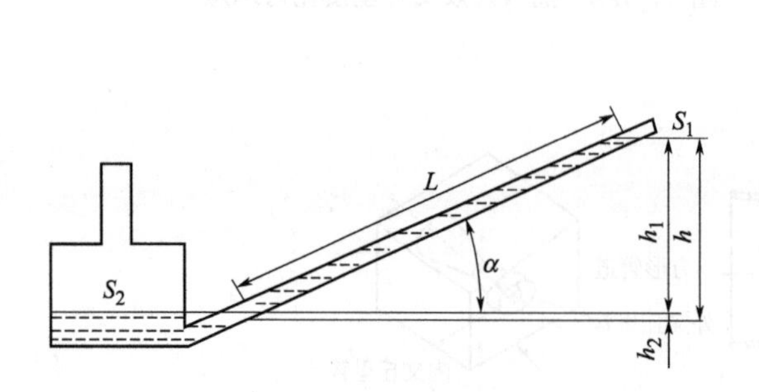

图 17-125 倾斜微压计

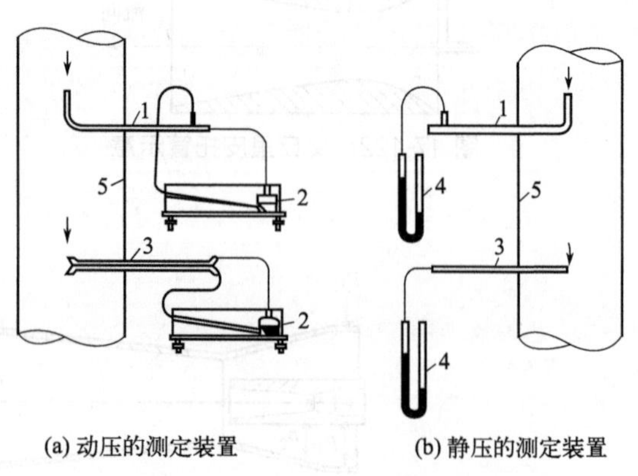

图 17-126 动压及静压的测定装置

1—标准皮托管；2—倾斜微压计；3—S形皮托管；4—U形压力计；5—烟道

将皮托管插入采样孔，如断面上无涡流，这时微压计读数应在零点；使用标准皮托管时，在插入烟道前应切断其与微压计的通路，以避免微压计中的酒精被吸入到连接管中，使压力测量产生错误。

测试时，应十分注意使皮托管的全压孔对准气流方向，其偏差不大于5°，且每个测点要反复测3次，分别记录在表中，取平均值。测试完毕后，检查微压计的液面是否回到零点。

(2) 测量气体的静压　如图17-126(b)。将皮托管插入管道中心处，使其全压测孔对正气流方向，其静压管出口端用胶管与U形压力计一端相连，所测得的压力即为静压。

（四）管道内风速的测试和风量计算

1. 流速、流量测定仪表

流速、流量测定仪表见表17-123。

表17-123　流速、流量测定仪表

种类	测定范围	测定方法
皮托管	3m/s以上	根据流体的总压力与静压力之差，求出速度压进行计算，结构简单，使用方便，快速，精度高
热线流速计	0.1～50m/s	检测流速引起的热线温度变化而伴随出现的电阻变化，求风速。可测定紊流，也可测每秒几厘米的低流速
热控管流速计	0.1～50m/s	利用热控管温度变化引起的电阻变化，幅度的增加比热线明显
风车风速计	1～20m/s	利用流速引起的叶轮转速变化，使用简便，仪器较大，精度不太好
孔板流量计	仪器指定的流量范围，1个孔板流量计的测定范围较小	在管道中插入孔板，测定其前后的差压，求流量。文丘里流量计也是同样的原理，但仪器的压力损失稍小
转子流量计	仪器指定的流量范围	在有刻度的透明管中放入合适的浮子，流体从下向上流，浮子会由于动压力、浮力、重力等因素的作用，停止在某个位置，根据其停止位置的刻度求流量
湿式气体流量计	0.5L以上	向装满水的有一定容积的容器中导入气体，水与气体置换，累积计算其置换次数，求算出流量

2. 风速的测试方法

管道内风速的测试方法有间接式和直读式两种。

(1) 间接式　先测某点动压，再按下式计算风速：

$$v_s = K_p\sqrt{\frac{2p_d}{\rho_s}} = 128.9K_p\sqrt{\frac{(273+t_s)p_d}{M_s(B_a+p_s)}} \tag{17-146}$$

当干气体成分与空气近似，气体露点温度在35～55℃之间、气体的压力在97～103kPa之间时，v_s可按下式计算：

$$v_s = 0.076K_p\sqrt{273+t_s}\sqrt{p_d} \tag{17-147}$$

对于接近常温、常压条件下（$t=20℃$、$B+p_s=101300\text{Pa}$）管道的气流速度按下式计算：

$$v_a = 1.29K_p\sqrt{p_d} \tag{17-148}$$

式中，v_s为湿排气的气体流速，m/s；v_a为常温、常压下管道的气流速度，m/s；B_a

为大气压力，Pa；K_p 为皮托管修正系数；p_d 为排气动压，Pa；p_s 为排气静压，Pa；M_s 为湿排气体的摩尔质量，kg/kmol；t_s 为气体温度，℃。

管道某一断面的平均速度 v_s 可根据断面上各测点测出的流速 v_{si}，由下式计算：

$$v_s=\frac{\sum_{i=1}^{n}v_{si}}{n}=128.9K_p\sqrt{\frac{273+t_s}{M_s(B_a+p_s)}}\times\frac{\sum_{i=1}^{n}\sqrt{p_{di}}}{n} \tag{17-149}$$

式中，p_{di} 为某一测点的动压，Pa；n 为测点的数目。

当干气体成分与空气相似，气体露点温度在33～35℃之间、气体绝对压力在97～103Pa之间时某一断面的平均气流速度按下式计算：

$$v_s=0.076K_p\sqrt{273+t_s}\times\frac{\sum_{i=1}^{n}\sqrt{p_{di}}}{n} \tag{17-150}$$

对于接近常温、常压条件下（$t=20$℃、$B_a+p_s=101300$Pa），则管道中某一断面的平均气流速度按下式计算：

$$v_s=1.29K_p\frac{\sum_{i=1}^{n}\sqrt{p_{di}}}{n} \tag{17-151}$$

此法虽烦琐，但精确度高，故在除尘装置的测试中较为广泛采用。

(2) 直读式　常用的直读式测速仪是热球式热电风速仪、热线式热电风速仪和转轮风速仪。

热电仪器的传感器是测头，其中为镍铬丝弹簧圈，用低熔点的玻璃将其包成球或不包仍为线状。弹簧圈内有一对镍铬-康铜热电偶，用于测量球体的升温程度。测头用电加热，测头的温度会受到周围空气流速的影响，根据温度的高低，即可测得气流的速度。

仪器的测量部分采用电子放大线路和运算放大器，并用数字显示测量结果。其特点是使用方便，灵敏度高，测量范围为0.05～19.9m/s。

叶轮风速仪由叶轮和计数机构所组成，在仪表度盘上可以直接读出风速值，测量范围0.6～22m/s，精度±0.2m/s。

3. 点流速与平均流速的关系

用皮托管只能测得某一点的流速，而气体在管道中流动时，同一截面上各点流速并不相同，为了求出流量，必须对管道截面中的流速进行积分。

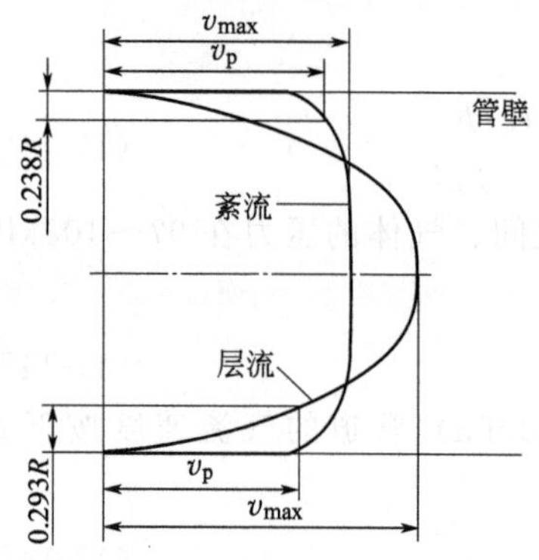

图 17-127　光滑管道中层流和紊流的速度分布

为了测流量，必须知道点流速 v 与平均流速 v_p 的关系，如果测量位置上的流动已达到典型的层流或紊流的速度分布，则测出中心流速 v_{max} 就可按一定的计算公式或图表计算各点的流速及平均流速，从而求出流量。

由于层流和紊流的分布对于管中心是对称的，因此可用二维表示（图 17-127）。实验数据表明其具有如下特性。

(1) 层流的速度分布　当管道雷诺数在2000以下时，充分发展的层流速度分布是抛物线形的，其不受管壁粗糙度的影响。管内的平均流速 v 是中心最大流速 v_{max} 的1/2。各点流速与最大流速之间的关系可用下式表示：

$$v(r)=v_{\max}\times\left[1-\left(\frac{r}{R}\right)^2\right] \tag{17-152}$$

式中，R 为圆管半径；r 为在管截面上离管轴的距离；$v(r)$ 为离管中心为 r 处的流速；$v_{\max}$ 为管中心处（即 $r=0$）的流速。

将上式积分，即可算出平均流速：

$$v=\frac{1}{2}v_{\max} \tag{17-153}$$

由此可得出平均流速点距离管壁的间隔长度：

$$r_p=0.293R \tag{17-154}$$

即若为典型的层流速度分布，在距离管中心轴线 0.707R 处测得的流速就是平均流速。

（2）紊流的速度分布　当雷诺数在 2000～4000 之间为过渡区时，速度分布的抛物线形状已改变。当雷诺数≥4000 时，速度分布曲线将变平坦，且随雷诺数的增大，曲线将变得愈加平坦，直到最后除在管壁的一点外，所有各点都将以同一速度流动，这种平坦的速度分布称为无限大雷诺数的速度分布；气体在高速流动时就很接近于达到这种速度分布。

在窄小的过滤区内，速度分布是复杂而不稳定的，随着流速增大或减小，其速度分布的形状很不固定。在过渡区内很难进行精确的流量测量。

紊流的速度分布没有固定的几何形状，其随管壁粗糙度和雷诺数而变化。用于计算光滑管中某一点流速的最简单的公式如下：

$$v(r)=v_{\max}\left(1-\frac{r}{R}\right)^{\frac{1}{n}} \tag{17-155}$$

式中，n 为仅与雷诺数有关的指数；其他符号意义同前。

用下式计算指数 n，精度较高：

$$n=1.66\lg Re_0 \tag{17-156}$$

幂律的速度分布式能较好地描述紊流流动，但不能用于中心流速与管壁流速的精确计算。对于光滑管，当雷诺数≥10^4 时可用下式估算平均流速 v 点的位置：

$$v=\left[\frac{2n^2}{(n+1)(2n+1)}\right]^nR \tag{17-157}$$

在充分发展的紊流速度分布下，n 值与 Re_0 及 $v_p/v_{\max}$ 的关系如表 17-124 所列。

表 17-124　雷诺数与流速、n 值的关系

Re_0	4.0×10^3	2.3×10^4	1.1×10^5	1.1×10^6	2.0×10^6	3.2×10^6
n	6.0	6.6	7.0	8.8	10	10
$v_p/v_{\max}$	0.791	0.808	0.817	0.849	0.856	0.865

对于紊流 $v=Cv_{\max}$，通常取 $C=0.84$。一般说来，当 Re_0 在 4×10^3～4×10^6 之间，如为轴对称的速度分布，且管壁较光滑时，则在距离 $r=0.238R$ 处测得的流速 v 即为平均流速 v_p：

$$\frac{v}{v_p}=(1\pm0.5)\% \tag{17-158}$$

因紊流的速度分布受管壁粗糙度和雷诺数等诸多因素的影响，因此不同的研究实验结果也稍有不同。国际标准 ISO 7145—1982（E）规定的平均流速点距管壁距离 $r=(0.242\pm 0.013)R$。

4. 风管内流量的计算

气体流量的计算分为工况下、标准状态和常温、常压三种条件。

（1）工况条件下的湿气体流量按下式计算：

$$Q_s = 3600Fv_p \tag{17-159}$$

式中，Q_s 为工况下湿气体流量，m^3/h；F 为测试断面面积，m^2；v_p 为测试断面的湿气体平均流速，m/s。

（2）标准状态下干气体流量按下式计算：

$$Q_{sn} = Q_s \frac{B_a + p_s}{101300} \times \frac{273}{273 + t_s}(1 - X_{sw}) \tag{17-160}$$

式中，Q_{sn} 为标准状态下干气体流量，m^3/h；B_a 为大气压力，Pa；p_s 为气体静压，Pa；t_s 为气体温度，℃；X_{sw} 为气体中水分体积分数。

（3）常温、常压条件下气体流量按下式计算：

$$Q_a = 3600Fv_s \tag{17-161}$$

式中，Q_a 为除尘管道中的气体流量，m^3/h。

（五）管道内气体的露点测试

蒸汽开始凝结的温度称为露点，气体中都会含有一定量的水蒸气，气体中水蒸气的露点称为水露点；烟气中酸蒸气凝结温度称为酸露点。

在除尘工程中常用的测气体露点的方法有含湿量法、降温法、电导加热法和光电法。用气体中 SO_3 和 H_2O 的含量计算酸露点的方法，因 SO_3 的测试复杂而较少采用。

1. 含湿量法

含湿量法是利用测试含湿量求得露点，测得烟气的含湿量后焓-湿图上可查得气体的露点。该法适用于测水露点。

2. 降温法

用带有温度计的 U 形管组（图 17-128）接上真空泵，连续抽取管道中的烟气，当其流经 U 形管组时逐渐降温，直至在某个 U 形管的管壁上产生结露现象，则该 U 形管上温度计指示的温度就是露点温度。此法虽不十分精确，但却非常实用、可靠，既可测水露点也可测酸露点。

3. 电导加热法

该法是利用氯化锂电导加热测量元件测出气体中水蒸气分压和氯化锂溶液的饱和蒸气压相等时的平衡温度来测量气体的露点。其测量元件结构如图 17-129 所示。在一根细长的电阻温度计上套以玻璃丝管，在套管上平行地绕两根铂丝作为热电极，电极间浸涂以氯化锂溶液。当两极加以交换电压时，由于电流通过氯化锂溶液而产生热效应，使氯化锂蒸气压与周围气体水汽分压相等。当气体的湿度增加或减少时，氯化锂溶液则要吸收或蒸发水分而使电导率发生变化，从而引起电流的增大或减小，进而影响到氯化锂溶液的温度以及相应蒸气压的变化，直到最后与周围气体的水汽分压相等而达到新的平衡。这时由铂电阻温度计测得的平衡温度与露点有一定的关系。

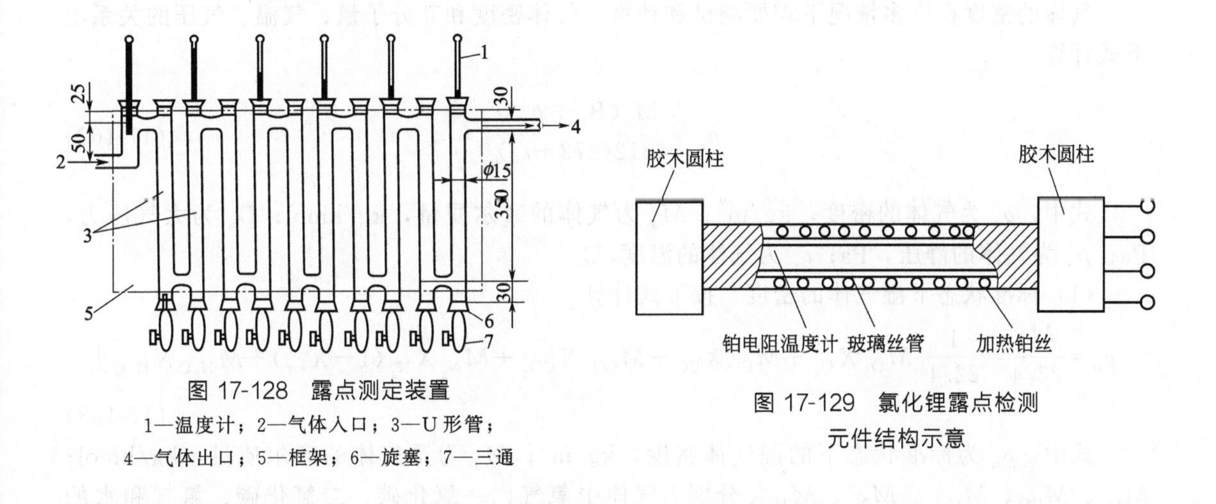

图 17-128　露点测定装置

1—温度计；2—气体入口；3—U 形管；4—气体出口；5—框架；6—旋塞；7—三通

图 17-129　氯化锂露点检测元件结构示意

这种温度计的测量误差为±1℃，测量范围为－45～60℃，反应时间一般<1min。由于该露点检测元件结构简单，性能稳定，使用寿命长，因此应用较为广泛。

4. 光电法

利用光电原理制作的光电冷凝式露点计的工作原理如图 17-130 所示。当气体样品由进口处进入测量室并通过镜面，镜面被热交换半导体制冷器冷却至露点时，镜面上开始结露，反射光的强度减弱。用光电检测器接收反射光面产生的电信号，控制热交换半导体制冷器的功率，使镜面保持在恒定露点的温度。通过测量反射镜表面的温度即可测得气体的露点。

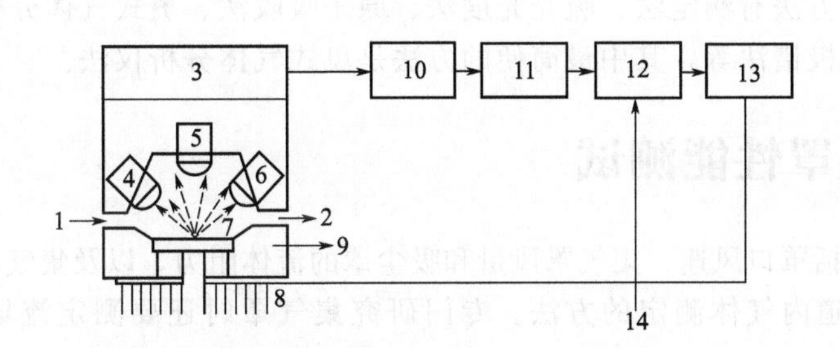

图 17-130　光电冷凝式露点计工作原理

1—样气进口；2—样气出口；3—光敏桥路；4—光源；5—散射光检测器；6—直接光检测器；7—镜面；8—热交换半导体制冷器；9—测温元件；10—放大器；11—脉冲电路；12—可控硅整流器；13—直流电源；14—交流电源

该温度计的最大优点在于可进行自动连续测量。测量范围在－80～50℃之间，测量误差小于 2℃。其缺点为结构复杂，价格昂贵，仪器易受空气中的灰尘及其他干扰物质（如汞蒸气、酒精、盐类等）的影响。

（六）管道内气体密度的测试

气体的密度在许多情况下需要测试和计算。气体密度和其分子量、气温、气压的关系由下式计算：

$$\rho_s=\frac{M_s(B_a+p_s)}{8312(273+t_s)} \tag{17-162}$$

式中，ρ_s 为气体的密度，kg/m^3；M_s 为气体的摩尔质量，kg/kmol；B_a 为大气压力，Pa；p_s 为气体的静压，Pa；t_s 为气体的温度，℃。

（1）标准状态下湿气体的密度　按下式计算：

$$\rho_n=\frac{M_s}{22.4}=\frac{1}{22.4}[M_{O_2}X_{O_2}+M_{CO}X_{CO}+M_{CO_2}X_{CO_2}+M_{N_2}X_{N_2}(1-X_{sw})+M_{H_2O}X_{H_2O}] \tag{17-163}$$

式中，ρ_n 为标准状态下的湿气体密度，kg/m^3；M_s 为湿气体的摩尔质量，kg/kmol；M_{O_2}、M_{CO}、M_{CO_2}、M_{N_2}、M_{H_2O} 分别为气体中氧气、一氧化碳、二氧化碳、氮气和水的摩尔质量，kg/kmol；X_{O_2}、X_{CO}、X_{CO_2}、X_{N_2}，X_{H_2O} 分别为干气体中氧气、一氧化碳、二氧化碳、氮气和水的体积分数，%；X_{sw} 为气体中水分的体积分数。

（2）测量工况状态下管道内湿气体的密度　按下式计算：

$$\rho_s=\rho_n\frac{273}{273+t_s}\times\frac{B_a+p_s}{101300} \tag{17-164}$$

式中，ρ_s 为测试状态下管道内湿气体的密度，kg/m^3；p_s 为气体的静压，Pa；其他符号意义同前。

（七）管道内气体成分的测试

气体成分检测方法有滴定法、吸光光度法、原子吸收法、奥式气体分析仪法、荧光光度法、气相色谱法、极谱法等，其中最简便的方法是奥式气体分析仪法。

三、集气罩性能测试

集气罩性能包括罩口风速、集气罩风量和吸尘罩的流体阻力，以及集气罩内气体温度、湿度、露点等，按管道内气体测定的方法。专门研究集气罩时还要测定流场情况，这里不再赘述。

1. 罩口风速测定

罩口风速测定一般用匀速移动法和定点测定法。

（1）匀速移动法测定　吸尘罩口风速常用叶轮式风速仪测定。对于罩口面积$<0.3m^2$时的吸尘罩口，可将风速仪沿整个罩口断面按图 17-131 所示的路线慢慢地匀速移动，移动时风速仪不得离开测定平面，此时测得的结果是罩口平均风速。此法需进行 3 次，取其平均值。

（2）定点测定法测定　吸尘罩口风速常用热线或热球式热电风速仪测定。对于矩形排风罩，按罩口断面的大小，把它分成若干个面积相等的小块，在每个小块的中心处测量其气流

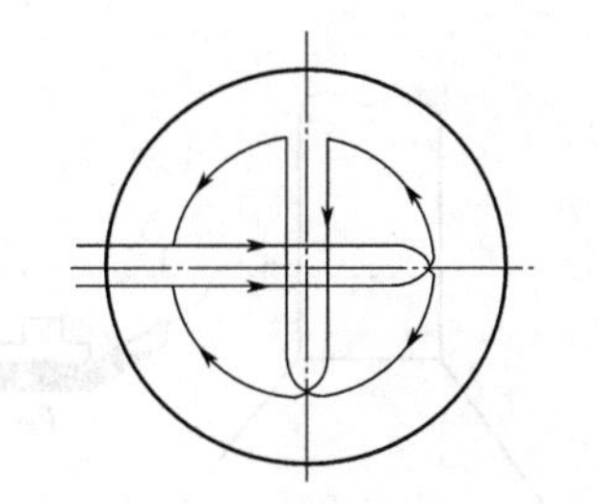
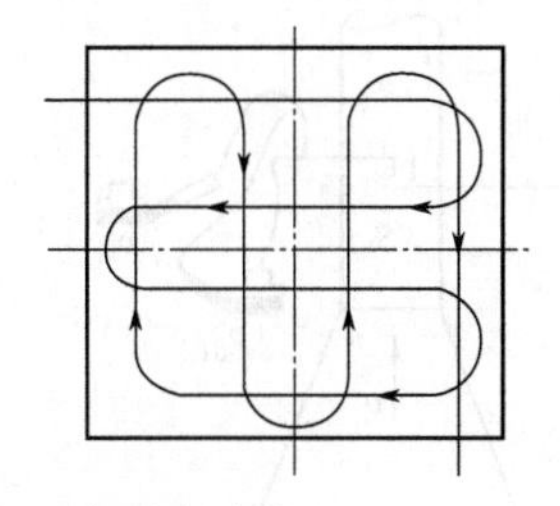

图 17-131　罩口平均风速测定路线

速度。断面积＞0.3m^2 的罩口，可分成 9～12 个小块测量，每个小块的面积＜0.06m^2，如图 17-132(a) 所示；断面积不大于 0.03m^2 的罩口，可取 6 个测点测量，如图 17-132(b) 所示；对于条缝形排风罩，在其高度方向至少应有两个测点，沿条缝长度方向根据其长度可以分别取若干个测点，测点间距不小于 200mm，如图 17-132(c) 所示；对于圆形排风罩，则至少取 4 个测点，测点间距不大于 200mm，如图 17-132(d) 所示，并且是 3 组数据的平均值。

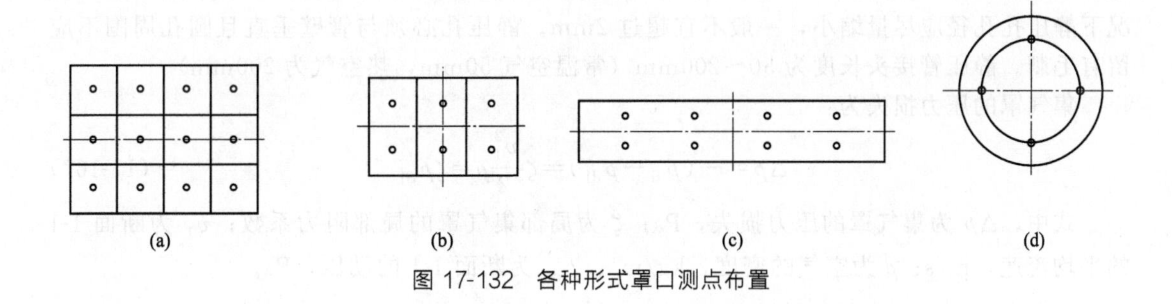

图 17-132　各种形式罩口测点布置

吸尘罩罩口平均风速按下式计算：

$$v_p = \frac{v_1 + v_2 + v_3 + \cdots + v_n}{n} \tag{17-165}$$

式中，v_p 为罩口平均风速，m/s；v_1、v_2、v_3、…、v_n 为各测点的风速，m/s；n 为测点总数，个。

2. 集气罩的压力损失及风量的测定

(1) 集气罩压力损失的测定　测定装置如图 17-133 所示。

集气罩罩口断面 (0—0) 与 1—1 断面的全压差即为集气罩的压力损失 Δp。因 0-0 断面上全压为 0，所以

$$\Delta p = p_0 - p_1 = 0 - (p_{si} - p_{d1}) \tag{17-166}$$

式中，Δp 为集气罩的压力损失，Pa；p_0 为罩口断面的全压，Pa；p_1 为 1-1 断面的全压，Pa；p_{si} 为 1—1 断面的静压，Pa；p_{d1} 为 1—1 断面的动压，Pa。

(2) 集气罩风量的测定　如图 17-133(a) 所示，测出断面 1—1 上各测点流速的平均值 v_p，则集气罩的排风量为：

$$Q = v_p S \times 3600$$

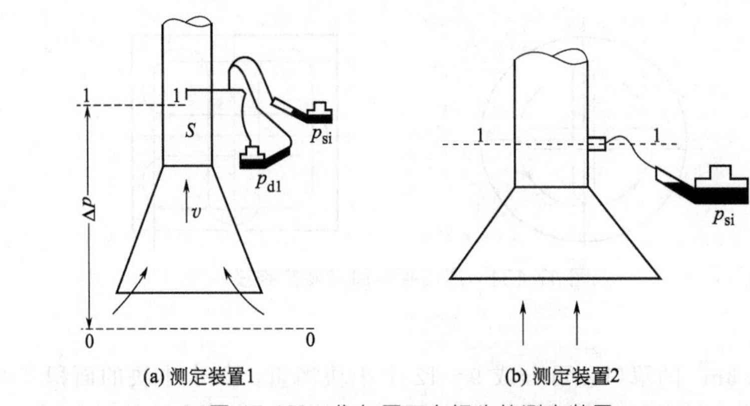

(a) 测定装置1　　(b) 测定装置2

图 17-133 集气罩压力损失的测定装置

式中，Q 为集气罩排风量，m^3/h；S 为罩口管道断面积，m^2；v_p 为测定断面上平均风速，m/s。

现场测定时，当各管件之间的距离很短，不易找到气流比较稳定的测定断面，用动压测定有一定困难时，可按图 17-133(b) 所示测量静压来求集气罩的风量。在不产生堵塞的情况下静压孔孔径应尽量缩小，一般不宜超过 2mm。静压孔必须与管壁垂直且圆孔周围不应留有毛刺。静压管接头长度为 50～200mm（常温空气 50mm，热空气为 200mm）。

集气罩的压力损失为：

$$\Delta p=-(p_{si}-p_{d1})=\zeta\frac{v_1^2}{2}\rho=\zeta p_{d1} \tag{17-167}$$

式中，Δp 为集气罩的压力损失，Pa；ζ 为局部集气罩的局部阻力系数；v_1 为断面 1-1 的平均流速，m/s；ρ 为空气的密度，kg/m^3；p_{d1} 为断面 1-1 的动压，Pa。

所以

$$p_{d1}=\frac{1}{1+\zeta}|p_{si}|$$

$$v_1=\frac{1}{\sqrt{1+\zeta}}\sqrt{\frac{2}{\rho}|p_{si}|}=\mu\sqrt{\frac{2|p_{si}|}{\rho}} \tag{17-168}$$

上式中$\frac{1}{\sqrt{1+\zeta}}=\mu$，$\mu$ 称为流量系数。对于形状一定的集气罩，ζ 值是一个常数；所以流量系数 μ 值也是一个常数。各种集气罩的流量系数 μ 值见表 17-125。

表 17-125 各种集气罩的流量系数

集气罩形状	喇叭口	圆锥或矩形变圆形	圆锥或矩形加弯头	简单管道端头	有边管道端头	有弯头的简单管道端头
流量系数	0.98	0.9	0.82	0.72	0.82	0.62

集气罩形状	集气罩(例如在化铅锅上面的)	工作台排气格栅下接锥体和弯头	砂轮罩	封闭室（内部压力可以忽略）
流量系数	0.9	0.82	0.8	0.82

局部集气罩的排风量 Q 为：

$$Q=3600v_1S_1=3600\mu S_1\sqrt{\frac{2|p_{si}|}{\rho}} \tag{17-169}$$

式中，Q 为局部集气罩的排风量，m^3/h；S_1 为断面 1—1 的面积，m^2；μ 为集气罩的流量系数；p_{si} 为断面 1—1 的静压，Pa；ρ 为气体的密度，kg/m^3。

四、净化设备性能测试

（一）粉尘浓度测试和除尘效率测试

粉尘在管道中的浓度分布是不均匀的，为尽可能获得具有代表性的粉尘样品，除了前面已阐述过的要科学、合理地选择测量位置外，尚需保持在未被干扰气流中的气流速度与进入采样嘴的气流速度相等的条件下进行采样，即等速采样。这是很重要的，是对粉尘采样的基本要求。

等速采样原理是将烟尘采样管由采样孔插入烟道中，使采样嘴置于测点上，正对气流方向，按颗粒物等速采样原理，采样嘴的吸气速率与测点处气流速率相等，其相对误差应在 −5%～10%之内，轴向取一定量的含尘气体。根据采样管滤筒上所捕集到的颗粒物量和同时抽取气体量，计算出气体中颗粒物浓度。

1. 气体中粉尘采样方法

维持颗粒物等速采样的方法有普通型采样管法（即预测流速法）、皮托管平行测速采样法、动压平衡型采样管法和静压平衡型等速采样法四种方法，根据不同测量对象的状况选用适宜的测试方法。

1）普通型采样管法　使用普通型采样管采样一般采用此法。采样前需预先测出各采样点的气体温度、压力、含湿量、气体成分和流速等，根据测得的各点的流速、气体状态参数和选用的采样嘴直径计算出各采样点的等速采样流量，然后按该流量进行采样。等速采样的流量按下式计算：

$$Q'_r=0.00047d^2v_s\frac{B_a+p_s}{273+t_s}\left[\frac{M_{sd}(273+t_r)}{B_a+p_r}\right]^{\frac{1}{2}}(1-X_{sw}) \tag{17-170}$$

式中，Q'_r 为等速采样转子流量计读数，L/min；d 为等速采样选用的采样嘴直径，mm；v_s 为测点处的气体流量，m/s；B_a 为大气压力，Pa；p_s 为管道气体静压，Pa；p_r 为转子流量计前气体压力，Pa；t_s 为管道气体温度，℃；t_r 为转子流量计前气体温度，℃；M_{sd} 为管道干气体的摩尔质量，kg/kmol；X_{sw} 为管道气体中水分体积分数。

当干气体的成分和空气近似时等速采样流量按下式计算：

$$Q'_r=0.0025d^2v_s\frac{B_a+p_s}{273+t_s}\left(\frac{273+t_r}{B_a+p_r}\right)^{\frac{1}{2}}(1-X_{sw}) \tag{17-171}$$

普通型采样管法适用于工况比较稳定的污染源采样，尤其是在管道气流速度低、高温、高湿、高粉尘浓度的情况下均有较好的适应性，并可配用惯性尘粒分级仪测量颗粒物的粒径分级组成。该采样法的装置如图 17-134 所示，由普通型采样管、颗粒物捕集器、冷凝器、干燥器、流量计、抽气泵、控制装置等部分组成，当气体中含有二氧化硫等腐蚀性气体时在采样管出口处应设置腐蚀性气体的净化装置（如双氧水洗涤瓶等）。

采样管有玻璃纤维滤筒采样管和刚玉滤筒采样管两种。

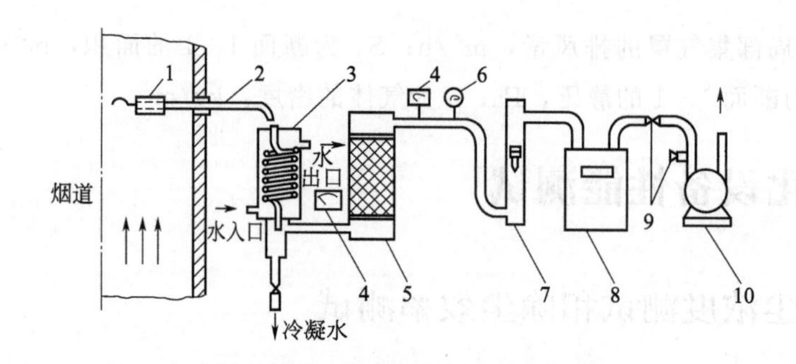

图 17-134 普通型采样管采样装置

1—滤筒；2—采样管；3—冷凝器；4—温度计；5—干燥器；
6—真空压力表；7—转子流量计；8—累积流量计；9—调节阀；10—抽气泵

（1）玻璃纤维滤筒采样管 由采样嘴、前弯管、滤筒夹、滤筒、采样管主体等部分组成（图 17-135）。滤筒由滤筒夹顶部装入，靠入口处两个锥度相同的圆锥环夹紧固定。在滤筒外部有一个与其外形一样而尺寸稍大的多孔不锈钢托，用于承托滤筒，以防采样时滤筒破裂。采样管各部件均用不锈钢制作及焊接。

玻璃纤维滤筒由玻璃纤维制成，有直径 32mm 和 25mm 两种。对 0.5μm 的粒子捕集效率应不低于 99.9%；失重应不大于 2mg，适用温度在 500℃以下。

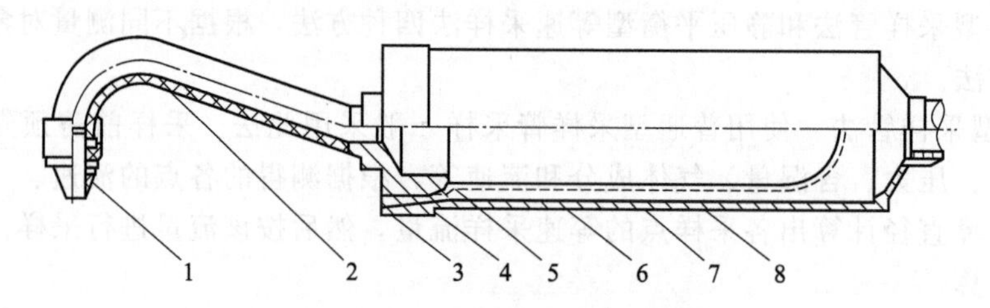

图 17-135 玻璃纤维滤筒采样管

1—采样嘴；2—前弯管；3—滤筒夹压盖；4,5—滤筒夹；6—不锈钢托；7—采样管主体；8—滤筒

（2）刚玉滤筒采样管 由采样嘴、前弯管、滤筒夹、刚玉滤筒、滤筒托、耐高温弹簧、石棉垫圈、采样管主体等部分组成（图 17-136）。刚玉滤筒由滤筒夹后部放入，滤筒托、耐高温弹簧和滤筒夹可调后体紧压在滤筒夹前体上。滤筒进口与滤筒夹前体和滤筒夹与采样管接口处用石棉或石墨垫圈密封。采样管各部件均用不锈钢制作和焊接。

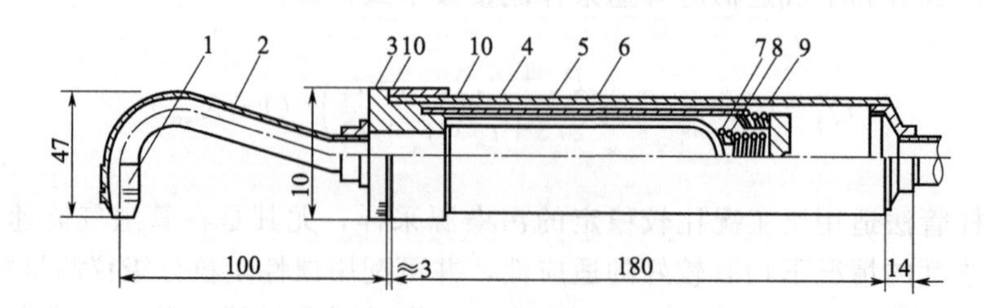

图 17-136 刚玉滤筒采样管

1—采样嘴；2—前弯管；3—滤筒夹前体；4—采样管主体；5—滤筒夹中体；
6—刚玉滤筒；7—滤筒托；8—耐高温弹簧；9—滤筒夹后体；10—石棉垫圈

刚玉滤筒由刚玉砂等烧结而成。规格为 ϕ28mm（外径）×100mm，壁厚 1.5mm±0.3mm。对 0.5μm 的粒子捕集效率应不低于 99%，失重应不大于 2mg，适用温度在 1000℃以下。空白滤筒阻力，当流量为 20L/min 时应不大于 4kPa。

用于采样的采样嘴，入口角度应>45°，与前弯管连接的一端内径 d_1 应与连接管内径相同，不得有急剧的断面变化和弯曲（图 17-137）。入口边缘厚度应不大于 0.2mm，入口直径 d 偏差应不大于±0.1mm，其最小直径应不小于 5mm。

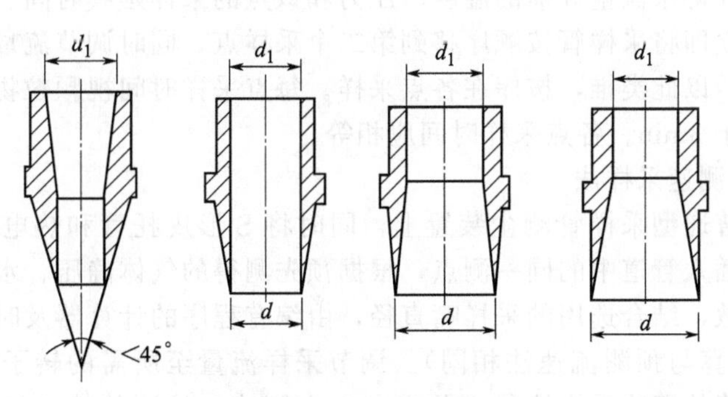

图 17-137 采样嘴

用于采样的滤筒有玻璃纤维滤筒和刚玉滤筒。两种滤筒的规格和性能见表 17-126。

表 17-126 两种滤筒的规格和性能

种类	规格/mm		最高使用温度/℃	空载阻力/Pa	质量/g
	直径	长			
玻璃纤维滤筒	32	120	400	700～800	1.7～2.2
	25	70	400	1500～1800	0.8～1.0
刚玉滤筒	28	100	1000	1333～5336	20～30

流量计量箱包括冷凝水收集器、干燥器、温度计、真空压力表、转子流量计和根据需要加装的累积流量计等。

冷凝水收集器用于分离、贮存采样管和连接管中冷凝下来的水。冷凝器收集器容积应不小于 100mL，放水开关关闭时应不漏气。出口处应装有温度计，用于测量气体的露点温度。

干燥器容积不应小于 0.8L，高度不小于 150mm，内装硅胶，气体出口应有过滤装置，装料口应有密封圈，用于干燥进入流量计前的湿气体，使进入流量计气体呈干燥状态。

温度计精确度应不低于 2.5%，温度范围−10～60℃，最小分度值应不大于 2℃；分别用于测量气体的露点和进入流量计的气体温度。

真空压力表精度应不低于 4%，最小分度值应不大于 0.5kPa，用于测量进入流量计的气体压力。

转子流量计精度应不低于 2.5%，最小分度应不大于 1L/min，用于控制和测量采样时的瞬时流量。

累积流量计精度应不低于 2.5%，用于测量采样时段的累积流量。

抽气泵，当流量为 40L/min 时其抽气能力应克服管道及采样系统阻力。在抽气过程中，流量会随系统阻力上升而减少，此时应通过阀门及时调整流量。例如，流量计装置放在抽气泵出口，抽气泵应不漏气。

测试时，根据测得的气体温度、水分含量、静压和各采样点的流速，结合选用的采样嘴直径算出各采样点的等速采样流量。装上所选定的采样嘴，开动抽气泵调整流量至第一个采样点所需的等速采样流量，关闭抽气泵，记下累积流量计读数 v_1。

将采样管插入管道中第一采样点处，将采样孔封闭，使采样嘴对准气流方向，其偏差不得大于 5°；然后开动抽气泵，并迅速调整流量到第一个采样点的采样流量。

采样时间，由于颗粒物在滤筒上逐渐聚集，阻力会逐渐增加，需随时调节控制阀，以保持等速采样流量，并记录流量计前的温度、压力和该点的采样延续时间。

第一点采样后立即将采样管按顺序移到第二个采样点，同时调节流量至第二个采样点所需的等速采样流程；以此类推，按序在各点采样。每点采样时间视颗粒物浓度而定，原则上每点采样时间不少于 3min。各点采样时间应相等。

2）皮托管平行测速采样法

（1）原理　在普通型采样管测尘装置上，同时将 S 形皮托管和热电偶温度计固定在一起，三个测头一起插入管道中的同一测点，根据预先测得的气体静压、水分含量和当时测得的动压、温度等参数，结合选用的采样嘴直径，由编有程序的计算器及时算出等速采样流量（等速采样流量的计算与预测流速法相同）。调节采样流量至所需的转子流量计读数进行采样。采样流量与计算的等速采样流量之差应在 10%以内。该法的特点是当工况发生变化时可根据所测得的流速等参数值及时调节采样流量，保证颗粒物的等速采样条件。

（2）采样装置。整个装置由普通型采样管除硫干燥器和与之平行放置的 S 形皮托管、热电偶温度计、抽气泵等部分组成（图 17-138）。

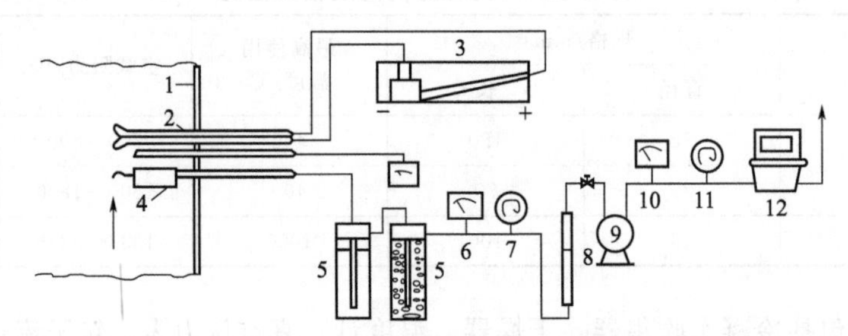

图 17-138　皮托管平行测速采样法固体颗粒物采样装置

1—烟道；2—皮托管；3—斜管微压计；4—采样管；5—除硫干燥器；6—温度计；7—真空压力表；8—转子流量计；9—真空泵；10—温度计；11—压力表；12—累积流量计

① 组合采样管。由普通型采样管和与之平行放置的 S 形皮托管、热电偶温度计固定在一起组成，其之间相对位置如图 17-139 所示。

② 除硫干燥器。由气体洗涤瓶（内装 3%双氧水 600～800mL）和干燥器串联组成。

③ 流量计箱。由温度计、真空压力表、转子流量计和累积流量计等组成。

（3）注意事项

① 将组合采样管旋转 90°，使采样嘴及 S 形皮托管全压测孔正对着气流。开动抽气泵，记录采样开始时间，迅速调节采样流量到第一测点所需的等速采样流量值 Q'_{r1} 进行采样。采样流量与计算的等速采样流量之差应在 10%以内。

② 采样期间当管道中气体的动压、温度等有较大变化时，需随时将有关参数输入计算器，重新计算等速采样流量，并调节流量计至所需的等速采样流量。另外，由于颗粒物在滤筒内壁逐渐聚集，使其阻力增加，也需及时调节控制阀以保持等速采样流量，记录烟气的温

度、动压和流量计前的气体温度、压力及该点的采样延续时间。

③ 当第一点采样后，立即将采样嘴移至第二点。根据在第二点所测得的动压 p_d、烟气温度 t，计算出第二点的等速采样流量 Q_{r2}，迅速调整采样流量到 Q_{r2}，继续进行采样。依此类推，每点采样时间视尘粒浓度而定，但不得少于 3min，各点采样时间应相等。

④ 采样结束后，将采样嘴背向气流，切断电源，关闭采样管路，避免由于管路负压将尘粒倒吸出去，取出采样管时切勿倒置，以免将灰尘倒出。

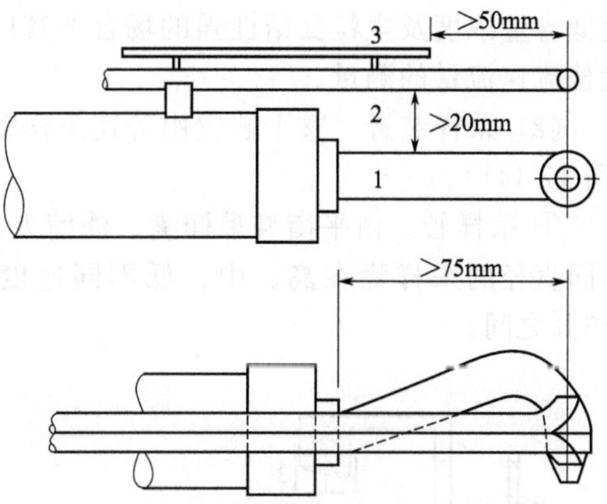

图 17-139 组合采样管相对位置要求

1—采样管；2—S 形皮托管；3—热电偶温度计

⑤ 用镊子将滤筒取出，轻轻敲打管嘴并用毛刷将附着在管嘴内的尘粒刷到滤筒中，折叠封口后，放入盒中保存。

⑥ 每次至少采取 3 个样品，取平均值。

⑦ 采样后应再测量一次采样点的流速，与采样前的流速相比，两者差＞20%，则样品作废，重新采样。

3）动压平衡型等速采样管法

（1）原理　利用装置在采样管中的孔板在采样抽气时产生的压差和采样管平行放置的皮托管所测出的气体动压相等来实现等速采样。此法的特点是当工况发生变化时，它通过双联斜管微压计的指示可及时调节采样流量，以保证等速采样的条件。

（2）采样装置　由动平衡型等速采样管、双联斜管微压计、流量计量箱和抽气泵等组成（图 17-140）。

① 等速采样管。由滤筒采样管和与之平行放置的 S 形皮托管构成。除采样管的滤筒夹后装有孔板，用于控制等速采样流量，其他均与通用的滤筒采样管和 S 形皮托管相同。S 形皮托管用于测量采样点的气流动压。标定时孔板上游应维持 3kPa 的真空度，孔板的系数和 S 形皮托管的系数应＜2%。为适应不同速度气体采样，采样嘴直径通常制作成 6mm、8mm、10mm 三种。

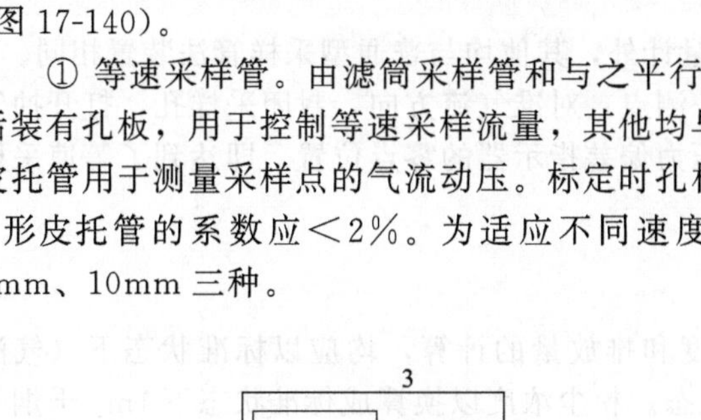

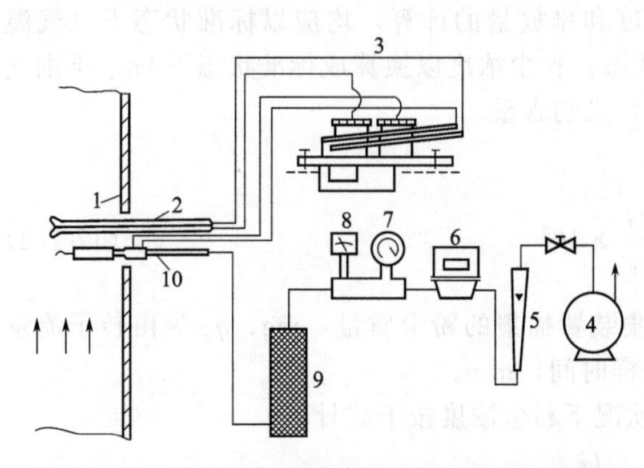

图 17-140 动压平衡型等速采样管法粉尘采样装置

1—烟道；2—皮托管；3—双联斜管微压计；
4—抽气泵；5—转子流量计；6—累积流量计；
7—真空压力表；8—温度计；9—干燥器；10—采样管

② 双联斜管微压计。用来测量 S 形皮托管的动压和孔板的压差，两微压计之间的误差＜5Pa。

③ 流量计箱。除增加累积流量计外，其他与普通型采样管法相同。

（3）注意事项　打开抽气泵，调节采样流量，使孔板的差压读数等于皮托管的气体动压读数，即达到了等速采样条件。采样过程中，要随时注意调节流量，使两微压计读数相等，以保持等速采样条件。

4）静压平衡型等速采样法

（1）原理　利用采样嘴内外壁上分别开有测静压的条缝，调节采样流量使采样嘴内外静压平衡来实现等速采样。此法在测量低含量浓度及尘粒黏结性强的场合下其应用受到限制，也不用于反推烟气流速和流量，以代替流速流量的测量。

(2) 采样装置 整个装置由等速采样管、压力偏差指示器、流量计量箱和抽气泵等组成(图 17-141)。

① 采样管。由平衡型采样嘴、滤筒夹和连接管 3 部分组成（图 17-142)。应在风洞中对不同直径的采样嘴在高、中、低不同速度下进行标定，至少各标定 3 点，其等速误差在±5%之间。

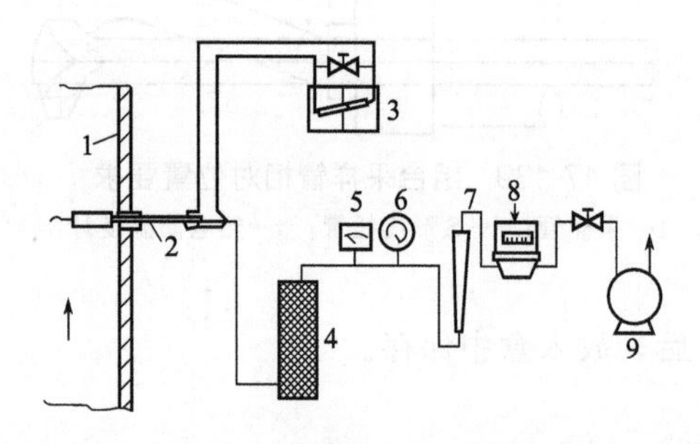

图 17-141 静压平衡型等速采样管法粉尘采样装置

1—烟道；2—采样管；3—压力偏差指示器；4—干燥器；5—温度计；6—真空压力表；7—转子流量计；8—累积流量计；9—抽气泵

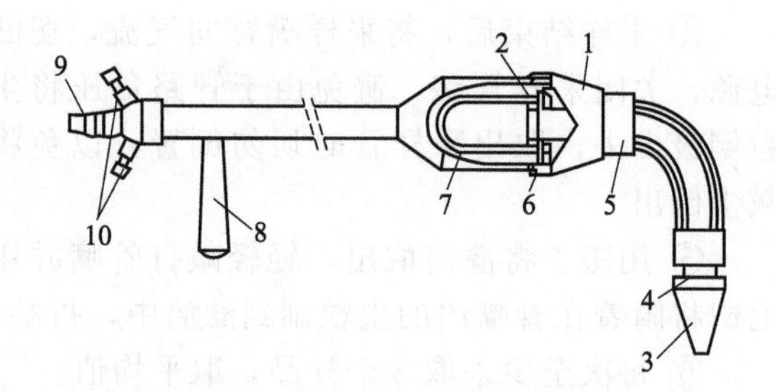

图 17-142 静压平衡型采样管结构

1—紧固连接套；2—滤筒压环；3—采样嘴；4—内套管；5—取样座；6—垫片；7—滤筒；8—手柄；9—采样管抽气接头；10—静压管出口接头

② 压力偏差指示器。其为一个倾角很小的指零微压计，用以指示采样嘴内外静压条缝处的静压差。零前后的最小分度值<2Pa。

③ 流量计量箱和抽气泵。除增加累积流量计外，其他均与普通型采样管法装置相同。

(3) 注意事项 将采样管插入管道的第一测点，对准气流方向，封闭采样孔，打开抽气泵，同时调节流量，使管嘴内外静压平衡在压力偏差指示器的零点位置，即达到了等速采样条件。

2. 气体中粉尘浓度的计算

根据国家排放标准的规定，粉尘排放浓度和排放量的计算，均应以标准状态下（气温 0℃，大气压力 101325Pa）干空气作为计算状态。粉尘浓度以换算成标准状态下 $1m^3$ 干烟气中所含粉尘质量（mg）表示，以便统一计算污染物含量。

(1) 测量工况下烟尘浓度 按下式计算：

$$C=\frac{G}{q_r t}\times 10^3 \tag{17-172}$$

式中，C 为粉尘浓度，mg/m^3；G 为捕集装置捕集的粉尘质量，mg；q_r 为由转子流量计读出的湿烟气平均采样量，L/min；t 为采样时间，min。

(2) 标准状况下烟尘浓度的计算 标准状况下粉尘浓度按下式计算：

$$C_g=\frac{G}{q_0} \tag{17-173}$$

式中，C_g 为标准状况下粉尘浓度，mg/m^3；G 为捕集装置捕集的粉尘质量，mg；q_0 为标准状况下的采气量，L。

(3) 管道测定断面上粉尘的平均浓度　根据所划分的各个断面测点上测得的粉尘浓度，按下式求出整个管道测定断面上的粉尘平均浓度：

$$\overline{C}_p=\frac{C'_1F_1v_{s1}+C'_2F_2v_{s2}+\cdots+C'_nF_nv_{sn}}{F_1v_{s1}+F_2v_{s2}+\cdots+F_nv_{sn}} \tag{17-174}$$

式中，$\overline{C}_p$ 为测定断面的平均粉尘浓度，mg/m^3；C'_1、C'_2、…、C'_n 为各划分断面上测点的粉尘浓度，mg/m^3；F_1、F_2、…、F_n 为所划分的各个断面的面积，m^2；v_{s1}、v_{s2}、…、v_{sn} 为各划分断面上测点的气流流速，m/s。

应指出，采用移动采样法进行测试时，亦要按上式进行计算。如果等速采样速度不变，利用同一捕尘装置一次完成整个管道测定断面上各测点的移动采样，则测得的粉尘浓度值即为整个管道测定断面上粉尘的平均浓度。

(4) 工业锅炉和工业窑炉粉尘排放质量浓度　应将实测质量浓度折算成过量空气系数为 α 时的粉尘浓度，计算公式为：

$$C'=C\frac{\alpha'}{\alpha} \tag{17-175}$$

式中，C'为折算后的粉尘排放质量浓度，mg/m^3；C 为实测粉尘的排放质量浓度，mg/m^3；α'为实测过量空气系数；α 为粉尘排放标准中规定的过量空气系数，工业锅炉为1.2～1.7，工业窑炉为1.5，电锅炉为1.4～1.7，视炉型而定。

测试点实测的过量空气系数 α'，按下式计算：

$$\alpha'=\frac{21}{21-X_{O_2}} \tag{17-176}$$

式中，X_{O_2} 为烟气中氧的体积分数，例如含氧量为12%时 X_{O_2} 代入12。

3. 除尘效率的测试和透过率计算

除尘效率是除尘器捕集粉尘的能力，是反映除尘器效能的技术指标。除尘器在同一时间内捕集的粉尘量占进入除尘器总粉尘量的比率称为除尘效率。其实质上反映了除尘器捕集进入除尘器全部粉尘的平均效率，通常用下述两种方法测定。

(1) 根据除尘器的进、出口管道内粉尘浓度求除尘效率：

$$\eta=\frac{G_B-G_E}{G_B}=1-\frac{G_E}{G_B}=1-\frac{Q_EC_E}{Q_BC_B} \tag{17-177}$$

式中，η 为除尘器的平均除尘效率；G_B、G_E 分别为单位时间进入除尘器和离开除尘器的尘量，g/h；Q_B、Q_E 分别为单位时间进入和离开除尘器的风量，L/h；C_B、C_E 分别为除尘器进（出）口气体的含尘浓度，mg/L 或 g/L。

除尘器实际上是存在漏风的问题。当除尘器在负压下运行时，若不考虑漏风的影响，则所测得的除尘效率较实际效率偏高；在正压运行时，忽视了漏风的影响，则所测得的除尘效率又较实际效率偏低。设漏风量 $\Delta Q=Q_B-Q_E$，代入式(17-177) 则得：

$$\eta=1-\frac{C_E}{C_B}+\frac{\Delta QC_E}{Q_BC_B} \tag{17-178}$$

当漏风量很小时，$Q_B\gg\Delta Q$，则上式为：

$$\eta=1-\frac{C_E}{C_B} \tag{17-179}$$

(2) 根据除尘器进口管道内的粉尘浓度和除尘器捕集下来的粉尘量求除尘效率：

$$\eta=\frac{M_G\times1000}{G_B}=\frac{M_G\times1000}{Q_BC_B} \tag{17-180}$$

式中，M_G 为除尘器单位时间捕集下来的粉尘量，kg/h；C_B 为除尘器进口气体含尘浓度，g/L。

当进入除尘器的烟尘浓度或温度较高而需预处理（预收尘或降温）时，将几级除尘器串联使用，且每一级除尘器的除尘效率分别为 η_1、η_2、…、η_n，则其总除尘效率可按下式计算：

$$\eta=1-(1-\eta_1)(1-\eta_2)\cdots(1-\eta_n) \tag{17-181}$$

透过率是指含尘气体通过除尘器，在同一时间内没有被捕集到而排入大气中的粉尘占进入除尘器粉尘的质量分数。显示除尘器排入大气的粉尘量的大小，其对反映高效除尘器的除尘变化率比除尘效率显示得更加明显。透过率与除尘效率的换算公式为：

$$p=1-\eta \tag{17-182}$$

式中，p 为粉尘透过率；η 为除尘效率。

分级效率是指粉尘某一粒径区间的除尘效率，可以用来对不同类型除尘器的效率作比较，因此具有较大的实用意义。粒径分级除尘效率按下式计算：

$$\eta_i=\frac{\Delta Z_{Bi}G_B-\Delta Z_{Ei}G_E}{\Delta Z_{Bi}G_B}=1-\frac{\Delta Z_{Ei}}{\Delta Z_{Bi}}(1-\eta) \tag{17-183}$$

式中，η_i 为除尘器对粒径为 i 的尘粒的分级效率；ΔZ_{Bi} 为除尘器进口粒径为 i 的尘粒（在大于 $i-\frac{1}{2}\Delta i$ 及小于 $i+\frac{1}{2}\Delta i$ 范围内）所占的质量分数；ΔZ_{Ei} 为除尘器出口处粒径为 i 的尘粒所占的质量分数；η 为除尘器的总除尘效率。

（二）气态污染物测定和净化效率计算

1. 管道中气态污染物的采样

(1) 采样方法　管道中气态污染物的采样方法比粉尘采样方法简单，这是由于各种气态污染物是以分子状态存在的，主要是受布朗运动的特性所支配，无惯性作用，所以其采样流量（或采样速度）的大小和管道内气流速度无关，也就是不需要进行所谓等速采样。一般情况下，气态污染物的采样流量范围为 1～5L/min。

气体采样的方法基本上分为两大类。一类是被测气体的浓度较高，或者所用分析方法的灵敏度较高，不需要将气态污染物样品加以浓缩，直接采取少量样品即可供分析用。这类采样方法所测得的结果为气态污染物的瞬时或短时间内的浓度，而且能比较快地得出结果，并有可能做到自动监测。

另一类是管道内气态污染物浓度较低，或者目前分析方法的灵敏度尚不能满足直接采取少量样品进行分析的要求，故需采用一定的方式将大量气态污染物样品进行浓缩，以求达到进行分析的要求。样品的采集或浓缩方法有液体吸收法、固体吸附法、冷凝法和燃烧法等。

采用液体吸收法来浓缩气态污染物样品比较普遍，所以仅对液体吸收法的采样装置和采样方法等做一简介。

（2）采样装置 图 17-143 为一用吸收瓶的气体采样系统，它由采样管、吸收瓶、干燥器、温度计、压力计、流量计及抽气泵等组成。各装置的特性和要求简介如下。

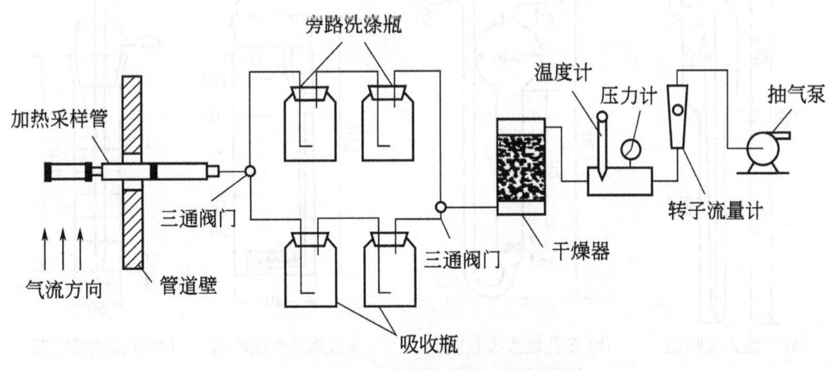

图 17-143 用吸收瓶的采样系统

1）采样管 采样管的结构形式很多，最简单常用的如图 17-144 所示为一加热采样管，头部是一个简单的填料过滤器，以防止粉尘等颗粒物质进入吸收瓶，一般用无碱玻璃棉、矿渣棉、金刚砂等作填料。图 17-145 是其他类型采样管，其中图 17-145(a) 是适用于小管道（直径在 150mm 以下）采用的，后部装有过滤器；图 17-145(b) 是中部装有球形阀门的采样管，以防止有害气体流出，尾部装有过滤器。采样管加热是为了防止管道内产生冷凝水，吸收被测气体，使测定浓度值降低，采样管的材料要有良好的耐腐蚀和耐高温的性能，一般用硬质玻璃、石英、不锈钢、陶瓷、氟树脂及氟橡胶等制成。

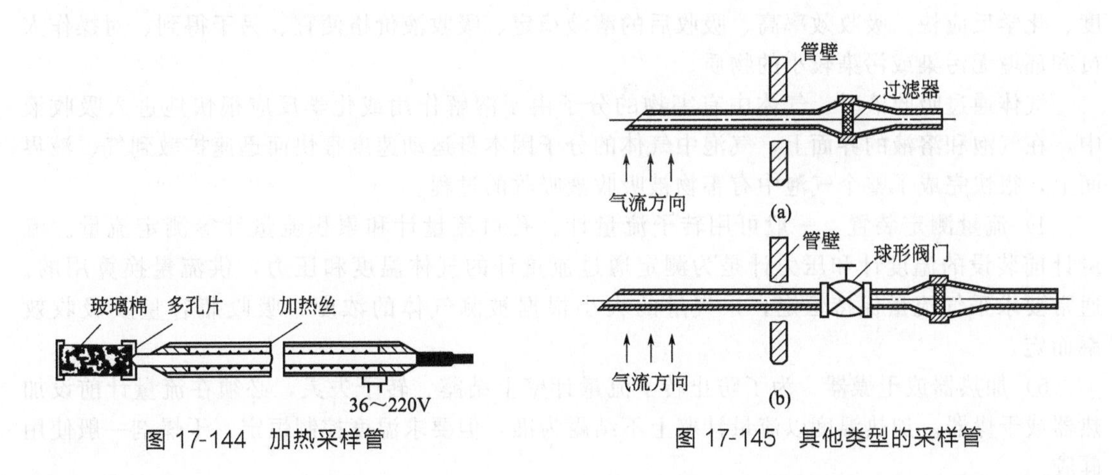

图 17-144 加热采样管

图 17-145 其他类型的采样管

2）连接管 综合考虑连接管长度、抽气流量、冷凝水和抽气泵能力等因素，连接管直径采用 4～25mm 为好。长度应尽量短，尤其是在采样管、过滤器和吸收瓶之间的连接管。连接管最好采用硅橡胶管，在连接处应防止漏气，并尽量用石棉布带和其他隔热材料保温。

3）吸收瓶　吸收法多采用气泡式吸收瓶、多孔玻板吸收瓶、玻璃筛板吸收瓶、冲击式吸收瓶来完成（图 17-146）。

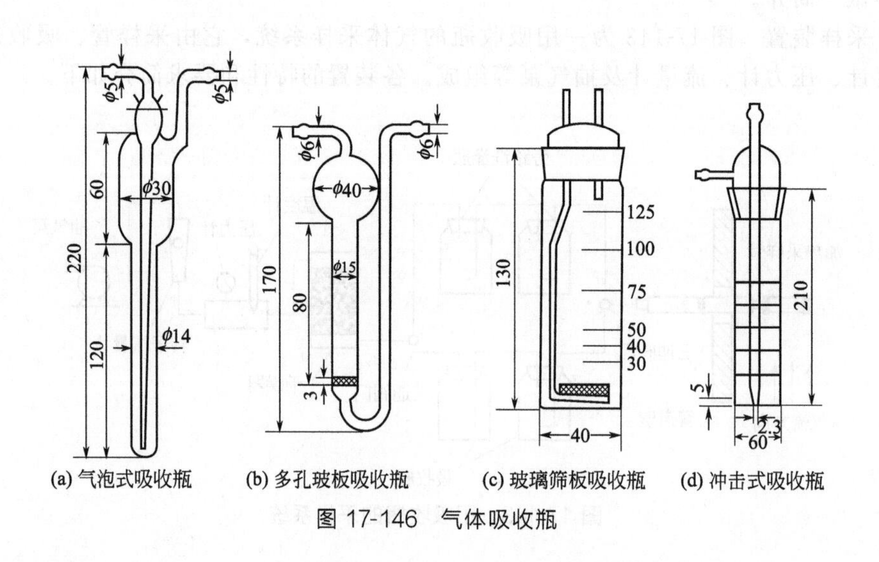

图 17-146　气体吸收瓶

在上述几种气体吸收瓶中，多孔玻板吸收瓶和玻璃筛板吸收瓶吸收气体时，气体通过弯曲的孔道被阻留，一部分气体通过多孔的筛板之后分散成更细小的气泡被吸收液吸收，所以筛板式吸收瓶能很好地吸收气态、蒸气态及雾态气溶胶物质。而气泡式吸收瓶对气溶胶的吸收作用不够完全。冲击式吸收瓶吸收气体时，气体以很快的速度冲击到吸收瓶底部，使气溶胶颗粒因惯性作用冲到底部再被吸收。所以除了能在吸收液中溶解的气体外，一般气态和蒸气态的物质不宜用冲击式吸收瓶采样。

常用的吸收液有水、水溶液、有机溶剂等。吸收液应选择对被吸收的物质有较大的溶解度、化学反应快、吸收效率高、吸收后的溶液稳定、吸收液价格便宜、易于得到、对操作人员和环境无污染或污染较小的物质。

气体通过吸收液时，气体中有害物的分子由于溶解作用或化学反应很快地进入吸收液中，在气泡和溶液的界面上，气泡中气体的分子因本身运动速度很快而迅速扩散到气、液界面上，很快完成了整个气泡中有害物被吸收液吸收的过程。

4）流量测定装置　一般可用转子流量计、孔口流量计和累积流量计等测定流量。流量计前装设的温度计和压力计是为测定通过流量计的气体温度和压力，供流量换算用的。通常要求采气流量保持恒定，采气量的大小根据被测气体的浓度、吸收瓶容量及吸收效率而定。

5）加热器或干燥器　为了防止转子流量计壁上结露、转子失灵，必须在流量计前设加热器或干燥器。加热温度以流量计壁上不结露为准，但要求温度控制恒定。干燥剂一般使用硅胶。

6）抽气装置　最常用的抽气装置有橡胶抽气球，医用注射器、手动抽气筒、真空泵及引射器等，要视抽气量和系统阻力大小而定。

几种污染物采样方法的概要列在表 17-127 中。

表 17-127 几种污染物采样方法

污染物	采样装置	采样介质	采样流量/(L/min)	最小采样容积/L	分析方法	在最小采样容积时能分析的最低浓度
酸蒸气和酸雾	冲击瓶或多孔气泡瓶	碱液或水	<28.3	硫酸:1700		0.5mg/m^3
				硝酸:2.8		2.5mg/m^3
				盐酸:142		3.5mg/m^3
碱雾	冲击瓶或多孔气泡瓶	水	<28.3	566	滴定	0.5mg/m^3
	冲击瓶或多孔气泡瓶	稀硫酸	<28.3	566		0.1mg/m^3
氨	多孔气泡瓶	0.1mol/L H_2SO_4	2.8	28.3	比色	12.5×10^{-6}
苯胺	多孔气泡瓶	稀硫酸	1.4	28.3	比色	2.5×10^{-6}
砷	冲击瓶	水	28.3	85	比色	0.25mg/m^3
苯	气泡瓶	异辛烷	7.1	85	分光光度法	
	聚酯袋	无			气相色谱	
镉	冲击瓶	水	28.3	283	极谱	0.025mg/m^3
二氧化碳	聚酯袋	无			红外法	
二硫化碳	多孔气泡瓶	KOH 的乙醇溶液	1.4	2.8	比色	10×10^{-6}
氯代烃类	带多孔气泡瓶的燃烧管	Na_2CO_3-亚砷酸盐试剂	2.8	28.3	滴定	
铬酸	冲击瓶	水或碱液	<28.3	到样品出现黄色	滴定或比色	0.05mg/m^3
氰化物	多孔气泡瓶	碱液	2.8	70	比色	2.5mg/m^3
氟化物(无机盐类)	静电沉降	无	85	425		1.25mg/m^3
氰化氢	多孔气泡瓶	碱液	2.8	70	比色	5×10^{-6}
氟化氢	多孔气泡瓶	碱液	<28.3	425	比色	1.5×10^{-6}
硫化氢	柱形气泡瓶	1% $CdCl_2$	1.4	85 或到黄色沉淀物出现	重量法	5×10^{-6}
铅	冲击瓶	稀硝酸	28.3	283	极谱	0.75mg/m^3
	微孔过滤器	无	85	283		
汞	冲击瓶	稀硝酸	28.3	283	比色	0.025mg/m^3
羰基镍	定量管	无			气相色谱	
二氧化氮	定时采样瓶	无		500mL	比色	2.5×10^{-6}
氮氧化物	定时采样瓶	无		500mL	比色	2.5×10^{-6}
油雾	冲击瓶	全氯乙烯	28.3	566	红外线	2.5mg/m^3
臭氧	多孔气泡瓶	0.1mol/L NaOH+1% KOH 溶液	14.2	283	比色	0.05×10^{-6}
酚类	多孔气泡瓶或冲击瓶	碱水	2.8	283	比色	2.5×10^{-6}

续表

污染物	采样装置	采样介质	采样流量/(L/min)	最小采样容积/L	分析方法	在最小采样容积时能分析的最低浓度
光气	多孔气泡瓶	饱和苯胺+饱和二苯脲	2.8	28.3	重量法	0.05×10^{-6}
磷化氢	小型冲击瓶	二乙基二硫代碳酸银（吡啶溶液）	28.3	85或颜色从黄变红	比色	0.15×10^{-6}
二氧化硫	多孔气泡管	0.05mol/L NaOH-2%甘油	<28.3	283	比色	2.5×10^{-6}

注：能分析的最低浓度与分析仪器和方法有关，精密度高的仪器或方法能分析的最低浓度比表中数据更低。

（3）采样中应注意的问题　吸收剂和吸收器的选择要根据被测气态污染物的理化性质、分析方法的灵敏度及现场条件等确定。一般选用对气态污染物的溶解度较大或能与其迅速起化学反应的溶液作吸收剂。此外，还应考虑气态污染物被吸收剂吸收后要有足够的稳定时间，并与后面所采用的分析方法相适应。管道中气态污染物的浓度和分析方法的灵敏度决定着采气体积的大小，采气体积确定后，便可选取吸收器容量的大小以及吸收液量。例如，用碘滴定法测定烟气中 SO_2 的浓度时，选用的吸收液为氨基磺酸铵和硫酸铵的混合溶液，当pH值约为5.4时吸收 SO_2 的效率高，能稳定地吸收 SO_2 而不会使之挥发或氧化，而且当烟气中共存 NO_2 时测定值不受影响。最理想的吸收液同时又兼显色剂，如用盐酸萘乙二胺测定氧化氮，它既是吸收液又是显色剂。

为了取得有代表性的样品，采样孔的位置应避开管道中的弯管部分、紧接风机前后部分、分流或合流三通部分以及气流容易变化和粉尘容易滞留的地方。采样管应伸到靠近管道的中心部位。

每次采样前都要事先更新好无碱滤料。采样管要定期清洗并干燥，以免影响测定精度。

2. 气态污染物的测定分析方法

（1）固定源排气中部分污染物监测分析方法　见表17-128。

表 17-128　固定源部分废气污染物监测分析方法

序号	监测项目	方法标准名称	方法标准编号
1	二氧化硫	固定污染源排气中二氧化硫的测定　碘量法	HJ/T 56
		固定污染源废气　二氧化硫的测定　定电位电解法	HJ 57
2	氮氧化物	固定污染源排气中氮氧化物的测定　紫外分光光度法	HJ/T 42
		固定污染源排气中氮氧化物的测定　盐酸萘乙二胺分光光度法	HJ/T 43
3	氯化氢	固定污染源排气中氯化氢的测定　硫氰酸汞分光光度法	HJ/T 27
4	硫酸雾	硫酸浓缩尾气　硫酸雾的测定　铬酸钡比色法	GB 4920
5	氟化物	大气固定污染源　氟化物的测定　离子选择电极法	HJ/T 67
6	氯气	固定污染源排气中氯气的测定　甲基橙分光光度法	HJ/T 30
7	氰化氢	固定污染源排气中氰化氢的测定　异烟酸-吡唑啉酮分光光度法	HJ/T 28
8	光气	固定污染源排气中光气的测定　苯胺紫外分光光度法	HJ/T 31
9	沥青烟	固定污染源排气中沥青烟的测定　重量法	HJ/T 45

续表

序号	监测项目	方法标准名称	方法标准编号
10	一氧化碳	固定污染源排气中一氧化碳的测定　非色散红外吸收法	HJ/T 44
		固定污染源排气中颗粒物测定与气态污染物采样方法(奥氏气体分析仪法)	GB/T 16157
11	颗粒物	固定源废气监测技术规范(重量法)	HJ/T 397
		固定污染源排气中颗粒物测定与气态污染物采样方法	GB/T 16157
		固定源排放物　低浓度颗粒物(烟尘)的质量浓度测定　手工重量分析法	ISO 12141
12	石棉尘	固定污染源排气中石棉尘的测定　镜检法	HJ/T 41
13	饮食业油烟	饮食业油烟排放标准	GB 18483
14	镉及其化合物	大气固定污染源　镉的测定　火焰原子吸收分光光度法	HJ/T 64.1
		大气固定污染源　镉的测定　石墨炉原子吸收分光光度法	H/T 64.2
		大气固定污染源　镉的测定　对-偶氮苯重氮氨基偶氮苯磺酸分光光度法	HJ/T 64.3
15	镍及其化合物	大气固定污染源　镍的测定　火焰原子吸收分光光度法	HJ/T 63.1
		大气固定污染源　镍的测定　石墨炉原子吸收分光光度法	HJ/T 63.2
		大气固定污染源　镍的测定　丁二酮肟-正丁醇萃取分光光度法	HJ/T 63.3
16	锡及其化合物	大气固定污染源　锡的测定　石墨炉原子吸收分光光度法	HJ/T 65
17	铬酸雾	固定污染源排气中铬酸雾的测定　二苯基碳酰二肼分光光度法	HJ/T 29
18	氯乙烯	固定污染源排气中氯乙烯的测定　气相色谱法	HJ/T 34
19	非甲烷总烃	固定污染源废气　总烃、甲烷和非甲烷总烃的测定　气相色谱法	HJ 38
20	甲醇	固定污染源排气中甲醇的测定　气相色谱法	HJ/T 33
21	氯苯类	固定污染源废气　氯苯类化合物的测定　气相色谱法	HJ 1079
22	酚类	固定污染源排气中酚类化合物的测定　4-氨基安替比林分光光度法	HJ/T 32
23	苯胺类	大气固定污染源　苯胺类的测定　气相色谱法	HJ/T 68
24	乙醛	固定污染源排气中乙醛的测定　气相色谱法	HJ/T 35
25	丙烯醛	固定污染源排气中丙烯醛的测定　气相色谱法	HJ/T 36
26	丙烯腈	固定污染源排气中丙烯腈的测定　气相色谱法	HJ/T 37
27	苯并[a]芘	固定污染源排气中苯并(a)芘的测定　高效液相色谱法	HJ/T 40
28	二噁英类	环境空气和废气　二噁英类的测定　同位素稀释高分辨气相色谱-高分辨质谱法	HJ 77.2

(2) 环境空气污染物监测分析方法　见表17-129。

表 17-129　各项污染物分析方法

序号	污染物项目	手工分析方法		自动分析方法
		分析方法	标准编号	
1	二氧化硫(SO_2)	环境空气　二氧化硫的测定　甲醛吸收-副玫瑰苯胺分光光度法	HJ 482	紫外荧光法、差分吸收光谱分析法
		环境空气　二氧化硫的测定　四氯汞盐-盐酸副玫瑰苯胺比色法	HJ 483	

续表

序号	污染物项目	手工分析方法		自动分析方法
		分析方法	标准编号	
2	二氧化氮(NO_2)	环境空气 氮氧化物(一氧化氮和二氧化氮)的测定 盐酸萘乙二胺分光光度法	HJ 479	化学发光法、差分吸收光谱分析法
3	一氧化碳(CO)	空气质量 一氧化碳的测定 非分散红外法	GB 9801	气体滤波相关红外吸收法、非分散红外吸收法
4	臭氧(O_3)	环境空气 臭氧的测定 靛蓝二磺酸钠分光光度法	HJ 504	紫外荧光法、差分吸收光谱分析法
		环境空气 臭氧的测定 紫外光度法	HJ 590	
5	颗粒物(粒径≤10μm)	环境空气 PM_{10} 和 $PM_{2.5}$ 的测定 重量法	HJ 618	微量振荡天平法、β射线法
6	颗粒物(粒径≤2.5μm)			
7	总悬浮颗粒物(TSP)	环境空气 总悬浮颗粒物的测定 重量法	GB/T 15432	—
8	氮氧化物(NO_x)	环境空气 氮氧化物(一氧化氮和二氧化氮)的测定 盐酸萘乙二胺分光光度法	HJ 479	化学发光法、差分吸收光谱分析法
9	铅(Pb)	环境空气 铅的测定 石墨炉原子吸收分光光度法	HJ 539	
		环境空气 铅的测定 火焰原子吸收分光光度法	GB/T 15264	—
10	苯并[a]芘(B[a]P)	空气质量 飘尘中苯并[a]芘的测定 乙酰化滤纸层析荧光分光光度法	GB 8971	—
		环境空气 苯并[a]芘的测定 高效液相色谱法	HJ 956	—

净化装置的各种性能的测试皆应在工艺生产设备正常的连续运行情况下进行。为此，在可能情况下还应同时测出工艺生产设备的生产量和原材料、燃料及动力的消耗指标等。

在工艺生产是连续的恒定的情况下，净化装置性能的测试次数原则上要求连续进行两次，但必要时可以增加次数，最后取两次或多次测定值的平均值作为测定结果。

在生产工艺的运行条件呈周期性变化的情况下，例如炼钢转炉或电炉等废气发生源，净化装置的性能也必定随之变化。对于净化装置，特别是干式除尘器，要周期性地进行清灰，这时也会影响除尘器性能的变化。

在这种情况下则要在比一个周期更长的时间中进行测定。下面分两种情况进行说明。

(1) 发生源运行状态的变化 在一个周期中，在净化装置进口和出口同时进行测定，重复数次，将这些测定值平均，求得一个周期内的平均值，取之作为一次测定值。

(2) 净化装置本身运行状态的变化 如干式除尘器进行清灰时使运行状态发生的变化，清灰周期长短不同，测定方法也不同。对于短周期的情况，应在包括清灰时间在内的一个周期以上的时间内连续进行测定，取之作为一次测定值。对于长周期的情况，应在清灰和不清灰时间内分别进行测定，从各测定值算出一个周期内清灰时和不清灰时的状态值，然后求出其时间平均值。

3. 设备净化效率计算

对于净化设备的测定以及湿式洗涤器等气态污染物净化装置的测定，一般皆采用浓度法测定净化效率，即用采样的方法测出净化装置进、出口管道中有害物质（粉尘或气态污染物）的浓度，按下式计算净化效率：

$$\eta=\frac{C_1-C_2}{C_1}\times100\%=\left(1-\frac{C_2}{C_1}\right)\times100\% \tag{17-184}$$

式中，C_1 为净化装置进口管内有害物质的平均浓度，g/m^3；C_2 为净化装置出口管内有害物质的平均浓度，g/m^3。

在用浓度法测定净化效率时，应考虑到装置漏气对测定结果的影响，并应采用同样的采样装置同时在装置的进、出口管道中采样。

当净化装置位于通风机之前（即处于负压段），在存在漏气时，气体流量必然是 $Q_1\leqslant Q_2$，则净化效率应按下式计算：

$$\eta=\frac{Q_1C_1-Q_2C_2}{Q_1C_1}\times100\%=\left(1-\frac{Q_2C_2}{Q_1C_1}\right)\times100\% \tag{17-185}$$

当净化装置位于通风机之后（即处于正压段），在存在漏气时，必然是 $Q_1\geqslant Q_2$，则净化效率应按下式计算：

$$\eta=\frac{Q_1C_1-(Q_1-Q_2)C_1-Q_2C_2}{Q_1C_1}\times100\%=\frac{Q_2}{Q_1}\left(1-\frac{C_2}{C_1}\right)\times100\% \tag{17-186}$$

【例 17-14】 测得某一净化洗涤器进口含 SO_2 浓度 $C_1=1.0g/m^3$，气体流量 $Q_1=10000m^3/h$，气体温度 240℃，气流平均全压 $\overline{p}_{t1}=-981Pa$；洗涤器出口含 SO_2 浓度 $C_2=0.02g/m^3$，气体流量 $Q_2=10500m^3/h$，气体温度 60℃，气流平均全压 $\overline{p}_{t2}=-2551Pa$，出口比进口高 3.1m。试计算该洗涤器的处理气体流量、压力损失及净化效率。

解 净化设备处理气体流量

$$Q=\frac{1}{2}(10000+10500)=10250(m^3/h)$$

取空气密度 $\rho_a=1.2kg/m^3$，进、出口平均温度 150℃下气体密度 $\rho=0.865kg/m^3$，则洗涤器压力损失

$$\Delta p=-981+2551+(1.2-0.865)\times3.1\times9.81=1580(Pa)$$

洗涤器的净化效率

$$\eta=\left(1-\frac{Q_2C_2}{Q_1C_1}\right)\times100\%=\left(1-\frac{10500\times0.02}{10000\times1.0}\right)\times100\%=97.9\%$$

若不计漏气的影响，则

$$\eta=\left(1-\frac{C_2}{C_1}\right)\left(1-\frac{0.02}{1.0}\right)\times100\%=98.0\%$$

（三）烟气固定源排放连续监测

1. 概述

烟气排放连续监测是指对固定污染源排放的颗粒物和/或气态污染物浓度和排放率进行连续地、实时地跟踪测定，每个固定污染源的测定时间不得少于总运行时间的75%，在每小时的测定时间不得低于45min。

近年来随着科技进步和环保监测仪器仪表的迅速发展，固定污染源排放烟气连续监测系统（continuous emissions monitoring system，CEMS）为严格执行国家、地方大气污染物排放标准，实施污染物排放总量控制提供了有力的技术支持。

2. 烟气 CEMS 的组成

烟气 CEMS 由颗粒物 CEMS 和气态污染物（含 O_2 或 CO_2）CEMS、烟气参数测定子系统组成，见图 17-147。通过采样方式和非采样方式测定烟气中污染物的浓度，同时测定

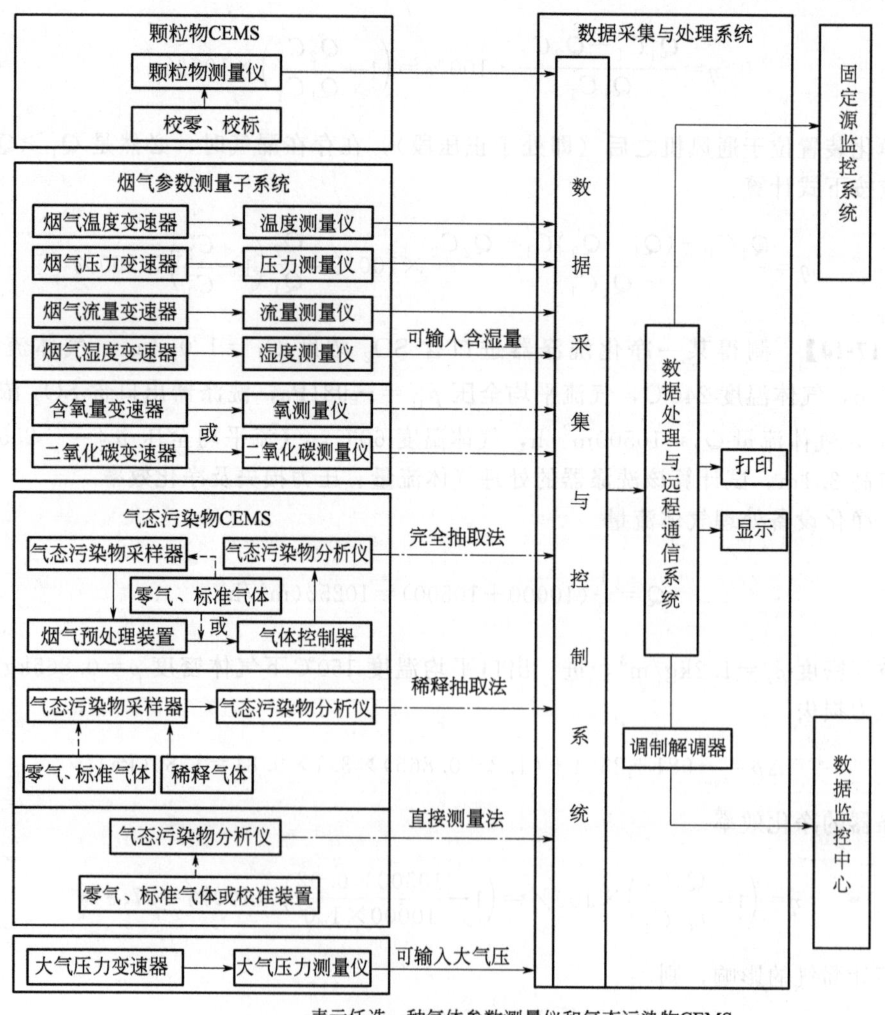

图 17-147　烟气排放连续监测系统示意

烟气温度、烟气压力、烟气流速或流量、烟气含水量、烟气含氧量（或二氧化碳含量），计算烟气污染物排放率、排放量，显示和打印各种参数、图表，并通过图文传输系统传输至管理部门。

电源要求额定电压 220V，允许偏差 −15%～+10%，谐波含量<5%，额定频率 50Hz，接地系统各设备的接地按安装设备说明书的要求进行。

3. 监测注意事项

(1) 环境影响　环境因素是造成 CEMS 故障率增多的一个不容忽视的因素。因此，为确保系统长期运行，每季度必须把烟尘分析仪、电源开关箱、控制电路板和数据传送模块等彻底清灰，做好防尘，并进行加固。

(2) 烟尘问题　烟尘是由于燃料的燃烧、高温熔融和化学反应等过程中形成的飘浮于空气中的颗粒物，在锅炉除尘器、水泥窑除尘器、转炉除尘器、高炉除尘器、焦化除尘器、氧化球团除尘器、麦尔兹窑除尘器周围，烟尘污染严重，烟尘成分十分复杂。

如果大量的烟尘覆盖或聚集在设备或导线接头表面，既影响导热性能又影响设备电气性能。

烟气在线连续监测系统是一个精密的分析仪器，里面许多关键部件都做好密封，防止环境中的烟尘进入；但采样单元和预处理单元、控制开关和控制电路板等外围设备不可避免地与烟尘接触，必须做好检查和清洁。

(3) 震动影响　震动来源于烟囱的抽风电机或管道的风动。由于 CEMS 的采样设备一般都是安装在金属烟囱中或除尘器的进出管道上，震动十分剧烈且持续时间长，常造成开关掉落、电器设备断线，甚至电源适配器烧毁等故障。

(4) 温度问题　主要是由于烟囱和管道的温度高，监测设备周围环境的气温相应也较高，高温一般会造成采样气管和电线表皮老化破裂。

(5) 仪器维护　CEMS 发生故障是多种因素的综合影响。除环境因素外，管堵、易损件坏、制冷器性能下降、服务器死机、排水不畅等系统故障也比较常见。此外，在检查故障前先做到检查服务器状态、了解网络通信情况、了解车间生产及检修情况，维护工作能事半功倍。

(6) 操作人员的经验　CEMS 的维护需要丰富的实践经验和较强的判断能力，工作人员需要掌握环保、电子、电气自动化等相关专业知识，由于其备品备件很贵，自行购买安装或维修是降低运行成本的有效途径。有经验的操作人员是 CEMS 正常运行的重要条件。

（四）设备压力损失测试

设备压力损失是以进口和出口气流的全压差 Δp 来衡量，也称为设备阻力。设备进出口设置取压点，测试时，全压管应对准气流方向，全压值由 U 形压力计显示。规定用流经除尘装置的入口通风道及出口通风道的各种气体平均总压（$\overline{p}_i$）差（$\overline{p}_{ti}-\overline{p}_{to}$）表示，由测试点位置的高度差引起的浮力效应 p_H 进行校正后求出。而平均总压，则根据流经通风道测定截面各部分（等面积分割）的所有气体总动力 $p_{ti}Q_i$，用下式求出：

$$\overline{p}_t=\frac{p_{t1}Q_1+p_{t2}Q_2+\cdots+p_{tn}Q_n}{Q_1+Q_2+\cdots+Q_n} \tag{17-187}$$

式中，Q_1，Q_2，…，Q_n 为流经各区域的气体量，m^3/s。

如果 j 区域的面积为 A_j，该区域的气体速度为 v_j，则 $Q_j=A_jv_j$，如果各区域的面积

相等，则上式的 Q_j 用 v_j 代替，那么

$$\overline{p}_t=\frac{p_{t1}v_1+p_{t2}v_2+\cdots+p_{tn}v_n}{v_1+v_2+\cdots+v_n} \tag{17-188}$$

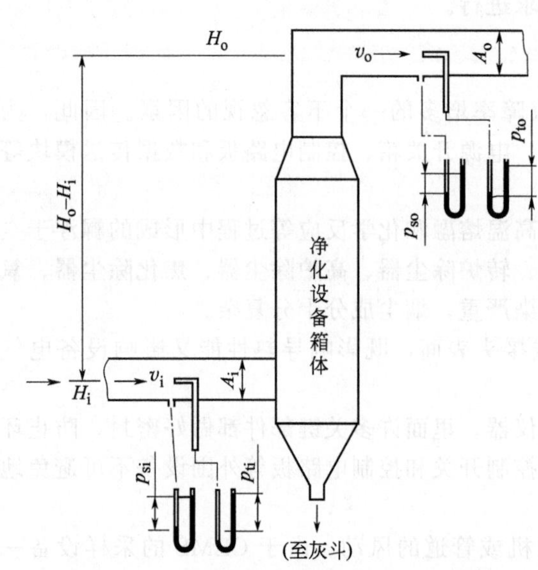

图 17-148 求净化设备压力损失的方法

如图 17-148 所示的皮托管测试，则总压 p_t 可直接测出；如果使用其他测试仪器，则按下式进行计算：

$$p_t=p_s+\frac{\rho}{2}v^2 \tag{17-189}$$

式中，p_s 为测试断面气流的静压，Pa；ρ 为单位体积气体的平均密度，kg/m^3。

浮力的计算公式：

$$p_H=Hg(\rho_a-\rho) \tag{17-190}$$

式中，H 为设备进口与出口的高度差，m；g 为重力加速度，$9.8m/s^2$；ρ_a 为净化设备内气体密度，kg/m^3；ρ 为净化设备周围的大气密度，kg/m^3。

一般情况下，对除尘器的压力损失而言，浮力效果是微不足道的。但是，如果气体温度较高，测点的高度差又较大时，则应考虑浮力效果。此时则用下式表示除尘装置的压力损失：

$$\Delta p=\overline{p}_{ti}-\overline{p}_{to}-p_H \tag{17-191}$$

这时，如果测试截面的流速及其分布大致一致时，可用静压差代替总压差来校正出入口测试截面的压差，求出压力损失，即：

$$p_{ti}=p_{si}+\frac{\rho}{2}\left(\frac{Q_i}{A_i}\right)^2 \tag{17-192}$$

$$p_{to}=p_{so}+\frac{\rho}{2}\left(\frac{Q_o}{A_o}\right)^2 \tag{17-193}$$

如果 $Q_i=q_o$，则

$$p_{ti}-p_{to}=p_{si}-p_{so}+\frac{\rho}{2}\left[1-\left(\frac{A_i}{A_o}\right)^2\right] \tag{17-194}$$

$$\Delta p=p_{si}-p_{so}+\frac{\rho}{2}\left[1-\left(\frac{A_i}{A_o}\right)^2+(H_o-H_i)g(\rho_a-\rho)\right] \tag{17-195}$$

上式中，右边第一项是除尘器的出入口静压差；第二项是出入口测定截面有差别时的动压校正。如果连接设备的进出口管道截面积相等时，而且高压很小，那么右边第二项、第三项就不存在，则为：

$$\Delta p=p_{ti}+p_{so} \tag{17-196}$$

以上所说的压力损失也包括设备前后管道的压力损失，除尘器自身的压力损失要扣除管道的压力损失 Δp_f 来求出。

（五）设备漏风量的测试

漏风是由于设备在加工制造、施工安装欠佳或因操作不当、磨损失修等诸多原因所致。漏风率是以设备的漏风量占设备的气体处理量的百分比来表示，是考察除尘效果的技术指标。

漏风率的测试方法视流经设备气体的性质可采用风量平衡法、热平衡法、碳平衡法或氧平衡法。

1. 风量平衡法

按漏风率的定义，测出设备进出口的风量即可计算出漏风率：

$$\varepsilon=\frac{Q_i-Q_o}{Q_i}\times 100\% \tag{17-197}$$

式中，ε 为设备漏风率；Q_i、Q_o 分别为设备进、出口的风量，m^3/h。

上式中对正压工作的设备计算时为 Q_i-Q_o，而负压工作的设备计算时则为 Q_o-Q_i。

2. 热平衡法

忽略设备及管道的热损失，在单位时间内，除尘器出口烟气中的热容量应等于设备进口烟气中的热容量及漏入空气的热容量之总和，即：

$$Q_i\rho_i c_i t_i+\Delta Q\rho_a c_a t_a=Q_o\rho_o c_o t_o \tag{17-198}$$

$$\Delta Q=Q_o-Q_i \tag{17-199}$$

式中，ρ_i、ρ_o、ρ_a 分别为设备进、出口烟气及周围空气的密度，kg/m^3；c_i、c_o、c_a 分别为设备进、出口及周围空气的比热容，kJ/(kg·K)。

若忽略进、出口气体及空气的密度和比热容的差别时，即令 $\rho_i=\rho_o=\rho_a$，$c_i=c_o=c_a$，则由上式可得漏风率为：

$$\varepsilon=\left(1-\frac{Q_o}{Q_i}\right)=\left(1-\frac{t_i-t_a}{t_o-t_a}\right)\times 100\% \tag{17-200}$$

这样一来，测出设备进出口的气流温度，即可得到漏风率。这种方法适用于高温气体。

3. 碳平衡法

当设备因漏风而吸入空气时，管道气体的化学成分发生变化，碳的化合物浓度得到稀释，根据碳的平衡方程，漏风率的计算公式为：

$$\varepsilon=\left[1-\frac{(CO+CO_2)_i}{(CO+CO_2)_o}\right]\times 100\% \tag{17-201}$$

式中，ε 为设备漏风率；$(CO+CO_2)_i$ 为设备进口烟气中 $(CO+CO_2)$ 的浓度，%；$(CO+CO_2)_o$ 为设备出口烟气中 $(CO+CO_2)$ 的浓度，%。

因此，只要测出设备进出口的碳化合物 $(CO+CO_2)$ 的浓度，就可得到漏风率。该法只适用于燃烧产生的烟气。

4. 氧平衡法

（1）原理　氧平衡法是根据物料平衡原理由设备进出口气流中氧含量变化测得漏风率的。本方法适用于烟气中含氧量不同于大气中含氧量的系统。其适用于干式电除尘器及湿式电除尘器。

采用氧平衡法，适用于测量电除尘器进出口烟气中氧含量之差，并通过计算求得。

(2) 测试仪器 所用化学式氧量表精度不低于2.5级，测试前需经标准气校准。

(3) 电除尘器漏风率计算公式

$$\varepsilon=\frac{Q_{2i}-Q_{2o}}{K-Q_{2i}}\times 100\% \tag{17-202}$$

式中，ε为电除尘器漏风率；Q_{2i}、Q_{2o}分别为电除尘器进出口断面烟气平均含氧量；K为大气中含氧量，根据海拔高度查表得到。

由于电除尘器是在高压电晕条件下运行，火花放电时，除尘器中会产生臭氧，有人认为这会影响烟气中氧的含量，从而影响漏风率的测试误差。而实际上臭氧是一种强氧化剂，很易分解。有关资料介绍，在高温电晕线周围的可见电晕光区中生成的臭氧，其体积浓度仅百万分之几，生成后会自行分解成氧或其他元素化合物。这个浓度对人类生活环境会产生很大影响，但相对于氧含量的测试浓度影响则是相当的小。氧平衡法只需测试进出口断面的烟气含氧量两组数据，综合误差相对较小，此风量平衡法优越，但也有局限性，仅适用于烟气含氧量与大气含氧量不同的负压系统。

氧平衡法的测试误差主要取决于选用的测试仪器。目前我国主要采用化学式氧量计，而在国外已普遍采用携带式的氧化锆氧量计以及其他携带式氧量计，但随着我国仪器仪表的迅速发展，将可以选用精度高、可靠且携带方便的漏风率测试用测氧仪。

（六）气密性试验

除尘器在高温、多尘及有压力情况下运行要求其应有较高的气密性，任何漏风都会造成能耗的浪费及非正常的净化效果，所以及时发现垫圈、人孔及焊接质量问题是保证漏风率小于设计要求，也是保证除尘效果的不可缺少的重要一环。为防止泄漏，在除尘器外壳体安装过程中就必须采取措施严格把关。对焊缝等采取煤油渗透法或肥皂泡沫法进行检查，坚决杜绝漏焊、开裂、垫圈偏移等泄漏现象。

气密性试验方法有定性法和定量法两种，现分述如下。

1. 定性法

定性法是在除尘器进口处适当位置放入烟雾弹（可采用65-1型发烟罐或按表17-130配方自制），并配置鼓风机送风，使设备内形成正压，利于烟雾溢出，将烟雾弹引燃线拉到除尘器外部点燃，引爆烟雾弹产生大量烟雾。此时，壳体面泄漏部位就会有白烟产生，施工人员即可对泄漏点进行处理。

表17-130 每10kg烟雾弹成分

原料名称	质量/kg	原料名称	质量/kg
氧化铵	3.89	氯化钾	2.619
硝酸钾	1.588	松香	1.372
煤粉	0.531		

2. 定量法

定量试验法与定性试验法相比则更加准确、科学。目前，在国内安装除尘器时采用得并不多。然而，有的环境工程的质量要求严格，针对在用的许多除尘器均有不同泄漏现象这一情况，要求安装单位实施这种试验方法，在此情况下对除尘器进行严格的定量试验。

（1）原理与计算公式　设备壳体是在与风机负压基本相等的状态下工作的有压设备。试验时，在其内部充入压缩空气使之形成正压状态下进行模拟，其效果是一致的。这是因为无论是正压或负压，其内外压差是相同的，正压试验时若不漏风，那么在负压时亦不会漏风。

泄漏率计算公式：

$$\varepsilon=\frac{1}{t}\left(1-\frac{p_a+p_2}{p_a+p_1}\times\frac{273+T_1}{273+T_2}\right)\times100\% \tag{17-203}$$

式中，ε 为每小时平均泄漏率；t 为检验时间（应不小于 1h），h；p_1 为试验开始时设备内表压（一般接风机压力选取），Pa；p_2 为试验结束时设备内压力，Pa；T_1 为试验开始时温度，℃；T_2 为试验结束时温度，℃；p_a 为大气压力，Pa。

（2）气密性试验的特点　气密性试验一般在除尘器制造安装完毕后进行，通过试验可以及时发现泄漏问题，并有足够的时间和手段来解决泄漏问题，所以，对大中型除尘器大多要求进行气密性试验，并控制静态泄漏率$<2\%$方视为合格。

五、风机性能的测试

在环境工程中，风机的作用有如人体的心脏一样的重要，因此对风机性能的测试是环境工程中不可缺少的一个重要环节。风机的性能目前尚不能完全依靠理论计算和样本资料，要通过测试的方法求得验证。风机的性能测试项目是指其在给定的转速下的风量、压力、所需功率、效率和噪声。

（一）风机性能测试准备

1. 初步检测

在进行现场测试之前，应对风机及其辅助设备进行初步检测，按预定的转速进行运行，以检查其运行工况正常与否。

现场测试程序应尽可能与在标准风道进行测试的程序相一致，但现场测试由于场地条件限制，往往难以测得十分准确的结果，此时应该用下述给定的修正程序。

现场测试必须在下述条件下进行：系统对风机运行的阻力变化不明显，风机运载的气体密度或其他参数变化降到最小值。

系统阻力和流量容易受到诸如现场环境和各种工况的影响。因此，在测试过程中必须采取措施尽量保障测试期间的工况稳定。如果初步测试结果与制造厂提供的参数不一致时，其误差可能由下列各种因素之一或几个造成：

① 系统存在泄漏、再循环或其他故障；

② 系统的阻力估计不准确；

③ 对厂方测试数据的应用有误；

④ 系统的部件安装位置太靠近风机出口或其他部位而造成损失过大；

⑤ 弯管或其他系统部件的安装位置太靠近风机入口而造成对风机性能的干扰；

⑥ 现场测试中的固有误差。

由于现场条件的限制，风机性能现场测试的精度往往大大低于用标准化风管进行测试的预期精度。在这种情况下，则应在现场测试之外再用标准化风管对风机运行全尺寸或模型进行测试。

2. 改变操作点的方法

为取得风机特性曲线上的不同操作点的检测数据（如果风机装有改变性能的机构，如可调叶距的叶片，可伸展叶尖或叶尾，或者改变导翼，则风机具有多种特性曲线），就应该利用恰当安装在系统中的一个或多个装置来改变风机的性能。用于调节性能的装置或阀门的位置必须能够使测试段保持满意的气体流型，以保证取得满意的检测数据。

（二）检测面的位置

1. 流量检测面的位置

对于现场测试，按测试的布置和方法来安装风机可能是不现实的，流量检测面必须位于适宜的直管段中（最好选在风机的入口侧），此处的流量工况基本上是轴向的、匀称的，没有涡流。必须先进行位移以确定这些工况是否满足。风机与流量检测面之间的进入风道或从风道流出的空气泄漏一般忽略不计。风道中的弯管和阻碍物会对较大一段距离的下游气流造成扰动，而在有些场合可能找不到测试所需的足够轴向和匀称的气流位置，在此情况下就可能在风道里安装导翼或者用衬板修正气道形状，以获得测试现场令人满意的气流。然而，气流整流装置所产生的涡流会使皮托管的静压读数产生误差，所以如有必要，检测面最好不要小于1倍管道直径甚至更大距离内的管道长度以取得合理良好的气流工况。

（1）测试段长度　流量检测面所在的风道部分被定义为“测试段”，测试段必须平直，截面匀称，没有会改变气流的任何障碍物。测试段的长度必须不小于风道直径的2倍（图17-149）。

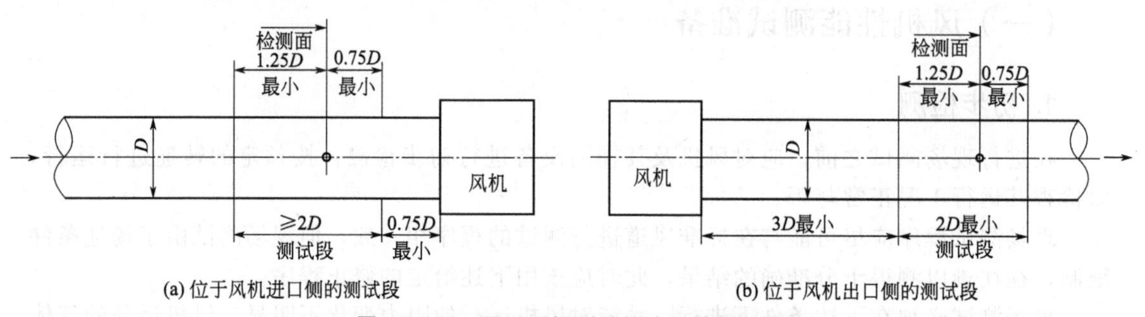

图 17-149　用于现场测试的流量检测位置

（2）风机的进口侧　如果测试段位于风机的进口侧，那么其下游末端至风机进口的距离应该$<0.75D$。

如果风机装有一个或几个进口阀，那么测试段的下游末端至风机的进口阀的距离应该至少等于$0.75D$。

测试段可以位于单风口风机的进口阀端，只要符合测试长度规定即可。如果是带有两个进口阀的双进口风机，那么应该允许在每个进口阀上设有一个测试段，只要每个测试段符合测试长度规定即可。对于双进口风机，如果测试段位于每个进口阀的上游，那么必须检测每个测试段的流量和压力。风机的进口总流量应该是每个进口箱处测得的进口流量之和。

（3）风机的出口侧　如果测试段位于风机的出口侧，那么其下游末端至风机出口侧的距离应至少等于风管直径3倍。为此，风机的出口应该是风机出口侧的渐扩管的出口。

（4）测试段内的流量检测面的位置　检测段内的流量检测面至检测段下游末端的距离应

该至少等于 0.75D。测试段内的流量检测面至测试段上游末端的距离应该至少等于 1.25D。

（5）异常工况　如果所有的工况不可能选择符合上述要求的流量检测面，那么检测面的位置可以由制造厂与买方协商确定。如果遇到这种情况，而且测试结果是制造厂与买方之间保证的一部分，那么测试结果的有效性必须取得上述双方同意。

2. 压力检测面的位置

为了测试风机产生的升压，位于风机进口侧和出口侧的静压检测面必须靠近风机，以保证检测面与风机之间的压力损失可以计算，因而不会使含尘气体和管壁摩擦面产生的摩擦压力损失额外地增加压力测试的不确定性。光滑管道的摩擦系数由其他资料给定。

如图 17-150，如果靠近风机入口，那么选定的用于流量检测的测试段应该也可以用来检测压力，测试检测面至风机进口的距离必须<0.25D。而用于压力检测的其他检测面至风机出口的距离必须≥4D，风机出口的定位与出口测试位置的规定一致。所选定的用于测试压力的检测面至下游的弯管、渐扩管或阻碍物距离至少为 4D，因为其会产生气流涡流，干扰压力分布的均匀性。所有的被选定的压力检测面必须做到检测面上的平均风速也能够用别处取得的读数进行计算测试，或者利用位移方法直接检测。

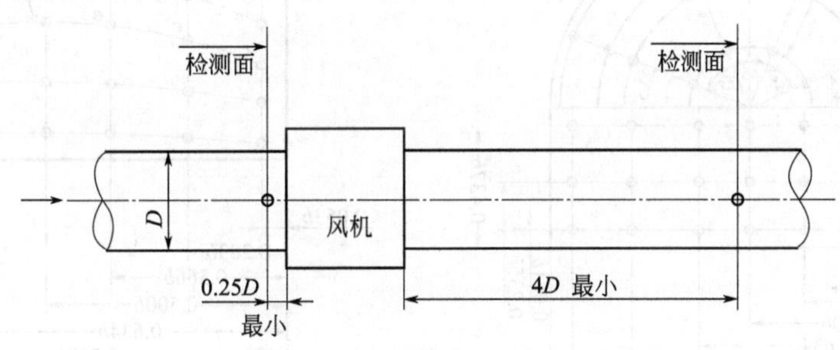

图 17-150　用于现场测试的压力检测面位置

3. 检测点的设置

（1）圆形截面　对于圆形截面，至少必须在 3 个平均排列的截面上进行检测，如果因种种限制，不可能进行这样的检测，那么也必须在相互处于 90°位置的两个截面上进行检测。将进行检测的位置按照对数线性定律进行计算确定。在表 17-131 中给定每个截面 6 个、8 个和 10 个点。D 是管道内部直径，沿着此管道进行移动。

表 17-131　圆形截面检测点的位置

检测点位置	检测点位置与风道内壁距离	管道直径与检测仪器直径最小比值	
		风速表	皮托静压管
每个截面为 6 个点	0.032D，0.135D，0.321D，0.679D，0.865D，0.968D	24	32
每个截面为 8 个点	0.021D，0.117D，0.184D，0.345D，0.655D，0.816D，0.883D，0.979D	36	48
每个截面为 10 个点	0.019D，0.077D，0.153D，0.217D，0.361D，0.639D，0.783D，0.847D，0.923D，0.981D	40	54

只有当检测面存在合理均匀的风速，最小允许检测点的数量才能提供足够精确的检测结果。

(2) 其他类型的截面　在流量检测中，应该尽量避免使用管道断面不规则的风道测试段。万一遇到不规则的截面，可以采取临时性的修正措施（例如塞入低阻值的衬里材料），以提供适宜的测试段。然而，当不可能将其他类型的截面修正成圆形或矩形的时候，就必须应用有关的定律。例如，图 17-151 所示是一个现场测试中的圆弧形截面，整个截面是由一个半圆和一个矩形组成，检测点可按照管道截面分成两个部分。矩形部分也可以视为一个高度为 h 的完整矩形的 1/2，选定的位移直线数量是奇数，这样就避免了一条位移直线与矩形和半圆的边界线重合。同样，半圆形部分也可以视为一个整圆的 1/2，这个整圆平均分布 4 条径向位移直线，选定的定位角可以避开交接线。

图 17-152 中的圆弧形截面上的风速检测点分布是按照对数 Tchebycheff 定律布置的。

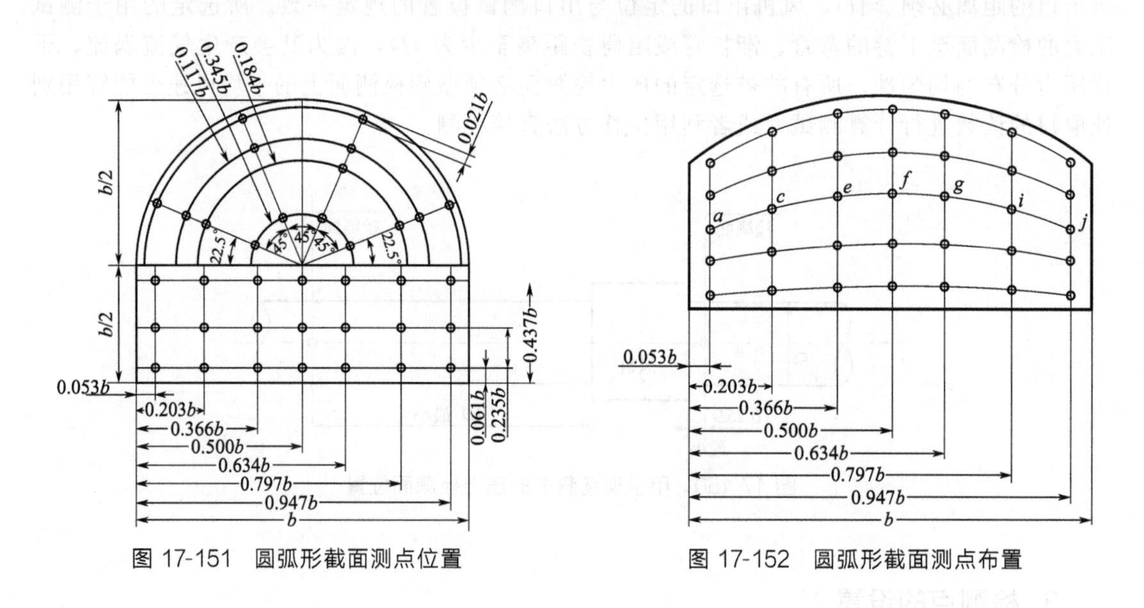

图 17-151　圆弧形截面测点位置　　　图 17-152　圆弧形截面测点布置

（三）风机流量的测试

1. 皮托管法

在选定的测点将皮托管置入管道中心位置，测压孔对准气流方向。皮托管相对于管道壁的位置必须保持在管道最小位移长度的±0.5%容差之内。皮托管必须与管道轴线对准，容差在 5°以内。压力是通过乳胶管将皮托管与压力计连接而显示。

2. 风速表法

叶轮风速仪可用于检测管内风速，目前市场上出售的叶轮风速仪最小直径为 16mm 且可自动记录。检测时风速表的轴线至风管壁的距离绝对不小于表壳圆形直径的 3/4，例如，风速表的直径为 100mm，而风速表轴线至风管壁的距离不小于 75mm。所以，选用风速表的最大允许尺寸是由风管尺寸和检测位置确定。在测试进行前后，风速表必须予以标定，其读数误差不得超过两次标定的平均风速的 3%。这两次标定所取的平均值用来校准所测得的数值。标定必须用标准方法进行，但是标定工况应该尽可能与有关流体密度和风速表工作特性曲线的相关测试工况相近似。

如果操作人员需置身于风管内操作风速表时，必须使用杆条装置，保证操作人员至少距离测试面下游 1.5m 以外才不会改变测试面的气流不受干扰。为了进行测试，如有必要在管道内设立工作台，此工作台必须设在距离测试面下游 1.5m 以外，并且工作台的结构不得改变测试面处的气流。

3. 检测误差

由于流量检测的现场测试总会有一定的误差，所以流量检测的不同方法其允许误差为：

① 用于规则形状管道，皮托管法±3.0%；

② 用于不规则形状管道，皮托管法±3.3%；

③ 用于规则形状管道，风速表法±3.5%；

④ 用于不规则形状管道，风速表法±4.0%。

（四）风机压力的测试

1. 保护措施

必须采取保护措施才能检测位于风机进口侧和出口侧的相对于大气压力或机壳内气体的静压。如果不可能，就应测风机进口和出口静压的平均值。

在使用皮托管时，必须在压力检测面上按测点位置进行位移，取得每个检测点的压力读数，如果每个读数之间相差小于 2%那么则可少取几个测点。

如果气流均匀没有涡流和紊流，则静压检测也可使用均布在管道周围上的 4 个开孔（矩形管道则是四边中点），只要开孔光洁平整，内部无毛刺，且附近的管壁光滑、清洁，无波纹及间断即可。

2. 引风机

如果管道安装在风机的进口，风机直接向外界排气，那么风机静压等于风机出口处的静压减去进口侧测试段的总压与动压之和加上测试点与风机进口之间的管道摩擦损失。

位于风机进口侧的测试段的总压应该取自平均静压加上相对于测试截面的平均风速的动压之代数和。其表达公式为：

$$p_{sf}=p_{s2}-(p_{t3}+p_{d3})+p_{f31}$$

式中，p_{sf} 为风机静压，Pa；p_{s2} 为风机出口处的静压，Pa；p_{t3} 为风机入口处的全压，Pa；p_{d3} 为风机入口处的动压，Pa；p_{f31} 为风机测点至进口之间的摩擦损失，Pa。

3. 鼓风机

如果风机是自由进气，管道在风机的出口，那么对风机出口侧的测试段静压进行检测时，风机的全压应该等于测试段平均静压加上相对于位于测试段的平均风速的有效动压再加上风机出口侧至测试段之间的管道摩擦压力损失之和。表达式如下：

$$p_{tf}=p_{s4}+p_{d4}+p_{f24}$$

式中，p_{tf} 为风机全压，Pa；p_{s4} 为风机出口处的静压，Pa；p_{d4} 为风机入口处的动压，Pa；p_{f24} 为风机出口至测试段之间的管道摩擦损失，Pa。

（五）功率测试和效率计算

（1）用电度表转盘转速测试功率，计算公式如下：

$$P=\frac{nRC_{\mathrm{T}}p_{\mathrm{r}}}{t} \tag{17-204}$$

式中，P 为风机的电动机功率，kW；R 为电度表常数（每一转所需度数），kW·h/r；C_{T}、p_{r} 分别为电流和电压互感器比值；n 为在测试时间内，电度表转盘的转数；t 为测试时间，h。

一般采用电度表转盘每 10 转记下其时间（s），则

$$P=\frac{10}{R_1 t_1}\times 3600C_{\mathrm{T}}p_{\mathrm{r}} \tag{17-205}$$

式中，R_1 为电度表常数（1kW·h 电度表转盘的转数），$R_1=1/R$；t_1 为电度表转盘每 10 转所需时间，s。

（2）用双功率表测试功率，计算公式如下：

$$P=C_{\mathrm{r}}p_{\mathrm{r}}c(P_1+P_2)\times 10^{-3} \tag{17-206}$$

式中，c 为功率表的系数；P_1、P_2 分别为两只功率表刻度盘读数，W；其他符号意义同前。

功率因数 $\cos\phi$ 为：

$$\cos\phi=\frac{1}{\sqrt{1+3\left(\frac{P_1-P_2}{P_1+P_2}\right)^2}} \tag{17-207}$$

（3）用电流、电压表测量三相交流电动机的功率：

$$P=\sqrt{3}\,IU\cos\phi\times 10^{-3} \tag{17-208}$$

式中，I 为电流，A；U 为电压，V；$\cos\phi$ 为功率因数（可用功率因数表实测）。

（4）风机效率按下式计算：

$$\eta_{\mathrm{Y}}=\frac{Qp_{\mathrm{t}}}{3600\times 1000\times p_{\mathrm{f}}\eta_{\mathrm{Z}}}\times 100\% \tag{17-209}$$

式中，η_{Y} 为设备效率；Q 为风机风量，$\mathrm{m^3/h}$；p_{t} 为风机全压，Pa；p_{f} 为风机所耗功率，kW；η_{Z} 为传动效率，取 $\eta_{\mathrm{Z}}=0.98\sim1.0$。

风机效率：

$$\eta=\frac{\rho_{\mathrm{Y}}}{\eta'} \tag{17-210}$$

式中，η 为风机效率；η'为试验负荷下电动机效率，可查产品样本或实测电动机各项损失，经计算后再查电动机负荷-效率曲线。

当测试条件不是标准状态或转速变化时，风机性能参数应做相应的换算。

（六）振动和噪声的测量

1. 风机振动的测量

测量方法直接影响到测量结果，风机的振动测量通常可按下述的要求实施。

（1）测振仪器频率范围　测试中合理选用测振仪器非常重要，选择不当则往往会得出错误的结果。通常应采用频率范围为10～1000Hz的测量仪，且其应经计量部门鉴定后方可使用。

（2）通风机安装　被测的通风机必须安装在大于10倍风机质量的底座或试车台上，装置的自振频率不大于电机和风机转速的0.3倍。

（3）测量部位　测量的部位有以下项目。

① 对叶轮直接装在电动机轴上的通风机，应在电机定子两端轴承部位测量其水平方向x、垂直方向y、轴向z的振动速度。当电机带有风罩时，其轴向振动可不测量（图17-153）。

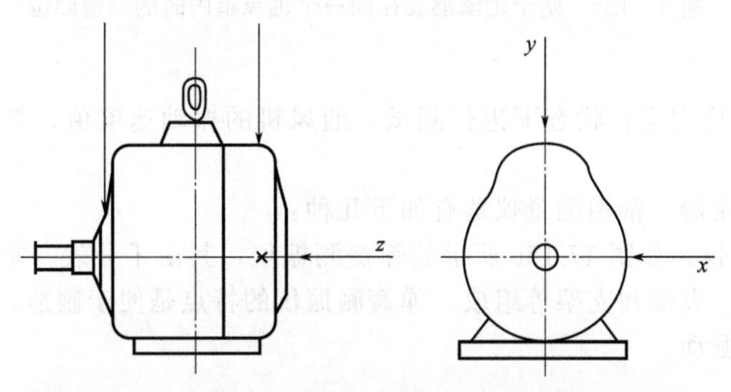

图17-153　对叶轮直接装在电动机轴上的通风机测量部位

② 对于双支承的风机或有两个轴承体的风机，可按照图17-154所示x（水平）、y（垂直）、z（轴向）3个方向的要求，测量电动机一端的轴承体的振动速度。

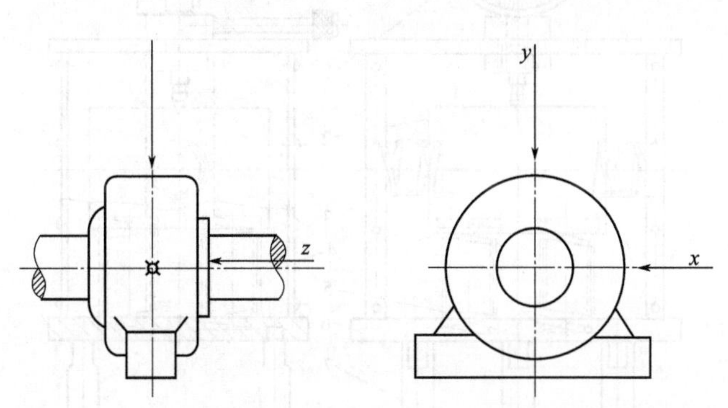

图17-154　对于双支承的风机或有两个轴承体的风机测量位置

③ 当两个轴承都装在同一个轴承箱内时，可按图17-155所示x（水平）、y（垂直）、z（轴向）3个方向的要求，在轴承箱壳体的轴承部位测量其振动速度。

④ 当被测的轴承箱在风机内部时，可预先装置测振传感器，然后引至风机外以指示器读数为测量依据，传感器安装的方向与测量方向偏差不大于±5°。

（4）测量条件　测量的条件如下：

① 测振仪器的传感器与测量部位的接触必须良好，并应保证具有可靠的连结。

② 在测量振动速度时，周围环境对底座或试车台的影响应符合下述规定：风机运转时的振动速度与风机静止时的振动速度之差必须大于3倍以上，当差数小于此规定值时风机需采取避免外界影响的措施。

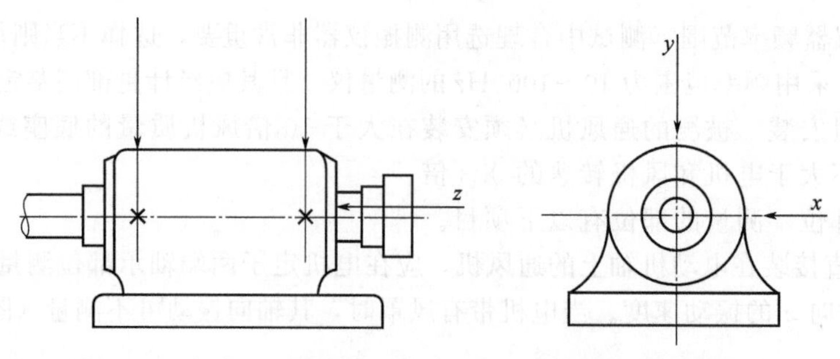

图 17-155　两个轴承都装在同一个轴承箱内时的测量部位

③ 通风机应在稳定运行状态下进行测试。通风机的振动速度值，是以各测量方向所测得的最大读数为准。

(5) 常用测量仪器　常用测量仪器有如下几种：

① 机械式测振仪。如图 17-156 所示的弹簧测振仪，其由千分表、重锤、定位弹簧、赛璐珞板、吸振弹簧、表框和支架等组成。弹簧测振仪的特点是便于制造，使用方便，可直接测量轴承座的综合振动。

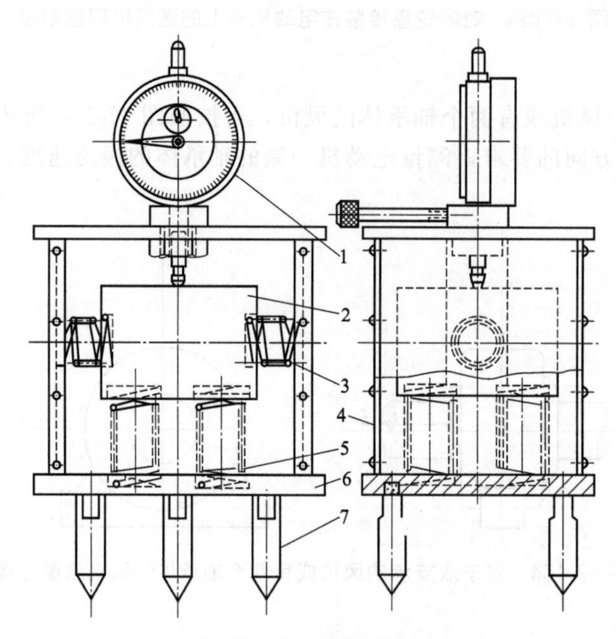

图 17-156　弹簧测振计

1—千分表；2—重锤；3—定位弹簧；4—赛璐珞板；5—吸振弹簧；6—表框；7—支架

② 电气式测振仪。随着电子技术的迅速发展，电气式测振仪在风机振动的测量中应用越来越广，由于其灵敏度高、频率范围广，电信号易于传递，可以采用自动记录仪、分析仪对振动特性进行分析，所以电气式测振仪的优越性越来越显著。

③ HY-101 机械故障检测器。该检测器体积很小，像一支温度计，头部接触到风机待测试部位即可测出振动值，已经常用于风机振动的现场测量，测量单位为“mm/s”，与风机振动标准的要求相一致。

2. 风机噪声的测量

噪声也是一项评价风机质量的指标，同时作业场所的噪声不超过85dB(A)。风机产生的噪声与其安装形式有关，如进气口敞开于大气，风机没有外接管，则其声源位于进气口中心；出气口敞开于大气，风机出口没有外接管，其声源位于出气口中心；风机的进出口都接有风管时，其声源位于风机外壳的表面上。风机噪声的测量按下述进行。

(1) 测量仪器　声级计是用来测量声级大小的仪器。其由传感器、放大器、衰减器、计权网络、电表电路和电源等部分组成。

几种声级计的性能见表17-132。

表17-132　几种声级计的主要性能

<table>
<tr><td>声级计型号</td><td>ND_1</td><td>ND_2</td><td>ND_6</td><td>ND_{10}</td></tr>
<tr><td>类型</td><td colspan="3">1型</td><td>2型</td></tr>
<tr><td>声级测量范围/dB(A)</td><td colspan="2">25～140</td><td>20～140</td><td>40～130</td></tr>
<tr><td>电容传感器</td><td colspan="2">CH_{11},$\phi24$</td><td>CH_{11},$\phi24$
或CHB,$\phi12$</td><td>CH_{33},$\phi13.2$</td></tr>
<tr><td>频率范围</td><td colspan="2">20Hz～18kHz</td><td>10Hz～40kHz</td><td>31.5Hz～8kHz</td></tr>
<tr><td>频率计权</td><td colspan="2">A、B、C线</td><td>A、B、C、D线</td><td>A、C线</td></tr>
<tr><td>时间计权</td><td colspan="2">快、慢</td><td>快、慢、脉冲、保持</td><td>快、慢、最大值保持</td></tr>
<tr><td>检波特性</td><td colspan="2">有效值</td><td>有效值及峰值</td><td>有效值</td></tr>
<tr><td>峰值因数</td><td colspan="2">4</td><td>10</td><td>3</td></tr>
<tr><td>极化电压/V</td><td colspan="2">200</td><td>200</td><td>28</td></tr>
<tr><td>滤波器</td><td>外接</td><td>倍频程滤波器</td><td>外接</td><td>—</td></tr>
<tr><td>电源</td><td colspan="3">3节1号电池</td><td>1节1号电池</td></tr>
<tr><td>尺寸/mm</td><td>320×124×88</td><td>435×124×88</td><td>320×124×88</td><td>200×75×60</td></tr>
<tr><td>质量/kg</td><td>2.5</td><td>3.5</td><td>2.5</td><td>0.7</td></tr>
<tr><td>工作温度/℃</td><td colspan="3">−10～+40</td><td>−10～+50</td></tr>
<tr><td>相对湿度/%</td><td colspan="4"><80(40℃时)</td></tr>
</table>

(2) 测点位置　测风机排气噪声时，测点应选在排气口轴线45°方向1m处；测风机进气口噪声时，其测点应选在进气口轴线上1m远处。

测风机转动噪声应以风机半高度为准，测周围4个或8个方向，测点距风机1m处，为减少反射声的影响，测点应距其他反射面1～2m以上。

(3) 声级计使用方法　电池电力要充足，否则将影响测量精准度。使用前应对其进行校准。

① 声级的测量。手握声级计或将其固定在三脚架上，传声器指向被测声源，声级计应稍离人体，使频率计数开关置于A挡，调节量程旋钮，使电表有适当的偏转，这样量程旋钮所指值加上电表读数，即可测A声级。如有B、C或D计数，则同样方法可测得B、C或D声级。如使用线性响应，则测得声压级。

② 噪声的频谱分析。利用NDZ型精密声级计和倍频程滤波器，可对噪声进行频谱分析。这时将频率计数开关置于滤波器位置，滤波器开关置于相应中心频率，就能测出此中心频率的倍频程声压级。

③ 快挡慢挡时间计权的选择。主要根据测量规范的要求来选择，对较稳定的噪声，快挡慢挡皆可。如噪声不稳定，快挡对电表指针摆动大，则应慢挡。测量旋转电机用慢挡，测量车辆噪声则用快挡。

六、汽车排气污染物检测

（一）废气分析仪的结构与原理

1. 两气体分析仪的结构与原理

分析仪是从汽车排气管内收集汽车的尾气，并对气体中所含有的 CO 和烃类化合物（HC）的浓度进行连续测定。它主要由尾气采集部分和尾气分析部分构成。

（1）尾气采集部分　如图 17-157 所示，由探头、过滤器、导管、水分离器和泵等构成。用探头、导管、泵从排气管采集尾气。排气中的粉尘和炭粒用过滤器滤除，水分用水分离器分离出去。最后，将气体成分输送到分析部分。

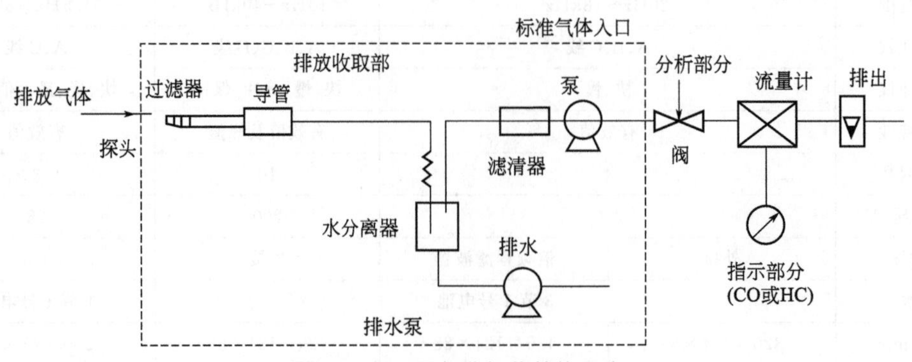

图 17-157　尾气分析仪结构示意

（2）尾气污染物的分析部分　这种分析仪的测量原理是建立在一种气体只能吸收其独特波长的红外线特性基础上的，即是基于大多数非对称分子对红外线波段中一定波长具有吸收功能，而且其吸收程度与被测气体的浓度有关。如 CO 能够吸收 4.55μm 波长的红外线，烃类化合物能吸收 2.3μm、3.4μm、7.6μm 红外线。该分析仪是由红外线光源，测量室（测定室、比较室），回转扇和检测器构成。从采集部分输送来的多种气体共存在尾气中，通过非分散型红外线分析部分分析测定气体（CO、HC）的浓度，用电信号将其输送到浓度指示部分。工作原理如图 17-158 所示，它由两个红外线光源发出两组分开的射线，这些射线被两旋转扇片同相地遮断，从而形成射线脉冲，射线脉冲经滤清室、测量室而进入检测室，测量室由两个腔室组成，一个是比较室，另一个是测定室。比较室中充有不吸收红外线的氮气，使射线能顺利通过。测定室中连续填充被测试的尾气，尾气中 CO 含量越高，被吸收的红外线就越多。检测室由容积相等的左右两个腔室组成，其间用一金属膜片隔开，两室中充有同物质的量的 CO。由于射到检测室左室的红外线在通过测定室时一部分射线已被排气中的 CO 吸收，而通过比较室到达检测室右室的红外线并未减少，这样检测室左右两室吸收的红外线能量不同，从而产生了温差，温度的差异导致了压力差的存在，使作为电容器一个表面的金属膜片弯曲。弯曲振动的频率与旋转扇片的旋转频率相符。排气中的 CO 浓度越大，振幅就越大。膜片振动使电容改变，电容的改变引起电压的变化，从而产生交变电压。交变电压经放大，整流成直流信号，变为被测成分浓度的函数，因此可用仪表测量。而HC由于受到其他共存气体的影响，所以使用固体滤光片，巧妙地利用了正己烷红外线吸收光谱。因此，样品室内共存的CO、CO_2、NO_x等和HC以外的气体所产生的红外线被吸收，再经检测器窗口的选择和除去，仅让HC所产生的波长约3.5μm的红外线到达检测室内。HC被封入检测器，样品室中的HC吸收量也就被检测器检测出来。

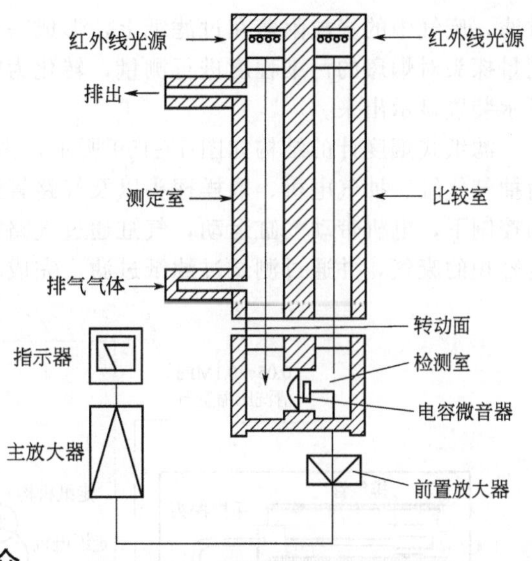

图 17-158 电容微音器式分析装置

2. 四气体分析仪与五气体分析仪简介

鉴于实施怠速工况测定CO、HC两气体的排气检测手段已无法有效反映汽车的排气测定，还需要测定汽车排气中的NO_x和CO_2。那么四气体分析仪、五气体分析仪可满足测量要求。四气体分析仪与五气体分析仪区别在于五气体分析仪可检一氧化氮（NO）。

五气体分析仪中CO、CO_2、HC通过非分散红外线不同波长能量吸收的原理来测定，可获得足够的测试精度。而NO_x与O_2的浓度采用氧传感器和一氧化氮传感器测定。

氧（O_2）传感器，其基本形式是包括一个电解质阳极和一个空气阴极组成的金属-空气有限度渗透型电化学电池。氧传感器电流是一个电流发生器，其所产生的电流正比于氧的消耗率，此电流可通过在输出端子跨接一个电阻以产生一个电信号。如果通入传感器的氧只是被有限度地渗透，利用上述信号可测氧的浓度。

在汽车废气检测上应用的氧电池，使用一种塑料膜作为渗透膜，其渗透量受控于气体分子撞击膜壁上的微孔，如果气体压力增加，分子的渗透率增加。因此，输出的结果直接正比于氧的分压却在整个浓度范围内呈线性响应。由氧传感器输出的信号经放大后，送至仪器的数据处理系统的A/D输入端，进行数字处理及显示。

NO传感器是基于O_2传感器基础上发展起来的电化学电池式传感器。

过量空气系数（λ）：燃烧1kg燃料实际空气量与理论上所需空气量之质量比。

对汽油机，理论空燃比为14.7（指14.7kg的空气和1kg的燃油可以进行完全燃烧）。

“λ”由HC、CO、CO_2、O_2四种气体浓度以及H_{CV}（燃料中H和C的原子比）、O_{CV}（燃料中O和C的原子比）计算得到。

（二）柴油车烟度计结构与检测原理

1. 滤纸式烟度计的结构与原理

滤纸式烟度计在测量原理上来说是一种非直接测量计量仪器，它通过检测测量介质被所测量烟度污染的程度大小来间接得出烟度的大小。仪器的取样系统通过抽气泵、取样探头从柴油车的排气管内取样，在规定时间中，抽取规定容积废气，经过测量介质（测试过滤纸）

过滤，废气中的炭粒附着在过滤纸上，形成一个规定面积的烟斑，然后通过测量系统的光电测量探头对烟斑的污染程度进行测量，转化为电信号，经过放大、处理，再将测试结果通过显示装置显示出来。

滤纸式烟度计的结构如图 17-159 所示，由采样器和检测器两部分组成。采样抽气系统由抽气气缸、抽气电机、取样探头以及气路管道系统和控制电路组成；采样时，在控制电路的控制下，电机带动气缸运动，气缸通过气路管道系统，取样枪从柴油车的排气管内抽取规定容积的废气，并通过测试过滤纸过滤，完成采样过程。

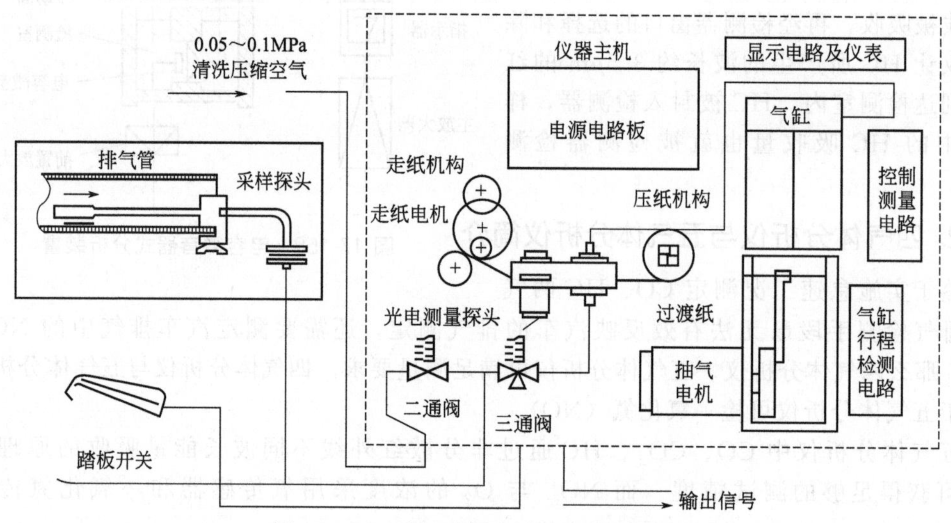

图 17-159　滤纸式烟度计总体结构示意

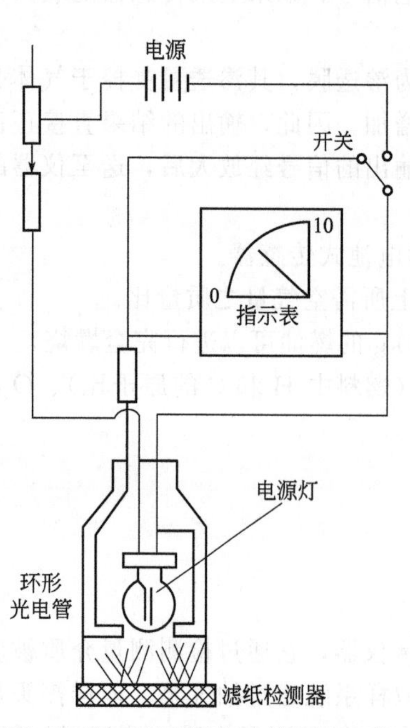

图 17-160　滤纸式烟度计测量系统

测量系统主要由走纸机构、压纸机构、光电测量探头以及测量电路和结果显示电路组成。测量时压纸机构张开，走纸电机带动走纸机构，将被采样系统污染后的测试过滤纸带到光电测量探头下，光电测量探头对其进行测量，通过其内部的测量系统（如图 17-160 所示的光电池）将滤纸污染程度转化为电信号，经过测量电路放大、处理，最后通过显示电路在数字表上将测量结果显示出来。

2. 透射式烟度计的结构与原理

透射式烟度计（又称消光式烟度计、不透光度计）是利用透光衰减率来测量排气烟度的典型仪器。其原理是使光束通过一段给定长度的排烟管，通过测量排烟对光的吸收程度来决定排烟对环境的污染程度。

如图 17-161 所示，测量单元的测量室是一根分为左右两半部分的圆管，被测排气从中间的入口 7 进入，分别穿过左圆管和右圆管，从左出口 5 和右出口 8 排出。透镜 4 装在左出口的左边，反射镜 10 装在右出口的右边。在透镜 4 的左侧是一个放置成 45°的半反射半透射镜 3，它的下方是绿色发光二极管 2，它的左边是光电转换器 1。发光二极管 2 及光电转换器 1 到透镜 4 的光程都等于透镜的焦距，因此，发光二极管 2 发出的光经过半反射镜 3 的反射，再通过透镜 4 后就成为一束平行光。平行光从测量室的左出口进入，穿过左右圆管（测量室）中的烟气从右出口射出，被反射镜 10 反射后折返，从测量室的右出口重新进入测量室，再次穿过烟气从左出口射出。射出的平行光经过透镜 4，穿过半透射镜 3，聚焦在光电转换器 1 上，并转换成电信号。排气中含烟越多，平行光穿过测量室的光能衰减越大，经光电转换器 1 转换的光电信号就越弱。

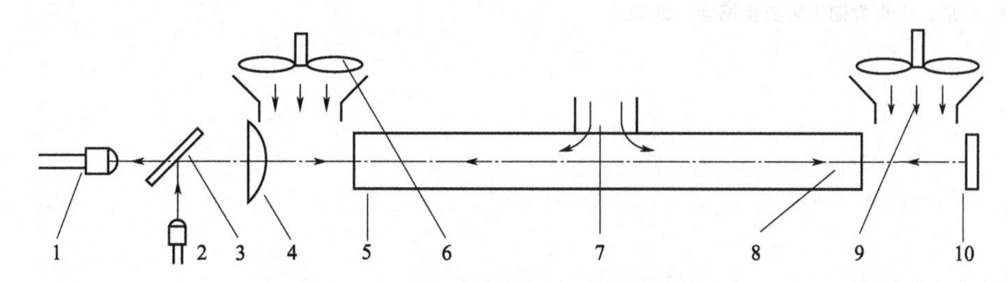

图 17-161　透射式烟度计的测量原理

1—光电转换器；2—绿色发光二极管；3—半反射/半透射镜；4—透镜；5—测量室左出口；6—左风扇；7—测量室入口；8—测量室右出口；9—右风扇；10—反射镜

根据比尔定律，吸光度 A 与吸光物质的浓度 c 和吸收池光程长 b 的乘积成正比。当 c 的单位为“g/L”，b 的单位为“cm”时，则 $A=abc$，比例系数 a 称为吸收系数，单位为“L/(g·cm)”；当 c 的单位为“mol/L”，b 的单位为“cm”时，则 $A=\varepsilon bc$，比例系数 ε 称为摩尔吸收系数，单位为“L/(mol·cm)”，数值上 ε 等于 a 与吸光物质的摩尔质量的乘积。它的物理意义是：当吸光物质的浓度为 1mol/L，吸收池厚为 1cm，以一定波长的光通过时，所引起的吸光度值 A。ε 值取决于入射光的波长和吸光物质的吸光特性，亦受溶剂和温度的影响。显然，显色反应产物的 ε 值越大，基于该显色反应的光度测定法的灵敏度就越高。

参 考 文 献

[1] 刘天齐．三废处理工程技术手册．废气卷．北京：化学工业出版社，1999.

[2] 马广大．大气污染控制技术手册．北京：化学工业出版社，2010.

[3] 张殿印，王纯．除尘工程设计手册．3 版．北京：化学工业出版社，2021.

[4] 胡学毅，薄以匀．焦炉炼焦除尘．北京：化学工业出版社，2010.

[5] 王纯，张殿印．除尘设备手册．北京：化学工业出版社，2009.

[6] Erwin Fried，Idelchik I E. Flow Resistance：A Design Guide For Engineers. London：Hemisphere Publishing Corporation，1989.

[7] 王晶，李振东．工厂消烟除尘手册．北京：科学普及出版社，1992.

[8] 张殿印，王冠，肖春，张紫薇．除尘工程师手册．北京：化学工业出版社，2020.

[9] 北京市环境保护科学研究所．大气污染防治手册．上海：上海科学技术出版社，1990.

[10] 续魁昌．风机手册．北京：机械工业出版社，1999.

[11] 项钟庸，王筱留，等．高炉设计——炼铁工艺设计理论与实践．北京：冶金工业出版社．2009.

[12] 朱晓华，王珲，张殿印．工业除尘设备设计手册．2 版．北京：化学工业出版社，2023.

[13] 张殿印，姜凤有．除尘器的漏风与检验技术．环境工程，1995 (1)：17-21.

[14] 徐世勤，王樯．工业噪声与振动控制．2 版．北京：冶金工业出版社，1999.

[15] 《工业锅炉房常用设备手册》编写组．工业锅炉房常用设备手册．北京：机械工业出版社，1995.

[16] 方荣生，方德寿．科技人员常用公式与数表手册．北京：机械工业出版社，1997.

[17]　孙延祚．流量检测技术与仪表．北京：北京化工大学出版社，1997.
[18]　陈尚芹．环境污染物监测．2版．北京：冶金工业出版社，1999.
[19]　韩应健，戴映云，陈南峰．机动车排气污染物检测培训教程．北京：中国质检出版社，中国标准出版社，2011.
[20]　王纯，张殿印，王海涛，王冠．除尘工程技术手册．北京：化学工业出版社，2017.
[21]　张殿印，李惊涛，朱晓华，陈满科．冶金烟气治理新技术手册．北京：化学工业出版社，2018.
[22]　彭犇，高华东，张殿印．工业烟尘协同减排技术．北京：化学工业出版社，2023.
[23]　中国石油化工集团公司安全环保局．石油石化环境保护技术．北京：中国石化出版社 2003.
[24]　粉体工学会．気相中の粒子分散・分級・分離操作．東京：日刊工業新聞社，2006.
[25]　中央労働災害防止協会．局所排気装置，プッシュプル型換気装置及び除じん装置の定期自主検査指針の解說．7版．東京：中央労働災害防止協会，2022.

第四篇

综合防治篇

第十八章
大气污染综合防治的原则与方法

第一节　大气污染综合防治的意义

一、综合防治概念

1. 大气污染综合防治的含义

一般区域大气污染综合防治，是相对于单个污染源治理而言。此处所指的区域是指某一特定区域（包括某一地区或城市，或更广大的特定区域），把区域大气环境看作一个统一的整体，经调查评价、统一规划，综合运用各种防治措施，改善大气环境质量。

2. 概念的发展

人类与环境问题做斗争经历了漫长的过程，把人类防治环境问题的历程大体上可分为五代。第一代是工业污染防治。工业革命后，很长一段时间内，环境污染主要来自工业生产活动，人类治理污染的着眼点是单个工业污染源治理。第二代是城市污染综合防治。随着人口的增加、城市化的发展，工业污染、生活污染和交通污染交织在一起造成城市环境污染日趋严重，人类治理环境污染的努力也从单项污染源治理转向城市环境污染综合防治。第三代是生态环境的综合防治。其特点是从城市污染综合防治，扩展到以生态理论为指导防止自然生态的破坏，促进良性循环。第四代是区域环境污染防治。第五代是全球环境保护。20 世纪 80 年代以后，大面积生态破坏、酸雨区的扩大和污染加剧、臭氧层损耗、全球气候变暖等广域性、全球性环境污染与破坏日益严重，迫使人类防治环境问题的着眼点扩大到区域和全球环境保护，依靠世界各国共同努力解决人类面临的环境问题。

大气污染防治的概念随着人类防治环境问题的漫长历程而发展变化，由工业污染源单项治理（工业废气单项治理）到城市大气污染综合防治，再到区域、全球大气污染综合防治。

二、综合防治重要意义

（一）废气治理工程发展的必然趋势

废气治理工程随着环境保护工作实践而发展。20 世纪 50 年代出现了环境问题的第一次高潮，工业发达国家的环境污染达到了严重的程度，直接威胁到人们的生命和安全，激起了广大人民群众的不满，发达国家的政府和企业被迫治理环境污染。但由于这次环境问题高潮主要是小范围的环境污染问题（重点是城市地区），而污染源主要是燃料燃烧和工艺生产过程（重点是工业污染源）。所以，这一时期的废气治理主要是工艺尾气回收利用和废气净化处理等工业污染源单项治理。人们已开始认识到单个污染源治理不能从根本上解决环境问题，也难以达到改善环境质量的目标，开始提出污染综合防治的概念。

20 世纪 80 年代开始出现了第二次环境问题的高潮。这次高潮与第一次不同，范围大（城市、农村、广大区域乃至全球）、危害严重（关系到整个人类的生存和发展），发达国家和发展中国家都面临着严重的环境污染与破坏，而污染来源复杂、污染物种类繁多，解决这类环境问题仅靠污染源单项治理是难以奏效的，从区域的整体出发进行环境污染综合防治就成为发展的必然趋势，废气治理在这种大趋势下也必然发展为大气污染综合防治。

（二）预防为主，防治结合，综合治理

1. 中国环境政策的选择

20 世纪 80 年代初中国政府已开始意识到环境问题的严重性，并开始着手制定环境保护战略。当时面临 3 种选择：

① 按照工业发达国家的模式，靠高投入、高技术控制环境污染与破坏；

② 把环境保护暂时放一放，先快速发展经济，等到拥有更强经济、技术实力后再来治理污染，即实际上走“先污染、后治理”的道路；

③ 根据中国的国情探索出一条投资省、效果好的新途径。

对于第 1 种选择，中国是不可能实行的。中国人口众多、人均资源少，经济尚不发达，技术仍然落后，在相当长一个时期内还不可能拿出大量资金用于环境保护。对于第 2 种选择，“先污染、后治理”，工业发达国家的实践已经证明是一条弯路，是惨痛的教训。由于对环境保护的必要性、紧迫性认识不足，对于在发展经济的同时做好环境保护工作的重要意义认识不足，仍然走上了“先污染、后治理”的道路，造成了严重的后果。

经过多年的探索之后，认识到必须根据中国的具体国情制定环境保护战略和环境政策，必须找出一个从环境和经济角度都可以接受的模式，投资省、效果好的符合国情的新途径。

基于上述认识，第二次全国环境保护会议确定了我国环境保护的大政方针和环境政策体系的初步框架（图 18-1），为我国环境保护事业的发展奠定了良好的基础。

2. 大气污染综合防治是环境政策的具体体现

在图 18-1 中的第二个层次——“三同步”环保方针，即经济建设、城乡建设、环境建设同步规划、同步实施、同步发展，明确规定了发展经济与保护环境的关系，不是先污染、后治理，而是经济建设与环境建设同步规划、综合平衡，并要同步实施，达到同步协调发展。在环境污染治理方面体现“三同步”方针，就是首先做到“预防为主，防治结合，综合治理”。这项政策表明，无论是从经济学角度或是从环境管理学角度来讲，预先采取防范措施，不产生或尽量减少污染物的排放量，降低对环境的损害，是解决环境问题的最好办法；对于已造成的污染和在现有技术经济条件下仍难以避免

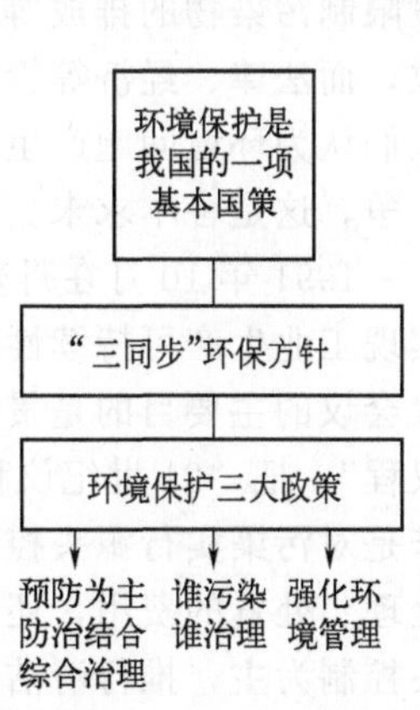

图 18-1 中国环境政策体系初步框架

的污染物排放，仍要进行治理、防治结合；治理污染的指导思想要以生态理论为指导，从区域（或城市）的整体出发，全面规划、整体优化、综合治理。

大气污染综合防治，是区域（或城市）环境污染综合防治的重要组成部分，从区域（或城市）大气环境的整体出发，以改善大气环境质量为目标，制定大气污染综合防治规划。抓住主要问题，综合运用各种措施，组合、优化确定大气污染防治方案，具体体现了“预防为主，防治结合，综合治理”的环境政策。

3. 综合防治，实现“三个效益”的统一

一个区域（或城市）的污染状况是多种污染源和多种有关因素综合作用的结果。其污染程度不但与污染源的排放强度直接相关，而且与污染源密度、工业结构与布局、人口密度及其分布、地区的地形与气象条件、植被情况、能源构成以及交通状况等多种因素相关。因此，为改善大气环境质量，必须从整体出发，进行大气污染综合防治。单个污染源治理与污染综合防治并不相互排斥，对单个污染源的治理（包括减少污染物的产生和排放），是综合防治的基础，但仅从一个个的污染源进行分散治理，不能有效地改善区域大气环境质量。从区域的整体出发，制定大气污染综合防治规划，恰当确定本区域的大气污染控制水平、污染物排放总量控制水平，并分配到污染源，对污染源的治理起指导作用；综合防治还可以把各种有效措施组合成多种方案，经综合分析、整体优化，达到经济效益、社会效益与环境效益的统一。

第二节 大气污染综合防治的原则

一、以源头控制为主，推行清洁生产

这项原则是在长期与大气污染做斗争的实践中总结出来的。工业革命以后，随着生产的发展和人口的增长，环境污染日益严重，自 20 世纪 40 年代至 70 年代初，发生了震惊世界的八大公害事件，其中有五件是由于严重的大气污染造成的。人们当时采取的措施主要是：对污染源进行调查，研究污染事故发生的过程及规律，对污染进行治理，运用法律、经济手段限制污染物的排放等。总之是污染物产生了再通过回收、净化等措施进行治理，减少排放，而法律、经济等管理手段主要是以管促治。这些措施都属于尾部控制的范畴。环境科学家们认为环境问题产生了再去解决，是与结果做斗争，而不是从根本上采取措施、与原因做斗争，这是舍本求末。

1991 年 10 月在丹麦举行的生态可持续性工业发展部长级会议，明确了推行清洁生产是实现工业生产可持续性的关键。1992 年 10 月召开了清洁生产部长级会议和高级研讨会，这次会议的主要目的是贯彻同年 6 月巴西里约热内卢联合国环境与发展大会通过的“21 世纪议程”，把“21 世纪议程”中的建议转化为专门的政策和计划，确定应采取的行动。清洁生产是对污染实行源头控制的重要措施，推行清洁生产不但可避免排放废物带来的风险和降低处理、处置的费用，还会因提高资源利用率、降低成本，创造较好的经济效益。因此，以源头控制为主，推行清洁生产成为大气污染综合防治的重要原则。

二、环境自净能力与人为措施相结合

（一）基本概念

1. 环境自净

污染物排入环境中，因大气、水等环境要素（自净介质）的扩散稀释、氧化还原、生物降解等作用，其毒性和浓度自然降低的现象称为环境自净。大气环境自净一般只考虑大气的扩散稀释作用。

2. 环境容量

环境容纳污染物的能力有一定的界限，这个界限称为环境容量。

环境容量有两种表达方式：一是在能满足环境目标值的范围内，区域环境容纳污染物的能力，其大小由区域环境的自净能力（包括区域生态环境特征与“自净介质”总量）来表达；二是在维持目标值的范围内（极限内），区域环境容许排放的污染物总量。这样就将环境容量问题转化为用区域环境目标值计算最大允许排污总量的问题。

3. 环境容量是资源

大气、水、土地是资源，它们的环境容量也是资源，工业生产过程利用环境容量才能正常运转、生产产品，如果没有环境容量或环境容量遭到破坏，工业生产难以持续正常运转。在一定的时空条件下，环境容量是有限的，必须合理利用。

（二）正确处理合理利用环境自净能力与人为措施的关系

1. 全面规划，合理布局，合理利用环境自净能力

环境自净能力是环境容量的一种表达方式。实践证明，合理利用环境自净能力，既可保护环境又可节约环境污染治理投资。但是，在利用环境自净能力时要慎重，要以各种类型污染物的自净规律和生态毒理的研究为基础，并对其可能造成的环境影响进行预测。例如，高烟囱排放要考虑是否会造成区域环境出现酸雨。

全面规划、合理布局，才能合理利用环境自净能力。在环境调查研究和环境预测的基础上，要编制环境经济规划和区域环境规划，进行环境区划和环境功能分区，按环境功能分区的要求对工业企业按类型进行合理布局。了解和掌握区域环境特征（如风向、风频、逆温、热岛效应等）、污染物的稀释扩散等自净规律，使污染源合理分布，并控制污染源密度。

2. 依据区域环境特征和自净能力，确定经济合理的污染物排放标准和排放方式

污染物排放标准（污染物排放总量控制标准）应充分考虑到区域环境特征和自净能力、污染源密度、环境功能区的要求、技术经济发展水平，合理加以确定。既要合理利用大气、水、土地等的环境自净能力，尽可能降低污染治理费用，又要保证环境质量不会降低，并有所改善。还应考虑采取扩大林地面积、选择抗污树种、改善大气质量等措施。

3. 人工治理措施与合理利用环境自净能力相结合

在大气污染综合防治中坚持这项重要原则，就是在进行大气污染治理时，不要仅从单个

污染源的治理来考虑，而要对环境自净能力与人工治理措施综合考虑，组合成不同的方案，然后选择最优（或较优）的方案。

三、分散治理与综合防治相结合

分别对污染源进行控制，如逐个锅炉进行改造，消烟除尘，是防治烟尘污染的有效措施。但随着实践的增多，逐渐认识到，这种分散治理措施必须与区域综合防治相结合，才能提高污染治理效益，有效地改善区域环境质量。改造锅炉、消烟除尘，要与改善能源结构、提高能源利用效率、集中供热等综合防治措施相结合，才能充分显示出大气污染防治的环境效益与经济效益、社会效益。

1. 区域污染综合防治以污染集中控制为主

我国治理污染应该坚持两条原则：一是改善环境质量原则，治理污染的根本目的不是去追求单个污染源的处理率和达标率，而应当是谋求区域环境质量的改善；二是经济效益原则，在区域污染综合防治中，必须以尽可能少的投入获取尽可能大的效益。根据国内外的实践经验，要提高污染治理的效益，必须走污染集中控制的道路。从以上两项原则出发，考虑到我国的现实情况，区域（或城市）污染综合防治应集中控制与分散治理相结合，以集中控制为主。

2. 区域污染综合防治，要以污染源分散治理为基础

在制定区域污染综合防治的过程中，根据区域（或城市）的性质功能，国家对该区域环境质量的要求，以及技术经济发展水平确定环境目标，计算出主要污染物应控制的排放总量，然后合理分配落实到污染源。各主要污染源按总量控制指标采取防治措施。如果各主要污染源的分散治理都达不到总量控制的要求，区域污染综合防治的目标就会落空。所以，区域污染综合防治要以污染源分散治理为基础。

因此，大气污染综合防治应坚持分散治理与综合防治相结合的原则，这是一项重要原则。

四、总量控制与浓度控制相结合

1. 概念与理论分析

（1）概念　按功能区实行总量控制是指在保持功能区环境目标值（环境质量符合功能区要求）的前提下，所能允许的某种污染物的最大排污总量。控制污染的着眼点，不是单个污染源的排污是否达到排放标准，而是从功能区的环境容量出发，控制进入功能区的污染物总量。

（2）理论分析　在一定的时空条件下环境容量是有限的，也就是说在保持环境目标值的范围内（极限内），环境功能区容许排放的污染物总量有限度，污染物排放总量超过了这个限度即超过了环境容量，环境质量就会发生不良变化，造成环境污染与破坏。

所以，环境功能区的环境质量主要取决于区域的污染物排放总量，而主要不是单个污染源的排放浓度是否达标。如果某一功能区大气污染源的密度大，即使单个污染源都达标排放，整个功能区的污染物排放总量仍会超过环境容量。反之，在人口密度小、工业又不发达的广阔地区，大气污染源规模小、数量少，气象条件又利于扩散稀释，虽单个污染源未达标排放，但排污总量也不会超出环境容量。

2. 污染控制管理的三个层次

随着我国经济体制的改革和环境保护事业的发展，大气污染管理的内涵进一步扩大，主要表现在：管理思想逐步从单一的浓度控制转向浓度控制与总量控制相结合，以改善环境质量为目的进行污染控制与管理。分为以下三个层次。

第一个层次是规定污染物排放必须达到国家或地方规定的浓度标准。为实现这一目标，必须实施污染物排放浓度控制与污染物排放总量控制相结合，并逐步过渡到按环境功能区的环境容量控制污染物排放总量。

根据我国的技术经济发展水平和环境管理的实际水平，当前绝大部分城市（地区）实行的主要污染物排放总量控制是目标总量控制，这是污染控制管理的第二个层次。目标总量控制是根据区域（或城市）环境规划的环境总量控制目标（或计算确定的污染物削减量），分配到源，限定污染源排放污染物总量，并未引入环境容量概念。

污染控制管理的第三个层次是容量总量控制，是在对环境功能区环境容量分析的基础上，按环境容量确定主要污染物的最大允许排放量。它的特点是将污染源排放污染物的控制水平与环境质量直接联系，选择（或建立）恰当的环境容量计算分析模型，确定主要污染物的最大允许排放量，通过环境规划优化分配削减污染负荷（或总量控制指标）的方案。它不要求各污染源排放污染物总量的平均削减，而是求得以最佳成本效益实现功能区的环境质量目标。

五、技术措施与管理措施相结合

环境污染综合防治一定要管治结合。在当前我国财力有限、技术条件比较落后的情况下，更要通过加强环境管理来解决环境问题。根据工业污染源调查的资料，由于粗放经营、管理不善造成的污染流失约占污染物流失总量的50%。因而有许多环境污染问题，不一定需要花很多钱，通过加强管理就能解决。例如，合理工业布局、建立烟尘控制区、合理开发利用各项资源、加强工艺生产全过程的环境管理等。

另外，运用管理手段，坚持执行排污申报登记、排污收费、限期治理等各项环境管理制度，可以促进污染治理。而污染治理工程建成投入运行后，也必须建立严格的管理制度，才能保证污染治理设施持续地正常运行。

第三节　综合防治规划的程序与方法

一、大气污染综合防治规划

1. 目的

制定并认真实施大气污染综合防治规划，是在新形势下实施可持续发展战略，全面改善区域（或城市）大气环境质量的重要措施。其主要目的如下。

（1）贯彻“三同步”方针，促进经济与环境协调发展　第二次全国环境保护会议提出的“三同步”方针，是环境保护工作总的出发点。环境保护工作的目的，就是要促进经济与环境协调发展，保证经济快速持续健康发展。因此，必须在制定国民经济和社会发展的同时制定环境规划，同步制定、综合平衡。把环境目标、污染控制指标、环境工程项目、环境保护投资纳入国民经济和社会发展计划，并与环境目标责任制联系起来，才可能实现经济与环境协调发展。

（2）指导大气污染源治理 大气污染综合防治规划所确定的污染控制目标，是大气污染源治理的依据。经综合分析、整体优化确定的大气污染综合防治规划方案，对污染源废气治理有指导作用。

（3）为大气环境监督管理提供依据 包括大气污染综合防治规划在内的环境规划是对政府决策所做的具体安排。各项环境指标与经济、社会指标统一由综合部门下达后，将成为环保部门依法进行环境监督管理的依据。在科学预测的基础上制定大气污染综合防治规划，可以为大气环境质量管理提供依据。

2. 指导思想

（1）以发展经济为前提，以“三个效益的统一”为归宿 防治大气污染的目的是保护大气资源，改善大气环境质量，促进经济发展。所以，制定大气污染综合防治规划要以发展经济为前提，污染防治为经济建设服务，实现经济效益、社会效益与环境效益的统一。

（2）以生态理论为指导 自然生态系统、人类生态系统都是客观存在的。不论我们是否意识到，或是否承认，人类的经济活动和社会行为，如大量排放二氧化碳（CO_2）、乱砍滥伐森林、大量排放二氧化硫（SO_2）、使用氯氟化碳等，都在不断影响着生态系统的结构和功能；而生态系统的运行规律又是不以人的意志为转移的客观规律。所以，人类要认识生态规律，掌握和运用生态规律，改造自然环境，使之更适合于人类的生存和发展。因此，制定大气污染综合防治规划要以生态理论为指导。

（3）以合理开发利用资源为核心 合理开发利用资源包括两方面的涵义：一是控制开发强度，使之不超过环境承载力，这是制定环境规划要解决的核心问题；二是节约资源能源，提高资源能源的利用率，达到少投入、多产出、少排废的要求。

（4）突出重点，整体优化 制定环境规划一定要从本区域（本城市）的实际出发，因时、因地制宜，抓住重点环境问题，综合分析、提出对策。对环境规划方案要进行科学论证，进行综合效益分析、整体优化。

二、综合防治规划与宏观环境规划

（一）区域宏观环境规划

区域宏观环境规划实质上就是“环境与发展规划”，它要解决的核心问题是协调经济发展与环境保护的关系。其主要内容如下。

1. 环境承载力分析

环境承载力是指在某一时期，某种状态或条件下，某地区的环境所能承受的人类活动的阈值。环境承载力可以用人类活动的方向、强度、规模加以反映，如草场的载畜量、每平方公里可以承载的人口等。环境承载力是一个客观的量，是环境系统的客观属性，它具有客观性、可变性、可控性的特点。环境承载力分析包括下列内容。

（1）资源供需平衡分析 根据经济、社会发展规划和城镇建设总体规划，预测规划期对水资源、能源、土地资源及生物资源等的需求；由环境调查评价和相关规划获得的数据资料，分析计算各规划期的资源可供应量，然后分析资源供需平衡中的问题。

（2）环境容量分析 环境容纳污染物的能力有一定的界限，这个容纳界限通常称为环境容量。所谓一定的界限，指排污与开发活动造成的环境影响不能超过区域环境的生态容许极限。通常以区域环境目标值作为衡量的准绳。

（3）环境综合承载力分析 在上述两项工作的基础上进行环境综合承载力分析。以 $\frac{\text{开发强度}}{\text{环境承载力}} \leqslant 1$ 作为判别式；建立恰当的指标体系，选取发展变量（开发强度）及制约变量（环境承载力），两组变量要一一对应；然后进行环境综合承载力定量分析。

2. 环境功能区划

在城乡建设总体规划的功能分区、农业区划、生态适宜度分析、环境区划的基础上进行环境功能区划，是区域环境规划的一项重要内容。环境功能区划分为两个层次：一是综合环境功能区划；二是分项环境功能区划，如大气环境功能区划、水环境功能区划、近岸海域环境功能区划、声环境功能区划等。宏观环境规划主要进行综合环境功能区划，共分为 6 种类型。

（1）特殊保护区 这类保护区主要包括风景游览区、自然保护区、重要文教区、特殊保护水域、绿色食品生产基地等。

（2）一般保护区 这类区域主要是城乡生活居住区、商业区等。

（3）污染控制区 这类区域一般指目前环境质量相对较好，需要严格控制新污染的工业区（包括乡镇工业区），这类地区应逐渐建成清洁工业区。

（4）重点治理区 这类区域主要是环境现状污染严重，或是特殊的重污染区（如汞污染区、氟污染区、镉污染区等），在规划中需列为重点治理对象。

（5）新经济技术开发区 这类功能区的环境质量要求及环境管理水平根据开发区的功能确定，但应从严要求。

（6）生态农业区 这类功能区的环境质量应从严要求。

3. 环境目标

区域环境规划的环境目标分为三个层次，即环境总体目标（战略目标）、环境总量控制目标、具体环境目标。在宏观环境规划中主要是确定前两个层次的环境目标。

4. 宏观环境战略及协调因子分析

这是宏观环境规划中非常重要的组成部分，包括经济与环境协调度分析、协调因子分析，以及区域环境保护战略。

（1）协调度分析 如经济持续快速增长，而且环境质量不断改善，则两者处于协调状态；如环境质量严重恶化，则两者处于不协调状态。协调到不协调之间可分为 3 级或 5 级，通过参数筛选、建立指标体系对协调度进行定量分析。

（2）协调因子 经过协调度的分析，如果经济与环境处于不协调或基本不协调，或者处于需要调节的状态，就需要进行协调因子的分析，包括战略协调、政策协调、技术协调三个层次的协调因子分析。

（3）环境保护战略 在上述工作基础上确定区域环境保护战略，包括战略重点、战略目标和战略对策。

（二）宏观环境规划与大气污染防治规划的关系

1. 区域环境规划的框架结构

区域环境规划的框架结构见图 18-2。

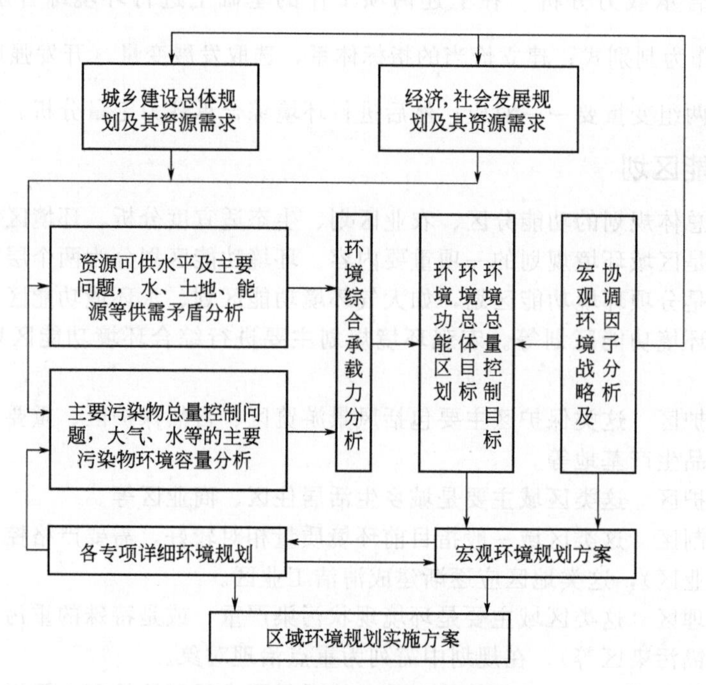

图 18-2 区域环境规划的框架结构

2. 宏观环境规划与大气污染综合防治规划的关系

从图 18-2 可以看出，宏观环境规划主要是解决经济与环境如何协调发展的问题，对于制定专项详细环境规划起指导作用。大气污染综合防治规划是专项详细环境规划的一种，所以宏观环境规划对其有指导作用。制定大气污染综合防治规划要以宏观环境规划的环境保护战略和环境总体目标为依据；而大气污染综合防治规划的制定过程又可检验宏观环境规划所提出的环境保护战略和环境总体目标是否切合实际，发现问题及时反馈，对宏观环境规划做相应的调整。

三、制定污染综合防治规划的程序与方法

大气污染综合防治规划是一项重要的区域（或城市）污染综合防治规划，其程序框图如图 18-3 所示，现具体阐述如下。

（一）环境调查评价及主要问题分析

如图 18-3 所示，环境调查评价主要包括以下内容。

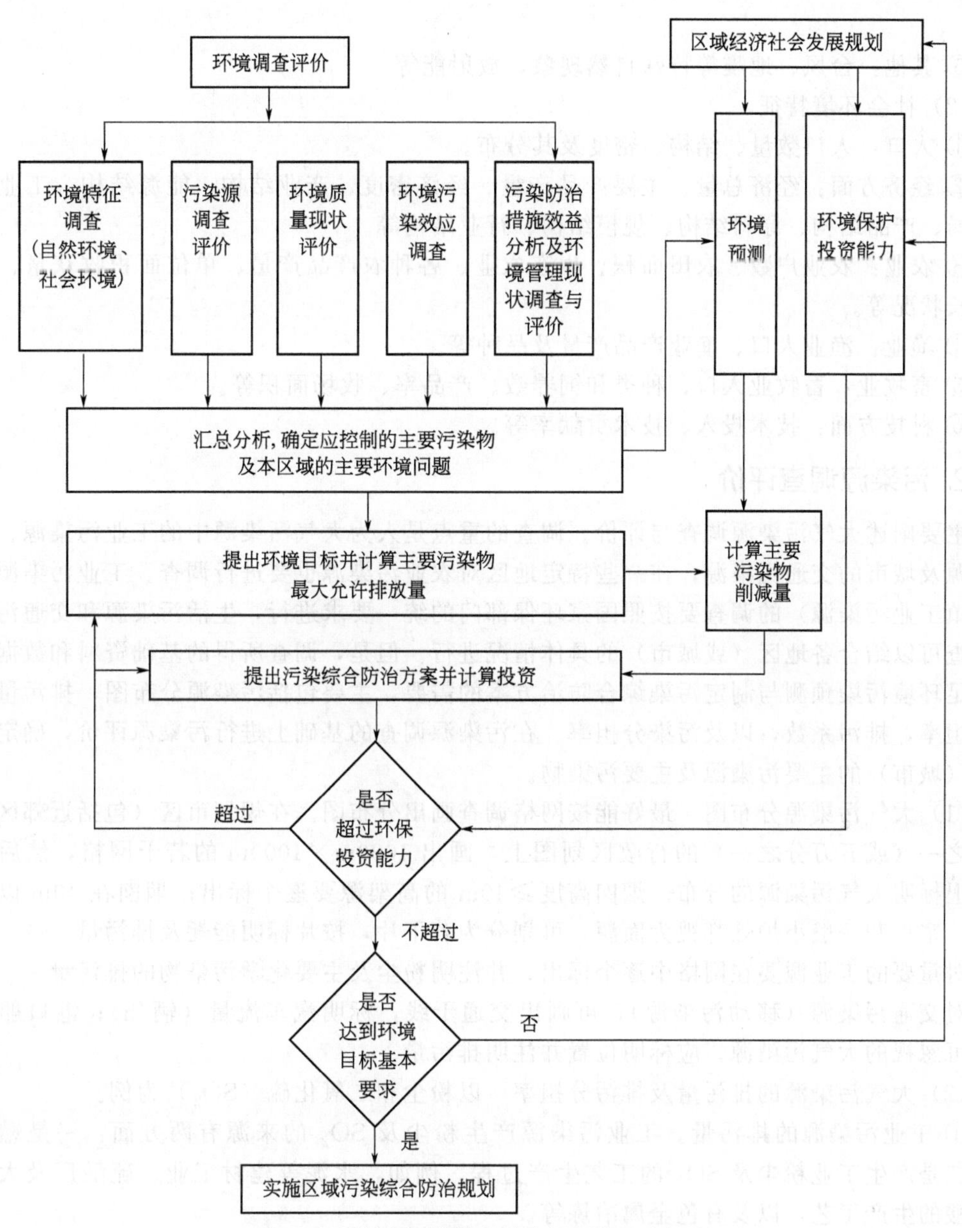

图 18-3　制定污染综合防治规划的程序框图

1. 环境特征调查

包括自然环境特征及社会环境特征调查。

（1）自然环境特征

① 地形、地质、土地稳定性。

② 地表水：河流流量（丰水期、枯水期、平均流量），水库（或湖泊）的水量、水位及变化等，海湾的潮流、潮汐、扩散系数等。

③ 地下水：地下水量、总储量、可开采储量、地下水位及其变化等。

④ 气象：平均气温、降水量、最大风速、平均风速、风频、风向、逆温层、日照时间等。

⑤ 其他：台风、地震等特殊自然现象，放射能等。

(2) 社会环境特征

① 人口：人口数量、结构、密度及其分布。

② 经济方面：经济总量、主要产品产量、经济密度、产业结构、能源结构、工业结构及布局、产品结构、原料结构、规模结构、行业结构等。

③ 农业：农业户数、农田面积、生态农业、各种农产品产量、单位面积收获量、农作物生长状况等。

④ 渔业：渔业人口、渔业产品产量及品种等。

⑤ 畜牧业：畜牧业人口、种类和饲养数、产品率、牧场面积等。

⑥ 科技方面：技术投入、技术贡献率等。

2. 污染源调查评价

主要阐述大气污染源调查与评价。调查的重点是人为大气污染源中的工业污染源、生活污染源及城市的交通污染源，在一些特定地区对农业污染源也要进行调查。工业污染源（包括乡镇工业污染源）的调查要按照国家环保部门的统一要求进行，生活污染源和交通污染源的调查可以结合各地区（或城市）的具体情况进行。但是，调查所得的基础资料和数据必须能满足环境污染预测与制定污染综合防治方案的需要，主要包括污染源分布图，排污量及排污分担率，排污系数，以及污染分担率。在污染源调查的基础上进行污染源评价，确定出本地区（城市）的主要污染源及主要污染物。

(1) 大气污染源分布图　最好能按网格调查画出分布图。在规划市区（包括近郊区）的万分之一（或五万分之一）的行政区划图上，画出 1000m×1000m 的若干网格，然后在网格图上标明大气污染源的分布。烟囱高度≥40m 的高架源要逐个标出；烟囱在 40m 以下的锅炉、窑炉和一般小炉灶都视为面源，可划分为若干片，按片标明能耗及排污量。

对重要的工业源要在网格中逐个标出，并注明粉尘及主要化学污染物的排污量。

对交通污染源（移动污染源），可画出交通干线，标明汽车流量（辆/h）；港口船舶也是不可忽视的大气污染源，应标明位置并注明排污量。

(2) 大气污染源的排污量及排污分担率　以粉尘和二氧化硫（SO_2）为例。

① 工业污染源的排污量。工业污染源产生粉尘及 SO_2 的来源有两方面：一是燃料燃烧；二是产生工业粉尘及 SO_2 的工艺生产过程。例如，水泥等建材工业、硫酸厂及大量使用硫酸的生产工艺，以及有色金属冶炼等。

首先调查工业生产的能耗（以煤耗为主），按行业及按逐个工业污染源列表统计年能耗量（最好能有连续 5 年的调查统计），据此估算出各个工业污染源及各行业由于燃料燃烧排放的烟尘及 SO_2 量。其次是对重点行业及工业污染源调查，估算其工艺生产过程所排放的工业粉尘及 SO_2 量。最后计算出各个工业污染源、各行业及全部工业污染源的烟尘和 SO_2 的总排污量。

② 调查生活污染源烟尘及 SO_2 排放量。首先调查近 5 年的生活能耗，然后估算出烟尘及 SO_2 的年排放量。

③ 调查交通污染源烟尘及 SO_2 排放量。主要是调查机动车辆所排放的 SO_2 及造成的道路扬尘。其中一种方法是根据能耗和扬尘的现状从总体上进行估算；另一种方法是对各种类型的机动车做典型调查，然后进行估算。

④ 排污分担率。这个概念是指某类污染源或某个重点污染源所排放的某种污染物的年排放量，在全地区（或城市）某种污染物年排放总量中所占的百分比。如：

$$\text{重点工业污染源}SO_2\text{排污分担率}=\frac{\text{重点工业污染源}SO_2\text{年排放量}}{\text{全地区}SO_2\text{年排放量}}\times100\% \tag{18-1}$$

$$\text{工业污染源}SO_2\text{排污分担率}=\frac{\text{工业污染源}SO_2\text{年排放量}}{\text{全地区}SO_2\text{年排放量}}\times100\% \tag{18-2}$$

$$\text{生活污染源}SO_2\text{排污分担率}=\frac{\text{生活污染源}SO_2\text{年排放量}}{\text{全地区}SO_2\text{年排放量}}\times100\% \tag{18-3}$$

（3）排污系数　本书介绍了产污系数及排污系数的定义，并对工业、乡镇工业以及工业锅炉、茶浴炉和食堂大灶等的排污系数分别进行了阐述。但是，在制定大气污染综合防治规划时要对本地区的排污系数进行实际调查，或按照上一级环保部门对本地区的排污系数所做的统一规定，与之前的论述不尽相同。下面对工业污染源及生活污染源的排污系数做简要介绍。

① 工业污染源的排污系数一般有 3 种类型：a. 燃烧 1t 煤的排污量，单位 kg/t 或 t/t；b. 吨产品排污量，单位 kg/t 或 t/t；c. 万元工业产值排污量，单位 kg/万元或 t/万元。调查计算排污系数，对于排污总量预测有重要作用。燃煤的排污系数和工业污染源吨产品排污系数可以通过实际调查获得，但一般可查《工业污染物产生和排放系数手册》（国家环保局科技标准司编）而获得所需要的数据。但在制定大气污染综合防治规划中常使用万元工业产值排污量，这类排污系数要通过实际调查获得。

调查万元工业产值排污量（A），首先分别调查各行业的大气主要污染物（如尘、SO_2、NO_x）的年排放量（m_{ij}），并计算出本地区（城市）的大气污染物年排放量（m_i）；然后分别调查统计各行业当年的工业产值（D_j），并计算出本地区的当年工业总产值（D），就可分别获得各行业的万元产值排污量（A_{ij}）和本地区（城市）的大气主要污染物万元产值排污量（A_i）。

$$m_{ij}=A_{ij}D_j \tag{18-4}$$

$$A_{ij}=m_{ij}\times\frac{1}{D_j} \tag{18-5}$$

$$m_i=A_iD \tag{18-6}$$

$$A_i=m_i\times\frac{1}{D} \tag{18-7}$$

② 大气主要污染物变化规律。有条件的城市可以调查统计近 10 年来的万元产值排污量，研究大气主要污染物随工业产值增长的变化规律。按行业分别进行调查统计，万元工业产值按国家规定的不变价进行统计。利用多年（最好≥10 年）的调查统计数据可以建立统计模型。例如，沈阳市在进行工业污染源调查时曾建立如下的模型：

$$m_{ij}=\alpha D_j^{\beta} \tag{18-8}$$

式中，m_{ij} 为某行业（j）的 i 污染物年排放量；D_j 为某行业的年工业产值；α、β 为系数（与行业的性质及规模有关）。

（4）污染分担率　即各类源对环境污染的贡献值。但是，要提出切实可行的治理方案，必须弄清各类污染源对造成 TSP 污染的贡献值（分担率）。造成 TSP 污染的大气颗粒物来源一般有扬尘、燃煤飞灰、燃油飞灰、风沙、交通运输尘、工业粉尘（建材工业尘等）、原煤尘以及海洋气溶胶等。如果各类源的污染分担率搞不清楚，就难以抓住主要矛盾而采取有效的治理措施。

为了定量计算大气总悬浮颗粒物污染的各类来源的污染分担率（贡献值），常应用受体模型。受体模型是测定源和受体气体中的颗粒物的物理、化学性质来确定和计算源对受体的污染分担率（贡献值）。这种模型是TSP源解析（确定各类源的污染分担率）的主要方法，其主要类型有化学质量平衡模型、主成分分析、因子分析以及多元线性回归分析等，其中化学质量平衡法（CMB）应用最广泛。

（5）污染源评价　主要是制定大气污染综合防治规划时，对工业污染源进行评价，确定主要污染物及主要污染源。

污染源所排放的污染物对环境和人群健康的危害受很多因素的影响，例如污染源所处的位置，排放规律，排放特征，污染物的物理、化学及生物特征等。对污染源评价的方法虽多，但能把以上各种因素都考虑在内，筛选出工业污染源的评价参数（特征参数），然后用模式识别或聚类分析等恰当的数学方法，建立评价模型、确定主要污染源的方法还不成熟。现在制定环境规划时通常采用标化评价法，评价污染源及污染物的潜在危害，确定主要污染源及主要污染物。

标化评价法，即把各种污染物的排放量进行标化计算，使之可相互比较。这就犹如商品用货币标化，各种能源用热量进行标化一样。各种不同的污染物只有标化后才能彼此进行比较和直接相加。例如：某工厂每年排COD 10t（10000kg），排镉100kg，仅从排放量来看镉比COD少得多，COD应是主要污染物。但是，污染物的排放量并不能代表它对环境的潜在危害，如果依据上述判断去制定环境规划很可能造成失误。所以，要选用恰当的标化系数对污染物的排放量进行标化计算，再进行分析比较。假定选用《污水综合排放标准》（GB 8978）作标化系数（只取绝对值），COD的标化系数为100，镉（Cd）为0.1，经标化计算得到如下的结果：

$$P_{\mathrm{COD}}=\frac{10000}{100}=100(\mathrm{kg})$$

$$P_{\mathrm{Cd}}=\frac{100}{0.1}=1000(\mathrm{kg})$$

由上述标化计算后的结果可以看出，100kg镉对环境的潜在危害明显大于10000kg COD对环境的潜在危害，这充分说明了标化评价的必要性。下面主要介绍两种标化评价法。

① 等标污染负荷法。上面的例子就是用的等标污染负荷法。它的通式是：

$$P_{ji}=\frac{m_{ji}}{C_{0i}^{*}} \tag{18-9}$$

式中，P_{ji}为j污染源i污染物的等标污染负荷；m_{ji}为j污染源i污染物的年（或日）排放量，t或kg；C_{0i}^{*}为i污染物的标化系数（排放标准或环境质量标准的绝对值，无量纲系数）。

计算出j污染源的所有大气污染物或水污染物的等标污染负荷后，可以求出j污染源的大气污染物的等标污染负荷（P_{ng}），或j污染源水污染物的等标污染负荷（P_{nw}）。大气污染物（SO_2、NO_x、CO等）经标化计算后可直接相加；水污染物（COD、NH_3-N、Hg、Cd、Cr等）经标化计算后也可直接相加。但是大气污染物等标污染负荷与水污染物等标污染负荷不能直接相加，需用适当方法确定权系数以后加权相加。P_{ng}或P_{nw}都用P_{n}表示，其通式如下：

$$P_{\mathrm{n}}=\sum_{i=1}^{n}P_{ji}=\sum_{i=1}^{n}\frac{m_{ji}}{C_{0i}^{*}} \tag{18-10}$$

整个地区（或城市市区）的 i 污染物等标污染负荷（P_i）用下式表示：

$$P_i=\frac{m_i}{C_{0i}} \tag{18-11}$$

式中，m_i 为全地区（城市市区）i 污染物排放总量。

② 排毒系数法。作为与前一种方法的比较，只列出全地区（城市市区）i 污染物的排毒系数：

$$F_i=\frac{m_i}{d_i} \tag{18-12}$$

式中，F_i 为 i 污染物的排毒系数；d_i 为能够导致一个人出现毒作用反应的 i 污染物最小摄入量（阈值），是根据毒理学实验得出的毒作用阈剂量经计算求得的。

废气中污染物 d 值的计算如下式：

d_i＝污染物毒作用阈剂量（mg/m^3）×人体每日呼吸的空气量（$10m^3$）

F_i 值的意义是很明显的，它表示当污染物充分、长期作用于人体时，能够引起中毒反应的人数。

应用标化评价法，应注意以下两个问题。

① 标化系数的选择是关键。上述两种标化评价法——等标污染负荷法与排毒系数法主要区别就在于标化系数不同。见以下两式的比较：

$$P_i=\frac{m_i}{C_{0i}^*} \tag{18-13}$$

$$F_i=\frac{m_i}{d_i} \tag{18-14}$$

式中，C_{0i}^* 与 d_i 为标化系数。

② 不同形态的污染物（如大气污染物、水污染物等）可根据需要选择恰当的标化系数。但同一形态的污染物所选标化系数必须属于同一系列。如果大气污染物已选定《大气污染物综合排放标准》(GB 16297)，则同一地区的大气污染物的标化评价系数，都要选这项标准中的数据做标化评价系数。

用标化评价法求各个污染源的等标污染负荷（P_n）和本地区（或城市）的各个污染物的等标污染负荷（P_i），然后从大到小排列，确定主要污染源和主要污染物。

3. 环境质量现状评价

在制定污染综合防治规划过程中，环境质量现状评价主要是指环境污染评价。通过评价确定地区（或城市）的污染程度，并分析造成污染的主要问题，画出污染分布图。污染分布图有两种画法：一种是分别画单项污染物（如 TSP、SO_2、NO_x）的环境浓度分布图，画网格图或画等值线图；另一种是按 TSP、SO_2、NO_x 等的综合环境影响画污染分布图，这就需要进行环境污染现状评价。其程序和方法如下。

（1）确定环境污染评价参数　在选择评价参数时，要根据本地区（或城市）的环境特征和污染现状，选择量大面广、对本地区（或城市）的环境污染有决定影响的污染物，以及潜在危害大的地区污染物。如：我国城市大气污染普遍是煤烟型污染，为说明大气污染状况而进行大气环境污染评价时常选用 TSP、SO_2、NO_x（或只选前两个）作为环境污染评价参数。如果汽车数量较多，汽车尾气排放量大，而燃煤低空排放的污染源也较多，则可考虑选择 TSP、SO_2、NO_x、CO、O_3（或 Pb）等多个评价参数。

（2）获取代表环境质量的监测数据　根据选定的评价参数、污染源分布、地形气象条件等进行优化布点，选择恰当的采样方法，设计监测网络系统，以获取能代表大气环境质量的数据，以及同步的气象数据。

（3）选定评价方法 通常选用环境质量指数法（或分级评分法）。下面对指数法做简要介绍。

① 确定大气污染分指数（基本结构单元 I_i） 如下式：

$$I_i=\frac{C_i}{S_i} \tag{18-15}$$

式中，C_i 为 i 污染物实测浓度；S_i 为污染物的评价标准。

在大气环境污染评价中，通常采用《环境空气质量标准》（GB 3095—2012）的二级标准作为评价标准。自然保护区、著名风景区等采用一级标准为评价标准。

② 大气环境质量综合指数（AQI） 在上述工作的基础上选择适当的模型求 AQI，可供选择的模型如下。

a. 迭加

$$\text{AQI}=\sum_{i=1}^{n}W_iI_i(\text{或 AQI}=\sum_{i=1}^{n}I_i)(W\text{ 为权值}) \tag{18-16}$$

b. 均值法（我国南京曾用过）

$$\text{AQI}=\frac{1}{n}\sum_{i=1}^{n}W_iI_i \tag{18-17}$$

c. 指数型

$$\text{ORAQI(美国橡树岭)}=\left(5.7\sum_{i=1}^{5}\frac{C_i}{S_i}\right)^{1.37} \tag{18-18}$$

（设背景浓度为 10，警报标准为 100）

$$\text{AQI}_{\text{沈}}=\left(3.2\times10^{-6}\sum_{i=1}^{5}\frac{C_i}{S_i}\right)^{-0.36} \tag{18-19}$$

式中，$\text{AQI}_{\text{沈}}$ 为沈阳大气质量指数（百分制）；C_i 为某污染物实测日平均浓度，mg/m^3；S_i 为居民区某污染物的日平均最高容许浓度，mg/m^3。

$\text{AQI}_{\text{沈}}$ 选用飘尘、SO_2、CO、NO_x、苯并[a]芘五个评价参数；C_i 为背景浓度时，$\text{AQI}_{\text{沈}}=100$，$C_i$ 为明显危害浓度时，$\text{AQI}_{\text{沈}}=20$。

d. 大气质量指数（I_1）

$$I_1=\sqrt{XY}=\sqrt{\left(\max\left|\frac{C_1}{S_1}\times\frac{C_2}{S_2}\times\frac{C_3}{S_3}\cdots\frac{C_k}{S_k}\right|\right)\left(\frac{1}{k}\sum_{i=1}^{k}\frac{C_i}{S_i}\right)} \tag{18-20}$$

式中，X 为$\frac{C_i}{S_i}$中的最高值；Y 为$\frac{C_i}{S_i}$中的平均值。

在大气环境质量评价（大气环境污染现状评价）工作中，选择哪一种模型求 AQI，要根据本地区（或城市）的具体情况而定。如果在煤烟型污染的中小城市主要是尘和 SO_2 的污染，只选 TSP、SO_2 两个评价参数，则可选用叠加或加权叠加模型；如果必须考虑 NO_x 的污染影响，选 TSP、SO_2、NO_x 三个评价参数，而其中某一个污染物（TSP 或 SO_2）的污染影响比较突出，则最好选姚志麒指数（或加权叠加）模型。大城市或特大城市污染因素复杂，需选多个评价参数，即可考虑选 ORAQI 或 $\text{AQI}_{\text{沈}}$。

③ 环境质量分级 在求得大气质量的综合指数以后，要按照指数的大小对环境质量进行分级。例如，美国橡树岭国家实验室按 ORAQI（橡树岭大气质量指数）的大小，把大气

质量分为六级：<20 为优；20～39 为好；40～59 为尚可；60～79 为差；80～90 为坏；≥100 为危险。

而 $AQI_{沈}$ 则相反：81～100 清洁；61～80 轻污染；42～60 中污染；35～41 重污染；<35 极重污染。

环境质量分级一般是按一定的指标对环境质量指数范围进行分级，在单一指数或较简单的指数系统中，指数与环境的关系密切，分级也较容易。但当参数选择较多、综合指数较复杂时，则环境质量分级也愈困难，主要是对指数可能产生的变化幅度及指数与环境效应的相关性缺乏深入的研究。在实际工作中，首先要掌握污染状况变化的历史资料，弄清指数变化与污染状况变化的相关性。先确定出未受污染、重污染（质量坏）、严重污染（危险）等几个突出的污染级别与相应的指数范围，然后再根据评价结果作具体分级。要作好环境质量分级，必须从实际出发，掌握大量的历史观测资料，并可借助其他地区已有的分级经验。

4. 环境污染效应调查

这项工作一般要进行三个方面的调查，即人体效应调查、经济效应调查、生态效应调查。

（1）人体效应调查　环境污染与破坏往往都直接或间接地威胁和损害着人群的身体健康。例如，癌症（特别是肺癌）、呼吸系统疾病、心脑血管病等发病率与死亡率不断增大，与大气污染日益严重密切相关。所以，在制定大气污染综合防治规划时应对大气污染的人体效应进行调查。

但是，环境污染的人体效应是个很复杂的问题，受多种因素影响。例如，进入人体的途径不同效应也不同，通过呼吸空气、饮水、进食、皮肤接触、神经感应等多种途径影响人体，后果当然也不可能一样。即使同样的污染物（或污染因素），同样的含量水平（或强度），因环境背景不同，人群耐受力不同，对人体的影响（或损害）也不同。居民的生活习惯、工作职业习惯、活动规律等也是污染人体效应的影响因素。所以，调查分析环境污染的人体效应，既十分必要又任务艰巨。

这项调查首先是搞清环境污染与人体效应的关系。例如在某一市区范围内根据多年的调查统计，大气污染分布与呼吸系统疾病、肺癌等疾病的发病率、死亡率呈正相关，即表现在大气污染严重的网格部分发病率、死亡率也高；大气污染逐年加重，发病率、死亡率上升。但从调查统计数据能说明呈正相关，并不能证明必然的因果关系，也不能建立用于定量预测的模型。如果要搞清某种大气污染物（SO_2 或苯并[a]芘）的环境浓度与呼吸系统疾病或肺癌的因果关系，建立定量预测模型，还要做大量深入的研究工作。

（2）经济效应调查　环境污染造成的经济损失是多方面、多因素的，既有直接经济损失，也有间接经济损失，收集资料较难。一般计算污染经济损失，多采用先确定若干损失项目，逐项调查估算，然后加和得出总经济损失的办法。计算大气污染经济损失包括下式所列的项目：

$$\sum A(\text{总损失})=A_1(\text{居民损失})+A_2(\text{城市公用事业损失})+A_3(\text{工业及交通损失})+A_4(\text{林业损失})+A_5(\text{农业损失})+A_6(\text{其他损失}) \tag{18-21}$$

每一类具体损失的计算又包括若干个小项。例如，A_1（居民损失）包括：房屋粉刷维修费用的额外增加，为避害而搬迁的费用，洗涤次数增加，医疗费用增加等。在计算过程中，有时需确定各自不同的数学关系式。例如污染对居民健康的损害，首先要确定环境污染程度与发病率之间的定量关系，才能估算污染造成人体健康损害的经济损失，但这是相当困难的。

(3) 生态效应调查　这项调查较前两类更为复杂，需做长期深入的观察研究。对长江三峡等大型工程和一些重要的生态系统，必须也应该做生态效应调查评价。在制定地区（或城市）的污染防治规划时，一般不进行这方面的调查评价。

5. 污染防治措施效益分析

在调查污染防治措施效益分析时有两种方法：一是对污染防治措施削减污染物排放量的效果进行分析；二是对污染防治措施的经济效益、社会效益与环境效益进行综合分析。

(1) 万元污降量　即投入 1 万元治理费可削减某种污染物排放量多少千克（或吨），单位为 kg/万元、t/万元。因万元污降量与地区的技术经济发展水平、环境管理水平，以及各行业的生产工艺特点、技术水平相关，所以各行业的万元污降量是不相同的。调查时要逐个行业进行调查。例如，调查烟尘的治理措施的万元污降量，可以对冶金、建材、电力、化工等排尘大户，逐个行业进行调查。万元污降量是行业的一种污染削减系数，编制环境规划时可以作为估算行业治理投资的依据。

当然，也可以计算出一个地区（或城市）的综合万元污降量，分析本地区（或城市）的污染治理水平，使环境污染防治规划的治理投资估算较为切合实际。

(2) 污染治理措施综合效益分析　污染治理措施的综合效益可用下式表示：

$$综合效益=利益(B)-费用(C)或B/C,或C/B \tag{18-22}$$

① 费用计算。首先明确规定本地区（或城市）污染治理措施的投资范围，然后计算基准年的环保治理费用。包括折旧费、人工费及原材料消耗等费用。

② 所得收益。基准年因采取污染治理措施，得到多少利益（收益）。包括：主要污染物排放量的削减量（kg 或 t），相应的环境浓度降低量；污染物回收直接作为产品或原料（如水泥、化工原料）所得的收益；环境浓度降低、大气环境质量改善，污染经济损失减少，人群发病率降低等所得的收益；污染纠纷减少、社会安定，以及景观改善环境优美等社会效益所得到的收益。有些可折算为货币，有些只能做定性或半定量的描述。

③ 综合效益分析。将各项收益汇总，与费用进行比较分析。可折算为货币的部分，费用与收益（利益）可以直接比较分析；定性或半定量描述部分作为辅助。

6. 环境管理现状的调查与评价

主要包括以下几方面：

① 环境管理机构及管理体制的调查分析；

② 环境保护工作人员的业务素质，要对本规划区从事环境保护工作人员的学历、知识结构、职称结构、接受专业培训的情况、工作经验、实际工作水平等进行调查分析；

③ 政策、法规、标准的实施，地方性法规、标准的配套及执行情况。

（二）大气环境污染预测

1. 主要污染物源强变化预测（尘、SO_2 等排放量的增长预测）

(1) 因能耗（煤耗）增长引起的源强变化

① 工业煤耗（E'）增长量预测能源弹性系数法（C_e）

$$C_e=\frac{工业煤耗年平均增长率\ r_e}{工业产值年平均增长率\ r_D} \tag{18-23}$$

如已知 1995 年的工业煤耗，则 2000 年的工业煤耗为：

$$E'_{2000}=E'_{1995}(1+r_e)^5 \tag{18-24}$$

② 非生产性煤耗量增长预测（E''）

$$E''=P_n E_a(\text{年人均非生产性煤耗量}) \tag{18-25}$$

③ 总煤耗量 E。例如 x 年的总煤耗量为：

$$E_x=E'_x+E''_x \tag{18-26}$$

④ 主要污染物排放量增长预测

$$G_{s(x)}=1.6E_xS(1-\alpha) \tag{18-27}$$

$$G_{p(x)}=E_x abc(1-\eta) \tag{18-28}$$

式中，$G_{s(x)}$ 为 x 年燃煤排放的 SO_2，t/a；$G_{p(x)}$ 为 x 年烟尘排放量，t/a；S 为煤的硫分；a 为煤的灰分；b 为燃烧过程灰分进入尘的比例；c 为烟尘处理率；η 为平均除尘效率；α 为平均硫削减率。

（2）工艺生产的源强变化

$$M_{p(x)}=D_xA_0(1+L_p)^{10} \tag{18-29}$$

$$M_{s(x)}=D_xA_0(1+L_s)^{10} \tag{18-30}$$

式中，$M_{p(x)}$、$M_{s(x)}$ 分别为 x 年工业粉尘、工艺生产排放的 SO_2 的量；L_p、L_s 分别为 x 年万元产值排污量年平均递减率；D_x 为 x 年工业总产值；A_0 为基准年万元产值排污量。

此外，有时还要考虑其他因素引起的源强变化。

$$m=G+M \tag{18-31}$$

式中，m 为大气主要污染物总排放量；G 为燃料燃烧排放的大气污染物；M 为工业生产过程排放的大气污染物。

2. 大气污染物浓度预测

（1）转换系数（黑箱）法

$$\text{输入}\xrightarrow{m}\boxed{\text{黑箱}}\longrightarrow\text{输出}$$

$$K \qquad\qquad C$$

$$C=Km(K\text{ 为转换系数}) \tag{18-32}$$

（2）简单的比例法求转换系数

$$C_2=\frac{C_1}{m_1}\times m_2=Km_2 \tag{18-33}$$

（3）利用 5 年左右（或更多）的连续对应统计数据求转换系数 K。

（4）箱模型法

$$C_S=\frac{Lm_S}{Hu}=K_Sm_S \tag{18-34}$$

式中，L 为箱边长；H 为混合层高度；u 为平均风速。

（5）高架源与面源同时存在（高架源影响较大，必须考虑）

① 通过调查、经验判断、估算高架源的污染分担率与箱模型结合使用。

② 将高斯烟流模型与箱模型结合使用分别求高架源及面源的转换系数。

此外，在 TSP 污染预测中还需要考虑颗粒物的沉降问题，这里不再介绍了。

（三）大气环境功能区划及环境目标

1. 大气环境功能区划

这项工作属于专项环境功能区划。所以，环境空气功能区划主要是以地区（或城市）的综合环境功能区划为依据，根据国家《环境空气质量标准》（GB 3095—2012）和当地的气象特征，将地区（或城市）的大气环境划分成不同的功能区，列出各功能区应执行的大气环境质量标准。其划分方法如下：

① 绘制地区（或城市）主要大气污染物浓度分布图，以及大气环境质量现状图；

② 分析评价主要大气污染源对地区（或城市）各个网格的影响大小；

③ 预测规划年本地区（或城市）大气环境质量变化情况；

④ 以本地区（或城市）的综合环境功能区划为依据，划分大气环境功能区（宜粗不宜细）。

2. 环境空气功能区分类和质量要求

（1）环境空气功能区分类　环境空气功能区分为两类：一类区为自然保护区、风景名胜区和其他需要特殊保护的区域；二类区为居住区、商业交通居民混合区、文化区、工业区和农村地区。

（2）环境空气功能区质量要求　一类区适用一级浓度限值，二类区适用二级浓度限值。一类、二类环境空气功能区质量要求见表 18-1 和表 18-2。

表 18-1　环境空气污染物基本项目浓度限值

序号	污染物项目	平均时间	浓度限值		单位
			一级	二级	
1	二氧化硫(SO_2)	年平均	20	60	$\mu g/m^3$
		24h 平均	50	150	
		1h 平均	150	500	
2	二氧化氮(NO_2)	年平均	40	40	
		24h 平均	80	80	
		1h 平均	200	200	
3	一氧化碳(CO)	24h 平均	4	4	mg/m^3
		1h 平均	10	10	
4	臭氧(O_3)	日最大 8h 平均	100	160	$\mu g/m^3$
		1h 平均	160	200	
5	颗粒物(粒径≤10μm)	年平均	40	70	
		24h 平均	50	150	
6	颗粒物(粒径≤2.5μm)	年平均	15	35	
		24h 平均	35	75	

注：摘自 GB 3095—2012。

表 18-2 环境空气污染物其他项目浓度限值

序号	污染物项目	平均时间	浓度限值		单位
			一级	二级	
1	总悬浮颗粒物(TSP)	年平均	80	200	$\mu g/m^3$
		24h 平均	120	300	
2	氮氧化物(NO_x)	年平均	50	50	
		24h 平均	100	100	
		1h 平均	250	250	
3	铅(Pb)	年平均	0.5	0.5	
		季平均	1	1	
4	苯并[a]芘(BaP)	年平均	0.001	0.001	
		24h 平均	0.0025	0.0025	

注：摘自 GB 3095—2012。

3. 大气污染防治规划环境目标

大气污染防治规划环境目标是指确定专项环境规划的具体环境目标，其方法步骤如下。

(1) 确定指标体系 提出大气污染综合防治规划的环境目标，首先要确定恰当的指标体系，主要有 3 个环节。

① 参数筛选（分指标的确定)。各项指标既有联系又有相对独立性，不能重叠；每项指标都要有代表性、科学性；各项分指标能组成一个完整的指标体系；便于管理和实施。

② 分指标权值的确定。环境污染综合防治规划的指标体系，确定了污染防治的组成和范围，而各项分指标的权值确定了污染防治的重点。废气、废水、固体废物、噪声，哪一方面的分项指标权值大，它就是污染综合防治工作的重点。也就是说，要给对环境质量影响大的主要污染物比较大的权值，当然还要考虑投资效益和治理技术是否成熟，以及治理的难易程度等。

③ 分指标的综合——综合指标的确定。在实际工作中，大多数地区（或城市）对环境污染防治指标体系不做专题研究工作，而是参照国家确定的城市环境综合整治定量考核指标体系，结合本地区（或城市）的实际情况，邀请有关专家经讨论加以确定。

(2) 制定大气污染防治规划确定指标体系 可供参照的分指标有以下 3 类。

① 环境质量指标。大气总悬浮颗粒物（TSP)、$PM_{2.5}$ 的年日平均值（mg/m^3 或 $\mu g/m^3$)，二氧化硫（SO_2）年日平均值（mg/m^3 或 $\mu g/m^3$)，氮氧化物（NO_x)。年日平均值（mg/m^3 或 $\mu g/m^3$)。

② 污染控制与环境管理指标。烟尘控制区覆盖率（%)，民用型煤普及率（%)，工艺尾气达标率（%)，汽车尾气达标率（%)，万元工业产值综合能耗（吨/万元)。

③ 城市建设与生态建设指标。城市气化率（%)，城市热化率（%)，建成区绿化覆盖率（%)，市区人均公共绿地（m^2/人)。

经过讨论确定了分指标及其权值以后，一般采用百分制分项评分，相加求和。当前尚未使用综合指标表达地区（或城市）的综合环境质量。

(3) 确定环境目标 在确定指标体系以后即可提出各项分指标的控制目标。

① 原则和方法。根据国家的要求和本地区（或城市）的性质功能，从实际出发，既不能超过本地区的技术经济发展水平，又要满足人民生存和发展所必需的基本环境质量。可采

用费用效益分析等方法确定最佳控制水平（P 点为最佳控制水平）（图 18-4）。

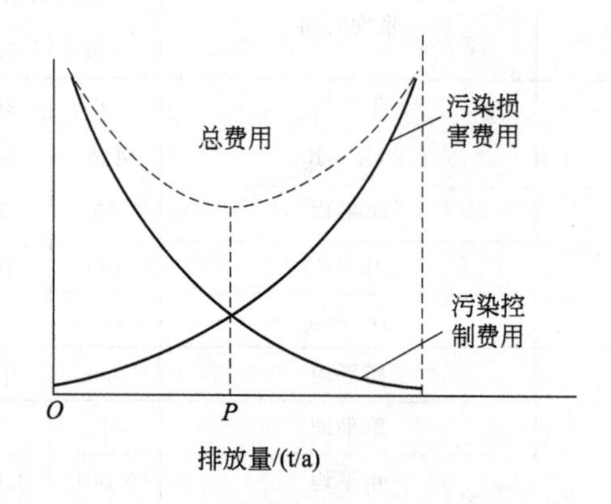

图 18-4　最佳控制水平

② 实例。表 18-3 是某城市市区 2020 年大气污染防治环境目标。

表 18-3　某城市市区 2020 年大气污染防治环境目标

指标名称	单位	2020 年目标	指标名称	单位	2020 年目标
$PM_{2.5}$ 年日平均值	$\mu g/m^3$	50	优良天数	d/a	200
SO_2 年日平均值	mg/m^3	0.06	城市气化率	%	100
烟尘控制区覆盖率	%	＞98	空气质量指数		60
工艺尾气达标率	%	100	绿化覆盖率	%	30
汽车尾气达标率	%	100	人均公共绿地	m^2/人	20

（四）大气污染综合防治规划方案

制定大气污染综合防治规划方案，要因地制宜，抓住主要矛盾，提出具体措施，达到科学性、适用性、可操作性及先进性的统一。一般方法步骤如下。

1. 计算主要大气污染物的削减量

根据大气污染预测结果和环境目标允许的最大排放量，计算主要大气污染物的削减量。

（1）一般方法　削减量的计算方法很多，但是必须与大气污染预测选用方法和模型保持一致。这种思想可表述如下：

$$C_i = f(m_i) \tag{18-35}$$

式中，C_i 为某地区主要大气污染物环境浓度，mg/m^3；m_i 为某地区主要大气污染物年排放量，t/a。

根据环境目标所确定的主要大气污染物浓度（C_{0i}），即可按上式表述的函数关系计算最大允许排放量（主要大气污染物的总量控制水平）。

$$m_i' = f(C_{0i}) \tag{18-36}$$

$$C_{0i} = f'(m_i') \tag{18-37}$$

式中，C_{0i} 为主要大气污染物的环境目标值；m_i' 为主要大气污染物最大允许排放量。

然后按下式计算削减量：

$$削减量=预测排放量-最大允许排放量 \tag{18-38}$$

(2) 运用转换系数法　削减量转换系数是指一定污染物的排放强度在某个区域中的环境浓度响应系数，一般情况可用图 18-5 描述。

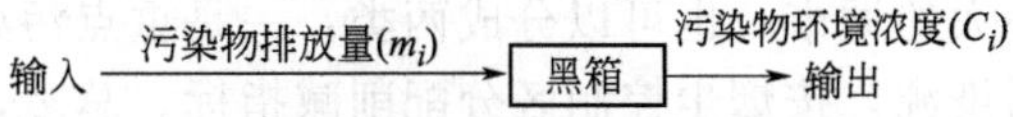

输入 —污染物排放量(m_i)→ 黑箱 —污染物环境浓度(C_i)→ 输出

图 18-5　转化系数示意

$$C_i = Km_i \tag{18-39}$$

式中，K 为转换系数，是污染物在环境中的迁移、转化过程的综合体现；同时 K 也是污染物排放的影响区域坐标的体现，因为区域坐标不同，K 值也不相同。

如果以 A 表示污染物在箱中的综合气象因素，B 表示污染物在箱中的转化过程，C 表示浓度响应区域，D 表示排放源的性质，那么

$$K = f(A、B、C、D) \tag{18-40}$$

即 K 为 A、B、C、D 4 个因素的函数。

但对于一般城市而言，或是对于城市中某固定区域而言，由于影响该区域的污染源性质相对稳定，气象因素短期内变化不大，污染物的性质及在箱中的转化相对稳定，所以图 18-5 中的箱可视为黑箱。在这种情况下转化系数 K 是常数。如以箱模型为例：

$$C_i = \frac{Lm'_i}{Hv} + C'_i \tag{18-41}$$

式中，L 为箱的边长（顺风向），m；H 为混合层高度，m；v 为平均风速，m/s；C_i 为箱内 i 污染物浓度；C'_i 为上风向箱外 i 污染物浓度；m'_i 为单位面积 i 污染排放源强，$g/(m^2 \cdot s)$ 或 $g/(m^2 \cdot d)$。

如果气象因素稳定（短期内年平均变化不大），城市边缘以外基本上没有污染源（即 $C'_i = 0$），则：

$$C_i = \frac{Lm'_i}{Hv} = \frac{L}{Hv} m'_i = Km_i \tag{18-42}$$

式中，$\frac{L}{Hv}$ 是常数；m'_i 可经单位转换为 m_i。

太原市处于盆地中，在制定大气污染防治规划中把市区作为一个箱；吉林市把市区划为 4 个箱，应用上述方法效果都较好。

如果预测排放量为 m_i，环境浓度响应值为 C_i，某功能区环境目标值为 C_{0i}，那么 i 污染物的削减量 m_x 为（m_{0i} 为最大允许排放量）：

$$m_x = m_i - m_{0i} = \frac{C_i}{K} - \frac{C_{0i}}{K} = \frac{1}{K}(C_i - C_{0i}) \tag{18-43}$$

2. 削减量分配到源

计算出削减量以后要将其分配落实到源，这项工作可以和按功能区实行污染物总量控制，以及排污申报登记与排污许可证制度的实施结合起来。其原则与方法如下。

(1) 必须满足大气环境功能区环境目标值的要求　污染物总量控制的涵义就是：在保证环境功能区目标值的前提下所能允许的某种污染物的最大排放量。所以，削减后的大气主要污染物排放量必须能满足大气环境功能区环境目标值的要求。

（2）合理确定承担单位　削减量分配后为了便于操作和监督管理，一般将污染源分为3～4类，落实责任、监督管理：a. 主要大气污染源（重点污染源），削减指标分配到每一个源（工业污染源）；b. 一般工业污染源，按行业分配削减指标；c. 生活污染源及街道企业，按区（或街道委员会辖区）分配削减指标；d. 交通污染源，可结合交通管理状况分配削减指标。烟尘控制区覆盖率大的城市，也可以分成两类：一是重点污染源，削减指标落实到每一个污染源；二是一般污染源，按烟尘控制区分配削减指标。总之，要因地制宜，合理确定削减指标的承担单位。

（3）合理分配削减指标　这是一项比较复杂的工作，有条件的城市可以和实施排污许可证制度结合起来。在污染源调查、排污申报登记等工作的基础上分配削减指标，既要考虑污染源的排污分担率和污染分担率，又要考虑其生产工艺和环保工作现状、技术经济发展水平等。

3. 提出大气污染综合防治措施

这是制定大气污染综合防治规划的关键环节。各承担单位分别提出的污染防治措施和地区性宏观措施相结合，组合优化形成2～3个规划方案提供给地区（或城市）领导决策。

（1）大气污染防治综合分析　根据地区（或城市）大气污染现状及趋势预测，从整个地区（或城市）的生态特征出发，对影响大气环境质量的多种因素进行系统综合分析，确定大气污染综合防治的方向和重点，从而为具体制定大气污染综合防治措施提供依据（见图 18-6）。

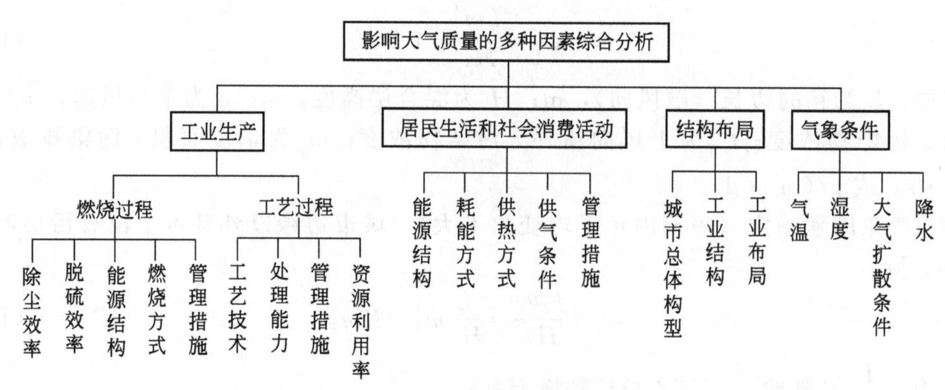

图 18-6　影响大气质量的多种因素综合分析

根据图 18-6 列出的多种因素对本地区（或城市）的大气污染进行综合分析。

（2）确定大气污染综合防治的方向和重点　通过对影响大气环境质量的多种因素进行综合分析，可以明确影响大气质量的主要因素和目前在控制大气污染方面的薄弱环节。在此基础上，就可以根据加强薄弱环节、控制环境敏感地区的原则，确定大气污染综合防治的方向和重点。例如，我国城市的大气污染当前主要是煤烟型大气污染，主要污染物是 TSP、SO_2，但因城市的性质和功能不同，污染源的构成不同，环境特征与生态特征不同，经济技术发展水平不同，因而各地区（或城市）大气污染防治的方向和重点也不同。例如：我国北方某海滨城市的风景区（面积约 $17km^2$），大气环境质量 TSP、SO_2 均达不到国家规定的一级标准，在风景区内基本上没有工业污染源，绿化覆盖率达到 50%，人均公共绿地 $20m^2$，大气污染主要是宾馆、饭店、居民取暖做饭等生活污染源燃煤造成的。所以，对大气污染进行防治应以生活污染源为重点，改变能源结构及供热方式，建立烟尘控制区，提高除尘效率。同样是煤烟型污染，南方某工业城市的情况就大不相同，市中心区 SO_2 可以达到国家规定的二级标准，TSP 的环境浓度接近国家规定的二级标准，但酸雨污染较为突出，可以划为较重酸雨区。这个城市的生活污染源气化率达到 80%以上（燃煤少），无大的建材和制酸工业，绿化覆盖率不高，绿化系统不完善，人均公共绿地不足 $1m^2$。烟尘和 SO_2 的排放量主要来自大的高架源（火力发电厂），其煤耗、SO_2 排放量、烟尘排放量分别占市区总量的 90%、86%、80%。所以，这个城市大气污染防治的方向和重点首先是解决酸雨问题，其次是 TSP 污染的控制，要在燃煤电厂搞好脱硫，并提高除尘效率；完善绿化系统，城市气化率保持在 90%（或更高）。从上述例子不难看出，对大气污染防治的方向和重点进行分析的必要性，这样做才可以突出重点，提高污染综合防治投资的效益。

(3) 大气污染综合防治措施　这方面的内容非常丰富，既有宏观的，也有微观的；既有技术措施，也有管理措施；既有合理利用大气自净能力的高烟囱排放，也有人为的各种大气污染治理技术；既有集中控制，也有分散的单项治理技术等。由于各地区（或城市）的大气污染特征、条件以及大气污染综合防治的方向和重点不尽相同，因此，污染防治措施要因地、因时制宜，很难找到适合一切情况的综合防治措施。这里仅简单介绍我国大气污染综合防治的一般性措施。

1) 工业合理布局　工业布局不合理是造成我国城市大气污染的主要原因之一。例如：大气污染源分布在城市主导风向的上风向，使得城市有限的环境容量过度使用，造成大气污染；污染源在一小的区域内过度密集，必然造成局部污染严重，并可能导致污染事故的发生。所以，改善工业布局，合理利用大气环境容量是十分必要的。工业合理布局应该做到以下几个方面。

① 各地区、各部门要贯彻执行大分散、小集中、多搞小城镇的方针，现有大城市市区一般不应再建大型工业，必须新建的应放在远郊区。

② 在一个地区、一座城市，要以生态理论为指导，工业布局要符合生态要求，如污染型工业不得建在城镇的上风向和水源上游；城市居民稠密区不准设立有害环境的工厂，已设立的要改造，少数危害严重的应搬迁；风景游览区、自然保护区、重要名胜古迹等环境敏感地区不能设立工厂。

③ 以生态理论为指导，综合考虑经济效益、社会效益和环境效益，研究工业各部门之间、各工厂之间的物质流、能量流的运行规律，合理设计“生产地域综合体”的工业链，达到经济密度大、能耗密度小、污染物排放强度小，使一个地区（或城市）的工业布局真正符合生态规律与经济规律。

2) 调整工业结构　工业结构是工业系统内部各部门、各行业间的比例关系，它是经济结构的主体。为了改善生态结构，促进良性循环，必须调整地区（或城市）的工业结构（包括部门结构、行业结构、产品结构、原料结构、规模结构等）。工业的部门不同、产品不同、规模不同，单位产值（或单位产品）的污染物产生量和性质、种类也不相同。所以，在经济目标一定的前提下，通过调整工业结构可以降低污染物排放量。一些城市的实践证明，因地制宜地优化工业结构，可削减排污量 10%～30%。

调整工业结构要以国家的产业政策为依据，并要注意下列原则：

① 在保证实现本地区（或城市）经济目标的前提下，力争资源输入少、排污量小；

② 符合本地区（或城市）的性质功能，能体现出区域经济的特色和优势；

③ 能满足国家发展战略的要求，能满足提高本地区（或城市）居民生活质量的需求；

④ 有利于降低成本、提高产品质量，提高在市场经济中的竞争力。

调整工业结构的方法，主要是根据本地区的经济技术发展水平和资源等方面的有利和不利因素，提出若干调整工业结构的方案，通过对环境效益与经济效益的综合分析，优选出经济效益、社会效益与环境效益能够协调统一、综合效益好的工业结构。通常是提出 5～7 个都能达到本地区（或城市）经济发展目标的调整工业结构的方案，然后对各种方案的环境影响（或排污总量）进行预测分析。有条件的地区（或城市）可以借助数学模型进行定量分析，优选出可供领导决策的工业结构调整方案。

3）大力开展综合利用，提高资源利用率　这里所说的综合利用包括：进入工业生产系统的资源的综合利用，循环利用、重复利用，资源转化率的提高，“三废”资源化等。这对于实现经济增长方式的转变和控制环境污染是重要措施。

在发展工业生产、保护环境的过程中综合利用具有战略意义，从生态方面来看，它是促进人类生态系统保持良性循环的重大措施；从发展工业经济着眼，它是一项重大的技术经济政策。现从以下两方面加以论述。

从生态方面分析，在“人类-环境”系统中，工业生产过程作为中间环节，联系着自然环境与人类消费过程（图 18-7），形成一个人工与自然相结合的人类生态系统，其中人类的工业生产活动起着决定性作用。

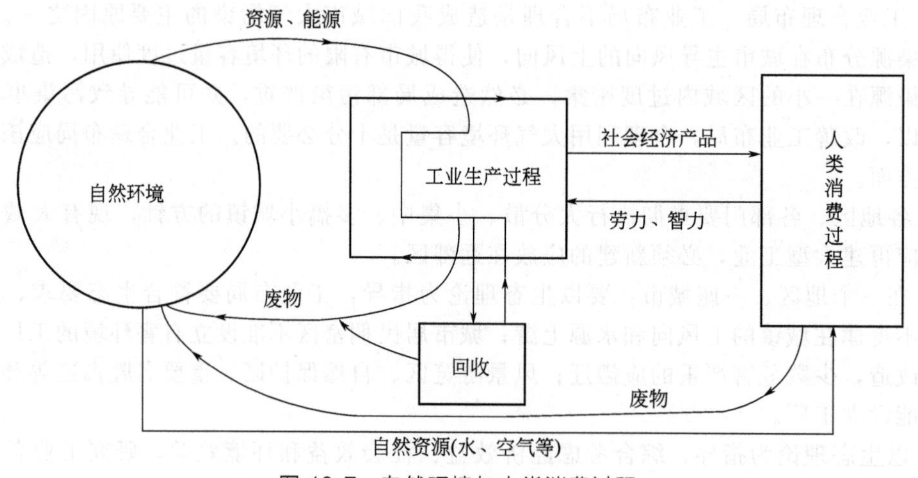

图 18-7　自然环境与人类消费过程

从图 18-7 可以看出，在复杂的人类生态系统中，为了维持人类的基本消费水平，要由环境输入资源，能源进行工业生产。当消费水平一定时，工业生产过程中的资源利用率越低，需要由环境中输入的资源也越多，向环境排放的废物也越多，而向人类消费过程提供的产品却越少；反之，开展综合利用，提高资源利用率，提高得越多，向环境排放的废物越少，而向人类消费过程提供的产品却增多。从生态系统的要求来看，在发展生产、提高人类消费水平的过程中，必须提高资源的利用率，做到少投入、多产出、少排废，使经济发展对资源的开发强度不超过环境的承载力，生产过程的排污量不超过环境的自净能力，促进生态系统的良性循环。

从经济方面来分析，人类的工业生产过程由自然环境输入资源，把一部分转化为社会经济产品，另一部分作为废物排放。排放的废物实质上是未被利用的资源，是资源的流失和浪费（是一种经济损失）。由图 18-7 可以看出，在社会经济产品总量不变的条件下，资源的流失量与资源的输入量成正比，与工业净产值成反比；在由环境输入工业生产过程的资源总量不变的条件下，资源流失量与资源利用率成反比，资源利用率越高、资源流失量越少（排废就越少），而社会经济产品增多、工业净产值增多。所以，以大量消耗资源粗放经营为特征的经济增长模式不但排污量大，损害环境，而且经济效益也不好。出路在于大力开展综合利用，提高资源利用率。

在制定大气污染工业污染源的废气治理措施时，要把开展综合利用提高资源利用率作为重点，提出适合本地区（或城市）的实施方案。根据我国的国情，工业污染源的综合防治着重点不在于“废气”（大气污染物）产生了再去净化，而是把重点放在正确处理发展工业生产与保护环境的关系上，在发展生产的过程中消除（或减少）污染。开展综合利用、提高资源利用率、推行清洁生产等都是这方面的重大措施。

参考文献

[1] 李家瑞．工业企业环境保护．北京：冶金工业出版社，1992.
[2] 刘景良．大气污染控制工程．北京：中国轻工业出版社，2002.
[3] 北京环境科学学会．工业企业环境保护手册．北京：中国环境科学出版社，1990.
[4] 刘天齐．三废处理工程技术手册．废气卷．北京：化学工业出版社，1999.
[5] 马广大．大气污染控制技术手册．北京：化学工业出版社，2010.
[6] 北京市环境保护科学研究所．大气污染防治手册．上海：上海科学技术出版社，1990.
[7] 切雷米西诺夫 PN. 大气污染控制设计手册．胡文龙，李大志，译．北京：化学工业出版社，1991.
[8] 王栋成，林国栋，徐宗波．大气环境影响评价实用技术．北京：中国标准出版社，2010.
[9] 叶文虎．环境管理学．北京：高等教育出版社，2003.
[10] 杨丽芬，李友琥．环保工作者实用手册．2版．北京：冶金工业出版社，2001.
[11] 王玉彬．大气环境工程师实用手册．北京：中国环境科学出版社，2003.

第十九章
大气污染物理与大气污染化学

第一节　大气中的污染物

一、污染物在大气中的行为

污染物自污染源进入大气环境后，要经历各种各样的迁移、转化过程，这些行为有物理的、化学的，也有生物的。在这些各种不同行为作用下，污染物在大气环境中的浓度、性质要发生变化，污染物的总量也要发生变化。污染物在大气环境中的行为主要有如下几种。

（一）运动行为

大气是在不停运动着的，大气的运动由有规则的水平运动和无规则的湍流运动构成。由于大气的运动，进入大气环境中的污染物也随着运动，这是污染物在大气中的主要行为。在大气运动作用下，污染物被输送、扩散稀释了，其结果是污染物的浓度由大变小，大气污染程度减轻。

（二）重力沉降

大气中各种各样颗粒状污染物（如烟尘、粉尘等）都有一定大小的粒径分布，在重力场作用下它们要产生重力沉降。重力沉降速度与粒径大小和颗粒物的密度有关，显然粒子直径越大、密度越大，则重力沉降速度也越大。若颗粒物的重力沉降速度较小（如<1cm/s），因粒子在空气中受大气湍流运动的支配，则沉降速度与铅直向湍流速度相比甚小，从而可以忽略，这时可以不考虑重力沉降对污染物浓度分布的影响。一般来说，如果重力沉降速度大于1cm/s，则就必须考虑重力沉降的影响。

颗粒物在大气中的沉降速度 v_g 取决于气体动力学阻力和地球作用的重力之间的平衡，可用斯托克斯公式来计算，斯托克斯公式为：

$$v_g=\frac{2r^2\rho g}{9\mu} \tag{19-1}$$

式中，r 为颗粒物半径；ρ 为颗粒物密度；g 为重力加速度；μ 为空气的黏性系数。

大气中污染物的粒径大小应通过采样来测定。一般来说，常见的不同类型的污染物粒径分布范围如下：冶金烟尘、平炉烟尘、电炉烟尘、氯化锌、氯化铵、炭黑等粒径<$1\mu m$，而化铁炉粉尘、铸件型砂、焦炭粉尘、水泥、燃煤尘、硫酸雾等粒径在1～$100\mu m$范围内。颗粒物的密度大小也应通过采样来测定，常见的粉煤灰密度为1.8～2.4g/cm^3，冶金工业粉尘密度为2～5g/cm^3。假设粒子密度为2g/cm^3，用式(19-1)计算了不同半径 r 的颗粒物沉降速度为：

r/cm	1×10^{-4}	5×10^{-4}	10×10^{-4}	20×10^{-4}	30×10^{-4}	40×10^{-4}
v_g/(cm/s)	0.026	0.63	2.5	10.7	22.7	40.3

所以当粒子直径为 10～20μm 时其沉降速度就已大于 1cm/s，这时就应该考虑重力沉降的影响。

颗粒物的重力沉降将对大气污染程度产生两方面的影响：一方面大颗粒沉降到地面上，从大气中清除出去，大气污染程度减轻，这是大气的一种自净过程；另一方面，由于沉降，改变了污染物在大气中的浓度分布。

（三）降水及云雾对污染物的清洗作用

雨、雪是大气降水现象，云雾是大气中水汽凝结物组成的滴粒，它们对大气中的污染物都有净化作用。

降水对颗粒状污染物有清洗作用。雪也可以很好地清除粒状污染物，在同样降水量的情况下，由于雪片的下降速度较慢，所以能比雨滴捕集和清洗更多的颗粒污染物。

降水也可以清除气体污染物。气体污染物被降水清除的过程主要是由于气体溶解在水中，或与水发生化学反应而生成其他的物质。所以气体污染物的溶解度越大，或者反应速度越快，则降水的清除作用也越大。雨后检测到二氧化硫、二氧化氮、氯、氨等气体不同程度的减少，这主要是由于降水的清洗作用。

云和雾是悬浮于大气中的水汽凝结物，是很小的液滴。这种悬浮于大气中的云雾滴当然也对大气中的颗粒状污染物和气体污染物有清除作用，不过这种清除作用不像降水那样可把污染物清除到地面上，而是使污染物附着在云雾滴上。当云雾滴因蒸发而消散时，这些附着的污染物仍将进入大气中。由于雾发生在贴近地面的一层，所以这种情况常带来严重污染。

（四）地表面对大气污染物的清除作用

对于粒径较小的颗粒状污染物和气体污染物，地表面对其有一定的清除作用，这些清除作用包括碰撞、吸附、静电吸引、化学反应及植物吸收等。例如，$1m^2$ 草坪 1h 可吸收 CO_2 1.5g，$1hm^2$（公顷）针叶林一天可吸收 CO_2 1t，$1hm^2$ 柳杉林每年可吸收 SO_2 720kg，除此之外植物还可以吸收大气中的氟、铅、镉等。另外，树木对尘有阻挡过滤和吸收作用，例如 $1hm^2$ 云杉林每年可滞尘 32t，$1hm^2$ 松林每年可滞尘 36.4t。

地表面对大气污染物的这种清除作用很慢，清除速度一般小于大气的扩散速度，在这种情况下通常假设地表面的清除作用不影响大气中污染物原来的浓度分布形式，而只是使大气中污染物的总量有所减少。为了定量表示这种清除速度的快慢，通常定义一个“清除速度”v_d，即假设单位时间、单位面积地表面上清除的污染物的量 D 正比于地面上该种污染物的浓度 q，这个比例系数 v_d 就称为“清除速度”。表示式是：

$$D=v_d q \tag{19-2}$$

式中，v_d 有速度的量纲，其大小由实验来确定。

v_d 的大小在实验室和野外均有实际测量，不过这种工作不多。因为地表面的条件千差万别，因此 v_d 的变化范围很大，已有的一些数据说明了地表面对一些污染物的清除速度的量级。例如，植物对二氧化硫的清除速度量级是 10^{-2}～10^{-3}m/s，对放射性散落物如碘 131 的清除速度量级是 10^{-2}m/s。这种清除作用是很慢的，但长时间作用则仍是污染物由大气中清除出去的重要机制之一。据估计二氧化硫通过地表面的清除量占排放量的60%～70%，所以大气中的各种污染物没有越积越多，主要是因为大部分污染物以各种不同的方式由大气中清除出去，而地表面的清除作用是很重要的一部分。

（五）大气中污染物的化学反应

污染物自源排出后在大气中不是一成不变的，这些污染物在大气中要发生化学反应。由于这些化学反应，不但改变了污染物在大气环境中的质，同时也改变了在大气环境中的量。有的污染物经过化学反应生成新的二次污染物，有的污染物经过化学反应变成非污染物。污染物在大气中的这种化学反应是很复杂的，随着时间、地点的不同以及反应条件的变化所发生的化学反应也是变化的。

由于污染物在大气中的化学反应是很复杂的，定量估计化学反应对浓度的影响是很困难的。作为近似考虑，可以将由湍流扩散对污染物浓度的影响与化学反应对污染物浓度的影响分开。根据化学动力学，A物质的浓度变化率与参加反应的A物质的浓度q_A和B物质的浓度q_B的乘积成正比，即：

$$\frac{dq_A}{dt}=-kq_Aq_B \tag{19-3}$$

式中，k为常数。

由于问题的复杂性，浓度随时间变化的求解是很困难的。

二、研究污染物在大气中行为的意义

污染物在大气中的行为是多方面的，在这些行为作用下，大多数情况污染物总量减少、浓度变小，大气得到了自净；个别情况污染物的量有所增加，会加重大气污染程度。既然污染物在大气中的各种不同行为直接影响大气的环境质量状况，那么研究这些行为就会对大气污染的控制和防治工作具有重大意义。

研究污染物在大气中的行为可以合理利用大气的自净能力。大气环境污染的控制和防治，大气环境质量状况的改善，需要采取综合的防治措施。而合理利用大气的自净能力，改善大气环境质量状况就是这些措施的一个方面。大气通过自身的机制，对某些污染物有一定的自净能力，这种自净能力是自然的，它对大气污染物的自净过程不需要投入人力、物力和财力。显然在大气污染控制和防治工作中，不重视、不利用这种自净能力是决策的重大失误。不同时间、不同地点、不同条件下，大气的自净能力是不同的。充分研究污染物在大气中的各种不同行为，就可以确切认识大气自净能力的变化过程。这样就可以合理利用大气的自净能力，在大气污染防治工作中发挥最大的作用。

研究污染物在大气中的行为可为制定大气污染综合防治规划提供科学依据。污染物在大气中的行为对大气环境质量状况有重大影响。只有对污染物在大气中的行为进行深入研究和了解，才能制定出“合理利用自净能力与人为措施相结合”这样一个综合防治大气污染的原则。

研究污染物在大气中的行为有利于贯彻防治污染以预防为主的原则。大气污染的防治应该做到以预防为主，要做到这一点，在环境管理工作中，采取了一系列措施，例如大气污染预报、新建工矿企业的厂址选择、新建工程的环境影响评价等。这些工作实质上都是在研究污染物在大气中行为的基础上对大气自净能力的预测。通过这些工作，可把大气污染的防治工作做在事发之前，这是一种最积极的措施。

第二节　大气污染物理

一、污染物在大气中的运动

进入大气中的污染物，由于大气的水平运动和湍流运动，以及大气的各种不同尺度的扰动运动而被输送、混合和稀释，即随大气的运动而运动。运动行为是污染物在大气环境中的主要行为，欲研究污染物的运动行为，首先要研究大气的运动状况，也就是要研究气象背景条件。

借助于示踪物质（如烟云），可以形象地观察到大气的运动。在比较开阔平坦的地区，多云而中强度风力天气条件下，烟云由烟囱口冒出后，呈喇叭状展开，烟体边缘清晰。当风速很小、日照很强时，烟体很不规则地沿铅直方向和水平方向展开，各部分行进的速度和方向很不一致。由于不规则的气流运动，使烟体在铅直向和水平向不规则地伸展、弯曲，并很快散失。相反，在另一种情况下，晴朗夜间且风速很小，烟体沿铅直方向展开很弱，只在水平方向上有一定展开。烟体是在大气中自由运动的，烟体表现出的运动形式也就反映了大气的运动形式。大气的运动是由有规则的平直的水平运动和不规则的紊乱的湍流运动描写的，而把实际的大气运动看成是这两种运动的叠加。大气的运动状态完全决定了烟云在大气中的扩散行为。下面分别由定性和定量两个方面论述大气运动状态或气象因子与大气污染程度的关系。

（一）气象因子与大气污染的定性关系

1. 风和湍流运动与污染物扩散稀释的关系

风用来描述大气中规则的平直水平运动。它由两个要素——风速、风向表示。风速表示风的大小，用 m/s 或风级数来表示。风向表示风的来向，如北风表示由北向南吹去的风，风向用 16 个方位表示。

风对污染物扩散的第一个作用是整体的输送作用。风总是把污染物由上风方向带到下风方向，所以考察一个地区的空气污染时一定要考察风向。在污染源的下风方向污染总是重一点，这一点在规划工业布局时尤为重要。风对污染物扩散的第二个作用是对污染物的冲淡稀释作用。风速越大，单位时间内与烟气混合的清洁空气就越多，污染物浓度就越低。污染物浓度一般来说总是与风速成反比。

实际的大气运动就像湍急流水那样，除了整体的水平运动之外，还存在着不同于主流方向的各种不同尺度的次生运动或涡旋运动，我们称这种极不规则的运动为湍流。大气中几乎时时处处存在着各种不同尺度的湍流运动。在大气边界层内，气流直接受到下垫面的强烈影响，湍流运动尤为剧烈。湍流的主要特征是它的不规则性，即在湍流场中存在着不同于主流方向的、各种尺度的不规则次生运动，其结果造成流体各部分之间的强烈混合。此时，只要在流场中存在或出现某种属性的不均匀性，就会因湍流的混合和交换作用将这种属性从它的高值区向低值区传输，进行再分布。同样，当污染物自源进入大气时，就在流场中造成了污染物质分布的不均匀，形成浓度梯度。此时，它们除了随气流做整体的飘移以外，由于湍流混合作用，还不断将周围的清洁空气卷入污秽的烟气，同时将烟气带到周围的空气中。这种湍流混合和交换的结果，造成污染物质从高浓度区向低浓度区的输送，使它们逐渐被分散、稀释，这样的过程称为湍流扩散过程。

总的来说，污染物在大气中的扩散稀释取决于大气的运动状况，而大气的运动状态是由风和湍流来描述的。因此，风和湍流是决定污染物在大气中扩散行为的最直接的因子，也是最本质的因子。风速越大，湍流越强，扩散稀释就越快。就扩散稀释而言，其他一切气象因子都是通过风和湍流的作用来影响污染物的。所以，只要有风和湍流的资料就可以估计污染物在大气中的扩散行为。

2. 大气稳定度与烟形

进入大气的污染物的输送和扩散发生在大气边界层内，而大气边界层是地球和大气发生相互作用最多的一层。复杂的能量输送过程决定了温度随高度的分布，根据不同地表热量输送方向和不同热特征的气团平流，温度随高度可以是增加的，也可以是减少的。烟云扩散的许多明显特征与温度的垂直梯度有密切关系。低层大气温度随高度的变化规律以及这种规律随时间、地点的变化，就构成了低层大气温度垂直结构。通常用温度垂直变化来表征大气垂直稳定度，而大气稳定度这个概念最有利于洞察复杂的环境空气污染问题，大气稳定度及其变化可以定性解释大气对污染物的扩散稀释能力和这种能力的变化。

(1) 大气稳定度　这里所称稳定度是指大气垂直稳定度。在大气中任取一小块空气，经垂直方向位移后，如果这一小块空气趋于回到原来的位置，那么这一小块空气所在的大气便处于稳定状态。反之，小块空气经位移后，气块趋于继续离开原来的位置，那么这样的大气便是不稳定的。在极限情形，气块位移后，既不趋于离开原来的位置也不复回原来的位置，这样的大气就叫中性稳定。因此，大气稳定度不是表示大气已经存在的某种实际运动，而只是描写大气的一种稳定状态，这种状态只有当气块受到扰动、发生位移以后才表现出来。

大气的垂直稳定度可以根据大气的实际温度分布来判断。

近地层中大气温度随高度的变化叫作大气的温度垂直递减率或温度层结，用 $r=-\dfrac{\partial T}{\partial z}$ 表示。通常近地层温度层结有 3 种：

① 气温随高度的增加而减少，这种温度层结为递减温度层结，一般出现在晴朗的白天且风不大时；

② 气温随高度的增加基本上不变化，这种温度层结称为等温层结，多出现在多云或阴天的白天或夜晚，也可出现在大风天气条件下；

③ 气温随高度的增加而增加，这种温度层结叫逆温层结，一般出现在少云、无风的夜间。

以上所说的温度随高度的变化是大气中实际存在的温度递减率，所以有时又叫作环境温度垂直递减率。大气中还有另一种温度垂直递减率，当一团干空气绝热升降单位距离(100m)时，温度变化的数值称为干空气温度的绝热垂直递减率，简称干绝热递减率，用 $r_d=-\dfrac{dT}{dz}$ 表示。理论计算 $r_d=1K/100m$。这种递减率不是大气中实际存在的，为了区别这两种递减率，后者又叫个别温度递减率。

通过比较环境温度递减率与干绝热温度递减率的大小就可判断大气垂直稳定度，大气垂直稳定度的判据是：a. 当 $r>r_d$ 时，大气是不稳定的；b. 当 $r=r_d$ 时，大气是中性的；c. 当 $r<r_d$ 时，大气是稳定的。

(2) 烟形　烟形与大气稳定度有很好的对应关系。空气污染分析技术就是要在整个下风方向范围内，对可见的或不可见的烟云，寻求预报排出物浓度分布的方法。通常用烟云的几何轮廓线形式来定性对烟云分类，这种定性分类排除了建筑物或地形对烟云外形的影响。大气的温度垂直变化对形成烟云的不同形状起重要作用，也就是说不同烟形反映大气的不同湍流强度或大气稳定度。在温度梯度均一条件下烟云可分为平展形、锥形、波形三种；在不均一条件下烟云可分为漫烟形和屋脊形。具体烟形参见图 19-1。

① 平展形　图 19-1(a) 为平展形烟形，多出现在晴天清晨稳定层结条件下。由于稳定层结时空气上下运动受到抑制，因此烟呈扁平带子飘向下风向。对空气污染来说，在扁形的烟带内污染物浓度很高，而烟带外面浓度相对很低。若源是地面源，则会造成地面的严重污染；若源是高架源，因烟体要很远距离才落地，所以地面污染浓度不高。因而在稳定条件下，大气的稀释能力虽然很弱，但在许多高架源情况下这种烟形并不是造成地面污染的烟形，但在下面一些情形下也会造成污染：a. 烟囱比周围需要避免污染的建筑物和地形还要矮的场合；b. 排放的烟云中含有放射性物质时，有时虽然其在地面上大气中的浓度很低，但地面仍会受到照射；c. 有众多高矮不同的烟囱，此时烟云高差范围较大，在贴地面的一层空间内污染物浓度较高，这一点对城市和工业区特别突出。

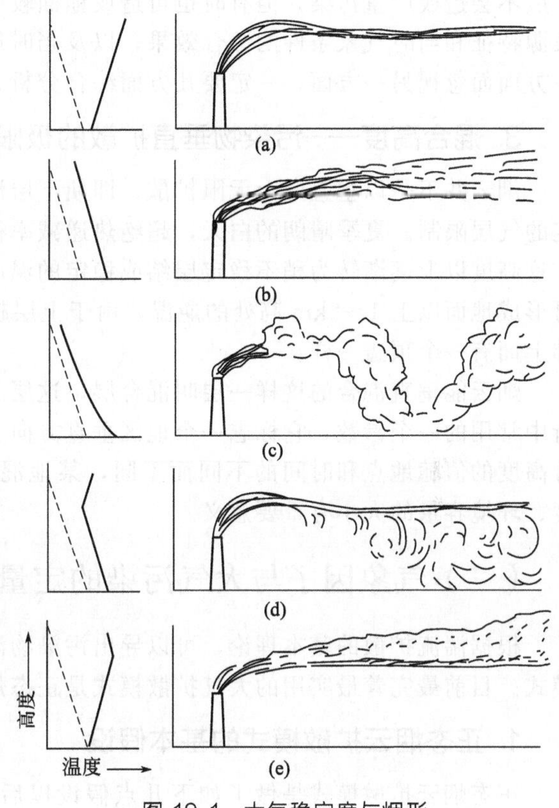

图 19-1　大气稳定度与烟形

② 锥形　图 19-1(b) 是锥形烟云，多出现在阴天或多云天，且风速较大，温度层结是中性时。锥形烟云上下左右呈锥形展开，它的横截面是一个水平轴比垂直轴大的椭圆。与平展形相比，这种烟形在垂直方向上也有展开。

③ 波形　图 19-1(c) 是波形烟云，出现在大气处于极不稳定的超绝热递减情况下，晴天中午前后经常出现，在夏季几乎整个白天都可出现。由于大气极不稳定，烟形上下左右摆动很剧烈，烟体很快被撕裂迅速消散。对于高架源，烟云在离源较近距离落地，造成地面较高浓度污染，然后随距离的增加，地面浓度迅速降低。

④ 漫烟形　图 19-1(d) 是漫烟形烟云，发生在上方是稳定温度层结，下方是中性或不稳定温度层结情况下。在烟云上方有一个逆温层，大气垂直方向运动受到抑制，所以烟云不能向上扩散。在烟云下方大气层结是中性或不稳定的，烟气只能在地面和逆温层底之间均匀混合。如果这时风速很小，污染物就会堆积在地面和逆温层底之间，造成地面的严重污染。历史上有名的伦敦烟雾事件就是出现在逆温、风速小的漫烟形天气条件下。漫烟形烟云扩散可以造成地面的严重污染，因此研究空气污染的气象问题时要特别重视。

⑤ 屋脊形　图 19-1(e) 是屋脊形烟云。与漫烟形烟云相反，这种烟形出现在低层稳定、高层不稳定的温度层结情况下。低层大气温度层结稳定，阻止了污染物向下扩散；高层大气不稳定，污染物只能向上扩散。这种烟形出现在由不稳定温度层结转向稳定温度层结的过渡时期，日落时贴地面层首先形成逆温，而上面还是不稳定层结，这时烟云在逆温层上面扩散。对于高架源来说，贴地面维持一浅逆温层，使污染物不易到达地面，因而地面是很安全的。

综上所述，稳定层结时空气稳定，不利于污染物扩散，可造成严重污染。但有时稳定层结又起保护作用，使地面免受严重污染。不稳定层结时空气不稳定，易于污染物稀释扩散，一般不会造成严重污染，但有时也可造成地面较大污染。所以造成地面污染程度的大小是污染源特征和当时气象条件的综合效果，以及当时局部地形条件共同决定的。因而不能只重视一方面而忽视另一方面，一定要几方面综合分析，这样才能得到正确结论。

3. 混合高度——污染物垂直扩散的极限

烟云并不是以垂直向上无限扩散，即使下层温度层结是不稳定时烟云也要受到上层较稳定的气层限制。夏季晴朗的白天，超绝热递减率很少延伸到地面以上几百米至1km的高度，在这高度以上逐渐转为稍不稳定层结或稳定的温度层结。例如，高气压控制区的下沉气流就可形成地面以上1～2km高处的逆温，由于上层趋于稳定，就抑制了烟云继续向上扩散，仿佛上面有一个顶盖一样。

烟云能垂直混合的这样一层叫混合层，这层的高度为混合高度。混合高度是空气污染分析中常用的一个参数，它标志一个地区垂直方向上扩散能力的大小，或环境容量的大小。混合高度的值随地点和时间的不同而不同，某地混合高度的变化规律对决定该地大气污染程度、环境容量的大小有重要意义。

（二）气象因子与大气污染的定量关系

根据湍流扩散的基本理论，可以导出污染物浓度与气象因子的定量关系表示式，即扩散模式。目前最完善最实用的大气扩散模式是正态烟云扩散模式。

1. 正态烟云扩散模式的基本假设

正态烟云扩散模式是做了如下几点假设以后，根据湍流扩散的梯度输送理论推导出来的。这几点基本假设如下。

① 扩散物质是守恒的。扩散物质由源到接受地之间没有损失，在行进过程中不发生化学及物理变化，地面对污染物起全反射作用。

② 流场是定常的。即风向风速及湍流运动随时间变化不大，气流是稳定的。

③ 流场是均匀的。即风向、风速和湍流运动不随空间位置的变化而变化，风向、风速和湍流运动在空间任一位置都一样。

④ 在风向的方向上（x 方向），因湍流运动对污染物的扩散作用比因风对污染物的输送作用小得多，因此在风向方向可不计湍流对污染物的扩散作用。这要求风速不能太小，风速太小（<1m/s）时这个假设不成立。

⑤ 假设在 y、z 向浓度分布呈正态分布。

2. 正态烟云扩散模式的基本形式

正态烟云扩散模式的基本形式是：

$$q=\frac{Q}{2\pi u\sigma_y\sigma_z}\exp\left(-\frac{y^2}{2\sigma_y^2}\right)\left\{\exp\left[-\frac{(z-H)^2}{2\sigma_z^2}\right]+\exp\left[-\frac{(z+H)^2}{2\sigma_z^2}\right]\right\} \tag{19-4}$$

式中，q 为空间任一点浓度，它是空间位置和源高的函数，mg/m^3，这里所求的浓度实际上是某一时段的平均浓度，其平均时段与风速 u 和扩散参数 σ_y、σ_z 的平均时段相同；Q 为源强，表示单位时间内自源排出的污染物的量，g/s或mg/s；u 为水平风速，m/s，其取值应为烟云活动高度范围内的平均值，这个范围的高度由 $H-2\sigma_z$ 到 $H+2\sigma_z$；σ_z、σ_y 分别为水平向和垂直向烟云扩散参数，m，其分别与大气稳定度、离源距离的大小和地面粗糙度有关，大气不稳定时 σ_y、σ_z 大，大气稳定时 σ_y、σ_z 小，另外随离源距离 x 增大 σ_y、σ_z 呈指数规律增大，地表面越粗糙时 σ_y、σ_z，越大；地表面越光滑 σ_y、σ_z 越小；H 为有效源高，m，有效源高定义为烟囱本身高度与烟云抬升高度之和，即 $H=h+\Delta h$。

由正态模式公式可以看出，空间任一点浓度 q 是扩散参数 σ_y、σ_z 和风速 u 及有效源高 H、源强 Q 的函数。而变量 σ_y、σ_z、u 和 H 不是相互独立的，它们之间相互都有影响。实际上不可能求得某一变量的变化对空间某一点浓度的影响，所求得的只是某一变量的变化及相应引起的其他变量的变化对空间某一点浓度变化的综合效果。

3. 正态烟云扩散模式的几种实用形式

（1）地面浓度分布　由式(19-4) 不难得到地面上的浓度分布。对于高架点源，地面上任一点浓度为：

$$q=\frac{Q}{\pi u\sigma_y\sigma_z}\exp\left(-\frac{y^2}{2\sigma_y^2}-\frac{H^2}{2\sigma_z^2}\right) \tag{19-5}$$

在浓度轴线上，即 $y=0$，其浓度分布是：

$$q=\frac{Q}{\pi u\sigma_y\sigma_z}\exp\left(-\frac{H^2}{2\sigma_z^2}\right) \tag{19-6}$$

对于地面源，地面上任一点浓度为：

$$q=\frac{Q}{\pi u\sigma_y\sigma_z}\exp\left(-\frac{y^2}{2\sigma_y^2}\right) \tag{19-7}$$

在浓度轴线上，即 $y=0$，其浓度分布为：

$$q=\frac{Q}{\pi u\sigma_y\sigma_z} \tag{19-8}$$

（2）最大地面浓度及其出现位置　连续高架点源的地面最大浓度公式可由地面轴浓度公式导出。根据定义，出现最大地面浓度时 $\frac{\partial q}{\partial x}=0$，据此得到出现地面最大浓度时应满足的方程：

$$H^2=\frac{\sigma_z^2(\sigma_z\sigma_y'+\sigma_y\sigma_z')}{\sigma_y\sigma_z'} \tag{19-9}$$

式中，σ_y' 和 σ_z' 分别是 σ_y 和 σ_z 对 x 的微商。当给定扩散参数 σ_y 和 σ_z 的具体形式以后，就可以据此式导出地面最大浓度公式和它的出现距离公式。

① 当 σ_y 和 σ_z 之比为常数时，代入式(19-9) 得到地面最大浓度和最大浓度出现距离的公式。即：

$$q_{\mathrm{m}}=\frac{2Q}{\pi euH^2}\times\frac{\sigma_z}{\sigma_y} \tag{19-10}$$

$$\sigma_{z,x=x_{\mathrm{m}}}=\frac{H}{\sqrt{2}} \tag{19-11}$$

式(19-10)是一种近似关系，这种近似关系在不稳定条件下要比稳定条件下好。除了极稳定和极不稳定的大气条件下，通常可以设$\sigma_y=2\sigma_z$，于是就有：

$$q_{\mathrm{m}}=\frac{Q}{\pi euH^2} \tag{19-12}$$

该式常列入烟囱设计手册，供最大地面浓度估算用。

② 当σ_y和σ_z与距离成乘幂关系时，这是一种常见的扩散参数形式，一些经验的扩散曲线也可用它分段逼近，具体形式为：

$$\sigma_y=ax^b,\quad \sigma_z=cx^d \tag{19-13}$$

式中系数a、b、c、d取决于大气稳定度，给定稳定度以后它们是常数。将上述关系代入式(19-9)，整理后得到：

$$q_{\mathrm{m}}=\frac{Q\alpha^{\alpha/2}}{\pi uac^{1-\alpha}}\times\frac{\exp\left(-\frac{\alpha}{2}\right)}{H^{\alpha}} \tag{19-14}$$

$$x_{\mathrm{m}}=\left(\frac{H^2}{\alpha c^2}\right)^{1/(2d)} \tag{19-15}$$

式中，$\alpha=1+\frac{b}{d}$，当$b=d$时$\alpha=2$，以上两式简化成：

$$q_{\mathrm{m}}=\frac{2Q}{\pi euH^2}\times\frac{c}{a} \tag{19-16}$$

$$x_{\mathrm{m}}=\left(\frac{H^2}{2c^2}\right)^{1/(2d)} \tag{19-17}$$

(3) 地面绝对最大浓度 地面最大浓度公式是在风速不变的情况下得到的，对每一个给定的风速均对应有一个地面最大浓度。对有抬升的污染源来说，风速对地面浓度有双重影响。一方面，风速增大会加快对污染物的冲淡稀释，使浓度减小；另一方面，增大风速不利于烟云抬升，降低了烟源的有效高度，使地面浓度增大。两个作用正好相反，于是必定存在一个临界风速，此时地面浓度最大。

先考虑最简单的情形，地面最大浓度公式取式(19-10)，假设$\Delta h=\frac{B}{u}$，其中B是烟源参数决定的常数。此时，地面绝对最大浓度公式为：

$$q_{\mathrm{absm}}=\frac{Q\sigma_z}{2\pi eBh\sigma_y} \tag{19-18}$$

出现地面绝对最大浓度时的距离由下式确定：

$$\sigma_{z,x=x_{\mathrm{m}}}=\frac{H}{\sqrt{2}}$$

若$\sigma_y=ax^b$，$\sigma_z=cx^d$，且$b\neq d$时，地面绝对最大浓度为：

$$q_{\mathrm{absm}}=\frac{Q(\alpha-1)^{\alpha-1}}{\pi Bac^{1-\alpha}\alpha^{\alpha/2}}\times\frac{\exp\left(-\frac{\alpha}{2}\right)}{h^{\alpha-1}} \tag{19-19}$$

出现地面绝对最大浓度的距离仍为：

$$X_{\text{absm}}=\left(\frac{H^2}{\alpha c^2}\right)^{1/(2d)} \tag{19-20}$$

此时危险风速为：

$$u_{\text{c}}=\frac{B(\alpha-1)}{h} \tag{19-21}$$

（4）烟云的宽度和厚度　烟云宽度的定义是当浓度沿 y 轴下降到中心轴处浓度的 1/10 时 y 间距离的 2 倍。由烟云正态分布假设：

$$q=q_0\text{e}^{-y^2/(2\sigma_y^2)} \tag{19-22}$$

根据烟云宽度定义，有：

$$q_0/10=q_0\text{e}^{-y_0^2/(2\sigma_y^2)}$$

由式得到：

$$y_0=\sigma_y\sqrt{2\ln 10}\quad\text{或}\quad 2y_0=4.3\sigma_y \tag{19-23}$$

同理得到烟云厚度为：

$$2z_0=4.3\sigma_z \tag{19-24}$$

烟云的宽度和厚度可以告诉我们关于烟云扩散范围的大小概量。

4. 扩散参数 σ_y、σ_z 的确定

实际工作中，正态烟云扩散模式中的扩散参数 σ_y、σ_z 的确定是一个关键问题。扩散参数的确定大都采用经验方法解决，比较有影响的、有代表性的方法有帕斯奎尔-吉福德曲线法、布鲁克海文法、TVA 扩散曲线法和布里格斯曲线法等。因不同方法获取数据所用的实验手段、源条件、地形条件等的不同，每种方法都带有很大局限性，只能在一定范围内适用。

下面主要介绍我国推荐的确定扩散参数的方法。这种方法主要分两步：第一步首先根据常规气象观测资料确定大气稳定度级别；第二步根据确定的大气稳定度级别查算不同距离的扩散参数 σ_y、σ_z 的值。

（1）大气稳定度分级　当使用常规气象观测资料时，大气稳定度分级可采用修订的帕斯奎尔稳定度分级法，分为强不稳定、不稳定、弱不稳定、中性、较稳定和稳定六级，分别表示为 A、B、C、D、E 和 F。确定稳定度等级时，首先由云量和太阳高度角（h_0）按表 19-1 查出太阳辐射指数，然后再由太阳辐射指数与地面风速按表 19-2 查找稳定度等级。表 19-1、表 19-2 中的有关内容解释如下。

表 19-1　太阳辐射指数

总云量/低云量	夜间	太阳高度角			
		$h_0\leqslant15°$	$15°<h_0\leqslant35°$	$35°<h_0\leqslant65°$	$h_0>65°$
≤4/≤4	−2	−1	+1	+2	+3
5～7/≤4	−1	0	+1	+2	+3
≥8/≤4	−1	0	0	+1	+1
≥5/5～7	0	0	0	0	+1
≥8/≥8	0	0	0	0	0

表 19-2　大气稳定度分级

地面风速/(m/s)	太阳辐射指数					
	+3	+2	+1	0	−1	−2
≤1.9	A	A～B	B	D	E	F
2～2.9	A～B	B	C	D	E	F
3～4.9	B	B～C	C	D	D	E
5～5.9	C	C～D	D	D	D	D
≥6	D	D	D	D	D	D

① 云量。是指云遮蔽天空视野的成数。估计云量的地点必须能见全部天空，当天空部分被障碍物如山、房屋等所遮蔽时，云量应从未被遮蔽的天空部分中估计；如果一部分天空被降水所遮蔽，这部分天空应作为被产生降水的云所遮蔽来看待。总云量是指观测时天空被所有的云遮蔽的总成数。当天空布满阴云时，总云量记 10；当天空一丝云都没有时，总云量记 0；中间状态就按云遮蔽天空的成数多少目测确定，以 0～10 中间的整数计量。低云量是指天空被低云所遮蔽的成数，也用 0～10 的整数计量。低云是云状分类中的一族，属于低云族的云有积云、积雨云、层积云、层云和两层云。

② 太阳高度角 h_0。指太阳视线与水平面的夹角。某地某时的太阳高度角按下式计算：

$$h_0 = \arcsin[\sin\phi\sin\sigma + \cos\phi\cos\sigma\cos(15t + \lambda - 300)] \tag{19-25}$$

$$\begin{aligned}\sigma = 180\times(&0.006918 - 0.39912\cos\theta_0 + 0.070257\sin\theta_0 - \\ &0.006758\cos 2\theta_0 + 0.000907\sin 2\theta_0 - \\ &0.002697\cos 3\theta_0 + 0.001480\sin 3\theta_0)/\pi\end{aligned} \tag{19-26}$$

式中，h_0 为太阳高角度，(°)；ϕ 为当地地理纬度，(°)；λ 为当地地理经度，(°)；t 为计算时的（观测时的）北京时间；σ 为太阳倾角，(°)；θ_0 为 $360d_n/365$，(°)；d_n 为一年中日期序数，0、1、2、…、364。

③ 地面风速。空气的水平运动称为风，风速是指空气所经过的距离对经过的距离所需时间的比值（m/s）。地面风速指距地面 10m 高度处的 10min 的有代表性的平均风速。所谓有代表性系指所测风速不受周围地形地物的影响。

（2）确定扩散参数 σ_y、σ_z　有风时，取样时间为 0.5h，不同下垫面条件下的扩散参数 σ_y、σ_z 按下述方法确定。

① 平原地区农村及城市远郊区的扩散参数，A、B、C 级稳定度直接由表 19-3 和表 19-4 查算；D、E、F 级稳定度则需向不稳定方向提半级后由表 19-3 和表 19-4 查算。

表 19-3　横向扩散参数幂函数表达式数据

扩散参数	稳定度等级	b	a	下风距离/m
$\sigma_y = ax^b$	A	0.901074	0.425809	0～1000
		0.850934	0.602052	>1000
	B	0.914370	0.281846	0～1000
		0.865014	0.396353	>1000
	B～C	0.919325	0.229500	0～1000
		0.875086	0.314238	>1000
	C	0.924279	0.177154	0～1000
		0.885157	0.232123	>1000

续表

扩散参数	稳定度等级	b	a	下风距离/m
$\sigma_y=ax^b$	C～D	0.926849 0.886940	0.143940 0.189396	0～1000 >1000
	D	0.929418 0.888723	0.110726 0.146669	0～1000 >1000
	D～E	0.925118 0.892794	0.0985631 0.124308	0～1000 >1000
	E	0.920818 0.896864	0.0864001 0.101947	0～1000 >1000
	F	0.929418 0.888723	0.0553634 0.0733348	0～1000 >1000

表 19-4　垂直扩散参数幂函数表达式数据

扩散参数	稳定度等级	d	c	下风距离/m
$\sigma_z=cx^d$	A	1.12154 1.52360 2.10881	0.0799904 0.00854771 0.000211545	0～300 300～500 >500
	B	0.964435 1.09356	0.127190 0.0570251	0～500 >500
	B～C	0.941015 1.00770	0.114682 0.0757182	0～500 >500
	C	0.917595	0.106803	0
	C～D	0.838628 0.756410 0.815575	0.126152 0.235667 0.136659	0～2000 2000～10000 >10000
	D	0.826212 0.632023 0.555360	0.104634 0.400167 0.810763	1～1000 1000～10000 >10000
	D～E	0.776864 0.572347 0.499149	0.111771 0.528992 1.03810	0～2000 2000～10000 >10000
	E	0.788370 0.565188 0.414743	0.0927529 0.433384 1.73241	0～1000 1000～10000 >10000
	F	0.784400 0.525969 0.322659	0.0620765 0.370015 2.40691	0～1000 1000～10000 >10000

② 工业区或城区中的点源，其扩散参数选取方法如下：A、B 级不提级；C 级提到 B 级；D、E、F 级向不稳定方向提一级，再按表 19-3 和表 19-4 查算。

③ 丘陵山区的农村或城市，其扩散参数选取方法同工业区。

有风时，取样时间大于 0.5h，铅直方向扩散参数不变，水平方向扩散参数需进行时间订正，水平向扩散参数及稀释系数满足下式：

$$\sigma_{y\tau_2}=\sigma_{y\tau_1}\left(\frac{\tau_2}{\tau_1}\right)^q \tag{19-27}$$

或 σ_y 的回归指数 b 不变，回归系数 a 满足下式：

$$a_{\tau_2}=a_{\tau_1}\left(\frac{\tau_2}{\tau_1}\right)^q \tag{19-28}$$

式中，$\sigma_{y\tau_2}$、$\sigma_{y\tau_1}$ 分别为对应取样时间为 τ_2、τ_1 时的横向扩散系数，m；q 为时间稀释指数，由表 19-5 确定；a_{τ_2}、a_{τ_1} 分别为对应取样时间为 τ_2、τ_1 时的横向扩散参数回归系数。

表 19-5　时间稀释指数 q

适用时间范围/h	q	适用时间范围/h	q
$1\leqslant\tau<100$	0.3	$0.5\leqslant\tau<1$	0.2

在应用表 19-5 计算取样时间大于 0.5h 的 $\sigma_{y\tau_2}$ 或 a_{τ_2} 时，应先根据 0.5h 取样时间计算 0.5h 的 σ_y 或 a，再以其作为 $\sigma_{y\tau_1}$ 或 a_{τ_1}，计算 $\sigma_{y\tau_2}$ 或 a_{τ_2}。

5. 烟云抬升高度 Δh 的确定

正确估算烟云抬升高度也是正确估算污染物浓度分布的关键问题之一。烟云的有效排放高度 H 等于烟囱本身的高度 h 与烟气抬升高度 Δh 之和，即 $H=h+\Delta h$。在工程上，对一个地区进行适当的气象背景考察以后，根据国家或地方的环境质量标准可以提出该地区废气排放的有效排放高度。有了有效排放高度之后，再估算出烟气抬升高度 Δh，那么就可以得出烟囱本身的高度。然而，在估算烟气抬升高度 Δh 时，不同人用不同的公式推算出的 Δh 可以有很大偏差。一般偏差几十米，有时竟达 100 多米，这样推算得到的烟囱本身高度也会有很大偏差，这种情况在工程设计中是不允许的。过高估计烟气抬升高度会使烟囱本身高度偏低，造成近距离地面严重污染；估计过低会使烟囱本身高度偏高，这又可能造成财力和物力的浪费。由此可见，在烟囱设计上正确估算烟气抬升高度成为十分重要的问题。

（1）基本概念

1）烟云抬升高度 Δh　下风向某一距离处，烟云的轴线与烟囱口的垂直距离为该处烟云的抬升高度。由物理学观点出发，下风向某处烟云的轴线位置是该处烟云截面的质量中心，或当浓度分布已知时此位置就是该处烟云截面上最大浓度点的位置。可是在野外实验中，决定烟云的质量中心或最大浓度点的位置是困难的。通常在野外实验中，取所见到的烟云边缘的顶和底的中间位置为烟云轴线位置。对于浓度对称分布的烟云，其质量中心、最大浓度点的位置及烟云的顶和底中间位置三者是重合的。以上定义的烟云抬升高度称为过程抬升高度。

若无特殊说明，一般所说的烟云抬升高度 Δh 是指烟云轴线距烟囱口的最大垂直距离，即烟云的最大抬升高度。给出烟云抬升高度（最大抬升）的精确定义是很困难的，特别是由实验观点出发更为困难。所以人们常常用各种形容词来描述它，如最终的、最大的、渐近的、最后变为水平的和终极的等。不同学者也给出了不同的定义。布里格斯定义的烟云抬升高度为："烟云的最终抬升是烟云变为水平以后整个烟云的抬升"。而卡彭特和托马斯等使用下面的定义："烟云抬升高度 Δh 定义为是下风向距离函数的烟云轴线抬升率达到最小或变为常数时，该点烟云轴线的高度"。

2）抬升烟云分类　为理解和分析烟云抬升现象，按烟云初始排放参数的不同，可将烟云抬升分成两大类，即浮力抬升烟云和动力抬升烟云。

浮力抬升烟云的抬升原动力由两部分原因贡献：一部分是烟云的浮力因子，即因烟温高于气温而得到的浮力，浮力促使烟云抬升；另一部分是因烟云的出口速度造成烟气有向上的动量，动量促使烟云抬升。浮力对烟云抬升的贡献远远大于动量对烟云抬升的贡献，所以这种烟云叫作浮力抬升烟云。

对排烟温度较低的烟云，其浮力项很小或没有浮力项，烟云抬升主要是由初始动量造成的，这样的烟云叫动力抬升烟云。对于这样的烟云，动量抬升作用可维持到 10 倍出口口径的高度范围，超过这个高度烟云没有向上的动力，将在风的作用下迅速弯向水平。

3）烟云抬升过程　热烟云从烟囱口喷出、上升、逐渐变平是一个连续的渐变过程，其中有许多因子在起作用。根据大量的观测事实和定性分析，有风时热烟云的抬升大体上经历以下几个阶段。

① 喷出阶段。烟气自烟囱口垂直向上喷出，因自身的初始动量继续上升。在出口附近，烟气和周围空气的湍流交换尚未发展，烟云轮廓清晰，内部的运动保持着喷出前的特点。但是，由于向上运动的烟气和水平气流之间的速度切变，烟流与四周空气很快发生湍流混合，烟体增大并获得水平动量，烟道渐渐向水平方向弯曲。观测表明，在几倍于烟囱口径的范围内，因初始动量而具有的上升速度几乎减少到零，动力抬升退居到次要地位。所以，在喷出阶段，初始动量的作用从开始占主导地位逐渐减退消失，浮力作用逐渐上升，成为决定抬升的主要因子。喷出阶段在几倍于烟囱口径的距离上结束，是一个短暂的阶段。

② 浮升阶段。烟气离开烟囱以后，浮力立即对抬升起作用。起初因烟气和周围空气的温差大，浮力加速度亦大，几秒钟以后浮力引起的上升速度就远超过动力上升速度，使抬升进入“浮力支配”阶段。此时，烟体不断增大，烟流内部的温度和上升速度均显著降低。但只要烟流内外仍有温度差，浮力作用就能维持，烟流继续上升，与周围气流的速度切变就依然存在。在浮升阶段，速度切变引起的自生湍流（夹卷湍流）是导致烟气与周围空气混合的主要因子，而环境湍流的影响较弱。持续的混合过程使烟流内外的温差不断减小，升速减慢，烟流逐渐变平。观测表明，浮升阶段是热烟云抬升的主要阶段。在这个阶段，支配烟云抬升的原动力是浮力，支配烟云抬升行为的是自生湍流。

③ 瓦解阶段。在浮升阶段后期，烟流的升速已经很慢，速度切变引起的自生湍流也已经很弱。另外，随着烟体不断增大，越来越多的与烟流尺度相当的大气湍涡参与了混合作用，环境湍流的作用明显增强。当烟体剖面增大至环境湍涡尺度时，环境湍流的作用骤然增大，外界湍涡大量侵入烟体，使烟流自身的结构在短时间内瓦解，烟气原先的热力和动力性质丧失殆尽，抬升基本结束。

④ 变平阶段。环境湍流继续使烟体扩散胀大，烟流渐渐变平。

4）决定烟云抬升的因子　决定烟云抬升的因子很多，很复杂，归纳起来有以下 3 个方面。

① 烟气本身的性质。烟云抬升高度首先决定于烟云所具有的初始动量和浮力。动量显然决定于烟囱口的直径 D 和排气速度 v_s。排气速度越快，烟气所获得的初始动量就越大，烟云抬升得就越高；反之排气速度越慢，烟云所获得的初始动量就越小，则烟云抬升也就越低。为了提高烟云的抬升高度，就应保持一定的烟云出口速度。浮力决定于烟气与周围空气的密度差，或决定于烟气温度 T_s 与周围空气温度 T_a 的温度差。烟云温度越高，周围空气温度越低，烟云所获的浮力越大，则烟云抬升越高；反之烟温越低，烟云所获浮力越小，则烟云抬升也就越低。要使烟云抬升高度较高，保持较高的烟温成为一个关键因素。

② 周围大气的性质。烟气与周围大气混合的快慢对烟云抬升高度的影响很大。混合得越快，烟气的初始动量和热量散失越快，烟云的上升原动力很快丧失，则烟云的抬升高度就小；反之，烟气与周围空气混合得慢，烟气的初始动量和热量丧失得慢，则烟云抬升的就

高。决定烟气混合快慢的主要因子是平均风速和湍流强度。风速大，湍流强，混合快，则烟云抬升的就低；风速小，湍流弱，混合慢，则烟云抬升的就高。决定烟云抬升高低的另一因子是大气层结。当大气层结不稳定时，有利于增加烟云抬升的浮力，因此烟云抬升得高些；当大气层结稳定时，在烟云抬升过程中它的浮力将要衰减，如果整层空气都是稳定的，烟气最终变为负浮力，从而返回到相对环境空气浮力为零的高度。

③ 地形地物的影响。烟囱附近的地形地物及烟囱本身都会影响烟囱附近的流场，复杂的地形地物会使气流产生涡旋、上升、下沉等不规则的运动。当风速较大时，这种不规则的运动更为明显。这时烟气的出口速度作用很小，烟气近乎水平排放。在一个孤立的建筑物四周，受扰动的气流范围一般至少为建筑物高度的 2 倍，在下风向这种影响常延伸到建筑物高度的 5～10 倍的范围。当烟囱位于地形或建筑物的尾流区时，烟云会很快下压到达地面，造成近距离地面的严重污染。烟囱本身也会影响烟囱附近的流场，当烟气的排放速度小于风速时，常发生烟云下沉现象，这种现象叫烟囱的下洗作用。所以，建设中为确保烟囱附近不出现严重的地面污染，山区烟囱应远离或摆脱地形的尾流区，城市中烟囱高度应为邻近建筑物高的 2.5 倍，这样一般就能克服建筑物和地形的扰动影响。为克服烟囱本身的下洗现象，通常需保证烟气出口速度大于风速的 1.5 倍。

（2）烟云抬升高度的估算　研究烟云抬升的主要目的是要得出扩散计算需要的实用抬升公式。20 世纪 50 年代以来，这方面进行了广泛的理论和实验研究，至今已提出了数十个烟云抬升公式。其中一部分是纯经验的，在现场同时观测抬升高度、烟源参数和气象参数，根据实测资料作最佳拟合，得出经验公式。另一部分是理论公式，但仍包含若干经验假定和必须由观测资料确定的经验系数。总之，现有的研究均带有较强的经验性。由于理论研究尚不充分，现场试验的条件差别较大，观测和分析的方法各异，致使各抬升公式之间缺少应有的一致性和比较性。下面介绍我国推荐的烟云抬升公式。

① 有风时，中性和不稳定条件，当烟气热释放率 $Q_h \geqslant 21000\text{kJ/s}$，且烟气温度与环境温度的差值 $\Delta T \geqslant 35\text{K}$ 时，Δh 采用下式计算：

$$\Delta h = n_0 Q_h^{n_1} h^{n_2} u^{-1} \tag{19-29}$$

$$Q_h = 0.35 p_a Q_v \frac{\Delta T}{T_8} \tag{19-30}$$

$$\Delta T = T_s - T_a \tag{19-31}$$

式中，n_0 为烟气热状况及地表状况系数，见表 19-6；n_1 为烟气热释放率指数，见表 19-6；n_2 为排气筒高度指数，见表 19-6；Q_h 为烟气热释放率，kJ/s；h 为排气筒距地面几何高度，m，超过 240m 时取 $h=240\text{m}$；p_a 为大气压力，hPa，如无实测值可取邻近气象台（站）季或年平均值；Q_v 为实际排烟率，m^3/s；ΔT 为烟气出口温度与环境温度差，K；T_s 为烟气出口温度，K；T_a 为环境大气温度，K，如无实测值可取邻近气象台（站）季或年平均值；u 为排气筒出口处平均风速，m/s，如无实测值则可用地面平均风速按幂律关系推算。

② 有风时，中性和不稳定条件，当烟气热释放率为 $1700\text{kJ/s} < Q_h < 21000\text{kJ/s}$ 时，Δh 采用下式计算：

$$\Delta h = \Delta h_1 + (\Delta h_2 - \Delta h_1) \frac{Q_h - 1700}{400} \tag{19-32}$$

表 19-6　n_0、n_1、n_2 的选取

Q_h/(kJ/s)	地表状况(平原)	n_0	n_1	n_2
$Q_h \geqslant 21000$	农村或城市远郊区	1.427	1/3	2/3
	城市及近郊区	1.303	1/3	2/3
$1700 \leqslant Q_h < 21000$ 且 $\Delta T \geqslant 35K$	农村或城市远郊区	0.332	3/5	2/5
	城市及近郊区	0.292	3/5	2/5

$$\Delta h_1 = 2(1.5v_s D + 0.01Q_h)/u - 0.048(Q_h - 1700)/u \tag{19-33}$$

式中，v_s 为排气筒出口处烟气排出速度，m/s；D 为排气筒出口直径，m；Δh_2 为按式(19-34)～式(19-36)计算，n_0、n_1、n_2 按表 19-6 中 Q_h 值较小的一类选取。

③ 有风时，中性和不稳定条件，当 $Q_h \leqslant 1700$kJ/s 或者 $\Delta T < 35$K 时，Δh 采用下式计算：

$$\Delta h = 2(1.5v_s D + 0.01Q_h)/u \tag{19-34}$$

式中各参数的意义同前。

④ 有风时，稳定条件，建议按下式计算烟气抬升高度 Δh（m）：

$$\Delta h = Q_h^{\frac{1}{3}}\left(\frac{dT_a}{dz} + 0.0098\right)^{-\frac{1}{3}} \times u^{-\frac{1}{3}} \tag{19-35}$$

式中，$\frac{dT_a}{dz}$为排气筒几何高度以上的大气温度梯度，K/m。

⑤ 静风（$u_{10} < 0.5$m/s）和小风（$0.5\text{m/s} < u_{10} < 1.5$m/s）时，建议按下式计算烟气抬升高度 Δh（m）：

$$\Delta h = 5.50Q_h^{\frac{1}{4}}\left(\frac{dT_a}{dz} + 0.0098\right)^{-\frac{3}{8}} \tag{19-36}$$

式中，各参数意义同前，但$\frac{dT_a}{dz}$取值不宜小于 0.01K/m。

以上介绍的计算烟气抬升的公式只适用于平坦开阔地形条件下，而不适用于像山区这样复杂的地形条件。对于复杂条件下的烟气抬升计算应慎重处理，可选用其他更有适用性的公式计算，或用实验方法解决，切不可随意选用公式计算。

二、建设项目选址

工厂的兴建会促进经济的发展，与此同时工厂建成投产后会对周围环境产生一定程度的污染，影响周围的环境质量。所以合理地选择厂址，在促进经济发展的同时尽量减轻对周围环境质量的影响就是一个十分重要的问题。厂址选择是一个综合性问题，它需要考虑许多方面的因素。例如，要考虑原料供应地、交通运输、供水、供电、土地利用、市场等许多方面问题，同时还需要考虑环境保护问题。这就需要根据污染气候资料，利用污染物在大气中运动的规律，选择适宜的厂址。

因为一个地区大气的扩散稀释能力由当地气象条件决定，所以从环境保护角度来看，一个工厂应建在哪里，应发展到多大规模等，要由当地的大气稀释能力来决定。大气的扩散稀

释能力由平均风速、大气稳定度、混合层高度等气象要素决定。平原地区风速较大，气流不易停滞，混合层较高，大气扩散稀释能力较强，所以平原地区建厂一般问题不大。山区或盆地经常出现静风状态，大气停滞不动，同时这些地区逆温一般较强，大气比较稳定，大气扩散稀释能力差，所以这些地区建厂一般不宜规模太大，以避免严重污染事件的发生。在静止或准静止反气旋活动频率大的地区，气流也会出现停滞现象并伴有上部下沉逆温，这些地区大气扩散稀释能力也较差，所以在这些地区也不宜建大型工厂。

选择一个厂址首先要做本底污染浓度的调查。本底污染浓度是指该地区已有的污染浓度水平，它是由当地污染源和远距离其他污染源输送来的污染物造成的。选择厂址时要调查或实测本底污染浓度。显然在本底污染浓度已超过环境质量标准的地区或接近环境质量标准的地区不宜再建新厂，新厂址应选择本底污染浓度低，且新厂投产后污染浓度也不会超过标准的地区。

与此同时，选厂址时还要考虑厂址附近地区环境中污染物总量。新厂建成投产后，不应使该地区污染物总量突破规定值。

厂址选择的第二步就是要调查和研究当地气象条件和地形条件，选择扩散稀释能力强的地点建厂，这通常要考虑下面 3 个问题。

1. 对风的考虑

选择厂址时要考虑工厂与受保护对象的相对位置和关系，所以首先要考虑风向。最简单的方法是依据风向频率图，一般的规则是：

① 排放源相对于居民区等主要污染受体来说，应设在最小频率风向的上风侧，因为这样布局居民区受污染的概率最小；

② 排放量大或废气毒性大的工厂应尽量设在最小频率风向的最上风侧；

③ 应尽量减少各工厂的重复污染，不宜把它们配置在与最大频率风向一致的直线上。

要完全做到以上各点是有困难的，一般主要考虑对人的危害，即考虑工厂与城市或生产区与生活区的相对布局。

仅按风向频率布局，只能做到居民区接受污染的概率最小，但不能保证受到的污染程度最轻。进一步考虑，污染源应设在污染系数最小方位的上风侧。实际应用时，可以像风玫瑰图那样画出污染系数玫瑰图，以此作为选择厂址和厂区布局的一项依据。

上面所说的规则还没有考虑风速对烟气抬升的影响。大风对抬升不利，地面浓度反而可能增高。多数烟源的危险风速只有 1～2m/s，超过这个数值以后，风速越大地面浓度越小，仍可利用污染系数考虑布局。但某些烟源，如火电厂的危险风速很高，在危险风速值以下，风速越大，地面浓度反而增高，此时不能简单地利用污染系数来估计风速的影响，应根据烟源参数和气象资料具体计算和分析。

选择厂址时要考虑的另一项风指标是静风出现频率和静风持续时间。无风时，污染物在烟源附近的空气中逐渐累积，可形成高浓度，故不宜在全年静风频率很高的地区建厂。静风时的空气污染物浓度和静风的持续时间有密切关系，长时间的静风使累积的污染物浓度更高。另外，每次静风污染过程要等到静风结束，风速重新增大以后才能解除，静风持续时间越长，维持高浓度污染的时间也越长。所以选择厂址时不但需要搜集风频率的资料，而且要统计静风持续时间，避免在长时间静风次数多的地方建厂。

平原地区风速随高度的变化有较好的规律性，而山区的情形就比较复杂。由于地形的阻挡和局地热力环流的影响，山区近地面静风和微风的出现频率较高，如果根据地面风的资料来统计，许多地方都不宜建厂。但是许多观测表明，山区近地面是静风时，在某高度以上仍保持一定的风速，只要烟源的有效高度足以超出地形高度的影响，达到恒定风速层内，仍不致形成静风型污染。

以上只是对风考虑的一般原则，因具体情况的复杂性，所以对具体情况应做具体的细致分析。

2. 对温度层结的考虑

近地面几百米以内的大气温度层结对污染物的扩散稀释有重要影响，在选择厂址时应注意搜集或实测当地的温度层结资料。最不利烟气扩散的是贴地逆温和上部逆温，因此应该搜集这些逆温的强度、厚度、出现频率、持续时间以及上部逆温底的高度等项资料，特别要注意逆温并伴有小风或静风的天气条件，注意这类天气的出现频率和持续时间，因为这类天气是发生严重污染的危险天气。

逆温层对高架源的影响比较复杂，应根据具体的逆温资料和高架源的具体情况而做具体分析。逆温层有抑制垂直湍流交换的作用，当源高于逆温层时，污染物在逆温层之上，由于有逆温层的保护使地面污染物浓度很低，所以一般应尽量使源高于逆温层。但中小型工厂源比较低，污染物在逆温层内混合，可造成局地较大的污染，因此在贴地逆温频率大、持续时间长的地区不宜建这类工厂。

上部逆温的存在对中小工厂可能影响不大，但对大型工厂就可能有影响。因为大型工厂源比较高，上部逆温的存在限制了烟云的进一步垂直向上扩散，这时进一步增加烟囱高度可能不会明显降低地面浓度，搜集上部逆温的资料对大型工厂的选址和设计有重要意义。

选择好一个厂址，除了要考虑风、温度层结这些主要因素外，还要考虑降水、雾等一些因素，对这些气象因子也要做适当的考虑。

3. 对地形的考虑

选择厂址的原则就是要尽量避免容易引起局地空气污染的地形因素的影响。只要能把烟气“送出”局部地形限制的范围，山区上空的扩散稀释条件甚至比平原地区好得多。相反，如果烟气排不出去，在短距离内被导向地面或者作用于高耸的地形，就会在小范围内引起高浓度。下面概括一下选择厂址时应考虑的地形因素。

① 山谷较深，且走向与盛行风交角大于45°时，谷风风速经常很小，不利于污染物扩散稀释，若排烟高度不可能超过经常出现静风及微风的高度，则不宜建厂。

② 排烟高度不可能超过背风坡下倾气流厚度及背风坡强湍流区时，烟流会被气流下压导向地面，或者因强烈的铅直混合扩散到地面，在背风坡引起地面高浓度，在这种地方不宜建厂。因此，在背风坡建厂时应搜集过山下倾气流及强湍流区的厚度及范围等资料。

③ 四周山坡上有村庄及农田，排烟高度又不可能超过其高度时，烟气将直接吹向坡地，造成高浓度，在这样的谷地中不宜建厂。

④ 山谷凹地中经常出现地形引起的强而深厚的逆温，四周地形又较高者，不宜建厂。

⑤ 在山谷中建厂时，即使气流经常沿谷道吹，也应当考虑两旁山坡会限制进一步的侧向扩散，所以远距离的地面浓度比平原高得多，若源强很大，仍能引起污染。

⑥ 烟流虽能过山，仍可能形成背风面的污染，不应当将居民点设在背风面的污染区。

地形对空气污染的影响十分复杂，各地都有各自的特点，必须根据具体情况做具体分析，对可能造成严重污染危害的工厂选址更要特别小心、慎重。在地形复杂的地区，一般应进行专门的气象观测和现场示踪扩散试验或风洞模拟试验，以确定合理的厂址，并对扩散稀释规律做一定的评价，为环境保护部门和工程设计部门提供依据。

三、工程项目布局

在工业区或大的建设项目规划中有一个重要问题就是布局问题。一个新工业区要求合理地安排生产区和生活区。生产区的位置要选择在能保证对居民和周围受保护对象产生最小污染危害的地方。在生产区内部，各工厂的配置也应考虑尽量减少污染危害最严重的工厂对其他工厂的影响，尽量减少各工厂重复污染的范围和时间。从污染气象角度出发，人们对这个问题的认识有一个发展过程。

在工程项目规划布局时，不仅要考虑风向频率，而且还要考虑各种不同方向风出现时的大气扩散稀释条件，这样才能选择出最佳布局方案。决定一个地区扩散稀释能力的气象因子很多，主要考虑平均风速大小、温度层结状况和地形条件等。实际工作中常以风向为主，结合考虑其他方面的因素。目前这方面已经发展了一些分析方法，例如用污染系数玫瑰图来代替风向玫瑰图就是一种比较简单的综合考虑方法。污染系数的定义是：

$$\text{污染系数}=\frac{\text{风向频率}}{\text{平均风速}} \tag{19-37}$$

污染系数不仅考虑了风向，而且还考虑了风速。平均风速大，污染物不易堆积，污染系数小；平均风速小，污染系数大。考虑了污染系数后，污染源应放在污染系数最小方向的上风侧。

现举例来说明这一问题，表 19-7 是一个实例，由表中可以看出若只考虑风向频率，污染源应放在东面，因为东风出现频率最低。但由污染系数来看，污染源应放在东北方，因为东北方向污染系数最小。

表 19-7　污染系数计算实例

参数	风向								
	北	东北	东	东南	南	西南	西	西北	总计
风向频率	15	8	6	12	15	18	12	14	100
平均风速/(m/s)	3	4	2	4	5	3	4	2	
污染系数	5	2	3	3	3	6	3	7	
污染系数相对百分比/%	16	6	9	9	9	19	9	23	100

在复杂地形地区（例如山区），因为其气象条件较复杂，所以需根据具体情况做具体考虑。在这些地区特别要注意所用资料的代表性，在许多场合需要做实地的气象观测，以获得当地有代表性的气象资料，这样的气象观测最好维持一年以上。

四、烟囱高度设计

为了减少排放源附近的地面污染物浓度，一般可采用烟囱排放的方法。地面最大污染物浓度与源的有效高度的平方成反比，随着烟囱高度的增加，源附近地面浓度会很快减小。如何确定烟囱高度才能得到最大收益，这是烟囱高度设计中一个很重要的问题。

烟囱高度设计的最终目标是要保证所造成的地面污染浓度不超过某一规定标准，因此首先需要知道不同气象条件下排烟高度与地面浓度之间的关系，目前应用最广泛的仍是正态烟云模式，以地面最大浓度为标准，寻求地面最大浓度与有效源高的关系。

（一）烟囱截面尺寸计算

烟囱出口的截面积，可由下式求出：

$$S=\frac{Q_g}{3600v_g} \tag{19-38}$$

式中，S 为烟囱出口截面积，m^2；Q_g 为烟气量，m^3/h；v_g 为烟气自烟囱口排出的速度，m/s。

在上式计算中应注意在烟囱下部和出口处的烟气量是变化的，即由于烟气温度随着烟囱的增高而降低，烟气量也相应减小。烟气温度的降低情况因烟囱的材质、厚度不同而不同，一般可由计算求得。烟囱下粗上细与烟气温度降低有关。

（二）烟囱有效高度的计算

烟气从烟囱排出时，因烟气具有一定的动能而上升。在横向风力的作用下，烟气流逐渐由竖直方向转到与地面平行的水平方向。通常把水平的烟羽中心轴到地面的高度称为烟囱的有效高度，如图 19-2 所示。烟囱的有效高度由烟囱的墙体高度 H_s、烟气动能引起的上升高度 H_d 和浮力引起的上升高度 H_f 三部分组成。烟气动能和浮力引起的上升高度之和（H_d+H_f）称作烟气的抬升高度 H_t。对烟气上升的高度，许多学者以理论推导、实际测定或模型试验为依据，提出多种不同形式的计算方法。这些计算方法不仅表达式不同，而且计算结果也有不少差别，所以至今仍有学者在探讨运算简便、结果更符合实际的计算方法。

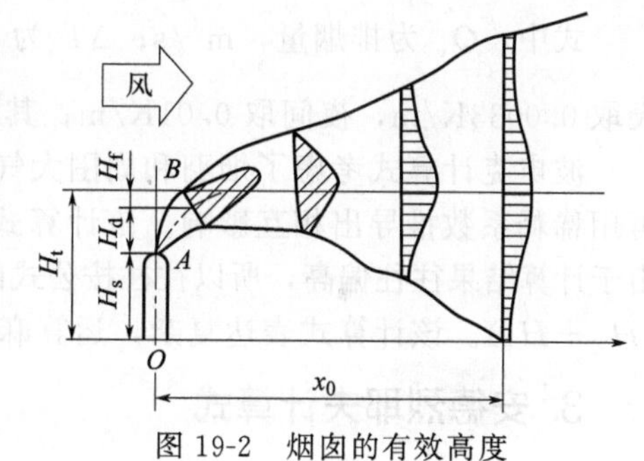

图 19-2　烟囱的有效高度

下面介绍几种具有一定代表性的计算方法。

1. 赫兰计算式

$$H_x=H_s+H_d+H_f \tag{19-39}$$

$$H_t=H_d+H_f=\frac{1.5v_g d}{v_p}+\frac{0.96\times10^{-5}Q_g}{v_p} \tag{19-40}$$

$$Q_g=G_g c_p(T_g-T_a) \tag{19-41}$$

式中，H_x 为烟囱的有效高度，m；H_s 为烟囱的墙体高度，m；H_d 为烟气动能引起的上升高度，m；H_f 为烟气浮力引起的上升高度，m；H_t 为烟气的抬升高度，m；v_g 为烟气自烟囱排出的速度，m/s；d 为烟囱出口直径，m；v_p 为在烟囱出口高度的平均风速，m/s；Q_g 为烟气的散热量，t/s；G_g 为烟气的排放量，kg/s；c_p 为烟气的定压热容，J/(kg·K)；T_g 为烟气的绝对温度，K；T_a 为烟囱出口高度空气的绝对温度，K。

赫兰计算式运算比较方便，计算结果比较接近实际情况，而且考虑了烟气的动能和浮升力两种因素的影响，可以用来计算常温和高温两类烟气排放的情况。计算式中烟囱出口高度

的平均风速 v_p 可以按表 19-8 计算，即在测得 10m 高度风速的基础上乘以烟囱高度系数，$v_p=\phi v_{10}$。赫兰计算式适用于中、小型烟囱。

表 19-8　平均风速计算

烟囱高度/m	10	20	40	60	80	100	120
ϕ	1.0	1.15	1.30	1.40	1.46	1.50	1.54

2. 波申克计算式

$$H_x=H_s+H_d+H_f \tag{19-42}$$

$$H_d=\frac{4.77}{1+0.43v/v_g}\sqrt{\frac{Q_g v_g}{v_p}} \tag{19-43}$$

$$H_f=6.37\frac{Q_v \Delta T}{v_p^3 T_1}\left(\ln J^2+\frac{2}{J}-2\right) \tag{19-44}$$

$$J=\frac{v_p^2}{\sqrt{Q_v v_g}}\left(0.43\sqrt{\frac{T_a}{\frac{dQ}{dz}}}-0.28\frac{v_g T_a}{g\Delta T}\right)+1 \tag{19-45}$$

式中，Q_v 为排烟量，m^3/s；ΔT 为 T_g-T_a，K；$\frac{dQ}{dz}$为大气温度梯度，K/m，一般白天取 0.0033K/m，夜间取 0.01K/m；其他符号意义同前。

波申克计算式考虑了烟羽和周围大气相对运动的影响，以及围绕烟羽的大气湍流特点，再用稀释系数推导出相互影响。该计算式概括因素比较全面，适用于大、中型烟囱的计算。由于计算结果往往偏高，所以往往按公式的计算结果再乘以 0.5～0.7，即 $H_t=(0.5\sim0.7)\times(H_d+H_f)$。该计算式表达复杂，运算麻烦，实际运用不甚方便。

3. 安德烈耶夫计算式

$$H=\frac{1.9v_g d}{v_p} \tag{19-46}$$

式中，各符号意义同赫兰计算式。

此计算式是根据理论推导出的，由计算看出，该式将浮升力作用忽略不计，而只考虑烟气动能所引起的抬升高度。该计算式用于计算非高温烟气排放比较合适。

上面虽然给出了计算烟囱高度的公式，但实际问题远非这样简单，在具体应用时还存在一些问题。例如：

① 式中的气象参数随不同地点、不同时间而变，在具体计算烟囱高度时这些参数应如何选取；

② 应选择什么抬升公式计算烟云抬升高度；

③ 上面选用的是烟云正态扩散公式，在一些具体场合下这个公式是否完全适用。

上面的考虑只是在平坦开阔地形条件下才适用。在复杂地形条件下，因大气运动的复杂性，使烟云的扩散稀释规律复杂，不能完全照搬上述的方法来确定烟囱高度。按标准、规范和实验资料才能确定较正确的烟囱高度。

（三）按标准规范确定烟囱高度

在一些标准规范中已规定了烟囱高度的确定方法，可在做设计时使用。下面介绍几个常用标准。

1. 锅炉烟囱高度

① 每个新建锅炉房只能设一个烟囱。烟囱高度应根据锅炉房总容量，按表 19-9 规定执行。

表 19-9　锅炉房烟囱最低允许高度

锅炉房总容量	t/h	＜1	1～2	2～4	4～10	10～20	20～40
	MW	＜0.7	0.7～1.4	1.4～2.8	2.8～7	7～14	14～28
烟囱最低允许高度	m	20	25	30	35	40	45

② 新建锅炉烟囱周围半径 200m 距离内有建筑物时，烟囱应高出最高建筑物 3m 以上。

③ 锅炉房烟囱高度达不到②条规定时，在 GB 3095 的二类区新安装的锅炉烟尘最高允许排放浓度执行 $200mg/m^3$（标）；

④ 锅炉房总容量＞28MW（40t/h）时，其烟囱高度应按环境影响评价要求确定，但不得低于 45m。

2. 工业炉窑烟囱高度

① 各种工业炉窑烟囱（或排气筒）最低允许高度为 15m。

② 1997 年 1 月 1 日起新建、改建、扩建的排放烟（粉）尘和有害污染物的工业炉窑，其烟囱（或排气筒）最低允许高度除应执行①和③条规定外，还应按批准的环境影响报告书要求确定。

③ 当烟囱（或排气筒）周围半径 200m 距离内有建筑物时，除应执行①和②条规定外，烟囱（或排气筒）还应高出最高建筑物 3m 以上。

④ 各种工业炉窑烟囱（或排气筒）高度如果达不到①、②和③条的任何一项规定时，其烟（粉）尘或有害污染物最高允许排放浓度，应按相应区域排放标准值的 50%执行。

3. 水泥工业排气筒高度

① 除提升输送、储库下小仓的除尘设施外，生产设备排气筒（含车间排气筒）一律不得低于 15m。

② 以下生产设备排气筒高度还应符合表 19-10 中的规定。

表 19-10　水泥工业烟囱最低允许高度

生产设备名称	水泥窑及窑磨一体机				烘干机、烘干磨、煤磨及冷却机			破碎机、磨机、包装机及其他通风生产设备
单线(机)生产能力/(t/d)	≤240	240～700	700～1200	＞1200	≤500	500～1000	＞1000	高于本体建筑物 3m 以上
最低允许高度/m	30	45①	60	80	20	25	30	

① 现有立窑排气筒仍按 35m 要求。

4. 大气污染物排放排气筒高度

国家在《大气污染物综合排放标准》（GB 16297—1996）中规定了 33 类大气污染物排放时按排放速率多少确定排气筒高度。同时，当 2 个以上的排气筒时必须按等效烟囱计算排放速率；当烟囱高度与国家规定的标准高度不一致时，要用内插法或外推法计算排放速率。

（1）等效烟囱参数计算　当烟囱1和烟囱2排放同一种污染物，其距离小于该两个烟筒的高度之和时，应以一个等效烟囱代表该两个烟囱。等效烟囱的有关参数计算方法如下。

① 等效排气烟囱污染物排放速率按下式计算：

$$G=G_1+G_2 \tag{19-47}$$

式中，G为等效烟囱某污染物排放速率，kg/h；G_1、G_2分别为烟囱1和烟囱2的某污染物排放速率，kg/h。

② 等效烟囱高度按下式计算：

$$H=\sqrt{\frac{1}{2}(H_1^2+H_2^2)} \tag{19-48}$$

式中，H为等效烟囱高度，m；H_1、H_2分别为烟囱1和烟囱2的高度，m。

③ 等效烟囱的位置。等效烟囱的位置，应于烟囱1和烟囱2的连线上，若以烟囱1为原点，则等效烟囱的位置应距原点为：

$$X=\alpha(G-G_1)/G=\alpha G_2/G \tag{19-49}$$

式中，X为等效烟囱距烟囱1的距离，m；α为烟囱1至烟囱2的距离，m；G_1、G_2分别为烟囱1和烟囱2的排放速率，kg/h；G为等效烟囱的排放速率，kg/h。

（2）排放速率的内插法和外推法

① 某排气烟囱高度处于表列两高度之间，用内插法计算其最高允许排放速率，按下式计算：

$$G=G_a+(G_{a+1}-G_a)(H-H_a)/(H_{a+1}-H_a) \tag{19-50}$$

式中，G为某烟囱最高允许排放速率，kg/h；G_a为比某烟囱低的表列限值中的最大值，kg/h；G_{a+1}为比某烟囱高的表列限值中的最小值，kg/h；H为某烟囱的几何高度，m；H_a为比某烟囱低的高度中的最大值，m；H_{a+1}为比某烟囱高的高度中的最小值，m。

② 某排烟囱高度高于标准烟囱高度的最高值，用外推法计算其最高允许排放速率。按下式计算：

$$G=G_b(H/H_b)^2 \tag{19-51}$$

式中，G为某烟囱的最高允许排放速率，kg/h；G_b为烟囱最高高度对应的最高允许排放速率，kg/h；H为某烟囱的高度，m；H_b为表列烟囱的最高高度，m。

（3）某烟囱高度低于标准烟囱高度的最低值，用外推法计算其最高允许排放速率，按下式计算：

$$G=G_c(H/H_c)^2 \tag{19-52}$$

式中，G为某烟囱的最高允许排放速率，kg/h；G_c为烟囱最低高度对应的最高允许排放速率，kg/h；H为某烟囱的高度，m；H_c为表列烟囱的最低高度，m。

5. 住宅烟囱设计

① 住宅建筑的各层烟气排出可合用一个烟囱，但应有防止串烟的措施；多台燃具共用烟囱的烟气进口处，在燃具停用时的静压值应小于或等于零。

② 当用气设备的烟囱伸出室外时，其高度应符合下列要求：a. 当烟囱离屋脊＜1.5m时（水平距离），应高出屋脊0.6m；b. 当烟囱离屋脊为1.5～3.0m时（水平距离），烟囱可与屋脊等高；c. 当烟囱离屋脊的距离＞3.0m时（水平距离），烟囱应在屋脊水平线下10°

的直线上；d. 在任何情况下，烟囱应高出屋面 0.6m；e. 当烟囱的位置邻近高层建筑时，烟囱应高出沿高层建筑物 45°的阴影线上。

③ 烟囱出口的排烟温度应高于烟气露点 15℃以上。

④ 烟囱出口应有防止雨雪进入和防倒风的装置。

五、大气污染预报

空气污染预报是城市空气污染防治和控制工作中的一个重要方面。空气污染与气象条件有密切关系，当天气形势发生变化时大气对污染物的扩散稀释能力也就会发生变化，在几小时时间内大气的扩散稀释能力可有几倍的变化。中纬度的一些地区有时连续几天维持不利于污染物扩散的天气条件，因而可能造成该地区严重的空气污染。如果能事先预报出这种不利于污染物扩散的天气形势，就可采取一些措施，防止或减少严重空气污染的发生。在大城市或大工业区这点是极为有意义的，所以空气污染预报是控制空气污染的一个有效途径。因为空气污染预报是在正确的天气预报基础上进行的，其难度比一般天气预报更大，这里还有许多问题没有很好解决。

空气污染预报可分为污染潜势预报和污染浓度预报两种。污染潜势预报主要着重于研究标志大气扩散稀释能力的气象条件，当预报的气象条件符合可能造成严重空气污染的标准（指标）时就可发出警报，以便有关部门采取措施，达到避免发生严重污染事件的目的。污染浓度预报比污染潜势预报更进一步，它要求能预报出某一范围内某种污染物的浓度大小，这就要根据已知的污染源参数和预报的气象参数，运用一定的扩散模式来预报未来浓度的大小。很显然污染浓度预报比污染潜势预报困难得多。

不管是污染潜势预报还是污染浓度预报都与短期天气预报有密切关系，污染预报都是在短期天气预报的基础上进行的。因此短期天气预报准确率高低就直接影响污染预报的准确率。一般来说超过 48h 的天气预报的精度和准确率大大降低，所以污染预报一般只提前 1～2d。

1. 空气质量指数计算方法

空气质量指数指定量描述空气质量状况的无量纲指数。

（1）空气质量分指数分级方案　空气质量分指数级别及对应的污染物项目浓度限值见表 19-11。

表 19-11　空气质量分指数及对应的污染物项目浓度限值

空气质量分指数(IAQI)	污染物项目浓度限值									
	二氧化硫(SO_2) 24h 平均/($\mu g/m^3$)	二氧化硫(SO_2) 1h 平均/($\mu g/m^3$)	二氧化氮(NO_2) 24h 平均/($\mu g/m^3$)	二氧化氮(NO_2) 1h 平均/($\mu g/m^3$)	颗粒物(粒径≤10μm) 24h 平均/($\mu g/m^3$)	一氧化碳(CO) 24h 平均/(mg/m^3)	一氧化碳(CO) 1h 平均/(mg/m^3)①	臭氧(O_3) 1h 平均/($\mu g/m^3$)	臭氧(O_3) 8h 滑动平均/($\mu g/m^3$)	颗粒物(粒径≤2.5μm) 24h 平均/($\mu g/m^3$)
0	0	0	0	0	0	0	0	0	0	0
50	50	150	40	100	50	2	5	160	100	35
100	150	500	80	200	150	4	10	200	160	75

续表

空气质量分指数(IAQI)	污染物项目浓度限值									
	二氧化硫(SO_2)24h平均/($\mu g/m^3$)	二氧化硫(SO_2)1h平均/($\mu g/m^3$)	二氧化氮(NO_2)24h平均/($\mu g/m^3$)	二氧化氮(NO_2)1h平均/($\mu g/m^3$)	颗粒物(粒径≤10μm)24h平均/($\mu g/m^3$)	一氧化碳(CO)24h平均/(mg/m^3)	一氧化碳(CO)1h平均/(mg/m^3)①	臭氧(O_3)1h平均/($\mu g/m^3$)	臭氧(O_3)8h滑动平均/($\mu g/m^3$)	颗粒物(粒径≤2.5μm)24h平均/($\mu g/m^3$)
150	475	650	180	700	250	14	35	300	215	115
200	800	800	280	1200	350	24	60	400	265	150
300	1600	②	565	2340	420	36	90	800	800	250
400	2100	②	750	3090	500	48	120	1000	③	350
500	2620	②	940	3840	600	60	150	1200	③	500

① 二氧化硫（SO_2）、二氧化氮（NO_2）和一氧化碳（CO）的1h平均浓度限值仅用于实时报，在日报中需使用相应污染物的24h平均浓度限值。

② 二氧化硫（SO_2）1h平均浓度值高于800$\mu g/m^3$的，不再进行其空气质量分指数计算，二氧化硫（SO_2）空气质量分指数按24h平均浓度计算的分指数报告。

③ 臭氧（O_3）8h平均浓度值高于800$\mu g/m^3$的，不再进行其空气质量分指数计算，臭氧（O_3）空气质量分指数按1h平均浓度计算的分指数报告。

（2）空气质量分指数计算方法　污染物项目P的空气质量分指数按下式计算：

$$IAQI_P=\frac{IAQI_{Hi}-IAQI_{Lo}}{BP_{Hi}-BP_{Lo}}(C_P-BP_{Lo})+IAQI_{Lo} \tag{19-53}$$

式中，$IAQI_P$ 为污染物项目P的空气质量分指数；C_P 为污染物项目P的质量浓度值；BP_{Hi} 为表19-11中与 C_P 相近的污染物浓度限值的高位值；BP_{Lo} 为表19-11中与 C_P 相近的污染物浓度限值的低位值；$IAQI_{Hi}$ 为表19-11中与 BP_{Hi} 对应的空气质量分指数；$IAQI_{Lo}$ 为表19-11中与 BP_{Lo} 对应的空气质量分指数。

（3）空气质量指数级别　空气质量指数级别根据表19-12规定进行划分。

表19-12　空气质量指数及相关信息

空气质量指数	空气质量指数级别	空气质量指数类别及表示颜色		对健康影响情况	建议采取的措施
0～50	一级	优	绿色	空气质量令人满意，基本无空气污染	各类人群可正常活动
51～100	二级	良	黄色	空气质量可接受，但某些污染物可能对极少数异常敏感人群健康有较弱影响	极少数异常敏感人群应减少户外活动
101～150	三级	轻度污染	橙色	易感人群症状有轻度加剧，健康人群出现刺激症状	儿童、老年人及心脏病、呼吸系统疾病患者应减少长时间、高强度的户外锻炼
151～200	四级	中度污染	红色	进一步加剧易感人群症状，可能对健康人群心脏、呼吸系统有影响	儿童、老年人及心脏病、呼吸系统疾病患者避免长时间、高强度的户外锻炼，一般人群适量减少户外运动

续表

空气质量指数	空气质量指数级别	空气质量指数类别及表示颜色		对健康影响情况	建议采取的措施
201～300	五级	重度污染	紫色	心脏病和肺病患者症状显著加剧，运动耐受力降低，健康人群普遍出现症状	儿童、老年人和心脏病、肺病患者应停留在室内，停止户外运动，一般人群减少户外运动
＞300	六级	严重污染	褐红色	健康人群运动耐受力降低，有明显强烈症状，提前出现某些疾病	儿童、老年人和病人应当留在室内，避免体力消耗，一般人群应避免户外活动

（4）空气质量指数及首要污染物的确定方法

① 空气质量指数计算方法。空气质量指数按下式计算：

$$AQI=\max\{IAQI_1, IAQI_2, IAQI_3, \cdots, IAQI_n\} \tag{19-54}$$

式中，IAQI为空气质量分指数；n 为污染物项目。

② 首要污染物及超标污染物的确定方法。AQI大于50时，IAQI最大的污染物为首要污染物。若IAQI最大的污染物为两项或两项以上时，并列为首要污染物。

IAQI大于100的污染物为超标污染物。

2. 日报和实时报的发布

① 空气质量监测点位日报和实时报的发布内容包括评价时段、监测点位置、各污染物的浓度及空气质量分指数、空气质量指数、首要污染物及空气质量级别，报告时说明监测指标和缺项指标。日报和实时报由地级以上（含地级）环境保护行政主管部门或其授权的环境监测站发布。

② 日报时间周期为24h，时段为当日零点前24h。日报的指标包括二氧化硫（SO_2）、二氧化氮（NO_2）、颗粒物（粒径≤10μm）、颗粒物（粒径≤2.5μm）、一氧化碳（CO）的24h平均，以及臭氧（O_3）的日最大1h平均、臭氧（O_3）的日最大8h滑动平均，共计7个指标。

③ 实时报时间周期为1h，每一整点时刻后即可发布各监测点位的实时报，滞后时间不应超过1h。实时报的指标包括二氧化硫（SO_2）、二氧化氮（NO_2）、臭氧（O_3）、一氧化碳（CO）、颗粒物（粒径≤10μm）和颗粒物（粒径≤2.5μm）的1h平均，以及臭氧（O_3）8h滑动平均和颗粒物（粒径≤10μm）、颗粒物（粒径≤2.5μm）的24h滑动平均，共计9个指标。

④ 计算每个监测点位的空气质量指数时，各项污染物空气质量分指数和空气质量指数使用该点位的各项污染物浓度、表19-11中浓度限值、式(19-53）和式(19-54）进行计算。

⑤ 日报和实时报数据由空气质量指数日报软件系统进行初步审核，实时报及日报数据仅为当天参考值，应在次月上旬将上月数据根据完整的审核程序进行修订和确认。

六、卫生防护距离的确定

1. 卫生防护距离的意义和作用

由于无组织排放源分散且排放高度低，即使排放量很小时也可能在源附近地面上形成一个浓度高于允许浓度的污染区。也就是说，地面源地面轴浓度随离源距离的增加而单调下降。在源附近地区地面浓度较高，随离源距离的增加，地面轴浓度迅速下降。

为了保证无组织排放源附近受保护地区大气环境质量符合规定标准的要求，让受保护地区的边界与无组织排放源之间保持一定的距离是完全必要的，这个距离就称为卫生防护距离。从大气环境质量角度来说，卫生防护距离的主要作用是为无组织排放源所排大气污染物提供一段稀释扩散的距离。在这段距离内，污染物经过稀释扩散，随离源距离的增加，地面浓度逐渐下降，当达到防护距离的边界时其环境浓度已降到标准环境浓度的水平。

2. 行业卫生防护距离初值计算

（1）卫生防护距离初值计算公式

具体计算公式：

$$\frac{Q_c}{c_m}=\frac{1}{A}(BL^C+0.25r^2)^{0.50}L^D \tag{19-55}$$

式中，Q_c 为大气有害物质的无组织排放量，kg/h；c_m 为大气有害物质环境空气质量的标准限值，mg/m^3；L 为大气有害物质卫生防护距离初值 m；r 为大气有害物质无组织排放源所在生产单元的等效半径，m；A、B、C、D 为卫生防护距离初值计算系数，无量纲，根据工业企业所在地区近 5 年平均风速及大气污染源构成类别从表 19-13 查取。

表 19-13　卫生防护距离初值计算系数

卫生防护距离初值计算系数	工业企业所在地区近5年平均风速/(m/s)	卫生防护距离 L/m								
		$L\leqslant1000$			$1000<L\leqslant2000$			$L>2000$		
		工业企业大气污染源构成类型								
		Ⅰ	Ⅱ	Ⅲ	Ⅰ	Ⅱ	Ⅲ	Ⅰ	Ⅱ	Ⅲ
A	<2	400	400	400	400	400	400	80	80	80
	2～4	700	470	350	700	470	350	380	250	190
	>4	530	350	260	530	350	260	290	190	110
B	<2	0.01			0.015			0.015		
	>2	0.021			0.036			0.036		
C	<2	1.85			1.79			1.79		
	>2	1.85			1.77			1.77		
D	<2	0.78			0.78			0.57		
	>2	0.84			0.84			0.76		

注：Ⅰ类：与无组织排放源共存的排放同种有害气体的排气筒的排放量，大于或等于标准规定的允许排放量的1/3者。

Ⅱ类：与无组织排放源共存的排放同种有害气体的排气筒的排放量，小于标准规定的允许排放量的1/3，或虽无排放同种大气污染物之排气筒共存，但无组织排放的有害物质的容许浓度指标是按急性反应指标确定者。

Ⅲ类：无排放同种有害物质的排气筒与无组织排放源共存，但无组织排放的有害物质的容许浓度是按慢性反应指标确定者。

（2）相关计算参数的确定

① 无组织排放量 Q_c。常用的无组织排放量的计算方法有物料衡算法、通量法、地面浓度反推法、实测法、产排污系数法。

② 标准限值 c_m。当特征大气有害物质在 GB 3095 中有规定的二级标准日均值时，c_m 一般可取其二级标准日均值的 3 倍；但对于致癌物质、毒性可累积的物质如苯、汞、铅

等，则直接取其二级标准日均值。当特征大气有害物质在 GB 3095 中无规定时，可按照 HJ 2.2 中规定的 1h 平均标准值。恶臭类污染物取 GB 14554 中规定的臭气浓度一级标准值。

③ 等效半径 r。收集企业生产单元占地面积 $S(m^2)$ 数据，根据下式计算：

$$r=\sqrt{S/\pi} \tag{19-56}$$

④ 卫生防护距离初值计算系数。收集企业所在地区近 5 年平均风速（m/s），通过表 19-12 确定 A、B、C、D 值。

3. 卫生防护距离终值的确定

（1）单一特征大气有害物质终值的确定

① 卫生防护距离初值小于 50m 时，级差为 50m。如计算初值小于 50m，卫生防护距离终值取 50m。

② 卫生防护距离初值大于或等于 50m，但小于 100m 时，级差为 50m。如计算初值大于或等于 50m 并小于 100m 时，卫生防护距离终值取 100m。

③ 卫生防护距离初值大于或等于 100m，但小于 1000m 时，级差为 100m。如计算初值为 208m，卫生防护距离终值取 300m；计算初值为 488m，卫生防护距离终值为 500m。

④ 卫生防护距离初值大于或等于 1000m 时，级差为 200m。如计算初值为 1055m，卫生防护距离终值取 1200m；计算初值为 1165m，卫生防护距离终值取 1200m；计算初值为 1388m，卫生防护距离终值取 1400m。

⑤ 卫生防护距离终值级差见表 19-14。

表 19-14 卫生防护距离终值级差范围表

卫生防护距离计算初值 L/m	级差/m
$0 \leqslant L < 50$	50
$50 \leqslant L < 100$	50
$100 \leqslant L < 1000$	100
$L \geqslant 1000$	200

（2）多种特征大气有害物质终值的确定　当企业某生产单元的无组织排放存在多种特征大气有害物质时，如果分别推导出的卫生防护距离初值在同一级别时，则该企业的卫生防护距离终值应提高一级；卫生防护距离初值不在同一级别的，以卫生防护距离终值较大者为准。

（3）生产单元边界发生变化后终值的确定　当新、改、扩建项目生产单元边界发生变化后，需对卫生防护距离初值重新计算，经级差处理后确定新的卫生防护距离终值。

4. 不确定性

对于卫生防护距离初值的推导方法主要针对平原地区。实际应用中，当地的地形地貌、气象因素、特征大气有害物质无组织排放量等的变异程度均会造成评估结果的不确定性。当企业通过自身减排、增加防护措施等方法切实降低了生产单元大气有害物质的无组织排放量，可适当降低其卫生防护距离终值。以噪声污染为主的企业卫生防护距离，执行标准 GB 18083。

第三节 大气污染化学

研究污染物在大气环境中的化学行为构成了大气污染化学，它是在人类与大气污染作斗争的过程中逐渐形成的。20 世纪 50 年代出现了环境问题的第一次高潮，现实中的环境问题促使人们去研究污染物进入大气后的化学行为。例如：1952 年伦敦烟雾事件，12 月 5～8 日死亡人数较常年同期约多 4000 人；但是，1962 年 12 月初的伦敦烟雾事件死亡率却大大降低，这不能不引起人们的注意。两次烟雾事件 SO_2 的环境浓度无显著变化，只是飘尘浓度 1962 年比 1952 年显著降低。经化学专家研究，尘粒上附着的 Fe_2O_3 可促使大气中的 SO_2 转化为 SO_3，因而形成硫酸雾，其危害比 SO_2 大得多。运用化学的理论和方法，研究 SO_2 等污染物在大气环境中的化学行为、迁移转化规律，逐渐形成了大气污染化学，它是环境化学的重要组成部分。

下面分别介绍大气中主要污染物的化学行为。

一、含硫化合物转化

大气中的含硫化合物有 H_2S、SO_2、SO_3、H_2SO_4 和 $(NH_4)_2SO_4$ 等，它们在大气中的转化情况如下。

（一） H_2S 向 SO_2 的转化

H_2S 主要来自天然释放源，它们是土壤和沉积物中微生物活动的产物。H_2S 在大气中是不稳定的，能迅速地氧化为 SO_2。清洁大气中有 80% 的 SO_2 是由 H_2S 转化来的。H_2S 可以被原子氧、分子氧和臭氧所氧化，反应式为：

$$H_2S+3\ [O] \longrightarrow SO_2+H_2O$$

$$H_2S+1\frac{1}{2}O_2 \longrightarrow SO_2+H_2O$$

$$H_2S+O_3 \longrightarrow SO_2+H_2O$$

在气相中上述反应很慢，而在大气中的颗粒物表面上反应很快。H_2S、O_2 和 O_3 均溶于水，因此在云雾和云滴中 H_2S 的氧化速度很快。一般说来，H_2S 分子在转化为 SO_2 以前仅在大气中存在几小时。

（二） SO_2 向 SO_3 的转化

SO_2 在大气中的命运是转化为 SO_3。SO_2 的氧化作用有催化氧化和光化学氧化两个方面。有云雾时，在相对湿度高和有颗粒物质同时存在时可发生催化氧化反应。有太阳时，在空气中有 NO_x 存在时发生光化学氧化反应。

1. SO_2 的催化氧化

在清洁空气中，通过单相均质反应，SO_2 非常缓慢地氧化为 SO_3。据观测，电厂烟气中 SO_2 的氧化速率比清洁空气中的氧化速率高 10～100 倍。在溶液中有催化剂存在时，SO_2 的氧化速率大大提高。在含有金属盐（如铁盐、锰盐）的气溶胶雾滴中，SO_2 的催化氧化反应可表示为：

$$2SO_2+2H_2O+O_2 \xrightarrow[\text{(Fe盐、Mn盐)}]{\text{催化剂}} 2H_2SO_4$$

在这一反应中，作为催化剂的主要物质是铁和锰的硫酸盐和氯化物。它们常以颗粒形式悬浮于空气中。在湿度很高时，颗粒物质成为凝结核，形成气溶胶雾滴。

SO_2 的催化氧化可分为 3 步：a. SO_2 由气相扩散进入雾滴；b. SO_2 从雾滴表面向内部扩散；c. 在雾滴内部进行催化反应。在大气状态稳定时，SO_2 的转化速率决定于第 2 步和第 3 步。第 2 步的速率决定于雾滴的酸度，第 3 步的速率决定于催化剂的种类。雾滴酸度之所以影响 SO_2 的转化速率，主要是因为在稀溶液中，H_2SO_4 完全电离，H^+ 浓度的增加会降低 SO_2 的溶解度。但是如果空气中有足够的 NH_4^+ 存在，便不会妨碍 SO_2 的溶解。此时将生成 $(NH_4)_2SO_4$，降低雾滴的酸度。催化剂的类别对 SO_2 的转化效率有很大影响。在一些已知的物质中锰盐的催化效率较高。

此外，大气中的二氧化硫（SO_2）会被固体颗粒表面所吸附，在微粒表面存在的金属氧化物（Fe_2O_3、Al_2O_3、MnO_2 等）或活性炭的催化作用下会使附着的 SO_2 很快形成 SO_4^{2-}，如在活性炭表面上 SO_2 的氧化速率可高达 30%/h。不过，这类干表面上的催化氧化过程需要很高的温度，所以只能发生在烟道气中。

2. SO_2 的光化学氧化

在大气中，SO_2 有两个大于 290nm 的吸收光谱，一是 384nm，另一是 294nm。

当 SO_2 吸收 384nm 的光子时，转变为第一激发态（三重态）：

$$SO_2+h\nu \xrightarrow{340\sim400\text{nm}} {}^3SO_2$$

当 SO_2 吸收 294nm 的光子时，转变为第二激发态（单重态）：

$$SO_2+h\nu \xrightarrow{290\sim340\text{nm}} {}^1SO_2$$

第一激发态能量较低，比较稳定。第二激发态能量较高，在进一步反应中，或变为基态 SO_2，或变为能量较低的第一激发态（${}^3SO_2$）：

$${}^1SO_2+M \longrightarrow SO_2+M$$

$${}^1SO_2+M \longrightarrow {}^3SO_2+M$$

在大气中，SO_2 不能像 NO_2 那样发生光解作用。因为 SO_2 分离为 SO 和 O，只可能发生在吸收光谱低于 218nm 时，而这一部分光谱不能到达地表。所以在低层大气中，SO_2 不能发生光解作用。

实验表明，城市大气中的光化学产物主要是 ${}^3SO_2$。而 ${}^1SO_2$ 的作用主要在于生成 ${}^3SO_2$。空气中的 SO_2 转化为 SO_3，主要是两种激发态 SO_2（${}^1SO_2$ 和 ${}^3SO_2$）与其他分子反应的结果。

一部分 ${}^3SO_2$ 与其他吸收能量的分子反应变为基态 SO_2：

$${}^3SO_2+M \longrightarrow SO_2+M$$

但当 M 是 O_2 时，则：

$${}^3SO_2+O_2 \longrightarrow SO_3+O$$

这是大气中 SO_2 转化为 SO_3 的最重要的光化学反应。

当有水滴存在时，SO_2 先被水滴吸附，然后再氧化为 SO_4^{2-}，可能发生的反应如下：

$$SO_2+H_2O \rightleftharpoons H_2SO_3$$

$$H_2SO_3 \rightleftharpoons H^+ + HSO_3^-$$

$$HSO_3^- \rightleftharpoons H^+ + SO_3^{2-}$$

$$2SO_3^{2-} + O_2 \longrightarrow 2SO_4^{2-}$$

$$SO_3^{2-} + O_3 \longrightarrow SO_4^{2-} + O_2$$

据计算，清洁空气中 SO_2 光氧化速率最高理论值为 2%/h。

在污染大气中，当有烃类化合物和氮氧化物存在时，SO_2 的光氧化速率可大大提高。

在含有 NO_x 和烃类化合物的空气中，除 SO_2 自身的光化学氧化外，SO_2 还能与其他物质的各种光反应产物（HO、HO_2、O、O_3、NO_3、N_2O_5、RO_2 和 RO 等）反应转化为 SO_3。对 SO_2-NO_x-烯烃系统的光反应模拟计算表明，SO_2 转化为 SO_3 的最大反应速率可达 5%/h。

（三）硫酸盐气溶胶的生成

由 SO_3 进一步转化为硫酸盐气溶胶的反应如下：

（1）水合过程

$$SO_3 + H_2O \longrightarrow H_2SO_4$$

（2）气溶胶核形成过程

$$mH_2SO_4 + nH_2O \longrightarrow (H_2SO_4)_m(H_2O)_n$$

$$H_2SO_4 + 2NH_3 + H_2O \longrightarrow (NH_4)_2SO_4 \cdot H_2O$$

（3）气溶胶粒子成长过程

$$(H_2SO_4)_m(H_2O)_n \xrightarrow{SO_2、SO_3、H_2SO_4、H_2O} \text{气溶胶长大}$$

图 19-3 概括描述了大气中含硫化合物的迁移转化及其平均寿命，作为上述内容的总括。

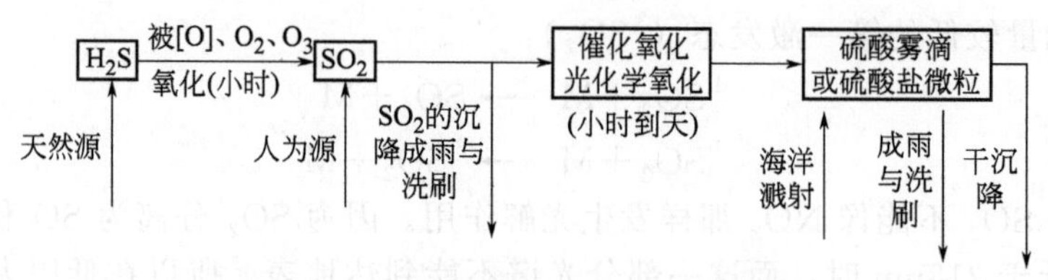

图 19-3 大气中含硫化合物的迁移转化

二、氮氧化物转化

（一）大气中含氮化合物的行为

大气中含氮化合物有 N_2O、NO、N_2O_3、NO_2、N_2O_5、NH_3 以及 NO_2^-、NO_3^-、NH_4^+ 等。它们的行为可以用图 19-4 概括描述。

（二）大气中氮氧化物的化学行为

氮有＋1～＋5 价态的氧化物，即一氧化二氮（N_2O）、一氧化氮（NO）、三氧化二氮（N_2O_3）、二氧化氮（NO_2）、五氧化二氮（N_2O_5）。在大气污染防治中所说的 NO_x（氮氧化物)，通常是指 NO 和 NO_2，近年来 N_2O 对大气环境的污染破坏作用日益引起人们的关注。

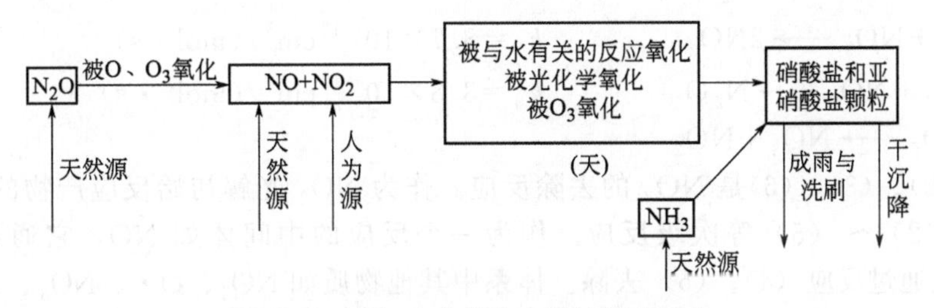

图 19-4　大气中含氮化合物的迁移转化

1. 一氧化氮（NO）的行为

燃料高温燃烧排出的 NO_x 主要是 NO，而 NO_2 很少；另外，在对流层中波长＞290nm 的光线辐照下，NO 不发生光解，而 NO_2 可以发生光解。NO_2 不但产生量少，还会因光解而不断消耗，但实际情况是大气中 NO_2 的浓度相对来说并不低，这说明由光解消耗的 NO_2 不断得到补充，即 NO 转化成了 NO_2。

在大气中 NO 参与 NO_2 和 O_3 的光解循环：

$$NO_2 + h\nu \longrightarrow NO + O\cdot$$

$$\cdot O + O_2 + M \longrightarrow O_3 + M$$

$$O_3 + NO \longrightarrow NO_2 + O_2$$

经研究证明，当存在活性烃类化合物时，上述平衡有利于 NO_2 的形成。近年发现自由基 $HO_2\cdot$ 在 NO 的快速氧化中起了更主要的作用：

$$NO + HO_2\cdot \longrightarrow NO_2 + \cdot OH$$

$$\text{反应速率}\quad k = 9.7\times10^{-13}\,cm^3/(mol\cdot s)(27℃)$$

这一反应不但速率极快，并可由下列链式反应保证了 $HO_2\cdot$ 的不断提供：

$$\cdot OH + CO \longrightarrow CO_2 + H\cdot$$

$$\cdot H + O_2 + M \longrightarrow HO_2\cdot + M\ (M\text{为}N_2)$$

$$HO_2\cdot + NO \longrightarrow NO_2 + \cdot OH$$

明显可见，在使 NO 向 NO_2 的转化过程中，·OH 起了重要的纽带作用（消耗一个 ·OH 又产生了一个 ·OH)，CO 对提供 $HO_2\cdot$ 也做了重要贡献。只要大气中有 CO 和 ·OH 就能促使 $NO \longrightarrow NO_2$ 的反应不断进行。

2. 二氧化氮（NO_2）的光解

NO_2 吸收 300～400nm 的光辐射后发生光解反应：

$$NO_2 + h\nu \xrightarrow{300\sim400nm} NO + O\cdot$$

若反应是在实际污染大气中进行，上述光解初始反应产物特别是极活泼的原子氧［O］，还将与许多种污染物或自由基继续发生极为复杂的反应。

假定 NO_2 仅在充有氮气的简单系统中进行短时间光解，目前认为至少要发生下面 7 个相关反应：

(1) $NO_2 \xrightarrow{h\nu} NO + O\cdot$　　　　k_1 随光强而变

(2) $NO_2 + O\cdot \longrightarrow NO + O_2$　　　　$k_2 = 9.3\times10^{-12}\,cm^3/(mol\cdot s)$

(3) $NO_2 + O\cdot \longrightarrow NO_3$　　$k_3 = 1.8\times10^{-12}\,cm^6/(mol^2\cdot s)$

(4) $NO + O\cdot \longrightarrow NO_2$

(5) $NO + NO_3 \longrightarrow 2NO_2$　　$k_5 = 8.7\times10^{-12}\,cm^3/(mol\cdot s)$

(6) $NO_2 + NO_3 \longrightarrow N_2O_5$　　$k_6 = 3.8\times10^{-12}\,cm^6/(mol^2\cdot s)$

(7) $N_2O_5 \longrightarrow NO_3 + NO_2$

显然，反应(2)、(3)、(6)是NO_2的去除反应。作为NO_2光解初始反应产物的NO和O·等继续参与（2）～（5）等次级反应。作为一个反应的中间体如NO，它通过反应（1）、（2）形成，又通过反应（4）、（5）去除。体系中其他物质如NO_2、O·、NO_3、N_2O_5等都存在类似的形成和去除反应。

如果NO_2是在清洁空气（含N_2和O_2）中进行长时间光解，除存在上述7个反应外还要发生下面4个反应：

(8) $O\cdot + O_2 \longrightarrow O_3$　　$k_8 = 5.9\times10^{-24}\,cm^6/(mol^2\cdot s)$

(9) $NO + O_3 \longrightarrow NO_2 + O_2$　　$k_9 = 1.7\times10^{-14}\,cm^3/(mol\cdot s)$

(10) $NO_2 + O_3 \longrightarrow NO_3 + O_2$　　$k_{10} = 3.1\times10^{-17}\,cm^3/(mol\cdot s)$

(11) $2NO + O_2 \longrightarrow 2NO_2$　　$k_{11} = 2.1\times10^{-38}\,cm^6/(mol^2\cdot s)$

可见，在有O_2存在时将发生生成臭氧的重要反应（8），所以O_3是由NO_2光解产生的令人讨厌的二次污染物。

3. 一氧化二氮（N_2O）的行为

N_2O又名笑气，由于其化学上的惰性一般不被当作污染物，但是，N_2O一旦进入大气层则成为破坏生态系统的元凶。在1980～1990年间，它对“全球气候变暖”的贡献率为6%，引起温室效应的能力比CO_2强200倍。它对臭氧层的破坏作用比氟利昂更甚。

自20世纪90年代初全球每年向大气排放的N_2O总量为0.12亿～0.15亿吨，其中人为源10%来自施肥，使用含氮无机肥加快N_2O的释放；燃烧树木、农作物残根和矿物燃料，以及某些有机合成生产过程和平流层超声速飞机的飞行，也会产生并排放N_2O。1990年大气中的N_2O含量已达到约$0.31mL/m^3$，与CO_2相比还是很少的。但是，近年来其浓度不断增加，增加的速度之快令人担忧。大气层中N_2O增加速度如此之快的原因，目前尚未完全弄清楚，但肯定和人类活动有关。

美国加利福尼亚大学的化学家马克·森曼提出：大气中的N_2O主要来自生产尼龙的过程。生产尼龙聚合物会释放出氮和氮氧化物，它们相互结合形成几种新的污染物。包括N_2O。据森曼估计，全世界尼龙制造业每年排出的N_2O多达72.7万吨，且呈增多的趋势。因此，大气中N_2O的浓度增加速度将加快。这种趋势应引起重视。虽然当前大气层中N_2O的浓度只不过是CO_2的0.1%，但是它的温室效应比CO_2大得多，并对臭氧层有强破坏作用，而且它在大气中的存留期长，其平均寿命为150～170年，它一旦产生便不容易从大气层中消失。

三、光化学烟雾

（一）光化学烟雾的形成机理

光化学烟雾是在以汽油作动力燃烧之后，出现的一种新型空气污染现象。早在20世纪

40 年代，美国洛杉矶市即出现过此种类型的空气污染。其现象是：出现白色雾状物，大气能见度降低，具有特殊气味，刺激眼睛和喉咙黏膜。烟雾具有氧化性，能使橡胶开裂，使植物叶片变黄甚至枯萎。烟雾一般发生在相对湿度较低的夏季晴天，高峰出现在中午或刚过中午，在夜间消失。对污染大气分析的结果表明，其中氧化剂的浓度大大提高。从化学方面看，这种烟雾是由加利福尼亚州南部强太阳光引发了大气中存在的烃类化合物和氮氧化合物之间的化学反应而造成的。开始时，由于低风速和强逆温层使上述两类污染物在大气中浓集，随即由阳光引发了光化学反应，产生一系列中间产物和最终产物。所谓光化学烟雾，实为氮氧化物、烃类化合物和其他化学反应的中间产物，以及最终产物的特殊混合物，而氮氧化物和烃类化合物主要来源于汽车尾气。

光化学烟雾的成分很复杂。已查明，其中的有害物质并非直接由污染源排放的一次污染物，而是由一次污染物之间发生光化学反应所生成的二次污染物，如臭氧、醛类、二氧化氮和过氧乙酰基硝酸酯等，总称光化学氧化剂。例如，刺激眼睛的主要是甲醛、丙烯醛、PAN（过氧乙酰硝酸酯）等；对植物有伤害的主要是 O_3 和 PAN；使能见度降低的主要是烟雾中的气溶胶；O_3 能使橡胶开裂，使染料褪色；NO_2 和 O_3 可对呼吸系统产生影响。

光化学烟雾的形成过程极其复杂。下面首先列举与形成光化学烟雾有关的各类基本反应，然后综合说明光化学烟雾的形成过程。

（二）与形成光化学烟雾有关的各类基本化学反应

1. NO、NO_2 和 O_3 的光化学循环

在太阳光的照射下，含有 NO_2 和 NO 的空气中发生着 3 个最重要的反应：

$$NO_2 + h\nu \xrightarrow{290\sim430\text{nm}} NO + O(^3P)$$

$$O(^3P) + O_2 + M \longrightarrow O_3 + M$$

$$O_3 + NO \longrightarrow NO_2 + O_2$$

式中，$O(^3P)$ 是基态氧原子，也称三重态氧原子，它的第一激发态是 $O(^1D)$，称单重态氧原子；M 是任何第三种分子，是吸收能量分子，一般是 O_2 或 N_2。

上述 3 个反应是含有 NO 和 NO_2 的空气在阳光照射下的基本光化学链。其中第 1 个反应是大气光化学反应的诱发者，是形成光化学烟雾的起始反应。但仅仅有这 3 个反应尚不致产生光化学烟雾，因为此时只有 NO_2 和 O_3 的不断更替。如果此时空气中同时存在着烃类化合物，在上述反应中生成的 O、O_3 和 NO_2 均可与烃类化合物反应，从而生成一系列中间和最终产物，导致烟雾的生成。特别值得指出的是，在中间产物中有各种自由基生成。这些自由基对有机物的进一步氧化有十分重要的意义，可促使 NO 向 NO_2 转化，以促使作为烟雾主要成分的醛类和过氧乙酰硝酸酯等的生成。

2. 烯烃的氧化

一般认为，烯烃和少数芳烃是形成光化学烟雾的主要因素。因此，目前对烃类化合物光氧化作用的研究，多侧重于烯烃方面。

以丙烯为例。丙烯可以被氧原子氧化，也可以被 O_3 氧化，也可与 HO· 作用发生氧化反应。通过链反应，丙烯转化为乙醛和甲醛。在反应过程中，一个 HO· 促使两个 NO 分子转化为 NO_2，同时又重新生成一个 HO·。此 HO· 还能与其他烃类化合物作用，以促进更多的 NO 向 NO_2 转化。如此周而复始，直至 NO 全部转化为 NO_2 为止。其他自由基，如

HO_2·、RO_2·等也可发生类似作用。

3. 醛的光解

大气中的醛有一小部分是一次污染物，它们占汽车尾气中烃类化合物的1.5%。大气中醛的最重要来源是烃类化合物的氧化和自由基的作用。

环境总醛中40%～60%是甲醛。醛在波长>300nm的阳光下光解。甲醛吸收<370nm的光发生光解。生成的H通过与O_2再化合生成HO_2·。HCO·也将与大气中的氧反应而生成HO_2·。可以认为，甲醛在空气中光解的主要化学结果是生成HO_2·。乙醛的光解导致生成HO_2·，同时产生部分甲醛。

4. 醛的氧化和PAN的生成

醛可以与大气中的氧化剂如HO·、O、HO_2·等反应，而加速醛的去除。以甲醛为例，相应地生成甲醛基以及H_2O、HO·和H_2O_2。

乙醛则被氧化，除生成HO_2·外，还导致生成光化学烟雾中重要的二次产物PAN。

5. 自由基与大气中O_2、NO、NO_2的反应和相互反应

这类反应对生成光化学烟雾也有重要作用。例如，RO·和O_2反应生成醛类；过氧烷基和过氧酰基与NO反应，可使NO转化为NO_2；过氧酰基和NO_2反应生成稳定的过氧酰基硝酸酯。

总之，光化学烟雾是由链反应而成的。以NO_2光解生成氧原子的反应为引发。氧原子的生成导致臭氧的生成。由于烃类化合物的存在，造成NO向NO_2的迅速转化。在此转化中，自由基尤其是HO·起了主要的作用，以致不需要消耗臭氧而能使大气中的NO转化为NO_2。NO_2又继续光解产生O_3。同时，自由基又继续和烃类反应生成更多的自由基。如此不断循环往复地进行链反应，直到一次污染物NO和烃类化合物消失为止。

（三）工业型光化学烟雾

20世纪80年代夏、秋季节我国甘肃省兰州市西固地区的居民经常出现眼刺激、流泪、恶心及头晕等症状。经调查证实该地区存在光化学烟雾类型的大气污染。污染源主要是石油化工及炼制业。后经多家单位对该地区光化学烟雾的污染现状、大气物理条件、污染规律、形成条件及控制方案等进行了比较系统的研究。这些研究成果对我国不断形成的综合工业区，特别是对许多与兰州市西固地区相似的大型石油化工区（有火电厂及其他工业并存），提供了必要的经验。

研究表明，西固地区的光化学烟雾除形成前体（HC和NO_x）的来源与国外不同外，HC与NO_x比值也有自己的特点。西固地区HC/NO_x值（76～244）比国外大城市（一般<12）大数十倍。通过烟雾箱大比值下O_3形成实验和在现场烟雾箱加入NO_2实验的结果（图19-5、图19-6）说明，在HC/NO_x值较大时，NO_2的少量增加能造成O_3浓度的显著增加。对比图19-5和图19-6可见，当HC维持6×10^{-6}左右，将NO_x的起始浓度由45×10^{-9}增至60×10^{-9}时，O_3最大值由84×10^{-9}增至135×10^{-9}，且O_3生成速度明显加快。实验表明，在不考虑气象因素的影响时，当HC/NO_x大时，NO_x是光化学烟雾形成的敏感物质。可以认为，当时条件下如果西固地区NO_x的排放量有所增加的话，只要气象条件适宜，将会造成大气中O_3的明显提高。应当知道，烟雾箱和实际大气环境是有区别的，前者是封闭的稳定反应条件体系，而后者是开放的非稳定反应条件体系。不过在某些适

宜的气象条件（逆温、小风等）时，可认为大气环境与稳定反应条件体系近似。

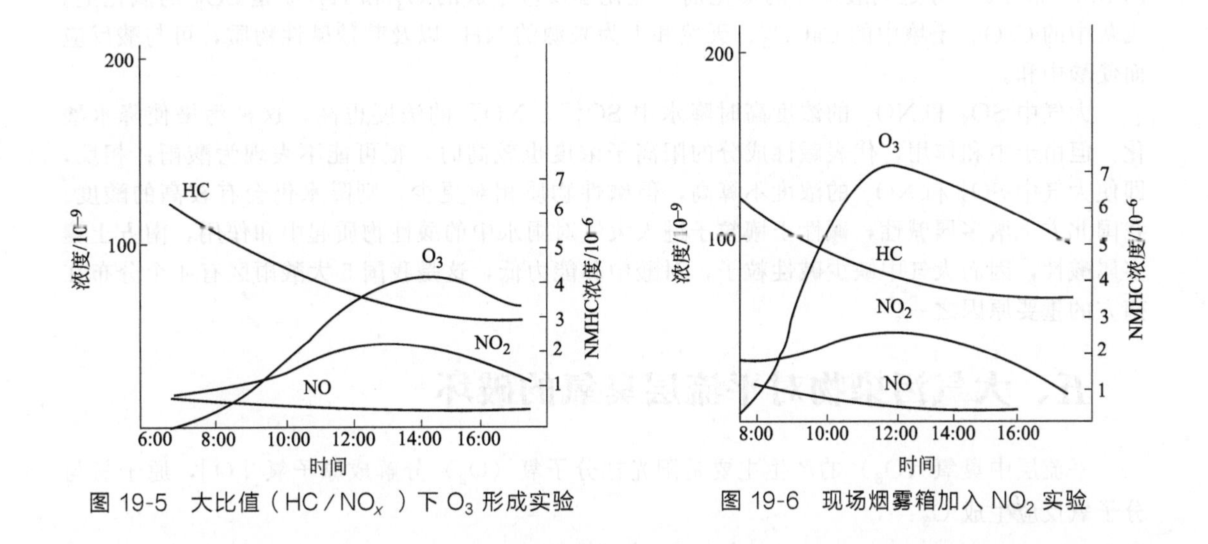

图 19-5　大比值（HC/NO_x）下 O_3 形成实验　　图 19-6　现场烟雾箱加入 NO_2 实验

综上所述，虽然西固地区光化学烟雾形成的基本机制与国外报道相似，但西固地区一次污染物来源不是汽车尾气，而是工厂“废气”的排放，其 HC/NO_x 值大大高于国外大城市，因而具有自己的光化学污染形成特点和规律，被称为工业型光化学烟雾。

四、酸雨

近年来酸雨已成为广大区域乃至全球性严重的环境问题之一。在 101325Pa（1atm）下和 25℃时，大气中 CO_2 在水滴中所产生的最低 pH 值为 5.6，因而酸雨通常指 pH 值小于 5.6 的酸性降水，此时对自然生态就将产生不利的影响。

酸雨的形成是一个复杂的大气化学和大气物理过程。例如，凝结核的形成、水蒸气的凝结、云滴和雨滴的形成过程中都涉及化学物质（颗粒物和微量气体）的迁移和转化反应，即所谓雨除过程。在雨滴下降过程中冲刷着所经过的空气柱内的气体和颗粒物质，将其带至地表，即所谓雨刷过程。

经雨除和雨刷过程，雨水中含有多种无机酸和有机酸，90%以上是 H_2SO_4 和 HNO_3。国外的酸雨中 H_2SO_4 比 HNO_3 多 1 倍以上。我国酸雨中 H_2SO_4 含量更高，主要呈硫酸型酸雨，这与我国以燃煤为主的能源结构有关，硫酸和硝酸主要由人为排放的 SO_2 和 NO_x 转化而成。

SO_2 在气体或液滴中被氧化成硫酸，其反应可简单表示如下：

气体中
$$SO_2 + 2OH \longrightarrow H_2SO_4$$

云雾水滴中
$$SO_2 + H_2O \longrightarrow H_2SO_3 \xrightarrow[Mn^{2+}]{O_2} H_2SO_4$$
（H_2SO_3 经 O_3, H_2O_2 也可直接转化为 H_2SO_4）

NO_x 在大气和云雾液滴中转化为 HNO_3 的主要反应表示如下：

$$NO \xrightarrow{O_3, HO_2} NO_2 \xrightarrow[OH]{H_2O} HNO_2 + HNO_3$$

人为和天然排入大气的许多气态物质或固态物质对酸雨的形成产生多种影响。颗粒物中的 Mn^{2+} 和 Fe^{2+} 等是成酸反应的催化剂。光化学反应生成的 O_3 和 H_2O_2 是 SO_2 的氧化剂。飞灰中的 CaO、土壤中的 $CaCO_3$、天然和人为来源的 NH_3 以及其他碱性物质，可与酸反应而使酸中和。

大气中 SO_2 和 NO_x 的浓度高时降水中 SO_4^{2-}、NO_3^- 的浓度也高，这种污染使降水酸化。但由于中和作用，代表碱性成分的阳离子浓度也较高时，很可能不表现为酸雨；相反，即使大气中 SO_2 和 NO_x 的浓度不算高，但碱性物质相对更少，则降水仍会有较高的酸度。我国北方土壤多属碱性，碱性土壤粒子进入大气对雨水中的酸性物质起中和作用，南方土壤多属酸性，因而大气中缺少碱性粒子，对酸中和能力低，这是我国 5 大酸雨区有 4 个分布在南方的重要原因之一。

五、大气污染物对平流层臭氧的破坏

平流层中臭氧（O_3）的产生主要是阳光把分子氧（O_2）分解成原子氧［O］，原子氧与分子氧反应生成 O_3：

$$O_2 + h\nu \xrightarrow{\lambda<243\text{nm}} 2[O] \tag{19-57}$$

$$[O] + O_2 + M \longrightarrow O_3 + M \tag{19-58}$$

平流层中 O_3 的消除则主要是 O_3 的光解：

$$O_3 + h\nu \xrightarrow{\lambda<300\text{nm}} O_2 + O \tag{19-59}$$

实际上，反应式(19-59) 并未真正消除 O_3。因为光解产生的原子氧又很快与 O_2 反应重新生成 O_3。正是由于反应式(19-58) 与反应式(19-59) 反复进行，吸收掉大量短波紫外辐射，对地球生物起了保护作用。

另外一个消除 O_3 的反应是：

$$O_3 + O \longrightarrow O_2 + O_2 \tag{19-60}$$

平流层中的 O_3 处于一种动态平衡中。即在同一时间里，太阳光使 O_2 分解而生成 O_3 的数量与 O_3 经过一系列反应重新化合成分子 O_2 的数量是相等的。

但近年来发现，平流层中一些具有未成对电子的活性物质如 NO_x、HO_x、Cl_x 等，对反应式(19-57) 能起催化作用。例如：

$$NO + O_3 \longrightarrow NO_2 + O_2$$

$$NO_2 + O \longrightarrow NO + O_2$$

总反应

$$O_3 + O \longrightarrow O_2 + O_2$$

$$OH + O_3 \longrightarrow HO_2 + O_2$$

$$HO_2 + O \longrightarrow OH + O_2$$

总反应

$$O_3 + O \longrightarrow O_2 + O_2$$

$$Cl + O_3 \longrightarrow ClO + O_2$$

$$ClO + O \longrightarrow Cl + O_2$$

总反应

$$O_3 + O \longrightarrow O_2 + O_2$$

在平流层中，O_3 的浓度是 10^{-6} 数量级的。上述各类活性物质的浓度则仅是 10^{-9} 数量级或更小。单次反应对 O_3 的影响本来是微不足道的，但这些物质与 O_3 的反应使上述方式循环进行，即每一个活性粒子可反复多次与 O_3 发生反应，其影响就很大，从而加快了 O_3 的消除。

平流层中的活性物主要来自天然源和人为污染源。天然源难以控制且提供的活性粒子的量是有限的，当前主要是考虑控制人为污染源。特别是 N_2O、高空航行器（超音速飞机）的尾气以及氟里昂-11（CCl_3F）、氟里昂-12（CCl_2F_2）等。

N_2O 是平流层中 NO_x 的主要来源。

$$N_2O+h\nu \longrightarrow N_2+O(^1D)$$

^1D 为激发态原子，$O(^1D)$ 使 N_2O 氧化，生成 NO。

$$N_2O+O(^1D) \longrightarrow NO+NO$$

超声速飞机的飞行高度为 16～20km，排出的废气中含有大量的 NO_x 和水蒸气。水蒸气、CH_4 等则是平流层中 OH'的来源：

$$H_2O+O(^1D) \longrightarrow 2OH$$

$$CH_4+O(^1D) \longrightarrow OH+CH_3$$

用作制冷剂的氟氯甲烷类化合物（氟里昂-11、氟里昂-12 等），化学性质非常稳定，易挥发，不溶于水，进入大气最后上升入平流层，在平流层中光解出 Cl 原子：

$$CFCl_3+h\nu \xrightarrow{175\sim220\text{nm}} CFCl_2+Cl$$

$$CF_2Cl_2+h\nu \xrightarrow{175\sim220\text{nm}} CF_2Cl+Cl$$

因此，使平流层中活性粒子的浓度大大增加，加快了 O_3 的消耗。

第四节 工矿厂区绿化

一、环境绿化的意义

自然环境是人类赖以生存的空间，人类通过自己的生产和生活来改变、开发、利用自然环境。随着人口的增长和工业化进程的加速，自然植被被大量侵占、资源被滥用、日益严重的公害直接威胁着人类的生存，当代世界面临着“生态失调”和“环境危机”。大自然对人类的惩罚使人类清醒地认识到：保护生态环境、拯救大自然是全球性的战略任务，人类必须保护自然环境，促进自然生态环境的自然循环、自行净化和再生机能。

科学研究证明：绿色植物是自然生态系统中的初级生产者，大量植树造林、种草养花，利用绿色植物的特有生态功能，可以强化自然生态系统功能，减轻各种环境污染，改善生态环境质量。因此，固土绿化作为我国的一项基本国策，是涉及各行业、功在千秋的伟大事业。

工矿绿化是国土总体绿化的一个重要组成部分。工矿企业一般污染较严重，而且所处的城市环境的自然生态系统大都相当脆弱，绿地比例较小，绿地对整个城市生态系统的调节能力有限，这严重影响到工矿企业乃至城市的环境质量。因此，工矿绿化与复垦将对防治污染、改善生态环境起着特殊的作用。工矿绿化具有较好的调温、调湿、吸尘、改善小气候、吸收降解有害物质、净化空气、减弱噪声等功能。工矿企业大力开展绿化、造林，对保护环境、改善劳动条件、增强职工健康、提高工作效率、增加经济收益、促进精神文明建设等方面有深远的意义。

环境绿化对环境的保护作用如下。

1. 吸收CO_2放出O_2

地球上绿色植物每年吸收CO_2近936亿吨。空气中60%的O_2来源于森林等绿地，通常$1hm^2$阔叶林在生长季节一天可以吸收1t CO_2、放出0.73t O_2。如果以成年人每天需氧量为0.75kg、呼出CO_2 0.9kg计算，则每人有$10m^2$的森林面积就足够了。

生长正常的草坪，在进行光合作用时，每$1m^2$面积上1h可吸收CO_2 1.5g。每人每小时平均呼出CO_2约38g，有$50m^2$的草坪就足以将其全部吸收。

2. 吸收HF

在绿化树木中，泡桐、梧桐、大叶黄杨、女贞等抗氟与吸氟的能力都比较强，是良好的净化空气的树种。加拿大白杨吸氟能力也较强，但抗性差，故只能在氟污染较轻的地区种植。但在氟污染区，不宜种植食用植物。美人蕉、蓖麻等草本植物虽然抗氟能力不如一般树木，但恢复能力强，宜于在氟污染地区大量种植。

3. 吸收SO_2

植物叶片吸收SO_2的能力为所占土地吸收能力的8倍以上，$1hm^2$柳杉林每年可吸收720kg SO_2。吸收SO_2能力较强（即1g干叶吸收硫在20mg以上）的有垂柳、悬铃木等；吸收能力中等（1g干叶可吸SO_2 10～20mg）的有女贞、刺槐、桃树、蓝桉等。

一般落叶树（如构树、臭樟、垂柳、悬铃木等）吸硫能力最强，常绿阔叶树（如广玉兰、女贞、棕榈、大叶冬青等）次之；针叶树（如白皮松、雪松、柏木等）较差（其中两年生叶比当年生叶吸硫能力强）。

4. 吸收Cl_2

各种植物都有不同程度的吸氯能力，若按每公顷阔叶林干叶量为2.5t计算，则生长在距污染源400～500m处的树木每公顷吸氯量为：刺槐42kg，银桦35kg，蓝桉32.5kg。

5. 吸收NH_3

几乎所有植物都能吸收NH_3，生长在含有NH_3的空气中的植物能直接吸收空气中的NH_3，以满足本身所需要的总氨量的10%～20%。各种植物吸收NH_3的速度不同，如棉花较低，大豆较高，向日葵、玉米更高，一株大豆幼苗在24h内吸收的NH_3总量为$70\mu g$。

6. 吸收O_3

多数植物都能吸收臭氧。其中银杏、柳杉、日本扁柏、樟树、海桐、青冈栎、日本女贞、夹竹桃、栎树、刺槐、悬铃木、连翘、冬青等吸收O_3的作用较好。

7. 吸收重金属

不少植物在含汞气体的环境中不仅生长良好，不受危害，且能吸收一部分汞的气体（每克干叶吸收几微克到$100\mu g$）。

有些植物还可以从大气中吸收一定量的铅、锌、铜、镉、铁等金属。

8. 防尘

植物，特别是树木，对粉尘有明显的阻挡、过滤和吸收作用。

树木的枝冠可降低风速，使灰尘下降，叶子表面不平，还分泌黏性的油汁和汁浆，能吸收空气中的尘埃。在有森林和绿化的地方，空气的含尘量均较无森林裸露地为低。在绿化的街道上，树下距地面1.5m高处的空气，含尘量较未绿化地段低56.7%。例如，某工厂绿化的树木能使降尘量减少23%～25%；飘尘量减少37%～60%。

一般落叶阔叶树比常绿阔叶树滞尘能力要强。

9. 吸收放射性物质

树木可以阻隔放射性物质和辐射的传播，起到过滤和吸收的作用。据研究，阔叶林比常绿针叶林的净化能力和净化速度要大得多。

10. 杀菌

绿化植物可以减少空气中的细菌数量。

杀菌能力很强的树种可以使细菌在几秒钟（如黑胡椒）至10min（如雪松）内死亡。

11. 净化水质

据统计，从无林山坡流下来的水中，其溶解物质含量为11.9t/km^2。而从有林的山坡流下来的水中，其溶解物质含量只有6.4t/km^2。径流通过30～40m宽的林带，能使其中NH_3含量降低到原来的1/1.5～1/2，细菌数量减少1/2。

树林可以使水库和湖泊的水温降低，避免产生热污染。

从种有芦苇的水池排出的水中，其悬浮物要减少30%，氨减少66%，总硬度减少33%。

水葱具有很强的净化污染水能力。它不仅能吸收污染水中营养成分（氮、磷、钾等）、微量元素（铁、锰、镁等），而且还吸收、分解各种污染物（如铅、汞、胺等）。水葱还能降低水体的生化需氧量及化学需氧量。

12. 减弱噪声

绿化植物，特别是树林对减弱噪声具有良好的作用。据介绍：穿过12m宽的悬铃木树冠，从公路上传到路旁住宅的交通噪声可减低3～5dB(A)；20m宽的多层行道树可减低噪声8～10dB(A)；45m宽的悬铃木幼树林可减低噪声15dB(A)；4.4m宽枝叶浓密的绿篱墙（由椤木、海桐各一行组成）可减低噪声6dB(A)。

据国外测定：40m的林带可减低噪声10～15dB(A)；30m的林带可减低噪声6～8dB(A)。

13. 监测环境污染

绿色植物既可用于监测大气污染也可用于监测水质污染。

(1) 大气污染　可根据植物受害症状、程度、敏感性、体内污染物质含量及树林年轮等来了解污染情况。例如SO_2可使植物叶脉褪色或产生坏死斑点；HF常使植物叶片由边缘开始枯萎坏死；Cl_2使叶子黄化；O_3使叶子表面产生黄褐色细密斑点。

(2) 水质污染　许多水生植物对水质污染十分敏感，如凤眼莲对砷很敏感，当水中As含量仅为1mg/L时它的外部形态即出现受害症状。

14. 调节和改善小气候

在夏季高温季节里，绿地内的气温比非绿地低3～5℃，而较建筑物地区低10℃左右。

树林庞大的根系不断地从土壤中吸收水分，然后通过枝叶蒸腾到空气中。据统计，绿地的相对湿度比非绿地大10%～20%。

绿化树林能减低风速防止狂气吹袭。秋季能减低风速70%～80%，夏季能减低风速50%以上。

树林能调节气候，增加雨量，有林区的雨量比无林区平均多7.4%，最高多达26.6%，最低也要多3.8%。

二、防尘和抗有害气体的绿化植物

主要的防尘和抗有害气体绿化植物见表19-15。

表19-15 主要的防尘和抗有害气体绿化植物

防污染种类		绿化树种
防尘		构树、桑树、广玉树、刺槐、蓝桉、银桦、黄葛榕、槐树、朴树、木槿、梧桐、泡桐、悬铃木、女贞、臭椿、乌桕、桧柏、楝树、夹竹桃、丝棉木、紫薇、沙枣、榆树、侧柏
二氧化硫	抗性强	夹竹桃、日本女贞、厚皮香、海桐、大叶黄杨、广玉兰、山茶、女贞、珊瑚树、栀子、棕榈、冬青、梧桐、青冈栎、栓皮槭、银杏、刺槐、垂柳、悬铃木、构树、瓜子黄杨、蚊母、华北卫矛、凤尾兰、白蜡、沙枣、加拿大白杨、皂荚、臭椿
	抗性较强	樟树、枫香、桃、苹果、酸樱桃、李、杨树、槐树、合欢、麻栎、丝棉木、山楂、桧柏、白皮松、华山松、云杉、朴树、桑树、玉兰、木槿、泡桐、梓树、罗汉松、楝树、乌桕、榆树、桂花、枣、侧柏
氯气	抗性强	丝棉木、女贞、棕榈、白蜡、构树、沙枣、侧柏、枣树、地锦、大叶黄杨、瓜子黄杨、夹竹桃、广玉兰、海桐、蚊母、龙柏、青冈栎、山茶、木槿、凤尾兰、乌桕、玉米、茄子、六月禾、冬青、辣椒、大豆等
	抗性较强	珊瑚树、梧桐、小叶女贞、泡桐、板栗、臭椿、麻栎、玉兰、朴树、樟树、合欢、罗汉松、榆树、皂荚、刺槐、槐树、银杏、华北卫矛、桧柏、云杉、黄槿、蓝桉、蒲葵、蝴蝶果、黄葛榕、银桦、桂花、楝树、杜鹃、菜豆、黄瓜、葡萄等
氟化氢	抗性强	刺槐、瓜子黄杨、蚊母、桧柏、合欢、棕榈、构树、山茶、青冈栎、蒲葵、华北卫矛、白蜡、沙枣、云杉、侧柏、五叶地锦、接骨木、月季、紫茉莉、常春藤等
	抗性较强	槐树、梧桐、丝棉木、大叶黄杨、山楂、海桐、凤尾兰、杉松、珊瑚树、女贞、臭椿、皂荚、朴树、桑树、龙柏、樟树、玉兰、榆树、泡桐、石榴、垂柳、罗汉松、乌桕、白蜡、广玉兰、悬铃木、苹果、大麦、樱桃、柑橘、高粱、向日葵、核桃等
氯化氢		瓜子黄杨、大叶黄杨、构树、凤尾兰、无花果、紫藤、臭椿、华北卫矛、榆树、沙枣、柽柳、槐树、刺槐、丝棉木
二氧化氮		桑树、泡桐、石榴、无花果
硫化氢		构树、桑树、无花果、瓜子黄杨、海桐、泡桐、龙柏、女贞、桃、苹果等
二硫化碳		构树、夹竹桃等
臭氧		樟树、银杏、柳杉、日本扁柏、海桐、夹竹桃、栎树、刺槐、冬青、日本女贞、悬铃木、连翘、日本黑松、樱花、梨等

三、工矿区域的绿化设计

1. 厂前区的绿化设计

进行厂前区绿化设计时，应以美化为主，并注意与办公楼等建筑物的造型相适应，讲究艺术效果，力求美观大方。绿篱、花坛、假山、水池等布置还应起到组织人流和车流安全通行的作用。

2. 工矿区道路的绿化设计

厂区道路的绿化在工厂绿化中占有十分重要的地位。沿主次道路布置的行道树，容易形成纵横交错的绿化网，起到工厂绿化的骨干作用。因此，合理的道路断面设计（即正确处理绿化带、人行道、管线用地等）是搞好工厂绿化的关键。道路断面的绿化布置如图 19-7～图 19-11 所示。

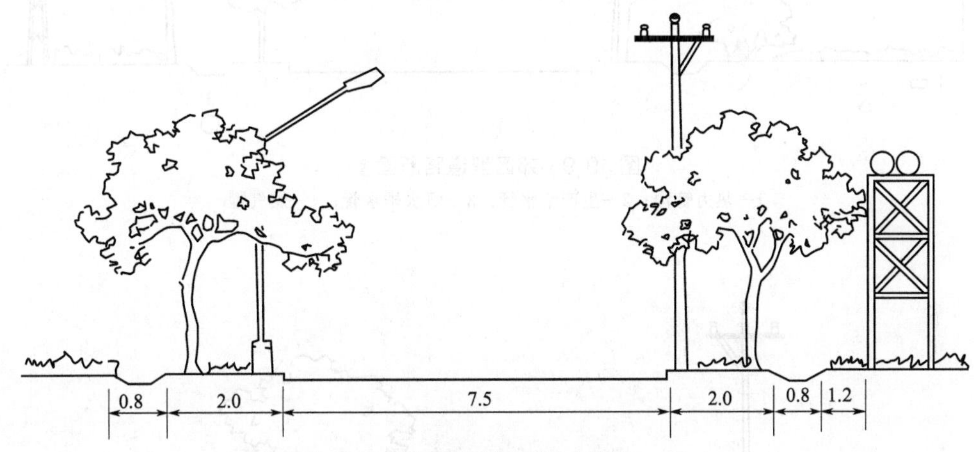

图 19-7 厂区道路断面图（单位：m）

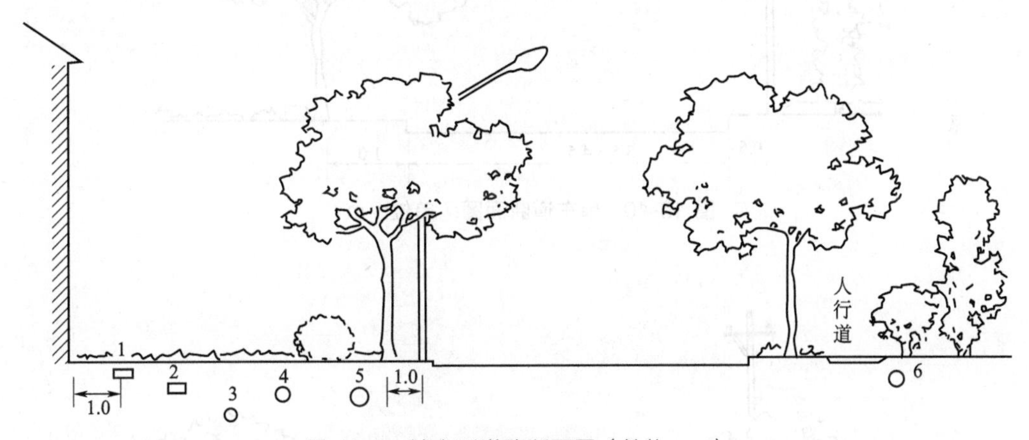

图 19-8 城市型道路断面图（单位：m）

1—电缆；2—热力管网；3—生产给水管；4—生活给水管；5—生产及雨水排水管；6—消防给水管

厂区道路除受厂内散发的有害气体和粉尘影响之外，还直接受车流引起的地面扬尘和车辆排出废气的污染。它不仅是车流的集散通道，也是人员的必经之处。因此，厂区道路的绿化除强调净化空气、过滤粉尘之外，还应注意遮阳降温和美化的效果。

① 行道树的布置，可采用单一树种，亦可采用大小乔木或灌木进行套种。例如，樟树套种夹竹桃、法桐套种棕榈等。若考虑常年发挥作用，可用常绿树与落叶树搭配。

② 行道树的位置、高度、行数要与道路宽度、通道间距、建筑物的布置、地上和地下管道线等统一安排，保持必要的距离，以免相互干扰。

③ 行道树若布置成双行或多行时，其行距不宜小于 3m，且树种应有所变化。有条件

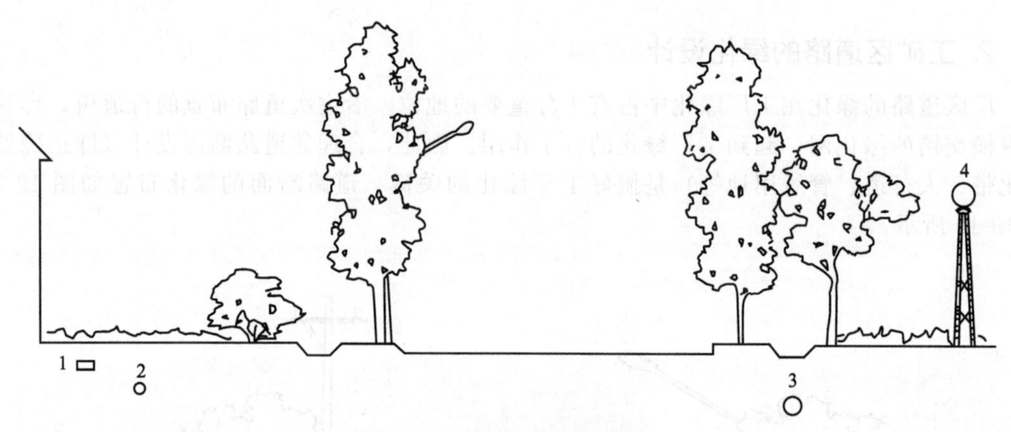

图 19-9　郊区型道路断面图

1—热力管沟；2—生产给水管；3—雨水排水管；4—煤气罐

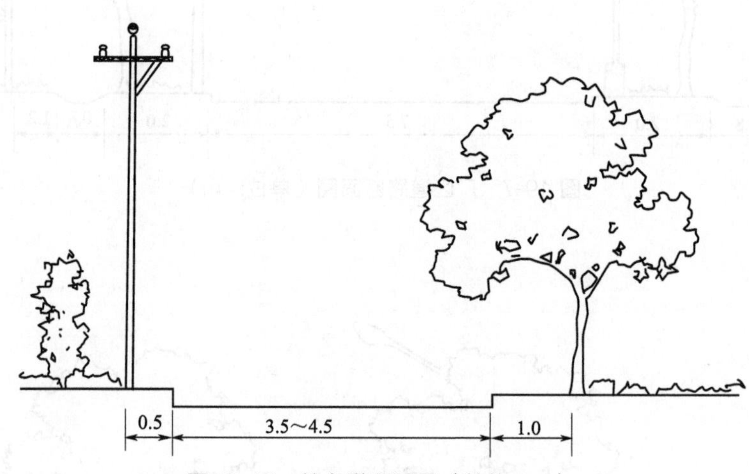

图 19-10　单车道断面图（单位：m）

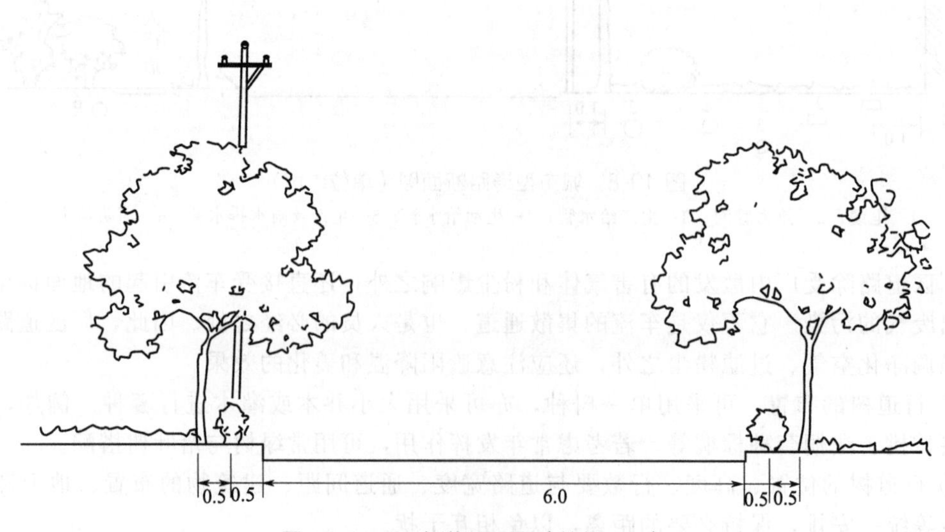

图 19-11　双车道断面图（单位：m）

时，可在厂区道路适当地段设置假山、水池、花坛等建筑小品美化厂容。为取得近期内的绿化效果，行道树的初期种植密度可采用成年树间距的1/2、1/3、1/4。经过若干年后，进行1～2次间伐或移植，使其保持比较均衡的效果，如图19-12所示。

3. 车间周围的绿化设计

生产区的绿化范围包括生产车间的空地和生产区道路。生产区最集中地反映了工厂的特点，因此对各类生产厂房附近的绿化应区别对待。

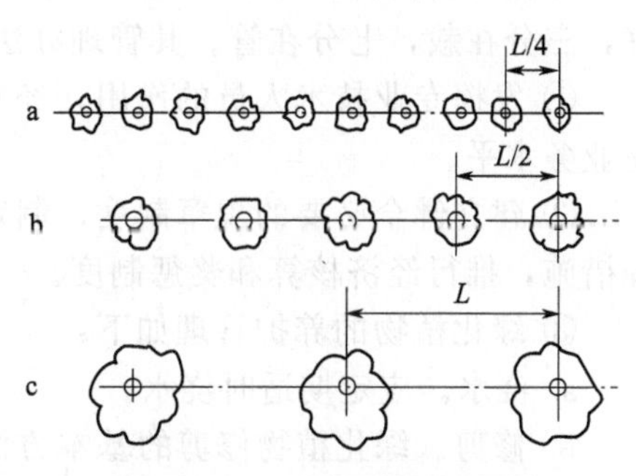

图19-12　行道树种植密度

a—初期种植密度；b—第一次间伐或移植后；c—第二次间伐或移植后的成年树密度

① 对散发有害气体的车间附近，因常有许多跑、冒、滴、漏等无组织排放的污染物所造成的局部污染，为使其尽快扩散、稀释，在其周围不宜种植成片、过密、过高的林木，并尽可能多种草皮等低矮植物。

② 对散发粉尘的车间（如粉煤灰车间、水泥车间等）周围宜栽植适应性强、枝叶茂密、叶面粗糙、叶片挺拔、风吹不易抖动的落叶乔木和灌木。

③ 在有噪声车间的周围（如鼓风机房、排风机室、泵站、空气压缩机站等），宜选用树冠矮、分枝低、枝叶茂密的乔木、灌木，高低搭配，形成隔声林带。

④ 要求安静、洁净的车间周围（如分析室、化验室、变电所、稀贵金属车间、车间办公室等），应尽可能搞好绿化。在西晒方向多栽植高大遮阳乔木，使炎热季节的室温不致过高。在上风向种植高低不同的乔、灌木，起阻滞灰尘的作用。室外场地可多铺草皮，以减少扬尘。其余均可栽植常阔叶树，但不宜栽有飞絮和有风时发出响声的树种。

⑤ 在高温车间附近，由于温度高，工人生产时精神紧张，体力消耗大，容易疲劳，所以要求室外绿化布置应恬静、幽雅，不致给人以闭塞沉闷之感。因此，应选用通风良好、高大浓荫的树种。

⑥ 要求自然光线充足的车间，其附近不宜栽种高大、浓荫的乔木、宜植小灌木、草皮、花卉等。

⑦ 不要阳光或要求光线较暗的暗室或厂房，宜在车间出入口栽植浓荫植物，使工作人员的视觉对光线有一个逐渐适应的过程。

⑧ 经常散发可燃气体的厂房等处，宜栽植含水分多、根系深、萌蘖能力和再生能力强、枝叶不易燃的植物，不要选用含油脂或易燃的树木。在油库区的围堤内不许栽任何植物。

⑨ 容易对植物产生机械或人为损伤的场地，如炼焦堆场、室外操作场等，应留出足够的使用场地，选用再生及萌蘖能力强、树皮粗糙、纤维多、韧性强、管理粗放的树种。

⑩ 场地管道密集的地方，宜种植草皮、花卉及小灌木等。

⑪ 喷放水雾的构筑物（如冷却塔、池、循环水池等）周围可栽植耐水性好的常绿树，如水杉、女贞、棕榈等。还可以就地利用循环水池建立喷水池，既可提高相对湿度还可美化环境。

⑫ 需要遮阳的场地，如汽车停车场等，应植枝叶浓密的高大乔木，以减少日光对汽车的暴晒。为此应根据最热时树木的投影和树木的高度，合理地确定绿化的位置，以期达到遮阳效果。

⑬ 注意在选择工厂污染区的绿化树种中，应避免选用果树、食用油脂等经济作物，但可选用有经济价值的材用树种。

四、绿化管理

绿化植物的防护管理，是一项工作量较大的经常性工作。植物能否成活，生长是否良好，三分在栽，七分在管。其管理办法如下。

① 发挥专业技术人员的作用，经常组织绿化工作人员学习有关园林及绿化新技术，提高业务水平。

② 建立健全必要的规章制度，制定绿化管理条例，对各区域的绿化提出具体要求和管理措施，推行经济核算和奖惩制度。

③ 绿化植物的养护管理如下：

a. 浇水。应定期适时浇水。

b. 修剪。绿化植物修剪的基本方法为疏枝、短截与剥芽。疏枝是将无用枝、病虫枝和干枯枝剪掉（或锯掉）以利植物生长；短截是将树枝条去一部分，控制或促进树林的生长；剥芽也是疏枝的一种，这种方法主要是去掉过密的、无用的幼芽。

c. 施肥。施肥的方法有面施法、穴施法、沟施法、根外施法 4 种。

d. 防治病虫害。植物的病虫害，要以预防为主，经常进行观察，一旦发现有病虫害时，务必要及时治理，防止蔓延。

参 考 文 献

[1] 朱宝山，等．燃煤锅炉大气污染物净化技术手册．北京：中国电力出版社，2006.

[2] 王海涛，王冠，张殿印．钢铁工业烟尘减排与回收利用技术指南．北京：冶金工业出版社，2011.

[3] 张殿印．环保知识 400 问．3 版．北京：冶金工业出版社，2004.

[4] 李连山．大气污染控制．武汉：武汉工业大学出版社，2000.

[5] 王栋成，林国栋，徐宗波．大气环境影响评价实用技术．北京：中国标准出版社，2010.

[6] 叶文虎．环境管理学．北京：高等教育出版社，2003.

[7] 中国石油化工集团公司安全环保局．石油石化环境保护技术．北京：中国石化出版社，2003.

[8] 彭犇，高华东，张殿印．工业烟尘协同减排技术．北京：化学工业出版社，2023.

[9] 马广大，黄学敏，朱天乐，李坚．大气污染控制技术手册．北京：化学工业出版社，2010.

[10] 张殿印，李惊涛，朱晓华，陈满科．冶金烟气治理新技术手册．北京：化学工业出版社，2018.

[11] 杨丽芬，李友琥．环保工作者实用手册．2 版．北京：冶金工业出版社，2001.

[12] 王玉彬．大气环境工程师实用手册．北京：中国环境科学出版社，2003.

第二十章
清洁生产和循环经济

20 世纪以来，随着科学技术和社会生产力的极大提高，人类创造了前所未有的物质财富，加速推进了文明发展的进程。与此同时，人口剧增、资源过度消耗、环境污染、生态破坏等问题日益突出，成为全球性的重大问题，严重地阻碍着经济的发展和人民生活质量的提高，继而威胁着人类自身的生存和发展。在这种严峻形势下，我们不得不重新审视自己的社会行为和走过的历程，认识到过去以大量消耗资源粗放经营为特征的传统发展模式和“先污染后治理”的指导思想，不但造成了严重的环境问题，也使经济发展难以为继。因而必须努力寻求一条人口、经济、社会、环境和资源相互协调的，既能满足当代人的需求而又不对满足后代人需求的能力构成危害的可持续发展的道路。

走可持续发展道路是我们发展的自身需要和必然选择。积极地、全面地推行清洁生产是实现可持续发展的主要内容之一。清洁生产作为可持续经济发展形式已写入联合国《21 世纪议程》和《中国 21 世纪议程》中，实施清洁生产势在必行。

第一节　清洁生产的基本概念

一、清洁生产的定义

清洁生产这一名词的出现虽然是 20 世纪 80 年代的事情，但其包含的主要内容和思想早已被若干发达或较发达国家和地区采用，并在这些国家和地区有不同的叫法，如污染预防、废物最小量化、废物减量化、无废工艺、清洁工艺等。

美国环境保护署将污染预防定义为：应用物质材料、生产工艺或操作技能在源头减少或消除污染物或废物的产生。它包括减少使用有害物质、能源、水或其他资源，以及通过节约和更有效地利用及保护自然资源的实践。污染预防这一定义主要在于鼓励不产生污染，但它未明显地包含现场循环。

美国环境保护署对废物最小量化的定义为：“在可行的范围内减少最初产生的，或随后经过处理、分类和处置的有害废弃物”。该定义包括任何形式的源削减和循环，只要这些活动削减有害废物的总量和种类，或减少有害废物的毒性。废物最小量化定义包括了循环，但它主要是一个关于有害废物的概念。

无废工艺是欧洲一些国家的叫法。1979 年 11 月在日内瓦召开了“在环境保护领域内进行国际合作的全欧高级会议”。会上通过了关于少废、无废和废料利用的宣言，指出无废工艺是使社会和自然取得和谐关系的战略方向和主要手段。在宣言中对无废工艺做了如下的定义：“无废工艺乃是各种知识、方法、手段的实际应用，以期在人类需求的范围内达到保证最合理地利用自然资源和能量以及保护环境的目的”。1984 年联合国欧洲经济委员会在苏联塔什干主持召开的国际会议上，对无废工艺又做了进一步的定义：“无废工艺乃是这样一种生产产品的方法，借助这种方法，所有的原料和能量在原料资源生产—消费—二次原料资源的循环中得到最合理和综合的利用，同时对环境的任何作用都不致破坏它的正常功能”。从上述定义可以看出，无废工艺的目标在于解决自然资源的合理利用和环境保护问题，把利用自然和保护自然统一起来，即在利用自然的过程中保护自然。这和“三废”治理保护环境的传统概念是有原则区别的。无废工艺的定义着眼于实现资源的循环，亦即把传统工业的开环过程变成闭环过程。另外强调了工业生产过程和自然环境的相容性，这是无废工艺生态性的体现。

在现阶段，作为传统工业向无废生产转化的一种过渡形式，也可采用“少废工艺”。少废工艺的定义是：“少废工艺是这样一种生产方法，这种生产的实际活动对环境所造成的影响不超过允许的环境卫生标准，同时由于技术的、经济的、组织的或其他方面的原因，部分原材料可能转化成长期存在或埋藏的废料”。

直到 1989 年联合国环境规划署巴黎工业与环境活动中心才在总结了各国的经验后，提出了“清洁生产”的概念，定义是：“清洁生产是指将综合预防的环境策略，持续应用于生产过程和产品中，以便减少对人类和环境的风险”。

我国政府在 1994 年发表的《中国 21 世纪议程——中国 21 世纪人口、环境与发展白皮书》中对清洁生产做了更为确切的定义：“清洁生产是指既可满足人们的需要又可合理使用自然资源和能源并保护环境的实用生产方法和措施，其实质是一种物料和能耗最少的人类生产活动的规划和管理，将废物减量化、资源化和无害化，或消灭于生产过程之中。同时对人体和环境无害的绿色产品的生产亦将随着可持续发展进程的深入而日益成为今后产品生产的主导方向”。

1996 年，联合国环境规划署再次明确定义：清洁生产是一种新的、创造性的思想，该思想将整体预防的环境战略持续应用于生产过程、产品和服务中，以增加生态效率和减少人类及环境的风险，其含义可用图 20-1 表示。

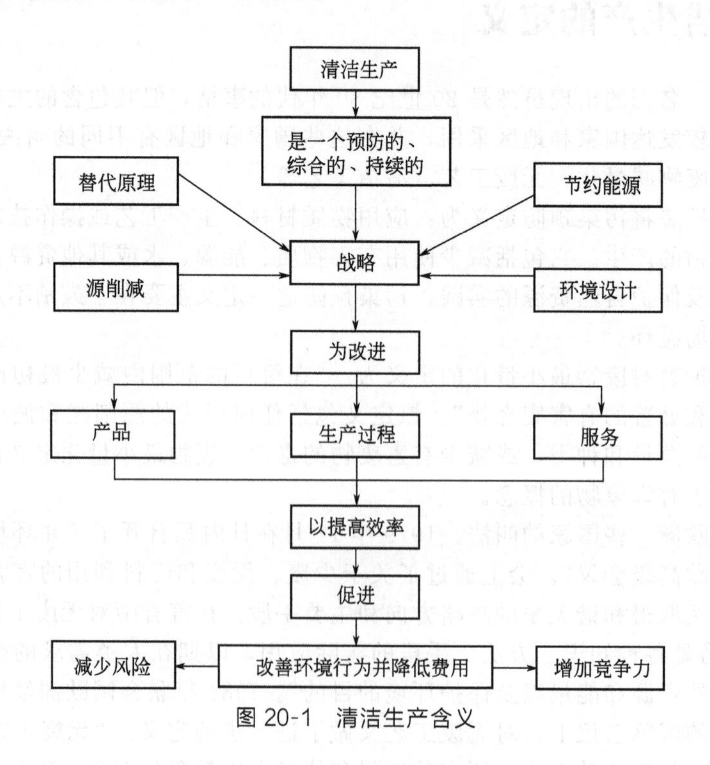

图 20-1　清洁生产含义

2002年6月29日我国第九届全国人民代表大会常务委员会颁布了《中华人民共和国清洁生产促进法》，结合我国国情，定义了清洁生产就是“不断采取改进设计、使用清洁的能源和原料、采用先进的工艺技术与设备、改善管理、综合利用等措施，从源头削减污染，提高资源利用效率，减少或者避免生产、服务和产品使用过程中污染物的产生和排放，以减轻或者消除对人类健康和环境的危害”。

由以上定义可以看出，清洁生产是以节能、降耗、减污为目标，以技术、管理为手段通过对生产全过程的排污审计，筛选并实施污染防治措施，以消除和减少工业生产对人类健康与生态环境的影响，达到防治工业污染、提高经济效益双重目的的综合性措施。这个概念包含四层意思：一是清洁生产的目标是节省能源、降低原材料消耗、减少污染物的产生量和排放量；二是清洁生产的基本手段是改进工艺技术，强化企业管理，最大限度地提高资源、能源的利用水平；三是清洁生产的主要方法是排污审计，即通过审计发现排污部位、排污原因，并筛选消除或减少污染物的措施；四是清洁生产的终极目的是保护人类与环境，提高企业的经济效益。

换句话说，清洁生产就是用清洁的能源和原材料、清洁工艺及无污染、少污染的生产方式，科学而严格的管理措施，生产清洁的产品。

二、清洁生产的内容

清洁生产的内容包括三方面：一是清洁的能源；二是清洁的生产过程；三是清洁的产品。

1. 清洁的能源

清洁的能源是指在能源利用过程中，着重注意常规能源的清洁利用，可再生能源的利用，新能源的开发和利用，以及各种节能技术的运用等几个细节。

目前我国不少工业企业在能源利用方面与清洁生产还有较大差距，其特点是单位产值能耗高，单位产品能耗高。如美国1t钢耗标煤量仅为我国的42%，1kW·h电耗标煤量仅为我国的79%。由于能源利用不合理，致使大量能源白白浪费掉，造成对环境的污染和破坏。在能源利用过程中应尽力提高可再生能源的利用水平，如大力开发利用水力能源。同时也要积极开发利用太阳能、风能、潮汐能等新能源，在生产过程中尽力采用各种节能技术。

2. 清洁的生产过程

清洁的生产过程包括以下含义：尽量少用或不用有毒有害的原料、辅料；无毒、无害的中间产品；减少生产过程中的各种危险因素，如高温、高压、低温、负压、易燃、易爆、强噪声、强振动等；少废、无废的工艺和高效的设备；物料的再循环；简便、可靠的操作和控制；完善的管理等。

3. 清洁的产品

清洁的产品是指产品在生产、使用和废弃过程中，具有以下特征：节约原料和能源，少用昂贵和稀缺的原料；利用二次资源作原料；产品在使用过程中以及使用后不含危害人体健康和生态环境的因素；易于回收、复用和再生；合理包装；合理的使用功能（以及具有节能、节水、降低噪声的功能）和使用寿命；易处置、易降解。

下面列举一些清洁产品。

① 低毒安全型产品：无铅焊条、无汞电池、不含甲苯的指甲油和不含农药的家用驱

虫剂。

② 低排放型产品：不含 CFCs 的发泡剂、低排放雾化油燃烧炉、低排放节能型燃气凝气式锅炉、低排放少废印刷机、易去除的低污染印刷油墨及粉末涂料。

③ 低噪声型产品：低噪声建筑机械、低噪声链锯、低噪声混合粉碎机。

④ 节能型产品：高隔热多层窗玻璃、节能灯、节能型通风设备。

⑤ 节水型产品：节水型冲洗机、节水型水流控制器、节水型马桶。

⑥ 可回收利用型产品：再生纸、用再生纸生产的卫生纸（或壁纸、建筑材料）、可反复使用的运输周转箱、用再生玻璃生产的建筑材料、用再生石膏制成的建筑材料、用再生塑料和废橡胶生产的产品。

⑦ 可生物降解型产品：可生物降解的润滑油、可生物降解的混凝土脱模剂、可生物降解的农用薄膜。

三、清洁生产的指导思想

1. 对产品实施全过程控制

按照清洁生产的概念，对工业产品要进行整个生命周期的环境影响分析。产品生命周期原是指一种产品在市场上开始出现到消失的过程，它包括投入期、成长期、成熟期和衰落期四个时期。这里指的是一种产品从设计、生产、流通、消费以及报废后的处理和处置几个阶段（即所谓从“摇篮到坟墓”）所构成的整个过程。

产品的生命周期环境影响分析，是目前在产品开发过程中所作的产品性能分析、技术分析、市场分析、销售能力分析和经济效益分析的新补充，体现了一种新的产品设计观念，即产品的设计不但应遵循经济原则，而且还要顾及生态效益；不但应考虑它在消费中的使用性能，还要关心产品报废成为废品后的命运，即要减少从原材料到最终处理的产品的整个生命周期对人类健康和环境的影响。

2. 在生产的全过程最大限度地减少对人类的危害

生产的全过程是指由物料投入到产品下线的全过程。应在全过程的每一环节均推行清洁生产，其中包括：节约原材料和能源，尽量少用或不用有毒有害的主辅原料，减少各种废弃物的排放量和毒性，尽力采用先进的生产工艺和设备，积极组织企业内部物料循环，加强企业的管理，进行必要的末端污染物技术治理等。由生产全过程中的每一环节，最大限度地减少对人类的危害。

3. 清洁生产是一个相对的概念

所谓清洁的工艺、清洁的产品，是和现有的工艺和现有产品相比较而言的，即清洁生产是一种相对的概念。随着时间的推移，社会和经济会不断发展，科学技术会不断进步，人们对环境问题的认识和要求也会不断提高。在这种情况下，人们对清洁生产也要适时提出新的、更高的目标，争取达到更高水平。

四、清洁生产谋求达到的目标

清洁生产是实现可持续发展战略的关键因素。1992 年联合国环境与发展大会提出了可持续发展战略，可持续发展的本质含义是发展不是一代人的事，而是要千秋万代持续发展下去。这就有两个基本要求：一是资源的永续利用；二是环境容量的持续承载能力。而实施清洁生产，这两个要求基本都可以满足。

清洁生产可以最大限度地利用资源和能源。通过资源的综合利用，短缺资源的代用，二次能源的利用以及节能、降耗、节水，合理利用自然资源，这样就大大减缓了资源的耗竭，达到资源永续利用的目的。

推行清洁生产可以减少废料和污染物的生成和排放，促进工业产品的生产、消费过程与环境相容，降低整个工业活动对人类和环境的风险，实现环境容量的持续承载能力。

这两个目标的实现说明清洁生产是促进环境与经济协调发展的重要手段，促进了经济效益、社会效益和环境效益的统一，保证国民经济的持续快速健康发展。

第二节　清洁生产的主要途径

一、原料的综合利用

丰富、易得、廉价的原料是顺利发展工业的前提。有些原料如木材、农畜产品是可以再生的，而矿产原料不但数量有限，而且是不可再生的。矿产资源在整个社会所利用的自然资源中约占70%。有些工业部门，如冶金、化工，原料费用占生产成本的60%～70%，所以原料的利用是否经济、合理从根本上决定了技术经济指标。

几乎所有的原料都具有综合性，这一特点在有色金属冶金工业中表现得尤为突出。统计资料表明，在有色金属冶金工业中所利用的主要矿种有25种，其中有价组分为70种，主要的有价组分16种，伴生的有价组分36种。伴生组分的产值约占总产值的33%。但是在传统工业的发展过程中，长期以来往往为了单一目的而开采，阻碍了原料的综合利用。

原料的综合利用是创建清洁生产的首要方向，如果原料中的所有组分通过工业加工都能变成产品，这就实现了清洁生产的主要目标。通过综合利用，同时也就降低了原料的成本，提高了工业生产的经济效益，减少了工业污染。因此，有些国家已将原料的综合利用定为国策。

实现原料的综合利用，首先要求对矿藏进行全面、综合的勘探，考虑矿藏的所有组分，给出详尽的地质报告。

实现原料的综合利用要求解决一系列工艺技术问题。首先对原料的每个组分都应建立物料平衡，按此寻找用户和主管单位，列出目前和将来有用的组分，制订单独提取或共同提取的方案，考虑生产规模和应该达到的技术水平。由于矿产品位的下降，选矿具有了重要的意义，成了矿产综合利用的重要手段。对于多组分原料，选择正确的工艺顺序，对原料的综合利用效果影响极大。实现原料的综合利用还应建立附加的体系，即利用已经生成和积存的工业废料和二次资源。

实现原料的综合利用，应实行跨部门、跨行业的开发，即建立原料开发区，组织以原料为中心的开发体系，规划各种配套的工业。影响原料综合利用的因素，除了技术上的难度外，往往在于部门之间、行业之间的人为壁垒。

“综合利用”通常是指物质的利用，随着科学技术的发展，这一概念有所扩展，现在不但指物质的利用，还涉及能量以及某些条件的利用。综合利用的一个新发展是把工业生产过程中的能量和物质的转化过程结合起来考虑，这样生产中的动力技术过程和各种工艺过程即结合成一个一体化的动力-工艺过程。动力-工艺一体化方法主要有两个发展方向：一是寻求提高电站或工业动力装置所用燃料的利用效率，包括燃料的有机部分和无机部分都能得到充分的利用；二是在主要工业产品的生产过程中充分利用反应放出的热量、高温物流和高压气体所载带的能量，以降低能耗，甚至维持系统的能量自给。

原料的综合利用不但要求不同部门、不同行业的协作，还要求开发新的工艺过程，以适应新的原料形式，提高利用效率。

二、改革生产工艺流程

工业生产中产生废弃物、造成污染这是工艺不完善的表现，如果不从改革工艺着手而只着眼于“三废”的无害化处理显然是一种舍本求末的做法。创建清洁工艺的关键在于改革旧工艺，开发新工艺，力求在生产过程中消除产生污染的原因。

对于一个理想的工艺过程，可以提出不少要求，例如能耗低、原材料消耗小、无废料排出、安全可靠、操作简便、易于自动化、产品质量有保证、设备不复杂、占地面积小、生产效率高等。要同时满足这些要求当然是很罕见的，但总可以取得某些折衷，选取最合理的方案。此时不能仅仅遵循经济的原则，而应该从更加广阔的环境、经济的角度去考虑问题。

改革生产工艺，首先要从分析现状出发，找出薄弱环节，解决主要矛盾，这样才能做到花费小、收效大。一般来说，可以采取如下一些措施。

① 减少流程中的工序和所用设备。烦琐的工艺往往增加“三废”的产生。例如，染料工业中用蒽醌制取四氯蒽醌的老工艺十分冗长，产出大量有毒的含汞废液和废水。现在改革了旧工艺，不用汞作催化剂，而改用碘催化，大大简化了工艺流程，减少了废水产生量。

② 实现连续操作，减少开车、停车时的不稳定状态。生产中的这种不稳定状态往往造成不合格产品，增加废料量。

③ 提高单套设备的生产能力，强化生产过程。这是降低能耗和物料消耗的有力措施。

④ 在原有工艺基础上，适当改变工艺条件往往也能收到减少废料的效果。例如，在炼焦生产中，炽热的红焦过去沿用喷淋水熄灭的方法，使焦炭从 1000℃骤然降至 100℃以下，此时焦炭的大量显热全部散失，未被利用，焦炭的质量也因湿熄焦的急骤冷却而下降；此外，还生成大量含酚废水和带有毒尘的水蒸气，造成环境污染。现在不少企业已改用干法熄焦，即用循环使用的氮气冷却红焦，这不但消除了含酚废水的污染，减少了用水量，而且还可以回收赤炽焦炭的余热用于供热或发电，并有利于提高焦炭产品的质量。

⑤ 改革旧工艺，更加主要的方法是改变原料。因为工艺流程的外貌、方法、结构首先取决于所用的原料，原料是不同工艺方案的出发点。原料的改变，往往引起整个工艺路线的改变。因此，原料的选择对于建立清洁工艺极为重要。

⑥ 在有些生产过程中，采用有毒的原料或辅助材料，这些物料趋向于生成不易处理的废料，也应考虑加以革除或用其他物料代用。例如，在黏胶纤维生产中黏胶纤维要在硫酸-硫酸钠-硫酸锌浴中成型。锌对环境有相当严重的污染，建立一套锌的处理和回收装置虽然在一定程度上能解决污染问题，但增加了流程的复杂性，需要额外的投资和耗费。为此，开发了无锌成型工艺，此成型浴只用硫酸和硫酸钠而不用硫酸锌。采用新工艺，不但减少了对环境的污染，而且纤维的质量也有所提高。

随着科学技术的迅猛发展，不少新的物理化学过程成为新工艺的主体，开始实用于工业生产，如电化学有机合成、等离子体化学过程、膜分离技术、光化学过程、新型的催化过程等。在开发新工艺、创建清洁生产时还可采用不同类型工艺相互组合的办法。新工艺在实现“变废为宝”中的作用是无限的，关键是不能受传统工艺、传统概念的束缚，敢于探索新的路子。此外，还要加强基础研究工作，将最新的科学技术成就吸收到清洁工艺中来。

三、实现物料的闭路循环

传统的工业，无论在整体上还是局部的工艺流程基本上是开环系统，即在输入端输入原材料和能量，经过工业加工，在输出端输出产成品，同时还产生气体、液体和固体废物。实现物料的闭路循环，就是要使工业生产的输出端只产出成品，工业废料则在某个适当的层次上返回输入端，实现无废排放。物料的闭合如果是在工艺流程这一层次上实现，则该流程即为清洁工艺流程；也可以在企业这一层次上实现，该企业可称为清洁生产企业。某一生产部门中的废料也可能要在另一生产部门中才能加以利用，则可在地区范围内实现物料的闭合，该地区即为清洁工业区。清洁生产的最高目标还要求实现在整个工业生产领域内物料的闭合，即各种工业产品报废后仍能成为工业原料，循环于社会生产的范围之内。

在流程水平上实现物料的闭合，这是某些工业流程中常见的组织原则，尤其在化工生产中。例如，为了达到较高的转化率，常常需要使某个反应物组分的浓度大大过量，该组分未反应完的部分一般都与反应物分离后返回反应之前。在有色冶金企业中，特别是金属的精炼流程中，一般都有返料存在。在工艺流程中，如果返料量过大就会降低成品率，影响流程的技术经济指标。所以对于主要物料来说，总是希望尽量减少工艺流程这一层次上循环的返料量，力求提高成品率。而对于生产中所用的水和气，情况有所不同，希望通过组织复用或闭路循环，减少废气和废水的排放量。

废气一般体积流量大，无法存放，而净化处理时，能耗大、费用高，因此在流程中应考虑复用，将需取用的新鲜空气尽量用废气代替。

水在工业生产中占有特别重要的地位，它可以是生产中的一种原料，也可以作为原料有用组分或杂质的浸出溶剂，或作为反应的介质。此外，大量的水还作为冷却剂、水力输送的介质和动力系统的组成部分。不同的工业部门对水的利用方式有很大的不同，如在钢铁、化工和石油化工中75%～80%的水用于冷却，而在造纸和有色冶金企业中80%～90%的水是作为反应介质和浸取溶剂。

长期以来，企业从天然水源取水是无偿的，向天然水体排放废水也是无偿的，造成了人们的一种习惯心理，把水看作是取之即来、弃之即去的自然赐予，因此建立了一些费水的和一次性用水的工艺过程。各种废水混在一起，一排了之。随着淡水资源的紧张和废水污染的严重，才使人们逐渐认识到必须重新评价水的价值，确定合理的用水对策。为此，在工业生产中必须摒弃传统的概念，根据清洁工艺的要求，建立合理的用水原则。这些原则列举如下。

① 供水、用水和净水应作为整体系统考虑，与生产主体流程同时设计。

② 不从人工水源处取水，而用经过适当处理过的生产废水、城市污水和地表水供水。从水源取水用于生产，只为特殊的用途和补充系统中水的损失。

③ 尽量减少用水量，实现一水多用。

④ 净水的目的不是为了排放，而是使废工艺溶液和工艺用水再生、复用，整个企业建立无废水排放的闭路水循环系统。

⑤ 净化废水的同时应提取废水中的有用组分，制取成品或转化为二次资源。

建立无废水排放工艺，不但可以消除工业废水的污染，减少新鲜水的用量，而且也大大节省废水治理的费用。建立清洁工艺一般需要大量投资改造企业，是一个较长的发展过程；而建立无废水排放工艺，相对说来比较简单，一般不需要根本改动主体生产的工艺和设备，只需在用水的各流程、车间和企业中建立不同层次的闭路循环。因此，对于大多数企业来说建立无废水排放工艺可作为创建清洁工艺的第一步。

四、工业废料转化成二次资源

在目前科学技术发展水平的条件下，工业原料经过加工后全部变成产品而不产出废料，这样的工艺还不普遍。更为常见的情况是随着成品的生产，产生一定种类和数量的废料，而且这些废料往往不宜于在本厂处理。因此，实现清洁生产的目标，除了尽量减少每一工序、每一流程中产出的废料量外，还可以组织跨行业的协作，使某一企业的废料成为另一企业的原料，亦即使工业废料资源化，转变成二次资源。

工业废料资源化，相当于废料以副产品的形式出厂。而作为其他工业的原料，自然应该符合一定的要求。首先，它的组成、形态不能波动很大，产出的数量也应基本上保持恒定，这样才有利于建立企业间比较稳定的供求关系；其次，它们出厂时需要进行必要的处理，如脱水、干燥、破碎、粒化、包装等，以便于运输和进一步加工成产品。为了满足这些要求，需要统筹规划，组织企业间的横向联系。尤其重要的是要组织跨部门的科研协作，联合攻关。针对具体的废料，广开利用的途径，建立有效的工艺，并切实解决装备问题。

下面对工业部门中数量最大的一些废料的利用问题做一简单介绍。

(1) 冶金炉渣　冶金炉渣有高炉炉渣、炼钢炉渣、硅钢炉渣以及各种有色金属冶炼炉渣。炉渣的主要成分是硅酸盐、铝硅酸盐和各种金属氧化物。炉渣中数量最大的是高炉炉渣。高炉炉渣是制造建筑材料的上好原料。目前一般冶金厂都设有专门的车间和工段处理炉渣，制成粒化炉渣、炉渣砾石、炉渣浮石、炉渣矿棉等产品。此外，高炉渣的利用还在向生产高级建材的方向发展。炼钢炉渣因成分以及物理化学性能变化很大，故利用比较困难，目前利用率较低，主要制作筑路用的碎渣、炉渣含磷肥料和土壤改良剂等。有色冶金炉渣的利用率更低，主要原因是废渣中有些金属的含量还高于工业品位的矿石，所以需要综合利用。目前一般分三步进行：提取有色金属和稀有金属；分离出铁；利用其余的硅酸盐部分作建材、铸石或化肥。另外，对各种炉渣还有废热的利用问题。

(2) 发电厂的粉煤灰和煤渣　燃煤发电厂的煤灰、煤渣的组成波动较大，与燃煤成分、煤粉粒度、锅炉类型、燃烧情况和收集方式等因素有关，一般含 SiO_2 19%～65%、Al_2O_3 3%～39%、未燃尽的燃料 7%～23%。主要的利用方向是回填矿井、生产建材、改良土壤、提取有用组分（如铁精矿、铝、锗等），其中最重要的还是用于建材生产中。

(3) 磷石膏　磷石膏是用磷灰石精矿生产萃取磷酸时产出的固体废渣，是化工部门的大宗废料。磷石膏的主要成分是硫酸钙。目前已开发了若干利用方向。例如，生产硫酸和石灰，加工成石膏黏料及其制品，用于水泥生产作矿化剂和凝固时间调节剂，用于农业作碱土的土壤改良剂，代替高岭土作纸张的填料等。

(4) 黄铁矿烧渣　黄铁矿烧渣是用黄铁矿或含硫尾矿作原料焙烧制取硫酸时得到的固体废料，除含铁 30%～50%外，一般还含有银、锌、铜、铅、砷等元素。我国每年排出烧渣约 300 万吨，大多废弃于环境之中，有些则直接用于水泥生产，其中含有的有色金属不能有效利用。比较合理的黄铁矿烧渣处理方法是尽量回收其中的有效组分，进行综合利用。

上述几种数量巨大的工业废料的处理和利用，工艺流程都比较复杂，设备也很庞大，有些还有特殊的要求，都不是顺便可以办到的事情，而是需要从开发利用二次资源、建立清洁生产、消除环境污染的角度，组织跨部门的科研、设计和生产。应该说，这些问题是迟早必须解决的，早解决早受益，解决得越迟付出的代价就越大。

五、改进产品设计

制取产品，这是工业生产的主要目标；产品的销售，是工业生产经济效益的集中体现。产品来自原料，原料和产品是工业系统的两端，它们是相辅相成的。一件重要的新产品的问世，往往伴随着出现一个新的工业部门；而一项新原料的开发，也会引发一系列新产品的研制开发。

在传统工业中，产品的设计原则往往只是从经济考虑出发的，根据经济效益选择原料选择加工工艺，确定产品的规格和性能，产品的使用也常常以一次为限。

现在人们开始认识到，工业污染不但发生在生产产品的过程中，工业产品本身也可能是重要的污染源。例如，低效率的工业锅炉，在使用过程中不但浪费燃料，还排出大量烟尘污染环境。因此，按照建立清洁工艺的基本原则，产品的设计，不但应该遵循经济原则，而且还要顾及环境效益；不但应考虑它在消费中的使用性能，还要关心产品报废成为废品后的命运。也就是说，清洁工艺的原则是把产品的生产过程和消费过程看作一个整体，力求把“原料—工业生产—产品—废品—弃入环境”这一传统模式的开环系统，变为“原料—工业生产—产品—废品—二次原料资源”这样的闭环系统，使原料，特别是不可再生的原料资源进入人类社会的范畴以后，能在生产—消费过程中实现多次复用的循环，同时在这样的循环过程中不致对环境造成危害。

为此，对产品设计原则做以下具体要求。

① 对环境无害。不论是在产品的生产过程中，还是在使用过程中，甚至在使用之后都应该对环境无害。

② 能耗低，物耗小，尽量减少加工工序，树立“小、优、简、美”的产品设计思想。

③ 经久耐用，易于维修，保证一定的使用寿命。“一次性使用”的产品设计思想是不可取的。

④ 产品结构合理，品种齐全，满足各种消费要求，避免大材小用、优品劣用。

⑤ 便于回收复用。

⑥ 不断开发新的原料，特别着眼于工业废料的利用。

清洁工艺的原理为产品系列的改革指出了方向，按经济效益和环境效益统一的原则生产的产品寓于了社会和自然的和谐，而不是体现两者的冲突。这样，工业产品不再是剥夺自然的所得，而将成为人类合理利用自然的载体。

产品因实际损耗或精神老化而丧失使用性能后即变成废品。废品的回收利用，不但出于环境的需要，而且经济上的收效也日益明显，正在逐渐成为国民经济中的一个重要部门。

一些欧洲国家对于二次资源的利用非常重视，列为国家最重要的经济战略之一。一些重要工业部门的需求正在依靠二次资源得以满足，如钢铁生产中70％～75％的原料来自废钢铁；有色冶金中依靠废品的比例，铅为45％、锌为41％、铝为63％、铜为48％；几乎50％的纸张是用废纸生产的；饮料、水果、蔬菜的罐头瓶70％是靠回收的。加强废品的回收利用，其经济效益和环境效益都是十分可观的。

第三节　清洁生产与循环经济

一、循环经济的产生和发展

回顾世界经济发展的历史，不难发现，循环经济理念的产生和发展，是人类对人与自然的关系深刻反思的结果，是人类社会发展的必然选择，是人类在社会经济的高速发展中陷入资源危机、生存危机，不得不深刻反省自身发展模式的产物。1962 年，美国经济学家鲍尔丁从经济的角度提出了循环经济的概念，他将人类生活的地球比作太空中的宇宙飞船，提出如果不合理地开发自然资源，当超过地球承载能力时就会走向毁灭，只有循环利用资源才能持续发展下去。这可以看作是循环经济思想的萌芽。

20 世纪 70 年代，发生了两次世界性能源危机，经济增长与资源短缺之间矛盾凸显，引发人们对经济增长方式的深刻反思。1972 年，罗马俱乐部发表了题为《增长的极限》的研究报告，首次向世界发出了警告："如果让世界人口、工业化、污染、粮食生产和资源消耗像现在的趋势继续下去，这个行星上的增长极限将在今后一百年中发生"。尽管这个报告中的观点有些片面和悲观，但提出的资源供给和环境容量无法满足外延式经济增长模式的观点，引起全世界的极大关注。

20 世纪 80 年代，人们开始探索走可持续发展道路。1987 年，时任挪威首相的布伦特兰夫人在《我们共同的未来》的报告里第一次提出可持续发展的新理念，并较系统地阐述了可持续发展的含义。1989 年，美国福罗什在《加工业的战略》一文中，首次提出工业生态学概念，即通过将产业链上游的"废物"或副产品，转变为下游的"营养物"或原料，从而形成一个相互依存、类似于自然生态系统的"工业生态系统"，为生态工业园建设和发展奠定了理论基础。

1992 年，在巴西里约热内卢召开的联合国环境与发展大会通过了《里约宣言》和《21 世纪议程》，正式提出走可持续发展之路，号召世界各国在促进经济发展的过程中，不仅要关注发展的数量和速度，更要重视发展的质量和可持续性。会后，世界各国陆续开始积极探索实现可持续发展的道路。

总之，人类在发展过程中，越来越感到自然资源并非取之不尽，用之不竭，生态环境的承载能力也不是无限的。人类社会要不断前进，经济要持续发展，客观上要求转变增长方式，探索新的发展模式，减少对自然资源的消耗和生态系统的破坏。在这种情况下循环经济便应运而生。

二、循环经济的内涵

循环经济的内涵具体如下。

1. 什么是循环经济

所谓循环经济，本质上是一种生态经济，它要求运用生态学规律而不是机械论规律来指导人类社会的经济活动。循环经济的概念于 20 世纪 90 年代后期在工业化国家出现，它是相对于传统经济发展模式而言的，代表了新的发展模式和发展趋势。什么是循环经济，迄今并没有一个公认的定义。其基本含义是指：在物质的循环再生利用基础上发展经济。用一句通俗的话说，循环经济是一种建立在资源回收和循环再利用基础上的经济发展模式。按照自然生态系统中物质循环共生的原理来设计生产体系，将一个企业的废物或副产品用作另一个企业的原料，通过废弃物交换和使用将不同企业联系在一起，形成“自然资源→产品→资源再生利用”的物质循环过程，使生产和消费过程中投入的自然资源最少，将人类生产和生活活动对环境的危害或破坏降低到最小程度。

2. 传统增长模式和循环经济模式

传统经济是一种由“资源—产品—污染排放”单向流动的线性经济，其特征是高开采、低利用、高排放。在这种经济中，人们高强度地把地球上的物质和能源提取出来，然后又把污染和废物大量地排放到水系、空气和土壤中，对资源的利用是粗放的和一次性的，通过把资源持续不断地变成废物来实现经济的数量型增长。与此不同，循环经济倡导的是一种与环境和谐的经济发展模式。它要求把经济活动组织成一个“资源—产品—再生资源”的反馈式流程，其特征是低开采、高利用、低排放。所有的物质和能源要能在这个不断进行的经济循环中得到合理和持久的利用，以把经济活动对自然环境的影响降低到尽可能小的程度。

3. 循环经济的3个主要原则

循环经济是对物质闭环流动型经济的简称，是以物质、能量梯次使用为特征的，在环境方面表现为低排放，甚至“零排放”。循环经济要求以“减量化、再使用、再循环”为经济活动的行为准则，人们称为“3R”原则。

(1) 减少原则（Reduce） 要求用较少的原料和能源投入，达到既定的生产或消费目的，在经济活动的源头就注意节约资源和减少污染物排放。在生产中，减量化原则常常表现为要求产品体积小型化和产品质量轻型化，既小巧玲珑又经久耐用。此外，要求产品包装追求简单朴实而不是豪华浪费，既要充分又不过度，从而达到减少废弃物排放的目的。

(2) 再用原则（Reuse） 要求产品和包装容器能够以初始的形式被多次重复使用，而不是用过一次就废弃，以抵制当今世界一次性用品的泛滥。在产品设计开始，就研究零件的可拆性和重复利用性，从而实现零件的再使用。

(3) 循环原则（Recycle） 要求生产出来的物品在完成其使用功能后，能重新变成可以利用的资源而不是无用的垃圾。因此，一些国家要求在大型机械设备上标明原料成分，以便找到循环利用的途径或新的用途。

4. 发展循环经济的4个层面

循环经济是一种以资源高效利用和循环利用为核心，以“4R”为原则（减量化Reduce、再使用Reuse、再循环Recycle、重组化Reorganize）；以低消耗、低排放、高效率为基本特征；以生态产业链为发展载体；以清洁生产为重要手段，最终可达到实现物质资源的有效利用和经济与生态的可持续发展。从系统工程的角度出发，通过构建合理的产品组合、产业组合、技术组合，实现物质、能量、资金、技术的优化使用的技术，如多产品联产和产业共生技术。

目前，发达国家在以下四个层面上发展循环经济。

一是企业内部的循环利用，即企业层面的循环经济。通过厂内各工艺之间的物料循环，减少物料的使用，达到少排放甚至“零排放”的目标。最具代表性的是美国杜邦化学公司模式。

二是企业间或产业间的生态工业网络，即工业园区层面的循环经济。把不同的工厂联结起来，形成共享资源和互换副产品的产业共生组合，使一个企业产生的废气、废热、废水、废渣在自身循环利用的同时，成为另一企业的能源和原料。最具代表性的是丹麦卡伦堡生态工业园区。生态工业园区与传统的工业园区的最大不同是它不仅强调经济利润的最大化，而且强调经济、环境和社会功能的协调和共进。

三是废物回收和再利用体系，即某领域（或行业）层面的循环经济。例如，德国的包装物双元回收体系（DSD）和日本的废旧电器、汽车、容器包装等回收利用体系。

四是社会循环经济体系，即社会层面的循环经济。

三、清洁生产与循环经济的关系

清洁生产与循环经济两者最大的区别是在实施的层面上。在企业，推行清洁生产就是企业层面的循环经济，一个产品、一台装置、一条生产线都可采用清洁生产；在某些区域或行业的层面上实施清洁生产，称为“生态工业”。而广义的循环经济是需要相当大的范围和区域的，如日本称为建设“循环型社会”。

就实际运作而言，在推行循环经济的过程中，需要解决一系列技术问题，清洁生产为此提供了必要的技术基础。特别应该指出的是，推行循环经济技术上的前提是产品的生态设计，没有产品的生态设计，循环经济只能是个口号，而无法变成现实。总体来看，清洁生产是循环经济的基石，循环经济是清洁生产的扩展。在理念上，它们有共同的时代背景和理论基础；在实践中，它们有相通的实施途径。表20-1反映了清洁生产和循环经济两者之间的相互关系。

表20-1　清洁生产和循环经济的相互关系

比较内容	清洁生产	循环经济
思想本质	环境战略：新型污染预防和控制战略	经济战略：将清洁生产、资源综合利用、生态设计和可持续消费等融为一套系统的循环经济战略
原则	节能、降耗、减污、增效	减量化、再利用、资源化（再循环）。首先强调的是资源的节约利用，然后是资源的重复利用和资源再生
核心要素	整体预防、持续运用、持续改进	以提高生态效率为核心，强调资源的减量化、再利用和资源化、实现经济行动的生态化、非物质化
适用对象	主要对生产过程、产品和服务（点，微观）	主要对区域、城市和社会（面，宏观）
基本目标	生产中以更少的资源消耗产生更多的产品，防治污染产生	在经济过程中系统地避免和减少废物
基本特征	预防性：清洁生产从源头抓起，实行生产全过程控制，尽最大可能减少乃至消除污染物的产生，其实质是预防污染。通过污染物产生源的削减和回收利用，使废物减至最少 综合性：实施清洁生产的措施是综合性的预防措施，包括结构调整、技术进步和完善管理 统一性：清洁生产最大限度地利用资源，将污染物消除在生产过程之中，不仅环境状况从根本上得到改善，而且能源、原材料和生产成本降低，经济效益提高，竞争力增强，能够实现经济效益与环境效益相统一 持续性：清洁生产是一个持续改进的过程，没有最好，只有更好	低消耗（或零增长）：提高资源利用效率，减少生产过程的资源和能源消耗（或产值增加，但资源能源零增长）。这是提高经济效益的重要基础，也是污染排放减量化的前提 低排放（或零排放）：延长和拓宽生产技术链，将污染尽可能地在生产企业内进行处理，减少生产过程的污染排放；对生产和生活用过的废旧产品进行全面回收，可以重复利用的废弃物通过技术处理进行无限次的循环利用。这将最大限度地减少初次资源的开采，最大限度地利用不可再生资源，最大限度地减少造成污染的废弃物的排放 高效率：对生产企业无法处理的废弃物集中回收、处理，扩大环保产业和资源再生产业的规模，提高资源利用效率，同时扩大就业
宗旨	提高生态效率，并减少对人类及环境的风险	

四、重点行业循环经济技术进展

1. 电力行业

电力系统将整体煤气化联合循环（IGCC）、高参数超超临界机组、超临界大型循环流化床等高效发电技术与装备列入了重点研究开发的名单。燃气蒸汽联合循环发电、30 万千瓦及以上循环流化床、增压流化床、整体煤气化联合循环发电等洁净煤发电技术已基本成熟。

在资源综合利用方面，对火电厂生产过程中产生的粉煤灰、煤矸石、废料、废气等工业废物进行综合利用，对生产过程中产生的余热、余压等进行综合利用。其中重点是加强水资源和煤矸石的综合利用，靠近大中城市城区的火电厂，冷却用水应采用城市中水；沿海地区的火电厂应全部采用海水冷却技术；煤电基地内的煤矸石满足发电条件的，将发电作为首要选择。

2. 钢铁行业

钢铁行业发展循环经济的主要途径包括提高钢铁产品使用效率、提高能源利用效率、提高水资源利用效率、提高原材料利用效率、提高固体废物资源再利用水平及减少废物排放等几个方面，涉及多项新技术的应用。其中钢铁行业节能新技术有低热值煤气燃气-蒸汽联合循环发电（CCPP）、高炉炉顶煤气余压发电（TRT）技术、干熄焦技术（CDQ）、高炉喷煤、蓄热式高温空气燃烧技术（HTAC）、余热蒸汽发电、转炉负能炼钢、蓄热式轧钢加热炉技术、焦炉煤气再资源化技术、连铸坯热送热装和直接轧制等技术，节水技术有高炉煤气干法除尘、转炉烟气干法除尘及干熄焦技术等，此外还包括采用节水型供水系统，推广应用循环用水、串级供水、按质用水和一水多用等重复用水技术。在固体废物再利用方面，积极推广粉煤灰作新型建筑材料和制品的技术和产品，推广粒化高炉矿渣粉、钢渣粉的生产技术并拓宽利用范围，可实现钢铁渣高价值的利用。钢铁行业在干熄焦、高炉煤气干法除尘、转炉煤气干法除尘以及过程煤气、工业用水和固体废物回收综合利用技术方面都有很大突破。

3. 建材行业

建材行业具有与上下游产业紧密连接和互相依存的特点，可利用其他产业的废弃物生产建材产品，因此建材行业发展循环经济的重点是构建建材产业循环经济产业链，主要有两种形式：一是建材产业内部构建产业链；二是建材产业与上游或下游产业构建循环产业链，利用建材行业的生产特点使得工业固体废物的资源化利用取得实效。

大型水泥预分解工艺技术在节能煅烧工艺、原料均化、节能磨粉、大型篦冷机等方面取得突破性进展。

4. 有色金属行业

在铜冶炼方面，通过制订“铜冶炼准入条件”，在铜冶炼企业中推广应用富氧闪速熔炼、顶吹熔炼、富氧熔池熔炼或者富氧漂浮熔炼工艺。以上铜冶炼工艺均具有生产效率高、工艺先进、能耗低、环保达标、资源综合利用效果好的特点。铝冶炼方面，新型的阴极结构高效节能铝电解技术取得重大突破，使得我国铝电解工业生产技术和能耗指标位居世界领先水平。铅锌冶炼方面，“氧气底吹熔炼-鼓风炉还原炼铅”新工艺的应用使我国铅冶炼技术进入世界领先行列。

5. 石油化工行业

石油化工行业在近年来开发推广了一大批节能减排、循环经济技术。磷肥行业先后研发出多项新成果，其中料浆法磷铵生产技术有效提高了中低品位磷矿石的利用率，蒸汽消耗降低近 1/2。氮肥行业积极推广合成氨清洁生产技术，包括水煤浆气化、干粉煤气化、灰熔聚粉煤气化等技术，从根本上降低了氮肥生产成本，减少了环境污染。氯碱行业已广泛应用离子膜烧碱技术，并逐步推广干法乙炔技术。干法乙炔技术有效地解决了电石渣污染，实现了乙炔的连续生产。低汞催化剂技术是氯碱行业污染减排的重大突破，使催化剂氯化汞含量由原来的 10%以上降低到 6%以下，汞的消耗量和排放量也大幅下降。此外，盐酸合成尾气回收、用于脱除淡盐水中硫酸根的膜法脱硝技术、氯资源二次利用技术等先进生产技术使氯碱行业的能源和污染物排放都有显著下降，同时可回收副产品和盐类。

6. 煤炭行业

煤炭生产中的循环经济主要是在煤炭开采过程中贯彻减量化原则，提高煤炭资源回收率，减少煤矸石、煤泥水、瓦斯和煤尘等的排放量，实现绿色开采。加强对粉煤灰、煤矸石和尾矿及有机废水的综合利用。以煤矿瓦斯利用为重点，推进共伴生矿物元素如锗、镓等的综合开发利用。在煤炭运输过程中，尽量减少运力浪费，提高能源效率，减少污染物排放。

7. 发酵行业

发酵行业农产品深加工产业，属于技术密集型产业，技术创新活跃，企业非常重视技术开发，科研方面的投入持续增长，循环经济新技术也随之不断被研发成功并得到推广，获得的专利数量也在逐年递增，从而带动了行业的技术水平不断提高。

发酵行业通过将循环经济高新技术与传统工艺相结合，积极开展资源综合利用，将各种可利用的组分充分回收和利用，效果显著。

① 在味精行业的生产过程中，将高浓度有机废水进行有效处理，通过综合利用，生产出副产品饲料蛋白粉、固体硫酸铵和液体蛋白，高浓度有机废水实现“零排放”。同时改革相关生产工艺，提高味精的总收率，并将生产用水循环利用，大大节约了味精生产用水。

② 在柠檬酸行业，积极引导和推进柠檬酸生产新技术的应用，如以先进的色谱离子交换分离技术代替传统的钙盐法，提高了产品质量、简化了生产工艺，大幅度减少了污染物的排放，既回收了蛋白资源又减轻了环境污染。

③ 在淀粉糖行业，淀粉和淀粉糖生产企业将生产用水封闭循环利用，利用膜分离技术，回收淀粉废水中的蛋白质，再进行污水治理，使资源得到了回收。

第四节 工业企业环境管理

工业企业排放的污染物是造成我国环境污染的主要来源。搞好工业企业环境污染综合整治，对改善我国环境质量，促进社会经济发展具有重要意义。

要保护环境，首先要管理好环境。只有加强企业环境的科学管理，才能调动企业环境保护的一切潜力和积极因素，完善企业环境保护的自我约束机制，在改革的实践中开创出一条加快企业环境建设、促进生产经营发展的最优化途径，实现环境清洁、优美的现代化企业发展目标。

一、企业环境管理的含义

企业环境保护是我国环境保护工作的基础，也是企业生产经营的一项重要任务。企业环境管理作为企业生产经营管理的有机组成部分，同企业的生产管理、劳动管理、财务管理、销售管理等许多专业管理一样，也是一项专业管理。

企业环境管理就是通过运用法律、行政、经济、技术和宣传教育的手段，协调生产经营发展和环境保护的关系，对企业环境问题进行综合整治，达到发展生产、增加效益、保护环境的目的。

企业环境管理的核心是遵循生态规律和经济规律，正确处理生产经营、技术改造和环境保护的关系，做到同步协调发展，实现经济效益、社会效益和环境效益的统一。

二、企业环境管理的对象

现代管理学认为企业环境管理的对象是由企业在生产经营活动中影响环境问题的各种因素所组成的有机整体，如资金、技术、设备、政策、环保体制、职工环境意识、利益分配及其相互之间不协调的关系等。这些因素不是孤立的，而是相对独立、有机结合、互为制约和影响的。环境管理的对象是整体和影响因素的辩证统一。环境管理的任务就是要解决各种因素之间、因素与整体之间关系的不协调，实现环境管理对象整体内部的良性运行机制和整体环境效益目标。

企业的生产经营活动主要包括两个方面：一是生产建设活动；二是生产经营管理活动。企业环境管理对生产建设活动方面所确定的管理对象，主要是合理组织和发展生产力方面的环境保护要求，如选择无污染、少污染的先进工艺和设备，提高资源和能源的利用水平，对“三废”资源的开发和利用，以及建设必要的污染治理设施，并保证其正常运行，以达到国家规定的环境质量标准。企业环境管理对生产经营管理活动方面所确定的管理对象，主要是解决生产关系和上层建筑领域内，同生产建设活动中防治污染、保护环境要求不相协调的问题。企业环境管理对象的两个方面紧密相联，互相影响，互相制约，构成企业环境管理对象的整体。

三、企业环境管理主要内容

企业环境管理信息量大，影响因素多，各种关系错综复杂，涉及面广，技术性强，综合性强。企业环境管理的工作很多，主要分为以下几项。

1. 环境目标计划管理

环境保护目标是企业生产经营发展目标的重要组成部分。企业环境保护目标计划是企业环境管理决策职能的核心，是协调生产经营发展和环境保护关系的重要手段，也是企业贯彻国家环境保护方针政策和法律的具体体现，对企业环境保护起着指导作用。通过对环境问题的统筹规划和综合平衡，制定出企业环境保护的目标计划，全面纳入企业目标计划管理轨道。

2. 建设中的环境管理

在企业新建、改建、扩建或对原有旧工艺、旧设备的技术改造工程建设全过程中，为统筹解决从生产布局、工艺技术选择、产品结构和无害化处理等方面考虑，对环境的影响而实施的有效的管理活动。

3. 环境技术管理

环境技术管理就是为企业合理利用资源、能源，有效地控制污染，保护环境，而运用技术政策、技术措施和技术手段，协调技术发展和环境保护关系所进行的管理。其管理内容为：研究环境污染防治的技术政策，落实国家的环境技术政策；贯彻执行国家环境标准；制订实现环境目标的技术方案；改革工艺和调整产品结构；开展资源综合利用，减少“三废”排放；将环保技术要求纳入各项工艺技术规程；制定符合环保要求的工艺技术标准和产品标准；组织环保科技研究；进行环保信息交流和技术档案管理；制定企业内部污染物排放控制指标；组织环境质量现状评价和环境影响评价；采用适合本企业环保要求的监测技术；等等。

4. 环境经济损益分析

企业生产经营发展和环境保护之间存在着互相促进和互相制约的关系。环境保护要为企业生产经营发展和社会综合经济效益服务。环境问题会给企业造成经济损失，如交纳排污费、环境事故赔偿等；也会给社会带来严重的经济损失，如对空气、水体污染后的恢复治理。因此，实现经济效益、社会效益、环境效益相统一是企业解决环境问题的重要指导思想。开展企业环境经济损益分析，找出生产经营中有关环境问题的薄弱环节，正确处理环境保护与生产经营的关系，制定企业环境经济发展目标，实现企业的生产经营与环境同步协调发展占有重要的地位，是企业亟待解决的问题。

5. 环境监测

企业环境监测主要是对污染源和环境质量进行监测，了解污染物产生的过程和原因，掌握污染物排放数量和变化规律，查清污染物扩散、影响的范围和程度，为制定污染防治规划和环境目标计划，完善以污染物控制为主要内容的各类控制标准、规章制度和经济责任制，实施有效的管理和监督，综合整治环境，提供科学依据。

6. 环境管理规章制度

企业环境管理规章制度是以企业“立法”的形式，以各项环境管理工作提出的要求与规定，具有一定的强制性，是职工进行与企业环境保护有关活动的行为规范和准则。

企业环境管理规章制度可根据企业规模、环境问题性质而有所不同，但基本上分为：

① 企业环境管理总规定，通常以《环境保护工作条例》或《环境管理条例》等形式出现；

② 企业环境管理专业技术规程、标准等；

③ 环境保护管理制度，如计划管理与考核，建设项目环保“三同时”管理制度等；

④ 环境保护责任制度，用以确定企业内部各部门、各层次、各类人员的环境保护工作范围，相应的权力和应尽的责任，如岗位责任制、专业责任制等。

7. 环境统计

用数字反映并计量企业生产经营活动引起的环境变化。其基本任务是通过统计调查、统计分析，提供统计资料，实行统计监督。通过环境统计资料的分析，提出企业环境状况，为做出环境预测和决策分析、开展环境经济损益分析、全面总结企业环境保护和生产经营成就及经验、认识其规律积累系统资料。

8. 环境绿化

绿化是企业综合整治污染、减少污染危害、改善环境质量的重要途径。充分利用绿色植物改善生态环境的功能，大力发展绿化，提高企业绿化覆盖率，对保护环境，促进社会主义精神文明和物质文明建设有重要意义。

9. 宣传教育

环境保护宣传教育工作是我国环境保护事业的基本建设，是一项战略任务。加大对环境保护是一项基本国策的宣传，提高职工对环境保护重要性和迫切性的认识，宣传环保法律、法规和方针政策，是企业环境保护工作不断发展和提高的重要保证。

四、企业环境管理体制

环境问题在企业内部同生产经营的各项管理有着密切联系。解决企业的环境问题不能只靠企业的环保部门，必须将企业环境管理纳入生产经营管理的轨道，并将其渗透到同环境保护相联系的生产经营各个环节，形成由企业全体成员共同承担的局面。因此，把企业各级领导、职能部门的环境保护职能和职工的环境保护责任，合理地组成一个有机整体，实现环境管理科学化、高效化。根据企业环境问题和环境管理的特点，从实际出发，有利于企业各类人员、机构的环境保护职责和环境保护积极因素的发挥，不拘于一定模式，建立自己的环境管理体制，使环境管理体制与企业管理体制相协调，与环境综合整治任务相适应。

参 考 文 献

[1] 中华人民共和国清洁生产促进法.
[2] 国家环境保护总局科技标准司．清洁生产审计培训教材．北京：中国环境科学出版社，2001.
[3] 李景龙，马云主．清洁生产审核与节能减排实践．北京：中国建材工业出版社，2009.
[4] 赵玉明．清洁生产．北京：中国环境科学出版社，2005.
[5] 魏立安．清洁生产审核与评价．北京：中国环境科学出版社，2005.
[6] 马建立，郭斌，赵由才．绿色冶金与清洁生产．北京：冶金工业出版社，2007.
[7] 张朝晖，等. 冶金资源综合利用. 北京：冶金工业出版社，2011.
[8] 中国环境保护产业协会循环经济专业委员会. 我国循环经济行业 2010 年发展综述. 中国环保产业，2011 (6)：17-21.
[9] 张殿印，王冠，肖春，张紫薇．除尘工程师手册．北京，化学工业出版社，2020.
[10] 中国石油化工集团公司安全环保局．石油石化环境保护技术．北京：中国石化出版社，2003.
[11] 杨丽芬，李友琥．环保工作者实用手册．2 版．北京：冶金工业出版社，2001.
[12] 岳清瑞，张殿印，王纯，张学义．钢铁工业“三废”综合利用技术．北京：化学工业出版社，2015.
[13] 王玉彬．大气环境工程师实用手册．北京：中国环境科学出版社，2003.

附录

附录 1　气体常数

附表 1-1　气体的基本常数

气体名称	分子式	分子量 M_r	标准状态下的密度 ρ/(kg/m³)	气体常数 R /[J/(kg·K)]	临界温度 T_c/K	临界压力 p_e/atm	标准状态下的压缩因子 Z_n
干空气	—	28.97	1.293	287.3	132.5	37.2	1.000
水蒸气	H_2O	18.02	0.804	461.4	647.4	218.3	
氢	H_2	2.016	0.0899	4124.1	33.3	12.8	1.000
氮	N_2	28.01	1.251	296.8	126.2	33.5	1.000
氧	O_2	32.00	1.429	259.8	154.4	49.7	0.999
氦	He	4.003	0.1785	2077.0	5.26	2.26	1.000
一氧化碳	CO	28.01	1.250	296.8	133.0	34.5	1.000
二氧化碳	CO_2	44.02	1.977	188.9	304.2	72.9	0.993
一氧化氮	NO	30.01	1.340	277.1	179.2	65.0	0.999
一氧化二氮	N_2O	44.01	1.977	188.9	309.5	71.7	0.993
氨	NH_3	17.03	0.7708	488.2	405.5	111.3	0.986
二氧化硫	SO_2	64.06	2.927	129.8	430.7	77.8	0.977
三氧化硫	SO_3	80.06		103.9	491.4	83.8	
硫化氢	H_2S	34.08	1.539	244.0	373.6	88.9	0.990
二硫化碳	CS_2	76.14		109.2	552.0	78.0	
氯	Cl_2	70.91	3.214	117.3	417.0	76.1	0.984
氯化氢	HCl	36.46	1.639	228.0	324.6	81.5	0.993
甲烷	CH_4	16.06	0.7167	517.7	190.7	45.8	0.998
乙烷	C_2H_6	30.07	1.357	276.5	305.4	48.2	0.989
乙烯	C_2H_4	28.05	1.264	296.4	283.1	50.5	0.990
乙炔	C_2H_2	26.04	1.175	319.3	309.5	61.6	0.989
丙烷	C_3H_8	44.10	2.020	188.5	369.6	42.0	0.974
苯	C_6H_6	78.11		106.4	562.6	48.6	

附表 1-2　空气的物理化学常数

名称	温度/℃	数值
分子量(平均值)	—	28.98
干空气的密度(标准气压下)	−25	1.424kg/m³
	0	1.2929kg/m³
	20	1.2047kg/m³
液态空气的密度	−192	960kg/m³

续表

名称	温度/℃	数值
液态空气的沸点	—	−192.0℃
气体常数 R	—	287.3J/(kg·K)
临界常数:温度	—	−140.7℃
压力	—	3.77MPa
密度	—	350kg/m³
汽化潜热	−192	209200J/kg
比热容:c_D(标准气压下)	0~100	1004J/(kg·℃)
c_u	0~100	715J/(kg·℃)
	0~1500	838J/(kg·℃)
系数 $K=\frac{c_D}{c_u}$	0~100	1.4
热导率	0 100	0.024W/(m·K) 0.030W/(m·K)
黏度	0 20	1.71×10^{-7}Pa·s 1.81×10^{-7}Pa·s
对真空的折射率	— 0 19	1.00029 1.00059 1.00058
相对介电常数(标准气压下)	−192(液态)	1.43
在水中溶解度(标准气压下)	0 20	29.18mL/L 18.68mL/L

附表 1-3 空气的重要物性

温度/℃	密度/(kg/m³)	比热容		热导率		黏度/μPa·s	运动黏度/(μm²/s)	普朗特数 Pr
		kJ/(kg·K)	kcal/(kg·℃)	W/(m·K)	kcal/(m·h·℃)			
−50	1.584	1.013	0.242	0.0204	0.0175	14.6	9.23	0.728
−40	1.515	1.013	0.242	0.0212	0.0182	15.2	10.04	0.728
−30	1.453	1.013	0.242	0.0220	0.0189	15.7	10.80	0.723
−20	1.359	1.009	0.241	0.0228	0.0196	16.2	11.60	0.716
−10	1.342	1.009	0.241	0.0236	0.0203	16.7	12.43	0.712
0	1.293	1.005	0.240	0.0241	0.0210	17.2	13.28	0.707
10	1.247	1.005	0.240	0.0251	0.0216	17.7	14.16	0.705
20	1.205	1.005	0.240	0.0259	0.0223	18.1	15.06	0.703
30	1.165	1.005	0.240	0.0267	0.0230	18.6	16.00	0.701
40	1.128	1.005	0.240	0.0276	0.0237	19.1	16.96	0.699
50	1.093	1.005	0.240	0.0283	0.0243	19.6	17.95	0.698
60	1.060	1.005	0.240	0.0290	0.0249	20.1	18.97	0.696
70	1.029	1.009	0.241	0.0297	0.0255	20.6	20.02	0.694
80	1.000	1.009	0.241	0.0305	0.0262	21.1	21.09	0.692
90	0.972	1.009	0.241	0.0313	0.0269	21.5	22.10	0.690
100	0.946	1.009	0.241	0.0321	0.0276	21.9	23.13	0.688
120	0.898	1.009	0.241	0.0334	0.0287	22.9	25.45	0.686
140	0.854	1.013	0.242	0.0349	0.0300	23.7	27.80	0.684
160	0.815	1.017	0.243	0.0364	0.0313	24.5	30.09	0.682
180	0.779	1.022	0.244	0.0378	0.0325	25.3	32.49	0.681

续表

温度/℃	密度/(kg/m³)	比热容		热导率		黏度/μPa·s	运动黏度/(μm²/s)	普朗特数 Pr
		kJ/(kg·K)	kcal/(kg·℃)	W/(m·K)	kcal/(m·h·℃)			
200	0.746	1.026	0.245	0.0393	0.0338	26.0	34.85	0.680
250	0.674	1.038	0.248	0.0429	0.0367	27.4	40.61	0.677
300	0.615	1.048	0.250	0.0461	0.0396	29.7	48.33	0.674
350	0.566	1.059	0.253	0.0491	0.0422	31.4	55.46	0.676
400	0.524	1.068	0.255	0.0521	0.0448	33.1	63.09	0.678
500	0.456	1.093	0.261	0.0575	0.0494	36.2	79.38	0.687
600	0.404	1.114	0.266	0.0622	0.0535	39.1	96.89	0.699
700	0.362	1.135	0.271	0.0671	0.0577	41.8	115.4	0.706
800	0.329	1.156	0.276	0.0718	0.0617	44.3	134.8	0.713
900	0.301	1.172	0.280	0.0763	0.0656	46.7	155.1	0.717
1000	0.277	1.185	0.283	0.0804	0.0694	49.0	177.1	0.719
1100	0.257	1.197	0.286	0.0850	0.0731	51.2	199.3	0.722
1200	0.239	1.206	0.288	0.0915	0.0787	53.5	233.7	0.724

附录2 燃料和燃烧数据

附表2-1 各种能源折标准煤系数（参考值）

能源名称	平均低位发热量	折标准煤系数
原煤	20934kJ/kg(5000kcal/kg)	0.7143kgce/kg
洗精煤	26377kJ/kg(6300kcal/kg)	0.9000kgce/kg
洗中煤	8374kJ/kg(2000kcal/kg)	0.2857kgce/kg
煤泥	8374～12560kJ/kg(2000～3000kcal/kg)	0.2857～0.4286kgce/kg
煤矸石(用作能源)	8374kJ/kg(2000kcal/kg)	0.2857kgce/kg
焦炭(干全焦)	28470kJ/kg(6800kcal/kg)	0.9714kgce/kg
煤焦油	33494kJ/kg(8000kcal/kg)	1.1429kgce/kg
原油	41868kJ/kg(10000kcal/kg)	1.4286kgce/kg
燃料油	41868kJ/kg(10000kcal/kg)	1.4286kgce/kg
汽油	43124kJ/kg(10300kcal/kg)	1.4714kgce/kg
煤油	43124kJ/kg(10300kcal/kg)	1.4714kgce/kg
柴油	42705kJ/kg(10200kcal/kg)	1.4571kgce/kg
天然气	32238～38979kJ/m³(7700～9310kcal/m³)	1.1000～1.3300kgce/m³
液化天然气	51498kJ/kg(12300kcal/kg)	1.7572kgce/kg
液化石油气	50242kJ/kg(12000kcal/kg)	1.7143kgce/kg

续表

能源名称	平均低位发热量	折标准煤系数
炼厂干气	46055kJ/kg(11000kcal/kg)	1.5714kgce/kg
焦炉煤气	16747～18003kJ/m^3(4000～4300kcal/m^3)	0.5714～0.6143kgce/m^3
高炉煤气	3768kJ/m^3(900kcal/m^3)	0.1286kgce/m^3
转炉煤气	4976～17160kJ/m^3	0.17～0.59kg/m^3
发生炉煤气	5234kJ/m^3(1250kcal/m^3)	0.1786kgce/m^3
重油催化裂解煤气	19259kJ/m^3(4600kcal/m^3)	0.6571kgce/m^3
重油热裂解煤气	35588kJ/m^3(8500kcal/m^3)	1.2143kgce/m^3
焦炭制气	16329kJ/m^3(3900kcal/m^3)	0.5571kgce/m^3
压力气化煤气	15072kJ/m^3(3600kcal/m^3)	0.5143kgce/m^3
水煤气	10467kJ/m^3(2500kcal/m^3)	0.3571kgce/m^3
粗苯	41868kJ/kg(10000kcal/kg)	1.4286kgce/kg
甲醇(用作燃料)	19913kJ/kg(4756kcal/kg)	0.6794kgce/kg
乙醇(用作燃料)	26800kJ/kg(6401kcal/kg)	0.9144kgce/kg
氢气(用作燃料,密度为0.082kg/m^3)	9756kJ/m^3(2330kcal/m^3)	0.3329kgce/m^3
沼气	20934～24283kJ/m^3(5000～5800kcal/m^3)	0.7143～0.8286kgce/m^3

注：引自GB/T 2589—2020，表中转炉煤气值为笔者补充。

附表 2-2　电力和热力折标准煤系数（参考值）

能源名称	折标准煤系数
电力(当量值)	0.1229kgce/(kW·h)
电力(等价值)	按上年电厂发电标准煤耗计算
热力(当量值)	0.03412kgce/MJ
热力(等价值)	按供热煤耗计算

注：引自GB/T 2589—2020。

附表 2-3　耗能工质能源等价值

品种	单位能耗工质耗能量	折标准煤系数
新水	2.51MJ/t(600kcal/t)	0.0857kg/t
软水	14.23MJ/t(2300kcal/t)	0.4857kg/t
除氧水	28.45MJ/t(6800kcal/t)	0.9714kg/t
压缩空气	1.17MJ/m^3(280kcal/m^3)	0.0400kg/m^3
鼓风	0.88MJ/m^3(210kcal/m^3)	0.0300kg/m^3
氧气	11.72MJ/m^3(2800kcal/m^3)	0.4000kg/m^3
氮气(作副产品时)	11.72MJ/m^3(2800kcal/m^3)	0.4000kg/m^3

续表

品种	单位能耗工质耗能量	折标准煤系数
氮气(作主产品时)	19.66MJ/m^3(4700kcal/m^3)	0.6714kg/m^3
二氧化碳	6.28MJ/t(1500kcal/t)	0.2143kg/m^3
乙炔	243.67MJ/m^3	8.3143kg/m^3
电石	60.92MJ/kg	2.0786kg/kg

注：耗能工质是指在生产过程中所消耗的不作为原料使用、也不进入产品、在生产或制取时需要直接消耗能源的工作物质。

附表 2-4 可燃性气体的平均体积热容量

温度/℃	c_{pj}/[kJ/(m^3·K)]			温度/℃	c_{pj}/[kJ/(m^3·K)]		
	CO	H_2	CH_4		CO	H_2	CH_4
0	1.294	1.285	1.595	600	1.357	1.302	2.261
100	1.298	1.290	1.654	700	1.365	1.306	2.378
200	1.302	1.294	1.767	800	1.382	1.310	2.487
300	1.315	1.294	1.884	900	1.394	1.319	2.588
400	1.331	1.298	2.001	1000	1.407	1.323	2.684
500	1.340	1.298	2.140				

附表 2-5 各种气体的平均体积热容量

温度/℃	c_{pj}/[kJ/(m^3·K)]				
	SO_2,CO_2	N_2	O_2	水蒸气	干空气
0	1.5931	1.2946	1.3059	1.4943	1.2971
100	1.7132	1.2962	1.3176	1.5056	1.3004
200	1.7873	1.3004	1.3356	1.5219	1.3075
300	1.8711	1.3063	1.3665	1.5424	1.3176
400	1.9377	1.3159	1.3779	1.5654	1.3293
500	1.9967	1.3276	1.3980	1.5893	1.3427
600	2.0494	1.3402	1.4172	1.6144	1.3569
700	2.0967	1.3536	1.4344	1.6412	1.3712
800	2.1395	1.3666	1.4503	1.6684	1.3846
900	2.1776	1.3791	1.4645	1.6957	1.3976
1000	2.2131	1.3921	1.4775	1.7229	1.4097
1100	2.2454	1.4043	1.4892	1.7501	1.4218
1200	2.2747	1.4151	1.5005	1.7719	1.4327
1300	2.3006	1.4252	1.5106	1.8028	1.4436
1400	2.3249	1.4361	1.5202	1.8284	1.4537
1500	2.3471	1.4449	1.5294	1.8527	1.4629
1600	2.3676	1.4532	1.5378	1.8765	1.4717
1700	2.3869	1.4616	1.5462	1.8996	1.4796
1800	2.4029	1.4691	1.5541	1.9217	1.4872
1900	2.4212	1.4761	1.5617	1.9427	1.4947
2000	2.4369	1.4834	1.5688	1.9632	1.5014

附表 2-6 几种主要燃料的特征

燃料种类	燃料成分/%（固体、液体燃料——质量分数；气体燃料——体积分数）											发热量/(MJ/m³)或(MJ/kg)	空气量/(cm³/m³)或(m³/kg)	废气量/(cm³/m³)或(m³/kg)	废气成分/%				废气的理论体积热值/(MJ/m³)
	H_2	CO	CH_4	C_2H_4	C	S	CO_2	H_2O	N_2	O_2	H_2S	$Q_{低}$	$L_{理}$	$V_{理}$	CO_2	H_2O	N_2	SO_2	
高炉煤气	3.3	27.4	0.9				10.0		58.4			4.17	0.82	1.67	23.0	3.0	74.0		2.500
焦炉煤气	50.8	5.4	26.5	1.7			2.3	0.4	11.9	1.0		16.66	4.06	4.82	7.9	22.1	70.0		3.458
煤气发生炉煤气	0.9	33.4	0.5				0.6		64.2		0.4	4.60	0.893	1.71	20.1	1.3	78.4	0.2	2.692
水煤气	50.0	40.0	0.5				4.5		5.0			10.66	2.19	2.74	16.6	18.6	65.0		3.852
混合发生炉煤气																			
用无烟煤作原料	13.5	27.5	0.5				5.5		52.6	0.2	0.2	5.15	1.03	1.82	18.4	8.1	73.4	0.1	2.830
用气煤作原料	13.5	26.5	2.3	0.3			5.0		51.9	0.2	0.3	5.86	1.23	2.03	16.9	9.45	73.5	0.15	2.889
用褐煤作原料	14.0	25.0	2.2	0.4			6.5		50.5	0.2	1.2	5.90	1.27	2.07	16.7	9.9	72.8	0.6	2.847
天然煤气	2.0	0.6	93.0	0.4			0.3		3.0	0.5	0.2	34.02	8.98	9.93	9.54	19.03	71.4	0.03	3.429
重油(低硫)10号	12.3				85.6	0.5		1.0		0.5		41.70	10.9	11.6	13.7	11.95	74.32	0.03	3.596
重油(低硫)20号	11.5				85.3	0.6		2.0		0.5		40.74	10.64	11.32	14.08	11.62	74.26	0.04	3.601
重油(低硫)40号	10.5				85.0	0.6		3.0		0.7		39.65	10.37	11.01	14.42	11.02	74.52	0.04	3.601
重油(低硫)80号	10.2				84.0	0.7		4.0		0.8		39.40	10.18	10.82	14.52	11.02	74.41	0.05	3.638
含硫重油10号	11.5				84.2	2.5		1.0		0.7		40.49	10.54	11.27	14.02	11.60	74.23	0.15	3.596
含硫重油20号	11.3				83.1	2.9		2.0		0.5		40.07	10.40	11.08	14.03	11.65	74.12	0.20	3.622
含硫重油40号	10.6				82.6	3.1		3.0		0.4		39.23	10.16	10.84	14.34	11.30	74.16	0.20	3.617
焦炭					81.0	1.7		7.3				27.63	7.24	7.32	2.5	1.3	78.10	0.1	3.776
无烟煤	1.8				86.3	1.9		3.5		1.7		31.40	7.28	7.62	21.0	3.0	75.9	0.1	4.120
气煤	4.6				68.9	2.0		6.7		9.2		27.55	7.1	7.48	17.1	3.0	74.8	0.1	3.684
褐煤	3.0				62.0			21.0		18.0		17.16	4.9	5.2	19.0	5.5	74.5		3.308
木柴	4.5				40.0			22.0		32.5			3.8	4.5	16.6	16.0	67.4		2.889
泥煤	3.7				35.7			29.0		23.8			3.52	4.2	16.0	17.1	66.9		2.742

附表 2-7　燃料在空气中的着火温度

固体燃料	温度/℃	液体燃料	温度/℃	气体燃料	温度/℃	固体燃料	温度/℃	液体燃料	温度/℃	气体燃料	温度/℃
褐煤	250～450	汽油	415	二碳炔	400～406	煤	400～500	苯	730	甲烷	650～750
泥煤	225～280	煤油	604～609	氢	530～585	木炭	320～370			焦炉煤气	640
木材	250～350	石油	531～590	一氧化碳	644～651	焦炭	700				

附表 2-8　燃烧产物的平均比热容及热含量的近似值

名称		单位	温度/℃									
			100	200	300	400	500	600	700	800	900	1000
比热容	$c_{灰分}$	kJ/(kg・℃)	0.762	0.795	0.829	0.862	0.896	0.929	0.963	0.992	1.022	1.047
	$c_{烟气}$	kJ/(m³・℃)	1.435	1.424		1.457		1.491		1.520		1.545
热含量	$I_{灰分}$	kJ/kg	75.4	159.1	247.0	343.3	448.0	556.8	674.1	795.5	921.1	1046.7
	$I_{烟气}$	kJ/m³	142.4	284.7		582.8		894.3		1215.8		1544.9

名称		单位	温度/℃									
			1100	1200	1300	1400	1500	1600	1700	1800	1900	2000
比热容	$c_{灰分}$	kJ/(kg・℃)	1.068	1.089	1.105	1.118	1.130	1.143	1.151	1.160	1.168	1.172
	$c_{烟气}$	kJ/(m³・℃)		1.566		1.591		1.616		1.641		1.666
热含量	$I_{灰分}$	kJ/kg	1176.5	1306.3	1436.1	1565.9	1659.7	1829.6	1959.4	2089.2	2219.0	2344.6
	$I_{烟气}$	kJ/m³		2046.5		2227.4		2585.8		2954.2		3332.7

附表 2-9　燃烧反应的热效应

反应	分子量	反应前的状态	反应热量/MJ			
			反应前的物质			1m³燃烧产物
			1mol	1kg	1m³	
$C+O_2 = CO_2$	12+32=44	固	408.84	34.07		18.25
$C+0.5O_2 = CO$	12+16=28	固	125.48	10.46		5.6
$CO+0.5O_2 = CO_2$	28+16=44	气	283.36	10.12	12.65	12.65
$S+O_2 = SO_2$	32+32=64	固	296.89	9.28		13.26
$H_2+0.5O_2 = H_2O$(液)	2+16=18	气	286.21	143.10	12.78	
$H_2+0.5O_2 = H_2O$(汽)			242.04	121.02	10.81	10.81
H_2O(汽)$\longrightarrow H_2O$(液)	18	气	44.17	2.45	1.97	
$H_2S+1.5O_2 = SO_2+H_2O$(液)	34+48=64+18	气	563.17	16.56	25.14	
$H_2S+1.5O_2 = SO_2+H_2O$(汽)			519.00	15.27	23.17	11.58
$CH_4+2O_2 = CO_2+2H_2O$(液)	16+64=44+36	气	893.88	55.87	39.90	
$CH_4+2O_2 = CO_2+2H_2O$(汽)			805.54	50.35	35.96	11.99
$C_2H_4+3O_2 = 2CO_2+2H_2O$(液)	28+96=88+36	气	1428	51.00	64.01	
$C_2H_4+3O_2 = 2CO_2+2H_2O$(汽)			1340	47.85	59.81	14.96
$C_2H_6+3.5O_2 = 2CO_2+3H_2O$(液)	30+112=88+54	气	1559	51.96	69.58	
$C_2H_6+3.5O_2 = 2CO_2+3H_2O$(汽)			1426	47.54	63.67	12.74
$C_3H_6+4.5O_2 = 3CO_2+3H_2O$(液)	42+144=132+54	液	2052	48.86		
$C_3H_6+4.5O_2 = 3CO_2+3H_2O$(汽)			1920	45.71		14.28

续表

反应	分子量	反应前的状态	反应热量/MJ			
			反应前的物质			$1m^3$燃烧产物
			1mol	1kg	$1m^3$	
$C_3H_6+4.5O_2=3CO_2+3H_2O$(液)	42+144=132+54	气	2080	49.52	92.85	
$C_3H_6+4.5O_2=3CO_2+3H_2O$(汽)			1947	46.37	86.94	14.49
$C_3H_8+5O_2=3CO_2+4H_2O$(液)	44+160=132+72	气	2206	50.08	98.37	
$C_3H_8+5O_2=3CO_2+4H_2O$(汽)			2014	46.15	90.48	12.93
$C_4H_8+6O_2=4CO_2+4H_2O$(液)	56+192=176+72	气	2710	48.39	120.97	
$C_4H_8+6O_2=4CO_2+4H_2O$(汽)			2533	45.23	113.38	14.17
$C_4H_{10}+6.5O_2=4CO_2+5H_2O$(液)	58+208=176+90	气	2861	49.33	128.07	
$C_4H_{10}+6.5O_2=4CO_2+5H_2O$(汽)			2640	45.52	117.88	13.08
$C_5H_{10}+7.5O_2=5CO_2+5H_2O$(液)	70+240=222+90	液	3333	47.61		
$C_5H_{10}+7.5O_2=5CO_2+5H_2O$(汽)			3112	44.46		13.89
$C_5H_{10}+7.5O_2=5CO_2+5H_2O$(液)	70+240=222+90	气	3364	48.06	150.03	
$C_5H_{10}+7.5O_2=5CO_2+5H_2O$(汽)			3144	44.90	140.38	14.04
$C_6H_6+7.5O_2=6CO_2+3H_2O$(液)	78+240=264+54	液	3406	43.69		
$C_6H_6+7.5O_2=6CO_2+3H_2O$(汽)			3147	40.35		15.61
$C_6H_6+7.5O_2=6CO_2+3H_2O$(液)	78+240=264+54	气	3296	41.96	147.30	
$C_6H_6+7.5O_2=6CO_2+3H_2O$(汽)			3163	40.55	141.22	15.69

附表 2-10　各种不同发热量燃料燃烧需要的理论空气量

燃料种类	低发热量/[$MJ/kg(m^3)$]	空气量/[$m^3/kg(m^3)$]	烟气量/[$m^3/kg(m^3)$]
固体燃料(1kg 湿的)	13	3.54	4.26
	17	4.54	5.18
	21	5.55	6.10
	25	6.56	7.02
	29	7.58	7.94
	33	8.59	8.86
石油(1kg)	40	10.20	10.90
发生炉煤气($1m^3$ 干的)	4.6	0.97	1.84
	5.0	1.05	1.90
	5.4	1.13	1.97
	5.9	1.21	2.03
	6.3	1.29	2.10
高炉煤气($1m^3$)	3.8	0.714	1.56
	4.2	0.792	1.62
	4.6	0.871	1.69
焦炉、高炉混合煤气($1m^3$)	5.9	1.23	2.05
	7.5	1.67	2.47
	9.2	2.11	2.90
	10.9	2.55	3.32
水煤气($1m^3$)	11.2	2.35	2.90

附表 2-11　生产 1t 蒸汽所产生的烟气量　　单位：$m^3/(h \cdot t)$

燃烧方式		排烟过剩空气系数	排烟温度/℃					
			150	200	250	350	400	500
层燃炉		1.55	2300	2570	2840	3380	3660	4190
沸腾炉	一般煤种 矸石石煤	1.55 1.45	2300	2570	2840			
煤粉炉		1.55	2100	2360	2620			
油炉		1.45	2100	2360	2620			

附表 2-12　燃烧 1t 煤炭排放的各种污染物量　　单位：kg/t

污染物	炉型		
	电站锅炉	工业锅炉	采暖炉及家用炉
一氧化碳(CO) 烃类化合物(C_nH_m) 氮氧化物(以 NO_2 计)	0.23 0.091 9.08	1.36 0.45 9.08	22.7 4.5 3.62
二氧化硫(SO_2)		$16.0S^*$	

注：1. S^* 指煤的含硫量（%）。若煤的含硫量为 2%，则 1t 煤燃烧排 SO_2 为 16.0×2=32（kg）。

2. 统计固体、液体和气体等燃料燃烧排放的各种污染物量时，如公式法和查表法计算的结果不同时，以公式计算的结果为准。

附表 2-13　燃烧 $1m^3$ 油排放的各种污染物量　　单位：kg/m^3

污染物	炉型		
	电站锅炉	工业锅炉	采暖炉及家用炉
一氧化碳(CO)	0.005	0.238	0.238
烃类化合物(C_nH_m)	0.381	0.238	0.357
氮氧化物(以 NO_2 计)	12.47	8.57	8.57
二氧化硫(SO_2)		$20S^*$	
烟尘	1.20 渣油燃烧 2.73 蒸馏油燃烧 1.80		0.952

注：S^* 指燃料油含硫量（%），计算方法与燃煤同。油类含硫量：原油 0.1%～3.3%；汽油<0.25%；轻油 0.5%～0.75%；重油 0.5%～3.5%。

附表 2-14　燃烧 100 万立方米燃气排放的各种污染物量　　单位：$kg/10^6 m^3$

污染物	炉型		
	电站锅炉	工业锅炉	采暖炉及家用炉
一氧化碳(CO)	忽略不计	6.30	6.30
烃类化合物(C_nH_m)		忽略不计	
氮氧化物(以 NO_2 计)	6200	3400.46	1813.24
二氧化硫(SO_2)	630	630	630
烟尘	238.50	286.20	302.0

附表 2-15　燃烧产物的平均体积热容量　　单位：kJ/（m^3·℃）

温度/℃	焦炉煤气燃烧产物 $\alpha=1.0$	发生炉煤气燃烧产物 $\alpha=1.0$	混合煤气燃烧产物 $Q_{DW}=8360kg/m^3$ $\alpha=1.0$	烟煤燃烧产物 $\alpha=1.0$	重油燃烧产物 $\alpha=1.0$	天然煤气燃烧产物 $\alpha=1.0$
0	1.363	1.379	1.367	1.367	1.363	1.367
100	1.375	1.396	1.388	1.388	1.388	1.379
200	1.392	1.413	1.404	1.409	1.413	1.396
300	1.409	1.430	1.421	1.430	1.425	1.404
400	1.425	1.455	1.442	1.446	1.446	1.425
500	1.446	1.476	1.467	1.471	1.467	1.446
600	1.463	1.496	1.484	1.492	1.488	1.467
700	1.480	1.517	1.501	1.509	1.509	1.484
800	1.496	1.538	1.522	1.530	1.526	1.501
900	1.517	1.559	1.542	1.547	1.542	1.522
1000	1.538	1.580	1.559	1.568	1.563	1.538
1100	1.551	1.597	1.576	1.584	1.580	1.639
1200	1.568	1.613	1.593	1.601	1.593	1.572
1300	1.588	1.630	1.601	1.613	1.609	1.588
1400	1.601	1.643	1.618	1.626	1.626	1.601
1500	1.613	1.659	1.634	1.639	1.639	1.613
1600	1.626	1.672	1.647	1.651	1.647	1.626
1700	1.639	1.685	1.659	1.664	1.659	1.639
1800	1.651	1.701	1.672	1.680	1.672	1.651
1900	1.664	1.718	1.680	1.689	1.685	1.664
2000	1.676	1.731	1.689	1.697	1.697	1.672
2100	1.685	1.743	1.697	1.710	1.710	1.680

注：α 为空气燃烧系数。

附表 2-16　烟气的主要物理参数（0.1MPa）

温度/℃	平均体积热容/[kJ/(m^3·℃)]				体积热值/(kJ/m^3)				热导率 λ/[10^3W/(m·℃)]	运动黏度 ν/(10^6m^2/s)
	湿烟气	干烟气			湿烟气	干烟气				
		12%CO_2 8%O_2	14%CO_2 6%O_2	16%CO_2 4%O_2		12%CO_2 8%O_2	14%CO_2 6%O_2	16%CO_2 4%O_2		
0	1.424	1.3297	1.3364	1.3427	0	0	0	0	22.8	12.2
100	1.424	1.3477	1.3557	1.3636	142.4	134.8	135.7	136.5	31.3	21.5
200	1.424	1.3628	1.3720	1.3812	284.7	272.6	274.2	276.3	40.1	32.8
300	1.440	1.3787	1.3892	1.3992	432.1	414.1	416.6	419.9	48.4	45.8
400	1.457	1.4047	1.4076	1.4185	582.8	558.5	563.1	567.3	57.0	60.4
500	1.474	1.4143	1.4260	1.4382	736.9	707.2	713.0	719.3	65.6	76.3
600	1.491	1.4306	1.4436	1.4562	894.3	858.3	866.2	873.8	74.2	93.6
700	1.507	1.4499	1.4633	1.4763	1055.1	1014.9	1024.5	1033.3	82.7	112.1
800	1.520	1.4666	1.4805	1.4943	1215.8	1173.1	1184.4	1195.3	91.5	131.8
900	1.532	1.4830	1.4972	1.5114	1379.1	1334.8	1347.3	1360.3	96.5	152.5
1000	1.545	1.4976	1.5123	1.5269	1544.9	1497.6	1512.3	1526.9	103.5	174.2
1000	1.557	1.5119	1.5269	1.5420	1713.2	1663.0	1679.7	1696.1	110.5	197.1

续表

温度/℃	平均体积热容/[kJ/(m³·℃)]				体积热值/(kJ/m³)				热导率 λ/[10³W/(m·℃)]	运动黏度 ν/(10⁶m²/s)
	湿烟气	干烟气			湿烟气	干烟气				
		12% CO_2 8% O_2	14% CO_2 6% O_2	16% CO_2 4% O_2		12% CO_2 8% O_2	14% CO_2 6% O_2	16% CO_2 4% O_2		
1200	1.566	1.5261	1.5412	1.5567	2046.5	1831.3	1849.3	1868.2	126.2	221.0
1300	1.578	1.5386	1.5541	1.5696	2052.0	2000.5	2020.5	2040.6	134.9	245.0
1400	1.591	1.5500	1.5659	1.5818	2227.4	2170.0	2192.2	2214.4	144.2	272.0
1500	1.604	1.5613	1.5776	1.5935	2405.3	2340.4	2365.5	2390.7	153.5	297.0

注：表中热导率、运动黏度值是以烟气含 H_2O 11%、CO_2 13%时求得。

附录 3　工业气体特性

附表 3-1　气体的热物理特性

名称	分子量	正常的沸点/K	临界温度/K	临界压力/kPa	密度/(kg/m³)	质量热容/[J/(kg·K)]	热导率/[W/(m·K)]	动力黏度/(Pa·s)
乙醇(酒精)	46.07	351.7	516.3	6394		1520	0.013	14.2(289)×10⁻⁶
甲醇(木精)	32.04	338.1	513.2	7977		1350	0.0301	14.8(272)×10⁻⁶
氨	17.03	239	405.7	11300	7.72	2200	0.0221	9.3×10⁻⁶
氩	39.948	87.4	151.2	4860	1.785	523	0.016	21.0×10⁻⁶
乙炔	26.04	189.5	309.2	6280	1.17	1580	0.0187	9.34×10⁻⁶
苯	78.11	353.3	562.7	4924	2.68(353)	1300(353)	0.0071	7.0×10⁻⁶
溴	159.82	331.9	584.2	10340	6.1(332)	230(373)	0.0061	17×10⁻⁶
丁烷	58.12	272.7	425.2	3797	2.69	1580	0.014	7.0×10⁻⁶
二氧化碳	44.01	194.7	304.2	7384	1.97	840	0.015	14×10⁻⁶
二硫化碳	76.13	319.4	552	7212	—	599.0(300)	—	—
一氧化碳	28.01	81.7	132.9	3500	1.25	1100	0.0230	17×10⁻⁶
四氯化碳	153.84	349.7	556.4	4560	—	862(300)	—	16×10⁻⁶
氯气	70.91	238.5	417.2	7710	3.22	490	0.0080	12×10⁻⁶
三氯甲烷	119.39	334.9	536.5	5470	—	528	0.014	16×10⁻⁶
氯乙烷	64.52	285.5	460.4	5270	2.872	1780	0.00872	16×10⁻⁶
乙烯	28.05	16.95	283.1	5120	1.25	1470	0.00176	0.60×10⁻⁶
乙醚	74.12	30.78	465.8	3610	—	2470(308)	—	11.3×10⁻⁶
氟	38.00	86.2	144.0	5580	1.637	812	0.0254	37×10⁻⁶
氦	4.0026	4.2	5.3	229	0.178	5192	0.142	19.0×10⁻⁶
氢	2.0159	20.1	33.2	1316	0.0900	14200	0.168	8.4×10⁻⁶
氯化氢	34.461	188.3	324.5	826	1.640	800	0.0131	13.6×10⁻⁶
硫化氢	34.080	212.4	373.5	9012	1.54	996	0.0130	11.6×10⁻⁶
庚烷	100.21	371.6	539.9	2720	3.4	1990	0.0185	7.00×10⁻⁶
己烷	86.18	340	507.9	3030	3.4	1880	0.0168	7.52×10⁻⁶
异丁烷	58.12	249.3	408.2	3648	2.47(294)	1570	0.014	6.94×10⁻⁶
氯代甲烷	50.49	248.9	416.3	6678	2.307	770	0.0093	10.1×10⁻⁶

续表

名称	分子量	正常的沸点/K	临界温度/K	临界压力/kPa	密度/(kg/m³)	质量热容/[J/(kg·K)]	热导率/[W/(m·K)]	动力黏度/(Pa·s)
甲烷	16.04	109.2	191.38	4641	0.718	2180	0.0310	10.3×10^{-6}
萘	128.19	52.2	742.2	3972	—	1310(298)	—	—
氖	20.183	26.2	44.4	2698	—	1031	0.0464	30.0×10^{-6}
一氧化氮	30.01	121.2	180.3	6546	—	996	—	29.4×10^{-6}
氮	28.01	77.4	126.3	3394	—	1040	0.0240	16.6×10^{-6}
一氧化二氮	44.01	184.7	309.5	7235	—	850	0.01731(300)	22.4×10^{-6}
四氧化二氮	92.02	—	431.4	10133	—	842(300)	0.0401(328)	—
氧	32.00	90.2	356.0	5077	—	913	0.0244	19.1×10^{-6}
戊烷	72.53	—	469.8	3375	—	1680	0.0152	11.7×10^{-6}
苯酚	74.11	454.5	692	6130	2.6	1400	6.017	12×10^{-6}
丙烷	44.09	231.08	370.0	4257	2.02	1571	0.015	7.4×10^{-6}
丙烯	42.08	225.45	364.9	4622	1.92	1460	0.014	8.06×10^{-6}
二氧化硫	64.06	263.2	430	7874	2.93	607	0.0085	11.6×10^{-6}
水蒸气	18.02	373.2	647.30	22120	0.598	2050	0.0247	12.1×10^{-6}

注：除在括号内已注明温度者外，其余均指100kPa和273.15K或高于273.15K的饱和温度。

附表 3-2 气体的密度（0.1MPa）

名称	分子式	分子量	密度/(kg/m³)		名称	分子式	分子量	密度/(kg/m³)	
			测定值	按1mol体积为22.4L计算值				测定值	按1mol体积为22.4L计算值
空气	—	28.97	1.294	1.292	氟	F_2	37.997	1.696	1.696
二氧化碳	CO_2	44.01	1.9768	1.965	甲烷	CH_4	16.043	0.7168	0.716
一氧化碳	CO	28.01	1.250	1.250	水蒸气	H_2O	18.015	0.806	0.804
氧	O_2	31.999	1.42895	1.429	二氧化硫	SO_2	64.059	2.927	2.860
氢	H_2	2.016	0.090	0.090	硫化氢	H_2S	34.076	1.539	1.521
氮	N_2	28.134	1.251	1.251	氯	Cl_2	70.906	3.220	3.165
乙炔	C_2H_2	26.038	1.171	1.162	苯	C_6H_6	78.103	3.582	3.487
氨	NH_3	17.031	0.771	0.763	氯化氢	HCl	36.461	1.639	1.628
乙烷	C_2H_6	30.069	1.357	1.342	氦	He	4.0026	0.1782	0.1787
乙烯	C_2H_4	28.054	1.2605	1.252	汞蒸气	Hg	200.59	9.021	8.954

注：假设含23.2%O_2及76.8%N_2（质量）。

附表 3-3 某些气体在不同温度下的黏度（0.1MPa）

温度/℃	动力黏度($\mu\times10^6$)/(Pa·s)								
	空气	N_2	O_2	H_2	CO	H_2S	CH_4	C_2H_6	C_3H_8
0	17.16	16.67	19.42	8.36	16.57	11.52	10.40	8.60	7.50
20	18.14								
100	21.97	20.69	24.12	10.30	20.69		13.24	11.38	10.00
200	26.09	24.22	28.54	12.06	24.41		15.89	14.12	12.45
300	29.71	27.65	32.46	13.83	27.95		18.34	16.77	14.81
400	33.17	30.89	36.28	15.40	31.19		20.69	19.32	17.16
500	36.19	33.93	40.01	16.87	34.42		22.95	21.97	19.42

续表

温度/℃	动力黏度($\mu\times10^6$)/(Pa·s)								
	空气	N_2	O_2	H_2	CO	H_2S	CH_4	C_2H_6	C_3H_8
600	39.13	36.87	43.54	18.34	37.36		25.20	24.52	21.77
700	41.78	39.62	46.97	19.71	40.40				
800	44.33	42.27	50.21	21.08	43.25				
900	46.68	45.01	53.45	22.36	45.99				
1000	49.03	47.47	56.49	23.73	48.15				
1100	51.29	47.76							
1200	53.35	49.82							

附表 3-4 空气和煤气的饱和含水汽量（0.1MPa）

温度/℃	蒸气压力/kPa	含水汽量/(g/m³)		温度/℃	蒸气压力/kPa	含水汽量/(g/m³)	
		干气体	湿气体			干气体	湿气体
0	0.610	4.8	4.8	55	15.732	148.0	125.0
5	0.872	7.0	6.9	60	19.918	196.0	158.0
10	1.228	9.8	9.7	65	24.998	265.0	199.0
15	1.705	13.7	13.5	70	31.157	361.0	249.0
20	2.338	18.9	18.5	75	38.543	499.0	308.0
25	3.168	26.0	25.2	80	47.343	716.0	379.0
30	4.242	35.1	33.6	85	57.808	1092	463.0
35	5.624	47.3	44.6	90	70.101	1877	563.0
40	7.375	63.1	58.5	95	84.513	4381	679.0
45	9.586	84.0	76.0	100	101.325	∞	816.0
50	12.346	111.4	97.9				

附表 3-5 气体在水中的溶解度

气体	系数	温度/℃											
		0	10	20	25	30	40	50	60	70	80	90	100
H_2	α	0.0215	0.0195	0.0182	0.0175	0.0170	0.0164	0.0161	0.0160	0.0160	0.0160	0.0160	0.0160
N_2+1.185%Ar	α	0.0235	0.0186	0.0154	0.0143	0.0134	0.0118	0.0109	0.0102	0.0098	0.0096	0.0095	0.0095
O_2	α	0.0489	0.0380	0.0304	0.0283	0.0261	0.0231	0.0209	0.0195	0.0183	0.0176	0.0172	0.0170
Cl_2	λ	4.610	3.148	2.299	2.019	1.799	1.438	1.225	1.023	0.862	0.683	0.390	0.000
NH_3	q	87.5	67.9	52.6	46.2	40.3	30.7	22.9			15.4		7.4
HCl	λ	507	474	442	426	412	386	362	339				
H_2S	α	4.670	3.399	2.582	2.282	2.037	1.660	1.392	1.190	1.022	0.917	0.840	0.810
SO_2	λ	79.79	56.65	39.37	32.79	27.16	18.77						
CO	α	0.0354	0.0282	0.0232	0.0214	0.0200	0.0177	0.0161	0.0149	0.0144	0.0143	0.0142	0.0141
CO_2	α	1.713	1.194	0.878	0.759	0.665	0.530	0.436	0.359				

注：α——吸收系数，在气体分压为0.1MPa时，单位体积的液体所吸收的气体体积（折合成0.1MPa和0℃计算）；

λ——意义和α相似，只不过当总压等于0.1MPa；

q——是在所给的温度下当气体总压力（气体分压+在吸附温度时液体的饱和蒸气压）为0.1MPa时100kg纯溶剂所吸收的气体质量（g）。

附表 3-6 干空气在压力为 100kPa 时的物理参数

温度 t /℃	密度 ρ /(kg/m^3)	比热容 c_p /[kJ/(kg·K)]	热导率 λ /[W/(m·K)]	热扩散率 α /(m^2/h)	动力黏度 μ /(Pa·s)	运动黏度 ν /(m^2/s)
−180	3.685	1.047	0.756	0.705×10^{-2}	6.47×10^{-5}	1.76×10^{-6}
−150	2.817	1.038	1.163	1.45×10^{-2}	3.73×10^{-5}	3.10×10^{-6}
−100	1.984	1.022	1.617	2.88×10^{-2}	11.77×10^{-5}	5.94×10^{-6}
−50	1.534	1.013	2.035	4.73×10^{-2}	14.61×10^{-5}	9.54×10^{-6}
−20	1.365	1.009	2.256	5.94×10^{-2}	16.28×10^{-5}	11.93×10^{-6}
0	1.252	1.009	2.373	6.75×10^{-2}	17.16×10^{-5}	13.70×10^{-6}
1	1.247	1.009	2.381	6.799×10^{-2}	17.220×10^{-5}	13.80×10^{-6}
2	1.243	1.009	2.389	6.848×10^{-2}	17.279×10^{-5}	13.90×10^{-6}
3	1.238	1.009	2.397	6.897×10^{-2}	17.338×10^{-5}	14.00×10^{-6}
4	1.234	1.009	2.405	6.946×10^{-2}	17.397×10^{-5}	14.10×10^{-6}
5	1.229	1.009	2.413	6.995×10^{-2}	17.456×10^{-5}	14.20×10^{-6}
6	1.224	1.009	2.421	7.044×10^{-2}	17.514×10^{-5}	14.30×10^{-6}
7	1.220	1.009	2.430	7.093×10^{-2}	17.574×10^{-5}	14.40×10^{-6}
8	1.215	1.009	2.438	7.142×10^{-2}	17.632×10^{-5}	14.50×10^{-6}
9	1.211	1.009	2.446	7.191×10^{-2}	17.691×10^{-5}	14.60×10^{-6}
10	1.206	1.009	2.454	7.240×10^{-2}	17.750×10^{-5}	14.70×10^{-6}
11	1.202	1.0095	2.461	7.282×10^{-2}	17.799×10^{-5}	14.80×10^{-6}
12	1.198	1.0099	2.468	7.324×10^{-2}	17.848×10^{-5}	14.90×10^{-6}
13	1.193	1.0103	2.475	7.366×10^{-2}	17.897×10^{-5}	15.00×10^{-6}
14	1.189	1.0107	2.482	7.408×10^{-2}	17.946×10^{-5}	15.10×10^{-6}
15	1.185	1.0112	2.489	7.450×10^{-2}	17.995×10^{-5}	15.20×10^{-6}
16	1.181	1.0116	2.496	7.492×10^{-2}	18.044×10^{-5}	15.30×10^{-6}
17	1.177	1.0120	2.503	7.534×10^{-2}	18.093×10^{-5}	15.40×10^{-6}
18	1.172	1.0124	2.510	7.576×10^{-2}	18.142×10^{-5}	15.50×10^{-6}
19	1.168	1.0128	2.517	7.618×10^{-2}	18.191×10^{-5}	15.60×10^{-6}
20	1.164	1.013	2.524	7.660×10^{-2}	18.240×10^{-5}	15.70×10^{-6}
21	1.161	1.013	2.530	7.708×10^{-2}	18.289×10^{-5}	15.791×10^{-6}
22	1.158	1.013	2.535	7.756×10^{-2}	18.338×10^{-5}	15.882×10^{-6}
23	1.154	1.013	2.541	7.804×10^{-2}	18.387×10^{-5}	15.973×10^{-6}
24	1.149	1.013	2.547	7.852×10^{-2}	18.437×10^{-5}	16.064×10^{-6}
25	1.146	1.013	2.552	7.900×10^{-2}	18.486×10^{-5}	16.155×10^{-6}
26	1.142	1.013	2.559	7.948×10^{-2}	18.535×10^{-5}	16.246×10^{-6}
27	1.138	1.013	2.564	7.996×10^{-2}	18.584×10^{-5}	16.337×10^{-6}
28	1.134	1.013	2.570	8.044×10^{-2}	18.633×10^{-5}	16.428×10^{-6}
29	1.131	1.013	2.576	8.092×10^{-2}	18.682×10^{-5}	16.519×10^{-6}
30	1.127	1.013	2.582	8.140×10^{-2}	18.731×10^{-5}	16.610×10^{-6}
31	1.124	1.013	2.589	8.191×10^{-2}	18.780×10^{-5}	16.709×10^{-6}
32	1.120	1.013	2.596	8.242×10^{-2}	18.829×10^{-5}	16.808×10^{-6}
33	1.117	1.013	2.603	8.293×10^{-2}	18.878×10^{-5}	16.907×10^{-6}
34	1.113	1.013	2.610	8.344×10^{-2}	18.927×10^{-5}	17.006×10^{-6}
35	1.110	1.013	2.617	8.395×10^{-2}	18.976×10^{-5}	17.105×10^{-6}

续表

温度 t /℃	密度 ρ /(kg/m³)	比热容 c_p /[kJ/(kg·K)]	热导率 λ /[W/(m·K)]	热扩散率 α /(m²/h)	动力黏度 μ /(Pa·s)	运动黏度 ν /(m²/s)
36	1.106	1.013	2.624	8.466×10^{-2}	19.025×10^{-5}	17.204×10^{-6}
37	1.103	1.013	2.631	8.497×10^{-2}	19.074×10^{-5}	17.303×10^{-6}
38	1.099	1.013	2.638	8.548×10^{-2}	19.123×10^{-5}	17.402×10^{-6}
39	1.096	1.013	2.645	8.599×10^{-2}	19.172×10^{-5}	17.501×10^{-6}
40	1.092	1.013	2.652	8.650×10^{-2}	19.221×10^{-5}	17.600×10^{-6}
50	1.056	1.017	2.733	9.14×10^{-2}	19.61×10^{-5}	18.60×10^{-6}
60	1.025	1.017	2.803	9.65×10^{-2}	20.10×10^{-5}	19.60×10^{-6}
70	0.996	1.017	2.861	10.18×10^{-2}	20.40×10^{-5}	20.45×10^{-6}
80	0.968	1.022	2.931	10.65×10^{-2}	20.99×10^{-5}	21.70×10^{-6}
90	0.942	1.022	3.001	11.25×10^{-2}	21.57×10^{-5}	22.90×10^{-6}
100	0.916	1.022	3.070	11.80×10^{-2}	21.77×10^{-5}	23.78×10^{-6}
120	0.870	1.026	3.198	12.90×10^{-2}	22.75×10^{-5}	26.20×10^{-6}
140	0.827	1.026	3.326	14.10×10^{-2}	23.54×10^{-5}	28.45×10^{-6}
160	0.789	1.030	3.442	15.25×10^{-2}	24.12×10^{-5}	30.60×10^{-6}
180	0.755	1.034	3.570	16.50×10^{-2}	25.01×10^{-5}	33.17×10^{-6}
200	0.723	1.034	3.698	17.80×10^{-2}	25.89×10^{-5}	35.82×10^{-6}
250	0.653	1.043	3.977	21.2×10^{-2}	27.95×10^{-5}	42.8×10^{-6}
300	0.596	1.047	4.291	24.8×10^{-2}	29.71×10^{-5}	49.9×10^{-6}
350	0.549	1.055	4.571	28.4×10^{-2}	31.48×10^{-5}	57.5×10^{-6}
400	0.508	1.059	4.850	32.4×10^{-2}	32.95×10^{-5}	64.9×10^{-6}
500	0.450	1.072	5.396	40.0×10^{-2}	36.19×10^{-5}	80.4×10^{-6}
600	0.400	1.089	5.815	49.1×10^{-2}	39.23×10^{-6}	93.1×10^{-6}
800	0.325	1.114	6.687	68.0×10^{-2}	44.52×10^{-5}	137.0×10^{-6}
1000	0.268	1.139	7.618	89.9×10^{-2}	49.52×10^{-5}	185.0×10^{-6}
1200	0.238	1.164	8.455	111.3×10^{-2}	53.94×10^{-5}	232.5×10^{-6}

注：表中数值实际是干空气压力为98.0665kPa时的值。

附表 3-7　压力为 101.3kPa 时空气的重量、体积、水蒸气压力和含湿量

空气温度 /℃	1m³ 干空气			水蒸气压力 /Pa	全饱和时水蒸气		
	标准大气压时的重量 /kg	以0℃为基准换算成 t℃时的体积值 $(1+\alpha t)$/m³	以 t℃为基准换算成0℃时的体积值 $\left(\frac{1}{1+\alpha t}\right)$/m³		在1m³空气中的含量 /kg	在1kg空气蒸汽混合物中的含量/kg	在1kg干燥空气中的含量 /g
−20	1.396	0.927	1.079	124	0.0011	0.0008	0.8
−19	1.390	0.930	1.075	135	0.0012	0.0008	0.8
−18	1.385	0.934	1.071	149	0.0013	0.0009	0.9
−17	1.379	0.938	1.066	161	0.0014	0.0010	1.0
−16	1.374	0.941	1.062	175	0.0015	0.0011	1.1
−15	1.368	0.945	1.058	187	0.0016	0.0012	1.2
−14	1.363	0.949	1.054	207	0.0017	0.0013	1.3
−13	1.358	0.952	1.050	224	0.0019	0.0014	1.4

续表

空气温度/℃	1m³ 干空气			水蒸气压力/Pa	全饱和时水蒸气		
	标准大气压时的重量/kg	以0℃为基准换算成t℃时的体积值$(1+\alpha t)$/m³	以t℃为基准换算成0℃时的体积值$\left(\frac{1}{1+\alpha t}\right)$/m³		在1m³空气中的含量/kg	在1kg空气蒸汽混合物中的含量/kg	在1kg干燥空气中的含量/g
−12	1.353	0.956	1.046	244	0.0020	0.0015	1.5
−11	1.348	0.959	1.042	264	0.0022	0.0016	1.6
−10	1.342	0.963	1.038	279	0.0023	0.0017	1.7
−9	1.337	0.967	1.034	302	0.0025	0.0019	1.9
−8	1.332	0.971	1.030	328	0.0027	0.0020	2.0
−7	1.327	0.974	1.026	355	0.0029	0.0022	2.2
−6	1.322	0.978	1.023	384	0.0031	0.0024	2.4
−5	1.317	0.982	1.019	415	0.0034	0.0026	2.60
−4	1.312	0.985	1.015	449	0.0036	0.0028	2.80
−3	1.308	0.989	1.011	486	0.0039	0.0030	3.00
−2	1.303	0.993	1.007	526	0.0042	0.0032	3.20
−1	1.298	0.996	1.004	569	0.0045	0.0035	3.50
0	1.293	1.000	1.000	614	0.0049	0.0038	3.80
1	1.288	1.004	0.996	659	0.0052	0.0041	4.10
2	1.284	1.007	0.993	707	0.0056	0.0043	4.30
3	1.279	1.011	0.989	759	0.0060	0.0047	4.70
4	1.275	1.015	0.986	813	0.0064	0.0050	5.00
5	1.270	1.018	0.982	872	0.0068	0.0054	5.40
6	1.265	1.022	0.979	934	0.0073	0.0057	5.82
7	1.261	1.026	0.976	1000	0.0077	0.0061	6.17
8	1.256	1.029	0.972	1070	0.0083	0.0066	6.69
9	1.252	1.033	0.968	1144	0.0086	0.0070	7.12
10	1.248	1.037	0.965	1223	0.0094	0.0075	7.64
11	1.243	1.040	0.961	1302	0.0099	0.0080	8.07
12	1.239	1.044	0.958	1395	0.0106	0.0086	8.69
13	1.235	1.048	0.955	1489	0.0113	0.0092	9.30
14	1.230	1.051	0.951	1589	0.0120	0.0098	9.91
15	1.226	1.055	0.948	1694	0.0128	0.0105	10.62
16	1.222	1.059	0.945	1806	0.0136	0.0112	11.33
17	1.217	1.062	0.941	1924	0.0144	0.0119	12.10
18	1.213	1.066	0.938	2049	0.0153	0.0127	12.93
19	1.209	1.070	0.935	2181	0.0162	0.0135	13.75
20	1.205	1.073	0.932	2320	0.0172	0.0144	14.61
21	1.201	1.077	0.929	2468	0.0182	0.0153	15.60
22	1.197	1.081	0.925	2623	0.0193	0.0163	16.60

续表

空气温度/℃	1m³ 干空气			水蒸气压力/Pa	全饱和时水蒸气		
	标准大气压时的重量/kg	以0℃为基准换算成t℃时的体积值$(1+\alpha t)$/m³	以t℃为基准换算成0℃时的体积值$\left(\frac{1}{1+\alpha t}\right)$/m³		在1m³空气中的含量/kg	在1kg空气蒸汽混合物中的含量/kg	在1kg干燥空气中的含量/g
23	1.193	1.084	0.922	2787	0.0204	0.0173	17.68
24	1.189	1.088	0.919	2960	0.0216	0.0184	18.81
25	1.185	1.092	0.916	3155	0.0229	0.0195	19.95
26	1.181	1.095	0.913	3334	0.0242	0.0207	21.20
27	1.177	1.099	0.910	3536	0.0256	0.0220	22.55
28	1.173	1.103	0.907	3749	0.0270	0.0234	24.00
29	1.169	1.106	0.904	3973	0.0285	0.0248	25.47
30	1.165	1.110	0.901	4209	0.0301	0.0263	27.03
31	1.161	1.114	0.898	4457	0.0318	0.0278	28.65
32	1.157	1.117	0.895	4717	0.0335	0.0295	30.41
33	1.154	1.121	0.892	4991	0.0354	0.0312	32.29
34	1.150	1.125	0.889	5279	0.0373	0.0331	34.23
35	1.146	1.128	0.886	5580	0.0393	0.0350	36.37
36	1.142	1.132	0.884	5897	0.0414	0.0370	38.58
37	1.139	1.136	0.881	6229	0.0436	0.0392	44.90
38	1.135	1.139	0.878	6578	0.0459	0.0414	43.35
39	1.132	1.143	0.875	6943	0.0483	0.0438	45.93
40	1.128	1.147	0.872	7325	0.0508	0.0463	48.64
41	1.124	1.150	0.869	7726	0.0534	0.0489	51.20
42	1.121	1.154	0.867	8146	0.0561	0.0516	54.25
43	1.117	1.158	0.864	8585	0.0589	0.0545	57.56
44	1.114	1.161	0.861	9044	0.0619	0.0575	61.04
45	1.110	1.165	0.858	9525	0.0650	0.0607	64.80
46	1.107	1.169	0.856	10027	0.0682	0.0640	68.61
47	1.103	1.172	0.853	10552	0.0715	0.0675	72.66
48	1.100	1.176	0.850	11101	0.0750	0.0711	76.90
49	1.096	1.180	0.848	11674	0.0786	0.0750	81.45
50	1.093	1.183	0.845	12272	0.0823	0.0790	86.11
51	1.090	1.187	0.843	12896	0.0863	0.0832	91.30
52	1.086	1.191	0.840	13547	0.0904	0.0877	96.62
53	1.083	1.194	0.837	14227	0.0946	0.0923	102.29
54	1.080	1.198	0.835	14935	0.0991	0.0972	108.22
55	1.076	1.202	0.832	15673	0.1036	0.1023	114.43
56	1.073	1.205	0.830	16443	0.1084	0.1076	121.06
57	1.070	1.209	0.827	17244	0.1133	0.1132	127.98

续表

空气温度/℃	1m³ 干空气			水蒸气压力/Pa	全饱和时水蒸气		
	标准大气压时的重量/kg	以0℃为基准换算成t℃时的体积值$(1+\alpha t)$/m³	以t℃为基准换算成0℃时的体积值$\left(\frac{1}{1+\alpha t}\right)$/m³		在1m³空气中的含量/kg	在1kg空气蒸汽混合物中的含量/kg	在1kg干燥空气中的含量/g
58	1.067	1.213	0.825	18079	0.1185	0.1191	135.13
59	1.063	1.216	0.822	18947	0.1238	0.1252	142.88
60	1.060	1.220	0.820	19851	0.1293	0.1317	152.45
65	1.044	1.238	0.808	24941	0.1600	0.1689	203.50
70	1.029	1.257	0.796	31098	0.1966	0.2161	275.00
75	1.014	1.275	0.784	38493	0.2399	0.2760	381.00
80	1.000	1.293	0.773	47315	0.2907	0.3528	544.00
85	0.986	1.312	0.763	57775	0.3500	0.4521	824.00
90	0.973	1.330	0.752	70096	0.4188	0.5825	1395.00
95	0.959	1.348	0.742	84545	0.4983	0.7576	3110.00
100	0.947	1.367	0.732	101396	0.5895	1.0000	∞

附录4 一些气体水溶液的亨利系数（$H\times10^{-6}$）

单位：mmHg

气体	温度/℃							
	0	5	10	15	20	25	30	35
H_2	44	46.2	48.3	50.2	51.9	53.7	55.4	56.4
N_2	40.2	45.4	50.8	56.1	61.1	65.7	70.3	74.8
空气	32.8	37.1	41.7	46.1	50.4	54.7	58.6	62.5
CO	26.7	30	33.6	37.2	40.7	44	47.1	50.1
O_2	19.3	22.1	24.9	27.7	30.4	33.3	36.1	38.5
CH_4	17	19.7	22.6	25.6	28.5	31.4	34.1	37
NO	12.8	14.6	16.5	18.4	20.1	21.8	23.5	25.2
C_2H_6	9.55	11.8	14.4	17.2	20	23	26	29.1
C_2H_4	4.19	4.96	5.84	6.8	7.74	8.67	9.62	—
N_2O	0.74	0.89	1.07	1.26	1.5	1.71	1.94	2.26
CO_2	0.553	0.666	0.792	0.93	1.08	1.24	1.41	1.59
C_2H_2	0.55	0.64	0.73	0.82	0.92	1.01	1.11	—
Cl_2	0.204	0.25	0.297	0.346	0.402	0.454	0.502	0.553
H_2S	0.203	0.239	0.278	0.321	0.367	0.414	0.463	0.514
Br_2	0.0162	0.0209	0.0278	0.0354	0.0451	0.056	0.0688	0.083
SO_2	0.0125	0.0152	0.0184	0.022	0.0266	0.031	0.0364	0.0426

续表

气体	温度/℃							
	0	5	10	15	20	25	30	35
HCl	0.00185	0.00191	0.00197	0.00203	0.00209	0.00215	0.0022	0.00224
NH_3	0.00156	0.00168	0.0018	0.00193	0.00208	0.00223	0.00241	—

气体	温度/℃							
	40	45	50	60	70	80	90	100
H_2	57.1	57.7	58.1	58.1	57.8	57.4	57.1	56.6
N_2	79.2	82.9	85.9	90.9	94.6	95.9	96.1	95.4
空气	66.1	69.2	71.9	76.5	79.8	81.7	82.2	81.6
CO	52.9	55.4	57.8	62.5	64.2	64.3	64.3	64.3
O_2	40.7	42.8	44.7	47.8	50.4	52.2	53.1	53.3
CH_4	39.5	41.8	43.9	47.6	50.6	51.8	52.6	53.3
NO	26.8	28.3	29.6	31.8	33.2	34	34.3	34.5
C_2H_6	32.2	35.2	37.9	42.9	47.4	50.2	52.2	52.6
C_2H_4	—	—	—	—	—	—	—	—
N_2O	—	—	—	—	—	—	—	—
CO_2	1.77	1.95	2.15	2.59	—	—	—	—
C_2H_2	—	—	—	—	—	—	—	—
Cl_2	0.6	0.648	0.677	0.731	0.745	0.73	0.722	—
H_2S	0.566	0.618	0.672	0.782	0.905	1.03	1.09	1.12
Br_2	0.101	0.12	0.145	0.191	0.244	0.307	—	—
SO_2	0.0495	0.0572	0.0653	0.0839	0.104	0.128	0.15	—
HCl	0.00227	0.00228	0.00229	0.00224	—	—	—	—
NH_3	—	—	—	—	—	—	—	—

注：1mmHg=133.3224Pa。